U0622339

草色入帘花艳红
春风桃李万千重
黉宫教率平生学
百彩千姿铸丽窑

祝贺《化妆品制剂学》出版
庚子冬吉日　陈新滋恭书

陈新滋　中国科学院院士
香港科学院创院院士
香港浸会大学第四任校长
中山大学学术委员会原主任
中山大学药学院教授、名誉院长

高等院校规划教材

供化妆品类专业、美容类专业、医学类专业使用

化妆品制剂学

Cosmetics Science of Preparations

申东升　主编

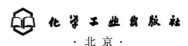

化学工业出版社

·北京·

内 容 简 介

《化妆品制剂学》由中国科学院院士陈新滋教授题词，全面介绍化妆品基本理论、剂型设计、设备选型、制剂工艺、质量控制、功效评价、安全使用和法律法规等内容。

《化妆品制剂学》包括23章与附录。第1章介绍化妆品制剂学的内容、任务与剂型分类，第2章到第11章介绍化妆品10种剂型的特征、工艺流程、质量控制和100个制剂实例，第12章到第21章介绍了化妆品皮肤吸收、表面活性剂、化妆品流变学、制剂稳定性、制剂设计、制剂环境、性能评价、制剂包装和化妆品管理法规等制剂学理论、技术与要求，第22章列出了20个消毒剂制剂实例，第23章列出了20个制剂学实验，附录为化妆品质量相关国家标准号等。全书力求使读者深入理解化妆品制剂学的原理和方法，掌握化妆品制剂学基本理论、基本知识和基本操作技能。

《化妆品制剂学》可作为化妆品类、美容类、医学类专业的理论教材和实验教材，也可以作为化妆品行业人才培训教材。本书理论与实际相结合，以企业需求为导向，具有很强的实用性，是化妆品行业科技人员、企业管理人员很好的参考资料和工具书。

图书在版编目（CIP）数据

化妆品制剂学/申东升主编. —北京：化学工业出版社，2021.11（2025.11重印）
ISBN 978-7-122-39570-2

Ⅰ.①化…　Ⅱ.①申…　Ⅲ.①化妆品-制剂学　Ⅳ.①TQ652

中国版本图书馆 CIP 数据核字（2021）第 143117 号

责任编辑：傅四周　　　　　　　　　　文字编辑：刘洋洋
责任校对：宋　玮　　　　　　　　　　装帧设计：王晓宇

出版发行：化学工业出版社（北京市东城区青年湖南街 13 号　邮政编码 100011）
印　　装：北京科印技术咨询服务有限公司数码印刷分部
787mm×1092mm　1/16　印张 33¼　字数 857 千字　2025 年 11 月北京第 1 版第 4 次印刷

购书咨询：010-64518888　　　　　　售后服务：010-64518899
网　　址：http://www.cip.com.cn
凡购买本书，如有缺损质量问题，本社销售中心负责调换。

定　　价：99.00 元

《化妆品制剂学》编委会

前　言

化妆品产业发展日新月异，化妆品学科建设如日方升。2018年和2019年，教育部先后批准设置了2个化妆品本科专业，这是我国化妆品高等教育的里程碑。为满足全国化妆品专业人才培养需要，完善化妆品专业课程体系，反映化妆品制剂学最新研究成果，阐明化妆品制剂学精要，建立化妆品制剂学架构，推动行业化妆品制剂学研究，培养学生综合运用化妆品制剂学知识，我们编写了这本《化妆品制剂学》教材。

化妆品制剂学是研究化妆品基本理论、剂型设计、设备选型、制剂工艺、质量控制和安全使用的科学。其关涉与涵盖的学科较多，不仅与化妆品专业的专业基础课和专业课紧密联系，而且与化妆品研究、生产和使用密切相关，是化妆品专业的核心课程。

化妆品制剂学素材丰富，层次顺序范围宽，编排格式选择众多。编写本教材时，我们充分考虑到教材的使用对象和专业要求，注重教材内容的基础性、系统性、科学性、先进性、启发性、适用性和工程性的融合。

本书包括23章与附录。第1章介绍了化妆品制剂学的内容、任务及剂型分类，第2章到第11章介绍了化妆品10种剂型的特征、工艺流程、质量控制和100个制剂实例，第12章到第21章介绍了化妆品皮肤吸收、表面活性剂化学、化妆品流变学、制剂稳定性、制剂设计、制剂环境要求、安全性评价、功效性评价、制剂包装和化妆品监督管理法规等制剂学理论、技术和法规要求，第22章列出了消毒剂的20个制剂实例，第23章列出了基本制剂、制剂性质与性能评价等20个制剂学实验，附录列出了常用乳化剂HLB值、化妆品质量相关国家标准号等。全书力求使读者深入理解化妆品制剂学的原理和方法，掌握化妆品制剂学基本理论、基本知识和基本操作技能。

本书编委是来自全国高校化妆品本科专业的负责人和专业骨干教师，来自建有省级以上化妆品科研平台的高校、大中型企业和研究院所的资深专家教授，以及法学专家。编委成员全部具有高级职称或博士学位。

本书由申东升任主编，赵平、李丽、程建华任副主编。广东药科大学申东升教授编写第1章和第13章，洛阳师范学院牛江秀博士编写第2章，广东省中药研究所高华宏博士编写第3章，华南理工大学程建华教授编写第4章，华南师范大学黄儒强教授编写第5章，南方医科大学刘莉教授编写第6章，南方医科大学刘强教授编写第7章，广州环亚化妆品科技有限公司副总裁陈亮编写第8章，大连工业大学王大鹙教授编写第9章，中山市天图精细化工有限公司温俊帆高级工程师编写第10章，西安文理学院纪桢副教授编写第11章，暨南大学张齐好教授编写第12章，广州宏度精细化工有限公司李茂生博士编写第14章，上海应用技术大学李姗姗博士编写第15章，北京工商大学李丽教授编写第16章，湖南理工学院周彬彬博士编写第17章，广东药科大学赵平副教授编写第18章并整理第22章、第23章和附录，广东药科大学曹高副教授编写第19章并承担全书插图描绘工作，中山火炬职业技术学院付波博士编写第20章，广东外语外贸大学陈云良教授编写第21章。主编申东升负责诚邀编写团队、拟定全书目录、确定章节层次、提出编写要求、审定全书文稿、联系出版设计等工作，副主编赵平参与全书统稿工作。

本书在编写和出版过程中，得到了广东芭薇生物科技股份有限公司、广东毅明检测科技有限公司、广东微肽生物科技有限公司的大力支持。一些章节由编委所在单位编写小组集体完成，凝聚了集体的智慧。在此向以上单位和编写小组致以深深的谢意。

　　中国科学院院士陈新滋教授在了解本书编写与出版情况后，欣然为本书题词。这是对全体编委莫大的鼓励和鞭策！在此谨向陈院士致以深深的谢意。

　　本书的制剂实例和制剂学实验是从国内外大量文献中选编而成，其中大部分是编委多年的实践总结和科研成果，有些还是商品配方，都毫无保留地奉献给广大读者。本书所列制剂配方是安全和有效的，但根据科学研究的发展，对本书列明的化妆品及其原料的安全性有认识上的改变的，读者有必要了解新变化。

　　本书引用的相关法律法规和标准等文件，凡是没有注明日期的，应当参考其最新版本。本书制剂实例中配方最高历史使用量系指国家《已使用化妆品原料目录》（2021 年版）中所列明的最高历史使用量。

　　本书可作为化妆品类专业、美容类专业、医学类专业的理论教材和实验教材，也可以作为化妆品行业人才培训教材。本书理论与实际相结合，以企业需求为导向，具有很强的实用性，是化妆品行业科学技术人员、企业管理人员很好的参考资料和工具书。

　　全体编委尽心竭力，出色地完成了书稿的编写任务。限于编者水平，从内容选取到章节编排，或存在需要完善的地方，恳请广大师生和读者朋友提出宝贵意见（邮箱 sds8@163.com，微信 sds16078）。

广东药科大学

申东升

2021 年 6 月

目　录

第 1 章　绪论 ··· 001
　1.1　化妆品制剂学内容与任务 ··· 001
　　1.1.1　化妆品制剂学内容 ··· 001
　　1.1.2　化妆品制剂要求 ··· 001
　　1.1.3　化妆品制剂学任务 ··· 002
　1.2　化妆品制剂技术 ··· 005
　1.3　化妆品剂型分类与合理选择 ··· 006
　　1.3.1　化妆品分类 ··· 006
　　1.3.2　化妆品剂型分类 ··· 006
　　1.3.3　化妆品基本特性和不良反应 ··· 007
　　1.3.4　化妆品剂型的合理选择 ··· 008
　1.4　国内化妆品产业现状 ··· 008
　1.5　化妆品行业常用网站导航 ··· 010

第 2 章　水剂 ··· 011
　2.1　水剂的剂型及其特征 ··· 011
　　2.1.1　护肤用水剂化妆品 ··· 011
　　2.1.2　发用水剂化妆品 ··· 012
　　2.1.3　香水类水剂化妆品 ··· 012
　2.2　水剂的溶剂与原料 ··· 013
　　2.2.1　护肤用水剂化妆品溶剂与原料 ··· 013
　　2.2.2　发用水剂化妆品溶剂与原料 ··· 014
　　2.2.3　香水类水剂化妆品溶剂与原料 ··· 014
　2.3　水剂的生产工艺流程 ··· 015
　　2.3.1　搅拌混匀 ··· 015
　　2.3.2　贮存陈化 ··· 016
　　2.3.3　过滤除杂 ··· 016
　　2.3.4　灌装入库 ··· 016
　2.4　水剂的生产设备 ··· 016
　　2.4.1　搅拌设备 ··· 016
　　2.4.2　过滤设备 ··· 016
　　2.4.3　灌装设备 ··· 017
　2.5　水剂的质量要求与控制 ··· 017
　　2.5.1　水剂类化妆品质量指标 ··· 017
　　2.5.2　水剂类化妆品的质量问题及控制方法 ··· 017

2.6 水剂的制剂实例 ································· 019
  2.6.1 柔软性化妆水 ······························ 019
  2.6.2 收敛性化妆水 ······························ 021
  2.6.3 清洁化妆水 ································ 023
  2.6.4 舒缓保湿须后水 ···························· 024
  2.6.5 清凉舒爽痱子水 ···························· 025
  2.6.6 发用保湿定型啫喱水 ························· 027
  2.6.7 护发营养水 ································ 028
  2.6.8 玫瑰香水 ·································· 029
  2.6.9 控油平衡化妆水 ···························· 030
  2.6.10 清爽祛味花露水 ··························· 032

第 3 章　油剂 ······································· 034

3.1 油剂的剂型及其特征 ··························· 034
  3.1.1 油剂的剂型 ································ 034
  3.1.2 油剂的特征 ································ 034
3.2 油剂的基质与原料 ···························· 034
  3.2.1 油剂化妆品基质 ···························· 034
  3.2.2 油剂化妆品原料 ···························· 038
3.3 油剂的工艺流程 ······························ 039
  3.3.1 工艺流程图 ································ 039
  3.3.2 主要原料 ·································· 039
  3.3.3 生产步骤 ·································· 039
3.4 油剂的生产设备 ······························ 040
  3.4.1 实验室均质设备 ···························· 040
  3.4.2 工业生产均质设备 ·························· 040
3.5 油剂的质量要求与控制 ························· 041
  3.5.1 常规理化指标控制 ·························· 041
  3.5.2 卸妆油的质量控制 ·························· 041
  3.5.3 发蜡的质量控制 ···························· 041
  3.5.4 按摩基础油、按摩油的质量控制 ··············· 041
  3.5.5 指甲油的质量控制 ·························· 041
  3.5.6 发油的质量控制 ···························· 041
  3.5.7 焗油膏的质量控制 ·························· 042
3.6 油剂的制剂实例 ······························ 042
  3.6.1 清爽强力卸妆油 ···························· 042
  3.6.2 温和滋润卸妆油 ···························· 043
  3.6.3 舒缓通络按摩油 ···························· 044
  3.6.4 足部纯植物按摩精油 ······················· 045
  3.6.5 防水抗汗防晒油 ···························· 046
  3.6.6 清爽防水防晒油 ···························· 048
  3.6.7 温和调理焗油 ······························ 049

3.6.8 高效持久发蜡 ………………………………………………… 051

3.6.9 冰裂指甲油 ………………………………………………… 052

3.6.10 低刺激指甲油 ……………………………………………… 052

第4章 乳液剂 ……………………………………………………… 054

4.1 乳液剂的剂型及其特征 ……………………………………… 054

4.1.1 乳液剂的定义 …………………………………………… 054

4.1.2 乳液的光学性质 ………………………………………… 054

4.1.3 乳液类型的鉴别 ………………………………………… 054

4.2 乳化剂与乳液剂原料 ………………………………………… 055

4.2.1 乳化剂 …………………………………………………… 055

4.2.2 乳液剂常用原料 ………………………………………… 056

4.3 乳液剂的工艺流程 …………………………………………… 056

4.3.1 乳化方法 ………………………………………………… 056

4.3.2 生产工艺 ………………………………………………… 057

4.4 乳液剂的主要设备 …………………………………………… 059

4.4.1 乳化设备 ………………………………………………… 059

4.4.2 灌装设备 ………………………………………………… 060

4.5 乳液剂的质量要求与控制 …………………………………… 060

4.5.1 乳液剂的感官评价 ……………………………………… 060

4.5.2 乳液剂的质量要求 ……………………………………… 061

4.5.3 乳液剂的稳定性 ………………………………………… 061

4.6 乳液剂的制剂实例 …………………………………………… 062

4.6.1 丝滑防晒乳 ……………………………………………… 062

4.6.2 修复滋养保湿乳 ………………………………………… 064

4.6.3 绵润身体乳 ……………………………………………… 066

4.6.4 乳化型洁面乳 …………………………………………… 067

4.6.5 抗敏修复乳 ……………………………………………… 069

4.6.6 祛痘乳液 ………………………………………………… 071

4.6.7 美白乳液 ………………………………………………… 072

4.6.8 抗皱乳液 ………………………………………………… 073

4.6.9 保湿舒缓滋养乳 ………………………………………… 075

4.6.10 舒缓乳化面膜 ………………………………………… 077

第5章 膏霜剂 ……………………………………………………… 079

5.1 膏霜剂及其特征 ……………………………………………… 079

5.1.1 膏霜剂的定义 …………………………………………… 079

5.1.2 膏霜剂的特征 …………………………………………… 079

5.1.3 膏霜剂的制剂原理 ……………………………………… 079

5.1.4 膏霜剂的主要产品 ……………………………………… 080

5.2 膏霜剂的基质与原料 ………………………………………… 080

5.2.1 油性原料 ………………………………………………… 080

5.2.2 粉质原料 ………………………………………………… 080

5.2.3　溶剂类原料 ·· 081

5.2.4　胶质原料 ·· 081

5.2.5　辅助原料 ·· 081

5.2.6　功效活性成分 ··· 081

5.3　膏霜剂的生产工艺流程 ··· 081

5.4　膏霜剂的主要生产设备 ··· 081

5.4.1　均质机 ··· 082

5.4.2　超声波乳化设备 ·· 082

5.4.3　灌装设备 ·· 082

5.5　膏霜剂的质量要求与控制 ·· 082

5.5.1　膏霜剂的质量要求 ··· 083

5.5.2　膏霜剂的质量问题与控制 ··· 083

5.6　膏霜剂的制剂实例 ··· 084

5.6.1　蜂蜜滋养雪花膏 ·· 084

5.6.2　维生素 E 保湿霜 ·· 085

5.6.3　草本祛痘霜 ··· 086

5.6.4　婴儿柔和滋润霜 ·· 088

5.6.5　高效滋润眼霜 ·· 090

5.6.6　美白护肤防晒霜 ·· 091

5.6.7　环保无毒染发膏 ·· 092

5.6.8　蛇油滋养护手霜 ·· 094

5.6.9　清新薄荷牙膏 ·· 095

5.6.10　抗衰紧致霜 ··· 096

第 6 章　凝胶剂 ·· 099

6.1　凝胶剂的剂型及其特征 ··· 099

6.1.1　凝胶剂的定义 ·· 099

6.1.2　凝胶剂的分类及特征 ·· 099

6.1.3　凝胶剂的制剂原理 ··· 099

6.1.4　凝胶剂的主要产品 ··· 100

6.2　凝胶剂的基质及原料 ·· 100

6.2.1　天然水溶性聚合物 ··· 101

6.2.2　改性天然水溶性聚合物 ··· 101

6.2.3　合成水溶性聚合物 ··· 101

6.2.4　无机胶凝剂 ··· 102

6.2.5　油性凝胶基质 ·· 102

6.2.6　功能性添加剂 ·· 103

6.2.7　辅助原料 ·· 103

6.3　凝胶剂的工艺流程 ··· 104

6.3.1　凝胶剂的工艺流程图 ·· 104

6.3.2　凝胶剂的制备方法 ··· 105

6.4　凝胶剂的主要生产设备 ··· 105

6.4.1　万能混合搅拌机 …………………………………………… 105

6.4.2　凝胶剂的脱气设备 …………………………………………… 105

6.4.3　凝胶剂的灭菌设备 …………………………………………… 105

6.5　凝胶剂的质量要求与控制 …………………………………………… 106

6.5.1　发用啫喱（水）…………………………………………… 106

6.5.2　护肤啫喱 …………………………………………… 106

6.6　凝胶剂的制剂实例 …………………………………………… 107

6.6.1　祛痘凝胶剂 …………………………………………… 107

6.6.2　抗氧化温敏型凝胶剂 …………………………………………… 108

6.6.3　抗氧化凝胶剂 …………………………………………… 109

6.6.4　美白护肤凝胶剂 …………………………………………… 110

6.6.5　保湿精华凝胶剂 …………………………………………… 112

6.6.6　卸妆洁面凝胶剂 …………………………………………… 113

6.6.7　抗妊娠纹凝胶剂 …………………………………………… 114

6.6.8　保湿防晒凝胶剂 …………………………………………… 115

6.6.9　祛斑凝胶剂 …………………………………………… 116

6.6.10　美白抗氧化凝胶剂 …………………………………………… 118

第7章　贴膜剂 …………………………………………… 120

7.1　贴膜剂的剂型及其特征 …………………………………………… 120

7.1.1　粉状膜剂 …………………………………………… 120

7.1.2　乳膏状膜剂 …………………………………………… 121

7.1.3　贴布膜剂 …………………………………………… 121

7.1.4　剥离膜剂 …………………………………………… 121

7.1.5　啫喱膜剂 …………………………………………… 121

7.1.6　眼膜与眼贴膜 …………………………………………… 122

7.1.7　塑身贴 …………………………………………… 122

7.2　贴膜剂的基质及其原料 …………………………………………… 122

7.2.1　贴膜剂基质 …………………………………………… 122

7.2.2　贴膜剂原料 …………………………………………… 123

7.3　贴膜剂的工艺流程 …………………………………………… 123

7.3.1　粉状贴膜剂的制备工艺 …………………………………………… 123

7.3.2　乳膏状膜剂的制备工艺 …………………………………………… 124

7.3.3　贴布膜剂的制备工艺 …………………………………………… 124

7.3.4　揭剥膜剂的配方与工艺 …………………………………………… 125

7.4　贴膜剂的生产设备 …………………………………………… 126

7.4.1　粉状贴膜剂的生产设备 …………………………………………… 126

7.4.2　乳膏状膜剂的生产设备 …………………………………………… 127

7.4.3　贴布膜剂的生产设备 …………………………………………… 127

7.5　贴膜剂的质量控制 …………………………………………… 128

7.5.1　包装材料与载体 …………………………………………… 128

7.5.2　贴膜剂原料 …………………………………………… 128

7.5.3　感官、理化和卫生指标 ·························· 128
7.6　贴膜剂的制剂实例 ···································· 128
　　7.6.1　粉状保湿面膜 ······························ 128
　　7.6.2　膏状护肤面膜 ······························ 129
　　7.6.3　芦荟补水贴布面膜 ·························· 130
　　7.6.4　软膏状剥离面膜 ···························· 131
　　7.6.5　透明凝胶剥离面膜 ·························· 132
　　7.6.6　乳状睡眠面膜 ······························ 133
　　7.6.7　泡沫面膜 ·································· 134
　　7.6.8　天然中药人参面膜 ·························· 135
　　7.6.9　膏状桑叶面膜 ······························ 136
　　7.6.10　补水面膜贴 ······························ 137

第 8 章　粉剂 ·· 140
8.1　粉剂的剂型与特征 ···································· 140
　　8.1.1　脸部用粉剂 ································ 140
　　8.1.2　眼部用粉剂 ································ 142
　　8.1.3　身体用粉剂 ································ 142
　　8.1.4　口腔用粉剂 ································ 143
　　8.1.5　发用粉剂 ·································· 143
　　8.1.6　冻干粉 ···································· 144
　　8.1.7　软膜粉 ···································· 144
8.2　粉剂的基质与原料 ···································· 144
　　8.2.1　粉体的基本特性 ···························· 144
　　8.2.2　粉剂配方构成 ······························ 145
　　8.2.3　粉剂化妆品中的原料 ························ 145
8.3　粉剂产品的制备工艺 ·································· 147
　　8.3.1　香粉类产品的制备工艺 ······················ 147
　　8.3.2　粉饼的生产工艺 ···························· 148
　　8.3.3　浴盐的生产工艺 ···························· 148
　　8.3.4　冻干粉的生产工艺 ·························· 149
　　8.3.5　特殊花纹的新工艺 ·························· 149
8.4　粉剂的生产设备 ···································· 150
　　8.4.1　粉碎设备 ·································· 150
　　8.4.2　筛分设备 ·································· 151
　　8.4.3　混合设备 ·································· 152
　　8.4.4　压粉设备 ·································· 153
　　8.4.5　真空冷冻干燥设备 ·························· 153
8.5　粉剂的质量要求与控制 ································ 153
　　8.5.1　粉剂质量的影响因素 ························ 153
　　8.5.2　粉剂中的有害物质 ·························· 154
　　8.5.3　粉剂产品的质量检验标准 ···················· 154

8.6　粉剂的制剂实例 ··· 156
　　8.6.1　丝滑肤感的定妆散粉 ·· 156
　　8.6.2　保湿定妆蜜粉饼 ··· 157
　　8.6.3　护肤美肤浴盐 ·· 158
　　8.6.4　贴肤眼影粉 ·· 158
　　8.6.5　细腻粉饼 ·· 159
　　8.6.6　护齿牙粉 ·· 160
　　8.6.7　高显色度胭脂 ·· 161
　　8.6.8　芦荟冻干粉 ·· 162
　　8.6.9　不含氧化剂的染发粉 ·· 163
　　8.6.10　眼影烤粉 ··· 164

第9章　固体剂 ··· 166
9.1　固体剂的剂型及其特征 ·· 166
　　9.1.1　固体剂的定义 ·· 166
　　9.1.2　固体剂的特征 ·· 166
　　9.1.3　粉碎与分级 ·· 166
　　9.1.4　固体剂的主要产品 ·· 167
9.2　固体剂的基质与原料 ·· 171
　　9.2.1　固体剂用油脂 ·· 171
　　9.2.2　固体剂用蜡 ·· 171
　　9.2.3　饱和脂肪烃及其衍生物 ·· 171
　　9.2.4　无机粉体原料 ·· 172
　　9.2.5　黏合剂 ·· 172
　　9.2.6　香精香料 ·· 172
9.3　固体剂的工艺流程 ·· 173
　　9.3.1　美容皂生产工艺流程 ·· 173
　　9.3.2　口红生产工艺流程 ·· 173
9.4　固体剂的主要生产设备 ·· 173
　　9.4.1　三次元振动筛 ·· 173
　　9.4.2　固体剂混合设备 ·· 174
　　9.4.3　压制成型设备 ·· 174
　　9.4.4　固体剂脱模机 ·· 174
　　9.4.5　固体剂包装设备 ·· 174
9.5　固体剂的质量要求与控制 ·· 175
9.6　固体剂的制剂实例 ·· 175
　　9.6.1　滋润型口红 ·· 175
　　9.6.2　天然美白皂 ·· 177
　　9.6.3　固体香水 ·· 178
　　9.6.4　香膏 ·· 179
　　9.6.5　高 SPF 值防晒棒 ·· 180
　　9.6.6　亚光型腮红 ··· 181

9.6.7　提亮型发蜡 ··· 182

9.6.8　低熔点脱毛蜡 ··· 183

9.6.9　滋润保湿型口红 ··· 183

9.6.10　纯天然型唇膏 ·· 186

第 10 章　气雾剂 ·· 188

10.1　气雾剂的剂型及其特征 ····································· 188

10.1.1　气雾剂的定义 ·· 188

10.1.2　气雾剂的分类 ·· 188

10.1.3　气雾剂的构成 ·· 189

10.1.4　气雾剂的工作原理 ······································ 189

10.2　气雾剂的推进剂及构件 ····································· 189

10.2.1　推进剂 ·· 189

10.2.2　气雾罐 ·· 192

10.2.3　气雾阀 ·· 194

10.2.4　阀门促动器 ·· 196

10.3　气雾剂的生产工艺及安全管理 ······························ 196

10.3.1　气雾剂一般生产工艺 ···································· 196

10.3.2　气雾剂充装中的技术要点 ································ 197

10.3.3　气雾剂生产工艺控制点 ·································· 199

10.3.4　气雾剂的生产安全管理 ·································· 200

10.4　气雾剂生产的主要设备 ····································· 201

10.4.1　气雾剂生产设备 ·· 201

10.4.2　气雾剂检测设备 ·· 202

10.5　气雾剂的质量要求与控制 ··································· 202

10.5.1　化妆品气雾剂的评价指标 ································ 202

10.5.2　气雾剂技术的整体性关系 ································ 203

10.5.3　气雾剂主要检验标准及法规 ······························ 203

10.6　气雾剂的制剂实例 ··· 204

10.6.1　香体止汗喷雾 ·· 204

10.6.2　氨基酸沐浴慕斯 ·· 205

10.6.3　玻尿酸保湿喷雾 ·· 207

10.6.4　氨基酸洁面慕斯 ·· 208

10.6.5　强力定型喷雾 ·· 209

10.6.6　激爽皂基剃须慕斯 ······································ 210

10.6.7　茶叶精华头发免洗喷雾 ·································· 212

10.6.8　防水抗汗防晒喷雾 ······································ 212

10.6.9　抗敏舒缓粉底慕斯 ······································ 214

10.6.10　滋养护发精油喷雾 ····································· 217

第 11 章　喷雾剂 ·· 218

11.1　喷雾剂的剂型及其特征 ····································· 218

　　11.1.1　喷雾剂的定义 ………………………………………………………… 218
　　11.1.2　喷雾剂的特征 ………………………………………………………… 218
　11.2　喷雾剂的原料和容器 …………………………………………………… 219
　　11.2.1　喷雾剂的料体原料 …………………………………………………… 219
　　11.2.2　喷雾剂的压缩气体 …………………………………………………… 220
　　11.2.3　喷雾剂的容器 ………………………………………………………… 220
　　11.2.4　喷雾剂的阀门系统 …………………………………………………… 220
　11.3　喷雾剂的工艺流程 ……………………………………………………… 221
　　11.3.1　喷雾剂的生产工艺流程 ……………………………………………… 221
　　11.3.2　喷雾剂生产注意事项 ………………………………………………… 222
　11.4　喷雾剂的主要生产设备 ………………………………………………… 222
　11.5　喷雾剂的质量要求与控制 ……………………………………………… 222
　　11.5.1　常规要求 ……………………………………………………………… 222
　　11.5.2　喷射总次与每喷喷量检查 …………………………………………… 222
　11.6　喷雾剂的制剂实例 ……………………………………………………… 222
　　11.6.1　常压型补水紧肤喷雾 ………………………………………………… 223
　　11.6.2　常压型保湿祛痘爽肤喷雾 …………………………………………… 224
　　11.6.3　常压型修颜定妆喷雾 ………………………………………………… 226
　　11.6.4　常压型止汗喷雾 ……………………………………………………… 227
　　11.6.5　常压型运动防晒喷雾（SPF 约为 30，PA＋＋＋）………………… 228
　　11.6.6　常压型隔离防晒喷雾（SPF 约 30，PA＋＋＋）………………… 230
　　11.6.7　常压型发用免洗定型喷雾 …………………………………………… 232
　　11.6.8　气压型补水保湿喷雾 ………………………………………………… 234
　　11.6.9　气压型保湿亮肤喷雾 ………………………………………………… 235
　　11.6.10　气压型保湿滋润防晒喷雾（SPF 约为 40，PA＋＋＋）………… 238

第 **12** 章　**化妆品制剂与皮肤吸收** …………………………………………… 241
　12.1　皮肤的结构与颜色 ……………………………………………………… 241
　　12.1.1　皮肤的结构 …………………………………………………………… 241
　　12.1.2　皮肤的颜色 …………………………………………………………… 245
　12.2　皮肤的功能与保护 ……………………………………………………… 245
　　12.2.1　皮肤的屏障和吸收 …………………………………………………… 246
　　12.2.2　皮肤的分泌和排泄 …………………………………………………… 246
　　12.2.3　皮肤的温度调节 ……………………………………………………… 246
　　12.2.4　皮肤的感觉 …………………………………………………………… 247
　　12.2.5　皮肤的免疫调节 ……………………………………………………… 247
　　12.2.6　皮肤的呼吸功能 ……………………………………………………… 248
　　12.2.7　皮肤的内分泌功能 …………………………………………………… 248
　　12.2.8　皮肤的新陈代谢 ……………………………………………………… 248
　12.3　化妆品皮肤吸收途径与影响因素 ……………………………………… 249
　　12.3.1　化妆品的透皮吸收及其途径 ………………………………………… 249
　　12.3.2　影响化妆品经皮吸收的主要因素 …………………………………… 250

12.4 化妆品透皮吸收原理与动力学 251
　　12.4.1 化妆品透皮吸收原理 252
　　12.4.2 化妆品透皮吸收动力学 253
　　12.4.3 基于化妆品透皮吸收动力学的皮肤模型 254
12.5 化妆品在皮肤中的代谢与转化 256
　　12.5.1 化妆品的皮肤代谢与转化途径 256
　　12.5.2 人体皮肤中与代谢途径相关的酶 256
　　12.5.3 化妆品在皮肤代谢与转化中的检测模型 259

第 13 章　表面活性剂化学 261
13.1 表面活性剂结构特征 261
13.2 表面活性剂分类 262
　　13.2.1 按离子类型分类 262
　　13.2.2 按特殊性分类 268
13.3 表面活性剂性质 275
　　13.3.1 疏水效应与 HLB 值 275
　　13.3.2 表面吸附作用 275
　　13.3.3 胶束化作用与临界胶束浓度 276
　　13.3.4 临界胶束浓度附近溶液性质的突变 276
　　13.3.5 离子型表面活性剂 Krafft 点 276
　　13.3.6 非离子型表面活性剂浊点 277
　　13.3.7 溶油性与加溶作用 277
　　13.3.8 表面活性剂的毒性与刺激性 277
13.4 表面活性剂的功能 278
　　13.4.1 润湿与渗透 278
　　13.4.2 乳化与分散 278
　　13.4.3 起泡与消泡 279
　　13.4.4 增溶作用 280
　　13.4.5 洗涤作用 280
13.5 化妆品用乳化剂的选择 280
　　13.5.1 乳化剂的选择原则 280
　　13.5.2 乳化剂的选择方法 281

第 14 章　化妆品流变学 284
14.1 流变学基础 284
　　14.1.1 基本概念 284
　　14.1.2 非牛顿流体 285
　　14.1.3 黏弹性流体 287
14.2 化妆品流变性质测量 289
　　14.2.1 测试方法 289
　　14.2.2 测量系统 292
14.3 化妆品流变学指导产品制造 296

14.3.1　化妆品流变学在配方中的应用·····················296

14.3.2　化妆品流变学在质量控制上的应用··················299

14.3.3　化妆品流变学在工艺上的应用·····················299

14.4　化妆品流变学预测产品性能····························300

14.4.1　化妆品流变学预测产品稳定性·····················300

14.4.2　化妆品流变学替代感官评价·······················302

第 15 章　化妆品制剂稳定性·····························305

15.1　化妆品制剂稳定性与保质期····························305

15.1.1　化妆品保质期·······························305

15.1.2　化妆品制剂稳定性与保质期的关系··················305

15.2　化妆品降解及影响因素······························306

15.2.1　化妆品原料的降解···························306

15.2.2　化妆品降解的影响因素························308

15.2.3　化妆品降解的反应类型························310

15.2.4　化妆品降解与环境保护························310

15.3　化妆品原料的稳定性及影响因素························312

15.3.1　油性原料的稳定性···························313

15.3.2　色素的稳定性及影响因素·······················314

15.3.3　香料香精的稳定性···························315

15.3.4　生产用水的稳定性···························316

15.4　不同剂型化妆品的稳定性及影响因素·····················316

15.4.1　水剂化妆品的稳定性·························317

15.4.2　气雾剂化妆品的稳定性························318

15.4.3　粉剂化妆品的稳定性·························318

15.5　包装容器的稳定性及影响因素··························318

15.6　化妆品制剂稳定性研究技术与试验方法····················319

15.6.1　稳定性试验的主要目的························319

15.6.2　稳定性试验的基本原则························320

15.6.3　稳定性试验的技术条件························320

15.6.4　稳定性试验样品的选择························323

15.6.5　稳定性试验样品的检验························323

第 16 章　化妆品制剂设计·····························327

16.1　化妆品剂型设计的基本原则···························327

16.1.1　安全性原则······························327

16.1.2　稳定性原则······························327

16.1.3　功效性原则······························328

16.1.4　感官性能原则·····························328

16.1.5　经济性原则······························328

16.1.6　绿色环保原则·····························328

16.2　化妆品剂型确定前的研究····························328

16.2.1 熟悉原料特征·····328
16.2.2 明确使用人群·····330
16.3 化妆品剂型的确定·····332
16.3.1 根据使用部位·····332
16.3.2 根据使用方法·····333
16.3.3 根据功效类型·····334
16.4 化妆品制剂的配方研究·····334
16.4.1 乳化体系·····335
16.4.2 增稠体系·····336
16.4.3 抗氧化体系·····337
16.4.4 防腐体系·····338
16.4.5 感官修饰体系·····339
16.4.6 功效体系·····340
16.4.7 安全保障体系·····341
16.5 新型化妆品剂型·····342
16.5.1 表面活性剂体系·····342
16.5.2 聚合物体系·····344

第 17 章 化妆品制剂环境与无菌操作·····347
17.1 化妆品制剂卫生基本要求·····347
17.1.1 原料及包装材料的卫生要求·····347
17.1.2 产品的卫生要求·····347
17.2 化妆品制剂污染物的预防措施·····348
17.2.1 化妆品中污染物的分类·····348
17.2.2 生物性污染的预防措施·····348
17.2.3 化学性污染的预防措施·····350
17.2.4 物理性污染的预防措施·····351
17.3 化妆品车间设计·····351
17.3.1 工厂选址·····351
17.3.2 车间要求·····352
17.3.3 设备要求·····352
17.3.4 生产流水线要求·····353
17.4 车间空气净化技术·····355
17.4.1 洁净室压差控制·····355
17.4.2 气流流型和送风量·····355
17.4.3 采暖通风和防排烟·····356
17.4.4 风管和附件·····356
17.5 化妆品灭菌方法与无菌操作·····357
17.5.1 化妆品灭菌方法·····357
17.5.2 生产车间的无菌操作·····358
17.6 化妆品防腐与防虫·····360
17.6.1 化妆品中的微生物·····360

17.6.2 影响微生物生长的因素 ·· 361

17.6.3 防腐剂及其特征 ·· 361

17.6.4 防腐剂的作用机理 ·· 361

17.6.5 影响防腐剂效能的因素 ·· 363

17.6.6 化妆品中常见的防腐剂 ·· 363

17.6.7 化妆品的防虫 ·· 364

第 18 章　化妆品安全性评价 ·· 366

18.1　化妆品常见皮肤病与不良反应 ·· 366

18.1.1 常见化妆品皮肤病 ·· 366

18.1.2 化妆品不良反应 ·· 368

18.1.3 化妆品不良反应原因分析 ·· 369

18.2　化妆品安全评价技术 ·· 371

18.2.1 化妆品毒理学检测 ·· 371

18.2.2 人体安全性检验方法 ·· 374

18.2.3 人体试用试验安全性评价 ·· 375

18.3　安全性评价动物实验替代技术 ·· 375

18.3.1 皮肤刺激性和腐蚀性试验 ·· 376

18.3.2 皮肤变态反应试验 ·· 377

18.3.3 皮肤光毒性试验 ·· 378

18.3.4 经皮吸收试验 ·· 378

18.3.5 眼刺激试验 ·· 379

18.3.6 慢性毒性检测实验 ·· 381

18.4　基于化妆品安全的配方设计 ·· 382

18.4.1 原料的选择及用量 ·· 382

18.4.2 配方设计中的循法原则 ·· 383

18.4.3 生产工艺的安全与合理性 ·· 384

第 19 章　化妆品功效性评价 ·· 386

19.1　化妆品功效性评价的意义 ·· 386

19.1.1 防晒化妆品 ·· 386

19.1.2 保湿滋润化妆品 ·· 388

19.1.3 抗衰老化妆品 ·· 388

19.1.4 美白祛斑化妆品 ·· 388

19.1.5 发用产品 ·· 389

19.1.6 控油祛痘化妆品 ·· 389

19.2　化妆品功效性评价的内容 ·· 390

19.2.1 防晒功效性评价 ·· 390

19.2.2 保湿滋润功效性评价 ·· 390

19.2.3 抗衰老功效性评价 ·· 390

19.2.4 祛斑美白功效性评价 ·· 391

19.2.5 发用化妆品功效性评价 ·· 391

19.2.6 控油祛痘功效性评价 ·· 392

19.3 化妆品功效性评价方法 ··· 392

19.3.1 防晒化妆品功效性评价方法 ······························ 392

19.3.2 保湿化妆品功效性评价方法 ······························ 393

19.3.3 抗衰老化妆品功效性评价方法 ··························· 394

19.3.4 美白祛斑化妆品功效性评价方法 ······················· 396

19.3.5 发用产品的功效性评价方法 ······························ 397

19.4 化妆品功效性评价测试仪器 ··· 399

19.4.1 皮肤测试类仪器 ·· 399

19.4.2 防晒测试类仪器 ·· 402

19.4.3 成像测试类仪器 ·· 403

19.4.4 头发测试类仪器 ·· 406

第20章　化妆品制剂包装 ·· 407

20.1 化妆品包装设计的现代美学 ··· 407

20.1.1 化妆品包装设计的基本要求 ······························ 407

20.1.2 化妆品包装设计的美学要求 ······························ 408

20.2 化妆品包装材料分类及特点 ··· 409

20.2.1 纸包装材料 ·· 409

20.2.2 塑料包装材料 ·· 410

20.2.3 玻璃与陶瓷包装材料 ··· 414

20.2.4 金属包装材料 ·· 415

20.2.5 复合包装材料 ·· 416

20.3 化妆品包装材料的质量安全评价 ··································· 417

20.3.1 化妆品包装材料质量安全评价的重要性 ················· 417

20.3.2 化妆品包装材料质量安全评价的方法 ··················· 417

20.3.3 我国对化妆品塑料包装材料的安全性评价要求 ········ 419

20.3.4 国内外对化妆品包装的安全性评价现状 ················· 420

20.3.5 参照食品药品包装的安全评价 ···························· 421

20.4 化妆品包装的选择原则 ··· 422

20.4.1 化妆品包装设计的原则 ······································· 422

20.4.2 化妆品包装材料的选择原则 ······························ 423

20.5 化妆品包装的未来趋势 ··· 424

20.5.1 向绿色环保方向发展 ··· 424

20.5.2 向设计创新方向发展 ··· 425

20.5.3 向系列化、组合化方向发展 ································· 425

20.5.4 包装材料逐渐从玻璃向塑料过渡 ························· 425

第21章　化妆品管理法规 ·· 427

21.1 化妆品市场监督类法规 ··· 427

21.1.1 化妆品法规体系建设 ··· 427

21.1.2 化妆品原料与产品要求 ······································· 429

  21.1.3 化妆品生产经营要求 ··· 432

  21.1.4 化妆品监督管理要求 ··· 437

  21.1.5 法律责任 ··· 440

 21.2 化妆品技术指导类法规 ··· 444

  21.2.1 化妆品功效宣称及评价的要求 ····································· 445

  21.2.2 化妆品中禁用物质和限用物质检测的要求 ······················ 446

  21.2.3 化妆品检验检测机构能力建设的要求 ··························· 446

  21.2.4 儿童化妆品申报与审评的要求 ····································· 447

 21.3 化妆品国家标准 ·· 447

  21.3.1 化妆品国家标准体系简介 ·· 447

  21.3.2 化妆品检验要求 ·· 448

第 22 章 消毒剂制剂实例 ·· 450

 22.1 化学类消毒剂产品制剂实例 ·· 450

  22.1.1 免手洗消毒液 ·· 450

  22.1.2 长效防护漱口水 ·· 451

  22.1.3 植牙用抑菌护理液 ·· 452

  22.1.4 眼部抑菌护理液 ·· 453

  22.1.5 免洗消毒酒精凝胶 ·· 454

  22.1.6 无醇型消毒凝胶 ·· 454

  22.1.7 免洗手部消毒凝胶 ·· 455

  22.1.8 免洗手部消毒喷雾 ·· 455

  22.1.9 美肤抑菌消毒喷雾 ·· 456

  22.1.10 蜂胶口腔抑菌消毒喷雾 ··· 457

 22.2 植物提取物消毒剂制剂实例 ·· 458

  22.2.1 复方植物杀菌剂 ·· 458

  22.2.2 草本消毒油 ··· 459

  22.2.3 草本空气消毒剂 ·· 459

  22.2.4 草本消毒凝胶 ·· 460

  22.2.5 草本浴盐 ·· 461

 22.3 氧化型消毒剂制剂实例 ··· 461

  22.3.1 高稳定性高锰酸钾消毒粉剂 ······································ 461

  22.3.2 含氯泡腾粉 ··· 462

  22.3.3 过氧醋酸消毒液 ·· 463

  22.3.4 稳定的次氯酸消毒液 ··· 463

  22.3.5 缓释型二氧化氯消毒液 ·· 464

第 23 章 化妆品制剂学实验 ·· 466

 23.1 基本制剂实验 ·· 466

  23.1.1 柔软性化妆水的制备 ··· 466

  23.1.2 防脱发中药发油的制备 ·· 468

  23.1.3 洁面乳的制备 ·· 469

　　23.1.4　美白凝胶的制备 ……………………………………………………… 471
　　23.1.5　剥离型润肤面膜的制备 …………………………………………… 473
　　23.1.6　水包油型纳米乳液的制备 ………………………………………… 474
　　23.1.7　腮红的制备 ………………………………………………………… 476
　　23.1.8　唇膏的制备 ………………………………………………………… 477
　　23.1.9　保湿补水喷雾剂的制备 …………………………………………… 479
　　23.1.10　粉饼中黏合剂用量的考察 ………………………………………… 480
　23.2　制剂性质实验 ……………………………………………………………… 481
　　23.2.1　常规气雾剂喷出率的测试 ………………………………………… 482
　　23.2.2　化妆品乳化类型 W/O 或 O/W 的鉴别 …………………………… 483
　　23.2.3　表面活性剂亲水亲油平衡值（HLB）的测定 …………………… 484
　　23.2.4　旋转流变仪测试洗面奶流变性质 ………………………………… 486
　　23.2.5　透皮吸收实验（Franz 扩散池透皮吸收试验） ………………… 487
　23.3　制剂评价实验 ……………………………………………………………… 488
　　23.3.1　化妆品中菌落总数的检测 ………………………………………… 489
　　23.3.2　化妆品急性经皮毒性试验 ………………………………………… 491
　　23.3.3　化妆品人体皮肤斑贴试验 ………………………………………… 492
　　23.3.4　化妆品保湿功效评价实验 ………………………………………… 494
　　23.3.5　化妆品抑制酪氨酸酶活力测定实验 ……………………………… 495

参考文献 ……………………………………………………………………………… 497

附录 …………………………………………………………………………………… 502
　附录1　常见乳化剂的 HLB 值 ……………………………………………… 502
　附录2　常见化妆品质量标准 ………………………………………………… 505

第 **1** 章
绪　论

化妆品是人类扮靓肌肤和美化生活的必需品，化妆品制剂必须安全而稳定，并使消费者得到满意的功效，因而所有的制剂都必须经过充分研究。化妆品制剂学的研究对象是化妆品制剂，研究内容是化妆品基本理论、配方设计、制备工艺和安全使用等，依托学科是基础医学、生物医药、化学化工、人工智能技术等。本章将定义化妆品制剂学、剂型、制剂等概念，提出化妆品制剂学的内容与任务，阐明化妆品剂型分类与合理选择，介绍化妆品最新制剂技术以及国内化妆品产业现状。

1.1　化妆品制剂学内容与任务

1.1.1　化妆品制剂学内容

化妆品制剂学（cosmetics science of preparations）是研究化妆品基本理论、剂型设计、设备选型、制剂工艺、质量控制和安全使用的科学。它不仅与化妆品专业的各门基础课、专业基础课和专业课程紧密联系，而且与化妆品生产和使用密切相关，是化妆品专业的核心课程。

化妆品制剂学的研究内容是融合皮肤基础医学、生物医药、化学化工、材料科学、现代美学、人工智能等学科的知识和技术，将具有清洁、保护、营养、美化和辅助治疗作用的功效成分，与具有赋形作用的基质原料及能提高制备效率、稳定制剂质量的辅助成分，加工制造成适合以涂擦、喷洒、贴敷及类似方法，施用于人体皮肤、毛发、指甲、口唇等部位，以达到清洁、保护、美化、修饰等为目的的日用化学工业产品。

化妆品制剂学既具有研究化妆品料体配方、物质流变性、生产方法和生产过程等生产工艺学性质，又具有研究化妆品在皮肤的吸收途径、分布形态、代谢转化、功效作用和安全使用及其影响因素等生物学性质。

化妆品制剂学的研究目的是优化设计配方，选择适宜剂型，阐明功效途经，评价制剂质量，指导化妆品的科学研究和工业生产，保障消费者身体健康，满足人民对肤体健康和靓丽的美好追求。

1.1.2　化妆品制剂要求

化妆品剂型（type of cosmetic formulations）是指将化妆品基质、辅料与功效成分，经合适工艺制成的可施用于人体表面的最后形式，是一种集合名词。如水剂、油剂、乳液剂、膏霜剂、凝胶剂、喷雾剂等。

化妆品制剂（cosmetic preparations）是指按照一定的剂型要求所制成的，可以最终提供给消费者使用的具体化妆品，是一种具体名词。如谷胱甘肽亮颜冻干粉、舒缓焕颜修复面膜、活性多肽修复精华乳、九胜肽紧致平肤霜、积雪草祛痘修护贴等。

化妆品制剂必须有效、安全和稳定，具体要满足以下三个层次的要求。

一是一般要求。化妆品必须外观良好，不得有异臭；化妆品不得对皮肤和黏膜产生刺激和损伤作用；化妆品必须无感染性，使用安全。

二是对原料的要求。化妆品原料的质量和安全控制是化妆品生产的重要环节，我国对化妆品配方使用的原料实行目录管理。禁止使用国家《化妆品安全技术规范》（2021 年修订版）中大麻二酚等 1393 种（类）禁用组分；限制使用国家《化妆品安全技术规范》（2015年版）中苯扎氯铵等 47 种（类）限用组分，如果使用具有同类作用的限用物质，其用量与规定限量之比的总和不得大于 1；可以使用国家《化妆品安全技术规范》（2015 年版）中 51种（类）准用防腐剂、27 种（类）准用防晒剂、157 种（类）准用着色剂和 75 种（类）准用染发剂。其他原料只能使用国家《已使用化妆品原料名称目录》中的原料（2021 年修订版收录了 8972 种化妆品原料），新原料注册人、备案人可以使用正在注册、备案的化妆品新原料。

三是对产品的要求。化妆品的微生物学质量要求为眼部、口唇、婴童用化妆品细菌总数不得大于 500CFU/mL 或 500CFU/g，其他各类化妆品细菌总数不得大于 1000CFU/mL 或 1000CFU/g；化妆品中所含汞、铅、砷、镉、甲醇、二噁烷、石棉等有毒物质不得超过国家《化妆品安全技术规范》中规定的限量。

1.1.3　化妆品制剂学任务

化妆品制剂学的任务是将功效成分以合适剂型制备成制剂，达到安全有效、稳定可靠、使用方便的目的。化妆品制剂学的具体任务是在原料开发、剂型创新、配方设计、生产工艺改进及效果科学评价等方面不断地进行研究与探索，全面引入当代先进技术、优质原料、智能设备及生产管理经验，提高产品品质和消费者适用性。其具体任务有以下六个方面。

1.1.3.1　发展化妆品制剂学基本理论

化妆品制剂学基本理论要不断发展。化妆品制剂学涉及的基本理论包括溶液理论、乳化理论、粉体学理论、流变学理论、皮肤生理学理论、透皮吸收理论、生物学理论、化学动力学理论、材料学理论、心理学理论、现代美学理论和人工智能理论等。这些理论的每一项研究成果，对化妆品制剂研究和工业生产都有极强的能动作用和指导作用，对化妆品制剂的功效、安全、工艺和质量稳定都会带来质的变化。化妆品任何一次技术进步，都是在这些基本理论最新突破的基础上产生的。因此，化妆品制剂学的首要任务就是要不断地探索和发展基本理论，并将这些领域里的相关新思维和新理论应用到化妆品制剂学的实践中。

1.1.3.2　拓展化妆品新原料

化妆品原料是产品质量、安全和功效的源头。化妆品原料分为功效原料（活性成分）、基质原料和辅助原料三大类。功效原料指针对某种皮肤问题而具有一定功效的化妆品原料，分一般功效原料和特殊功效原料。一般功效原料包括具有清洁、保湿、滋润、芳香、控油、爽身等功效的物质，特殊功效原料包括具有防腐、防晒、着色、染发、祛斑美白等功效的物质。基质原料是化妆品的一类主体原料，在化妆品配方中占有较大比例，是化妆品中起到主要作用的物质，一般分为油质原料、粉质原料、胶质原料和溶剂类原料。辅助原料则是对化妆品的成形、稳定、着色、赋香及其他特性起作用，这些物质在化妆品配方中用量不大，但却极其重要，可用于制造各种剂型，提高料体制剂的稳定性，使料体制剂具有优良外观，但不能妨碍检测，不应具有药物活性，不应增强主功效成分的功效。新剂型创新离不开新型功效原料、基质原料与辅助原料的拓展开发。

为促进化妆品行业的创新发展，国家鼓励开发化妆品新原料。根据原料风险大小，将原料分为风险程度较高的新原料和其他化妆品新原料，并实施不同的管理方式。对风险程度较高的新原料实施行政许可管理，即实施注册制；而对其他化妆品新原料实施告知性备案管理，即备案制。具有防腐、防晒、着色、染发、祛斑美白功能的化妆品新原料归为高风险原料。原料分类管理制度的引入，充分体现了基于风险的科学管理理念。

2020 年底，国家批准月桂酰精氨酸乙酯盐酸盐作为化妆品防腐剂使用，纳入《化妆品安全技术规范》（2015 年版）第三章的化妆品准用防腐剂，并规定除唇部产品、口腔卫生产品和喷雾产品之外的各类化妆品限制用量为 0.4%；批准磷酰基寡糖钙、硬脂醇聚醚-200、甲氧基 PEG-23 甲基丙烯酸酯/甘油二异硬脂酸酯甲基丙烯酸酯共聚物等 3 个原料作为化妆品原料使用。这是 2013—2020 年间，国家仅批准的四种新原料。由此可见，我国对于化妆品原料审批非常严格，开发一种新原料或对现有原料开发新功效，难度较大，审批前要依据化妆品制剂学的要求，做大量的安全性评价和功效性评价研究。

1.1.3.3　应用当代新技术

当今时代是一个新技术层出不穷的时代。化妆品制剂学重点应用研究包括生物技术、纳米技术、新材料技术、信息技术、人工智能技术、全息式存储技术等高新技术。

生物技术是应用现代生物科学及化学工程原理，将生物本身的某些功能应用于其他技术领域，生产可供利用的产品的技术体系。现代生物技术主要包括基因工程、细胞工程、酶工程、发酵工程和蛋白质工程。生物技术在化妆品原料提供、功效评价和安全评价等 3 个方面都有广泛的应用，包括为化妆品配方提供新型功效原料的生物提取分离技术、生物发酵技术、酶工程、植物细胞培养技术，为化妆品美白、抗衰老、抗敏、祛红血丝提供功效检测方法的各类生物技术，为化妆品提供安全评价方法的彗星实验、致病菌检测实验、红细胞溶血实验、鸡胚绒毛膜尿囊膜实验等生物技术。

纳米技术是研究纳米尺度结构中物质作用的技术。所形成的纳米生物学、纳米材料学和纳米药物的研究成果与化妆品工业有着紧密而重要的联系。纳米生物学是在纳米尺度上研究细胞内部和细胞之间的物质能量和信息交换的新兴学科，如美白、祛斑等功能性化妆品，需要将功效成分深入渗透至皮肤的特定部位甚至细胞内部才能产生效果。利用仿生分子马达驱动功效成分可以深入指定部位再行释放，其效率将远远超过目前的皮肤吸收模式。纳米化技术将难溶解的功效成分纳米化，由于增加了溶解速率和接触面积，功效成分的吸收和利用都大大增加。植物化妆品的功效成分来源于植物，将植物功效成分直接纳米化可解决化学提取损耗大、成本高的问题。纳米化技术另一个应用表现在对活性成分的定向作用。通过对原料中的纳米微粒的表面化学修饰可以达到控制释放、提高靶向能力和改变靶向部位的作用，可以增强活性成分与特定受体的结合，从而提高活性成分的定向作用。润肤、美白和抗衰老等化妆品中都可以采用这种纳米技术提高效能。由于纳米材料具有小尺寸效应、量子化尺寸效应、宏观量子隧道效应以及表面效应，在功能材料的研究中得到极大的关注。在纳米功能材料中，纳米二氧化钛、纳米氧化锌和氧化硅等紫外波段吸收材料，在防晒化妆品中应用较多。

小包装的次抛技术。过去，以玻璃安瓿为代表的小包装盛行，但开启难度大、划伤风险高、易形成微粒污染等问题凸显。而次抛采用的 BFS 技术能够实现"吹（blow）、灌（fill）、封（seal）"一体成型，是一种无菌生产工艺，产品便于运输、贮存和使用，在化妆品精华素与原液市场，深受消费者喜爱。

信息技术主要指信息的获取、传递、处理等技术，包括计算机技术、通信技术和网络技术等，它贯穿于化妆品市场需求、原料选用、配方优化、工艺制备、检测评价和物流销售等化妆品生命周期的全部环节。

1.1.3.4 创新化妆品新剂型

新剂型的出现都与乳化技术相关。在乳化技术发展的过程中有 HLB 乳化、PIT 转相乳化、凝胶乳化、多重乳化和液晶乳化等技术，其制备的产品质感和安全性很大程度上取决于所用乳化剂的种类和乳化能力。在乳化技术开发研究中，需要进一步开发出对人体无刺激、与环境适应性高、只需要添加少量就可以进行乳化的高效乳化剂，更进一步则需研究无乳化剂稳定油相颗粒技术。

1.1.3.5 开发化妆品制剂新设备

化妆品配方确定以后，就要由制剂设备生产成化妆品。制剂设备对于提高制剂生产效率、保证制剂质量有非常重要的意义。

化妆品制剂设备多种多样。将物料细化均匀的设备就有多种，如球磨机、砂磨机、粉碎机、胶体磨、分散机、高压均质机、超声均质机等，这些能细化物料的设备，其适用范围、细化均质能力各不相同。而高剪切乳化机具备了细化、分散和均质的功能，可用于液-液的乳化均质、液-固（粉体、小颗粒）的细化分散。均质机搅拌的速率会影响乳化体颗粒大小的分布，如果需要极细颗粒，最好使用超声设备、均化器或胶体磨等高效乳化设备。

优良的制剂产品，离不开制剂设备的改进。例如，动态超高压微射流均质机是在动态超高压微射流技术基础上发展起来的一种制剂设备，集输送、混合、超微粉碎、加压、加温、乳化等多种单元操作于一体，可实现物料剪切、破碎、乳化和均质，这一设备极大地提高了植物化妆品制剂的品质。前几年设计开发的多效蒸馏水生产设备，既节约能源又提高了化妆品制剂用水的质量。我国化妆品制剂设备一体化、自动化程度较高，但要满足化妆品高品质生产需要与达到生产完全智能化还有很多工作要做。

1.1.3.6 建立化妆品检测评价新方法

化妆品检测评价一般有两方面内容。一是化妆品卫生质量安全性检测与评价，简称安全性评价；二是化妆品功效宣称评价，简称功效性评价。

（1）安全性评价 安全性评价是指利用化妆品检验检测技术和评价方法，对化妆品理化性状、稳定性、微生物污染状况、各种禁用和限用物质及其含量、化妆品毒性和人体安全进行检测与评价。安全性评价含原料安全性评价、产品安全性评价，以及儿童化妆品安全性评价三类。原料的安全性是化妆品产品安全的前提条件，化妆品原料的风险评估包括原料本身及可能带入的风险物质；化妆品产品可认为是各种原料的组合，应基于所有原料和风险物质进行评估，如果确认某些原料之间存在化学或生物学等相互作用的，应该对其产生的风险物质进行评估；根据已颁布的儿童化妆品配方原则，对儿童化妆品的安全性进行研究与评价，对儿童化妆品所使用原料进行安全性风险评估，对配方中使用香精、乙醇类有机溶剂、阳离子表面活性剂以及透皮促进剂等原料的安全性风险进行评估，确保儿童化妆品使用安全。

（2）功效性评价 为加强化妆品功效宣称管理，保证化妆品功效宣称有科学、真实、客观和准确的依据，推动化妆品行业的健康发展和切实保障消费者权益，对化妆品要进行功效宣称评价。化妆品功效宣称评价方法应科学、合理，首选现行有效的技术规范和法律法规中推荐的方法。评价方法包括含人体试验和动物试验的体内试验、体外试验、消费者调查等。

化妆品功效评价是通过生物化学、细胞生物学、临床评价等多种方法，对化妆品功效性宣称进行综合测试、合理分析，以及科学解释。功效宣称证据一般有人体试验报告（随机、对照、盲法设计）、动物试验报告、消费者调查报告（随机、对照、盲法设计）、体外替代试验报告、除替代试验以外的其他体外试验报告，及相关文献或行业内普遍认可的资料。

化妆品检测评价结果受分析仪器、检测技术和评价方法的影响非常大。目前，化妆品安全性评价有各种灵敏度高、准确性好的精密仪器和相应的分析技术，基本上可满足评价要求；而功效评价方法不多，只有防晒化妆品的防护效果评价方法，保湿功效、美白功效、抗衰功效、祛痘功效等还缺少合适的评价方法。因此，我们要根据人体表皮与毛发的物理性质、生化性质等生理参数及其变化规律，设计开发出不受或少受主观因素影响的功效评价仪器和检测评价方法。

1.2 化妆品制剂技术

化妆品制剂技术类型较多，发展较快，随着乳化技术、生物制剂学、物理制剂学、工业制剂学、美容化妆品学的发展不断完善。使用室温乳化混合器以及超声波振荡连续乳化技术可以较快完成乳化，既可以节约能源、时间和场地面积，还能保持产品质量一致。除了经典制剂技术，近年来还涌现了很多新的制剂技术。

（1）高分子聚合物三维悬浮技术　高分子聚合物有较长的分子链，主链上分布有亲水基团和亲油基团，按照亲水亲油特性吸附于极性-非极性界面，疏水基团与油脂结合，在油相颗粒界面形成稳定的保护层。采用天然高分子聚合物悬浮稳定，使水相和油相稳定共存于一个体系，这种体系称为双凝胶结构。

（2）D 相乳化技术　D 相即表面活性剂相，是一种由表面活性剂单层分子膜将水相和油相分隔的相状态。D 相可比作一块海绵纤维，而水相和油相分别形成连续相，被吸纳其中。D 相的界面膜张力趋近于 0，当外界条件发生变化时很容易发生相态转变，形成十分微小的水包油型（O/W）或油包水型（W/O）乳化体，几乎不需要过多的机械能搅拌。D 相乳化法是在转相乳化法基础上发明的一种新的乳化法，其工艺原理是采用 1,3-丁二醇或甘油溶解分散具有表面活性的原料，多元醇使表面活性剂的浊点上升，提高了表面活性剂与水的相容性，使表面活性剂更容易吸附在 O/W 界面上。

（3）固体颗粒乳化技术　固体颗粒乳化技术是指用固体颗粒代替传统的化学乳化剂，固体颗粒在分散相液滴表面形成一层薄膜，阻止了液滴之间的聚集，获得稳定的 O/W 分散相。以固体颗粒作为乳化剂时，乳状液的稳定性依赖于固体颗粒的粒径、表面润湿性及固体颗粒之间的相互作用，其中颗粒表面的润湿性是最重要的影响因素。采用固体颗粒乳化剂代替传统的表面活性剂而使配方的温和性大大提高，在防晒配方中尤为适用，固体颗粒乳化剂本身作为防晒剂使用，并与其他防晒剂有协同增效作用，从而降低配方中防晒剂的总用量。固体颗粒乳化剂的使用可以改善产品的肤感和涂抹性，且稳定性不受油脂性质和电解质的影响，针对不同的护肤产品油脂的选择性更广。

（4）纳米脂质体技术　脂质体是类脂组成的双分子层结构，被广泛用作化妆品活性组分的传送体系，不仅自身具有很好的护肤效果，还能很好地稳定和保护有效组分。纳米脂质体采用天然的卵磷脂作为脂质体的壁材，卵磷脂作为生物细胞膜的组成成分，除具有优越的乳化能力之外，还具有促进经皮吸收、加强保湿效果以及缓和刺激等功效，有着非常重要的实际研究和应用价值。

（5）微胶囊技术与微胶囊化妆品　微胶囊作为一种新的剂型，近年来被越来越多地应用于化妆品中。多种化妆品原料由于微胶囊的包裹克服了各自的缺点和局限性，扩大了它们的应用。例如水杨酸经过微胶囊包裹可减少对皮肤的刺激性，微胶囊化的硫辛酸掩蔽了不良气味，单一或复配紫外线吸收剂的包埋可以有效避免穿透角质层并提升防晒剂的安全性和稳定性等。微胶囊技术应用于化妆品中，可以减少对皮肤刺激，掩蔽不良颜色或气味，避免原料间相互作用，缓慢释放和控制释放。化妆品功效成分的传递技术是十分重要的，粒径较小、生物相容性较好的微胶囊可以有效增大功效成分的透皮吸收，已经在防晒剂、香精、植物油和其他功效原料中得到了应用。例如，木质素纳米胶囊作防晒剂，可使 SPF 值成倍提高。

（6）液晶技术与液晶化妆品　液晶是指处于"中介相"状态或称介晶态的物质，其结构可以通过显微镜照片、差示扫描量热法、X 射线衍射和核磁共振氢谱法来表征。液晶作为"介晶态"物质，一方面具有像晶体一样的各向异性，另一方面又有像液体的流动性，因其高度有序的结构、独特的光学效应和与皮肤较好的亲和性等诸多优点而被广泛应用于化妆品体系中。在透明的凝胶基质中添加具有七彩颜色的胆甾相液晶，可制成一种可视性优异的艺术化妆品。液晶结构在乳状液中的应用是通过选择一定的乳化剂，形成具有液晶结构的乳状化妆品。含有液晶结构的乳状液具有很好的稳定性，可以延长水合作用和闭合作用，因此具有优异的保湿性能。包裹在液晶中的活性成分的释放速度也可以通过液晶与角质层的相互作用进行调节，降低溶解在油滴中的活性成分在界面间的传递，实现活性成分的持久释放，为皮肤充分吸收利用。

除此之外，还有毫微乳液制剂、缓释制剂等。毫微乳液与普通乳液相比，以其粒径极小、透皮吸收性好而成为一种功能性化妆品新剂型。化妆品缓释制剂是指通过延缓功效成分从该剂型中的释放速率，降低功效成分被皮肤吸收的速率，从而延迟护肤作用时间，以达到更佳的护肤效果。

1.3　化妆品剂型分类与合理选择

1.3.1　化妆品分类

化妆品种类繁多，分类方法各种各样。各种分类方法不尽相同，可按产品功能、产品使用目的、使用部位、原料来源、配方特点、生产工艺、产品剂型、分散系统、使用人群性别和年龄组别等分类。各种分类方法都有其优缺点，单一分类很难建立起系统的分类体系。

我国化妆品分为普通化妆品和特殊化妆品。用于染发、烫发、防脱发、防晒、祛斑美白的化妆品，以及宣称新功能的化妆品为特殊化妆品。特殊化妆品以外的化妆品为普通化妆品。与化妆品原料一样，国家对化妆品实行分类管理，特殊化妆品实行注册管理，普通化妆品实行备案管理。

我国《化妆品分类规则和分类目录》中，采用线分类法，按功效宣称、作用部位、产品剂型、使用人群、使用方法等 5 种分类方法分类。其中，按使用方法分为淋洗类、驻留类 2 类；按使用人群分为普通人群、婴幼儿、儿童和新功效等 4 类；按作用部位分为头发、体毛、躯干部位、头部、面部、眼部、口唇、手足、全身皮肤、指（趾）甲和新功效等 11 类；按剂型分为膏霜乳、液体、凝胶、粉剂、块状、泥类、蜡基、喷雾剂、气雾剂、贴膜、冻干和其他等 12 类；按功效宣称分为染发、烫发、祛斑美白、防晒、防脱发、祛痘、滋养、修护、清洁、卸妆、保湿、美容修饰、芳香、除臭、抗皱、紧致、舒缓、控油、去角质、爽身、护发、防断发、去屑、毛色护理、脱毛、辅助剃须剃毛和新功效等 27 类。这种分类有助于规范化妆品生产经营活动，保障化妆品的质量安全，也有利于在化妆品产品的统计及监督管理时用于判断产品的归属。

1.3.2　化妆品剂型分类

为了方便理解，根据化妆品剂型特点，参照《化妆品分类规则和分类目录》，本教材将化妆品按照剂型不同分为 10 类，见表 1-1。

表 1-1　化妆品剂型分类及产品内容范围

编码	产品剂型	内容范围	产品举例
01	水剂 (water, liquid, lotions, vinum, solutions)	以水、低沸点有机物为溶剂,不经乳化的露、液、水等	香水、花露水、古龙水、护肤水、紧肤水、收敛水、洗发水、生发水、化妆水、卸妆水、浴液、冷烫液、按摩液、护唇液、眼部清洁液、护肤精油、风油精、保湿露、安瓶精华液、次抛精华液等
02	油剂 (oils)	不经乳化的含植物油脂、动物油脂、矿物油类液体	防晒油、卸妆油、洁面油、发蜡、发油、头油、按摩油、润发油、营养焗油、蛤蜊油、指甲油等
03	乳液剂 (milks, emulsion)	经过乳化的乳、乳液、奶、奶液等	乳液、护肤液、洗面奶、洗发乳、香波、沐浴乳液、洁面乳液、洁面奶液等
04	膏霜剂 (creams)	经过乳化的膏、霜、蜜、脂等	雪花膏、洗发膏、洗面膏、剃须膏、防裂膏、睫毛膏、护发素、润唇膏、眼影膏、育发膏、染发膏、烫发膏、薄荷膏、乳膏、清洁霜、粉底霜、除臭霜、祛斑霜、防晒霜、美容霜、粉霜、润肤蜜、营养霜(人参、多糖、维生素、珍珠粉、氨基酸、生物肽)等
05	凝胶剂 (gels, jelly)	不经乳化的啫喱、胶等	面膜、染发胶、护肤啫喱、护发啫喱、洁面啫喱、定型啫喱、洗发凝胶、护发凝胶、造型凝胶、卸妆凝露等
06	贴膜剂 (membrane, pellicles, packs, mask, dilms, palster)	含贴、膜等配合化妆品使用的基材	发膜、冻膜、泥膜、眼膜、眼贴膜、唇膜、睡眠面膜、鸡蛋面膜、微晶干膜、骨胶原面膜粉、剥离性冷面膜、剥离性热面膜、不可剥型面膜泥、面贴膜、无纺布面膜、橡胶膏剂、凝胶膏剂、塑身贴、鼻膜、鼻贴膜等
07	粉剂 (powders, looses, grains, salts)	散粉、块状粉、冻干粉、膜粉、颗粒等	粉块、粉饼、痱子粉、香粉、眼影、胭脂、染发粉、足粉、爽身粉、护肤粉、冻干粉、盐浴、磨砂颗粒等
08	固体剂 (compact, mud, wax, bar, stick, lozenge)	大块固体、泥状固体、蜡基固体等	肥皂、固体香水、固体面膜、块状、锭状、笔装、胶冻装、唇膏、口红、眉笔、发蜡、洁面泥、洗颜泥、冻干球等
09	气雾剂 (aerosols)	含推进剂的气雾剂类	喷发胶、保湿气雾剂、定型摩丝、喷雾摩丝、洁面气雾剂、晒后修护气雾剂、香体喷露、防晒气雾剂、空气清新剂、芬芳气雾剂等
10	喷雾剂 (sprays)	不含推进剂的气雾剂类	定妆喷雾剂、净味喷雾剂、冷冻喷雾剂、抑菌喷雾剂、口洁喷雾剂、防晒喷雾剂等

1.3.3　化妆品基本特性和不良反应

1.3.3.1　化妆品基本特性

化妆品的基本特性有 5 个方面。

(1) 安全性　符合卫生要求,保证化妆品的安全性,防止化妆品对人体近期和远期的危害。

(2) 稳定性　化妆品中的一些成分往往是热力学不稳定体系,为了保证化妆品的功能和外观,化妆品必须有良好的稳定性。

(3) 使用性　化妆品的使用性是指在使用过程中的感觉和效果,如润滑性、黏性、发泡性、防晒性等,合格的化妆品应该具有良好的使用性,满足相应消费者的要求。

(4) 功效性　化妆品的功效性是指专门针对问题性皮肤而设计的有特殊作用的性质。功效性化妆品是根据皮肤组织的生理需要和病理的改变,选择添加具有相应功效成分的物质,使产品兼具某种特效。如:防晒剂具有防晒功能,育发产品具有育发功能,脱毛产品具有脱毛作用。

（5）化妆品的不良反应性　可能增加皮肤负担，引起皮下神经兴奋，发生过敏反应等。

1.3.3.2　化妆品不良反应

化妆品不良反应是指人们在日常生活中正常使用化妆品所引起的皮肤以及人体局部或全身性的损害，不包括生产、职业性接触化妆品及其原料所引起的病变或使用假冒伪劣产品所引起的不良反应。

国家建有化妆品不良反应监测系统，对人们在日常生活中使用化妆品引起的皮肤病变，制定了化妆品接触性皮炎、化妆品痤疮、化妆品毛发病、化妆品色素异常性皮肤病、化妆品光接触性皮炎、化妆品甲病、化妆品唇炎、化妆品接触性荨麻疹等一系列常见化妆品皮肤病诊断及处理原则的国家标准。建立了国家化妆品不良反应监测评价基地，以及国家、省、县三级监测网络，各级监测部门都建有监测哨点，负责收集来自个人、医疗机构、电商平台、集中交易商场、美容美发机构、生产企业和行业协会等渠道上报的化妆品不良反应报告，定期分析安全风险，实施风险评估和预警。

1.3.4　化妆品剂型的合理选择

1.3.4.1　化妆品剂型选择的意义

在确定生产化妆品时，化妆品剂型的选择非常重要。化妆品护肤效果不仅决定于料体原料本身，也取决于剂型的选择和制剂技术的优劣。选择合理的剂型，对充分发挥化妆品原料功效、提高化妆品安全性和护肤质量、降低化妆品不良反应等具有重要意义。

化妆品剂型与护肤效果密切相关，是护肤显效快慢强弱的重要因素，合理选择化妆品剂型可以使护肤效果最大化。适宜的化妆品剂型直接影响化妆品的代谢过程和药代动力学，影响功效成分溶出和吸收，影响化妆品制剂质量稳定性，影响使用化妆品的安全性和有效性。剂型可以改变化妆品的基本特性、作用性质、作用速度、不良反应和生物利用度，最终影响化妆品的使用效果。

1.3.4.2　化妆品剂型的合理选择

在明确化妆品功效、特性和外观要求后，就要选择化妆品的剂型。化妆品剂型的选择受限于多种因素，包括消费者使用要求、消费者适应性、料体理化性质和生物学特性、产品价格定位、产品贮藏方式、产品物流过程、市场反馈、现有生产设备、技术团队和管理团队业务素质等多种因素，研究开发和生产时应依据这些因素合理选择化妆品剂型。

1.4　国内化妆品产业现状

国内化妆品产业近30年得到了迅猛发展，在开放中创造机遇，在监管中破解难题，取得了前所未有的成就，形成了一个规模较大、发展较快的产业。随着科学进步不断地进行技术创新，产品的种类和功效不断地细化。

近年，在各级高新技术企业认定，工程技术研究中心、重点实验室、技术改造类项目、科技领军人才项目、急需紧缺人才项目、智能制造示范项目、科学技术奖评审项目等申请中，可以明显地看出，化妆品产业正在逐渐成长为一个崭新的"高新技术产业"。我们可以从近几年生产企业数量、制剂品种数量和零售总额等3个方面，全面了解国内化妆品产业发展现状。

（1）生产企业　2018年至2020年3年时间里，全国化妆品生产企业从4169家增加到5435家，年均增长率为9.24%。其中广东省化妆品生产企业较多，占全国54.7%。近年全国化妆品生产企业增长情况见表 1-2。

表 1-2　2017—2020 年全国化妆品生产企业数量增长情况[①]

地点	至 2017 年底	至 2018 年底	至 2019 年底	至 2020 年底	2018 年增长率/%	2019 年增长率/%	2020 年增长率/%
全国	4169	4731	5200	5435	13.5	9.9	4.5
广东	2306	2596	2844	2975	12.6	9.6	4.6
浙江	397	486	548	555	22.4	12.8	1.3
江苏	272	287	308	321	5.6	7.3	4.2
上海	209	222	224	227	6.2	0.9	1.3
山东	106	152	165	177	43.4	8.6	7.3
湖北	60	72	81	88	20.0	12.5	8.6
湖南	41	44	55	63	7.3	25.0	14.5
广西	45	54	62	69	20.0	14.8	11.3
江西	34	49	55	53	44.1	12.2	—3.6

①数据采自国家药品监督管理局网站。

（2）化妆品制剂数量及增长率　化妆品分为国产普通化妆品、国产特殊化妆品和进口化妆品。这三类化妆品制剂数量逐年增加，其中普通化妆品制剂年增长率在 25%～65.1% 之间，其他两类化妆品制剂年增长率在 15% 左右。近年化妆品制剂数量与增长情况见表 1-3。

表 1-3　2017—2020 年化妆品制剂数量及增长情况[①]

类型	至 2017 年底	至 2018 年底	至 2019 年底	至 2020 年底	2018 年增长率/%	2019 年增长率/%	2020 年增长率/%
国产普通化妆品	1091880	1431410	2363865	2974005	31.1	65.1	25.8
国产特殊化妆品	33080	38589	44140	50446	16.7	14.4	14.3
进口化妆品	172270	205983	233543	257755	19.6	13.4	10.4

①数据采自国家药品监督管理局网站。

（3）化妆品零售总额情况　2010—2019 年十年间，我国限额以上化妆品企业零售总额呈持续增长趋势，十年内年均增长率为 14.4%，远高于同期 GDP 增长速度。近 10 年限额以上化妆品企业零售总额及增长情况见表 1-4。

表 1-4　2010—2020 年限额以上化妆品企业零售总额及增长情况[①]

项目	2010	2011	2012	2013	2014	2015	2016	2017	2018	2019	2020
零售总额/亿元	889	1103	1340	1625	1825	2049	2222	2514	2617	2992	3276
年增长率(%)	16.6	24.1	21.5	21.3	12.3	12.3	8.4	13.1	4.1	14.3	9.5

①"限额以上化妆品企业零售总额"来自国家统计局相关年度国民经济和社会发展统计公报。"限额以上企业"指年销售额 2000 万元及以上的批发企业，年销售额 500 万元及以上的零售企业。

事实上，化妆品企业零售总额远高于表中数据。以广州市白云区为例，2019 年共有持证的化妆品企业 1358 家，企业数量约占全国总数的 30%。其中规模以上企业 62 家，占比 4.6%；限额以上企业 33 家，占比 2.4%。这就意味着，还有 97% 以上企业的产值没有能够统计在这个数据中。由此可见，我国化妆品产业已经处在规模大、发展速度快的阶段，接下来将进入到高质量发展的阶段。

　　我国化妆品企业要树立战略眼光，顺应人民对高品质生活的期待，适应政府对化妆品行业的监督管理，促进国产化妆品高质量发展，增强消费者对国产化妆品品牌和产品质量的信心，不断推动化妆品安全和功效质量取得新进展。

1.5　化妆品行业常用网站导航

　　化妆品行业常用网站包括化妆品命名、备案与注册申请、政府监督管理文告、技术指导文件、备案检测系统、标准查询、商标申请、国内外专利查询、欧盟法规、在线翻译、企业天眼查询等 30 多个网站，如国家药品监督管理局（www.nmpa.gov.cn），指向明确，导航方便。

思考题

　　1. 化妆品制剂学的定义是什么？

　　2. 化妆品制剂学研究的主要内容、主要目的和主要任务各是什么？

　　3. 化妆品制剂学具有哪些主要性质？

　　4. 举例说明化妆品剂型、化妆品制剂的概念。

　　5. 化妆品制剂在发展过程中，采用了哪些新技术？

　　6. 什么是特殊化妆品？特殊化妆品如何监管？

　　7. 按剂型分类，化妆品大致分为哪几类？

　　8. 化妆品原料分为哪三类？每一类原料的功能是什么？

　　9. 化妆品的基本特性有哪些？

　　10. 什么是化妆品不良反应？简要说明国家化妆品不良反应监测系统的工作内容。

　　11. 如何合理选择化妆品剂型？简要说明选择化妆品剂型的意义。

　　12. 我国化妆品产业发展现状如何？

第 2 章
水　剂

史料记载，最早使用水剂护肤品的是古埃及人。我国早在殷商时代就有用燕地红蓝花叶捣烂取汁用于敷面，中医古方中有很多关于西瓜汁、芦荟汁、茶叶等天然物捣汁或浸泡后取汁敷面的记载。1896 年我国香港广生行生产了花露水，1897 年日本资生堂推出了爽肤水，1968 年美国某品牌推出了洁肤水，1980 年日本某品牌将天然酵母成分应用于护肤精华水中。近年来，随着化妆品产业的发展，水剂类化妆品种类越来越多，高技术、多功能产品不断涌现。

2.1　水剂的剂型及其特征

水剂（water agent）是以水、低沸点有机物为溶剂，不经乳化的露、液、水等。通常指以水、乙醇或水-乙醇的混合溶液为主要基质，添加一些香料香精、保湿剂、柔软滋润剂等添加剂制成的一类液体类产品。常见的水剂类化妆品有护肤用水剂类、发用水剂类、香水类等，一般为透明液体状，也有半透明状。水剂类化妆品具有使用方便、易被皮肤吸收、不油腻、不堵塞毛孔、不污染衣物、不易沾染灰尘等优点。

2.1.1　护肤用水剂化妆品

护肤用水剂化妆品通常是在使用洁肤类产品将黏附在皮肤上的污垢洗净之后，为达到补充和维持皮肤角质层水分、快速舒缓皮肤、恢复皮肤天然平衡、营养皮肤、柔软皮肤等作用为目的而使用的化妆品。护肤用水剂化妆品大多为透明液体状，也有部分产品为混悬状。对护肤用水剂化妆品一般的性能要求是符合皮肤生理，维持肌肤健康状态，使用时有清凉爽洁的感觉，并具有优异的补水保湿功能以及色泽自然的透明外观。

目前护肤用水剂类化妆品种类繁多，高技术、多功能产品也不断涌现，不同年龄的消费者可以根据皮肤的类型选择使用不同的水剂类化妆品。根据水剂类化妆品使用目的和功效的不同可分为柔软性化妆水、收敛性化妆水、清洁化妆水等，见表 2-1。

表 2-1　按照使用目的和功效护肤用水剂的分类

类别	特征
柔软性化妆水	以恢复皮肤的柔软性、保持皮肤的光泽度和润湿度为目的；添加多种保湿剂及柔软剂，一般为弱碱性，或接近皮肤 pH 值的弱酸性
收敛性化妆水	以抑制皮肤上毛孔和汗孔的扩张，从而抑制皮肤过剩脂质的溢出和汗液的分泌为目的；配方中含有物理或化学收敛剂，大部分产品呈弱酸性
清洁化妆水	以洁肤为目的；配方中表面活性剂用量增加，用以提高产品的洗净能力，产品的 pH 值大多倾向于呈弱碱性，也有部分产品为弱酸性
功效化妆水	以一定的使用功效为目的，如抗衰、美白、活肤、杀菌、祛痘等

续表

类别	特征
须用水	以滋润、保湿、清凉、杀菌、消毒为目的,缓解剃刮引起的面部绷紧及不适的感觉,预防细菌感染
痱子水	以预防和治疗皮肤表面痱子为目的;配方中含有抑菌剂、止痒剂
护肤啫喱水	以帮助皮肤保持水分为目的;配方中含有能形成透明或半透明啫喱状形态的高分子增稠剂

根据外观形态的不同护肤用水剂类化妆品又可以分为透明型和分层型等两种,见表 2-2。

表 2-2　按照外观形态护肤用水剂的分类

类别	特征
透明型	透明状外观;分为增溶型和赋香型,体系中香料和油溶成分呈胶束溶解
分层型	两层以上,分为油层和水层组成的液型及水层和粉体组成的固型两种;具有保湿、收敛、遮瑕的作用;用前需摇晃

2.1.2　发用水剂化妆品

发用水剂类化妆品主要有发用啫喱水、护发营养水、烫发水等,见表 2-3。用于头发的保湿、营养、调理、顺滑等,可以产生清爽自然的定型护发效果。

表 2-3　按照使用目的和功效发用水剂的分类

类别	特征
发用啫喱水	以护发、定型为目的,还具有一定的保湿、调理的作用;配方中含有成膜剂、保湿剂、调理剂、表面活性剂及其他添加剂等
护发营养水	给予头发一定的滋养和保护;配方中含有补水、滋养、修复等护发营养物质
烫发水	用于卷发和直发;一般分为两液剂,分别为头发软化剂(卷曲剂/还原剂)和中和剂(定型剂/氧化剂),软化剂主要由还原剂、碱剂、保湿剂及表面活性剂组成,中和剂由氧化剂、酸剂、保湿剂及表面活性剂组成
染发水	用于头发染色;配方中含有分子量小、脂溶性强的染料,一般为氧化型制剂
整发水	以头发定型和美化头发为目的,可在头发表面形成一层薄膜;配方中含有成膜剂、调理剂、表面活性剂等

2.1.3　香水类水剂化妆品

香水是指将香精溶解于乙醇或乙醇-水中,再加入色素、抗氧化剂、表面活性剂等配制而成的液体产品。喷洒于衣服、手帕及头发等部位,能散发出芬芳、浓郁、持久、怡人的香气,可增加使用者的品位、自信和吸引力,还可以起到舒缓情绪、缓解压力的作用等,是重要的水剂类化妆品之一。香水类化妆品按照乙醇和香料的浓度不同分为香精、香水、淡香水、古龙水、清淡香水五种等级;按产品形态可分为乙醇液香水、乳化香水等几种,见表2-4。按照使用对象不同,可以分为个人用香水和环境用香水;按照香型分为单花型、混合花型、植物型、香料型、柑橘型等多种类型。

表 2-4　按照产品形态香水类水剂的分类

类别	特征
乙醇液香水	一般为透明外观;将香精加入乙醇中溶解得到的香水,主要是指香水、花露水和古龙水三种,三者的主要区别在于香精的香型和使用比例以及乙醇的浓度

类别	特征
乳化香水	外观一般为乳白色；具有一定的黏稠度，但无油腻感，具有留香持久、护肤、刺激性小等特点
气雾型香水	能通过喷嘴以雾状形式喷射出来的香水

2.2　水剂的溶剂与原料

2.2.1　护肤用水剂化妆品溶剂与原料

（1）水　护肤水剂类化妆品大多为完全透明的产品，所以这类产品对水质的要求比较高，尤其是水中钙离子和镁离子含量的控制，否则产品在长期放置的过程中容易出现絮状沉淀。一般使用去离子水或蒸馏水，水的电导率一般应小于 $2\sim5\mu S/cm$，以避免电解质含量过高影响产品的透明度和黏度。纯化水在微生物指标上应与生活饮用水（GB5749）保持一致，但在离子等化学指标上要高于饮用水的标准。

根据化妆品生产用水的特殊要求，纯化水在生产时选用的设备不同，其生产原理也会有所不同。常用的纯化水生产方法有离子交换法、反渗透法、电去离子技术或三者的组合法等。其中，反渗透法结合离子交换法是化妆品行业生产纯化水的最常用的方法。

（2）乙醇　护肤用水剂类化妆品中使用的乙醇纯度要求比较高，应不含低沸点的乙醛、丙醛及较高沸点的戊醇、杂醇油等杂质。

（3）保湿剂　保湿剂在护肤水剂类产品中的主要作用是为皮肤补水保湿，保湿剂可以吸收真皮层和空气中的水分并将水分锁在皮肤角质层中，保持皮肤角质层适宜的水分含量。

常用的保湿剂主要有多元醇类、天然保湿因子、氨基酸类及高分子生化类。理想的保湿剂应具有如下性质：①从周围环境吸水效果显著，同时能在一般条件下较好地锁住水分；②吸收的水分应基本不受环境相对湿度变化的影响，变化较小；③黏度的变化应基本不受温度变化的影响；④与配方中其他原料不发生化学反应，配伍性高；⑤凝固点要低，应在室温或室温以下不会发生凝固或沉积的现象；⑥安全性能高，应无色、无味、无毒和无刺激性、无腐蚀性等；⑦生产成本和价格适中。

（4）润肤剂和柔软剂　润肤剂的主要作用为湿润和润滑皮肤、保持皮肤柔软和柔韧、修复皮肤屏障，并能改善产品的肤感。护肤用水剂产品中一般会选择使用水溶性润肤剂，常见的水溶性润肤剂一般为亲水改性的天然动植物油脂，如 PEG-75 羊毛脂、霍霍巴蜡 PEG-120 酯、PEG-50 牛油树脂等，一般 PEG 数越大，润肤剂的水溶性越好，但是其刺激性也越大，所以在选择润肤剂时应考虑其水溶性及刺激性。

（5）增溶剂　护肤用水剂化妆品中一般选择亲水性强的非离子表面活性剂作为增溶剂，常见的主要是聚氧乙烯醚类非离子表面活性剂，如 PEG-60 氢化蓖麻油、聚氧乙烯醚月桂酸失水山梨醇单酯、聚氧乙烯羊毛醇醚、聚氧乙烯油醇醚等，这些增溶剂同时还有清洁皮肤的作用。需要注意的是，在选择时应避免使用脱脂能力强、刺激性大的增溶剂。

（6）黏度调节剂　黏度调节剂主要用于调节产品的黏稠度，改善产品的稳定性和使用感等，一般使用天然胶或合成水溶性高分子原料，如羟乙基纤维素、黄原胶、卡波姆等，高档产品可使用透明质酸钠作为增稠剂。

（7）防腐剂　水剂类护肤品一般会使用水溶性或醇溶性防腐剂，并利用配方中醇类成分或增溶剂增溶以达到防腐效果。常用于水剂类化妆品的防腐剂有 1,2-戊二醇、1,2-辛二醇、丁二醇、山梨酸钾、苯氧乙醇、羟苯丙酯、双（羟甲基）咪唑烷基脲等，也可以复配形成防腐体系以拓宽抗菌谱、增强防腐效果。

（8）功能性成分　应用于护肤用水剂化妆品的功能性成分主要有收敛剂、杀菌剂、营养剂、美白剂、抗皱剂、防晒剂等。

（9）其他辅助成分　其他辅助成分主要包括香精、螯合剂、色素、清凉剂、抗氧剂、防晒剂、pH 调节剂、止汗剂等。

2.2.2　发用水剂化妆品溶剂与原料

（1）溶剂　发用水剂化妆品的主要溶剂是水，有时也会根据需要加入适量乙醇，既可以促进其他成分的溶解，又可以促进水分的挥发，加快发用水剂类产品的干燥速度。

（2）成膜剂　成膜剂是定型类发用水剂产品实现定型的关键原料，常用一些能溶于水或稀乙醇的高分子化合物，如聚乙烯吡咯烷酮（PVP K30、PVP K90 系列）、丙烯酸酯类聚合物、醋酸乙烯酯类共聚物等。成膜剂一般在水中可以解离出离子，因此被称为离子型聚合物，成膜剂的生产企业为了方便化妆品生产企业的使用，往往将这些成膜剂溶于水中制成胶浆。

（3）调理剂　调理剂用以提高头发的顺滑度，使头发柔软、有光泽，易于梳理。常用的头发调理剂包括季铵盐类、水溶性硅油类、水解胶原及蛋白质类、植物提取物等。其中季铵盐类阳离子表面活性剂使用较为广泛，其在水剂类产品中呈解离状态，阳离子端可与头发角蛋白结构中负电荷部分结合，通过离子静电的相互作用而牢固地吸附在头发的表面，不易被冲洗掉，从而产生头发调理作用。水溶性硅油既能保持头发的柔软、光亮，又具有一定的增塑作用，可与离子型聚合物复配作为主要调理剂，能增加聚合物膜的柔韧性。常用的水解胶原及蛋白质类均含有一定量的游离氨基酸，对头发具有调理和保护作用。

（4）保湿剂　发用水剂化妆品常用的保湿剂为多元醇类、泛醇、吡咯烷酮羧酸钠（PCA 钠）、三甲基甘氨酸（NMF-50）及植物保湿剂等。甘油具有较好的保湿效果，但是添加量过多时会导致成膜发黏，影响产品的使用效果。丙二醇和山梨醇虽然保湿效果不如甘油，但是可以降低成膜的黏性，改善成膜的柔韧性。因此，多元醇类在发用水剂类产品中通常复配使用。泛醇可以从空气中吸收水分并与毛囊结合，作为发用产品保湿剂使用时，不仅具有保湿的作用，还可以改善受损发质、促进头发生长，而且不会感到油腻。PCA 钠能从空气中较强地吸收水分而起到保湿作用，具有黏度较低、无黏腻厚重感觉、安全性高、无刺激性等优点，还可以与其他保湿剂较好地配伍产生协同保湿效果。NMF-50 是一种吸收快、活性高的新型保湿剂，能快速提升头发的水分保持能力，防止头发干燥。

（5）增溶剂　发用水剂类产品中通常会加入一些非水溶性成分，这些成分可能会使产品透明度下降，因此需要加入增溶剂。常用的增溶剂主要有 PEG-40 氢化蓖麻油、吐温、PEG-6 辛酸/癸酸甘油酯类等。

（6）其他附加原料　其他附加原料主要有螯合剂、pH 调节剂、香精、防腐剂、防晒剂、色素、去屑止痒剂等。

2.2.3　香水类水剂化妆品溶剂与原料

（1）乙醇　对于香水类制品使用的乙醇不能含乙醛、丙醛、戊醇、杂醇油等杂质，所以要对乙醇进行一次以上的脱醛处理，使其气味醇和，避免刺鼻的气味。对于一般的香水生产也常用含有添加剂（如苦味剂或 5% 甲醇）的变性乙醇进行配制。

配制低中档香水的乙醇一般采用 1% 氢氧化钠（或硝酸银等）煮沸，回流，分馏的方法进行纯化。而配制高级香水，往往还需要在纯化后的乙醇内加入少量香料，然后在 15℃ 密封的条件下放置 1 个月或数月，再进行配制。用于古龙水和花露水的乙醇，可在乙醇中加入 0.01%～0.05% 的高锰酸钾，迅速搅拌，待出现棕色二氧化锰沉淀后静置过滤，滤去沉淀后再加入 1% 活性炭，放置数天后经硅胶过滤，以进一步除去杂质。

（2）水　香水类化妆品产品种类不同，含水量也不同。配制香水类化妆品的水要求采用新鲜的蒸馏水或经灭菌处理的去离子水，无微生物存在，不含铁、铜等金属离子，以免催化氧化不饱和芳香剂。

（3）香精　香水类水剂化妆品中香精多数采用比较名贵的天然植物香精，常用的植物香精主要来源于玫瑰、晚香玉、茉莉、紫罗兰、幽谷百合等。如果是高级香水，则所用香精更加名贵，除了植物性香精外，往往会加入资源稀少、十分珍贵的天然动物性香精，如麝香、灵猫香和龙涎香等，这些天然动物性香精一般为油蜡类物质，沸点较高，香气持续时间较长且深沉幽远。

（4）其他添加剂　其他添加剂包括抗氧剂、增溶剂、螯合剂、色素等。

2.3　水剂的生产工艺流程

水剂类化妆品的制备比较简单，一般不需要乳化的过程，生产配制主要采用不锈钢设备。大多数水剂类化妆品黏度不高，容易混匀，可使用各种类型的搅拌器，如果是黏稠度大的水剂类，则应选用带刮板的框式或锚式搅拌器。有的水剂类化妆品含乙醇量较多，生产时应注意防火防爆。

通常采用间歇法制备水剂类化妆品，其生产过程包括搅拌混匀、贮存陈化、过滤除杂及灌装入库等，生产工艺流程如图 2-1 所示。

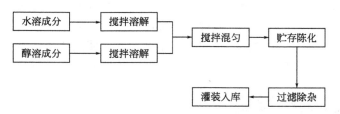

图 2-1　水剂类化妆品工艺流程图

2.3.1　搅拌混匀

检查确认仪器设备正常运转后，向已经消毒的配制罐中加入水，再加入水溶性成分，通过搅拌使其溶解均匀得水相；向另一已经消毒的配制罐中加入乙醇，并加入醇溶性成分（如果配方中没有乙醇，可将非水相组分适当加热熔化后加水增溶），通过搅拌使其充分溶解得醇相。将醇相（非水相）和水相在室温的条件下搅拌混匀，然后加入着色剂调色。

溶解混合过程需要注意的是：①如果配方中乙醇含量较多，可将香精加入乙醇中溶解混匀，如果乙醇含量低，则需将香精先与增溶剂混合增溶，然后在搅拌的条件下缓慢加入制品中，在搅拌的作用下混合成均匀透明的液体；②两相混合后还应根据需要调整制品的酸碱度；③溶解温度一般为室温，为了提高溶解速度，水溶液可适当加热，但要注意控制温度不能过高，防止配方中有些组分变色或变质；④还要注意控制搅拌的速度和力度，特别是对于加入增稠剂的配方，要避免搅拌时形成大量难以脱除的气泡。

2.3.2 贮存陈化

陈化的目的有两个：①使容易沉淀的低溶解组分或水不溶性成分从溶液中沉淀析出，防止产品在运输、贮存、使用过程中出现沉淀、浑浊或絮状现象等引起消费者对产品质量的质疑，同时，陈化也便于后续过滤操作。②使制品的香味匀和成熟，有利于降低粗糙的气味。

陈化一般是在有安全装置的密封容器内进行，可通过容器上的安全管调节因温度变化而引起的容器内压的改变。陈化一般在低温自然条件下进行，低温贮存陈化非常必要，可避免某些组分因配制与贮存时的温度不同，溶解度不同而引起组分析出。

2.3.3 过滤除杂

一般选用板框式过滤机，采用素陶、滤纸、滤筒等过滤材料进行过滤。过滤的目的是除去陈化期内沉淀下来的杂质及不溶性物质，使制品保持清晰透明的特性。有条件的生产企业可在过滤前将制品置于低温冷冻条件下平衡一段时间，使不溶性成分充分析出，以保证制品在低温条件下也不会析出，冷冻操作可在冷冻槽或冷冻管内进行。

过滤时需要注意的是：①为了提高过滤效率，过滤过程中可采用加压过滤法，同时采用不影响配方组分的助滤剂如硅藻土、石棉、碳酸镁等吸附微细的析出物，防止堵塞滤孔，但助滤剂用量不宜太多，达到滤清目的即可，以防止助滤剂对芳香剂的吸附导致香气的损失；②如果过滤出的滤渣较多，则说明增溶或溶解过程没有进行完全，应考虑进一步优化配方或工艺过程；③在过滤时，一部分色素或芳香剂可能会吸附于滤材上，导致制品气味和颜色的变化，在生产时应加以注意。

2.3.4 灌装入库

使用灌装设备将检验合格的制品在室温（20～25℃）条件下灌装至容器中，包装入库。灌装前必须对灌装容器的清洁度进行检查，并按照产品的规格要求严格控制灌装量，瓶内应留出一定的空隙，防止产品在贮存的过程中因温度的变化使液体膨胀而导致瓶子破裂。

水剂类化妆品包装形式多样，常见的主要是普通包装和喷雾式包装两种。

2.4 水剂的生产设备

水剂类化妆品生产过程中用到的主要设备有搅拌设备、过滤设备、灌装设备，以及贮存、冷冻、输送等辅助设备。

2.4.1 搅拌设备

水剂类化妆品黏稠度不高，大部分原料为水溶性成分，较易溶解混合形成清透均一的制剂，因此，对搅拌混合设备无特殊要求，各种类型的搅拌设备均适用，常用密封型不锈钢搅拌罐，搅拌桨叶为螺旋推进式，电机、仪表、照明等电器元件均应采用防燃防爆产品。搅拌桨的转速一般为300～360r/min，亦可用无极调速搅拌装置。

2.4.2 过滤设备

过滤效果的好坏是影响水剂类制品澄明度的重要因素之一。在过滤的过程中既要求能将体系中的不溶物分离出来，同时又希望滤液损失较少。工业上采用的过滤设备（过滤机）型式多样，如板框式过滤机、厢式压滤机、叶式压滤机、筒式过滤机等，其中板框式压滤机应用较为广泛。

板框式压滤机有立式和卧式两种,主要由滤框、过滤介质、滤板组成的过滤部件及对过滤部分进行压紧的机架装置组成。滤室由交替排列的滤板和滤框构成,滤板和滤框两侧各有把手支撑在机座的支撑横梁上,可由特殊的压紧装置压紧在固定端板和移动端板之间,每块板、框之间夹有过滤介质(滤布或滤纸等),同时也起到密封垫片的作用。滤板的中间部分有沟槽,其凸起部位用以支撑过滤介质,沟槽与下端通道连通,通道的末端有旋塞用以排出滤液。

2.4.3　灌装设备

定量杯式灌装机在实际生产中应用广泛,能适应玻璃瓶、塑料瓶、金属瓶等各种包装容器。定量杯式灌装机主要由储液室、定量杯、灌装管、弹簧等元件组成。在灌装时利用一定容积的量杯量取液体,再利用灌装阀将液体灌装到包装容器中,从而达到定量灌装的目的。在储液室内安装有定量杯,定量杯下部装有弹簧灌装阀,在弹簧的作用下,量杯沉浸在储液室的液面下,充满液体,量杯与灌装阀接头不相通,在阀体上开有连接通道,阀体通过螺母固定在贮液槽的底板上。

2.5　水剂的质量要求与控制

2.5.1　水剂类化妆品质量指标

化妆水类产品质量应符合我国行业标准 QB/T 2660 规定。该标准适用于补充皮肤所需水分、保护皮肤的水剂型护肤品。化妆水的 pH 值要求控制在 4.0～8.5 范围内;耐热稳定性要求在 (40±1)℃保持 24h,恢复至室温后与试验前无明显性状差异;耐寒稳定性要求在 (5±1)℃保持 24h,恢复至室温后与试验前无明显性状差异。

(1) 发用啫喱水的质量指标　发用啫喱水产品质量应符合我国行业标准 QB/T 2873 规定。该标准适用于以高分子聚合物为主要原料配制而成、对头发起到定型和护理作用的凝胶或液状发用啫喱(水)。发用啫喱水的 pH 值要求控制在 3.5～9.0 范围内;耐热稳定性要求在 (40±1)℃保持 24h,恢复至室温后与试验前无明显性状差异;耐寒稳定性要求在 −10～−5℃保持 24h,恢复至室温后与试验前无明显性状差异。

(2) 香水、古龙水的质量指标　香水、古龙水类产品质量应符合 QB/T 1858 要求,该标准适用于卫生化妆用的香水和古龙水。香水、古龙水的香泽和香气应符合规定;水质清晰,不应有明显杂质和黑点;在 5℃条件下检查浊度,应水质清晰,不浑浊;(48±1)℃保持 24h,应保持原有色泽不变。

(3) 花露水的质量指标　花露水类产品质量应符合 QB/T 1858.1 要求,该标准适用于由乙醇、水、香精和(或)添加剂等成分配制而成的产品。花露水的香泽和香气应符合规定;水质清晰,不应有明显杂质和黑点;相对密度 (20℃/20℃) 应在 0.84～0.94 范围内;在 10℃条件下检查浊度,应水质清晰,不浑浊;(48±1)℃保持 24h,应保持原有色泽不变。

2.5.2　水剂类化妆品的质量问题及控制方法

常见的水剂类化妆品的质量问题主要有浑浊和沉淀、变色和变味、刺激皮肤、严重干缩等。

2.5.2.1　混浊和沉淀

水剂类化妆品一般为完全透明的液体,即使在低温(5℃左右)条件下也不应出现混浊和沉淀现象。引起制品混浊和沉淀的原因主要归纳为三个方面。

（1）原料配伍不合理或所用原料不合要求　原料间的比例不当、相容性差、原料间发生化学反应等都有可能导致制品出现混浊或沉淀。化妆水类化妆品为了提升护肤功效，配方中通常会加入一些非水溶性油脂类润肤剂和功效成分，几乎所有制品都会加入香精，而大部分香精均为非水溶性原料，为了使这些非水溶性成分溶解，除了加入适量乙醇增加溶解外，往往还需加入适量的表面活性剂作为增溶剂，但是如果非水溶成分在配方中添加较多，乙醇/水的比例不恰当、增溶剂用量不足或选择不当，均有可能产生沉淀或混浊现象，较为常见的就是制品中出现絮状物。虽然香水类化妆品乙醇用量较大，但香料、油脂类、蜡类等不溶成分加入过多，在生产和贮存过程中也有可能出现混浊或沉淀。此外，水解、pH值变化等因素引起的原料组分变化等也可能导致制品的透明度下降。因此，研制时应合理设计配方，生产中严格按配方和工艺配制，同时应严格控制原料质量。

（2）生产用水不合格　如果生产用水处理不好，水中含有较多的金属离子或微生物，均可能使制品在生产、贮存的过程中产生絮状沉淀。

（3）生产工艺和生产设备的影响　为除去制品中的不溶性成分和杂质，生产中常利用静置陈化、冷冻过滤、降低过滤温度等手段。如果静置陈化的时间不够长，冷冻温度偏高，过滤温度偏高或压滤机失效等，均可能导致不溶性成分不能充分析出，在长期放置过程中出现混浊或沉淀现象。此外，生产设备的清洗也是非常重要的影响因素，管道、搅拌部件、过滤部件等清洗不干净均可能带入不溶性杂质。因此，根据实际情况尽量延长静置陈化时间；根据生产工艺规定的条件严格控制冷冻温度及过滤温度；过滤前检查压滤机过滤机构的密封性；检查过滤介质是否平整、是否破损；检查仪器是否清洗干净等。

2.5.2.2　变色和变味

水剂类化妆品应具有符合规定的香气和色泽，在贮存和使用的过程中不应发生变化，引起制品变色和变味的原因主要归纳为四个方面。

（1）乙醇质量不优　乙醇作为水剂类化妆品常用溶剂，其质量的优劣直接关系到产品的质量好坏，因此生产时应使用精制除去杂醇油及醛类的优质乙醇。

（2）水质处理不好　水是水剂类化妆品的常用溶剂，要求使用新鲜的蒸馏水或经灭菌处理的去离子水，严格控制微生物及铜、铁等金属离子的含量。因为水中金属离子的存在会对配方中的不饱和成分产生催化氧化作用，导致制品颜色和气味的改变；微生物的存在会使制品产生沉淀，并影响制品原有的气味。因此，应严格控制水质，避免影响制品的质量。

（3）空气、热或光的作用　有时水剂类化妆品中含有一些易变色或具有不饱和键的成分，如醛类、酚类等，这些成分稳定性较差，在空气、光、热的作用下容易氧化变色、甚至变味。因此，配方设计时应注意原料的选择，或在配方中添加适量防腐剂、抗氧化剂或紫外线吸收剂。此外，还应注意包装容器的选用，避免制品与空气接触。由于水剂类化妆品的包装容器一般为透明或半透明的玻璃瓶或塑料瓶，因此在贮存、使用的过程中应将制品置于阴凉处，避免阳光的直射。

（4）酸碱性的影响　水剂类化妆品大多为中性或弱酸性，酸性或碱性过大均可能导致配方中的某些成分发生化学性质的变化，如碱性条件下，香精中的醛类物质等可能会产生聚合反应而导致制品出现沉淀、变色、变味等不良现象。因此，应注意控制制品的酸碱度，还要选用中性、不含游离碱的包装容器。

2.5.2.3　刺激皮肤

水剂类化妆品引起皮肤刺激性的原因主要归纳为如下几个方面。①香精中存在某些刺激性成分，当香精用量增加或香精发生氧化变色、变味时，刺激性增加，应注意选用刺激性低、稳定性好的香精；②防腐剂有一定的刺激性，同等用量条件下，不同种类的防腐剂对皮肤的刺激性大小不同；③某些功效成分具有刺激性，如视黄醇、化妆品限用物质及酸类功效成分（如水杨酸、果酸、乳酸、杏仁酸）等对皮肤均具有较强的刺激性，在添加时应注意控制用量；④原料中含有的某些杂质对皮肤产生刺激性，如烟酰胺原料中的杂质为烟酸，烟酸具有皮肤刺激性，因此要注意选择纯度高的原料；⑤配方中原料之间发生相互作用生成一些刺激性成分，配方设计时应充分考虑原料之间的配伍性，避免原料之间发生化学反应；⑥制品中存在的微生物会产生一些刺激性成分，生产过程中应注意控制车间环境的卫生。多种原因均可能引起制品的皮肤刺激性。因此，应从原料的选择、配方设计、生产过程管理等各个环节加强质量监控和检验。

2.5.2.4　干缩甚至香精析出分离

由于香水类化妆品中含有大量的乙醇，其他水剂类化妆品含有大量的水分，易于挥发，如果内包装密封性差，在长期贮存的过程中，制品可能会因水分和乙醇的挥发而发生严重干缩甚至香精析出分离的情况。因此，应加强瓶、盖及内衬密封垫的密封性检查。包装时应确认已旋紧瓶盖。

2.5.2.5　微生物污染

水剂类化妆品水分含量大，易滋生微生物，出现微生物污染的频率往往高于其他类型的化妆品。水剂类化妆品微生物污染的典型表现就是产生混浊及变色。为了防止微生物的污染，首先在配方设计时应考虑防腐体系的设计，应设计刺激性低、防腐效果好的防腐剂组合；其次，要控制好生产环境、生产设备、包装容器等各个环节的卫生条件，确保产品微生物指标合格。

2.6　水剂的制剂实例

本节列举了柔软性化妆水、收敛性化妆水、清洁化妆水、舒缓保湿须后水、清凉舒爽痱子水、发用啫喱水、护发营养水、玫瑰香水、控油平衡化妆水及清爽祛味花露水等 10 种水剂类化妆品实例。

2.6.1　柔软性化妆水

（1）配方设计表

编号	成分	INCI 名称	添加量/%	使用目的
1	水	PURIFIED WATER	86.18	溶剂
2	甘油	GLYCERIN	6.00	保湿剂
3	1,3-丙二醇	PROPANEDIOL	3.00	保湿剂、溶剂
4	海藻糖	TREHALOSE	1.20	柔润剂、皮肤调理剂
5	泛醇	PANTHENOL	1.00	皮肤调理剂
6	水解酵母提取物	HYROLYZED YEAST EXTRACT	0.60	抗氧化剂、皮肤调理剂
7	环五聚二甲基硅氧烷	CYCLOPENTASILOXANE	0.40	柔润剂
8	双(羟甲基)咪唑烷基脲/碘丙炔醇丁基氨甲酸酯	DIAZOLIDINYL UREA/IODOPROPYNYL BUTYLCARBAMATE	0.30	防腐剂

编号	成分	INCI 名称	添加量/%	使用目的
9	棕榈酸异丙酯	ISOPROPYL PALMITATE	0.25	柔润剂
10	尿囊素	ALLANTOIN	0.20	皮肤调理剂、防护剂
11	甘露糖醇	MANNITOL	0.15	保湿剂
12	PEG-60 氢化蓖麻油	PEG-60 HYDROGENATED CASTOR OIL	0.20	表面活性剂、增溶剂
13	黄原胶	XANTHAN GUM	0.10	增稠剂、稳定剂
14	羟乙基纤维素	HYDROXYETHYLCELLULOSE	0.10	增稠剂、稳定剂
15	蜂蜜提取物	HONEY EXTRACT	0.10	保湿剂、柔润剂
16	生育酚乙酸酯	TOCOPHERYL ACETATE	0.08	抗氧化剂、皮肤调理剂
17	透明质酸钠	SODIUM HYALURONATE	0.05	皮肤调理剂、保湿剂
18	香精	PARFUM (FRAGRANCE)	0.05	芳香剂
19	EDTA 四钠	TETRASODIUM EDTA	0.04	螯合剂

（2）设计思路　本配方主要包括溶剂、保湿剂、柔润剂、防腐剂、螯合剂、表面活性剂、香精。本产品的基本功能为柔软、保湿。本配方配制出来的产品使用时清爽、无油腻感、柔软性和保湿性较好，使用后不用清洗，多种保湿剂联合使用可提供长时间的保湿和柔软肤感。

第 2 号原料，甘油，柔软剂、保湿剂。驻留类产品最高历史使用量为 62.1%，本配方中添加量为 6.00%，在安全用量范围内。

第 3 号原料，1,3-丙二醇，保湿剂、溶剂，其用于化妆品安全温和，不会引起皮肤红疹过敏等不适现象。驻留类产品最高历史使用量为 47.929%，本配方中添加量为 3.00%，在安全用量范围内。

第 4 号原料，海藻糖，柔润剂、保湿剂。驻留类产品最高历史使用量为 36.364%，本配方中添加量为 1.20%，在安全用量范围内。

第 5 号原料，泛醇，保湿剂、皮肤调理剂。驻留类产品最高历史使用量为 40%，本配方中用量为 1.00%，在安全用量范围内。

第 6 号原料，水解酵母提取物，抗氧化剂、皮肤调理剂。驻留类产品最高历史使用量为 3%，本配方中添加量为 0.60%，在安全用量范围内。

第 7 号原料，环五聚二甲基硅氧烷，增稠剂、柔润剂。本产品中添加量为 0.40%，在安全用量范围内。

第 8 号原料，双（羟甲基）咪唑烷基脲/碘丙炔醇丁基氨甲酸酯，混合型防腐剂。化妆品中最大安全用量为 1.0%，本产品中添加量为 0.30%，在安全用量范围内。

第 9 号原料，棕榈酸异丙酯，柔润剂、抗静电剂。驻留类产品最高历史使用量为 79.69%，本产品中添加量为 0.25%，在安全用量范围内。

第 10 号原料，尿囊素，皮肤调理剂。驻留类产品最高历史使用量为 8%，本配方中添加量为 0.20%，在安全用量范围内。

第 11 号原料，甘露糖醇，保湿剂。驻留类产品最高历史使用量为 2.5%，本配方中添加量为 0.15%，在安全用量范围内。

第 12 号原料，PEG-60 氢化蓖麻油，增溶剂。驻留类产品最高历史使用量为 17.8%，本配方中添加量为 0.20%，在安全用量范围内。

第 13 号原料，黄原胶，增稠剂。驻留类产品最高历史使用量为 20%，本配方中添加量为 0.10％，在安全用量范围内。

第 14 号原料，羟乙基纤维素，增稠剂。驻留类产品最高历史使用量为 15％，本配方中添加量为 0.10％，在安全用量范围内。

第 15 号原料，蜂蜜提取物，保湿剂、柔润剂。驻留类产品最高历史使用量为 1.02％，本配方中添加量为 0.10％，在安全用量范围内。

第 16 号原料，生育酚乙酸酯，抗氧化剂、皮肤调理剂。驻留类产品最高历史使用量为 85％，本配方中添加量为 0.08％，在安全用量范围内。

第 17 号原料，透明质酸钠，皮肤调理剂。驻留类产品最高历史使用量为 1％，本配方中添加量为 0.05％，在安全用量范围内。

第 18 号原料，香精，芳香剂。驻留类产品最高历史使用量为 29.934％，本产品中香精添加量为 0.05％，且不含欧盟规定的 26 种易致敏香精，在安全用量范围内。

第 19 号原料，EDTA 四钠，螯合剂。驻留类产品最高历史使用量为 2％，本配方中添加量为 0.04％，在安全用量范围内。

（3）制备工艺 本品为水剂，所有原料均为水溶性原料。其制备工艺为：①将一部分去离子水置于已清洁消毒的溶解锅中；②依次称取甘油、1,3-丙二醇、羟乙基纤维素、黄原胶，搅拌分散均匀后加入尿囊素、泛醇、海藻糖、甘露糖醇、环五聚二甲基硅氧烷、棕榈酸异丙酯、EDTA 四钠并搅拌（75r/min）混匀，升温至 80～85℃，恒温 30min；③将透明质酸钠加入去离子水预溶 30min 并搅拌分散均匀备用；④搅拌冷却，待温度降至 60℃左右，加入事先溶解的透明质酸钠，然后以 80r/min 搅拌 15～20min 后，继续搅拌降温；⑤PEG-60 氢化蓖麻油、香精混合溶解均匀备用；⑥待温度降至 45℃左右，分别加入水解酵母提取物、蜂蜜提取物、生育酚乙酸酯、双（羟甲基）咪唑烷基脲/碘丙炔醇丁基氨甲酸酯以及⑤的混合物，然后搅拌至完全均匀为止，800 目过滤，取样送检，合格后停止搅拌，充分冷却后灌装入库。

（4）产品特点 本品原料配比科学，制备工艺简单，产品质量安全稳定，可利用化妆棉蘸湿本品后拍到脸上，使用方便，具有柔软与保湿作用，清爽易被皮肤吸收，无毒副作用，无皮肤刺激性，不仅有护肤的作用，还可以降低粉底、胭脂等化妆品对皮肤的刺激。

（5）产品应用 本品一般洁肤后使用，主要用于缓解洁肤后皮肤的干燥和紧绷感，可软化皮肤角质层进一步清洁皮肤上的污垢，对皮肤粗糙者比较适合。

2.6.2 收敛性化妆水

（1）配方设计表

编号	成分	INCI 名称	添加量/%	使用目的
1	水	PURIFIED WATER	90.26	溶剂
2	1,3-丙二醇	PROPANEDIOL	3.00	保湿剂、溶剂
3	甘油	GLYCERIN	2.00	保湿剂
4	北美金缕梅（Hamamelis virginiana）提取物	HAMAMELIS VIRGINIANA EXTRACT	0.20	收敛剂、抗氧化剂,舒缓抗敏
5	库拉索芦荟（Aloe barbadensis）叶提取物	ALOE BARBADENSIS LEAF EXTRACT	1.00	收敛剂、抗氧化剂、抗炎剂
6	大豆胎盘素提取物	GLYCINE SOJA (SOY) PHYTOPLACENTA EXTRACT	1.00	皮肤调理剂

续表

编号	成分	INCI 名称	添加量/%	使用目的
7	泛醇	PANTHENOL	0.50	皮肤调理剂
8	聚乙二醇-32	PEG-32	0.50	保湿剂
9	聚山梨醇酯-20	POLYSORBATE 20	0.50	增溶剂
10	双(羟甲基)咪唑烷基脲/碘丙炔醇丁基氨甲酸酯	DIAZOLIDINYL UREA/IODOPROPYNYL BUTYLCARBAMATE	0.40	防腐剂
11	甘草酸二钾	DIPOTASSIUM GLYCYRRHIZATE	0.35	保湿剂、抗炎剂
12	茶(*Camellia sinensis*)叶提取物	CAMELLIA SINENSIS LEAF EXTRACT	0.20	收敛剂、抗氧化剂
13	香精	PARFUM (FRAGRANCE)	0.05	芳香剂
14	EDTA 四钠	TETRASODIUM EDTA	0.04	螯合剂

（2）设计思路　本配方主要包括溶剂、保湿剂、收敛剂、螯合剂、防腐剂、增溶剂、香精。本品具有皮肤收敛、保湿、减少皮肤油脂分泌、预防粉刺发生等功效。产品无毒、无刺激、使用时清爽、无油腻感，收敛作用温和持久。使用后不用清洗。

第 4 号原料，北美金缕梅提取物，收敛剂、抗氧化剂，舒缓抗敏，具有收细毛孔、保湿、美白的功效。驻留类产品最高历史使用量为 0.5%，本配方中用量为 0.20%，在安全用量范围内。

第 5 号原料，库拉索芦荟叶提取物，收敛剂、抗氧化剂、抗炎剂。驻留类产品最高历史使用量为 4.978%，本配方中添加量为 1.00%，在安全用量范围内。

第 6 号原料，大豆胎盘素提取物，皮肤调理剂。推荐用量为 1.0%～5.0%，本配方中添加量为 1.00%，在安全用量范围内。

第 8 号原料，聚乙二醇-32，保湿剂。驻留类产品最高历史使用量为 45.27%，本配方中添加量为 0.50%，在安全用量范围内。

第 9 号原料，聚山梨醇酯-20，增溶剂。驻留类产品最高历史使用量为 39.9%，本配方中添加量为 0.50%，在安全用量范围内。

第 11 号原料，甘草酸二钾，保湿剂、抗炎剂。驻留类产品最高历史使用量为 10%，本配方中添加量为 0.35%，在安全用量范围内。

第 12 号原料，茶叶提取物，收敛剂、抗氧化剂。驻留类产品最高历史使用量为 80.839%，本配方中添加量为 0.20%，在安全用量范围内。

（3）制备工艺　本品为水剂。其制备工艺为：①在室温条件下将香精、聚山梨醇酯-20 混合均匀；②将 EDTA 四钠、泛醇、甘油、聚乙二醇-32、甘草酸二钾、1,3-丙二醇加入去离子水中加热至 80℃，溶解至均匀透明，降温；③降温至 45℃ 以下，加入北美金缕梅提取物、茶叶提取物、库拉索芦荟叶提取物、大豆胎盘素提取物、双（羟甲基）咪唑烷基脲/碘丙炔醇丁基氨甲酸酯及香精与聚山梨醇酯-20 的混合物，搅拌混合均匀；④过滤，取样送检，合格后灌装入库。

（4）产品特点　本品配方科学，产品安全，无毒、无刺激，制备工艺合理、简单易行，产品各项指标稳定，使用方便，具有缓和持久的收敛效果；轻微收缩皮肤蛋白质，使皮肤更加细腻、光洁，收缩毛孔和汗孔，减少水分蒸发，有保湿的效果；减少皮肤油脂的分泌，具有预防"粉刺"产生的作用。

（5）产品应用　本品适用于油性皮肤、混合性肌肤、痘痘肌肤、毛孔粗大者，也适用于非油性皮肤化妆前的修饰，以预防掉妆，亦可以用于剃须后预防皮肤干燥，可做夏季化妆品使用。使用前最好先用温和的清洁产品清洗，用毛巾擦干后涂擦或敷用。

2.6.3　清洁化妆水

（1）配方设计表

编号	成分	INCI 名称	添加量/%	使用目的
1	水	PURIFIED WATER	81.61	溶剂
2	1,3-丁二醇	BUTYLENE GLYCOL	6.00	溶剂、保湿剂
3	甘油	GLYCERIN	4.00	保湿剂
4	聚乙二醇-400	PEG-400	3.00	保湿剂
5	PEG-40 氢化蓖麻油	PEG-40 HYDROGENATED CASTOROIL	0.80	增溶剂、表面活性剂
6	薄荷（*Mentha arvensis*）提取物	MENTHA ARVENSIS EXTRACT	0.70	抗菌剂、气味抑制剂、清凉剂
7	绿藻（*Chlorophyta* spp.）提取物	RYOKUSO EKISU	0.60	皮肤调理剂
8	王不留行（*Vaccaria segetalis*）提取物	VACCARIA SEGETALIS EXTRACT	0.50	抗氧化剂、舒缓抗敏
9	乙氧基二甘醇	DIETHOXYDIGLYCOL	0.60	增溶剂、表面活性剂
10	肥皂草（*Saponaria officinalis*）叶提取物	SAPONARIA OFFICINALIS LEAF EXTRACT	0.55	清洁剂
11	1,2-己二醇	HEXYLENE GLYCOL	0.50	防腐剂、保湿剂
12	泛醇	PANTHENOL	0.30	保湿剂
13	海藻糖	TREHALOSE	0.20	保湿剂
14	山梨糖醇	SORBITOL	0.20	保湿剂
15	1,2-辛二醇	OCTANEDIOL	0.15	保湿剂、防腐剂
16	卡波 940	CARBOMER	0.10	增稠剂
17	三乙醇胺	TRIETHANOLAMINE	0.10	中和剂、pH 调节剂
18	香精	PARFUM (FRAGRANCE)	0.06	芳香剂
19	EDTA 二钠	DISODIUM EDTA	0.03	螯合剂

（2）设计思路　本配方主要包括溶剂、清洁剂、保湿剂、螯合剂、防腐剂、增溶剂、香精。本产品具有清洁、补水、保湿的效果。本配方配制出来的产品对皮肤无刺激性，清爽、舒适、无油腻感。

第 2 号原料，1,3-丁二醇，保湿剂、溶剂。驻留类产品最高历史使用量为 87.98%，本配方中添加量为 6.00%，在安全用量范围内。

第 4 号原料，聚乙二醇-400，保湿剂，有卸妆作用。驻留类产品最高历史使用量为 45.87%，本配方中添加量为 3.00%，在安全用量范围内。

第 5 号原料，PEG-40 氢化蓖麻油，增溶剂、清洁剂。驻留类产品最高历史使用量为 30%，本配方中添加量为 0.80%，在安全用量范围内。

第 6 号原料，薄荷提取物，抗菌剂、气味抑制剂、清凉剂。淋洗类产品最高历史使用量为 2%，本配方中添加量为 0.70%，在安全使用浓度范围内。

第 9 号原料，乙氧基二甘醇，保湿剂、增溶剂。驻留类产品最高历史使用量为 5%，本配方中添加量为 0.60％，在安全使用浓度范围内。

第 11 号原料，1,2-己二醇，防腐剂、保湿剂。驻留类产品最高历史使用量为 20％，本产品中添加量为 0.50％，在安全用量范围内。

第 15 号原料，1,2-辛二醇，防腐剂、保湿剂。驻留类产品最高历史使用量为 0.4％，本配方中添加量为 0.15％，在安全使用浓度范围内。

第 16 号原料，卡波 940，增稠剂。驻留类产品最高历史使用量为 15％，本配方中添加量为 0.10％，在安全使用浓度范围内。

第 17 号原料，三乙醇胺，中和剂。本配方中添加量为 0.10％，在安全用量范围内。

第 19 号原料，EDTA 二钠，螯合剂。驻留类产品最高历史使用量为 5％，本配方中添加量为 0.03％，在安全用量范围内。

（3）制备工艺　本品为水剂，其制备工艺为：①配制水相，将甘油、1,3-丁二醇、泛醇、海藻糖、山梨糖醇、聚乙二醇-400 和 EDTA 二钠加入适量去离子水中溶解混合均匀，然后加入已经充分溶胀的卡波 940，加热至 80℃，溶解混合均匀；②配制非水相，将 PEG-40 氢化蓖麻油、乙氧基二甘醇、香精室温下混合溶解；③降温至 45℃ 以下时，加入非水相、薄荷提取物、绿藻提取物、王不留行提取物、肥皂草叶提取物、三乙醇胺、1,2-己二醇、1,2-辛二醇，搅拌混匀，过滤灌装即得成品。

（4）产品特点　本品配方科学，制备工艺合理、简单易行，对皮肤无刺激性，使用后皮肤会感到清爽、柔润、舒适，具有清洁肌肤、补水保湿的功能。

（5）产品应用　本品适用于清洁皮肤和淡妆卸妆，可以清除皮肤上的油脂和污垢，作为卸妆用时，可用棉片蘸湿后或制成湿型面巾擦洗，再以清水洗净面部。适合夏季使用。

2.6.4　舒缓保湿须后水

（1）配方设计表

编号	成分	INCI 名称	添加量/％	使用目的
1	水	PURIFIED WATER	82.67	溶剂
2	甘油	GLYCERIN	8.00	保湿剂
3	1,3-丙二醇	PROPANEDIOL	5.00	保湿剂
4	山梨醇	SORBITOL	1.20	保湿剂
5	1,2-戊二醇	PENTYLENE GLYCOL	1.00	保湿剂、防腐增效剂
6	PEG-60 氢化蓖麻油	PEG-60 HYDROGENATED CASTOR OIL	0.40	增溶剂、乳化剂、表面活性剂
7	葡萄柚（Citrus paradisi）果提取物	CITRUS PARADISI (GRAPEFRUIT) FRUIT EXTRACT	0.35	气味抑制剂、皮肤调理剂
8	胭脂仙人掌（Opuntia Coccinellifera）果提取物	OPUNTIA COCCINELLIFERA FRUIT EXTRACT	0.30	抗氧化剂、抗炎剂
9	1,2-辛二醇	OCTANEDIOL	0.25	防腐剂
10	1,2-己二醇	HEXANEDIOL	0.15	防腐剂
11	尿囊素	ALLANTOIN	0.15	收敛剂、保湿剂
12	三乙醇胺	TRIETHANOLAMINE	0.10	中和剂、pH 调节剂
13	卡波 940	CARBOMER	0.10	增稠剂

编号	成分	INCI 名称	添加量/%	使用目的
14	红没药醇	BISABOLOL	0.10	抗菌消炎、舒缓抗敏、皮肤调理剂
15	辛基十二醇聚醚-20	OCTYLDODECETH-20	0.08	增溶剂、乳化剂
16	薄荷醇	MENTHOL	0.06	清凉剂
17	香精	PARFUM (FRAGRANCE)	0.05	芳香剂
18	EDTA 二钠	DISODIUM EDTA	0.04	螯合剂

（2）设计思路　本配方主要包括溶剂、保湿剂、增溶剂、收敛剂、pH 调节剂、增稠剂、螯合剂、防腐剂、香精等。本产品具有收敛、补水保湿、清凉、抑菌消炎的效果。本配方配制出来的产品不含乙醇、对皮肤无刺激性，清爽、舒适、舒缓抗敏无油腻感。

第 4 号原料，山梨醇，皮肤调理剂，具有保湿、滋润功效。驻留类产品最高历史使用量为 38.849%，本配方中用量为 1.20%，在安全用量范围内。

第 5 号原料，1,2-戊二醇，防腐剂。驻留类产品最高历史使用量为 21.29%，本产品中添加量为 1.00%，在安全用量范围内。

第 7 号原料，葡萄柚果提取物，气味抑制剂、皮肤调理剂。驻留类产品最高历史使用量为 13.322%，本配方中添加量为 0.35%，在安全使用浓度范围内。

第 14 号原料，红没药醇，皮肤调理剂，具有抗菌消炎、舒缓抗敏的作用。本配方中添加量为 0.10%，在安全用量范围内。

第 15 号原料，辛基十二醇聚醚-20，乳化剂。驻留类产品最高历史使用量为 1.5%，本配方中添加量为 0.08%，在安全用量范围内。

第 16 号原料，薄荷醇，清凉剂。驻留类产品最高历史使用量为 60.5%，本配方中添加量为 0.06%，在安全使用浓度范围内。

（3）制备工艺　本品为水剂。其制备工艺为：①处方量的甘油、1,3-丙二醇、山梨醇、尿囊素、红没药醇、EDTA 二钠、去离子水混合，然后加入预先溶胀的卡波 940，加热至 80℃，待各组分溶解后，搅拌均匀，静置冷却；②降温至 45℃ 以下时，加入葡萄柚果提取物、胭脂仙人掌果提取物、1,2-戊二醇、1,2-辛二醇、1,2-己二醇及预先混合好的薄荷醇、PEG-60 氢化蓖麻油、辛基十二醇聚醚-20、香精，然后加入三乙醇胺，混合均匀，过滤分装即得。

（4）产品特点　本品配方科学，制备工艺合理、简单易行，对皮肤无刺激性，使用后清爽舒适，无油腻感，可缓解剃刮后面部绷紧及不适的感觉，预防剃须后细菌感染、皮肤粗糙、毛孔粗大，滋养皮肤。

（5）产品应用　本品适用于剃须后使用。洁面后，取适量须后水均匀涂于剃须后的部位充分涂抹。

2.6.5　清凉舒爽痱子水

（1）配方设计表

编号	成分	INCI 名称	添加量/%	使用目的
1	水	PURIFIED WATER	87.03	溶剂
2	甘油	GLYCERIN	5.00	柔软剂、保湿剂、润滑剂

续表

编号	成分	INCI 名称	添加量/%	使用目的
3	艾(*Artemisia argyi*)叶提取物	ARTEMISIA ARGYI LEAF EXTRACT	1.50	止痒消炎剂
4	PCA 钠	SODIUM PCA	1.50	保湿剂
5	1,3-丙二醇	PROPANEDIOL	1.50	保湿剂
6	甜菜碱	BETAINE	1.00	保湿、柔软皮肤
7	库拉索芦荟(*Aloe barbadensis*)叶汁	ALOE BARBADENSIS LEAF JUICE	0.60	抑菌止痒
8	1,2-己二醇	HEXANEDIOL	0.50	保湿剂、防腐剂
9	泛醇	PANTHENOL	0.40	保湿剂
10	1,2-辛二醇	OCTANEDIOL	0.30	保湿剂、防腐剂
11	PEG-60 氢化蓖麻油	PEG-60 HYDROGENATED CASTOR OIL	0.30	表面活性剂、增溶剂
12	尿囊素	ALLANTOIN	0.10	皮肤调理剂、防护剂
13	蒲公英(*Taraxacum mongolicum*)提取物	TARAXACUM MONGOLICUM EXTRACT	0.08	抑菌消炎剂
14	辣薄荷(*Mentha piperita*)叶水	MENTHA PIPERITA(PEPPERMINT) LEAF WATER	0.08	清凉剂
15	EDTA 二钠	DISODIUM EDTA	0.08	螯合剂
16	香精	PARFUM (FRAGRANCE)	0.03	芳香剂

（2）设计思路　本配方主要包括溶剂、清凉剂、杀菌剂、止痒消炎剂、增溶剂、保湿剂、螯合剂、香精等。本产品具有清凉、止痒消炎、祛痱的效果。本配方配制出来的产品皮肤刺激性小、清凉舒适、舒缓抗敏。

第 3 号原料，艾叶提取物，止痒消炎剂。驻留类产品最高历史使用量为 6%，本配方中添加量为 1.50%，在安全使用浓度范围内。

第 4 号原料，PCA 钠，保湿剂。驻留类产品最高历史使用量为 20%，本配方中添加量为 1.50%，在安全使用浓度范围内。

第 6 号原料，甜菜碱，增溶剂。驻留类产品最高历史使用量为 20%，本配方中添加量为 1.00%，在安全使用浓度范围内。

第 7 号原料，库拉索芦荟叶汁，抑菌止痒剂。驻留类产品最高历史使用量为 59.82%，本配方中添加量为 0.60%，在安全使用浓度范围内。

第 13 号原料，蒲公英提取物，止痒消炎剂。驻留类产品最高历史使用量为 0.288%，本配方中添加量为 0.08%，在安全使用浓度范围内。

第 14 号原料，辣薄荷叶水，清凉剂。本配方中添加量为 0.08%，在安全使用浓度范围内。

（3）制备工艺　本品为水剂。其制备工艺为：①将甘油、1,3-丙二醇、PCA 钠、泛醇按配方比加入水中并加热至 80℃，搅拌溶解，降温；②降温至 55℃时，加入甜菜碱、尿囊素、EDTA 二钠，继续搅拌溶解；③降温至 45℃时，加入辣薄荷叶水、库拉索芦荟叶汁、蒲公英提取物、艾叶提取物、1,2-辛二醇、1,2-己二醇及 PEG-60 氢化蓖麻油与香精的混合物，搅拌混匀，静置陈化后过滤灌装。

（4）产品特点　本品配方科学，制备工艺合理、简单易行，对皮肤刺激性低，使用后清凉舒适，可预防痱子的产生，缓解或祛除痱子引起的不适。

（5）产品应用　本品适用于儿童和成人因痱子引起的皮肤红点、刺痒，能有效缓解皮肤发红症状，可直接涂抹于所需部位或泡浴使用。

2.6.6　发用保湿定型啫喱水

（1）配方设计表

编号	成分	INCI 名称	添加量/%	使用目的
1	水	PURIFIED WATER	91.05	溶剂
2	1,3-丙二醇	PROPANEDIOL	3.00	保湿剂
3	聚乙二醇-400	PEG-400	2.00	保湿剂、增塑剂
4	N-乙烯基吡咯烷酮和醋酸乙烯共聚物	VP/VA COPOLYMER	1.80	定型剂、成膜剂
5	PEG-12 聚二甲基硅氧烷	PEG-12 DIMETHICONE	0.80	增亮剂
6	双（羟甲基）咪唑烷基脲/碘丙炔醇丁基氨甲酸酯	DIAZOLIDINYL UREA/IODOPROPYNYL BUTYLCARBAMATE	0.40	防腐剂
7	PEG-60 氢化蓖麻油	PEG-60 HYDROGENATED CASTOR OIL	0.30	表面活性剂、增溶剂
8	聚乙烯吡咯烷酮（K90）	PVP	0.20	定型剂、成膜剂
9	泛醇	PANTHENOL	0.20	保湿剂
10	肌酸	CREATINE	0.15	保湿剂、抗氧化剂
11	EDTA 四钠	TETRASODIUM EDTA	0.05	螯合剂
12	香精	PARFUM (FRAGRANCE)	0.05	芳香剂

（2）设计思路　本配方主要包括定型剂、保湿剂、增亮剂、螯合剂、防腐剂、增溶剂、香精。本产品的基本功能为定型、保湿。本配方采用定型剂，配以保湿剂和调理剂，可以较好地改善产品定型、保湿的效果，使用后头发富有弹性、光泽自然，可以保持头发的柔软度，不粘手。

第 4 号原料，N-乙烯基吡咯烷酮和醋酸乙烯共聚物，定型剂。驻留类产品最高历史使用量为 10%，本配方中添加量为 1.80%，在安全用量范围内。

第 5 号原料，PEG-12 聚二甲基硅氧烷，增亮剂。驻留类产品最高历史使用量为 10%，本配方中添加量为 0.80%，在安全用量范围内。

第 8 号原料，聚乙烯吡咯烷酮（K90），定型剂。驻留类产品最高历史使用量为 20%，本配方中添加量为 0.20%，在安全用量范围内。

第 10 号原料，肌酸，保湿剂、抗氧化剂。驻留类产品最高历史使用量为 1.5%，本配方中添加量为 0.15%，在安全用量范围内。

（3）制备工艺　本品为水剂。其制备工艺为：①向去离子水中加入 N-乙烯基吡咯烷酮和醋酸乙烯共聚物、PEG-12 聚二甲基硅氧烷、聚乙烯吡咯烷酮（K90），搅拌加热至 80～85℃，混匀；②依次加入 1,3-丙二醇、聚乙二醇-400、泛醇、EDTA 四钠，搅拌至完全均匀为止；③待降温至 45℃以下，加入肌酸、双（羟甲基）咪唑烷基脲/碘丙炔醇丁基氨甲酸酯、PEG-60 氢化蓖麻油与香精混匀，用消毒过的滤布过滤，取样送检，合格后停止搅拌，充分冷却后灌装入库。

（4）产品特点　本品原料配比合理，制备工艺简单，产品质量安全稳定，本产品具有长时间定型、保湿的效果，使用后对头发具有一定的调理作用，使头发富有弹性，能赋予头发自然光泽，可以保持头发的柔软度，无油腻感。

(5) 产品应用　本品使用喷雾泵将瓶中产品直接均匀喷雾到头发上，或置于手掌后均匀涂抹在头发所需部位，适于头发干燥毛糙以及电烫和漂染后发质变干的人使用。

2.6.7　护发营养水

(1) 配方设计表

编号	成分	INCI 名称	添加量/%	使用目的
1	水	PURIFIED WATER	91.60	溶剂
2	甘油	GLYCERIN	3.00	保湿剂、溶剂
3	1,3-丙二醇	PROPANEDIOL	2.00	保湿剂、溶剂
4	水解蚕丝	HYDROLYZED SILK	0.60	修复、保湿
5	聚季铵盐-10	POLYQUATERNIUM-10	0.50	头发调理剂、抗静电
6	双(羟甲基)咪唑烷基脲/碘丙炔醇丁基氨甲酸酯	DIAZOLIDINYL UREA/IODOPROPYNYL BUTYLCARBAMATE	0.40	防腐剂
7	苦参(Sophora angustifolia)根提取物	SOPHORA ANGUSTIFOLIA ROOT EXTRACT	0.40	抗炎剂、抗氧化剂、皮肤调理剂
8	人参(Panax ginseng)根提取物	PANAX GINSENG ROOT EXTRACT	0.40	头发调理剂、抗氧化剂
9	泛醇	PANTHENOL	0.30	保湿剂、抗氧化剂、柔润剂
10	PEG-40 氢化蓖麻油	PEG-40 HYDROGENATED CASTOR OIL	0.25	增溶剂、乳化剂
11	玫瑰(Rosa rugosa)花提取物	ROSA RUGOSA FLOWER EXTRACT	0.15	抗氧化剂、皮肤调理剂
12	黄原胶	XANTHAN GUM	0.10	增稠剂、稳定剂
13	羟乙基纤维素	HYDROXYETHYLCELLULOSE	0.10	增稠剂、稳定剂
14	水解角蛋白	HYDROLYZED KERATIN	0.15	修复、保湿
15	香精	PARFUM (FRAGRANCE)	0.05	芳香剂

(2) 设计思路　本配方主要包括头发调理剂、溶剂、修复剂、保湿剂等。本产品的基本功能是为头发补充水分、水解蛋白质等营养成分。本配方采用头发调理剂、保湿剂及水解蛋白调和，使该配方具有较好的营养护发效果。

第 4 号原料，水解蚕丝，营养修复剂。驻留类产品最高历史使用量为 25.978%，本配方中添加量为 0.60%，在安全用量范围内。

第 5 号原料，聚季铵盐-10，头发调理剂。驻留类产品最高历史使用量为 3.5%，本配方中添加量为 0.50%，在安全用量范围内。

第 7 号原料，苦参根提取物，抗炎剂和抗氧化剂。驻留类产品最高历史使用量为 4%，本配方中添加量为 0.40%，在安全用量范围内。

第 8 号原料，人参根提取物，头发调理剂、抗氧化剂。驻留类产品最高历史使用量为 42.042%，本配方中添加量为 0.40%，在安全用量范围内。

第 11 号原料，玫瑰花提取物，皮肤调理剂、抗氧化剂。驻留类产品最高历史使用量为 7.191%，本配方中添加量为 0.15%，在安全用量范围内。

第 14 号原料，水解角蛋白，营养修复剂。驻留类产品最高历史使用量为 20%，本配方中添加量为 0.15％，在安全用量范围内。

（3）制备工艺　本品为水剂。其制备工艺为：①依次称取甘油、1,3-丙二醇、羟乙基纤维素、黄原胶，搅拌分散均匀后加入聚季铵盐-10、泛醇和去离子水中，搅拌下加热至 80～85℃，维持 30min，搅拌降温至约 45℃；②加入苦参提取物、人参根提取物、玫瑰花提取物、水解角蛋白、水解蚕丝、双（羟甲基）咪唑烷基脲/碘丙炔醇丁基氨甲酸酯及 PEG-40 氢化蓖麻油与香精的混合物；③陈化，过滤，灌装。

（4）产品特点　本品原料配比合理，制备工艺简单，产品质量安全稳定，使用方便，具有作用持久、护发营养效果好的特点。

（5）产品应用　本产品主要用于给头发补充水分和营养，帮助修复受损发质，增加头发弹性，并减少头发静电摩擦。

2.6.8　玫瑰香水

（1）配方设计表

编号	成分	INCI 名称	添加量/％	使用目的
1	乙醇(95％)	ETHANOL	89.45	溶剂、清凉感、杀菌
2	玫瑰香精	PARFUM (FRAGRANCE)	5.50	芳香剂
3	麝香酊剂(3％)	MOSCHUS ARTIFACTUS	3.00	芳香剂
4	玫瑰(*Rose rugosa*)花油	ROSE RUGOSA FLOWER OIL	1.50	芳香剂
5	丁羟甲苯	BHT	0.32	抗氧化剂、防腐剂
6	香柠檬(*Citrus aurantium bergamia*)果油	CITRUS AURANTIUM BERGAMIA (BERGAMOT) FRUIT OIL	0.15	芳香剂
7	香叶天竺葵(*Pelargonium graveolens*)油	PELARGONIUM GRAVEOLENS OIL	0.05	芳香剂
8	甜橙(*Citrus aurantium dulcis*)油	CITRUS AURANTIUM DULCIS (ORANGE) OIL	0.03	芳香剂

（2）设计思路　本配方主要包括芳香剂、溶剂、抗氧化剂、螯合剂。本产品的基本功能为散发香味。本配方采用玫瑰花油、玫瑰香精、麝香酊剂、甜橙油、香柠檬油、香叶天竺葵油复配，能提供温馨甜蜜、雍容华贵的香气。

第 2 号原料，玫瑰香精，芳香剂。香水中香精添加量为 8％～25％，本配方中添加量为 5.50％，在安全用量范围内。

第 3 号原料，麝香酊剂（3％），芳香剂。本配方中添加麝香酊剂量为 3.00％，在安全用量范围内。

第 4 号原料，玫瑰花油，芳香剂。驻留类产品最高历史使用量为 20.1％，本配方中添加量为 1.50％，在安全用量范围内。

第 5 号原料，丁羟甲苯，抗氧化剂、防腐剂。驻留类产品最高历史使用量为 2.6％，本配方中添加量为 0.32％，在安全用量范围内。

第 6 号原料，香柠檬果油，芳香剂。驻留类产品最高历史使用量为 80％，本配方中添加量为 0.15％，在安全用量范围内。

第 7 号原料，香叶天竺葵油，芳香剂。驻留类产品最高历史使用量为 6％，本配方中添加量为 0.05％，在安全用量范围内。

第 8 号原料，甜橙油，芳香剂。驻留类产品最高历史使用量为 36％，本配方中添加量为 0.03%，在安全用量范围内。

（3）制备工艺　本品为水剂。其制备工艺为：向乙醇中加入玫瑰花油、玫瑰香精、麝香酊剂、甜橙油、香柠檬果油、香叶天竺葵油和丁羟甲苯搅拌均匀即可。

（4）产品特点　本品原料配比合理，制备工艺简单，具有芬芳优雅的香气，散发让人舒适愉悦的味道。

（5）产品应用　本产品可采用沾抹或喷洒的方式使用，一般喷洒于衣服隐秘处、局部皮肤及发际等处，散发出甜蜜、高贵、愉悦的香气。

2.6.9　控油平衡化妆水[❶]

（1）配方设计表

编号	成分	INCI 名称	添加量/%	使用目的
1	水	PURIFIED WATER	85.305	溶剂
2	丙二醇	PROPYLENE GLYCOL	7.00	保湿剂、溶剂
3	甘油聚醚-26	GLYCERETH-26	2.00	润肤剂
4	甘油//水//甘油丙烯酸酯/丙烯酸共聚物//PVM/MA 共聚物	GLYCERIN//WATER//GLYCERYL ACRYLATE//ACRYLIC ACID COPOLYMER//PVM/MA COPOLYMER	1.20	增稠剂、保湿剂
5	北美金缕梅（Hamamelis virginiana）水	HAMAMELIS VIRGINIANA (WITCH HAZEL) WATER	1.00	收敛剂、抗炎剂
6	辛酰甘氨酸//肌氨酸//锡兰肉桂（Cinnamomum zeylanicum）树皮提取物//水//己二醇	CAPRYLOYL GLYCINE//SARCOSINE//CINNAMOMUM ZEYLANICUM BARK EXTRACT//WATER//HEXYLENE GLYCOL	2.00	控油剂、皮肤调理剂
7	水//丁二醇//马齿苋（Portulaca oleracea）提取物	WATER//BUTYLENE GLYCOL//PORTULACA OLERACEA EXTRACT	1.00	防敏剂、舒缓剂
8	氯苯甘醚	CHLORPHENESIN	0.15	防腐剂
9	羟苯甲酯	METHYLPARABEN	0.10	防腐剂
10	乙基己基甘油	ETHYLHEXYLGLYCERIN	0.05	防腐剂、保湿剂
11	透明质酸钠	SODIUM HYALURONATE	0.05	保湿剂
12	黄原胶	XANTHAN GUM	0.05	增稠剂、乳化稳定剂
13	EDTA 二钠	DISODIUM EDTA	0.03	螯合剂
14	卡波姆	CARBOMER	0.03	增稠剂
15	PEG-40 氢化蓖麻油	PEG-40 HYDROGENATE CASTOR OIL	0.02	增溶剂
16	氢氧化钠	SODIUM HYDROXIDE	0.01	pH 调节剂
17	香精	FRAGRANCE	0.005	芳香剂

（2）设计思路　本配方主要包括溶剂、保湿剂、润肤剂、增稠剂、控油剂、防敏剂、皮肤调理剂、收敛剂、螯合剂、防腐剂、增溶剂、香精。本产品具有控油、保湿、舒缓、减少皮肤油脂分泌、预防粉刺发生的功效。本配方配制出来的产品无毒、无刺激、使用时清爽、

---

❶ 本制剂配方等由广东芭薇生物科技股份有限公司提供。

无油腻感，控油作用温和持久。使用后不用清洗。

第 3 号原料，甘油聚醚-26，是一种常用的润肤剂，驻留类产品最高历史使用量为 21%，本配方中添加量为 2.00%，在安全用量范围内。

第 4 号原料，甘油//水//甘油丙烯酸酯/丙烯酸共聚物//PVM/MA 共聚物，是化妆品常用的增稠剂、保湿剂，本配方中用量为 1.20%，在安全用量范围内。

第 5 号原料，北美金缕梅水，是化妆品常用的收敛剂、抗炎剂，本配方中添加量为 1.00%，在安全用量范围内。

第 6 号原料，辛酰甘氨酸//肌氨酸//锡兰肉桂树皮提取物//水//己二醇，是一种高效控油组合物，本配方中用量为 2.00%，在安全用量范围内。

第 7 号原料，水//丁二醇//马齿苋提取物，是化妆品常用的防敏剂、舒缓剂，本配方中添加量为 1%，在安全用量范围内。

第 8 号原料，氯苯甘醚，是化妆品常用的防腐剂，最大安全使用量为 0.3%，本配方中添加量为 0.15%，在安全用量范围内。

第 9 号原料，羟苯甲酯，是化妆品常用的防腐剂，推荐安全使用量为 0.1%～0.3%，本配方中添加量为 0.10%，在安全用量范围内。

第 10 号原料，乙基己基甘油，是化妆品常用的防腐剂、保湿剂，驻留类产品最高历史使用量为 10%，本配方中添加量为 0.05%，在安全用量范围内。

第 11 号原料，透明质酸钠，是一种常用的保湿剂，驻留类产品最高历史使用量为 1%，本配方中添加量为 0.05%，在安全用量范围内。

第 12 号原料，黄原胶，是一种常用的增稠剂、肤感调节剂，驻留类产品最高历史使用量为 20%，本配方中添加量为 0.05%，在安全用量范围内。

第 14 号原料，卡波姆，是一种常用的增稠剂，驻留类产品最高历史使用量为 15%，本配方中添加量为 0.03%，在安全用量范围内。

第 15 号原料，PEG-40 氢化蓖麻油，是一种常用的增溶剂，驻留类产品最高历史使用量为 30%，本配方中添加量为 0.02%，在安全用量范围内。

（3）制备工艺　本品为水剂。其制备工艺为：①在室温条件下将香精、PEG-40 氢化蓖麻油混合均匀，备用；在室温条件下将丙二醇（3%）、氯苯甘醚、羟苯甲酯、乙基己基甘油混合，稍加热溶解均匀，备用；在室温条件下将丙二醇（4%）、透明质酸钠、黄原胶、卡波姆，预混合均匀，备用。②将甘油聚醚-26、EDTA 二钠、甘油//水//甘油丙烯酸酯//丙烯酸共聚物//PVM/MA 共聚物加入去离子水中加热至 85℃，溶解至均匀透明；加入丙二醇（4%）、透明质酸钠、黄原胶、卡波姆的混合物，中低速均质 3～5min，搅拌溶解均匀。③降温至 65℃ 左右，加入用少量水溶解的氢氧化钠溶液，搅拌均匀后，再加入丙二醇（3%）、氯苯甘醚、羟苯甲酯、乙基己基甘油的混合物，搅拌混合均匀。④降温至 45℃ 以下，加入北美金缕梅水、辛酰甘氨酸//肌氨酸//锡兰肉桂树皮提取物、香精和 PEG-40 氢化蓖麻油混合物，搅拌混合均匀。⑤过滤，取样送检，合格后过滤灌装入库。

（4）产品特点　本品配方科学，产品安全，无毒、无刺激，制备工艺合理、简单易行，产品各项指标稳定，使用方便，具有高效持久的控油效果；有轻微收敛毛孔，保湿的效果；可以有效调节油性、粉刺倾向肌肤，减少皮肤油脂的分泌和油光感，有效减少黑头和粉刺的数量，能让皮肤更柔软清透。

（5）产品应用　本品适用于偏油性皮肤，对于预防和缓解痘痘有一定的功效，也可以用于洁肤后预防皮肤干燥。使用前最好先用温和的清洁产品清洗，用毛巾擦干后涂擦或敷用。

2.6.10　清爽祛味花露水

（1）配方设计表

编号	成分	INCI 名称	添加量/%	使用目的
1	水	PURIFIED WATER	17.77	溶剂
2	乙醇(95%)	ETHANOL	75.00	溶剂、清凉感、杀菌
3	1,3-丙二醇	PROPANEDIOL	4.00	溶剂、保湿剂、抗菌剂
4	艾(Artemisia argyi)叶提取物	ARTEMISIA ARGYI LEAF EXTRACT	0.80	抗氧化剂、皮肤调理剂、抗菌剂
5	人参(Panax ginseng)根提取物	PANAX GINSENG ROOT EXTRACT	0.70	皮肤调理剂、抗氧化剂
6	小白菊(Chrysanthemum parthenium)提取物	CHRYSANTHEMUM PARTHENIUM (FEVERFEW) EXTRACT	0.50	抗炎剂、抗氧化剂
7	互生叶白千层(Melaleuca alternifolia)叶水	MELALEUCA ALTERNIFOLIA (TEA TREE) LEAF WATER	0.50	抗炎剂、收敛剂
8	苯氧乙醇	PHENOXYETHANOL	0.30	防腐剂
9	迷迭香(Rosmarinus officinalis)叶油	ROSMARINUS OFFICINALIS (ROSEMARY) LEAF OIL	0.15	抗炎剂、柔润剂
10	薄荷醇	MENTHOL	0.10	收敛剂、清凉剂
11	积雪草(Centella asiatica)提取物	CENTELLA ASIATICA EXTRACT	0.10	皮肤调理剂、抗氧化剂
12	冰片	BORNEOL	0.08	抗氧化剂、芳香剂

（2）设计思路　本配方主要包括溶剂、抗氧化剂、清凉剂、螯合剂、防腐剂等。本产品的基本功能为清凉止痒、散发香味。本配方采用艾叶提取物、薄荷醇、冰片、香精等成分复配，气味芬芳，清凉止痒。

第 6 号原料，小白菊提取物，抗炎剂、抗氧化剂。驻留类产品最高历史使用量为 1%，本产品中添加量为 0.50%，在安全用量范围内。

第 8 号原料，苯氧乙醇，防腐剂。本产品中添加量为 0.30%，在安全用量范围内。

第 9 号原料，迷迭香叶油，抗炎剂、抗氧化剂。驻留类产品最高历史使用量为 0.99%，本产品中添加量为 0.15%，在安全用量范围内。

第 11 号原料，积雪草提取物，皮肤调理剂、抗氧化剂。驻留类产品最高历史使用量为 0.2%，本产品中添加量为 0.10%，在安全用量范围内。

第 12 号原料，冰片，抗氧化剂、芳香剂。驻留类产品最高历史使用量为 5.39%，本配方中添加量为 0.08%，在安全用量范围内。

（3）制备工艺　本品为水剂。其制备工艺为：将乙醇加入搅拌锅中，然后加入冰片、薄荷醇、迷迭香叶油、苯氧乙醇，待完全溶解后加入 1,3-丙二醇、艾叶提取物、人参根提取物、小白菊提取物、互生叶白千层叶水、积雪草提取物和去离子水，搅拌混匀即可。

（4）产品特点　本品原料配比合理，制备工艺简单，产品质量安全稳定，具有芬芳、清凉的香气，散发让人舒适愉悦的味道。

（5）产品应用　本产品可采用沾抹或喷洒的方式使用，一般喷洒于衣服隐秘处、局部皮肤及发际等处，散发出清凉舒爽的香气。

思考题

1.护肤用水剂类化妆品按照外观形态分主要有哪些类型？分别有什么特征？

2.发用水剂类化妆品的类别和主要特征各是什么？

3.发用水剂类化妆品按照使用目的和功效分主要有哪些类型？

4.发用啫喱水的特征是什么？

5.对于香水类制品使用的乙醇有什么要求？应如何纯化？

6.水剂类化妆品的生产工艺流程是什么？

7.生产水剂类化妆品主要用到的设备有哪些？

8.生产水剂类化妆品时，过滤除杂操作环节需要注意哪些事项？

9.生产水剂类化妆品时，贮存陈化的目的是什么？

10.水剂类化妆品常见的质量问题是什么？应如何控制？

第3章
油　剂

油脂的应用始于人类社会早期，埃及人很早就将橄榄油作润滑剂，我国最迟在唐朝就开始使用肥皂，说明我们祖先早已将油脂作为原料进行日化产品的开发应用。十九世纪，科学家对油脂进行深入研究，获得了许多重要成就，有效地推动了油脂化学的发展。近年来我国油脂工业发展迅速，油脂原料在化妆品行业的应用范围越来越广。油剂化妆品的应用和开发前景广阔。

3.1　油剂的剂型及其特征

3.1.1　油剂的剂型

油剂（oils agents）是指不经乳化的含植物油脂、动物油脂和矿物油类液体化妆品。它是以动植物油脂或矿物油、合成（半合成）油脂为溶剂，加入功效成分制成的一种剂型，具有清洁、保护、润滑及消炎止痛的作用。

油剂根据外观状态可分为液态和半固态，如防晒油、卸妆油、发蜡、发油、按摩油、润发油、营养焗油、蛤蜊油、指甲油、按摩油等。

3.1.2　油剂的特征

① 油剂与人体皮肤脂质相似，亲脂性好，易透过角质层，渗透性好。

② 油剂能保护皮肤，使皮肤水分不容易散失。油剂能在皮肤表面形成膜，阻碍水分从皮肤表面蒸发至环境中，减少穿过表皮的水分损失，提高滞留在表皮各层中的水分含量。皮肤的水分含量增加可改变角质层的黏弹性，同时使皮肤更柔软。

③ 油剂大多含有人体必需脂肪酸，可补充皮肤脂质，平衡皮肤油脂，起到保护皮肤作用。

④ 油脂的黏度随脂肪酸不饱和度的增加略有减少，在肌肤上的渗透率更高，而不饱和度较低的油脂渗透率较低，则肤感厚重，易于堵塞毛孔，有较油腻的感觉。

3.2　油剂的基质与原料

3.2.1　油剂化妆品基质

油剂基质主要是油性原料，一般可以分为油脂、蜡类、脂肪醇、脂肪酸和酯类。油脂和蜡类原料根据来源和化学成分不同，可分为植物性、动物性和矿物性油脂、蜡以及合成油脂等。

3.2.1.1 植物性油脂

(1) 蓖麻油　从蓖麻种子中挤榨而制得。为无色或淡黄色透明黏性油状液体，是典型的不干性液体油，具有特殊气味，不溶于水，溶于乙醇、苯、乙醚、氯仿和二硫化碳。在油剂中主要用于发蜡条、含酒精发油、指甲油增塑剂等。

(2) 橄榄油　一般是将新鲜油橄榄果实经机械冷榨或用溶剂萃取制得。其中冷榨产品不经加热和化学处理，保留了天然营养成分。产品为淡黄或黄绿色透明油状液体，不溶于水，微溶于乙醇，可溶于乙醚、氯仿等。在油剂中主要用于健肤油、按摩油、发油、浴油等产品。

(3) 杏仁油　从甜杏仁中提取。具有特殊的芳香气味，为无色或淡黄色透明油状液体，不溶于水，微溶于乙醇，能溶于乙醚、氯仿。杏仁油性能与橄榄油极其相似，但饱和度稍高，凝固点稍低，常作为橄榄油代用品，在化妆品中是按摩油、发油、膏霜中的油性成分。

(4) 棉籽油　由棉花种子经压榨或溶剂萃取所得到的半干油性。为淡黄色油状液体，不溶于水，微溶于乙醇，可溶于乙醚、氯仿、石油醚等。精制的棉籽油可替代杏仁油、橄榄油等应用于化妆品中，在油剂中作为发油等的原料。

(5) 花生油　从花生种子中提取得到。含不饱和脂肪酸，软脂酸、硬脂酸和花生酸等饱和脂肪酸。为淡黄色油状液体，不溶于水，微溶于乙醇，可溶于乙醚、氯仿等。花生油可替代橄榄油和杏仁油应用于化妆品的膏霜等乳液制品及发用化妆品中，也可用于制造按摩油、防晒油等油剂化妆品。

(6) 霍霍巴籽油　是由霍霍巴灌木的种子经压榨提取得到的油。为无色、无味透明的油状液体，是一种安全性很高且很稳定的植物蜡，而非油脂，渗透性好、能滋润补水，具有祛黑头的作用。应用于化妆品中，可取代鲸蜡油等。

(7) 棕榈油　是从油棕果皮中提取的，一种色泽常发红的黄色油脂。棕榈油易皂化，是制造肥皂、香皂的良好原料，也是制造表面活性剂的原料。精炼棕榈油可用于油剂和油膏制品。

(8) 鳄梨油　是从鳄梨果肉脱水后用压榨法或溶剂萃取法而制得的油。含有各种维生素、甾醇、卵磷脂等有效成分，其外观有荧光，光反射呈深红色，光透射呈强绿色，有轻微榛子味，不易酸败。由于鳄梨油对皮肤无毒、无刺激，对眼睛无害，有较好的润滑性、温和性、乳化性，稳定性也好，对皮肤的渗透力要比羊毛脂强，可作为乳液、膏霜、香波及香皂等原料，对炎症、粉刺有一定的疗效，还可应用于防晒油等油剂中。

(9) 大豆油　由大豆的种子制得的干性油。为黄棕色的油状液体，精炼后呈淡黄色，不溶于水，可溶于乙醚、氯仿、二硫化碳。主要作为食用，在化妆品中，它可作为橄榄油的替代品，但稳定性稍差。精制马来酰化豆油用于浴油。

(10) 杏核油　亦称桃仁油，取自杏树的干果仁。为淡黄色油状液体，不溶于水，被广泛地应用于护肤制品，有助于赋予皮肤弹性和柔度。它的熔点低，寒冷气候下稳定性好，制品能保持透明。它是油脂润肤剂，相对干，没有油腻感，很润滑，有润滑剂作用，可以阻止水分通过表皮过分损失。

(11) 向日葵油　又名葵花籽油、葵花油，为淡黄色透明油状液体。可代替稳定性差的植物油。

(12) 山茶油　是由山茶的种子经压榨制备的脂肪油。脂肪酸构成中以油酸为最多（82%～88%），其他为棕榈油酸等饱和酸（8%～10%）、亚油酸（1%～4%）。山茶油的油状和橄榄油相似，自古就将山茶油作为发油使用。

(13) 小麦胚芽油　属亚油酸油种，为天然植物油经提纯精制而成，为淡黄色透明油状液体，富含维生素 E（生育酚），是含 β-生育酚的唯一油种，生育酚的总含量达 $0.40\%\sim$ 0.45%。还含有另一种抗氧化物二羟-γ-阿魏酸古甾醇酯。因含有多种氨基酸及多种不饱和脂肪酸、维生素 E 等多种营养成分，可用作发油、面霜的油性原料，能护肤并防止皮肤、头发衰老，还可作为天然抗氧化剂。

（14）玉米胚芽油　属亚油酸油种，室温下为黄色透明油状液体，无味。内含丰富的天然维生素 E 和二羟-β-阿魏酸谷甾醇酯，是优良的天然抗氧化剂。含有人体必需的天然脂肪酸及维生素 E 等天然抗衰剂。可作为化妆品的油性原料用于护肤及护发等多种化妆品中，使头发、皮肤润泽，防止衰老。

（15）澳洲坚果油　由澳洲坚果通过冷榨法、热榨法、超临界提取及亚临界萃取法得到的可食用油。淡黄色油状液体，略有油脂芬芳气味，是唯一含有大量棕榈油酸的天然植物油，其脂肪酸与人体皮肤皮脂相似，可用作皮肤棕榈油酸的来源，使老化的皮肤复原，在化妆品中可起保护细胞膜的作用，从而延缓脂质体的过氧化作用，特别是用于受紫外线伤害的皮肤，更为无毒安全，已开始被应用于面部护肤、唇膏和婴儿制品以及防晒化妆品中。

（16）水蒜芥子油　取自十字花科植物水蒜芥种子，产于欧洲和印度，为浅金黄色油状液体。古罗马人用水蒜芥籽油按摩身体，印度人用作处理皮肤疾病，亦用于美容。可用于面膜和按摩膏。

（17）亚麻荠油　取自亚麻荠，亚麻荠已是半商业化规模种植的植物，产于英格兰东西部和中亚地区，为黄色透明油状液体。可用作皮肤滋润剂、护肤膏霜的油性原料。

（18）可可脂　从可可树果实内的可可仁中提取制得，可可树生长在热带地区，主要产于美洲。可可脂为白色或淡黄色固态脂，具有可可的芬芳，略溶于乙醇，可溶于乙醚、氯仿、石油醚等，为植物性脂肪。可可脂在化妆品中可作为浴油及其他霜油基原料，但价格较贵。

植物性油脂除了上述品种之外，还有几种。①葡萄核油，油脂清晰细致，爽而不腻，无味无臭，渗透力强，有防敏感、杀菌功能，特别适合细嫩皮肤和敏感皮肤，可作面部按摩及适宜治疗时用。②蔷薇果油，适合细纹、疮疤和灼伤皮肤。③芦荟油，含有丰富的维生素，能滋润及保护皮肤，是最佳面部护理油。

3.2.1.2　动物性油脂

（1）水貂油　水貂是一种珍贵的毛皮动物，从水貂背部的皮下脂肪中可采取到脂肪粗油，经过加工精制后得到水貂（精）油。这种油脂是一种理想的化妆品油基原料。水貂精油为无色或淡黄色透明油状液体，无腥味及其他异味，无毒，对人体肌肤及眼无刺激作用。在化妆品中，水貂油应用甚广，可用于膏霜、乳液、发油、发水、唇膏等化妆品中，还可应用在防晒化妆品中。

（2）鱼油　取自一种深海鱼的脂肪。淡黄或近乎无色透明油状液体，超精炼油无气味。只含有 3% 的甘油三酯，实际为液体的蜡酯，主要含有直链的脂肪酸和脂肪醇。其易分散性和软化皮肤的性质优于霍霍巴籽油，这与其含有一些低链的组分和高含量油酸酯有关。可用于护肤化妆品，可提供不油腻的护肤的脂质层，易于分散，润湿性良好，也应用于浴油。

（3）羊毛脂　羊毛脂是从羊毛中提取的一种脂肪。羊毛脂溶于苯、乙醚、氯仿、丙酮、石油醚和热的无水乙酸，微溶于 90% 乙醇，不溶于水，但能吸收两倍重的水而不分离。含水羊毛脂含水分约为 $25\%\sim30\%$，溶于氯仿与乙醚后，能将水析出。羊毛脂是哺乳类动物的皮脂，其组成与人的皮脂十分接近，对人的皮肤有很好的渗透、柔软和润滑作用，具有防止脱脂的功效。很早以来一直被用作化妆品原料，是制造无水油膏、卸妆油、浴油、发油等的重要原料。

　　(4) 马脂　马脂是取自马体某些部位脂肪组织的油脂。为白色膏状物，无色无味，含月桂酸 0.4%，肉豆蔻酸 4.5%，棕榈酸 26%，硬脂酸 4.7%，花生酸 0.2%，不饱和的 C_{14} 及 C_{16} 酸 2.3%，油酸 33.7%，亚油酸 5.2%，亚麻酸 16.3%，不饱和的 $C_{20} \sim C_{22}$ 酸 23%。对皮肤相容性好，接近人体皮下脂肪，其铺展性好，可令皮肤平滑，属营养性油脂。精制马脂已开始应用于化妆品。

3.2.1.3　矿物性油脂

　　(1) 凡士林　亦称矿物脂。由高黏度石油馏分经脱蜡、脱芳烃、脱色、脱臭得到的产物。凡士林为白色或微黄色半固体，无气味，半透明，结晶细，拉丝质地挺拔者为佳品，主要成分是 $C_{16} \sim C_{32}$ 的高碳烷烃（异构）和高碳烯烃的混合物。它溶于氯仿、苯、乙醚、石油醚，不溶于酒精、甘油和水，其化学性质稳定。在化妆品中为乳液制品、膏霜及唇膏、发蜡等制品中的基质。

　　(2) 石蜡　又称固体石蜡，是由天然石油或岩油的含蜡馏分经冷榨或溶剂脱蜡而制得，成分多为饱和高碳烷烃，是以 $C_{20} \sim C_{30}$ 为主的一类混合物，其中含有 2%~3% 的支链或环状烃。为无色或白色、无味、无臭的结晶状蜡状固体，表面有油滑性之感觉，石蜡不溶于水、乙醇和酸类，而溶于乙醚、氯仿、苯、二硫化碳，其化学性质较为稳定，纯品不含游离酸、碱，重金属铅、砷含量分别在 20mg/kg 及 2mg/kg 以下。应用于化妆品中，可作为制造发蜡、香脂、胭脂膏、唇膏等的油质原料。

　　(3) 地蜡　地蜡为一种白色或微黄脆硬的无定形结晶的蜡状固体。其成分是 C_{25} 以上的分子量较高的直链、支链和环状的烃类混合物。无臭无味，不溶于水，能溶于苯、乙醚、氯仿等，地蜡与石油系蜡相比，其相对分子质量大，相对密度、熔点、黏度和硬度都较高。化妆品用的地蜡可分为两个等级，一级品的熔点为 74~78℃，二级品熔点为 66~68℃。在化妆品中，一级品地蜡可用作乳液制品原料，二级品可作为唇膏、发蜡等的重要固化剂。

　　(4) 微晶蜡　又称无定形蜡，无臭、无味，为白色无定形非晶性固体蜡。是从石油分馏后剩下的残渣，用溶剂萃取及化学处理的方法得到的一种高沸点的长链烃类，其成分以 $C_{31} \sim C_{70}$ 的支链饱和烃为主，含少量的环状、直链烃，其相对分子质量一般是 580~700，即平均每个分子中含有 41~50 个碳原子，即是高碳烃。常温下不溶于酒精，但略溶于热酒精，可溶于苯、氯仿、乙醚等，与各种矿物蜡、植物蜡及热脂肪油互溶。这种蜡的黏性较大，且具有延展性，在低温下不脆，在与液体油混合时具有防止油分分离析出的特性，较广泛应用于化妆品中，可作为香脂、唇膏、发蜡等的油质原料。

3.2.1.4　合成油脂

　　(1) 乙酰化羊毛脂　乙酰化羊毛脂是由羊毛脂与醋酐进行乙酰化反应而得到的产物。呈象牙色至黄色半固体状。溶于白油（5%），不溶于水、乙醇和蓖麻油。乙酰化羊毛脂具有羊毛脂的所有优点，有较好的抗水性能和油溶性，能形成抗水薄膜而减少水分蒸发，对皮肤无刺激、无毒，是很好的柔软剂，还具有增溶、分散能力。由于其性能温和、安全，被广泛用在化妆品中，如用在乳液、膏霜类护肤及防晒化妆品中，与矿物油混合后，用于婴儿油、浴油及唇膏、发油、发胶等化妆品。

　　(2) 氢化羊毛脂　羊毛脂经氢化或钠还原等方法，可制得氢化羊毛脂。为白色至淡黄色糊状半固体。不溶于水，稍溶于无水乙醇，溶于丙酮、苯等有机溶剂，在矿物油中的溶解度比一般羊毛脂大。乳化能力和一般羊毛脂相近。稳定性高，色浅，气味低，不黏，吸水性好。可代替天然羊毛脂用于要求色淡、味淡、耐氧化酸败的各类化妆品，与皮肤制剂中水杨酸、苯酚、类固醇和其他成分都可匹配。一般也用于唇膏、发胶、指甲油、晚霜、雪花膏和剃须膏中。

（3）角鲨烷 由产于深海中的角鲨鱼肝油中取得的角鲨烯加氢反应而制得。为无色透明、无味、无臭的油状液体，微溶于乙醇、丙酮，可与苯、石油醚、氯仿相混合，主要成分是肉豆蔻酸、肉豆蔻酯、角鲨烯、角鲨烷，都是纯度很高的侧链烷烃。角鲨烷对皮肤的刺激性较低，能使皮肤柔软。本身或与其他原料配合，惰性很强，是一极其稳定的油性原料。与矿物油系烷烃相比，油腻感弱，并且具有良好的皮肤浸透性、润滑性及安全性，在油剂中用作面油、防晒油、按摩油的油性原料。

3.2.1.5 脂肪醇和脂肪酸

（1）油醇 油醇是一种不饱和醇，为无色或淡黄色透明液体。一般市售油醇，多为 $C_{16}\sim C_{18}$ 不饱和醇混合物，多从抹香鲸等鱼肝油制得。油醇可溶于乙醇，对头发、皮肤具有柔软作用，在化妆品中，适用于发油中。

（2）亚油酸 又称亚麻油酸，学名顺，顺-9,12-十八碳二烯酸，是一种含有两个双键的 ω-6 脂肪酸。存在于动植物油中，红花油中约含 75%，向日葵籽油中约含 60%，亚麻油中约含 45%，玉米油约含 40%。常温下为无色或淡黄色的液体，空气中易发生自氧化。不溶于水和甘油，溶于多数有机溶剂，如乙醇、乙醚、氯仿，能与二甲基甲酰胺和油类混溶。亚油酸用作浴油等的油性原料。

3.2.2 油剂化妆品原料

3.2.2.1 植物功效成分

（1）具美白功效类 熊果苷、甘草提取物、母菊花提取物、鞣花酸、甘菊花、阿魏酸、光果甘草提取物、葡萄柚提取物、余甘子提取物、豌豆提取物、红景天提取物等具美白功效。

（2）具防晒及防晒增效类 绿原酸、蛇床子素、木犀草素、芦荟苷、积雪草提取物、地衣提取物、可可提取物、黄芩苷、余甘子提取物、葡萄提取物、大豆提取物等具防晒及防晒增效作用。

（3）具生发功效类 人参提取物、赤芝提取物、银杏叶提取物、何首乌提取物、薏苡仁提取物、啤酒花提取物、辣薄荷提取物、棕榈酰葡萄籽提取物、玉米提取物等具生发功效。

（4）具减肥瘦身功效类 羽衣草提取物、昆布提取物、泽泻提取物、积雪草提取物、柠檬提取物、山楂果提取物、月见草提取物、活血丹提取物、大麦提取物等具减肥瘦身功效。

（5）具保湿功效/皮肤调理功效类 白池花籽油、白睡莲花提取物、木芙蓉花提取物、素馨花提取物、仙人果花/茎提取物、木棉花提取物、牛油果树果酯等具保湿/皮肤调理作用。

3.2.2.2 化学功效成分

（1）具保湿功效类 神经酰胺 E、透明质酸钠、海藻糖、辅酶 Q10、虾青素油、乙酰葡萄糖胺、维生素 E 醋酸酯、尿囊素、γ-聚谷氨酸、吡咯烷酮羧酸钠、水杨酸甜菜碱、烟酸苄酯等具保湿功效。

（2）具美白功效类 氧代噻唑烷羧酸、鞣花酸、维生素 C 乙基醚、曲酸、维生素 A 醋酸酯、烟酰胺、甘草酸二钾、腺苷、水杨酸钠等具美白功效。

（3）具头发护理功效类 聚季铵盐-6、聚季铵盐-7、聚季铵盐-10、聚季铵盐-11、聚季铵盐-22、聚季铵盐-28、聚季铵盐-39、聚季铵盐-44、吡罗克酮乙醇铵盐、阳离子泛醇、乳酸薄荷酯、西曲溴铵等具头发护理功效作用。

（4）具防晒功效类　二羟基丙酮、赤藓酮糖、美拉诺坦、二苯甲酮-1、二苯甲酮-3、二苯甲酮-4 等具防晒功效。

（5）具防腐功效类　辛甘醇、苯乙醇、1,2-戊二醇、尼泊金甲酯、尼泊金丙酯等具防腐功效。

3.3　油剂的工艺流程

化妆品的生产工艺可按单元操作分为粉碎、研磨、混合、乳化、分散、物料输送、加热和冷却、灭菌和消毒、产品成型和包装、容器的清洗等单元。通常，每一种化妆品生产都需要经过两种以上的单元操作，所需要的设备随剂型和产量不同而异。

3.3.1　工艺流程图

油剂的制备主要涉及原辅料准备、均质循环处理和灌装分装等工艺过程。油剂制备工艺流程，如图 3-1。

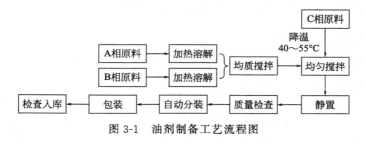

图 3-1　油剂制备工艺流程图

3.3.2　主要原料

（1）A 相原料　油性基质。如白油、石蜡、凡士林、矿物油等。

（2）B 相原料　水溶性、醇溶性功效成分。如为去离子水、提取液等水溶性成分时，需要适当添加表面活性剂，使油-水界面张力降低，使两相均质搅拌更充分。

（3）C 相原料　香精、色素、防腐剂、抗菌、抗氧化等其他低沸点成分。这些成分的沸点一般比较低，不宜在较高温的条件下添加，可在温度降至 40～55℃时加入。

3.3.3　生产步骤

（1）物料准备　按配方分别称量 A 相原料、B 相原料和 C 相原料。所需原料用到植物提取液时，务必检查颜色和状态及有效成分含量。

（2）加热溶解　将需要加热溶解的原料按照规定的温度进行加热溶解，然后将各相原料混合，搅拌均匀。生产操作时，不同的原料所需的温度会有所差别，一般油性基质的加热温度在 70～80℃之间。

（3）均质搅拌　将加热溶解混合的 A、B 相原料进行均质搅拌，降温至 40～55℃时加入 C 相原料继续均质搅拌。待温度降到 40～55℃左右后，才能加入 C 相原料，避免较高温导致变性、挥发等情况发生。通过均质搅拌可以使相同成分或不同成分体系中的分散物微粒化、均匀化，从而形成稳定、均一的溶液。

（4）质量检查　待均质搅拌结束后，降温至 36～38℃时即可出料、静置。停机、取样检测分析，一般检测参数包括折射率、pH 值、黏度、气味、外观、相对密度、酸度、酸值和过氧化值等，按照规定的方法步骤检查。

（5）包装和储存　产品检测分析合格后进行定量分装、包装。按规定标明产品名称、生产日期、有效期、净含量、批号等产品信息。根据产品包装和自身稳定性等特点选择适合的贮存条件，油剂产品一般应该避光、常温储存。

（6）运输包装　运输包装应整洁、端正、平滑、封箱牢固。产品无错装、漏装、倒装现象。运输包装的标志应清楚、完整、位置合适。根据需要标明产品名称、生产者名称和地址、净含量、产品数量、整箱质量、体积、生产日期、保质期和生产批号。

3.4　油剂的生产设备

化妆品生产设备大致分制造成型设备和充填包装设备两大类，随着剂型不同，生产设备也有所差异。化妆品生产是典型的多品种少批量的生产方式，大多数是以手工或间歇分批的方式进行灌装，批生产量可从数千克至数吨，所用各类生产设备，既有适用于小批量生产的小型设备，也有适用于大规模现代化生产的半自动或全自动高效率设备。油剂化妆品最主要的设备是均质搅拌机，可根据不同的生产环境、物料和剂型选择不同的均质设备。

3.4.1　实验室均质设备

实验室常用均质设备有分散机和小型高压均质机，有时用到拍打式均质机。混合物料经过均质后形成稳定均一的油剂，得到半成品或成品。

分散机，也称均质机，分散机常用于样品破碎、两相不相容物料混合，可使物料被快速分散，分散效果好。物料在分散机强大的离心力作用下从径向甩入定、转子狭窄而又精密的间隙中，同时在离心挤压、液层摩擦、液力撞击等综合作用力下被初步分散；随后，在高速旋转的转子作用下，物料在强烈液力剪切、液层摩擦、撕裂碰撞等作用力下被充分分散破碎，不断从定子槽中高速射出，受到自身、容器壁阻力和转子区上、下轴吸力作用下形成的上、下两股强烈翻动力，物料在多次循环作用力下最终完成分散过程。分散机具有分散细腻、方便维护、生产效率高、运转平稳、安装简便等优点，是日化行业实验室最常见的设备之一。

3.4.2　工业生产均质设备

化妆品工业生产常用到的均质设备有高剪切均质机、高压均质机、胶体磨等，它们产生均质作用是通过剪切作用，使物料发生物理、化学、结构性质等系列变化，从而形成稳定均一的溶液，最终达到均质的效果。

（1）按结构型式不同　均质机分为立式整体型和卧式组合型两大类。立式整体型适用于中小型设备（功率小于45kW），卧式组合型适用于大型设备（功率大于45kW）。化妆品工业生产中大多数厂家生产多用立式整体型均质机，立式整体型均质机结构紧凑，外形美观占地面积小。卧式组合型均质机电机、减速箱、曲轴箱、润滑站等部分独立成块，分布在同一水平面上，通过皮带（轮）、联轴器、油管等连成一体整机。

（2）按照作用特点的不同　均质机分为压力式和旋转式两大类。压力式均质设备作用原理是通过使液体介质获得高压能，然后在液体通过均质机时将获得的高压能转化为动能，从而获得流体力。高压均质机是压力式均质设备中最为典型的。旋转式均质设备由转子或转子、定子系统构成，原理是直接将旋转的机械能作用于液体介质，胶体磨、剪切均质机是旋转式均质设备典型的代表。

3.5　油剂的质量要求与控制

化妆品质量标准和质量控制方法对化妆品生产具有重要的意义。油剂型产品常规理化指标有折射率、相对密度、酸值、过氧化值等。

3.5.1　常规理化指标控制

（1）折光指数　按 GB/T 13531.7 执行。阿贝折光仪法适用于透明液态化妆品的折光指数测定，自动折光仪法适用于液态或半固态化妆品的折光指数测定。

（2）相对密度　按 GB/T 13531.4 执行。密度瓶法和密度计适用于液态化妆品相对密度的测定。仪器法适用于液态、半固态化妆品相对密度的测定。

（3）其他指标　酸度和酸值按 ISO 660 执行，pH 值按 GB/T 13531.1 执行，浊度按 GB/T 13531.3 执行，熔点按 ISO 6321 执行，黏度按 GB/T 15357 执行，皂化值的测定按 HG/T 3505 执行，碘值的测定按 GB/T 13892 执行，化妆品卫生标准按 GB/T 7916 执行。

3.5.2　卸妆油的质量控制

卸妆油的质量检测按 GB/T 35914 执行，主要包括感官、理化指标。外观、色泽、香气等感官指标应均匀、一致，不得有明显色差；在 pH、耐热、耐寒等理化指标中，耐热性要求在（40±1）℃ 保持 24h，恢复至室温后与试验前比较无明显性状差异为合格，耐寒性要求在（-8±2）℃保持 24h，恢复至室温后，与试验前无明显差异为合格。

3.5.3　发蜡的质量控制

发蜡的质量检测按 QB/T 4076 执行，主要包括感官、理化指标。外观、色泽、香气等感官指标应均匀一致、无异物，符合标准规定；理化指标包括 pH、耐热、耐寒，其中耐热性要求在（40±1）℃保持 24h，恢复至室温后应与试验前比较无明显差异，耐寒性要求在（-5±10）℃保持 24h，恢复至室温后，应与试验前无明显差异。

3.5.4　按摩基础油、按摩油的质量控制

这两类油的质量检测按 QB/T 4079 执行，主要包括感官、理化指标。要求所得产品为无色或淡黄色至黄绿色澄清油状液体、无异味；酸值≤5mg KOH/g、过氧化值≤10mmol/kg、皂化值≥80mg KOH/g。

3.5.5　指甲油的质量控制

指甲油的质量检测按 QB/T 2287 执行，主要有感官、理化指标。外观、色泽应符合标准规定；牢固度应保证无脱落现象、干燥时间≤8min 适宜；包装材料要求指甲油直接接触的容器材料应无毒，不得含有或释放可能对使用者造成伤害的有毒物质。

3.5.6　发油的质量控制

发油的质量检测按 QB/T 1862 执行，主要包括感官、理化指标。单相发油室温下应清晰，无明显杂质和黑点，相对密度 0.810～0.980；双相发油室温下油水相应分别透明，油水界面清晰，无雾状物及尘粒，水相 pH 值 4.0～8.0，相对密度油相 0.810～0.980、水相 0.880～1.100，耐寒在（-5±-10）℃保持 24h，恢复至室温后，应与试验前无明显差异；

气雾灌装发油的耐寒在（－5±－10)℃保持 24h，恢复至室温应能正常使用、喷出率≥95％、起喷次数（泵式)≤5 次、内压力在 25℃恒温水浴中试验应小于 0.7MPa；气雾灌装发油除应符合 QB/T 1862 规定外，安全灌装量应符合 QB 2549 的要求。

3.5.7 焗油膏的质量控制

焗油膏的质量检测按 QB/T 4077 执行，主要为理化指标。耐热性在 (40±1)℃保持 24h，恢复至室温后与试验前比较无明显差异，耐寒性在 (－5±10)℃保持 24h，恢复至室温后，应与试验前无明显差异。其中免洗型焗油膏（发膜）pH4.0~8.5、总固体≥4.0％；冲洗型焗油膏（发膜）pH2.5~7.0、总固体≥8.0％。

3.6 油剂的制剂实例

油剂化妆品多种多样，工艺操作要严格把控投料量、加料顺序、搅拌时间和搅拌温度等。本节以卸妆油、按摩油、防晒油、调理焗油、发蜡、指甲油等 10 款产品为例，介绍它们的组分配方、设计思路、制备工艺、产品特点和应用范围。

3.6.1 清爽强力卸妆油

（1）配方设计表

序号	成分	INCI 名称	添加量/%	使用目的
1	角鲨烷	SQUALANE	75.22	皮肤调理剂
2	聚甘油-10 二异硬脂酸酯	POLYGLYCERYL-10 DIISOSTEARATE	20.00	表面活性剂
3	甘油山嵛酸酯/二十酸酯	GLYCERYL BEHENATE/EICOSADIOATE	1.50	皮肤调理剂
4	烟酰胺	NIACINAMIDE	1.50	皮肤调理剂
5	去离子水	DEIONIZED WATER	1.00	溶剂
6	香精	PARFUM	0.60	赋香剂
7	生育酚(维生素 E)	TOCOPHEROL	0.10	抗氧化剂
8	视黄醇	RETINOL	0.05	抗氧化剂
9	马齿苋提取物	PORTULACA OLERACEA EXTRACT	0.02	皮肤调理剂
10	红没药醇	BISABOLOL	0.01	皮肤调理剂

（2）设计思路　开发一种卸妆能力强，对皮肤具有滋润作用，使用后不油腻，使用过敏性低，安全范围大，有一定黏度的触变性的卸妆油具有十分重要的意义。所选用的原料均经过严格检验，并确保检验结果符合相关规格的指标要求。

第 1 号原料，角鲨烷，是化妆品常用油脂。

第 2 号原料，聚甘油-10 二异硬脂酸酯，是化妆品常用的表面活性剂，极大地减小了对皮肤的刺激性，同时明显提高皮肤的保湿能力。

第 3 号原料，二十酸酯，是化妆品常用的皮肤调理剂，可以解决普通卸妆油产品使用时流动性过强，料体易滴落的问题，同时能够提供在脸部皮肤按摩时独特的丝缎般的贴肤感受。

第 4 号原料，烟酰胺，是化妆品常用的皮肤调理剂。能减少黑色素生成和沉淀，加快角质层代谢，抗衰老，修复受损的角质层脂质屏障，提高皮肤抵抗力，具强的锁水、保湿功效。最大安全使用量为 5.00%，本配方中添加量为 1.50%，在安全用量范围内。

第 6 号原料，香精，是化妆品常用赋香剂。配方最大安全使用量为 2.00%，本配方中添加量为 0.60%，在安全用量范围内。

第 7 号原料，生育酚（维生素 E），是化妆品常用抗氧化剂。最大安全使用量为 2.00%，本配方中添加量为 0.10%，在安全用量范围内。

第 8 号原料，视黄醇，是化妆品常用抗氧化剂，具有调节表皮及角质层新陈代谢的功效，能有效减少细纹和皱纹，抚平粗糙皮肤，改善皮肤纹理等。最大安全使用量为 0.05643%，本配方中添加量为 0.05%，在安全用量范围内。

第 9 号原料，马齿苋提取物，作为皮肤调理剂，最大安全使用量为 0.50%，本配方中添加量为 0.02%，在安全用量范围内。

第 10 号原料，红没药醇，是化妆品常用皮肤调理剂，配方最大安全使用量为 0.50%，本配方中添加量为 0.01%，在安全用量范围内。

（3）制备工艺　按照配比称取角鲨烷、聚甘油-10 二异硬脂酸、烟酰胺、生育酚、甘油山嵛酸酯/二十酸酯、视黄醇、红没药醇，在 70～75℃下混合充分搅拌 5～10min，直至形成均一稳定的液体，并在搅拌下降温到 50～55℃，加入按照配比称取的水、香精、植物提取液，保温搅拌 5～10min，保温灌装，即得卸妆油。

（4）产品特点　整体具有良好的卸妆效果，提供使用后具有优异的保湿滋润效果，但不油腻，能够达到皮肤滋润度与皮肤清爽度的平衡，且不会引起皮肤过敏和刺激，同时具有触变性，从而能提供在脸部皮肤按摩时独特的丝缎般的贴肤感受。

（5）产品应用　适用于多数肤质人群，敏感肌慎用。

3.6.2　温和滋润卸妆油

（1）配方设计表

序号	成分	INCI 名称	添加量/%	使用目的
1	油橄榄果油	OLEA EUROPAEA FRUIT OIL	45.60	润肤
2	PEG-30 失水山梨醇四油酸酯	PEG-30 SORBITAN TETRAOLEATE	12.00	分散剂
3	霍霍巴籽油	SIMMONDSIA CHINENSIS (JOJOBA) SEED OIL	11.00	皮肤调理剂
4	葡萄籽油	VITIS VINIFERA (GRAPE) SEED OIL	10.00	皮肤调理剂
5	异壬酸异壬酯	ISONONYL ISONONANOATE	10.00	润肤
6	PEG-20 甘油三异硬脂酸酯	PEG-20 GLYCERYL TRIISOSTEARATE	6.00	表面活性剂
7	茶提取物	CAMELLIA SINENSIS EXTRACT	1.50	功效剂
8	布里奇果油	BURUTI OIL	1.50	皮肤调理剂
9	莲提取物	NELUMBO NUCIFERA EXTRACT	1.50	功效剂
10	柑橘果提取物	CITRUS RETICULATA (TANGERINE) FRUIT EXTRACT	0.90	清洁剂

（2）设计思路　本品性质温和，具有很好的卸妆效果，能将深藏在毛孔内的脏污清洁干净，而且对肌肤有滋润柔嫩的功效。所选用的原料均经过严格检验，并确保检验结果符合相关规格的指标要求。

配方中第 1、2 号原料，具有润肤作用，是基于保湿、滋润的产品基本功能选用的。

第 1 号原料，油橄榄果油，是化妆品常用的润肤剂，具有很强的润肤功效，可以提高皮肤表皮层的保湿作用，减轻伤疤，赋予皮肤弹性，卸妆后的肌肤柔滑不紧绷，其用于化妆品是安全的，配方最大安全使用量为 99.85%，本配方中添加量为 42.60%，在安全用量范围内。

第 2 号原料，PEG-30 失水山梨醇四油酸酯，是化妆品常用分散剂，具有特别高的 HLB 值而且活性很好，能快速地浸入皮肤深层及毛孔中，将皮肤新陈代谢排出的油脂及化妆品污垢浮起。

第 3 号原料，霍霍巴籽油，是化妆品常用的皮肤调理剂，能让皮肤变得柔软有弹性，对皮肤有调节水分作用，还可以通畅毛孔，调节油性或混合性肌肤的油脂分泌，改善肌肤，能够带出沉淀在毛孔中的化妆品、色素以及脏污。

第 4 号原料，葡萄籽油，是化妆品常用皮肤调理剂，具有超强的延缓衰老和增强免疫力的作用，还具有抗氧化、抗过敏、抗疲劳作用，能增强体质、改善亚健康状态、延缓衰老，对皮肤具有再生和重构的功效，其用于化妆品是安全的，配方最大安全使用量为 26.00%，本配方中添加量为 10.00%，在安全用量范围内。

第 5 号原料，异壬酸异壬酯，是化妆品常用的润肤剂。限用量为 10.00%，本配方中添加量为 10.00%，在安全用量范围内。

第 6 号原料，PEG-20 甘油三异硬脂酸酯，是化妆品常用表面活性剂，具有特别的 HLB 值而且活性很好，能快速地浸入皮肤深层及毛孔中，将皮肤新陈代谢排出的油脂及化妆品污垢浮起。

第 7 号原料，茶提取物，作为功效剂，用于化妆品是安全的，在安全用量范围内。

第 8 号原料，布里奇果油，是化妆品常用皮肤调理剂，能帮助晒后快速恢复水分含量，滋润皮肤，保持皮肤的弹性，还可以有效减少细纹和皱纹。

第 9 号原料，莲提取物，作为功效剂，修复肌肤内部水循环，由内而外润白提亮，令肌肤明亮清新。

第 10 号原料，柑橘果提取物，具有自由基清除能力，能抗氧化抗衰。

（3）制备工艺　在 26℃条件下，将油橄榄果油、霍霍巴籽油、葡萄籽油搅拌均匀，得到混合物一；将异壬酸异壬酯、PEG-30 失水山梨醇四油酸酯、PEG-20 甘油三异硬脂酸酯在 70～75℃下混合充分搅拌 5～10min，降至室温后得到混合物二；同样在 26℃下，将茶提取物、布里奇果油、柑橘果提取物、莲提取物搅拌均匀，得到混合物三；将混合物二、混合物三依次加入得到的混合物一中，搅拌至完全溶解即可。所述步骤中，搅拌时的温度为常温，搅拌的速度为 40～50r/min。

（4）产品特点　本品性质温和，对皮肤保养效果显著，保湿性能强，卸妆效果优异，滋润柔嫩效果良好，能温柔抚慰肌肤，有效减少卸妆给肌肤带来的负担，适合长期使用。

（5）产品应用　适用于多数肤质人群，敏感肌慎用。

3.6.3 舒缓通络按摩油

（1）配方设计表

序号	成分	INCI 名称	添加量/%	使用目的
1	葡萄籽油	VITIS VINIFERA (GRAPE) SEED OIL	41.816	通络剂
2	橄榄油	OLIVE OIL	40.00	保湿剂
3	翅果油	ELAEAGNUS MOLLIS DIELS OIL	6.00	抗氧化剂、润柔剂

续表

序号	成分	INCI 名称	添加量/%	使用目的
4	杜松子精油	JUNIPER BERRY OIL	6.00	杀菌剂
5	葡萄柚油	CITRUS PARADISI OIL	6.00	赋香剂
6	甘草抗氧化物	LICORICE ROOT ANTIOXIDANT	0.08	
7	竹叶抗氧化物	BAMBOO LEAF ANTIOXIDANT	0.08	
8	乳酸链球菌素	NISIN	0.008	复合抗氧化剂
9	玻色因	PRO-XYLANE	0.008	
10	茶多酚	TEA POLYPHENOL	0.008	

（2）设计思路　精油可以通过皮肤渗透进入血液循环，能有效调理身体，达到舒缓、净化等作用。复方精油是由多种植物精油根据其不同的特点性质调配而成的，根据人体的具体症状，以适当的单方精油和基底油及剂量的控制，做一定的复方搭配达到预期的效果。

第 1 号原料，葡萄籽油，作为通络剂，是基础油中相当受欢迎且效果卓越的品种之一。

第 2 号原料，橄榄油，作为保湿剂，有极佳的天然保健功效、美容功效和理想的烹调用途。

第 3 号原，翅果油，作为抗氧化剂，用作护肤化妆品基质原料，具有柔润肌肤、保湿、消除自由基的作用，具有抗氧化的功效，可用作抗氧化剂，可用于抗衰化妆品。

第 4 号原料，杜松子精油，作为杀菌剂，具有收敛、杀菌和解毒的效果，非常适合治疗痤疮、湿疹、皮肤炎和干癣，也有肝排毒，强化肝功能的作用，可消除充血现象，还可帮助清除血液中的毒素。

第 5 号原料，葡萄柚油，作为赋香剂，气味清新、香甜，有柑橘的果香味，水质黏性。

第 6、7、8、9、10 号原料，由甘草抗氧化物、竹叶抗氧化物、乳酸链球菌素、玻色因、茶多酚复配组成，作为复合抗氧化剂，用于化妆品是安全的。玻色因，是一种具有抗衰老活性的木糖衍生物，可以促进胶原蛋白的合成，使肌肤更强韧有弹性，改善颈部细纹，预防衰老，促进受损组织再生；茶多酚，具解毒和抗辐射作用，能有效地阻止放射性物质侵入骨髓，并可使锶 90 和钴 60 迅速排出体外。

（3）制备工艺　需在 26℃下进行。第一步需先行制备复合抗氧化剂，把乳酸链球菌素、玻色因、甘草抗氧化物、茶多酚、竹叶抗氧化物按照配比称量后搅拌混合均匀制成复合抗氧化剂；第二步分别称量葡萄籽油、橄榄油、翅果油、杜松子精油、葡萄柚油和复合抗氧化剂搅拌混合均匀，制成按摩油。

（4）产品特点　本品对人体的皮肤无刺激、无毒害、吸收性好，能够给肌肤予以滋养和呵护，紧致肌肤，让皮肤光滑和细腻，有利于优美体形的保持，添加复合抗氧化剂后，大大延长了产品的保质期。

（5）产品应用　适用于多数肤质人群，敏感肌慎用。

3.6.4　足部纯植物按摩精油

（1）配方设计表

序号	成分	INCI 名称	添加量/%	使用目的
1	橄榄精油	OLEA EUROPAEA (OLIVE) FRUIT OIL	60.61	保湿剂
2	柠檬精油	LEMON (CITRUS MEDICA LIMONUM) OIL	12.12	赋香剂

续表

序号	成分	INCI 名称	添加量/%	使用目的
3	薰衣草精油	LAVANDULA ANGUSTIFOLIA (LAVENDER) OIL	9.09	抗菌剂
4	月见草精油	OENOTHERA BIENNIS(EVENING PRIMROSE) OIL	3.03	抗炎剂
5	洋甘菊精油	CHAMOMILLA RECUTTA (MATRICARIA) FLOWER OIL	6.06	抗氧化剂
6	葡萄籽精油	VITIS VINIFERA(GRAPE)SEED OIL	6.06	滋润剂
7	天竺葵精油	PELARGONIUM GRAVELEND OIL	3.03	抗菌剂

（2）设计思路　精油具有防传染病、抗菌、防痉挛、促进细胞新陈代谢及细胞再生功能。足部分布着众多的穴位和反射区，精油本身具有高渗透性，能通过足部皮肤迅速吸收，快速作用于足部组织，并能进入人体血液循环而输送至全身，达到调节人体功能。

第 1 号原料，橄榄精油，作为保湿剂，具有滋润和保养作用，能防治手足皲裂。

第 2 号原料，柠檬精油，作为赋香剂，气清香，可以提神醒脑，调节循环系统，增强免疫力，减缓皮肤老化，并能帮助身体抵抗传染性疾病以及促进伤口愈合。

第 3 号原料，薰衣草精油，作为抗菌剂，有止痛、抗忧郁、消毒、杀菌和解除充血与肿胀的功用，还有镇定和恢复健康的效果。

第 4 号原料，月见草精油，作为抗炎剂，具有抗炎等作用。

第 5 号原料，洋甘菊精油，作为抗氧化剂，具有抗氧化、消炎、抗变应性和抗病毒的功效。

第 6 号原料，葡萄籽精油，作为滋润剂，是基础油中相当受欢迎且效果卓越的品种之一，有滋润及保养作用，能使皮肤恢复自然弹性。

第 7 号原料，天竺葵精油，作为抗菌剂，有止痛、抗菌、修复疤痕、增强细胞防御功能和除臭、止血、补身等功效。

（3）制备工艺　将上述橄榄精油、柠檬精油、薰衣草精油、月见草精油、洋甘菊精油、葡萄籽精油、天竺葵精油按照配比称量后，室温下搅拌混合，制成按摩精油。

（4）产品特点　本产品可深入滋养足部皮肤，有效防止足部开裂，修复足部受损肌肤，恢复肌肤弹性，疏通经络，改善人体血液循环，促进人体新陈代谢。

（5）产品应用　本产品主要用于足部按摩精油。

3.6.5　防水抗汗防晒油

（1）配方设计表

序号	成分	INCI 名称	添加量/%	使用目的
1	乙醇	ALCOHOL	26.80	溶剂
2	碳酸二辛酯	DICAPRYLYL CARBONATE	21.50	油脂
3	C12-15 醇苯甲酸酯	C12-15 ALKYL BENZOATE	12.30	油脂
4	甲氧基肉桂酸乙基己酯	ETHYLHEXYL METHOXYCINNAMATE	6.00	防晒剂
5	辛基十二醇	OCTYLDODECANOL	6.00	保湿剂
6	奥克立林	OCTOCRYLENE	4.00	防晒剂
7	4-甲基苄亚基樟脑	4-METHYLBENZYLIDENE CAMPHOR	3.00	防晒剂

续表

序号	成分	INCI 名称	添加量/%	使用目的
8	VP/十六碳烯共聚物	VP/HEXADECENE COPOLYMER	3.00	抗水剂
9	季戊四醇四硬脂酸酯	PENTAERYTHRITYL TETRASTEARATE	3.00	油脂
10	丙二醇	PROPYLENE GLYCOL	3.00	润湿剂
11	二苯酮-3	BENZOPHENONE-3	2.00	防晒剂
12	二乙氨羟苯甲酰基苯甲酸己酯	DIETHYLAMINO HYDROXYBENZOYL HEXYL BENZOATE	2.00	防晒剂
13	氢化二聚亚油醇碳酸酯/碳酸二甲酯共聚物	HYDROGENATED DIMER DILINOLEYL/DIMETHYLCARBONATE COPOLYMER	2.00	防水剂
14	椰子油	COCONUT OIL PEG-10 ESTERS	2.00	油脂
15	双-乙基己氧苯酚甲氧苯基三嗪	BIS-ETHYLHEXYLOXYPHENOL METHOXYPHENYL TRIAZINE	1.00	防晒剂
16	对甲氧基肉桂酸异戊酯	ISOAMYL p-METHOXYCINNAMATE	1.00	防晒剂
17	甘油	GLYCERIN	1.00	保湿剂
18	生育酚乙酸酯	TOCOPHERYL ACETATE	0.20	抗氧化剂
19	抗坏血酸四异棕榈酸酯	ASCORBYL TETRAISOPALMITATE	0.10	抗氧化剂
20	香精	PARFUM	0.10	赋香剂

（2）设计思路　防晒油是非乳化型防晒产品的典型代表，在欧美地区大受欢迎，在国内却未受到消费者的青睐，这是因为传统的防晒油一般为油剂，虽然具有突出的防水抗汗效果，但肤感厚重油腻，对于追求清爽水润肤感的亚洲人来说是难以接受的。因此，制作一款既能防晒防水，又兼顾清爽水润肤感的防晒油非常重要。本品通过优化防晒剂的添加量，防晒油 SPF 值可达 20 以上，使用安全，不会对皮肤造成损伤。通过加入适量防水剂，使得制备的防晒油的 SPF 值在洗浴前后只有小幅度降低。

第 2 号原料，碳酸二辛酯，油脂。最大安全使用量为 21.64%，本配方中添加量为 21.50%，在安全用量范围内。

第 3 号原料，C12-15 醇苯甲酸酯，油脂。最大安全使用量为 15.50%，本配方中添加量为 12.30%，在安全用量范围内。

第 4 号原料，甲氧基肉桂酸乙基己酯，防晒剂。最大安全使用量为 10.00%，本配方中添加量为 6.00%，在安全用量范围内。

第 5 号原料，辛基十二醇，保湿剂。最大安全使用量为 28.94%，本配方中添加量为 6.00%，在安全用量范围内。

第 6 号原料，奥克立林，防晒剂。最大安全使用量为 10.00%，本配方中添加量为 4.00%，在安全用量范围内。

第 7 号原料，4-甲基苄亚基樟脑，防晒剂。最大安全使用量为 3.50%，本配方中添加量为 3.00%，在安全用量范围内。

第 8 号原料，VP/十六碳烯共聚物，防水剂。最大安全使用量为 7.67%，本配方中添加量为 3.00%，在安全用量范围内。

第 10 号原料，丙二醇，润湿剂。最大安全使用量为 12.00%，本配方中添加量为 3.00%，在安全用量范围内。

第 11 号原料，二苯酮-3，防晒剂。最大安全使用量为 6.00%，本配方中添加量为 2.00%，在安全用量范围内。

第 12 号原料，二乙氨羟苯甲酰基苯甲酸己酯，防晒剂。最大安全使用量为 3.50%，本配方中添加量为 2.00%，在安全用量范围内。

第 15 号原料，双-乙基己氧苯酚甲氧苯基三嗪，防晒剂。最大安全使用量为 3.60%，本配方中添加量为 1.00%，在安全用量范围内。

第 16 号原料，对甲氧基肉桂酸异戊酯，防晒剂。最大安全使用量为 4.00%，本配方中添加量为 1.00%，在安全用量范围内。

第 17 号原料，甘油，保湿剂。最大安全使用量为 25.00%，本配方中添加量为 1.00%，在安全用量范围内。

第 18 号原料，生育酚乙酸酯，抗氧化剂。最大安全使用量为 2.20%，本配方中添加量为 0.20%，在安全用量范围内。

第 19 号原料，抗坏血酸四异棕榈酸酯，抗氧化剂。具有营养性，是一种无毒、高效、使用安全的食品添加剂，是我国唯一可用于婴幼儿食品的抗氧化剂，本品用于食品可起到抗氧化、食品（油脂）护色、营养强化等功效。最大安全使用量为 0.50%，本配方中添加量为 0.10%，在安全用量范围内。

第 20 号原料，香精。最大安全使用量为 2.00%，本配方中添加量为 0.10%，在安全用量范围内。

（3）制备工艺　将 4-甲基苄亚基樟脑、甲氧基肉桂酸乙基己酯、双-乙基己氧苯酚甲氧苯基三嗪、二苯酮-3、奥克立林、二乙氨羟苯甲酰基苯甲酸己酯、对甲氧基肉桂酸异戊酯、氢化二聚亚油醇碳酸酯/碳酸二甲酯共聚物、VP/十六碳烯共聚物、椰子油、C12-15 醇苯甲酸酯、碳酸二辛酯、季戊四醇四硬脂酸酯，在 70℃ 下加热溶解均匀得 A。将乙醇、甘油、丙二醇、辛基十二醇在常温下搅拌混合均匀得 B。常温搅拌下，将 B 缓慢加入 A 中，搅拌、混合均匀后，加入生育酚乙酸酯、抗坏血酸四异棕榈酸酯和香精。

（4）产品特点　本品以乙醇作为基底，澄清透明，不仅具有较强的防晒防水能力，而且肤感清爽，同时因醇相的引入还具备较好的保湿效果。

（5）产品应用　适用于多数肤质人群，敏感肌慎用。

3.6.6　清爽防水防晒油

（1）配方设计表

序号	成分	INCI 名称	添加量/%	使用目的
1	乙醇	ALCOHOL	79.77	溶剂
2	C12-15 醇苯甲酸酯	C12-15 ALKYL BENZOATE	5.00	油脂
3	沙棘果油	HIPPOPHAE RHAMNOIDES FRUIT OIL	3.00	油脂
4	鲸蜡醇乙基己酸酯	CETYL ETHYLHEXANOATE	2.00	油脂
5	VP/十六碳烯共聚物	VP/HEXADECENE COPOLYMER	1.00	抗水剂
6	甘油	GLYCERIN	1.00	保湿剂
7	4-甲基苄亚基樟脑	4-METHYLBENZYLIDENE CAMPHOR	0.50	防晒剂
8	水杨酸乙基己酯	ETHYLHEXYL SALICYLATE	0.50	防晒剂

（2）设计思路　本品采用乙醇作为防晒油的基底，乙醇较去离子水的优势在于乙醇与防晒油中的防晒剂、抗水剂、油脂和多元醇具有良好的相容性，制备时不需要进行繁琐的乳化过程，简化了防晒产品的制备工艺，通过调整醇相与油相的比例，制备的非乳化型防晒油不仅具备较高的防晒指数和长波紫外线防护指数，而且具有较好的防水性能和优异的感官体验。

第 2 号原料，C12-15 醇苯甲酸酯，油脂。最大安全使用量为 12.50%，本配方中添加量为 5.00%，在安全用量范围内。

第 4 号原料，鲸蜡醇乙基己酸酯，油脂。最大安全使用量为 10.00%，本配方中添加量为 2.00%，在安全用量范围内。

第 5 号原料，VP/十六碳烯共聚物，抗水剂。最大安全使用量为 7.67%，本配方中添加量为 1.00%，在安全用量范围内。

第 6 号原料，甘油，保湿剂。最大安全使用量为 25.00%，本配方中添加量为 1.00%，在安全用量范围内。

第 7 号原料，4-甲基苄亚基樟脑，防晒剂。最大安全使用量为 3.50%，本配方中添加量为 0.50%，在安全用量范围内。

第 8 号原料，水杨酸乙基己酯，防晒剂。最大安全使用量为 5.00%，本配方中添加量为 0.50%，在安全用量范围内。

（3）制备工艺　在 70～80℃条件下，将乙醇、C12-15 醇苯甲酸酯、沙棘果油、鲸蜡醇乙基己酸酯、VP/十六碳烯共聚物、甘油溶解搅拌均匀，冷却到室温后得 A。将 4-甲基苄亚基樟脑、水杨酸乙基己酯组分在常温下搅拌，混合均匀得 B。室温下，将 B 缓慢加入 A 中，搅拌均匀。

（4）产品特点　本品制备工艺简单，防晒和防水性能优异，使用感受良好，清爽性、涂抹性、温和性和舒适性均有不俗的表现。

（5）产品应用　适用于多数肤质人群，敏感肌慎用。

3.6.7　温和调理焗油

（1）配方设计表

序号	成分	INCI 名称	添加量%	使用目的
1	去离子水	DEIONIZED WATER	79.77	溶剂
2	鲸蜡硬脂醇	CETEARYL ALCOHOL	6.00	高级脂肪醇
3	山嵛基三甲基氯化铵	BEHENTRIMONIUM CHLORIDE	3.00	阳离子调节剂
4	甘油	GLYCERIN	3.00	保湿剂
5	C10-12 烷/环烷	C10-12 ALKANE/CYCLOALKANE	2.00	非硅油类的油脂或油脂衍生物
6	鳄梨油	PERSEA GRATISSIMA （AVOCADO） OIL	2.00	非硅油类的油脂或油脂衍生物
7	油菜油酰胺丙基二甲胺	BRASSICAMIDOPROPYL DIMETHYLAMINE	1.00	阳离子调节剂
8	PEG-20 硬脂酸酯	PEG-20 STEARATE	1.00	保湿剂、乳化剂
9	水解角蛋白	HYDROLYZED KERATIN	0.20	营养剂
10	苯氧乙醇	PHENOXYETHANOL	0.80	防腐剂
11	聚酯-11	POLYESTER-11	0.82	阳离子调节剂

序号	成分	INCI 名称	添加量%	使用目的
12	香兰素	VANILLIN	0.20	香精
13	羟丙基甲基纤维素	HYDROXYPROPYL METHYLCELLULOSE	0.10	黏度调节剂
14	吡啶酮乙醇铵盐	OCTOPIROX	0.10	去屑剂
15	天冬氨酸	ASPARTIC ACID	0.01	阳离子调节剂

（2）设计思路　本品以合理比例将阳离子调理剂、表面活性剂、高级脂肪醇以及非硅油类的油脂或油脂衍生物进行配制。对头发的护理作用体现在阳离子调理剂组合对护发组合物的稳定性，以及对其他组分的吸附稳定性。

第 2 号原料，鲸蜡硬脂醇，具有抑制油腻感、降低蜡类原料黏性、稳定化妆品乳胶体等作用，可使头发保持健康、光亮而富有弹性。最大安全使用量为 18.50%，本配方中添加量为 6.00%，在安全用量范围内。

第 3 号原料，山嵛基三甲基氯化铵，阳离子调节剂，能使该护发组合物对头发达到所需求的调理、滋润和保湿的功效。最大安全使用量为 4.94%，本配方中添加量为 3.00%，在安全用量范围内。

第 4 号原料，甘油，保湿剂。最大安全使用量为 25.00%，本配方中添加量为 3.00%，在安全用量范围内。

第 5 号原料，C10-12 烷/环烷，非硅油类的油脂或油脂衍生物，能明显改善硅油在头发上产生过度积聚，真正滋润头发，从深处给予保湿营养，加强头发的韧性和弹力。

第 6 号原料，鳄梨油，非硅油类的油脂或油脂衍生物。最大安全使用量为 25.00%，本配方中添加量为 2.00%，在安全用量范围内。

第 7 号原料，油菜油酰胺丙基二甲胺，阳离子调节剂，能使该护发组合物对头发达到所需求的调理、滋润和保湿的功效。

第 8 号原料，PEG-20 硬脂酸酯，乳化剂。最大安全使用量为 2.00%，本配方中添加量为 1.00%，在安全用量范围内。

第 9 号原料，水解角蛋白，营养剂。最大安全使用量为 0.20%，本配方中添加量为 0.20%，在安全用量范围内。

第 10 号原料，苯氧乙醇，防腐剂。最大安全使用量为 1.00%，本配方中添加量为 0.80%，在安全用量范围内。

第 11 号、15 号原料，聚酯-11、天冬氨酸，阳离子调节剂，能使该护发组合物对头发达到所需求的调理、滋润和保湿的功效。天冬氨酸配方最大安全使用量为 0.01%，本配方中添加量为 0.01%，在安全用量范围内。

第 13 号原料，羟丙基甲基纤维素，黏度调节剂。最大安全使用量为 0.38%，本配方中添加量为 0.10%，在安全用量范围内。

（3）制备工艺　在反应釜中加入适量去离子水、山嵛基三甲基氯化铵、油菜油酰胺丙基二甲胺、天冬氨酸、聚酯-11，缓慢搅拌，分散均匀，加热至 75～85℃；将鲸蜡硬脂醇和 PEG-20 硬脂酸酯、C10-12 烷/环烷和鳄梨油加热熔化，并加入前述反应釜，均质乳化并保温 10min 后，冷却；温度降至 45～50℃时，加入预先分别用适量去离子水溶解的羟丙基甲基纤维素、水解角蛋白、甘油、吡啶酮乙醇铵盐、苯氧乙醇、香兰素继续搅拌，混合均匀。最后加入剩余的去离子水补足至预定量过滤出料。

（4）产品特点　具滋润护发作用，给予头发保湿营养，明显改善湿发梳理性、干发梳理性、湿发柔软性、干发柔软性及头发的韧性、弹力和光泽。

（5）产品应用　适用于多数肤质人群，敏感肌慎用。

3.6.8　高效持久发蜡

（1）配方设计表

序号	成分	INCI 名称	添加量/%	使用目的
1	去离子水	DEIONIZED WATER	29.08	溶剂
2	棕榈酸异丙酯	ISOPROPYL PALMITATE	25.15	油脂
3	麦芽糖醇	MALTITOL	23.39	保湿剂
4	丙烯酸（酯）类、硬脂醇丙烯酸酯、乙胺氧化物甲基丙烯酸盐共聚物	ACRYLATES、STEARYL ACRYLATE、ETHYLAMINE OXIDE METHACRYLATE COPOLYMER	13.16	成膜剂
5	十二烷基硫酸钠	SODIUM DODECYL SULFATE	4.10	表面活性剂
6	香精	PARFUM	1.46	赋香剂
7	卡波姆	CARBOMER	1.20	稳定剂
8	苯氧乙醇	PHENOXYETHANOL	0.99	防腐剂
9	纤维素	CELLULOSE	0.88	调理剂
10	透明质酸	HYALURONIC ACID	0.59	调理剂

（2）设计思路　发蜡多以蜡为主要原料，本品能改善使用高熔点物质后使得头发黏而油腻，不易洗去的缺点。本品使用的成膜剂与头发拥有非常相似的结构，亲和性好。

第 3 号原料，麦芽糖醇，保湿剂，可显著改善头发的定型效果。

第 4 号原料，硬脂醇丙烯酸酯，成膜剂，其硬疏水部分及软亲水部分，使得用后手感自然、富有弹性，不易被破坏，持久性好，大大改善了头发的定型与白屑。

第 6 号原料，香精。最大安全使用量为 2.00%，本配方中添加量为 1.46%，在安全用量范围内。

第 7 号原料，卡波姆，稳定剂。最大安全使用量为 2.08%，本配方中添加量为 1.20%，在安全用量范围内。

第 8 号原料，苯氧乙醇，防腐剂。最大安全使用量为 1.00%，本配方中添加量为 0.99%，在安全用量范围内。

第 9 号原料，纤维素，调理剂，能大大改善头发的定型效果。最大安全使用量为 0.94%，本配方中添加量为 0.88%，在安全用量范围内。

第 10 号原料，透明质酸，可保持皮肤滋润光滑、细腻柔嫩、富有弹性，具有防皱、抗皱、美容保健和恢复皮肤生理功能的作用。最大安全使用量为 3.00%，本配方中添加量为 0.59%，在安全用量范围内。

（3）制备工艺　将油脂及表面活性剂加热；将去离子水及保湿剂吸入锅中加热；当温度升至 75~85℃ 时，开启搅拌，将油脂及表面活性剂加入；搅拌 10min 后，冷却；50~60℃ 时，加入稳定剂、成膜剂、添加剂、赋香剂和防腐剂，搅拌均匀，降温至 30~35℃ 即成。

（4）产品特点　本品质地轻盈，容易涂抹、造型和清洗，在低湿度状态，也保持弹力，不粘手，抗静电性能优良，使头发不易蓬松和粘尘。

（5）产品应用　适用于多数肤质人群，敏感肌慎用。

3.6.9　冰裂指甲油

（1）配方设计表

序号	成分	INCI 名称	添加量/%	使用目的
1	水性丙烯酸树脂	BT-S1050	73.58	成膜剂
2	去离子水	DEIONIZED WATER	15.56	溶剂
3	水溶性颜料	WATER SOLUBLE DYE	7.60	调色
4	碳酸氢钠	SODIUM BICARBONATE	0.05	pH 调节剂
5	聚二甲基硅氧烷	DIMETHICONE	1.43	润滑
6	苯氧乙醇	PHENOXYETHANOL	1.00	抗菌剂
7	有机硅消泡剂	SAG471 SILICONE ANTIFOMA COMPOUND	0.71	消泡剂
8	硅酸镁钠	SODIUM MAGNESIUM SILICATE	0.07	黏合剂

（2）设计思路　市面上常见的几种底用水性树脂配制出的底漆在与面漆组合时均没有裂纹效果。此文中所展示的裂纹漆干燥后的冰裂效果为裂纹适当、均匀、美观。

第 4 号原料，碳酸氢钠，pH 调节剂，可使调整后得到的指甲油的 pH 值维持在 6～8 之间。最大安全使用量为 0.05%，本配方中添加量为 0.05%，在安全用量范围内。

第 5 号原料，聚二甲基硅氧烷，润滑剂。最大安全使用量为 21.50%，本配方中添加量为 1.43%，在安全用量范围内。

第 6 号原料，苯氧乙醇，抗菌剂，与其他组分的相容性较优。最大安全使用量为 1.00%，本配方中添加量为 1.00%，在安全用量范围内。

第 8 号原料，硅酸镁钠，黏合剂。最大安全使用量为 0.70%，本配方中添加量为 0.07%，在安全用量范围内。

（3）制备工艺　将水性丙烯酸树脂、有机硅消泡剂、聚二甲基硅氧烷、硅酸镁钠和苯氧乙醇放入搅拌釜中，开启搅拌，混合均匀。加入水溶性颜料和去离子水，搅拌均匀。搅拌下，加入事先用适量水溶解的碳酸氢钠溶液，调整 pH 在 6～8 之间即可。

（4）产品特点　本品提供既安全环保又具有冰裂纹效果的指甲油。

（5）产品应用　适用于多数人群。

3.6.10　低刺激指甲油

（1）配方设计表

序号	成分	INCI 名称	添加量/%	使用目的
1	乙醇	ALCOHOL	64.00	溶剂
2	聚乙烯吡咯烷酮	PVP	13.00	成膜剂
3	聚乙烯醇	POLYVINYL ALCOHOL	10.00	成膜剂
4	异丙醇	ISOPROPYL ALCOHOL	8.00	溶剂
5	去离子水	DEIONIZED WATER	2.00	溶剂
6	甘油	GLYCERIN	2.00	保湿剂、增塑剂
7	水合硅石	HYDRATED SILICA	1.00	增稠、悬浮剂

（2）设计思路　本品以醇类溶剂和醇溶性成膜剂为主，再配以增稠剂、悬浮剂、增塑剂、颜料和香精等添加剂搅拌混合而成。与酯类溶剂比较，其主要性能没有差别。

第 4 号原料，异丙醇，溶剂，溶解配方中各组分，调节干燥时间。最大安全使用量为8.50%，本配方中添加量为 8.00%，在安全用量范围内。

第 6 号原料，甘油，保湿剂、增塑剂。最大安全使用量为 25.00%，本配方中添加量为2.00%，在安全用量范围内。

第 7 号原料，水合硅石，增稠剂、悬浮剂，用于悬浮固体组分。最大安全使用量为1.77%，本配方中添加量为 1.00%，在安全用量范围内。

（3）制备工艺　室温下，将乙醇、异丙醇、去离子水按比例混合均匀，高速搅拌下，加入聚乙烯吡咯烷酮、聚乙烯醇，搅匀，最后加入甘油、水合硅石，高速搅拌混合制成透明指甲油。

（4）产品特点　分子量较小的醇，对人体的指甲和皮肤刺激性较小，接触化纤类衣物和塑料都不会造成溶解性腐蚀。本品具优异的耐水性，附着力与酯类溶剂型指甲油相当，干燥后指甲油表面不会返粘，表面光泽度与酯类溶剂型指甲油相当。

（5）产品应用　适用于多数人群。

思考题

1.什么是油剂化妆品？常见的油剂有哪些？

2.生产油剂化妆品的主要工艺流程是什么？

3.油剂类化妆品如何定性？

4.油脂原料的类别有哪些？

5.动物性油脂用于化妆品的有哪些？具有什么作用？

6.油剂化妆品常用的制备方法有哪些？

7.油剂类化妆品根据外观状态可分为两类：一类是液态，另一类是半固态。这两类各有什么产品？

8.植物性油脂分三类，干性油、半干性油和不干性油，具体常用植物性油脂有哪些？属于什么类别？

9.在常见的化妆品剂型中，除乳剂类产品最为多见外，水剂、油剂以及凝胶类产品也较为常见，而且各具不同的特点。油剂类化妆品有什么特点？

10.请设计一款多功能发油配方：

（1）简述各原料在配方中的作用（组分不低于 5 种原料）；（2）简述制备工艺；（3）绘制工艺流程图。

第4章
乳液剂

乳液剂的最早使用要追溯到原始社会，一些部落在举行祭祀活动时，会把动物油脂加水混合涂抹在皮肤上，使肤色看起来健康而有光泽。公元前 5 世纪，古埃及皇后用热水溶驴乳浴身，人们发现由特定油、水混合组成的乳液类物质有很好的保湿性能。而近代发现均一乳化体系的形成需要加入乳化剂才具有稳定的性能，于是相关乳化工艺日趋成熟，乳液剂相关化妆品被研究开发。

4.1 乳液剂的剂型及其特征

4.1.1 乳液剂的定义

乳液剂（emulsion）是经过乳化的乳、乳液、奶、奶液等，是一种或几种液相以液珠形式分散在另一种与它不相混溶的液相中所形成的一类化妆品。乳液剂是一种分散体系，被分散的物质称为分散相（内相），容纳分散相的连续介质则称为分散介质（外相）。在乳液剂中，往往一相为水或水溶液，称为水相；另一相为与水不相溶的液体，称为油相。乳液剂有水包油型（O/W）、油包水型（W/O）及多重乳剂（W/O/W、O/W/O）等。

4.1.2 乳液的光学性质

乳液的某些物理性质是判别乳液类型、测定液滴大小、研究其稳定性的重要依据。

（1）液滴的大小和外观　不同体系乳液中分散相液滴的大小差异性很大。不同大小的液滴对于入射光的吸收、散射也不同，从而表现出不同的外观，见表 4-1。

表 4-1　乳液液滴的大小和外观

液滴大小/nm	外观	液滴大小/nm	外观
＞1000	乳白色	1~100	半透明至透明
100~1000	蓝白色	＜1	透明

（2）光学性质　乳液中分散相和分散介质的折射率是不同的，当光线照射到液滴上时，有可能发生反射、折射或散射等现象，也可能有光的吸收，这取决于分散相液滴的大小。当液滴直径远大于入射光波长时，发生光的反射，乳液呈乳白色；若液滴透明，可能发生折射；当液滴直径远小于入射光波长时，光线完全通过，此时乳液外观是透明的；若液滴直径略小于入射光波长（即与波长是同一数量级），发生光的散射，外观会泛蓝色，而面对入射光的方向观察时呈淡红色。可见光波长在 $0.4 \sim 0.8 \mu m$，而一般乳液液滴直径在 $0.1 \sim 10 \mu m$，故光的反射现象比较显著。

4.1.3 乳液类型的鉴别

O/W 与 W/O 两种类型乳液化妆品，在其使用的感觉和效果上均有较大的差别。目前大部分护肤品是 O/W 型的,这类化妆品水为外相,易在皮肤上涂敷,无油腻感,少黏性;而 W/O 型乳液的化妆品,如防晒乳、按摩油等多含重油成分,赋脂性较好,但较油腻。常用稀释法、染色法和电导法判断乳液的类型。

(1) 稀释法　依据乳液是否可被水性或油性溶剂稀释。因为乳液只能被与其外相同一类型的溶剂稀释,即 O/W 型乳液易于被水稀释,而 W/O 型乳液易于被油稀释。其具体方法是,取两滴乳液分别涂于玻片上两处,然后再在这两液滴处分别滴入水和油,若液滴在油中呈均匀扩散,而在水中不起变化,则为 W/O 型乳液。

一种类似但更容易观察的方法是,用事先浸了 20％氯化钴溶液并烤干的滤纸判断,W/O 型乳液的液滴在滤纸上迅速展开并呈红色,而 O/W 型乳液不展开,滤纸保持蓝色。

(2) 染色法　选择一种只溶于油相而不溶于水相的染料,如苏丹Ⅲ,取其少量加入乳液中,并摇荡。若整个乳液均被染色,则油相是外相,乳液就为 W/O 型。若只有液珠呈现染料的颜色,则油相是内相,这时乳液为 O/W 型。反之,选择水溶液(不溶于油)的染料,直接染于乳液,若乳液呈有色,则为 O/W 型的,若不呈色,则为 W/O 型的。染色试验通过显微镜观察,效果更为明显且易于判断。

(3) 电导法　多数油相是不良导体,而水相是良导体。对 O/W 型乳液,其外相(水相)电导高,电阻较低;相反,对 W/O 型则其电阻高。电导法虽极简便,但对于有些体系却需注意,若一 O/W 型乳液的乳化剂是离子型的,水相的电导当然很高,乳化剂若是非离子型的,就不这样。

4.2　乳化剂与乳液剂原料

4.2.1　乳化剂

乳化剂 (emulsifying agents) 是制备乳化体最重要的化合物,其作用就是使本来不相溶的油和水能稳定和均匀地混合在一起。制备的乳液是否稳定,外观是否细腻,这些问题主要由所选的乳化剂所决定。乳化剂分为合成表面活性剂、高分子聚合物乳化剂、固体颗粒乳化剂等三类。目前化妆品中常用的乳化剂见表 4-2。

表 4-2　常用乳化剂性能及应用

化学名称(商品名称)	INCI 名称	表面活性剂类型	性能及应用
月桂醇聚醚-7	AMMONIUM LAURETH-7	非离子	赋予产品亮度和滋润光滑的手感,适用于各类护肤品
鲸蜡硬脂醇、鲸蜡硬脂基葡糖苷	CETEARYL ALCOHOL, CETEARYL GLUCOSIDE	非离子	天然来源、乳化能力强、稳定,兼具保湿性能,手感光滑
花生醇葡糖苷	ARACHIDYL GLUCOSIDE	非离子	手感清爽,赋予配方超白外观。适用于制作手感轻盈的护肤膏霜
C12-20 烷基葡糖苷	C12-20 ALKYL GLUCOSIDE	非离子	乳化能力强、手感舒适,尤其适用于可喷射的乳液。可制作非常黏度的乳液,非常稳定,且黏度不随时间而变化
环五聚二甲基硅氧烷、PEG-10 聚二甲基硅氧烷、二硬脂基二甲铵锂蒙脱石	CYCLOPENTASILOXANE,PEG-10 POLYDIMETHYLSILOXANE, DISTEARD IMONIUM HECTORITE	非离子	性能优良的 W/O 乳化剂,能够提供非常轻盈的触感,具有突出的保湿效果和铺展性能。适用于彩妆、粉底、乳液、防晒产品

续表

化学名称(商品名称)	INCI 名称	表面活性剂类型	性能及应用
异硬脂酰乳酰乳酸钠、蔗糖多油酸	SODIUM ISOSTEAROYL LACTYLATE, SUCROSE POLYOLEATE	阴离子	O/W 型乳化剂,安全无刺激、乳化能力优异、性价比高,适用于各类乳液体系
卵磷脂、C12-16 醇、棕榈酸	LECITHIN, C12-16 ALCOHOLS, PALMITIC ACID	两性离子	天然的 O/W 乳化剂,具有层状结构的天然乳化剂
氢化卵磷脂	HYDROGENATED LECITHIN	两性离子	良好的乳化性能,非常温和,适合敏感肌肤

4.2.2 乳液剂常用原料

乳液剂化妆品主要由水溶性物质、油脂和蜡、增稠剂等三类物质组成。

(1) 油脂和蜡　油脂、蜡类及其衍生物是化妆品主要的基质原料,包括蜡类、脂肪醇、高级脂肪酸和酯类、有机硅和矿物油等。常用的油脂和蜡主要有硬脂酸和单硬脂酸甘油酯、棕榈酸、肉豆蔻酸及其异丙酯、十六醇和十八醇、矿油和凡士林、羊毛脂及其衍生物、卵磷脂、蜂蜡和鲸蜡、石蜡、微晶蜡和地蜡、角鲨烷、动植物油等。

(2) 水溶性物质保湿成分　乳液剂常用的保湿剂有多元醇（如甘油、丙二醇、1,3-丁二醇、山梨醇和聚乙二醇等）、吡咯烷酮羧酸钠、神经酰胺、乳酸和乳酸钠、胶原蛋白、氨基酸、透明质酸、多糖类保湿剂等。这些物质能阻滞水分的挥发而使皮肤柔软和光滑,具有润肤的作用。

(3) 增稠剂　黏稠度是乳液剂的一个重要参数。增稠剂原料主要是水溶性高分子化合物,在水中能膨胀成凝胶。常用的增稠剂主要有以下两类：①有机增稠剂,主要有淀粉、阿拉伯树胶、黄芪胶、明胶、汉生胶、黄原胶、羟乙基纤维素、羧甲基纤维素、海藻酸钠、聚乙烯吡咯烷酮、聚丙烯酸钠和卡波树脂等；②无机增稠剂,主要有膨润土、胶性硅酸铝镁和胶性氧化硅等。

4.3　乳液剂的工艺流程

乳液剂配方确定后,应制定相应的乳化工艺及操作方法以实现工业化生产。事实上,虽然采用同样的配方,由于操作时物料温度、乳化时间、加料方式和搅拌条件等不同,所得产品的稳定性及其他物理性能常常不同有时甚至相差悬殊。因此,根据不同的配方和不同的要求,确定乳化与转相方法、制备程序、工艺条件等才能得到合格的产品。

4.3.1　乳化方法

乳液剂生产中,乳化过程是工艺中最为重要的一环。严格控制乳化工艺条件是保证产品质量的一个重要环节。常用的乳化方法分为油水混合法和低能乳化法两种。

4.3.1.1　油水混合法

首先将水相、油相物料分别在两个容器内升温处理,而乳化在第三个容器内进行。可将油相加入水相,也可将水相加入油相,视实际配方情况而定。再加入乳化剂改变两相表面张力,进行均质乳化,最后再冷却降温。整个体系变化比较复杂,研究表明,根据选择的乳化剂和加入方式不同,存在转相过程。转相过程对乳化体的粒径和稳定有很大的帮助。油水混合法的工艺流程见图 4-1。

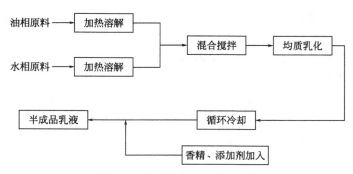

图 4-1　油水混合法工艺流程图

4.3.1.2　低能乳化法

通常的乳化大都是将水相、油相分别加热到 80℃左右（75～90℃）进行乳化，然后进行搅拌冷却，这一过程需要消耗大量的能量。根据物理化学知识可知，进行乳化并不需要这么多的能量。低能乳化法就是将外相不全部加热，而是分成 α 相和 β 相两部分，α 相和 β 相分别表示被分成两部分的质量分数（α＋β＝1）。只是对 α 相加热，由内相和 α 外相进行乳化，制得浓缩乳状液。然后用常温的 β 外相进行稀释，最终得到乳状液。低能乳化法工艺流程见图 4-2。

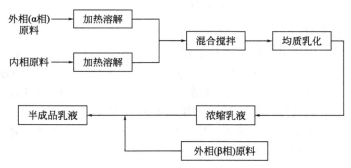

图 4-2　低能乳化法工艺流程图

低能乳化法主要适合制备 O/W 型乳化体，其中 α 相和 β 相的比值要经过实验来决定。节能效率也随着 α/β 的比值的增大而增大。

（1）低能乳化法的优点　①节约能源，节约冷却水；②缩短生产周期，提高设备利用率；③不影响乳化体的稳定性、物理性质和外观。

（2）低能乳化法乳化过程中应注意的问题　①β 相的温度不但影响浓缩乳化体的黏度，而且涉及相变型，当 β 相水的量较少时，水温一般应适当高一些；②均质机搅拌的速率会影响乳化体颗粒大小的分布，最好使用超声设备、均化器或胶体磨等高效乳化设备；③α 相和 β 相的比值一定要选择适当，乳化剂的 HLB 值 10～12 时，选择 α 值 0.2～0.3；乳化剂的 HLB 值 6～8 时，选择 α 值 0.4～0.5。

4.3.2　生产工艺

乳液剂生产要考虑生产耗时、生产量、操作难度、生产成本等问题。生产工艺可根据操作的连续性分为间歇式乳化、半连续式乳化、连续式乳化等三种。

4.3.2.1　间歇式乳化

　　间歇式乳化是最为常用的乳化操作方法，分别准确称量油相和水相原料至专用锅内，加热至一定温度，按设定次序投料，并保温搅拌一定时间，再逐步冷却至50℃左右，加香搅拌后出料即可。间歇式乳化工艺分为油相调制、水相调制、乳化和冷却、陈化和灌装四个步骤。间歇式乳化工艺是目前最常见的操作。其工艺流程如图4-3所示。

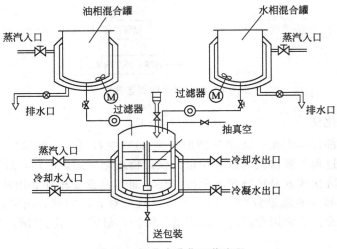

图 4-3　间歇式乳化工艺流程

4.3.2.2　半连续式乳化

　　油相和水相原料分别计量，在原料溶解罐内加热到所需温度，转入预乳化罐内进行预乳化搅拌，泵入搅拌冷却筒冷却。香精也由定量泵输入。搅拌冷却筒的转速60～100r/min，按产品的黏度不同，中间的转轴及刮板有各种形式，经快速冷却和筒内绞龙的刮壁推进输送，冷却器出口处的物质就是产品。预乳化罐的有效容积有各种规格，夹套有热水保温，搅拌器可安装均质器或桨叶搅拌器，转速500～3000r/min，可无级调速，适用于大批量生产。半连续式乳化工艺流程，如图4-4所示。

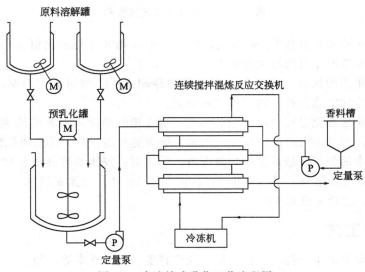

图 4-4　半连续式乳化工艺流程图

4.3.2.3　连续式乳化

连续式乳化首先将预热好的各种原料分别由计量泵打到乳化锅中,经过一段时间的乳化之后溢流到刮板冷却器中,快速冷却到 60℃ 以下,然后再流入香精混合锅中,与此同时,香精由计量泵加入,最终产品由混合锅上部溢出。这种连续式乳化适用于连续化的大规模生产,其优点是节约动力,提高了设备的利用率,产量高且质量稳定。连续式乳化工艺流程如图 4-5 所示。

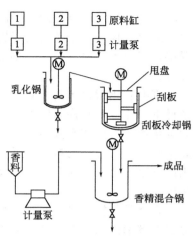

图 4-5　连续式乳化工艺流程图

4.4　乳液剂的主要设备

4.4.1　乳化设备

乳液剂生产中,乳化搅拌设备是最重要的生产设备,它适用于异相液-液相混合,如油在水中分散(O/W)或水在油中分散(W/O)。乳化设备品种较多,如胶体磨、均质器和真空均质乳化设备等。

4.4.1.1　胶体磨

胶体磨是一种剪切力很大的乳化设备,其主要部件是转子和定子,转子转速可达 $1000 \sim 2000 \mathrm{r/min}$。它可以迅速地将液体、固体或胶体粉碎成微粒,并且混合均匀。操作时,液体从定子和转子之间的间隙中通过,间隙的宽窄可以根据需要调节。由于转子的高速旋转,在极短的时间内产生了巨大的剪切力、摩擦力、冲击力和离心力等,使得流体能很好地微粒化,转子和定子的表面可以是平滑的,也可以有横或直的斜纹。而由于切变应力高,在乳化过程中可使料液温度升高,因此必须采用外部冷却。由于转子和定子的间距小,所得的颗粒大小极为均匀,颗粒细度可达 $0.01 \sim 5 \mu \mathrm{m}$,胶体磨的效率与所制乳化体的黏度有关,黏度愈大,出料愈慢。

4.4.1.2　均质器

均质器的操作原理是将欲乳化的混合物在很高的压力下自一小孔挤出。均质器的主要部件是一个泵,它可以产生 $(3 \times 10^{6}) \sim (20 \times 10^{6}) \mathrm{Pa}$ 的压力。另有一个用弹簧控制的阀门,也就是小孔。各种均质器的不同之处主要在阀门是单极还是双极串联。另一种均质器是装于搅拌锅底部,各种形式叶桨装于套筒中间,转速 $500 \sim 2880 \mathrm{r/min}$,最高速度可达 $10000 \mathrm{r/min}$。

均质器的特点:①配方相同时,均质器所得的平均颗粒度较胶体磨为细,但均匀度则不如胶体磨;②当混合物通过均质器后温度仅升高 $5 \sim 15℃$,但在包括输送泵在内的整个体系中,由于泵的影响,温度差也可以达到 $25 \sim 45℃$,通常情况下活塞泵升温较齿轮泵为低;③乳化体的黏度对均质器的出料速度并无影响;④均质器一般只适用于流体及半流体。

4.4.1.3　真空乳化搅拌机

真空乳化搅拌机由密封的抽真空容器部分和搅拌部分组成。搅拌部分由均质搅拌器和带有刮板的框式搅拌器组成,均质搅拌器的搅拌速度多为 $350 \sim 3500 \mathrm{r/min}$,可无级调速;刮板搅拌器的转速为 $10 \sim 100 \mathrm{r/min}$,为慢速搅拌,其作用是在加热及冷却时促进传热面的热传递,使容器内温度均一化,从而具有良好的热效率。刮板搅拌器的前端装有由聚四氟乙烯及腈基丁二烯等制成的刮板，因受液压使它接触容器内壁，有效地从内壁刮去及转移物料，以加速热交换。真空乳化搅拌机还安装了一系列的辅助设施，包括加热和冷却用的夹层及保温层，以及各种检测仪表，如温度计、黏度剂、转速计、真空计及物料流量传感器等计量装置。

真空乳化搅拌机由于同时带有均质器、刮板框式搅拌器和旋桨式搅拌器，而且是在真空条件下操作，具有许多优点：①在真空条件下，搅拌器的转速加快，提高了乳化效率；②真空乳化搅拌机可使乳液的气泡减少到最低程度，增加乳液表面光洁度；③由于乳化和搅拌在真空状态中进行，物料不再因为蒸发而受到损失，并且减少或避免了乳化体与空气的接触，因此不会氧化而变质；④真空乳化搅拌机出料时用灭菌空气加压，目的在于避免杂菌的污染。

真空乳化搅拌机是在真空状态下间歇进行的，其操作步骤如下。水和水溶性原料在一只原料溶解锅内加热至95℃，维持20min灭菌。油在另一只原料溶解锅内加热，经灭菌的原料冷却至所需的混合温度。在制造O/W型乳化体时，一般先将油经过滤后放入真空乳化搅拌锅内，先开动均质器高速搅拌，再将水经过滤后放入搅拌锅内，开动均质器的时间为3～15min，维持一定真空度，同时用冷却水夹套回流冷却。停止均质器搅拌后，开动框式搅拌器同夹套冷却水回流，冷却到预定温度时加香精，一直搅拌到35～45℃为止。

4.4.2 灌装设备

乳液剂灌装设备就是一种利用压力灌装水乳化妆品的定量设备。传统的灌装设备常使用等压灌装，贮液缸内的压力与瓶中的压力相等，靠液体自重流入瓶中而灌装，当灌装好之后压力消失。现在多用全自动乳液灌装机，并配备触控显示屏，具有操作方便安全，设备系统运转平稳，灌装速度较快，灌装量误差小，可满足多种不同产品灌装要求，易于组装拆卸以及调试维护等各种优点。

4.5 乳液剂的质量要求与控制

4.5.1 乳液剂的感官评价

产品感官评价决定产品在消费者使用过程中的体验，代表产品性能的主要指标，建立完善的感官评价体系至关重要。乳液剂的感官评价指标主要包括以下几个方面。

（1）外观评价　外观评价主要评价光亮度。光亮度，指产品在未涂抹于皮肤之前，自身反光的程度或在容器中反光的程度，分值越高表示产品光亮度越大。

（2）涂抹阶段评价　①铺展性，分值用来衡量在涂抹指定圈数后，移动产品在皮肤上的容易程度，分值越高表示产品的铺展性越好；②水润感（湿润度），分值用来衡量产品给予皮肤水润感觉的程度，分值越大表示产品在涂抹时越水润；③油润感（滋润度），分值用来衡量产品给予皮肤油润感觉的程度，分值越大表示产品在涂抹时越油润；④厚重感，分值用来衡量涂抹时皮肤感受到产品量的多少，间接评估吸收程度及产品透气程度，分值越大产品越厚重；⑤吸收性，产品完全吸收所需圈数，完全吸收所需圈数越多表示产品越不容易吸收。

（3）涂后感评价　①油光度，分值用来衡量涂抹结束后，产品残留膜在皮肤上反光的程度，分值越高表示涂后光亮度越大；②滑感，分值用来衡量产品残留膜赋予皮肤的滑溜程度，分值越高，表示涂后越滑溜；③厚重感，分值用来衡量产品残留膜厚度的大小，分值越大表示产品残留越厚重；④黏感，分值用来衡量产品在完全吸收后赋予皮肤的黏感大小，分值越大，黏感越高；⑤潮润感的保持度，分值用来指示产品在完全吸收后，赋予皮肤长久湿润度（包括油、水）能力的大小，保持湿度越长，分值越高。

乳液剂产品感官测试结果统计，见表 4-3。

表 4-3 乳液剂感官测试结果统计

测试阶段	指标名称	感官评分（均值）				
		样品 1	样品 2	样品 3	样品 4	样品 5
外观评价	香味					
	光亮度					
	细腻度					
涂抹阶段评价	铺展性					
	滑感					
	水润感					
	油润感					
	厚重感					
	吸收性					
涂后感评价	黏感					
	油光					
	滑感					
	透气性					
	厚重感					
	滋润度					

4.5.2 乳液剂的质量要求

（1）原料 使用的原料应符合《化妆品安全技术规范》的规定。

（2）感官、理化、卫生指标 乳液剂的质量要求应符合 GB/T 29665。

4.5.3 乳液剂的稳定性

产品要进行稳定性试验以确定和保证产品的货架寿命。乳液剂稳定性试验条件，见表 4-4。

表 4-4 乳液剂稳定性试验条件

储存条件	储存时间	储存条件	储存时间
室温	25℃储存 3 年（货架寿命）	冻熔循环（5 次）	约 −10℃至室温，48h
高温	37℃储存 4 个月，45℃储存 3 个月	循环实验	4～45℃循环，为期 1 个月
冷冻	约 3℃储存 3 个月	曝光实验	暴露于日光，或人造日光灯室 1 个月

试验初期检查较频繁，第一周每天检查，然后第一个月每周检查，第 2～6 个月每两周检查，以后每个月检查。稳定性试验考察项目，见表 4-5。

表 4-5 稳定性试验考察项目

性质	检查方法	性质	检查方法
pH 值	pH 计	质地	观察和涂抹实验
黏度	黏度计	产品分离	观察
流变特性	剪切黏度和用锥/平板黏度计做振动实验	电导率	电导仪
颜色	观察	粒径大小	显微镜观察
气味和香精稳定性	感官分析	防腐作用	微生物挑战实验
相对密度	比重计	功效（活性物）	成分含量检测

4.6 乳液剂的制剂实例

乳液具有良好的流动性，在配方设计过程中需要通过选择乳化剂类型、油脂的类型及加入量、流变调节剂的类型进行设计。

4.6.1 丝滑防晒乳

（1）配方设计表

编号	成分	INCI 名称	添加量/%	使用目的
1	水	WATER	45.50	溶剂
2	碳酸二辛酯	DICAPRYLYL CARBONATE	8.00	润肤剂、溶剂
3	甲氧基肉桂酸乙基己酯	ETHYLHEXYL METHOXYCINNAMATE	8.00	防晒剂
4	月桂酸异戊酯	ISOAMYL LAURATE	5.00	润肤剂
5	C12-15 醇苯甲酸酯	C12-15 ALKYL BENZOATE	4.50	润肤剂、溶剂
6	甘油	GLYCERIN	4.00	保湿剂、溶剂
7	胡莫柳酯	HOMOSALATE	4.00	防晒剂
8	水杨酸乙基己酯	ETHYLHEXYL SALICYLATE	4.00	防晒剂
9	亚甲基双-苯并三唑基四甲基丁基酚、水、癸基葡糖苷、丙二醇、黄原胶	METHYLENE BIS-BENZOTRIAZOLYL TETRAMETHYLBUTYLPHENOL, WATER, DECYL GLUCOSIDE, PROPANEDIOL, XANTHAN GUM	3.00	防晒剂
10	二乙氨羟苯甲酰基苯甲酸己酯	DIETHYLAMINO HYDROXYBENZOYL HEXYL BENZOATE	3.00	防晒剂
11	蔗糖硬脂酸酯、鲸蜡硬脂基葡糖苷、鲸蜡醇	SUCROSE STEARATE, CETEARYL GLUCOSIDE, CETYL ALCOHOL	2.00	乳化剂
12	C20-22 醇磷酸酯、C20-22 醇	C20-22 ALKYLPHOSPHATE, C20-22 ALCOHOLS	1.50	乳化剂
13	鲸蜡醇磷酸酯钾	POTASSIUM CETYLPHOSPHATE	1.00	乳化剂
14	乙基己基三嗪酮	ETHYLHEXYL TRIAZONE	1.00	防晒剂
15	水、甘油、铁皮石斛(DENDROBIUM CANDIDUM)茎提取物	WATER, GLYCERIN, DENDROBIUM CANDIDUM STEM EXTRACT	1.00	保湿剂、修复剂、抗炎剂

续表

编号	成分	INCI 名称	添加量/%	使用目的
16	二裂酵母发酵产物溶胞物、水、苯氧乙醇、乙基己基甘油	BIFIDA FERMENT LYSATE, WATER, PHENOXYETHANOL, ETHYLHEXYLGLYCERIN	1.00	保湿剂、修复剂
17	丙烯酸羟乙酯/丙烯酰二甲基牛磺酸钠共聚物、异十六烷、聚山梨醇酯-60	HYDROXYETHYL ACRYLATE/SODIUM ACRYLOYLDIMETHYL TAURATE COPOLYMER, ISOHEXADECANE, POLYSORBATE 60	0.80	增稠剂
18	乙基己基甘油、苯氧乙醇	ETHYLHEXYLGLYCERIN, PHENOXYETHANOL	0.80	防腐剂
19	水	WATER	0.68	溶剂
20	丁二醇、水、膜荚黄芪（Astragalus membranaceus）根提取物、防风（Saposhnikovia divaricata）根提取物、金盏花（Calendula officinalis）花提取物、合欢（Albizia julibrissin）花提取物、天麻（Gastrodia elata）根提取物	BUTYLENE GLYCOL, WATER, ASTRA GALUS MEMBRANACEUS ROOT EXTRACT, SAPOSHNIKOVIA DIVARICATA ROOT EXTRACT, CALENDULA OFFICINALIS FLOWER EXTRACT, ALBIZIA JULIBRISSIN FLOWEREXTRACT, GASTRODIA ELATA ROOT EXTRACT	0.50	抗敏剂、抗炎舒缓剂
21	生育酚乙酸酯	TOCOPHERYL ACETATE	0.30	润肤剂、抗氧化剂
22	黄原胶	XANTHAN GUM	0.20	增稠剂
23	（日用）香精	PARFUM (FRAGRANCE)	0.10	芳香剂
24	氢氧化钠	SODIUM HYDROXIDE	0.07	中和剂
25	EDTA 二钠	DISODIUM EDTA	0.05	螯合剂

（2）设计思路　本产品具有皮肤丝滑、防晒的功效。本配方配制出来的产品无毒、无刺激、使用时清爽、无油腻感，防晒效果持久。

第 16 号原料，二裂酵母发酵产物溶胞物。限用量为 1.0%，本配方中添加量为 1.00%，在安全用量范围内。

第 18 号原料，乙基己基甘油、苯氧乙醇。限用量为 1.0%，本配方中添加量为 0.80%，在安全用量范围内。

第 24 号原料，氢氧化钠。限制要求为 pH≤11，本配方中添加量为 0.07%，pH 在 6.5~7.0，在安全用量范围内。

（3）制备工艺　①A 相（1/6/9/22/25），边搅拌边将 A 相的粉料缓慢洒入，边搅拌边加热，强均质将粉浆分散均匀，搅拌加热至 82~85℃，再均质 5min 至完全溶解均匀，加入 B 相（13），充分搅拌至固体完全溶解均匀，保温 20~30min 消毒，消泡，备用；②C 相（2/3/4/7/8/10/14），加热至 85℃，搅拌至完全熔成液体后，确保防晒剂全部溶解成透明液体，再降温至 80~82℃，加入 D 相（5/11/12），充分搅拌至固体完全溶解，乳化前加入 E 相（21），充分搅拌至溶解均匀，保温，备用（应避免长时间加热）；③中速搅拌，低~中速均质，C+D+E 相缓慢加入 A+B 相中，加完后，提速至中~强速，均质 5~8min 至完全乳化均匀后，搅拌降温；④降温至 70~75℃，加入 F 相（17），均质 1~3min 至完全均匀（真空下充分搅拌至均匀）；⑤降温至 60~65℃，加入预先溶解均匀的 G 相（19/24）真空下充分搅拌至均匀；⑥降温至 45℃以下，依次加入 H 相（15/16/18/20/23），充分搅拌至均匀；⑦取样，检测，合格后，出料。（注意避免产生过多气泡，pH 调整范围：6.5～7.0。）

（4）产品特点　本品配方科学，产品安全、无毒、无刺激，制备工艺合理、简单易行，产品各项指标稳定，使用方便，具有 SPF30、PA＋＋＋的防晒测试效果，基本能满足夏季及日常户外防晒需求，能有效减少 UVB/UVA 的危害。

（5）产品应用　本品适用于夏季及日常户外防晒所需的情况，适合于各种肌肤的防晒需求。于外出或者户外活动前 10～30min，取合适量涂抹于裸露肌肤，均匀涂抹。如过程中出现大量流汗或者淋雨、湿水等情况，酌情补充涂抹，以保障更有效地防护 UVB/UVA 的危害，达到更好的防护。回室内等情况下，用卸妆产品或者清洁产品清理裸露皮肤，有条件的情况下，可以额外涂抹晒后修复或者舒缓类产品。

4.6.2　修复滋养保湿乳

（1）配方设计表

编号	成分	INCI 名称	添加量/%	使用目的
1	水	WATER	52.468	溶剂
2	甘油	GLYCERIN	15.00	润肤剂、溶剂
3	矿油	MINERAL OIL	5.00	润肤剂
4	水、银耳(tremella fuciformis)提取物、银耳多糖	WATER, TREMELLA FUCIFORMIS EXTRACT, TREMELLA FUCIFORMIS POLYSACCHARIDE	5.00	保湿剂
5	矿脂	PETROLATUM	3.00	润肤剂
6	棕榈酸乙基己酯	ETHYLHEXYL PALMITATE	3.00	润肤剂
7	山茶(Camellia japonica)籽油	CAMELLIA JAPONICA SEED OIL	3.00	润肤剂
8	二裂酵母发酵产物溶胞物、水、苯氧乙醇、乙基己基甘油	BIFIDA FERMENT LYSATE, WATER, PHENOXYETHANOL, ETHYLHEXYLGLYCERIN	3.00	保湿剂、修复剂
9	硬脂酰乳酰乳酸钠、蔗糖多油酸	SODIUM STEAROYL LACTYLATE, SUCROSE POLYOLEATE	2.50	乳化剂、润肤剂
10	聚二甲基硅氧烷	DIMETHICONE	2.50	润肤剂
11	鲸蜡硬脂醇	CETEARYL ALCOHOL	1.80	润肤剂、增稠剂
12	水、甘油、铁皮石斛(Dendrobium candidum)茎提取物	WATER, GLYCERIN, DENDROBIUM CANDIDUM STEM EXTRACT	1.00	保湿剂、修复剂、抗炎剂
13	甘油硬脂酸酯、PEG-100 硬脂酸酯	GLYCERYL STEARATE, PEG-100 STEARATE	0.80	乳化剂
14	牛油果树(Butyrospermum parkii)果脂	BUTYROSPERMUM PARKII (SHEA BUTTER)	0.50	润肤剂
15	白蜂蜡	BEESWAX	0.30	润肤剂
16	乙基己基甘油、苯氧乙醇	ETHYLHEXYLGLYCERIN, PHENOXYETHANOL	0.30	防腐剂
17	水	WATER	0.12	溶剂

编号	成分	INCI 名称	添加量/%	使用目的
18	卡波姆	CARBOMER	0.10	增稠剂
19	羟苯甲酯	METHYLPARABEN	0.10	防腐剂
20	尿囊素	ALLANTON	0.10	保湿剂、抗炎剂
21	霍霍巴籽油	SIMMONDSIA CHINENSIS (JOJOBA) SEED OIL	0.10	润肤剂
22	生育酚乙酸酯	TOCOPHERYL ACETATE	0.10	润肤剂、抗氧化剂
23	(日用)香精	PARFUM (FRAGRANCE)	0.10	芳香剂
24	黄原胶	XANTHAN GUM	0.05	增稠剂
25	羟苯丙酯	PROPYLPARABEN	0.05	防腐剂
26	氢氧化钠	SODIUM HYDROXIDE	0.012	中和剂

(2) 设计思路　本产品具有皮肤保湿、修复的功效。本配方配制出来的产品无毒、无刺激、使用时清爽、无油腻感，修复效果稳定。

第 4 号原料，水、银耳提取物、银耳多糖，本配方中添加量为 5.00%，在安全用量范围内。

第 12 号原料，水、甘油、铁皮石斛茎提取物，本配方中添加量为 1.00%，在安全用量范围内。

第 13 号原料，甘油硬脂酸酯、PEG-100 硬脂酸酯，本配方中添加量为 0.80%，在安全用量范围内。

第 14 号原料，牛油果树果脂，本配方中添加量为 0.50%，在安全用量范围内。

第 16 号原料，乙基己基甘油、苯氧乙醇。限用量为 1.0%，本配方中添加量为 0.30%，在安全用量范围内。

第 19 号原料，羟苯甲酯。限用量为 0.4%，本配方中添加量为 0.10%，在安全用量范围内。

第 26 号原料，氢氧化钠。限制要求为 pH≤11，本配方中添加量为 0.012%，pH 在 5.5～6.5，在安全用量范围内。

(3) 制备工艺　①将 A 相 (1/2/18/19/20/24) 中的去离子水称入乳化锅中，开均质缓慢撒入粉末原料，分散至无明显颗粒物，再加入 A 相其他组分，升温至 80～85℃，保温消泡，待用；②将 C 相 (3/5/6/9/10/11/13/15/25) 各个组分依次称入油相锅中，升温加热至完全溶解，乳化前加入 D 相 (7/14/21/22)，搅拌至溶解为均一液体，80～85℃，待用 (避免长时间高温加热)；③将 B 相 (2) 加入乳化锅中，搅拌均匀后，再将混合的 C 相＋D 相加入，均质 3～5min，然后保温 10min 后降温；④当温度降至 55～60℃，加入 NaOH 中和 (17/26)，调整 pH 值 5.5～6.5 之间；⑤继续降温至 40～45℃，将 F 相 (4/8/12/16/23) 各个组分依次加入，并搅拌均匀；⑥检测各项理化指标，过滤出料。

(4) 产品特点　本品配方科学，产品安全，无毒、无刺激，制备工艺合理、简单易行，产品各项指标稳定，使用方便。具有日常及常规肌肤问题的修复、护理效果，能有效减少肌肤的瘙痒、轻微红肿、不适等情况。

(5) 产品应用　本品适用于各种肌肤，可满足常规护理的需求。作用于身体肌肤或脸部肌肤上，涂抹均匀至完全吸收，可以让肌肤更加润滑，富有光泽，水润、有弹性。

4.6.3 绵润身体乳

(1) 配方设计表

编号	成分	INCI 名称	添加量/%	使用目的
1	水	WATER	62.92	溶剂
2	甘油	GLYCERIN	12.00	保湿剂、溶剂
3	硬脂酰乳酰乳酸钠、蔗糖多油酸酯	SODIUM STEAROYL LACTYLATE, SUCROSE POLYOLEATE	3.00	乳化剂、润肤剂
4	鲸蜡硬脂醇乙基己酸酯	CETEARYL ETHYLHEXANOATE	3.00	润肤剂
5	棕榈酸乙基己酯	ETHYLHEXYL PALMITATE	3.00	润肤剂
6	氢化淀粉水解物	HYDROGENATED STARCH HYDROLYSATE	3.00	保湿剂
7	聚二甲基硅氧烷	DIMETHICONE	2.00	润肤剂
8	矿脂	PETROLATUM	2.00	润肤剂
9	硬脂酸	STEARIC ACID	1.50	润肤剂、增稠剂
10	甘油硬脂酸酯、PEG-100硬脂酸酯	GLYCERYL STEARATE, PEG-100 STEARATE	1.00	乳化剂
11	鲸蜡硬脂醇	CETEARYL ALCOHOL	1.00	润肤剂、增稠剂
12	水、银耳(*Tremella fuciformis*)多糖、银耳(日用)香精提取物	WATER, TREMELLA FUCIFORMIS EXTRACT, TREMELLA FUCIFORMIS POLYSACCHARIDE	1.00	保湿剂
13	水、甘油、铁皮石斛(*Dendrobium candidum*)茎提取物	WATER, GLYCERIN, DENDROBIUM CANDIDUM STEM EXTRACT	1.00	保湿剂,修复剂、抗炎剂
14	二裂酵母发酵产物溶胞物、水、苯氧乙醇、乙基己基甘油	BIFIDA FERMENT LYSATE, WATER, PHENOXYETHANOL, ETHYLHEXYLGLYCERIN	1.00	保湿剂、修复剂
15	牛油果树(*Butyrospermum parkii*)果脂	BUTYROSPERMUM PARKII (SHEA BUTTER)	0.80	润肤剂、增稠剂
16	聚丙烯酸钠、矿油、月桂醇聚醚-6	SODIUM POLYACRYLATE, MINERAL OIL, LAURETH-6	0.50	增稠剂
17	水	WATER	0.30	溶剂
18	乙基己基甘油、苯氧乙醇	ETHYLHEXYLGLYCERIN, PHENOXYETHANOL	0.30	防腐剂
19	尿囊素	ALLANTON	0.20	保湿剂、抗炎剂
20	卡波姆	CARBOMER	0.15	增稠剂
21	羟苯甲酯	METHYLPARABEN	0.10	防腐剂
22	(日用)香精	PARFUM (FRAGRANCE)	0.10	芳香剂
23	EDTA 二钠	DISODIUM EDTA	0.05	螯合剂
24	羟苯丙酯	PROPYLPARABEN	0.05	防腐剂
25	氢氧化钠	SODIUM HYDROXIDE	0.03	中和剂

(2) 设计思路　本产品具有皮肤保湿的功效,产品无毒、无刺激、使用时清爽、无油腻感,保湿效果好。

第 14 号原料，二裂酵母发酵产物溶胞物、水、苯氧乙醇、乙基己基甘油。限用量为 1.0%，本配方中添加量为 1.00%，在安全用量范围内。

第 15 号原料，牛油果树果脂。本配方中添加量为 0.80%，在安全用量范围内。

第 16 号原料，聚丙烯酸钠、矿油、月桂醇聚醚-6。本配方中添加量为 0.50%，在安全用量范围内。

第 18 号原料，乙基己基甘油、苯氧乙醇。限用量为 1.0%，本配方中添加量为 0.30%，在安全用量范围内。

第 21 号原料，羟苯甲酯。限用量为 0.4%，本配方中用量为 0.10%，在安全用量范围内。

第 25 号原料，氢氧化钠。限制要求为 pH≤11，本配方中添加量为 0.03%，pH 在 6.5~7.0，在安全用量范围内。

（3）制备工艺　①预配 E 相（17/25），E 相混合。充分搅拌至固体完全溶解成液体，备用；②边均质，边将 A 相（1/2/19/20/21/23）中的粉料依次缓慢地洒入冷的去离子水中，再加入甘油，边搅拌边加热，期间可进行多次短时间的均质，至 82~85℃，再均质 2~5min 至完全分散均匀，乳化前加入预配好的 B 相（3），充分搅拌均匀，保温至少 15~20min 消毒，消泡，备用；③C 相（4/5/7/8/9/10/11/15/24），加热至 80~82℃，搅拌熔成液体后，保温，备用，应避免长时间加热；④真空下，中速搅拌，弱-中速均质，边将 C 相缓慢抽入 A＋B 相中，加完后，提速至中-强速，均质 5~8min 至完全乳化均匀，保温 15min，消泡后降温；⑤降温到 70~75℃，加入 D 相（16），真空下均质 1~2min，充分搅拌至均匀；⑥降温到 65℃左右，加入预配的 E 相，真空下分别充分搅拌均匀；⑦降温到 45℃左右，依次加入 F 相（6/12/13/14/18/22），真空下分别充分搅拌均匀；⑧取样，检测，合格后过滤出料，注意避免产生过多气泡。

（4）产品特点　本品配方科学，产品安全，无毒、无刺激，制备工艺合理、简单易行，产品各项指标稳定，使用方便。具有优异的润肤效果，可以有效地改善浴后的肌肤干燥情况，或者日常肌肤干燥的情况，能减少由肌肤干燥引起的瘙痒等皮肤问题。

（5）产品应用　本品适用于各种肌肤，作为浴后身体润肤产品，作用于身体肌肤或脸部肌肤上，涂抹均匀至完全吸收，可以让肌肤更加润滑，富有光泽，水润、弹性。

4.6.4　乳化型洁面乳

（1）配方设计表

编号	成分	INCI 名称	添加量/%	使用目的
1	水	WATER	65.83	溶剂
2	鲸蜡硬脂醇	CETEARYL ALCOHOL	8.00	润肤剂、增稠剂
3	月桂酰燕麦氨基酸钠	SODIUM LAUROYL OAT AMINO ACIDS	7.00	乳化剂
4	棕榈酸乙基己酯	ETHYLHEXYL PALMITATE	4.00	润肤剂
5	甘油	GLYCERIN	3.00	保湿剂、润滑剂
6	丙二醇	PROPANEDIOL	3.00	保湿剂、溶剂
7	硬脂酰乳酰乳酸钠、蔗糖多油酸	SODIUM STEAROYL LACTYLATE, SUCROSE POLYOLEATE	3.00	乳化剂、润肤剂

续表

编号	成分	INCI 名称	添加量/%	使用目的
8	氢化淀粉水解物、水、苯氧乙醇	HYDROGENATED STARCH HYDROLYSATE, WATER, PHENOXYETHANOL	3.00	保湿剂、修复剂
9	硬脂酸	STEARIC ACID	1.00	润肤剂
10	水、甘油、铁皮石斛 (*Dendrobium candidum*) 茎提取物	WATER, GLYCERIN, DENDROBIUM CANDIDUM STEM EXTRACT	1.00	保湿剂、修复剂、抗炎剂
11	羧甲基脱乙酰壳多糖	CARBOXYMETHYL CHITOSAN	0.50	保湿剂
12	月桂醇硫酸酯钠	SODIUM LAURYL SULFATE	0.15	乳化剂
13	羟苯甲酯	METHYLPARABEN	0.14	防腐剂
14	尿囊素	ALLANTON	0.10	保湿剂、抗炎剂
15	(日用)香精	PARFUM (FRAGRANCE)	0.10	芳香剂
16	苯甲醇、甲基异噻唑啉酮、甲基氯异噻唑啉酮	BENZYL ALCOHOL, METHYLISOTHIAZOLINONE, METHYLCHLOROISOTH IAZOLINONE	0.08	防腐剂
17	黄原胶	XANTHAN GUM	0.05	增稠剂
18	羟苯丙酯	PROPYLPARABEN	0.05	防腐剂

(2) 设计思路　本产品具有皮肤保湿、清洁的功效，产品无毒、无刺激、使用时清爽、无油腻感，清洁效果好。

第 7 号原料，硬脂酰乳酰乳酸钠、蔗糖多油酸，本配方中添加量为 3.00%，在安全用量范围内。

第 11 号原料，羧甲基脱乙酰壳多糖，本配方中添加量为 0.50%，在安全用量范围内。

第 13 号原料，羟苯甲酯，限用量为 0.4%，本配方中添加量为 0.14%，在安全用量范围内。

第 16 号原料，苯甲醇、甲基异噻唑啉酮、甲基氯异噻唑啉酮。限用量为 1.0%，本配方中添加量为 0.08%，在安全用量范围内。

(3) 制备工艺　①边均质，边将 A 相 (1/12/13/14/17) 中的粉料依次缓慢地加入冷的去离子水中，再边搅拌边加热，期间可进行多次短时间的均质，至 60~65℃，均质 5~8min 至完全分散均匀，继续加热至 82~85℃，加入 A 相 (5/6) 剩余的物料，搅拌至完全溶解后，将 B 相 (7) 加入 A 相中，充分搅拌均匀，再均质 2~5min 至完全分散均匀，保温至少 15~20min 消毒，消泡，备用；②C 相 (2/4/9/18)，加热到 78~82℃，保温搅拌至完全熔为液体，备用；③真空下，中速搅拌，弱-中速均质，C 相缓慢加入 A+B 相中，加完后，提速至中-强速，均质 5~8min 至完全乳化均匀，保温 15min，消泡后才能开始降温；④降温到 42~45℃时，依次加入 D 相 (3/8/10/11/15/16) 物料，中速搅拌至完全均匀；⑤搅拌至室温后，取样，检测，合格后，过滤出料。

(4) 产品特点　本品配方科学，产品安全，无毒、无刺激，制备工艺合理、简单易行，产品各项指标稳定，使用方便，具有优良清洁面部皮肤效果，使皮肤更加细腻、光洁，具有良好保湿滋润效果。

(5) 产品应用　本品适用于各种肌肤，也合适于美容专业线中的面部清洁，可作为秋冬季清洁肌肤使用，作用于面部肌肤后停留 2~3min，用温水清洁，可以让肌肤更加润滑，富有弹性、光泽。

4.6.5　抗敏修复乳

（1）配方设计表

编号	成分	INCI 名称	添加量/%	使用目的
1	水	WATER	51.71	溶剂
2	甘油	GLYCERIN	10.00	保湿剂、溶剂
3	水、银耳提取物、银耳（*Tremella fuciformis*）多糖	WATER,TREMELLA FUCIFORMIS EXTRACT,TREMELLA FUCIFORMIS POLYSACCHARIDE	5.00	保湿剂
4	1,3-丁二醇	BUTYLENE GLYCOL	3.00	保湿剂、溶剂
5	环五聚二甲基硅氧烷、环己硅氧烷	CYCLOPENTASILOXANE, CYCLOHEXASILOXANE	3.00	润肤剂
6	丁二醇、水、膜荚黄芪（*Astragalus membranaceus*）根提取物、防风（*Saposhnikovia divaricata*）根提取、金盏花（*Calendula officinalis*）花提取物、合欢（*Albizia julibrissin*）花提取物、天麻（GASTRODIA ELATA）根提取物	BUTYLENE GLYCOL,WATER, ASTRAGALUS MEMBRANACEUS ROOT EXTRACT,SAPOSHNIKOVIA DIVARICATA ROOT EXTRACT, CALENDULA OFFICINALIS FLOWER EXTRACT,ALBIZIA JULIBRISSIN FLOWER EXTRACT,GASTRODIA ELATA ROOT EXTRACT	3.00	抗敏剂、保湿剂、修复剂
7	水、甘油、β-葡聚糖	WATER,GLYCERIN,BETA-GLUCAN	3.00	保湿剂、修复剂
8	水、甘油、金钗石斛（*Dendrobium nobile*）茎提取物、库拉索芦荟（*Aloe barbadensis*）叶提取物、苦参（*Sophora flavescens*）根提取物、宁夏枸杞（*Lycium barbarum*）果提取物、紫松果菊（*Echinacea purpurea*）提取物、苯氧乙醇、乙基己基甘油	WATER,GLYCERIN,DENDROBIUM NOBILE STEM EXTRACT,ALOE BARBADENSIS LEAF EXTRACT, SOPHORA FLAVESCENS ROOT EXTRACT,LYCIUM BARBARUM FRUIT EXTRACT,ECHINACEA PURPUREA EXTRACT, PHENOXYETHANOL, ETHYLHEXYLGLYCERIN	3.00	保湿剂、修复剂
9	水、甘油、铁皮石斛（*Dendrobium candidum*）茎提取物	WATER,GLYCERIN,DENDROBIUM CANDIDUM STEM EXTRACT	3.00	保湿剂,修复剂、抗敏剂
10	二裂酵母发酵产物溶胞物、水、苯氧乙醇、乙基己基甘油	BIFIDA FERMENT LYSATE,WATER, PHENOXYETHANOL, ETHYLHEXYLGLYCERIN	3.00	保湿剂、修复剂
11	角鲨烷	SQUALANE	2.00	润肤剂
12	鲸蜡硬脂醇乙基己酸酯	CETEARYL ETHYLHEXANOATE	2.00	润肤剂
13	蔗糖硬脂酸酯、鲸蜡硬脂基葡糖苷、鲸蜡醇	SUCROSE STEARATE,CETEARYL GLUCOSIDE,CETYL ALCOHOL	2.00	乳化剂
14	霍霍巴（*Simmondsia chinensis*）籽油	SIMMONDSIA CHINENSIS (JOJOBA) SEED OIL	2.00	润肤剂
15	聚二甲基硅氧烷	DIMETHICONE	1.00	润肤剂

续表

编号	成分	INCI 名称	添加量/%	使用目的
16	聚二甲基硅氧烷、聚二甲基硅氧烷醇	DIMETHICONE,DIMETHICONOL	1.00	润肤剂
17	C20-22 烷基磷酸酯、C20-22 脂肪醇	C20-22 ALKYLPHOSPHATE,C20-22 ALCOHOLS	0.50	乳化剂
18	水	WATER	0.40	溶剂
19	鲸蜡硬脂醇	CETEARYL ALCOHOL	0.30	润肤剂
20	聚丙烯酸钠、矿物油、月桂醇聚醚-6	SODIUM POLYACRYLATE,MINERAL OIL,LAURETH-6	0.30	乳化剂、增稠剂
21	乙基己基甘油、苯氧乙醇	ETHYLHEXYLGLYCERIN,PHENOXYETHANOL	0.30	防腐剂
22	丙烯酸(酯)类/C10-30 烷醇丙烯酸酯交联聚合物	ACRYLATES/C10-30 ALKYL ACRYLATE CROSSPOLYMER	0.10	增稠剂
23	尿囊素	ALLANTON	0.10	保湿剂、抗炎剂
24	羟苯甲酯	METHYLPARABEN	0.10	防腐剂
25	黄原胶	XANTHAN GUM	0.05	增稠剂
26	羟苯丙酯	PROPYLPARABEN	0.05	防腐剂
27	日用香精	PARFUM (FRAGRANCE)	0.05	芳香剂
28	氢氧化钠	SODIUM HYDROXIDE	0.04	中和剂

（2）设计思路 本产品具有皮肤抗敏、修复功效，产品无毒、无刺激、使用时清爽、无油腻感，抗敏修复效果好。

第 21 号原料，乙基己基甘油、苯氧乙醇。限用量为 1.0%，本配方中添加量为 0.30%，在安全用量范围内。

第 24 号原料，羟苯甲酯。限用量为 0.4%，本配方中添加量为 0.10%，在安全用量范围内。

第 28 号原料，氢氧化钠。限制要求为 pH≤11，本配方中添加量为 0.04%，pH 在 6.5~7.0，在安全用量范围内。

（3）制备工艺 ①预配 E 相（6/18），E 相混合，充分搅拌至溶解透明，备用；②A 相（1/2/4/22/23/24/25），边弱均质，边将 A 相中的粉料依次缓慢地加入冷的去离子水中，边搅拌边加热至 60~65℃，期间可多次进行短时间的弱均质，然后加入 A 相剩余物料，继续搅拌加热至 82~85℃，再均质 2~5min 至完全分散均匀后，保温至少 15~20min 消毒，消泡，备用；③B 相（11/12/13/15/17/19/26），加热至 80~82℃，搅拌至完全熔成液体后，乳化前加入 C 相（5/14），保温，备用（应避免长时间加热）；④真空下，中速搅拌，弱-中速均质，B+C 相缓慢加入 A 相中，加完后，提速至中-强速，均质 5~10min 至完全乳化均匀，搅拌消泡；⑤降温到 70~75℃，依次加入 D 相（16/20），真空下均质 1~2min，充分搅拌均匀；⑥降温到 60~65℃，加入预配好的 E 相，真空下充分搅拌至均匀；⑦降温到 45℃以下，依次加入 F 相（3/7/8/9/10/21/27）原料，真空下分别充分搅拌至均匀；⑧取样，检测，合格后过滤出料，注意避免产生过多气泡。

（4）产品特点 本品配方科学，产品安全，无毒、无刺激，制备工艺合理、简单易行，产品各项指标稳定，使用方便。具有日常及常规肌肤问题的修复、护理效果，能有效改善肌肤的敏感问题、轻微过敏（红斑、红点）症状、轻微过敏引起的瘙痒等情况。

（5）产品应用　本品适用于各种肌肤，可满足常规护理、轻微过敏症状的应急处理的需求。作用于身体肌肤、脸部肌肤或者轻微过敏部位上，涂抹均匀至完全吸收，可以让肌肤更加润滑，富有光泽，水润、弹性。

4.6.6　祛痘乳液

（1）配方设计表

编号	成分	INCI 名称	添加量/%	使用目的
1	水	WATER	70.98	溶剂
2	季铵盐-73、丁二醇	QUATERNIUM-73, BUTYLENE GLYCOL	8.00	抗粉刺剂、皮肤调理剂
3	甘油	GLYCERIN	5.00	溶剂、保湿剂
4	三肽-1 铜	COPPER TRIPEPTIDE-1	5.00	皮肤调理剂
5	丙二醇	PROPYLENE GLYCOL	3.00	溶剂、保湿剂
6	碳酸二辛酯	DICAPRYLYL CARBONATE	3.00	润肤剂
7	鲸蜡醇、椰油基葡糖苷	CETYL ALCOHOL,COCO-GLUCOSIDE	1.50	乳化剂
8	硬脂酰乳酰乳酸钠、蔗糖多油酸、水	SODIUM STEAROYL LACTYLATE, SUCROSE POLYOLEATE,WATER	1.00	乳化剂
9	山茶（Camellia japonica）籽油	CAMELLIA JAPONICA SEED OIL	0.80	润肤剂、皮肤调理剂
10	苯氧乙醇、乙基己基甘油	PHENOXYETHANOL, ETHYLHEXYLGLYCERIN	0.60	防腐剂
11	聚二甲基硅氧烷	DIMETHICONE	0.50	润肤剂
12	丙烯酰二甲基牛磺酸铵/VP 共聚物	AMMONIUM ACRYLOYLDIMETHYLTAURATE/VP COPOLYMER	0.30	增稠剂
13	羟苯甲酯	METHYLPARABEN	0.20	防腐剂
14	甘草酸二钾	DIPOTASSIUM GLYCYRRHIZATE	0.05	皮肤调理剂
15	香精	PARFUM	0.05	芳香剂
16	透明质酸钠	SODIUM HYALURONATE	0.02	保湿剂、皮肤调理剂

（2）设计思路　本产品具有皮肤祛痘的功效，产品无毒、无刺激、使用时清爽、无油腻感，祛痘效果好。

第 10 号原料，苯氧乙醇、乙基己基甘油。限用量为 1.0%，本配方中添加量为 0.60%，在安全用量范围内。

第 13 号原料，羟苯甲酯。限用量为 0.4%，本配方中添加量为 0.20%，在安全用量范围内。

（3）制备工艺　本品为水包油乳化体系，产品状态为稀薄型乳液。①将 12 号物料加入水中，快速搅拌分散均匀，升温至 85℃，溶胀至均匀状态，无小颗粒，无结团；②保持 85℃条件下，将 3、5、8、13、14、16 号物料依次加入，搅拌分散均匀；③另取一无水干燥容器，加入 6、7、9、11 号物料，85℃加热至熔化；④将①＋②置于均质机下，开启均质，倒入③物料，均质 3min，至水油状态均匀，开始搅拌降温；⑤待温度降至 50℃左右，依次加入 2、4、10、15 号原料，搅拌至完全均匀，适当补水，搅拌均匀；⑥检测合格后，灌装入库。

（4）产品特点　本品配方科学，产品安全，无毒、无刺激，制备工艺合理、简单易行，产品各项指标稳定，使用方便，具有祛痘修护的功效，针对痤疮、粉刺有明显效果，针对痘印有修复功效，同时滋润肌肤，达到皮肤水油平衡，有效防止粉刺再生。

（5）产品应用　本品适用于皮肤的粉刺、痤疮等，针对性进行点涂，对粉刺、痤疮消除后留下的痘印具有修护功效，也可用于身体上其他部位生长的粉刺。使用前最好先用温和的清洁产品清洗，用毛巾擦干后涂擦。

4.6.7　美白乳液

（1）配方设计表

编号	成分	INCI 名称	添加量/%	使用目的
1	水	WATER	64.86	溶剂
2	甘油	GLYCERIN	5.00	溶剂、保湿剂
3	辛酸/癸酸甘油三酯	CAPRYLIC/CAPRIC TRIGLYCERIDE	5.00	润肤剂
4	丁二醇	BUTYLENE GLYCOL	3.00	溶剂、保湿剂
5	异壬酸异壬酯	ISONONYL ISONONANOATE	3.00	润肤剂
6	九肽-1	NONAPEPTIDE-1	3.00	美白剂
7	六肽-9	HEXAPEPTIDE-9	3.00	美白剂
8	烟酰胺	NIACINAMIDE	2.00	美白剂
9	鲸蜡硬脂醇、3-O-乙基抗	CETEARYL ALCOHOL,3-O-ETHYL	2.00	增稠剂、助乳化剂
10	坏血酸	ASCORBIC ACID	1.50	美白剂
11	鲸蜡醇、椰油基葡糖苷	CETYL ALCOHOL,COCO-GLUCOSIDE	1.50	乳化剂
12	甘油硬脂酸酯、PEG-100 硬脂酸酯	GLYCERYL STEARATE,PEG-100 STEARATE	1.50	乳化剂
13	山茶（CAMELLIA JAPONICA）籽油	CAMELLIA JAPONICA SEED OIL	1.00	润肤剂
14	环五聚二甲基硅氧烷、环己硅氧烷	CYCLOPENTASILOXANE, CYCLOHEXASILOXANE	1.00	润肤剂
15	聚二甲基硅氧烷	DIMETHICONE	1.00	润肤剂
16	苯氧乙醇、乙基己基甘油	PHENOXYETHANOL, ETHYLHEXYLGLYCERIN	0.60	防腐剂
17	尿囊素	ALLANTOIN	0.30	皮肤调理剂、抗敏舒缓
18	卡波姆	CARBOMER	0.20	增稠剂
19	羟苯甲酯	METHYLPARABEN	0.20	防腐剂
20	生育酚乙酸酯	TOCOPHERYL ACETATE	0.20	抗氧化剂、皮肤调理剂
21	透明质酸钠	SODIUM HYALURONATE	0.05	保湿剂、皮肤调理剂
22	香精	PARFUM	0.05	芳香剂
23	氢氧化钠	SODIUM HYDROXIDE	0.04	pH 调节剂

（2）设计思路　本产品具有皮肤美白的功效，产品无毒、无刺激、使用时清爽、无油腻感，美白效果好。

第 16 号原料，苯氧乙醇、乙基己基甘油。限用量为 1.0％，本配方中添加量为 0.60％，在安全用量范围内。

第 19 号原料，羟苯甲酯。限用量为 0.4％，本配方中添加量为 0.20％，在安全用量范围内。

第 23 号原料，氢氧化钠。限制要求为 pH≤11，本配方中添加量为 0.04％，pH 在 6.5～7.0，在安全用量范围内。

（3）制备工艺　本品为水包油乳化体系，产品状态为稀薄型乳液。①将 23 号氢氧化钠提前溶解成 10％水溶液；②将 18 号物料加入水中，快速搅拌分散均匀，升温至 85℃，溶胀至均匀状态，无小颗粒，无结团；③保持 85℃条件下，2、4、8、10、17、19、21 号物料依次加入，搅拌分散均匀；④另取一无水干燥容器，加入 3、5、9、11、12、13、14、15、20 号物料，85℃加热至熔化；⑤将②＋③于均质机下，开启均质，倒入④物料，均质 3min，至水油状态均匀，开始搅拌降温；⑥待温度降至 60℃左右，加入 19 号原料，搅拌至完全均匀，待温度降至 45℃以下，依次加入 6、7、16、22 号原料，适当补水，搅拌均匀；⑦检测合格后，灌装入库。

（4）产品特点　本品配方科学，产品安全，无毒、无刺激，制备工艺合理、简单易操作，产品各项指标稳定，使用方便，具有较显著的美白效果，有效抑制酪氨酸酶活性，抑制黑色素生成，促进肌肤美白，同时滋润肌肤，达到皮肤水油平衡，美白滋养同步达成。

（5）产品应用　本品适用于所有肤质，尤其适用于肌肤暗沉、色素沉着、斑点等皮肤，使用后避免阳光直晒，使用前先温和清洁肌肤，毛巾擦干后取少量涂抹至吸收即可，需重点美白部位可以适当加大涂抹次数。

4.6.8　抗皱乳液

（1）配方设计表

编号	成分	INCI 名称	添加量/%	使用目的
1	水	WATER	57.21	溶剂
2	甘油	GLYCERIN	8.00	溶剂、保湿剂
3	辛酸/癸酸甘油三酯	CAPRYLIC/CAPRIC TRIGLYCERIDE	8.00	润肤剂
4	二裂酵母发酵产物溶胞物	BIFIDA FERMENT LYSAT	8.00	皮肤调理剂、抗皱紧致
5	季戊四醇四异硬脂酸酯	PENTAERYTHRITYL TETRAISOSTEARATE	3.00	润肤剂
6	精氨酸/赖氨酸多肽	ARGININE/LYSINE POLYPEPTIDE	3.00	皮肤调理剂、瞬时紧致
7	牛油果树（*Butyrospermum parkii*）果脂	BUTYROSPERMUM PARKII (SHEA BUTTER)	2.00	润肤剂、皮肤调理剂
8	鲸蜡醇、椰油基葡糖苷	CETYL ALCOHOL,COCO-GLUCOSIDE	1.50	乳化剂
9	C20-22 醇磷酸酯、C20-22 醇	C20-22 ALKYLPHOSPHATE,C20-22 ALCOHOLS	1.50	乳化剂
10	聚二甲基硅氧烷	DIMETHICONE	1.50	润肤剂
11	乙酰基六肽-8	ACETYL HEXAPEPTIDE-8	1.50	皮肤调理剂、抗皱紧致

编号	成分	INCI 名称	添加量/%	使用目的
12	鲸蜡硬脂醇	CETEARYL ALCOHOL	1.00	增稠剂、助乳化剂
13	棕榈酰五肽-4	PALMITOYL PENTAPEPTIDE-4	1.00	皮肤调理剂、抗皱紧致
14	丙烯酸钠/丙烯酰二甲基牛磺酸钠共聚物、异十六烷、聚山梨醇酯-80	SODIUM ACRYLATE/SODIUM ACRYLOYLDIMETHYL TAURATE COPOLYMER,ISOHEXADECANE, POLYSORBATE 80	0.60	增稠剂
15	苯氧乙醇、乙基己基甘油	PHENOXYETHANOL, ETHYLHEXYLGLYCERIN	0.60	防腐剂
16	尿囊素	ALLANTOIN	0.50	皮肤调理剂
17	生育酚乙酸酯	TOCOPHERYL ACETATE	0.50	抗氧化剂
18	丙烯酰二甲基牛磺酸铵/VP 共聚物	AMMONIUM ACRYLOYLDIMETHYLTAURATE/VP COPOLYMER	0.20	增稠剂
19	羟苯甲酯	METHYLPARABEN	0.20	防腐剂
20	透明质酸钠	SODIUM HYALURONATE	0.10	保湿剂、皮肤调理剂
21	香精	PARFUM	0.05	芳香剂
22	氢氧化钠	SODIUM HYDROXIDE	0.04	pH 调节剂

（2）设计思路　本产品具有皮肤抗皱的功效，产品无毒、无刺激、使用时清爽、无油腻感，抗皱效果好。

第 15 号原料，苯氧乙醇、乙基己基甘油。限用量为 1.0%，本配方中添加量为 0.60%，在安全用量范围内。

第 19 号原料，羟苯甲酯。限用量为 0.4%，本配方中用量为 0.20%，在安全用量范围内。

第 22 号原料，氢氧化钠。限制要求为 pH≤11，本配方中添加量为 0.04%，pH 在 6.5～7.0，在安全用量范围内。

（3）制备工艺　本品为水包油乳化体系，产品状态为稠度较高型乳液，略有流动性。①将 18 号物料加入水中，快速搅拌分散均匀，升温至 85℃，溶胀至均匀状态，无小颗粒，无结团；②保持 85℃条件下，将 2、16、19、20 号物料依次加入，搅拌分散均匀；③另取一无水干燥容器，加入 3、5、7、8、9、10、12、17 号物料，85℃加热至熔化；④将 22 号氢氧化钠加入①＋②中，搅拌溶解，然后置于均质机下，开启均质，倒入③物料，均质 1min，将 14 号物料摇匀后加入，继续均质 3min，至水油状态均匀，开始搅拌降温；⑤待温度降至 50℃左右，依次加入 4、6、11、13、15、21 号原料，搅拌至完全均匀，适当补水，搅拌均匀；⑥检测合格后，灌装入库。

（4）产品特点　本品配方科学，产品安全，无毒、无刺激，制备工艺合理、简单易行，产品各项指标稳定，使用方便，具有较明显的抗皱紧致效果，能够达到瞬时紧致，也能够在长期使用下淡化细纹，提亮肤色。

（5）产品应用　本品适用于任何肤质，更主要针对肌肤皱纹、表情纹等，能够即时紧致，减少皱纹，使用前先用温和产品清洁肌肤，取少量本品涂抹至均匀吸收即可。

4.6.9 保湿舒缓滋养乳^❶

（1）配方设计表

编号	成分	INCI 名称	添加量/%	使用目的
1	水	WATER	70.83	溶剂
2	甘油三（乙基己酸）酯	TRIETHYLHEXANOIN	5.00	润肤剂
3	环五聚二甲基硅氧烷	CYCLOPENTASILOXANE	5.00	润肤剂
4	聚二甲基硅氧烷	DIMETHICONE	4.00	润肤剂
5	丁二醇	BUTYLENE GLYCOL	3.00	保湿剂
6	甘油	GLYCERIN	2.00	保湿剂
7	水、吡咯烷酮羧酸、聚乙二醇-400、酵母多糖类	WATER，PCA，PEG-400，YEAST POLYSACCHARIDES	2.00	保湿剂
8	PEG-20 甲基葡糖倍半硬脂酸酯	PEG-20 METHYL GLUCOSE SESQUISTEARATE	1.20	乳化剂
9	聚二甲基硅氧烷/乙烯基聚二甲基硅氧烷交联聚合物、聚二甲基硅氧烷	DIMETHICONE/VINYL DIMETHICONE CROSSPOLYMER，DIMETHICONE	1.00	润肤剂
10	水、丁二醇、龙胆（Gentiana scabra）提取物	WATER，BUTYLENE GLYCOL，GENTIANA LUTEA ROOT EXTRACT	1.00	皮肤调理剂
11	鲸蜡硬脂醇	CETEARYL ALCOHOL	0.80	润肤剂、助乳化剂
12	甲基葡糖倍半硬脂酸酯	METHYL GLUCOSE SESQUISTEARATE	0.80	乳化剂
13	乙烯基聚二甲基硅氧烷/聚甲基硅氧烷硅倍半氧烷交联聚合物	VINYL DIMETHICONE/METHICONE SILSESQUIOXANE CROSSPOLYMER	0.50	润肤剂
14	海藻糖	TREHALOSE	0.50	保湿剂
15	丙烯酰二甲基牛磺酸铵/VP 共聚物	AMMONIUM ACRYLOYLDIMETHYLTAURATE/VP COPOLYMER	0.50	增稠剂
16	丙烯酸钠/丙烯酰二甲基牛磺酸钠共聚物、异十六烷、聚山梨醇酯-80	SODIUM ACRYLATE/SODIUM ACRYLOYLDIMETHYL TAURATE COPOLYMER，ISOHEXADECANE，POLYSORBATE 80	0.50	助乳化剂、增稠剂
17	四氢甲基嘧啶羧酸	ECTOIN	0.50	皮肤调理剂
18	苯氧乙醇	PHENOXYETHANOL	0.40	防腐剂
19	羟苯甲酯	METHYLPARABEN	0.15	防腐剂
20	氯苯甘醚	CHLORPHENESIN	0.15	防腐剂
21	尿囊素	ALLANTOIN	0.10	保湿剂、皮肤调理剂
22	EDTA 二钠	DISODIUM EDTA	0.03	螯合剂
23	透明质酸钠	SODIUM HYALURONATE	0.02	保湿剂
24	香精	FRAGRANCE	0.02	芳香剂

❶ 本制剂配方等由广东芭薇生物科技股份有限公司提供。

（2）设计思路　本配方主要包括溶剂、润肤剂、乳化剂、助乳化剂、保湿剂、螯合剂、防腐剂、增稠剂、皮肤调理剂、芳香剂。本产品具有滋润肌肤、保湿、抗炎、抗过敏的作用，配方中2、11号原料具有滋润肌肤的作用，5、6、7、14、21、23号原料具有优良的保湿作用，10、17号原料具有抗炎舒缓作用。

第3号原料，环五聚二甲基硅氧烷，具有挥发性，可以提供丝滑般的感觉，具有良好的铺展性，本配方中添加量为5.00%，在安全用量范围内。

第7号原料，水、吡咯烷酮羧酸、聚乙二醇-400、酵母多糖类属于复合原料，是天然蛋白分解的焦谷氨酸和天然海洋多糖通过聚乙二醇完美结合的产物，能有效缓解肌肤的压力，活化肌肤，修复滋养角质层，提供皮肤所需的营养源，改善细小皱纹，同时能给眼周肌肤补充充足的水分，本配方添加量为2.00%，在安全用量范围内。

第8号原料，PEG-20甲基葡糖倍半硬脂酸酯，O/W乳化剂，可以形成液晶结构的乳化体，外观比较漂亮，适合做乳霜、乳液，本配方中添加量为1.20%，在安全用量范围内。

第9号原料，聚二甲基硅氧烷/乙烯基聚二甲基硅氧烷交联聚合物、聚二甲基硅氧烷属于复合原料，提供平滑、天鹅绒般肤感，清爽不黏腻，本配方中添加量为1.00%，在安全用量范围内。

第10号原料，水、丁二醇、龙胆（*Gentiana scabra*）提取物属于复合原料，具有较好的抗过敏，止痒作用，本产品中添加量为1.00%，在安全用量范围内。

第11号原料，鲸蜡硬脂醇，不但可以作为润肤剂，还具有辅助乳化的作用，增加配方的稳定性，驻留类产品历史最高使用量为30%，本配方中添加量为0.80%，在安全用量范围内。

第12号原料，甲基葡糖倍半硬脂酸酯，W/O乳化剂，通常和PEG-20甲基葡糖倍半硬脂酸酯复配使用，驻留类产品历史最高使用量为8%，本配方中添加量为0.80%，在安全用量范围内。

第13号原料，乙烯基聚二甲基硅氧烷/聚甲基硅氧烷硅倍半氧烷交联聚合物，提供平滑、天鹅绒般肤感，清爽不黏腻，本配方中添加量为0.50%，在安全用量范围内。

第14号原料，海藻糖，是由两个葡萄糖分子组成的一个非还原性双糖，具有极强的保湿作用。驻留类产品历史最高使用量为36.364%，本配方中添加量为0.50%，在安全用量范围内。

第15号原料，丙烯酰二甲基牛磺酸铵/VP共聚物，作为一种常用的水相增稠剂，驻留类产品历史最高使用量为4.19%，本配方中添加量为0.50%，在安全用量范围内。

第16号原料，丙烯酸钠/丙烯酰二甲基牛磺酸钠共聚物、异十六烷、聚山梨醇酯-80属于复合原料，本配方中添加量为0.50%，在安全用量范围内。

第17号原料，四氢甲基嘧啶羧酸，加强皮肤的自我防御功能，保护朗格汉斯细胞，具有优异的抗炎作用，驻留类产品历史最高使用量为7%，本配方中添加量为0.50%，在安全用量范围内。

第18号原料，苯氧乙醇，苯氧乙醇是一种无色微黏性液体，有芳香气味，微溶于水。限用量为1%，本配方中添加量为0.40%，在安全用量范围内。

第19号原料，羟苯甲酯。限用量为0.40%，本配方中添加量为0.15%，在安全用量范围内。

第20号原料，氯苯甘醚。限用量为0.30%，本配方中添加量为0.15%，在安全用量范围内。

（3）制备工艺　本产品为O/W乳剂。其制备工艺为：①将原料3、9、13混合均匀，备用；②将原料 2、4、8、11、12、15、19 加热至 80℃，搅拌均匀；③将原料 1、5、6、14、20、21、22、23 加热至 85℃，搅拌均匀；④将步骤①和步骤②的油相加入步骤③的水相中，均质 3min；⑤加入原料 16 均质 5min，消泡后搅拌降温；⑥降温至 45℃，加入原料 7、10、17、18、24 搅拌降温；⑦降温至 38℃，取样送检，合格后灌装入库。

（4）产品特点　本产品配方科学，涂抹时给肌肤带来丝滑柔软的触感，吸收后持续滋润保湿，能舒缓红、肿、痒等问题性肌肤，同时能有效缓解炎症，防止炎症性色素沉着。

（5）产品应用　本品适用于干性皮肤、油性皮肤、混合性肌肤、痘痘肌肤、过敏性肌肤，可搭配其他功效类产品使用，效果更佳。

4.6.10　舒缓乳化面膜

（1）配方设计表

编号	成分	INCI 名称	添加量/%	使用目的
1	水	WATER	81.40	溶剂
2	甘油	GLYCERIN	4.00	溶剂、保湿剂
3	铁皮石斛(Dendrobium Candidum)茎提取物	DENDROBIUM CANDIDUM STEM EXTRACT	3.00	皮肤调理剂、保湿舒缓
4	银耳(Tremella fuciformis)多糖、银耳(Tremella fuciformis)提取物	TREMELLA FUCIFORMIS EXTRACT, TREMELLA FUCIFORMIS POLYSACCHARIDE	3.00	皮肤调理剂、保湿舒缓
5	双-PEG-18 甲基醚二甲基硅烷	BIS-PEG-18 METHYL ETHER DIMETHYL SILANE	1.00	润肤剂
6	椰油基葡糖苷、鲸蜡醇	COCO-GLUCOSIDE,CETYL ALCOHOL	1.00	乳化剂
7	鲸蜡硬脂醇橄榄油酸酯、山梨坦橄榄油酸酯	CETEARYL OLIVATE,SORBITAN OLIVATE	1.00	乳化剂
8	聚二甲基硅氧烷	DIMETHICONE	1.00	润肤剂
9	棕榈酰五肽-4	SODIUM HYDROXIDE	0.60	皮肤调理剂、舒缓修复
10	苯氧乙醇、乙基己基甘油	PHENOXYETHANOL, ETHYLHEXYLGLYCERIN	0.60	防腐剂
11	角鲨烷	SQUALANE	0.50	润肤剂
12	环五聚二甲基硅氧烷、环己硅氧烷	CYCLOPENTASILOXANE, CYCLOHEXASILOXANE	0.50	润肤剂
13	鲸蜡硬脂醇	CETEARYL ALCOHOL	0.50	增稠剂、助乳化剂
14	肌肽	CARNOSINE	0.50	皮肤调理剂、舒缓修复
15	乙酰基六肽-8	ACETYL HEXAPEPTIDE-8	0.40	皮肤调理剂、舒缓修复
16	氢化淀粉水解物	HYDROGENATED STARCH HYDROLYSATE	0.30	皮肤调理剂、保湿舒缓
17	烟酰胺	NIACINAMIDE	0.20	皮肤调理剂、美白剂
18	甘草酸二钾	DIPOTASSIUM GLYCYRRHIZATE	0.20	皮肤调理剂、舒缓
19	六肽-9	HEXAPEPTIDE-9	0.20	皮肤调理剂、美白舒缓
20	透明质酸钠	SODIUM HYALURONATE	0.05	保湿剂、皮肤调理剂
21	香精	PARFUM	0.05	芳香剂

（2）设计思路　本产品具有皮肤舒缓的功效，产品无毒、无刺激、使用时清爽、无油腻感，舒缓效果好。

第 10 号原料，苯氧乙醇、乙基己基甘油。限用量为 1.0％，本配方中添加量为 0.60％，在安全用量范围内。

（3）制备工艺　本品为水包油乳化体系，产品状态略有流动性。①将 20 号物料加入水中，快速搅拌分散均匀，升温至 85℃，溶胀至均匀状态，无小颗粒，无结团；②保持 85℃条件下，2、5、17、18 号物料依次加入，搅拌分散均匀；③另取一无水干燥容器，加入 6、7、8、11、12、13 号物料，85℃加热至熔化；④将①＋②置于均质机下，开启均质，均质 3min，至水油状态均匀，开始搅拌降温；⑤待温度降至 50℃左右，依次加入 3、4、9、15、16 号原料，适当补水，搅拌均匀；⑥检测合格后，灌装封口，产品入库。

（4）产品特点　本品配方科学，产品安全，无毒、无刺激，制备工艺合理、简单易行，产品各项指标稳定，使用方便，针对敏感肌肤具有舒缓滋养功效，使用肤感滋润不黏腻，摆脱了传统面膜的黏腻感，使用后皮肤滋养润滑。

（5）产品应用　本品适用于所有肌肤，主要功效在于肌肤保湿，舒缓敏感，淡化细纹，四季均可使用。使用本品前适当清洁肌肤，用毛巾擦干，袋中取出本品，敷于面部，赶走泡沫，静候 15min，拿掉面膜布，轻轻按摩精华液至吸收。

思考题

1. 简述乳化的原理。
2. 乳化体的稳定性主要取决于哪几个因素？
3. 乳液剂常用原料有哪几种？
4. 乳液剂的感官评价指标主要包括哪几个方面？
5. 乳液剂质量分析方法有哪些，请分别简述？
6. 常见的乳化方法有哪些，请画出对应的工艺流程。
7. 简述间歇式乳化的制备过程。
8. 化妆品乳液剂的生产过程中，乳化设备有哪些，操作原理是什么？
9. 真空乳化搅拌机相较于其他乳化设备的优势是什么？
10. 乳液剂在制备与贮存中要注意哪些事项？

第5章
膏霜剂

　　膏霜剂在化妆品中占有非常重要的地位，是使用最早、最为普遍、产销量最大的化妆品。我国在春秋战国时期，封建帝王就已使用"兰膏"来保护与滋润皮肤了。近代最有代表性的膏霜就是雪花膏，其功能仍然是保护滋润皮肤。乳化体膏霜是功能性原料的最佳载体和基质，借助这种载体，功能性原料可以更好地发挥其作用，达到护肤、美容乃至药疗效果。现代膏霜剂化妆品几乎可以满足人们对化妆品的所有使用需求，琳琅满目、多姿多彩。

5.1　膏霜剂及其特征

5.1.1　膏霜剂的定义

　　膏霜剂（creams）是指经过乳化的膏、霜、蜜、脂等化妆品。或者说是指采用乳化剂或者物理方法促使油相与水相或粉类混合均匀，呈现为固态或半固态膏状的一类化妆品。常见的膏霜剂产品包括清洁膏、按摩霜、护肤霜、面膜霜、眼霜、美白祛斑霜、防晒霜、遮瑕膏、睫毛膏、润肤蜜等。

5.1.2　膏霜剂的特征

　　膏霜剂中油相所占比例较高，质体不透明或半透明，流变特性多为塑性体，小部分产品具有触变性，流动性由假塑性至塑性。其主要作用是恢复和维持皮肤健康的外观和良好的润湿条件。

5.1.3　膏霜剂的制剂原理

　　膏霜类化妆品是以基质原料为主要成分，添加乳化剂、色素、香料、防腐剂、抗氧剂等作为辅助材料，通过加热促溶、搅拌乳化、静置陈化、自动灌装、检验入库等工艺流程制作而成。从乳状液理论来分析，由于油相与水相的物理和化学性质迥异，两者互不相溶，借助机械力振荡搅拌后，凭借剪切力的作用促使两相的界面积增加，促成其中一相物质呈现小球状分散在另一相物质中，形成暂时的乳状体。而暂时的乳状体体系极不稳定，经过一定时间的静置后，重新回到泾渭分明的相分层状态。这与两相之间界面分子能量远高于内部分子有关，遵循能量从高处向低处流动趋势，小液珠会相互聚集，迅速合并，缩小界面积，降低界面能。能逆转两相不相容局面的关键之物是乳化剂，它能显著降低分散物系的界面张力，在微液珠的表面上形成薄膜或双电层等，阻止微液滴相互凝集，增强乳状液的稳定性。

　　乳化剂的选择必须满足两项条件：具有良好的表面活性，产生低的界面张力；在界面上形成相当结实的吸附膜。实际使用时会采用 HLB 值来表示其亲油-亲水性，HLB 值低表示亲油性强，反之则表示亲水性强。制作 W/O 型乳化剂的 HLB 值范围为 3～6，而制作 O/W 型乳化剂的 HLB 值范围为 8～18。测定 HLB 值的方法包括乳化法、临界胶束浓度法、水数值及浊点法、色谱法、介电常数法。

5.1.4 膏霜剂的主要产品

膏霜剂是最为常见的产品，其分类标准亦不尽相同。参照中华人民共和国国家标准（GB/T 18670—2017）、相关管理细则，以产品的功能、使用部位来划分为清洁类化妆品、护理类化妆品、美容类化妆品等，常用化妆品归类举例，见表 5-1。

表 5-1 膏霜剂分类及其主要产品

部位	功能			
	清洁类化妆品	护理类化妆品	美容类化妆品	特殊用途化妆品
皮肤	洗面膏 清洁霜	护肤膏（霜），如雪花膏、营养霜（人参霜、维生素、珍珠霜）、防裂膏	眼膏 遮瑕膏 粉底霜 粉霜	防晒霜、美白祛斑霜、抗敏霜
毛发	洗发膏 剃须膏	焗油膏	睫毛膏	脱毛膏、育发膏、染发膏、烫发膏
指（趾）甲 口唇	牙膏	护甲霜 润唇膏		除臭霜

5.2 膏霜剂的基质与原料

化妆品的基质原料种类繁多，只有掌握每种原料的结构、性能和特点，才能准确、灵活运用于配方的研制、产品的开发，不断推陈出新，得到品质优良的产品。依据基质原料的特性与用途，可以分为功效原料、基质原料和辅助原料。功效原料是具有某种功能的原料，如保湿、防晒等。基质原料所占比例较高，在化妆品的渗透吸收性能和功用促进方面占主导地位，也是产品定型、稳定的必要条件。辅助原料是赋予产品香气、颜色等外观形式的辅助因素。

基质原料根据常温时的物理状态可以分为油性原料、粉性原料、溶剂类原料和胶质原料。

5.2.1 油性原料

油性原料是膏霜类化妆品的主要基质原料。它囊括了油脂、蜡类、高级脂肪酸、高级脂肪醇和酯类。其中油脂、蜡类是组成膏霜类、护肤乳液等的主要基质原料。油脂与蜡类的区分之处在于常温的流动状态，呈现液态的油料称为油，呈现半固态的油料称为脂，呈现固态的软性油料称为蜡。油脂的性能高低仅从外部形态（色泽、气味）直接判定有一定的局限性，更多的是从物理、化学表征常数去辨别，例如熔点、凝固点、酸值、碘值、皂化值以及不皂化物含量等。

5.2.2 粉质原料

粉质原料通常分为无机粉质原料、有机粉质原料以及其他粉质原料。膏霜化妆品中主要是防晒霜、遮瑕膏、粉底霜、粉霜、唇膏、牙膏等需要使用粉质原料。据相关法规可知化妆品领域对粉质原料要求较高：粉末细度达到 300 目以上，水分含量在 2% 以下；杂菌含量 < 10CFU/g，且不得检出致病菌；重金属含量也有严格限制，如铅、砷、汞含量限分别为

10mg/kg、2mg/kg、1mg/kg。常用的无机粉质原料包括滑石粉、高岭土、锌白粉、钛白粉、碳酸钙、磷酸氢钙等；有机粉质原料常见有硬脂酸锌、硬脂酸镁、聚乙烯粉、纤维素微珠、聚苯乙烯粉等。

5.2.3 溶剂类原料

溶剂是制造各类化妆品缺一不可的原料，其性能不仅在于促使其他原料溶解，还体现在挥发、润滑、增塑、保香、防冻、收敛等方面。其种类主要有水、醇类（高碳醇、低碳醇、多元醇）、酮、醚、酯类以及芳香族有机化合物。

5.2.4 胶质原料

胶质原料主要是水溶性高分子化合物，其结构中多带亲水性官能团，使之具有亲水性。其作用在于促使原料黏合成型，稳定乳状体系，增强稠度，维持凝胶化、保湿、成膜以及稳定泡沫的效果。胶质原料根据其来源和结构可分为有机胶质类（天然高分子、半合成高分子、合成高分子）、无机物胶质类（膨润土、胶性硅酸镁铝）。

5.2.5 辅助原料

辅助原料是指除了基质原料，作为某种特性补充添加的原料，如香料、颜料、防腐剂、抗氧剂、表面活性剂、保湿剂等。值得一提的是，我国的中药资源与国外相比较为丰富，其开发和利用技术成熟。中药及其提取物作为天然物添加剂加入化妆品，以达到美白、祛斑、抗过敏、促吸收等作用，已成为化妆品产品开发应用的热点。

5.2.6 功效活性成分

伴随着化妆品追求功效性的趋势，越来越多的活性成分尤其是天然提取物应用于化妆品中。如芦荟提取物、当归提取物、人参提取物、甘草提取物、沙棘提取物等常用于美白祛斑膏霜中；芦荟提取物、金银花提取物、黄芩提取物等常用于防晒膏霜中；何首乌提取物、生姜提取物常用于洗发育发膏中。瓜果中因含有丰富的维生素、有机酸、蛋白质、矿物质等，也常常被用作化妆品原料，比较常用于化妆品的瓜果主要有黄瓜、樱桃、葡萄、柠檬、草莓等。此外，活性成分维生素 A、维生素 C、维生素 E、胶原蛋白、超氧化物歧化酶（SOD）、表皮生长因子（EGF）等也广泛应用于化妆品中。

5.3 膏霜剂的生产工艺流程

膏霜类化妆品生产工艺具有通用性，通用生产工艺流程参见图 5-1。主要包括原料预热、混合乳化、真空脱气、搅拌冷却、抽样评价、静置陈化、自动灌装、检验入库等工艺过程。在实际生产中，由于各产品的配方不用，要求不同，各工艺条件参数往往需根据实际情况进行试验确定。

5.4 膏霜剂的主要生产设备

膏霜剂产品是由油、脂、蜡等多种原料混合而成的一种乳化体。为制备高质量的乳化体，选用符合生产要求的乳化设备十分关键。膏霜剂产品与其他剂型的产品质体不同，较为黏稠，对灌装设备也有特殊要求。

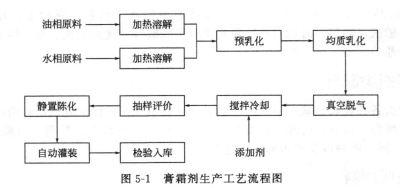

图 5-1 膏霜剂生产工艺流程图

5.4.1 均质机

均质机是一种以高效、快速、均匀的方式将油相、水相等原料分散乳化的设备。它与搅拌机、胶体磨相比较，其剪切力更强，适应面更广，缺点是容量体积较小。原理在于机体转子在高速旋转所产生的高切线速度和高频机械效应的强劲动能，使物料在定、转子狭窄的间隙中受到强烈的机械及液力剪切、离心挤压、液层摩擦、撞击撕裂和湍流等综合作用，促使不相容的固相、液相、气相在相应成熟工艺和适量添加剂的共同作用下，瞬间均匀精细地分散乳化，经过高频的循环往复，最终获得稳定的高质量产品。目前较为常用的是管线式均质器，它能够用于连续生产或循环处理精细物料的乳化过程。其结构特点在于狭窄空间的腔体内，装有 1～3 组对偶咬合的多层定转子。定转子可以根据物料的类型进行自由组合，适合不同乳化方式的需求。转速可达 500～10000r/min，物料在工作腔内受到的剪切处理基本一致，也可在线消除批次间的质量差异，从而保证品质稳定。还能进一步设计成计量混合、集约化生产模式。

5.4.2 超声波乳化设备

人类耳朵能听到的声波频率为 20～20000Hz，频率高于 20000Hz 的声波称为超声波。超声波的特点在于波长较短，衍射本领差，在均质介质中能够定向直线传播。当超声波在液体传播时，由于微粒的剧烈运动，基于空化作用，即在液体中快速形成无数气泡并迅速内爆，由此产生的冲击力和爆炸力等同于较高的剪切力，促使微粒细化、乳化，微粒直径可以在 1μm 以下。把超声波技术引入化妆品乳化工艺，能够显著提高乳化效率，降低乳化剂的使用量，达到高效节能的目的。

5.4.3 灌装设备

膏霜类产品与其他剂型的产品质体不同，较为黏稠。因此，灌装设备中需要增加压力泵，使膏体能够顺利进入容器，并且需增设活塞对其容积进行定量控制，以有效防止膏体外溢污染的现象。灌装设备通用于灌装凝胶、润肤霜、防晒霜、发乳等化妆品。较为常用的设备是立式活塞式填充机和卧式活塞式填充机。

5.5 膏霜剂的质量要求与控制

化妆品直接作用于人体表面，产品质量受到消费者和政府的高度重视。我国对化妆品生产实行许可证制度，制定了许多法律法规和技术标准。对于化妆品生产企业来说，生产过程中既要根据产品标准规定来管理生产和控制质量，以达到标准规定水平，也要根据生产发展，不断提高产品质量要求。

5.5.1　膏霜剂的质量要求

我国制定了《化妆品安全技术规范》（2015 年版）和国家标准 QB/T 1857 的相关规定，对膏霜剂的感官指标、理化指标、微生物指标、有毒物质限量作出了要求。根据标准规定，膏霜剂外观应膏体细腻，均匀一致（添加不溶性颗粒或不溶粉末的产品除外），香气应符合规定香型。理化指标包括 pH 值、耐热和耐寒，其中 pH 值只对 O/W 型膏霜剂有要求，要求 pH 应在 4.0～8.5 范围内，对于 pH 不在上述范围内的产品按企业标准执行，耐热 O/W 型膏霜剂要求（40±1）℃保持 24h，恢复至室温后无油水分离现象，W/O 型要求（40±1）℃保持 24h，恢复至室温后渗油率≤3%，耐寒要求（-8±2）℃保持 24h，恢复室温后与试验前无明显性状差异。微生物指标包括细菌总数、霉菌和酵母菌总数、耐热大肠菌群、金黄色葡萄球菌、铜绿假单胞菌，其中细菌总数要求≤1000CFU/g 或 CFU/mL（眼部用、儿童用产品≤500CFU/g 或 CFU/mL），霉菌和酵母菌总数要求≤100CFU/g 或 CFU/mL，耐热大肠菌群、金黄色葡萄球菌和铜绿假单胞菌均要求不得检出。有毒物质包括汞、铅、砷、镉、甲醇、二噁烷、石棉，其中汞要求≤1mg/kg（含有机汞防腐剂的眼部化妆品除外），铅要求≤10mg/kg，砷要求≤2mg/kg，镉要求≤5mg/kg，甲醇要求≤2000mg/kg，二噁烷和石棉要求不得检出。

5.5.2　膏霜剂的质量问题与控制

从消费者需求的角度来分析化妆品的质量问题，主要集中在实用性和安全性。膏霜剂产品在制造、储存及使用过程中，较易发生以下质量问题。

（1）干缩　干缩主要原因是包装容器的密封度较差或放置温度过高，导致产品水分快速过多蒸发。一方面可以制定包装瓶、盖、模具的允许公差范围，并严格管理，模具经精密仪器检测后投入使用，同时检测瓶盖密封程度。瓶盖内垫使用略有弹性的塑料或塑纸复合片，并应留有较深的瓶口凹槽痕迹。包装时用紧盖机盖紧，另一方面尽量低温放置产品。

（2）起面　起面是指化妆品在涂抹的过程中出现了条形"面条"状的物质。主要原因是配方中油相比例过高，保湿剂用量较少，水分流失过多或产品在高温、水冷条件下乳化体被破坏。主要可通过调整配方，降低油相比例，增加保湿剂用量，产品尽量在低温稳定条件下放置进行控制。

（3）膏体粗糙　膏体粗糙多数是由制作工艺不精湛造成，如碱水混合不充分、乳化过程过早冷却、乳化剂的选择不当、高分子聚合物溶解不彻底、电解质含量过高、油相的原料之间相容性差等。最有效的解决方法是二次乳化。

（4）渗水　渗水标志着产品已发生严重的乳化体破坏。一般是由配方中碱含量少，水的盐分含量过高，储存温度过低，油性原料如石蜡、矿油、中性脂肪等比例过高等因素导致。可通过调整配方，增加碱含量，降低盐分含量，适当增加保湿剂的含量，降低石蜡、矿油等油性原料比例，提高储存温度进行控制。

（5）霉变及发胀　微生物污染是造成霉变及发胀的主要原因，可能由原料变质污染、环境脏乱差、人员操作不当等造成。大量微生物在营养丰富的基质原料上繁殖，产生二氧化碳气体，使产品发胀。应严格控制原料品质并妥善保管原料，使用去离子水，注意消毒杀菌（如油相可保持 90℃灭菌半小时），并注意环境卫生。

（6）变色变味　主要原因是香精中醛类、酚类等不稳定成分含量过高及油性原料碘值过高。醛类、酚类在日光照射下极易变黄，碘值高的油料易被氧化，产生酸败臭味。可适当减少香精中醛类、酚类等不稳定成分用量。

（7）损伤肌肤 损伤肌肤主要原因有三种。一是原料杂质含量过高，如铅、砷、汞等重金属及其他对皮肤有害的成分，会刺激皮肤，产生不良影响。二是乳化体皂化不完全残留的游离碱过多，产品的酸败变质都会损伤肌肤。三是香精中含有某些刺激性较高的香料，或加入的香精过多。可通过以下方法进行控制：一是严格控制原料质量，严把原料关；二是加强生产过程和储存过程中的质量控制；三是选用低刺激性香精，或尽可能减少香精的用量。

5.6 膏霜剂的制剂实例

为更好地了解膏霜类化妆品，本节将介绍 10 种代表性膏霜类化妆品的制剂实例，主要包括它们的原料配方、设计思路、产品特点及产品应用。

5.6.1 蜂蜜滋养雪花膏

（1）配方设计表

编号	成分	INCI 名称	添加量/%	使用目的
1	蒸馏水	DISTILLED WATER	60.00	溶剂
2	甘油	GLYCERIN	10.00	保湿剂
3	液体石蜡	PARAFFINUM LIQUIDUM	8.00	保湿剂
4	单硬脂酸甘油酯	GLYCERYL MONOSTEARATE	6.00	乳化剂
5	硬脂醇	STEARYL ALCOHOL	5.00	柔润剂、乳化稳定剂
6	羊毛脂	LANOLIN	3.00	保湿剂、柔润剂
7	鲸蜡醇	CETYL ALCOHOL	3.00	保湿剂、乳化稳定剂
8	蜂蜜	HONEY	2.25	柔润剂、保湿剂、湿润剂、增稠剂
9	三乙醇胺	TRIETHANOLAMINE	1.00	乳化剂、保湿剂、增稠剂
10	聚山梨醇酯-80	POLYSORBATE-80	1.00	乳化剂
11	羟苯乙酯	ETHYLPARABEN	0.25	乳化稳定剂、防腐剂
12	香精	PARFUM(FRAGRANCE)	0.50	增香剂

（2）设计思路 该款雪花膏为水包油的乳状体，油相特加入高级醇、羊毛脂以降低皮肤的不适感；加入蜂蜜以更好地滋养肌肤，硬脂醇与鲸蜡醇匹配使用，调节稠度和软化点，使得产品轻盈柔和。

第 4 号原料，单硬脂酸甘油酯，是化妆品常用的乳化剂。驻留类产品最高历史使用量为39%；本配方中添加量为 6.00%，在安全用量范围内。

第 5 号原料，硬脂醇，是化妆品常用的乳化稳定剂、柔润剂。驻留类产品最高历史使用量为 23%，本配方中添加量为 5.00%，在安全用量范围内。

第 6 号原料，羊毛脂，是化妆品常用的保湿剂。驻留类产品最高历史使用量为59.113%，本配方中添加量为 3.00%，在安全用量范围内。

第 7 号原料，鲸蜡醇，是化妆品常用的保湿剂、乳化稳定剂。驻留类产品最高历史使用量为 17.4%，本配方中添加量为 3.00%，在安全用量范围内。

第 8 号原料，蜂蜜，是化妆品常用的天然原料，常用作柔润剂、保湿剂、湿润剂、增稠剂。驻留类产品最高历史使用量为 10%，本配方中添加量为 2.25%，在安全用量范围内。

第 10 号原料，聚山梨醇酯-80，是化妆品常用的乳化剂。驻留类产品最高历史使用量为 10.3%，本配方中添加量为 1.00%，在安全用量范围内。

第 11 号原料，羟苯乙酯，是化妆品准用防腐剂。单一酯最大使用量为 0.4%，本配方中添加量为 0.25%，符合要求。

（3）制备工艺　①将油相液体石蜡、单硬脂酸甘油酯、硬脂醇、羊毛脂、鲸蜡醇按比例加入，加热到 90℃，溶化并搅拌均匀。②将水相蒸馏水、甘油、三乙醇胺、聚山梨醇酯-80、蜂蜜加入，加热到 90℃ 并搅拌均匀。③油相、水相 90℃ 保温 20min 灭菌。④在搅拌下将水相慢慢加入到油相中。⑤继续搅拌，当温度降至 50℃ 时，加入防腐剂和香精，搅拌均匀。⑥静置、冷却至室温。⑦调节 pH 为 5～7。⑧取样送检，合格后灌装入库。

（4）产品特点　雪花膏敷于皮肤后似雪花般消融，由此得名。雪花膏的 pH 值为 5～7，与皮肤表面 pH 值相近。该产品属于弱油性膏霜，由于其油腻感较少，秋冬季节均可使用，可以抑制表皮水分的蒸发，保护皮肤不致干燥、开裂或粗糙。

（5）产品应用　对皮肤刺激性极低，能够滋润皲裂皮肤，可中和香皂清洗后残留碱性物质，适合婴幼儿、常剃须的男士、肤质敏感的人士等使用，实属老少皆宜的护肤佳品。

5.6.2　维生素 E 保湿霜

（1）配方设计表

编号	成分	INCI 名称	添加量/%	使用目的
1	蒸馏水	DISTILLED WATER	44.455	溶剂
2	液体石蜡	PARAFFINUM LIQUIDUM	15.877	保湿剂
3	矿脂	PETROLATUM	7.938	保湿剂
4	甘油	GLYCERIN	7.938	保湿剂
5	硬脂酸	STEARIC ACID	7.121	润肤剂
6	单硬脂酸甘油酯	GLYCERYL MONOSTEARATE	4.191	乳化剂
7	生育酚（维生素 E）	TOCOPHEROL	3.969	皮肤调理剂
8	库拉索芦荟胶	ALOE BARBADENSIS	3.969	皮肤调理剂
9	聚二甲基硅氧烷	DIMETHICONE	1.588	保湿剂、柔润剂
10	丙二醇	PROPYLENE GLYCOL	0.794	保湿剂
11	香精	PARFUM (FRAGRANCE)	0.794	芳香剂
12	尿囊素	ALLANTOIN	0.476	保湿剂
13	鲸蜡醇	CETYL ALCOHOL	0.397	保湿剂、乳化稳定剂
14	三乙醇胺	TRIETHANOLAMINE	0.318	乳化剂、保湿剂、增稠剂
15	丁羟茴醚	BHA	0.079	抗氧化剂
16	羟苯甲酯	METHYLPARABEN	0.079	防腐剂
17	丁羟甲苯	BHT	0.016	抗氧化剂

（2）设计思路　该款维生素 E 霜为水包油的乳状体。选用液体石蜡、硬脂酸、矿脂、甘油、聚二甲基硅氧烷、丙二醇、尿囊素等作为保湿剂，保湿性强；选用单硬脂酸甘油酯、三乙醇胺等作用乳化剂，体系稳定；加入生育酚、库拉索芦荟胶调理皮肤。由于油料用量较

大，特加入抗氧化剂 BHA、BHT，防腐剂羟苯甲酯，使得产品滋养肌肤效果显著，产品性能稳定。

第 6 号原料，单硬脂酸甘油酯，是化妆品常用的乳化剂。驻留类产品最高历史使用量为 39%，本配方中添加量为 4.191%，在安全用量范围内。

第 7 号原料，维生素 E（生育酚），是化妆品常用的皮肤调理剂，具有滋润皮肤、淡化色斑、保护皮肤、抗衰老等作用。驻留类产品最高历史使用量为 33.702%，本配方中添加量为 3.969%，在安全用量范围内。

第 8 号原料，库拉索芦荟胶，是化妆品常用的天然皮肤调理剂，具有活肤抗衰老、控油抗脂溢、抗菌消炎、保湿功能。驻留类产品最高历史使用量为 24.94%，本配方中添加量为 3.969%，在安全用量范围内。

第 9 号原料，聚二甲基硅氧烷，是化妆品常用的保湿剂、柔润剂。驻留类产品最高历史使用量为 69.604%，本配方中添加量为 1.588%，在安全用量范围内。

第 10 号原料，丙二醇，是化妆品常用的保湿剂。驻留类产品最高历史使用量为 47.92%，本配方添加加量为 0.794%，在安全用量范围内。

第 12 号原料，尿囊素，是化妆品常用的保湿剂。驻留类产品最高历史使用量为 8%，本配方中添加量为 0.476%，在安全用量范围内。

第 13 号原料，鲸蜡醇，是化妆品常用的保湿剂、乳化稳定剂。本配方中添加量为 0.379%，在安全用量范围内。

第 15 号原料，丁羟茴醚，是化妆品常用的抗氧化剂。本配方中添加量为 0.079%，在安全用量范围内。

第 16 号原料，羟苯甲酯，是化妆品准用防腐剂。最大使用量为 0.4%，本配方中添加量为 0.079%，符合要求。

第 17 号原料，丁羟甲苯，是化妆品常用的抗氧化剂。本配方中添加量为 0.016%，在安全用量范围内。

（3）制备工艺　①将油相液体石蜡、矿脂、硬脂酸、单硬脂酸甘油酯、丙二醇、鲸蜡醇、丁羟茴醚、羟苯甲酯、丁羟甲苯按比例加入，加热到 80℃，溶化并搅拌均匀。②将水相蒸馏水、甘油、聚二甲基硅氧烷、三乙醇胺加入，加热到 80℃并搅拌均匀。③油相、水相 80℃保温 20min 灭菌。④在搅拌下将油相慢慢加入到水相中。⑤继续搅拌，当温度降至 40℃时，加入添加剂维生素 E、库拉索芦荟、香精、尿囊素，搅拌均匀。⑥静置、冷却至成型。⑦取样送检，合格后灌装入库。

（4）产品特点　本配方加大了液体石蜡、矿脂的用量，能很好地滋润、保养皮肤，特别对于农村因气候干燥、风沙较大皮肤产生干燥、皲裂等症状有明显的疗效；配方中加入的聚二甲基硅氧烷、生育酚（维生素 E）、库拉索芦荟对皮肤的防皱、防裂、保湿、抗衰老等均有较好的疗效；另外配方中增加的丙二醇、鲸蜡醇能使霜剂更加细腻、光亮。

（5）产品应用　主要用于滋润保养皮肤。

5.6.3　草本祛痘霜

（1）配方设计表

编号	成分	INCI 名称	添加量/%	使用目的
1	水	WATER	72.65	溶剂
2	甘油	GLYCERIN	10.00	保湿剂

续表

编号	成分	INCI 名称	添加量/%	使用目的
3	丙二醇	PROPYLENE GLYCOL	6.00	保湿剂
4	人参(Panax ginseng)根提取物	PANAX GINSENG ROOT EXTRACT	3.00	抗氧化剂、皮肤调理剂
5	积雪草(Centella asiatica)根提取物	CENTELLA ASIATICA ROOT EXTRACT	2.00	抗氧化剂、皮肤调理剂
6	卡波姆	CARBOMER	1.50	皮肤调理剂
7	甘草酸二钾	DIPOTASSIUM GLYCYRRHIZATE	1.00	皮肤调理剂
8	大花马齿苋(Portulaca grandiflora)提取物	PORTULACA GRANDIFLORA EXTRACT	0.05	皮肤调理剂
9	薄荷脑	MENTHOLUM	1.00	香精、渗透促进剂
10	肉豆蔻酸异丙酯	ISOPROPYL MYRISTATE	1.00	乳化剂和润湿剂
11	山梨坦硬脂酸	SORBITAN STEARATE	0.50	乳化剂
12	鲸蜡硬脂醇	CETEARYL ALCOHOL	1.00	乳化剂
13	生育酚(维生素 E)	TOCOPHEROL	0.10	抗氧化剂
14	黄原胶	XANTHAN GUM	0.10	增稠剂
15	羟苯甲酯	METHYLPARABEN	0.10	防腐剂

（2）设计思路　选用甘油、丙二醇润肤保湿；选用人参根提取物、积雪草根提取物、卡波姆、甘草酸二钾、大花马齿苋提取物作为皮肤调理剂，卡波姆消炎杀菌、大花马齿苋提取物抗炎祛痘、甘草酸二钾退红肿消炎愈合、积雪草根提取物消除痘印、人参根提取物延缓皮肤衰老、增加皮肤弹性。薄荷脑既为产品增加香味也带来清凉感。

第 3 号原料，丙二醇，是化妆品常用的保湿剂。驻留类产品最高历史使用量 47.929%，本配方中添加量 6.00%，在安全用量范围内。

第 4 号原料，人参根提取物，是化妆品常用的皮肤调理剂。驻留类产品最高历史使用量 42.042%，本配方中添加量为 3.00%，在安全用量范围内。

第 5 号原料，积雪草根提取物，是化妆品常用的皮肤调理剂。驻留类产品最高历史使用量 4.9%，本配方中添加量 2.00%，在安全用量范围内。

第 6 号原料，卡波姆，是化妆品常用的皮肤调理剂。驻留类产品最高历史使用量 15%，本配方中添加量 1.50%，在安全用量范围内。

第 7 号原料，甘草酸二钾，是化妆品常用的皮肤调理剂。驻留类产品最高历史使用量 10%，本配方中添加量为 1.00%，在安全用量范围内。

第 8 号原料，大花马齿苋提取物，是化妆品常用的皮肤调理剂，驻留类产品最高历史使用量 0.1%，本配方中添加量为 0.05%，在安全用量范围内。

第 9 号原料，薄荷脑，是化妆品常用的香精、渗透促进剂，驻留类产品最高历史使用量 3%，本配方中添加量为 1.00%，在安全用量范围内。

第 10 号原料，肉豆蔻酸异丙酯，是化妆品常用的乳化剂和润湿剂。驻留类产品最高历史使用量 42%，本配方中添加量为 1.00%，在安全用量范围内。

第 11 号原料，山梨坦硬脂酸，是化妆品常用的乳化剂。驻留类产品最高历史使用量 10%，本配方中添加量为 0.50%，在安全用量范围内。

第 12 号原料，鲸蜡硬脂醇，是化妆品常用的乳化剂，驻留类产品最高历史使用量

30％，本配方中用量为 1.00％，在安全用量范围内。

第 13 号原料，生育酚（维生素 E），是化妆品常用的抗氧化剂。驻留类产品最高历史使用量 33.702％，本配方中添加量为 0.10％，在安全用量范围内。

第 14 号原料，黄原胶，是化妆品常用的增稠剂，驻留类产品最高历史使用量 20％，本配方中用量为 0.10％，在安全用量范围内。

第 15 号原料，羟苯甲酯，是化妆品准用防腐剂。化妆品使用时最大允许浓度单一酯为 0.4％（以酸计），本配方中添加量为 0.10％，符合要求。

（3）制备工艺　本品为 O/W 霜剂。其制备工艺为：①将原料 2、4、5、6、7、8、14 加入去离子水中加热至 80℃，搅拌溶解至均匀透明，保温 80℃ 待用。②将原料 3、10、11、12、13 一起加热至 80℃，搅拌溶解至均匀透明，保温 80℃ 待用。③将步骤②的油相加入步骤①的水相中，高速均质，消泡后搅拌降温。④降温至 50℃，加入原料 9、15，搅拌降温。⑤降温至 40℃，取样送检，合格后灌装入库。

（4）产品特点　本品针对面部、颈部、背部的痘痘肌肤具有清凉舒缓作用，调理肌肤的水油平衡，均匀肌肤，缓解肌肤不适，抑制青春痘，长期使用能令肌肤痘痕淡化恢复到自然状态。

（5）产品应用　本品适用于痘痘肌肤的调理，祛痘印。

5.6.4　婴儿柔和滋润霜

（1）配方设计表

编号	成分	INCI 名称	添加量/%	使用目的
1	蒸馏水	DISTILLED WATER	72.039	溶剂
2	甘油硬脂酸酯 SE	GLYCERYL STEARATE SE	8.50	乳化剂
3	C10-18 脂酸甘油三酯类	C10-18 TRIGLYCERIDES	6.00	润肤剂
4	牛油果树果脂	BUTYROSPERMUM PARKII (SHEA BUTTER)	5.00	润肤剂
5	鲸蜡硬脂醇	CETEARYL ALCOHOL	3.00	乳化剂
6	二辛基醚	DICAPRYLYL ETHER	3.00	润肤剂
7	甜扁桃油	PRUNUS AMYGDALUS DULCIS (SWEET ALMOND) OIL	0.30	皮肤调理剂
8	卵磷脂	LECITHIN	0.231	皮肤调理剂
	生育酚(维生素 E)	TOCOPHEROL	0.039	
	抗坏血酸棕榈酸酯	ASCORBYL PALMITATE	0.027	
	柠檬酸	CITRIC ACID	0.003	
9	EDTA 四钠	TETRASODIUM EDTA	0.10	螯合剂
10	柠檬酸	CITRIC ACID	0.06	pH 调节剂
11	苯氧乙醇	PHENOXYETHANOL	0.90	防腐剂
	乙基己基甘油	ETHYLHEXYLGLYCERIN	0.10	
12	香精	PARFUM (FRAGRANCE)	0.60	芳香剂
13	泛醇	PANTHENOL	0.10	保湿剂、抗炎剂
14	生育酚乙酸酯	TOCOPHERYL ACETATE	0.10	抗氧化剂

（2）设计思路　本配方精选已知安全、温和且纯度高的化妆品常用原料，使用尽量少的品种及添加量。本产品的基本功能为保湿、滋润，配方不使用超出这两点基本功能的其他功效添加成分。所选用的原料均经过严格检验，并确保检验结果符合相关规格的指标要求。

第 2 号原料，甘油硬脂酸酯 SE，是化妆品使用多年且常用的乳化剂，其用于化妆品是安全的，驻留类产品最高历史使用量为 39%，本配方中添加量为 8.50%，在安全用量范围内。

第 3 号原料，C10-18 脂酸甘油三酯类，是化妆品常用的润肤剂。驻留类产品最高历史使用量为 43.396%，本配方中添加量为 6.00%，在安全用量范围内。

第 4 号原料，牛油果树果脂，是化妆品常用的润肤剂。驻留类产品最高历史使用量为 99.8%，本配方中添加量为 5.00%，在安全用量范围内。

第 5 号原料，鲸蜡硬脂醇，是化妆品常用乳化剂。驻留类产品最高历史使用量为 30%，本配方中添加量为 3.00%，在安全用量范围内。

第 6 号原料，二辛基醚，是化妆品常用润肤剂。驻留类产品最高历史使用量为 88.4%，本配方中添加量为 3.00%，在安全用量范围内。

第 7 号原料，甜扁桃油，是化妆品常用皮肤调理剂。驻留类产品最高历史使用量为 96.84%，本配方中添加量为 0.30%，在安全用量范围内。

第 8 号原料，由卵磷脂、生育酚（维生素 E）、抗坏血酸棕榈酸酯、柠檬酸复配组成，作为皮肤调理剂。卵磷脂驻留类产品最高历史使用量为 14%，本配方中添加量为 0.231%，在安全用量范围内；生育酚（维生素 E）驻留类产品最高历史使用量为 33.702%，本配方中添加量为 0.039%，在安全用量范围内；抗坏血酸棕榈酸酯驻留类产品最高历史使用量为 20%，本配方中添加量为 0.027%，在安全用量范围内；柠檬酸化妆品中允许最大使用量为 6%，第 8 号原料中添加量为 0.003%，第 10 号原料中柠檬酸作为 pH 调节剂，其添加量为 0.06%，即本配方共添加柠檬酸 0.063%，在安全用量范围内。

第 9 号原料，EDTA 四钠，是化妆品常用螯合剂。最大安全使用量为 0.7224%，本配方中添加量为 0.10%，在安全用量范围内。

第 11 号原料，由苯氧乙醇和乙基己基甘油复配组成，作为防腐剂。其中苯氧乙醇是化妆品准用防腐剂。最大允许使用量为 1%，本配方中使用量为 0.90%，在安全用量范围内；乙基己基甘油最大安全使用量为 0.5%，本配方中添加量为 0.10%，在安全用量范围内。

第 12 号原料，香精，是化妆品常用芳香剂，可调节产品香型。最大安全使用量为 2%，本产品中香精添加量为 0.60%，且不含欧盟规定的 26 种易致敏香精，在安全用量范围内。

第 13 号原料，泛醇，是化妆品常用原料，具有保湿、滋润功效，驻留类产品最高历史使用量为 40%，本配方中用量为 0.10%，在安全用量范围内。

第 14 号原料，生育酚乙酸酯，是化妆品常用的抗氧化剂。驻留类产品最高历史使用量为 85%，本配方中添加量为 0.10%，在安全用量范围内。

综上所述，从配方整体分析及所用原料看，本配方用于儿童产品应该是安全的。

（3）制备工艺　本品为 O/W 霜剂。其制备工艺为：①将原料 2、9、10 加入去离子水中加热至 80℃，搅拌溶解至均匀透明，保温 80℃待用。②将原料 3、4、5、6、7、8、14、一起加热至 80℃，搅拌溶解至均匀透明，搅拌均匀，保温 80℃待用。③将步骤②的油相加入步骤①的水相中，高速均质 5min，消泡后搅拌降温。④降温至 50℃，加入原料 11、12、13，搅拌降温。⑤降温至 38℃，取样送检，合格后灌装入库。

（4）产品特点　本品配方科学，产品安全、无毒、无刺激，制备工艺合理、简单易行，产品各项指标稳定，使用方便，具有持久的保湿、滋润效果。

（5）产品应用　本品适用于儿童肌肤，可作儿童秋冬季护肤品使用。使用前最好先用温和的清洁产品清洗后擦干，再涂擦使用。

5.6.5　高效滋润眼霜

（1）配方设计表

编号	成分	INCI 名称	添加量/%	使用目的
1	蒸馏水	DISTILLED WATER	87.528	溶剂
2	库拉索芦荟胶	ALOE BARBADENSIS	6.220	皮肤调理剂
3	视黄醇	RETINOL	0.782	皮肤调理剂
4	牛油果树果脂	BUTYROSPERMUM PARKII(SHEA) BUTTER	2.188	润肤剂
5	抗坏血酸(维生素 C)	ASCORBIC ACID	1.094	抗氧化剂、皮肤调理剂
6	生育酚(维生素 E)	TOCOPHEROL	1.094	皮肤调理剂
7	水解蚕丝	HYDROLYZED SILK	1.094	保湿剂、皮肤调理剂

（2）设计思路　选用牛油果树果脂、水解蚕丝润肤保湿；选用库拉索芦荟胶既滋润保湿，也利于缓解眼部浮肿；选用视黄醇作用皮肤深层，调节细胞角化过程，促进胶原纤维和弹性纤维形成，有效抚平眼部皱纹；选用抗坏血酸作用表层皮肤，淡化黑眼圈；选用生育酚（维生素 E）作用于皮肤深层，加强保湿补水。

第 2 号原料，库拉索芦荟胶，是化妆品常用的天然皮肤调理剂，具有活肤抗衰老、控油抗脂溢、抗菌消炎，保湿功能。驻留类产品最高历史使用量为 24.94%，本配方中添加量为6.220%，在安全用量范围内。

第 3 号原料，视黄醇，是化妆品中常用的皮肤调理剂，具有抗氧化抗衰老作用。驻留类产品最高历史使用量为 1.0%，本配方中添加量为 0.728%，在安全用量范围内。

第 4 号原料，牛油果树果脂，是化妆品中常用的天然润肤剂。驻留类产品最高历史使用量为 99.8%，本配方中添加量为 2.188%，在安全用量范围内。

第 5 号原料，抗坏血酸（维生素 C），是化妆品常用的抗氧化剂、皮肤调理剂，具有美白祛斑、预防和治疗晒伤作用。本配方中添加量为 1.094%，在安全用量范围内。

第 6 号原料，维生素 E（生育酚），是化妆品常用的皮肤调理剂，具有滋润皮肤、淡化色斑、保护皮肤、抗衰老等作用。驻留类产品最高历史使用量为 33.702%，本配方中添加量为 1.094%，在安全用量范围内。

第 7 号原料，水解蚕丝，是化妆品常用的保湿剂、皮肤调理剂，具有保湿、防晒、美白祛斑、延缓衰老的作用。驻留类产品最高历史使用量为 25.978%，本配方中添加量为1.094%，在安全用量范围内。

（3）制备工艺　①将水相去离子水、库拉索芦荟胶、抗坏血酸、水解蚕丝按比例加入，并搅拌均匀。②将油相视黄醇、牛油果树果脂和生育酚（维生素 E）按比例加入，并搅拌均匀。③在搅拌下将油相慢慢加入水相中，搅拌均匀。④取样送检，合格后灌装入库。

（4）产品特点　本产品营养丰富、不容易使眼部长脂肪粒。既可长时间高效滋润保湿，又具有缓解眼部浮肿、抚平眼部皱纹、淡化黑眼圈功效，此外还赋予肌肤柔滑感，提高肌肤光泽感。

（5）产品应用　本品用作眼部化妆品。

5.6.6　美白护肤防晒霜

（1）配方设计表

编号	成分	INCI 名称	添加量/%	使用目的
1	液体石蜡	PARAFFINUM LIQUIDUM	30.00	保湿剂
2	二氧化钛	TITANIUM DIOXIDE	24.75	防晒剂
3	羟乙基纤维素	HYDROXYETHYL CELLULOSE	12.50	增稠剂
4	水杨酸乙基己酯	ETHYLHEXYL SALICYLATE	4.75	防晒剂
5	霍霍巴籽油	SIMMONDSIA CHINENSIS(JOJOBA) SEED OIL	6.50	润肤剂
6	沙棘油	HIPPOPHAE RHAMNOIDESOIL	6.50	抗氧化剂、皮肤调理剂
7	掌叶大黄提取物	RHEUM PALMATUM EXTRACT	5.50	抗氧化剂、皮肤调理剂
8	甘草提取物	GLYCYRRHIZA URALENSIS (LICORICE) EXTRACT	5.00	皮肤调理剂
9	薄荷脑	MENTHOL	2.00	香精、渗透促进剂
10	柠檬酸	CITRIC ACID	2.00	pH 调节剂
11	香精	PARFUM (FRAGRANCE)	0.25	芳香剂
12	山梨酸钾	POTASSIUM SORBATE	0.25	防腐剂

（2）设计思路　物理防晒和化学防晒相结合，天然防晒和合成防晒相结合。其中物理防晒选用二氧化钛，化学防晒选用水杨酸乙基己酯和甘草提取物（天然防晒剂）。此外添加天然营养物质霍霍巴籽油、沙棘油、掌叶大黄提取物等滋养皮肤、延缓皮肤衰老、抑制粉刺炎症。

第 2 号原料，二氧化钛，是化妆品准用防晒剂。化妆品中最大使用量为 25%，本配方中添加量为 24.75%，符合要求。

第 3 号原料，羟乙基纤维素，是化妆品常用的增稠剂、乳化剂。驻留类产品最高历史使用量为 15%，本配方中添加量为 12.50%，在安全用量范围内。

第 4 号原料，水杨酸乙基己酯，是化妆品准用防晒剂。化妆品中最大使用量为 5%，本配方中添加量为 4.75%，符合要求。

第 5 号原料，霍霍巴籽油，是化妆品常用的天然润肤剂。驻留类产品最高历史使用量为 100%，本配方中添加量为 6.50%，在安全用量范围内。

第 6 号原料，沙棘油，是化妆品常用的抗氧化剂、皮肤调理剂，具有抗氧化、抗衰老、抗菌消炎作用。驻留类产品最高历史使用量为 16%，本配方中添加量 6.50%，在安全用量范围内。

第 7 号原料，掌叶大黄提取物，是化妆品常用的抗氧化剂、皮肤调理剂，具有抗氧化、抗衰老、减少红血丝的作用。驻留类产品最高历史使用量为 8%，本配方中添加量为 5.50%，在安全用量范围内。

第 8 号原料，甘草提取物，是化妆品常用的防晒剂。驻留类产品最高历史使用量为 2.709%，本配方中添加量为 5.00%，在安全用量范围内。

第 9 号原料，薄荷脑，是化妆品常用的香精、渗透促进剂。本配方中添加量为 2.00%，在安全用量范围内。

第 10 号原料，柠檬酸，是化妆品常用的皮肤调理剂，可加快角质更新。本配方中添加量为 2.00%，在安全用量范围内。

第 12 号原料，山梨酸钾，是化妆品准用防腐剂。化妆品中最大使用量为 0.6%（以酸计），本配方中添加量为 0.25%，符合要求。

（3）制备工艺　①将液体石蜡、水杨酸乙基己酯按比例加入，搅拌均匀。②在搅拌下，缓慢加入二氧化钛、羟乙基纤维素、霍霍巴籽油、沙棘油、掌叶大黄提取物、甘草提取物、薄荷脑、柠檬酸、香精、山梨酸钾，搅拌均匀。③取样送检，合格后灌装入库。

（4）产品特点　天然营养成分与防晒成分相结合，产生杀菌、防晒、美白等效果。本品质感细腻柔滑，气味芳香，对皮肤无刺激，使用起来舒适、柔软、无油腻感，具有明显的防晒美白效果。

（5）产品应用 本品是兼具有护肤、美白效果的防晒霜，特别适用于粉刺皮肤的防晒，对晒伤具有良好的修复功效。

5.6.7　环保无毒染发膏

（1）配方设计表

1. 染剂

编号	成分	INCI 名称	添加量/%	使用目的
1	水	DISTILLED WATER	68.50	溶剂
2	鲸蜡硬脂醇	CETEARYL ALCOHOL	3.00	增稠剂
3	矿油	MINERAL OIL	6.00	保湿剂、发用调理剂
4	碳酸氢钠	SODIUM BICARBONATE	0.50	pH 调节剂
5	鲸蜡硬脂醇聚醚-25	CETEARETH-25	1.00	乳化剂
6	香精	PARFUM (FRAGRANCE)	0.25	芳香剂
7	硬脂酸	STEARIC ACID	1.00	增稠剂
8	十二烷十六烷基三甲基氯化铵	DODECYLHEXADECYLTRIMONIUM CHLORIDE	2.00	乳化剂
9	HC 黄 NO.2	HC YELLOW NO.2	5.00	发用着色剂
10	甘油硬脂酸酯	GLYCERYL STEARATE	7.75	乳化剂
11	羊毛脂	LANOLIN	2.50	保湿剂、发用调理剂
12	何首乌(*Polygonum multiflorum*)提取物	POLYGONUM MULTIFLORUM EXTRACT	1.25	发用调理剂
13	人参(*Panax ginseng*)叶/茎提取物	PANAX GINSENG LEAF/STEM EXTRACT	1.25	发用调理剂

2. 氧化乳

编号	成分	INCI 名称	添加量/%	使用目的
14	水	DISTILLED WATER	67.75	溶剂
15	过氧化氢	HYDROGEN PEROXIDE	12.00	氧化剂
16	鲸蜡硬脂醇	CETEARYL ALCOHOL	5.00	增稠剂
17	鲸蜡硬脂醇聚醚-25	CETEARETH-25	2.50	乳化剂
18	羟乙二磷酸	ETIDRONIC ACID	1.25	螯合剂
19	甘油硬脂酸酯	GLYCERYL STEARATE	8.75	乳化剂

		2.氧化乳		
编号	成分	INCI 名称	添加量/%	使用目的
20	磷酸氢二钠	DISODIUM PHOSPHATE	1.50	pH 调节剂
21	香精	PARFUM (FRAGRANCE)	1.25	芳香剂

注：使用时 1.染剂和 2.氧化乳 1∶2 调和。

（2）设计思路　选用过氧化氢作为氧化剂，羟乙二磷酸作为螯合剂，HC 黄 NO.2 作为着色剂进行染色，加入植物成分何首乌提取物、人参叶/茎提取物和矿油、羊毛脂，以改善染发后头发干枯毛躁，滋养头发。

第 2、16 号原料，鲸蜡硬脂醇，是化妆品常用的增稠剂。淋洗类产品最高历史使用量30%，本配方中 2 剂的添加量小于 10%，在安全用量范围内。

第 3 号原料，矿油，是化妆品常用的保湿剂。淋洗类产品最高历史使用量 83.4%，本配方染发剂中添加量 6.00%，在安全用量范围内。

第 4 号原料，碳酸氢铵，是化妆品常用的 pH 调节剂。淋洗类产品最高历史使用量49.65%，本配方染发剂中添加量 0.50%，在安全用量范围内。

第 5、17 号原料，鲸蜡硬脂醇聚醚-25，是化妆品常用乳化剂，驻留类产品最高历史使用量 31.67%，本配方中 2 剂的添加量小于 5%，符合要求。

第 7 号原料，硬脂酸，是化妆品常用增稠剂，淋洗类产品最高历史使用量 68.3%，本配方染发剂中添加量 1%，符合要求。

第 8 号原料，十二烷十六烷基三甲基氯化铵，是化妆品常用增稠剂，淋洗类产品最高历史使用量 4%，本配方染发剂中添加量 2.00%，符合要求。

第 9 号原料，HC 黄 NO.2，是化妆品准用着色剂，本配方中添加量 5.00%，符合要求。

第 10、19 号原料，甘油硬脂酸酯，是化妆品常用乳化剂，驻留类产品最高历史使用量39%，本配方中 2 剂添加量小于 25%，在安全用量范围内。

第 11 号原料，羊毛脂，是化妆品常用的保湿剂。驻留类产品最高历史使用量59.113%，本配方染发剂中添加量 2.50%，在安全用量范围内。

第 12 号原料，何首乌提取物，是化妆品常用的发用调理剂。淋洗类产品最高历史使用量 18.728%，本配方染发剂中添加量 1.25%，在安全用量范围内。

第 13 号原料，人参叶/茎提取物，是化妆品常用的发用调理剂。驻留类产品最高历史使用量 47.757%，本配方氧化乳中添加量 1.25%，在安全用量范围内。

第 15 号原料，过氧化氢，是化妆品常用的氧化剂。发用产品最大允许浓度总量12.00%，本配方氧化乳中添加量 12.00%，占总量 8%，在安全用量范围内。

第 18 号原料，羟乙二磷酸，是化妆品常用的螯合剂。发用产品最大允许浓度总量1.50%，本配方氧化乳中添加量 1.25%，占总量 0.833%，在安全用量范围内。

第 20 号原料，磷酸氢二钠，是化妆品常用的 pH 调节剂。淋洗类产品最高历史使用量28.439%，本配方氧化乳中添加量 1.50%，符合要求。

（3）制备工艺

1）染剂：①将油相鲸蜡硬脂醇、矿油、硬脂酸、十二烷十六烷基三甲基氯化铵、甘油硬脂酸酯、羊毛脂按比例加入，至 90℃促使充分熔化并搅拌均匀。②将水相蒸馏水、鲸蜡硬脂醇聚醚-25 按比例加入，加热到 90℃并搅拌均匀。③油相、水相分别抽入到乳化锅汇总，充分乳化均匀。④将 HC 黄 NO.2 在预混缸中加热到 60℃混合均匀，抽入到乳化锅中，真空搅拌均匀。⑤继续搅拌，当温度降至 45℃时，加入添加剂碳酸氢钠、香精、何首乌提取物、人参叶/茎提取物，真空搅拌均匀。⑥静置、冷却至成型。⑦取样送检，合格后灌装入库。

2）氧化乳：①将油相鲸蜡硬脂醇、甘油硬脂酸酯按比例加入，至 90℃促使充分熔化并搅拌均匀。②将水相蒸馏水、鲸蜡硬脂醇聚醚-25 按比例加入，加热到 90℃并搅拌均匀。③油相、水相分别抽入到乳化锅汇总，充分乳化均匀。④将羟乙二磷酸、磷酸氢二钠在预混缸中加热到 60℃混合均匀，抽入到乳化锅中，真空搅拌均匀。⑤继续搅拌，当温度降至 45℃时，加入添加剂过氧化氢、香精，真空搅拌均匀。⑥静置、冷却至成型。⑦取样送检，合格后灌装入库。

（4）产品特点　本品配方科学，染发均匀，不损伤发质，配方中不含苯胺类及酚类等有害物质，不含铅、汞等重金属成分，含有何首乌提取物、人参叶/茎提取物植物滋养成分，对人体无不良影响，绿色环保。

（5）产品应用　本品用于染发。使用时，将染发剂和氧化乳 1∶2 调匀后均匀擦在头发上，2h 后起到染色效果。

5.6.8　蛇油滋养护手霜

（1）配方设计表

编号	成分	INCI 名称	添加量/%	使用目的
1	蒸馏水	DISTILLED WATER	30.00	溶剂
2	甘油硬脂酸酯	GLYCERYL STEARATESE	23.00	乳化剂
3	矿物油	MINERAL OIL	14.00	保湿剂
4	尿囊素	ALLANTOIN	6.00	保湿剂
5	月桂醇硫酸酯钠	SODIUMLAURYL SULFATE	2.00	乳化剂
6	蛇油	SNAKE (Serpentes SPP.) OIL	6.00	柔润剂
7	聚二甲基硅氧烷	DIMETHICONE	6.00	保湿剂、柔润剂
8	鲸蜡硬脂醇	CETEARYL ALCOHOL	5.00	保湿剂
9	丙二醇	PROPYLENE GLYCOL	5.00	保湿剂
10	棕榈酸异丙酯	ISOPROPYL PALMITATE	2.00	润肤剂
11	苯氧乙醇	PHENOXYETHANOL	0.50	防腐剂
12	香精	PARFUM (FRAGRANCE)	0.50	芳香剂

（2）设计思路　蛇油是我国一种传统的纯天然护肤品，几百年前人们就已经开始使用蛇油来理疗烫伤和调理干燥、多皱、粗糙的皮肤。本品加入大量蛇油，同时加入大量保湿剂如矿物油、尿囊素、鲸蜡硬脂醇、丙二醇，可大大改善手部干燥、冬季手部皲裂情况。此外，特加入棕榈酸异丙酯抗手部静电。

第 2 号原料，甘油硬脂酸酯，是化妆品常用的乳化剂。驻留类产品最高历史使用量为39%，本配方中添加量 23.00%，在安全用量范围内。

第 3 号原料，矿油，是化妆品常用的保湿剂。驻留类产品最高历史使用量为 73.2%，本配方中添加量 14.00%，在安全用量范围内。

第 5 号原料，月桂醇硫酸酯钠，是化妆品常用的保湿剂。驻留类产品最高历史使用量为 2.5%，本配方中添加量为 2.00%，在安全用量范围内。

第 6 号原料，蛇油，是化妆品常用的柔润剂，在本配方中添加量为 6.00%，在安全用量范围内。

第 7 号原料，聚二甲基硅氧烷，是化妆品常用的增稠剂、乳化剂。驻留类产品最高历史使用量为 69.604%，本配方中添加量为 6.00%，在安全用量范围内。

第 8 号原料，鲸蜡硬脂醇，是化妆品常用保湿剂。驻留类产品最高历史使用量为 30%，本配方中添加量为 5.00%，在安全用量范围内。

第 10 号原料，棕榈酸异丙酯是化妆品常用的抗静电剂。驻留类产品最高历史使用量为 79.69%，本配方中添加量为 2.00%，在安全用量范围内。

第 11 号原料，苯氧乙醇，是化妆品准用防腐剂。化妆品中允许最大使用量为 1.0%，本配方中添加量为 0.50%，符合要求。

（3）制备工艺　①将油相甘油硬脂酸酯、矿物油、蛇油、聚二甲基硅氧烷、鲸蜡硬脂醇、棕榈酸异丙酯按比例加入，至 85℃ 促使充分熔化并搅拌均匀。②将水相蒸馏水、尿囊素、月桂醇硫酸酯钠、丙二醇按比例加入，加热到 85℃ 并搅拌均匀。③油相、水相 80℃ 保温 20min 灭菌。④在搅拌下将水相慢慢加入到油相中。⑤继续搅拌，当温度降至 40℃ 时，加入添加剂防腐剂苯氧乙醇和香精，搅拌均匀。⑥静置、冷却至成型。⑦取样送检，合格后灌装入库。

（4）产品特点　本品质地细腻，使用时感觉清凉、舒适，对手部皮肤有着很好的渗透、滋润、修复作用，对手部皮肤粗糙和皲裂有明显的改善效果。

（5）产品应用　本品适用于人们尤其是因劳动家务与工作环境所造成的手部皮肤粗糙皲裂的人日常手部保养。

5.6.9　清新薄荷牙膏

（1）配方设计表

编号	成分	INCI 名称	添加量/%	使用目的
1	磷酸氢钙	DICALCIUMPHOSPHATE	40.00	摩擦剂
2	水	DISTILLED WATER	28.80	溶剂
3	甘油	GLYCEROL	10.00	保湿剂
4	山梨醇	SORBITOL	10.00	保湿剂
5	二氧化硅	SILICON DIOXIDE	7.00	摩擦剂
6	月桂醇硫酸酯钠	SODIUMLAURYL SULFATE	2.00	发泡剂
7	羧甲基纤维素钙	CALCIUM CARBOXYMETHYL CELLULOSE	1.00	增稠剂
8	薄荷脑	MENTHOL	1.00	香精
9	糖精钠	SODIUM SACCHARIN	0.20	甜味剂

（2）设计思路　月桂醇硫酸酯钠作清洁剂；磷酸氢钙、二氧化硅作摩擦剂增强清洁能力；山梨醇、甘油作保湿剂，保证牙膏湿润；羧甲基纤维素作增稠剂，使牙膏中各配料分散均匀；薄荷脑带来牙膏使用时的清凉感，并赋予薄荷清香；糖精钠改善牙膏口感。

第 1 号原料，磷酸氢钙，是牙膏常用的摩擦剂。驻留类产品最高历史使用量为43.248%，本配方中添加量40.00%，在安全用量范围内。

第 5 号原料，二氧化硅，是化妆品常用的摩擦剂。本配方中添加量7.00%，在安全用量范围内。

第 6 号原料，月桂醇硫酸酯钠，是化妆品常用的清洁剂，驻留类产品最高历史使用量为2.5%，在本配方中添加量2.00%，在安全用量范围内。

第 7 号原料，羧甲基纤维素钙，是化妆品常用的增稠剂。驻留类产品最高历史使用量为5.5%，本配方中添加量1.00%，在安全用量范围内。

第 8 号原料，薄荷脑，是化妆品常用香精。驻留类产品最高历史使用量为3%，本配方中添加量为1.00%，在安全用量范围内。

第 9 号原料，糖精钠，是牙膏常用的甜味剂。驻留类产品最高历史使用量为0.5%，本配方中添加量0.20%，在安全用量范围内。

（3）制备工艺　①保湿剂（甘油、山梨醇）、增稠剂（羧甲基纤维素钙）、水、甜味剂（糖精钠）高速搅拌均匀制胶。②加入摩擦剂（磷酸氢钙、二氧化硅）、清洁剂（月桂醇硫酸酯钠）、香精（薄荷脑）进行捏合。③研磨。④真空脱气。⑤灌装。

（4）产品特点　本产品膏体细腻，泡沫丰富，清洁能力强，使用时具有薄荷清香且有淡淡甜味，感觉清凉。

（5）产品应用　本品适用于各类人群口腔清洁。

5.6.10　抗衰紧致霜[❶]

（1）配方设计表

编号	成分	INCI 名称	添加量/%	使用目的
1	水	WATER	72.38	溶剂
2	甘油	GLYCERIN	10.00	保湿剂
3	环五聚二甲基硅氧烷	CYCLOPENTASILOXANE	5.00	润肤剂、助滑剂
4	异壬酸异壬酯	ISONONYL ISONONANOATE	4.00	润肤剂
5	甘油硬脂酸酯、PEG-100 硬脂酸酯	GLYCERYL BEHENATE,PEG-100 STEARATE	2.00	乳化剂
6	聚丙烯酰胺、C13-14 异链烷烃、月桂醇聚醚-7、水	POLYACRYLAMIDE,C13-14 ISOPARAFFIN,LAURETH-7,WATER	2.00	助乳化剂、增稠剂
7	生育酚乙酸酯	TOCOPHERYL ACETATE	1.00	润肤剂、抗氧化剂
8	鲸蜡硬脂醇	CETEARYL ALCOHOL	1.00	增稠剂
9	牛油果树 (*Butyrospermum parkii*) 果脂	BUTYROSPERMUM PARKII (SHEA BUTTER)	0.50	润肤剂、皮肤调理剂
10	聚甲基倍半硅氧烷	POLYMETHYLSILSESQUIOXANE	0.50	填充剂
11	苯氧乙醇	PHENOXYETHANOL	0.50	防腐剂
12	丙烯酰二甲基牛磺酸铵/VP 共聚物	AMMONIUM ACRYLOYLDIMETHYLTAURATE/VP COPOLYMER	0.30	增稠剂

---

❶ 本制剂配方等由广东芭薇生物科技股份有限公司提供。

续表

编号	成分	INCI 名称	添加量/%	使用目的
13	氯苯甘醚	CHLORPHENESIN	0.20	防腐剂
14	泛醇	PANTHENOL	0.20	保湿剂、皮肤调理剂
15	视黄醇棕榈酸酯、生育酚（维生素 E）	RETINYL PALMITATE, TOCOPHEROL	0.10	抗氧化剂、皮肤调理剂
16	红没药醇	BISABOLOL	0.10	皮肤调理剂
17	黄原胶	XANTHAN GUM	0.10	增稠剂
18	香精	FRAGRANCE	0.05	芳香剂
19	EDTA 二钠	DISODIUM EDTA	0.05	螯合剂
20	透明质酸钠	SODIUM HYALURONATE	0.02	保湿剂、皮肤调理剂

（2）设计思路　本配方主要包括溶剂、保湿剂、润肤剂、助滑剂、乳化剂、助乳化剂、增稠剂、抗氧化剂、皮肤调理剂、填充剂、防腐剂、芳香剂、螯合剂。本产品具有保湿、滋润皮肤，增加皮肤弹性、紧实度的功效。本配方配制出来的产品无毒、无刺激，使用时厚润、无油腻感，保湿、滋润作用持久，使用后不用清洗。

第 3 号原料，环五聚二甲基硅氧烷，本配方中添加量为 5.00%，在安全用量范围内。

第 4 号原料，异壬酸异壬酯，驻留类产品历史最高使用量为 71.4%，本配方中添加量为 4.00%，在安全用量范围内。

第 5 号原料，甘油硬脂酸酯、PEG-100 硬脂酸酯属于复合原料，是化妆品常用的乳化剂，HLB 值约为 11，本配方中用量为 2.00%，在安全用量范围内。

第 6 号原料，聚丙烯酰胺、C13-14 异链烷烃、月桂醇聚醚-7、水属于复合原料，是化妆品常用的助乳化增稠剂，本配方中用量为 2.00%，在安全用量范围内。

第 7 号原料，生育酚乙酸酯，是化妆品常用的皮肤抗氧化剂，驻留类产品历史最高使用量为 85%，本配方中添加量为 1.00%，在安全用量范围内。

第 8 号原料，鲸蜡硬脂醇，是化妆品常用的增稠剂，驻留类产品历史最高使用量为 30%，本配方中添加量为 1.00%，在安全用量范围内。

第 9 号原料，牛油果树果脂，是化妆品常用的润肤剂、皮肤调理剂，驻留类产品历史最高使用量为 99.8%，本配方中添加量为 0.50%，在安全用量范围内。

第 10 号原料，聚甲基倍半硅氧烷，在本产品中起到肤感改善的作用，驻留类产品历史最高使用量为 61.27%，本配方中添加量为 0.50%，在安全用量范围内。

第 11 号原料，苯氧乙醇，是化妆品常用的防腐剂。限用量为 1%，本配方中添加量为 0.50%，在安全用量范围内。

第 12 号原料，丙烯酰二甲基牛磺酸铵/VP 共聚物，是化妆品常用的增稠剂，驻留类产品历史最高使用量为 41.19%，本配方中用量为 0.30%，在安全用量范围内。

第 13 号原料，氯苯甘醚，是化妆品常用的防腐剂。限用量为 0.3%，本配方中添加量为 0.20%，在安全用量范围内。

第 14 号原料，泛醇，是化妆品常用的保湿剂、皮肤调理剂，驻留类产品历史最高使用量为 40%，本配方中添加量为 0.20%，在安全用量范围内。

第 15 号原料，视黄醇棕榈酸酯、生育酚（维生素 E）属于复合原料，是化妆品常用的抗氧化剂、皮肤调理剂，是本产品中抗衰老的核心成分，本配方中添加量为 0.10%，在安全用量范围内。

　　第16号原料，红没药醇，是化妆品常用的皮肤调理剂，主要起到舒缓抗敏作用，本配方中添加量为0.10%，在安全用量范围内。

　　第17号原料，黄原胶，是化妆品常用的增稠剂，驻留类产品历史最高使用量为20%，本配方中用量为0.10%，在安全用量范围内。

　　第20号原料，透明质酸钠，是化妆品常用的保湿剂、皮肤调理剂，驻留类产品历史最高使用量为1%，本配方中用量为0.02%，在安全用量范围内。

　　(3) 制备工艺　本品为O/W霜剂。其制备工艺为：①将原料2、12、13、17、19、20加入去离子水中加热至80℃，搅拌溶解至均匀透明，保温80℃待用。②将原料3、4、5、7、8、9、15、16一起加热至80℃，搅拌溶解至均匀透明，再加入原料10搅拌均匀，保温80℃待用。③将步骤②的油相加入步骤①的水相中，高速均质2min，再加入原料6继续高速均质5min，消泡后搅拌降温。④降温至50℃，加入原料11、14、18，搅拌降温。⑤降温至38℃，取样送检，合格后灌装入库。

　　(4) 产品特点　本品配方科学，产品安全、无毒、无刺激，制备工艺合理、简单易行，产品各项指标稳定，使用方便，具有持久的保湿、滋润效果；长期使用可起到增加皮肤弹性和紧实度，减轻皮肤皱纹的功效。

　　(5) 产品应用　本品适用于油性肌肤、混合性肌肤、干性肌肤，特别适用于皮肤出现初期衰老症状的人群，以减缓皱纹的产生，可作秋冬季护肤品使用。使用前最好先用温和的清洁产品清洗后擦干，再涂擦使用。

思考题

　　1.膏霜剂化妆品的制剂原理是什么？
　　2.膏霜剂化妆品主要包括哪些产品？
　　3.油性原料的分类以及各自的优缺点？
　　4.请简单介绍5种粉质原料。
　　5.膏霜剂中常见的保湿剂有哪些？
　　6.膏霜剂中常用的乳化剂有哪些？
　　7.简述膏霜剂通用生产工艺流程。
　　8.膏霜剂的理化质量要求有哪些？
　　9.膏霜剂容易出现的质量问题及控制措施是什么？
　　10.请设计一款膏霜剂化妆品的配方，并简述设计思路及各组分功效。

第 6 章
凝胶剂

凝胶剂系一种具凝胶特性的稠厚液体或半固体制剂。凝胶类化妆品于 20 世纪 60 年代中期开始在市场上出现，因其外观呈现透明或半透明状，触感滑爽，无油腻感，成为近几年来流行的一种化妆品剂型。凝胶类化妆品也常称为"啫喱"，其产品类型包括护肤啫喱、护发啫喱、洁面啫喱、定型啫喱、卸妆凝露、染发胶、面膜等。

6.1 凝胶剂的剂型及其特征

6.1.1 凝胶剂的定义

凝胶剂（gels，jellies）是指不经乳化的啫喱、胶等化妆品。或者说，凝胶剂系指功效成分与能形成凝胶的辅料制成的具凝胶特性的稠厚液体或半固体制剂。除另有规定外，凝胶剂限局部用于皮肤及体腔。凝胶剂类化妆品则是由各类功效成分与辅助原料与能形成凝胶的辅料制成的透明或半透明的半固体胶冻状物质。凝胶类化妆品应均匀、细腻、在常温时保持胶状，不干涸或液化，涂于皮肤应感觉滑爽无油腻感。

6.1.2 凝胶剂的分类及特征

按凝胶剂的基质不同，凝胶类化妆品可分为油性凝胶体系和水性凝胶体系。

（1）油性凝胶体系　油性凝胶体系主要由白矿油或其他油类和非水胶凝剂组成，具有以下特点：含有较多的油分，润滑无刺激性，对皮肤的保护及软化作用强；能防止水分蒸发，保湿作用强；成品外观光泽度好。但由于其黏性和油腻性较大，现已较少使用。

（2）水性凝胶体系　水性凝胶体系主要以水溶性聚合物为胶凝剂，因其制备工艺简单，原料来源丰富，外型美观，使用舒适，成为目前的主流凝胶类化妆品。水性凝胶具有以下特点：①无油腻感，易洗除、易涂展；②含有较多水分，具有一定保湿性；③对皮肤无刺激性，无致敏性；④生物相容性好，与皮肤亲和性强，可提高角质层的水化作用，从而促进功效成分的透皮吸收；⑤具有较广范围的可调节性，可根据产品要求调节其油性和黏度。水性凝胶应用于化妆品也存在不足之处：①润滑作用较差；②易失水及霉变。

凝胶类化妆品在较广的温度范围内应能保持透明或半透明状态，有一定硬度，从管中挤出能保持圆柱形，储存时能保持其均匀性，不会收缩和凝溢，从管或瓶内取出时既不显纤维质，也不呈脆性，触感清爽，不油不腻。

6.1.3 凝胶剂的制剂原理

凝胶剂是将功效原料均匀分散于凝胶的高分子网络体系中而形成的。高分子的分子量大且多具有分散性，分子性状有线性、支化和交联等不同类型，因此其溶解过程比小分子化合物复杂且缓慢，一般可分为两个阶段：溶胀和溶解。首先是扩散较快的溶剂分子渗透进入高分子的内部，与高分子中的亲水基团发生水化作用而使体积膨胀，即溶胀。随着溶剂分子不断渗入，溶胀的高分子材料体积不断增大，大分子链段不断增强，再通过链段的协调运动而达到整个大分子链的运动，最后高分子化合物完全分散在溶剂中而形成热力学稳定的高分子溶液，即溶解。形成稀溶液时，高分子可看成是孤立存在的分子，溶液的黏度小且稳定，为热力学稳定体系，在无化学变化的情况下其性质不随时间而发生改变。而在浓溶液中，高分子链互相接近甚至相互贯穿，分子链之间会形成物理交联或相互作用，溶液黏度大，可形成不能流动的半固体胶冻状物质。

高分子材料大多呈颗粒、粉末或片状，若将高分子材料直接置于良溶剂中易聚结成团，与溶剂接触的表面的聚合物首先溶解形成高黏度层，使得溶剂无法继续渗入高分子内部。因此，为加速高分子的溶解过程，在溶解前应使颗粒高度分散，防止黏聚成团，可采取的方法是先用不良溶剂分散，再用良溶剂溶解。例如，卡波姆在热水中易溶，配制其水溶液时，应先用冷水润湿、分散，然后再加热溶解。

6.1.4　凝胶剂的主要产品

凝胶类化妆品品种繁多，产品主要有：具有淡化痘印功能的丹参芦荟祛痘凝胶，具有滋润祛痘功能的积雪草修护凝胶，具有补水功能的维生素 B_5 保湿凝胶和芦荟凝胶面膜，具有卸妆功能的卸妆啫喱，具有控油洁肤功能的洁面凝胶，具有去屑止痒功能的洗发凝胶，具有固定发型功能的造型凝胶，具有染发功能的染发凝胶，具有舒张静脉、缓解曲张功能的凝胶，具有缓解牙龈疼痛作用的口咽凝胶等。

凝胶剂还可制成各种消毒剂以及医疗器械等其他产品。如：具有消毒杀菌功能的速干手消毒凝胶，具有消炎抗菌功能的前列腺炎抗菌凝胶。

6.2　凝胶剂的基质及原料

凝胶类化妆品由功效原料、基质原料及辅助原料三部分组成。功效原料主要是指化妆品的功效成分，即对人体皮肤、毛发有清洁、保护、美化等功效作用的物质。基质原料为主体原料，在化妆品配方中占有较大的比例，是化妆品中发挥主要作用的物质，体现了化妆品的性质和剂型。辅助原料在化妆品配方中用量不大，但必不可少，对化妆品的成形、稳定、着色、赋香及其他特性具有一定作用，可用于提高料体制剂的稳定性，或使料体制剂具有优良外观等。辅助原料主要包括保湿剂、防腐剂、抗氧剂、透皮促进剂、增稠剂等。

若想得到透明度好、黏度适中、功效卓著的凝胶类化妆品，首先要求配方中各种原料具有较高的纯净度；其次，原料的种类对于化妆品的质量也很重要，要求各组分都能均匀、彻底地溶解于溶剂中，且互相不发生沉淀、浑浊等不良反应；再者，化妆品原料要求对皮肤无毒性、无刺激性，有较高的安全性和稳定性，使用后不影响皮肤的生理功能，且能对损容性皮肤问题起到改善作用。

理想的基质原料应当具有以下性质：不影响功效原料稳定性；有适当的黏性和弹性；能保持凝胶状，不因汗水、温度作用而软化，也不残留在皮肤上；具有一定稳定性与保湿性；无刺激性与过敏性等。

用于化妆品的凝胶剂多属单相分散系统，其凝胶基质有水性与油性之分。水性凝胶基质无脂性，有天然、改性或合成的高分子水溶性物质以及无机胶凝剂等几种，常用的有海藻胶、琼脂、海藻酸酯、纤维素衍生物、聚氧乙烯、泊洛沙姆、硅酸铝镁等。油性凝胶基质常用的有金属硬脂酸皂、三聚羟基硬脂酸铝、聚氧乙烯化羊毛脂等。

6.2.1　天然水溶性聚合物

（1）琼脂　为从红海藻纲的某些海藻中提取得到的亲水性胶体，不溶于冷水，可溶于沸水。琼脂能够吸收大量的水分而发生溶胀，质量分数为 5%～10% 的琼脂即具有高黏度。质量分数为 1.5% 的琼脂溶液在 32～39℃ 之间可以凝结成坚实而具弹性的凝胶，且生成的凝胶在 85℃ 以下不熔化。在化妆品工业中，琼脂主要用于制备防止皮肤干裂的甘油啫喱和凝胶类制品，也可用作增稠剂，在化妆品中的用量一般不超过 0.1%。

（2）瓜尔胶　为天然高分子亲水胶体多糖，主要由半乳糖和甘露糖聚合而成。瓜尔胶为白色至浅黄褐色自由流动的粉末，无臭。不溶于有机溶剂、油脂和烃类。能分散于水中形成黏稠液，1% 水溶液的黏度约 4～5Pa·s，为天然胶中黏度最高者。添加少量四硼酸钠则转变成凝胶。分散于冷水中约 2h 后呈现高黏度，以后黏度逐渐增大，24h 时达到最高点，黏稠力为淀粉糊的 5～8 倍，加热则可迅速达到最高黏度。常在化妆品乳状液中用作稳定剂和黏度调节剂，常用量为 0.5%～0.8%。

（3）海藻酸钠　为白色或淡白色粉末，几乎无臭无味，有吸湿性。遇水可形成黏稠胶体溶液，不溶于乙醇及其他有机溶剂。海藻酸钠在高温状态下由于藻蛋白酶的作用使得分子解聚，黏度降低。胶液遇酸会析出凝胶状的海藻酸，遇铜、钙、铅等二价金属离子可形成凝胶。

6.2.2　改性天然水溶性聚合物

（1）羟丙基纤维素（HPC）　通过碱纤维素与环氧丙烷反应制得，为部分取代 2-羟丙基醚纤维素。室温下，HPC 在水及极性有机溶剂中都有良好的溶解性，若升高温度或增大环氧丙烷的取代度，可增大其在有机溶剂中的溶解度。HPC 可与低于 38℃ 的水形成润滑透明的胶体溶液，不溶于热水但能溶胀，在 40～45℃ 之间可形成高度溶胀的絮状膨化物，冷却后复原。HPC 无毒，无刺激性，但其干燥品具有吸湿性，故应于密闭、干燥处贮藏。在化妆品中一般作为分散剂、稳定剂、成膜剂等，常应用于香波、浴液及乳液和固发胶等制品中，最高使用浓度为 10%。

（2）羟乙基纤维素（HEC）　由纤维素经羟乙基化制成，为白色至黄色或褐色疏松状粉末，无臭无味。HEC 溶于水可形成均一的澄清液，不溶于丙酮、乙醇、乙醚等多数有机溶剂，但可在甘油或二元醇等类极性有机溶剂中溶胀或部分溶解。常用作助悬剂、分散剂、乳化剂、增稠剂等。HEC 溶液易被微生物侵蚀，发生降解而导致黏度降低，故长期放置需加入抑菌剂。HEC 用于化妆品的最高使用浓度为 10%。

（3）壳聚糖　由甲壳纲类动物如蟹和虾外壳中的甲壳素脱乙酰基制得，为白色粉末，无色无味。壳聚糖溶于酸性水溶液形成高黏度的胶体溶液，该胶体溶液涂抹在物体表面可形成透明薄膜。壳聚糖的相对分子量越大，成膜性越好，机械强度越大，加入明胶还可改善膜的机械性能。因壳聚糖不溶于水，只能溶于酸，对皮肤具有一定的刺激性，故化妆品中常对壳聚糖进行改性制备水溶性壳聚糖衍生物，使其具有良好的吸湿、保湿、调理、抑菌等功能，从而适用于润肤霜、洗面奶、胶体化妆品、乳液等。此外，壳聚糖对头发中的蛋白质具有极强的附着力，能在头发表面形成牢固的薄膜，因此常用作固发剂及香波中的整理剂。

6.2.3　合成水溶性聚合物

（1）卡波姆　为丙烯酸键合烯丙基蔗糖或季戊四醇烯丙醚的高分子聚合物。不溶于水，但可分散于水中而迅速吸水溶胀。由于其结构中存在大量羧基，当用碱中和时，分子中的羧基解离，在聚合物主链上产生负电荷，同性电荷之间的排斥作用使得分子体积增加 1000 倍以上，黏度迅速增加。低浓度时为澄明溶液，当卡波姆浓度大于 1% 时可形成半透明凝胶。卡波姆的增稠机制包括成盐增稠与氢键增稠。成盐增稠是指卡波姆与碱成盐增稠，常加入的碱为氢氧化钠、氢氧化钾、二乙醇胺等；氢键增稠是指卡波姆的羧基与羟基供给体中的羟基形成氢键，常用的羟基给予体为多元醇、乙二醇-硅烷共聚物等。卡波姆凝胶性质稳定，且毒性低，对皮肤无刺激性，但在光照下黏度会大大下降，加入抗氧剂可减缓，常温下原料应密闭、避光保存。卡波姆在化妆品中的常用量为 0.25%～0.5%。

（2）聚氧乙烯　为环氧乙烷在金属催化剂的催化作用下开环聚合而成的。聚氧乙烯（PEO）为白色至类白色易流动的粉末，有轻微的氨臭。能溶于水及乙腈、三氯甲烷、二氯甲烷，不溶于乙醇、乙二醇和脂肪族碳氢化合物。无皮肤刺激性及致敏性，对眼睛也无刺激性。吸水性强，膨胀率大。由于其分子链较长，可与黏蛋白紧密结合，是优质的黏膜黏附剂，可用于膜剂、贴剂、凝胶剂等制剂的制备，且随着其平均相对分子质量增大，黏附作用随之加强。聚氧乙烯在化妆品中的常用量为 0.3%～5%。

（3）泊洛沙姆　为环氧乙烷和丙二醇反应生成聚氧丙烯二醇，然后加入环氧乙烷而形成的嵌段共聚物。泊洛沙姆规格型号有多种，随聚合度增大，物态可从液体、半固体转变至蜡状固体。多数型号的产品在水中易溶，且溶解度随分子中聚氧乙烯含量的增加而增加，易溶于乙醇、甲苯，几乎不溶于乙醚和石油醚。除了一些相对分子质量较低的品种外，泊洛沙姆水溶液通过加热后冷却至室温，或 5～10℃ 冷藏，再转移至室温可自然形成凝胶。其胶凝过程是泊洛沙姆分子中醚氧原子与水分子形成氢键的结果，具有浓度依赖性，浓度越高，形成凝胶的温度越低。泊洛沙姆与皮肤相容性好，能增加皮肤通透性。泊洛沙姆在化妆品中的常用量为 0.1%～5%。

6.2.4　无机胶凝剂

（1）硅酸钠镁　为白色粉末，在水中可水合和溶胀形成无色透明、低黏度的溶胶，当添加少量电解质时，能很快形成高触变性的凝胶。低浓度的硅酸钠镁即可形成较高强度的凝胶，其形成的凝胶外观清澈透明，易切变变稀，也能较快地恢复原有的黏度，有较长的保质期。在化妆品上常用作增稠剂、悬浮剂和流变性改进剂。

（2）硅酸铝镁　为白色至黄褐色片状物，无臭无味，无毒，无过敏性。不溶于水或乙醇，但在水中会溶胀，形成溶胶或凝胶。硅酸铝镁与有机增稠剂配伍时，有协同增效作用，通过调整其浓度配比可获得具有合适黏度和塑变值的产品，从而改进化妆品的外观、肤感以及铺展性。硅酸铝镁在化妆品中的常用量为 0.5%～5%。

6.2.5　油性凝胶基质

油性凝胶基质有金属（Al、Ca、Li、Mg、Zn）硬脂酸皂、三聚羟基硬脂酸铝、聚氧乙烯化羊毛脂、硅胶、发烟硅胶、膨润土和聚酰胺树脂等。

（1）硬脂酸锌　为金属脂肪酸盐类产品，由硬脂酸钠与硫酸锌作用制得。硬脂酸锌为无定形、稍有刺激气味的白色微细粉末。不溶于水、乙醇、乙醚，能溶于苯。相对密度约 1.095，熔点 122℃，金属锌含量为 0.5%，游离脂肪酸含量一般在 0.5% 以下。具有良好的黏附性和润滑性，且无毒、无刺激性。在化妆品中常用于乳膏、胭脂、香粉等，此外还可作 W/O 型乳状液稳定剂。

（2）聚氧乙烯化羊毛脂　为羊毛脂的游离脂肪酸的羟基与环氧乙烷（ethylene oxide，EO）发生加成反应所得到的产品。根据环氧乙烷加成的物质的量 n（mol）的不同，可得到不同性质的产品，n 越大，水溶性和表面活性增加，醇溶性也增加。如加成 5mol 的 5EO 羊毛脂，为淡黄色固体，有令人愉快的气味，能分散于白油、异丙酯中，溶于蓖麻油（95%），不溶于水和乙醇（95%），是亲油性乳化剂，可作为粉类化妆制品中的分散剂。15 EO 羊毛脂为黄色蜡状固体，有令人愉快的气味，能溶于水、乙醇（95%），而不溶于白油，与蓖麻油共溶成胶状物，是较好的非离子型乳化剂、增溶剂和分散剂，由于水溶性强，制成液状产品无黏腻的感觉，适宜配制液体香波类等化妆用品。作为发用制品的加脂剂兼增溶剂，用量为 1%～5%。

6.2.6　功能性添加剂

随着人们对化妆品诉求的不断提高，功能性、疗效性的要求也越来越高，这些功能除了可以通过改善化妆品的工艺和剂型来实现，还可根据需要添加其他各种可赋予产品某种特定功能的物质，使其具有优良的功能性。常见的功能性添加剂有以下几种。

（1）中药添加剂　自然界中多种中药都具有润肤、祛痘、美白、黑发、生发等功效，随着人们对绿色产品需求的不断提高，中药在化妆品中的应用越来越广泛。中药添加剂可分为植物提取物添加剂、植物有效成分添加剂和动物型添加剂。常用的植物提取物添加剂主要来源于：人参、甘草、银耳、灵芝、薏苡仁、积雪草、芦荟、黄瓜等上百种中药。常用的植物有效成分添加剂如：熊果苷、光甘草定、柠檬烯、橙皮素等。常用的动物型添加剂如：人（羊）胎盘水解液、蚕丝提取物、丝素、蜂胶等。

（2）生理活性物质添加剂　生理活性物质是指能参与生物代谢或有繁殖作用的物质，可视为是一种最小的分子组合。生理活性物质有时还兼有药理作用，如抗炎、抗应变性、杀菌、抑菌、止痛、兴奋和再生等。常用的生理活性物质有：维生素、超氧化物歧化酶（SOD）、胶原蛋白、弹性蛋白、表皮生长因子等。

（3）微量元素和激素类添加剂　人体内微量元素有铁、铜、锌、铬、锰、碘、硒等，虽含量甚微，但对人体正常生命活动起着非常重要的作用。微量元素在化妆品中的应用，对维护皮肤健康有很多益处，但在应用时应注意选择微量元素的存在形式和用量，亦应考虑化妆品的剂型和在人体上的使用部位。

激素是在中枢神经系统直接或间接的控制下，由内分泌腺分泌的一种具有生理活性的物质。化妆品中允许使用的激素是雌激素和肾上腺皮质激素。

（4）收敛剂　收敛剂是抑汗化妆品的重要成分，可使皮肤和毛孔收敛，具有较强的抑制发汗的效能，收敛剂主要有明矾、氯化铝、碱式醋酸铝、乳酸、丹宁酸、柠檬酸等。

6.2.7　辅助原料

（1）保湿剂　保湿剂是一类可增加或保持皮肤上层水分的化妆品原料，具有低的挥发性，可以保留水分，属于皮肤调理剂，同时对配方中其他成分具有增溶作用。常见的保湿剂包括：①多元醇保湿剂，如甘油、丙二醇等低挥发性、高沸点的保湿剂；②天然保湿剂，如透明质酸；③其他保湿剂，如酰胺类、乳酸和乳酸钠类保湿剂等。

（2）防腐剂　防腐剂可以抑制微生物在化妆品中的生长繁殖，防止化妆品劣化变质。根据结构的不同，防腐剂可分为：①醇类防腐剂，如苯甲醇、三氯叔丁醇、苯氧乙醇、苯乙醇等；②酚类防腐剂，如 2-苯基苯酚、六氯酚等；③羧酸及其酯类或盐类防腐剂，如对羟基苯甲酸酯类、脱氢醋酸及其钠盐类等；④酰胺类防腐剂，如卤二苯脲、咪唑烷基脲等；⑤其他类防腐剂，如杂环类防腐剂、季铵盐类防腐剂等。

（3）中和剂　中和剂可以调节产品的 pH 值。常用的中和剂有三乙醇胺、氢氧化钠等。

其中三乙醇胺是含有卡波姆等酸性高分子凝胶的最常用中和剂，三乙醇胺通过与卡波姆的羧基中和，形成稳定的高分子结构，达到增稠和保湿的应用效果。

（4）螯合剂　化妆品生产过程中，若原料或容器中存在微量的金属离子，可能影响其中成分的作用，有时也成为油脂成分自动氧化的催化剂，因而可能是化妆品酸败、变质变色的原因。螯合剂是能与多价金属离子结合形成可溶性金属络合物的一类化合物，可螯合金属离子，防止产品褪色，同时可作为防腐剂的增效剂。最常用的金属螯合剂为乙二胺四乙酸（EDTA）的钠盐，此外还有柠檬酸、磷酸、抗坏血酸、苹果酸、琥珀酸等。

（5）色素　色素可使化妆品着色，或掩盖化妆品中某些有色组分的不悦色感，以增加化妆品的视觉效果。化妆品用色素按其来源可分为合成色素、无机色素和动植物天然色素三大类。合成色素是以苯、甲苯、二甲苯等芳香烃为基本原料，经系列有机合成反应而制得，按其化学结构可分为偶氮系、三苯甲烷系、喹啉系、蒽醌系、硝基系、靛蓝系等色素；无机色素是以天然矿物为原料制得，如滑石粉、锌白、氧化铁、炭黑等；天然色素主要来自两方面，一种是从植物中提取并加工的天然有机色素，如叶绿素、焦糖等，另一种是从有色矿物质如赭石、朱砂、雄黄等中取得的无机色素。天然色素相比于其他色素，具有安全性高，色调鲜艳而不刺目的特点，但产量小、原料不稳定、价格高。

（6）香精　香精可赋予产品香气。凝胶剂中使用的香精根据形态主要可分为乳化体香精、水溶性香精、油溶性香精。香精是由多种香料调配而成的，各种香料在香精中的作用不尽相同，一个比较完整的香精配方主要由主香剂、合香剂、修饰剂、定香剂和稀释剂5部分构成。

（7）抗氧化剂　化妆品中常含油脂和蜡类原料，油脂中的不饱和键易氧化并导致产品变质，称为酸败。加入抗氧化剂可防止产品氧化、酸败、变质，阻止或延缓化妆品中不饱和键与氧的反应。此外，防止化妆品氧化还应在原料、加工、保藏等环节上采取相应的避光、降温、干燥、排气、密封等措施。化妆品中常用的抗氧化剂有酚类抗氧化剂，如丁基羟基茴香醚（BHA）、二叔丁基对甲酚（BHT）、没食子酸丙酯（PG）等；醌类抗氧化剂，如叔丁基氢醌（TBHQ）等；其他抗氧化剂，如抗坏血酸类抗氧化剂。

（8）紫外线吸收剂　紫外线吸收剂既可以防止化妆品光致变色或褪色，又能防止皮肤晒黑，化妆品中的紫外线吸收剂要求对皮肤无毒、无害，同其他化妆品原料的相溶性能好，且挥发性低、稳定性强。在防晒化妆品中的用量一般在0.1%～10%之间。

我国《化妆品安全技术规范》中，化妆品组分中限用紫外线吸收剂有24种。目前广泛应用于化妆品中的紫外线吸收剂有以下几类。①对氨基苯甲酸类：无毒、有效，被广泛应用，防晒性能好，能较好地吸附在皮肤上，而不易被汗水和海水洗掉。②肉桂酸类：高效无害，应用较广，但在浓度较高时有分解现象。③水杨酸类：价廉无害，是应用最广的产品之一。另外还有羧基二苯甲酮类、香豆素类、奎宁盐类、氨基酸甲酯等，以及一些天然植物提取物，如芦荟、蜡菊、金丝桃等。

（9）溶剂　溶剂是液状、凝胶状、膏状等多种剂型化妆品中不可缺少的一类主要组成成分，与配方中的其他成分互相配合，使化妆品具有一定的物理性能和剂型。如水、醇类、酮、醚、酯类及芳香族有机化合物等。

6.3　凝胶剂的工艺流程

6.3.1　凝胶剂的工艺流程图

水性凝胶类化妆品的一般制备流程，如图6-1。

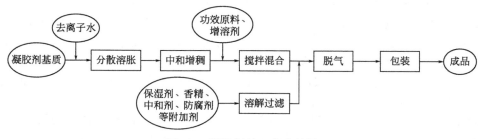

图 6-1 凝胶剂的工艺流程图

6.3.2 凝胶剂的制备方法

（1）基质的分散溶胀 凝胶基质的充分分散和溶胀是制备凝胶类化妆品的关键步骤。有些经过表面处理的凝胶树脂撒入水中较容易分散；而有些需要中和增稠的凝胶剂，在增稠前必须使基质在溶剂中充分分散和溶胀，以形成均匀稀凝胶。

（2）中和增稠 向基质中加入碱性溶液，如三乙醇胺、氢氧化钠，调节 pH 值。中和过程中应控制搅拌速度及搅拌桨的位置，尽量避免夹带空气产生气泡。

（3）功效原料及附加剂的加入 若功效原料可溶于水，先溶于部分水或甘油中，必要时加热，制成溶液加于凝胶基质中；若不溶于水，可先用少量水或甘油研细、分散，再与增溶剂、基质一同搅拌混匀。将防腐剂、香精、中和剂、保湿剂等附加剂用去离子水溶解，过滤后加入基质中搅拌均匀。

（4）脱气 为减少成品中的气泡，可进行脱气操作，脱气方法有静置或抽真空。

6.4 凝胶剂的主要生产设备

6.4.1 万能混合搅拌机

凝胶基质在分散溶胀时黏度较大，缺乏流动性，可使用分配混合器，如万能混合搅拌机。这种混合器是在搅拌过程中使混合物组分的空间重新分布，从而产生整体流动和层流剪切，使组分混合。万能混合搅拌机的特点是原料在容器中可上下、左右运动，通过切割、折叠和位移等反复作用使物料混合，搅拌效果好，不会产生死角，还可进行加压、减压、加热和冷却等操作，此外，这种方法操作方便、安全，适合高黏度物质的搅拌混合。

6.4.2 凝胶剂的脱气设备

凝胶剂制备过程中，可能会夹带空气而使产品产生气泡，因此为提高产品质量，应使用真空脱气设备将气泡除去。真空脱气设备结构简单，具有一只圆锥形筒身，内有一定的真空度，并贮存脱气后的物料，空气由真空泵从抽气管排出。使用时料体从进料口送入，在高旋转速度的甩料盘离心力作用下，料体被甩至筒壁呈薄膜状，并沿筒壁滑下从而除去料体中的空气。

6.4.3 凝胶剂的灭菌设备

化妆品工业中需要进行无菌生产，对各类原料、生产用水、容器和生产设备都要进行灭菌和消毒处理。一些油脂和水溶性原料可通过加热方法进行灭菌处理；容器和生产设备可通过清洗、化学消毒和紫外线灭菌；稀水溶液可通过超精细过滤除菌。

（1）气体灭菌 气体灭菌是较常采用的方法，常用的灭菌气体有甲醛和环氧乙烷等。由于环氧乙烷与甲醛都是易燃易爆气体，在使用前需用二氧化碳气体混合稀释，以降低其易燃易爆性，同时要注意残留气体的安全性。

（2）紫外线灭菌 紫外线不仅能使核酸蛋白变性，而且能产生微量臭氧，从而达到共同杀菌作用。用于紫外线灭菌的波长一般为 200～300 nm，灭菌能力最强的波长为 254 nm。该方法属于表面灭菌。紫外线灭菌法可分为间歇式和连续式。间歇操作灭菌设备可制成箱式，物料在箱内受紫外线照射一定时间后取出达到灭菌的效果。连续式灭菌时，在移动的输送带上，安装有罩壳，罩壳顶上有引风机将紫外灯产生的臭氧排出，物料在输送带上通过罩壳时，由于受紫外线照射而达到灭菌的效果。采用紫外线灭菌应注意切不可用肉眼观看紫外光源，必要时应配戴防护眼镜。

6.5　凝胶剂的质量要求与控制

6.5.1　发用啫喱（水）

按照我国行业标准 QB/T 2873 规定，发用啫喱（水）的技术要求主要包括以下几个方面。

（1）净含量 净含量应符合国家质量监督检验检疫总局令［2005］第 75 号《定量包装商品计量监督管理办法》规定。

（2）包装、运输、贮存 包装按 QB/T 1685 执行。产品运输时应轻装轻卸，按箱子图示标志堆放。避免剧烈震动、撞击和日晒雨淋。产品应贮存在温度不高于 38℃ 的常温通风、干燥仓库内，不应靠近水源、火炉或暖气。贮存时应距地面 20cm，距内墙 50cm，中间应留有通道。按箱子图示标志堆放，并严格遵循先进先出原则。

（3）感官、理化和卫生指标 感官指标：发用啫喱呈凝胶状或黏稠状，发用啫喱水应为水状均匀液体，且均应符合规定香气。理化指标：pH（25℃）为 3.5～9.0；耐寒［（40±1）℃保持 24h，恢复至室温后与试验前无明显差异］，耐热（−10～−5℃保持 24h，恢复至室温后与试验前无明显差异）；起喷次数（泵式）/次为发用啫喱≤10，发用啫喱水≤5。

卫生指标：不应检出粪大肠菌群、金黄色葡萄球菌、绿脓杆菌；菌落总数≤1000CFU/g，儿童用产品≤500CFU/g；霉菌和酵母菌总数≤100CFU/g；汞≤1mg/kg；砷≤10mg/kg；铅≤40mg/kg；甲醇≤2000mg/kg（乙醇、异丙醇含量之和≥10%时需测甲醇）。

6.5.2　护肤啫喱

（1）净含量 净含量应符合国家质量监督检验检疫总局令［2005］第 75 号《定量包装商品计量监督管理办法》规定。

（2）包装、运输、贮存 包装按 QB/T 1685 执行。产品运输时应轻装轻卸，按箱子图示标志堆放。避免剧烈震动、撞击和日晒雨淋。产品应贮存在温度不高于 38℃ 的常温通风、干燥仓库内，不应靠近水源、火炉或暖气。贮存时应距地面 20cm，距内墙 50cm，中间应留有通道。按箱子图示标志堆放，并严格掌握先进先出原则。

（3）感官、理化和卫生指标 感官指标：护肤啫喱呈透明或半透明凝胶状，无异物（允许添加起护肤或美化作用的粒子）。

理化指标：pH（25℃）为 3.5～8.5；耐寒［（40±1）℃保持 24h，恢复至室温后与试验前无明显差异]，耐热（－10～－5℃保持 24h，恢复至室温后与试验前无明显差异）。

卫生指标：菌落总数≤1000CFU/g，眼、唇部、儿童用产品≤500CFU/g；霉菌和酵母菌总数≤100CFU/g；粪大肠菌群、金黄色葡萄球菌、绿脓杆菌不应检出；汞≤1mg/kg；砷≤10mg/kg；铅≤40mg/kg；甲醇≤2000mg/kg（乙醇、异丙醇含量之和≥10％时需测甲醇）。

6.6 凝胶剂的制剂实例

凝胶剂可制成面膜、护肤品、洗发用品等多种化妆品，应用广泛。因其特殊的结构，具有很多优越的性能，在化妆品行业中受到广泛的欢迎。随着凝胶化学的发展，凝胶类化妆品的制备工艺也得到迅速发展，其所容纳的功能性添加剂种类也越来越广，如各种营养成分、活性物、提取物等，可起到清洁、美白、防晒、补水等多种效果，更加有利于凝胶类化妆品的推广应用。

6.6.1 祛痘凝胶剂

（1）配方设计表

编号	成分	INCI 名称	添加量/%	使用目的
A	北艾(*Artemisia vulgaris*)提取物	ARTEMISIA VULGARIS EXTRACT	60.00	抗菌剂、纤维细胞生成抑制剂
	去离子水	WATER	19.75	溶剂
	1,3-丁二醇	1,3-BUTANEDIOL	4.00	保湿剂
	卡波姆	CARBOMER	0.15	胶凝剂
	透明质酸	HYALURONIC ACID	0.10	保湿剂
B	辛酸/癸酸甘油三酯	CAPRYLIC / CAPRIC TRIGLYCERIDE	5.00	柔润剂
	鲸蜡硬脂基葡糖苷	CETEARYL GLUCOSIDE	3.00	表面活性剂
	霍霍巴籽油	SIMMONDSIA CHINENSIS (JOJOBA) SEED OIL	3.00	渗透促进剂
	甘油硬脂酸酯	GLYCERYL STEARATE	2.00	乳化剂
	小麦胚芽油	WHEATGERM OIL	2.00	祛疤剂
C	10%氢氧化钠	SODIUM HYDROXIDE	0.15	中和剂
D	苯氧乙醇	PHENOXYETHANOL	0.60	抗菌剂、防腐剂
	乙基己基甘油	ETHYLHEXYLGLYCERIN	0.15	保湿剂，防腐剂
	香精	PARFUM	0.10	赋香剂

（2）设计思路 本产品将北艾以提取物形式，与透明质酸相组合，并结合化妆品领域可接受的载体或赋形剂，制成化妆品。本产品可祛痘，并修复痤疮引起的瘢痕。

1,3-丁二醇对肌肤有保湿锁水功能，起到保湿效果。

卡波姆为良好的水性胶凝剂，有增稠、悬浮等重要用途，工艺简单，稳定性好，广泛应用于乳液、膏霜、凝胶中。

透明质酸是一种酸性黏多糖，被称为理想的天然保湿因子。可以改善皮肤营养代谢，使皮肤柔嫩、光滑，去皱、增加皮肤弹性、防止衰老。

B相原料中，辛酸/癸酸甘油三酯很容易被皮肤吸收，对化妆品的均匀细腻起到很好的作用，使皮肤润滑有光泽。可作为保湿因子的基料，用作化妆品的稳定剂、防冻剂、均质剂。

鲸蜡硬脂基葡糖苷具有优良的去污、发泡、稳泡、乳化、分散、增溶能力，可降低其他表面活性剂的刺激性。

霍霍巴籽油具有渗透促进作用。

甘油硬脂酸酯在耐热性、黏度等方面较多元醇脂肪酸酯高，耐水解好，具有很强的乳化性与稳定性。它自乳化性能好，能单独使用也能和其他乳化剂复配使用。

小麦胚芽油是以小麦胚芽为原料制取的一种谷物胚芽油，富含维生素E、亚油酸、亚麻酸、廿八碳醇及多种生理活性组分。具有调节内分泌，防止色斑、黑斑及色素沉着；抗氧化，减少过氧化脂质生成，促进皮肤保湿功能，使皮肤润泽，延缓衰老；促进新陈代谢和皮肤更新，抗皱、防皱、防皮肤老化、消除疤痕等作用。

C相原料中，氢氧化钠主要作用是中和剂，无致痘性。

D相原料中，乙基己基甘油具有保湿性、抗菌性，且稳定性强，常作为溶剂或添加剂使用，能提高产品滋润效果，兼具柔滑肤感。该成分还能增强传统防腐剂如苯氧乙醇、甲基异噻唑啉酮、羟苯甲酯等的作用，减少产品中这些成分的用量，增加产品的安全性。

（3）制备工艺

凝胶剂的制备：将A相和B相分别在良好搅拌下加热至85℃和80℃，充分溶解均匀后，将B相缓慢加入A相中，搅拌均质并使两相充分均匀混合，然后加入C相调节pH至6~7，搅拌冷却到40℃加入D相各料，继续搅拌冷却到30℃，检测合格，过滤出料即可。

（4）产品特点　本产品对细菌有明显的杀灭、抑制作用，尤其是对引发痤疮的丙酸杆菌有显著抑制、杀灭作用。而且还能促进细胞增殖、抗氧化，对痤疮引起的瘢痕有明显的修复功效。

（5）产品应用　本产品具有抑菌、抑制纤维细胞生成的作用，可应用于痤疮的预防与治疗，以及瘢痕的修复。

6.6.2　抗氧化温敏型凝胶剂

（1）配方设计表

编号	成分	INCI名称	添加量/%	使用目的
1	水	WATER	80.21	溶剂
2	甲基纤维素	METHYLCELLULOSE	6.42	温敏性胶凝剂
3	三白草提取物	SAURURUS CHINENSIS EXTRACT	5.25	抗氧化剂
	金银花提取物	LONICERA JAPONICA THUNB. EXTRACT	2.45	
	乳糖酸	LACTOBIONIC ACID	0.18	
	精氨酸	ARGININE	0.14	
4	氯化钠	NaCl	3.21	增稠剂
5	乙氧基异硬脂醇	ETHOXY ISOSTEARYL ALCOHOL	2.14	凝胶稳定剂

（2）设计思路　本产品具有抗氧化作用，对皮肤具有镇静、消炎作用，可以有效地防止皮肤衰老。本产品是一种随环境温度变化而发生可逆性变化的水凝胶，具有温度依赖性。

第 2 号原料，甲基纤维素（methylcellulose，MC）为一种常见的具有可逆的温敏性凝胶化性质的聚合物，即较高温度下呈溶液状态，温度降低后则呈凝胶态。

第 3 号原料所提供的抗氧化组合物中包括三白草提取物、金银花提取物、精氨酸、乳糖酸。其中三白草提取物能够防止皮肤老化。金银花提取物可以有效地使皮肤镇静，减少炎症、红肿的现象，与三白草提取物产生协同作用，提高抗氧化的作用。乳糖酸（lactobionic acid）是水分供应能力卓越的潜在的抗氧化剂，可使皱纹减少，使皮肤组织绷紧，使老化现象减少，保护皮肤不受阳光损伤。精氨酸（arginine）是生物体的必需氨基酸，可发挥抗氧化、免疫调节等作用。

第 4 号原料，氯化钠在化妆品中主要作用是黏度调节剂。

第 5 号原料，乙氧基异硬脂醇可以有效地提高凝胶化温度，避免水凝胶的不均匀质地和混浊物的问题。

（3）制备工艺　①取甲基纤维素，加入部分水中搅拌，使其完全溶解，放置后，得到甲基纤维素溶液（加水搅拌步骤中温度是 60～70℃，放置步骤中的温度是 1～4℃）；②取抗氧化组合物，缓慢加入甲基纤维素溶液中；③将氯化钠溶解于剩下的水中，再将得到的氯化钠溶液滴加至第②步制备得到的混合液中，混合均匀。

（4）产品特点

常规的合成抗氧化剂存在一定的对皮肤刺激的问题，本产品提供了一种用于化妆品的抗氧化组合物，这种组合物利用三白草中的有效成分，提高了对皮肤抗氧化的效果，同时辅以金银花提取物对皮肤产生镇静、消炎的作用，可以有效地防止皮肤老化；并且，再加入精氨酸刺激皮肤细胞再生性，进一步防止皮肤衰老。本产品为温敏性胶凝剂，在较高温度下呈溶液状态，温度降低后则呈凝胶态，可有效提高皮肤亮度。

（5）产品应用

本产品可消除自由基，阻止其破坏肌肤的胶原蛋白，防止肌肤失去弹性和光泽，出现肤色暗哑灰黄、皱纹等现象。可应用于抗氧化、美白、抗衰老等。

6.6.3　抗氧化凝胶剂

（1）配方设计表

编号	成分	INCI 名称	添加量/%	使用目的
1	水	WATER	83.80	溶剂
2	甘油	GLYCERIN	10.00	保湿剂
3	皂荚提取物	GLEDITSIA SINENSIS EXTRACT	5.00	美白、保湿、抗氧化剂
4	卡波姆 934	CARBOMER	1.00	增稠剂
5	儿茶素	CATECHIN	1.00	抗氧化剂
6	维生素 C	ASCORBIC ACID	1.00	抗氧化剂
7	氢氧化钠	SODIUM HYDROXIDE	0.40	pH 调节剂
8	吐温-80	TWEEN-80	0.20	表面活性剂

（2）设计思路　从天然植物茶叶中获取的抗氧化剂儿茶素类化合物，具有显著的抗氧化和清除自由基功能，但因其为多羟基类化合物，水溶性较强，难以渗透进入皮肤角质层，单

独应用于护肤品时，保水保湿能力较差，制成水凝胶剂，与皮肤形成良好的水化作用，可充分发挥儿茶素的生物活性。

第2号原料，甘油为保湿剂。

第3号原料，皂荚提取物对多种自由基均有消除作用，可用作化妆品的抗氧化剂，同时还有美白和保湿作用。皂荚提取物富含皂荚皂苷而有表面活性剂性质，有良好的稳定乳状液的作用。

第4号原料，卡波姆934为凝胶基质，用第7号原料氢氧化钠中和后，可以形成凝胶。

第5号原料，儿茶素具有显著的抗氧化和清除自由基功能。

第6号原料，维生素C为抗氧化剂。向水凝胶护肤品中加入维生素C，可使得儿茶素活性成分氧化损失率降低。

第8号原料，吐温-80为非离子型表面活性剂，具有增溶乳化作用。

（3）制备工艺　①取甘油和吐温-80于30mL超纯水中，磁力搅拌溶解得甘油和吐温的水溶液。②取皂荚提取物，在搅拌条件下，加入至上述甘油和吐温的水溶液中。③然后向上述步骤②所得的混合溶液中加入卡波姆934粉末，加水（超纯水）定容至100g，然后强力搅拌使其卡波姆934全部引湿。④向步骤③所得的混合液中加入氢氧化钠并混匀，从而使上述混合液迅速变为黏稠水凝胶。⑤将上述水凝胶取出置于碾磨中，边碾磨边加入儿茶素和等量维生素C，碾匀即得儿茶素水凝胶护肤品。

（4）产品特点　本产品向水凝胶中加入了抗氧化成分维生素C，从而使儿茶素活性成分氧化损失率降低，同时水凝胶剂还有利于提高儿茶素在皮肤中的渗透性，使其发挥更强的抗氧化作用。

（5）产品应用　本产品含有的儿茶素为天然活性成分，可清除自由基，用于皮肤的抗氧化。

6.6.4　美白护肤凝胶剂

（1）配方设计表

编号	成分	INCI名称	添加量/%	使用目的
1	去离子水	WATER	83.25	溶剂
2	1,3-丁二醇	1,3-BUTANEDIOL	3.00	保湿剂
3	美白复合物1（亚硫酸钠）	WHITENING COMPLEX 1	2.40	美白剂
4	甘油	GLYCERIN	2.00	保湿剂
5	烟酰胺	NICOTINAMIDE	1.60	美白剂
6	聚二甲基硅氧烷	POLYDIMETHYLSILOXANE	1.50	润肤剂
7	氢化聚异丁烯	HYDROGENATED POLYISOBUTYLENE	1.50	润肤剂
8	美白复合物2（焦亚硫酸钠）	WHITENING COMPLEX 2	1.36	美白剂
9	柑橘皮提取物	CITRUS RETICULATA EXTRACT	1.04	美白剂
10	丙烯酰二甲基牛磺酸铵	AMMONIUM ACRYLOYL DIMETHYL TAURATE	1.00	增稠剂
11	熊果苷	ARBUTIN	0.40	黑色素抑制剂
12	尿囊素	ALLANTOIN	0.20	保湿剂
13	黄原胶	XANTHAN GUM	0.18	增稠剂

续表

编号	成分	INCI 名称	添加量/%	使用目的
14	卡波姆	CARBOMER	0.15	胶凝剂
15	三乙醇胺	TRIETHANOLAMINE	0.15	中和剂
16	增溶剂	SOLUBILIZERS	0.10	增溶剂
17	透明质酸	HYALURONIC ACID	0.05	保湿剂
18	香精	PARFUM	0.05	赋香剂
19	防腐剂	PRESERVATIVE	0.05	防腐剂
20	乙二胺四乙酸二钠（EDTA-2Na）	ETHYLENEDIAMINETETRAACETIC ACID DISODIUM SALT	0.02	螯合剂

（2）设计思路　本产品选用了在各个美白节点具有协同作用的原料，既能抑制酪氨酸酶的活性，抑制黑色素的转移，又能提亮肤色。本产品是一种凝胶剂，应用于皮肤，可以起到保湿、滋润、美白的作用。

第 3 号原料，美白复合物 1 中，美白复合物的组分为：水 48.9930%，丁二醇 48.7511%，熊果苷 0.4750%，柠檬酸 0.4750%，亚硫酸钠 0.4750%，乙酰酪氨酸 0.1425%，草莓虎耳草提取物 0.1188%，牡丹根提取物 0.0855%，氨基丙醇抗坏血酸磷酸酯 0.04725%，黄芩根提取物 0.0428%，谷胱甘肽 0.0048%，水解樱桃李 0.3890%。熊果苷、黄芩根提取物能够吸收紫外线；黄芩根提取物、牡丹根提取物能够抑制炎症因子活性；熊果苷能够抑制酪氨酸酶活性；草莓虎耳草提取物、黄芩根提取物、氨基丙醇抗坏血酸磷酸酯能够抑制黑色素自然氧化聚合作用及减少黑色素形成；草莓虎耳草提取物能够修复紫外线引起的 DNA 损伤；谷胱甘肽能够促进合成褐黑色素而非真黑色素；乙酰酪氨酸能够与酪氨酸竞争酪氨酸酶；氨基丙醇抗坏血酸磷酸酯、柠檬酸能够促进细胞增生及角质更新；水解樱桃李能够抑制黑色素被角质细胞吞并。亚硫酸盐用于面部时添加量必须≤0.45%。

第 5 号原料，烟酰胺在抑制黑色素体转移、加速受损 DNA 修复方面效果突出。

第 8 号原料，美白复合物 2 中，美白复合物 2 的组分为：甘油 61.958%，丁二醇 20.000%，熊果叶提取物 10.000%，粗糙帽果提取物 8.000%，焦亚硫酸钠 0.040%，生物素 0.002%。粗糙帽果提取物中含有氢化奎宁衍生物，复配熊果叶提取物对酪氨酸酶具有强有力的抑制作用。

第 9 号原料，柑橘皮提取物协同其他组分使皮肤更光洁透亮。

第 10 号原料，丙烯酰二甲基牛磺酸铵为增稠剂。

第 11 号原料，熊果苷具有抑制黑色素生成过程中的关键酶酪氨酸酶活性的能力，还具有吸收紫外线的效果。

第 13 号原料，黄原胶为增稠剂。

第 14 号原料，卡波姆为形成凝胶的胶凝剂，用第 15 号原料三乙醇胺中和，可以增加凝胶剂的稠度。

第 20 号原料，乙二胺四乙酸二钠为化妆品螯合剂，可螯和金属离子，增加凝胶剂稳定性，还具有一定防腐增效的作用。

（3）制备工艺　①将去离子水投入水相锅中，加入卡波姆、丙烯酰二甲基牛磺酸铵搅拌至完全溶胀，加入用 1,3-丁二醇、甘油预分散好的黄原胶、透明质酸，然后加入 EDTA-2Na、尿囊素升温至 85℃，保温搅拌 20min，作为 A 相；②将聚二甲基硅氧烷、氢化聚异丁烯投入油相锅升温至 80℃，搅拌分散均匀，作为 B 相；③将步骤①所得 A 相和步骤②所得

B 相抽入乳化锅中，搅拌均质 5min，开启冷却水，搅拌降温至 45℃，加入三乙醇胺、熊果苷、烟酰胺、美白复合物 1、柑橘皮提取物、美白复合物 2、增溶剂、香精、防腐剂，均质 1min；④继续搅拌冷却至温度低于 38℃，送检合格后出料。

（4）产品特点 本产品是一种高效、安全、稳定，且具有协同增效美白作用的凝胶。通常普通美白组合物是一些效果简单叠加的产品，难以达到预期效果，本产品通过多方面的协同作用，达到美白效果，同时又均衡协作而不引起负反馈现象。

（5）产品应用 本产品主要应用于皮肤的保湿、滋润、美白。

6.6.5 保湿精华凝胶剂

（1）配方设计表

编号	成分	INCI 名称	添加量/%	使用目的
1	去离子水	WATER	69.00	溶剂
2	含藻类组合物	COMPOSITION CONTAINING ALGAE	15.00	保湿剂
3	异壬酸异壬酯	ISONONYL ISONONANOATE	15.00	润肤剂
4	丙烯酰二甲基牛磺酸钠共聚物	SODIUM ACRYLOYLDIMETHYL TAURATE COPOLYMER	0.90	胶凝剂
5	香精	PARFUM	0.05	赋香剂
6	防腐剂	PRESERVATIVE	0.05	防腐剂

其中，含藻类组合物的组成为：去离子水 74.775%，甜菜碱 25.000%，皱波角叉菜提取物 0.090%，麦冬根提取物 0.050%，防腐剂 0.050%，墨角藻提取物 0.030%，紫球藻提取物 0.005%。

（2）设计思路 本产品以海洋藻类复合糖为保湿剂，其保湿效果不依赖空气湿度，且天然、高效、易被皮肤吸收。本产品是一种凝胶剂，应用于皮肤，可以起到保湿作用。

第 2 号原料，含藻类组合物中，甜菜碱能提高皮肤水分含量，提高水通道蛋白 AQP3 表达，抑制透明质酸酶活性，固水护屏，降低皮肤水分散失。皱波角叉菜提取物来自一种名为 *Chondrus crispus* 的海藻，含有大量的卡拉胶，能在皮肤表面形成薄膜，阻止皮肤内部水分蒸发。麦冬根提取物富含纯化的麦冬果聚糖，是一种具有修复和保湿作用的活性成分。墨角藻提取物来源于墨角藻，含有谷氨酸，能够增加肌肤的柔软性和光滑性，具有舒缓晒伤，深层补水的作用。紫球藻提取物来源于紫球藻，含有丰富的多糖，涂抹在皮肤表面能形成非常均匀的涂层，可通过吸湿能力减缓蒸发从而保持皮肤中的水分。

第 3 号原料，异壬酸异壬酯的作用是滋润，能够使皮肤更加柔软，涂抹容易，并由于甲基支链的作用，手感湿滑。

第 4 号原料，丙烯酰二甲基牛磺酸钠共聚物是一种高分子表面活性剂丙烯酸类聚合物，具有优良的乳化、分散、增稠、成膜等能力，作为成膜剂、乳化稳定剂、增稠剂、乳浊剂等。

（3）制备工艺 ①含藻类组合物的制备：将去离子水搅拌加热至 80～85℃，冷却至 45℃，将紫球藻提取物、墨角藻提取物、皱波角叉菜提取物、麦冬根提取物、甜菜碱和防腐剂加入，转速控制在 60r/min，搅拌 20min 使其完全均匀，得到含藻类的化妆品用组合物。②将无菌去离子水加入主锅，逐步在机械搅拌下加入丙烯酰二甲基牛磺酸钠共聚物搅拌直至呈凝胶黏滞状。先添加异壬酸异壬酯，搅拌均匀，再添加含藻类的组合物，最后添加香精和防腐剂，搅拌 30min 后，送检，合格后出料。

（4）产品特点　传统保湿一般会从细胞间脂质、天然保湿因子等方面考虑，保湿效果会受环境湿度的影响，而本产品中使用的含藻类组合物含有天然海洋复合糖，保湿功能对空气湿度依赖极小，并能够长效保湿。采用丙烯酰二甲基牛磺酸钠共聚物制备的凝胶手感光滑不黏腻，易挑起。

（5）产品应用　本产品中含藻类的组合物，具有天然、高效、易被人体吸收和保湿时间长等效果，适合制造各种保湿类美容护肤产品。

6.6.6　卸妆洁面凝胶剂

（1）配方设计表

编号	成分	INCI 名称	添加量/%	使用目的
1	甘油三（乙基己酸）酯	TRIGLYCERIDE	30.00	润肤剂
2	碳酸二乙基己酯	DIETHYLHEXYL CARBONATE	17.00	润肤剂
3	油醇聚醚-10	OLETH-10	16.00	乳化剂、表面活性剂
4	甘油	GLYCERIN	15.00	保湿剂
5	PEG-40 氢化蓖麻油	PEG-40 HYDROGENATED CASTOR OIL	8.00	乳化剂、表面活性剂
6	甘油聚醚-26	GLYCERIN-26	7.00	保湿剂
7	去离子水	WATER	5.98	溶剂
8	苯氧乙醇	PHENOXYETHANOL	1.00	防腐剂
9	乙二胺四乙酸二钠	ETHYLENEDIAMINETETRAACETIC ACID DISODIUM SALT	0.02	螯合剂

（2）设计思路　对于卸妆产品，普通的水剂型和啫喱状产品卸妆后易出现干燥、脱皮等现象，且因不易添加油性成分，对彩妆的残妆卸妆能力较弱，而油膏型的卸妆产品含有大量的油脂，卸妆后皮肤比较油腻。本产品采用转相洁面技术，确保提高卸妆能力，容易冲洗，增加使用后舒适感。

第 1 号原料，甘油三（乙基己酸）酯是一种中等铺展性的润肤剂，其浊点较低，具有良好的水解稳定性、抗氧化性和良好的硅油互溶性。

第 2 号原料，碳酸二乙基己酯是一种创新型、快速铺展、干爽的润肤剂，它能显著提升最终配方的感官性能。植物油脂来源，低极性，易被乳化，具有较好的皮肤相容性，对皮肤和黏膜的刺激性很低。与 1 号原料按照表中比例复配，一方面可以达到更好的润肤效果，一方面可以更好地与其他成分形成稳定体系。

第 3 号原料和第 5 号原料，油醇聚醚-10 和 PEG-40 氢化蓖麻油组成的乳化搭配可以使高含量（47%）的油脂分散在水中，形成稳定的乳化体系。

第 6 号原料，甘油聚醚-26 是 26mol 环氧乙烯的甘油加合产物，作为保湿剂、润滑剂。在化妆品和洗涤产品所应用的广泛 pH 值范围内都保持稳定，与阳离子、非离子以及阴离子表面活性剂有良好的相容性。甘油聚醚-26 是 26 个 EO 的甘油聚合物，其 1% 的添加量的保湿效果要强于 3% 的甘油，甘油聚醚-26 对于产品在半干状态时的黏腻肤感给予了很大的改善，特别适用于精华、凝胶等含有大分子聚合物的产品中。

（3）制备工艺　①将水、乙二胺四乙酸二钠、甘油混合，以制备凝胶预制体；②将油醇聚醚-10、PEG-40 氢化蓖麻油、甘油聚醚-26、甘油三（乙基己酸）酯、碳酸二乙基己酯添加至所述凝胶预制体中，得到初混物；③将苯氧乙醇添加至所述初混物中，得到卸妆凝胶。

（4）产品特点　本产品是一款转相洁面产品，具有卸妆和洁颜的二合一功效，其质地与双层卸妆液相似，但在摇匀过程中慢慢变稠成啫喱状，遇水乳化，无需二次清洁，摇匀转相后的清新凝胶质地能深层去除毛孔污垢，在清洁皮肤的同时，能保护肌肤锁水层免受伤害，持久保持洁净清透。

（5）产品应用　本产品用于卸妆和洁面，对各种化妆品的清洁功能较好，能够及时清理干净，解决因化妆品残留、堵塞毛孔等导致的各种皮肤问题。

6.6.7　抗妊娠纹凝胶剂

（1）配方设计表

编号	成分	INCI 名称	添加量/%	使用目的
1	纯化水	WATER	85.55	溶剂
2	甘油	GLYCERIN	10.00	保湿剂
3	积雪草提取物	HYDROCOTYL(CENTELLA ASIATICA) EXTRACT	1.00	抗炎剂
4	羟乙基纤维素	HYDROXYETHYLCELLULOSE	0.50	增稠剂
5	水溶性神经酰胺	CERAMIDE	0.50	保湿剂
6	海藻酸钠	SODIUM ALGINATE	0.40	增稠剂
7	β-葡聚糖	BETA-GLUCAN	0.40	皮肤调理剂
8	甘草酸二钾	DIPOTASSIUM GLYCYRRHIZATE	0.40	皮肤调理剂
9	卡波姆	CARBOMER	0.30	胶凝剂
10	三乙醇胺	TRIETHANOLAMINE	0.30	中和剂
11	可溶性胶原	SOLUBLE COLLAGEN	0.25	皮肤调理剂
12	尿囊素	ALLANTOIN	0.20	皮肤调理剂
13	尼泊金甲酯	METHYL 4-HYDROXYBENZOATE	0.10	防腐剂
14	透明质酸钠	SODIUM HYALURONATE	0.10	保湿剂

（2）设计思路　现有的用于预防妊娠纹的按摩产品如橄榄油等油性物质，在使用的过程中有诸多不便，容易污染衣物，或者含有人工色素或者香精等可能对婴儿有影响的物质，也有些价格昂贵，不能满足广大女性朋友的长期需求。本产品成分包括海藻酸钠、深海鳕鱼皮胶原蛋白、碱液、β-葡聚糖、水溶性神经酰胺、积雪草提取物等，采用凝胶为剂型，安全有效，价格适中。

第2号原料，甘油为保湿剂和增溶剂，对人体黏膜和皮肤无刺激作用。

第3号原料，积雪草提取物能够帮助促进真皮层中胶原蛋白形成，使纤维蛋白再生，令肌肤达到紧致光滑的效果，还可帮助受损的组织愈合及紧实肌肤。

第4号原料，羟乙基纤维素为增稠剂，同时具有很好的保湿性。

第5号原料，水溶性神经酰胺是一种水溶性脂质物质，它和构成皮肤角质层的物质结构相近，能很快渗透进皮肤，和角质层中的水结合，形成一种网状结构，锁住水分，可促进细胞的新陈代谢，促使角质蛋白有规律地再生。

第6号原料，海藻酸钠是一种天然多糖，做为增稠剂，有利于增加制剂稳定性。

第7号原料，β-葡聚糖是一种多糖，可协助受损组织细胞加速恢复产生白细介素-1，并促使其他功能成分更好地发挥效用。

第 8 号原料，甘草酸二钾具有抑菌、消炎、解毒、抗敏、除臭等多种功效。与其他成分配合使用，可加速其他成分的吸收，并且具有调节皮脂的作用。

第 9 号原料，卡波姆是凝胶基质，有增稠、悬浮等作用，制成凝胶工艺简单，稳定性好。

第 10 号原料，三乙醇胺通过与卡波姆的羧基中和，形成稳定的高分子结构，达到增稠和保湿的效果。

第 11 号原料，可溶性胶原，有效补充皮肤的胶原蛋白，能延缓肌肤衰老、恢复保持肌肤水分和弹性、促使肌肤光滑柔嫩。

第 12 号原料，尿囊素是一种两性化合物，能结合多种物质形成复盐，具有避光、杀菌防腐、止痛、抗氧化作用，能使皮肤保持水分，滋润和柔软肌肤。

第 13 号原料，尼泊金甲酯，防腐剂。限用量≤0.4%（以酸计），本配方用量 0.10%，在安全范围内。

第 14 号原料，透明质酸钠具有良好的保湿作用，可保持皮肤滋润光滑，细腻柔嫩，具有防皱、抗皱、美容保健作用。

（3）制备工艺　①按照指定的质量百分比称取各组分；②将配方量的透明质酸钠、甘草酸二钾、尿囊素、可溶性胶原、羟乙基纤维素、海藻酸钠、甘油、卡波姆、尼泊金甲酯混合均匀后加入到 40~50℃纯化水中，边搅拌 边加热至 75~80℃保温 10~15min，使各物料分散均匀；③降低温度至 35~40℃，加入配方量的积雪草提取物、水溶性神经酰胺和 β-葡聚糖，搅拌混合均匀；④最后加入三乙醇胺调节 pH，保证温度在 35~40℃下搅拌使混合均匀，即得所述的预防妊娠纹凝胶。

（4）产品特点　本产品与皮肤周围组织的亲和性好，可修复皮肤组织，促进皮肤的新陈代谢，并改善皮肤弹性，从而实现滋润皮肤、软化硬皮、促进皮肤新生、减缓皮肤角质化、细致毛孔的目的。本产品在孕妇怀孕期间即可使用，对胎儿无影响，且应用广泛，可应用于不同年龄段女性妊娠纹的预防和治疗。

（5）产品应用　孕妇怀孕 3 至 6 个月取凝胶涂抹至腹部、臀部和大腿部，并进行抚摸 2 至 5min，使用频率每天一次；怀孕 6 至 10 月取凝胶涂抹至腹部、臀部和大腿部，并进行抚摸 2 至 5min，使用频率每天两次；孕妇生产之后取凝胶涂抹至腹部、臀部和大腿部，并进行按摩 5 至 10min，使用频率每天三次。

6.6.8　保湿防晒凝胶剂

（1）配方设计表

编号	成分	INCI 名称	添加量/%	使用目的
1	去离子水	WATER	42.00	溶剂
2	壳聚糖气凝胶	CHITOSAN AEROGEL	30.00	胶凝剂
3	1,3-丁二醇	1,3-BUTANEDIOL	10.00	保湿剂
4	霍霍巴籽油	SIMMONDSIA CHINENSIS (JOJOBA) SEED OIL	9.00	渗透促进剂
5	胶原	BAREATV ACLG	8.00	保湿剂
6	透明质酸	HYALURONIC ACID	0.50	保湿剂
7	茉莉精油	JASMINUM OFFICINALE (JASMINE) OIL	0.50	渗透促进剂

其中壳聚糖气凝胶中，金缕梅单宁质量分数为 25%、沙棘总黄酮为 28%、纳米二氧化钛为 20%、亲水亲油改性壳聚糖为 27%。

（2）设计思路   本产品是一种长效保湿防晒化妆品，通过对壳聚糖进行亲水亲油改性，并制成携载单宁、总黄酮及纳米二氧化钛的壳聚糖气凝胶，再与透明质酸、1,3-丁二醇、胶原蛋白、霍霍巴籽油、茉莉精油、去离子水混合均质而制得，可有效实现长效补水保湿和防晒功能。

第 2 号原料，壳聚糖气凝胶是通过对壳聚糖进行双亲改性，在分子上接枝了脂肪长链，使得化妆品涂抹于皮肤表面时，携载单宁、总黄酮及纳米二氧化钛的壳聚糖气凝胶易在涂层表面形成防晒膜。单宁、总黄酮及纳米二氧化钛起到协同防晒的作用。其中，单宁与黄酮之间以疏水键及氢键形成分子复合体，一方面互为辅色素发生共色效应，提高吸光度，另一方面提高了水溶性，有利于协同效应的发挥。

第 3、5、6 号原料，1,3-丁二醇、胶原蛋白和透明质酸对肌肤有保湿锁水功能，在壳聚糖气凝胶成膜后，起到长效保湿效果。

第 4、7 号原料，霍霍巴籽油和茉莉精油具有渗透促进作用，实现对皮肤的深层补水。

（3）制备工艺   ①金缕梅单宁的提取：取新鲜的金缕梅枝条，在植物粉碎机中进行粉碎，然后在超临界 CO_2 中进行萃取，得到单宁粗提取物，将粗提取物加入水中，配成质量分数为 20% 的料液，然后通过中空磺化聚砜纤维膜进行膜分离，制得纯化金缕梅单宁。②改性壳聚糖的制备：将壳聚糖溶于质量浓度为 2% 的醋酸溶液中，加入胶酸酐粉末，调节 pH 值至 8.5，反应 7h，沉淀、过滤、干燥，制得亲水改性壳聚糖，然后将亲水改性壳聚糖溶于水中，加入甲基脂肪酰氯，调节 pH 值至 9，反应 6h，沉淀、过滤、干燥，制得亲水亲油改性壳聚糖。各反应物的质量分数为，壳聚糖 40%、胶酸酐 20%、甲基脂肪酰氯 40%。③将亲水亲油改性壳聚糖加入水中，然后加入纯化金缕梅单宁、沙棘总黄酮、纳米二氧化钛，加热浓缩至含水率为 40%，再冷冻干燥，制得携载单宁、总黄酮及纳米二氧化钛的壳聚糖气凝胶，冷冻干燥的温度为 -30℃，时间为 50min。④将步骤③制得的壳聚糖气凝胶与透明质酸、1,3-丁二醇、胶原蛋白、霍霍巴籽油、茉莉精油、去离子水混合均质，制得长效保湿防晒化妆品。均质的速度为 2000r/min，时间为 3min。

（4）产品特点   本产品涂抹后易在皮肤表面形成气凝胶防晒膜，气凝胶内携载的单宁、总黄酮及纳米二氧化钛起到协同防晒作用，因此具有良好的防晒效果。而且由于涂抹后形成了壳聚糖膜层，有利于防止水分散失，可同时实现长效保湿，深层补水的作用。

（5）产品应用   本产品含有的亲水亲脂壳聚糖气凝胶成膜后具有良好防晒效果，并延长保湿作用，可应用于防晒以及长效保湿。

6.6.9　祛斑凝胶剂

（1）配方设计表

编号	成分	INCI 名称	添加量/%	使用目的
1	纯化水	WATER	66.20	溶剂
2	艾草黄酮提取物	ARTEMISIA ARGYI LEAF EXTRACT	23.31	抗氧化剂
3	氮酮	AZONE	5.24	透皮剂
4	吐温-80	TWEEN-80	1.52	表面活性剂
5	甘油	GLYCERIN	1.05	保湿剂

编号	成分	INCI 名称	添加量/%	使用目的
6	卡波姆 940	CARBOMER	0.93	胶凝剂
7	艾叶油	ARTEMISIA ARGYI LEAF OIL	0.70	抗过敏剂
8	司盘-60 山梨醇酐单硬脂酸酯	SPAN-60 SORBITAN STEARATE	0.47	表面活性剂
9	无水乙醇	ALCOHOL	0.35	助表面活性剂
10	1,2-丙二醇	1,2-PROPYLENE GLYCOL	0.23	助表面活性剂

（2）设计思路　本产品为一种特殊用途的化妆品凝胶，以艾草黄酮为主要活性成分，以凝胶为剂型，加入了透皮促进剂，促进有效成分的吸收。本产品具有祛斑作用。

第 2 号原料，艾草黄酮提取物是一种有效的自由基清除剂，具有抗氧化作用，能够减少色素沉着、润泽肌肤。

第 3 号原料，氮酮为透皮促进剂，使艾草黄酮易于透过皮肤直接作用于色斑，加速皮肤细胞新陈代谢，起到淡化色斑和防止新色斑生成的作用。

第 4 号原料，吐温-80 为非离子型表面活性剂，具有增溶乳化作用。

第 6 号原料，卡波姆 940 是以季戊四醇等与丙烯酸交联得到的丙烯酸交联树脂，中和后的卡波姆是优秀的凝胶基质，制备工艺简单，稳定性好。

第 7 号原料，艾叶油具有抗过敏作用，含量较低时有利于减少使用过程中产生的过敏反应概率。

第 9 号原料，无水乙醇，能改变表面活性剂的表面活性及亲水亲油平衡性，参与形成胶束，调整水和油的极性。

第 10 号原料，1,2-丙二醇同第 9 号原料作为助表面活性剂。

（3）制备工艺　①新鲜艾草全草 100kg，人工摘除枯萎叶片，剪掉根部，清洗泥沙后晾干，切碎，使用胶体磨研磨，收集匀浆液 93.5kg。50℃，自然 pH 值，加入 0.94kg 纤维素酶粉，搅拌均匀，酶解 24h，酶解液按水蒸气蒸馏法加热提取，回流 4h，馏出液为艾叶油粗提液 0.9L。使用 200 目尼龙网过滤蒸馏后的蒸馏液，获得滤出液 39.67kg，喷雾干燥后获得原料粗粉 9.41kg，用 60% 乙醇溶液溶解 188.2kg 溶解原料粗粉，搅拌至充分溶解，获得醇提液，使用孔径 45μm 的膜进行抽滤，保留抽滤液。使用截留分子质量为 30kD 的改性纤维素膜对抽滤液进行超滤除杂，加入等体积的 60% 乙醇溶液，保留滤出液，再用截留分子质量 5kD 的改性纤维素膜对滤出液进行浓缩，加入等体积 60% 乙醇溶液，至浓缩体积为 20L 时停止浓缩，使用闭式循环喷雾干燥机进行喷雾干燥，回收乙醇，获得艾草黄酮提取物干粉 2.16kg。②取处方量艾叶油与艾草黄酮提取物干粉混合均匀，即为艾草提取物。③将卡波姆 940 使用 0.1kg 纯化水充分溶胀，加入艾草提取物、水溶性氮酮、甘油、吐温-80、司盘-60、无水乙醇、1,2-丙二醇及 46.8kg 纯化水投入高速均质机中，2500r/min，均质 15min，真空脱气，灌装，即为艾草黄酮祛斑凝胶。

（4）产品特点　本产品是一种使用方便、无毒性，具有祛斑作用的祛斑凝胶。使用的艾草提取物生产工艺简单，有机溶剂消耗少。艾叶油具有抗过敏作用，含量较低时有利于减少使用过程中产生的过敏反应概率，添加透皮剂氮酮后，艾草黄酮易于透过皮肤直接作用于色斑，加速皮肤细胞新陈代谢，起到淡化色斑和防止新色斑生成的作用。

（5）产品应用　本产品可用于祛斑，临睡前清洁面部后，取适量祛斑凝胶均匀涂抹于面部，轻轻拍打吸收；斑印处可加量使用，并轻轻按摩 3～5min，让肌肤充分吸收。

6.6.10　美白抗氧化凝胶剂

（1）配方设计表

编号	成分	INCI 名称	添加量/%	使用目的
1	水	WATER	90.27	溶剂
2	甘油	GLYCERIN	5.00	保湿剂
3	PEG-40 氢化蓖麻油	PEG-40 HYDROGENATED CASTOR OIL	2.00	乳化剂
4	香精	PARFUM	1.00	芳香剂
5	吐温-20	TWEEN-20	1.00	乳化剂
6	三乙醇胺	TRIETHANOLAMINE	0.50	pH 调节剂
7	卡波姆 941	CARBOMER 941	0.20	增稠剂
8	大黄酸	RHEIN	0.02	抗氧化剂
9	槲皮素	QUERCETIN	0.01	抗氧化剂

（2）设计思路　植物的天然产物用于化妆品具有纯天然，功能性多，适应面广等特点，但部分中草药成分较难溶解，难以与化妆品中的其他成分很好地配伍，本产品筛选合适的乳化剂包裹中草药活性成分，使之能与水很好地互溶，并与化妆品中其他成分很好地配伍，以确保了中草药成分的功效和化妆品自身的稳定性。

第 3 号原料，氢化蓖麻油脂-40 为一种常用的高效增溶剂，能将香精、精油等油性物质均匀地分散到水中，形成稳定、透明的溶液，克服了中草药活性成分难溶于水不易添加于化妆品中的局限性。

第 5 号原料，吐温-20 是一种表面活性剂，黄色或琥珀色澄明的油状液体，可作增溶剂、扩散剂、稳定剂、抗静电剂、润滑剂。

第 6 号原料，三乙醇胺是含有卡波姆等酸性高分子凝胶的最常用中和剂，三乙醇胺通过与卡波姆的羧基中和，形成稳定的高分子结构，达到增稠和保湿的应用效果。

第 7 号原料，卡波姆 941，可通过中和增稠和氢键增稠。卡波姆 941 具有长流变性、低黏度、高清澈度，中等耐离子性及耐剪切，适用于凝胶及乳液的性质。

第 8 号原料，大黄酸，能有效抑制酪氨酸酶活性，抑制黑色素生成，同时具有清除自由基的功效。

第 9 号原料，槲皮素，是具有多种生物活性的黄酮醇类化合物，能对抗自由基，络合或捕获自由基防止机体脂质过氧化反应，与大黄酸起协同作用，共同发挥抗氧化作用。

（3）制备工艺　①将槲皮素和大黄酸溶解于乙醇中，制成澄清溶液，将澄清溶液与 55℃ 的吐温-20 和的氢化蓖麻油脂-40 混合，搅拌使得乙醇完全挥发，制备澄清的油状物，备用；②将卡波姆 941 用甘油充分润湿后，逐步加入一部分蒸馏水，使得卡波姆 941 能充分溶胀，制成水化的卡波姆 941 胶体；③将透明油状物与剩下的另一部分蒸馏水混合均匀，形成水性的稳定溶液；④在搅拌的状态下，将③中水性的稳定溶液缓慢加入到水化的卡波姆 941 胶体中；⑤在水化的卡波姆 941 胶体中，加入三乙醇胺后，形成均匀的凝胶，最后加入香精，搅拌成型，停止搅拌后即成。

（4）产品特点　本产品选用的中草药活性成分源自天然，对人体安全性高；多种中草药活性成分共同作用使得本产品具有美白和抗氧化双重功效；凝胶质地透明，更易于被皮肤吸收，因此具有很好的外观和功能。

（5）产品应用　本产品可用于日常美白和抗氧化。

思考题

1. 什么是凝胶剂化妆品，有什么特点？
2. 简述水性凝胶剂化妆品的制备方法。
3. 简述凝胶类化妆品的制剂原理。
4. 凝胶剂化妆品可分为哪几类？各自的特点是什么？
5. 列举至少三种水性凝胶基质，并简述各自的特点。
6. 卡波姆作为常用的凝胶基质，其增稠方式有哪些？
7. 中和剂在凝胶剂化妆品中的作用是什么？
8. 制备凝胶剂化妆品常用的设备有哪些？
9. 凝胶剂化妆品有哪些质量要求？
10. 凝胶剂化妆品基质原料应当具有哪些性质？

第 7 章
贴膜剂

古希伯来人最早使用面膜修饰面部，并将其制造工艺从埃及带到巴勒斯坦。我国的贴膜剂使用也有几千年的历史。《新唐书》记述武则天常用美容秘方，且"太后虽春秋高，善自涂泽，虽左右不悟其衰"，后来这一秘方收录入《新修本草》和《本草纲目》，被称为"益母草泽面方"。唐代孙思邈所著《千金要方》和《千金翼方》广泛记载历代美容方药 6000 多首，贴膜剂配方流传至今。近年来，贴膜剂类化妆品的使用范围逐渐扩大，功效性的贴膜剂更是受到消费者的青睐。

7.1　贴膜剂的剂型及其特征

贴膜剂（masks，membranes）是指含有贴、膜等配合化妆品使用的基材的一类化妆品。或者说是指贴、涂于人体皮肤表面的，经一段时间后揭离、清洗或保留，起到清洁、护理或发挥特定功效的产品。

贴膜剂的吸附作用使皮肤的分泌活动旺盛，在剥离或洗去时，可将皮肤的分泌物、皮屑、污垢等随着贴膜一起除去，达到满意的洁肤效果。贴膜剂覆盖在皮肤表面，抑制水分的蒸发，从而软化表皮角质层，扩张毛孔和汗腺，使皮肤表面温度上升，促进血液循环，使皮肤有效地吸收贴膜剂中的活性成分，起到良好的护肤作用。随着贴膜剂的形成与干燥，所产生的张力使皮肤的紧张度增加，致使松弛的皮肤绷紧，从而消除或减少皱纹，达到美容和美体的效果。

贴膜剂可按照使用方法、基质、形态、使用部位等进行分类。按使用方法分类，贴膜剂可分为涂膜和贴膜两大类；按基质组成分类，可分为粉状基膜剂、蜡基膜剂、橡胶基膜剂、乙烯基膜剂、水溶性聚合物膜剂；按形态分类，可分为粉状膜剂、乳膏状膜剂、贴布膜剂、剥离膜剂、魔晶干膜等；按使用部位分类，可分为面膜、眼膜、手膜、鼻膜等。贴膜剂具有制备工艺简单，不需要特殊的加工设备，使用方便，不易脱落，易洗除等特点。

7.1.1　粉状膜剂

粉状膜剂是以粉体原料为基质，添加其他辅助成分配制而成的贴膜剂产品。使用时将适量的粉末与水、化妆水或果汁等调和成糊状，涂敷于皮肤表面，随着水分的蒸发，约经过 20～30min，糊状物逐渐干燥凝结成一层膜状物。粉状膜剂性质温和，对皮肤没有压迫感，吸附污垢的同时，给表皮补充营养和水分使皮肤舒展、细纹变浅。粉状膜剂的生产、运输方便，使用广泛。

粉状贴膜剂在粉体原料的选用上要求粉质均匀细腻、无杂质及黑点，使用时，调和至糊状为宜，不宜太稀，敷涂于皮肤表面的厚度应适宜且均匀，一般在 5mm，太薄达不到营养的效果，太厚则造成不必要的浪费。需根据不同的肤质选用不同的粉状膜剂，一般情况可 1～2 周使用 1 次。

7.1.2　乳膏状膜剂

乳膏状膜剂是具有膏霜或乳液外观特性的贴膜剂产品。乳膏状膜剂大多含有较多的高岭土、硅藻土等黏土类成分，还常添加各种护肤营养物质如海藻胶、火山灰、深海泥、中药粉等。一般于清洁皮肤后，将乳膏状膜剂涂敷于皮肤上，待 10～15min 后用清水洗净即可。使用乳膏状膜剂涂抹在面部一般都比剥离膜剂厚一些，以使营养成分被皮肤吸收。其使用不便之处在于其不能成膜揭下，而需用水擦洗敷涂部位。

对于含黏土成分较多或添加吸油成分的乳膏状膜剂，因其发挥吸附油脂的作用，主要用于油性皮肤；对于不含特殊成分的乳膏状膜剂，中性、干性和油性皮肤都适用。乳膏状膜剂使用不宜太过频繁，油性皮肤每周 1～2 次，中性与干性皮肤每 2～3 周 1 次即可，敏感肌慎用。

7.1.3　贴布膜剂

贴布膜剂是指将调配好的精华液吸附在有固定形状的贴式面膜膜材上，可直接敷于面部、眼部、手部等的产品。贴布膜剂包含膜布和精华液，膜布作为载体，裁成不同的形状以适应不同的部位，用于吸附精华液，可以固定在特定的位置，形成封闭层，促进精华液的吸收。精华液中可添加多种营养成分，剂量也易于控制，能提高有效护肤成分对皮肤的渗透，并能迅速改变皮肤角质层含水量。使用时，贴布膜剂敷用 15～20min 后，精华液逐渐被吸收，变干燥，将膜布自下而上揭起，用温水清洗即可。贴布膜剂具有易于携带、使用方便、安全卫生的特点。贴布膜剂不能用热水或微波炉加热，否则可能会破坏其成分。敷用的时间不宜过长，否则皮肤中原有的水分会被膜布带走，选择膜布尽量与使用部位轮廓相符，服帖感更好。

贴式面膜膜材有无纺布、蚕丝、水果纤维、生物纤维、天丝纤维等。膜布的质地影响面膜的使用效果，一般来说，蚕丝膜布、纯生物质膜布最佳，天然纯棉膜布次之，然后是合成纤维。

7.1.4　剥离膜剂

剥离膜剂是指使用前为流动的半固体状，涂敷后粘贴于皮肤形成薄膜并能成片剥离的产品。其清洁原理与膏状膜剂相似，通过增加表皮温度，促进血液循环，并利用剥离膜剂强而有力的黏附作用，吸附皮肤及毛孔内的污垢，在揭下的同时一并撕除，达到清洁皮肤的目的。

使用剥离膜剂后，由于揭下薄膜时的动作可能使干性皮肤或敏感皮肤受刺激，长期使用可能引起面部皮肤松弛。使用时注意避开眼眶、眉部、发际及嘴唇周围的皮肤。成膜后，自下而上撕除，防止揭剥时过快，损伤皮肤。油性皮肤和皮肤油脂分泌旺盛的部位可使用，根据油脂分泌量选择使用间隔期，如油脂分泌特别旺盛的可 1 周 1 次，一般为 2～3 周 1 次，中、干性皮肤不建议使用。

7.1.5　啫喱膜剂

啫喱膜剂是具有凝胶特性的膜剂产品。最常见的啫喱膜剂为睡眠面膜，分为免洗式和水洗式两类。使用时，取适量的睡眠面膜涂于皮肤表面，等待 20min 即被皮肤吸收，若为水洗式睡眠面膜，则需进行清洗。

啫喱膜剂使用时，不应涂抹过多，否则不易干。应根据自己的皮肤状况选择合适的种类。啫喱膜剂覆盖于皮肤上隔绝空气，加速皮肤营养吸收、阻止水分流失，但频繁使用不利于皮肤新陈代谢，使用频率为一周 3 次左右。

7.1.6　眼膜与眼贴膜

眼膜、眼贴膜是指涂、敷于眼部的美容护肤品，是解决眼部肌肤问题的产品。眼膜通常为乳膏状或啫喱状，眼贴膜则为形似月牙状的白色透明膜胶体。一般在眼睛浮肿、熬夜、黑眼圈、眼袋等状况出现时使用。它能在短时间内补充水分、消除疲劳、快速减轻浮肿及黑眼圈现象。

使用眼膜、眼贴膜前，要充分清洁肌肤。使用时，涂敷时间不应过长，否则眼膜、眼贴膜会反向吸收眼部的水分。要根据自己的眼部皮肤状态选择适合自己的眼膜。由于眼膜、眼贴膜属于高精华的产品，所以使用频率不应过高，一般一周 2～3 次为宜。

7.1.7　塑身贴

塑身贴是指药物成分通过皮肤或穴位吸收进入人体血液，达到减肥、塑造形体目的的贴膜类产品。塑身贴贴敷于相关穴位，可对穴位产生刺激，进而达到理气、活血、排淤等作用功效，不仅可以帮助恢复人体正常新陈代谢，同时通过刺激肠道蠕动等加速体内代谢物排出。

使用前，可热敷穴位，有利于更好地吸收。使用塑身贴时，将其贴敷于相应穴位后，将功效成分向穴位部分按压，使有效成分充分接触肚脐等穴位，贴敷 8h 后取下。不同的塑身贴产品所含的活性成分不同，体质较敏感的人可能对某些成分过敏，所以使用前应了解其成分。

7.2　贴膜剂的基质及其原料

贴膜剂的基质和原料是影响贴膜剂质量的关键因素，要求其基质和原料满足：①必须无毒性，无刺激性，不干扰机体机能，吸收后对机体的生理机能无影响，在体内能被代谢或排泄，长期使用时无致畸、致癌等有害作用；②性质稳定，无不良气味，不降低活性物质的活性；③成膜与脱膜性能优良，具有足够的强度和柔软度；④来源丰富，价格适宜。

7.2.1　贴膜剂基质

贴膜剂的基质根据其性状的不同，可分为粉状基质、蜡状基质、橡胶基质、乙烯基质、水溶性聚合物基质等。

（1）粉状基质　粉状基贴膜剂一般可看作浆状贴膜剂，它包括黏土膜和泥膜，含有高质量分数的固体。粉状基贴膜剂有浆状和粉状制品，粉状制品使用时可根据需要调入各类液体。粉状基贴膜剂硬化后会收缩，产生机械收敛作用，同时，吸收剂发挥有效的清洁作用。最常用的粉体是高岭土、膨润土、漂白土，有时还添加二氧化钛和氧化锌等。粉状基贴膜剂一般都添加水溶性聚合物作为增黏剂，以使固体悬浮物稳定和增加干膜的强度。为满足各种特殊功能的需要，通常添加其他的功能添加剂，如收敛剂、漂白剂、植物功能成分等。

（2）蜡状基质　蜡状基贴膜剂是由合适熔点的蜡类或蜡类混合物添加少量的凡士林和极性原料，如十六醇和硬脂醇组成的。添加少量的微晶蜡可有助于改善蜡状基贴膜剂的性能，若添加少量的胶乳，可使其清除较容易，一般添加少量的有机皂土以改善其触变性。蜡状基贴膜剂在室温时为固态，使用时须加热熔化，趁热涂于皮肤表面。在蜡膜固化过程中，会有紧绷的感觉；当蜡膜固化为阻隔层后，会引起发汗，有助于污物和杂质从表皮毛囊开口处溢出。

（3）橡胶基质　橡胶基贴膜剂是以胶乳为基质的膜剂。敷涂于表皮干燥后，形成连续、有弹性、不透水的薄膜。橡胶基贴膜剂能使皮肤温度升高，促进皮肤血液循环，增加皮肤弹性，同时还可以收缩毛孔，从而改善皮肤通透性。

（4）乙烯基质　乙烯基贴膜剂是以聚乙烯醇或聚醋酸乙烯树脂为基质的贴膜剂。这类贴膜剂利用聚乙烯醇类的胶体黏性来实现清洁，一般添加少量无机粉体或尼龙粉吸收亲水和亲脂污物。成膜后撕拉过程中会剥脱表层的角质，过多使用可能破坏皮肤屏障功能，导致皮肤干燥、缺水和敏感。

（5）水溶性聚合物基质　水溶性聚合物基膜剂是高黏度凝胶状的体系。它是透明或乳状黏液，有可剥离型和非剥离型之分。剥离型膜剂涂敷于皮肤表面后，逐渐失去水分，形成柔软膜或固态凝胶，成膜后，凝胶收缩，产生拉紧的感觉。该膜剂中一般添加成膜剂使其具有成膜、黏结的功能，如聚丙烯酸树脂、聚乙烯吡咯烷酮（PVP）、果胶、明胶、环糊精等，添加适量的增塑剂增加塑性。液膜的黏度可通过改变成膜剂的种类和浓度加以控制。添加乙醇作溶剂可增加其干燥的速度，但应注意有些水溶性聚合物与乙醇相互作用，会产生沉淀。某些品级的甲基纤维素、聚丙烯酸树脂（如 Carbopol 934）和聚乙烯吡咯烷酮可溶于水/醇溶液，用于制备含醇的膜剂。

7.2.2　贴膜剂原料

面膜的类型不同，其原料组成也各有差别，特别是蜡基膜剂差别较大。膜剂主要由成膜剂、粉剂、保湿剂、增塑剂、防腐剂、功效成分等组成。

（1）成膜剂　指能形成连续薄膜，具有成膜性和黏结性的聚合物。常用的成膜剂包括：聚乙烯醇、聚醋酸乙烯酯、聚丙烯酸树脂、羧甲基纤维素、羟乙基纤维素、羟丙基纤维素、聚乙烯吡咯烷酮（PVP）、聚乙烯吡咯烷酮/聚醋酸乙烯酯共聚物、瓜尔豆胶、果胶、海藻酸钠、明胶、环糊精、黄原胶、卡拉胶、硅酸铝镁、胶乳等。成膜剂的选择在膜剂的配制过程中至关重要。成膜后，成膜的厚薄、成膜速度、成膜软硬度、剥离性的好坏与成膜剂的用量有关，因此必须加以选择。例如，使用聚乙烯醇和辅助成膜剂高分子聚合乳化体，由于聚合度不同，特性也各异。

（2）粉剂　指具有吸收作用的粉体，在膜剂中发挥吸收污物、油脂等作用。如高岭土、膨润土、二氧化钛、氧化锌、碳酸镁、胶体黏土、水辉石粉、漂白土、火山灰等。

（3）保湿剂　指可在较长时间内增加或保持皮肤表层水分的，具有较低的挥发性，可以保留水分，吸留在皮肤表面的皮肤调理剂，如甘油、丙二醇、山梨醇、吡咯烷酮羧酸钠、聚乙二醇等。

（4）增塑剂　指能添加到膜剂中增加膜的塑性的物质。化妆品中常用的增塑剂包括：聚乙二醇（分子量小于1500）、山梨醇、甘油、丙二醇、水溶性羊毛脂等。

（5）防腐剂　用于抑制微生物生长，如对羟基苯甲酸酯类、山梨酸、苯甲酸钠等。

（6）功能性成分　用于皮肤滋养及治疗的成分，其作用包括抑菌、愈合、抗炎、收敛、调理、促进皮肤代谢等。

7.3　贴膜剂的工艺流程

7.3.1　粉状贴膜剂的制备工艺

粉状膜剂是一种细腻、均匀、无杂质的混合粉末状物质，对皮肤无刺激，安全。

（1）配方组成　①粉料：面膜的基质，具有吸附作用和润滑作用，常用的有高岭土、钛白粉、氧化锌、滑石粉等。②凝胶剂：形成软膜，常用的有淀粉、硅藻土等。③其他粉状添加剂：根据需要添加其他功能性的添加剂。④防腐剂。

（2）制备工艺　工艺流程：①粉料灭菌；②将粉类原料研磨至细颗粒并混合；③喷洒脂类物质并搅拌均匀；④过筛。

粉状膜剂的生产过程包括粉料灭菌、混合、磨细、过筛、加香和包装等。在实际生产中，既可以混合、磨细后过筛，也可以磨细、过筛后混合。工艺中最重要的一步是粉料的灭菌。由于粉状膜剂中所用的滑石粉、高岭土、钛白粉等粉末原料不可避免地会附有微生物，而这类制品是应用于皮肤表面的，为保证制品的安全性，必须进行粉料灭菌。粉料灭菌方法包括环氧乙烷气体灭菌法、钴-60（^{60}Co）放射性源灭菌法等。

7.3.2　乳膏状膜剂的制备工艺

乳膏状面膜包括以增稠体系为主的乳霜面膜和以细颗粒为基质的泥浆面膜。乳膏状膜剂一般不能成膜剥离，使用后需用水冲洗或用吸水海绵擦洗掉。

7.3.2.1　乳霜面膜

乳霜型面膜是一种新型面膜，是在护肤晚霜的基础上添加了少量具有成膜性的高分子化合物。它同时具备了晚霜的营养滋润功能和膜剂的封闭特性，可以让营养或其他有效成分更易渗透进入皮肤。此类面膜是一种更方便让皮肤吸收有效成分的膏霜剂型，但由于面膜与皮肤接触时间长，膜的封闭性不宜太强，以免影响皮肤的新陈代谢。

乳霜面膜制备工艺与一般护肤霜工艺相同。

7.3.2.2　泥状面膜

目前大多数水洗膏状膜剂为泥状面膜。这种面膜中主要以高岭土、硅藻土等黏土类原料为基质，同时含有润肤剂等油性成分，常添加各种护肤营养物质如海藻胶、甲壳素、火山灰、深海泥、中草药粉等。

泥状面膜的基质是细粒或微粒固体，来源包括吸附性黏土、膨润土、水辉石、硅酸铝镁、高岭土、彩色黏土、胶体状黏土、滑石粉、活性白土、河流或海域淤泥、火山灰、温泉土。黏土来自硅铝沉积岩，黏土中存在的痕量元素不同导致黏土有不同颜色。铁的氧化物的存在使黏土呈绿色；赤铁矿使黏土呈红色；白黏土或高岭土中铝的含量高；紫色黏土是红色黏土和白色黏土的组合物。在面膜或体外敷膜中，所有黏土的推荐用量为10%～40%。添加二氧化钛和氧化锌会使产品呈乳白色，并能使灰暗无光泽黏土发亮。此外，产品中常添加天然或合成的聚合物，如甲基纤维素、乙基纤维素、羧甲基纤维素、PVP（聚乙烯吡咯烷酮）、PVP/VA（丙酸乙烯酯共聚物）、黄原胶、卡波姆、聚丙烯酸树脂类、海藻酸钠和阿拉伯胶等。面膜配方中亦含有润肤剂、乳化剂和保湿剂。

乳膏状膜剂产品为黏稠糊状，因此生产时最好选用出料时能自动提升锅盖并能倾斜倒出的真空乳化设备。乳膏状膜剂生产工艺流程，如图7-1所示。

7.3.3　贴布膜剂的制备工艺

贴布膜剂是指将调配好的精华液吸附在有固定形状的面膜基材上，可直接敷于面部、眼部、手部等皮肤表面的产品。因其易于携带、使用方便的优点而备受消费者喜爱。

（1）配方组成　贴布膜剂的面膜基材包括无纺布、蚕丝、概念隐形蚕丝、纯棉纤维、生物纤维、黏胶纤维、纤维素纤维和竹炭纤维等。其中无纺布是一种非织造布，它直接利用高

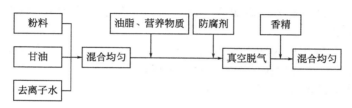

图 7-1　乳膏状膜剂的生产工艺流程图

聚物切片、短纤维或长丝通过各种纤网成形方法和固结技术形成，它的特点是不产生纤维屑，强韧、耐用。无纺布具有良好的保湿性能，且成本较低，在市面上应用最广，而以蚕丝和纯棉纤维制成的面膜基材质量最佳。面贴膜的面膜液配方以保湿剂、润肤剂、活性物质、防腐剂和香精等构成的水增稠体系为主。

（2）制备工艺　贴布面膜生产工艺流程分为两个部分。一是无纺布裁剪成适宜的形状、尺寸的片状膜布，折叠后置于包装袋中；二是将面膜液组分按比例混合均匀，静置，过滤后，灌装于包装中充分浸透片状膜布，包装。

无纺布由纺织企业生产，无纺布的含菌量一般较高。因此，一般化妆品生产企业在无纺布制成脸部形状后需要先进行杀菌处理，通常采用 γ 射线辐照。在面膜液和无纺布灌装后一般不宜用 γ 射线照射，因为 γ 射线会使一些营养成分（如透明质酸钠）变色。灌装和封口一定在净化车间进行。无纺布面膜生产工艺流程图如图 7-2。

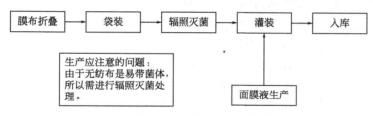

图 7-2　无纺布面膜的生产工艺流程图

7.3.4　揭剥膜剂的配方与工艺

揭剥膜剂在使用前为流动的软膏状或凝胶状，涂敷后粘贴于皮肤并成薄膜，待其干后将其揭去。

配方组成如下。①成膜剂：使面膜在皮肤上形成薄膜。常用聚乙烯醇、羧甲基纤维素、聚乙烯吡咯烷酮、果胶、明胶、黄原胶等。②粉剂：吸收皮肤的污垢和油脂。常用高岭土、膨润土、二氧化钛、氧化锌或河流及海域淤泥。③保湿剂：对皮肤起到保湿作用。常用甘油、丙二醇、山梨醇、聚乙二醇等。④油性物质：补充皮肤所失油分。常用橄榄油、蓖麻油、角鲨烷、霍霍巴油等多种油脂。⑤增塑剂：增加膜的塑性。常用聚乙二醇、甘油、丙二醇、水溶性羊毛脂等。⑥表面活性剂：增溶。常用 PEG 油醇醚、PEG 失水山梨醇单月桂酸酯等。⑦防腐剂：抑制微生物生长。常用尼泊金酯类防腐剂。⑧其他添加剂：根据产品的功能需要，添加各种有特殊功能的添加剂。如促进皮肤代谢剂、营养调节剂、收敛剂、抗炎剂等。

7.3.4.1　软膏状剥离膜剂制备的工艺流程

① 将粉料在混合罐 a 的去离子水中溶解，混合均匀，将保湿剂加入其中，加热至 70～80℃，搅拌均匀，再加入成膜剂与之均匀混合，制成水相。

②　将香精、防腐剂、乙醇、表面活性剂和油分混合于混合罐 b，溶解加热至 40℃，至完全溶解，制成醇相。

③　分别将水相和醇相加入真空乳化罐混合、搅拌、均质，经脱气后，将混合物在板框式压滤机中进行过滤。过滤后在储罐中储存，等待包装。

软膏状剥离膜剂制备的工艺流程，如图 7-3 所示。

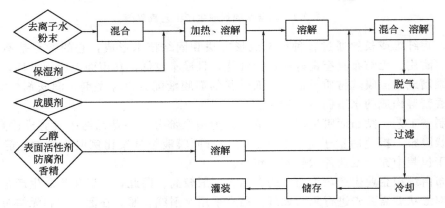

图 7-3　软膏状剥离膜剂生产工艺流程图

7.3.4.2　透明凝胶剥离膜剂制备的工艺流程

①　在混合罐 a 中将 PVA（聚乙烯醇）和 CMC（羧甲基纤维素钠）在乙醇中溶解均匀。在混合罐 b 中将去离子水、甘油混合均匀。

②　将混合罐 a 中内容物加入混合罐 b，加热至溶解（70～80℃），搅拌均匀后放置冷却至 45℃，加入用乙醇溶解的香精、防腐剂。

③　将上述混合物经压滤机过滤即得透明澄清液体。液体储存于储罐，等待包装。

透明凝胶剥离膜剂制备的工艺流程如图 7-4 所示。

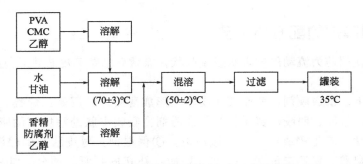

图 7-4　透明凝胶剥离膜剂生产工艺流程图

7.4　贴膜剂的生产设备

7.4.1　粉状贴膜剂的生产设备

粉状膜剂化妆品生产过程中所用设备主要有研磨设备、筛粉设备、微细粉碎设备、混合设备、灭菌设备和除尘设备等。本章主要介绍筛粉和混合设备。

7.4.1.1　粉体混合设备

粉体混合设备是利用各种混合装置的不同结构，使粉体物料之间产生相对运动，不断改变其相对位置，并且不断克服由物体差异而导致物料分层的趋势，将两种或两种以上的粉体均匀地混合在一起。粉体混合设备不只用于粉状贴膜剂的生产，也用于乳膏状膜剂中粉料的混合。混合设备主要用于固体粉粒料的混合，其种类繁多，主要有带式混合机、立式螺旋混合机、V型混合机和高速混合机。

7.4.1.2　筛粉设备

筛粉设备是用来分离粉料中大小颗粒的设备，其主要部件为筛网，筛网是由金属丝、蚕丝或尼龙丝等编织而成的网。筛网的孔洞有圆形、正方形、菱形和长方形等形状，其大小用目来表示，各国标准筛的规格不尽相同，常用的泰勒制是以每英寸长的孔数为筛号，即目数。例如100目的筛子表示每英寸筛网上有100个筛孔。

筛粉设备有固定筛和活动筛两大类。固定筛的优点是设备简单、操作方便，但只适合工艺要求不高的产品。活动筛分转动筛和振动筛。转动筛大多由板筛折成多角形或圆形筒体而成，其结构简单、寿命长，但生产率低、机体笨重、庞大，很少采用。

7.4.2　乳膏状膜剂的生产设备

乳膏状膜剂的生产设备与一般的乳霜剂、膏剂化妆品差异不大，包括了搅拌设备、胶体磨、均质器和超声乳化设备等。

简单搅拌设备有很多种形式，通常是依靠圆筒内的搅拌桨叶的旋转而产生剪切作用。其优点是设备简单，制造及维修方便，可不受厂房等条件限制；缺点是乳化强度低，制得膏体粗糙、稳定性差，且容易带入空气，引入污染等。简单搅拌设备适用于含高岭土、硅藻土等黏土类原料，以细颗粒为基质的泥浆面膜。搅拌设备有胶体磨、均质器、超声波乳化设备等，应根据设备特点合理选用。

7.4.3　贴布膜剂的生产设备

贴布膜剂包括了膜布和精华液两部分。膜布作为载体，可以固定在特定的位置，形成封闭层，促进精华液的吸收；精华液中可添加多种营养成分，而发挥保湿、美白或抗皱等功效。贴布膜剂的生产设备主要有混合设备、过滤设备及灌装设备等。

7.4.3.1　混合设备

应依据配制的精华液的黏度来决定使用的混合设备。当生产黏度很低，大部分原料都易溶的精华液时，对于混合设备的搅拌条件要求不高，各种形式的搅拌桨叶均可采用。当生产高黏度的精华液液体时，可使用配有更大的桨叶如桨式、门式、锚式和叶片式的搅拌器，通常这类桨叶设计是带活动性的刮板，可刮除容器壁上的物料。

7.4.3.2　灌装设备

贴布膜剂的灌装过程可分为膜布的折叠入袋和精华液灌装。生产设备包括了折叠机和灌装机。折叠机是一种布料加工辅助设备，控制布料传送系统的速度和定位，测定布料长度并计算折叠长度，通过气流的喷射和折射来完成水平折叠和交叉折叠。而灌装机主要是包装机中的一类产品，从对物料的包装角度可分为液体灌装机、膏体灌装机、粉剂灌装机等；从生产的自动化程度来讲分为半自动灌装机和全自动灌装机。折叠机和灌装机是贴布膜剂工业生产中最主要的机器，折叠机把干的膜布折入袋中，灌装机把精华液灌入并打印生产日期及封口。

近些年，贴布膜剂的生产过程已经实现折叠与灌装一体化，这类新的一体化灌装机包括推放装置、传送装置、吸盘装置、折叠插装装置。设备的工作过程：人工放棉—传送带传送—折叠—装袋—灌装—空袋检测—封装。

7.5 贴膜剂的质量控制

按照我国行业标准 QB/T 2872 规定，面膜类化妆品的技术要求主要包括以下几个方面。

7.5.1 包装材料与载体

直接接触产品的包装材料、载体应符合《化妆品安全技术规范》（2015 年版）中化妆品包装要求的规定；面贴膜用的载体不应含有可迁移性荧光增白剂。

可迁移性荧光增白剂的测定方法见 GB/T 27741。

7.5.2 贴膜剂原料

贴膜剂使用的原料应符合《化妆品安全技术规范》（2015 年版）的规定；使用的香精应符合 GB/T 22731 的要求。

7.5.3 感官、理化和卫生指标

（1）感官指标 从外观上来看，面贴膜为湿润的纤维贴膜或胶状成型贴膜；乳膏状面膜为均匀膏体或乳液；啫喱面膜为透明或半透明的凝胶状；粉状面膜为均匀的粉体。

（2）理化指标 各贴膜剂的 pH 应在 4.0～8.5 之间，粉状膜剂为 5.0～10.0。具有耐热、耐寒特性，即在 （40±1）℃或 （−8±2）℃环境中保持 24h，恢复至室温后与试验前无明显差异。

（3）卫生指标 甲醇含量符合《化妆品安全技术规范》的规定。菌落总数≤1000CFU/mL，眼、唇部、儿童用品≤500CFU/mL；霉菌和酵母菌总数≤100CFU/mL；耐热大肠杆菌、金黄色葡萄球菌、铜绿假单胞菌不应检出。

7.6 贴膜剂的制剂实例

本节内容主要是介绍贴膜剂的制备实例，通过对粉状面膜、护肤乳膏面膜、贴布面膜、剥离面膜、泡沫面膜、天然中药面膜等实例的配方、设计思路、制备工艺进行介绍，从而了解贴膜剂的实际生产和使用情况。

7.6.1 粉状保湿面膜

（1）配方设计表

编号	成分	INCI 名称	添加量/%	使用目的
1	高岭土	KAOLINITE	50.00	填充剂、吸附剂
2	微晶纤维素	MICROCRYSTALLINE CELLULOSE	20.00	填充剂、吸附剂
3	氧化锌	ZINC OXIDE	15.00	收敛剂
4	海藻酸钠	SODIUM ALGINATE	10.00	保湿剂、增稠剂

续表

编号	成分	INCI 名称	添加量/%	使用目的
5	甘油	GLYCEROL	4.90	保湿剂
6	防腐剂	—	0.05	防腐剂
7	香精	PARFUM	0.05	芳香剂

（2）设计思路　本配方配制出来的产品外观为一种细腻、均匀、无杂质的混合粉末状物质，对皮肤无刺激。

第 3 号原料，氧化锌，收敛剂，起到收缩毛孔，抑制皮肤油脂分泌的作用。此外，氧化锌还能依靠反射方式抵抗紫外线，为物理性粉体防晒成分。最大添加量必须≤25%。本配方中添加量为 15.00%，在安全用量范围内。

第 4 号原料，海藻酸钠，保湿剂，在配方中的主要功能是保水和增稠。作为一种天然多糖，其用于化妆品是安全的。本配方中添加量为 10.00%，在安全用量范围内。

（3）制备工艺　粉状保湿面膜制备的工艺流程：①将高岭土、微晶纤维素、氧化锌分别研细、筛分后混合；②加入海藻酸钠和甘油并混匀；③最后添加少量防腐剂和香精，混合均匀，过筛即得。

（4）产品特点　本品配方科学，制备工艺合理、简单易行，对皮肤无刺激性，主要功效是锁水保湿，通过增加肌肤的保水性，缓解皮肤干燥，增加肌肤的紧缩性及弹性，使松弛的肌肤回复年轻状态，并具有一定的清洁控油效果。

（5）产品应用　本品一般洁肤后使用，使用时将适量面膜粉末与水调和成糊状，涂敷于面部，经过 10~20min，糊状物逐渐干燥，用清水洗净即可。本品适用于油性皮肤、中性皮肤、干性皮肤和皱纹皮肤等多种类型皮肤。

7.6.2　膏状护肤面膜

（1）配方设计表

编号	成分	INCI 名称	添加量/%	使用目的
1	高岭土	KAOLINITE	30.00	填充剂、吸附剂
2	去离子水	DISTILLED WATER	25.00	溶剂
3	甘油	GLYCEROL	20.00	保湿剂
4	海泥提取物	MARIS LIMUS EXTRACT	10.00	皮肤调理剂
5	膨润土	BENTONITE	10.00	填充剂、吸附剂
6	羧甲基纤维素钠	SODIUM CARBOXYMETHYL CELLULOSE	2.00	保湿剂、乳化剂、增稠剂
7	吐温-80(聚山梨酯80)	TWEEN 80	2.00	乳化剂、表面活性剂
8	甲壳素	CHITIN	0.50	保湿剂
9	香精	PARFUM	0.30	芳香剂
10	防腐剂	—	0.20	防腐剂

（2）设计思路　本配方主要包括填充剂、溶剂、吸附剂、保湿剂、皮肤调理剂、表面活性剂、芳香剂和防腐剂。本配方配制出来的护肤面膜是具有膏霜外观特性的膜剂产品。

第 4 号原料，海泥提取物，在配方里主要作为皮肤调理剂。①富含丰富的矿物质，通过调节皮肤的酸碱平衡，保养皮肤；②补充皮肤细胞的营养，调节皮肤细胞的新陈代谢，促进衰老的皮肤细胞的清除；③增强皮肤内部组织的微循环。本配方中添加量为10.00%，在安全用量范围内。

第8号原料，甲壳素，别名几丁质、甲壳质，半透明物质，为甲壳类动物外壳之主要成分之一，比较安全，保湿作用明显。本配方中添加量为0.50%，在安全用量范围内。

（3）制备工艺　膏状护肤面膜制备的工艺流程：①将羧甲基纤维素钠（CMC）加入水和甘油的混合物中高速分散搅拌并加热至80~90℃；②加入聚山梨酯80，再加入已灭菌高岭土、海泥提取物和膨润土并混匀；③加入甲壳素、防腐剂，抽真空脱气，最后加入香精并混合均匀。

（4）产品特点　本品原料配比合理，制备工艺简单，产品质量安全稳定，主要功效是补水和调理皮肤，通过增加肌肤的保水性，使肌肤光滑富有弹性。而海泥提取物能为皮肤细胞提供营养并促进皮肤内部微循环，加快衰老细胞的清除。

（5）产品应用　本品一般洁肤后使用，使用时将适量产品涂敷于面部，经过10~20min，待面膜干燥，用清水洗净即可。本品适用于多种类型皮肤，特别是皱纹皮肤。

7.6.3　芦荟补水贴布面膜

（1）配方设计表

编号	成分	INCI名称	添加量/%	使用目的
1	去离子水	DISTILLED WATER	77.49	溶剂
2	透明质酸钠（HA）	SODIUM HYALURONATE	5.00	皮肤调理剂、保湿剂
3	丙二醇	PROPYLENE	4.00	溶剂、保湿剂
4	甘油	GLYCEROL	4.00	溶剂、保湿剂
5	银耳提取物	TREMELLA FUCIFORMIS EXTRACT	3.00	保湿剂、抗氧化剂、皮肤调理剂
6	丁二醇	BUTYLENE	2.00	溶剂、保湿剂
7	黄原胶	XANTHAN GUM	2.00	增稠剂
8	海藻糖	TREHALOSE	1.00	保湿剂
9	扭刺仙人掌（*Opuntia streptacantha*）茎提取物	OPUNTIA STREPTACANTHA STEM EXTRACT	1.00	刺激抑制因子
10	库拉索芦荟汁	BARBADOS ALOE	0.40	保湿剂
11	乙二胺四乙酸	EDTA	0.05	金属离子螯合剂
12	香精	PARFUM	0.05	芳香剂
13	甲基异噻唑啉酮	METHYLISOTHIAZOLINONE	0.01	防腐剂

（2）设计思路　本配方主要包括保湿剂、皮肤调理剂、增稠剂、刺激抑制因子、金属离子螯合剂、防腐剂、溶剂和芳香剂。本配方配制出来的产品为一类成型面膜，将面膜液浸入无纺布内而得。

第2号原料，透明质酸钠，在配方中主要作为保湿剂、皮肤调理剂。HA是一种酸性黏多糖，天然存在于角膜皮中，可吸收其自身质量1000倍的水分，以达到保留皮肤水分、阻止水分流失的作用。在保湿的同时也是良好的透皮吸收促进剂。与其他营养成分配合使用，可以促进营养吸收。本配方中添加量为5.00%，在安全用量范围内。

第5号原料，银耳提取物，在配方中主要作为保湿剂、抗氧化剂、皮肤调理剂。银耳提取物有很好的保湿作用，可用作保湿剂；对胶原蛋白酶活性的抑制，显示有抗皱功效；对皮肤的过敏也有一定的抑制作用，可用作舒缓抗敏剂。本配方中添加量为 3.00%，在安全用量范围内。

第 9 号原料，扭刺仙人掌茎提取物，在配方中作为刺激抑制因子，具有抗炎、抗氧化的功效。仙人掌提取物刺激性小，对于孕妇一般没有影响。本配方中添加量为 1.00%，在安全用量范围内。

第 10 号原料，库拉索芦荟汁，在配方中作为保湿剂，并显示多方面的生物活性，如抗氧化、抗炎和抗脂溢性皮炎，是化妆品重要的添加剂。库拉索芦荟汁刺激性小，对于孕妇一般没有影响。本配方中添加量为 0.40%，在安全用量范围内。

第 13 号原料，甲基异噻唑啉酮，在配方中作为防腐剂。最大添加量必须≤0.01%。本配方中添加量为 0.01%，在安全用量范围内。

（3）制备工艺　芦荟补水贴布面膜的制备工艺流程：①称取 10 号原料与本配方 50% 用量的去离子水于 1 号烧杯中搅拌均匀，依次称取加入 2 号原料、5 号原料、6 号原料及 9 号原料，加热搅拌 5～10min，搅拌溶解至透明待用。②依次称取 3 号原料、4 号原料于 2 号烧杯，然后称取 7 号原料分散于 3 号、4 号原料混合物中，加入一半用量去离子水搅拌均匀后加入 8 号、11 号原料加热搅拌至 80℃，保温 30min 后降温，降温至 45℃，加入①中制得待用溶液，搅拌混合均匀后加入 12 号、13 号原料，搅拌混合均匀。③搅拌降至室温后称量，添加去离子水补足质量，搅拌均匀，将固定质量的面膜液倒入已经折好的面膜袋中，封口即可。

（4）产品特点　本品配方科学，制备工艺合理、简单易行，对皮肤刺激性低，使用后清凉舒适，主要功效是补水和调理肤质。其中银耳提取物作为保湿剂，具有很好的皮肤保水作用；库拉索芦荟汁作为抗氧化剂和抗炎剂，具有舒缓抗衰的作用。

（5）产品应用　本品一般洁肤后使用，使用时只需将布贴于面部，经 15～20min 后，面膜液逐渐被吸收干燥，最后取下贴布即可。本品适用于多种类型皮肤，特别是干性皮肤，皱纹皮肤，对敏感性皮肤同样适用。

7.6.4　软膏状剥离面膜

（1）配方设计表

编号	成分	INCI 名称	添加量/%	使用目的
1	去离子水	DISTILLED WATER	41.00	溶剂
2	聚乙烯	POLYETHYLENE	15.00	成膜剂、乳化稳定剂
3	滑石粉	TALC POWDER	10.00	填充剂、肤感调节剂
4	乙醇	ALCOHOL	8.00	溶剂、防腐剂
5	山梨醇	SORBITOL	6.00	保湿剂、皮肤调理剂
6	二氧化钛	TITANIUM DIOXIDE	5.00	着色剂
7	聚乙烯吡咯烷酮	POLYVINYLPYRROLIDONE	5.00	成膜剂、乳化稳定剂
8	甘油	GLYCEROL	4.00	保湿剂、柔润剂
9	橄榄油	OLIVE OIL	3.00	柔润剂
10	角鲨烷	SQUALANE	2.00	皮肤调理剂、柔润剂

续表

编号	成分	INCI 名称	添加量/%	使用目的
11	聚氧乙烯(20)脱水山梨醇单月桂酸酯	POLYOXYETHYLENE (20) SORBITAN MONOLAURATE	1.00	乳化剂

（2）设计思路　本配方主要包括保湿剂、成膜剂、填充剂、乳化稳定剂、肤感调节剂、乳化剂、柔润剂、皮肤调理剂、防腐剂、着色剂，表格中未包含香精和防腐剂。本配方配制出来的产品为一类软膏状剥离面膜。

第 2 号原料，聚乙烯，在配方中主要用以控制面膜变干的时间和稳定乳化体系，作为成膜剂、乳化稳定剂。本配方中添加量为 15.00%，在安全用量范围内。

第 7 号原料，聚乙烯吡咯烷酮，作用与聚乙烯类似，作为成膜剂、乳化稳定剂。本配方中添加量为 5.00%，在安全用量范围内。

第 10 号原料，角鲨烷，在配方中作为柔润剂、皮肤调理剂，具有调节肌肤水油平衡的作用。本配方中添加量为 2.00%，在安全用量范围内。

第 11 号原料，聚氧乙烯（20）脱水山梨醇单月桂酸酯，在配方中作为乳化剂。本配方中添加量为 1.00%，在安全用量范围内。

（3）制备工艺　软膏状剥离面膜剂制备的工艺流程：①将二氧化钛（粉末）和滑石粉在混合罐 a 的去离子水中溶解，混合均匀，加入聚乙烯吡咯烷酮，将甘油、山梨醇加入其中，加热至 70～80℃，搅拌均匀，制成水相；②将香精、防腐剂、乙醇、聚氧乙烯（20）脱水山梨醇单月桂酸酯和油混合于混合罐 b，溶解加热至 40℃，至完全溶解，制成醇相；③分别将水相和醇相加入真空乳化罐，混合、搅拌、均质、脱气后，将混合物在板框式压滤机中进行过滤。过滤后在储罐中储存，等待包装。

（4）产品特点　本品原料配比合理，制备工艺简单，产品质量安全稳定，无刺激性，主要功效是补水保湿，调节油水平衡，并具有一定清洁作用。配方中添加了多种柔润剂、皮肤调理剂、保湿剂，使用后皮肤会感到清爽、柔润、舒适。

（5）产品应用　本品一般洁肤后使用，使用时将面膜涂敷于面部，待其干后将其揭去，面部的污垢、皮屑也黏附在面膜上同时被揭去，达到清洁皮肤的目的。本品适用于油性、中性、干性和混合性皮肤。

7.6.5　透明凝胶剥离面膜

（1）配方设计表

编号	成分	INCI 名称	添加量/%	使用目的
1	去离子水	DISTILLED WATER	63.00	溶剂
2	聚乙烯醇(PVA)	PVOH	16.00	成膜剂、增稠剂
3	乙醇	ALCOHOL	11.00	溶剂、防腐剂
4	羧甲基纤维素(CMC)	CELLULOSE GUM	5.00	成膜剂、增稠剂
5	甘油	GLYCEROL	4.00	保湿剂、柔润剂
6	尼泊金乙酯	ETHYL PARABEN	0.40	防腐剂
7	香精	PARFUM	0.60	芳香剂

（2）设计思路　本配方主要包括保湿剂、成膜剂、柔润剂、防腐剂、芳香剂、增稠剂和溶剂。本配方配制出来的产品为一类透明凝胶剥离面膜。

第 2 号原料，聚乙烯醇，在配方中主要用以控制面膜变干的时间，作为成膜剂、乳化剂。本配方中添加量为 16.00%，在安全用量范围内。

第 4 号原料，羧甲基纤维素钠，与聚乙烯醇作用类似，在配方中主要作为成膜剂、增稠剂。本配方中添加量为 5.00%，在安全用量范围内。

第 6 号原料，尼泊金乙酯，别名羟苯乙酯，在配方中作为防腐剂，刺激性小，但亦有过敏案例。本配方中添加量为 0.40%，在安全用量范围内。

（3）制备工艺 透明凝胶状剥离膜剂制备的工艺流程：①在混合罐 a 中将 PVA 和 CMC 在乙醇中溶解均匀，在混合罐 b 中将去离子水、甘油混合均匀；②将混合罐 a 中内容物加入混合罐 b，加热至溶解（70～80℃），搅拌均匀后放置冷却至 45℃，加入用乙醇溶解的香精、防腐剂；③将上述混合物经压滤机过滤即得透明澄清液体。液体储存于储罐，等待包装。

（4）产品特点 本品原料配比合理，制备工艺简单，产品质量安全稳定，刺激性小，主要功效是清洁面部肌肤。使用后皮肤会感到清爽舒适，无油腻感。

（5）产品应用 本品一般洁肤后使用，使用时将面膜涂敷于面部，待其干后将其揭去，面部的污垢、皮屑也黏附在面膜上同时被揭去，达到清洁皮肤的目的。本品适用于油性、中性、混合性皮肤。

7.6.6 乳状睡眠面膜

（1）配方设计表

编号	成分	INCI 名称	添加量/%	使用目的
1	去离子水	DISTILLED WATER	85.20	溶剂
2	甘油	GLYCEROL	3.00	保湿剂、柔润剂
3	透明质酸钠	SODIUM HYALURONATE	3.00	皮肤调理剂、保湿剂
4	聚丙烯酰基二甲基牛磺酸铵	AMMONIUM POLYACRYLOYLDIMETHYL TAURATE	2.00	表面活性剂
5	生物糖胶-1	BIOSACCHARIDE GUM-1	1.00	保湿剂、柔润剂
6	泊洛沙姆 338	POLOXAMER 338	1.00	肤感调节剂、表面活性剂
7	辛酸	OCTANOIC ACID	1.00	柔润剂
8	柠檬酸	CITRIC ACID	0.50	pH 调节剂
9	聚二甲基硅氧烷	DIMETHICONE	0.50	柔润剂
10	角鲨烷	SQUALANE	0.50	柔润剂
11	聚二甲基硅氧烷醇	DIMETHICONOL	0.50	柔润剂
12	苯氧乙醇	PHENOXYETHANOL	0.50	防腐剂
13	辛甘醇	CAPRYLYL GLYCOL	0.50	保湿剂
14	甜橙香精	—	0.47	芳香剂
15	CI 42090	FD&C BLUE No. 1	0.10	着色剂
16	CI 42053	FD&C GREEN No. 3	0.10	着色剂
17	黄原胶	XANTHAM GUM	0.10	增稠剂、乳化稳定剂
18	乙二胺四乙酸二钠	EDTA-2Na	0.03	金属离子螯合剂

(2) 设计思路　本配方主要包括保湿剂、表面活性剂、防腐剂、营养物质、皮肤调理剂、柔润剂、肤感调节剂、pH 调节剂、增稠剂、金属离子螯合剂、芳香剂、着色剂和溶剂。配制出来的产品为一类以清爽增稠体系为主的乳状面膜。

第 3 号原料，透明质酸钠，保湿剂、皮肤调理剂。HA 是一种天然成分，具有优异的保湿保水效果。同时还具有改善皮肤营养代谢、修复受损皮肤屏障的功效。本配方中添加量为 3.00%，在安全用量范围内。

第 4 号原料，聚丙烯酰基二甲基牛磺酸铵，乳化剂。本配方中添加量为 2.00%，在安全用量范围内。

第 5 号原料，生物糖胶-1，保湿剂、柔润剂，起到舒缓抗敏、保水的作用。本配方中添加量为 1.00%，在安全用量范围内。

第 6 号原料，泊洛沙姆 338，肤感调节剂、表面活性剂。本配方中添加量为 1.00%，在安全用量范围内。

第 12 号原料，苯氧乙醇，防腐剂。化妆品使用时的最大允许浓度为 1.0%。本配方中添加量为 0.50%，在安全用量范围内。

第 15 号原料，CI 42090，在配方中作为着色剂。本配方中添加量为 0.10%，在安全用量范围内。

第 16 号原料，CI 42053，在配方中作为着色剂。本配方中添加量为 0.10%，在安全用量范围内。

第 17 号原料，黄原胶，在配方中作为增稠剂、乳化稳定剂。本配方中添加量为 0.10%，在安全用量范围内。

第 18 号原料，乙二胺四乙酸二钠，在配方中作为金属离子螯合剂。本配方中添加量为 0.03%，在安全用量范围内。

(3) 制备工艺　乳状睡眠面膜制备的工艺流程：按编号将组分原料分成 3 个组相，编号 1～6 为组相 A；编号 7～12 为组相 B；编号 13～17 为组相 C。工艺流程：①加热 A 相原料至 80℃，搅拌降温至 50℃；②称量混合 B 相原料，将 A 相加入 B 相，均质 5min；③将 C 相原料加入 A、B 相乳化后产品中，搅拌均匀。

(4) 产品特点　本品原料配比科学，制备工艺简单，产品质量安全稳定，使用方便，作用持久，主要功效是将润肤物质输送给皮肤，配方中各组分相互配合，起到保湿、软化皮肤、润滑、舒缓干燥皮肤、增强皮肤屏障功能等作用。

(5) 产品应用　本品一般在睡前洁肤后使用，使用方法简便，将乳液涂抹于面部，可以一直涂敷到次日清晨再正常清洁面部。本品适用于油性、中性、混合性等各类皮肤类型。

7.6.7　泡沫面膜

(1) 配方设计表

编号	成分	INCI 名称	添加量/%	使用目的
1	去离子水	DISTILLED WATER	77.90	溶剂
2	硬脂酸	BUTYL STEARATE	5.00	乳化剂、柔润剂
3	甘油	GLYCEROL	5.00	保湿剂、柔润剂
4	山嵛酸	BEHENIC ACID	4.00	乳化剂
5	丙烷	PROPANE	3.00	发泡剂

续表

编号	成分	INCI 名称	添加量/%	使用目的
6	聚氧乙烯(40)脱水山梨醇单油酸酯	POLYOXYETHYLENE(40)SORBITAN MONOLAURATE	1.00	表面活性剂
7	霍霍巴油	BUXUS CHINENSIS OIL	1.00	柔润剂
8	脱水山梨醇单硬脂酸酯	SORBITAN MONOSTEARATE	1.00	表面活性剂
9	三乙醇胺	TRIETHANOAMINE	1.00	pH 调节剂、保湿剂
10	十六-十八醇（混合醇）	—	1.00	柔润剂
11	防腐剂	—	0.10	防腐剂

（2）设计思路 本配方主要包括保湿剂、乳化剂、防腐剂、pH 调节剂、润肤剂、油性物质、发泡剂和溶剂。本配方配制出来的产品为一种气雾（气溶）型面膜。

第 2 号原料，硬脂酸，在配方中作为乳化剂、柔润剂。硬脂酸天然存在于各种植物和动物衍生物中，属于一种常用的高级脂肪酸，是一般乳制品不可缺少的原料，但添加量过多易导致肌肤不适，致皮肤粉刺概率高。本配方中添加量为 5.00%，在安全用量范围内。

第 4 号原料，山嵛酸，在配方中主要作为乳化剂。本配方中添加量为 4.00%，在安全用量范围内。

第 5 号原料，丙烷，在配方中主要作为发泡剂，安全刺激小，对于孕妇一般没有影响。本配方中添加量为 3.00%，在安全用量范围内。

第 7 号原料，霍霍巴油，在配方中作为柔润剂，具有润肤的作用且易吸收。本配方中添加量为 1.00%，在安全用量范围内。

第 8 号原料，脱水山梨醇单硬脂酸酯，在配方中作为表面活性剂，具有一定刺激性，有可能引起皮疹，添加量不宜多。本配方中添加量为 1.00%，在安全用量范围内。

第 9 号原料，三乙醇胺，在配方中作为 pH 调节剂、保湿剂。本配方中添加量为 1.00%，在安全用量范围内。

（3）制备工艺 泡沫面膜制备的工艺流程：①将油相（硬脂酸、山嵛酸、霍霍巴油、混合醇）和水相（甘油、去离子水）分别加热至 70℃，加入两种表面活性剂（6 和 8）将两相混合乳化；②冷却后添加三乙醇胺和防腐剂；③与丙烷在同一容器内填充后，包装。

（4）产品特点 本品原料配比科学，制备工艺简单，产品质量安全稳定，主要功效是清洁和补水，其中含有的细小泡沫可对皮肤达到保湿、保温效果。

（5）产品应用 本品一般在洁肤后使用，使用时将适量产品喷至手心，在脸上涂抹，让泡沫面膜在脸上均匀涂抹开，把重要的皮肤都盖上，维持大约 30min。本品适用于油性、中性、干性和混合性等各类皮肤。

7.6.8 天然中药人参面膜

（1）配方设计表

编号	成分	INCI 名称	添加量/%	使用目的
1	去离子水	DISTILLED WATER	62.40	溶剂
2	聚乙烯醇	PVOH	14.00	乳化剂
3	甘油	GLYCEROL	8.00	保湿剂、柔润剂
4	海藻酸钠	SODIUM ALGINATE	5.00	增稠剂、乳化剂

续表

编号	成分	INCI 名称	添加量/%	使用目的
5	乙醇	ALCOHOL	5.00	溶剂、防腐剂
6	羧甲基纤维素	CELLULOSE GUM	3.00	增稠剂
7	人参提取液	PANAX GINSENG EXTRACT	2.00	皮肤调理剂、抗氧化剂
8	香精	RARFUM	0.50	芳香剂
9	防腐剂	—	0.10	防腐剂

（2）设计思路　本配方主要包括保湿剂、乳化剂、防腐剂、柔润剂、抗氧化剂、皮肤调理剂、增稠剂和溶剂。本配方配制出来的产品为一种含天然中草药成分的贴布式面膜。

第5号原料，乙醇，在配方中主要作为防腐剂、溶剂。较高浓度的乙醇能够抑制微生物的生长，但对皮肤有一定刺激性，需要控制使用量。本配方中添加量为5.00%，在安全用量范围内。

第6号原料，羧甲基纤维素，可溶于水，形成胶黏状液，在配方中作为增稠剂。本配方中添加量为3.00%，在安全用量范围内。

第7号原料，人参提取液，在配方中作为皮肤调理剂、抗氧化剂，能延缓皮肤衰老，防止皮肤干燥脱水，增加皮肤的弹性。本配方中添加量为2.00%，在安全用量范围内。

（3）制备工艺　同一般贴布式膜剂制备工艺：①称取人参提取液与去离子水于烧杯中搅拌均匀，再依次称取加入甘油、乙醇、海藻酸钠、聚乙烯醇、羧甲基纤维素、香精，加热搅拌5～10min，搅拌溶解至透明待用；②加入称取的防腐剂混合均匀，静置；③过滤除杂，将固定质量的面膜液倒入已经折好的面膜袋中，封口即可。

（4）产品特点　本品原料配比科学，制备工艺简单，产品质量安全稳定，对皮肤刺激性低。面膜液中含人参提取液，具有抗氧化、抗炎、减少色素沉着和延缓衰老等作用。

（5）产品应用　本品一般在洁肤后使用，使用时只需将布贴于面部，使其与面部贴牢，经15～20min后，面膜液逐渐被吸收，最后取下贴布即可。本品主要适用于色素性皮肤和皱纹皮肤。

7.6.9　膏状桑叶面膜

（1）配方设计表

编号	成分	INCI 名称	添加量/%	使用目的
1	高岭土	KAOLINITE	35.00	填充剂、吸附剂
2	山梨醇	SORBITOL	24.00	保湿剂、皮肤调理剂
3	去离子水	DISTILLED WATER	9.00	溶剂
4	液状石蜡	LIQUID PARAFFIN	8.00	柔润剂
5	硬脂酸	BUTYL STEARATE	6.00	柔润剂
6	蓖麻油	CASTOR OIL	5.00	柔润剂
7	氧化锌	ZINC OXIDE	5.00	收敛剂
8	桑叶提取物	MORUS ALBA LEAF EXTRACT	3.00	抗炎剂、抗氧化剂、皮肤调理剂
9	硅油	SILICONE OIL	3.00	柔润剂

编号	成分	INCI 名称	添加量/%	使用目的
10	三乙醇胺	TRIETHANOAMINE	2.00	pH 调节剂、增稠剂
11	防腐剂	—	0.01	防腐剂
12	香精	PARFUM	0.01	芳香剂

（2）设计思路　本配方主要包括填充剂、吸附剂、保湿剂、皮肤调理剂、柔润剂、收敛剂、抗炎剂、抗氧化剂、皮肤调理剂、pH 调节剂、增稠剂、防腐剂、芳香剂。本配方配制出来的产品为一种含天然中草药成分的膏状面膜。

第 8 号原料，桑叶提取物，在配方中作为抗炎剂、抗氧化剂和皮肤调理剂，能抑制弹性蛋白酶，有抗衰的作用，还能抑制酪氨酸酶的活性，具有美白的功效。本配方中添加量为 3.00%，在安全用量范围内。

第 9 号原料，硅油，在配方中作为柔润剂。本配方中添加量为 3.00%，在安全用量范围内。

（3）制备工艺　桑叶膏状面膜制备的工艺流程：①将已灭菌高岭土、氧化锌与去离子水混合均匀；②然后依次加入液状石蜡、硬脂酸、蓖麻油、硅油、山梨醇和桑叶提取物，高速搅拌均匀；③最后加入三乙醇胺、防腐剂及香精混合均匀即得。

（4）产品特点　本品原料配比科学，制备工艺简单，产品质量安全稳定，对皮肤刺激性低，主要功效为皮肤美白和抗衰老。组分中液状石蜡、硅油、蓖麻油为油脂类，具有保湿润肤作用；山梨醇有保湿作用；三乙醇胺为 pH 调节剂，也有增稠、保湿作用；氧化锌和高岭土为粉质物料，高岭土可抑制皮脂，吸收汗液，有黏附作用，氧化锌则主要起收敛、抗菌作用；桑叶提取物具有抗炎保湿作用，并且通过抑制酪氨酸酶活性达到美白目的。

（5）产品应用　本品一般在洁肤后使用，使用时将适量产品涂敷于面部，经过 10~20min，待面膜中营养物质被皮肤吸收，用清水洗净即可。本品适用于干性皮肤、油性皮肤、中性皮肤、色素性皮肤和皱纹皮肤。

7.6.10　补水面膜贴❶

（1）配方设计表

编号	成分	INCI 名称	添加量/%	使用目的
1	水	PURIFIED WATER	85.785	溶剂
2	丁二醇	BUTYLENE GLYCOL	6.00	保湿剂、抗菌剂、溶剂
3	甘油	GLYCERIN	5.00	保湿剂、润滑剂
4	海藻糖	TREHALOSE	1.50	保湿剂、柔润剂、皮肤调理剂
5	乳酸杆菌/豆浆发酵产物滤液	LACTOBACILLUS/SOYMILK FERMENT FILTRATE	0.50	皮肤调理剂、舒缓抗敏
6	泛醇	PANTHENOL	0.30	保湿剂、柔软剂、皮肤调理剂
7	尿囊素	ALLANTOIN	0.20	抗炎剂、皮肤调理剂、舒缓抗敏

---

❶　本制剂配方等由广东芭薇生物科技股份有限公司提供。

续表

编号	成分	INCI 名称	添加量/%	使用目的
8	氯苯甘醚	CHLORPHENESIN	0.15	防腐剂
9	丙烯酸(酯)类/C10-30 烷醇丙烯酸酯交联聚合物	ACRYLATES/C10-30 ALKYL ACRYLATE CROSSPOLYMER	0.12	增稠剂、乳化稳定剂
10	三乙醇胺	TRIETHANOLAMINE	0.12	pH 调节剂
11	羟苯甲酯	METHYLPARABEN	0.10	防腐剂
12	透明质酸钠	SODIUM HYALURONATE	0.05	保湿剂、皮肤调理剂
13	羟乙基纤维素、乙酸钠、水、纤维素	HYDROXYETHYLCELLULOSE, SODIUM ACETATE, AQUA, CELLULOSE	0.05	增稠剂
14	乙基己基甘油	ETHYLHEXYLGLYCERIN	0.05	保湿剂、抗菌剂、柔润剂
15	EDTA 二钠	DISODIUM EDTA	0.05	螯合剂
16	PEG-40 氢化蓖麻油	TPEG-40 HYDROGENATED CASTOR OIL	0.02	增溶剂、乳化剂、表面活性剂
17	香精	FRAGRANCE	0.005	芳香剂

(2) 设计思路 本配方主要包括溶剂、保湿剂、舒缓抗敏、皮肤调理剂、螯合剂、防腐剂、增溶剂、香精。本产品具有皮肤舒缓、保湿、补充皮肤水分的功效。本配方配制出来的产品无毒、无刺激，使用时清爽、无油腻感，补水保湿作用温和持久。使用后不用清洗。

第 4 号原料，海藻糖，本配方中添加量为 1.50%，在安全用量范围内。

第 5 号原料，乳酸杆菌/豆浆发酵产物滤液，本配方中添加量为 0.50%，在安全用量范围内。

第 6 号原料，泛醇，本配方中用量为 0.30%，在安全用量范围内。

第 7 号原料，尿囊素，本配方中添加量为 0.20%，在安全用量范围内。

第 8 号原料，氯苯甘醚，本配方中添加量为 0.15%，在安全用量范围内。

第 9 号原料，丙烯酸（酯）类/C10-30 烷醇丙烯酸酯交联聚合物，本配方中添加量为 0.12%，在安全用量范围内。

第 10 号原料，三乙醇胺，本配方中添加量为 0.12%，在安全用量范围内。

第 11 号原料，羟苯甲酯，本配方中添加量为 0.10%，在安全用量范围内。

第 12 号原料，透明质酸钠，本配方中添加量为 0.05%，在安全用量范围内。

第 13 号原料，羟乙基纤维素、乙酸钠、水、纤维素，本配方中添加量为 0.05%，在安全用量范围内。

第 14 号原料，乙基己基甘油，本配方中添加量为 0.05%，在安全用量范围内。

第 16 号原料，PEG-40 氢化蓖麻油，本配方中添加量为 0.02%，在安全用量范围内。

(3) 制备工艺 本品为水剂。其制备工艺为：①在室温条件下将香精、PEG-40 氢化蓖麻油混合均匀。②将羟苯甲酯、乙基己基甘油、氯苯甘醚混合加热至 70℃，至溶解均匀透明。③将 EDTA 二钠、泛醇、甘油、尿囊素、海藻糖、羟乙基纤维素、乙酸钠、水、纤维素、丙烯酸（酯）类/C10-30 烷醇丙烯酸酯交联聚合物、透明质酸钠加入去离子水中加热至 85℃，均质搅拌溶解至均匀透明，降温。④降温至 70℃，加入羟苯甲酯及乙基己基甘油、氯苯甘醚的混合物搅拌溶解至均匀透明，降温。⑤降温至 45℃以下，加入乳酸杆菌/豆浆发酵产物滤液及香精与 PEG-40 氢化蓖麻油的混合物，搅拌混合均匀。⑥过滤，取样送检，合格后灌装入库。

（4）产品特点　本品配方科学，产品安全、无毒、无刺激，制备工艺合理、简单易行，产品各项指标稳定，使用方便，具有保湿补水的效果；轻微降低皮肤过敏，保护皮肤，使皮肤更加细腻、饱满，减少水分蒸发，有舒缓的效果。

（5）产品应用　本品适用于油性肌肤、混合性肌肤、干性肌肤、敏感性肌肤，可作夏季化妆品使用。使用前最好先用温和的清洁产品洗涤，用毛巾擦干后敷用 15～20min，轻轻按摩至吸收。

思考题

1. 按照基质组成分类，贴膜剂可分为哪几种？
2. 简要说明面膜对皮肤作用的原理。
3. 简述贴膜剂对皮肤的作用。
4. 剥离贴膜剂使用时，应注意哪些问题？
5. 简述贴膜剂的一般生产工艺流程。
6. 膜剂的基质和原料的选择有何要求？
7. 成膜剂在膜剂中发挥了什么作用？
8. 贴膜剂化妆品的质量控制指标有哪些？分别有哪些规定？
9. 某剥离贴膜剂的配方组成为：聚乙烯醇 15.00%、乙醇 9.40%、苯甲酸钠 0.50%、海藻酸钠 1.00%、羧甲基纤维素 4.00%、去离子水 65.00%、丙二醇 1.00%、甘油 3.00%、乳化硅油 1.00%、香精 0.10%，试分析该配方中各成分的作用和安全性。
10. 贴膜剂化妆品中不得含有金黄色葡萄球菌、绿脓杆菌、大肠杆菌，其受污染的途径有哪些？如何进行贴膜剂化妆品的杀菌消毒？

第8章
粉 剂

古埃及人出于对宗教的信仰，通常都会在眼部用绿色的粉末涂抹花纹，并相信这种行为能够去灾辟邪，得到神明的庇佑，这一风俗逐渐演变成一种装饰，以提升形象。国外很多古籍记载，上到王公贵族，下到平民百姓，都会用孔雀石粉末或黑色的方铅矿粉末涂抹眼部，这就是现代眼影的雏形。在我国，早在夏商时期就已出现了妆粉，到宋代开始使用珍珠粉进行护肤或修饰肤色。随着眼影等外来粉剂产品传入我国，越来越多的粉剂护肤品、彩妆品走入了消费者的日常生活中。

8.1 粉剂的剂型与特征

粉剂（powders agents）是一类主要组分为粉质原料，形态为散粉、粉球、粉饼、膜粉、块状粉、冻干粉、颗粒、浴盐的化妆品。粉剂产品容易制造、便于使用，较液体剂型具有更长驻留时间，成分中使用较多量的粉状原料。

粉剂产品多种多样，按配方构成可分为以粉体为主的散粉，及配合少量油性黏合剂成为固态的粉饼、粉球等。散粉是指不含有油分或含少量油分，由粉体原料配制而成的粉状化妆品，如香粉、足粉、牙粉、眼影、爽身粉、护肤粉、痱子粉、冻干粉、蓬蓬粉、染发粉、化妆粉、彩色底粉等。粉饼、粉球是指由散粉和黏合剂压制而成的一类化妆品，如胭脂、粉块、眼影粉饼和眉粉粉饼等。此外，一些浴盐、磨砂颗粒等也属粉类制剂范畴。

按照功效不同，粉剂化妆品可分为美容类、修饰类、清洁类；按使用部位不同，粉剂化妆品可分为脸部用粉剂化妆品、眼部用粉剂化妆品、身体用粉剂化妆品、口腔用粉剂化妆品、头发用粉剂化妆品；按使用人群不同，粉剂化妆品可分为婴儿用粉剂化妆品、儿童用粉剂化妆品和普通人群用粉剂化妆品。

8.1.1 脸部用粉剂

8.1.1.1 香粉

香粉是一种涂敷于面部，加有香料、染料，呈浅色或白色的粉状混合物，对皮肤无害，附着力强，易于涂敷均匀，近乎自然的肤色，香气淡雅，能掩盖面部的小暇疵。香粉深受女士们的喜爱，可谓是"国妆之魂"。

香粉的原料主要包括具有良好遮盖力的白色颜料，如氧化锌、二氧化钛和碳酸镁；具有良好吸收性的多孔粉体如碳酸钙、碳酸镁；具有良好黏附性的金属硬脂酸盐（如硬脂酸锌、镁、铝等）、棕榈酸盐、肉豆蔻酸盐；具有滑爽性的滑石粉等。除以上粉料外，为了调和皮肤颜色，使之鲜艳和有良好的质感，通常在配方中添加微量色素；为了使制品具有宜人的芳香，通常在配方中加入一些香气比较醇厚的挥发性较低的香精。

香粉的选择应根据不同的肤质和不同的季节。例如，对于油性肤质，应使用对油分吸收较强的香粉；对于干性肤质，则应选择对油分吸收较弱的粉，以帮助皮肤保持适宜的状态。从气候角度来看，炎热潮湿的季节应采用吸收性较好的香粉；而寒冷干燥的季节应采用吸收性较差的香粉。一般来说，减少碳酸钙或碳酸镁的用量或增加硬脂酸盐的用量，可以使香粉不易吸水，进而使其吸收性变差；反之则可使香粉的吸收性增强。当在香粉中加入适量油脂，可使粉料颗粒外部被脂肪包裹，以降低粉剂的吸收性能。这类加脂香粉可具有柔软、滑爽、黏附性更好等优点。考虑到脂肪的酸败，当粉体配方中加入脂肪类油脂时，应考虑加入适量抗氧剂以降低腐败对配方造成的影响。

8.1.1.2　粉饼

粉饼是在香粉中掺合适当的黏合剂，混合均匀后利用压粉机压制而成的饼状粉剂化妆品。一般附有海绵沾取使用，粉体附着在面部，起到补妆、定妆和物理防晒的作用。其中，黏合剂的性质对粉饼的压制成型、稳定性、肤感有很大影响，因此黏合剂的选择在粉饼配方中十分重要。制备粉饼可以选用的黏合剂种类很多，大体上有水溶性、脂溶性、乳化型和粉剂几种，见表 8-1。

表 8-1　常见黏合剂的类别

种类		黏合剂
水溶性黏合剂	天然胶质	黄蓍树胶、阿拉伯树胶、刺梧桐树胶、鹿角菜浸膏、瓜儿胶、琼脂等
	合成胶质	甲基纤维素、羧甲基纤维素、聚乙烯吡咯烷酮等
脂溶性黏合剂		液体石蜡、矿脂、脂肪酸酯类、羊毛酯及其衍生物等
乳化型黏合剂		液体石蜡、缩水山梨醇酯类等
粉剂原料		硬脂酸锌等金属皂

粉饼可衍生出很多细化产品，如修容粉饼、高光粉饼、古铜粉饼等。其中修容粉饼外观颜色相对更深一些，可在腮部涂抹，起到修饰脸型的作用；高光粉饼是在粉饼基础上添加珠光，可用以提升脸部光泽度；古铜粉饼在较深颜色基础上添加珠光粉，用于涂抹于身体部位，打造出健康的古铜肤色。

粉饼要求易于涂抹，取粉方便，同时要有一定的稳定性来抗击运输过程中的颠簸。这两种要求互相制约，构建配方时要特别注意。

8.1.1.3　胭脂（腮红）

胭脂主要使用红色系颜料，也可使用褐色、蓝色、古铜色和米色等。粉状腮红主要成分为粉质和色素颜料，辅以黏合剂、香精和水等。膏状腮红、慕斯腮红和条状腮红等主要以色素颜料、油脂、蜡、香精等组成。常见的组成成分有滑石粉、碳酸钙、碳酸镁、高岭土、氧化锌、二氧化钛、硬脂酸锌、硬脂酸镁、色素、黏合剂如羧甲基纤维素、羊毛脂或矿物油等。

胭脂的着色颜料含量在 1%～6% 之间。在质量与性能控制方面，胭脂必须满足以下要求。①易和基础美容剂溶合在一起，容易消除不均匀色调；②颜色不会因出汗和皮脂分泌而发生变化；③有适度的遮盖力，略带光泽（亚光），有黏附性；④卸妆容易，不会使皮肤染色。

胭脂类型也可以进行细分。粉饼型胭脂与一般粉饼的组成相近，制造工艺也相同。热浇注固化胭脂是无水油类、酯类、蜡类、颜料和填充剂组成的体系。在加热时熔化，均匀混合分散后，热浇注在合适的容器内，固化成软膏状，一般可利用各种酯类复配调节产品干爽性。

　　凝胶技术与无机材料改性技术的快速发展为新型胭脂的研发带来了机遇。基于凝胶技术开发出了水凝胶、无水凝胶和微乳液三类凝胶型胭脂;采用经表面处理的无机颜料,加入适当增稠剂和油相,可调制出粉末型乳油胭脂,涂抹在皮肤上后,在外界温度变化的作用下,细粉末消失,转变成乳油或油凝胶。

8.1.2　眼部用粉剂

8.1.2.1　眼影粉

　　眼影粉可根据产品形态分为粉饼型、软膏型和乳化体型。粉饼型眼影粉比较常见,通常盛装在马口铁或铝制的底盘中,有各种规格和形状。眼影粉的颜色有蓝色、绿色、赭色和闪光的珠光色调等多种。眼影粉用来涂敷于眉下、睫毛以上的上眼皮部分,可扩大眼睛的轮廓,使双目更有神。

　　眼影粉饼是由多种粉体原料、黏合剂及其他添加剂,经混合、压制而成的饼状固体。珠光眼影所使用的着色剂多数是珠光粉,亚光眼影的着色剂主要是无机和有机色粉。其配方工艺与基础美容粉饼相似。

8.1.2.2　眉粉

　　眉粉粉饼是由多种粉体原料、黏合剂及其他添加剂,经混合、压制而成的饼状固体。着色剂多数为黑色或棕色无机颜料,因而眉粉以黑色及棕色为主。其配方工艺与基础美容粉饼相似。

　　一般来说,眉粉需配合眉粉刷来使用。用眉粉刷沾取适量眉粉均匀地涂在眉毛处,勾勒出所需眉形,之后将眉粉由眉头处轻轻向眉尾方向晕开,力度要保持均匀,最终得到效果自然、美观的妆容。

8.1.3　身体用粉剂

8.1.3.1　爽身粉

　　爽身粉是一种涂敷于全身,使皮肤保持干爽、避免湿热生痱的一类粉状化妆品。爽身粉主要通过吸收沐浴后皮肤上多余的水分、加快水分蒸发的方式来保持身体的爽滑。是一种男女老幼四季均可使用的大众护肤化妆品。

　　除了粉体原料外,爽身粉中会加入具有清凉感的薄荷油(脑)或薄荷酯。同时,还常常在配方中添加硼酸作为缓冲剂,可起到一定的杀菌消毒作用。

　　婴儿皮肤极为娇嫩、组织薄、角质少、抵抗力较弱、易受刺激和感染。而婴儿的臀部,常为便溺染污,更易出现皮炎或细菌感染的问题。除日常清洁、勤洗勤换内衣尿布外,使用保持肌肤干爽的爽身粉也可减少这类问题的出现。婴儿爽身粉的配方与一般爽身粉类似,以滑石粉为配方主体,但其他原料则选用更为安全、温和、无刺激性的材料。很多香料对皮肤都有一定程度的刺激性,如无必要,婴幼儿爽身粉中一般不添加香精香料。

　　爽身粉的制备工艺较简单,与香粉的生产工艺类似。通过将粉末原料混合、粉碎和过筛制备得到。由于粉末原料中的滑石粉、氧化锌等在加工过程中可能带有细菌,应先经灭菌处理。粉质原料一般采用环氧乙烷气体灭菌的方法。

8.1.3.2　浴盐

　　浴盐,又称为浴晶。一般用在沐浴过程中,可以起到消脂、减肥、美容、杀菌等作用。盐对于皮肤的护理有很大的好处。日本的浴盐研究较为深入,会根据碳酸盐泉、碳酸氢盐泉、硫磺泉、铁泉、氡泉等不同的温泉类型进行针对性的开发。我国主要集中在对氯化钠盐浴的开发。氯化钠性质稳定，pH 为中性，不会对皮肤造成刺激。其中的钠离子、氯离子可以透过皮肤进入体内，促进血液循环，增加机体的代谢能力，从而起到减肥保健的功效。而盐颗粒的磨砂性可以帮助清除皮肤表面的角质，使皮肤嫩滑，延缓皮肤的衰老。此外，盐类可解离出离子，其所带的电荷会干扰细菌对皮肤的黏附能力，从而使细菌脱水，最终起到杀菌的作用。

浴盐中主要包含水溶性无机盐、香精、着色剂、抗结剂，以及一些调节肤感的添加剂等。浴盐中的抗结剂主要是用以防止盐的结块，避免运输过程中的颠簸，让盐类成块，影响售卖外观和使用感。而肤感调节剂可以提升产品的使用感，例如在浴盐中添加十二烷基硫酸钠，能够提高浴盐的去污除脂能力，并能增强发泡能力；在浴盐中添加羧甲基纤维素钠可以提高浴盐使用过程中的保水保湿能力。

浴盐的生产工艺简单，将配方中的原料混合，压片成型，抽检合格后，即可分装打包。

8.1.4 口腔用粉剂

牙粉是最早的专业洁齿用品。我国早在明朝就已经记载了由九种原料配成的牙粉，其原料中用到的羊颈骨灰被视为早期的摩擦剂（类似于磷酸钙）。古印度、古埃及和古罗马也早有关于用公牛骨粉、焦化蛋壳和轻石等制备牙粉的记载。第二次世界大战以后，磷酸钙盐作为摩擦剂开始出现在牙粉配方当中。

牙粉成分中主要包括摩擦剂、洗涤剂、矫味剂和香精等。其中摩擦剂占较大比重。与牙膏相比较，牙粉中不含游离水，可避免由于水体滋生细菌而导致的原料变性、变质等问题。目前，不少研究集中在功效型牙粉的开发方面，部分牙粉配方中会添加一定比例的植物成分，以得到脱敏、去异味、凉血和止血的效果。

牙粉的生产方式比较简单，只需将粉料在具有带式搅拌器的拌粉机内拌和均匀，糖精可用少量水溶解后先与一部分粉料混合后加入，香精则在拌和过程中喷入。混合均匀后经过筛粉机过筛，即可包装。

8.1.5 发用粉剂

8.1.5.1 头发蓬蓬粉

蓬蓬粉是近年来流行起来的新品，这是一类可以让头发蓬松起来的粉状造型品，能吸收头皮油分和水分，使整个头发蓬松不坍塌。相对于发蜡、摩丝、发胶来说，蓬蓬粉可以打造更为自然的效果，也可以让消费者在面对临时性的约会场合时，保持优雅体面。蓬蓬粉的配方主要为一些多孔的粉剂填充剂如玉米淀粉、硅石等。还会在其中添加黏合剂如乙烯基吡咯烷酮-醋酸乙烯酯共聚物、抗静电剂如聚乙烯吡咯烷酮、气味抑制剂如苯甲酸钠等。蓬蓬粉的制备工艺与香粉相同。

8.1.5.2 染发粉

头发作为个人形象的关键部分，其色泽对人的整体气质影响很大，合适的发色可大幅度提升个人形象，因此染发成为了现代人追求形象美的常用手段。染发剂主要包含染发膏、染发霜、染发液和染发粉。相对于膏、霜和液体的染发剂，染发粉的稳定性和安全性略胜一筹。这主要是由于在液体染发剂中，染料以高浓度形式存在，在保存过程中可能会出现组合物沉淀的问题，在使用过程中使浸染毛发的染料变少，从而达不到预期的染发效果。而粉剂染发剂则可避免此类现象。此外，很多天然植物染料以粉剂形式存在时更为稳定，能够更好地发挥染色的作用，提升染发效果，减少染发剂的刺激性。

染发粉配方中一般含有染料、碱剂、溶剂、粉末状载体、增稠剂、油类等成分。目前，一般选择玉米淀粉、蛋白粉、纤维素等天然的对人体有益的粉末作为染发粉载体，可降低化学物质对头发的伤害，对头皮和头发具有一定的修护作用。染发粉的制备工艺与香粉相似。

8.1.6　冻干粉

冻干粉是近年来新兴起来的一种粉剂化妆品，常作为活性成分直接使用或混合于化妆品中使用。冻干粉是利用真空干燥技术将湿料或溶液，在低温条件下冷冻，水分子会直接升华成为蒸汽逸出，脱水成固态的干燥产物。这种操作也称为冷冻干燥技术，常见于医药、食品行业。冻干物在被干燥处理之前，冰晶会均匀地分布在物质中，升华过程不会出现泡沫、氧化等问题，因而其理化和生物学性质变化不大。

较早出现的化妆品冻干粉属于表皮细胞生长因子（EGF）类冻干粉。适合作为冻干粉的活性物质一般包括细胞因子 EGF、KGF-2、SCF、BFGF 等肽类物质，还有一类是植物提取物。通过冷冻干燥技术制备得到的活性冻干物可有效保持原料本身的外观品质和有效成分含量，可以改善不相容、货架寿命低、制备过程中溶剂气味不易脱除等问题。真空干燥技术可以帮助冻干粉真正做到无菌、不添加任何防腐剂，降低了产品刺激性。

一般真空干燥可以大致分为原料预处理、干燥两个部分，操作简单。在原料中可能会添加冻干保护剂、填充剂、抗氧化剂和酸碱调节剂等。

8.1.7　软膜粉

软膜粉是一种可揭剥的面膜粉，在美容院较为常见。主要是作为面膜使用，通常由基料和功效成分组成。其中功效成分可根据美白、抗衰等需求，选择合适的活性物，膜材则一般选用肤感顺滑、可遇水成膜的材料，如滑石粉、硅藻土等。在消费者使用时，只需向软膜粉中添加水，并不断搅拌至粉体形成膏状，即可涂抹于面部。制作较为简单，只需将活性成分的干粉与膜材进行均匀混合即可。

8.2　粉剂的基质与原料

8.2.1　粉体的基本特性

粉剂化妆品需满足安全性高、稳定性好、肤感良好、性能优越等条件。粉体应对皮肤、黏膜等无刺激作用，不含有害的重金属（如镉、铅、汞）和砷等杂质，无微生物污染，不会由于微生物作用而产生毒性或刺激作用。粉剂原料应在热、光、药品、油脂及香料的影响下，不发生变色、变质、变形、分离、产生异味等质量劣化。粉体应保持良好的混合性，不会局部聚结成团，且易于在皮肤表面铺展和分散。粉剂产品应有较为良好的肤感，使最终产品在涂布时具有柔和的贴肤性，整体呈现爽滑质感，无异物感。

8.2.1.1　吸收作用

吸收作用是指粉体对汗液和皮脂的吸收特性。面部的妆容会因皮脂和汗液分泌过多而脱落，特别是面部 T 字区的额部和鼻翼周围。而粉剂中的某些成分可以帮助吸收这些皮肤的分泌物，进而减少面部某些出油位置不洁的油光，使化妆品的妆效更为持久。具有较良好汗液、皮脂吸收能力的粉体主要包括胶态高岭土、淀粉和改性淀粉、沉淀碳酸钙、碳酸镁等。在加工过程中，预先将原料进行研磨处理，可以得到更细的颗粒，进而提升配方对汗液和油分的吸收能力。

8.2.1.2　铺展作用

铺展作用主要指的是粉剂滑爽易流动的性能。这种特性让粉体可以均匀地涂覆在皮肤表面。粉剂原料常有结团、结块的倾向，当香粉敷施于面部时易发生阻曳现象，因此必须具有滑爽性，使香粉保持流动性并易于扑搽。

使产品具有柔滑性的粉体是滑石粉和云母等原料。可利用动态摩擦因数作为铺展性的物理化学评价。动态摩擦因数值小的粉体，其铺展流动性越好。

8.2.1.3　附着作用

附着作用指粉体可以在皮肤上均匀地铺展和可在皮肤上长效附着。提高粉剂化妆品粉体在皮肤上附着性的一般方法除使用滑石粉外，还可以通过加入一些金属皂类来达到目的，如添加硬脂酸锌和硬脂酸镁。

8.2.1.4　遮盖作用

遮盖作用指将粉体涂敷在皮肤表面上，应显示遮盖住皮肤的本色、疤痕、斑点等瑕疵的能力。遮盖力是粉体的重要性质。使粉剂化妆品具有遮盖作用的是二氧化钛和氧化锌等白色颜料。粉体的遮盖力与粉体的折光指数和粒径大小有关。高折光指数和粒径范围 $0.2 \sim 0.3 \mu m$ 内粉体具有较好的遮盖作用。

8.2.1.5　黏合作用

粉饼类配方中需添加一定量的黏合剂，使粉体能够黏合定型、结构稳定。黏合剂主要包括水溶性黏合剂、脂肪性黏合剂以及粉剂黏合剂。水溶性黏合剂包括阿拉伯树胶等天然黏合剂，以及羧甲基纤维素等合成黏合剂。天然黏合剂中常含有一定的杂质，且易为细菌腐败，这是由于天然胶质产地及自然条件不稳定，进而影响天然黏合剂的品质。因而合成胶黏剂在配方中更为常见。配方中胶质的含量一般在 $0.1\% \sim 3.0\%$ 之间。

水溶性黏合剂在使用过程中可能会存在遇水产生水渍的问题，因而常用脂肪性黏合剂作为替代，脂肪性黏合剂还可在配方中起到润滑作用，用量一般为 $0.2\% \sim 2.0\%$，超过此用量易使产品出现黑色油团，因而对这类胶黏剂的用量应加以注意。若单独采用脂肪性黏合剂，产品黏合力不够强时，可再加入一定水分或水溶性胶质溶液以增加黏合力。脂肪性黏合剂中包含乳化型黏合剂。当配方中少量脂肪物难以均匀混入粉体中时，可采用乳化型黏合剂使油脂和水在压制过程中均匀分布于粉料中，并可防止油团现象出现。粉剂黏合剂需要较大的压力才能压制成型。用粉剂黏合剂制成的胭脂组织细致光滑，对皮肤的附着力很好。

8.2.2　粉剂配方构成

粉剂化妆品由粉体原料和基质原料构成。按照功能大体可分为粉体填充剂、着色颜料、黏合剂、香精、肤感调节剂、抗结剂、其他特殊添加成分等。其中基质原料和着色剂的用量最大。脂肪类基质原料包括凡士林、液体石蜡、各种蜡类、合成酯类、羊毛脂及其衍生物、天然植物油、二甲基硅氧烷及其衍生物等油溶成分。此外，某些粉体中还会添加抗氧化剂、防腐剂以延长产品的使用寿命。

8.2.3　粉剂化妆品中的原料

8.2.3.1　基质原料

（1）高岭土　胶态高岭土是由天然高岭土经过胶溶过程精制而成的，这种处理方式得到的粉体颗粒度更小，且尺寸分布更为均匀。胶态高岭土有很好的吸汗能力，对皮肤的黏附性优于滑石粉剂材料，相对密度较高，在实际生产中可与滑石粉复配使用，有助于减少皮肤出油时对于妆效的影响。高岭土的缺点是肤感不够柔滑，质地略为粗糙。在面用粉剂中质量分数一般不超过 30%。

（2）淀粉和改性淀粉 在面用粉剂产品中具有更多的应用，其吸收能力强，且具有较好的遮盖能力，可以赋予皮肤平滑感。一般淀粉的颗粒直径为 $3\sim8\mu m$，当暴露于潮湿空气中，或使用时皮肤汗液分泌过多，淀粉会出现结块问题，形成黏稠的浆状物，在皮肤表面容易堵塞毛孔。淀粉为微生物的生长提供养分，因而存在变质问题。有一些专供化妆品使用的改性淀粉，可以显著改善普通淀粉在使用过程中的成块及发霉长菌问题。

（3）碳酸钙 一种广泛用于面部粉剂产品的粉体原料，具有很好的附着性，与高岭土类似，可与滑石粉复配来减少滑石粉的光泽度，从而得到较为亚光的妆效。专供化妆品使用的沉淀碳酸钙，具有良好的附着性、耐油性，以及很强的吸油和吸水能力，并且不会给皮肤带来干涩的感觉。

（4）碳酸镁 碳酸镁是粉体中吸收性较高的粉末，其吸收能力约为沉淀碳酸钙的 3 倍。用于面部粉剂产品时，产生绒毛般肤感，并有助于防止粉体结球。目前，常选用轻质碳酸镁作为化妆品粉体，其配方中的添加量一般为 5%。

（5）滑石粉 主要包含水硅酸镁及法兰西白粉，其延展性在粉剂原料中最佳，但其吸油性及附着性稍差。滑石粉不会与皮肤发生任何反应，是制造香粉不可缺少的原料。滑石和石棉（一种致癌物质）是伴生矿。我国《化妆品用滑石粉原料要求》规定，滑石粉中不得检出石棉，且在粉状产品的生产和使用中，应该使粉末远离鼻和口。在 2015 年版《化妆品安全技术规范》中滑石粉被列为限用组分。而在 2016 年中国香精香料化妆品工业协会发布的《关于化妆品中滑石粉的使用问题》中，认为在合理、可预见性的条件下使用含滑石粉剂化妆品是安全的，因而滑石粉目前是可以在粉剂产品中合理添加使用的。

（6）云母 一类复合的水合硅酸铝盐的总称。种类较多，不同种类的云母具有不同的晶系，多为单斜晶系。用于化妆品的云母粉主要是白云母和绢云母。白云母粉是质软、带有光泽的细粉，可与大多数化妆品原料配伍。绢云母制得的产品触感较为柔软、平滑，其粒子不会团聚，易加工成粉饼、香粉、湿粉和乳液等。并可防止其他颜料分离，有助于颜料分散，有优异的可铺展性和皮肤黏附作用。

近年来，为提高柔滑性开始使用粒径为 $5\sim15\mu m$ 范围的球状粉体，包括二氧化硅和氧化铝球状粉体、纤维素微球、尼龙、聚乙烯、聚苯乙烯、聚四氟乙烯、聚甲基丙烯酸甲酯等球状高分子粉体。

对粉体进行表面处理，可提高产品在皮肤表面的附着性。一般对粉体进行疏水处理，以防止粉体在皮肤表面与汗液混合，使化妆粉膜崩散。疏水处理粉类表面时，一般会使用金属皂、有机硅、卵磷脂、氨基酸、全氟烷基化合物、花类蜡和表面活性剂等，使原料表面带有疏水性官能团。十一烯酸锌或十一烯酸镁可显著增加粉体的附着力。添加质量分数为 2% 的凡士林、矿油和十六碳脂肪酸也可改善产品的附着力。不同的生产工艺也会对原料的附着力有所影响，气相法二氧化硅细粉附着力较强，配方中加入少量超细二氧化硅可防止粉体结块，并增加粉剂化妆品的绒毛般的肤感。

8.2.3.2 着色原料

着色原料包括色粉和色素。色粉是一种不可溶解在分散介质中，为产品带来着色效果的微粒。而色素则是一种可溶于水的原料，需要溶解在溶剂中才会显示出本身的颜色。常见的色粉一般包括有机色粉、无机色粉和一些珠光原料。其中有机色粉包括一些色素类，无机颜料主要包含红色氧化铁、黄色氧化铁、黑色氧化铁、亚铁氰化铁、锰紫等，珠光类则主要包括氯氧化铋、天然或合成的云母等。

（1）色粉 二氧化钛（钛白粉）是最常用的白色颜料，遮盖力强，生理上具有惰性，使用安全，不会引起皮肤刺激作用，有时较难与其他粉料均匀混合，但与氧化锌复配后可克服这个问题。粉体的亲油或亲水表面处理可改善其分散性。超微粒二氧化钛（TiO_2）的晶体直径为 20～50nm，对 200～400nm 紫外线有强的散射作用，可用作紫外线吸收剂，其分散液呈透明或半透明。

氧化锌（锌白粉）也是常用的白色颜料，具有中等的收敛作用、抗菌作用和缓解作用，能舒缓轻微的皮肤刺激作用。质量分数为 15%～25% 可达到较满意的遮盖力。氧化锌还有防晒作用，0.2～0.3μm 的氧化锌的防晒作用优于其他粉体。与 TiO_2 相似，纳米级 ZnO 也是一种 UVA/UVB 防晒剂，已开始在防晒制品中应用。

黑色色粉主要是合成的氧化铁色粉或者炭黑色粉，一般黑色的粉体显色度较高，可根据需求选择不同粒径，不同黑度的色粉，色粉的纯度越高，其黑色越深。通过对色粉的表面进行处理还可得到不同极性、不同亲疏水性能的色粉。如若想得到防水防油的产品，则可对色粉表面进行处理，增加防水涂层。

（2）色素 胭脂虫红是一种常见的色素，从成熟胭脂虫体内获得，属于蒽醌类的色素。胭脂虫红通过水提得到酸性溶液，该溶液中含有蛋白质和微量的盐，是为数不多的可以抗老化的色素水溶液，再与钙和铝反应即可得到胭脂虫红的产品。根据添加金属的不同，可以改变色素的颜色，使之呈现粉色到白色的状态。

β-胡萝卜素是从胡萝卜的根茎、果实中提取得到，是一种脂溶性化合物，不溶于水、甘油等。纯品一般呈光泽的深红色或暗红色，对光、氧化环境以及高温极其不稳定。β-胡萝卜素本身还具有一定的抗氧化和抗衰功效，因而除上色外，还能起到保护皮肤的作用。

（3）珠光粉 珠光原料早期用云母包裹二氧化钛来实现，起初为白色，后逐渐演变出多种颜色。现在的珠光材料是由研磨的云母粒子和二氧化钛或其他金属氧化物包裹而成，当白光照射到这些粒子表面，光线经过外层包裹薄片的反射作用会出现多种干涉颜色，进而展现五光十色的幻彩效果，具体呈现哪种色彩，则取决于外在的金属氧化物种类以及包裹的厚度。一般的包裹材料可以选择胭脂红、亚铁氰化铁、四氧化三铁等。需要注意的是，部分珠光由色素包裹得到，因此在产品使用过程中不可加热至过高温度，否则会引起色粉分解。在配方中也应注意 pH 值，例如亚铁氰化铁的珠光产品在碱性或碱性盐存在时都极为不稳定。

8.3 粉剂产品的制备工艺

粉剂产品的工艺流程一般涵盖配料灭菌、混合搅拌、粉碎研磨、灌装入库等几个步骤。不同的产品其制备工艺上略有不同。粉体加工过程可参考以下工艺流程。

8.3.1 香粉类产品的制备工艺

香粉、散粉、块粉、胭脂、眼影、腮红等粉剂产品加工方式类似。其制备工艺遵循配料灭菌、混合、研磨、加香、加脂、过筛、灌装等几个步骤。香粉制备工艺流程，如图 8-1 所示。

（1）粉料灭菌 粉剂化妆品所用滑石粉、高岭土、钛白粉等粉末原料不可避免会附有细菌，配料前须对粉料严格灭菌。粉料灭菌方法有环氧乙烷气体灭菌法、钴 60 放射性源灭菌法等。

图 8-1　香粉类产品制备工艺流程

（2）混合　粉料混合是将各种粉料搅拌均匀，是香粉生产过程中十分重要的工序。混合设备有带式混合机、立式螺旋混合机、V型混合机以及高速混合机等，常用的是带式混合机。将粉末原料计量后放入混合机中进行混合，但是着色剂类原料或活性成分等原料，由于添加量相对较少，在混合机中难以完全分散，所以需预先处理，之后加入到粉碎机中与其他粉料混合，并多次混合直至混合均匀。

（3）研磨　研磨的目的是将颗粒较粗的原料进行粉碎，使色料更分散，颜色更均匀，料体更细腻贴肤。不同的颗粒尺寸可打造不同的肤感，且呈现的色泽也略有不同。球磨机是常用的研磨设备。研磨后的粉料应色泽均匀，尺寸均一，可按照标准进行过筛，筛出符合要求的原料进行填装，若一次研磨粒径没有达到要求，则需反复研磨多次。

（4）过筛　通过球磨机混合、研磨的粉料需过筛处理。最为常见的过筛设备为卧式筛粉机。经过筛分后，可以得到尺寸符合标准的粉体，进行后续处理。

（5）加香　香精的添加量相对较少，因而常将香精预先与部分碳酸钙或碳酸镁混合，待搅拌均匀后再加入球磨机中以得到更好的分散效果。特别地，如果混合过程采用气流磨或超微粉碎机，为避免油脂物质的黏附，同时避免粉料升温后对香精的影响，应将碳酸钙（或碳酸镁）和香精的混合物，加入磨细后经过旋风分离器得到的粉料中，再进行混合。

（6）加脂　一般香粉的 pH 值是 8～9，而且粉质比较干燥，为了克服此种缺点，需向香粉配方中加入少量脂类化合物以提升使用感。加入脂类化合物的香粉称为加脂香粉，加脂的过程简称加脂。需注意，如果脂类化合物加入过多，会使粉料出现结团的现象，因此应控制脂类的加入量。

（7）灌装　灌装是香粉生产的最后一道工序，一般采用容积法和称量法。对定量灌装机的要求是应有较高的定量精度和速度，结构简单，并可根据定量要求进行手动调节或自动调节。

8.3.2　粉饼的生产工艺

粉饼的生产工艺有湿法和干法两种。湿法是先将着色颜料与粉类原料研磨混合均匀，过筛，添加黏合剂溶液或乳液和香精，经充分混合后，二次过筛，所得混合物颗粒在室温下或温热空气中干燥，压制成型，包装。需要注意干燥温度必须低于香精挥发温度。

干法适于大规模生产，散粉压饼过程由加压成型设备完成。将制得的粉料陈化，使粉体内部的气泡充分逸出，然后填充在容器内，施加较小的压力将空气挤出，加压至 300kPa 压成粉饼，最后加压至 1MPa。如果配方合适，粉料加工精良，可直接加压至 4MPa，加压成饼。干法生产粉饼的工艺流程，如图 8-2 所示。

图 8-2　粉饼类产品干法制备工艺流程

8.3.3　浴盐的生产工艺

浴盐的制造工艺较简单，一般使用通用型粉末混合机（如螺带式混合机），将固体原料混合，再用喷雾法喷含着色剂的溶液使其着色，干燥后即得产品。着色剂溶液可以是水/乙醇或乙醇溶液，也可以用 90％乙醇/10％丙酮溶液。香精可单独喷洒（10％乙醇溶液），或分散于着色剂溶液中喷洒，或先将香精与吸油粉末混合再混入盐中。放于盘上，使溶剂蒸发得浴盐，或压制成型，得浴晶或浴片。浴盐类产品的生产工艺流程，如图 8-3。

图 8-3　浴盐生产工艺流程示意图

8.3.4　冻干粉的生产工艺

冻干粉类产品制备工艺流程，如图 8-4 所示。

图 8-4　冻干粉类产品制备工艺流程

粉剂产品中，冻干粉的制备工艺最为简单。一般只需要对原料进行必要的预处理，将其消毒、杀菌，或进行必要的浓缩处理，之后将其混合，放置于冻干设备中进行干燥，至水分完全升华。为提升冻干粉的质量，会在原料品中添加一些保护剂、填充剂、酸碱调节剂等其他成分。目前糖类成分例如蔗糖、海藻糖等，都能够作为保护剂和填充剂添加到配方中，以使冻干粉成品具有更好的粉质，结构更为坚韧。

8.3.5　特殊花纹的新工艺

除一般的制粉工艺外，还有受欢迎度较高的压粉花纹的工艺。

8.3.5.1　浮雕花纹工艺

具有浮雕花纹的粉剂产品，让化妆品更具有美感和艺术性。精美的花纹可以很好地突出产品协调性，吸引消费者目光，增强消费者的购买欲望。目前，很多的高光、腮红、眼影等都采用了浮雕工艺。浮雕工艺主要通过模具实现，具体操作主要有模具法、烤粉法、平面花纹法等几种方式。

（1）模具法　模具法应用范围较广，可应用于具有立体结构的粉产品中。制作这种粉需要将干粉与半流动性膏体混合均匀，加热后灌装在雕刻有花纹的硅胶模具中，冷却，待料体凝固稳定后脱模处理。

（2）烤粉法　将干粉与溶剂搅拌均匀，装入硅胶模，成型后取出烘烤，待可挥发性的成分被烤干后，在铝盘或瓷盘中盛放。这种方法制备得到的产品质地较硬，上色较为均匀。克服了传统压粉产品取粉较难的问题，且这种方法得到的块粉，较容易与刷子等美妆工具配合使用。

（3）平面花纹　有些粉块为简单的平面花纹，则可利用模布进行压制。这种方法的制备过程与模具法类似。首先将原料粉碎并搅拌均匀，之后用带有花纹的特殊膜布压制成型。这种方法只适用于图案简单的粉块样式，并且对料体的硬度和黏性有一定的要求。

8.3.5.2　拼色工艺

大理石纹路的产品近年来也深受年轻人的追捧。不规则的纹路，双色拼接的形式，让产品更为精美，具有高级的质感。制备这种大理石纹路的产品，需要将两种干粉分别搅拌均匀，之后再把两种粉灌装在铝盘上并轻度搅拌，最后烤干成型。

8.3.5.3　渐变色工艺

渐变色工艺能让粉剂产品更为炫目，不少渐变色眼影、渐变色腮红，能为消费者提供不同的妆效。粉体本身颜色梦幻，也是时下的热点。通常情况下，渐变色粉饼的制备需要将压粉模具通过栅格分为两格，分别向两格栅格中填充调好的粉原料，之后将格栅去掉，进一步压制，之后便可得到目标产品。

8.4　粉剂的生产设备

根据粉剂化妆品的制作工艺，一般可将粉剂产品的生产过程分为研磨、混合、过筛、压制等几个部分，下面针对每个过程中需使用到的设备进行简要介绍。

8.4.1　粉碎设备

粉碎设备主要用以对原料进行搅拌、分散和粉碎，这样处理之后，粉类原料能够更为均匀、细腻地分散。

8.4.1.1　球磨机

球磨机属于细碎设备，可用于无机颜料、无机基质材料的粉碎操作。球磨机一般由不锈钢制成的圆柱筒组成，筒内装入一定数量、大小不同的钢球或瓷球。粉碎操作前，需根据粉碎原料的特性来选择球体的材质和球体的尺寸。内置的钢球或瓷球会发生惯性转动，适当通过控制旋转速度使球体达到一定高度后，在重力作用下抛落下来，球的反复上下运动使原料受到强烈的撞击和研磨，原料从块状固体被粉碎成细小颗粒。

球磨机适合用于高成本物料的粉碎、无菌粉碎、干法粉碎、湿法粉碎和间歇粉碎等。粉碎效果与圆筒的转速、圆球与物料的装量、圆球的大小与重量等有关。粉碎时，应根据物料的粉碎程度选择适宜大小的球体，一般来说球体的直径越小、球体材料的密度越大，则原料粉碎的粒径越小，适合于物料的微粉碎，甚至可达纳米级粉碎。球磨粉碎时，球体和粉碎物料的总装罐量应不超过罐体总容积的60％。

8.4.1.2　振动式超微粉碎机

振动式超微粉碎机采用不锈钢棒材作为研磨介质，通过电机带动激振器使粉碎仓进行高频圆周振动，带动研磨介质对仓内材料进行敲打、剪切、研磨，其粉碎原理跟球磨机有一定相似性，但相对球磨机又有所不同：①球磨机研磨介质为球状，研磨介质之间为点与点接触，摩擦面较小，而振动式超微粉碎机研磨介质为线与线接触，摩擦面较大；②球磨机研磨介质的研磨力来自介质重力，即依靠自由落体运动对材料进行敲打、剪切、研磨，而振动式超微粉碎机依靠的是研磨仓带动研磨介质的高频圆周振动来对粉料进行处理。

8.4.1.3　胶体磨

胶体磨主要是通过不同几何形状的活动钢磨盘和固定钢磨盘在高速旋转下的相对运动，来对粉料进行剪切、碾磨、高频振动，从而实现粉碎料体的目的。粉碎室设有两道磨碎区，一道为细磨碎区，另一道为超微磨碎区，粉碎细度可通过调节上下钢磨盘而达到所需要的超微粉碎效果。该设备具有结构紧凑、运转平稳、噪声小、耐腐蚀、易清洗、维修方便等特点，常用于湿法粉碎操作中。

8.4.1.4　超微粉碎机

超微粉碎机主要由粉碎机主体、旋风分离器、脉冲除尘箱以及离心风机等几部分组成。料体首先进入粉碎室，由高速旋转的活动刀盘和固定齿盘相互碰撞对料体进行粉碎，粉碎细度可通过调节分级变速器改变分级叶轮的转速来调整。分级叶轮转速越快，料体研磨越细。

粉碎好的物料会经由旋转离心力和引风机的作用，进入旋风分离室，分离出料。多余的粉尘进入脉冲除尘箱，经过过滤筒处理后可回收再利用。

8.4.1.5 气流粉碎机

气流粉碎机的工作原理主要是通过气流带入粉料。通常，压缩空气经过过滤干燥后，经由拉瓦尔喷嘴高速喷射入粉碎腔中，在多股高压气流的交汇点处，粉料被反复碰撞、摩擦、剪切而被粉碎。粉碎后的物料在风机抽力作用下随上升气流运动至分级区，在高速旋转的分级涡轮产生的强大离心力作用下，粗细物料分离，符合要求的颗粒会通过分级轮进入旋风分离器或除尘器中收集，尺寸较粗的颗粒则下降至粉碎区重新进行粉碎。

8.4.2 筛分设备

固体粉料经粉碎后颗粒并非完全均匀，需要过筛以筛分出符合要求的粒子。常用的筛网材质主要包括金属丝、蚕丝或尼龙丝，筛孔多为方形或圆形，筛孔尺寸以目计算，即每平方英寸筛网内所含筛孔的数目。目前常用作生产中的筛分设备主要包括滚筒筛、振动筛和离心风筛。

8.4.2.1 滚筒筛

滚筒筛主要由电机、减速机、滚筒装置、机架、密封盖、进出料口等几部分组成。

滚筒筛工作时，物料先进入滚筒装置，滚筒装置一般为倾斜放置，由于其倾斜并不断转动，粉料可在筛面上不断翻转与滚动，最终符合尺寸要求的粉料会经滚筒底部的出料口排出，而尺寸不合格的物料则经滚筒尾部的排料口排出。由于粉料在滚筒内的翻转、滚动，可使卡在筛孔中的物料被弹出，进而不会出现筛孔堵塞的问题。

8.4.2.2 振动筛

振动筛主要由机座、振动室、振动电机、减振器等几部分构成。

按粉料在筛分过程中的运行轨迹进行分类，可将振动筛分为直线振动筛（粉料在筛面上向前做直线运动）和圆振动筛（粉料在筛面上做圆形运动）。

直线振动筛利用振动电机激振作为振动源，工作过程中使粉料在筛网上被抛起，同时向前作直线运动，粉料从给料机均匀地进入筛分机的进料口，通过多层筛网产生数种规格的筛上物、筛下物，分别从各自的出口排出。而圆振动筛是一种多层、高效的新型振动筛。主要利用筒体式偏心轴激振器及偏块调节振幅，物料筛淌线长，筛分规格多，具有结构可靠、激振力强、筛分效率高、振动噪声小、坚固耐用、维修方便等特点。

此外，常见的筛分设备中还有共振筛。共振筛是一种在负载粉料时，筛面的振动频率与固有振动频率一致的振动筛。前文提到的振动筛是在远离共振区的超共振状态下工作，而共振筛则是在接近共振区的条件下工作，即筛分机的工作频率接近其本身的自振频率。利用这一特点，可实现利用较小级振力来驱动较大面积的筛箱，以减少动力消耗。共振筛的筛箱运动轨迹是直线或接近直线，其运动方向与筛面呈一定的抛射角，筛面一般为水平或微倾斜，所以，共振筛的运动特征与直线振动筛相似。

8.4.2.3 风筛

风筛是利用空气流将大小不同的固体颗粒分离的方法，也称为空气离析，其设备简称风筛，生产中较为常用的是离心风筛机。

离心风筛机主要由两个同心排列的锥体组成。内锥体轴上装有筛盘、翼片和风扇，工作过程中，内锥体轴由电动机带动旋转。当粉料经粉碎后，从离心风筛机加料口进入筛分机，落到快速旋转的筛盘上，在离心力的作用下，粉体被快速转向四周。再经由风（风扇提供）的带动，圆盘四周的上升气流将粉料悬浮，颗粒大的粉在重力和离心力的共同作用下，与内锥筒壁相撞而落下，中等颗粒的物料悬浮在中间区域，遇到旋转着的翼片，则被带着向内锥筒壁运动，撞到内锥筒壁而落下，与大颗粒的粉料一起从粗料出口管流回料仓或粉碎机。而能够悬浮到翼片以上的小尺寸粉颗粒，则随气流被风扇吹到内外锥之间的夹层中，使区域的空气流速骤减，细料会沿外锥筒壁下滑，从外锥体下部的细料出口排出。通过调节内锥体上端的调节盖板、增减翼片数目及倾斜度、变更轴的转速等多种手段，都可实现调节目标颗粒粗细程度的目的。

8.4.3 混合设备

粉体的混合是通过搅拌、振荡等方式使两种或两种以上的固体粉末均匀混合。固体粉末混合看似是一个简单的过程，但实际生产中，由于机械精密度以及阻力等问题，原料的完全混合很难实现。因而，一般认为，从混合物中多次取样的组成均相同或接近整个混合物的组成，或在样品中找到某一给定组分的概率与该组分在整个混合物中的比例相同时，即可认为料体已完全混合，可以使用。常见的混合设备主要包括卧式螺带混合机、双螺旋锥形混合机、V型混合机和高速混合机等。

8.4.3.1 卧式螺带混合机

卧式螺带混合机主要由U形容器、螺带搅拌叶片和传动部件组成。

卧式螺带混合机中的U形筒体结构，保证了粉体在筒体内运动受到的阻力较小。正反旋转螺条安装于同一水平轴上，形成一个低动力高效的混合环境。螺带状叶片一般做成双层或三层，外层螺旋将物料从两侧向中央汇集，内层螺旋将物料从中央向两侧输送，可使物料在流动中形成更多的涡流，加快了混合速度，提高混合均匀度。

8.4.3.2 双螺旋锥形混合机

双螺旋锥形混合机主要由传动系统、筒体和两根倾斜螺杆组成。

两根工作螺杆平行于锥形筒体母线，对称分布于锥体中心线两侧，并且交汇于锥底，与中心拉杆相连。传动系统由螺旋轴的自转运动及其随转臂沿筒壁周转的公转运动来实现。公转、自转采用分开传动的方式，由螺旋的公、自转带动物料在锥体内复合运动，进而产生四种形式的运动：螺旋沿壁公转，使物料沿锥壁作圆周运动；螺旋自转使物料自锥底沿螺旋上升；螺旋的公、自转复合运动使一部分物料被吸收到螺旋圆柱面内，同时受螺旋自转的离心力作用使螺旋圆柱面内的一部分物料向锥体径向排放；上升的物料受自身重力作用下降。四种运动在混合机内对粉料形成对流、剪切、扩散，最终使粉体混合均匀。

8.4.3.3 V型混合机

V型混合机主要由两个不对称的筒体、减速机和电机组成。

V型混合机主要利用圆柱筒长度的不等形成的不对称结构实现粉体的混合，当混合机运动时，不同料体混合过程中存在势能不同、平面不同的现象，因而会产生横向力，推动粉料进行横向交流。同时筒体旋转时又使粉料产生径向流动，这样粉料接受来自横向和径向的力，最终可使粉料达到均匀混合的效果。

8.4.3.4 高速混合机

高速混合机主要由底部送料叶桨和高速碎料叶桨构成。

高速混合机在混合过程中，底部送料叶桨将底部粉料沿筒壁连续不断向上输送，上部粉料由中心向下回落，利用离心力的作用，使物料循环形成旋涡状。同时，高速碎料叶桨会将块状粉料打碎。两种叶桨的共同作用，使物料快速混合均匀。

8.4.4　压粉设备

块粉类产品均由压粉机压制而成。压粉机上多有公模以及位于下方用以承装待压粉体的母模，在压粉机工作时，需将待压制粉料填入母模内，通过液压缸驱动公模下压，与母模闭合，即可完成压制。现多采用全自动粉饼压粉机，将所需数据通过系统下达，各附属装置按输入数据自动进行调整，即可开始生产。制造不同式样粉饼时，省去烦琐的附属装置的调整工作，可简易地制成高品质的产品。电脑控制项目包括：压机的压力、粉饼重量、汽缸速度、粉饼厚度、多段压成、压缩时间、末供给粉、粉盒供给、重量记录和制品清洁。

8.4.5　真空冷冻干燥设备

粉剂生产中采用的冷冻设备主要是真空冷冻干燥设备，它常用于活性物质的干燥，对于温敏原材料的活性具有保护作用。真空冷冻干燥技术是将湿物料或溶液在较低的温度（−10～−50℃）下冻结成固态，然后在真空（1.3～13Pa）下使其中的水分不经液态直接升华成气态，最终使物料脱水的干燥技术。真空冷冻干燥技术使物料原有结构、形状、功效成分得到最大程度保护，最终获得外观和内在品质兼备的优质干燥制品。冻干机一般由干燥箱体、加热系统、真空系统、制冷系统、控制系统5部分组成。

粉剂化妆品生产中使用到的低温设备还包括冷冻平台（冷冻隧道），可辅助口红、唇膏完成低温脱模。

8.5　粉剂的质量要求与控制

8.5.1　粉剂质量的影响因素

粉剂质量与粉末粒子的性质、大小、形状、相对密度，以及所添加液体的种类和比例有很大关系。

8.5.1.1　粉末粒径对粉体混合过程的影响

根据粉末粒子的流动特性，粉末可分为自由流动的粉末和黏结粉末。自由流动的粉末粒子的移动受邻近粒子的影响很小或不受影响，这类粉末容易贮存，不会结块，生产过程中易于加料。但由于其流动性较强，在混合过程中容易分离，只有当所有组分的形状、颗粒大小和相对密度相近时，分离现象才会减少。黏结粉末缺乏流动性，容易形成团块状，这类粉末贮存时容易结块，生产过程中不易从料斗中流出。一般来说，自由流动的粉末颗粒尺寸较大，范德华力（短程作用力）作用较小，在重力作用下粒子表现出自由流动的性质，而随着颗粒的粒径减小，粒子之间范德华力增大，粒子间聚集的力大于使粒子分离的重力，粒子便聚结成团，不易分离。

8.5.1.2　粉末形状对粉体性质的影响

粉体的颗粒形状对混合也有影响。一般来说，球型颗粒在运动过程中受阻较小，易于混合。粒子的形状越不接近球形，其在混合过程中受到的阻力就越大，越不易混合。当粒子为单个立方形粒子时，粒子间相互作用较小，滑动更为容易，混合效果更好。若粒子呈现层状或针状排布，其相互作用大，对混合过程的阻力较大，因而不易混合。

8.5.1.3　粉末粒子的相对密度

通过实际生产中的结果可认为，相对密度更大的粒子在搅拌时会倾向于下沉，相对密度较小的粒子会上浮，因而会导致粉体的分离，使得料体不能充分混匀，因此在配制料体过程中需对相对密度的影响进行充分考虑。

8.5.1.4　所添加液体的影响

粉剂产品中常添加少量的液态原料。通常利用喷洒的方式将液态原料加入到生产过程中。当液态原料加入后，体系中粉体间的黏合力增加，粉体易成团，致使粉碎和分散较为困难。此时，一般将液体喷洒在粉体上，混合后干燥，再进行过筛处理，有助于粉体的分散。

8.5.2　粉剂中的有害物质

粉剂产品包括香粉、散粉、粉饼、胭脂、眼影、眉粉、冻干粉等，均为与皮肤密切接触的产品，因而对该类产品的安全性应严格地把控。影响粉剂产品质量安全的因素可包括原料质量问题、原料存储及处理不当、工艺不当、交叉感染、清洁不当、人为操作失误等。

粉剂中常见的有害物质主要为一些有机物、重金属，以及一些对人体有害的微生物等。其中有机物主要包括色素、防腐剂、香料等。例如腮红产品中所含有的红色色素极易受到光的作用而使皮肤对光变得敏感，容易诱发皮炎、色素沉积、色斑的形成等。部分焦油色素、偶氮类色素对皮肤有较强的致敏作用。此外，香精中主要包含的精油、肉桂醛、苄基水杨酸等成分也均会导致易感人群的过敏反应。

粉剂产品中，重金属的检验是非常重要的一部分，由于配方中常添加滑石粉、高岭土以及很多颜料成分，使得产品中容易出现铅、汞等重金属元素超标的现象，这些元素一旦在产品中超标存在，容易引起一些急慢性中毒事件。此外，部分珠光或带细闪的眼影产品中，经常会添加能够提升产品色泽、亮度，增添闪耀光泽的云母、氯氧化铋等原料，这些成分均具有致敏性。

粉剂产品的配方中几乎不含水，因此其污染物来源较为单一，仅在原料中可能存在污染物。例如滑石粉、高岭土等常见作为基料的原料，容易受到土壤微生物的污染。其中需氧芽孢菌为粉剂产品中常见的细菌类污染物。

粉剂微生物污染的途径一般可以分为一次污染和二次污染，一次污染指化妆品生产过程中引起的微生物污染，包括原料、仪器、设备、生产及包装过程引起的微生物污染。

① 原料是引起一次污染的主要环节。在粉剂产品中主要体现在原料处理不当导致芽孢菌的存在。

② 生产设备，如搅拌设备、灌装设备、设备之间的接头处等，清洗灭菌不彻底容易滋生微生物，引起污染。另外，由于设备的使用会用到机油，机油中可能含有重金属，如若在粉剂中有残留，有可能会刺激使用者的皮肤，导致皮炎等问题出现。

③ 生产环境方面，厂房的空气质量、生产工艺要求的灭菌情况是否合格，工作人员的身体健康情况及卫生状况、卫生习惯等都会影响化妆品的微生物污染情况。

④ 包装容器清洗不干净、未经灭菌处理，容易藏有微生物。

8.5.3　粉剂产品的质量检验标准

粉剂原料主要包含滑石粉、高岭土、膨润土、云母、淀粉、碳酸钙、碳酸镁、钛白粉等无机粉体，以及硬脂酸钙、硬脂酸镁、硬脂酸锌等脂肪酸盐。对于粉剂原料，常见的检测内容有原料的化学组分、外观性质、颗粒尺寸、水溶物含量、酸溶物含量、pH 值、密度、重金属含量等。

粉体产品的生产需参考国标、行标、企标，下面根据类别进行具体说明。

8.5.3.1　香粉、爽身粉、痱子粉等产品

对于香粉、爽身粉、痱子粉等产品的感官、理化指标遵循 QB/T 1859。根据标准，香粉、爽身粉、痱子粉等产品的色泽、香气需符合规定，且粉体应洁净、无明显杂质及黑点。其粉的细度（即达到 120 目的粉体数量）应在 95％以上，产品的 pH 应在 4.5～10.5 之间，特别指出，对于儿童用产品，其 pH 应在 4.5～9.5 之间。此外，这类产品的细菌总数应≤1000CFU/g（儿童用产品的细菌总数应≤500CFU/g），其中霉菌和酵母菌总数应≤100CFU/g，产品中不得检出粪大肠菌群、金黄色葡萄球菌、绿脓杆菌等。对于粉类产品，尤其应关注配方中一些重金属的含量。因而，根据标准要求，铅含量不得超过 40mg/kg，汞的含量不得超过 1mg/kg，砷的含量不得超过 10mg/kg。

8.5.3.2　染发粉剂产品

染发粉剂产品的感官、理化指标应遵循 QB/T 1978。根据标准中感官指标的要求，粉体的外观和香气需符合产品规定。染发粉的 pH 值需在 7.0～11.5 之间，产品需具有将头发染至标准规定的颜色的能力。需注意的是，产品中铅含量不得超过 40mg/kg，汞的含量不得超过 1mg/kg，砷的含量不得超过 10mg/kg。染发粉中特别规定了对苯二胺的含量，标准要求粉体中对苯二胺的含量应≤6％

8.5.3.3　足浴产品

对于足浴盐，感官理化指标应遵循 QB/T 2744.1，对于浴盐、沐浴盐等产品的感官、理化指标应遵循 QB/T 2744.2。根据标准，足浴盐、浴盐、沐浴盐等产品的色泽与香气应符合产品要求，其理化指标中总氯的含量以 Cl^- 计应在 (45±15)％范围之内，水分（含结晶水和挥发物）的质量分数应≤8％。其中足浴盐的 pH 应在 4.8～8.5 范围内，而沐浴盐的 pH 应在 6.5～9.0 范围内。此外，标准规定产品中铅含量不得超过 40mg/kg，汞的含量不得超过 1mg/kg，砷的含量不得超过 10mg/kg。

8.5.3.4　牙粉产品

对于牙粉的感官、理化指标应遵循 QB/T 2932。这一类产品的外观应光滑、均匀。其香味符合标识的香型。95％以上的粉体需满足细度的要求（325 目）。其中 105℃可挥发物的含量应小于等于 10％。pH 需控制在 5.5～10.0 之间。粉体中不应含有过硬颗粒，要使玻片测试中无划痕现象。牙粉中的砷含量不得超过 5mg/kg，重金属（以 Pb 计）的含量不得超过 15mg/kg，菌落总数不得超过 500CFU/g，霉菌和酵母菌总数不得超过 100CFU/g。产品中不得检出粪大肠菌群、金黄色葡萄球菌、铜绿假单胞菌等。

8.5.3.5　粉块产品

对于化妆粉块感官、理化指标应遵循 QB/T 1976。对于块粉，标准要求所有的成品外观需满足颜料及粉质均匀分布，无明显斑点。香气要符合规定香型，且表面应完整、无缺角、裂缝等缺陷。其涂擦性能需满足油块面积≤1/4 粉块面积。粉体的 pH 应在 6.0～9.0 之内，在进行疏水性测试时，粉质需浮在水面保持 30min 不下沉（注：疏水性仅适用于干湿两用粉饼）。在对粉体进行微生物指标检测时，粉体应满足细菌总数≤1000CFU/g（眼部用、儿童用产品≤500CFU/g），霉菌和酵母菌总数≤100CFU/g。不得检出粪大肠菌群、金黄色葡萄球菌、绿脓杆菌等。在成品中，铅含量不得超过 40mg/kg，汞的含量不得超过 1mg/kg，砷的含量不得超过 10mg/kg。

8.6　粉剂的制剂实例

粉剂产品较多，新工艺、新配方、新原料的不同粉剂产品流行较快。本节介绍包括定妆散粉、蜜粉饼、浴盐、眼影粉、粉饼、牙粉、胭脂、冻干粉、染发粉和眼影烤粉等 10 种产品。

8.6.1　丝滑肤感的定妆散粉

（1）配方设计表

序号	成分	INCI 名称	添加量/%	使用目的
1	绢云母	MICA	60.00	填充剂
2	云母粉	MICA	16.70	填充剂
3	二氧化硅粉	SILICA	12.00	肤感调节剂
4	硬脂酸锌	ZINC STEARATE	5.50	着色剂、肤感调节剂
5	尼龙粉	NYLON-12	3.00	肤感调节剂
6	色粉	—	0.30	着色剂
7	二氧化钛	TITANIUM DIOXIDE	1.00	着色剂
8	棕榈酸异辛酯	ETHYLHEXYL ISOPALMITATE	1.00	柔润剂
9	氧化锌	CI77947	0.50	着色剂

（2）设计思路　散粉主要用在日常装扮的定妆步骤，因而产品本身应具有遮瑕、增白、定妆等特性。消费者除对妆效有要求外，更多的希望能够使用肤感顺滑、粉质细腻的产品。目前市面上流行较为轻薄服帖的散粉，这类产品粉体颗粒较小，粉质细腻，肤感顺滑，既可以减少妆效的假白，又能够与皮肤贴合，上色均匀。本款是市面上深受消费者喜爱的丝滑肤感的定妆散粉。粉剂产品在构思配方时应从粉体基质、色粉、肤感调节剂等几个方面去制定配方。

绢云母属于天然矿物质，肤感丝滑，有一定的光泽度。在本配方中运用绢云母作为主要填充剂和着色剂，可以调节肤感，并提高配方的吸油效果。这种较强的吸油能力能够长久定妆。

配方中选择二氧化硅粉、硬脂酸锌和尼龙粉以及棕榈酸异辛酯作为肤感调节剂，原料本身具有丝滑的质感，可以提高产品的贴肤性，增强使用感。

考虑到散粉类产品需具有增白肤色的效果，在配方中添加了二氧化钛、氧化锌和天然染料，以使产品能够修饰肤色。其中二氧化钛、氧化锌的加入能够提升产品的遮瑕效果，在这类产品中色粉的含量添加较少，本配方中合计加入 0.30%。

（3）制备工艺　粉剂的制备工艺较为类似，首先将原料消毒杀菌处理。按照配方比例称量，并统一倾倒于打粉机中进行搅拌和粉碎。粉碎过程约持续 5min，对比颜色和颗粒尺寸，若半成品符合预期，则将粉体进行过筛、灌装等相关处理，最终得到成品。

（4）产品特点　本配方中不添加滑石粉，对皮肤的刺激较小，能够减少面部瑕疵。同时该配方中包含绢云母，肤感柔和、贴肤性好。

（5）产品应用　本产品用于面部定妆使用，具有很好的定妆、持妆、增白、遮瑕效果。

8.6.2　保湿定妆蜜粉饼

（1）配方设计表

序号	成分	INCI 名称	添加量/%	使用目的
1	云母	MICA	45.50	填充剂
2	水	WATER	30.75	滑肤感调节剂
3	合成角鲨烷	HYDROGENATED POLYISOBUTENE	5.00	肤感调节剂
4	硅石	SILICA	5.00	吸附剂、摩擦剂、肤感调节剂
5	辛酸/癸酸甘油三酯	CAPRYLIC/CAPRIC TRIGLYCERIDE	4.00	润肤剂
6	甘油	GLYCERIN	2.5	保湿剂
7	高岭土	KAOLIN	2	填充剂、吸附剂
8	PEG-100 甘油硬脂酸酯	PEG-100 GLYCERYL ISOSTEARATE	1	乳化剂
9	生育酚	TOCOPHEROL	1	抗氧化剂
10	硬脂酸镁	MAGNESIUM STEARATE	0.5	润滑剂、增黏剂
11	色粉	—	0.5	调色剂
12	苯氧乙醇	PHENOXYETHANOL	0.25	防腐剂

（2）设计思路　蜜粉饼主要用以定妆，一般用在化妆结束之后。大多数蜜粉产品应具有保湿、遮瑕、增强持妆效果的功效。与一般粉饼粉的轻薄、拔干不同，蜜粉中相对含有较多的保湿成分，使蜜粉质地贴肤、细腻，同时粉体中会添加一些保湿成分，能够给皮肤提供一定的保湿滋养功效。

在蜜粉的配方设计过程中，一般会通过引入保湿剂来提升产品的保湿性能并添加一定量吸附油脂的粉类原料。

本配方采用乳化体系，配方中添加大量水，一方面，可以给皮肤提供充分的水分，一方面能给产品带来使用时的滋润感以及清凉感。此外，配方中添加了一定量的甘油，甘油能够通过减少皮肤表面的水分蒸发的方式来保持皮肤的水润，提升消费者的使用感。

由于人体会分泌油脂，定妆类的产品需具有一定的吸油能力，一般多孔性的粉类产品可以较好地吸收油脂。因而，本配方中特别添加了一定量的云母和硅石作为油脂吸收剂，以吸收多余的油脂，防止油脂将油溶性的化妆品溶解，进而达到增强定妆效果的目的。

为了提升消费者的使用感，配方中加入了肤感调节剂。本配方中添加一定量油脂，可提升产品顺滑度、贴肤感。

最后，由于配方中含有大量水，容易引起微生物、细菌的滋生，因此，为防止产品污染问题的出现，配方中特别加入苯氧乙醇这种常见的防腐剂以及抑菌剂，避免由于水的引入而产生的微生物污染问题对人体皮肤产生伤害。

需要注意的是，本配方中苯氧乙醇为限用原料，其限用量不得超过1%。

（3）制备工艺　首先将甘油和硬脂酸镁进行混合，将硬脂酸镁分散均匀，之后向其中加入水相，得到 A 相。将 A 相加热至85℃。之后，将 PEG-100 甘油硬脂酸酯、合成角鲨烷、辛酸/癸酸甘油三酯、生育酚进行混合，待混合均匀后，得到 B 相。将 B 相加热至85℃。之后将 A 相与 B 相混合均质，待混合液冷却至室温后，加入苯氧乙醇，得到乳液相 C。

将云母与硅石、高岭土、色粉混合均匀并在打粉机中打散，待所有粉分散均匀且粒径符合要求后，得到粉相 D 相。之后，将 C 相与 D 相混合均匀，压实，并在烘箱中 90℃条件下烘干，得到最终产品。

（4）产品特点 本配方的突出特点是粉质较为滋润、贴肤，不拔干。本产品具有保湿和遮瑕的效果，因此在本配方中添加水来提升水润感，本配方将水相保湿成分包裹于粉体中，成分含水，具有一定的清凉感，但同时产品不会存在结块问题。此外，本产品还具有长效定妆效果，帮助使用者保持清透妆容。

（5）产品应用 本产品用于面部定妆使用，具有很好的保湿和长效定妆效果。

8.6.3 护肤美肤浴盐

（1）配方设计表

序号	成分	INCI 名称	添加量/%	使用目的
1	氯化钠	SODIUM CHLORIDE	95.00	基料
2	甘草(*Glycyrrhiza uralensis*)提取物	GLYCYRRHIZA URALENSIS (LICORICE) EXTRACT	3.00	保湿剂
3	有机酸	—	1.50	pH 调节剂
4	碳酸氢钠	SODIUM BICARBONATE	0.50	pH 调节剂

（2）设计思路 浴盐主要用以在沐浴过程中，帮助去除身体表面的污垢、皮屑，提升皮肤的光滑度。大多数浴盐都是由水溶性无机盐和香精构成的。可以通过向其中添加一些活性成分，使浴盐拥有更为丰富的功效。本配方中添加甘草提取物，作为保湿剂，可以起到美白的效果。本产品拟通过向浴盐中添加一定量的护肤成分，进而得到一种具有护肤效用的浴盐。

甘草具有美白、消炎的作用，在配方中添加了甘草提取物，可以提升对皮肤的保湿、美白、养护效果。除氯化钠作为主要基料，提供增大摩擦效果外，在配方中添加有机酸和碳酸氢钠，以调节 pH，使产品在使用过程中，不会破坏皮肤表面的环境，最大可能地呵护皮肤。

（3）制备工艺 首先将氯化钠、有机酸、碳酸氢钠、甘草提取物等原料按照配方中的配比准确称量，并将原料投入搅拌机中，均匀混合。之后将混合的料体进行粉碎，得到粉状半成品。最后，将粉状半成品投入浴盐压片机，即可得到目标产品。

（4）产品特点 本产品具有甘草提取物，能够对皮肤起到一定的养护作用。

（5）产品应用 本浴盐可用在沐浴过程中，使皮肤变得更为细嫩、柔嫩。

8.6.4 贴肤眼影粉

（1）配方设计表

序号	成分	INCI 名称	添加量/%	使用目的
1	云母	MICA	40.00	填充剂
2	珠光粉	PEARL POWDER	25.00	着色剂
3	色粉	—	17.00	着色剂
4	鲸蜡基聚二甲基硅氧烷	CETYL DIMETHICONE	4.00	柔润剂
5	聚二甲基硅氧烷共聚物	DIMETHICONE CROSSPOLYMER	4.00	肤感调节剂
6	聚二甲基硅氧烷	CETYL DIMETHICONE	4.00	肤感调节剂

续表

序号	成分	INCI 名称	添加量/%	使用目的
7	硬脂酸锌	ZINC STEARATE	3.50	着色剂、肤感调节剂
8	尼龙粉	NYLON-12	2.00	肤感调节剂
9	苯氧乙醇	PHENOXYETHANOL	0.50	防腐剂

（2）设计思路　眼睛是心灵的窗户，适当涂抹眼影可以加深眼部的深邃感，遮挡肿眼泡等问题，突显眼部的明亮感。眼影类产品近些年大为火爆，不同色系的眼影可满足使用者在日常工作、假日外出、出席宴会等不同的场合有不同风格妆效的基本需求。眼影类产品是目前使用率极高的产品，因此粉类产品的安全性以及使用感非常重要，这就要求工程师在研发配方时特别注意在产品妆效和肤感以及安全性方面的把控。本小节将介绍一种贴肤的眼影。

本产品希望得到一种不飞粉，持妆效果好，且具有丝滑服帖感的眼影。配方中加入云母和珠光粉以及色粉调配出具有光泽度的底色，含量约在 60％左右，这样的眼影色泽浓郁，具有很好的显色度。

为得到较为丝滑的肤感，特在配方中加入尼龙粉和硬脂酸锌以及聚二甲基硅氧烷共聚物、鲸蜡基聚二甲基硅氧烷，以提升粉质的贴肤程度，减少飞粉情况的出现。化妆品级的尼龙粉具有柔软、滑爽的粉体感，能够在配方中赋予产品很好的柔焦效果，其多微孔的特性，能够帮助吸收人体分泌的油脂。聚二甲基硅氧烷肤感柔软，常用于添加在高档护肤品中，在配方中加入一定量的聚二甲基硅氧烷可以提升产品的亲肤性，其衍生物聚二甲基硅氧烷共聚物、鲸蜡基聚二甲基硅氧烷均具有丝滑的肤感，顺滑不黏腻，且能够起到分散色粉，防止色素迁移的功效。

苯氧乙醇作为防腐剂可以很好地防止使用过程中微生物的产生。一般在配方中的添加量为 0.50％，根据化妆品安全的要求，苯氧乙醇为限用物质，配方中的添加量不得超过 1％。

（3）制备工艺　将上述原料表中 1、3、7、8 的云母、色粉、硬脂酸锌、尼龙粉等进行超微粉碎处理，约粉碎 3～5min，充分混料 3～5 次，形成粉体分散均匀的色粉 A 相。之后按照上述比例，将称量好的原料表中 4、5、6、9 号原料鲸蜡基聚二甲基硅氧烷、聚二甲基硅氧烷共聚物、聚二甲基硅氧烷、苯氧乙醇进行预混合得到 B 相，通过喷油嘴将 B 相向 A 相中喷洒，并持续搅拌粉体，之后加入原料表中 2 珠光粉，混合均匀混料 3～5min，充分混料 3～5 次，之后将粉料进行过筛，压制成粉饼。

（4）产品特点　该眼影粉的色泽和光泽度可按照目标颜色自行调整，整体配方较为贴肤，适量珠光粉加入可打造金属光泽，营造美丽妆效。

（5）产品应用　本眼影主要用于眼部装饰，可打造深邃眼妆，打造动人妆效。

8.6.5　细腻粉饼

（1）配方设计表

序号	成分	INCI 名称	添加量/%	使用目的
1	滑石粉	TALC	45.00	填充剂、着色剂
2	云母	MICA	25.00	肤感调节剂
3	硅石	SILICA	8.00	肤感调节剂
4	二氧化钛	TITANIUM DIOXIDE	5.00	色粉
5	尼龙粉	NYLON-12	4.00	肤感调节剂、着色剂

序号	成分	INCI 名称	添加量/%	使用目的
6	白油	MINERAL OIL	3.00	溶剂
7	甘油	GLYCERIN	3.00	保湿剂
8	二异硬脂醇苹果酸酯	DIISOSTEARYL MALATE	3.00	分散剂、柔润剂
9	聚二甲基硅氧烷	DIMETHICONE	2.00	肤感调节剂
10	石蜡	PARAFFIN	1.00	柔润剂、黏合剂
11	色粉	—	1.00	调色剂

（2）设计思路　粉饼主要在补妆时使用，小巧方便，随时可对面部妆容不均匀之处进行修补。粉饼一般为压制而成，结构紧密，因而一般粉饼中含有一定量的油分，甚至一定量的蜡，帮助其维持固定形态，易于脱模成型。粉饼中的油、蜡等组分还可相应地改变产品的涂抹感、遮盖效果以及持妆性能。在一般的粉饼配方中，油、蜡的添加量最高可达25%。

本配方主要为一种肤感细腻的粉饼产品，以滑石粉作为基质、填充剂以及着色剂，滑石粉多孔的特性能够有效地吸收皮肤出油，提高持妆效果。原料本身微观结构呈现鳞片状，具有光泽，且粉质轻盈、丝滑、亲肤，加入配方中可提升粉饼的柔软触感，并使产品带有柔和的光泽。

向配方中加入滑石粉、绢云母等粉剂肤感调节剂使配方能够更为顺滑，易于涂抹，其中滑石粉主要为硅酸镁，具有较强的润滑性和吸附性能，肤感柔润，添加在配方中可提升皮肤的光泽度。配方中加入甘油、白油等油类原料能够提高产品的保湿性，增强滋润度。甘油具有很强的吸水性和保湿性，可以吸收空气中的水分给皮肤保湿，同时能帮助皮肤锁住水分，减少角质层中水分的流失。白油一般指矿物油，主要为石油精炼过程中得到的烃类，具有较为轻薄的质地以及较好的流动性，在本配方中可与甘油一起调控产品的黏合力以及滋润度。

石蜡的加入能够提高产品的黏结性，使产品易于成模脱模，方便加工。同时加入聚二甲基硅氧烷肤感调节剂，能提升产品的质感。此外，配方中加入一定量的二异硬脂醇苹果酸酯，该原料在配方中具有较强的附着力，可以有效地防止粉末的迁移，达到定妆持妆的效果。

（3）制备工艺　将配方表中绢云母、滑石粉、硅石、二氧化钛、尼龙粉、色粉进行混合，搅拌均匀得到粉相A；将二异硬脂醇苹果酸酯、聚二甲基硅氧烷、白油、石蜡加热溶解，混合均匀之后加入甘油，并加入搅拌机中快速搅拌，约5min，待混料加热至85℃，得到油相B。之后将B相的油通过喷油嘴向A相中喷洒，并保持高速搅拌，搅拌时间约3～5min，反复搅拌2～3次至粉体完全混合均匀，进行粉碎处理，对粉体的粒径进行检测，符合配方要求，则将半成品过筛、灌装，得到最终产品。

（4）产品特点　本产品为一种肤感较细腻的粉饼，配方中加入一定量的轻质油分，使产品滋润，且使妆效更为服帖、持久。

（5）产品应用　该粉饼可用于修饰面部肤色，遮盖面部色斑、暗沉，均匀肤色。

8.6.6　护齿牙粉

（1）配方设计表

序号	成分	INCI 名称	添加量/%	使用目的
1	碳酸钙	CALCIUM CARBONATE	80.00	摩擦剂

续表

序号	成分	INCI 名称	添加量/%	使用目的
2	碳酸氢钠	SODIUM BICARBONATE	10.00	pH 调节剂
3	泡沫剂	—	4.00	泡沫剂
4	二氧化钛	TITANIUM DIOXIDE	4.00	摩擦剂
5	木糖醇	XYLITOL	1.00	甜味剂
6	羧甲基纤维素	CROSCARMELLOSE	1.00	黏合剂

（2）设计思路　牙粉类产品，主要通过粉体与牙齿之间的摩擦来达到去除牙齿表面污渍的功效。此外，消费者对口腔清洁类的产品均有清新口气、洁牙护齿、消肿抗敏的需求，因此，可在牙粉类产品中添加一些成分来增强产品对牙齿的保健作用，并长效清新口气。目前，牙粉的制备已相对较少，牙膏与漱口水等产品因其卫生、方便的特性，更受消费者欢迎，但牙粉仍旧是我国口腔清洁历史中重要的一环，本小节中将介绍一种具有护持作用的牙粉。

本配方中特别添加了木糖醇作为甜味剂。木糖醇是一种天然调味剂，广泛存在于水果、蔬菜当中。由于木糖醇溶于水可吸热，在口腔中使用时可带来清凉感。

配方中最主要的成分为能够提供较大摩擦的颗粒状摩擦剂，本配方中主要将碳酸钙作为摩擦剂，占比为80%，同时加入一定量的二氧化钛辅助摩擦。选择这两种粉原料主要是由于其能在提供摩擦的同时，对牙齿上沉积的色素起到一定的吸附作用，进而一定程度上美白牙齿。

此外，产品中需添加 pH 调节剂，让产品在使用过程中能够保持对口腔有益的 pH 环境，本配方中主要选择碳酸氢钠作为 pH 调节剂。

添加一定的泡沫剂可使产品起到发泡效果。

另外，在配方加入一定的羧甲基纤维素能够让产品有一定黏结性，在生产过程中更容易塑型，方便制备、运输和存放。

（3）制备工艺　将上述配方中所有的粉剂原料碳酸钙、碳酸氢钠、泡沫剂、木糖醇、二氧化钛、羟甲基纤维素按照比例进行混合，用高速搅拌装置对混合后的粉剂进行搅拌，充分搅拌 3~5min，反复搅拌 2~3 次，使其混合均匀，之后即可灌装，得到成品。

（4）产品特点　本产品为一种含有木糖醇的简易洁牙粉的配方，能够有效地保护牙齿，且能去除牙齿污渍，保持口腔清洁卫生。

（5）产品应用　该牙粉可用于清洁牙齿污渍，清新口气，帮助保持口腔健康，提升牙齿对于外界刺激的免疫力。

8.6.7　高显色度胭脂

（1）配方设计表

序号	成分	INCI 名称	添加量/%	使用目的
1	滑石粉	TALC	58.00	填充剂
2	云母	MICA	20.00	着色剂，肤感调节剂
3	色粉	—	10.50	着色剂
4	硬脂酸锌	ZINC STEARATE	5.00	着色剂，肤感调节剂
5	硬脂醇硬脂酰氧基硬脂酸酯	STEARYL STEAROYL STEARATE	5.00	柔润剂

续表

序号	成分	INCI 名称	添加量/%	使用目的
6	二氧化钛	TITANIUM DIOXIDE	1.00	着色剂
7	山梨坦倍半油酸酯	SORBITAN SESQUIOLEATE	0.50	乳化剂

（2）设计思路　胭脂是一种提升肤色、修饰面部的彩妆产品。古代女性便会用花瓣的汁水作为染色原料，制备出胭脂涂抹于脸颊侧，使皮肤红润，展现健康色泽。因而胭脂需有一定的滋润度，不拔干，且颜色自然，贴肤。

彩妆的基料选择要考虑到产品的持妆效果，因而本实验选择滑石粉作为填充基料，主要是考虑到滑石粉有较为丝滑的肤感，且能够吸收面部的油脂，进而起到持妆的作用。

此外，配方中还添加了硬脂酸锌、云母、二氧化钛等粉剂，以充实色泽和光泽度，提升产品在面部的妆效。硬脂醇硬脂酰氧基硬脂酸酯能够很好地提升产品的顺滑度。对于色彩类的产品，显色度要求相对较高，因此，本配方中添加约 10.50% 的色粉量，使产品颜色浓郁，具有较好的显色度和上妆效果。

（3）制备工艺　将原料表中滑石粉、硬脂酸锌、云母、二氧化钛粉末称量并灭菌处理后，在搅拌锅中混合并搅拌均匀得到基料相 A，之后按照对标颜色称量色粉，搅拌均匀得到色粉相 B，将 B 相投入 A 相中并充分搅拌，之后向其中喷入山梨坦倍半油酸酯和硬脂醇硬脂酰氧基硬脂酸酯，充分搅拌 3～5min，反复搅拌 2～3 次至粉体混合均匀，进行过筛、灌装。

（4）产品特点　本品为一种简单的胭脂配方，基料为滑石粉和云母，具有一定的光泽感，同时具有较好的吸水吸油能力。

（5）产品应用　本产品主要用于面部脸颊侧的修饰，提升面部气色。

8.6.8　芦荟冻干粉

（1）配方设计表

序号	成分	INCI 名称	添加量/%	使用目的
1	芦荟提取液	ALOE BARBADENSIS LEAF EXTRACT	81.00	活性成分
2	甘露醇	MANNITOL	12.00	保湿剂
3	海藻糖	TREHALOSE	5.00	保湿剂、肤感调节剂
4	烟酰胺	NIACINAMIDE	1.00	保湿剂、抗氧化剂
5	传明酸	TRANEXAMIC ACID	0.50	美白剂、保湿剂
6	维生素 C 衍生物	ASCORBIC ACID	0.50	抗氧化剂

（2）设计思路　冻干粉是近年来非常火爆的新锐美妆产品，其使用效果佳，有效物质浓度高，使用方式新颖，因此很受当下爱美人士的追捧。冻干粉的制备过程简单，配方中的成分也比较基础，一般都是以活性成分作为主要原料，额外添加一些配合成分，提升效用。由于配方脱水，部分配方可不添加防腐剂。

本配方拟设计一款冻干粉含有芦荟提取精华，起到很好的保湿、抗氧化功效。因此，除采用纯芦荟提取液作为主要活性物的原料外，特别加入海藻糖、甘露醇、烟酰胺、传明酸、维生素 C 衍生物等多种保湿成分。其中，烟酰胺可以促进细胞的能量代谢，可作用于已经产生的黑素，加快新陈代谢，促进黑素角质细胞脱落。

传明酸的加入可以抑制蛋白酶对肽键水解的催化作用，抑制黑素细胞的活性，改善皮肤色素沉积情况。维生素 C 可有效美白，促进骨胶原合成，抑制类脂化合物过氧化作用。提高了产品的保湿性能，给皮肤更加补水、美白的深层滋养。一般这类产品的添加量不宜过高，否则会出现不吸收、有刺激性等问题。因此在本配方中的添加量为 0.50%～1.00%。

（3）制备工艺　将上述配方表中的原料芦荟提取液、海藻糖、甘露醇、烟酰胺、传明酸、维生素 C 衍生物按照比例称取，并进行原料杀菌消毒。之后将原料混合均匀，转入冻干设备中，在压强 50～100Pa，温度在 -30～-35℃ 条件下冻干 2～3 天，得到具有保湿美白功效的化妆品冻干粉原料，在烘箱中干燥保存或进行灌装。

（4）产品特点　产品具有多种保湿、美白功效成分，且主要成分为芦荟提取液，纯天然，降低了致敏性。且加工过程中不含有其他溶剂，对人体无毒无害。

（5）产品应用　本产品主要用于面部脸颊侧的修饰，提升面部气色，在使用过程中需将冻干粉溶于溶剂中（溶剂可选择水溶剂）进行使用。

8.6.9　不含氧化剂的染发粉

（1）配方设计表

序号	成分	INCI 名称	添加量/%	使用目的
1	植物色粉	—	25.00	染色剂
2	滑石粉	TALC	20.00	增稠剂
3	合成氟金云母	SYNTHETIC FLUORPHLOGOPITE	10.00	染色剂
4	硬脂酸锌	ZINC STEARATE	10.00	稳定剂、分散剂
5	硅石	SILICA	8.00	吸附剂、摩擦剂
6	棕榈酸乙基己酯	ETHYLHEXYL PALMITATE	8.00	柔润剂、色粉分散剂
7	辛基十二醇硬脂酰氧基硬脂酸酯	OCTYLDODECYL STEAROYL STEARATE	6.00	颜料分散剂、粉体黏合剂
8	改性玉米淀粉	CORN STARCH MODIFIED	5.00	成膜剂、吸附剂、增稠剂
9	季戊四醇四异硬脂酸酯	PENTAERYTHRITYL TETRAISOSTEARATE	5.00	分散剂、悬浮剂、润肤剂
10	高岭土	KAOLIN	3.00	增稠剂

（2）设计思路　近年来，染发成为了一种时尚，年轻人将头发染成自己喜欢的颜色来彰显自己的风格。老年人则将发色染黑，以提升精神面貌。一般的染发剂中，会添加氧化性成分，例如双氧水等。这些强氧化性成分会严重损伤头发，接触到头皮时也会对头皮造成伤害。因此，本配方意图打造一款温和的染发产品，不含强氧化剂成分，给使用者带来安全、健康、温和的染发体验。

本配方中加入滑石粉、硅石、高岭土以及改性玉米淀粉等作为增稠剂，与植物色粉一起作为主要粉体。

添加硬脂酸锌、棕榈酸乙基己酯、辛基十二醇硬脂酰氧基硬脂酸酯以及季戊四醇四异硬脂酸酯作为分散剂，帮助色粉在基料中分散得更为均匀。

此外，棕榈酸乙基己酯和辛基十二醇硬脂酰氧基硬脂酸酯还具有一定的柔润作用，能够调整染发粉的整体肤感。

（3）制备工艺　将上述原料按照表中所述比例进行准确称量，将滑石粉、合成氟金云母、硬脂酸锌、硅石、改性玉米淀粉、高岭土等粉类原料加入搅拌锅中，进行搅拌，约 5min，待搅拌均匀后得到 A 相。之后将原料棕榈酸乙基己酯、辛基十二醇硬脂酰氧基硬脂酸酯、季戊四醇四异硬脂酸酯倒入另一搅拌锅中进行充分搅拌，约搅拌 5min，待混合均匀后得到 B 相。之后将 B 相导入 A 相中混合均匀。之后将植物色粉加入混合后的料体中，充分搅拌，得到最终产物。将产品与目标比对，若无问题，则进行分装。

（4）产品特点　产品中不含过氧化氢等强氧化性物质，不会影响使用者的身体健康，是一种安全、健康的染发产品。

（5）产品应用　本产品主要用于改变头发的颜色。可临时性染色，约保持一整天。使用时直接用刷子将本发明刷在干爽的头发上，从发根开始向发尾轻缓地刷粉。若不需要染发效果，则可直接用水清洗头发，便可恢复本来的发色，产品使用简洁、迅速、对人体无任何毒害作用。

8.6.10　眼影烤粉

（1）配方设计表

序号	成分	INCI 名称	添加量/%	使用目的
1	珠光粉	PEARL POWDER	45.00	着色剂
2	去离子水	WATER	29.15	补充剂
3	辛酸/癸酸甘油三酯	CAPRYLIC/CAPRIC TRIGLYCERIDE	8.00	肤感调节剂
4	二氧化钛	TITANIUM/TITANIUM DIOXIDE	5.00	着色剂
5	硅酸铝镁	MAGNESIUM ALUMINUM SILICATE	2.00	增稠剂
6	二氧化硅	SILICA	3.00	肤感调节剂
7	甘油	GLYCERIN	3.00	保湿剂
8	玉米淀粉	CORN STARCH	2.00	肤感调节剂
9	硬脂酸镁	MAGNESIUM STEARATE	1.50	黏合剂
10	生育酚	TOCOPHEROL	1.00	抗氧化剂
11	羟苯甲酯	METHYLPARABEN	0.20	防腐剂
12	对羟基苯甲酸丙酯	PROPYLPARABEN	0.10	防腐剂
13	水性防腐剂	—	0.05	防腐剂

（2）设计思路　本配方拟提供一种肤感顺滑不油腻，且能够配合上妆工具使用的易于上色的眼影产品。考虑到采用上妆工具配合使用，则粉质应相对松散、易取，若配方中黏度大的成分较多则会导致配方过于黏腻，取粉困难，且肤感不适。

本配方中加入 45% 的珠光粉，产品色泽浓郁，使产品极容易上色。本配方采用烤粉工艺，让产品有更为丰富的纹路。配方中加入甘油、生育酚，可使产品易于涂抹，贴肤不会过于拔干。

配方中加入二氧化硅粉和玉米淀粉调节肤感，并加入一定量的抗氧化剂。

此外，配方中添加有一定比例的水，为防止微生物的生长，特向其中加入一定比例的防腐剂成分，本配方中加入的是羟苯甲酯与对羟基苯甲酸丙酯。根据化妆品技术规范，羟苯甲酯以及对羟基苯甲酸丙酯的添加量不得超过 0.4%。

（3）制备工艺　将上述原料按照表中所述比例进行准确称量，将 1~8 号分别称量加至搅拌锅中，并于 80℃ 条件下搅拌均匀得到油膏状料体，之后将原料冷却至 50℃，加入编号为 9~13 的原料，待搅拌均匀后，比较颜色与目标产品是否一致，若无需更改，则将油膏状的料体倒入模具中，压制成粉块状。之后将粉块状产品放入托盘中，并置于烘箱内，调节温度在 70℃，烘烤约 4.5h。烘烤后，让粉块在烘箱中自然冷却，即得到烤粉样品。

（4）产品特点　产品上色效果好，肤感丝滑不油腻，取粉容易，且利用粉扑、刷子等上妆工具进行使用时，粉体均能被上妆工具很好地抓取，使用方式多样。

（5）产品应用　本产品主要用于眼部妆效，根据颜色的不同，可打造日常、宴会、郊游等各种场合的妆容，肤感服帖。

思考题

1. 粉质原料有哪些常见的检测项目？
2. 粉剂化妆品中常见的微生物是什么？
3. 化妆品有哪些常见的粉剂原料？
4. 压粉制剂产品的一般生产工艺是什么？
5. 设计一款眼部用眼影产品，请描述设计思路及注意事项。
6. 如何保证粉剂产品质量？
7. 请描述烤粉类工艺的一般流程。
8. 请描述振动式超微粉碎机的工作原理。
9. 请说明二氧化钛在粉剂产品中的作用。
10. 请描述压粉过程中，压粉机的压力对产品最终使用感的影响。

第 **9** 章
固体剂

　　固体剂是化妆品早期产品中的主要剂型。古罗马的牙粉、法国的肥皂、中国的澡豆，都是以固体剂的形式呈现。由于固体剂化妆品具有方便携带、易于贮存的独特优势，发展到近现代，在市场上依然保持旺盛的生命力。进入 21 世纪，伴随着超粉碎技术、微胶囊化技术和冷冻干燥技术的快速发展，加上消费者对化妆品求新求异，使得固体剂化妆品成为不可忽视的剂型，新产品的研究开发方兴未艾。

9.1　固体剂的剂型及其特征

9.1.1　固体剂的定义

　　固体剂（solid agents）是指将化妆品功能成分和一定的辅料经过粉碎、过筛、混合、成型而制成的大块固体、泥状固体、蜡基固体的一类化妆品。最常见的固体剂有泥状、条状、饼状、片状、块状、胶冻状和笔状等，产品包括口红、唇膏、化妆笔、面膜泥、美容皂与药皂、固体香水和固体面膜等。

9.1.2　固体剂的特征

　　固体剂的优点在于容易包装、贮存和运输，使用方便且可以避免液体化妆品带来的黏滞感。缺陷是由于功效成分铺展和扩散的速度较慢，多以重遮盖保护、轻吸收的使用特点出现。

　　相比于乳液剂和气雾剂类型产品，固体剂在加工过程中，主料和辅料进行充分混合的难度更大，需要将物料先行粉碎，经机械搅拌充分混合，该过程需要消耗大量的能量。如果是蜡基类固体剂，还需要加热熔融，在设备选择上，需要选用有加热装置的设备。固体剂增加了成型工序，这是不同于其他剂型化妆品生产工艺上的一个主要区别。

9.1.3　粉碎与分级

　　固体物料粉碎前要进行前处理，将物料加工成符合粉碎所要求的粒度和干燥程度。固体原料的粉碎是将大块物料借助机械力破碎成适宜大小的颗粒或细粉的操作，粉碎过程伴随着固体颗粒物比表面积的显著增加。

　　粉碎过程可分为冲击力粉碎、剪切力粉碎、压缩力粉碎、弯曲力粉碎、研磨力粉碎等。在生产操作中，可以根据原料和辅料的性质不同采取不同外加力进行粉碎。脆性原料（如无机颜料、无机防晒剂等）最适用冲击、压碎和研磨力，纤维状原料（如纤维素、羧甲基纤维素、蛋白质等）用剪切方法更为有效。粗碎时，以冲击力和压缩力为主；细碎时，以剪切力和研磨力为主。

　　超微粉碎技术。超微粉碎技术采用机械、气流等物理方法，克服颗粒的内聚力，使物料破碎，粒度达到 $10\mu m$ 以下，从而引起物料在性质上发生巨大变化。超微粉碎技术可以在低温下进行，对于化妆品生产，采用超音速气流粉碎、冷浆粉碎等方式在粉碎过程中不会产生局部过热现象，粉碎瞬时完成，可以最大限度地保留粉体中的生物活性成分。

颗粒大小与均匀度影响化妆品功效。粉碎后的物料经过筛分可获得尺寸分布范围较窄的粒子。该操作称为粉体颗粒物的分级操作。分级操作主要目的是控制颗粒物的粒度分布。粒度分布是反映粒子大小均匀程度的重要指标，对化妆品功效成分的生物利用度产生影响，对化妆品的配方设计、制备工艺（如混合与陈化等）有指导意义，尤其对固体剂化妆品的外观与肤感有重要的影响。如纳米级别的颜料颗粒分散在介质中，其着色强度会随着粒度尺寸的降低而增高。颗粒尺寸对饼状化妆品成型过程中的可压性和有效成分的溶出也有显著影响。物料的粒径分布均匀，能有效改善物料混合均匀度，提高饼状化妆品功效成分分布的均匀度。

微胶囊制备技术。除了粉碎可以获得预期尺寸的固体粉末外，通过"包裹"或"封装"的方式（即微胶囊制备技术）也可以得到适当尺寸的粉末原料。微胶囊技术是将某一目的物（芯或内相）用可成膜天然或合成高分子化合物连续铺膜、卷膜、收缩或封装的方式（壁或外相）完全包覆起来，形成胶囊结构的过程。微胶囊壁材不影响包覆目标物原有活性，然后逐渐地通过某些外部刺激或缓释作用使活性物功能再次在外部呈现出来，或者依靠囊壁的屏蔽作用起到保护芯材的作用。制备的微胶囊直径一般为 $1\sim500\mu m$。微胶囊的壁材分为合成高分子材料、半合成高分子材料、天然高分子材料三大类。设计微胶囊时应充分考虑微胶囊应用环境及所需效果，选择特定的壁材进行组装。壁材的材质与特点见表 9-1。

表 9-1　微胶囊壁材常用材料及性质

类型	常用材料	特点
天然高分子材料	葡萄糖、环糊精、海藻酸钠、蔗糖、明胶、硬脂酸甘油酯、脂肪酸等	无毒无刺激、稳定性良好、成膜性良好
半合成高分子材料	纤维素衍生物	毒性小、黏度大
合成高分子材料	聚乙烯、聚丙烯、聚苯乙烯、聚氨酯	成膜性好、化学性能稳定

化妆品中用的微胶囊多为 $32\mu m$ 和 $180\mu m$。微胶囊能够提高产品的稳定性，防止各种组分之间的相互干扰，可以在 pH 值、温度等发生变化时，实现包容物的有效释放。微胶囊技术已用于遮盖霜、口红、眼影、固体香水、固体面膜等产品生产中。这一技术是固体剂型化妆品设计与技术研发的前沿方向。

9.1.4　固体剂的主要产品

固体剂化妆品采用的基质原料多为自然界中的蜡、油脂和无机粉体材料，也有少数人工合成或经改性的有机烷烃和高分子材料。固体剂化妆品主要品种包括美容皂、固体香水、固体面膜、泥状面膜、化妆笔、粉饼、胭脂、口红、唇膏、防晒棒和浴盐等。

9.1.4.1　药皂与美容皂

油脂加碱皂化生成脂肪酸钠（即皂或皂基），副产物为甘油。皂基是脂肪酸和碱皂化形成的供肥皂和香皂生产的主要原料，工业生产中的皂基还在脂肪酸钠中添加了蔗糖、山梨醇、水等提高产品的稳定性、温和性和透明度，pH 值一般控制在 6.5～8.0。

油脂中脂肪酸的分子结构最终决定了皂的色泽、气味、熔点和凝固点、酸值、皂化值、碘值、酯值等指标。脂肪酸的凝固点是决定肥皂最终固化成型的关键因素，它与脂肪酸碳链长短、不饱和度、异构化程度等有关。碳链越长，双键越少，异构化越少则凝固点越高；反之凝固点越低。对同分异构体而言，反式比顺式凝固点高（如油酸）。一般来说，脂肪酸凝固点越高，制成的肥皂越硬。

　　人体皮肤的生理组织可以分为正常型、多脂型和干燥型三种。干燥型皮肤含脂量低于正常型皮肤，在使用肥皂时，由于肥皂的碱性常会引起皮肤表面的皮脂被过量脱除，导致皮肤受损，造成皮肤粗糙、皲裂，特别是干燥型皮肤表现得尤为严重。为了防止对人体造成不良影响，可以在肥皂中添加脂质和脂质保护剂，以代替被洗除的过量脂质，并少量覆盖于皮肤表面给皮肤以润湿，使皮肤恢复弹性，这种脂质补偿性的肥皂称为多脂皂或富脂皂，是工业化美容皂设计生产的雏形。通常使用的富脂剂包括脂肪酸（椰子油酸、硬脂酸、蓖麻酸）、高级脂肪醇、羊毛脂及其衍生物。如氢化羊毛脂、乙氧基化羊毛脂、脂肪酸单乙醇酸胺、乙氧基化脂肪酸单乙醇酰胺。其中起润湿作用的有甘油、乙二醇、聚乙二醇等。

　　有些植物提取物成分被认为对人体皮肤具有抗菌和滋润作用，常常加入皂基中以实现皂的多功能性。具有特殊功能的皂统称为药皂。干性皮肤专用的皂中可以添加芦荟、金盏菊和甘菊提取物；油性皮肤专用的皂中可以添加鼠尾草提取物；中性皮肤专用的皂中可以添加月见草提取物。有些功能性香皂中添加除皱、美白、止痒、镇定、修复、防晒功能的植物提取物。此类天然提取物一般含有萜类化合物与酚类化合物，对人体皮肤均具有抗菌、抗氧化、消炎或扩张皮下血管等作用。

　　具有皮肤保养作用的皂类产品也称为美容皂或营养皂。美容皂可供洁肤、护肤和化妆之用，多选用高级香皂基，皂体细腻光滑，具有特殊的外观造型，具有滋润皮肤、营养机体、促进皮肤代谢，达到延缓皮肤衰老的作用。美容皂功效见表 9-2。

表 9-2　常见的美容皂及其功效

美容皂品类	添加物	功能
维生素 E 皂	维生素 E	滋润营养皮肤、皮肤抗衰老
牛奶皂	奶粉、鲜奶或牛奶提取物	营养皮肤
珍珠皂	天然珍珠粉	保持肌肤润泽、富有弹性
木瓜皂	天然木瓜提取物	防晒、消炎、淡化斑痕
黄瓜香皂	黄瓜活性成分	防止皮肤老化
明胶皂	水解明胶	防角质老化、保湿
燕麦皂	燕麦提取物	改善皮肤的血液循环
霍霍巴油香皂	霍霍巴油	保湿、嫩肤
芦荟皂	芦荟汁	亮肤、去皱、滋润

9.1.4.2　唇膏与口红

　　唇膏是采用凡士林、蜡油、维生素等制作而成的膏状体，能滋润唇部肌肤、提亮肤色和防晒，无色透明，质地滑润，较黏稠。口红是在唇膏蜡质基础上，添加了软化剂、着色剂等化学成分，能改变唇色并让妆容持久，含有的油分较少，偏干、偏硬，色彩非常丰富。二者使用的蜡包括棕榈蜡、蜜蜡、鲸蜡等。油脂类原料包括蓖麻油、羊毛脂、可可脂、石蜡油、橄榄油、单硬脂酸甘油酯、肉豆蔻酸异丙酯。软化剂主要包括一些短链脂肪烃类化合物。着色剂使用颗粒度较细的颜料，使其能够均匀附着于唇上，应用较多的可溶性着色染料是溴酸红染料，一些具闪烁效果的口红包含云母、氧化铁、云母钛等成分。根据口红使用基质材料的不同，可以把口红分为传统油蜡类口红、乳化类口红和凝胶类口红。

　　口红类美容化妆品的主要功能是赋予嘴唇以色调，强调或改变唇的轮廓，使消费者更有生气和活力。与口红类似，唇膏主要成分同样以蜡、油脂和色素为主，基本成分主要是凡士林和蜡质，有时也添加维生素 A、E，以及具有防晒功能的氧化锌、二氧化钛。

　　口红类产品通过灌装工艺成型。灌装工艺包括拔模工艺（picking process）、填注工艺（top filling）和回注工艺（back filling）。拔模工艺采用硅胶口红模具，配合硅胶套、铝模、口红灌装机和脱模机实现口红灌装生产。蜡基固体原料与软化剂、着色剂、成膜剂等添加剂混合均匀后，加热成灌装膏体并灌入硅胶口红模具中，灌料完成后进入冷冻室或者冷冻平台，在冷冻后用脱模机进行脱模。

9.1.4.3　泥状化妆品

　　面膜泥是用于改善面部皮肤功能的泥膏状日用化妆品。相比传统面膜，面膜泥具有服帖性好、使用方便、保湿性强、吸收效果好等特点。面膜泥含有天然的矿物成分和多种营养成分，可同时进行清洁和保养。泥膏面膜一般具有消炎、杀菌、清除油脂、抑制粉刺和收缩毛孔的作用。在设计面膜泥配方时，可以选择使用高岭土、膨润土等矿物黏土，也可以采用海泥、火山泥、冰河泥等较为天然的泥膏。由于天然胶体泥的表面带有大量的负电荷（主要是OH⁻离子），含有大量水分的黏土在皮肤表面上形成封闭的泥膜，通过界面交换作用，达到深层保湿、修护肌肤、恢复细胞活力和去除角质的功效。

　　面膜泥成分还含有表面活性剂和高分子聚合物。表面活性剂在配方中具有分散固体粉末作用，高分子聚合物（如纤维素、汉生胶）利用空间位阻作用，增加了固体颗粒之间相互聚集的空间势垒，起悬浮稳定作用，二者形成的胶束对泥面膜的黏度和稳定性起到协同增效作用。在配方工艺上，分散固体粉末时应尽量避免混入大量空气，空气的混入会降低泥状膏体的稳定性。亲水性聚合物可以减缓面膜泥中固体粉末的水合过程，避免面膜泥经过水合作用而硬化。

　　为提高产品的黏度和成膜性，需要额外添加一些有利于形成凝胶的基质物。可以使用黄原胶、海藻酸钠等物质进行增稠，也可以充分利用天然产物的一些特性实现特殊功能性。例如，海藻中的褐藻胶有明显的保湿润肤作用，以及抑菌防晒的功能；芦荟凝胶汁有很好的补水保湿作用，都可以增加面膜泥的功效。另外，也可以添加一些其他常见的成分，如添加橄榄油以达到滋润防干的作用，添加珍珠粉以实现美白皮肤功效，添加蜂蜜以实现消炎和清热解毒作用。

　　成膜化妆品中的活性成分在皮肤界面上的吸收过程均属于膜渗透过程。膜渗透是指活性物质在推动力的作用下通过膜发生迁徙的过程，推动力可以是压力差、浓度差或电位差。在成膜化妆品中驱动力多为浓度差，功效成分在膜内部的扩散、吸收和代谢过程具有浓度依赖性。

9.1.4.4　固体香水

　　固体香水是将香精溶解或吸附在固化剂中成型的一种非传统香水。从产品形态上，固体香水有棒状、粒状和膏状之分。从产品配方组成上，固体香水可以分为载体（固化剂）和香料两部分，载体部分包括油类、脂类、蜡类和表面活性剂。其中油类为乳木果油、蓖麻油，通过调节脂类含量控制挥发性和吸收性。脂类成分为氢化羊毛脂、可可脂、单硬脂酸甘油酯、棕榈酸异丙酯和白凡士林，产品通过调节脂类含量调节亲肤性和挥发性。蜡类原料可以选择蜂蜡或小烛树蜡，配方通过调节蜡类含量增加产品硬度。表面活性剂有增稠剂、成膜剂，配方通过添加聚乙二醇，卡拉胶起到塑化增稠的作用，添加纤维素起到成膜作用。香料部分包括香料粉末和精油，香味剂为精油和固体香料粉末，香料粉末为香味主体，精油为调香剂，起到调制不同香味的作用。

9.1.4.5　防晒棒与面膜棒

　　为高效实现"分区护理"，棒状固体剂化妆品显示出一定的优势。将护肤品做成比防晒棒还要小巧轻便的固体面膜、固体爽肤水、固体精华等，有利于轻松实现面部的"分区护理"。其中，固体面膜即"面膜棒"。固体剂防晒产品则多为"防晒棒"。防晒棒中一般含有化学防晒剂，包括胡莫柳酯、奥克立林、甲氧基肉桂酸乙基己酯、丁基甲氧基二苯甲酰基甲烷或它们的混合物。另外还可以添加维生素 E、卵磷脂等保湿成分。防晒棒和面膜棒均具有易于携带、使用方便的特点。

9.1.4.6   化妆笔

化妆笔是笔状类化妆品的统称。硬度是化妆笔最重要的参数指标，它是指笔芯材料抵抗因机械压入或磨损引起的局部塑性变形的能力，取决于笔芯材料的延展性、弹性刚度、塑性、应变、强度、韧性、黏弹性和黏度，体现了化妆笔在皮肤表面涂抹时受到的局部抵抗力，是比较各种笔芯材料软硬的指标。根据眉笔笔芯的硬度来区分，眉笔可分为硬、软硬适中、软等三种类型。蜡质类的较硬，脂质类会相对较软。

以产品形态和使用方法进行区分，眉笔可分为铅笔式眉笔与推管式眉笔。铅笔式眉笔的主要原料有石蜡、蜂蜡、地蜡、矿脂、巴西棕榈蜡、羊毛脂、可可脂、颜料等。其制作方法与铅笔芯制作方法类似，将混好颜料的蜡块在压条机内压注出来。将全部油脂和蜡类混合熔化后，加入颜料，搅拌约 3～4h，搅拌均匀后，倒入盘内冷凝，切成薄片，经研磨机研轧两次，再经压条机压制成笔芯。

推管式眉笔是将笔芯装在细长的金属或塑料管内，使用时将笔芯推出来画眉。使用的主要原料有石蜡、蜂蜡、虫蜡、液体石蜡、凡士林、白油、羊毛脂和颜料等。制作时需要先将颜料、适量的凡士林和白油在三辊机里研磨均匀成为颜料浆，再将全部油脂蜡在锅内加热熔化，与上述颜料浆搅拌均匀，浇入模具中制成笔芯。

9.1.4.7   发蜡

发蜡又称头蜡，具有对头发的定型功能，同时使头发产生光泽感、湿感和蓬松感的外观变化，还具有滋润感、干爽感等触感效果。发蜡多以矿物油、石蜡、地蜡、鲸蜡以及凡士林和植物油为原料，外观为透明或半透明的软膏状半固体型化妆品，黏性较高，适于难以梳理成型的硬性头发。

发蜡主要通过油性成分对毛发的附着性来保持发型，即"头发黏附技术"。使用时，将发蜡涂敷于手掌，然后用手梳理头发，通过手指的不断运动使发蜡涂敷均匀，使用后头发有成束感，但易于流动、自然、无造作感。与水剂型定型剂使用的聚合物相比，发蜡的指梳通性更好，即使在白天也可洗去发蜡并对头发重新定型。发蜡中常使用的油性成分见表 9-3。

表 9-3   固体发蜡中常使用的油性成分

固体油脂	蜡类：卡诺巴蜡、小烛树蜡、蜂蜡固体油脂
	烷烃类：微晶蜡、固体凡士林
	其他：脂肪酸(硬脂酸等)、高级醇(硬脂醇，二十二烷醇)、聚乙烯蜡
半固体油脂	蜡类：羊毛脂、羊毛脂诱导体
	烷烃：凡士林

9.1.4.8   脱毛蜡

脱毛蜡是一种用于除去皮肤表面上过多汗毛的化妆品。脱毛蜡是利用蜡的黏性粘住体毛，把毛干从毛囊内拔除。脱毛蜡分为冻蜡和热蜡两种。冻蜡呈胶状，而热蜡一般呈固体状态。热蜡一般由松香、白蜡、蜂蜡和树脂（如乙烯-醋酸乙烯共聚物）组成，使用前需加热熔化，待温度降低到适宜皮肤使用时，方可涂在皮肤上，使用时蜡层不宜涂得太厚，否则会影响到脱毛效果。

9.2 固体剂的基质与原料

9.2.1 固体剂用油脂

油脂中的脂肪酸大多是正构含偶数碳原子的饱和或不饱和的脂肪酸，常见的有肉豆蔻酸（C14）、软脂酸（C16）、硬脂酸（C18）等饱和酸和棕榈油酸（C16，单烯）、油酸（C18，单烯）、亚油酸（C18，二烯）、亚麻酸（C18，三烯）等不饱和酸。

油脂使用前需要精炼。精炼的处理方法包括脱胶、脱酸、脱色、脱臭四个工序。具体操作流程分物理精炼和化学精炼。物理精炼步骤为：毛油——→脱胶处理——→脱色处理——→过滤——→蒸汽精炼（脱酸、脱臭）——→净化油。化学精炼步骤为：毛油——→脱胶处理——→碱炼——→水洗干燥——→脱色——→过滤——→脱臭——→净化油。

在固体剂化妆品中，油脂的主要作用是调节基质的流动性，和其他基质协调实现产品在皮肤表面上铺展、隔离功效。

9.2.2 固体剂用蜡

蜡分为动植物蜡、矿物蜡、石油蜡和微晶蜡等四类，是动物、植物或矿物所产生的、常温下为固态的油性物质。

（1）蜂蜡 蜂蜡又称黄蜡、蜜蜡，在常温下呈固体状态，具有蜜、粉的特殊香味。按照杂质的不同与纯度的高低，在颜色上存在白色、淡黄、中黄、暗棕色等变化。蜂蜡主要有酯类、游离酸类、游离醇类和烃类，还含有部分游离脂肪醇类、水和矿物质以及少量的黄酮类、维生素、色素等。蜂蜡中因为含有少量游离高级脂肪醇而具有一定的表面活性作用，属较弱的 W/O 型乳化剂。

（2）植物蜡 主要有巴西棕榈蜡、小烛树蜡、米糠蜡、甘蔗蜡、月桂蜡、霍霍巴油蜡等几种。巴西棕榈蜡是从巴西棕榈的叶及叶柄中获取，呈淡黄至淡褐色脆性固体状，主要组成为高碳羟基酸的酯类。因为植物蜡的熔点较低，对产品的扩散性能有改良作用，所以植物蜡是唇膏产品设计中较多使用的基质材料。

（3）石蜡 主要存在于石油蜡中，主要成分为正构烷烃，也有少量带个别支链的烷烃和带长侧链的环烷烃。烃类分子的碳原子数为 18～30。在化妆品里主要作用是黏合剂和柔润剂，是蜂蜡较为经济的替代物。口红、睫毛膏等化妆品中常含有石蜡。石蜡制品在造型或涂敷过程中，长期处于热熔状态，并与空气接触，假如安定性不好，就容易氧化变质、颜色变深，甚至发出臭味，光照条件下石蜡也会变黄。因此，要求石蜡具有良好的热安定性、氧化安定性和光安定性。

（4）微晶蜡 是一种近似微晶性质的精制合成蜡，呈白色至淡黄色细小针状结晶体，无臭无味。微晶蜡具有光泽好、熔点高、色泽浅的特点。其结构紧密，坚而滑润，能与各种天然蜡互熔，并能提高其低度蜡的熔点。微晶蜡主要用作黏合剂和乳化稳定剂。

9.2.3 饱和脂肪烃及其衍生物

饱和脂肪烃是石油炼化精加工得到的有机化合物。沸点多在 300℃以上，与动植物油脂不同，分子结构中没有不饱和键和羧基，在常温条件下具有一定的化学稳定性。可分为脂肪烃、脂环烃和芳香烃三大类。利用其溶剂作用和成膜作用，用来防止皮肤表面水分的蒸发，提高化妆品的保湿效果。

凡士林（矿脂）是从原油经过常压和减压蒸馏后留下的渣油中脱出的蜡膏，化学成分主要是长链烷烃，链长在 $C_{17}H_{36}$ 和 $C_{21}H_{44}$ 之间。凡士林的化学惰性使得它对任何类型的皮肤都没有刺激作用，因此凡士林属于广谱原料，能在肌肤表面形成一道保护膜，使皮肤的水分不易蒸发散失，而且它极不溶于水，可长久附着在皮肤上，因此具有很好的保湿效果。

饱和脂肪烃类化合物种类繁多，性质迥异，为配方设计提供了充足的备选材料。新的饱和脂肪烃类化合物及其衍生物正不断被开发出来，应用到高档化妆品配方中。譬如，碳酸二辛酯（Cetiol CC）是一种新型润肤剂，黏度小，具有极干爽的肤感和良好的铺展性，对结晶型有机防晒剂和二氧化钛、氧化锌有很好的溶解性，用在防晒产品中可显著提高产品的 SPF 值并有效减少防晒剂的油腻感。具有极佳的皮肤相容性，对皮肤和黏膜的刺激性很低，适用于婴幼儿产品和高档护肤品。

9.2.4　无机粉体原料

无机粉质原料可以分为无机粉质基质原料和无机颜料。

（1）无机粉质基质　化妆品中常使用的无机粉体填充剂包括二氧化硅、硅藻土、层型硅酸盐粉体填充剂、沉淀碳酸钙、磷酸盐、氢氧化铝等，其中层型硅酸盐粉体填充剂包括高岭土、膨润土、滑石粉、云母粉。此外，碳酸镁、钛白粉（二氧化钛）、辛白粉（氧化锌）也经常被当作填充剂使用。

（2）无机颜料　无机颜料一般是矿物性物质，属于不溶于水、油等溶剂的着色粉末，与色淀相比具有更好的使用性能，广泛用于唇膏、胭脂等固体剂化妆品。化妆品用无机颜料的种类主要包括金属和合金粉末、氧化物和氢氧化物颜料及其他无机颜料。

（3）金属和合金粉末　根据我国现行 GB 7916 规定，化妆品暂用着色剂中有铝粉、铜粉和青铜粉等三种金属和合金粉末。这类化妆品的特点主要是有金属光泽，在透明介质中，其光泽和颜色随光线角度和视线变化发生"双色效应"。无机颜料的评价指标包括着色力、遮盖力、耐光性和耐候性等。着色力是指着色颜料吸收入射光的能力，可用相当于标准颜料样品着色力的相对百分比表示。遮盖力是指在成膜物质中覆盖底材表面颜色的能力，常用遮盖单位面积的色漆中所含颜料的质量（g）进行表示。耐光性是颜料在一定光照下保持其原有颜色的性能，是评价颜料光敏特性的关键参数，一般采用八级制表示，八级最好，一级最差。耐候性是颜料在一定的天然或人工气候条件下，保持其原有性能的能力，一般采用五级制表示，五级最好，一级最差。

9.2.5　黏合剂

水溶性黏合剂可以是天然或合成的水溶性聚合物，一般常用低黏度的羧甲基纤维素，通常添加少量的保湿剂。油溶性黏合剂包括硬脂酸单甘酯、十六醇、十八醇、脂肪酸异丙酯、羊毛脂及其衍生物、地蜡、白蜡和微晶蜡等。

筛选合适的黏合剂对提升固体剂化妆品产品的视觉效果和体验感具有重要的辅助作用。如使用淀粉作为黏合剂的浴片在水体中能够快速崩解，并迅速地溶解，浴片骨架结构坍塌的同时会产生大量的气泡，可直接影响到使用者的感官体验和选购喜好。

9.2.6　香精香料

固体剂化妆品中的调香通常使用香精和香料粉末，在使用过程中因剂型原因会有不同的性能要求。例如，浴盐生产中使用的固体基质多数为碱性无机盐类，生产时需要香精能均匀分布在晶粒表面，形成一层膜。因此，浴盐使用的香精必须具有耐碱、耐光和耐氧化作用，同时能够在无机晶体颗粒表面具有很好的吸留性。有些固体颗粒产品（如粉饼），配方中添加一些吸油性的粉末，如硅酸钙、白炭黑等，用作沉积、吸留和稳定香精，同时可改善产品的流动性。近年来，香精微胶囊在固体剂化妆品中使用较多，可以起到香氛缓释作用。

9.3　固体剂的工艺流程

9.3.1　美容皂生产工艺流程

　　优质的美容皂和药皂要求在原料选择、油脂精炼、皂化精制、甘油回收等各个环节都要进行严格的质量参数监控。油脂皂化工艺可分为间歇式和连续式两种，但不管是间歇式大锅煮皂还是连续式油脂皂化，制皂工艺均包括皂化、盐析、碱析和整理等四个环节。皂基的生产过程，如图 9-1 所示。

图 9-1　油脂皂化生产皂基工艺流程示意图

　　皂基与泡花碱、钛白粉、香精、荧光增白剂、钙皂分散剂及着色剂混合后，真空冷却，经流化床换热冷凝形成皂片，进入双螺杆压条机，经压条、切块、晾干后，打印装箱入库。

9.3.2　口红生产工艺流程

　　口红生产过程中需要使用模具。传统的模具由金属制造，近年来硅胶模具因为具有易脱模、花纹可设计性强等优势，有替代金属模具的发展趋势。硅胶模具的缺陷在于使用次数受限，加热冷却次数过多，会造成硅胶的不可逆老化。

　　在口红生产前，需要熟悉各配方成分的理化性质。对原料需要提前 2h 预热以达到充分熔解，否则会因为热场分布不均，造成最终成型后的口红柱体出现裂纹。为防止膏体成分发生化学变化，原料的预热温度必须低于 120℃；模具灌注温度一般控制在 85~95℃ 之间，灌装时，要注意速度不能太快，避免产生气泡。模具冷却时，冷却流水线速度也不能过快，否则容易造成拔模时脱模不彻底。经铲模、开模和拔模后，封装即得最终产品。口红的典型生产工艺流程如图 9-2。

图 9-2　口红类产品的典型生产工艺流程示意图

9.4　固体剂的主要生产设备

　　固体剂不需要进行乳化操作，因此工艺流程相对简单。已经出现了一系列固体剂化妆品的专用生产设备和生产线，但都是由相关单元操作设备组成。因此，本节主要针对固体剂化妆品生产中的单元设备加以扼要介绍。

9.4.1　三次元振动筛

　　三次元振动筛是所有振动筛分设备类产品的总称，确切地讲圆形的振动筛根据国家相关标准叫"旋振筛"，由于其振动运转原理也称之为"三次元振动筛分过滤机"。由直立式振动电机作为激振源，电机上、下两端安装有偏心重锤，将电机的旋转运动转变为水平、垂直、倾斜的三次元运动，再把这个运动传递给筛面进行筛分。调节上、下两端的相位角，可以改变物料在筛面上的运动轨迹。

9.4.2　固体剂混合设备

将两种以上组分的物质均匀分散的操作称为混合。混合操作以不同成分含量的均匀分布为主要参考指标，是保障固体剂质量的关键工艺操作。固体的混合不同于互溶液体的混合，是以固体粒子作为分散介质，完全混合难度较大。为了满足混合样品中各成分含量的均匀分布，应尽量减小成分间的粒度差异，常以分级后的微细粉体作为主要混合对象。

固体颗粒物混合模式包括对流混合、剪切混合和扩散混合。不同的固体颗粒在机械转动的作用下产生较大相对位移，经过多次迁移造成颗粒物位置上的变化而实现对流混合；颗粒物因内部引力变化造成粒子间发生相对位置滑移，形成不同组分界面剪切，破坏了颗粒物的团聚状态而进行剪切混合；由于粉末的无规则热运动和浓度差，在相邻粒子间发生位置交换而产生扩散混合。混合开始阶段，以对流与剪切混合为主，之后扩散混合占主导趋势。

固体剂化妆品使用的基质原料多为蜡和油脂，制备时需将基质材料加热熔化后，再加入无法熔融的其他成分，经搅拌后形成分散性更好的混合物。此时，采用的加热搅拌混合设备以熔料锅常见。熔料锅由搅拌桨、控温装置和锅体组成，锅体材料和搅拌桨一般采用食品级304钢制造，可按照原料组成不同控制锅体温度，以完成蜡基和油脂基料与其他粉料的共混，熔料锅有时也被用作灌装操作的出料装置使用。

9.4.3　压制成型设备

压制成型是饼状固体剂化妆品生产工艺中的最后一个步骤。在粉饼、眼影等粉末类化妆品的加工制造中经常用到，该设备统称为压粉机。它是利用压力将置于模具内的粉料压紧至结构紧密，成为具有一定形状和尺寸的饼状坯体。压制设备一般操作简单，自动化程度较高，适合于大规模化生产。影响压制成型坯体质量的工艺因素主要有成型压力、压制方法、粉料的工艺性能及模具的适用性。

压制设备类型一般按照压力来源不同加以区分。比如在肥皂生产工艺中，涉及到两种压制成型设备：一种是三辊研磨机，另外一种是双螺杆挤出成型设备。三辊研磨机同时实现了研磨和压制成型的作用，它把皂基压制成片状。双螺杆挤出成型设备是一个螺杆在筒体中转动并把原料向前推动，通过挤出作用从出料口挤出成型。

9.4.4　固体剂脱模机

脱模机是固体剂的专用设备，通常辅助完成膏体的脱模或拔模操作。脱模过程是通过气吹孔的方式把膏体从模具中吹出。一般采用 PLC 界面控制，操作容易，可直接在屏幕上设置取模、拔模、放模时间，完成固体剂化妆品生产的连续化操作。

9.4.5　固体剂包装设备

固体剂经常用到的包装设备包括灌装设备和薄膜包装机。口红、面膜棒、防晒棒、发蜡、脱毛蜡是通过物料在加热后，由灌装机灌装到包材中，经过冷却而完成灌装操作。美容皂、浴盐等产品的包装多采用塑料包装机械完成。但由于固体剂化妆品的尺寸、包材种类以及形状各不相同，包装机多为非通用设备。

9.5　固体剂的质量要求与控制

固体剂产品质量控制指标一般包括配方成分、生产工艺、感官指标、卫生化学指标、微生物指标、检验方法、使用说明、贮存条件、保质期。固体剂类化妆品必须满足《化妆品产品技术要求规范》中提出的质量标准规定。一般根据产品的应用范围与使用方式提出质量要求。例如，作为直接与口腔接触的化妆品，口红产品的质量要求为：①使用的原料应对口唇无刺激性，安全无异味；②膏体质地细腻，色泽鲜艳，软硬适度，涂敷方便，无油腻感，附着力强，触唇易于熔化；③受温度变化影响小，高温不变型，低温不干燥；④蜡牢度能维持5～6h，并且颜色不受饮食、吸烟等影响。

固体剂化妆品的原料和产品还需要从感官指标、微生物指标、重金属指标等几个方面加以控制与评价。如 GB/T 35828 标准中规定了化妆品中铬、砷、镉、锑、铅的测定方法，其中检测范围同样包括固体剂化妆品中使用的原料。这是因为无论是唇彩、唇膏还是眼影，无机原料和天然提取物的大量采用，均可能给固体剂化妆品带来重金属元素超标的风险。

针对固体剂化妆品单独提出的行业标准和国家标准不多。GB/T 13531.6《化妆品通用检验方法颗粒度（细度）的测定》属于粉状、颗粒状化妆品原料在颗粒度（细度）的通用要求指标。GB/T 27575《化妆笔、化妆笔芯》中对化妆笔的分类、要求、试验方法、检测规则和标志、包装、运输、贮存、保质期进行了明确的规定，涵盖了眼线笔、眉笔、眼影笔、唇线笔、遮瑕笔等产品。

由于固体剂本身所具有的高黏度与涂抹使用的特性，使固体剂化妆品成为所有品类化妆品中，最容易在使用过程中产生二次污染的化妆品剂型。消费者在使用过程中不注意卫生，比如用手挖取化妆品，会将手指上的微生物沾到化妆品上造成污染，所以固体剂化妆品发生变质的可能性远远高于液体剂型化妆品。因此在包装环节上，固体剂化妆品的包装材料应保证无毒、清洁，外观整洁美观、封口严密，能够有效阻断与空气的接触。

9.6　固体剂的制剂实例

固体剂是将功效成分分散在适当的分散介质中制成的固体形态制剂。蜡基、脂基有机原料与无机固体粉末是该类产品中常见原料形态，分散、蜡基与脂基原料熔融以及原料混合物冷却成型是固体剂化妆品的关键质量控制环节。在设计配方前，应充分熟悉所选原料的热力学性质。

9.6.1　滋润型口红

（1）配方设计表

序号	成分	INCI 名称	添加量/%	使用目的
1	地蜡	OZOKERITE	18.45	增稠剂
2	羊毛脂	LANOLIN	15.23	润肤剂
3	硅石	SILICA	10.76	填充剂
4	锦纶-12	NYLON-12	10.15	填充剂
5	辛酸/癸酸甘油三酯	CAPRYLIC/CAPRIC TRIGLYCERIDE	9.59	润肤剂

续表

序号	成分	INCI 名称	添加量/%	使用目的
6	异十三醇异壬酸酯	ISOTRIDECYL ISONONANOATE	9.53	润肤剂
7	二异硬脂醇苹果酸酯	DIISOSTEARYL MALATE	8.45	润肤剂
8	聚乙烯	POLYETHYLENE	6.76	成膜剂
9	聚二甲基硅氧烷、聚二甲基硅氧烷交联聚合物	DIMETHICONE、DIMETHICONE CROSSPOLYMER	4.23	成膜剂
10	氧化铁（CI 77491）	IRON OXIDES (CI 77491)	3.57	着色剂
11	CI 77891、氢氧化铝、三乙氧基辛基硅烷	CI 77891、ALUMINUM HYDROXIDE、TRIETHOXYCAPRYLYLSILANE	2.50	着色剂
12	乙基己基甘油	ETHYLHEXYLGLYCERIN	0.50	防腐剂
13	辛甘醇	CAPRYLYL GLYCOL	0.20	防腐剂
14	CI 15850	CI 15850	0.05	着色剂
15	红 28 色淀［CI 45410 色淀］	RED 28 LAKE	0.02	着色剂
16	蓝 1 色淀	BLUE 1 LAKE (CI 42090)	0.01	着色剂

（2）设计思路　本配方精选已知安全、温和且纯度高的化妆品常用原料，确保在无意食用后对人体无毒无害。本产品的基本功能为保湿滋润唇部、赋予嘴唇以色调，配方不使用超出这两点基本功能的其他功效添加成分。所选用的原料均经过严格检验，并确保检验结果符合相关规格的指标要求。

第 1 号原料，地蜡，增稠剂。驻留类产品最高历史用量为 40.015%，本配方中添加量为 18.45%，在安全用量范围内。

第 2 号原料，羊毛脂，润肤剂。驻留类产品最高历史用量为 59.113%，本配方中添加量为 15.23%，在安全用量范围内。

第 3 号原料，硅石，填充剂。驻留类产品最高历史用量为 100%，本配方中添加量为 10.76%，在安全用量范围内。

第 4 号原料，锦纶-12，填充剂。驻留类产品最高历史用量为 59.5%，本配方中添加量为 10.15%，在安全用量范围内。

第 5 号原料，辛酸/癸酸甘油三酯，润肤剂。驻留类产品最高历史用量为 93.8%，本配方中添加量为 9.59%。

第 6 号原料，异十三醇异壬酸酯，润肤剂。驻留类产品最高历史用量为 18.406%，本配方中添加量为 9.53%

第 7 号原料，二异硬脂醇苹果酸酯，润肤剂。驻留类产品最高历史用量为 53.986%，本配方中添加量为 8.45%，在安全用量范围内。

第 8 号原料，聚乙烯，成膜剂。驻留类产品最高历史用量为 59.233%，本配方中添加量为 6.76%，在安全用量范围内。

第 9 号原料，由聚二甲基硅氧烷、聚二甲基硅氧烷交联聚合物复配组成，作为成膜剂。最大使用量为 21.50%，聚二甲基硅氧烷交联聚合物配方最大使用量为 2.50%，本配方中二者复配添加量为 4.23%，在安全用量范围内。

第 10 号原料，氧化铁（CI 77491），着色剂。最大安全使用量为 4.23%，本配方中添加量为 3.57%，在安全用量范围内。

第 11 号原料，由 CI 77891、氢氧化铝、三乙氧基辛基硅烷复配组成，作为着色剂。最大使用量为 24.56%，氢氧化铝配方最大使用量为 2.16%，三乙氧基辛基硅烷配方最大使用量为 0.897%，本配方中三者复配添加量为 2.50%，在安全用量范围内。

第 12 号原料，乙基己基甘油，防腐剂。驻留类产品最高历史使用量为 10%，本配方中添加量为 0.50%。

第 13 号原料，辛甘醇，防腐剂。驻留类产品最高历史使用量为 6.45%，本配方中添加量为 0.20%，在安全用量范围内。

第 14 号原料，CI 15850，着色剂。最大安全使用量为 0.05%，本配方中添加量为 0.05%。

第 15 号原料，红 28 色淀〔CI 45410 色淀〕，着色剂。最大安全使用量为 0.02%，本配方中添加量为 0.02%。

第 16 号原料，蓝 1 色淀，着色剂。最大安全使用量为 0.01%，本配方中添加量为 0.01%。

综上所述，从配方整体分析及所用原料看，本配方用于口红生产应该是安全的。

（3）制备工艺　本品为膏体状，以油剂为主。A、B 相分别加入熔料锅中，加热至 95℃，搅拌直至完全溶解；取部分熔好料体与 C 相原料于三辊式轧机中轧制 3 次后混入熔料锅中，搅拌直至完全溶解，保温 5min，降温至 70℃，将 D 相加入，搅拌均匀，降温至 60℃，经检验合格后出料。半成品经检验合格后，入半成品库保管；加热至规定温度，灌装，成型冷却、脱模、包装获得成品；成品检验合格并留样后，入成品库。

其中：A 相原料为 1 号、2 号、5 号、6 号、7 号和 8 号原料的预混物；B 相原料为 3 号、4 号、9 号原料的预混物；C 相原料为 10 号、11 号、15 号、16 号原料预混物；D 相原料为 12 号、13 号原料的混合物。

（4）产品特点　本品原料配比科学，制备工艺简单，产品质量安全稳定，使用方便，对口唇无刺激、无害，无微生物污染，具有自然清新的气味，颜色符合潮流，涂抹平滑流畅，上色均匀，持妆时间长，容易卸妆除去，使用后唇部感到舒适与润湿。

（5）产品应用　直接涂于唇部，或者用唇刷沾取口红刷在嘴唇上。

9.6.2　天然美白皂

（1）配方设计表

编号	成分	INCI 名称	添加量/%	使用目的
1	皂基	SOAP	70.00	成型剂、去污剂
2	甘油	GLYCERIN	10.00	润肤剂、调节剂
3	牛奶	MILK	10.00	润肤剂
4	二氧化钛	TITANIUM DIOXIDE	6.50	增白剂
5	迷迭香（*Rosmarinus officinalis*）提取物	ROSMARINUS OFFICINALIS (ROSEMARY) EXTRACT	2.00	杀菌剂、美白剂
6	沙棘果（*Hippophae rhamnoides*）提取物	HIPPOPHAE RHAMNOIDES FRUIT EXTRACT	1.00	杀菌剂、润肤剂
7	防腐剂	—	0.50	防腐剂

（2）设计思路　本配方安全无毒，产品具有美白嫩肤功能。所选用的原料均经过严格检验，符合相关产品质量指标控制要求。从配方整体分析及所用原料看，本配方用于美容皂生

产是安全的。

配方中第 1、2、3、5、6 号原料，是基于去污、润肤、杀菌的产品基本功能选用的。

第 2 号原料，甘油，是化妆品中常用的溶剂、保湿剂、滋润剂。驻留类产品最高历史使用量为 62.1%，本配方中添加量为 10.00%。

第 3 号原料，牛奶，是化妆品中常用的天然产物原料，驻留类产品最高历史使用量为 5%，本配方中添加量为 10.00%，起到润肤作用。

第 4 号原料，二氧化钛，是皂类产品中常用的填充剂，本配方中添加量为 6.50%。

第 5 号原料，迷迭香提取物。驻留类产品最高历史使用量为 44.982%，本配方中添加量为 2.00%，具有杀菌、美白作用。

第 6 号原料，沙棘果提取物。驻留类产品最高历史使用量为 60.33%，本配方中添加量为 1.00%，具有杀菌、美白作用。

（3）制备工艺   本品为块状固体，以皂基为主要成分。具体工艺为：将皂基加热到 80℃熔化，加入甘油、牛奶和二氧化钛，剪切搅拌均匀，降温至 60℃，加入迷迭香提取物与沙棘果提取物，使用模具固化成型或用螺旋杆挤压成型。降至室温脱模或切块即得产品。

（4）产品特点   本品原料配比科学，制备工艺简单，产品质量安全稳定，对皮肤无刺激、无害，无微生物污染，具有自然清新的气味，泡沫丰富，去污力强。

（5）产品应用   日常洁肤用品。

9.6.3   固体香水

（1）配方设计表

编号	成分	INCI 名称	添加量/%	使用目的
1	凡士林	PETROLATUM	50.00	柔润剂
2	白矿油	MINERAL OIL	15.00	柔润剂、溶剂
3	石蜡	PARAFFIN	10.00	增稠剂
4	蜂蜡	BEESWAX	10.00	柔润剂
5	甘油	GLYCERIN	10.00	保湿剂
6	香精	AROMA	3.00	芳香剂
7	单硬脂酸甘油酯	GLYCERYL MONOSTEARATE	1.50	乳化剂
8	丁羟甲苯	BHT	0.50	抗菌剂、抗油脂氧化剂
9	蓝 1 色淀	BLUE 1 LAKE	0.003	着色剂

（2）设计思路   该配方采用蜡基材质，不含酒精，易于携带。配方中的香精可以使用等量精油（微胶囊）代替，不影响最终形态。

第 1 号原料，凡士林，柔润剂。淋洗类产品最高历史使用量为 75.175%，本配方中添加量为 50.00%。

第 2 号原料，白矿油，柔润剂、溶剂。驻留类产品最高历史使用量为 73.2%，本配方中添加量为 15.00%。

第 3 号原料，石蜡，润肤剂、成型剂。驻留类产品最高历史使用量为 74.3%，本配方中添加量为 10.00%。

　　第4号原料，蜂蜡，润肤剂、成型剂。驻留类产品最高历史使用量为50%，本配方中添加量为10.00%。

　　第8号原料，丁羟甲苯，抗菌剂、抗油脂氧化剂，其用于化妆品中是安全的，驻留类产品最高历史使用量为2.6%，本配方中添加量为0.50%。

　　（3）制备工艺　将油、脂、蜡加入熔料锅，加热至80℃以上熔融。物料熔化后保温搅拌20min，使油蜡均匀分散，同时杀灭细菌。降低温度（50~60℃）后加入香精（精油）和甘油，缓慢搅拌均匀。形成透明的液体灌入模具，冷却成型后包装。

　　（4）产品特点　基质成型性好，可以根据添加的香精（精油）类型不同，得到不同香型的产品。

　　（5）产品应用　用刮刀沾取适量固体香水，涂抹在手腕、耳后、颈部等体温较高的部位，用手指将固体香水揉开即可。

9.6.4　香膏

　　（1）配方设计表

编号	成分	INCI 名称	添加量/%	使用目的
1	95%乙醇	ALCOHOL	67.00	溶剂、抗菌剂、收敛剂
2	香精	AROMA	10.00	芳香剂
3	硬脂酸	STEARIC ACID	6.00	柔润剂、乳化剂
4	甘油	GLYCERIN	5.50	溶剂、保湿剂
5	水	WATER	4.00	溶剂
6	丙二醇	PROPYLENE GLYCOL	3.50	溶剂、保湿剂
7	棕榈酸异丙醇酯	ISOPROPYL PALMITATE	3.00	柔润剂
8	氢氧化钠	SODIUM HYDROXIDE	0.80	PH 调节剂
9	色素	CI 77489	0.20	着色剂

　　（2）设计思路　本配方材料易得，工艺简单，香气持久。

　　第1号原料，95%乙醇，溶剂、抗菌剂、收敛剂。驻留类产品最高历史使用量为0.75%，本配方中添加量为67.00%。

　　第3号原料，硬脂酸，柔润剂、乳化剂。驻留类产品最高历史使用量为27.304%，本配方中添加量为6.00%。

　　第6号原料，丙二醇，溶剂、保湿剂。驻留类产品最高历史使用量为47.929%，本配方中添加量为3.50%。

　　第7号原料，棕榈酸异丙醇酯，柔润剂。驻留类产品最高历史使用量为79.69%，本配方中添加量为3.00%。

　　第8号原料，氢氧化钠，pH调节剂。最大安全使用量为5%，本配方中添加量为0.80%。

　　（3）制备工艺　将乙醇、硬脂酸、甘油、丙二醇、棕榈酸异丙醇酯等成分混合，置入熔料锅加热至70℃，在快速搅拌条件下，将溶解在水中的氢氧化钠缓缓加入，形成半透明的液体。降温至60℃加入香精和色素搅拌均匀。趁物料可以流动的时候灌入模具，冷却成型后包装。

（4）产品特点　基质成型性好，可以根据添加的香精（精油）类型不同，得到不同香型的产品。

（5）产品应用　用刮刀沾取适量固体香水，涂抹在手腕、耳后、颈部等体温较高的部位，用手指将固体香水揉开即可。

9.6.5　高 SPF 值防晒棒

（1）配方设计表

编号	成分	INCI 名称	添加量/%	使用目的
1	矿物油、氢化苯乙烯、异戊二烯共聚物	MINERAL OIL, HYDROGENATEDSTYRENE, ISOPRENE COPOLYMER	17.00	成膜剂、增稠剂
2	碳酸二辛酯	DICAPRYLYL CARBONATE	10.00	柔润剂
3	蜂蜡	BEESWAX	10.00	乳化剂、柔润剂
4	聚乙烯	POLYETHYLENE	10.00	乳化剂、成膜剂
5	胡莫柳酯	HOMOSALATE	7.00	化学防晒剂
6	氢化二聚亚油醇	HYDROGENATED DILINOLEYL ALCOHOL	7.00	柔润剂
7	季戊四醇四（乙基己酸）酯	PENTAERYTHRITYL TETRAETHYLHEXANOATE	5.90	柔润剂
8	聚甘油-3 二异硬脂酸酯	POLYGLYCERYL-3 DIISOSTEARATE	5.50	乳化剂
9	奥克立林	OCTOCRYLENE	5.00	化学防晒剂
10	牛油果树果脂	BUTYROSPERMUM PARKII (SHEA BUTTER)	5.00	皮肤调理剂、柔润剂
11	二聚季戊四醇六羟基硬脂酸酯、六硬脂酸酯、六松脂酸酯	DIPENTAERYTHRITYL HEXAHYDROXYSTEARATE, HEXASTEARATE, HEXAROSINATE	5.00	保湿剂、柔润剂
12	季戊四醇二硬脂酸酯	PENTAERYTHRITYL DISTEARATE	4.40	乳化剂、润滑剂
13	月桂酰赖氨酸	LAUROYL LYSINE	3.30	柔润剂、皮肤亲和剂
14	锦纶-66	NYLON-66	3.20	吸附剂、润滑剂
15	二乙氨羟苯甲酰基苯甲酸己酯	DIETHYLAMINO HYDROXYBENZOYL HEXYL BENZOATE	1.70	化学防晒剂

（2）设计思路　使用复合体系作为防晒主要成分，提高防晒指数，碳酸二辛酯的添加使用可以降低防晒棒的黏滞感。产品易于携带，使用方便，配方能有效控制微生物污染。

第 1 号原料，矿物油、氢化苯乙烯、异戊二烯共聚物，成膜剂、增稠剂。最大安全使用量为 30.00%，本配方中添加量为 17.00%。

第 2 号原料，碳酸二辛酯，柔润剂。驻留类产品最高历史使用量为 65.79%，本配方中添加量为 10.00%。

第 4 号原料，聚乙烯，乳化稳定剂、成膜剂。驻留类产品最高历史使用量为 59.233%，本配方中添加量为 10.00%。

第 5 号原料，胡莫柳酯，化学防晒剂。最大安全使用量为 10%，本配方中添加量为 7.00%。

第 7 号原料，季戊四醇四（乙基己酸）酯，柔润剂。驻留类产品最高历史使用量为

45.98%，本配方中添加量为 5.90%。

第 9 号原料，奥克立林，化学防晒剂。最大安全使用量为 10.00%，本配方中添加量为 5.00%。

第 11 号原料，二聚季戊四醇六羟基硬脂酸酯、六硬脂酸酯、六松脂酸酯，保湿剂、柔润剂。最大安全使用量为 5.74%，本配方中添加量 5.00%。

第 13 号原料，月桂酰赖氨酸，柔润剂、皮肤亲和剂。驻留类产品最高历史使用量13%，本配方中的添加量为 3.30%。

第 15 号原料，二乙氨羟苯甲酰基苯甲酸己酯，化学防晒剂。最大安全使用量为 3.50%，本配方中添加量为 1.70%。

（3）制备工艺　A 相原料：1～12，15 号原料；B 相原料：13、14 号原料。A 相加入熔料锅，加热至 70～75℃后，搅拌均匀，将 B 相加入 A 相中，搅拌均匀。在模具中灌装，冷却成型。

（4）产品特点　防晒指数较高，黏度适中。

（5）产品应用　直接涂抹于需要防晒的皮肤表面。

9.6.6　亚光型腮红

（1）配方设计表

编号	成分	INCI 名称	添加量/%	使用目的
1	滑石粉	TALC	55.50	填充剂
2	云母	MICA	20.00	珠光剂
3	高岭土	KAOLIN	5.00	吸附剂、填充剂
4	辛基十二醇	OCTYLDODECANOL	5.00	乳化剂、增稠剂
5	棕榈酸乙基己酯	ETHYLHEXYL PALMITATE	5.00	柔润剂、溶剂
6	硬脂酸锌	ZINC STEARATE	3.00	着色剂、助滑剂
7	硅石	SILICA	3.00	肤感调节剂
8	聚二甲基硅氧烷	DIMETHICONE	2.00	柔润剂、成膜剂
9	色素	CI 77491	1.00	着色剂
10	丁羟甲苯	BHT	0.50	防腐剂

（2）设计思路　本配方精选已知安全、温和且纯度高的化妆品常用原料，具有着色、成膜、提亮功效，配方不使用超出基本功能的其他功效添加成分。所选用的原料均经过严格检验，并确保检验结果符合相关规格的指标要求。

第 1 号原料，滑石粉，填充剂、肤感调节剂、抗结块剂。最大安全使用量为 77.079%，本配方添加量为 55.50%。

第 2 号原料，云母，珠光剂，增加产品的光亮度，在皮肤表面提亮肤色，使皮肤具有更好的光泽度。最大安全使用量为 77.873%，本配方中添加量为 20.00%。

第 3 号原料，高岭土，吸附剂和填充剂，具有吸油吸脂的功效，同时产生亚光效果。驻留类产品最高历史使用量为 67.742%，本配方中添加量为 5.00%。

第 4 号原料，辛基十二醇，乳化剂、溶剂、增稠剂。驻留类产品最高历史使用量为 79.91%，本配方中添加量为 5.00%。

第 5 号原料，棕榈酸乙基己酯，柔润剂、溶剂。驻留类产品最高历史使用量为 27%，本配方中添加量为 5.00%。

第 6 号原料，硬脂酸锌，着色剂、助滑剂，起到爽滑、黏附的作用。最大安全使用量为 3.00%，本配方中添加量为 3.00%。

第 8 号原料，聚二甲基硅氧烷，柔润剂、成膜剂。驻留类产品最高历史使用量为 12.525%，本配方中添加量为 2.00%。

（3）制备工艺　将滑石粉、高岭土、云母、硅石与着色剂混合后，用球磨机磨成色泽均匀（陶瓷球，研磨时间≥3h）、颗粒细致的均匀粉粒。在带式拌和机中将辛基十二醇、棕榈酸乙基己酯、硬脂酸锌、聚二甲基硅氧烷、丁羟甲苯混合物经喷雾器喷入不断搅拌的粉料中。加工好的粉粒制粒后经过筛、冲压机压制成型后即得产品。

（4）产品特点　肤感爽滑，铺展性好。

（5）产品应用　直接涂抹于皮肤表面。

9.6.7　提亮型发蜡

（1）配方设计表

序号	成分	INCI 名称	添加量/%	使用目的
1	矿脂(凡士林)	PETROLATUM	45.00	润肤剂
2	地蜡	OZOKERITE	25.00	增稠、增亮
3	矿油	MINERAL OIL	10.00	滋润剂
4	合成蜂蜡	SYNTHETIC BEESWAX	7.00	增亮剂、增稠剂
5	橄榄油	OLEA EUROPAEA (OLIVE) FRUIT OIL	7.00	滋润剂
6	环五聚二甲基硅氧烷	CYCLOPENTASILOXANE	2.50	润滑剂、抗紫外线剂
7	鲸蜡硬脂醇硫酸酯钠	SODIUM CETEARYL SULFATE	1.50	乳化剂
8	聚乙二醇酯化羊毛脂	PEG-150 LANOLIN	1.50	乳化剂
9	防腐剂＋香精	—	0.50	防腐、赋香

（2）设计思路　本配方精选已知安全、温和且纯度高的化妆品常用原料，使用尽量少的品种及添加量。本产品的基本功能为成膜、提亮，配方不使用超出基本功能的其他功效添加成分。所选用的原料均经过严格检验，并确保检验结果符合相关规格的指标要求。

第 1 号原料，矿脂，润肤剂。淋洗类产品最高历史使用量为 75.175%，本配方添加量为 45.00%。

第 4 号原料，合成蜂蜡，增稠剂。驻留类产品最高历史使用量为 25%，本配方中添加量为 7.00%。

第 6 号原料，环五聚二甲基硅氧烷，具润滑和抗紫外线作用。最大安全使用量为 45.00%，本配方中添加量为 2.50%。

第 7 号原料，鲸蜡硬脂醇硫酸酯钠，增稠剂和乳化剂。驻留类产品最高历史使用量为 8.1%，本配方中添加量为 1.50%。

第 8 号原料，聚乙二醇酯化羊毛脂，乳化剂。驻留类产品最高历史使用量为 2.5%，本配方中添加量为 1.50%。

（3）制备工艺　A 相：1 号、2 号、3 号、4 号和 8 号原料。B 相：5 号、6 号和 7 号原料。将 A 相于熔料锅中加热至 85℃熔融，加入 B 相，保持温度混合均匀，降温至 50℃加入 9 号原料，混合均匀后倒入模具中降温成型，封装。温度控制要求精确，避免油脂氧化。

（4）产品特点　基质成型性好，可以根据添加的香精类型不同，得到不同香型的产品，易于打理。

（5）产品应用　用于头发护理，涂抹于头发表面，增加发质亮度，焕发活力。

9.6.8　低熔点脱毛蜡

（1）配方设计表

序号	成分	INCI 名称	添加量/%	使用目的
1	石蜡	PARAFFIN	40.00	增稠剂、脱毛剂
2	松香	COLOPHONIUM	25.00	脱毛剂
3	乙烯-醋酸乙烯-乙烯醇三元共聚物	HEVA	15.00	成膜剂
4	乙烯-醋酸乙烯共聚物	EVA	10.00	成膜剂
5	氢化椰子油	HYDROGENATED COCONUT OIL	5.00	展开剂
6	氢化苯乙烯-丁二烯嵌段共聚物	HYDROGENATED STYRENE/BUTADIENE COPOLYMER	5.00	成膜剂

（2）设计思路　该配方制作的固体脱毛蜡能够在低熔点的情况下，发挥优异的脱毛效果，对于细毛（如唇部的细毛）的脱除效果好。

第 2 号原料，松香，是化妆品中常用的增稠剂，驻留类产品最高历史使用量为 50.275%，其用于化妆品是安全的，该配方中添加量为 25.00%。

第 3 号和第 4 号原料，乙烯-醋酸乙烯-乙烯醇三元共聚物和乙烯-醋酸乙烯共聚物是高分子共聚物，主要起到成膜作用，该配方中的添加量分别为 15.00% 和 10.00%。

第 5 号和第 6 号原料，主要起到润滑展开作用，该配方中的添加量各为 5.00%。

（3）制备工艺　将上述原料混合加热至 85℃熔融，搅拌均匀，灌装至模具中，冷却至室温成型，切块封装。

（4）产品特点　本品原料配比科学，制备工艺简单，使用方便。

（5）产品应用　加热熔融后直接涂于皮肤表面，待冷却后从皮肤表面剥除。

9.6.9　滋润保湿型口红●

（1）配方设计表

编号	成分	INCI 名称	添加量/%	使用目的
1	聚甘油-2 三异硬脂酸酯	POLYGLYCERYL-2 TRIISOSTEARATE	26.90	润肤剂
2	氢化聚异丁烯	HYDROGENATED POLYISOBUTENE	16.20	润肤剂
3	氢化聚癸烯	HYDROGENATED POLYDECENE	13.20	润肤剂
4	聚乙烯	POLYETHYLENE	11.40	黏合剂、增稠剂

● 本制剂配方等由广东芭薇生物科技股份有限公司提供。

续表

编号	成分	INCI 名称	添加量/%	使用目的
5	季戊四醇四异硬脂酸酯	PENTAERYTHRITYL TETRAISOSTEARATE	9.40	润肤剂
6	聚异丁烯	POLYISOBUTENE	5.70	黏合剂、润肤剂
7	氢化松脂酸甲酯	METHYLHYDROGENATED ROSINATE	2.80	润肤剂
8	纯地蜡	OZOKERITE	2.80	黏合剂、增稠剂
9	CI 16035	CI 16035	2.80	着色剂
10	CI 15850	CI 15850	2.60	着色剂
11	棕榈酸乙基己酯	ETHYLHEXYL PALMITATE	1.90	润肤剂
12	CI 77491	CI 77491	1.68	着色剂
13	氢化微晶蜡	MICROCRYSTALLINE WAX	0.94	黏合剂、增稠剂
14	蜂蜡	BEESWAX	0.46	黏合剂、增稠剂
15	CI 77891	CI 77891	0.42	着色剂
16	丙二醇二辛酸酯/二癸酸酯、司拉氯铵水辉石、碳酸丙二醇酯	PROPYLENE GLYCOL DICAPRYLATE/DICAPRATE, STEARALKONIUM HECTORITE, PROPYLENE CARBONATE	0.30	悬浮剂、增稠剂
17	霍霍巴酯类、生育酚(维生素 E)	JOJOBA ESTERS, TOCOPHEROL	0.25	润肤剂
18	甘油辛酸酯	GLYCERYL CAPRYLATE	0.20	保湿剂
19	季戊四醇四(双-叔丁基羟基氢化肉桂酸)酯	PENTAERYTHRITYL TETRA-DI-t-BUTYL HYDROXYHYDROCINNAMATE	0.05	抗氧化剂

　　(2) 设计思路　本配方主要包括润肤剂、黏合剂、增稠剂、着色剂、悬浮剂、保湿剂、抗氧化剂。本产品对嘴唇有美化作用，同时具有滋润唇部肌肤，抚平唇纹，修正唇色，预防嘴唇干裂等功效。本配方配制出来的产品无毒、无刺激，使用时展色均匀，容易上妆涂抹，无黏腻感，色泽浓郁饱满、持妆功效良好。

　　配方中第 1、2、3、5、6、16 号原料，具有软化角质、保湿、润肤、持妆作用，是基于滋润且持久的口红产品基本功能选用的。

　　第 1 号原料，聚甘油-2 三异硬脂酸酯，是化妆品常用的润肤剂，具有滋润皮肤、防止皮肤水分蒸发的功效，同时有一定的表面活性，对粉体有优良的分散作用，驻留类产品最高历史使用量为 53.171%，本配方中添加量为 26.90%，在安全用量范围内。

　　第 2 号原料，氢化聚异丁烯，又名合成角鲨烷，是化妆品常用的润肤剂，使用感极佳，滋润而不油腻，对皮肤有较好的亲和性，抗氧化性和热稳定性优异，驻留类产品最高历史使用量为 16.2%，本配方中添加量为 16.20%，在安全用量范围内。

　　第 3 号原料，氢化聚癸烯，是化妆品常用的润肤剂，能产生如丝般光滑的感觉，涂抹铺展均匀，驻留类产品最高历史使用量为 88.25%，本配方中用量为 13.20%，在安全用量范围内。

　　第 4 号原料，聚乙烯，是化妆品常用的黏合剂和增稠剂，同时具有柔润和色料分散作用，驻留类产品最高历史使用量为 59.233%，本配方中添加量为 11.40%，在安全用量范围内。

第 5 号原料，季戊四醇四异硬脂酸酯，是化妆品中常用的润肤剂，同时提供良好的透气性，驻留类产品最高历史使用量为 53.00%，本配方中用量为 9.40%，在安全用量范围内。

第 6 号原料，聚异丁烯，为饱和线型聚合物，是化妆品中常用的黏合剂、润肤剂，驻留类产品最高历史使用量为 66.09%，本配方中用量为 5.70%，在安全用量范围内。

第 7 号原料，氢化松脂酸甲酯，是化妆品常用的润肤剂，有成膜效果，驻留类产品最高历史使用量为 39.2%。本配方中添加量为 2.80%，在安全用量范围内。

第 8 号原料，纯地蜡，是化妆品常用的黏合剂和增稠剂，同时有抗静电、乳化稳定作用，属于天然矿物蜡，驻留类产品最高历史使用量为 40.015%，本配方中添加量为 2.80%，在安全用量范围内。

第 9、10、12 和 15 号原料，CI 16035、CI 15850、CI 77491 和 CI 77891 是化妆品常用的着色剂，主要使用在彩妆产品中，本配方中添加量分别为 2.80%、2.60%、1.68% 和 0.42%，均在安全用量范围内。

第 11 号原料，棕榈酸乙基己酯，是化妆品常用的润肤剂，驻留类产品最高历史使用量为 27%，本产品中添加量为 1.90%，在安全用量范围内。

第 13 号原料，氢化微晶蜡，是化妆品常用的黏合剂和增稠剂，具有黏度控制、稠化作用，驻留类产品最高历史使用量为 28.326%，本配方中添加量为 0.94%，在安全用量范围内。

第 14 号原料，蜂蜡，是化妆品常用的黏合剂和增稠剂，同时具有柔润、助乳化作用，能滋养和柔软皮肤，增强产品持久性，常用在乳液、霜、唇膏、眼影等产品中，安全性高，驻留类产品最高历史使用量为 50%，本配方中添加量为 0.46%，在安全用量范围内。

第 16 号原料，丙二醇二辛酸酯/二癸酸酯、司拉氯铵水辉石、碳酸丙二醇酯属于复合原料，是化妆品常用的悬浮剂和增稠剂，具有油相凝胶成形作用，配方中添加量为 0.30%，在安全用量范围内。

第 17 号原料，霍霍巴酯类、生育酚（维生素 E）属于复合原料，来源于霍霍巴的一种酯类，具有润肤的作用，不易被氧化、耐高温、高压，黏度变化小，其触觉和延展性比其他植物油好，使皮肤有柔软弹性感，易被皮肤吸收，是化妆品中出色的润肤剂，在配方中添加量为 0.25%，在安全用量范围内。

第 18 号原料，甘油辛酸酯，是化妆品常用的保湿剂，同时具有助防腐功效和表面活性，驻留类产品最高历史使用量为 6.93%，在配方中添加量为 0.20%，在安全用量范围内。

第 19 号原料，季戊四醇四（双-叔丁基羟基氢化肉桂酸）酯，在化妆品中能消除自由基，具有抗氧化的作用，驻留类产品最高历史使用量为 3%，在配方中添加量为 0.05%，在安全用量范围内。

（3）制备工艺　本品为油剂。其制备工艺为：①将原料 1、2、3、4、5、6、7、8、11、13、19 加热至 90℃，搅拌溶解均匀。②降温至 75℃，加入原料 14、17、18 搅拌溶解均匀。③根据样板对色情况酌情加入预先用研磨机研磨均匀的原料 9、10、12、15、16 调色，消泡并搅拌均匀。④100 目过滤取样送检，合格后灌装入库。

（4）产品特点　本品配方科学，产品安全、无毒、无刺激，制备工艺合理、简单易行，产品各项指标稳定，使用方便；该产品展色方面色泽浓郁纯正，涂抹质地上具有高雅丝缎光泽，功效上能润泽呵护双唇，妆效上兼具持妆和防水。

（5）产品应用　本品特别适合在秋冬季节使用，对广大女性有普适性，对嘴唇有美化作用，同时滋润唇部肌肤，软化唇部角质，抚平唇纹，修正唇色，预防嘴唇干裂等功效。

9.6.10 纯天然型唇膏

(1) 配方设计表

序号	成分	INCI 名称	添加量/%	使用目的
1	矿油	MINERAL OIL	46.93	柔润剂
2	矿脂(凡士林)	PETROLATUM	26.00	润肤剂
3	蜂蜡	BEESWAX	17.00	乳化剂,柔润剂
4	聚乙烯	POLYETHYLENE	4.60	成膜剂、增稠剂
5	霍霍巴(*Simmondsia chinensis*)籽油	SIMMONDSIA CHINENSIS (JOJOBA) SEED OIL	2.00	润肤剂
6	稻糠蜡	ORYZA SATIVA (RICE) BRAN WAX	1.80	柔润剂
7	乙基己基甘油	ETHYLHEXYLGLYCERIN	0.60	润肤剂
8	澳洲坚果籽油	MACADAMIA TERNIFOLIA SEED OIL	0.54	润肤剂
9	C10-18 脂酸甘油三酯类	C10-18 TRIGLYCERIDES	0.23	润肤剂
10	食用香精(料)	FLAVOR	0.20	赋香剂
11	辛甘醇	CAPRYLYL GLYCOL	0.10	防腐剂

(2) 设计思路　该唇膏配方属于食品级配方。所使用的原料安全、无毒、无刺激性。

第 5 号原料，霍霍巴籽油，主要成分是不饱和高级醇和脂肪酸，有良好的稳定性，极易与皮肤融合，具有超凡的抗氧化性。另外，霍霍巴籽油还含有丰富维生素，具有滋养软化肌肤的功效。驻留类产品最高历史使用量为 100%，本配方中添加量为 2.00%。

第 7 号原料，乙基己基甘油，可以增加该配方的透明度，驻留类产品最高历史使用量为 10%，本配方中添加量为 0.60%。

第 8 号原料，澳洲坚果籽油，可提高唇膏的透明度和顺滑性能，驻留类产品最高历史使用量为 95.899%，本配方中添加量为 0.54%。

第 9 号原料，C10-18 脂酸甘油三酯类，可提高唇膏的透明度和顺滑性能，驻留类产品最高历史使用量为 48.398%，本配方中添加量为 0.23%。

第 11 号原料，辛甘醇，防腐剂，驻留类产品最高历史使用量为 6.45%，本配方中添加量为 0.10%。

(3) 制备工艺　A 相：1 号、5 号、8 号、9 号原料。B 相：B 相：2 号、3 号、4 号、6 号原料。C 相：7 号、10 号、11 号原料。将 A 相和 B 相分别加入熔料锅中，加热至 95℃，搅拌直至完全溶解，保温 5min，降温至 75℃，将 C 相加入，搅拌均匀，灌装，成型冷却、脱模、包装获得成品。

(4) 产品特点　本品原料配比科学，制备工艺简单，产品质量安全稳定，使用方便，对口唇无刺激、无害，无微生物污染，具有自然清新的气味，颜色符合潮流，涂抹平滑流畅，上色均匀，保色时间长，容易卸妆除去。

(5) 产品应用　直接涂于唇部，或者用唇刷沾取适量唇膏刷在嘴唇上。

固体剂化妆品因其使用方便、易携带，受到消费者广泛认可。目前，固体剂化妆品概念开始向面膜、精华液，甚至洗发水等众多传统品类渗透。随着冷冻干燥技术、微胶囊技术以及大量新型基质材料开发，固体剂化妆品在功效性能表达上，也正在逐渐缩小与其他剂型之间的差距。

思考题

1.饱和脂肪烃及其衍生物是固体剂化妆品中经常用到的基质原料，请将下列化合物按照烃、醇、醛、酮、酸、酯进行分类。

（1）Lauric/Palmitic/Oleic Triglyceride　　（2）Diacetone Alcohol　　（3）Levulinic Acid　（4）cetyl alcohol　　（5）C18-30 Glycol　　（6）Simmondsia Chinensis（Jojoba）Seed Wax　（7）Soybean Oil PEG-20 Ester　　（8）Montan Wax　　（9）Cetyl Esters　　（10）Cetiol CC

2.美国化妆品原料评价委员会（Cosmetic Ingredient Review，CIR）是在美国食品和药品管理局（FDA）和美国消费者联盟的支持下，独立于政府和企业的第三方监管机构，主要负责化妆品原料安全性的评估。其网址为 https：//www.cir-safety.org/ingredients。请在该网址原料列表中找到一种固体剂化妆品原料并对其质量安全性加以描述。

3.尝试筛选原料并设计一种固体剂化妆品，并论述选料原因。

4.石蜡的主要性能指标有哪些？如何选择蜡基化妆品的蜡的种类？

5.试解释下列专业术语。

皂化值　粉体分级　压制成型　冷冻干燥　比表面积　遮盖率　着色率　膜渗透　安定性

6.请简要介绍口红灌装工艺的种类及其特征。

7.什么是石蜡的热安定性、氧化安定性和光安定性？

8.什么是成膜化妆品？简述"成膜化妆品"的配方设计注意事项。

9.简述压制成型技术在固体剂化妆品成型过程中的机理与作用。

10.简述原料选用对化妆笔硬度的影响。

第10章
气雾剂

气雾剂源于 1862 年美国 Lynde 提出的用气体饱和溶液制备加压包装的设想，1926 年挪威 Erik Rotheim 用液化气体制备了具有现代意义的气雾剂。1943 年美国 Goodhue 用二氯二氟甲烷作为抛射剂制备了便于携带的杀虫用气雾剂，这是气雾剂发展过程中最具有实际意义的重要进展。1947 年杀虫气雾剂上市，当时需要使用很厚很重的耐压容器。随着低压抛射剂和低压容器的开发成功，由于成本降低而迅速发展起来。国内从 20 世纪 60 年代开始研究应用气雾剂，并将气雾剂包装技术应用于化妆品领域。化妆品气雾剂逐年增加，2019 年占我国气雾剂总量达 20.6%。可以预见，化妆品气雾剂在我国气雾剂品种结构中的地位，还将进一步提升。

10.1 气雾剂的剂型及其特征

10.1.1 气雾剂的定义

气雾剂（aerosols）是指含推进剂的一类化妆品。或者说，气雾剂产品是一类将内容物密封盛装在装有阀门的耐压容器内，使用时在推进剂的压力下，内容物按预定形态释放的产品。这类产品以喷射的方式使用，喷出物可呈固态、液态或气态，喷出形状可分为雾状、泡沫、粉末、胶束等。气雾剂产品有喷发胶、保湿气雾剂、定型摩丝、喷雾摩丝、洁面气雾剂、晒后修护气雾剂、香体喷露、防晒气雾剂、空气清新剂、芬芳气雾剂等。

二元包装囊阀气雾剂是指将剂料盛装在囊阀的二元包装囊阀中，并将推进剂填充在二元包装囊阀与罐体之间的间隙，剂料与推进剂互相隔离不相混合，使用时二元包装囊阀受推进剂的挤压将剂料按预定形态释放的气雾剂产品。这类产品以喷射的方式使用，喷出物可呈固态、液态或气态，喷出形状可为雾状、泡沫、粉末、胶束等。

10.1.2 气雾剂的分类

气雾剂应用领域非常广泛。广义气雾剂一般根据用途可分为个人用品气雾剂、家庭用品气雾剂、除虫用品气雾剂、医药用品气雾剂、工业用品气雾剂、其他用品气雾剂等。

化妆品气雾剂在个人用品气雾剂中占有绝大多数比例。对应 BB/T 0005《气雾剂产品的标示、分类及术语》行业标准，根据产品的功能及用途，化妆品气雾剂可分为以下几种。

(1) 发用气雾剂　摩丝、发胶、育毛剂、毛发光亮剂、染发剂、脱毛剂等。

(2) 护肤用气雾剂　保湿喷雾、泡泡面膜、防晒喷雾、晒后修复喷雾、碳酸乳液等。

(3) 芳香除臭用气雾剂　香体喷雾、头发香氛喷雾、止汗喷雾、鞋子消臭喷雾等。

(4) 美容用气雾剂　BB 慕斯、指甲油喷雾、自晒黑喷雾、粉底液喷雾等。

(5) 盥洗用气雾剂　鼻腔清洁喷雾、洁面泡泡、沐浴泡泡等。

10.1.3　气雾剂的构成

气雾剂产品由气雾罐、气雾阀、阀门促动器、剂料及推进剂等构成。各个构成部分都有独立的技术体系,各个技术体系之间相互关联,其整体性关系最后决定气雾剂产品的形态特征。

10.1.4　气雾剂的工作原理

气雾剂由于充填了作为推进剂的液化气体和/或压缩气体,则气雾包装容器内部的压力高于外部的环境大气压,所以气雾剂产品内具有正压的内源动力系统。

10.1.4.1　内容物为溶液体系

当气雾阀不工作时,即处于其自然状态下,阀门系统关闭,所以内压力无法向外环境中传输,使得气雾包装容器内的压力处于平衡状态。当气雾阀工作时,即按下阀门促动器,阀门系统打开,气雾包装容器内的内容物在内压力的作用下,通过压力通道运动至阀体内并到达阀门促动器,最后从阀门促动器的喷嘴口处喷出。

10.1.4.2　内容物为雾化体系

当内容物是雾化体系时,内容物离开喷嘴时发生的雾化过程是多种因素综合作用的结果。

① 当内容物从喷嘴高速冲出时,与空气撞击粉碎成雾滴。若是液化气体推进剂,由于罐内施加的压力解除,其包含在雾滴中的部分会立即气化成气体状态,推进剂从液相转换到气相的形变力以及所释放出的能量进一步使雾滴二次粉碎,碎裂成许多更加微小的雾滴。整个过程都是在瞬间完成的。

② 若寻求更好的雾化效果,一般在阀门促动器的压力通道上就会设计有增压和漩涡式机械粉碎的装置,让内容物在阀门促动器压力通道时预先得到更好的碎化,以及让喷雾瞬间压强达到顶峰,从而喷出时空气带来的阻力越大,雾化更充分。整个过程都是瞬间完成的。

10.1.4.3　内容物为泡沫体系

当内容物是泡沫体系时,内容物在到达阀门促动器喷腔时,包含在剂料中的液相推进剂由于原先罐内施加的压力解除,则会立即气化。气化过程中,阀门促动器喷腔内的空气一并混合其中,从而产生了剂料薄壁包裹气体的泡沫。整个过程都是瞬间完成的。

10.2　气雾剂的推进剂及构件

10.2.1　推进剂

气雾剂推进剂是指产品内使内容物通过阀门按预定形态释出的液化气体或压缩气体。其中,液化气体包括氢氟烃类、氢氟烯烃类、烃类化合物以及醚类化合物等,压缩气体主要包括二氧化碳、氧化亚氮以及氮气等。

推进剂亦称为抛射剂或气体,采用压力包装,所以在贮存和使用方面要严格按照安全要求执行。

10.2.1.1　氢氟烃

(1)氢氟烃　氢氟烃无毒、无刺激性、无腐蚀性,不破坏臭氧层。作为氟利昂的替代物用作气雾剂抛射剂。比较常用的氢氟烃类抛射剂有 1,1,1,2-四氟乙烷（HFC-134a）、1,1,1,2,3,3,3-七氟丙烷（HFC-227ea）和 1,1-二氟乙烷（HFC-152a）。

（2）氢氟烯烃 碳氢氟组成的烯烃，危害小。目前有两款新型环保的氢氟烯烃类抛射剂 1,3,3,3-四氟丙烯（HFO-1234ze）和 2,3,3,3-四氟丙烯（HFO-1234yf）。

常见氢氟烃与氢氟烯烃的物理性质，见表 10-1。

表 10-1 氢氟烃与氢氟烯烃的物理性质

抛射剂名称	HFC-134a	HFC-227ea	HFC-152a	HFO-1234ze	HFO-1234yf
分子量	102.0	170.03	66.05	114	72.58
沸点(1atm)^①/℃	−26.2	−16.5	−25.7	−19	−29
临界温度/℃	101.1	101.90	113.5	—	—
临界压力/kPa	4070	2952	4500	—	—
饱和蒸气压(25℃)/kPa	661.9	390	599		
破坏臭氧潜能值(ODP)	0	0	0	0	0
全球变暖潜能值(GWP, 100yr)	1430	3220	124	<1	<1
ASHRAE 安全级别	A1(无毒不可燃)	A1(无毒不可燃)	A2(无毒可燃)	A2L(无毒可燃)	A2L(无毒可燃)

①1atm=101325Pa。

10.2.1.2 烃类化合物

烃类化合物推进剂，是从液化石油气（LPG）经过高纯度精馏提纯而得的气雾剂级的乙烷、丙烷、正丁烷、异丁烷、异戊烷及它们的混合物的总称。除灭火剂外，烃类化合物几乎可以应用在各种气雾剂产品中。其中丙烷、异丁烷可以单独使用。

烃类化合物作为推进剂的优点是可以通过调整丙烷和丁烷的比例来获得较大范围的压力值，以满足不同的配方对于推进力的需求。

需要特别注意的是，由于《化妆品安全技术规范》（2015 年版）规定了丁二烯为限量物质，所以烃类化合物作为推进剂应用在化妆品气雾剂时，其杂质中的丁二烯质量分数必须小于 0.1%。

烃类化合物的物理性质，见表 10-2。

表 10-2 烃类化合物的物理性质

特性项目	乙烷	丙烷	异丁烷	正丁烷	异戊烷
分子量	44.09	58.12	58.12	72.15	58.12
沸点/℃	−88.6	−42.05	−11.72	−0.5	27.8
临界温度/℃	32.3	96.8	134.9	152	187.8
临界压力/kPa	4875.3	4247.9	3641.1	3792.8	2951.6
蒸气压/kPa	3743.8	753.6	214.4	116.7	−24.13
水在抛射剂中的溶解度	0.031	0.0168	0.0088	0.0075	0.0063

10.2.1.3 醚类化合物

醚类化合物主要为二甲醚（DME），DME 是一种无色气体或压缩液体，具有轻微醚香味，溶于水、乙醇、乙醚、丙酮、氯仿等有机溶剂。具有易压缩、冷凝、气化及与许多极性或非极性溶剂互溶特性，广泛用于气雾剂、氟利昂替代制冷剂、溶剂等。应用范围大大优于丙烷、丁烷等。如高纯度的二甲醚可代替氟利昂用作气雾剂推进剂，可减少对大气环境的污染和对臭氧层的破坏，被国际上誉为第四代推进剂。二甲醚的物理性质，见表 10-3。

表 10-3　二甲醚的物理性质

抛射剂名称	二甲醚	临界温度/℃	127
分子量	46.07	自燃温度/℃	235
蒸气压(20℃)/MPa	0.51	液体密度(20℃)/(kg/L)	0.667
熔点/℃	−141.5	爆炸极限	空气 3%～17%
气体燃烧热/(MJ/kg)	28.8	蒸气密度/(kg/m³)	1.61
沸点/℃	−24.9	闪点/℃	−41
蒸发热(−20℃)/(kJ/kg)	410		

10.2.1.4　压缩气体

压缩气体，是指在 −50℃ 下加压时完全是气态的气体，包括临界温度低于或者等于 −50℃ 的气体。可作为抛射剂的压缩气体，主要有二氧化碳、氧化亚氮、氮气、氩气等。最常见的压缩气体是二氧化碳和氮气。

① 氮气执行国家标准 GB/T 8979《纯氮、高纯氮和超纯氮》。

② 二氧化碳执行国家标准 GB/T 6052《工业液体二氧化碳》。

10.2.1.5　推进剂选用

推进剂的选用要考虑三个方面的因素。

首先，推进剂的选用要考虑《已使用化妆品原料名称目录》（2021 版）符合性。HFC-134a 和 HFO-1234ze 目前只能作为二元包装囊阀气雾剂中推进剂应用，暂不能直接应用在与剂料接触的气雾剂。一氧化二氮因具有一定的麻醉性，也较少应用在化妆品气雾剂中。乙烷因蒸气压太高，不能单独作为推进剂，一般要复配其他烷烃。

其次，推进剂的选用要考虑其与剂料的配伍相容性。只有相容性较好，才能使内容物按照预定的状态喷出。所以需要根据剂料特性和产品设计要求选择推进剂。推进剂可以是单一气体，也可以是几种气体组成的混合物，包括共沸混合物。

最后，推进剂的选用要考虑安全性、环保性及经济性等。

保湿喷雾类产品一般是采用氮气作为推进剂；发胶类产品一般是采用二甲醚作为推进剂，如果考虑 VOCs（挥发性有机化合物）问题则会复配 HFC-152a 作为推进剂；防晒喷雾类产品一般是采用丙丁烷共沸气体作为推进剂；泡沫类产品一般采用丙丁烷共沸气体，如果要更高光泽度和奶油感则会复配二氧化碳作为推进剂。

《已使用化妆品原料名称目录》（2021 版）中的推进剂，见表 10-4。

表 10-4　《已使用化妆品原料名称目录》（2021 版）中推进剂

化学名	别名	中文名称	INCI 名称
1,1-二氟乙烷	HFC-152a、R152a	氢氟碳 152A	HYDROFLUOROCARBON 152A
二甲醚	DME	二甲醚	DIMETHYL ETHER
丙烷	C₃ 烷烃	丙烷	PROPANE
正丁烷	C₄ 直链烷烃	丁烷	BUTANE
异丁烷	C₄ 支链烷烃	异丁烷	ISOBUTANE

化学名	别名	中文名称	INCI 名称
二氧化碳	CO_2	二氧化碳	CARBON DIOXIDE
氮气	N_2	氮	NITROGEN
一氧化二氮	氧化亚氮、笑气	一氧化二氮	NITROUS OXIDE
乙烷	C_2 烷烃	乙烷	ETHANE
异戊烷	C_5 支链烷烃	异戊烷	ISOPENTANE

HFC-134a 目前不在《已使用化妆品原料名称目录》（2021 年版）中，但在《中国药典》中可用于吸入式哮喘气雾剂的推进剂。HFO-1234ze 目前不在《已使用化妆品原料名称目录》（2021 年版）中。《已使用化妆品原料名称目录》（2021 年版）中的推进剂物理常数表，见表 10-5。

表 10-5　《已使用化妆品原料名称目录》（2021 年版）中推进剂物理常数表

推进剂名称	二甲醚	丙丁烷	1,1-二氟乙烷	二氧化碳	氮气
分子式	C_2H_6O	C_3H_8/C_4H_{10}	CH_3CHF_2	CO_2	N_2
分子量	46.07	44.10/58.12	66.05	44.01	28
沸点/℃	-23.7	$-42\sim0$	-24.7	-78.5	-195.8
蒸汽压力/MPa	0.533(20℃)	0.107～0.73 (20℃)	0.6003(25℃)	5.82 (21.1℃)	1.026(21.1℃)
爆炸极限,可燃性	3.4%～18.6%,易燃	1.8%～10%,易燃	3.9%～16.9%,易燃	不易燃	不易燃
GWP	3～5	8	120	1	0
ODP	0	0	0	0	0
VOC	属于	属于	不属于	不属于	不属于

10.2.2　气雾罐

气雾罐是指用以盛装气雾剂内容物的一次性使用的容器。

10.2.2.1　气雾罐分类

（1）按气雾罐的结构划分　气雾罐可分为一片罐、二片罐、三片罐的单室罐；或者由两个大小罐、双室罐，或罐与塑料袋（套）相互套装组合而成的双室复合罐。

（2）按气雾罐的材质划分　气雾罐可以划分为马口铁气雾罐、铝质气雾罐、塑料气雾罐和玻璃气雾罐。

绝大多数气雾罐都是铝质气雾罐和马口铁气雾罐。铝质气雾罐都是一片罐，马口铁气雾罐以三片罐最为常见，少部分是两片罐，塑料气雾罐目前仅在欧洲有极少的产品上市，在中国尚没有具体应用。马口铁气雾罐一般应用在杀虫气雾剂、工业气雾剂、家用气雾剂等产品，化妆品气雾剂最常见的气雾罐是铝质气雾罐。

10.2.2.2　气雾罐结构

（1）一片罐（铝质气雾罐）　是指罐顶、罐身及罐底成一整体的气雾罐，无焊缝、无拼接缝。通常金属一片罐是指铝质气雾罐。

（2）两片罐（马口铁气雾罐）　是指罐身和罐底成一整体（无焊缝、无拼接缝），与罐顶组成的气雾罐，或者罐身和罐顶成一整体（无焊缝、无拼接缝），与罐底组成的气雾罐。

（3）三片罐（马口铁气雾罐）　是指由罐身、顶盖、底盖组成的气雾罐。

10.2.2.3　气雾罐质量要求

（1）容量要求　气雾剂容器的容量及其主要尺寸一起形成系列化与标准化。对不同材质的容器有一个限量规定。按欧盟的规定，金属罐的容量在 50～1000mL 之间，有塑料涂层或有其他永久性保护层的玻璃容器的容量在 50～220mL 之间，而易碎玻璃及塑料容器的容量在 50～150mL 范围，超过最大容量规定的容器是不准生产销售的。

对罐容量的测定目前至少有两种方法。第一种方法，将 4℃ 水灌到顶部量出满容量，因为 4℃ 水的质量和体积相等，称重就可算出容量，由气泡引起的误差较小。第二种方法，测定净容量，此时阀门在位，装水后阀门封口，使多余的水挤出，擦干顶盖后再称重，其误差在 0.5mL 之内，这是由阀门及引液管的误差造成的。

（2）耐压要求　气雾剂容器必须能承受气雾剂产品在工作条件下及一般异常条件下的耐压要求。一般应满足以下几个指标：①变形压力，容器各个部位不会产生变形；②爆破压力，容器不会发生爆裂或连接处脱开；③泄漏压力，≥0.80MPa。世界各个国家或地区对气雾罐耐压要求，见表 10-6。

表 10-6　各国家或地区对气雾罐耐压要求　　　　　　　　单位：MPa

国家或地区	级别 1		级别 2		级别 3	
	变形压力	爆破压力	变形压力	爆破压力	变形压力	爆破压力
中国大陆	1.2 (普通罐)	1.4 (普通罐)	1.8 (高压罐)	2.0 (高压罐)	—	—
中国台湾	1.281	1.481	—	—	—	—
美国	0.9668 (2N)	1.449 (2N)	1.104 (2P)	1.656 (2P)	1.2422 (2Q)	1.863 (2Q)
日本	与美国的相同					
欧洲	1.20 (一级)	1.44 (一级)	1.50 (二级)	1.80 (二级)	1.80 (三级)	2.16 (三级)

（3）耐蚀要求　气雾罐内壁与内容物不会发生反应，不会因发生腐蚀而造成渗漏。金属锡具有惰性，可承受油剂内容物，不能承受水型及含氯溶剂量较多的内容物，所以需要在内壁涂以环氧酚醛树脂或乙烯保护层。涂层的选择及厚度，必须与配方相匹配，通过试验最后确定。对铝罐，其内涂层电导读数不应大于 5mA。

采用二甲醚作为推进剂或者使用具有较强溶解力的溶剂的铝罐，需选用聚亚酰胺树脂作为涂层；若内容物是强酸或者强碱，需选用耐强酸或耐强碱的树脂作为涂层；铁罐即使盛装强酸或强碱，都不用树脂涂层。不管是否需要涂层，或者用任何材料的涂层，都应进行稳定性的测试。

（4）密封要求　对容器施加内压力时，容器各处不应有渗漏现象。使用液化气体类推进剂的产品，应满足泄漏量不超过 2g 的要求；使用压缩气体类推进剂的产品，失压不应超过 0.1MPa。为此，三片罐在顶盖与罐身双缝搭接处，就需加衬密封材料。密封材料的品种及形式，也应在选用时认真考虑。

（5）硬度要求　气雾罐要具有一定的机械强度，如在压力下将阀门固定盖封装在罐口卷边上时，卷边及罐其他部位不应有变形现象出现。气雾罐各部位在碰到一般性撞击时，不会产生变形。气雾罐材料应具有一定的强度。标准规定金属罐硬度值为 48～68。

（6）尺寸精度要求　气雾罐卷边口直径、平整度、圆度与罐底的平行度、罐体高度以及罐上部分阀门的接触高度等都有严格的要求，这是使它与阀门封口后获得良好密封性能和牢固度的保证。

（7）外观要求　气雾罐的外表应光整、无锈斑，不应有凹痕及明显划伤痕迹。结合处不应有裂纹、皱褶及变形。罐身焊缝应平整、均匀、清晰，罐身图案及文字应印刷清楚、色泽鲜艳、套印准确，不应有错位。

（8）高度关注物质的要求　气雾罐的内涂属于高分子材料，其所含的杂质中，可能包括高度关注物质，例如双酚 A。这些杂质可能会迁移到产品剂料中，从而导致产品高度关注物质超标。

10.2.2.4　气雾罐的相关检测

（1）外观质量检测　①按容器质量标准目测；②对漆膜光泽度按 ZBA 82001《包装装潢马口铁印刷品》规定的方法进行；③对漆膜附着力按 GB/T 1720《漆膜附着力测定法》规定的方法进行；④对漆膜冲击强度按 GB/T 1732《漆膜冲击强度测定法》规定的方法进行。

（2）安全性检测　①泄漏检测；②变形与爆破压力检验；③铝罐内涂层电导测定；④容器卷边罐口与罐底平行度的测定。

10.2.2.5　气雾罐的规格

25.4mm 口径气雾罐直径规格，见表 10-7。

表 10-7　25.4mm 口径气雾罐规格

序号	气雾罐	直径/mm	肩形与形状
①	铝气雾罐	$\phi35$、$\phi38$、$\phi40$、$\phi45$、$\phi50$、$\phi53$、$\phi55$、$\phi59$、$\phi66$	圆肩、斜肩、拱肩、台阶肩等、异形罐
②	铁质气雾罐	$\phi45$、$\phi49$、$\phi52$、$\phi57$、$\phi60$、$\phi65$	缩颈罐、直身罐

10.2.3　气雾阀

气雾阀是指安装在气雾罐上的一种装置，促动时使内容物以预定的形态释放出来。

10.2.3.1　气雾阀分类

① 按喷雾量分为非定量型气雾阀和定量型气雾阀。
② 按促动方式分为按压型气雾阀和侧推型气雾阀。
③ 按气雾阀结构分为雄型气雾阀和雌型气雾阀。
④ 按固定盖基材分为钢质固定盖气雾阀和铝质固定盖气雾阀。
⑤ 按使用方向分为正向型气雾阀、倒向型气雾阀、正-倒向型气雾阀和 360°型气雾阀。
⑥ 按设计生产公司不同分为精密系列气雾阀、Lindal 系列气雾阀和 Coster 系列气雾阀。
⑦ 按气雾剂产品领域分为工业系列气雾阀、日化系列气雾阀、食品系列气雾阀和医药系列气雾阀。

10.2.3.2　气雾阀特点

（1）直立型阀门　直立型阀门以直立方式使用，生产技术成熟，产品性价比高，适用性强，适用领域广。它适配阀杆固定型、固定盖固定型及气雾罐固定型阀门促动器使用，主要应用于空气清新剂、药用气雾剂、保湿水、皮革护理剂、杀虫剂、汽车用品、工业用品、个人护理用品等，应用非常广泛。

（2）倒置型阀门　倒置型阀门均以倒置方式使用。是直立型阀门的倒立应用方式，倒置型阀门一般是将直立型阀门的引液管去除或者是阀室改为槽室结构。它适用于固定盖固定型、倒置型阀门促动器使用，主要应用于身体乳、发用摩丝、鞋内除味杀菌喷雾、道路标记、地毯香波、杀尘螨剂、PU 气雾剂等。

（3）正-倒型阀门　正-倒型阀门以直立或倒置方式均能正常使用。其原理是直立时封闭珠往引管方向落下，堵塞顶部通道，内容物从底部向上再往外输送；而在倒置时封闭珠往阀杆方向落下，打开顶部通道，内容物从顶部直接往外输送。主要应用于汽车清洁剂、二氧化碳型气雾剂、压缩空气型气雾剂、身体乳、坑道标记剂、润滑剂、庭园杀虫剂、化清剂、防锈剂等。

（4）二元包装囊阀　二元包装囊阀在任意方向均可使用。二元包装囊阀气雾剂的推进剂和内容物分别储存在不同的环境中，推进剂与内容物不相混，内容物储存在二元包装囊阀中，而推进剂储存在二元包装囊阀与气雾罐间隙中。推进剂在气雾剂使用的整个过程中都不会被喷出来，作用于二元包装囊阀的四周施加压力。内容物通过推进剂挤压二元包装囊阀，从而产生压力，从阀门中释放出来，随着内容物的不断释放，罐内压力会不断下降，且下降速度比一般气雾剂快。

二元包装囊阀的优势主要有以下几点：①可以真正实现全方位可喷射；②以压缩气体为推进剂，取代了氟利昂、丙丁烷、二甲醚等易燃易爆气体，消除了对大气环境的污染和上述气体对气雾剂的保真性和纯净度的干扰，彻底消灭了气雾剂产品在生产过程中使用易燃易爆气体这一危险隐患，为环保型气雾剂产品的开发、研制提供了切实的手段；③内容物在二元包装囊阀内不与推进剂和气雾罐接触，防止了推进剂和气雾罐对内容物的影响，以及内容物对气雾罐的腐蚀，延长和强化了气雾剂产品的有效期和密封性，有利于气雾剂产品原料选择的多样化；④开辟了其他工业产品应用气雾技术的途径，内容物酸碱不限；⑤开辟了高黏度应用气雾技术的途径，黏度基本不限；⑥二元包装囊阀的无菌处理，为食品、医药等方面的气雾剂产品提供了可靠的卫生保证；⑦由于二元包装囊阀气雾剂比常规气雾剂内压力高，二元包装囊阀通道比常规气雾阀大，另外二元包装囊阀具有内容物的"刮净"功能，这些特点使其能应用于高黏度的啫喱状气雾剂中。

二元包装囊阀主要应用于保湿喷雾、后发泡剃须膏、泥膜、水基型灭火剂、喷发胶、空气清新剂、杀虫剂、鼻用气雾剂、消毒剂（人体、环境）、女用冲洗（润滑）剂、外用医药（烫伤、挫伤）气雾剂、通便剂、油漆（涂料）、脱模剂、探伤剂、安全防卫气雾剂、食品调味剂、着色剂等。

二元包装囊阀的缺点主要有成本较高，本身制备工艺复杂，生产工艺也复杂，一般不能摇匀。

（5）粉末阀门　粉末阀门一般直立使用。粉末阀门阀杆限流孔位置比常规阀杆限流孔位置高，加长按压行程及减小内垫圈尺寸，有利于刮走阀杆上的粉末及防止粉末堵塞。粉末阀门阀杆限流孔大小比常规阀杆限流孔大，加大引液管内径及阀室尾孔孔径，有利于强气流带走释放系统通道里的粉末及防止粉末堵塞。主要应用于止汗剂、发彩、指甲油、除油剂、除螨剂、治疗性粉末产品、缝隙探测剂等。

（6）斜推型阀门　斜推型阀门适配水平斜推阀门促动器使用。它适用于向水平表面喷雾，主要应用于熨烫、预洗产品领域。

（7）黏稠产品阀门　常规 PU 阀是单片阀杆与橡胶密封圈配以大孔径设计。主要应用于聚氨酯泡沫、堵缝剂、奶酪、奶油浇头、蛋糕酥皮。

（8）定量阀门　定量阀门与普通阀门最大的不同在于定量阀门通过阀杆和阀体的特殊设计控制每次按压阀门的喷出量大小都是固定的。定量阀门处于静止的状态下，定量室与气雾剂内环境是相通的；当有外力按压阀门促动器时，定量阀门阀杆向下走，阀杆下端与阀体密封环由于配合过盈产生了密封，此时阀体与气雾剂内环境不相通，阀杆继续往下走，当阀杆限流孔下压至内密封圈以下，阀门促动器有溶液和推进剂喷出；当外力撤除后，阀杆限流孔回复到内密封圈以上，阀杆下端和阀体不再密封。定量阀门主要应用于空气清新剂、口腔清新剂、香水、杀虫剂等。

（9）雌阀　雌阀与雄阀不同的地方在于阀杆结构的差异，雌阀只保留一半阀杆，另一半阀杆在按钮上，由于结构的特殊性，使它在产品雾化的分散性和充填速度上表现突出。喷头与阀芯连为一体，可以取下清洗或更换，可有效解决大部分气雾剂产品阀芯、喷头堵塞问题。雌阀的填充速度比普通雄阀快，密封性较差，但因其可更换阀芯，有效避免了微生物对产品的污染。

雌阀主要应用于高黏性产品，如喷雾黏胶、自动喷漆等。雌阀一般配合扇形喷头使用，让产品更有个性、更方便、更实用。

（10）卡式阀门　卡式阀门封装在特种专用容积压力罐中，是起到助燃填充于耐压气罐中的特种丁烷气作用的阀门产品，是当丁烷气从气雾罐中通过阀门喷出时点燃后燃烧加热的特种阀门产品，适用于旅游、运输、野外聚餐、家庭聚餐及各种工企业配件手工适温加热加工作业，其使用范围广、便捷、节能环保，年需求量逐年快增。

10.2.4　阀门促动器

阀门促动器是指与气雾阀相连接的、促动气雾阀的装置。

阀门促动器按结构分为按钮、组合喷盖、连体喷盖。

（1）按钮　亦称喷头、按头、喷嘴，若按钮外缘盖住阀杆台，则为小按钮；若按钮外缘盖住整个封杯内槽，则为大按钮。若按钮不连有阀杆，则为雄阀按钮；若按钮连有阀杆，则为雌阀按钮。

（2）组合喷盖　组合喷盖是由底座喷头与外罩组合而成，使用时拔开外罩，不使用时盖回外罩。组合喷盖一般是扣合在封杯上的 $\phi 35mm$ 型，但也有同时扣盖在封杯和肩上的 $\phi 40mm$ 型、$\phi 45mm$ 型、$\phi 53mm$ 型等。组合喷盖组合的产品外观较按钮更为高端大气，更具个性化，主要应用于个人护理产品中，如止汗剂、体香剂和保湿液等。

（3）连体喷盖　连体喷盖是底座喷头与外罩为一体的，即不可分离的。根据喷向和形状，再细分为向上连体喷盖、向前连体喷盖、连体喷枪等。适用于日化产品、空气清新剂、体香剂、止汗剂、家用光亮剂、防晒霜、皮革护理清洗剂和汽车护理气雾剂。

10.3　气雾剂的生产工艺及安全管理

10.3.1　气雾剂一般生产工艺

气雾剂一般生产工艺流程，如图 10-1。

流程说明：①流程虚框部分，系采用多功能组合充装机，此时抽真空、阀门封口及抛射剂充装 3 个动作在充装机的一次行程中就完成，这样生产效率也就提高了；②当有些水基型产品在充装中将产品浓缩液与水分开进行时，就需要两台产品充装机，产品充装工序也由一步变成两步；③当抛射剂采用混合物，但分别向气雾罐内充装时，抛射剂充装机就要相应增加，此时，可以采用两台单独充气机，也可以采用一台多功能组合充装机（在前），一台单充气机（在后）组合进行。

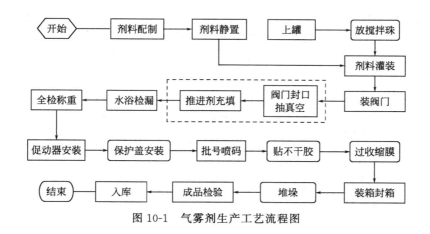

图 10-1 气雾剂生产工艺流程图

10.3.2 气雾剂充装中的技术要点

10.3.2.1 空罐检查

对进入充装线上的气雾罐应检查其罐内是否有异物存在,如制罐厂在成品包装时偶然掉入大尘埃、包装材料碎片等,这种异物如不予清除,就会使气雾剂产品在使用中产生堵塞。同时要检测罐内是否出现划痕等影响内容物与气雾罐兼容性的不良问题,以及罐体是否有凹凸异常。

10.3.2.2 剂料充装

剂料充装要注意:①对黏度高的液体,需要选择相对较低的充装速度,必要时要增加膏体灌装机。②低沸点的液体,要以较低速度吸入。如吸入速度高,及其摩擦产生的热,会使液体在输液管挥发,影响定量器的充装容量。③泡沫状的液体应采取低速灌装,必要时要对盛料缸进行密封抽真空。如速度高,泡沫产品会从罐口溢出,影响充装和封口密封性。④在水基型气雾剂生产过程中应注意将剂料与去离子水分别充入罐内时顺序的先后。

10.3.2.3 阀门装入

阀门插入前,应检查外密封圈是否移位甚至脱落,封杯是否会被磨伤,引液管是否弯曲严重或者脱落等。

10.3.2.4 抽真空

在阀门封口前瞬间抽出罐内产品料上部空间的空气使气雾剂罐内得到较高的真空度。抽真空不但可以防止残留空气中的氧气对产品的氧化反应,从而提高产品稳定性,而且方便了抛射剂的充装及保证计量精确度。从工艺的合理性来说,采用多功能充装机,将抽真空、阀门封口及抛射剂充装在一个行程中完成为好。

10.3.2.5 阀门封口

阀门封口主要达到两个目的:一是保证气雾阀与气雾罐间的良好密封,二是保证阀门与罐口的牢固结合。不同厂家提供的阀门、不同材质及厚度的阀门固定盖,以及不同型式或材料的外密封圈,对阀门与罐的封口气密性及牢固度有着十分重要的影响,因此需要通过仔细调整封口直径及封口深度来予以保证。

10.3.2.6 抛射剂的充装

(1)抛射剂的充装方式 根据抛射剂向气雾罐内的充入途径,基本上分为两种方式:

①T-t-V 法（俗称阀杆充填法），抛射剂通过已封口阀门的阀芯计量孔从阀座及阀芯与固定盖之间的空隙快速进入罐内，这类方法包括抛射剂液体注入机及压缩气体振荡机；②U-t-C 法（俗称盖下充填法），抛射剂通过未封口的阀门固定盖与罐卷边口之间进入罐内，充完气后再迅速将阀门封口。

T-t-V 法与 U-t-C 法的比较，见表 10-8。

表 10-8   U-t-C 充装法与 T-t-V 充装法的比较

方法	优点	缺点
U-t-C	①充气均衡，不受阀门结构影响 ②封口及充气两道工序在一台机上完成 ③充装速度快，生产效率高 ④可以充装混合气体	①气体损失较大(LPG) ②操纵气体的(LPG)要求高
T-t-V	①气体损失较少(LPG) ②危险性小(LPG)	①压缩气体的充气受阀门结构及尺寸影响 ②在封口后单独进行 ③充气速度慢

（2）充装中定量器的选用   无论在充装产品时，还是在充装抛射剂时，定量器的正确使用，不但可以提高充装精确度，而且可以提高充装速度。例如在充装 200mL 液体时，可以采取两种方法：①用一个 300mL 定量器一次完成定量充装；②采用两个 115mL 定量器，由每个定量器充装 100mL 液体。充装时应使罐连续通过第一个和第二个充装间，这样使产品的吸入时间减少一半，提高了充装效率。

10.3.2.7   温水浴检查

温水浴除用于检测气雾剂容器的泄漏外，还能洗清掉罐体外无用的残留化学物质。通过温水浴后，受热的罐体上也容易粘标贴。此外，通过热水浴还可将印铁中的疵病显示出来，如表面罩光层漏涂或太薄，使罐体发黏或色泽脱落。所以温水浴是不可省去的。

温水浴槽应专设报警器，因为有许多缓慢泄漏的气雾剂。发现一罐焊缝处出现一些气泡时，就要仔细观察一会儿，若有多罐发生这种不明显泄漏的话，就来不及观察。此外，CO_2 的泄漏性更慢，而且它的气泡溶解在水中的话，更难觉察。在这类情况下，采用 20％盐水溶液作为水浴，此时 CO_2 气泡就不会溶入水浴中而容易被检测出来。

有时，对温水浴加入防腐剂（已收录在《已使用化妆品原料名称目录》（2021 年版），可以有助于抑制阀杆内外残余水分的微生物污染。另在温水浴中加入少量的清洁剂，能把罐外的油污清除。经过温水浴后，应将取出的气雾罐外面的水迹吹干。

10.3.2.8   安装阀门促动器与喷雾试验

在半自动生产线上，阀门促动器的安装由人工进行，也有自动设备安装。在安装的同时，就可进行喷雾试验。大量喷雾试验导致空气中的产品及抛射剂浓度迅速增加。因此，为了操作者的安全及企业防燃防爆安全，排气机（防爆型）是必不可少的，而且应该具有良好的排气效率。此排气系统同时可兼用于温水浴的排气。

10.3.2.9   装保护盖与称重

在半自动生产线上，安装保护盖也是由人工进行的，也有自动设备安装。为了使称重工作简捷，可以对每一种气雾剂产品在称重器刻度盘的质量允许误差上限及下限 2 个刻度上做上明显标记，只要该产品的质量显示值在此两个刻度之间，就是合格的。或者采用自动系统。

10.3.2.10   生产安全要求

① 气雾剂生产企业（车间）应符合 AQ 3041《气雾剂安全生产规程》的规定。

　　② 气雾剂生产企业的安全、卫生状况，安全、卫生技术措施与管理措施应符合 GB/T 12801 的规定。气雾剂生产企业的新建、扩建、改建工程，应进行安全、环保和职业卫生评价，其安全、卫生、消防、环保设施应与主体工程同时设计、同时施工、同时投入使用。

　　③ 剂料配制区、灌装充填区、推进剂储配区、易燃液体储罐区、危险化学品仓库、废次品气雾剂处理作业区等有爆炸危险厂房的防爆应符合 GB 50016 第 3.6 条要求（没有爆炸危险性的剂料配制区、灌装充填区除外）。

　　④ 易燃易爆厂房内不应设置办公室、休息室。如必须贴邻本厂房设置时，应采用一、二级耐火等级建筑，并应采用耐火极限不低于 3h 的非燃烧体防护墙隔开或设置直通室外或疏散楼梯的安全出口，其门窗之间的距离应符合 GB 50016 有关要求。

　　⑤ 若专用控制室、化验室必须与设有易燃推进剂充填的生产设备布置在同一建筑物内时，应用非燃烧体防火墙隔开并设置独立的安全出口，防火墙的耐火等级应为一级。专用控制室、化验室的门窗之间与相邻房间的间距应符合 GB 50058 的有关规定。

　　⑥ 气雾剂生产作业场所应按 GB 2894 的规定设置安全标志，在建（构）筑物及设备上按 GB 2893 的规定涂安全色。

10.3.3　气雾剂生产工艺控制点

10.3.3.1　气雾剂生产工艺控制

　　气雾剂生产工艺控制点，见表 10-9。

表 10-9　气雾剂充填工序控制点

序号	工序名称	主要质检项目
1	上罐	气雾罐信息核对，外观，印刷内容
2	灌装剂料	剂料信息核对，外观、气味、用量
3	投放阀门	气雾罐信息核对，外观，印刷内容
4	封口	封口直径、封口高度、封杯外径、真空度、外观
5	推进剂充填	推进剂信息核对，外观、气味、用量
6	水浴检漏	温度、水位设置，防腐缓蚀剂添加，浸泡时间，内压力
7	全检称重	上下限值，物料波动
8	阀门促动器安装	阀门促动器信息核对，外观，配合性
9	保护盖安装	保护盖信息核对，外观，配合性
10	批号喷码	格式、位置要求，清晰度和完整性
11	贴不干胶	不干胶信息核对，外观，气泡，边角距
12	过收缩膜	收缩膜信息核对，外观，纹路，边角距
13	装箱	瓦楞纸箱信息核对，外观，装量、装法要求
14	封箱	封箱胶纸信息核对，外观，封箱要求
15	堆垛	地板信息核对，外观，堆垛要求
16	成品检验	工艺信息及其要求核对和确认
17	入库	登记和交接信息

10.3.3.2　工艺控制规定

　　（1）原料贮存与使用　①甲、乙、丙类储罐（区）的设立应符合 GB 50016 第 4.2 条的规定；②易燃易爆推进剂供气站的设立应符合 GB 50016 第 4.4 条的规定；③液化石油气、二甲醚以及闪点低于 28℃、沸点低于 85℃ 的易燃液体储罐，无绝热措施时，应设冷水喷淋设施，储罐区内，不应有与储罐无关的管道、电缆等穿越，与储罐区有关的管道、电缆穿过防火堤时，洞口应有不燃材料填实，电缆应采用跨越防火堤方式铺设；④液化石油气、二甲醚等易燃推进剂槽罐车装卸处应离储罐区 15m 以上，并配有降温、灭火、消除静电等设施；⑤如果料液中使用了危险化学品，建筑物的布局需要满足国家标准 GB 50016 防火设计要求；⑥该区域所有电气设备应符合国家标准 GB 50058 的相关要求；⑦送排风系统应符合 AQ 3014 要求；⑧区域内通风设施（防爆）必须符合 GB 50016 要求。

（2）剂料配制　①在厂内输送有机化工原料和投料过程，要做好防静电工作。应按照工艺文件的要求，对原料和相关设备进行确认后再投料；②配料应计量准确，应注意投料顺序、加料速度，防止液体四溅、气体散发或者固体粉尘飞扬。在有挥发性溶剂和粉尘的场所，应开启通风设备；③配料锅（或者反应釜）的装料量应严格控制，以防止物料溢出釜外。反应釜最低液位应高于搅拌浆和釜壁的加热面，搅拌时液面应浸没测温点；④加热与温度控制，严格按照工艺文件进行操作，不得超过所用原材料的自燃点温度。采用蒸汽加热方式时，应经常检查蒸汽压力，控制在安全范围内。

（3）剂料灌装、气雾阀封装和推进剂充填　①应调试好气雾剂灌装设备，保证剂料、膏体或固体等物的灌装量在工艺要求的范围内；②剂料中含有机溶剂时，应开启通风系统；③检查气雾阀门品种和质量，达到工艺要求，定期在线检查封阀直径和封阀深度；④易燃推进剂的充填，应设置于充填室内，充填室宜位于灌装车间建筑物外，或结构独立、与灌装车间分隔开。

（4）成品泄漏检测　①气雾剂成品应进行泄漏检测，根据产品的特性选择水浴检测或其他适宜的检测手段；②采用水浴检测的，应安装自动恒温系统，水温控制在规定范围内（50～60℃，具体视产品特性而定）。水浴过程应使气雾剂产品整体浸入水中，300mL 以下的产品浸没时间不少于 90s；300mL 以上的产品浸没时间不少于 120s。水浴箱应有安全防护罩，保持排风，排除可能积累的可燃蒸气。水质应该保持清澈，及时检出漏泄产品，剔除的产品应及时处理；③采用其他检漏检测方式进行泄漏检测，检测精度应满足气雾剂成品泄漏量指标的检出限量，应确保能及时检出泄漏或变形的产品。

10.3.4　气雾剂的生产安全管理

10.3.4.1　安全规章制度

① 企业应以保证气雾剂生产过程安全、卫生、职业健康为目标，建立相应的安全管理体系。企业的安全管理应符合 AQ/T 3012 的规定。

② 企业应结合实际，根据国家法律、法规制定并执行安全生产规章制度，实行标准化管理。

10.3.4.2　机构、人员和培训

① 从业人员 300 人以上的气雾剂生产企业，应当按照不少于安全生产管理人员 15% 的比例配备注册安全工程师；安全生产管理人员在 7 人以下的，至少配备 1 名；从业人员 300 人以下气雾剂生产企业应当配备注册安全工程师或委托安全生产中介机构选派注册安全工程师提供安全生产服务。

② 气雾剂生产作业人员应接受安全生产技术教育和培训，经考试合格方可上岗作业。特种作业人员（电工、司炉工、起重工、压力容器操作工、电焊工、运输危险化学品的驾驶

员、装卸管理员、押运员等）应经专门的安全作业培训，取得特种作业操作证，方可上岗作业。

10.3.4.3　主要安全标准及法规

①《中华人民共和国安全生产法》
②《安全生产许可证条例》
③ GB 4053.1《固定式钢梯及平台安全要求 第 1 部分：钢直梯》
④ GB 4053.2《固定式钢梯及平台安全要求 第 2 部分：钢斜梯》
⑤ GB 4053.3《固定式钢梯及平台安全要求 第 3 部分：工业防护栏杆及钢平台》
⑥ GB 50016《建筑设计防火规范》
⑦ GB 50057《建筑物防雷设计规范》
⑧ GB 50058《爆炸和火灾危险环境电力装置设计规范》
⑨ GB 50074《石油库设计规范》
⑩ GB 12158《防止静电事故通用导则》
⑪ AQ 3041《气雾剂安全生产规程》
⑫ AQ/T 3034《化工企业工艺安全管理实施导则》

10.4　气雾剂生产的主要设备

气雾剂生产设备由灌装设备及辅助设备组成。灌装设备由灌料机、封口（抓口）机及推进剂充填机三大部分组成，辅助设备由理瓶机、搅拌珠投放机、上阀机、水浴检漏机、重量检测机、阀门促动器安装机、保护盖安装机、贴标机、收缩膜机、封箱机、打带机、码垛机等组成。

10.4.1　气雾剂生产设备

气雾剂生产设备，按结构可划分为半自动灌装机和全自动灌装机，按生产能力划分为半自动灌装机（800~1000 罐/h）和全自动灌装机（≥2400 罐/h），按灌装方式划分为阀杆灌装机和盖下灌装机。

（1）全自动气雾剂灌装机　有全自动直线进给式气雾剂灌装机、全自动渐进进给式气雾剂灌装机两种。两种灌装机都适用于 1 英寸（1 英寸=2.54 厘米）气雾罐各种原料及抛射剂（LPG、F12、DME、CO_2、N_2 等）的充装。采用直行步进灌装法比采用星轮步进灌装法灌装，生产能力将提高 40%~50%，且直行灌装机结构简洁，调整方便。

（2）盖下灌装机　有一般盖下灌装机和二元盖下灌装机。通常情况下前者专适用于灌装液化气体，后者专适用于压缩气体。但随着科学技术的发展，现大部分此类设备的厂家在设计生产设备时，都会将另一种气体灌装能力也兼容进去作为备选，提高附加值。

（3）全自动二元包装囊阀气雾剂灌装机　采用触摸屏＋PLC程序控制盖下充填压缩气体、封口融为一体。工作时，先盖下预充填。剂料体积占比 55%~60% 时，预充填压力是最终压力的 1/3。然后再进行剂料的灌装，通过阀杆灌装，这时候要注意灌装压力和二元包装囊阀的承受问题，规避外溅料和二元包装囊阀撑裂。

（4）上阀机　目前主要分为一般上阀机、磁铁式上阀机、无引管阀门上阀机和卡式气阀上阀机。①一般上阀机，主要是通过转盘疏导阀门进入预定轨道，护壳固定其输送到发射口，通过压缩空气强动力发射进入管道从而到达罐口上方，通过摇摆筒定向投放入气雾罐内，通过阀门较位器较位并压紧在罐口上，增加封口质量，节省劳动力，提高生产效率。

②磁铁式上阀机，与一般上阀机基本相同，主要是进入预定轨道后，不是通过护壳固定输送到发射口，而是通过磁力吸附固定输送到发射口。所以磁铁式上阀机在设计和成本上相对一般上阀机要优，但只适用于马口铁等具有磁力的阀门，在应用面上相对具有短板。③无引管阀门上阀机用于冷媒阀盖、医用氧气阀的自动上阀，由送阀机、理阀机、阀门检测机、自动上阀机及 PLC 控制系统组成。④全自动卡式气阀上阀机，专适用于卡式炉阀门。

（5）压喷嘴机　由理喷嘴机、压喷嘴机及控制系统组成。可实现喷嘴的自动整理和输送，喷嘴与气雾罐的自动压紧。具有速度快、噪声小、自动化程度高等优点。

（6）水浴槽　采用防爆电机，装有超负荷自动分离器，可保证机器安全运行。水箱中装有隔爆型电热管，可将水迅速加热至所需温度，并自动控温。水箱中应装有水位探测装置并自动控制水位，同时与加热装置进行联动，确保水位达到既定水平时方能启动加热装置，实施本质安全控制。吊挂夹具夹紧可靠不脱落，具有自动全方位吹干装置。

水浴槽应设置好规定温度。除一些对热敏感或其包装物遇热变形的气雾剂产品外，所有产品均应进行水浴检测。水检时，应确保气雾剂整个产品都浸入清澈水中，以便及时发现泄漏或者变形的产品，检测过程应设专人监视水浴，及时捡出漏泄产品，剔除的产品应及时处理。水浴槽是用水浴的方法全数检验气雾剂成品的主要设备。

因气雾剂产品内压过高或者进出水浴槽时卡罐导致气雾剂在水浴槽内爆炸的事故经常发生。

10.4.2　气雾剂检测设备

（1）气雾剂产品封口直径测量仪和封口深度测量表　封口直径和封口深度是气雾剂产品封口质量的两项关键参数，所以封口直径测量仪和封口深度测量表通过控制和管理这两项参数，对封口的密封质量发挥极其重要的作用。

（2）气雾罐接触高度测量表　对提高罐口与气雾阀的配合精度、防止泄漏起到有效的控制作用。

（3）气雾罐变形爆破压力测试机　是主要用来测量气雾罐变形压力和爆破压力的专用设备。它在压缩空气作用下，用气缸推动液缸，将水注入罐内进行加压，当加压到一定压力（压力表显示）时气雾罐产生变形，继续加压将会爆破。该设备操作简单方便，数据准确，安全系数高。

10.5　气雾剂的质量要求与控制

10.5.1　化妆品气雾剂的评价指标

（1）一般评价指标　①原料禁用组分、限用组分；②喷出物外观、气味、pH 值、耐热性能、耐寒性能、汞、砷、铅、镉等感官、理化指标；③菌落总数、霉菌和酵母菌总数，耐热大肠菌群、铜绿假单胞菌、金黄色葡萄球菌等卫生指标；④急性经口毒性、急性经皮毒性、皮肤刺激性/腐蚀性、急性眼刺激性/腐蚀性、人体皮肤斑贴试验等毒理安全试验。

（2）专项评价指标　要符合 GB/T 14449 要求。①气雾罐耐压性能、气雾阀固定盖耐压性能、封口尺寸等包装方面指标；②容器耐贮性、内容物稳定性；③喷程、喷角、雾粒粒径及其分布、喷出速率、一次喷量、喷出率等产品使用性能指标；④净质量、净容量、泄漏量、充填率等充装要求指标；⑤内压、喷出物燃烧性等安全性能指标。

10.5.2 气雾剂技术的整体性关系

（1）影响气雾剂综合性能的因素分析 ①燃烧性、毒理性、刺激性、腐蚀性等安全性因素；②稳定性、密封性、兼容性等质量性因素；③效果设计、剂料设计（有效成分和宣称成分）、推进剂设计、配方组成、内包材设计、配制工艺等配方性因素；④研发成本、内容物成本、内包材成本、包装物成本、制造检测成本、储存运输成本、市场流通成本等经济性因素；⑤ VOCs、GWP、CO_2 等环保性因素；⑥设备、工艺、环境、产效、储存等制造性因素。

（2）影响气雾剂喷雾性能的因素分析 ①表面张力、溶剂、乳化剂、添加剂、推进剂、内压力等内容物因素；②气雾阀、阀门促动器等内包材因素；③射程（雾距）、射角（雾锥角）、射势（雾势）、射滴（雾粒径）等表现维度因素。

（3）影响气雾剂泡沫性能的因素分析 ①表面张力、溶剂、乳化剂、添加剂、推进剂、内压力等内容物因素；②气雾阀、阀门促动器等内包材因素；③泡沫密度、稳定性、光泽度、硬度等表现维度因素。

10.5.3 气雾剂主要检验标准及法规

10.5.3.1 推进剂标准

推进剂标准有 GB/T 6052—2011《工业液体二氧化碳》、GB/T 8979—2008《纯氮、高纯氮和超纯氮》、GB 11174—2011《液化石油气》、GB/T 18826—2002《工业用 1,1,1,2-四氟乙烷（HFC-134a）》、GB/T 19465—2004《工业用异丁烷（HC-600a）》、GB/T 19602—2004《工业用 1,1-二氟乙烷（HFC-152a）》、GB/T 22024—2008《气雾剂级正丁烷（A-17）》、GB/T 22025—2008《气雾剂级异丁烷（A-31）》、GB/T 22026—2008《气雾剂级丙烷（A-108）》、HG/T 3934—2007《二甲醚》。

10.5.3.2 包装标准

包装标准有 GB/T 25164—2010《包装容器 25.4mm 口径铝气雾罐》、BB/T 0006—2014《包装容器 20mm 口径铝气雾罐》、BB 0009—1996《喷雾罐用铝材》、GB 13042—2008《包装容器 铁质气雾罐》、GB/T 2520—2017《冷轧电镀锡钢板及钢带》、GB/T 17447—2012《气雾阀》。

10.5.3.3 产品标准

产品标准有 QB 1643《发用摩丝》、QB 1644《定型发胶》。

10.5.3.4 基础标准类

《基础标准化妆品安全技术规范》（2015 版）、BB/T 0005—2010《气雾剂产品的标示、分类及术语》、QB 2549—2002《一般气雾剂产品的安全规定》、GB/T 14449—2017《气雾剂产品测试方法》、GB 30000.4—2013《化学品分类和标签规范 第 4 部分：气溶胶》、GB/T 21614—2008《危险品 喷雾剂燃烧热试验方法》、GB/T 21630—2008《危险品 喷雾剂点燃距离试验方法》、GB/T 21631—2008《危险品 喷雾剂封闭空间点燃试验方法》、GB/T 21632—2008《危险品 喷雾剂泡沫可燃性试验方法》、《危险化学品名录》（2015 版）、JJF 1070—2005《定量包装商品净含量计量检验规则》、GB 28644.1—2012《危险货物例外数量及包装要求》、GB 28644.2—2012《危险货物有限数量及包装要求》、《化妆品标识管理规定》（国家质量监督检验检疫总局令（第 100 号）、GB 5296.3—2008《消费品使用说明化妆品通用标签》、GB 23350—2009《限制商品过度包装要求 食品和化妆品》、SN/T 0324《海运出口危险货物小型气体容器包装检验规程》。

10.6 气雾剂的制剂实例

1968 年，法国开发了除臭香水气雾剂，被称为"香化除臭剂"或"喷体香雾"，并迅速在法国和英国流行，很快传播到南非、澳大利亚及美国。现在除臭香水气雾剂年消费量，美国大约是 4500 万罐，全世界大概 3.5 亿罐，任何时候在任何国家至少可以买到 8 种香型的气雾剂产品。

10.6.1 香体止汗喷雾

（1）配方设计表

序号	成分	INCI 名称	添加量/%	使用目的
1	丙烷	PROPANE	60.00	推进剂
	丁烷	BUTANE		
	异丁烷	ISOBUTANE		
2	乙醇	ALCOHOL	28.10	溶剂
3	氯化羟铝	ALUMINUM CHLOROHYDRATE	5.00	抑汗剂
4	环五聚二甲基硅氧烷	CYCLOPENTASILOXANE	5.00	润肤剂
5	香精	AROMA	1.00	芳香剂
6	马齿苋（*Portulaca oleracea*）提取物	PORTULACA OLERACEA EXTRACT	0.50	保湿剂
7	薄荷醇	MENTHOL	0.20	清凉剂
8	二甲基甲硅烷基化硅石	SILICA DIMETHYL SILYLATE	0.10	悬浮剂
9	海盐	MARIS SAL	0.10	皮肤调理剂

（2）设计思路 本配方主要包括溶剂、清凉剂、止汗剂、收敛剂、润肤剂、悬浮剂、保湿剂、舒缓剂、香精、推进剂等。

第 3 号原料，氯化羟铝，具有抑制汗液分泌，防止汗液滋生细菌的作用，驻留类产品最高历史使用量为 40%，本配方中添加量为 5.00%，在安全用量范围内。

第 4 号原料，环五聚二甲基硅氧烷，本配方中用量为 5.00%，在安全用量范围内。

第 6 号原料，马齿苋（*Portulaca oleracea*）提取物，具有保湿、舒缓的功效，驻留类产品最高历史使用量为 17.96%，本配方中添加量为 0.50%，在安全用量范围内。

第 7 号原料，薄荷醇，具有清凉的作用，驻留类产品最高历史使用量为 60.5%，本配方中添加量为 0.20%，在安全用量范围内。

第 8 号原料，二甲基甲硅烷基化硅石，驻留类产品最高历史使用量为 72.2%，本产品中添加量为 0.10%，在安全用量范围内。

（3）制备工艺 ①将乙醇加进配料锅内，除加料外，配料锅加盖，注意乙醇的燃烧性，确保现场无火焰或其他点燃源并保持适当通风，注意防止静电。②加入薄荷醇混合溶解，搅拌 30min 至均匀，加入氯化羟铝、环五聚二甲基硅氧烷并搅拌至均匀。必要情况下可以开均质使剂料中氯化羟铝的粒径更小，再加入二甲基甲硅烷基化硅石混合均匀，加入预先用配方量的马齿苋提取物溶解透明的海盐，混合均匀，最后加入香精，混合均匀。③经 100 目过滤后放入存料锅，转至 0～5℃冷冻房进行低温静置陈化 5 天。恢复室温后用搅拌器分散均匀，特别要确保沉于底部的粉末也要全部被搅起并被分散。④剂料在液面翻滚的搅拌条件下灌装入气雾罐内，气雾罐内应放一颗 ϕ4.76mm 或者 ϕ6.00mm 的 304$^\#$ 或者 316$^\#$ 不锈钢钢珠，投放阀门，减压封阀（减压封阀是为了减少成品罐中的氧气和压力）并充推进剂。⑤成品在水浴中检出可能的泄漏。

应采取措施最大程度地减少气雾剂成品中的含水量，这些措施包括在无水乙醇储罐顶部装一守恒阀。阀的空气入口应有一个 20L 盛装含微量氯化钴的无水氯化钙容器保护。随着无水氯化钙变淡蓝色，它仍能随着温度变化吸收"呼吸"进储罐的空气中的水分。当颜色变红时则需更换干燥剂。当然，储罐和其他设备均需干燥，所有容器在任何时候都要加盖以减少潮湿空气的进入。若过量潮气进入剂料，则可能会发生香精变味、氯化羟铝水解和罐腐蚀的现象。引入 0.5％水分（从潮湿空气中吸收）的影响可以作为开发项目的一部分进行测定。

（4）包装　①气雾罐，可选用有内涂的马口铁罐或聚亚酰胺树脂的铝罐，若酒精质量不佳或储存不当会使剂料中含水而导致罐的轻微腐蚀。这些罐大都是 25.4mm 口径气雾罐，少数产品用 20mm 口径气雾罐。②气雾阀：阀杆孔径一般在 0.41～0.51mm 区间，没有旁孔，尾孔 1.02mm 或者 2.00mm 较为合适，引液管采用标准管径或者纤细的都适用。理论上铁阀和铝阀都适用。③阀门促动器：孔径为 0.42mm 的直锥形机械击碎型喷头。

（5）产品特点　本产品具有收敛、止汗、清凉、抑菌消炎、香体的效果。本配方配制出来的产品，清爽、舒适、持久留香。

（6）产品应用　适用于日常腋下护理，能有效减少汗液的分泌，香味清新自然、温和，适用多种肤质人群。

10.6.2　氨基酸沐浴慕斯

（1）配方设计表

序号	成分	INCI 名称	添加量/%	使用目的
1	水	AQUA	81.48	溶剂
2	甲基椰油酰基牛磺酸钠	SODIUM METHYL COCOYL TAURATE	5.00	清洁剂
3	丙烷	PROPANE	5.00	推进剂
	丁烷	BUTANE		
	异丁烷	ISOBUTANE		
4	椰油酰甘氨酸钠	SODIUM COCOYL GLYCINATE	3.00	清洁剂
5	硬脂酰谷氨酸钠	SODIUM STEAROYL GLUTAMATE	2.00	清洁剂
6	甘油	GLYCERIN	2.00	保湿剂
7	烟酰胺	NIACINAMIDE	0.50	皮肤调理剂
8	丙二醇	PROPYLENE GLYCOL	0.40	防腐剂
	辛酰羟肟酸	CAPRYLHYDROXAMIC ACID		
	乙基己基甘油	ETHYLHEXYLGLYCERIN		
	甘油辛酸酯	GLYCERYL CAPRYLATE		

续表

序号	成分	INCI 名称	添加量/%	使用目的
9	对羟基苯乙酮	HYDROXYACETOPHENONE	0.30	防腐剂
10	香精	AROMA	0.20	芳香剂
11	EDTA 二钠	DISODIUM EDTA	0.10	螯合剂
12	山茶（*Camellia japonica*）花提取物	CAMELLIA JAPONICA FLOWER EXTRACT	0.01	皮肤调理剂
13	神经酰胺 NP	CERAMIDE NP	0.01	皮肤调理剂

（2）设计思路　本配方主要包括溶剂、螯合剂、保湿剂、清洁剂、抗污染剂、屏障修复剂、防腐剂、香精等。本产品具有温和清洁、保湿、修护、抗污染的效果。本配方采用表外防腐剂，配制出来的产品，对皮肤温和，清洁力适中，帮助肌肤抵御外界污染，修护肌肤屏障。

第 2 号原料，甲基椰油酰基牛磺酸钠，温和的氨基酸表面活性剂，耐硬水发泡、泡沫稳定、有质感，驻留类产品最高历史使用量为 5.943%，本配方中添加量为 5.00%，在安全用量范围内。

第 3 号原料，丙丁烷，是一个复配的推进剂，本配方中添加量为 5.00%，在安全用量范围内。

第 4 号原料，椰油酰甘氨酸钠，温和的氨基酸表面活性剂，提供丰富绵弹的泡沫，容易清洗干净，洗后具有清爽的效果，本产品中添加量为 3.00%，在安全用量范围内。

第 5 号原料，硬脂酰谷氨酸钠，温和的氨基酸表面活性剂，洗后有一定的滋润感，本配方中添加量为 2.00%，在安全用量范围内。

第 8 号原料，丙二醇、辛酰羟肟酸、乙基己基甘油、甘油辛酸酯，是一个复配的温和防腐剂，无限量，本配方中添加量为 0.40%，在安全使用浓度范围内。

第 9 号原料，对羟基苯乙酮，温和的防腐剂，驻留类产品最高历史使用量为 1.006%，本配方中添加量为 0.30%，在安全用量范围内。

第 12 号原料，山茶花（*Camellia japonica*）提取物，有抗污染的作用，驻留类产品最高历史使用量为 5.9254%，本配方中添加量为 0.01%，在安全使用浓度范围内。

第 13 号原料，神经酰胺 NP，是化妆品常用的皮肤屏障修复成分，驻留类产品最高历史使用量为 22.5%，本产品中添加量为 0.01%，在安全用量范围内。

（3）制备工艺　将水加入一清洁的不锈钢混合釜中；将 EDTA 二钠、对羟基苯乙酮、甘油加入反应釜，搅拌升温至 80℃，搅拌 30min，至溶解完全；然后降温至 70～75℃，加入椰油酰甘氨酸钠、甲基椰油酰基牛磺酸钠、硬脂酰谷氨酸钠，继续搅拌降温至溶解完全；降温至 45℃以下，加入 7、8、10～13 号原料，搅拌 10min 至溶解均匀；送检，合格后用 400 目过滤筛过滤出料，送至灌装线；将剂料在搅拌下分装入气雾罐，投放气雾阀，封口后充填推进剂。

（4）包装　①气雾罐：如果采用铁罐，则要评估腐蚀问题，一般会考虑给罐内壁增加有机聚合物涂层，无内涂的马口铁罐有可能会渐渐产生金属味，若内容物缓蚀体系不佳会导致罐的轻微腐蚀。②气雾阀：阀杆孔径一般是 0.51mm×1mm～0.51mm×2mm 区间，没有旁孔，尾孔 2.00mm。另外一种是倒喷设置，旁孔开成槽室的，没有尾孔，引液管采用标准管径或者纤细的都适用，理论上铁阀和铝阀都适用。③阀门促动器：喷嘴采用有空气释放腔的专用泡沫类喷嘴，但最经典的还是设计有 25mm 长喷管的喷嘴，这种一般是用以倒置使用，材质是聚乙烯塑料，颜色一般是白色的。

（5）产品特点　本品配方科学，制备工艺合理、简单易行，纯氨基酸体系，对皮肤温和无刺激，泡沫丰富，清洁力佳，洗后滋润，持久留香。

（6）产品应用　适用于日常沐浴，温和配方，适用多种肤质人群。

10.6.3　玻尿酸保湿喷雾

（1）配方设计表

序号	成分	INCI 名称	添加量/%	使用目的
1	水	WATER	93.193	溶剂
2	丙二醇	PROPYLENE GLYCOL	5.00	保湿剂
3	赤藓醇	ERYTHRITOL	1.00	保湿剂
4	氮气	NITROGEN	0.50	推进剂
5	1,2-己二醇	1,2-HEXANEDIOL	0.20	防腐剂
	苯氧乙醇	PHENOXYETHANOL		
	氯苯甘醚	CHLORPHENESIN		
6	透明质酸钠	SODIUM HYALURONATE	0.10	皮肤调理剂
7	甲基异噻唑啉酮	METHYLISOTHIAZOLINONE	0.007	防腐剂

（2）设计思路　本产品为主要用在面部的保湿产品。选择水作为溶剂；添加赤藓醇作为保湿剂，其具有的吸湿性能够带来良好的保湿效果；添加丙二醇，在起到保湿作用的同时，还能加强皮肤对其他成分的吸收；添加透明质酸钠，能够在角质层形成屏障从而减少水分经表皮流失，并且能够修复皮肤损伤和促进皮肤吸收其他成分；使用温和而有针对性的防腐剂，能够有效避免产品受到微生物污染而变质。

第 4 号原料，氮气，作为推进剂，本配方中添加量为 0.50%，在安全用量范围内。

第 5 号原料，1,2-己二醇、苯氧乙醇、氯苯甘醚，是化妆品常用防腐剂，最大安全使用量为 1%，氯苯甘醚在配方最大安全使用量为 0.3%，本配方中三者添加量为 0.20%，在安全用量范围内。

第 6 号原料，透明质酸钠，驻留类产品最高历史使用量为 1%，本配方中添加量为 0.10%，在安全用量范围内。

第 7 号原料，甲基异噻唑啉酮，是化妆品常用防腐剂。最大安全使用量为 0.01%，本配方中添加量为 0.007%，在安全用量范围内。

（3）制备工艺　①于无味、洁净配制釜（缸）中加水、赤藓醇，边搅拌边升温至 83～85℃，恒温 30min，搅拌降温；②取另一洁净小缸，将丙二醇、透明质酸钠搅拌预混均匀，备用；③开启降温后将混合好的原料加入，继续搅拌降温；④温度在 40℃ 以下时，把原料 5 和原料 7 加入反应釜中，搅拌 10min 混合均匀，送检，合格后过滤出料；⑤在气雾罐内投放二元包装囊阀，充填氮气在罐袋间（0.20～0.25MPa）后同时封口，剂料在搅拌下通过阀杆充填入二元包装囊阀内（测压为 0.7～0.8MPa）；⑥安装阀门促动器和保护盖。

由于压缩气体充入气雾罐内的质量较小，并且可能有微细泄漏问题，所以一般应通过微型水浴缸来特别检验密封性。如果出现微细泄漏，那么会对产品的使用寿命产生严重影响。

（4）包装　①气雾罐：一般是选用铝气雾罐，如果选择铁气雾罐，那么罐身生锈是必须要评估和接受的事情。②气雾阀：是二元包装囊阀，阀杆孔径一般是 1.27mm（×3），这有利于提高剂料灌装的输送速率。剂料灌装前后，二元包装囊阀的密封性要评估和确认好。同时，防止袋内空气氧化剂料或者带来喷出影响问题，袋子需要抽真空，一般是 0.010～0.020MPa。③阀门促动器：孔径为 0.2mm 的具有旋风槽击碎型喷头。

（5）产品特点　急速补水，深入肌底，持久保湿；清爽，有吸收感，使用后无紧绷感；气雾产品，使用方便。

（6）产品应用　适用于日常面护理，能有效保持面部皮肤水分含量，适用于多种肤质人群。

10.6.4　氨基酸洁面慕斯

（1）配方设计表

序号	成分	INCI 名称	添加量/%	使用目的
1	水	WATER	78.50	溶剂
2	丙烷	PROPANE	10.00	推进剂
	丁烷	BUTANE		
	异丁烷	ISOBUTANE		
3	椰油酰基谷氨酸 TEA 盐	TEA-COCOYL GLUTAMATE	4.00	表面活性剂
4	椰油酰氨基丙酸钠	SODIUM COCOYL ALANINATE	2.00	表面活性剂
5	甲基椰油酰基牛磺酸钠	SODIUM METHYL COCOYL TAURATE	2.00	表面活性剂
6	异戊二醇	ISOPENTYLDIOL	1.00	防腐剂
	辛甘醇	CAPRYLYL GLYCOL		
	1,2-己二醇	1,2-HEXANEDIOL		
	对羟基苯乙酮	HYDROXYACETOPHENONE		
	双丙甘醇	DIPROPYLENE GLYCOL		
7	麦芽寡糖葡糖苷	MALTOOLIGOSYL GLUCOSIDE	0.80	皮肤调理剂
8	聚山梨醇酯-20	POLYSORBATE 20	0.80	助乳化剂
9	PEG-17 聚二甲基硅氧烷	PEG-17 DIMETHICONE	0.50	润肤剂
10	香精	PARFUM	0.20	芳香剂
11	甘草酸二钾	DIPOTASSIUM GLYCYRRHIZATE	0.10	皮肤调理剂
12	积雪草（Centella asiatica）提取物	CENTELLA ASIATICA EXTRACT	0.10	皮肤调理剂

（2）设计思路　本产品为纯氨基酸体系洁面慕斯，追求洗净、温和、不紧绷的效果。使用"椰油酰基谷氨酸 TEA 盐"，除了具有良好的洗涤、发泡等基本性能外，还有低刺激、泡沫量大能够改善洗后紧绷感的特点；复配"椰油酰氨基丙酸钠"，能够耐硬水，还有不错的保湿调理能力，也十分温和；再复配"甲基椰油酰基牛磺酸钠"，能够在宽广的 pH 范围内提供丰富、细腻、稳定的泡沫，其性质十分温和，也能够协同降低其他表面活性剂的刺激性；添加"麦芽寡糖葡糖苷"，能够提高泡沫的持久性和稳定性，冲洗时会带来爽滑感；添加"PEG-17 聚二甲基硅氧烷"能够给洗后的皮肤带来滋润感，不会干燥紧绷；添加"甘草酸二钾"能够调节皮脂分泌，还能有效预防皮肤受刺激产生的过敏发炎现象；添加的"积雪草提取物"能够减少前炎症介质产生、修复肌肤屏障，从而达到舒缓抗敏的作用，同时其抗

菌作用也对粉刺的产生有抑制作用。采用的多元醇防腐体系，其低刺激性，能够进一步提升配方的温和性。

产品中第 3、4、5、7、9、11、12 号原料具有清洁、保湿、润肤、抗菌消炎、舒缓抗敏功效，是基于清洁保湿产品基本功能选用的。

第 2 号原料，丙烷、丁烷和异丁烷的混合物，作为推进剂，本配方中添加量为10.00%，在安全用量范围内。

第 3 号原料，椰油酰基谷氨酸 TEA 盐，本配方中添加量为 4.00%，在安全用量范围内。

第 4 号原料，椰油酰氨基丙酸钠，本配方中添加量为 2.00%，在安全用量范围内。

第 5 号原料，甲基椰油酰基牛磺酸钠，本配方中添加量为 2.00%，在安全用量范围内。

第 6 号原料，异戊二醇、辛甘醇、1，2-己二醇、对羟基苯乙酮和双丙甘醇混合物，是化妆品常用防腐成分，这些防腐成分并不在传统的防腐剂清单里。本配方中添加量为1.00%，在安全用量范围内。

第 7 号原料，麦芽寡糖葡糖苷，本配方中添加量为 0.80%，在安全用量范围内。

第 8 号原料，聚山梨醇酯-20，是化妆品常用的表面活性剂，乳化剂，本配方中添加量为 0.80%，在安全用量范围内。

第 9 号原料，PEG-17 聚二甲基硅氧烷，本配方中添加量为 0.50%，在安全用量范围内。

第 10 号原料，香精，本产品中香精添加量为 0.20%，在安全用量范围内。

第 11 号原料，甘草酸二钾，是化妆品常用的皮肤调理剂，具有抗菌消炎、舒缓抗敏的作用，本配方中添加量为 0.10%，在安全用量范围内。

第 12 号原料，积雪草提取物，是化妆品常用的皮肤调理剂，具有舒缓抗敏的作用，本配方中添加量为 0.10%，在安全用量范围内。

（3）制备工艺　①将"水"加入一清洁的反应釜釜中，将"椰油酰基谷氨酸 TEA 盐"、"椰油酰氨基丙酸钠"、"甲基椰油酰基牛磺酸钠"加入反应釜，搅拌 30min，至溶解完全，料液澄清透明；②把"麦芽寡糖葡糖苷"、"PEG-17 聚二甲基硅氧烷"加入反应釜中，搅拌溶解均匀；③"甘草酸二钾"、"积雪草提取物"及"异戊二醇、辛甘醇、1，2-己二醇、对羟基苯乙酮、双丙甘醇"混合物加入反应釜中，搅拌溶解均匀；④将"聚山梨醇酯-20"、"香精"预混均匀，然后加入反应釜中，搅拌溶解均匀；⑤送检，合格后用 400 目过滤网过滤出料，送至灌装线；⑥将剂料在搅拌下分装入气雾罐，投放气雾阀，封口后充填推进剂。

（4）包装　①气雾罐：如果采用铁罐，则要评估腐蚀问题，一般会考虑给罐内壁增加有机聚合物涂层。无内涂的马口铁罐有可能会渐渐产生金属味（大蒜型），若内容物缓蚀体系不佳会导致罐的轻微腐蚀。②气雾阀：阀杆孔径一般是 0.51mm（×1）或者 0.51mm（×2），没有旁孔，尾孔 2.00mm。另外一种是倒喷设置，旁孔开成槽室的，没有尾孔。引液管采用标准管径或者纤细的管径都适用。理论上铁阀和铝阀都适用。③阀门促动器：喷嘴采用有空气释放腔的专用泡沫类喷嘴，但最经典的还是设计有 25mm 长喷管的喷嘴，这种一般是用以倒置使用。材质是聚乙烯塑料，颜色一般是白色的。

（5）产品特点　纯氨基酸体系，泡沫绵密持久，清洁能力强，洗后滋润不紧绷；温和无刺激；持久留香；气雾产品，使用方便。

（6）产品应用　适用于日常面部清洁，温和配方，适用多种肤质人群。

10.6.5　强力定型喷雾

（1）配方设计表

序号	成分	INCI 名称	添加量/%	使用目的
1	二甲醚	DIMETHYL ETHER	60.00	推进剂
2	乙醇	ALCOHOL	35.50	溶剂
3	辛基丙烯酰胺/丙烯酸（酯）类/甲基丙烯酸丁氨基乙酯共聚物	OCTYLACRYLAMIDE/ACRYLATES/BUTYLAMINOETHYL METHACRYLATE COPOLYMER	4.00	发用定型剂
4	氢氧化钾	POTASSIUM HYDROXIDE	0.40	pH 调节剂
5	香精	PARFUM	0.10	芳香剂

注：如果需要干一点的雾（粒径更细，也就是雾化更好），可以稍稍提高推进剂的比例，但如果推进剂用得太多，则会危及树脂的相溶性。在室温形成浊点，这将意味着一部分树脂会从溶液中析出结块，从而使产品不能被接受。

（2）设计思路　定型喷雾属于发用定型产品，用在头发上配合梳子、手抓等方式作出各种造型，并且能够持久保持。本配方使用"乙醇"作为溶剂，良好的挥发性保证了产品能够快干；"辛基丙烯酰胺/丙烯酸（酯）类/甲基丙烯酸丁氨基乙酯共聚物"作为一种非离子型发用定型剂，能够通过"氢氧化钾"的用量调整，对中和度进行调节，从而调整最终定型效果从柔软光泽至坚挺亚光的不同程度；加入一定量的"香精"，有效掩盖乙醇的气味。

第 3 号原料，辛基丙烯酰胺/丙烯酸（酯）类/甲基丙烯酸丁氨基乙酯共聚物，是化妆品常用的发用定型剂，本配方中添加量为 4.00%，在安全用量范围内。

（3）制备工艺　将"乙醇"加入一洁净的不锈钢配料锅。注意采取适当的通风、防静电、防火措施；加入原料"氢氧化钾"混合搅拌至完全溶解，料体澄清透明；把原料"辛基丙烯酰胺/丙烯酸（酯）类/甲基丙烯酸丁氨基乙酯共聚物"加入，搅拌至完全溶解，料体澄清透明；把"香精"加入，搅拌均匀；经 400 目过滤网过滤后返回存料桶或送至灌装机，过滤时使液体保持低压流经滤器以防止柔软的副产聚合物通过，如果有这类物质通过可能会导致气雾剂阀门堵塞现象；将剂料在搅拌下分装入气雾罐，投放气雾阀，封口后充填二甲醚推进剂。

（4）包装　①气雾罐：可选用有内涂的马口铁罐或铝罐，无内涂的马口铁罐有可能会渐渐产生金属味（大蒜型），若酒精质量不佳或储存不当会使剂料中含水而导致罐的轻微腐蚀。②气雾阀：阀杆孔径一般是 0.41～0.51mm 区间，没有旁孔，尾孔 1.02mm 或者 2.00mm 较为合适，引液管采用标准管径或者纤细的都适用。内垫圈要选择丁基橡胶材料，理论上铁阀和铝阀都适用。③阀门促动器：孔径为 0.42mm 的直锥形机械击碎型喷头。

（5）产品特点　快速定型，造型长效持久；持久留香；气雾产品，使用方便。

（6）产品应用　适用于日常头发定型，能够快速定型，造型长效持久，香味清新自然。

10.6.6　激爽皂基剃须慕斯

（1）配方设计表

序号	成分	INCI 名称	添加量/%	使用目的
1	水	WATER	84.80	溶剂
2	丙烷	PROPANE	5.00	推进剂
	丁烷	BUTANE		
	异丁烷	ISOBUTANE		
3	甘油	GLYCERIN	2.00	保湿剂
4	棕榈酸	PALMITIC ACID	2.00	润肤剂

续表

序号	成分	INCI 名称	添加量/%	使用目的
5	硬脂酸	STEARIC ACID	1.50	润肤剂
6	三乙醇胺	TRIETHANOLAMINE	1.50	pH 调节剂
7	月桂醇聚醚硫酸酯钠	SODIUM LAURETH SULFATE	1.00	表面活性剂
8	异戊二醇	ISOPENTYLDIOL	1.00	防腐剂
	辛甘醇	CAPRYLYL GLYCOL		
	1,2-己二醇	1,2-HEXANEDIOL		
	对羟基苯乙酮	HYDROXYACETOPHENONE		
	双丙甘醇	DIPROPYLENE GLYCOL		
9	聚山梨醇酯-20	POLYSORBATE 20	1.00	助乳化剂
10	香精	PARFUM	0.20	芳香剂

（2）设计思路　本产品为皂基体系剃须泡沫。使用"硬脂酸"和"棕榈酸"在"三乙醇胺"作用下皂化形成脂肪酸皂作为表面活性剂，且较高的 pH 值能够使胡须膨润、柔软；添加"月桂醇聚醚硫酸酯钠"作为表面活性剂，使得产生的泡沫更加绵密丰富；添加"甘油"作为保湿剂，能够防止剃须后局部皮肤粗糙，缓和剃须时的机械刺激；采用的多元醇防腐体系，能够避免产生额外的刺激导致过敏发炎。

产品中第 3、4、5、6、7 号原料具有清洁、保湿功效，是基于清洁保湿产品基本功能选用的。

第 2 号原料，丙烷、丁烷和异丁烷混合物，作为推进剂，本配方中添加量为 5.00%，在安全用量范围内。

第 3 号原料，甘油，本配方中添加量为 2.00%，在安全用量范围内。

第 4 号原料，棕榈酸，本配方中添加量为 2.00%，在安全用量范围内。

第 5 号原料，硬脂酸，本配方中添加量为 1.50%，在安全用量范围内。

第 6 号原料，三乙醇胺，本配方中添加量为 1.50%，在安全用量范围内。

第 7 号原料，月桂醇聚醚硫酸酯钠，本配方中添加量为 1.00%，在安全用量范围内。

第 8 号原料，异戊二醇、辛甘醇、1,2-己二醇、对羟基苯乙酮和双丙甘醇混合物，是化妆品常用防腐成分，本配方中添加量为 1.00%，在安全用量范围内。

第 9 号原料，聚山梨醇酯-20，是化妆品常用的表面活性剂、乳化剂，本配方中添加量为 1.00%，在安全用量范围内。

第 10 号原料，香精，本产品中香精添加量为 0.20%，在安全用量范围内。

（3）制备工艺　①将"水"加入一清洁的反应釜中，加入"甘油"、"硬脂酸"、"棕榈酸"加入反应釜中，搅拌加热至 83℃，溶解完全；②把"三乙醇胺"加入反应釜中，恒温搅拌 30min 皂化；③皂化完成后，把"月桂醇聚醚硫酸酯钠"加入反应釜中，开启降温；④将"聚山梨醇酯-20"、"香精"先预混均匀，当反应釜温度低于 40℃时，把"异戊二醇、辛甘醇、1,2-己二醇、对羟基苯乙酮、双丙甘醇"混合物和预混好的"聚山梨醇酯-20"、"香精"，一并加入反应釜中，搅拌溶解均匀；⑤送检，合格后用 400 目过滤网过滤出料，送至灌装线，将剂料在搅拌下分装入气雾罐，投放气雾阀，封口后充填推进剂。

（4）产品特点　泡沫绵密持久，清洁能力强，快速软化胡须。

（5）产品应用　适用于日常剃须清洁，起效快，使用方便，适用多种肤质人群。

10.6.7 茶叶精华头发免洗喷雾

(1) 配方设计表

序号	成分	INCI 名称	添加量/%	使用目的
1	丙烷	PROPANE	85.00	推进剂
	丁烷	BUTANE		
	异丁烷	ISOBUTANE		
2	乙醇	ALCOHOL	8.31	溶剂
3	稻米 (*Oryza sativa*) 淀粉	ORYZA SATIVA (RICE) STARCH	5.20	发用调理剂
4	淀粉辛烯基琥珀酸铝	ALUMINUM STARCH OCTENYLSUCCINATE	0.75	发用调理剂
5	硅石	SILICA	0.40	助剂
6	香精	PARFUM	0.20	芳香剂
7	茶 (*Camellia sinensis*) 叶提取物	CAMELLIA SINENSIS LEAF EXTRACT	0.14	皮肤调理剂

(2) 设计思路　本产品设计喷出物触达头发后，乙醇溶解头发上的油脂和污垢，用淀粉辛烯基琥珀酸铝和稻米淀粉来吸附掉，然后乙醇挥发干燥，通过梳理或拍打掉粉末，从而达到快速吸附油脂和污垢，快速干燥和免水冲洗，理顺清洁头发的作用，赋予头发柔软、干爽和亚光的效果。此外，配方中添加稻米淀粉、茶叶提取物，为产品增加天然概念成分，增强条理性。

第 1 号原料，丙烷、丁烷和异丁烷混合物，作为推进剂，本配方中添加量为 85.00%，在安全用量范围内。

第 2 号原料，乙醇，作为溶剂，负责协同推进剂携带粉末，溶解头发上的油脂和污垢，并提供湿润感，便于清洁头发，且速干，本配方用量为 8.31%，在安全用量范围内。

第 3 号原料，稻米淀粉，作为一款天然原料，绿色健康，并协同淀粉辛烯基琥珀酸铝吸收头发上多余的油脂和污垢，提供顺滑感，本配方用量为 5.20%，在安全用量范围内。

第 4 号原料，淀粉辛烯基琥珀酸铝，作为一种改性淀粉，能吸收头发上多余的油脂和污垢，提供顺滑感，本配方用量为 0.75%，在安全用量范围内。

第 5 号原料，硅石，本配方用量为 0.40%，在安全用量范围内。

第 6 号原料，香精，本产品中香精添加量为 0.20%，在安全用量范围内。

第 7 号原料，茶叶提取物，绿色天然成分，本配方用量为 0.14%，在安全用量范围内。

(3) 制备工艺　①依次加入 2、3、4、5、6、7 号原料，搅拌混合均匀，配成剂料；②将剂料在搅拌下分装入气雾罐，投放气雾阀，封口后充填推进剂。

(4) 产品特点　免洗快干；吸附头皮多余油脂，赋予头发干爽蓬松感；赋予头发润滑感，便于头发理顺。

(5) 产品应用　解决头油分泌旺盛的烦恼，同时赋予头发柔顺的效果；快速解决头发油腻问题；便于不方便洗头人群清理头发。

10.6.8 防水抗汗防晒喷雾

(1) 配方设计表

序号	成分	INCI 名称	添加量/%	使用目的
1	丙烷	PROPANE	70.00	推进剂
	丁烷	BUTANE		
	异丁烷	ISOBUTANE		
2	水	WATER	7.90	溶剂
3	二乙氨羟苯甲酰基苯甲酸己酯	DIETHYLAMINO HYDROXYBENZOYL HEXYL BENZOATE	5.00	防晒剂
4	乙基己基三嗪酮	ETHYLHEXYL TRIAZONE	4.00	防晒剂
5	双-乙基己氧苯酚甲氧苯基三嗪	BIS-ETHYLHEXYLOXYpHENOL METHOXYpHENYL TRIAZINE	3.00	防晒剂
6	聚甘油-3 蓖麻醇酸酯	POLYGLYCERYL-3 RICINOLEATE	3.00	乳化剂
7	甲基丙二醇	METHYLPROPANEDIOL	1.50	保湿剂
8	辛基聚甲基硅氧烷	CAPRYLYL METHICONE	1.50	润肤剂
9	异壬酸异壬酯	ISONONYL ISONONANOATE	1.00	润肤剂
10	碳酸二乙基己酯	DIETHYLHEXYL CARBONATE	1.00	润肤剂
11	甲氧基肉桂酸乙基己酯	ETHYLHEXYL METHOXYCINNAMATE	1.00	防晒剂
12	苯氧乙醇	pHENOXYETHANOL	0.80	防腐剂
13	鲸蜡基 PEG/PPG-10/1 聚二甲基硅氧烷	CETYL PEG/PPG-10/1 DIMETHICONE	0.10	乳化剂
14	尿囊素	ALLANTOIN	0.050	保湿剂
15	红没药醇	BISABOLOL	0.050	皮肤调理剂
16	生育酚乙酸酯	TOCOPHERYL ACETATE	0.050	抗氧化剂
17	香精	PARFUM	0.050	芳香剂

（2）设计思路　本产品为主要用在面部和身体的防晒产品。使用"聚甘油-3 蓖麻醇酸酯"和"鲸蜡基 PEG/PPG-10/1 聚二甲基硅氧烷"作为乳化剂，使料体成为 W/O 的体系，能够达到良好的防水抗汗效果；添加"碳酸二乙基己酯"、"辛基聚甲基硅氧烷"、"异壬酸异壬酯"作为润肤剂，调节最终料体呈现更丝滑的肤感，同时能够对固体防晒剂进行溶解；防晒剂采用"二乙氨羟苯甲酰基苯甲酸己酯"、"甲氧基肉桂酸乙基己酯"、"乙基己基三嗪酮"、"双-乙基己氧苯酚甲氧苯基三嗪"的组合，兼顾了 UVA 和 UVB 防护，同时液体的防晒剂能够对固体防晒剂进行溶解，提高了整体的稳定性；水相中添加"尿囊素"和"甲基丙二醇"作为保湿剂，让涂抹时不会觉得太过油腻；添加"红没药醇"起到抗敏舒缓的作用；添加"生育酚乙酸酯"起到抑制油相中油脂氧化的作用；添加有效的防腐剂防止料液受到微生物污染。

第 1 号原料，丙烷、丁烷和异丁烷混合物，作为推进剂，本产品用量为 70.00%，在安全用量范围内。

第 3 号原料，二乙氨羟苯甲酰基苯甲酸己酯，限用量为 10%，本配方用量为 5.00%，在安全用量范围内。

第 4 号原料，乙基己基三嗪酮，限用量为 5%，本配方用量为 4.00%，在安全用量范围内。

第 5 号原料，双-乙基己氧苯酚甲氧苯基三嗪，限用量为 10%，本配方用量为 3.00%，在安全用量范围内。

第 6 号原料，聚甘油-3 蓖麻醇酸酯，是化妆品常用的乳化剂，驻留类产品最高历史使用量为 3%，本配方用量为 3.00%，在安全用量范围内。

第 7 号原料，甲基丙二醇，驻留类产品最高历史使用量为 45%，本配方用量为 1.50%，在安全用量范围内。

第 8 号原料，辛基聚甲基硅氧烷，驻留类产品最高历史使用量为 46.598%，本配方用量为 1.50%，在安全用量范围内。

第 9 号原料，异壬酸异壬酯，驻留类产品最高历史使用量为 71.4%，本配方用量为 1.00%，在安全用量范围内。

第 10 号原料，碳酸二乙基己酯，是化妆品常用的柔润剂、皮肤调理剂，驻留类产品最高历史使用量为 27.169%，本配方用量为 1.00%，在安全用量范围内。

第 11 号原料，甲氧基肉桂酸乙基己酯，是紫外 UVB 区的良好吸收剂，能有效防止 280~310nm 的紫外线，且吸收率高。对皮肤无刺激，安全性好，几乎是一种理想的防晒剂，限用量为 10%，本配方用量为 1.00%，在安全用量范围内。

第 12 号原料，苯氧乙醇，是一种无色微黏性液体，有芳香气味，微溶于水中，限用量为 1%，本配方用量为 0.80%，在安全用量范围内。

第 13 号原料，鲸蜡基 PEG/PPG-10/1 聚二甲基硅氧烷，驻留类产品最高历史使用量为 12%，本配方用量为 0.10%，在安全用量范围内。

第 14 号原料，尿囊素，是化妆品常用的保湿剂，能使皮肤保持水分，滋润和柔软，驻留类产品最高历史使用量为 8%，本配方用量为 0.050%，在安全用量范围内。

第 15 号原料，红没药醇，是化妆品常用的皮肤调理剂，可以保护和护理过敏性皮肤，本配方用量为 0.050%，在安全用量范围内。

第 16 号原料，生育酚乙酸酯，是化妆品常用的抗氧化剂，在人体新陈代谢过程中有抗氧化进而防止衰老的作用，驻留类产品最高历史使用量为 85%，本配方用量为 0.050%，在安全用量范围内。

第 17 号原料，香精，在化妆品中作为芳香剂，用以掩盖产品中原料的味道，并赋予产品一种清新宜人的香味，本配方用量为 0.050%，在安全用量范围内。

（3）制备工艺 ①将原料 3~6、8~11、13 依次称量加入一洁净乳化锅中混合，搅拌加热至 83℃；②将原料 2、7、14、15 依次称量加入在水相锅中混合，搅拌加热至 83℃；③乳化釜温度在 83℃时，边开启搅拌边将水相锅中的混合料加入乳化锅中，搅拌均质 10min 混合均匀，开启降温；④当乳化锅的温度在 40℃ 以下时，将原料 12、16、17 加入乳化锅内，搅拌均匀；⑤送检，合格后用 400 目过滤网过滤出料，送至灌装线；⑥将剂料在搅拌下分装入气雾罐，投放气雾阀，封口后充填推进剂。

（4）产品特点 持久防晒，轻薄透明，清爽不油腻；防水抗汗；气雾产品，使用方便。

（5）产品应用 适用于日常面部和身体防晒，能有效防止阳光造成的肌肤损伤和晒黑，适用多种肤质人群。

10.6.9 抗敏舒缓粉底慕斯

（1）配方设计表

序号	成分	INCI 名称	添加量/%	使用目的
1	水	WATER	70.250	溶剂
2	甲基丙二醇	METHYLPROPANEDIOL	5.00	保湿剂
3	CI 77891	CI 77891	5.00	着色剂
4	丙烷	PROPANE	5.00	推进剂
	丁烷	BUTANE		
	异丁烷	ISOBUTANE		
5	甘油	GLYCERIN	2.00	保湿剂
6	PEG-75 牛油树脂甘油酯类	PEG-75 SHEA BUTTER GLYCERIDES	2.00	润肤剂
7	HDI/三羟甲基己基内酯交联聚合物	HDI/TRIMETHYLOL HEXYLLACTONE CROSSPOLYMER	2.00	皮肤调理剂
8	异戊二醇	ISOPENTYLDIOL	1.50	防腐剂
	辛甘醇	CAPRYLYL GLYCOL		
	1,2-己二醇	1,2-HEXANEDIOL		
	双丙甘醇	DIPROPYLENE GLYCOL		
9	异硬脂酰乳酰乳酸钠	SODIUM ISOSTEAROYL LACTYLATE	1.00	乳化剂
10	PEG-75 羊毛脂	PEG-75 LANOLIN	1.00	润肤剂
11	聚山梨醇酯-20	POLYSORBATE 20	1.00	助乳化剂
12	CI 77491	CI 77491	0.60	着色剂
13	黄原胶	XANTHAN GUM	0.50	增稠剂
14	鲸蜡硬脂醇聚醚-25	CETEARETH-25	0.50	乳化剂
15	椰油基葡糖苷	COCO-GLUCOSIDE	0.50	表面活性剂
16	辛酰/癸酰氨丙基甜菜碱	CAPRYL/CAPRAMIDOPROPYL BETAINE	0.50	表面活性剂
17	橄榄油 PEG-7 酯类	OLIVE OIL PEG-7 ESTERS	0.50	润肤剂
18	CI 77499	CI 77499	0.30	着色剂
19	红没药醇	BISABOLOL	0.20	皮肤调理剂
20	香精	PARFUM	0.20	芳香剂
21	尿囊素	ALLANTOIN	0.20	保湿剂
22	CI 77492	CI 77492	0.10	着色剂
23	PEG-12 聚二甲基硅氧烷	PEG-12 DIMETHICONE	0.10	润肤剂
24	丁羟甲苯	BHT	0.050	抗氧化剂

（2）设计思路 本产品为主要用在面部的修饰类产品。慕斯型产品需要用"水"作为溶剂；添加"甲基丙二醇"作为保湿剂；"黄原胶"作为增稠剂，提高泡沫的稳定性；使用"聚山梨醇酯-20"和"异硬脂酰乳酰乳酸钠"将作为着色剂的"二氧化钛"、"CI 77491"、"CI 77492"、"CI 77499"在水相中分散均匀；添加"鲸蜡硬脂醇聚醚-25"作为乳化剂，将油相与水相结合；添加"椰油基葡糖苷"、"辛酰/癸酰氨丙基甜菜碱"作为表面活性剂；添加"PEG-75 羊毛脂"、"PEG-12 聚二甲基硅氧烷"、"PEG-75 牛油树脂甘油酯类"、"橄榄油

PEG-7 酯类"作为润肤剂，调节涂抹时的肤感；添加"HDI/三羟甲基己基内酯交联聚合物"使得涂抹更爽滑；添加"丁羟甲苯"作为抗氧化剂，抑制油相中油脂的氧化；添加"红没药醇"起到抗敏舒缓的作用；采用的多元醇防腐体系，能够进一步降低配方的刺激性。

第 2 号原料，甲基丙二醇，驻留类产品最高历史使用量为 45%，本配方用量为 5.00%，在安全用量范围内。

第 3 号原料，CI 77891，本配方用量为 5.00%，在安全用量范围内。

第 4 号原料，丙烷、丁烷和异丁烷混合物，作为推进剂，本产品用量为 5.00%，在安全用量范围内。

第 5 号原料，甘油，是常用保湿剂，防止皮肤水分散失，驻留类产品最高历史使用量为 62.1%，本配方用量为 2.00%，在安全用量范围内。

第 6 号原料，PEG-75 牛油树脂甘油酯类，本配方用量为 2.00%，在安全用量范围内。

第 7 号原料，HDI/三羟甲基己基内酯交联聚合物，本配方用量为 2.00%，在安全用量范围内。

第 8 号原料，本原料为复合成分，由异戊二醇、辛甘醇、1,2-己二醇、双丙甘醇复配而成的一款温和的防腐剂，本配方用量为 1.50%，在安全用量范围内。

第 9 号原料，异硬脂酰乳酰乳酸钠，本配方用量为 1.00%，在安全用量范围内。

第 10 号原料，PEG-75 羊毛脂，本配方用量为 1.00%，在安全用量范围内。

第 11 号原料，聚山梨醇酯-20，本配方用量为 1.00%，在安全用量范围内。

第 12 号原料，CI 77491，在本配方中作着色剂，本配方用量为 0.60%，在安全用量范围内。

第 13 号原料，黄原胶，本配方用量为 0.50%，在安全用量范围内。

第 14 号原料，鲸蜡硬脂醇聚醚-25，本配方用量为 0.50%，在安全用量范围内。

第 15 号原料，椰油基葡糖苷，做为一种表面活性剂，有良好的发泡性能，皮肤刺激性低，本配方用量为 0.50%，在安全用量范围内。

第 16 号原料，辛酰/癸酰氨丙基甜菜碱，本配方用量为 0.50%，在安全用量范围内。

第 17 号原料，橄榄油 PEG-7 酯类，本配方用量为 0.50%，在安全用量范围内。

第 18 号原料，CI 77499，在本配方中作为着色剂，用量为 0.30%，在安全用量范围内。

第 19 号原料，红没药醇，是化妆品常用的皮肤调理剂，可以保护和护理过敏性皮肤，本配方用量为 0.20%，在安全用量范围内。

第 20 号原料，香精，在化妆品中作为芳香剂，用以掩盖产品中原料的味道，及赋予产品一种清新宜人的香味，本配方用量为 0.20%，在安全用量范围内。

第 21 号原料，尿囊素，是化妆品常用的保湿剂，能使皮肤保持水分，滋润和柔软，本配方用量为 0.20%，在安全用量范围内。

第 22 号原料，CI77492，在本配方中作着色剂，用量为 0.10%，在安全用量范围内。

第 23 号原料，PEG-12 聚二甲基硅氧烷，本配方用量为 0.10%，在安全用量范围内。

第 24 号原料，丁羟甲苯，本配方用量为 0.050%，在安全用量范围内。

(3) 制备工艺 ①将原料 1、2、3、9、11、12、18、22 在水相锅中混合，搅拌均质 10min 分散均匀；②将原料 5、13 预混分散均匀，加入水相锅中，搅拌加热至 83℃；③原料 6、7、10、14、15、16、17、21、23 在反应釜中混合，搅拌加热至 83℃；④反应釜温度在 83℃时，边搅拌边把水相锅中的料体加入反应釜中，搅拌均质 10min 混合均匀，开启降温；⑤40℃以下，把原料 8、19、20、24 加入，搅拌均匀；⑥送检，合格后用 200 目过滤过滤出料，送至灌装线；⑦将剂料在搅拌下分装入气雾罐，投放气雾阀，封口后充填推进剂。

(4) 产品特点 轻松上妆，提亮肤色；长效持妆。

（5）产品应用　适用于日常面部和身体修饰肤色，能有效掩盖肤色暗沉色斑等问题，适用多种肤质人群。

10.6.10　滋养护发精油喷雾

（1）配方设计表

序号	成分	INCI 名称	添加量/%	使用目的
1	异十二烷	ISODODECANE	69.50	溶剂
2	琥珀酸二乙氧基乙酯	DIETHOXYETHYL SUCCINATE	15.00	发用调理剂
3	双丙甘醇二苯甲酸酯	DIPROPYLENE GLYCOL DIBENZOATE	10.00	发用调理剂
4	香精	AROMA	3.00	芳香剂
5	聚羟基硬脂酸	POLYHYDROXYSTEARIC ACID	2.00	发用调理剂
6	氮	NITROGEN	0.50	推进剂

（2）设计思路　护发精油在滋润、调理头发作用的同时应具备快干的功能。本产品选用异十二烷作为溶剂，具有良好的物理化学及毒理安全性，几乎不含芳烃和硫，对眼睛和皮肤无刺激，无致敏性，易生物降解，肤感清新。同时蒸发速度快，使用后头发能在短时间内恢复干爽。

第 1 号原料，异十二烷是无色、低味、低毒，高度支链化，100%异构，符合 FDA 认证的安全环保型溶剂，本配方用量为 69.50%，在安全用量范围内。

第 2 号原料，琥珀酸二乙氧基乙酯，本配方用量为 15.00%，在安全用量范围内。

第 3 号原料，双丙甘醇二苯甲酸酯，本配方用量为 10.00%，在安全用量范围内。

第 4 号原料，香精，在化妆品中作为芳香剂，用以掩盖产品中原料的味道，并赋予产品一种清新宜人的香味，本配方用量为 3.00%，在安全用量范围内。

第 5 号原料，聚羟基硬脂酸，本配方用量为 2.00%，在安全用量范围内。

第 6 号原料，氮，作为推进剂，本配方中添加量为 0.50%，在安全用量范围内。

（3）制备工艺　①剂料配制：依次加入 1、2、3、4、5 号原料，搅拌混合均匀；②将剂料在搅拌下分装入气雾罐，投放气雾阀，采用盖下充填推进剂及封口。

（4）产品特点　快干，能让头发快速恢复干爽状态；赋予头发润滑感，便于头发理顺。

（5）产品应用　适用于被头发干燥问题烦扰人群。

思考题

1.气雾剂产品由哪几部分构成？

2.什么剂型的化妆品可以转化成气雾剂产品？请列举市售品说明。

3.气雾剂产品中推进剂有哪些？推进剂选用时需要注意哪些方面？

4.气雾剂产品的安全与质量关键控制点是什么？

5.常规气雾剂产品与二元包装囊阀气雾剂产品的优缺点有哪些？

6.气雾罐按结构分类有哪些，对气雾罐的要求有哪几个方面？

7.在 25℃时气雾剂产品内容物的安全灌装量是多少？

8.对气雾阀进行机械封口的主要目的是什么？

9.影响气雾剂泡沫性能的因素有哪些？

10.若需要调整气雾剂喷雾的雾化效果，可以从哪些方面着手？

第11章 喷雾剂

喷雾型化妆品是化妆品行业的重要组成部分，其发展历程可以追溯到十八世纪的气囊挤压式喷雾产品。二十世纪五十年代出现的揿压式喷雾产品，到近年来发展起来的二元喷雾包装，各类型喷雾剂一直受到消费者的青睐。轻轻一按，细腻的雾滴不仅能带给消费者清爽肤感，还对皮肤起到保湿、隔离、防晒、祛痘、舒缓、镇定、香化等多种功效。喷雾型产品正是以其携带方便、使用灵活、功效多样的特点越来越受到人们的重视。

11.1 喷雾剂的剂型及其特征

11.1.1 喷雾剂的定义

喷雾剂（sprays）是指不含推进剂的气雾剂类化妆品。或者说，喷雾剂系指原料药物或添加适宜辅料填充于特制的装置中，使用时借助手动泵的压力、高压气体、超声振动或其他方法将内容物呈雾状释出，直接喷至腔道黏膜或皮肤等的制剂。

喷雾剂有定妆喷雾剂、净味喷雾剂、冷冻喷雾剂、抑菌喷雾剂、口洁喷雾剂、防晒喷雾剂等产品。

11.1.2 喷雾剂的特征

化妆品中喷雾剂通常为局部应用，雾滴粒径较大，通常为 $10\sim50\mu m$，与气雾剂类似都是利用压力将液体或乳液喷出形成雾状气溶胶，不同之处在于喷雾剂中不含有抛射剂，依靠手动泵按压产生的压力或罐内气体压力将料体压出罐体。喷射过程中，料体在压力作用下，经过细管形成高速连续液流，在喷嘴处喷出后，带动喷嘴附近空气快速流动，导致压强变小，周围空气受气压影响快速涌入，形成快速气流冲击液流，连续液流受空气撕扯形成小液滴，从而分散悬浮在空气中形成雾状物。在此过程中，因球形的表面自由能相较其他对称形状最小，不同形状的液滴会形成更小的球形液滴。因此，雾化效果受按压速率、罐内压力以及喷嘴形状等因素的影响。一般来说速率越快，罐内压力越高，雾化效果越好。喷嘴开口设计对喷雾距离、形状、方向均有影响。

根据内容物组分，喷雾剂可分为溶液型、乳状液型或混悬型。按使用途径可分为吸入喷雾剂、鼻用喷雾剂及用于皮肤、黏膜的非吸入喷雾剂。按用量是否定量，喷雾剂还可分为定量喷雾剂和非定量喷雾剂。根据灌装工艺及使用方式，喷雾剂还可分为常压型和气压型两类。

喷雾剂在使用过程中具有以下优点：①避免使用抛射剂，无制冷应激反应，安全性好；②制备工艺灵活方便，可以采用常压或者加压灌装的方式，成本可控；③可调节按压装置实现定量喷涂；④使用过程中不触碰人体便可施用于皮肤表面；⑤避免与外界接触及日照，防止料体氧化变质，产品稳定性好。缺点：①气压型产品中加入压缩气体，容器内有压力，具有一定的危险性；②容器和阀门结构复杂，留滞料液易堵塞，造成使用稳定性下降；③气压型产品长期存储时需要防止气体渗漏；④气压型产品使用中因内容物体积减少，压缩气体压力减小，影响喷雾效果；⑤产品喷雾过程中形成雾沫可能会经口鼻吸入人体，造成安全性问题。

常压型喷雾产品制备过程中采用常压直接灌装方式，依靠按压方式产生压力将液体喷出，在使用过程中喷雾罐倾斜角度及喷射角度受一定限制，罐体通常为塑料或树脂罐。气压型喷雾产品制备过程中因需事先在罐内装入带有阀门结构的四层真空软性材料袋（称之为阀袋、囊阀或衬袋），喷雾罐体通常为铝罐。阀门密封后，罐内先充入压缩空气或氮气，后将料液经无菌化处理后，加压压入阀袋，因有阀袋相隔，料液与压缩气体和罐体相互隔离，互不接触，因此也称之为隔室式喷雾剂或二元喷雾剂，使用过程中因罐内有压力，对喷射角度无限制，不用保持水平竖立的固定角度，即使倒转罐体，仍可任意喷涂。

气压型喷雾剂与常压型喷雾剂比较具有以下优点：①提高产品使用时的喷射角度范围，可 360°无死角使用，产品利用度高，残留少；②罐内为正压，料液向外喷出，无倒流，可避免二次污染，因此，产品中防腐剂用量小，安全性高；③料体包裹在阀袋中，不与外界气体及罐体接触，料液稳定性高，相容性好，可减小配方复杂性和难度；④相较常压型产品雾化难控制，效果不佳的情况，气压型产品罐内压力较为均一，料液受压力推动喷出均匀，雾滴细腻，肤感较好；⑤推进剂使用过程中无逸出，且多为压缩空气或氮气，无大气污染和燃爆等安全问题，环保安全；⑥使用时用量随需，灵活方便，可一按畅喷到底；⑦喷射声效低，无按压喷射声，体验效果好。

11.2　喷雾剂的原料和容器

喷雾剂根据灌装方式分为常压型和气压型产品。常压型产品由料体、容器和阀门系统构成，气压型产品由料体、压缩气体、耐压容器和耐压阀门系统等四部分组成。根据内容物不同，可分为溶液型、乳状液型或混悬型。因此，产品种类及料体组成也有不同，要产品形成雾状物，则料体黏度应较低，其中溶液型应澄清，乳状液型液滴应分散均匀，混悬型非溶解性物质颗粒应粒径较小且均一，能与溶液形成稳定的混悬液。通常需要加入表面活性剂，防止非溶解性物质颗粒凝集，常用司盘-85、油酸乙酯和月桂醇等。

11.2.1　喷雾剂的料体原料

料体原料包含溶剂、保湿剂、润肤剂、乳化剂、防腐剂、增溶剂和香精、流变调节剂、稳定剂或者其他的附加剂。

（1）溶剂　多为去离子水或乙醇。

（2）保湿剂　多为多元醇类、高分子类、氨基酸类、神经酰胺类、乳酸和乳酸钠类、吡咯烷酮羧酸钠等，有助于丰富喷雾的肤感。

（3）润肤剂　多为水溶性硅油类、水溶性霍霍巴油类等。例如，双 PEG-18 甲基醚二甲基硅烷、PEG-7 甘油椰油酸酯、霍霍巴蜡 PEG-80 酯类、霍霍巴蜡 PEG-120 酯类、霍霍巴油 PEG-150 酯类、聚甘油-10 二十碳二酸酯/十四碳二酸酯。

（4）乳化剂　表面活性剂减少液滴表面张力，使雾滴粒径细微，多为非离子型表面活性剂。

（5）防腐剂　选择水溶性较好的防腐剂，例如 1,2-己二醇、1,2-戊二醇、苯氧乙醇、乙基己基甘油、氯苯甘醚、羟苯甲酯等，以及复合防腐剂，例如 PH-CP 复合醇防腐防霉剂（苯氧乙醇、氯苯甘醚）。

（6）增溶剂和香精　由于产品多为水性溶液，故香精中油溶性物质需要添加亲水性非离子表面活性剂作为增溶剂。例如，PEG-40 氢化蓖麻油、PEG-60 氢化蓖麻油、聚氧乙烯（20）油醇醚等，这也有助于提高喷雾在皮肤表面的铺展性。

（7）流变调节剂　喷雾类产品黏度很低，因此添加量较少，产品又常以透明性好为佳，常采用卡波类增稠剂作为流变调节剂。此外，一些高分子聚合物也对喷雾的流变性有影响，例如透明质酸钠等。

（8）稳定剂或皮肤调理剂　对于添加的各类水溶性活性物质，通常添加稳定剂，减少活性物质对皮肤的刺激性，起到抗过敏的作用。例如，甘草酸二钾、SK-Calmin 肤敏舒（燕麦仁提取物）、CALMYANG（植物提取物）、光果甘草叶提取物、川谷籽提取物以及马齿苋提取物等。

（9）其他附加剂　除以上物质外，还会根据需要添加其他组分。例如，赋予产品漂亮外观的色素，具有防晒功能的紫外线吸收剂，防止金属离子催化氧化的 EDTA 二钠等。

11.2.2　喷雾剂的压缩气体

气压型产品料体包裹于阀袋或衬袋内，与压缩气体相隔离，出于成本考虑，压缩气体常常采用空气或氮气。空气需要净化后，方可压缩充入罐内。氮气的临界温度为 $-147℃$，临界压力为 $33.5 \times 10^5 Pa$，因此，在常温条件下，灌装压力为 $0.4 \sim 0.6 MPa$ 时为气态，无色、无味、无臭以及无毒性，化学活性低，来源丰富，价格便宜，是一种较为理想的压缩气体。因此，采用空气、氮气作为压缩气体，环保、安全可靠，即使发生泄漏，也不存在燃爆危险，也无需对罐内气体进行尾气处理。当料液加压灌装后，压缩气体体积通常会减少至罐体总体积的 $35\% \sim 40\%$，压力升高至 $0.8 \sim 0.9 MPa$，当压缩气体将料液完全压出后，罐内压缩气体保持原始灌装压力不变，理论上可以反复灌装使用。

11.2.3　喷雾剂的容器

容器选择常常以不影响料液稳定性、耐腐蚀、不易破碎、物美价廉以及可承受一定压力为原则。对于常压型产品容器来讲，因不考虑耐压问题，可选择材料众多，可由玻璃、塑料、聚丙烯酸酯类材料、金属等制成。气压型产品因考虑罐体的承压性及抗蠕变性，多采用金属罐体，材料通常为马口铁或铝（镀膜）。内部阀袋多采用四层材料复合，从里到外，依次为聚乙烯（PE）、聚酰胺（PA）、铝箔、聚丙烯（PET），从而保证阀袋的化学惰性、生物安全性、耐磨性、隔绝性、韧性以及抗蠕变性等多重性能。

11.2.4　喷雾剂的阀门系统

阀门系统是喷雾剂包装最为重要的部分，其结构设计与喷嘴设计直接影响到产品的使用稳定性，从结构特征看，常压型产品阀门系统一般包含：揿按钮、橡胶封圈、阀门杆、弹簧、玻璃珠或钢珠、浸入管以及封帽等。气压型产品阀门系统与之相比则没有玻璃珠或钢珠用于密封，阀门杆与阀袋直接连通。

常压型产品阀门系统通常为定量阀门，当手动向下按动揿按钮时，弹簧腔（定量室）中的容积减小，压力升高，液体经过阀芯的孔进入喷嘴腔，再经过喷嘴向外喷出液体形成喷雾；当松开揿按钮时，弹簧腔（定量室）体积增大，腔内形成负压，瓶中料液顺着浸入管顶开玻璃球进入弹簧腔内，当料液充满弹簧腔后，玻璃珠受重力作用下沉堵塞浸入管上口，防止按压喷雾过程中，料液向下泄漏，影响喷雾效果。

气压型产品的定量与非定量阀门结构相似，区别仅在于是否有定量室，定量阀门阀杆下压时，阀杆头可以密闭阀袋口，仅定量室中料液在压力作用下释出，实现定量喷雾；非定量阀门则是阀杆与阀袋直接连通，无定量室，下压阀杆时，阀杆上的连通孔与阀袋连通，阀袋中料液在压力作用下通过连通孔直接到喷嘴处释出喷雾，该过程无定量限制，喷雾量取决于喷嘴开孔设计及按压时间。

喷雾器喷嘴常设计为 C 型口，中部开圆孔，当料液受压力到达喷嘴时，在孔侧受到阻碍喷出形成喷雾，喷雾通常为锥形分布。锥形体角度大小受喷嘴壁厚及喷嘴壁缘角度影响，一般来讲壁厚越大，喷雾椎体角度越小，距离越远，雾滴粒径大小不一；壁厚越小，椎体角度越大，距离越近，雾滴粒径分布均匀，大小一致。在壁厚一定时，喷嘴壁缘设计为倒 C型角，角度较大时，喷雾椎体角度较大；角度较小时，喷雾椎体角度较小。

11.3　喷雾剂的工艺流程

喷雾剂灌装根据压力情况可分为常压灌装和压力灌装两种方法。常压灌装工艺主要包含称重、配料、灌装、封盖、检查和包装等工序。压力灌装则需要在加压灌装前先填充压缩空气或者氮气，其余工序与常压灌装相同。

11.3.1　喷雾剂的生产工艺流程

喷雾剂生产工艺流程如图 11-1 所示，其中产品料液灌装、填充气体、安装阀门、检漏检查、安装护盖等工艺过程需要在洁净厂区进行。

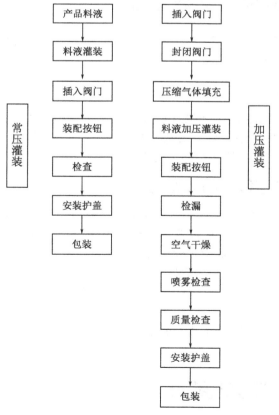

图 11-1　喷雾剂生产工艺流程

11.3.2 喷雾剂生产注意事项

喷雾剂生产注意事项：①生产时应在避菌环境，各种用具、容器以及料液等需用适宜的方法清洁、灭菌、灌装和包装，清洁度应达到 10 万级，防止微生物对产品稳定性的影响；②注意调整灌液口、灌气口与罐体之间的契合度，特别是相对位置、封口尺寸等；③要注意产品成分与罐体、阀袋之间的化学稳定性；④注意酒精类产品灌装的安全性，例如香水、花露水等产品灌装，注意防止静电产生。

11.4　喷雾剂的主要生产设备

喷雾剂常压产品生产设备较为简单，气压型产品（二元喷雾剂）与气雾剂生产设备较为类似，本节以二元封口灌液螺杆推瓶机为例进行说明。

该设备主要由封口机、灌液机、螺杆、伺服电机、控制器、台面、机架及气动元件组成。设备将一个螺杆、一个封口气缸和两个强制灌液头及灌液气缸组装在一起，由控制器控制伺服电机，对螺杆传动及灌装进行控制。当完成加气、封口、灌液等所有动作后，才旋转螺杆推送下一个气罐，从而确保充气的精度与动作的协调。螺杆的进给速度可由控制器设置的参数进行控制。封口参数需要人工调节，先使用封口直径深度表测量封口内径和深度，一般铝罐配铝阀门，封口内径控制在 27.4~27.5mm，封口深度控制在 5.1~5.2mm。

11.5　喷雾剂的质量要求与控制

喷雾剂质量检查项目众多，且气压型二元喷雾剂检查内容与气雾剂类似，可参考《中国药典》2020 版附录要求进行检测。

11.5.1　常规要求

喷雾剂生产及存贮应在相应的环境条件下，如一定的洁净度、灭菌条件和低温环境等；喷雾剂配方具有一定的抑菌性，且对皮肤无刺激性；喷雾剂装置中各组成部件均应采用无毒、无刺激性、性质稳定、与原料药物不起作用的材料制备；喷雾剂应避光密封贮存。

11.5.2　喷射总次与每喷喷量检查

（1）喷射总次检查　对多剂量定量喷雾剂，取供试品 4 瓶，除去帽盖，充分振摇，照使用说明书操作，释放内容物至收集容器内，按压喷雾泵（注意每次喷射间隔 5s 并缓缓振摇），直至喷尽为止，分别计算喷射次数，每瓶总喷次均不得少于其标示总喷次。

（2）每喷喷量　对定量喷雾剂，取供试品 1 瓶，按产品说明书规定，弃去若干喷次，擦净，精密称定，喷射 1 次，擦净，再精密称定。前后两次重量之差为 1 个喷量。分别测定标示喷次前（初始 3 个喷量）、中（$n/2$ 喷起 4 个喷量，n 为标示总喷次）、后（最后 3 个喷量），共 10 个喷量。计算上述 10 个喷量的平均值。再重复测试 3 瓶。除另有规定外，均应为标示喷量的 80%~120%。

11.6　喷雾剂的制剂实例

根据喷雾剂类型不同喷雾剂可以分为常压型和气压型产品，其中常压型产品多为黏度较低的溶液型产品，气压型产品可以应用的剂型较多，溶液型、乳状液型或混悬型均可应用，因成本较高，常用于活性物质较为复杂，需要保护的体系。

11.6.1 常压型补水紧肤喷雾

（1）配方设计表

编号	成分	INCI 名称	添加量/%	使用目的
1	去离子水	PURIFIED WATER	92.834	溶剂
2	丙二醇	PROPANEDIOL	2.00	保湿剂
3	1,3-丁二醇	1,3-BUTANEDIOL	2.00	保湿剂
4	甘油	GLYCERIN	1.50	保湿剂
5	氨基酸保湿剂	TRIMETHYLGLYCIN	0.50	保湿剂
6	PH-CP	PHENOXYETHANOL& CHLORPHENESIN	0.40	防腐剂
7	羟苯甲酯	METHYLPARABEN	0.20	防腐剂
8	红没药醇	BISABOLOL	0.20	舒缓修复剂
9	CALMYANG	THE COMPLEX OF PLANT ANTI-SENSITIVES	0.10	保湿剂
10	马齿苋提取液	PORTULACA GRANDIFLORA EXTRACT	0.10	稳定剂
11	燕麦-β-葡聚糖	AVENA SATIVA β-GLUCAN	0.10	保湿、修护剂
12	EDTA 二钠	DISODIUM EDTA	0.05	金属离子螯合剂
13	PEG-40 氢化蓖麻油	PEG-40HYDROGENATED CASTOR OIL	0.012	香精增溶剂
14	香精	PARFUM(FRAGRANCE)	0.003	芳香剂
15	透明质酸钠(分子质量1400kDa)	SODIUM HYALURONATE (MW1400kDa)	0.001	保湿剂

（2）设计思路　针对春秋两季气候干燥，导致皮肤粗糙、晦暗、容易起皮、干痒的问题，开发此款植物补水保湿喷雾。设计思路是采用植物性保湿以及可以抑制干痒、舒缓皮肤的原料进行配伍，适用于各类皮肤。在此基础上，本配方选取已知安全、温和且纯度高的化妆品常用原料，通过添加植物性保湿原料、植物性抗敏舒缓原料，起到保湿补水，舒缓皮肤干痒的作用。本产品的基本功能为保湿、舒缓作用，配方突出保湿和舒缓作用，所有原料围绕以上作用添加，核心原料突出天然植物性原料，所选用的原料均经过严格检验，并确保检验结果符合相关的指标要求。

第2、3、4号原料丙二醇、1,3-丁二醇、甘油均为多元醇类保湿剂，通过羟基与水形成氢键，起到保湿锁水作用，一般用量控制在3.00%～8.00%，本配方中丙二醇添加量为2.00%、1,3-丁二醇为2.00%、甘油为1.50%，均在安全用量范围内。

第5号原料氨基酸保湿剂，主要成分为三甲基甘氨酸，具有保湿、软化角质、抗敏的作用，在水性化妆品中的添加量一般为0.50%～5.00%，本配方中添加量为0.50%。

第6号原料 PH-CP，是苯氧乙醇和氯苯甘醚的混合物，为复合醇防腐防霉剂，推荐用量0.50%～2.00%，本配方中的添加量为0.40%。苯氧乙醇最大允许浓度为1.00%，氯苯甘醚为0.30%，根据混合物中各物质含量计算，本配方中的添加量在安全用量范围内。

　　第 7 号原料羟苯甲酯，是化妆品准用防腐剂。最大允许浓度为 0.40%，本配方中使用量为 0.20%，在安全用量范围内。

　　第 8 号原料红没药醇，具有良好的消炎抑菌，舒缓皮肤的作用，与皮肤相容性好，配方中添加量一般为 0.20%～0.50%，本配方中添加量为 0.20%。

　　第 9 号原料 CALMYANG，主要成分为 7 种植物提取物，按照一定比例配伍，分别为积雪草（*Centella asiatica*）提取物、虎杖（*Polygonum cuspidatum*）根提取物、黄芩（*Scutellaria baicalensis*）根提取物、茶（*Camellia sinensis*）叶提取物、光果甘草（*Glycyrrhiza glabra*）根提取物、母菊（*Chamomilla recutita*）花提取物、迷迭香（*Rosmarinus officinalis*）叶提取物，具有抗敏舒缓的作用，推荐用量为 0.50%～5.00%，本配方中添加量为 0.10%。

　　第 10 号原料马齿苋提取液，具有防止皮肤干燥、舒缓皮肤、抑菌等作用，推荐用量为 0.50%～5.00%，本配方中添加量为 0.10%。

　　第 11 号原料燕麦-β-葡聚糖，具有保湿、舒缓皮肤、促进皮肤修复等作用，是天然保湿成分，水溶性较好，本配方中添加量为 0.10%。

　　第 12 号原料 EDTA 二钠，具有螯合金属离子的作用，起到抗氧化增效剂的作用，本配方中使用量为 0.05%，在安全用量范围内。

　　第 13 号原料 PEG-40 氢化蓖麻油，为香精增溶剂，第 14 号原料香精作为芳香剂，本配方添加量分别为 0.012% 和 0.003%。

　　第 15 号原料透明质酸钠，具有在低湿度条件下良好的保湿性，在水性产品中会增加产品的黏腻感，提升产品的黏度，一般添加量不超过 0.50%，本配方中透明质酸钠的添加量为 0.001%。

　　（3）制备工艺

　　① 将羟苯甲酯在多元醇中预分散，然后与 EDTA 二钠、氨基酸保湿剂、透明质酸钠一起投入去离子水中，加热至 80℃，搅拌溶解至均匀透明，降温。

　　② 预先将 CALMYANG、马齿苋提取液、燕麦-β-葡聚糖在适量水中混溶，搅拌溶解后待体系降温至 55℃ 时投入，搅拌溶解均匀。

　　③ 待温度降至 45℃ 时，依次加入红没药醇、PH-CP 和香精与 PEG-40 氢化蓖麻油混合溶液（香精和 PEG-40 氢化蓖麻油预先混合，搅拌均匀备用），搅拌均匀。

　　④ 继续搅拌冷却至 38℃，进行半成品检验，检验合格后，过滤出料，灌装成品，检验入库。

　　（4）产品特点　该产品料体澄清透亮，喷雾形态呈圆锥状，雾滴细小均匀，具有较好的保湿、补水和舒缓皮肤的作用，施用于皮肤，具有肤感清爽，无黏腻感的特点。

　　（5）产品应用　该产品主要应用于春秋两季较为干燥的气候时皮肤的补水保湿，适用于所有地区、人群及肤质。

11.6.2　常压型保湿祛痘爽肤喷雾

　　（1）配方表

编号	成分	INCI 名称	添加量/%	使用目的
1	去离子水	PURIFIED WATER	87.39	溶剂
2	丙二醇	PROPANEDIOL	7.00	保湿剂
3	乙醇(95%)	ALCOHOL(95%)	5.00	抑菌、收敛剂

续表

编号	成分	INCI 名称	添加量/%	使用目的
4	PH-CP	PHENOXYETHANOL & CHLORPHENESIN	0.20	防腐剂
5	尿囊素	ALLANTOIN	0.10	角质软化剂
6	羟苯甲酯	METHYLPARABEN	0.10	防腐剂
7	冰片	BORNEOL	0.05	抑菌、收敛剂
8	薄荷脑	MENTHOLUM	0.05	芳香、收敛剂
9	天然植物抗敏剂	THE COMPLEX OF NATURAL ANTI-SENSITIVITY PLANT EXTRACTS	0.05	稳定剂
10	纳米银胶体溶液	NANO-SIZED SLIVER COLLOIDAL SOLUTION	0.03	抑菌剂
11	卡波姆 941	CARBOMER	0.02	增稠剂
12	三乙醇胺	TRIETHANOLAMINE	0.01	pH 调节剂

（2）设计思路　爽肤水具有一定的收敛性，主要作用是使皮肤蛋白暂时性收敛，使汗孔和毛孔收缩，抑制汗液或油脂分泌，减少粉刺形成，增强皮肤的细腻度，适合于油性皮肤人群或夏季使用。在此基础上，本配方选取已知安全、温和且纯度高的化妆品常用原料，通过添加纳米银胶体溶液和植物性提取物，减少面部粉刺形成，添加尿囊素起到软化角质、皮肤修复的作用。本产品的基本功能为保湿、收敛、减少粉刺形成，配方突出收敛和减少粉刺的作用，所有原料围绕以上作用添加，所选用的原料均经过严格检验，并确保检验结果符合相关规格的指标要求。

第 2 号原料丙二醇，具有保湿作用，用量通常为 3.00%～8.00%，该处只添加一种多元醇类物质保湿，驻留类产品最高历史使用量为 47.929%，本配方添加量为 7.00%，在安全用量范围内。

第 3 号原料乙醇，具有抑菌、收敛作用，适用于油性皮肤，但对皮肤有一定刺激性，驻留型产品中用量一般不超过 5.00%，本配方中添加量为 5.00%，在安全用量范围内。

第 4 号原料 PH-CP，是苯氧乙醇和氯苯甘醚的混合物，为复合醇防腐防霉剂，推荐用量为 0.50%～2.00%，本配方中的添加量为 0.20%。苯氧乙醇最大允许浓度为 1.00%，氯苯甘醚为 0.30%，根据混合物中各物质含量计算，本配方中的添加量在安全用量范围内。

第 5 号原料尿囊素，具有软化角质层，促进皮肤修复的作用，配方中添加量为 0.10%。

第 6 号原料羟苯甲酯，是化妆品准用防腐剂。最大允许浓度为 0.40%，本配方中使用量为 0.10%，在安全用量范围内。

第 7 号原料冰片，具有抑菌、收敛的作用，兼具有一定的香气，驻留类产品最高历史使用量为 5.39%，本配方中添加量为 0.05%。

第 8 号原料薄荷脑，能够清凉止痒，收缩毛孔，兼有一定的芳香剂的作用，驻留类产品最高历史使用量为 3%，本配方中添加量为 0.05%。

第 9 号原料天然植物抗敏剂，是多种植物提取物混合而成，具有舒缓皮肤、抑菌等作用，本配方中的添加量为 0.05%，在安全用量范围内。

第 10 号原料纳米银胶体溶液，简称胶体银，具有抑菌、杀菌的作用，配方中使用量不超过 1%，超出后对皮肤有刺激性，本配方中添加量为 0.03%。

第 11 号原料卡波姆 941，具有一定的耐离子强度和耐剪切力的性能，适合于制备添加植物提取物的喷雾剂增稠，本配方中添加量为 0.02%。

第 12 号原料三乙醇胺用于中和增稠卡波姆 941。最大允许浓度为 2.50%，本配方中使用量为 0.01%，在安全用量范围内。

（3）制备工艺 ①将羟苯甲酯在丙二醇中预分散，然后与尿囊素、卡波姆 941 和纳米银胶体溶液一起投入去离子水中，加热至 80℃，搅拌溶解至均匀透明，降温；②预先将冰片、薄荷脑与乙醇（95%）混溶，搅拌溶解后待体系降温至 45℃时投入，搅拌溶解均匀；③依次加入三乙醇胺、PH-CP、天然植物抗敏剂，搅拌均匀；④继续搅拌冷却至 38℃，进行半成品检验，检验合格后，过滤出料，灌装成品，检验入库。

（4）产品特点 该产品料体澄清透亮，喷雾呈圆锥状，雾滴细小均匀，具有较好的控油、收敛作用，能起到一定的抑制痤疮产生，减少粉刺的作用，施用于皮肤，具有肤感清凉，清爽控油的特点。

（5）产品应用 该产品主要应用于油性皮肤人群及夏季控油使用，减少痤疮及粉刺的产生。

11.6.3 常压型修颜定妆喷雾

（1）配方表

编号	成分	INCI 名称	添加量/%	使用目的
1	去离子水	PURIFIED WATER	87.835	溶剂
2	1,3-丙二醇	1,3-PROPANEDIOL	6.00	保湿剂
3	乙醇	ALCOHOL	4.00	收敛剂
4	甘油	GLYCERIN	1.00	保湿剂
5	苯氧乙醇	PHENOXYETHANOL	0.50	防腐剂
6	PEG-60 氢化蓖麻油	PEG-60 HYDROGENATED CASTOR OIL	0.30	增溶剂
7	VP/VA 共聚物	VP/VA COPOLYMER	0.10	成膜剂
8	柠檬酸钠	SODIUM CITRATE	0.10	PH 调节剂
9	香精	PARFUM(FRAGRANCE)	0.10	芳香剂
10	柠檬酸	CITRATE ACID	0.02	PH 调节剂
11	辛甘醇	CAPRYLYL GLYCOL	0.02	抑菌剂
12	紫松果菊(Echinacea purpurea)提取物	ECHINACEA PURPUREA EXTRACT	0.01	抗炎保湿剂
13	丁羟甲苯	BHT	0.01	抗氧化剂
14	生育酚(维生素 E)	TOCOPHEROL	0.005	抗氧化剂

（2）设计思路 在基础保湿补水喷雾的基础上，针对油性皮肤人群或夏季气候潮湿、闷热，易脱妆的问题，开发一款具有定妆修复作用的喷雾。产品要求具有较好的定妆性能和一定的收敛性，产品中添加成膜剂 VP/VA 共聚物，具有较好的成膜性，可以起到维护妆容，增加皮肤光泽度的作用。另外，产品中添加乙醇，一方面可以提高产品的挥发性，有利于成膜；另一方面可以使皮肤蛋白暂时性收敛，使汗孔和毛孔收缩，抑制汗液或油脂分泌，增强皮肤的细腻度。此外，添加辛甘醇、紫松果菊提取物提升产品抑菌能力，减少粉刺产生；配方中添加抗氧化剂有利于防止油脂的氧化酸败作用。因此，该产品较适用于油性皮肤人群或夏季使用。本配方选取已知安全、温和且纯度高的化妆品常用原料。本产品的基本功能为定

妆、收敛、保湿、减少粉刺形成，配方突出定妆和抑菌的作用，所有原料围绕以上作用添加，所选用的原料均经过严格检验，并确保检验结果符合相关规格的指标要求。

第 5 号原料苯氧乙醇为化妆品准用防腐剂。最大允许浓度为 1.00%，本配方中使用量为 0.50%，在安全用量范围内。

第 6 号原料 PEG-60 氢化蓖麻油，作为水溶性油脂，具有一定的表面活性剂的作用，可以起到分散、保湿的作用，少量添加可以使产品具有一定的顺滑性，添加量超过 1.00% 后，会有一定的刺激性，在本配方中的添加量为 0.30%，主要起到改善铺展性，提高顺滑性的作用。

第 7 号原料 VP/VA 共聚物，为 N-乙烯基吡咯烷酮和醋酸乙烯共聚而成的共聚物，具有良好的成膜性，形成的膜强度好、有光泽、易水洗，本配方添加量为 0.10%。

第 8、10 号原料为柠檬酸钠和柠檬酸，按照一定比例，二者配制成缓冲溶液，维持体系 pH 值稳定。最大允许浓度为 6.00%，本配方中的添加量分别为 0.10% 和 0.02%，在安全用量范围内。

第 11 号原料辛甘醇，具有较好的保湿性能，兼具一定的抑菌作用，是一款能提供温和抑菌作用的保湿性化妆品原料，本配方中的添加量为 0.02%，在安全用量范围内。

第 12 号原料紫松果菊提取物，具有保湿、消炎、舒缓肌肤、抗衰老的作用，提取物中富含三萜类物质，功效多样，适合各类皮肤，本配方中的添加量为 0.01%，在安全用量范围内。

第 13 号原料丁羟甲苯，为抗氧化剂，可防止油脂氧化腐败，本配方中的添加量为 0.01%，在安全用量范围内。

第 14 号原料生育酚（维生素 E），为抗氧化剂，本配方中的添加量为 0.005%，在安全用量范围内。

（3）制备工艺　①将水、1,3-丙二醇、甘油混溶，加热至 80℃，搅拌溶解至均匀透明，降温；②预先将 VP/VA 共聚物在适量水和乙醇中溶解，加入柠檬酸钠、柠檬酸搅拌溶解后待体系降温至 60℃ 时投入，搅拌溶解均匀；③将 PEG-60 氢化蓖麻油、香精预先混溶，再依次加入苯氧乙醇、辛甘醇、紫松果菊提取物、丁羟甲苯、生育酚（维生素 E）等原料，搅拌均匀，待体系降温至 45℃ 时投入，搅拌溶解均匀；④继续搅拌冷却至 35℃，进行半成品检验，检验合格后，过滤出料，灌装成品，检验入库。

（4）产品特点　该产品料体呈半透明，相较于基础性保湿喷雾，喷雾呈圆锥状，雾滴较大且均匀度不易控制，产品具有较好的成膜、收敛、保湿、抑菌作用，可在妆后使用，具有良好的定妆、保湿性能，喷雾时需产品距离面部 15~20cm，遮蔽口鼻后使用，避免吸入后刺激作用。

（5）产品应用　该产品主要应用于妆后定妆使用，对油性皮肤人群或在夏季定妆效果较好，还可以减少粉刺的产生，干性皮肤和敏感性皮肤人群避免使用。

11.6.4　常压型止汗喷雾

（1）配方表

编号	成分	INCI 名称	添加量/%	使用目的
1	去离子水	PURIFIED WATER	79.10	溶剂
2	氯化羟铝	ALUMINUM CHLOROHYDRATE	12.00	抑汗剂
3	丁二醇	BUTYLENE GLYCOL	4.00	保湿剂

续表

编号	成分	INCI 名称	添加量/%	使用目的
4	1,3-丙二醇	1,3-PROPANEDIOL	4.00	保湿剂
5	PEG-40 氢化蓖麻油	PEG-40 HYDROGENATED CASTOR OIL	0.30	增溶剂
6	羟苯丙酯	PROPYLPARABEN	0.20	防腐剂
7	羟苯甲酯	METHYLPARABEN	0.20	防腐剂
8	透明质酸钠	SODIUM HYALURONATE	0.10	保湿剂
9	香精	PARFUM(FRAGRANCE)	0.10	芳香剂

（2）设计思路　夏季气候炎热，人体易出汗，含乙醇的止汗产品对皮肤有一定的刺激性，且易造成皮肤失水，针对以上问题，开发一款不含乙醇，且具有良好止汗性能的喷雾。产品要求具有较好的止汗性能和香化作用，产品中添加止汗剂氯化羟铝，止汗性能较好，且对人体刺激性较小。该产品适用于各类肤质人群，本配方选取已知安全、温和且纯度高的化妆品常用原料。本产品的基本功能为止汗和香化，所有原料围绕以上作用添加，所选用的原料均经过严格检验，并确保检验结果符合相关规格的指标要求。

第 2 号原料氯化羟铝为抑汗剂，驻留类产品最高历史使用量为 40%，本配方中添加量为 12.00%，在安全用量范围内。

第 5、9 号原料 PEG-40 氢化蓖麻油为香精增溶剂，香精作为芳香剂，添加量分别为 0.30% 和 0.10%。

第 6、7 号原料羟苯丙酯、羟苯甲酯均为化妆品准用防腐剂。最大允许浓度单一酯为 0.40%，混合酯为 0.80%，本配方中使用量均为 0.20%，在安全用量范围内。

第 8 号原料透明质酸钠，具有良好的保湿性，本配方中添加量为 0.10%。

（3）制备工艺　①将羟苯甲酯、羟苯丙酯、丁二醇、1,3-丙二醇混溶，加热至 80℃，搅拌溶解至均匀透明，降温冷却至 45℃，备用；②预先将透明质酸钠、氯化羟铝投入水中溶解，待①降温至 45℃时投入，搅拌溶解均匀；③将 PEG-40 氢化蓖麻油、香精室温下预先混溶，搅拌均匀后投入，搅拌 20~30min；④继续搅拌冷却至室温，进行半成品检验，检验合格后，出料，灌装成品，检验入库。

（4）产品特点　该产品料体呈透明状，喷雾为无色喷雾，形态呈圆锥状，雾滴均匀，粒度小，产品具有较好的止汗、抑菌及香化作用，产品喷雾时应避免吸入。

（5）产品应用　该产品适用于各类皮肤，起到止汗、抑菌、香化作用，对皮肤刺激性小。

11.6.5 常压型运动防晒喷雾（SPF 约为 30， PA+ + +）

（1）配方表

编号	成分	INCI 名称	添加量/%	使用目的
1	乙醇	ALCOHOL	69.00	溶剂
2	甲氧基肉桂酸乙基己酯	ETHYL-HEXYL METHOXYCINNAMATE	6.00	防晒剂
3	奥克立林	OCTOCRYLENE	5.00	防晒剂
4	胡莫柳酯	HOMOSALATE	4.00	防晒剂
5	丙二醇	PROPANEDIOL	4.00	保湿剂

续表

编号	成分	INCI 名称	添加量/%	使用目的
6	水杨酸乙基己酯	ETHYLHEXYL SALICYLATE	2.00	防晒剂
7	亚丁香基丙二酸二乙基己酯	DIETHYLHEXYL SYRINGYLIDENEMALONATE	2.00	润肤剂
8	丁基甲氧基二苯甲酰基甲烷	BUTYL METHOXYDIBENZOYL-METHANE	2.00	防晒剂
9	环五聚二甲基硅氧烷	CYCLOPENTASILOXANE	2.00	润肤剂
10	辛酸/癸酸甘油三酯	CAPRYLIC/CAPRIC TRIGLYCERIDE	1.00	润肤剂
11	双-乙基己氧苯酚甲氧苯基三嗪	BIS-ETHYLHEXYL OXYPHENOL METHOXY PHENYLTRIAZINE	1.00	防晒剂
12	丙烯酸(酯)类/辛基丙烯酰胺共聚物	ACRYLATES/OCTYLACRYLAMIDE COPOLYMER	0.60	成膜剂
13	生育酚乙酸酯	TOCOPHERYL ACETATE	0.50	抗氧化剂
14	角鲨烷	SQUALANE	0.20	润肤剂
15	红没药醇	BISABOLOL	0.20	舒缓稳定剂
16	生育酚(维生素 E)	TOCOPHEROL	0.20	抗氧化剂
17	硬脂醇甘草亭酸酯	STEARYL GLYCYRRHETINATE	0.20	皮肤调理剂
18	香精	PARFUM(FRAGRANCE)	0.10	芳香剂

（2）设计思路　随着健康理念的不断深入，越来越多的人群开始喜爱各类户外运动，对户外运动过程中防晒要求越来越高，普通防晒产品中含有的物理防晒剂易堵塞毛孔，化学防晒剂易受汗液影响，附着力差。针对以上问题，开发具有防晒性能好，附着力强的运动型防晒喷雾。产品要求具有较好的防晒性能和附着性。产品中添加多种化学防晒剂，起到良好的防晒作用，添加丙烯酸（酯）类成膜剂可以起到隔离、附着的作用，产品使用乙醇作为溶剂，可以提高挥发性，喷雾较为细腻均一，通过添加多元醇，减少对皮肤的刺激性。该产品不适用于敏感性或干性皮肤人群。本配方选取已知安全、温和且纯度高的化妆品常用原料。本产品的基本功能为防晒，所有原料围绕防晒和防水性能添加，所选用的原料均经过严格检验，并确保检验结果符合相关规格的指标要求。

第 2、3、4、6、8、11 号原料甲氧基肉桂酸乙基己酯、奥克立林、胡莫柳酯、水杨酸乙基己酯、丁基甲氧基二苯甲酰基甲烷、双-乙基己氧苯酚甲氧苯基三嗪均为 2015 版《化妆品安全技术规范》中允许使用的防晒剂，其中甲氧基肉桂酸乙基己酯、奥克立林、胡莫柳酯、双-乙基己氧苯酚甲氧苯基三嗪最大允许浓度为 10.00%，本配方中甲氧基肉桂酸乙基己酯为 6.00%、奥克立林为 5.00%、胡莫柳酯添加量为 4.00%、双-乙基己氧苯酚甲氧苯基三嗪为 1.00%，水杨酸乙基己酯、丁基甲氧基二苯甲酰基甲烷最大允许浓度为 5.00%，本配方中两者添加量均为 2.00%，所有防晒剂添加量均在安全用量范围内。

第 7 号原料亚丁香基丙二酸二乙基己酯具有润肤、抗氧化，维持紫外吸收剂光稳定的作用，驻留类产品最高历史使用量为 3.56%，本配方中添加量为 2.00%。

第 9 号原料环五聚二甲基硅氧烷为润肤剂，肤感轻薄，铺展性好，本配方中使用量为 2.00%。

第 10 号原料辛酸/癸酸甘油三酯铺展性好，稳定性高，可以起到很好的润肤效果，驻留类产品最高历史使用量为 93.5%，辛酸/癸酸甘油三酯添加量为 1.00%。

第 12 号原料丙烯酸（酯）类/辛基丙烯酰胺共聚物，具有极好的抗湿性能，黏附性能好，形成的膜坚固且有一定的弹性和韧性，在乙醇中的溶解度高，驻留类产品最高历史使用量为 11%，本配方中添加量为 0.60%。

第 13 号原料生育酚乙酸酯为抗氧化剂，水溶性高于生育酚（维生素 E），驻留类产品最高历史使用量为 65%，本配方中使用量为 0.50%。

第 14 号原料角鲨烷，作为润肤剂，具有透亮保湿好，滋润不油腻的特点，而且与人体皮脂成分最为接近，与皮肤相容性好，本配方中使用量为 0.20%。

第 15 号原料红没药醇，具有良好的消炎抑菌、舒缓皮肤的作用，与皮肤相容性好，配方中添加量一般为 0.20%～0.50%，本配方中添加量为 0.20%。

第 16 号原料生育酚（维生素 E）为抗氧化剂，油溶性好，安全性高，可溶于乙醇，驻留类产品最高历史使用量为 33.702%，本配方中使用量为 0.20%。

第 17 号原料硬脂醇甘草亭酸酯，为油溶性舒敏剂，可与各类油脂相容，具有抗敏、抗炎、舒缓皮肤的功能，驻留类产品最高历史使用量为 2%，本配方中添加量为 0.20%。

第 18 号原料香精作为芳香剂，本配方添加量为 0.10%。

（3）制备工艺　①将甲氧基肉桂酸乙基己酯和水杨酸乙基己酯混溶，加热至 80～85℃；②将丁基甲氧基二苯甲酰基甲烷、双-乙基己氧苯酚甲氧苯基三嗪、硬脂醇甘草亭酸酯投入到①中，搅拌溶解均匀；③将奥克立林、胡莫柳酯、亚丁香基丙二酸二乙基己酯、辛酸/癸酸甘油三酯、生育酚乙酸酯、生育酚（维生素 E）投入②中，搅拌溶解均匀后降温；④取适量乙醇溶解丙二醇、丙烯酸（酯）类/辛基丙烯酰胺共聚物、红没药醇、香精，待体系温度降至 45℃时，加入体系，另取适量乙醇与环五聚二甲基硅氧烷、角鲨烷混溶后加入体系；⑤继续搅拌冷却至 35℃，进行半成品检验，检验合格后，过滤出料，灌装成品，检验入库。

（4）产品特点　该产品料体呈淡黄色半透明状液体，喷雾形态呈圆锥状，雾滴较为均匀，产品黏附力好，肤感清爽，具有较好的防晒性能和抗水性能，产品喷雾时应避免吸入。

（5）产品应用　该产品可适用于干性皮肤和敏感性皮肤以外的各类皮肤，能够在运动过程中有效起到防晒、防水的作用。

11.6.6　常压型隔离防晒喷雾（SPF 约 30，PA+ + + ）

（1）配方表

编号	成分	INCI 名称	添加量/%	使用目的
1	去离子水	PURIFIED WATER	36.045	溶剂
2	乙醇	ALCOHOL	20.00	收敛剂
3	奥克立林	OCTOCRYLENE	10.00	防晒剂
4	C_{12-15} 烷醇苯甲酸酯	C_{12-15} ALKYL BENZOATE	10.00	润肤剂
5	癸二酸二异丙酯	DIISOPROPYL SEBACATE	5.00	润肤剂
6	CERALUTION H	THE MIXTURE OF THE BEHENYL ALCOHOL、GLYCERYL STEARATE、GLYCERYL STEARATE CITRATE、DISODIUM ETHYLENE DICOCAMIDE PEG-15 DISULFATE	5.00	乳化剂
7	丁基甲氧基二苯甲酰基甲烷	BUTYL METHOXYDIBENZOYL-METHANE	3.00	防晒剂
8	甘油	GLYCERIN	3.00	保湿剂
9	异壬酸异壬酯	ISONONYL ISONONANOATE	3.00	润肤剂

续表

编号	成分	INCI 名称	添加量/%	使用目的
10	乙基己基三嗪酮	ETHYLHEXYLTRIAZONE	2.00	防晒剂
11	对苯二亚甲基二樟脑磺酸	TEREPHTHALYLIDENE DICAMPHOR SULFONIC ACID	2.00	防晒剂
12	鲸蜡醇	CETYL ALCOHOL	0.50	润肤剂
13	丙烯酸（酯）类共聚物	ACRYLATES COPOLYMER	0.10	成膜剂
14	香精	PARFUM(FRAGRANCE)	0.10	芳香剂
15	苯乙烯/丙烯酸（酯）类共聚物	STYRENE/ACRYLATES COPOLYMER	0.08	成膜剂
16	三乙醇胺	TRIETHANOLAMINE	0.06	pH 调节剂
17	EDTA 二钠	DISODIUM EDTA	0.05	金属离子螯合剂
18	聚 C_{10-30} 烷醇丙烯酸酯	POLY C_{10-30} ALKYL ACRYLATE	0.04	成膜剂
19	辛甘醇	CAPRYLYL GLYCOL	0.01	皮肤调理剂
20	牛油果树（*Butyrospermum parkii*）籽饼提取物	BUTYROSPERMUM PARKII (SHEA BUTTER) SEEDCAKE EXTRACT	0.005	皮肤调理剂
21	生育酚（维生素 E）	TOCOPHEROL	0.005	抗氧化剂
22	光果甘草（*Glycyrrhiza glabra*）叶提取物	GLYCYRRHIZA GLABRA (LICORICE) LEAF EXTRACT	0.005	抑菌舒缓剂

（2）设计思路　冬季北方温度低，湿度小，气候干冷，且时常会有雾霾天气，造成皮肤粗糙、晦暗，针对以上问题，开发一款具有隔离、防晒、滋润且有舒缓修复作用的喷雾。产品要求具有较好的隔离、防晒性能，可以对皮肤产生一定的滋润修复作用。故此，产品开发中添加成膜剂起到隔离作用；添加化学防晒剂，可以降低皮肤负担，起到有效防晒的作用；添加油脂和乳化剂起到滋润的作用，油脂应选取肤感较为清爽、不油腻的，突出轻薄舒爽性，避免黏腻肤感；同时添加辛甘醇和天然植物提取物，起到抑菌、修复、舒缓等作用。另外，产品中添加乙醇，可以提升产品的挥发度，有利于成膜隔离；配方中添加抗氧化剂有利于防止油脂的氧化酸败作用。故此，该产品较适合北方冬季各类型皮肤人群使用，因产品中含有乙醇，敏感性皮肤和干燥皮肤人群谨慎使用。本配方选取已知安全、温和且纯度高的化妆品常用原料。本产品的基本功能为隔离、防晒、滋润、舒缓修复等，配方突出隔离和防晒作用，所有原料围绕以上作用添加，所选用的原料均经过严格检验，并确保检验结果符合相关规格的指标要求。

第 2 号原料乙醇，作为收敛剂，可以促进产品挥发成膜，本配方中添加量为 20.00%。

第 3 号原料奥克立林，作为防晒剂，最大允许浓度为 10.00%，本配方中添加量为 10.00%，在安全用量范围内。

第 4 号原料 C_{12-15} 烷醇苯甲酸酯，作为润肤剂，肤感清爽，常作为防晒载色剂使用，一般添加量为 1.00%～15.00%，本配方中添加量为 10.00%。

第 5 号原料癸二酸二异丙酯，作为润肤剂，黏度较低，肤感清爽，驻留类产品历史最高使用量为 30.2%，本配方中使用量为 5.00%，在安全用量范围内。

第 6 号原料 CERALUTION H，为山嵛醇、甘油硬脂酸酯、甘油硬脂酸酯柠檬酸酯、二椰油酰乙二胺 PEG-15 二硫酸酯二钠的混合物，常用作防晒产品中的 O/W 乳化剂，对电解质和表面活性剂具有高耐受性，本配方添加量为 5.00%。

第 7、10、11 号原料丁基甲氧基二苯甲酰基甲烷、乙基己基三嗪酮、对苯二亚甲基二樟脑磺酸均为 2015 版《化妆品安全技术规范》中允许使用的防晒剂，丁基甲氧基二苯甲酰基甲烷、乙基己基三嗪酮的最大允许浓度为 5.00%，对苯二亚甲基二樟脑磺酸为 10.00%，本配方中丁基甲氧基二苯甲酰基甲烷添加量为 3.00%，乙基己基三嗪酮为 2.00%，对苯二亚甲基二樟脑磺酸为 2.00%，均在安全用量范围内。

第 9 号原料异壬酸异壬酯，为润肤剂，赋脂能力好，肤感轻薄不油腻，乳化稳定性比较高，驻留类产品最高历史使用量为 71.4%，本配方中添加量为 3.00%。

第 12 号原料鲸蜡醇，作为润肤剂，也起到助表面活性剂稳定乳化体的作用，驻留类产品最高历史使用量为 17.4%，本配方中的添加量为 0.50%。

第 13 号原料丙烯酸（酯）类共聚物，作为成膜剂，与皮肤亲和力较好，本配方中的添加量为 0.10%。

第 15 号原料苯乙烯/丙烯酸（酯）类共聚物，作为成膜剂，形成的膜强度较大，本配方中的添加量为 0.08%。

第 16 号原料三乙醇胺为 pH 调节剂，用以中和增稠产品体系中丙烯酸酯类原料。最大允许浓度为 2.50%，本配方中的添加量为 0.06%，在安全用量范围内。

第 17 号原料 EDTA 二钠，为金属离子螯合剂，本配方中的添加量为 0.05%。

第 18 号原料聚 C_{10-30} 烷醇丙烯酸酯，在本配方中作为成膜剂，添加量为 0.04%。

第 19 号原料辛甘醇，具有保湿、抑菌作用，驻留类产品最高历史使用量为 6.45%，本配方中的添加量为 0.01%，在安全用量范围内。

第 20 号原料牛油果树籽饼提取物，具有滋养修复皮肤作用，驻留类产品最高历史使用量为 0.069%，本配方中的添加量为 0.005%。

第 21 号原料生育酚（维生素 E），为抗氧化剂，本配方中的添加量为 0.005%。

第 22 号原料光果甘草叶提取物，具有较强的抗氧活性，可起到抑菌、舒缓皮肤的作用，驻留类产品最高历史使用量为 10%，本配方中添加量为 0.005%。

（3）制备工艺　①将奥克立林、C_{12-15} 烷醇苯甲酸酯、癸二酸二异丙酯、CERALUTION H、丁基甲氧基二苯甲酰基甲烷、异壬酸异壬酯、乙基己基三嗪酮、聚 C_{10-30} 烷醇丙烯酸酯、辛甘醇、鲸蜡醇混溶，加热至 80~85℃，加入苯乙烯/丙烯酸（酯）类共聚物搅拌溶解至均匀透明，再加入事先混匀的水、EDTA 二钠和甘油，混合均匀后降温；②预先将丙烯酸（酯）类共聚物、对苯二亚甲基二樟脑磺酸、三乙醇胺、牛油果树籽饼提取物、生育酚（维生素 E）、光果甘草叶提取物、香精在乙醇中搅拌溶解，待体系降温至 45℃ 时投入，搅拌均匀；③继续搅拌冷却至 35℃，进行半成品检验；④检验合格后，过滤出料，灌装成品，检验入库。

（4）产品特点　该产品料体为白色乳液，喷雾雾滴较大，产品成膜时间短，隔离效果好，有较好的防晒性能，肤感轻薄，具有较好的滋润修复性能，面部使用时，应先喷涂在手掌中，再进行涂抹，避免吸入后造成刺激。

（5）产品应用　该产品主要应用于北方冬季气候条件，具有较好的隔离、防晒、滋润修复性能，肤感轻薄滋润，因产品中含有乙醇，故干性皮肤和敏感性皮肤人群谨慎使用。

11.6.7　常压型发用免洗定型喷雾

（1）配方表

编号	成分	INCI 名称	添加量/%	使用目的
1	去离子水	PURIFIED WATER	57.795	溶剂

续表

编号	成分	INCI 名称	添加量/%	使用目的
2	SD 乙醇 39-C	SD ALCOHOL 39-C	35.00	溶剂
3	VP/VA 共聚物	VP/VA COPOLYMER	3.00	成膜剂
4	PEG-12 聚二甲基硅氧烷	PEG-12 DIMETHICONE	2.00	柔润剂
5	甘油	GLYCERIN	1.00	保湿剂
6	PEG-40 氢化蓖麻油	PEG-40 HYDROGENATED CASTOR OIL	0.50	乳化剂
7	脱氢黄原胶	DEHYDROXANTHAN GUM	0.40	发用定型剂
8	长角豆(Ceratonia siliqua)胶	CERATONIA SILIQUA GUM	0.15	黏合剂
9	香精	PARFUM(FRAGRANCE)	0.10	芳香剂
10	EDTA 二钠	DISODIUM EDTA	0.05	金属离子螯合剂
11	甲基异噻唑啉酮	METHYLISOTHIAZOLINONE	0.005	防腐剂

　　(2) 设计思路　随着生活节奏越来越快,快速方便地维护形象成为了生活中不可或缺的部分,定型喷雾使用越来越频繁,但是使用后清洗则较为不便,因此开发一款能够快速定型、免洗的喷雾具有非常好的市场前景。产品中添加成膜剂选择水溶性和醇溶性都比较好的VP/VA 共聚物,具有较好的成膜性,既可以快速成膜定型,也可以擦拭去除,还可以增加发丝的光泽性。另外,产品中添加较高含量变性乙醇,有效提高产品的挥发性,有利于快速成膜。此外,产品中添加轻薄性油脂、甘油等原料起到保湿、护发的作用。该产品适用于各类发质,具有快速定型,易去除的特点,因配方中含有较高含量乙醇,敏感性肌肤人群谨慎使用。本配方选取已知安全、温和且纯度高的化妆品常用原料。本产品的基本功能为快速定型,配方中所有原料围绕该作用添加,所选用的原料均经过严格检验,并确保检验结果符合相关规格的指标要求。

　　第 2 号原料 SD 乙醇 39-C,为溶剂,可以提升产品挥发度,快速成膜定型,驻留类产品最高历史使用量为 65.449%,本配方中添加量为 35.00%。

　　第 3 号原料 VP/VA 共聚物,具有良好的成膜性,形成的膜强度好,有光泽,可溶于水、乙醇,在定型喷雾中一般添加量为 3.00%～8.00%,本配方添加量为 3.00%。

　　第 4 号原料 PEG-12 聚二甲基硅氧烷,作为水溶性油脂,具有柔顺发质的作用,驻留类产品最高历史使用量为 10%,一般用作发用增塑剂,本配方中添加量为 2.00%。

　　第 5 号原料甘油,作为多元醇保湿剂,提高产品的保湿性,本配方中添加量为 1.00%。

　　第 6 号原料 PEG-40 氢化蓖麻油,作为水溶性油脂,具有一定乳化性能,可以起到分散、保湿的作用,驻留类产品最高历史使用量为 30%,本配方中添加量为 0.50%。

　　第 7 号原料脱氢黄原胶,具有一定的增稠性能,可以作为稳定剂、成膜剂和发用定型剂使用,驻留类产品最高历史使用量为 3.136%,本配方中作为发用定型剂,使用量为 0.40%。

　　第 8 号原料长角豆胶,天然胶质,无毒无刺激,可形成透明且富有弹性的凝胶,驻留类产品最高历史使用量为 33.918%,本配方添加量为 0.15%。

　　第 9 号原料香精为芳香剂,本配方添加量为 0.10%。

　　第 10 号原料 EDTA 二钠作为金属离子螯合剂,具有抗氧化增效的作用。驻留类产品最高历史使用量为 5%,本配方中添加量为 0.05%。

　　第 11 号原料甲基异噻唑啉酮,是一款广谱、耐热且水溶性好的防腐剂。最大允许浓度为 0.01%,本配方中的添加量为 0.005%,在安全用量范围内。

（3）制备工艺　①将适量水与长角豆胶、甘油、EDTA 二钠混溶，加热至 80℃，加入甲基异噻唑啉酮、脱氢黄原胶搅拌溶解至均匀透明，降温；②预先将 VP/VA 共聚物在适量水和 SD 乙醇 39-C 中溶解，再与 PEG-12 聚二甲基硅氧烷、PEG-40 氢化蓖麻油、香精混合物混合均匀，待体系降温至 45℃时投入，搅拌均匀；③继续搅拌冷却至 35℃，半成品检验合格后，过滤出料，灌装成品，检验入库。

（4）产品特点　该产品料体为透明液体，喷雾呈圆锥状，雾滴均匀，产品具有较好的成膜性能，易去除，具有一定的柔顺发质的性能，喷雾时需遮蔽口鼻后使用，避免吸入后引起刺激。

（5）产品应用　该产品对头发具有快速定型功能，成膜剂易去除，主要应用于发型的快速定型，产品中含有较高含量乙醇，使用中有清凉感，有一定的抑菌性，敏感性皮肤人群审慎使用。

11.6.8　气压型补水保湿喷雾

（1）配方表

编号	成分	INCI 名称	添加量/%	使用目的
1	去离子水	PURIFIED WATER	80.94	溶剂
2	甘油	GLYCERIN	6.00	保湿剂
3	丁二醇	BUTYLENE GLYCOL	4.00	保湿剂
4	芦荟提取精华液	ALOE BARBADENSIS LEAF JUICE	3.00	保湿剂、皮肤调理剂
5	EFFECT 24H24H	THE MULTIEFFECT MOISTURIZERS	2.60	保湿剂
6	燕麦-β-葡聚糖	AVENA SATIVA β-GLUCAN	2.00	保湿、修护剂
7	植物多糖润肤剂(KM-28)	PLANT POLYSACCHARIDE EMOLLIENT(KM-28)	1.00	保湿剂、皮肤调理剂
8	PH-CP	PHENOXYETHANOL& CHLORPHENESIN	0.40	抑菌剂
9	透明质酸钠(低分子量)	SODIUM HYALURONATE (LOWER MW)	0.02	保湿剂
10	PEG-40 氢化蓖麻油	PEG-40 HYDROGENATED CASTOR OIL	0.015	香精增溶剂
11	透明质酸钠(分子质量 1400kDa)	SODIUM HYALURONATE (MW1400kDa)	0.01	保湿剂
12	黄原胶	XANTHAN GUM	0.01	增稠剂
13	玫瑰香	PARFUM(FRAGRANCE)	0.004	芳香剂
14	聚丙烯酸酯交联聚合物-6	POLYACRYLATE CROSSPOLYMER-6	0.001	增稠剂
15	压缩空气	COMPRESSED AIR	—	推进剂

（2）设计思路　北方地区春秋两季气候干燥，容易造成皮肤粗涩、晦暗、起皮、干痒等问题，过多的赋脂对于油性皮肤和混合型皮肤来讲有较大负担，因此采用透明质酸、植物多糖以及丁二醇等原料保湿补水，具有肤感清爽，保湿效果好的优点。由于透明质酸钠添加会造成产品黏度增加，常用的按压式喷雾效果不好，因此采用气压式喷雾，可以提高雾滴的均匀性。本配方选取已知安全、温和且纯度高的化妆品常用原料，通过添加植物性保湿原料、植物性抗敏舒缓原料，起到保湿补水，舒缓皮肤干痒的作用。本产品的基本功能为保湿、舒缓作用，配方突出保湿和舒缓作用，所有原料围绕以上作用添加，核心原料突出透明质酸钠、天然植物性原料，所选用的原料均经过严格检验，并确保检验结果符合相关规格的指标

要求。

第 2、3 号原料甘油、丁二醇为多元醇类保湿剂，本配方中甘油添加量为 6.00％，丁二醇为 4.00％。

第 4 号原料芦荟提取精华液具有保湿、补水、舒缓的作用，本配方中添加量为 3.00％。

第 5 号原料 EFFECT 24H24H 中含有 1,2-己二醇、透明质酸钠、辛甘醇、生育酚、乳酸等物质，是一款具有长效保湿性能的化妆品添加原料，本配方中添加量为 2.60％。

第 6 号原料燕麦-β-葡聚糖为保湿舒缓剂，本配方中添加量为 2.00％。

第 7 号原料植物多糖润肤剂（KM-28）是以燕麦为主料，辅以麦冬、三七等提取成分的一款具有较好保湿性能的天然多糖类润肤剂，本配方中添加量为 1.00％。

第 8 号原料 PH-CP，是苯氧乙醇和氯苯甘醚的混合物，为复合醇防腐防霉剂，推荐用量为 0.50％～2.00％，本配方中的添加量为 0.40％。2015 版《化妆品安全技术规范》规定在化妆品中苯氧乙醇最大允许浓度为 1.00％，氯苯甘醚为 0.30％，根据混合物中各物质含量计算，本配方中的添加量在安全用量范围内。

第 9、11 号均为透明质酸钠，分别为低分子量透明质酸钠和 1400kDa 透明质酸钠两种，在相对湿度较低情况下具有良好的保湿性，在水性产品中会增加产品的黏度，一般添加量不超过 0.50％，因此，本配方中透明质酸钠的添加量分别为 0.02％和 0.01％。

第 10、13 号原料 PEG-40 氢化蓖麻油为香精增溶剂，玫瑰香为芳香剂，添加量分别为 0.015％和 0.004％。

第 12 号原料黄原胶，为天然高分子聚合物，具有良好的悬浮性、增稠性、耐酸碱性等优点，在化妆品中用量为 0.20％～0.50％，本配方中使用量为 0.01％。

第 14 号原料聚丙烯酸酯交联聚合物-6 为高分子合成聚合物，在化妆品中主要作为增稠剂和成膜剂使用，具有较强的耐电解质性，适用于透明体系的增稠。本配方中添加量为 0.001％。

第 15 号原料压缩空气为推进剂，空气净化后，加压至 0.40～0.60MPa 后灌注于喷雾罐。

（3）制备工艺　①将黄原胶、透明质酸钠在甘油、丁二醇中预分散，然后与聚丙烯酸酯交联聚合物-6 一起投入去离子水中，加热至 80℃，搅拌溶解至均匀透明，降温；②预先将植物多糖润肤剂（KM-28）、燕麦-β-葡聚糖、EFFECT 24H24H、芦荟提取精华液在适量水中混溶，搅拌溶解后待体系降温至 55℃时投入，搅拌溶解均匀；③待温度降至 45℃时，依次加入 PH-CP、玫瑰香和 PEG-40 氢化蓖麻油（玫瑰香和 PEG-40 氢化蓖麻油预先混合，搅拌均匀备用），搅拌均匀；④继续搅拌冷却至 35℃，半成品检验合格后，过滤出料，灌装成品，检验入库。

（4）产品特点　该产品料体澄清透亮，在压力作用下，喷雾形态呈圆锥状，雾滴细腻均匀，行程较短，具有较好的保湿、补水和舒缓皮肤作用，施用于皮肤，具有肤感清爽，黏腻感较低的特点。

（5）产品应用　该产品主要适用于北方干燥的气候油性皮肤和混合型皮肤的补水保湿，或用于冬季南方所有人群皮肤的补水保湿。

11.6.9　气压型保湿亮肤喷雾

（1）配方表

编号	成分	INCI 名称	添加量/%	使用目的
1	去离子水	PURIFIED WATER	90.957	溶剂

编号	成分	INCI 名称	添加量/%	使用目的
2	双丙甘醇	DIPROPYLENE GLYCOL	6.00	保湿剂
3	甘油	GLYCERIN	1.00	保湿剂
4	苯氧乙醇	PHENOXYETHANOL	0.60	防腐剂
5	1,2-丁二醇	1,2-BUTANEDIOL	0.50	保湿剂
6	透明质酸钠	SODIUM HYALURONATE	0.30	保湿剂
7	棉子糖	RAFFINOSE	0.20	保湿剂
8	烟酰胺	NIACINAMIDE	0.10	美白修护剂
9	柠檬酸钠	SODIUM CITRATE	0.10	PH 调节剂
10	EDTA 二钠	DISODIUM EDTA	0.05	金属离子螯合剂
11	双甘油	DIGLYCERIN	0.05	保湿剂
12	聚乙二醇-75	PEG-75	0.05	保湿剂、增稠剂
13	乙基葡糖苷	ETHYL GLUCOSIDE	0.04	保湿剂、增溶剂
14	柠檬酸	CITRATE ACID	0.02	pH 调节剂
15	PEG-60 氢化蓖麻油	PEG-60 HYDROGENATED CASTOR OIL	0.02	保湿剂
16	甲基丝氨酸	METHYLSERINE	0.01	保湿剂
17	枣(*Zizyphus jujuba*)果提取物	ZIZYPHUS JUJUBA FRUIT EXTRACT	0.001	抗炎舒缓剂
18	光果甘草(*Glycyrrhiza glabra*)叶提取物	GLYCYRRHIZA GLABRA (LICORICE) LEAF EXTRACT	0.001	美白舒缓剂
19	川谷(*Coix lacryma-Jobi Ma-Yuen*)籽提取物	COIX LACRYMA-JOBI MA-YUEN SEED EXTRACT	0.001	抑菌剂
20	压缩氮气	COMPRESSED NITROGEN	—	推进剂

(2) 设计思路 该产品旨在在保湿补水条件下，提升皮肤光泽度，减少因干燥气候造成的皮肤晦暗、粗涩等情况，配方中采用多元醇类、多糖类作为保湿剂，添加透明质酸钠提升产品的保湿能力，添加烟酰胺、甲基丝氨酸、枣果提取物、光果甘草叶提取物、川谷籽提取物等多种活性物质，起到提升细胞活性和代谢，舒缓皮肤，改善皮肤活性，提高皮肤光泽度的作用。采用气压式喷雾方式，提升喷雾的均匀性。本配方选取已知安全、温和且纯度高的化妆品常用原料，通过添加植物性美白、抑菌、舒缓原料，起到保湿、美白、淡斑、舒缓皮肤干痒的作用。本产品的基本功能为保湿、美白，具有一定的舒缓作用，所有原料围绕以上作用添加，核心原料突出保湿剂、烟酰胺、天然植物性美白原料，所选用的原料均经过严格检验，并确保检验结果符合相关规格的指标要求。

第 2、3、5 号原料双丙甘醇、甘油、1,2-丁二醇为多元醇类保湿剂，其中双丙甘醇无毒，无副作用，在化妆品配方中作为溶剂或保湿剂使用，通常添加量不超过 10.00%。本配方中双丙甘醇添加量为 6.00%，甘油为 1.00%，1,2-丁二醇为 0.50%，用量均在安全范围内。

第 4 号原料苯氧乙醇，最大允许浓度为 1.00%，本配方中的添加量为 0.60%，在安全用量范围内。

第 6 号原料透明质酸钠具有良好的保湿性，本配方中使用量为 0.30%。

第 7 号原料棉子糖水溶性较好，在化妆品配方中作为保湿剂，具有软化角质和调节肤感的作用，本配方中添加量为 0.20％。

第 8 号原料烟酰胺，属于水溶性维生素，也被称为维生素 B_3，具有美白淡斑，修复皮肤，保湿锁水的作用，可防止皮肤老化，起到改善肤质的作用，也用于防治糙皮病，本配方中添加量为 0.10％，用量在安全范围内。

第 9、14 号原料为柠檬酸钠和柠檬酸，按照一定比例，二者配制成缓冲溶液，维持体系 pH 值稳定。最大允许浓度为 6.00％，本配方中柠檬酸钠添加量为 0.10％，柠檬酸为 0.02％，在安全用量范围内。

第 10 号原料 EDTA 二钠作为金属离子螯合剂，起到抗氧化增效的作用，本配方中添加量为 0.05％。

第 11 号原料双甘油，其分子上羟基密集度低于甘油，因此结合锁水能力也低于甘油，但其分子量大于甘油，在皮肤上亲和力高于甘油，可为皮肤提供较为持久且温和的保湿作用，本配方中添加量为 0.05％。

第 12 号原料为聚乙二醇-75，具有增稠、保湿性能，驻留类产品最高历史使用量为 12.316％，在本配方中的添加量为 0.05％，主要起到增稠的作用。

第 13 号原料乙基葡糖苷，与皮肤亲和力好，无刺激性，耐酸碱，保湿性能优异，还具有一定的乳化、分散能力，适用于各类皮肤，本配方中的添加量为 0.04％。

第 15 号原料为 PEG-60 氢化蓖麻油，作为水溶性油脂，具有一定增溶、保湿作用，添加量一般不超过 1.00％，避免产生一定的刺激性，在本配方中的添加量为 0.02％，主要起到改善铺展性，提高顺滑性的作用。

第 16 号原料甲基丝氨酸，具有促进细胞代谢以及保湿的作用，驻留类产品最高历史使用量为 0.5％，本配方中添加量为 0.01％。

第 17 号原料枣果提取物，具有抗炎保湿、舒缓修复的作用，可用作皮肤调理剂，驻留类产品最高历史使用量为 0.15％，本配方中添加量为 0.001％。

第 18 号原料光果甘草叶提取物，具有较强的抗氧活性，可起到淡化色斑、美白、抑菌等作用，亦可起到舒缓皮肤的作用，本配方中添加量为 0.001％。

第 19 号原料川谷籽提取物，具有较好的抗氧化性，可起到抗衰老和提升皮肤柔润度的作用，还具有一定的美白能力，本配方中添加量为 0.001％。

第 20 号原料压缩氮气为推进剂，氮气净化后，加压至 0.40～0.60MPa 后，灌注于喷雾罐。

（3）制备工艺　①将透明质酸钠在双丙甘醇、甘油、1,2-丁二醇、双甘油中预分散，然后与聚乙二醇-75、乙基葡糖苷、柠檬酸、柠檬酸钠、棉子糖加热至 80℃，搅拌溶解至均匀透明，降温；②预先将烟酰胺、甲基丝氨酸、枣果提取物、光果甘草叶提取物、川谷籽提取物、PEG-60 氢化蓖麻油在适量水中混溶，搅拌溶解后待体系降温至 50℃时投入，搅拌溶解均匀；③待温度降至 45℃时，加入苯氧乙醇，搅拌均匀；④继续搅拌冷却至 35℃，半成品检验合格后，过滤出料，灌装成品，检验入库。

（4）产品特点　该产品料体澄清透亮，在压力作用下，喷雾形态呈圆锥状，雾滴细腻均匀，行程较长，约 25～40cm，具有较好的保湿、提亮和舒缓皮肤作用，可施用于各类皮肤，具有肤感清爽，黏腻感低，可有效改善肤色的特点。

（5）产品应用　该产品主要适用于干燥气候条件下，各类皮肤的保湿、补水，在一定程度上可起到护肤提亮、改善肤质的作用。

11.6.10 气压型保湿滋润防晒喷雾（SPF 约为 40， PA+ + + ）

（1）配方表

编号	成分	INCI 名称	添加量/%	使用目的
1	去离子水	PURIFIED WATER	55.87	溶剂
2	丙二醇	PROPANEDIOL	8.00	保湿剂
3	甲氧基肉桂酸乙基己酯	ETHYL-HEXYL METHOXYCINNAMATE	7.00	防晒剂
4	辛酸/癸酸甘油三酯	CAPRYLIC/CAPRIC TRIGLYCERIDE	7.00	润肤剂
5	角鲨烷	SQUALANE	4.00	润肤剂
6	奥克立林	OCTOCRYLENE	3.00	防晒剂
7	硅处理钛白粉	SILICON TREATED TITANIUM DIOXIDE	4.00	防晒剂
8	月桂醇磷酸酯钾	POTASSIUM LAURYL PHOSPHATE	2.50	乳化剂
9	环五聚二甲基硅氧烷	CYCLOPENTASILOXANE	2.00	润肤剂
10	甘油硬脂酸酯	GLYCERYL STEARATE	2.00	乳化剂
11	4-甲基苄亚基樟脑	4-METHYLBENZYLIDENE CAMPHOR	2.00	防晒剂
12	丁基甲氧基二苯甲酰基甲烷	BUTYL METHOXY-DIBENZOYLMETHANE	1.50	防晒剂
13	K 900（苯甲醇、乙基己基甘油、生育酚复配防腐剂）	THE COMPLEX OF BENZYL ALCOHOL, ETHYL-HEXYLGLYCERIN AND TOCOPHEROL	0.40	防腐剂
14	黄原胶	XANTHAN GUM	0.20	增稠剂
15	红没药醇	BISABOLOL	0.20	抗菌舒缓剂
16	羟苯甲酯	METHYLPARABEN	0.10	防腐剂
17	羟苯丙酯	PROPYLPARABEN	0.10	防腐剂
18	香精	PARFUM(FRAGRANCE)	0.08	芳香剂
19	EDTA 二钠	DISODIUM EDTA	0.05	金属离子螯合剂
20	压缩氮气	COMPRESSED NITROGEN	—	推进剂

（2）设计思路　针对夏季温度高，阳光强烈，普通防晒用品肤感油腻的问题，开发一款具有防晒、滋润、遮瑕且肤感轻薄的保湿防晒喷雾。产品要求具有较好的防晒、滋润性能，可以对皮肤瑕疵有一定的遮掩作用。因此，本产品配方中以化学防晒剂防晒为主，降低皮肤负担；选取添加肤感较为清爽，不油腻的油脂，突出轻薄舒爽性，避免黏腻肤感；同时添加二氧化钛起到防晒和遮瑕美白的作用。本配方选取已知安全、温和且纯度高的化妆品常用原料，适用于各类皮肤人群。本产品的基本功能为防晒、保湿、滋润、遮瑕等功能，配方突出防晒和滋润作用，所有原料围绕以上作用添加，所选用的原料均经过严格检验，并确保检验结果符合相关规格的指标要求。

第 3、6、11、12 号原料甲氧基肉桂酸乙基己酯、奥克立林、4-甲基苄亚基樟脑、丁基甲氧基二苯甲酰基甲烷均为 2015 版《化妆品安全技术规范》中允许使用的防晒剂，化妆品中甲氧基肉桂酸乙基己酯最大允许浓度为 10.00%、奥克立林为 10.00%、4-甲基苄亚基樟脑为 4.00%、丁基甲氧基二苯甲酰基甲烷为 5.00%。本配方中甲氧基肉桂酸乙基己酯添加量为 7.00%、奥克立林添加量为 3.00%、4-甲基苄亚基樟脑添加量为 2.00%、丁基甲氧基二苯甲酰基甲烷添加量为 1.50%，所有防晒剂添加量均在安全用量范围内。

第 4、5、9 号原料辛酸/癸酸甘油三酯、角鲨烷、环五聚二甲基硅氧烷均为润肤剂，铺展性能优异，肤感清爽不油腻，与皮肤亲和力好，相容度高，本配方中添加量分别为 7.00%、4.00% 和 2.00%。

第 7 号原料硅处理钛白粉，其主要成分为二氧化钛，具有较好的物理防晒性能，经过有机硅处理后分散性有所提高。最大允许使用量为 25.00%，本配方中添加量为 4.00%，在安全用量范围内。

第 8 号原料月桂醇磷酸酯钾，与皮肤相容性好，具有较好的稳泡、清洁作用，驻留类产品最高历史用量为 5%，本配方中添加量为 2.50%。

第 10 号原料甘油硬脂酸酯，为 W/O 型乳化剂，本配方中添加量为 2.00%。

第 13 号原料 K900（苯甲醇、乙基己基甘油、生育酚复配防腐剂），是一款以苯甲醇为基础，多种增效成分混合的液态化妆品防腐剂，对细菌、酵母菌和霉菌均有较好的抑制能力。最大允许使用量为 1.00%，本配方中总体使用量为 0.40%，经过含量计算，添加量在安全用量范围内。

第 14 号原料黄原胶，为天然高分子聚合物，作为增稠剂，本配方中添加量为 0.20%。

第 15 号原料红没药醇，具有良好的消炎抑菌，舒缓皮肤的作用，本配方中添加量为 0.20%。

第 16、17 号原料羟苯甲酯、羟苯丙酯均是化妆品准用防腐剂。最大允许浓度单一酯为 0.40%，混合酯为 0.80%，本配方中使用量均为 0.10%，在安全用量范围内。

第 20 号原料压缩氮气为推进剂，氮气净化后，加压至 0.40～0.60MPa 后，灌注于喷雾罐。

（3）制备工艺　①将甲氧基肉桂酸乙基己酯和 4-甲基苄亚基樟脑混溶，加热至 80～85℃；②将丁基甲氧基二苯甲酰基甲烷、奥克立林、辛酸/癸酸甘油三酯、角鲨烷、环五聚二甲基硅氧烷、甘油硬脂酸酯、硅处理钛白粉、羟苯丙酯投入到①中，搅拌溶解均匀；③将黄原胶、EDTA 二钠、丙二醇、月桂醇磷酸酯钾、羟苯甲酯与适量水混合，加热至 80～85℃，搅拌溶解均匀后，与②混合乳化、均质；④待体系温度降至 45℃时，加入 K 900、红没药醇、香精；⑤继续搅拌冷却至 35℃，半成品检验合格后，过滤出料，灌装成品，检验入库。

（4）产品特点　该产品料体为白色乳液，喷雾雾滴较大，有较好的防晒性能，肤感滋润轻薄，面部使用时，应先喷涂在手掌中，再进行涂抹，避免吸入后造成刺激，其他部位使用时可直接喷涂涂抹部位。

（5）产品应用　该产品主要应用于各类肤质在夏季防晒，具有较好的防晒、滋润性能，肤感轻薄细腻。

思考题

1. 试述喷雾剂的分类、特点和主要类型。
2. 试述喷雾剂的雾化机理。
3. 试述喷雾剂喷雾过程对雾化效果的影响因素。
4. 请比较常压喷雾剂与气压喷雾剂喷雾过程的优缺点。
5. 影响喷雾效果的化妆品原料主要有哪些类型？

6. 试述喷雾剂使用过程中应注意哪些安全因素。

7. 试述各类喷雾剂灌装过程的注意事项。

8. 喷雾剂灌装设备的主要部件有哪些？

9. 气压型喷雾剂可否制备为定量型喷雾剂？你有哪些建议？

10. 气压型喷雾剂与气雾剂之间有哪些异同点，请试析之。

第 12 章
化妆品制剂与皮肤吸收

皮肤（skin）是人类体表器官，是化妆品使用的主要部位，其病理生理状态直接影响化妆品的吸收和功效。掌握皮肤的组织学结构和生理学基础有助于客观评价化妆品的功效，也有助于研究开发化妆品透皮吸收的制剂工艺。本章将对皮肤的结构、功能，化妆品在皮肤中的透皮吸收途径和原理，以及化妆品在皮肤中的代谢转化进行介绍。

12.1 皮肤的结构与颜色

皮肤覆盖整个身体的外表面，与消化系统、呼吸系统、泌尿生殖系统和眼睑的结膜相连，并且覆盖耳朵的外耳道和鼓膜的外表面。皮肤由表皮和真皮组成，含有多种不同类型的细胞，其间穿插有皮肤附属器、神经、血管和淋巴管。在不同性别、年龄、人种及部位，皮肤呈现不同颜色，而皮肤的颜色又与皮肤的结构相关。皮肤会随着年龄的增长而发生自然老化，表现为皱纹的出现、弹性下降、松弛等。外界因素也会促使皮肤老化，最常见的是日晒所致的光老化，其表现为皮肤松弛、粗糙、皱纹增加、变色为淡黄或灰黄色、毛细血管扩张和色素斑形成等。

12.1.1 皮肤的结构

表皮是皮肤的最外层，第二层是真皮，真皮以下为皮下组织。表皮是一层复层鳞状角化上皮，真皮是一种纤维-胶原弹性组织，真皮通过所承载的血管、神经和感官感受器支撑着表皮。皮下组织主要由脂肪组织垫组成，附着于深筋膜或骨膜上。人体皮肤组织学和皮肤结构横截面示意图，分别见图 12-1 和图 12-2。

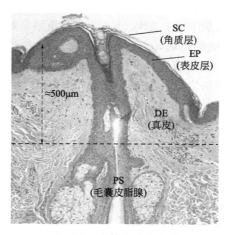

图 12-1 人体皮肤组织学

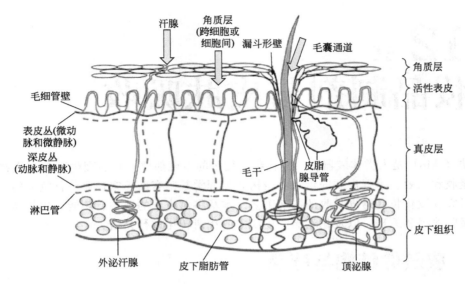

图 12-2　皮肤结构横截面示意图

12. 1. 1. 1 表皮

表皮（epiderm）对皮肤的功能至关重要，它既可以作为一道保护屏障，又作为一道水分控制屏障。构成表皮的主要细胞是角质形成细胞，此外还有黑素细胞、朗格汉斯细胞、默克尔细胞和 Toker 细胞等。从表皮最深处到皮肤表面，分别是基底层、棘层、颗粒层和角质层，各层细胞均有不同的形态特征和分子标记。角质形成细胞从深层到浅层逐渐成熟，并且出现角质化的过程，形成角蛋白。

（1）基底层　基底层位于表皮最下层，也称生发层，由位于基底膜上的单层立方形细胞组成，其长轴与基底膜垂直，以半桥粒与基底膜连接。半桥粒是由角质形成细胞向真皮侧的多个包膜突起与基底膜带相互嵌合而形成，状似半个桥粒样结构。基底层细胞的胞浆嗜碱性，核大呈卵圆形，核仁明显，可见核分裂象。角质形成细胞的有丝分裂主要发生在基底层，偶尔也见于与基底层紧密相连的基层（副基底层），在表皮的自我更新过程中，这些细胞逐渐向表皮上层移动并被替代。

（2）棘层　棘层位于基底层上方，细胞形态呈现多角形，胞浆嗜酸性，胞核为卵圆形空泡状，一般有 4～6 层。离基底层越远，细胞分化越好，形态趋向扁平。棘突是棘层角质形成细胞之间及与基底层之间的连接结构，又称细胞间桥。

（3）颗粒层　颗粒层在棘层之上，为 2～4 层的扁平多边形颗粒细胞，由棘层最上层的角质形成细胞分化而来，特征是胞浆内含有嗜碱性的角质透明颗粒。角质透明颗粒是膜结合的小板层状脂质颗粒，最先出现在核周，随颗粒细胞向角质层迁移逐渐变大、增多，最后与细胞膜融合。含脂质的板层颗粒首先在角质形成细胞内可见，随后通过胞吐作用将颗粒内容物排出到细胞间隙中，这些颗粒脂质呈双层，形成皮肤中主要的表皮通透性屏障。在颗粒层上缘，细胞发生程序性死亡。颗粒细胞具有光线折射的作用，防止紫外线深入皮肤深层。

（4）角质层　角质层是表皮最外层，为单层扁平、嗜酸性角化的无核细胞。细胞失去细胞器，胞浆内充满角蛋白，包含嵌入无定形基质中的原纤维和无定形蛋白质，而死亡的细胞不断从表皮表面脱落。角质层过厚会使皮肤看起来发黄、没有光泽，对化妆品的吸收能力也差。在护理皮肤时可以通过磨砂或去除死皮的方式，把过厚的角质细胞去掉，以保持皮肤的细嫩和光泽。

在表皮中，根据厚度不同，分为两类皮肤。一类皮肤较厚，厚度可超过 5mm，没有毛囊、竖毛肌或皮脂腺，但有很多汗腺，例如手掌、脚底以及手指和脚趾的掌侧部分的皮肤，可承受持续的压力和摩擦。另一类皮肤很薄，在身体中较常见，一般都有毛囊，厚度约 1～2mm，例如脸颊、眼皮等。

12.1.1.2　表皮内其他细胞

（1）黑素细胞　黑素细胞位于表皮基底层细胞间，沿表皮和真皮的交界处分布，具有小而深染的卵圆形细胞核和少而透明的细胞质。由于解剖部位不一样，黑素细胞与基底层角质形成细胞的比例从 1∶10 到 1∶5 不等，在面部和外生殖器的密度较高。其功能主要是产生黑色素，保护细胞免受紫外线辐射损伤。黑素细胞有较多的树突状突起伸向相邻的角质形成细胞，其分泌的黑素小体快速被相邻的角质形成细胞摄取，并贮存和分布在细胞核上，最大限度地保护 DNA。紫外线辐射量可以成比例地刺激黑色素的产生，加速其向角质形成细胞迁移。黑素细胞是皮肤色素系统的成员，是表皮中第二多的细胞类型。

（2）郎格汉斯细胞　郎格汉斯细胞作为一种抗原处理和呈递细胞，约占表皮细胞的 3%～5%，代表着皮肤中的单核吞噬细胞系统，在皮肤和引流淋巴结之间的抗原表达和呈递过程中发挥作用。它们主要存于基底层上方的棘层和颗粒层，也可见于真皮中，来源于骨髓中的单核细胞。朗格汉斯细胞具有细长的树突状突起，可以延伸到角质形成细胞间。它们与其他免疫树突状细胞相似，可结合、处理抗原并将抗原呈递给 T 细胞。电镜下，胞浆中可见特征性的 Birbeck 小体，呈棒状或网球拍样。细胞表达 S100 和 CK1a 蛋白，在特异性免疫组化染色中，可见其树突状突起伸向相邻的角质形成细胞，上达颗粒层，下至表皮和真皮交界处。在常规 HE 染色切片中，这些细胞难以识别。朗格汉斯细胞在皮肤的接触性过敏反应及其他细胞介导的免疫反应中发挥重要作用，但它们不参与表皮的角质化和色素沉着。

（3）默克尔细胞　位于基底层的细胞是默克尔细胞，它作为一种触觉细胞，数量少，并且含有与其他神经内分泌细胞相似含量的分泌颗粒。与周围神经末梢相关的默克尔细胞群形成一种特殊的触觉盘结构，并且在高度敏感的部位和结构，如嘴唇、口腔和毛囊的内部和周围密集。默克尔细胞通常位于与基底膜平行的长轴上，对轻触有很高的触觉敏感度，在感官知觉中具有特殊作用。

12.1.1.3　基底膜带

表皮与真皮的交界处有一层基底膜（basement membrane zone，BMZ），将表皮和真皮连接在一起，具有渗透屏障作用，可防止有害物质通过。表皮没有血管，血液中的营养物通过 BMZ 进入表皮，而表皮细胞的产物又可通过 BMZ 进入真皮。如果 BMZ 结构异常，真皮与表皮可分离形成水疱或大疱。BMZ 包含浅层的透明板和深层的致密板，电镜下由胞膜层、透明层、致密层和致密下层结构组成。

胞膜层是基底层细胞位于真皮侧的胞膜，半桥粒穿行其中，借助附着斑蛋白与胞浆内张力细丝相连接，并通过多种跨膜蛋白如整合素和大疱性类天疱疮抗原（BPAG2）等伸入透明层。透明层的主要成分是板层素及其异构体，组成细胞外基质和锚丝，锚丝可穿过透明层到达致密层，有连接和固定的作用。致密层主要由Ⅳ型胶原和少量板层素组成，其中Ⅳ型胶原分子相互交联形成三维网格，是稳定基底膜带的重要结构。致密下层与真皮之间没有明显界限，含有胶原（Ⅰ、Ⅲ、Ⅴ和Ⅶ型胶原）、原纤维蛋白和连接蛋白。Ⅶ型胶原是锚原纤维的主要成分，维持表皮与结缔组织之间的固着。

12.1.1.4　真皮和皮下组织

真皮位于表皮和皮下组织间，分为松散的乳头状真皮和较厚、较密的网状真皮。表皮和真皮交界处下方是乳头状真皮，含有成纤维细胞、胶原蛋白和血管的松散混合物。乳头状真皮下方是更厚的网状真皮，虽然纤维细胞少，但胶原蛋白含量高。真皮主要由胶原蛋白组成，也含有弹性蛋白、血管、神经与汗腺。真皮的主要组成细胞是成纤维细胞，可产生胶原蛋白、弹性蛋白和其他蛋白质。

皮肤中有 11 种胶原蛋白。Ⅰ 型胶原约占真皮的 80%，使皮肤具有抗张强度。Ⅲ 型胶原约占真皮的 15%，对皮肤的柔韧性起着重要作用。Ⅴ 型胶原约占真皮胶原的 4%~5%。Ⅳ 型和 Ⅵ 型胶原分别在表皮和真皮交界处形成结构格子和锚定纤维。弹性蛋白由成纤维细胞中的前体蛋白原弹性蛋白形成，使皮肤具有弹性。较细的弹性蛋白纤维称为耐酸纤维，主要存在于垂直于表皮-真皮交接处的乳头状真皮中，在网状真皮更深处发现更大的弹性蛋白纤维。真皮中的胶原蛋白和弹性蛋白使皮肤紧致饱满，但随着人体的衰老，成纤维细胞合成蛋白的数量减少，真皮层失去弹性，皮肤出现皱纹并变得松弛下垂。

皮下组织位于真皮下方，可连接皮肤与肌肉、骨骼，包含皮下脂肪、浅筋膜、穿插血管和神经。

12.1.1.5　皮肤附属器

表皮与真皮中还横穿着多个附属器。毛囊及其相关的毛皮脂腺、直毛肌和神经末梢形成一个毛皮脂腺单位。每个毛皮脂腺单位与皮肤的温度调节和感觉有关。皮脂腺可以向毛囊分泌皮脂，与角质细胞产生的脂质、汗液以及空气中的水分等形成皮肤表面的皮脂膜。健康的皮脂膜使皮肤保持湿润、柔软细腻，同时能够抵御外界环境的有害刺激。根据皮脂分泌的多少，分为油性、干性、中性和混合性皮肤。皮肤的过度清洁会破坏其表面的皮脂膜，使皮肤失水变干燥，而过剩的皮脂腺分泌又会导致黑头的形成。

直毛肌从毛囊倾斜附着到乳头状真皮，交感神经可导致肌肉收缩，毛发垂直上升，从而形成更厚的空气屏障。毛囊周围的神经末梢还可以增强整体皮肤感觉。当皮下组织的脂肪层变松弛且欠缺弹性时，毛囊口（毛孔）之间的张力减小，毛孔彰显使皮肤变得粗糙。

除黏膜外，小汗腺（外泌汗腺）遍布全身，分泌胆碱介导的汗液，分泌部位位于真皮深部和皮下组织，直接排到皮肤表面，可调节人体体温。大汗腺（顶泌汗腺）分布于腋窝、乳晕、脐周、会阴和肛周，分泌部位位于皮下脂肪层。大汗腺与毛囊相连，导管开口于邻近毛囊的漏斗部。

甲是一种特殊的皮肤附属器，由多层紧密的角化细胞组成。外露部分为甲板，甲板周围的皮肤称为甲廓，甲板下的皮肤为甲床，甲根伸入近端皮肤，其下的甲床称为甲母质，是甲的生长区。

12.1.1.6　皮肤的血管和淋巴管

皮肤的血管分布在真皮和皮下组织。皮下血管丛是皮肤中最大的血管丛，分布在皮下组织深部，为皮下组织提供营养；真皮下血管丛分布在皮下组织上部，为汗腺、汗管、毛乳头和皮脂腺提供营养；真皮中静脉丛分布在真皮深部，除了调节各血管丛间的血液循环，还为汗管、毛囊和皮脂腺提供营养；乳头下血管丛分布在真皮乳头层下部，具备贮血的功能，其走向与表皮平行，能够影响皮肤的颜色；乳头层血管丛分布在真皮乳头层下部，为真皮乳头和表皮提供营养。

皮肤的淋巴管比较少，在真皮乳头层的中下部交界处开始，汇入到皮下组织的淋巴管，经淋巴结进入全身的淋巴循环。淋巴液在表皮细胞间隙和真皮胶原纤维间循环。

12.1.2　皮肤的颜色

　　表皮对皮肤的颜色、质地和水分影响较大,基底层黑素细胞的活动水平和黑色素的产生量影响皮肤的颜色。黑色素是皮肤中产生的唯一色素,肤色深浅取决于黑素细胞中黑色素的产生量及其向角质形成细胞的转移率。在非洲人和白种人皮肤中,独立存在和聚集的黑素体都比较大,而亚洲人的黑素体大小居中。皮肤的颜色反映了皮肤对环境因素的生物适应,在种群内和种群间的变异是自然选择的结果。皮肤色素沉着与地理纬度和紫外线辐射强度有极大的相关性。例如,土著热带的人们皮肤高度黑化,从而免受紫外线的伤害,如晒伤、皮肤癌、免疫抑制和叶酸的光解等;居住在北极附近的人们皮肤色素较浅,这可能为了适应该地区较低的紫外线辐射,以便保持皮肤中紫外线诱导的维生素 D_3 生物合成。真皮血管中的氧合血红蛋白和胡萝卜素、集中于脂肪的外源性色素以及巨噬细胞摄取的色素都可以影响皮肤的颜色。皮肤中的不同成分在可见光作用下呈现不同颜色:黑色素显示黄色到黑色,氧合血红蛋白显示红色,脱氧血红蛋白显示蓝紫色,胆红素显示黄色,胡萝卜素显示黄色。

　　肤色的多样性主要由结构性色素沉积变异所致,与黑素细胞的活性、数量、类型和分布有关,与黑素细胞的密度差异无关。在胚胎发育的过程中,来源于神经嵴的黑素母细胞迁移到表皮和毛囊中形成黑素细胞。位于真皮和表皮交界处的黑素细胞,以树突和邻近的 36 个角质形成细胞相连,构成表皮黑素单位。酪氨酸酶是调控黑色素生成的限速酶,它的表达及活性决定了皮肤黑色素生成的量和速度,其活性越高,黑色素生成的量就越多。酪氨酸酶具有酪氨酸羟化酶和多巴氧化酶活性,先把酪氨酸羟基化为 L-3,4-二羟基苯丙氨酸 (L-DOPA),接着把 L-DOPA 氧化为多巴醌 (DQ)。DQ 自动氧化生成多巴和多巴色素,多巴又继续被酪氨酸酶氧化为多巴色素。最后,多巴色素的反应产物 5,6-二羟基吲哚羧酸 (DHICA) 和 5,6-二羟基吲哚 (DHI) 被氧化生成真黑素聚合物。

　　黑素小体是合成和贮存黑素的场所,根据其成熟过程的结构变化分为 4 个阶段:第 I 阶段为前黑素小体,是一种具有不定形基质的细胞器,含有许多膜内囊泡;第 II 阶段,前黑素小体蛋白 Pmel17 成熟,被转运入黑素小体内,外部形成纤维样结构,内部产生纤维基质,积累淀粉样纤维,不含黑色素;第 III 阶段,酪氨酸酶活性最高,黑色素合成并存储在淀粉样纤维上,使其变黑增厚;第 IV 阶段,黑色素继续在淀粉样纤维上合成和沉积,直到充满内部纤维结构,此时黑素小体充满黑色素,不透明,不具有酪氨酸酶活性。黑素小体一旦成熟,则通过树突从黑素细胞转移到角质形成细胞。

　　除了黑素细胞调节黑素的生成外,其他皮肤细胞如角质形成细胞和真皮成纤维细胞间的相互作用也参与调节黑素的生成。许多皮肤细胞衍生的可溶性因子、生长因子和细胞因子,如碱性成纤维细胞生长因子 (bFGF)、内皮素 1、白细胞介素 1-α、干细胞因子、GM-CSF、肝细胞生长因子、前列腺素 E2 和激光诱导因子等,都与黑素细胞或紫外线照射下的黑素生成激活有关。

12.2　皮肤的功能与保护

　　皮肤作为人体最大的器官,是人类抵抗感染和伤害的第一道防线。基于其结构,皮肤具有屏障和吸收、分泌和排泄、感觉、免疫、呼吸和内分泌等功能。此外,皮肤还能参与机体的一般新陈代谢过程,主要包括糖、蛋白质、脂类和水电解质的代谢。

12.2.1 皮肤的屏障和吸收

皮肤在生物体和环境之间提供了屏障，有助于保护人体免受微生物、污染物和紫外线辐射等因素的伤害，同时避免水分、营养物质和无机盐的流失。广义的皮肤屏障功能不仅指其物理屏障，还包括皮肤的色素、神经、免疫屏障功能。狭义的皮肤屏障功能指物理屏障结构，主要由皮肤角质层（由角质形成细胞终末分化为无核的角质细胞构成）和富含蛋白质的细胞（具有角化包膜和细胞骨架元素的角质细胞以及角质桥粒），还有细胞间脂质复合物组成。发育成熟的角质细胞，在其细胞质膜下形成了由多种蛋白质组成的特异性结构角质化包膜，包绕着角质形成细胞胞质。它是在转谷氨酰胺酶的催化下，由内皮蛋白、兜甲蛋白、丝聚蛋白及角蛋白中间丝共同交叉连接形成。角质层脂质基质主要由胆固醇、游离脂肪酸和神经酰胺构成。这些脂质基质形成高度有序、密集堆积的脂质层（脂质薄片）三维结构，呈现横向和层片状，其排列方式取决于脂类的组成。角质化包膜以及角质细胞间的脂质薄片使角质层能够有效控制水通量和维持水分平衡，避免环境中的化合物渗透到有核表皮细胞层和真皮层，从而引发免疫反应。当皮肤屏障功能发生障碍，皮肤内的水分经皮肤流失称为经表皮失水（trans epidermal water loss，TEWL）。

皮肤主要通过角质层、毛囊皮脂腺口和汗腺管口发挥其吸收作用，其中角质层占皮肤全部吸收能力的90%以上，其在体表形成完整的半透膜，可吸收部分物质通过该层进入真皮，进而到达血管及淋巴管。角质层是限制药物透皮吸收进入系统循环的屏障，治疗药物和化妆品透皮主要通过被动扩散的方式进入皮肤。研究表明转运蛋白在皮肤吸收过程中也起着重要作用。转运蛋白分为两类：一类为原发性主动转运型，即三磷酸腺苷结合盒（ATP-binding cassette，ABC），其转运蛋白通过ATP水解提供能量逆浓度梯度实现底物的跨膜转运；另一类为促进扩散型或续发性主动转运型，即溶质转运体（solute carrier，SLC），通过离子或电化学梯度来实现底物的跨膜转运。

12.2.2 皮肤的分泌和排泄

汗腺和皮脂腺具有分泌和排泄的功能。小汗腺（外泌汗腺）和大汗腺（顶泌汗腺）各有不同的生理活动，但是都有分泌汗液的功能。根据生理活动状态，外泌汗腺分为活动状态和休息状态两种，其活动都受胆碱能交感神经支配。汗腺的分泌量主要与活动状态汗腺的数量有关。温度、精神状态、药物和饮食都可以影响外泌汗腺的分泌活动。外泌汗腺的排泄物主要是液体，99%是水分，其余的是少量水溶性盐类和其他物质，pH值为5.5±0.5。肾上腺素能神经支配顶泌汗腺的分泌，局部注射肾上腺素可以促进其分泌活动。顶泌汗液分为固体和液体成分，液体为水，固体包括铁、脂质、荧光物质和有臭物质。狐臭就是顶泌汗液中一种有臭物质。排泄汗液有散热降温、柔化角质、酸化皮表、乳化脂类、排泄药物等多方面的作用。

皮脂腺分泌皮脂和排泄少量废物，皮脂排泄与年龄、性别、人种、温度、湿度、部位、营养和激素有关。皮脂参与形成皮表脂质膜，有润滑皮肤和毛发的功能，可使毛发柔软光亮，皮肤不干燥，又有保温、防止水分蒸发、防止水和水溶性物质侵入和抑制某些微生物生长的功能。如果皮脂分泌过多，阻塞了毛囊孔，便会发生粉刺和痤疮。

12.2.3 皮肤的温度调节

皮肤对人体体温调节有着重要作用。人体皮肤中的热觉感受器和冷觉感受器分别感受热刺激和冷刺激，通常能辨别的范围是-10~60℃。皮肤角质形成细胞是感受器细胞，不仅分布有感觉传入纤维，而且分泌的化学物质能够兴奋或抑制感觉神经元的活动，在皮肤温觉传导中有重要作用。感知温度变化的分子装置是由 TRPC、TRPV、TRPM、TRPML、TRPP、TRPA、TRPN 等 7 个亚家族组成的瞬时感受器电位（TRP）离子通道。TRP 亚家族的蛋白结构均含有 6 个跨膜结构域，在第 5 和第 6 跨膜片段间形成一个孔道环。TRPV1、TRPV2、TRPV3 和 TRPV4 负责介导热感，TRPM8、TRPA1 与 TRPC5 负责介导冷感。皮肤体温调节的效应器主要包括控制散热的皮肤血管、具有产热作用的褐色脂肪组织和骨骼肌、减少散热的立毛肌以及蒸发散热的汗腺。这些体温调节效应活动受体温调节中枢传出神经的调节和体内外温度传入信号的影响，通过体温调节神经通路保持体温恒定。

皮肤冷觉信号传入下丘脑视前区（POA），抑制下丘脑内侧视前区（MPO）的热敏神经元活动，激活正中视前核（MnPO）的 γ-氨基丁酸能中间神经元的活动，其兴奋经传递引起产热增加与散热减少，同时也激活下丘脑背内侧核（DMP）神经元下行引起脊髓前角 α 和 γ 运动神经元兴奋，提高骨骼肌战栗产热作用。皮肤热觉信号上传到 POA 能引起 MPO 热敏神经元兴奋，下行抑制延髓头端中缝苍白核（rRPa）神经元的活动，降低支配皮肤血管交感神经的活动，使皮肤血管舒张，提高散热作用。MPO 热敏神经元兴奋也抑制 DMP 神经元活动，降低支配褐色脂肪组织交感神经的兴奋性，使褐色脂肪组织产热减少。

此外，皮肤与内脏温度感受器以及脊髓与脑内温度敏感神经元分别感受环境、内脏、中枢神经系统的温度信息以及机体感染产生的免疫信号，这些来自外周和中枢的温度信息与免疫信号传入体温调节中枢进行整合，发出指令信号经传出神经与内分泌途径调节皮肤血管、棕色脂肪组织（BAT）、骨骼肌、汗腺、立毛肌和内分泌腺的活动，进而改变机体产热和散热，使体温维持在相对稳定状态。

12.2.4　皮肤的感觉

皮肤存在感觉神经和运动神经，由此感知刺激，产生感觉并引起相应的神经反射。其中感觉神经是传入神经，运动神经是传出神经。

表皮、真皮和皮下组织都广泛分布神经末梢和特殊感受器，以感知体内外的刺激，产生感觉并引发相应的神经反射。感觉神经末梢分为 3 种，包括游离神经末梢、毛囊周围末梢神经网和特殊形状的囊状感受器。一般感觉分为两大类：一是单一感觉，这种感觉是由神经末梢或特殊囊状感受器接收体内外单一性刺激引起的，有冷觉、温觉、触觉、痛觉、压觉及痒觉等基本感觉；二是复合感觉，如潮湿、干燥、平滑、粗糙等，由几种不同的神经末梢或感受器共同感知，是大脑皮层进行分析综合的结果。

皮肤内的运动神经由中枢神经系统经过脊髓和交感神经而来，含有丰富的交感纤维。作为支配皮肤的传出神经，运动神经广泛分布于皮肤血管及其附件，通过支配肌肉运动来控制皮肤的生理活动。

12.2.5　皮肤的免疫调节

皮肤是防止人体与外界有害物质接触的第一道防线，具有很强的非特异性免疫功能，也参与特异性免疫反应，因此能够有效抵御物理、化学和生物等有害物质对机体的损伤。皮肤的免疫细胞分布于表皮和真皮，由角质形成细胞、朗格汉斯细胞、树突状细胞和 T 细胞等组成，其中 T 细胞是皮肤中最重要的特异性免疫细胞。角质形成细胞通过 Toll 样受体和炎症复合体等预警系统感知外界刺激，在活化后释放细胞因子、趋化因子和抗菌肽，由此启动皮肤免疫应答；同时还能募集其他固有免疫细胞参与早期的固有免疫反应。朗格汉斯细胞和其他树突状细胞捕获摄入抗原后游走至皮肤引流区淋巴结处，把抗原递呈给 CD4$^+$ 和 CD8$^+$

T 细胞，由此启动特异性免疫应答。

皮肤免疫功能紊乱导致的疾病有湿疹、慢性荨麻疹、白癜风、痤疮等。湿疹往往反复难愈，是一种由复杂的内外因素所引发的皮肤炎症，发病患者多为过敏体质。病变皮肤内朗格汉斯细胞导致 IgE 抗体升高，肥大细胞被活化，其分泌的 IL-5 与 $CD4^+T$ 细胞结合，促使嗜酸性粒细胞活化和增殖，并诱导其成熟，同时肥大细胞分泌组胺导致皮肤炎症的发生。慢性荨麻疹是真皮层内 $CD4^+Y$ 与 CDS^+T、Th1、Th2 细胞的比例失衡，皮肤局部处于高敏状态，各种炎性细胞和活性因子分泌异常，同时 IgE 含量增加，与嗜碱性粒细胞和肥大细胞膜上的受体结合，增加释放组胺等活性物质所导致的疾病。表皮分化和脂质成分的变化会导致皮肤屏障紊乱，允许环境过敏原进入皮肤，促使特异性皮炎、免疫反应和炎症的发生。

12.2.6 皮肤的呼吸功能

皮肤吸收气体的量很小，全身皮肤吸氧量约为肺的 1/160。一氧化碳不被吸收，二氧化碳内外相通，由浓度高的一侧弥散或透入。影响经皮肤气体交换的因素多样，皮肤本身的结构、厚度和功能，皮肤血管的舒张收缩状态，动脉血氧浓度以及外界温度和气体浓度都影响皮肤气体交换。

12.2.7 皮肤的内分泌功能

皮肤是许多化学信使的靶器官，其内分泌激素能够调节自身功能稳定，使皮肤处于相对稳态。皮肤内分泌系统具有内分泌活性细胞，参与细胞的代谢与免疫，皮肤细胞受体可将激素转化为生物信号进行传递。皮肤内分泌系统的细胞同时具有分泌激素和接受激素调节的能力，皮肤分泌的激素有以下几类：角质形成细胞可生成类固醇类激素、烷胺类激素和含氮激素；朗格汉斯细胞、肥大细胞、黑素细胞、脂肪细胞和血管内皮细胞生成含氮类激素；默克尔细胞可生成类固醇类激素；成纤维细胞和汗腺细胞可生成类固醇类激素和含氮类激素等。

皮肤病会导致皮肤生成及释放激素发生改变，激素与应答元件的结合、对变构信号的应答能力和血清激素的改变等都可以改变皮肤内激素的分泌。痤疮（acne）是最常见的皮肤内分泌功能紊乱疾病，研究发现雷帕霉素复合物 1 信号转导靶点（mTORC1）参与痤疮发病过程中雄激素、胰岛素、胰岛素样生长因子（IGF1）之间的相互作用。

12.2.8 皮肤的新陈代谢

12.2.8.1 糖代谢

皮肤中含有的糖类主要是糖原、葡萄糖和黏多糖等。皮肤葡萄糖浓度大概是血糖的三分之二，表皮含量高于真皮和皮下组织。人体皮肤糖原在胎儿时期含量最高，发育至成人后其含量明显降低。黏多糖在真皮中的含量丰富，包括透明质酸和硫酸软骨素等，大多和蛋白质结合形成蛋白多糖（又称黏蛋白）。蛋白多糖与胶原纤维结合形成的网状结构，起着支持、固定真皮及皮下组织的作用。

12.2.8.2 蛋白质代谢

皮肤中的蛋白质分为纤维性与非纤维性蛋白，角蛋白、胶原蛋白和弹性蛋白等属于纤维性蛋白，而细胞内的核蛋白以及调节代谢的酶蛋白属于非纤维性蛋白。角蛋白是中间丝家族，是角质形成细胞、毛发和甲的主要结构蛋白和代谢产物。目前已有报道的角蛋白有 54 种，包括 37 种上皮角蛋白和 17 种毛发角蛋白。胶原蛋白有 Ⅰ、Ⅲ、Ⅳ、Ⅶ型，胶原纤维主要成分为Ⅰ型和Ⅲ型胶原蛋白，网状纤维主要为Ⅲ型，基底膜带主要为Ⅳ和Ⅶ型。弹性蛋白是真皮内弹力纤维的主要成分。

12.2.8.3　脂类代谢

皮肤含有丰富的脂质成分。表皮脂质约占其干重的 10%，真皮脂质仅为其干重的 4%，随皮脂腺和毛囊的数量而变化，每个皮脂腺大概含有脂质 $10\mu g$。真皮脂质中主要含有表皮缺乏的鲨烯、蜡酯、甘油三酯和游离脂肪酸，而表皮脂质则含有真皮脂质含量较少的磷脂和固醇类。表皮脂质的主要成分是固醇类脂质，大部分以胆固醇的形式存在，其中 7-脱氢胆固醇可以在日光作用下合成维生素 D，有利于预防佝偻病。皮肤脂质代谢障碍会导致表皮增殖，过度角化，增加经表皮水分的丧失。

12.2.8.4　水和电解质代谢

皮肤是人体的一个主要贮水库，大部分的水贮存于真皮层，为皮肤的各种生理活动提供重要的内环境，还可以参与调节机体内部的水分容量。当机体脱水时，皮肤可提供其水分的 $5\%\sim7\%$ 用于维持循环血容量的稳定。儿童皮肤含水量高于成人，成人中女性略高于男性。皮肤中含有各种电解质，主要储存于皮下组织内，其中 Na^+、Cl^- 在细胞间液中含量较高，K^+、Ca^{2+}、Mg^{2+} 主要分布在细胞内，它们对维持细胞的晶体渗透压和细胞内外的酸碱平衡起着重要作用。K^+ 还可以激活酶的活性，Ca^{2+} 可以维持细胞膜的通透性和细胞间的黏着，Zn^{2+} 缺乏会引发肠病性肢端皮炎等疾病。

12.3　化妆品皮肤吸收途径与影响因素

人体皮肤有吸收外界物质的能力，这是化妆品应用和外用药物治疗皮肤病的理论基础。人体皮肤具有吸收外源物质的能力，称为经皮吸收、渗透或者透入。皮肤主要通过角质层、毛囊皮脂腺和汗管口吸收外源物质。化妆品和药物吸收的主要区别在于药物一般通过被动扩散的形式进入皮肤血液循环，达到有效血药浓度，实现治疗或预防疾病的效果；而化妆品主要经角质层细胞、间隙渗透，或经毛发、汗腺、皮脂腺渗透进入表皮或真皮，在局部积聚和发挥功效，不需要进入血液循环。皮肤的功能和状态、化妆品的性质以及外界环境等因素均可影响化妆品透皮吸收的效率。

12.3.1　化妆品的透皮吸收及其途径

透过角质层吸收是化妆品透皮吸收最重要的途径，化妆品可以通过细胞间隙和细胞膜扩散。细胞间隙结构疏松，总容积大约占角质层的 30%，阻力主要来自细胞间隙中的脂质，在透皮吸收过程中起着重要作用。脂溶性和非极性物质容易通过细胞间隙的脂质双分子层进行扩散。目前使用的促透皮方法大多是作用于细胞间隙脂质双分子层。角质层细胞的细胞膜是一种致密的交联蛋白网状结构，胞质中有大量微丝角蛋白和丝蛋白交叉连接排列，并不利于化学物质的扩散。由于角质层细胞膜占有巨大的扩散面积，所以仍是透皮吸收的主要途径。水溶性和极性物质通过细胞膜途径扩散。毛囊和汗管等皮肤附属器仅占皮肤表面积的 1% 以下，不能成为主要的吸收途径。

应用在皮肤表面的化妆品，其化合物吸收的途径主要有两条。

（1）通过表皮最上层的角质层吸收　通过角质层，外源物质可以进入其他皮肤层，如有活力细胞的表皮、真皮和皮下组织。角质层屏障是透皮吸收的主要限速步骤。角质层吸收的运输本质是被动扩散。

　　鉴于完整的角质层提供了主要屏障，角质层存在两条渗透吸收途径：细胞间吸收和跨细胞吸收途径。当化学物质通过富含脂质的细胞外区转移到角质细胞周围时就会发生细胞间吸收。在跨细胞吸收过程中，化学物质通过富含角蛋白的角质细胞转移到下层细胞的细胞膜。跨细胞路径是最直接的途径，但需要角蛋白密集填充的角化细胞进行运输，然后在角化细胞和充满脂质的细胞间区域进行多次转移，因此经过跨细胞吸收的药物会遇到很大的渗透阻力。细胞间吸收限制在脂质基质中，而跨细胞吸收通过角化细胞和脂质基质。不同分子通过角质层透皮吸收的路径取决于它们的极性，大多数分子通过细胞间微路径穿透皮肤。皮肤暴露于化学物质后，化合物通过上层皮肤结构，主要是角质层，进入有活力细胞的表皮层，还能够以被动扩散的形式通过由糖蛋白和蛋白多糖组成的基底膜，到达血管化的真皮，进入血管实现全身吸收。尽管该途径的距离远大于完整的皮肤厚度，但是由于高分散系数，具有更快的渗透速度。跨细胞吸收具有较低的渗透性，其渗透速度较细胞间吸收慢。无论是细胞间途径还是跨细胞途径，两者的选择取决于化合物与脂质环境的亲和力、与角质细胞内部环境的亲和力以及分子渗透角质细胞壁的能力。

　　（2）通过毛囊及相关皮脂腺和通向外分泌汗腺的导管进入皮肤　皮肤结构不是均质层，还包括许多附属器，因此外界物质也可以通过3种潜在途径进入皮肤组织，分别是毛囊、相关皮脂腺和汗腺或穿过这些附属物之间的连续角质层。其中毛囊是重要的吸收途径。尽管可用于运输的小部分毛囊面积仅约为0.1%，但是该途径对稳态物质通量的贡献不可忽略。该途径对于难以穿过完整角质层的离子和大极性分子的运输很重要，也可能是某些蛋白质和较大颗粒分子的相关运输途径。附属器也可能作为分流器，在稳态扩散前短时间储存外源物质。

　　外源的化合物经过多层皮肤细胞层才能完成透皮吸收的过程，基本上由以下3个步骤组成：一是渗透，是物质进入角质层的入口；二是透过，物质逐渐穿过一个功能细胞层进入到另一个细胞层；三是皮肤吸收，某些物质被吸收到血管或淋巴管中，进而到达全身。

12.3.2　影响化妆品经皮吸收的主要因素

12.3.2.1　皮肤的功能

　　皮肤屏障的完整性可以调节外源物质的经皮吸收，其中角质层的通透性是关键因素，而角质层的通透性又取决于角质细胞膜的脂蛋白结构。基于角质层的厚薄不一，不同部位皮肤的吸收能力也不一样。如果清除皮肤角质层或皮肤受损，皮肤对外源物质的吸收速度和程度将有所增加。溃疡皮肤的渗透性可以超过正常皮肤的3~5倍。

　　角质层的水合作用也是影响化妆品渗透吸收的因素之一。水合作用是指角蛋白及其降解产物具有结合水分子的能力。水合作用可以使皮肤角质层的含水量从10%增加到50%以上，大幅度提高物质的渗透性；还可以引起角质层细胞的膨胀，使其紧密结构形成多孔性，并增加皮肤表面湿度和有效面积，从而促进物质的透皮吸收。水合作用通常对强水溶性物质的促进作用较脂溶性物质显著。

12.3.2.2　种族、年龄、部位

　　（1）种族　在不同种族人群中，皮肤的含水量、弹性、皱纹等参数存在差异。黑种人角质层中细胞的数量高于白种人，紧凑的角质层降低皮肤对化妆品的吸收性。在白种人、黑种人和黄种人之间，皮肤角质层的含水量和皮肤弹性也明显不同。

　　（2）年龄　有研究认为婴儿和老年人的皮肤吸收性较其他年龄组更高，但也有研究显示新生儿和婴幼儿皮肤的经皮吸收较成人减少或者相同。不同性别对皮肤的吸收能力没有影响。

（3）部位　不同部位皮肤的吸收能力有所差别。就面部而言，一般面部鼻翼两侧的部位最容易吸收，上额和下颌次之，两侧面颊最差。这种差异可能和所在部位皮肤角质层的厚薄有关。

12.3.2.3　化妆品的性质

（1）酸碱度和脂溶性　在生理状态下角质层的 pH 值为 4.1～5.8，与丝蛋白的降解、脂肪酸含量、钠氢交换剂的活化和黑素体的释放有关。角质层的酸性 pH 值具有防止金黄色葡萄球菌和马拉色菌定居的抗菌屏障作用。pH 值影响皮肤屏障功能、脂质合成和聚集、表皮分化及脱皮。偏酸性的环境有利于化妆品的吸收。角质层的通透性主要取决于细胞膜的脂蛋白结构，脂溶性外界物质易于透过细胞膜，因此吸收良好。凡士林、液状石蜡、硅油等化妆品基质完全或几乎不能被皮肤吸收。同为油脂类，皮肤对动植物油脂的吸收能力要比矿物油脂大。各种激素、脂溶性维生素如维生素 A、维生素 D 和维生素 E 较容易被吸收，因此被广泛应用于化妆品生产，而水溶性维生素 B 族和维生素 C 的皮肤吸收度就会差一点。

（2）分子量和分子结构　一般情况下，外源物质的分子量越小则越容易被皮肤吸收，如分子量小的氨气就极易透入皮肤，但分子量大小与皮肤通透常数之间并没有必然的相关性。有些大分子物质如汞软膏、葡聚糖分子也可以透入皮肤，可能与其分子结构、形状和溶解度等因素相关。

（3）物质的浓度　大多数物质的浓度越高，皮肤透入率也越高。少数物质浓度较高时会促使角蛋白凝固，反而影响了皮肤的通透性，导致吸收减少。如石炭酸，在低浓度时皮肤吸收良好；在高浓度时不但吸收不好，还会引起皮肤损伤。

（4）电解度　离解度高的物质比离解度低的物质容易透入皮肤。如水杨酸难溶于水，而水杨酸钠则易溶于水，因此水杨酸钠的皮肤吸收比水杨酸好。

（5）赋形剂　不同剂型对角质层水合作用的影响不同，不同剂型的同一物质的透皮吸收度也不同。通常情况下，乳液与霜剂的吸收优于粉剂与水溶液。皮肤对粉剂、水溶液和悬浮剂的吸收性较差，这些剂型较难透入皮肤；而油剂和乳剂能够在皮肤表面形成油膜，阻止水分蒸发，促使皮肤变得柔软，因此能够增加皮肤吸收性。物质的释放性能和靶向性在很大程度上取决于剂型，物质越容易从制剂中释放，就越有利于皮肤的吸收。

透皮促进剂是指能够促进药物或化妆品中有效成分更快或更多地渗透入皮肤内或透过皮肤进入循环系统，从而发挥局部或全身治疗作用的物质。透皮促进剂通过破坏高度有序的细胞间脂质的结构、与角质层蛋白发生相互作用以及改变化妆品在载体与皮肤间的分配系数等方式，促进化妆品的透皮吸收。常见的透皮促进剂有：二甲亚砜类、月桂氮卓酮类、薄荷醇、油酸、丙二醇、表面活性剂等。

12.3.2.4　环境因素

（1）温度　外界温度升高时，由于皮肤血管扩张，血流加速，汗孔张开，增加了外界物质的弥散速度，皮肤表层和深层间物质的浓度梯度差变大又进一步促进了物质的扩散。

（2）湿度　环境湿度增加时，角质层内外水分的浓度差减少，影响皮肤对水分的吸收，也降低了对其他物质的吸收能力。如果外界湿度过低，皮肤变得干燥，当角质层内水分下降到 10% 以下时，角质层吸收水分的能力明显增强。

12.4　化妆品透皮吸收原理与动力学

人体接触化妆品最主要的途径是皮肤组织。皮肤是人体最大的单一器官，皮肤最重要的功能是抵御外源性暴露的化学物质、微生物、机械损伤、紫外线、温度和水的影响，还有助于保持体内稳态。化妆品透皮吸收的概念和技术来源于现代药剂学，指的是化妆品中含有的功能性成分按产品的有效性，在表皮或真皮等不同部位积聚并发挥作用的过程，不需要透过皮肤进入人体循环。全面了解化妆品透皮吸收的原理和动力学，有助于客观评价化妆品的局部功效，为化妆品的开发提供理论基础。通过透皮吸收评价模型，我们一方面可以筛选和优化化妆品的功能成分和制剂工艺，另一方面还可以获取化妆品的代谢学和毒理学信息，保障其有效性和安全性。

12.4.1 化妆品透皮吸收原理

人体皮肤结构在解剖学上由表皮（厚约 $100\mu m$ 的非血管层）、真皮（厚约 $500 \sim 3000\mu m$ 的高度血管化的一层）和皮下组织组成。最外面的表皮层是角质层（约 $10 \sim 40\mu m$ 厚），由角质细胞的死亡细胞组成，是皮肤渗透的主要屏障。角质层的基本功能是保护人体免受周围环境的影响，为防止外源分子和微生物的渗透提供有效的屏障，同时防止水分过分流失而保持体内水平衡。对皮肤的保护主要也是由角质层提供。

角质层由死亡的、部分干燥的和角化的表皮细胞组成，蛋白质占角质层含量的 $75\% \sim 80\%$，而脂质占 $5\% \sim 15\%$，其余的角质层成分占 $5\% \sim 10\%$。其中的脂质排列是脂质和水区域交替的连续层状结构，该结构有效地阻止了非极性和极性物质的扩散。角质形成细胞在颗粒层和棘层的迁移过程中，结构和组成上都经历了一系列的变化。角质形成细胞最后的分化与它们结构的变化有关，从而导致它们转变为扁平的、紧密堆积的交叉指状，并具有化学和物理抗性的角化鳞片，即角质细胞。角蛋白形成细丝状的致密支架网络支持角质细胞的形状。如图 12-3 所示，分化后期，颗粒细胞出现板层小体，呈卵圆形细胞器的板层小体在角质层形成中起重要作用。板层小体主要富含极性脂质和分解代谢酶，提供角质层形成所需的脂质。板层小体移动到颗粒细胞顶端，响应某种信号，与细胞质膜融合，并通过胞吐的方式被细胞释放至细胞间隙。来自板层小体的脂质随后被修饰并重新排列成与细胞表面大致平行的细胞间层。角质层的结构类似"砖和砂浆"的模型。在这个模型中角质细胞代表砖块，细胞间脂质双层和保水天然保湿因子充当砂浆。这些脂质双层形成半晶体、凝胶和液晶域的区域。"砖和砂浆"结构为角质层提供主要的物理化学屏障，既防止外源性化合物渗透到皮肤内，也阻止内源性化合物渗出皮肤。由于角质层中的脂类区域形成了唯一的连续结构，涂抹在皮肤上的物质总是要通过这些区域。角质层以特殊的脂类组成，以长链神经酰胺、游离脂肪酸、胆固醇和甘油三酯为主要脂类，排列成脂质片层。角质层为亲水性化合物提供了最大的屏障。角质层的结构如图 12-3 所示。

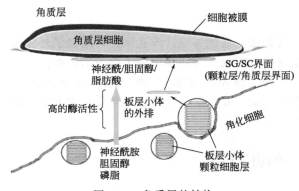

图 12-3　角质层的结构

真皮的含水量达到 70%，有利于亲水性化合物的摄取，并且富含胶原蛋白。皮下层是皮肤的最深层，由疏松的结缔组织和脂肪（占人体脂肪的 50%）形成。真皮和皮下层除皮肤附件外还包含血管、淋巴管和神经细胞。因此，根据化妆品中化学物质的亲脂性或亲水性，化合物中亲脂性物质会积累在角质层中，亲水性物质会停留在表面，两亲性物质会穿过皮肤。

关于化妆品透皮吸收机理的理论有扩散理论、渗透压理论、水合理论、相似相溶理论和结构变化理论。扩散理论是说明药物经皮肤渗透的主要模型，基于皮肤以被动扩散的方式吸收化学物质，其过程可由菲克扩散定律进行描述。渗透压理论基于皮肤作为一层半透膜，不同物质可以有选择性地通过半透膜，溶液由高浓度一侧向低浓度一侧扩散，从而使化学物质被皮肤吸收。水合理论认为皮肤的水合作用有利于外源物质的透皮吸收，提高角质细胞中角蛋白的水合作用使细胞发生膨胀，从而降低结构的致密性，增加物质的渗透性，使水溶性和极性物质更容易透过角质层。相似相溶原理是指极性化学物质易溶于极性溶剂，而非极性化学物质易溶于非极性溶剂。透皮吸收的速率取决于物质在皮肤中的溶解度，非极性物质容易通过富含脂质的细胞间隙来跨越屏障，而极性成分则依赖于细胞自身的渗透来实现转运。结构变化理论是指促渗透剂通过破坏角质细胞间脂质的有序排列结构，使类脂质流化，降低角质层的屏障作用，从而促进化学物质在皮肤中的吸收。

12.4.2　化妆品透皮吸收动力学

化学物质从皮肤表面吸收到亲脂的角质层，随后通过含水、无血管和有活力细胞的表皮层，渗透到真皮层的吸收过程可通过动力学模型进行描述，如图 12-4 所示。第一渗透阶段，被动扩散到亲脂性角质层；第二透过阶段，通过含水、无血管、有活力细胞的表皮层向真皮运输；第三吸收阶段进入微循环，进入更深的组织（局部渗透）或体循环；第四阶段，对角质层或真皮层的特异性亲和（形成局部储蓄）。

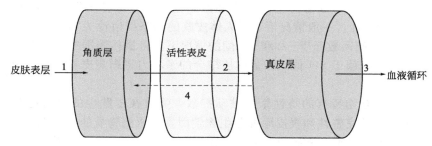

图 12-4　皮肤屏障吸收模型

由于皮肤吸收是被动扩散，浓度梯度和化学亲和力的结合成为其驱动力，由此化学物质对于亲油或亲水环境更合适。所以，亲脂性化合物更容易穿过角质层，然而到达亲水的表皮活细胞层时，其渗透速度则减慢。正因为这个变化过程，在角质层和表皮层的间隔可暂时观察到储集层的形成。因此，那些可溶于亲脂层和含有更多水结构的物质具有更高的透过皮肤屏障的速率。由于角质层是由脂质基质包裹的多层角化细胞组成，最外层 $10 \sim 50 \mu m$ 的"死细胞"成为主要的障碍，是透皮渗透速率的决定因素。

大多数化学物质透皮吸收的被动扩散遵循菲克扩散定律。透皮吸收途径避免了肝脏首过代谢，并允许药物持续释放到体循环。1855 年以来，皮肤的被动扩散广泛使用菲克扩散定律来描述。根据菲克扩散定律，皮肤表面的药物通过被动机制渗透到皮肤中，这取决于它的摩尔质量和理化性质。即未结合的分子会随着浓度梯度而被动扩散到平衡状态，并提出这种扩散（通量）从一个浓度较高的区域到另一个浓度较低的区域的速率与浓度梯度成正比。菲克扩散定律与皮肤渗透相关的通量速率具有良好近似值。

菲克扩散第一定律为 $J_{ss} = -D \times \Delta C / \Delta h$。

其中，J_{ss} 为稳态条件下的渗透剂流量（渗透率）；D 为扩散系数（负数表示流量从较高浓度到较低浓度）；ΔC 为膜上的浓度梯度；Δh 为扩散路径长度。

菲克扩散第一定律也可写成 $J_{ss} = K_p \times \Delta C$。

其中，K_p 为渗透剂通过膜的渗透系数，也称为化学比渗透系数。在已知浓度梯度的情况下，该常数可用于计算渗透剂的预期通量，或用于比较不同渗透剂的预期通量。因此，菲克定律将通量定义为跨膜的浓度差与浓度无关常数（化学比渗透系数 K_p）的乘积。对于大多数进入皮肤表面的外源渗透剂，在渗透的初始阶段，皮下的浓度并不显著，ΔC 可以近似于所用配方/溶液/载体中的渗透剂浓度。因此，渗透系数可以根据呈现为累积渗透量随时间变化的曲线图的实验数据来计算。如图 12-5 所示，表示渗透物质随时间的累积量。图形线性部分的时间截距表示滞后时间，以曲线图的斜率确定稳态通量，除以外加渗透剂的浓度，可得到渗透系数（K_p）。

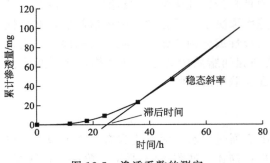

图 12-5　渗透系数的测定

由于大多数化妆品中化学物质的透皮渗透采用的被动扩散遵循菲克定律，菲克扩散第一定律中的 K_p 膜渗透系数综合了许多影响渗透的物理化学性质。决定 K_p 的因素主要是分子量以及以辛醇-水分配系数（K_{ow}）和分子大小（立体化学）表示的溶解性特征。而其他化学特性，如化合物的熔点、氢键受体能力对渗透率的影响非常小。由于物质在皮肤中的转移主要通过脂质双层的分配，根据皮肤结构中不同分层的性质以及物质穿过膜屏障的亲水性和亲脂性平衡，这种平衡的辛酯醇分配系数在 −1 到 4 间的范围为最佳。一般情况下，以人体皮肤的静态扩散池为实验模型时，可在较小的分子量和辛醇-水分配系数介于 −2 和 +2 间的情况下获得最佳渗透率。除此之外，实验时间、蒸气压、电离（依赖于 pH 值）和蛋白质结合的亲和力将影响皮肤屏障渗透表面未结合的化学物质浓度。

除了化妆品中化合物特有的特性影响被动扩散，物质在皮肤中的渗透还取决于很多因素，包括皮肤角质层的完整性和表皮厚度等生物学因素，所测物质的亲脂性、分子量和电荷等理化性质，皮肤暴露的面积和持续时间，实验过程中的物理化学环境对此也有影响。体外实验为了模拟体内环境，化合物暴露皮肤后穿过皮肤的上层到达真皮组织的淋巴或血液循环，实验上用于渗透剂采样的采样液应具有和体液溶解度以及 pH 值一致的理化特性。否则，实验结果与体内真实通量存在差异。另一方面，在现实中大多情况下皮肤接触的是混合物，因此在研究化妆品中化学物质的透皮渗透实验时，需要考虑皮肤的暴露条件。

12.4.3　基于化妆品透皮吸收动力学的皮肤模型

透皮渗透研究可用于评估人体皮肤局部接触化妆品后的功效，经皮渗透的实验可在体外或体内进行。体内实验涉及实验动物、手术过程中获取的人体皮肤样品，操作较复杂，在物种之间的生理和结构上存在差异，而且成本高，还涉及伦理问题。因此，减少、替代、优化实验动物，需要通过体外实验或计算机模拟实验来研究透皮渗透模型。相比之下，一方面体外实验具有设计简单、成本较低、实验时间较少、不涉及伦理问题等优点。另一方面，体外实验可使用放射性同位素标记物质，更准确地定量显示物质的渗透量。尽管放射性同位素标记的方法容易标准化，但在渗透过程也可能发生酶降解/代谢，使得放射性同位素与物质分离，因此在使用放射性标记来量化渗透的时候要考虑该情况发生的可能性。体外实验缺少体内皮肤新陈代谢、血流等生理生化因素，无法完全模拟体内真实的生理状态。但是，体外实验在前期研究化妆品中物质的高通量筛选是一种较好的方法。安装在扩散池装置中皮肤膜的体外渗透测试（*in vitro* permeation testing，IVPT）逐渐被提倡，使得体外实验模型适用于筛选或比较化合物。

　　早在第二次世界大战中，为了应对皮肤暴露和吸入化学武器制剂的威胁，于 1940 年开发了第一个测试皮肤渗透的体外模型。经过多年的研究，2004 年经济合作与发展组织（OECD）发布了关于皮肤吸收体外法的技术指南，该指南表明静态扩散池和流通扩散池可用于体外研究，收录于《皮肤吸收：体外试验》TG428；美国环境保护署和美国食品和药品管理局（FDA）都认可人体皮肤的 IVPT。这都基于它们具有以下两个优势：①多种不同物质的体外和体内吸收率与人体皮肤吸收水平之间存在良好的相关性；②局部用产品在 IVPT 和体内临床研究的生物等效性具有一致性。这两种方法可以测量化学物质在皮肤内和穿过皮肤到储液腔中的扩散，并且可以仅利用没有活力的皮肤测量扩散，或者利用新鲜的、具有新陈代谢活性的皮肤（或替代皮肤）同时测量扩散和皮肤代谢。皮肤吸收体外试验可用作比较从不同配方中提取的化学制剂进入皮肤和通过皮肤递送的优化筛选。在检测化妆品成分的皮肤透皮吸收实验中，体外扩散池试验是被认可的评价化合物透皮吸收的最好模型。指南说明，使用体外试验方法进行皮肤渗透的初步定性评价是可行的，但是体外方法可能不适用于所有情况和个别化学品。在某些情况下，使用体内实验的活体数据进行随访是必要的。

　　在使用离体皮肤进行体外实验时，包含人类在内的许多哺乳动物的皮肤都可以使用，可以是裂皮或全层皮肤，将其安装在扩散池中。利用热分离或皮肤刀将皮肤上部 $200\sim400\mu m$ 进行分离，可以获取不具真皮层的表皮屏障。皮肤样本的最大厚度不超过 1mm，全层厚度包括角质层、表皮和真皮部分在内。从体内切除后皮肤的通透性得以保持，因为主要的扩散屏障是角质层，角质层是死的角化细胞。

　　进行体外实验时，在静态扩散池中，化妆品涂抹于皮肤表面，如图 12-6 所示。皮肤的最上层角质层放置于面向扩散池顶部的方向，扩散池内的真皮与扩散池溶液接触，在特定的时间间隔内对扩散池液体手动采样。扩散池液和采样液中使用的媒介物和溶剂，应该尽量符合实际反应的使用条件。静态扩散池需要比流动扩散池有更大的液体体积，以避免扩散池中测试物质浓度随时间的增加而增加，从而降低 ΔC，则降低通过皮肤屏障的扩散速度，导致了所估计的最大通量和 K_p 值所需的假设条件的错误计算。扩散池周围

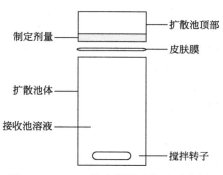

图 12-6　Franz 静态扩散池构造示意图

的温度保持 32℃不变，以模拟人体皮肤表面温度。在扩散池底部使用磁力搅拌器使池内液体浓度保持均匀。通过相等的时间从扩散池液体中取样，测定化合物在样品中的浓度，以此确定穿透皮肤的化合物的量，并绘制与时间相关的曲线图。静态扩散池由于结构设计简单，所需的机械部件较少，故实验过程中较少出现故障。

　　另一种体外实验模型是流通式扩散池。流通式扩散池由多个单元组成。在流通式扩散池中，可以模拟在体内的血液循环。皮肤一旦暴露于化学物质，渗透到真皮组织中的物质可以进入到体循环中被清除。在流通式扩散池中，一旦物质渗透到皮肤中，扩散池中液体的连续流动可以将物质及时清除。扩散池内的液体被连续更换，并且采用自动收集的方式以一定的时间间隔收集。对于测试低溶解度的物质而言是一种优势，因为在流通式扩散池中，池内液体需要不断被缓慢更换，由此优化了下沉条件。流通式扩散池的结构设计比静态式扩散池复杂，该系统中样品流入取样瓶的管子较多，与简单、成本低的静态扩散池相比，管长的长度在低流速下会影响时间滞后。流通式扩散池的方法也更复杂，在技术上更具有难度。在较长

时间的实验中，静态扩散池的液体需要不断更换，而流通式扩散池的液体缓慢增加，沉降条件也更容易保持，因此流通式扩散池更能模拟真实的皮肤生理条件。

12.5 化妆品在皮肤中的代谢与转化

皮肤是人体最大的器官，不仅具有物理屏障的作用，而且由于皮肤具有较大的总表面积，被认为是肝外代谢器官。皮肤具有防止环境和潜在有毒化学物质渗透的功能，因此它是外源化合物和异种生物的代谢场所。

12.5.1 化妆品的皮肤代谢与转化途径

化妆品主要接触人体皮肤，大多数化学物质通过被动扩散穿透皮肤，通过上层皮肤结构中的角质层，然后进入有活力的表皮层，继续通过由糖蛋白和蛋白多糖组成的将表皮和真皮分开的基底膜，从而到达血管化的真皮，将在血管处实现全身吸收。人体皮肤包含各种生物代谢酶，具有生物转化系统。皮肤的新陈代谢不仅可以调节皮肤局部吸收使用的化学物质，还影响皮肤毒性过程，因此在评估化学物质及其代谢物的局部毒性或渗透性时，必须考虑皮肤代谢这一因素。随着皮肤局部接触，许多全身性给药的药物会分布于皮肤中，有时在体内甚至超过相应的血浆水平。化妆品中化学物质渗透进皮肤和通过皮肤的估计是对化妆品成分进行安全评估的前提。

人体皮肤通过Ⅰ期和Ⅱ期异种生物代谢酶（xenobiotic metabolism enzyme，XME）途径代谢化学物质，这些异源生物代谢酶主要位于表皮的角质形成细胞中，而不是皮肤成纤维细胞，但其水平比在肝脏中低。化合物经过皮肤渗透后，在Ⅰ期代谢，通过其自有官能团或从头合成—OH、—NH$_2$、—SH官能团，将化合物转化为极性代谢物，使 N-脱烷基化和 O-脱烷基化、脂肪族和芳香族羟基化、N-氧化和 S-氧化以及脱氨基，这些途径可使化合物活化或失活。在这个反应中细胞色素 P450 酶家族起着重要作用，主要起着单加氧酶、双加氧酶和水解酶的作用，执行羟基化反应。细胞色素 P450 除了解毒功能外，还引起低分子量物质的过敏反应，如接触性皮炎。活化或失活的中间体是Ⅱ期代谢酶的底物。在Ⅱ期代谢中，通过葡萄糖醛酸化、硫酸化和环氧水解酶、转移酶、还原酶 [NAD(P)H-醌还原酶] 的催化作用，实现内源性和外源性化合物的生物转化，其目的主要是进行偶联反应，将不溶性代谢物转化为更亲水的水溶性物质和可排泄分子，再通过汗液或尿液从体内清除。

此外，皮肤中驻留的细菌也是异种生物代谢活化和失活的重要因素。约 1.8m^2 的人皮肤表面带有 200 多个细菌群，细菌数高达 1000 万个/cm^2。在人皮肤上的核心微生物组通常由放线菌、硬毛菌、拟杆菌和变形杆菌组成，其中一些具有代谢通用性。体表皮肤上的微生物组也是化学物质的一种转化形式。

12.5.2 人体皮肤中与代谢途径相关的酶

在皮肤中，虽然Ⅰ期酶决定了化合物的活性和毒性，但是Ⅱ期酶的表达高于Ⅰ期酶。Ⅱ期代谢酶的特征在于它们使用小分子有机供体结合异生素，导致其药理学失活或解毒，有助于将其从身体消除。人体皮肤中存在的酶主要通过以下反应代谢化学物质，分别是脱氢作用代谢醇，脱氢和氧化作用代谢醛，氧化作用代谢胺，水解作用代谢羰基、环氧化物、羧基酯，还有许多化合物结合谷胱甘肽进行代谢。

Ⅰ期代谢途径通过细胞色素 P450 依赖性单加氧酶（CYP1A1/1B1、CYP2B6/C18/C8/E1、CYP3A4/A5/A7）、黄素依赖性单加氧酶（FMO）、醛氧化酶（AOX）、酯酶（AADAC、

CEL、ESD、CES1/2、PLA2G4B）、醇脱氢酶（ADH1B、ADH7）、醛脱氢酶（ALDH1A/2/3A/3B/4A1/5A1/6A1/7A1）和过氧化物酶（GPx1/2/3/4、PTGS1/S2）的作用发生。其中细胞色素 P450（CYPs）是异种生物代谢中的关键氧化酶家族；酯化酶是羟基苯甲酸丙酯有效转化所需的酯酶；肉桂醇和香兰素都可通过醇脱氢酶和醛脱氢酶途径代谢。

Ⅱ期代谢的目的是进行偶联反应，生成的各种偶联物都比母体化合物更亲水。Ⅱ期代谢酶主要是转移酶，使多种化学物质解毒，起到保护细胞的作用。其途径是通过葡萄糖醛酸化、硫酸化、甲基化、乙酰化、谷胱甘肽与氨基酸共轭反应。Ⅱ期代谢的酶包括 UDP-葡萄糖醛酸转移酶（UGT1A 家族）、磺基转移酶（SULT1A1/1E1/2B1）、谷胱甘肽巯基转移酶（GSTA/M/O/P/T/Z）、甲基转移酶、N-乙酰转移酶（NAT1/5）。Ⅱ期代谢主要用于排毒，使内源性和外源性化合物向着更容易排泄的方向转化。例如 UGT 可以增加烟草中特有的尼古丁衍生物亚硝胺酮（NNK）和苯妥英钠的水溶性，促进其外排；谷胱甘肽巯基转移酶催化外源化合物与谷胱甘肽形成内源性三肽。

12.5.2.1　Ⅰ期代谢相关的酶

（1）细胞色素 P450　化妆品中的某些成分是细胞色素 P450 家族（CYP）的底物。细胞色素 P450 是一个血红素酶超家族，因其在 450nm 有特异吸收峰而得名，主要负责外源和内源物质的代谢，尤其是 CYP1、CYP2、CYP3、CYP4 亚家族，是一类重要的代谢酶。在人皮肤中，CYP 主要定位于表皮与皮脂腺中，如 CYP1A1、CYP1A2、CYP2B1、CYP2B2，其代谢主要发生在表皮角质形成细胞中。许多在肝脏代谢中起主要作用的 CYP 在人皮肤中也被检测到，尽管蛋白质水平较肝脏中低很多。CYP 的酶活性在测定时，会出现接近或低于检测阈值的情况。CYP2、CYP3 亚型的转录本在皮肤中可被检测到，然而检测到的酶活性一般也是接近检测阈或无法检测。皮肤中大多数 CYP，例如 CYP4、CYP7、CYP8 等都可以被诱导表达，但蛋白质水平和活性比肝脏低得多。在成年人皮肤中，CYP2B6 的转录本随着年龄的增长而降低，但 CYP2A6 和 CYP3A4 的转录本却没有降低。

在正常状态下，人及多种哺乳动物的皮肤中并不能检测到组成型 CYP1A1 的表达，多环芳烃、多氯代二苯并二噁英等物质可以诱导其在表皮中表达，以便参与该类物质的代谢和排泄。CYP1A2 的转录本在人皮肤中表达，高度定位于表皮。其在皮肤中具有 7-甲氧基间苯二酚 O-脱甲基酶的活性，可代谢芳香胺、对乙酰氨基酚、咖啡因、茶碱等底物。CYP2S1 存在于人体皮肤中，可能参与了几种致癌芳香胺和杂环 N-羟胺的还原解毒作用。

（2）黄素依赖性单加氧酶（FMO）　FMO 可催化含氮、硫、磷、硒的化合物和药物的氧化。FMO 的底物各不相同，其主要功能是氧化外源物质使其可排泄。在人皮肤中发现编码 4 种 FMO 亚型（FMO1/3/4/5）的转录本，定位在表皮、皮脂腺和毛囊中。90% 的人含有 FMO5 的转录本，大约一半的人含有编码 FMO 1/3/4 的转录本。FMO5 的转录本在天然皮肤的表皮高表达，FMO3 的转录本在真皮中弱至中度表达。

（3）醛氧化酶（AOX）　AOX 是一种钼-黄素蛋白，促进醛类转化为羧酸并催化杂环的水解。在皮肤中 AOX 的活性已被证实，在人臀部皮肤和女性乳房皮肤中也检测到其在蛋白质水平上的表达。人和高级灵长类动物具有单个功能性的 *AOX1* 基因，与细胞质的 P450 系统一起，作为异种生物Ⅰ期代谢的主要酶，在体外皮肤代谢中起作用。

（4）环氧化酶（COX）　COX 参与炎症反应，通过催化过氧化物酶反应在Ⅰ期代谢中起着重要作用，其反应产物为前列腺素。皮肤中能够检测到 COX 的转录本，可以通过检测前列腺素 PGE2 的含量来反映其酶活性。

（5）醛脱氢酶（ALDH）　ALDH 不仅具有催化功能，将醛转化为羧酸，还具有抗氧化和促进紫外线吸收的作用。ALDH 几种亚型（ALDH1/2/3/7）的转录本和蛋白质均可在人体皮肤中检测到。ALDH 将香兰素代谢为原儿茶醛，后者最终代谢为葡萄糖醛酸和硫酸盐结合物。

(6) 醇脱氢酶（ADH） ADH 将醇转化为酮类或醛类。有 5 种 ADH 亚型（ADH1/3/4/5/7）参与药物的肝脏代谢，其中 ADH1/3/4/7 均能在皮肤中检测到其蛋白质表达。ADH 可将肉桂醛催化后转化为肉桂醇和肉桂酸，其在人体皮肤中的酶活性也已被证实。

此外，皮肤中还能检测到其他参与 I 期代谢的脱氢酶，例如 6-磷酸葡萄糖脱氢酶、NAD(P)H 脱氢酶、山梨醇脱氢酶、17β-羟类固醇脱氢酶等。

12.5.2.2 II 期代谢相关的酶

(1) UDP-葡萄糖醛酸转移酶（UGT） 在 II 期代谢中，UGT 是葡萄糖醛酸化过程的关键酶，参与重要的解毒途径，人类服用的药物有 40%～70% 受到 UGT 的影响。UGT 负责许多外来物质（例如药物、化学致癌物、环境污染物等）和内生物质（例如类固醇激素、甲状腺激素、脂溶性维生素等）的新陈代谢。UGT 是膜结合的超家族，催化亲核 O、N、S 或 C 原子与尿苷 5'-二磷酸-α-D-葡萄糖醛酸（UDPGA）形成化学键。与辅酶结合时，葡萄糖醛酸在 C1 原子处为 α-构型，构型反转会形成 β-D-葡糖醛酸苷，提高受体分子的水溶性从而促进其外排。UGT 还能通过 UDPGA 与脂肪酸、酚、羧酸、硫醇和胺（伯胺、仲胺、叔胺）共轭形成 O-连接的葡萄糖醛酸。其中 UGT1A10 是重要的 II 期酶，它主要起多环芳烃的解毒作用，并且使皮肤接触多种化合物后进行代谢，其转录本在天然皮肤真皮中高表达。新鲜人全皮外植体可对消炎痛、双氯芬酸和 17β-雌二醇进行葡萄糖醛酸化作用，前两种底物转化成酰基葡糖醛酸苷，而后一种底物转化成 3-和 17-葡糖醛酸苷。

(2) 谷胱甘肽 S-转移酶（GST） GST 家族的酶催化外源物质与谷胱甘肽的结合，谷胱甘肽是一种内源性三肽。通过使用 1-氯-2,4-二硝基苯（CDNB），一个 GST 的广谱底物，研究人员在不同的人类皮肤中检测到了 GST 的活性。GSTA、M、O、P、T 和 Z 的转录本和蛋白在皮肤中广泛表达。其中，GSTP 在皮肤中高度表达，但在肝脏中不表达；而 GSTA 和 M 在皮肤中含量低，但在肝脏中含量高。在分化的角质形成细胞中，GSTP 的表达明显上调。

(3) N-乙酰转移酶（NAT） NAT 通过 N-乙酰化和 O-乙酰化代谢来实现对化学物质的解毒作用，催化乙酰基与底物（例如，芳香胺、肼或磺胺）的结合。N-乙酰化是几种芳香胺染发剂在人离体皮肤代谢的主要途径。NAT 把乙酰基从乙酰基辅酶 A 转移到母体化合物的游离氨基上，参与芳香胺和肼的生物转化。NAT1 在皮肤中是主要的排毒酶，其活性在皮肤中比肝脏中高几倍。人体 NAT1 的特异性底物是对氨基苯甲酸（PABA）、对氨基水杨酸和对氨基苄基谷氨酸，可以据此来测定酶活性。

(4) 磺基转移酶（SULT） SULT 是一个超基因家族的酶，目前鉴定出 4 类人 SULT 家族，分别是 SULT1、SULT2、SULT4 和 SULT6。SULT 催化 3'-磷酸腺苷-5'-磷酸（PAPS）与匹配分子的 O-、N-或 S-受体基团结合。PAPS 是所有磺化反应需要的通用磺酸盐，作为供体分子，可由哺乳动物的所有组织合成。O-硫磺化是细胞主要的磺化反应，N-硫酸化是修饰大分子碳水化合物链的关键反应。磺化作用是化妆品生物转化的重要途径。SULT 分为细胞质型和膜结合型：膜结合型 SULT 存在于高尔基体中，负责肽、蛋白质、脂类和糖胺聚糖的磺化；而胞质型 SULT 催化外源物质和内生小分子如类固醇、胆汁酸和神经递质的磺化。SULT1B1 的特异性底物是甲状腺激素和小酚类化合物，如 1-萘酚和 4-硝基酚。SULT1B1 的转录本在人表皮中高表达，使 3β-羟基类固醇和胆固醇磺化，以维持上皮屏障和颗粒状角质结层的功能。SULT2B1b 的表达在人角质形成细胞中通过 LXR 和 PPAR 激活而增加，其表达和酶活性随钙诱导的角质形成细胞分化而增加。SULT2B1b 在分化的人角质形成细胞中表达，在皮肤中将 3β-羟基类固醇（如孕烯醇酮和脱氢表雄酮）生物转化为硫酸盐，将具有高亲和力的胆固醇转化为硫化胆固醇。这不仅在角质形成细胞脱皮中起主要作用，而且对于皮肤脂质的稳态也是很重要的。

12.5.3　化妆品在皮肤代谢与转化中的检测模型

《欧盟化妆品指令第七修正案》的现有实施条例中，禁止使用动物测试化妆品中的化合物，因此体外模型的测试方法逐渐被使用。人体皮肤兼具物理和生化屏障功能，除了表皮作为皮肤屏障的关键结构外，各种代谢酶和转运蛋白成为皮肤的第二生化屏障。表皮主要是角质形成细胞，与人类皮肤中的其他细胞，如成纤维细胞、单核细胞和淋巴细胞相比，角质形成细胞中发现更多代谢相关的酶。因此，角质形成细胞是药物代谢的主要部位，皮肤的代谢可以从人工培养的角质形成细胞中研究和评估。

培养角质形成细胞有以下 3 种方法：①角质形成细胞在含有 1.5mmol/L 钙的培养基中培养并生长至融合；②角质形成细胞悬浮在甲基纤维素等基质中增殖；③ "器官型方法"，体外模拟角质形成细胞在体内每个分化阶段形成相应的皮肤结构层。

与人体皮肤最接近的是 "器官型方法"，大约 8 天内可获得完全分化，形成发育较好的角质层。这样的皮肤模型能将睾酮代谢为更加极性和非极性的化合物，这些化合物类似于新生儿包皮的代谢物。由于人角质形成细胞培养条件不同，它们代谢能力存在较大差异，为了进行标准化，建立了人角质形成细胞系，包括 HaCaT 和 NCTC 2544 细胞，用于研究酶的代谢活性。HaCaT 细胞是一种自发永生的男性角质形成细胞系，已被广泛使用于皮肤细胞毒性和致敏性测试。

动物测试是皮肤代谢和毒理学测试的首选方法，而新鲜切除的人体皮肤也存在供应有限性和可变性，出于道德伦理的考虑，可使用重建的皮肤模型来评估异种生物代谢安全性。皮肤器官型三维模型比角质形成细胞单层培养更真实地反映了体内情况。在两个欧洲化妆品研究计划中提及使用三维皮肤模型进行遗传毒性测试。目前已经在应用的皮肤替代模型主要有以下两种：EpiDerm 是一种源自人类新生儿包皮角质形成细胞的三维多层皮肤培养物；Episkin 是一种源自乳房成形术的女性成年角质形成细胞衍生的重建人表皮模型。根据新的《欧盟化妆品指令第七修正案》，该法规已表明禁止对化妆品进行动物测试，包括皮肤刺激性和遗传毒性测试，为此化妆品行业的皮肤代谢研究重点放在体外实验。将体外皮肤新陈代谢测试产生的固有清除数据与皮肤外植体测试的皮肤渗透信息相结合，可以计算出化妆品中的化学物质在局部皮肤的浓度、化学物质在角质形成细胞中的平均停留时间和进入体循环的母体化学物质及其代谢物的量。这些局部使用化学物质的生物利用度信息是化妆品成分进行安全评估的关键部分。

欧盟消费者安全科学委员会（SCCS）表明，如果人皮肤供应有限，猪皮可能成为替代皮肤模型。从组织学和生理学角度而言，猪皮渗透性与人的皮肤类似，两者角质层的脂质组成以及层状组织相似。同位素标记的化学物质在猪和人皮肤施用 24h 和 48h 后，两者在皮肤和培养基中放射性同位素的总量相当。另外，猪皮肤在代谢方面与人皮肤相似，含有异种生物代谢的关键氧化酶家族细胞色素 P450（CYP）以及 Ⅱ 期酶，包括 UDP-葡萄糖醛酸转移酶（UGT）和磺基转移酶（SULT）。因此，猪皮在评估局部应用化学物质的皮肤代谢方面具有良好的应用价值。

思考题

1.皮肤有哪些功能？

2.什么是透皮吸收？

3.皮肤的结构包括_____、_____和_____，其中影响化妆品透皮吸收的皮层结构主要是_____。

4.试阐述皮肤结构与皮肤衰老的关系。

5.黑素小体如何形成？从黑色素的形成谈谈去色素化妆品的开发思路。

6.如何提高化妆品的透皮吸收率？

7.体外渗透测试的扩散池包括_____和_____。简述两种试验的优缺点和基本过程。

8.试比较体内和体外渗透试验的差异和优缺点。

9.人体皮肤中Ⅰ期和Ⅱ期异种生物代谢酶主要有哪些？

10.简述 EpiDerm 和 Episkin 的概念。

第 13 章
表面活性剂化学

　　表面活性剂是一类同时含有亲水基团和亲油基团的化合物，由于其具有润湿、乳化、渗透、起泡、分散、洗涤、匀染、加溶、增稠、杀菌和防腐等独特性能，用途极其广泛，常被应用于食品、农药、医药、日用化工等几乎所有工业部门，特别是化妆品行业。表面活性剂发展日新月异，各种研究专著不断涌现，各种新产品层出不穷。本章将从表面活性剂结构特点、分类、来源，到性质、功能和应用等几个方面，较详细地介绍表面活性剂。

13.1　表面活性剂结构特征

　　表面活性剂（surfactant）是指以较低浓度就能使目标溶液表面张力下降，从而显著改变溶液界面状态的一类物质。

　　物质的界面是指物质相与相的分界面。油和水互不相溶，油与水混在一起分为两层，其中的分界面即为油水界面。物质有气、固、液三种聚集状态，相应地就有气-液、气-固、液-液、液-固、固-固等五种不同的相界面。当组成界面的两相中有一相为气相时，常称为表面。

　　物质的表面与其内部，无论在结构上还是在化学组成上都有明显的差别，这是因为物质内部原子受到周围原子的相互作用是相同的，而处在表面的原子所受到的作用力是不相同的。液体表面分子所受液相分子的引力比所受气相分子的引力大，产生了表面分子受到指向液体内部并垂直于表面的引力，因此表面分子有向液相内部迁移的趋势，从而使液体表面具有张力，有自发收缩的趋势，其表现是小液滴呈球形，例如水银珠、植物叶片上的露珠。这种引起液体表面自动收缩的力叫表面张力，单位为 mN/m。常温时纯水的表面张力为 72mN/m，当加入少量醇醚硫酸钠后，溶液的表面张力降低到 30mN/m。

　　表面活性剂同时具有亲水基团和亲油基团。其分子结构具有两亲性，一端为对水有亲和性的亲水基团，另一端为对烃有亲和性的亲油基团。亲水基团常为极性基团，如羧基、磺酸基、硫酸酯基、羟基、酰胺基、醚氧基、氨基或胺基及其盐类。亲油基团常为非极性烷烃链、环烃链、芳烃链、碳氟链、碳硅链、聚氧丙烯链，以及 8 个碳原子以上的脂肪酸、脂肪醇、羧酸酯、聚醚等物质。

　　表面活性剂的表面张力源于表面活性剂分子的两亲性结构。当表面活性剂溶于水时，亲油基团受到水分子的排斥而逸出水面，而亲水基团又受到水分子的吸引，这样就形成了一种不稳定的状态。为克服这种状态，分子就只有占据溶液界面，将亲水基伸向水相，而将亲油基伸向气相或油相，在界面富集形成定向单分子吸附层，使气-水界面或油-水界面的张力下降，从而表现出表面活性。表面活性剂能在各种界面上定向排列，而在其内部能形成胶束，其作用主要表现在能改变物质表面的物理化学性质，从而产生吸附、乳化、润湿、起泡、增溶、分散等一系列特殊的性能，常被用作乳化剂、发泡剂、去污剂、增稠剂等。

　　表面活性剂对分子链长度有一定要求。例如，CH_3CH_2COONa、CH_3COONa，它们分子中虽都含有亲水基—COONa 和亲油基—R，但由于烃链过短，亲油能力很弱，没有表面活性。而当烃链大于 C_{20}，由于烃链过长，亲油能力太强而不溶于水，表面活性很差。因此，只有当烃链长度在 $C_{12} \sim C_{18}$ 范围内才是性能良好的表面活性剂。

13.2 表面活性剂分类

表面活性剂种类繁多，分类方法多种多样。常用的分类方法有按溶于水后亲水端基的离子类型，以及按组成、来源和功能的特殊性等两种分类方法。

13.2.1 按离子类型分类

按溶于水后的亲水端基的离子类型分类，可分为阴离子型表面活性剂、阳离子型表面活性剂、两性型表面活性剂等离子型表面活性剂，及非离子型表面活性剂。

13.2.1.1 离子型表面活性剂

（1）阴离子型表面活性剂 阴离子型表面活性剂是应用最早、产量最大的一类表面活性剂。其亲油基主要为烷基、烷基苯等，亲水基主要为钠盐、钾盐、乙醇胺盐等水溶性盐类。阴离子型表面活性剂主要有羧酸盐（$RCOO^- M^+$）、烷基硫酸酯盐（$ROSO_3^- M^+$）、烷基磺酸盐（$RSO_3^- M^+$）、烷基磷酸酯盐（$ROPO_3^- M^+$）等四种类型。

① 羧酸盐型表面活性剂。羧酸盐型表面活性剂是以羧基为亲水基的一类阴离子型表面活性剂，俗称皂类表面活性剂。分子中含有—COOM 基团，主要有钠盐、钾盐、铝盐和有机碱皂。羧酸盐型表面活性剂有很好的润湿能力和去污能力，常在中性和碱性条件下使用。

月桂酸钠，又名十二烷酸钠。白色结晶或粉末，溶于热水和热醇，难溶于冷醇。发泡性能好，常用作清洗剂。其结构式如下：

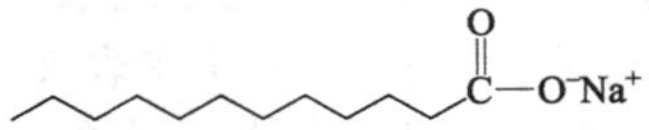

脂肪醇醚羧酸盐（AEC），是表面活性剂行业发展的新品种，以其可生物降解、无毒、温和等各种优良的性能，广泛应用于纺织、印染、石油化工及个人护理产品等领域中。与烷基多苷、醇醚磷酸单酯同被称为"90 年代的绿色品种"。其结构式如下：

$$RO(CH_2CH_2O)_n CH_2COONa$$

② 硫酸酯盐型表面活性剂。硫酸酯盐型表面活性剂是指分子中含有 $ROSO_3M$ 的一类阴离子型表面活性剂。M 为碱金属、NH_4^+ 或有机胺盐，R 为 $C_8 \sim C_{18}$ 的烃基、$C_{12} \sim C_{14}$ 的醇。硫酸酯盐型表面活性剂具有良好的发泡力和洗涤能力，能在硬水中使用。

月桂醇硫酸钠，又称 K12、十二烷基硫酸钠，易溶于水。具有起泡性能好、去污能力强、乳化性能好、无毒，能被微生物降解等优点。可作牙膏发泡剂、选矿发泡和捕捉剂、药膏乳化剂、纺织品的洗涤剂。由于其刺激性较大，在化妆品中使用量已经逐步减少。其结构式如下：

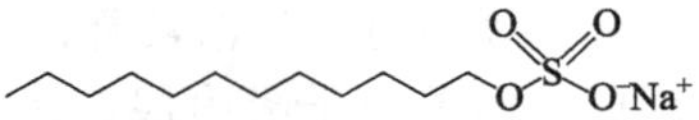

月桂醇聚醚硫酸酯钠，又称 SLES，淡黄色黏稠液体，易溶于水。具有优良的去污、乳化和发泡性能，有良好的增稠特性和发泡能力。常用于液体洗涤、餐洗、洗发香波、浴用洗涤等日用化学行业中。在化妆品中，因仍有一定刺激性，不适合敏感皮肤和干性皮肤长期使用。其结构式如下：

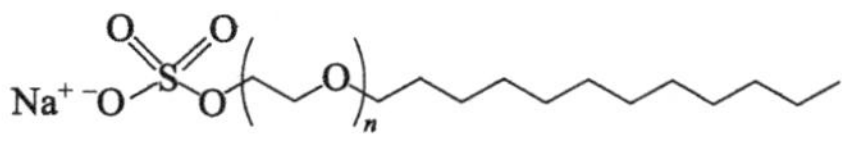

$$Na^+ \quad O-S-O-(O-)_n$$

③ 磺酸盐型表面活性剂。分子中含有—CSO₃M 基团的表面活性剂，称为磺酸盐型表面活性剂。这类表面活性剂是目前产量最大、用途最广泛的一类，包括烷基苯磺酸盐等石油磺酸盐、木质素磺酸盐等。常用的有烷基苯磺酸钠、烷基苯磺酸钙、烷基苯磺酸三乙醇胺、烷基萘磺酸钠。磺酸盐型表面活性剂去污力强、泡沫力好，在酸、碱和某些氧化剂溶液中能稳定存在，易喷雾干燥成型，是优良的洗涤剂和泡沫剂。

十二烷基苯磺酸钠具有去污、润湿、发泡、乳化、分散等性能，生物降解度＞90％，在较宽的 pH 值范围内比较稳定，能溶于水，对水硬度不敏感，对酸、碱水解稳定性好。十二烷基苯磺酸钠大量用作各种洗涤剂、乳化剂，用于香波、泡沫浴等化妆品中。其结构式如下：

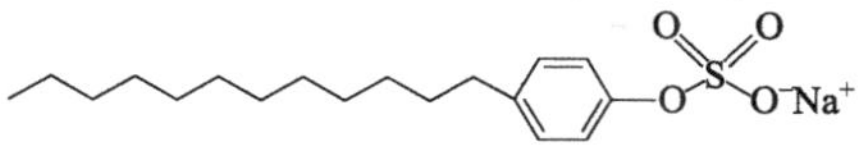

④ 烷基磷酸酯盐型表面活性剂。烷基磷酸酯盐为阴离子表面活性剂，具有抗静电性、易湿润、耐酸、耐碱等特点，适用于皮肤洗净、化妆品乳化、纺织、皮革、造纸等方面。分为单酯盐和双酯盐，市售的产品为单双酯盐、醇、磷酸、焦磷酸或它们相应酯的混合物，其中单烷基磷酸酯盐含量一般在 30％～65％。

十六碳醇磷酸酯二钾盐，即鲸蜡醇磷酸酯钾，是一种 O/W 型阴离子表面活性剂，具有优良的乳化、增溶和分散性能，能增强乳化界面膜的稳定性。类似于天然磷脂，与皮肤相容性好，对皮肤和眼睛极其温和无刺激，能乳化各种酯类，有较宽的 pH 值稳定范围。添加量一般为 1.5％～4％。其结构式如下：

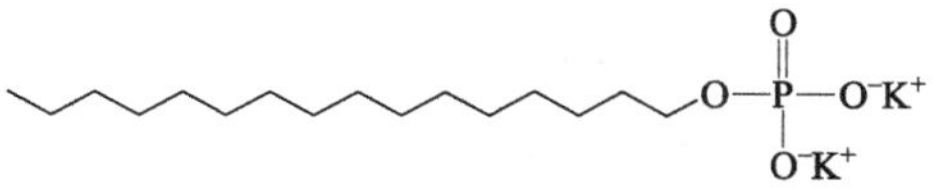

阴离子型表面活性剂主要用于洁面乳、洗发香波、洗衣粉、洗衣液等洁净类产品中。

（2）阳离子型表面活性剂 几乎所有的阳离子型表面活性剂都是含氮化合物，即有机胺的衍生物。其表面活性由带正电荷的表面活性离子显现。主要有脂肪胺盐型、季铵盐型、烷基吡啶鎓型、烷基咪唑啉型等。

① 脂肪胺盐型表面活性剂。脂肪胺盐型表面活性剂包括伯胺、仲胺和叔胺与酸的反应产物，常见的胺盐为 RNH_2HX，X 为 Cl^-、Br^-、I^-、CH_3COO^-、NO_3^- 等。脂肪胺盐型表面活性剂是弱碱盐，只在酸性条件下具有表面活性，可用作乳化剂、分散剂、润湿剂和浮选剂。

阳离子表面活性剂因具有抗静电性、抗菌性和柔软性等特殊功能而被广泛应用。但它与阴离子表面活性剂复配时，由于阴阳离子间强烈的静电作用，使该混合体系浓度超过甚至低于临界胶束浓度（CMC）时即产生沉淀或发生相分离，特别是当等物质的量混合时。这妨碍了实际应用，使研究仅局限于碳链相对较短的表面活性剂。当阳离子表面活性剂分子中引入环氧乙烷基或 2-羟丙基时，就大大增加了水溶性，使其容易和阴离子表面活性剂复配使用。月桂烷醇聚氧乙烯醚羟丙基三甲基氯化铵结构式如下：

$$C_{12}H_{25}O(CH_2CH_2O)_9CH_2CHCH_2\overset{+}{N}(CH_3)_3Cl^-$$
$$\underset{OH}{|}$$

② 季铵盐型表面活性剂。季铵盐型表面活性剂是含有 $RN^+(CH_3)_3X^-$ 结构的物质。这类表面活性剂可以完全溶解各种细胞膜，具有很强的消毒、杀菌作用，可应用于术前皮肤

消毒、医疗器械与环境消毒、伤口与黏膜消毒等，在酸性、碱性或中性溶液中都非常稳定，是阳离子型表面活性剂中产量最大的一类，主要有消毒净、苯扎氯铵和苯扎溴铵等。

N，N-二甲基十二烷基苄基氯化铵，又称 1227、DDP、洁尔灭、匀染剂、TAN 等。产品为无色或淡黄色液体，易溶于水，不溶于非极性溶剂，抗冻、耐酸、耐硬水，化学稳定性好，属阳离子型表面活性剂。本品可作为化妆品的乳化剂。其结构式如下：

$$\left[C_{12}H_{25} - \overset{\underset{\displaystyle CH_3}{|}}{\underset{\underset{\displaystyle CH_3}{|}}{N^+}} - CH_2 - \underset{}{\underline{}}\bigcirc \right]^+ Cl^-$$

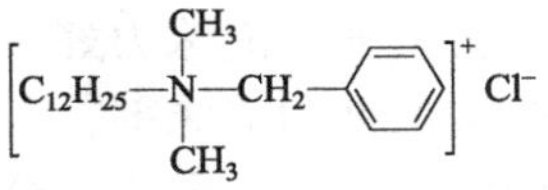

松香是一种来源丰富且价格便宜的天然化工原料，它的主要成分是树脂酸。经反应可得到松香醇、松香胺等衍生物。松香基季铵盐阳离子表面活性剂能溶于水，具有良好的润湿、乳化、分散性能，能够作为化妆品的乳化剂。其结构式如下：

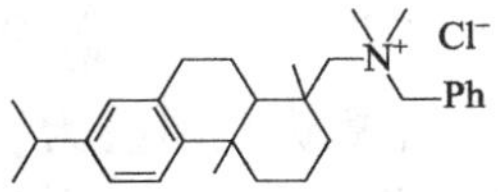

苯扎溴铵为八、十、十二、十四、十六、十八烷基二甲基苄基溴化铵的混合物，其主要成分是十二烷基二甲基苄基溴化铵，商品名称为新洁尔灭，属季铵盐阳离子表面活性剂，具有洁净、杀菌消毒和灭藻作用，广泛用于杀菌、消毒、防腐、乳化、去垢、增溶等。为无色至淡黄色的澄明液体，有芳香气味，强力振摇会产生多量泡沫，遇低温时可能发生浑浊或沉淀。其结构式如下：

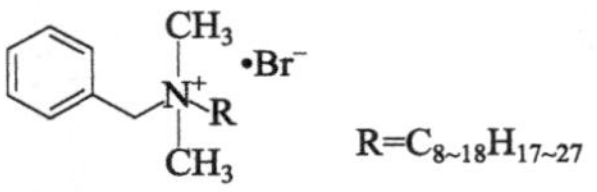

$$R = C_{8\sim18}H_{17\sim27}$$

阳离子型表面活性剂主要用作柔软剂、抗静电剂、头发调理剂、杀菌剂、乳化剂和消毒剂等。

（3）两性型表面活性剂　两性型表面活性剂分子中带有两个亲水基团，一个带正电，一个带负电。正电性基团主要是胺基或季铵基等含氮基团，或由硫和磷取代氮的位置而得到的衍生物。负电性基团主要是羧基、磺酸基或磷酸基。甜菜碱类、卵磷脂类、咪唑啉类、氨基丙酸类（$RN^+H_2CH_2CH_2COO^-$）等四类是重要的两性型表面活性剂。它们具有抗静电、柔软、杀菌和调理等作用，尤其是咪唑衍生物和甜菜碱衍生物更有实用价值，具有刺激性低、耐硬水力强、水溶性好等优点。

① 咪唑啉型两性表面活性剂。咪唑啉型两性表面活性剂是指分子中含有脂肪烃咪唑啉基团（间二氮杂环戊烯结构）的表面活性剂。它是两性表面活性剂中产量最大、种类最多、应用最广泛的一类，包括羧基咪唑啉型、磺酸咪唑啉型、磷酸咪唑啉型和含氟咪唑啉型等四类。

咪唑啉硫酸酯盐型两性表面活性剂结构式如下：

$$CH_3(CH_2)_7CH=CH(CH_2)_7-C-N-CH_2CH_2OSO_3^-$$

月桂酰两性乙酸钠，色泽浅，气味低，与阴离子、阳离子、非离子表面活性剂在很宽的 pH 值范围内有良好的相容性。十分温和、低毒、低刺激性，并可有效降低其他表面活性剂（AES 等）的刺激性，有很高的发泡能力，泡沫细腻而稳定。广泛用于个人清洁产品，尤其对敏感性皮肤，作为主表面活性剂或辅助表面活性剂能配制十分温和的产品，如儿童及成人高泡沫、低刺激性香波和沐浴露，可用于生产温和洗面奶、洗手液、泡泡浴、剃须膏及防晒产品。其结构式如下：

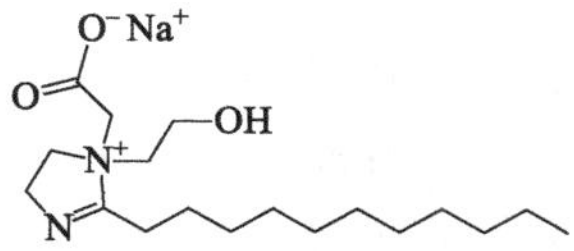

② 甜菜碱型两性表面活性剂。甜菜碱型两性表面活性剂是指分子中构成阳离子部分的是季铵盐的化合物，如 $(CH_3)_3N^+CH_2COO^-$。其最初是从甜菜中提取出来的天然含氮化合物。甜菜碱型两性表面活性剂最大的特点是在酸性、碱性或中性溶液中都能溶解，即使是在等电点时也没有沉淀。磺基甜菜碱可提高产品的润湿、起泡和去污能力，当与阴离子型表面活性剂混合使用时，可显著降低对皮肤的刺激性。甜菜碱型两性表面活性剂还可用作杀菌消毒剂、织物干洗剂、胶卷助剂、双氧水稳定剂、抗静电剂和采油助剂。

羧酸基甜菜碱型结构式如下：

$$R-\overset{\underset{\displaystyle CH_3}{|}}{\underset{\displaystyle CH_3}{N^+}}-CH_2COO^-$$

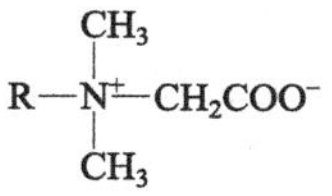

磺酸基甜菜碱型结构式如下：

$$R-\overset{\underset{\displaystyle CH_3}{|}}{\underset{\displaystyle CH_3}{N^+}}-CH_2CH_2SO_3^-$$

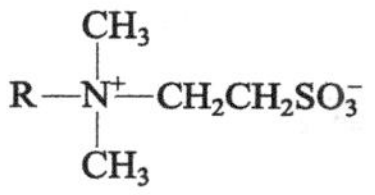

硫酸基甜菜碱型结构式如下：

$$\left[R-\overset{\underset{\displaystyle CH_3}{|}}{\underset{\displaystyle CH_3}{N^+}}-(CH_2)_nO\right]SO_3^-$$

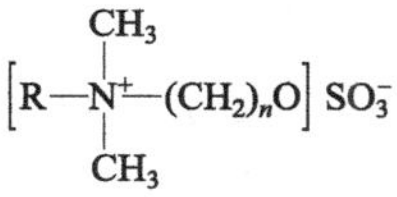

③ 氨基酸型两性表面活性剂。氨基酸中氨基上的氢原子被长链烃基取代就成为具有表面活性的氨基酸型两性表面活性剂。根据取代基的不同，有羧酸型和磺酸型。氨基酸型两性表面活性剂在强碱溶液中，仍是一种良好的乳化剂、泡沫剂和去污剂。

两性型表面活性剂具有良好的生物降解性、极强的耐硬水性、耐高浓度电解质性、低毒性刺激，可与其他表面活性剂配合使用。弱酸性的氨基酸类表面活性剂，pH 值与人体肌肤接近，加上氨基酸是构成蛋白质的基本物质，所以温和亲肤，敏感肌肤也可以放心使用。

N-十二烷基-β-氨基丙酸钠是一种典型的氨基酸型两性表面活性剂，易溶于水，对硬水和热稳定性良好，具有较好的润湿、渗透、洗涤、发泡、抗静电及易生物降解等性能。对皮肤和眼睛柔和，配伍性好，是良好的洗涤剂材料，可用于洗发香波等产品。其结构式如下：

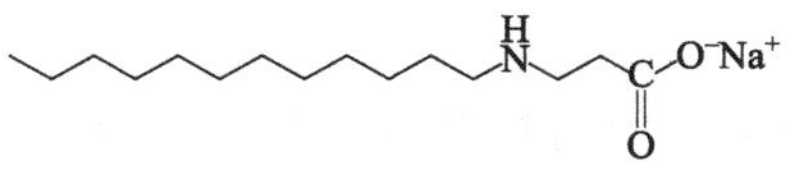

13.2.1.2　非离子型表面活性剂

非离子型表面活性剂是指在水中不能离解成离子状态的表面活性剂。其亲水基主要是多元醇、乙醇胺、聚乙二醇等片段。在水溶液中不电离，而是以分子或胶束状态存在于溶液中。其极性基不带电，并且不受强电解质、强酸、强碱的影响，稳定性高，相溶性好。

非离子型表面活性剂产量大，仅次于阴离子型表面活性剂。这类表面活性剂在洗涤用品中经常使用，常和离子型表面活性剂复配使用，主要用作发泡剂、稳泡剂、乳化剂、增溶剂和调理剂等。当作为一种主要成分和阴离子表面活性剂配合使用时，即使加入量很少，也能大大增加体系的去污能力。

（1）聚氧乙烯型表面活性剂　这类表面活性剂以氧乙烯基片段（EO）与含有活泼氢原子的化合物结合。连接的 EO 越多，水溶性越好，当 EO 数目较多时，整个分子就变成水溶性的。合成时，根据需要调节 EO 数目，可得到从油溶性到水溶性各种规格的非离子型表面活性剂，用途极为广泛。

①脂肪醇聚氧乙烯醚型。脂肪醇聚氧乙烯醚分子中，R 为 $C_8 \sim C_{18}$，$n = 1 \sim 45$，一般采用长链脂肪醇和环氧乙烷在氢氧化钠催化下直接缩合而成。长链脂肪醇常采用椰子油还原醇、月桂醇、十六醇、油醇及鲸蜡醇等。脂肪醇聚氧乙烯醚这类表面活性剂稳定性较高，生物降解性和水溶性均较好，并且有良好的润湿性能。

月桂醇聚氧乙烯醚（AE），又名平平加 O、平平加 O-20、匀染剂 O。具有优良的洗涤、乳化、分散、润湿、增溶等功能，且起泡力强，易漂洗，去污力优异，是表面活性剂中对皮肤刺激性最低的品种之一。它能与各种表面活性剂复配，降低它们的刺激性，改善产品的性能，它是温和型香波（如婴儿香波）、浴液、洗面奶等化妆品的最佳原料。代替 AES，既能降低产品的刺激性又不增加成本，它还可以作为乳化剂、柔软剂、润湿剂、发泡剂等。其结构式如下：

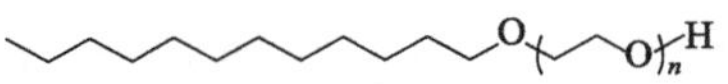

②烷基酚聚氧乙烯醚。烷基酚聚氧乙烯醚（APEO），通式为 $RArO(CH_2CH_2O)_n H$，烷基 R 一般为辛基或壬基，聚合度 n 为 $1 \sim 15$，Ar 为苯酚、甲酚或萘酚。这类表面活性剂性质非常稳定，可在酸、碱和较高温度时存在，但毒性较大，不易生物降解，常用于工业产品。烷基酚聚氧乙烯醚常见的有 OP 和 TX 两个系列。

OP-10 又叫匀染剂 OP 或乳化剂 OP，化学名称为十二烷基酚聚氧乙烯醚。乳化剂 OP 耐酸、耐碱、耐硬水、耐氧化剂和还原剂，对盐也比较稳定，具有助溶、乳化、润湿、扩散和洁净等作用。其结构式如下：

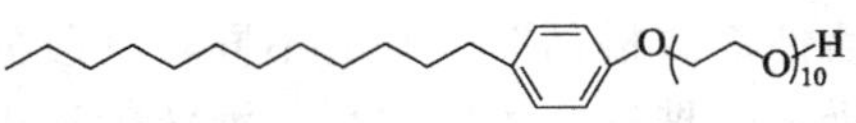

TX-10 又叫匀染剂 TX-10，化学名称为辛基酚聚氧乙烯醚-10。TX-10 具有较好的去污、润湿和乳化作用，还有较好的匀染和抗静电性能。其结构式如下：

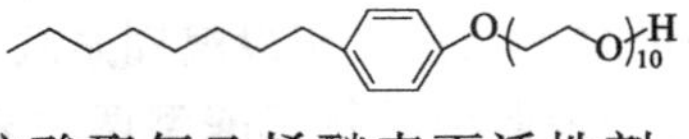

③脂肪酸聚氧乙烯醚。脂肪酸聚氧乙烯醚表面活性剂，分子中含有酯基，在酸、碱性热溶液中易水解，不如亲油基与亲水基以醚键结合的表面活性剂稳定。此种表面活性剂的起泡性、渗透性和洗涤能力都较差，但具有较好的乳化性和分散性，主要用作乳化剂、分散剂、纤维油剂及染色助剂等。

④脂肪胺聚氧乙烯醚。环氧乙烷与烷基胺发生加成反应，能生成 2 种不同的脂肪胺聚氧乙烯醚反应产物。这类非离子表面活性剂与其他非离子表面活性剂相比，具有非离子和阳离子两者的性质，如耐酸不耐碱，有一定的杀菌性等。当氧乙烯基片段的数目较大时，非离子性增加，在碱性溶液中不再析出，表面活性不受破坏。由于非离子性增加阳离子性减少，可与阴离子型表面活性剂混合使用。脂肪胺聚氧乙烯醚的结构式如下：

$$R-N \begin{cases} CH_2CH_2 + (C_2H_4O)_{n-2} OCH_2CH_2OH \\ CH_2CH_2 + (C_2H_4O)_{n-2} OCH_2CH_2OH \end{cases}$$

其中，$R = C_{12} \sim C_{18}$。

（2）多元醇型表面活性剂　多元醇型表面活性剂是由多元醇与脂肪酸进行部分酯化制备得到的。其亲水性是由部分未酯化的游离羟基提供的。主要有蔗糖、山梨糖醇、甘油醇的衍生物，以及聚氧乙烯、聚氧丙烯生成的聚合型表面活性剂及烷基多苷类表面活性剂。这类表面活性剂的亲水性比较差，其中大多是油溶性的。为提高其亲水性，将多元醇部分酯环氧乙烷化，生成的化合物也是一类非离子表面活性剂。

多元醇表面活性剂具有低毒、无刺激等特性，被广泛应用于食品、化妆品和医药工业中。主要有司盘型和吐温型两个系列。

① 司盘（span）型。司盘型表面活性剂是山梨醇酐和各种脂肪酸形成的酯。不同的脂肪酸决定了不同的商品牌号，如：司盘-20 是失水山梨醇（山梨醇酐）和月桂酸生成的酯，司盘-40 是失水山梨醇与棕榈酸生成的酯，司盘-60 是失水山梨醇与单硬脂酸生成的酯，司盘-65 是失水山梨醇与三硬脂酸生成的酯，司盘-80 是失水山梨醇与单油酸生成的酯，司盘-85 是失水山梨醇与三油酸生成的酯。这类表面活性剂都是油溶性的，HLB 值在 1.8～3.8 之间，因其亲油性较强，一般用作水/油乳剂的乳化剂。其结构通式如下：

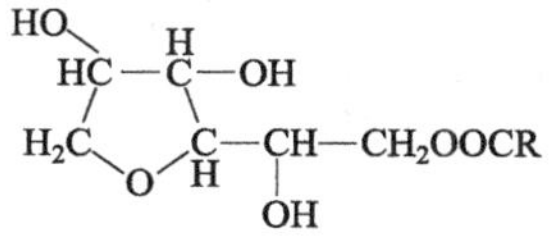

② 吐温（tween）型。吐温型表面活性剂是指聚氧乙烯去水山梨醇的部分脂肪酸酯。司盘型表面活性剂不溶于水，如欲使其水溶，可在未酯化的羟基上接聚氧乙烯基片段，从而成为相应的吐温型。这类表面活性剂较司盘型亲水性大大增加，为水溶性表面活性剂，用作增溶剂、乳化剂、分散剂和润湿剂。

吐温-80，又名聚山梨酯-80。常作为乳化剂、增溶剂、稳定剂应用于药物制剂中。吐温-80 是由油酸山梨坦和环氧乙烷聚合而成的聚氧乙烯脱水山梨醇单油酸酯。其结构中有 3 个支链，每个支链中聚乙氧基（—CH_2CH_2O—）的数量不一，但整个分子的聚乙氧基数为 20，不存在共轭双键，没有紫外吸收。其结构式如下：

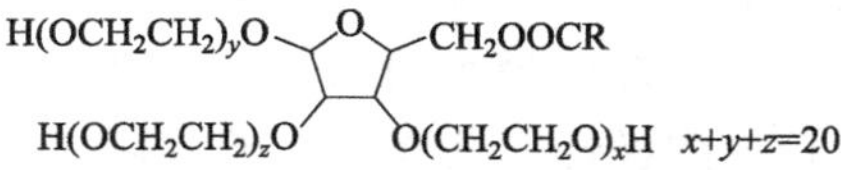

（3）聚醚型表面活性剂　这是一类由环氧乙烷和环氧丙烷生成的嵌段聚合物。其亲油基是聚氧丙烯基，亲水基是聚氧乙烯基。亲水、亲油部分的大小，可以通过调节聚氧丙烯和聚氧乙烯比例加以控制。这类产品，因起始剂的种类、环氧化合物聚合顺序以及聚合物的分子量不同，产品品种繁多。按其聚合方式可分为整嵌、杂嵌、全嵌三种类型。

整嵌型聚醚是在指起始剂上先加成一种环氧化合物，然后再加成另一种环氧化合物得到的产物。杂嵌型聚醚有两种：一种是起始剂上先加上一种环氧化合物，然后再加成两种或多种环氧化合物混合物得到的产品；另一种是在起始剂上先加成混合的环氧化物，然后再加成单一的环氧化物所得的产物。全嵌型聚醚是指在起始剂上先加成一定比例的两种或多种环氧化合物的混合物，然后再加上比例不同的同种混合物或比例不变而环氧化物不同的混合物制得的产物。

聚醚中很多品种在低浓度时即有降低表面张力的能力，是许多 O/W、W/O 体系的有效乳化剂。聚醚有良好的钙皂分散作用，浓度很稀时即可防止硬水中钙皂沉淀。聚醚有较好的增溶作用，具无毒、无臭、无味、无刺激性。

松香酸与各种脂肪醇酯化，可得到松香基非离子表面活性剂。如松香十二醇酯、松香乙二醇酯、松香丙三醇酯。松香和聚甘油合成的松香聚甘油酯，属于多元醇类的非离子表面活性剂。聚甘油属于低分子量的多元醇线型醚类，可作为多元醇与酸酯化。随着甘油平均聚合度的增加，临界胶束浓度减小，表面张力降低，乳化力增强，润湿力增强。松香聚甘油酯非离子表面活性剂结构式如下：

$$HO \left[CHCHCO \right]_n H$$

（OH、R、R'）

非离子型表面活性剂安全性高，对人体表皮刺激性低，具有优良的稳定性，常用于清洗剂、个人护理清洁剂、皮肤护理产品中，特别适用于婴幼儿化妆品和敏感肌肤类产品中。

13.2.2　按特殊性分类

表面活性剂按其组成、来源和功能的特殊性分类，分为普通表面活性剂和特殊表面活性剂。特殊表面活性剂分为元素表面活性剂、高分子表面活性剂、生物表面活性剂、冠醚型表面活性剂、环糊精型表面活性剂、双子型表面活性剂和流星锤型表面活性剂等。这些表面活性剂因其结构特别，常表现出特殊的表面活性。

13.2.2.1　元素表面活性剂

普通表面活性剂的亲油基一般为碳氢链，称为碳氢表面活性剂。碳氢表面活性剂的氢原子的一个、几个或全部被氟、硅、硼、磷等元素取代，则称为元素表面活性剂。元素表面活性剂，特别是碳氟表面活性剂，具有其他表面活性剂所不具备的很多特殊性能。

（1）碳氟表面活性剂　碳氢表面活性剂分子中的氢原子部分或全部被氟原子所取代，就成为碳氟表面活性剂，简称氟表面活性剂。与烃类表面活性剂一样，碳氟表面活性剂也有阴离子、阳离子、非离子及两性型等多种类型。在碳氟表面活性剂中，RF 为一个既憎水又憎油的全碳氟链，可以根据需要改变其结构和长度。

碳氟表面活性剂具有很好的化学稳定性和热稳定性。这是由于 C—F 键能高，直链全氟烷烃的分子骨架是一条锯齿形碳链，四周被氟原子所包围，氟原子的半径比氢原子的半径稍大，可有效地将 C—C 链保护起来，即使最小的原子也难以楔入，并且由于氟原子的电负性远远大于碳，使 C—F 键具有较强的极性，其共用电子对强烈偏向氟原子，使氟原子带有多余负电荷，形成一种负电荷保护层，而使带负电的亲核试剂很难接近碳原子，从而形成氟原子对 C—C 链的有效屏蔽作用，使碳氟表面活性剂有极好的热稳定性，以及在强酸、强碱中具有优良的化学稳定性。常见碳氟表面活性剂可在 300℃ 以上的高温下使用而不发生分解，如 $C_9F_{17}OC_6H_4SO_3K$ 的分解温度在 335℃ 以上，使用温度可在 300℃ 左右。因此，即使在某些极端环境下，碳氟表面活性剂所表现出的性能仍是其他类型表面活性剂无可比拟的。

碳氟表面活性剂同时具有憎水性和憎油性。由于碳氟化合物分子间的范德华力小，碳氟表面活性剂在水溶液中自内部移至表面，比碳氢化合物所需的张力要小，从而导致强烈的表面吸附和很低的表面张力。也正由于碳氟链的范德华力小，它不仅与水的亲和力小，而且与碳氢化合物的亲和力也小，因此形成了既憎水又憎油的特性。利用它的这种憎水、憎油性质处理固体表面，可使固体表面抗水、抗粘、防污、防尘。例如聚四氟乙烯材料，其表面上不仅水不能铺展，碳氢油也不能铺展，不仅如此，多种物质在这种表面上都不易附着，大大减少了污染。

然而碳氟表面活性剂也有其弱点，如降低碳氢油/水的界面张力的能力不佳，某些品种在室温下的溶解度很小。通过将碳氟表面活性剂与碳氢表面活性剂复配，选取合适的盐类及疏水结构，可克服这些缺点。

新型碳氟表面活性剂有混杂型碳氟表面活性剂、低聚物型碳氟表面活性剂和无亲水基碳氟表面活性剂等几种。

全氟辛基磺酰基季铵碘化物（DF-134），具有明显降低表面张力的作用，在酸、碱及中性介质中均有良好的活性，淡黄色固体粉末，1%的水溶液可形成凝胶。用作润湿剂、铺展剂、匀染剂、防垢剂、灭火剂和疏水疏油剂。其结构式如下：

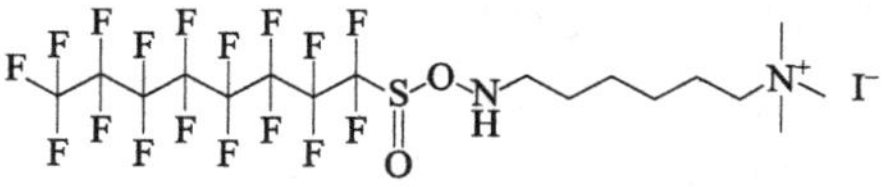

（2）碳硅表面活性剂　碳硅表面活性剂是指由聚二甲基硅氧烷和亲水基组成的物质。它是在聚二甲基硅氧烷为疏水主链，中间位或端位连接一个或多个有机硅极性基团而构成的一类表面活性剂。由于 Si—C 键较长，甲基上的氢能展开，碳硅表面活性剂具有很好的疏水性。此外，还具有无机物二氧化硅的耐低温性、耐候性，且具无毒、无腐蚀和生理惰性等优异性能。

碳硅表面活性剂按其亲水基的化学性质可分为非离子型、阴离子型、阳离子型和两性表面活性剂四大类。按其亲水基在主链上的位置，又可分为侧链型（亲水基悬挂在主链上）和嵌段型（亲水基与疏水基都处于主链上）。按其疏水基与亲水基连接基团不同还可分为硅-碳链-亲水基型和硅-氧-碳链-亲水基型。不同化学结构的碳硅表面活性剂其性质及应用领域会有所区别。

碳硅表面活性剂具有优良的润湿性、消泡性、稳泡性、生理惰性，乳化作用大和配伍性能好。新型的碳硅表面活性剂有有机硅改性聚乙烯醇型高分子表面活性剂、聚醚型硅氧烷表面活性剂、以糖类为亲水基的硅氧烷表面活性剂等几种。

二甲基硅氧烷低聚物，用于治疗男性秃头症添加于洗发、护发二合一香波，用作润肤剂、紫外线吸收剂、驱虫剂及杀螨杀虫剂。

（3）磷酸酯盐型表面活性剂　磷酸酯盐型表面活性剂是由高级醇或聚氧乙烯化的高级醇与磷酸化试剂反应，再用碱中和而得到的产物，可分为单酯、双酯和三酯等三种。磷酸酯型表面活性剂的结构类似于天然磷脂，从而有利于模拟生物体内环境，强亲油性尾链可调节整个分子的油溶性，既可分散磷酸头部的净电荷，又可克服因表面活性剂与蛋白质的过强作用而难以分离的不良缺陷。磷酸酯盐型表面活性剂抗静电性好、生物降解性好，广泛用于配制合成纤维油剂、染色助剂和抗静电剂。

磷酸酯盐型表面活性剂是近年来研究和应用发展较快的一种功能优良的新型阴离子表面活性剂。它们具有以下优良特性：①低毒性；②低刺激性，特别是其盐类同其他活性剂相比有显著的低刺激性；③显著的可生物降解性；④与其他表面活性剂配伍时的良好互溶性；⑤与水的宽范围溶解性；⑥良好的耐酸、耐碱及耐电解质性；⑦良好的耐温性；⑧较低的表面张力和较好的水润湿性；⑨对化纤织物的突出抗静电性；⑩对金属表面的专门润滑性。

双链磷酸酯型表面活性剂结构式如下：

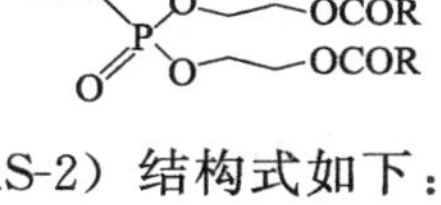

N-十二烷基羟乙基铵磷酸酯（AS-2）结构式如下：

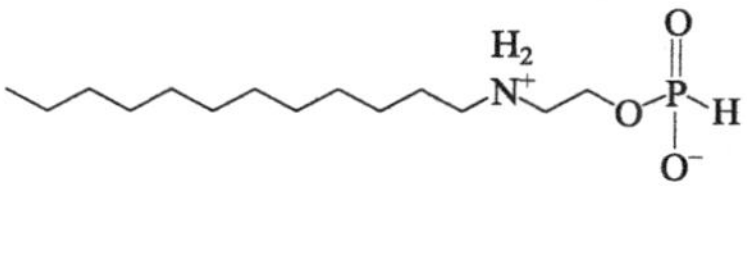

(4) 硼酸酯型表面活性剂　硼酸酯型表面活性剂的亲水基团是四配位硼氧螺环负离子，结构稳定。因而它的沸点高，不挥发，高温下极稳定，无毒，无腐蚀性且具有阻燃性。因此，它们具有一般表面活性剂无法替代的优点，可用作气体干燥剂、润滑油、抗静电剂、分散剂和乳化剂等。

硼酸酯型表面活性剂随结构不同，可分别形成硼酸单酯、双酯、三酯和四配位硼螺环结构。例如甘油酯类硼酸酯型表面活性剂，主要包括单甘酯类和双甘酯类。合成含硼特种表面活性剂时所采用的化合物一般为硼酸，其结构单元是平面三角形，每个硼原子以 sp^2 杂化与氧原子结合，此时硼仍是缺电子原子，易与有机化合物中的羟基发生配位反应，经脱水后形成硼酸酯。通过甘油和硼酸不同配比的反应，可分别生成中间体单甘酯和双甘酯。

硼酸酯两性表面活性剂（REAB）在 pH 6.6～9.1 范围内显示两性特征，在 pH 5～11 范围内表面活性优良。其结构式如下：

$$C_{12}H_{25}-N\begin{array}{c}CH_2CH_2O\\ \\CH_2CH_2O\end{array}B-OH$$

13.2.2.2　高分子表面活性剂

高分子表面活性剂，通常指分子量在 $10^3\sim10^6$、具有表面活性的物质。广义上，凡是能够减小两相界面张力的大分子物质皆可称为高分子表面活性剂。与低分子表面活性剂相比，高分子表面活性剂具有以下特点：①具有较高的分子量，可形成单分子胶束或多分子胶束；②溶液黏度高，成膜性好；③具有很好的分散、乳化、增稠、稳定以及絮凝等性能；④渗透能力差，起泡性差，常作消泡剂；⑤大多数高分子表面活性剂是低毒或无毒的，具有环境友好性；⑥降低表面张力能力较弱，且表面活性随分子量的升高急剧下降，当疏水基上引入氟烷基或硅烷基时其降低表面张力的能力显著增强。

高分子表面活性剂，按亲水基的性质可分为阴离子型、阳离子型、两性离子型和非离子型四类；按其来源可分为天然、半合成和合成型三类。天然高分子表面活性剂如各种淀粉、树胶及多糖等；半合成高分子表面活性剂如改性淀粉、纤维素、蛋白质和壳聚糖等；合成高分子表面活性剂如聚丙烯酰胺、聚丙烯酸和聚苯乙烯-丙烯酸共聚物等。

(1) 天然高分子表面活性剂　天然高分子表面活性剂是指从动植物中分离、精制而得到的水溶性高分子化合物。具有优良的增黏性、乳化性和稳定性，并且具有较高的安全性和易降解等特性，因此广泛应用于食品、医药、化妆品及洗涤剂工业。最早使用的高分子表面活性剂有淀粉、纤维素、腐殖酸类、木质素类、聚酚类、单宁和栲胶、植物胶和生物聚合物等。

海藻酸钠（NaAlg），又称褐藻酸钠或褐藻胶，是从褐藻类的海带或马尾藻中提取的一种天然多糖，是一种天然高分子表面活性剂，对油脂有较好的乳化作用。由于其亲水性强，黏度大，具良好的保护胶体性能，在药剂上作为助悬剂、乳化剂、增稠剂和微囊的囊材等。海藻酸钠的分子式为 $[C_6H_7O_6Na]_n$，由 α-L-古罗糖醛酸（G 段）和 1,4-聚-β-甘露糖醛酸（M 段）组成。其结构式如下：

（2）改性高分子表面活性剂　天然高分子表面活性剂虽然具有一定的乳化和分散能力，但由于有较多的亲水性基团，其表面活性较低。在自然界中的含量十分丰富，价格低廉，来源广泛，其种类较多，经过化学改性可得到各种性能的新型高分子表面活性剂。

羟乙基纤维素（HEC）是由纤维素和环氧乙烷或氯乙醇经醚化反应得到的产品。羟乙基纤维素是白色或微黄色易流动的粉末，易溶于水，不溶于大多数有机溶剂，具有良好的水溶性，并且在水溶液中的性质比较稳定，可以与大多数物质共存而不发生化学反应。在食品、医药领域中，羟乙基纤维素主要作为增稠剂、分散剂、稳定剂和缓释材料等，也可应用于局部用药的乳剂、软膏剂等多种剂型中。其分子结构如下：

羟乙基纤维素（HEC）：

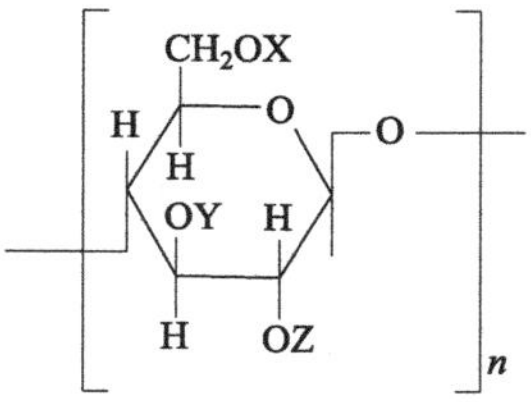

$$
\text{式中：} \quad X = \left(CH_2CH_2O \right)_x H
$$

$$
Y = \left(CH_2CH_2O \right)_y H
$$

$$
Z = \left(CH_2CH_2O \right)_z H
$$

壳聚糖（CS）是多糖中唯一的碱性多糖，是一种安全无毒、可生物降解并具有良好生物相容性的天然高分子材料。由于壳聚糖缺乏有效的疏水结构，不能被稳定地吸附在两相界面上，导致其表面活性很小，并且壳聚糖只能溶于一些稀的无机酸或有机酸中，不溶于水和大多数有机溶剂，这大大地限制了壳聚糖的应用。壳聚糖结构中含有 C_2—NH_2、C_6—OH 等反应活性基团，均具有较强的反应活性，可以通过烷基化、酰化、羟基化等方法将疏水性和亲水性的功能基团连接到壳聚糖上，制备成具有较高表面活性的壳聚糖衍生物。以壳聚糖为原料，在壳聚糖分子中引入羟丙基，改善分子的空间结构，制备水溶性衍生物羟丙基壳聚糖，然后引入疏水性的碳链结构，可以制得具有较强表面活性的 O-羟丙基-N-辛基壳聚糖。其分子结构如下：

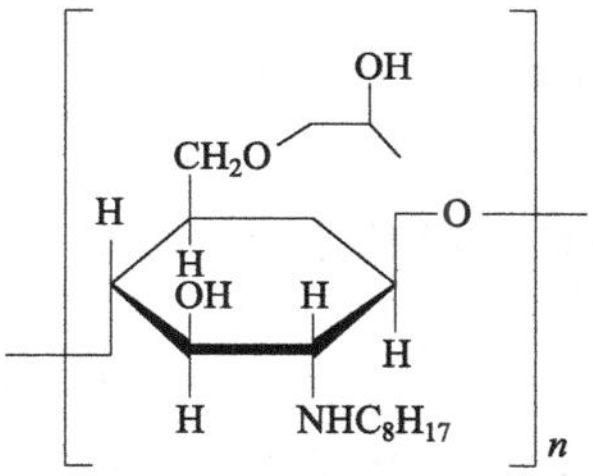

烷基糖苷（APG）亦称烷基多糖苷，是一种性能优良的新型非离子型表面活性剂。烷基糖苷能与其他表面活性剂配合使用，起协同作用，将其加入洗涤剂中，可以提高去污能力，同时还具有柔软、抗静电和防收缩功能。烷基糖苷还具有广谱的抗菌作用，对革兰氏阴性菌、阳性菌和真菌都有一定的抗菌活性，可作为消毒清洗剂。其分子结构如下：

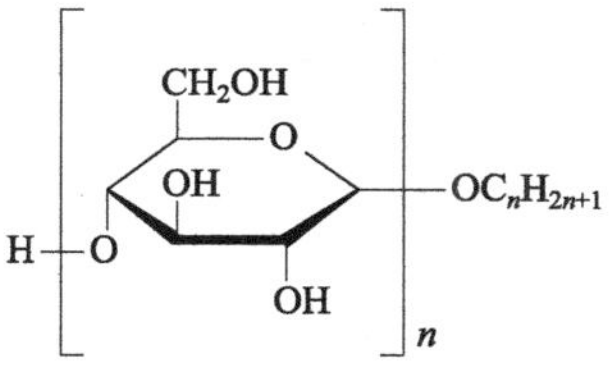

纤维素基高分子表面活性剂的合成，大多以水溶性纤维素衍生物为起始原料，通过引入疏水链提高表面活性。两亲性纤维素基棕榈酰单酯硫酸酯盐高分子表面活性剂结构式如下：

（3）合成高分子表面活性剂　合成高分子表面活性剂是指亲水性单体均聚或与憎水性单体共聚而成，或通过合成高分子化合物改性而制得。根据单体的种类、合成方法、反应条件和共聚物组成等不同，可以得到各种各样的高分子表面活性剂。

卡波树脂是一类重要的高分子表面活性剂。它是以丙烯酸、甲基丙烯酸及其酯类为单体，以聚烷基蔗糖或聚烷基季戊四醇等为交联剂而得到的一类聚合物。具有优良的增稠性、凝胶性、黏合性、乳化性和悬浮性等，在较宽的 pH 范围内均具有增稠效果。根据原料和聚合度不同，卡波树脂有 342、934、940、941、971P、974P、980、981、1342、1382、2020、2984、5984 等各种型号，各型号的流变性、成膜性、黏度等性能均有差异。

卡波 940 为丙烯酸与烯丙基蔗糖或季戊四醇烯丙醚的高分子聚合物。具有溶胀性和微酸性、高效的增稠性能、高透明度、高黏稠度、较强的悬浮能力、极短的流变性及触变性、较低的耐离子剪切力，对皮肤安全无毒，常应用于凝胶、精华液和膏霜等化妆品中，尤其适合于透明产品。

13.2.2.3　生物表面活性剂

由细菌、酵母和真菌等多种微生物产生的具有表面活性剂特征的物质称作生物表面活性剂。如将微生物在一定条件下培养时，会分泌产生一些具有一定表面活性的代谢产物，如糖酯、多糖酯、肽酯或中性类酯衍生物等。它们具有与一般表面活性剂类似的两亲性结构，其非极性基大多为脂肪酸链或烃链，极性部分多种多样，如糖、多糖、肽及多元醇等，能吸附于界面，改变界面的性质。

这种由生物体系代谢产生的两亲化合物有两类：一类是一些低分子量的小分子，它们能显著降低空气-水或油-水界面张力；另一类是一些生物大分子，它们降低界面张力的能力比较差，但它们对油-水界面表现出很强的亲和力，能够吸附在分散的油滴表面，防止油滴凝聚，从而使乳状液得以稳定。生物表面活性剂具有等于或优于化学合成表面活性剂的理化特性。

生物表面活性剂第二种分类方法是将其分为糖脂系、酰基缩氨酸系、磷脂系、脂肪酸系和高分子生物表面活性剂五类。

生物表面活性剂具有化学合成表面活性剂无可比拟的优点。生物表面活性剂分子结构复杂，表面活性高，乳化能力强，有良好的热稳定性和化学稳定性，低毒低刺激性，可被微生物完全降解，一般不会导致过敏。

鼠李糖脂是由微生物产生的阴离子生物表面活性剂，溶于甲醇、氯仿和乙醚，在碱性水溶液中也表现出良好的溶解特性。兼具良好的化学和生物特性。具有油、水两亲性，可降低水表面张力，可以作为润湿剂、乳化剂和发泡剂使用，可以在温度、pH 值及盐度处于极端状况下使用，并且无毒，可以生物降解。成分较复杂，结构多达几十种。其 R1 型结构式如下：

大豆磷脂是从大豆油脚中提取出的含量最丰富的一类活性成分，也是人类变废为宝、合理利用的绿色产物。大豆磷脂是一种常见的天然表面活性剂，具有较强的乳化、润湿和分散作用，在化妆品、药品和食品工业中应用广泛。大豆磷脂的组成成分较复杂，主要由卵磷脂（磷脂酰胆碱，PC）、脑磷脂（磷脂酰乙醇胺，PE）、肌醇磷脂（磷脂酰肌醇，PI）、丝氨酸磷脂（PS）、磷脂酸（PA）等组成。结构式如下图所示，其中 X 的不同构成不同的磷脂：

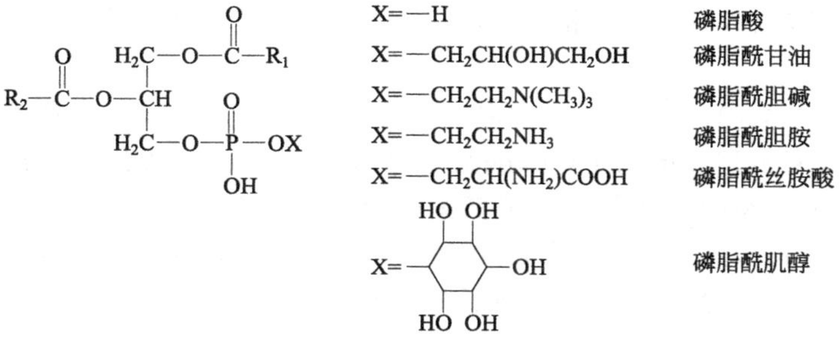

X=—H	磷脂酸
X=—CH₂CH(OH)CH₂OH	磷脂酰甘油
X=—CH₂CH₂N(CH₃)₃	磷脂酰胆碱
X=—CH₂CH₂NH₃	磷脂酰胆胺
X=—CH₂CH(NH₂)COOH	磷脂酰丝胺酸
X= （肌醇环）	磷脂酰肌醇

植物甾醇广泛存在于各种植物中，常态下为粉末状或片状的白色固体或白色针状或鳞片状晶体，无臭无味。植物甾醇的熔点都比较高，一般在 100℃ 以上。常温下，植物甾醇易溶于氯仿、乙醚、石油醚、苯等有机溶剂，微溶于丙酮和乙醇，不溶于水、酸或碱溶液，可以利用其溶解性质进行提取和精制。植物甾醇是一种天然表面活性剂，主要表现的物理化学性质为疏水性，由于其结构上带有羟基，同时又具有一定的亲水性。其结构式如下：

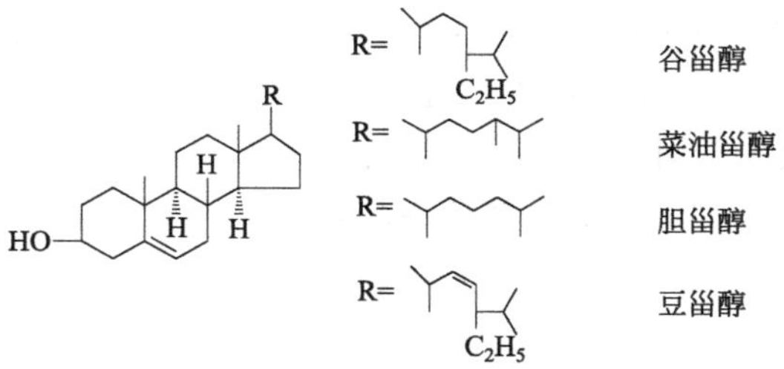

R=	谷甾醇
R=	菜油甾醇
R=	胆甾醇
R=	豆甾醇

13.2.2.4　冠醚型表面活性剂

冠醚是以多个醚氧基结合成大环作为亲水基的一类非离子表面活性剂，具有非常独特的性质。依据冠醚环的大小可与不同离子半径的金属离子结合，形成可溶于有机相的络合物。根据聚氧化乙烯数的多少，冠醚常分为四冠、六冠、八冠等。

冠醚类表面活性剂最主要的特点，即其极性基与某些金属离子能形成络合物。形成络合物之后，此类化合物实际上即自非离子表面活性剂转变为离子表面活性剂（在大环中"隐藏"了金属离子，成为一个整体），而且易溶于有机溶剂中，故大环化合物可用作相转移催化剂。

13.2.2.5　环糊精型表面活性剂

环糊精，简称 CD，是 D-吡喃葡萄糖通过 α-1,4-苷键结合形成的环状分子。通常环中含有 6～12 个吡喃葡萄糖单元，按其单元数为 6、7、8、9，分别称为 α-、β-、γ-、δ-环糊精。在各类环糊精中，β-环糊精应用最广。

环糊精分子在环状结构的中央形成桶状的空穴，葡萄糖基本单元中的疏水基集中在空穴内部，因此环糊精内部空穴是疏水的。而环糊精分子中羟基等亲水基则分布在环状结构的外侧，使环糊精具有一定的亲水性，易于分散到水中。

环糊精表面活性较差，但若对环糊精进行结构修饰，可得到具有良好表面活性的环糊精衍生物。将烷基和硫酸酯基接枝到 β-环糊精分子中形成新型表面活性剂，此方法把环糊精这种天然产物变成一种在圆筒结构两端分别连有多个疏水基和多个亲水基的表面活性剂。

13.2.2.6　双子型表面活性剂

双子型表面活性剂（gemini surfactant 或 geminis），又名孪连型表面活性剂，是一类带有两个疏水链、两个亲水基团和一个桥联基团的化合物。类似于两个普通表面活性剂分子通过一个桥梁联结在一起，分子的形状如同"连体的孪生婴儿"。双子型表面活性剂具有很高的表面活性，其水溶液具有特殊的相行为和流变性，而且其形成的分子有序组合体具有一些特殊的性质和功能。

双子型表面活性剂的结构类型非常多，其中阳离子型 geminis 已有季铵盐型、吡啶盐型、胍基型等；阴离子型 geminis 有磷酸盐、硫酸盐、磺酸盐型及羧酸盐型等；非离子型 geminis 有聚氧乙烯型和糖基型等，其中糖基既有直链型的，又有环型的。从疏水链来看，由最初的等长的饱和碳氢链型，出现了碳氟链部分取代碳氢链型、不饱和碳氢链型、醚基型、酯基型和芳香型，以及两个碳链不等长的不对称型。

geminis 的联结基团的变化最为丰富，联结基团的变化导致了 geminis 性质的丰富变化。它可以是疏水的，也可以是亲水的；可以很长，也可以很短；可以是柔性的，也可以是刚性的，前者包括较短的碳氢链、亚二甲苯基、对二苯代乙烯基等，后者包括较长的碳氢链、聚氧乙烯链、杂原子等。从反离子来说，多数阳离子型 geminis 以溴离子为反离子，但也有以氯离子为反离子的，也有以手性基团（酒石酸根、糖基）为反离子的，还有以长链羧酸根为反离子的。近年来又出现了多头尾型 geminis。

双子型表面活性剂可以大大促进"单体"离子型表面活性剂在界面或分子聚集体中的紧密排列。表面活性可提高 1～3 个数量级，具有临界胶束浓度低、与其他表面活性剂有良好的协同效应等特性，广泛用于乳化、杀菌、消泡和清洁领域。

已二胺类季铵盐型双子型表面活性剂结构式如下：

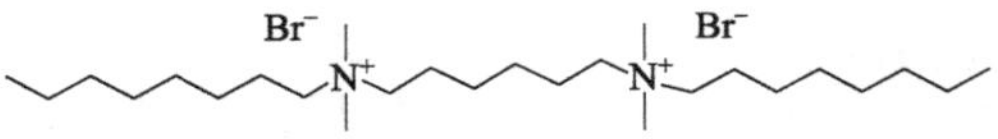

壬基酚类季铵盐型双子型表面活性剂结构式如下：

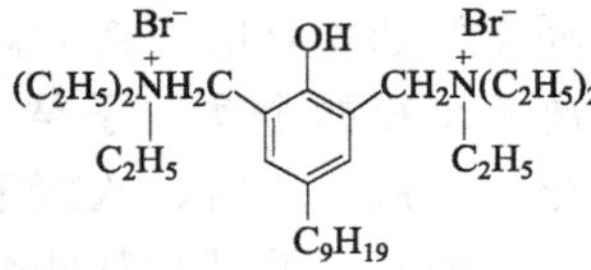

13.2.2.7　流星锤型表面活性剂

流星锤型表面活性剂（bola surfactant 或 bola）是一个疏水部分连接两个亲水部分构成的两亲化合物。基于分子形态来划分，常见的 bola 化合物有单链型、双链型和半环型。

bola 化合物的性质随疏水基和极性基的性质而有所不同。极性基既有离子型，也有非离子型。疏水基既有直链饱和碳氢或碳氟基团，也有不饱和的、带分枝的或带有芳香环的基团。

由于 bola 化合物具有两个亲水基，表面吸附分子在溶液表面将采取 U 形构象，即两个亲水基伸入水中，弯曲的疏水链伸向气相。构成溶液表面吸附层的最外层是亚甲基，而亚甲基降低水的表面张力的能力弱于甲基，因此，bola 化合物降低水表面张力的能力较差。

bola 化合物形成的胶束有多种形态。当 bola 化合物形成球形胶束时，在胶束中可能采取折叠构象，也可能采取伸展构象。一些碳链较长的 bola 分子在胶束中可能采取折叠构象。除了球形胶束，有些 bola 化合物还可以形成棒状胶束。bola 两亲化合物分子因为具有中部是疏水基、两端为亲水基团的特殊结构，在水中作伸展的平行排列，即可形成以亲水基包裹疏水基的单分子层聚集体，称为单层类脂膜。

十二烷基二硫酸钠是一个典型的 bola 化合物。

衣康酸基聚丙二醇单酯羧酸钾（Saa-K）bola 表面活性剂的结构式如下：

$$KOOC-\overset{\overset{\displaystyle CH_2}{\|}}{C}-H_2C-\overset{\overset{\displaystyle O}{\|}}{C}-O-[CH_2\underset{\underset{\displaystyle CH_3}{|}}{CHO}]_n\overset{\overset{\displaystyle O}{\|}}{C}-CH_2-\overset{\overset{\displaystyle CH_2}{\|}}{C}-COOK$$

13.3　表面活性剂性质

表面活性剂的溶液性质源于其亲水-疏水的两亲性分子结构。表面活性剂具有表面吸附并定向、形成胶束并在胶束中定向等两个基本性质。

13.3.1　疏水效应与 HLB 值

亲水性是指表面活性剂对水具有亲和力的性能，疏水性是指表面活性剂对水具有排斥能力的性能。亲水性和疏水性主要决定于表面活性剂的分子组成与结构。

表面活性剂分子中的亲水基通过与水分子之间的电性吸引作用或形成氢键而显示很强的亲和力，亲水基极性越强则表面活性剂水溶性越好。表面活性剂分子的疏水基与水分子亲和力很弱，二者只有范德华引力，这种作用力比水分子之间的相互作用弱得多，因而疏水基与水分子不能有效地作用，在宏观上就表现为非极性化合物的水不溶性。疏水基这种与水不亲和性表现为疏水基团彼此靠近、聚集以逃离水环境的现象，称为疏水作用（hydrophobic interaction）或疏水效应（hydrophobic effect）。表面活性剂分子在表面上的吸附及在溶液中自聚即为疏水作用的结果。

根据热力学理论，物质会寻求能量最低的状态。水是极性分子，可在内部形成氢键。而疏水基不是极性基团，它们无法与水分子形成氢键，所以水会对疏水基团产生排斥。因此，不相溶的两相，其界面积趋于最小。

表面活性剂要发挥作用，其亲水-疏水性必须达到一定程度的平衡。若亲水性太强，则水溶性太好，表面活性剂以单体形式存在于水环境中非常有利，就没有动力去进行表面吸附和在溶液中自聚了。若疏水性太强，表面活性剂的溶解性太差，达不到所使用的浓度。特别需要指出的是，根据不同的需要，表面活性剂的亲水-疏水性也有不同要求，可以通过调整分子结构满足。

表面活性剂分子的亲水-疏水性通常用亲水-亲油平衡值（hydrophilic lipophilic balance，HLB）来表示，它是指表面活性剂亲水基的亲水性与亲油基的亲油性的比值。表面活性剂的 HLB 值，常以石蜡为 0、油酸为 1、油酸钾为 20、十二烷基硫酸酯钠盐为 40 作为参考标准。化妆品中常用乳化剂 HLB 值一览表见书末附录 1。

表面活性剂的 HLB 值愈高，其亲水性愈强；HLB 值愈低，其亲油性愈强。不同 HLB 值的表面活性剂有不同的用途。一般来说，HLB 值为 1~3 作消泡剂；3~6 作 W/O 型乳化剂；7~9 作润湿剂；8~18 作 O/W 型乳化剂；13~15 作去污剂；15~18 作增溶剂。

13.3.2　表面吸附作用

依据"相似相溶"原理，亲水基团使分子有进入水的趋向，而憎水的碳氢链则竭力阻止其在水中溶解，有逃逸出水相的倾向。两种倾向平衡的结果是表面活性剂在表面富集，亲水基伸向水中,疏水基伸向空气。表面活性剂这种从水相内部迁移至表面,在表面富集的过程叫吸附。表面活性剂吸附的结果是水表面好像被一层非极性的碳氢链覆盖。烷烃分子间的作用力小于水分子间的作用力,也就是烷烃的表面张力低于水的表面张力,当水的表面被碳氢链覆盖后导致水的表面张力下降,这就是表面活性剂降低水的表面张力的原理。

表面活性剂在界面上的吸附一般为单分子层,或称为单分子膜。在低浓度时,表面活性剂在水溶液中主要以单分子或离子状态分散,单分子层中表面活性剂的排列方式及密集程度决定了表面张力的大小,而单分子层中最外部的基团是溶液表面张力的决定性因素。

13.3.3　胶束化作用与临界胶束浓度

当表面活性剂浓度增加、表面吸附达到饱和时,其分子不能继续在表面富集,而疏水基的疏水作用仍竭力促使其逃离水环境,满足这一条件的方式是表面活性剂分子在溶液内部自聚,即疏水链向里靠在一起形成内核,远离水环境,而将亲水基朝外与水接触。表面活性剂的这种自聚体称为分子有序组合体。形成胶束的行为称为胶束化作用。形成胶束的最低浓度称为临界胶束浓度(critical micelle concentration,CMC)。CMC 的大小与表面活性剂的结构和组成有关,同时受温度、pH 值以及电解质种类等外部条件的影响。

当溶液中表面活性剂浓度极低时,空气和水几乎是直接接触的,水的表面张力下降不多,接近于纯水的状态。如稍微增加表面活性剂的浓度,它就会很快吸附到水面,使水和空气的接触减少,表面张力急剧下降。同时,水中的表面活性剂分子也三三两两地聚集在一起,互相把憎水基靠在一起,开始形成小胶束。当表面活性剂浓度进一步增大至溶液达到饱和吸附时,表面形成紧密排列的单分子膜。此时溶液的浓度达到 CMC,溶液中开始形成大量胶束,溶液的表面张力降至最低值。当溶液的浓度达到 CMC 之后,若浓度再继续增加,溶液的表面张力几乎不再下降,只是溶液中的胶束数目和聚集数增加。

胶束是表面活性剂在 CMC 附近及以上浓度形成的分子有序组合体的一个传统叫法。现代表面活性剂科学中,包括预胶束、半胶束在内的胶束,仅仅是分子有序组合体的最简单的形式。胶束不仅有大小之分(常用聚集数表示),也有球状、柱状和板状等不同形状。随表面活性剂浓度增加,胶束可转变为其他形式的分子有序组合体,如囊泡、液晶等。

13.3.4　临界胶束浓度附近溶液性质的突变

离子型表面活性剂大多数属于强电解质。但表面活性剂溶液的许多平衡性质和迁移性质在达到一定浓度后就偏离一般强电解质在溶液中的规律。研究表明,表面活性剂的表面张力、密度、折射率、黏度、浊度及光散射强度等性质,以及去污能力、增溶能力等应用功能,都在一个相当窄的浓度范围内发生突变。

表面活性剂性质突变的浓度范围一般都在其 CMC 附近。性质突变是由于在 CMC 附近形成胶束或表面吸附达到饱和。由于溶液性质都是随物质的数量和质点的大小变化的,当溶质在此浓度区域开始大量生成胶束时,导致质点数量和大小的突变,这些性质也随之发生突变。

13.3.5　离子型表面活性剂 Krafft 点

大多数表面活性剂的溶解度随温度的变化存在明显的转折点。对离子型表面活性剂和非离子型表面活性剂,转折点的意义有本质差别,分别称为表面活性剂的克拉夫特(Krafft)点和浊点。

对离子型表面活性剂,在较低的一段温度范围内随温度升高溶解度上升非常缓慢,当温度上升到某一定值时溶解度随温度上升迅速增大,这个突变的温度称为临界溶解温度,又叫克拉夫特（Krafft）温度，也称克拉夫特点。Krafft 点是离子型表面活性剂的特征值。

处于 Krafft 点时表面活性剂的溶解度就是此时的临界胶束浓度。低于 Krafft 点时，CMC 高于溶解度，因此溶液不能形成胶束；高于 Krafft 点，CMC 低于溶解度，溶液浓度增加可形成胶束。此时表面活性剂溶解度的贡献主要来自胶束形式。与表面活性剂单体不同，胶束由外层亲水基包裹着内核的疏水基，这种结构在水中有利于大量稳定存在。由于胶束尺寸很小，非肉眼可见，故溶液外观清亮，显示出溶解度激增的现象。

Krafft 点表示表面活性剂应用时的温度下限，Krafft 点低表明该表面活性剂的低温水溶性好。只有当使用温度高于 Krafft 点时，表面活性剂才能更大程度地发挥作用。

13.3.6　非离子型表面活性剂浊点

非离子型表面活性剂的溶解度随温度的变化与离子型表面活性剂不同。对非离子型表面活性剂，特别是聚氧乙烯型的，升高温度时其水溶液由透明变浑浊，降低温度溶液又会由浑浊变透明。这个由透明变浑浊或由浑浊变透明的平均温度，称为非离子型表面活性剂的浊点（cloud point）。在浊点及以上温度，表面活性剂由完全溶解转变为部分溶解。

非离子型表面活性剂的浊点现象可解释为：非离子型表面活性剂在水中的溶解能力是它的极性基与水生成氢键的能力。温度升高不利于氢键形成。聚氧乙烯类非离子型表面活性剂的水溶液随着温度升高，氢键被破坏，结合的水分子由于热运动而逐渐脱离，因而亲水性逐渐降低而变得不溶于水，透明溶液变浑浊。当冷却时，氢键又恢复，因而又变为透明溶液。

通常所说的非离子型表面活性剂的浊点现象主要是针对聚氧乙烯型非离子表面活性剂而言。并非所有非离子型表面活性剂都有浊点，如糖基非离子型表面活性剂的性质具有正常的温度依赖性，如溶解性随温度升高而增加。正、负离子表面活性剂混合体系，虽然仍是离子型表面活性剂，却具有明显的浊点现象。

浊点是非离子型表面活性剂的一个特性常数。克拉夫特点主要针对离子型表面活性剂，而浊点主要针对非离子型表面活性剂。从应用的角度，离子型表面活性剂要在克拉夫特点以上使用，而非离子型表面活性剂则要在浊点以下使用。

13.3.7　溶油性与加溶作用

烃类一般不溶于水，但在表面活性剂水溶液中溶解度剧增。这就是表面活性剂对不溶物的加溶作用，也称为增溶作用。这种溶解现象不同于在混合溶剂中的溶解，混合溶剂的溶解作用是使用大量与水互溶的有机溶剂与水形成混合溶剂，改变溶剂性质，使对原来不溶于水的有机物具有溶解能力，这种溶解能力一般随有机溶剂含量增加而逐步增加，并不存在一个临界值。但加溶作用则不同，它只发生在一定浓度以上的表面活性剂溶液。浓度很稀的表面活性剂溶液无加溶作用，只有当表面活性剂浓度超过 CMC 后才有明显的加溶作用。

加溶作用是胶束的性质。胶束形成后其内核相当于碳氢油微滴，一些原来不溶或微溶于水的物质分子便可存身其中。由于聚集体很小，不为肉眼所见，溶油后仍保持清亮，与真溶液看起来相似。加溶作用所形成的是热力学稳定的均相体系。表面活性剂的很多性质都是基于加溶作用，由此衍生出表面活性剂的很多功能。

表面活性剂的其他性质和功能基本上都是从其在表面的吸附作用、溶液中的自聚作用，以及这些分子有序组合体的加溶作用的基础上衍生而来。

13.3.8　表面活性剂的毒性与刺激性

表面活性剂都有一定的急性毒性和生物毒性。当应用于日化产品时，要了解其致畸性、致癌性、异变性、对皮肤的刺激性，以及对土壤和水体环境的危害性。

研究表明，阳离子型表面活性剂的毒性最大，其次是阴离子型表面活性剂，非离子型表面活性剂的毒性最小。阳离子型和阴离子型表面活性剂还有较强的溶血作用，非离子型表面活性剂的溶血作用一般比较轻微，其中聚山梨酸酯类的溶血作用通常较其他含聚氧乙烯基片段的表面活性剂更小。

表面活性剂外用时的毒性相对较小，但长期使用，对皮肤或黏膜仍有可能造成损害。表面活性剂对皮肤或黏膜的刺激性大小与表面活性剂毒性一致。各类表面活性剂对皮肤或黏膜产生刺激性的最低浓度为：季铵盐类 1%，聚氧乙烯醚类 5%，十二烷基硫酸钠 20%，吐温类刺激性较小，非离子型刺激性最小。这种刺激性随温度和湿度的增加而增大。阳离子型表面活性剂一般不用于儿童化妆品。

13.4 表面活性剂的功能

表面活性剂是一类具有多种功能的物质，常具有润湿、分散、乳化、增溶、起泡、消泡和洗涤去污等多种功能，这些都是表面活性剂的应用性质。

13.4.1 润湿与渗透

润湿是指固体表面的液体或气体被另一种液体替代的过程。当水浸湿玻璃时，只要在水中放入少许表面活性剂就变得极易浸润，我们将这种表面活性剂有助于润湿的作用叫作润湿作用。例如，水滴落在石蜡表面后会被马上弹开，石蜡几乎一点也不沾湿，但是一旦在水中加入少量表面活性剂时，石蜡就容易被浸湿。

想用水浸湿厚毛毡，无论如何也难浸透。加入表面活性剂后就很容易使之浸透。这时表面活性剂的这种作用称为渗透作用。

如在固体的表面上分别滴一滴水和一滴含表面活性剂的水溶液，这时就会发现水滴的形状有所差别，如图 13-1（a）和（b）所示。

看到这两种形状的水滴后，马上就会知道（b）比（a）容易浸湿。度量的办法就是图 13-1 所表示的角度，此角称为接触角。接触角越接近 0°越容易润湿，越接近 180°时越难润湿。当接触角等于 180°时完全不能润湿而被弹起，这就相当于水滴掉在植物的叶子上完全形成球状的情况，如图 13-1（c）所示。

表面活性剂降低表面张力的作用实质上就是缩小接触角 θ，起到增大润湿与渗透的作用。

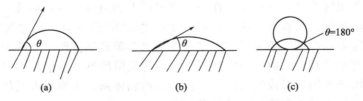

图 13-1 液体在固体表面的形态

13.4.2 乳化与分散

13.4.2.1 乳化、分散及其作用

乳化是一种液体以极微小液滴形态均匀地分散在互不相溶的另一种液体中的现象。一种

液体中混有另一种液体就叫作乳状液，例如极细微的油粒子分散在水中。如果一种液体中混有极细的固体粒子就叫作悬浮液，例如煤泥水。

油脂等物质一旦变成微小的粒子时，与水的接触面积就显著增大，因此与水的排斥力（表面张力）也就增大了，这就是难以乳化的原因。通过降低表面张力使之易于乳化（或分散）正是表面活性剂的作用。

无论是乳状液或悬浮液，由于两相界面面积增大，这种体系在热力学上是不稳定的。为了使乳状液和悬浮液保持稳定，需要加入乳化剂或分散剂。能促进乳化而添加的表面活性剂或其他物质叫作乳化剂，能促进分散而添加的表面活性剂或其他物质叫作分散剂。它们必须具备的条件如下。

① 能吸附或富集在两相界面上，使界面张力降低。

② 乳化剂或分散剂通过吸附赋予粒子以电荷，使粒子间产生静电排斥，或在粒子周围形成一层稳定的、黏度特别高的保护膜。

因此，用作乳化剂或分散剂的物质必须具有两亲基团才能起作用，表面活性剂是能满足这些要求的最佳乳化剂或分散剂。

13.4.2.2　破乳方法

乳状液或悬浮液的界面自由能大，是热力学不稳定体系。因此，即使加入乳化剂，也只能相对地提高乳液的稳定性。用各种方法使稳定的乳状液分层、絮凝，或将分散介质、分散相完全分开统称为破乳。当不需要其稳定时，可采用适当方法破乳分层。

（1）化学破乳法　向乳化层加入氯化钠、氯化铵、明矾等电解质，或者加入甲醇、乙醇、乙醇胺等溶剂，这些物质的分子在膜界面上渗入破坏膜，从而降低表面张力使得分散相流出聚集而分相。若乳化是因碱产生，可加入少量的盐酸调 pH 值，然后再加氢氧化钠溶液调回 pH 值。

（2）物理破乳法　①加热：将乳化层升温加热使得油膜黏度下降破裂；②过滤：经硅藻土等助滤剂过滤；③离心：利用两相密度不同而离心分相；④重力沉降：较长时间的静置；⑤电场作用：在高压电场作用下液滴极化变形或相互碰撞后膜破裂聚集成大液滴而破乳分相（只用于 W/O 体系）；⑥超声波：采用频率 700kHz～2MHz 的超声波，利用其空穴作用等使小液滴聚集而破乳分相。

13.4.3　起泡与消泡

泡沫是气体（分散相）在液体（连续相）中的分散体。泡沫的形状受到气体和液体比例的影响，在不同比例下会呈现出球形、六边形等形状。若往含有表面活性剂的溶液中鼓气，很容易看到表面有泡沫产生。若往纯水中鼓气，只能在水里看到气泡。这是因为表面活性剂可以吸附在泡沫的液膜表面，有减缓泡沫排水、增强界面膜强度、增加抗扰性等效果，从而达到稳定泡沫的作用。表面活性剂的这种现象叫作起泡作用。

凡能起泡的表面活性剂只能证明它有表面活性，发泡性、洗涤力、渗透性之间不一定存在必然联系。

壬基酚聚氧乙烯醚的发泡性比肥皂小得多，可是其渗透性与洗涤能力却比肥皂强。一般阴离子表面活性剂的发泡力最大，聚氧乙烯醚型非离子表面活性剂居中，脂肪酸酯型非离子表面活性剂最小。

作为消泡剂，环氧乙烷环氧丙烷共聚醚型非离子表面活性剂是最好的低泡或消泡剂，其中聚醚 L-61 的泡沫几乎为零。工业上，将表面活性剂组合使用，对于在保持表面活性剂良好性能的前提下不产生或少产生泡沫具有实际意义。

13.4.4　增溶作用

增溶作用是指在水溶液中加入适量表面活性剂时，可使难溶或不溶于水的有机物的溶解度大大增加的现象。增溶作用只能在大于 CMC 的浓度时发生，胶束的存在是发生增溶作用的必要条件。增溶过程中，溶质并未分散成分子状态，而是整体进入胶束。

增溶作用的大小与表面活性剂的化学结构、表面活性剂的 CMC 以及胶束的数量有关。所以影响 CMC 的各种因素同样也会影响增溶作用。例如无机盐的加入会使离子型表面活性剂的 CMC 降低，并使胶团变大，结果增大了烃类的增溶量，但却减少了极性有机物的增溶量。

非离子型表面活性剂的增溶能力大于相应的离子型表面活性剂，这是因为大多数非离子型表面活性剂的 CMC 较相应的离子型表面活性剂小得多，所以增溶作用强得多。阳离子型表面活性剂的增溶能力大于具有相同碳氢链的阴离子型表面活性剂。这是因为阳离子型表面活性剂形成的胶束比较疏松。具有相同憎水基的表面活性剂对烃类和极性有机物的增溶作用顺序为：非离子型表面活性剂＞阳离子型表面活性剂＞阴离子型表面活性剂。

13.4.5　洗涤作用

洗涤作用是指从浸在介质中的被洗物表面除去污垢的过程。洗涤作用需要表面活性剂的润湿、渗透、乳化、分散、起泡等所有功能。污垢多半是由于矿物性（如尘土）物质和有机性（如油类）物质粘在物体上形成，把它们浸泡在表面活性剂溶液中马上就会被充分润湿和渗透，继而污物被表面活性剂剥落从而乳化分散在液体中。

要注意洗涤能力与表面活性剂的润湿、乳化等能力不一定成正比。如洗涤作用虽差，但润湿渗透作用强的表面活性剂就有很多。

13.5　化妆品用乳化剂的选择

表面活性剂都具有乳化功能。乳化剂是能使两种或两种以上互不相溶混合液体形成稳定的乳状液的一类化合物。乳化剂分散在分散质的表面时，能形成薄膜或双电层，可使分散相带有电荷，阻止分散相的小液滴互相凝结，使形成的乳浊液稳定。化妆品配方中，乳化剂的选择要求是安全可靠、使用量少、乳化力强、体系稳定、来源丰富和价格低廉。

13.5.1　乳化剂的选择原则

表面活性剂乳化作用的能力、产生乳状液的类型和乳液稳定性，不仅与表面活性剂的类型和浓度有关，而且与体系中各组分之间的相容性有关。优良乳化剂选择原则如下。

① 所选乳化剂在体系中要具有较高的表面活性和较强的降低界面张力的能力。乳化剂或乳化剂体系向界面迁移的速度与油相或水相性质有关，要求乳化剂的亲水亲油能力合适，不能在其中一相有过大的溶解度。

② 所选乳化剂的亲油基与被乳化物在结构上要相近。乳化剂分子或与其他添加物在界面上要能形成紧密排列的凝聚膜，并具有强烈的定向吸附性。即在 O/W 型乳化剂中，界面膜上亲油基应有较强的定向作用；相应地，在 W/O 型乳化剂中，界面膜上亲水基应有较强的定向作用。

③ 乳化剂的乳化能力与其油相或水相的亲和能力有关。亲油性越强的乳化剂越易形成 W/O 型乳状液，亲水性越强的乳化剂越易形成 O/W 型乳状液。亲油性强的乳化剂和亲水

性强的乳化剂混合使用时可以达到最好的乳化效果。与此相应，油相极性越大，要求乳化剂的亲水性越大；油相极性越小，要求乳化剂的疏水性越强。

④ 当使用一种乳化剂效果不理想时，可选择复合乳化剂。水溶性和油溶性乳化剂的混合使用有更好的乳化效果；离子型和非离子型乳化剂混合使用，两者的协同作用或增效作用也会取得良好乳化效果。

⑤ 适当的外相黏度可以减小液滴的聚集速度。乳状液分散相和分散介质的黏度越大，则分散相液滴运动的速度越慢，有利于乳液的稳定。因此在连续相中加入增稠剂可提高乳状液的稳定性。

⑥ 选择的乳化剂应当不影响化妆品中其他成分的性能，而且应当安全、卫生、无毒、无副作用、无特殊气味等。

13.5.2　乳化剂的选择方法

目前，选择乳化剂还是通过一些经验或半经验的方法。主要包括亲水亲油平衡值（HLB）法、相转变温度（PIT）法和内聚能（CER）法。HLB 法适合于各种类型表面活性剂，PIT 法主要适合于非离子表面活性剂。不管哪种方法，乳化剂的最终确定还是要经过试验验证。

13.5.2.1　亲水亲油平衡值（HLB）法

所用油相不同对乳化剂 HLB 值的要求也不同，HLB 值应与被乳化的油相基本一致。应用 HLB 法选择乳化剂的一般步骤如下。

（1）确定功效体系　根据产品的功效要求和功效途径，选择不同的功效成分和用量，确定功效体系。

（2）确定产品的乳状液类型　根据化妆品乳状液性能的要求，确定乳状液的剂型、pH 范围，以及是 O/W 型还是 W/O 型。油溶性表面活性剂容易形成 W/O 型乳液，水溶性表面活性剂容易形成 O/W 型乳液。选择在 pH 范围内稳定的乳化剂，W/O 型选择乳化剂的 HLB 值为 3～8，O/W 型选择乳化剂的 HLB 值为 8～18。例如，养肤调理精华乳一般为水润不油腻的 O/W 型乳化体系。

（3）确定产品的油相组分　根据产品的性质和功效，选定油脂和大致组成，按已知数据估算油相所需 HLB 值。例如，养肤调理精华乳一般选用辛酸/癸酸甘油酯、合成角鲨烷等清爽型油脂，总用量为 10%～15%，它们的 HLB 值在 12 左右，容易形成 O/W 型乳化体系。

（4）确定乳化剂种类与用量　通常选用二元或多元混合乳化剂，通过亲水和亲油表面活性剂混合使用，可形成较好的乳液。方法是任意选择一对 HLB 值相差较大的乳化剂，在一定范围内改变其组分配比，按组分配比计算 HLB 值，选择与油相基质 HLB 相近的种类与配比。乳化剂的性质可决定乳状液的类型，如碱金属皂可使 O/W 型稳定，而碱土金属皂可使 W/O 型稳定。欲使某液体形成一定类型的乳状液，对乳化剂的 HLB 有一定的要求。当几种乳化剂混合使用时，混合乳化剂的 HLB 值和单个乳化剂的 HLB 值有如下关系：

$$混合乳化剂\ HLB = \frac{ax+by+cz+\cdots}{x+y+z+\cdots}$$

式中，a、b、c……表示单个乳化剂的 HLB 值，x、y、z……表示各单个乳化剂在混合乳化剂中占的质量分数。

（5）确定乳化体系　选择乳化剂种类和配比以后，复合乳化剂的用量，乳液的稳定性，乳化剂之间以及乳化剂与防腐剂、香精、各种功效成分之间的化学相容性、pH 值等都要通过实验来确定。一般乳化剂用量约为油相基质的 20％，各乳化剂用量也要主次分明。有时还要加入 1％～2％ 的混醇助乳化。乳化剂体系总的 HLB 值应避开转相点的 HLB 值。

（6）调整乳状液配方　乳状液产品配方较复杂，黏度、pH 值、触变性、分散性等物理性质，外观、肤感等感观性质受多种因素影响。调整配方是一件难度较大的工作，也是必须完成的工作，这涉及到 HLB 值的调整、黏度的调节、pH 值的调节，要观察和测定乳状液的稳定性等性能，并进行相关分析检测，必要时修改配方。

乳化剂 HLB 值是一个固定的数值，没有表示乳化剂的乳化效率与乳化效果，没有表示与浓度、用量、温度、pH 值的关系。实际上，乳化剂的 HLB 值与其浓度、油相成分、体系温度等都有密切的关系。尽管如此，用 HLB 值的方法来确定乳状液的配方及指导乳状液的生产，仍然是目前常用而有效的方法。

13.5.2.2　相转变温度（PIT）法

（1）PIT 值概念　实验表明，表面活性剂的溶解度、表面活性、HLB 值是随温度不同而显著变化的。一个特定的乳状液体系，当温度升高或下降至某一温度时，乳状液将发生转相，由 O/W 型变为 W/O 型或相反，这一温度称为相转变温度（phase inversion temperature），以 PIT 表示。乳化体系在 PIT 时，其亲水亲油比值是一定值，所以又将它称为亲水亲油平衡温度。因此，对于一个确定的体系，可用 PIT 来评价乳化剂的性质，从而可用 PIT 来进行乳化剂的选择。

（2）PIT 值影响因素　PIT 值针对一个特定的体系，与油相成分、乳化剂的种类和浓度都有关系。PIT 值与乳化剂的 HLB 值有着近似的线性关系，乳化剂的 HLB 值愈高，乳状液的 PIT 值也愈高；乳化剂的亲水链越长，PIT 值也越高；乳化剂与油相的比值愈小，乳状液的 PIT 愈高；固定乳化剂的浓度，使乳化剂中油-水比例增加时，PIT 也随之增加；油相极性降低，PIT 增加；乳化剂在水中的溶解度愈小，乳状液的 PIT 就愈高。PIT 值越高，所形成的乳状液也越稳定。

（3）PIT 时体系的特性　当体系温度在 PIT 附近时，体系表现出一些特殊的性质，如较强的加溶能力、超低界面张力等。因此，此时即使不进行强烈的搅拌，乳化微粒也可分散得很细，乳化很容易进行。利用这一特性，在制备 O/W 型乳状液时，就有相转变的乳化方法。乳状液的稳定性在 PIT 时急剧地变化。

（4）利用 PIT 法选取乳化剂的步骤　①称取质量份数 3％～5％ 的乳化剂，加入到等比例的油水体系，搅拌，加热，不断地测量（如用电导法测量）乳状液是否转相，直至测出乳状液的相转变温度。②若需要配制的是 O/W 型乳状液，要选用 PIT 比乳状液储存温度高 20～60℃ 的乳化剂；若需配制的是 W/O 型乳状液，则要选用 PIT 比乳状液储存温度低 10～40℃ 的乳化剂。

稀薄的乳液剂和黏稠的膏霜剂是化妆品中产量较大的两种剂型，都需要经过乳化才能得到，而乳化剂的选用对于乳剂化妆品的研究、生产、保存和使用都有着极其重要的意义。实际上，选择乳化剂，开始可以用 HLB 方法初步确定，然后用 PIT 方法进行检验。

思考题

1. 什么是表面活性剂？简述表面活性剂的结构特征。
2. 离子型表面活性剂分为哪几类？
3. 高分子表面活性剂有哪些特点？
4. 什么是表面活性剂的疏水效应与 HLB 值？

5. 什么是表面活性剂的表面吸附作用？

6. 简述表面活性剂的胶束化作用与 CMC。

7. 什么是离子型表面活性剂 Krafft 点？

8. 什么是非离子型表面活性剂浊点？浊点现象如何解释？

9. 什么是增溶作用？发生增溶作用的条件是什么？

10. 化妆品用乳化剂的选择原则是什么？

11. 简述亲水亲油平衡值（HLB）法选择乳化剂的一般步骤。

第 14 章
化妆品流变学

化妆品流变学（cosmetic rheology）主要研究温度、应力、时间、组分等因素对化妆品配方、制造、灌装、存储、质控和使用的变形与流动的影响。重点研究化妆品流变性与原料配方、生产工艺、质量控制和使用性能之间的关系，为化妆品的生产和应用提供流变学指导。

14.1　流变学基础

14.1.1　基本概念

流变学主要研究材料在外力条件下的变形与流动。在流变学中，分为牛顿流体和非牛顿流体，它们有着不一样的流变特性，通过不同物理量之间的关系可以区分两者。

14.1.1.1　牛顿公式

为了定量描述流变性质，可用牛顿黏性模型定义基本的流变参数，如图 14-1。设想有两块完全平行的平板，顶层的平行板可移动，底层平行板固定不动，中间夹有一厚度为 h 的流体。向顶层平行板施加作用力，使流体开始滑动，假设该过程中流体为层流，顶层流速最大，底层流速最小。如果顶层面积为 A，施加在顶层的作用力为 F，顶层以速度 v 进行滑动，剪切应力 τ（shear stress）定义为：

$$\tau = \frac{F}{A} \tag{14-1}$$

式中，τ 为剪切应力，Pa；F 为作用力，N；A 为面积，m^2。

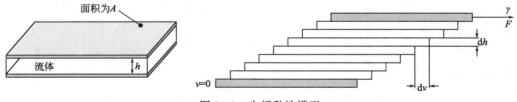

图 14-1　牛顿黏性模型

由于外力的作用，物体产生的变形称为剪切应变 γ（shear strain）：

$$\gamma = \frac{x}{h} \tag{14-2}$$

式中，γ 为剪切应变，无量纲；x 为长度变化；h 为原厚度。

速度 v 与厚度 h 之比则为剪切速率 $\dot{\gamma}$（shear rate）：

$$\dot{\gamma} = \frac{v}{h} \tag{14-3}$$

$\dot{\gamma}$ 的单位为 s^{-1}。

该模型验证了在层流条件下，剪切应力与剪切速率成正比，牛顿将两者比例的常数 η 称为黏度（viscosity）：

$$\tau = \eta\dot{\gamma} \tag{14-4}$$

该公式称为牛顿公式，符合该公式的流体都称为牛顿流体（Newtonian fluid），其特点是黏度只与温度有关，不受剪切速率的影响。在该系统所假设的剪切速率是一定值，但实际上，剪切速率不一定是恒定的。将面霜涂抹至脸上时，假设涂抹的速度基本不变，并朝一个方向涂抹，那么面霜的厚度会随着涂抹时间而逐渐降低，如图 14-2，随着涂抹时间的增长，剪切速率会越来越大。所以在生活中，许多过程不可能给出一个固定的剪切速率，而应该是一个剪切速率范围，见表 14-1。

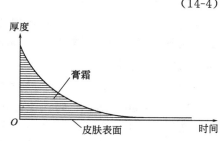

图 14-2　膏霜在皮肤上涂抹的变化

表 14-1　化妆品常见的剪切速率范围

应用情形	剪切速率范围/s^{-1}	应用情形	剪切速率范围/s^{-1}
挤压	$10^0 \sim 10^3$	管道流动	$10^0 \sim 10^3$
搅拌混合	$10^1 \sim 10^2$	涂抹	$10^4 \sim 10^5$

14.1.1.2　流动曲线

当材料受力时，材料的流变性质会发生改变，与之相关的流变数据也会发生改变，将剪切速率的变化和剪切应力的变化作图，该曲线称为流动曲线（flow curve）。一般用对数-对数坐标表示。牛顿流体的黏度只与温度有关，与剪切速率的大小无关。以剪切速率与剪切应力的变化做图，如图 14-3，牛顿流体的流动曲线是一条经过坐标原点的直线。以黏度与剪切速率作图，则称为黏度曲线（viscosity curve）。

14.1.2　非牛顿流体

符合牛顿公式的流体都称为牛顿流体，除此之外的流体统称为非牛顿流体（non-Newtonian fluid）。牛顿流体主要是水和一些油脂类物质。在化妆品中大多数体系都不是牛顿流体，而是非牛顿流体，非牛顿流体的黏度受剪切速率、温度、剪切时间和压力等因素的影响。在流变学研究中，非牛顿流体可分为塑性流体、假塑性流体、胀塑性流体、触变性流体、震凝性流体以及黏弹性流体，如图 14-4。

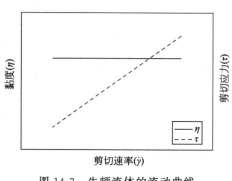

图 14-3　牛顿流体的流动曲线

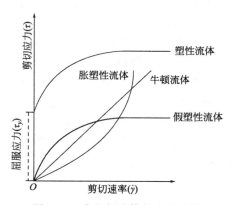

图 14-4　非牛顿流体的流变特性

14.1.2.1 假塑性流体

假塑性流体（pseudoplastic fluid）是一类常见流体，其特点是随着剪切速率的增大，黏度会越来越低，即"剪切变稀"。由于非牛顿流体的黏度随剪切速率和剪切应力而变化，所以人们用流动曲线上某一点的与剪切速率和剪切黏度的比值，来表示在某一剪切速率时的黏度。这种黏度称为表观黏度（apparent viscosity）。

14.1.2.2 塑性流体

塑性流体（plastic fluid）的流变特性也是剪切变稀，但该流体只有剪切应力大于流体的屈服应力（yield stress）时，流体才会开始流动并表现出剪切变稀的特性。

塑性流体和假塑性流体都具有剪切变稀的流变特性，该特性可以从微观结构来解释，如图 14-5。塑性流体和假塑性流体大多是高分子溶液或者乳液，高分子溶液在静置状态时，其分子是相互缠绕的，乳液包含不规则的颗粒或液滴，两者在静止状态时，体系的熵比较高，液滴和分子在溶液中呈无序分布。如果剪切应力进一步增大，高分子和液滴会沿着流体的流动方向对齐，缠绕的高分子会开始解开，圆形的液滴会变成椭圆形，可以理解为溶液在内部结构与流向对齐的状态下更加容易流动，也就是说溶液内部组分在与流动方向一致的状态下，溶液将更容易流动。

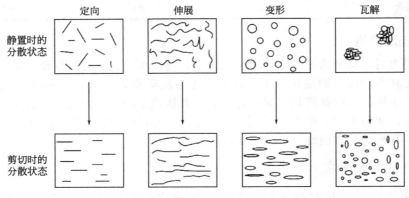

图 14-5 剪切变稀的内部结构变化

14.1.2.3 胀塑性流体

胀塑性流体（dilatant fluid）其曲线取向与假塑性流体的曲线是相反的，其流变特性也是相反的，胀塑性流体会随着剪切速率的增大而变大，与假塑性流体一样，仅需要在很小的剪切应力下就可以流动。目前对于胀塑性流体剪切增稠的原理还不明确，常用的解释是：当剪切应力较小时，粒子是分开的，因此黏

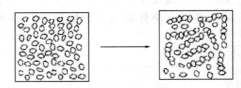

图 14-6 胀塑性流体剪切变稠的原因

度比较低；当剪切应力较大时，粒子相互碰撞，并结合在一起，大大增加了流动的阻力。而且剪切应力越大，粒子结合越多，流动阻力也越大，黏度也就越高，如图 14-6。

对于牛顿流体、假塑性流体、塑性流体和胀塑性流体的不同流变特性可以用 Herschel-Bulkley 模型表示，其方程为：

$$\tau = \tau_y + k\dot{\gamma}^n \tag{14-5}$$

式中，k 为常数；τ_y 为屈服应力；n 为流动行为指数。

14.1.2.4　触变性流体和震凝性流体

到目前为止，讨论的流体类型都是剪切速率的函数，而有些流体不仅跟剪切速率有关，还跟剪切时间有关。在恒定的剪切速率下，黏度随时间减小的流体称为触变性流体（thixotropic fluid）。在恒定的剪切速率下，黏度随时间增大的流体称为震凝性流体（rheopexy fluid）。

触变性流体和假塑性流体都有剪切变稀的流变特性，假塑性流体仅需很小的剪切应力便可流动，当剪切应力停止后，会立刻恢复到原来的黏度。触变性流体也有剪切变稀的特性，但触变性流体存在时间滞后性。由于流变特性是由物质的内部结构所决定的，触变性流体在剪切变稀后，若剪切应力停止，体系结构会开始重新构建。触变性流体黏度恢复较慢，需要一段时间，其黏度的下降和上升曲线将不会重叠在一起，会形成一个闭环，该环线称为触变环线（thixotropy curve），属于滞后环（hysteresis loop）的一种，如图 14-7。

每种材料在剪切过程中，会随时间表现出一定程度的结构分解，但如果分解的结构没有完全重新构建，即使经过"无限长"的静置时间后，也不能完全恢复初始结构强度，也就是说结构发生了永久性的变化。该种性质被称为"不完全"或"假"触变性（false thixotropic fluid）。例如酸奶在搅拌后，即使等待很长时间也无法回到原来的黏度。

震凝性流体与触变性流体的流变特性相反，会随着剪切时间的增加而逐渐变稠。真正的震凝性行为非常罕见，但凝胶化和硬化行为容易与震凝性行为相混淆，需注意区别。

14.1.3　黏弹性流体

14.1.3.1　黏性模量与弹性模量

前面讨论的流体都是纯黏性流体，还有一种流体既表现黏性也表现弹性，称之为黏弹性流体（viscoelastic fluid）。一些膏霜或乳液类化妆品，都有着黏弹性的流变特质。黏弹性流体拥有黏性和弹性，黏性和弹性之间是有区别的。一般使用理想黏性体和理想弹性体来说明。

理想弹性体的力学性质可以用一个符合胡克定律的弹簧来表示，如图 14-8（a）。理想黏性流体的力学性质可以用符合牛顿公式的黏壶来描述，如图 14-8（b）。理想弹性体在外力作用下会产生形变而且将能量完全储存下来，当外力解除后，能量会释放出来。理想黏性体在外力作用下会产生形变，能量全部损耗。

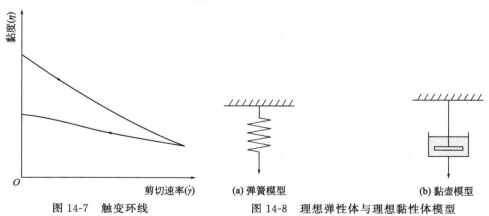

图 14-7　触变环线　　　　　　(a) 弹簧模型　　　　　(b) 黏壶模型
　　　　　　　　　　　　　　图 14-8　理想弹性体与理想黏性体模型

对于理想黏性流体，其力学特性符合牛顿公式 $\tau = \eta \dot{\gamma}$。对于理想弹性体，其单位伸长（或缩减）量 ε（应变）在系数 E（称为弹性模量）下，与拉（或压）应力 τ 成正比。即：

$$\tau = E\varepsilon \tag{14-6}$$

　　所有实际材料都显示出对应力的弹性和黏性响应。除去应力后，一部分增加的变形能被用于返回其原始状态，一部分被转换成热能而损失。因此，真实的材料都被认为是黏弹性的。

　　在流变学研究中，黏弹性流体被分为两大类，一类是线性黏弹性流体（linear viscoelastic fluid），另一类是非线性黏弹性流体（non-linear viscoelastic fluid）。线性黏弹性流体是指黏弹性流体中的黏性和弹性都表现为理想黏性和理想弹性行为，除此之外的黏弹性流体都称为非线性黏弹性流体。为了测量黏弹性流体的特性，应用正弦波的旋转系统来测量流体的响应，称之为振荡剪切，如图 14-9。其中的剪切形变为：

$$\gamma = \gamma_0 \sin(\omega t) \tag{14-7}$$

式中 γ_0 是应变幅度（振幅），ω 是角频率。

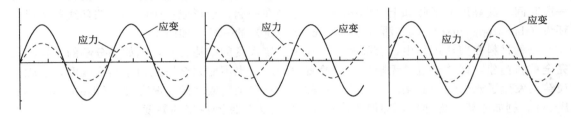

(a) 理想弹性体的应力响应　　　　**(b) 理想黏性体的应力响应**　　　　**(c) 黏弹性体的应力响应**

图 14-9　理想弹性体、理想黏性体和黏弹性体对正弦波剪切的响应

　　理想弹性体的应变与剪切应力成正比。因此，剪切应力在最大应变时最大。对于正弦剪切，理想弹性体的应力和应变曲线将同相，由式（14-6）得：

$$\tau = E\gamma = E\gamma_0 \sin(\omega t) \tag{14-8}$$

式中，E 为常数。

　　理想黏性体的特征是剪切应力和剪切速率成比例。最大剪切速率对应于最大剪切应力。随时间推导应变可得出剪切速率：

$$\dot{\gamma} = \mathrm{d}\gamma / \mathrm{d}t = \omega\gamma_0 \cos(\omega t) = \dot{\gamma}_0 \sin\left[(\omega t) + \frac{\pi}{2}\right] \tag{14-9}$$

　　同样，由于理想黏性流体符合牛顿公式，因此剪切应力由式（14-4）可得：

$$\tau = \eta\dot{\gamma} = \eta\dot{\gamma}_0 \sin\left[(\omega t) + \frac{\pi}{2}\right] = \tau_0 \left[\sin(\omega t) + \frac{\pi}{2}\right] \tag{14-10}$$

　　理想黏性流体剪切速率或剪切应力和应变之间，存在 90°相位滞后。在最大应变下，剪切速率或剪切应力为零。在实际中，黏弹性材料在小振幅振荡剪切下表现出线性黏弹性行为。剪切应力 τ：

$$\tau = \tau_0 \sin(\omega t + \delta) \tag{14-11}$$

式中，τ_0 为应力幅度，Pa；δ 为相角，表示黏弹性流体在振荡剪切中的相位偏移，无量纲。

　　在流变学中，黏弹性流体更多的以储能模量（storage modulus）（代表弹性部分）和损耗模量（loss modulus）（代表黏性部分）来表示小振幅振荡剪切（SAOS）的结果：

$$\tau = \gamma_0 \left[G'(\omega)\sin(\omega t) + G''(\omega)\cos(\omega t)\right] \tag{14-12}$$

式中，$G'(\omega)$ 是储能或弹性模量，它是可逆储能的度量（该能量可用于恢复部分变形）；$G''(\omega)$ 是耗能或黏性模量，它是通过内部摩擦耗散为热量的损耗能量的度量。

　　同样，对于小振幅振荡剪切的剪切应力可以写成：

$$\tau = \gamma_0 \mid G^*(\omega) \mid \sin\left[(\omega t) + \delta(\omega)\right] \tag{14-13}$$

式中，$G^*(\omega)$ 为复模量（complex modulus）。剪切应力曲线同样是正弦曲线。

在小振幅振荡剪切中，结合式（14-12）和式（14-13），可以得出：

$$|G^*|=\sqrt{G'^2+G''^2} \tag{14-14}$$
$$\tan\delta=G''/G' \tag{14-15}$$

其中 $\tan\delta$ 也称为损耗因子（loss factor）。

对于理想的弹性行为，因为 $G''=0$，所以 $\delta=0$ 且 $\tan\delta=0$。对于理想的黏性流体，因为 $G'=0$，所以 $\delta=90°$，并且 $\tan\delta$ 接近无穷大。黏弹性材料的相角的正切值在两个极端之间。在特殊情况下，当弹性模量等于耗能模量（$\delta=45°$或 $\tan\delta=1$）时，材料会经历从液相到固态的相变。

14.1.3.2　法向应力

受剪切的黏弹性材料中，在垂直于剪切平面的方向上会产生一个额外的应力。将垂直于剪切平面的力，称为法向应力或正应力（normal stress），爬杆效应就是法向应力作用的一个例子。以图 14-10 为例，其中 τ_{11}、τ_{22} 和 τ_{33} 都是垂直于其剪切平面的力，所以三者称为法向应力。其中，将 $\tau_{11}-\tau_{22}$ 称为第一法向应力差，$\tau_{22}-\tau_{33}$ 称为第二方向应力差。

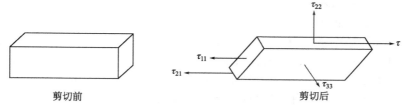

剪切前　　　　　　　　　　　剪切后

图 14-10　法向应力与切向应力

对于聚合物溶液，在剪切时，高分子会逐渐拉伸定向，但由于分子的布朗运动，高分子链又会趋向于无规则的卷曲，因此被拉伸的大分子有着恢复其无规卷曲构象的趋势导致法向应力。乳液液滴由于剪切而变形，界面张力试图将其恢复为球形，并产生法向应力，如图 14-11。当然，乳液这种稀体系的应力通常比聚合物的法向应力小得多。

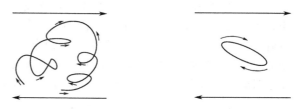

图 14-11　法向应力的产生

14.2　化妆品流变性质测量

对于流变学的数据测量仪器，在化妆品行业中，目前使用最多的仪器是 NDJ-1/NDJ-2 旋转黏度计或者 Brookfield 黏度计，接触最多的数据是黏度。但由于黏度受到很多因素的影响，在实际测量中往往会有一些偏差。而且，NDJ-1/NDJ-2 和 Brookfield 黏度计只适合提供特定应用的黏度数据，无法正确表征所有的流变参数，它不能将强黏弹性溶液与具有屈服应力值的黏弹性相互区分开来。而这种差异在配方中非常重要，决定了配方的多项性能。除此之外，黏度计也无法模拟生产与使用的全过程。

在化妆品流变学研究中，常用旋转流变仪来测量化妆品的流变性质，旋转流变仪精确度与分辨度要高于一般的仪器。而且流变仪有多种测试方法和测量系统来表征材料的流变性。

14.2.1　测试方法

旋转流变仪的测试模式一般有旋转测试和振荡测试两种。

14. 2. 1. 1　旋转测试

旋转测试有多种方法。斜坡测试（ramp test）是一个简单又快速的测试，该测试的特点是剪切应力在一定时间内不断增加或者减少，如图 14-12（a）。阶跃测试（step test）是在一定时间内施加恒定的剪切速率或剪切应力，以观察物体的流变性质，如图 14-12（b）。

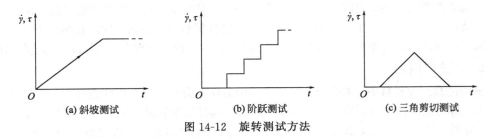

(a) 斜坡测试　　　　(b) 阶跃测试　　　　(c) 三角剪切测试

图 14-12　旋转测试方法

斜坡测试有时用于测量样品的屈服值。对于较稀的液体，屈服应力较小，应设置较小的应力梯度，对于较稠的乳膏则应设置较大的应力梯度。对所得数据，可以用拟合曲线法、切线法和变换法进行结果处理。

对比较稀的液体可以利用 Herschel-Bulkley 公式，通过该公式拟合曲线并与实际数据对比，发现拟合曲线与实际数据之间有比较大的偏差，如图 14-13（a）。除了上述的拟合法外，还有切线法，如图 14-13（b）。两条切线的交点为屈服应力，该方法在很大程度上取决于每条切线的测量点的选择。这两种方法目前已经很少用在产品研发中，因为这两种方法误差比较大，更多的是用在质量控制上。

处理斜坡测试结果的第三种方法是绘制黏度对剪切应力的双对数图。在处理数据过程中，将黏度作为剪切应力的函数作图可获得良好的结果。黏度最初增加到最大值，然后再次下降，如图 14-13（c）。对应于最大黏度的应力被称为临界剪切应力，也称为屈服应力。因为屈服应力是具有时间依赖性的，所以测出的屈服应力大小也与时间有关。通常剪切应力比较大时，测量时间短，测得的屈服应力较大；剪切应力比较小时，测量时间长，测得的屈服应力较小。

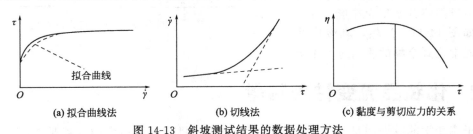

(a) 拟合曲线法　　　　(b) 切线法　　　　(c) 黏度与剪切应力的关系

图 14-13　斜坡测试结果的数据处理方法

14. 2. 1. 2　黏度的测量

在恒定温度和已知剪切速率的条件下，测量非牛顿流体的黏度的最佳方法是延长时间测试。由于测量仪器和样品都需要一定的时间才能达到恒定条件，也就是说，要直到整个系统达到平衡，获得的测量值才有参考意义。

在使用不同的剪切速率测量黏度时，当剪切速率越大，黏度越快稳定，体系越快达到稳态，如图 14-14。也就是说，测量的剪切速率越低，测量时间就越

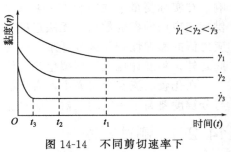

图 14-14　不同剪切速率下测得黏度所需的时间

长，反之亦然。在测量黏度时，需要保持多个测量条件的稳定。这是因为黏度受许多因素的影响，剪切梯度、时间、温度、密度、固含量和分子量等都会影响产品的黏度。通过流变学去确定黏度变化的原因是很困难的。为了能够正确解释数据，需要进行许多测量并从中总结出规律性数据。

14.2.1.3　蠕变测试与蠕变恢复

蠕变测试与蠕变恢复（creep test）是用来获取样品黏弹性的初始信息。在蠕变测试中，对样品在 t_0 时施加恒定的剪切应力（该剪切应力要大于屈服应力），作用到 t_1 后去除，并记录蠕变恢复至 t_2。

对于理想弹性体来说，施加剪切应力后会变形，但是去除应力后又会恢复其状态，而且理想弹性体会 100% 储存能量和 100% 释放能量。如果将剪切应力加倍，那么形变也会加倍，如图 14-15（a）。对于理想黏性体来说，施加在流体上的剪切应变随时间增大。如果从样品上去除了剪切应力，则此时黏性体的形变（示例中为 t_1）将完全保留，如图 14-15（b）。

一般流体大多数是黏弹性流体，在时间 t_0 施加力时，变形开始的速度要比理想黏性体缓慢得多，如果等待足够长的时间，曲线将接近恒定的斜率。当消除剪切应力时，材料内储存的部分能量将被释放，使得弹性部分恢复，黏性部分永久变形，如图 14-15（c）。

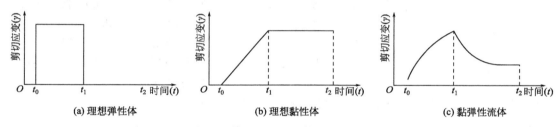

图 14-15　理想弹性体、理想黏性体和黏弹性体的蠕变测试

14.2.1.4　松弛测试

应力松弛（stress relaxation）是指物质总形变保持不变，而应力随时间缓慢降低的现象。该测试方法用于评估化学交联的聚合物、凝胶和分散体的行为。

14.2.1.5　振荡测试

振荡测试（oscillatory test）是测量黏弹性流体最常用的测试。在振荡模式下的实验期间，样品暴露于形变或剪切应力的连续正弦作用中。依照作用类型的不同，实验材料将以应力或形变形式做出响应。

（1）振幅扫描

振幅扫描，也称为应变测试，是在恒定温度和频率下进行的，如图 14-16。从小振幅开始，应变以小阶跃增加。振幅扫描分为大振幅振荡扫描（LAOS）和小振幅振荡扫描（SAOS），在小振幅振荡扫描中，会发现在较低频率范围内几乎平行的两个模量 G' 和 G''，该区域叫作线性黏弹性区（linear viscoelastic range），简称 LVR，如图 14-17。该范围内进行的实验可以看作是无损实验，可以在不破坏体系结构的情况下测得流变特性。继续增加振荡频率或增大振幅，G' 和 G'' 可能不再是线性的，称为非线性黏弹性区（non-linear viscoelastic range）。

振幅扫描可用于确定材料的线性黏弹性范围。当在线性黏弹性范围内进行振荡实验时，可研究材料的保质期稳定性或研究各种相变，其中包括在不同条件下可能出现的熔化、固化或结晶。

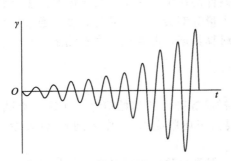

图 14-16　振幅扫描

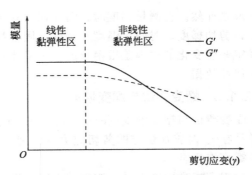

图 14-17　线性黏弹性区和非线性黏弹性区

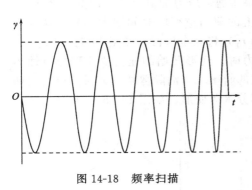

图 14-18　频率扫描

（2）频率扫描

当振荡频率逐渐增大或减小时，正弦信号（应力或变形）的幅度保持恒定，如图 14-18。频率扫描一般需要从 LVR 确定最大幅度后，再研究振荡频率的影响。测试通常从最高振荡频率开始，然后以对数逐步减少。从高频开始的优点是可以非常快速地获得第一个测量值，因为测量时也适用以下条件：低频率，测量时间长；高频率，测量时间短。由于频率是时间的倒数，故使用频率来研究与时间有关的变形行为。短期行为通过快速运动（即在高频下）进行仿真，长期行为通过慢速运动（即在低频下）进行仿真。

（3）时间扫描

振幅和频率保持恒定，温度也保持恒定，随着时间推移监测流变材料的性能。这种测试用于研究在预设条件下样品随时间变化的行为，以显示测量过程中有没有化学变化。

（4）温度扫描

频率和幅度在每个测试间隔中都保持恒定值，唯一可变的参数是温度。这种测试称为 DMTA（dynamic-mechanical thermo-analysis）测试，又称动态热机械分析。在实际使用中发现加热或冷却速率适合为 1K /min（最大 2K /min）。这是因为样品温度变化比较缓慢而且样品具有一定厚度，需要一定时间进行热传导，从而确保整个样品的温度达到一致。

与旋转测试相比，振荡测试的最大优势在于，即使样品的特性已经改变为凝胶状甚至固化的和刚性的状态，测量仍可以继续进行而不会造成明显的结构破坏。当然，前提是在 LVR 范围内进行。为了进行非破坏性测试，振荡测试与旋转测试相比，能更好地将测试条件保持在允许的变形极限内，因为振荡测试通常在 LVR 范围内进行。

14.2.1.6　时温等效性

在流变学中，频率扫描和连续变温两者测得的模量曲线相互对称。低温下长时间观测到的力学松弛现象也可以在高温下短时间内观测到，这种性质称为时温等效性。所以升高温度可以缩短观测时间，低温延长观测时间可以预测高温行为。较高温下，有些物质容易发生氧化、分解等，可以采取较低温度和延长时间以获得更好的测试效果。

14.2.2　测量系统

流变学是测量黏度、标准应力系数、损耗角、储能模量和损耗模量等流变材料功能的科学。在化妆品中常用旋转流变仪测试化妆品的流变性能，旋转流变仪通过控制应力或控制应变的方式来测试化妆品，其常见的几种测量系统有锥板、平行板和同轴圆筒。

14.2.2.1　平行板测量系统

平行板测量系统（parallel plate measuring system，简称 PP）是由两块同心平行板所构成，底部为固定静止的板块，上部可旋转或振荡，如图 14-19。两块板之间的间隙称为 H，一般在 0.3mm 至 3mm。半径 R 一般要比间隙大好几倍。在 PP 中，剪切速率从中心处的 $\dot{\gamma}=0$ 线性增加至边界剪切速率 $\dot{\gamma}_R$。该测量系统是基于边界剪切速率即最大剪切速率进行测量的。而且相对于其他测量系统来说，这种随着半径增加而线性增加的剪切速率也是其缺点之一。

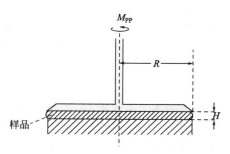

图 14-19　平行板测量系统模型图

剪切速率：

$$\dot{\gamma} = \Omega \frac{r}{H} \tag{14-16}$$

式中，Ω 为上层板的角速度，r 为半径（$0 \leqslant r \leqslant R$），$H$ 为两平行板之间的间隙。

对于牛顿流体，可以算得剪切应力为：

$$\tau = \frac{2M_{\mathrm{PP}}}{\pi R^3} \tag{14-17}$$

式中，M_{PP} 为转矩（或扭矩）。

如果角速度或旋转速率保持恒定，增大间隙 H 会降低剪切速率。必须注意间隙不可以变得太小，如果间隙太小的话会因为摩擦效应而影响测量结果。PP 最适用于半固体材料，并且 PP 具有易于清洁的附加优势。然而，这种测量系统也有一个缺点。从等式可以看出，PP 中的剪切速率取决于半径，因此在边缘处剪切速率会太大，需要对测得的数据进行校正。

14.2.2.2　锥板测量系统

PP 适合用于半固体物质，缺点是其剪切速率是可变的，因此便有了测量液体而且剪切速率恒定的测量系统。锥板测量系统（cone-plate measuring system，简称为 CP）由锥体和平板组成，如图 14-20。测量时，锥体和平板之间的间隙充满被测流体，平板和锥体做相对旋转。在小角度时 $\tan\beta = \beta$，那么这意味着整个 CP 中，剪切速率是恒定的：

$$\dot{\gamma} = \frac{\omega}{\tan\beta} = \frac{\omega}{\beta} \tag{14-18}$$

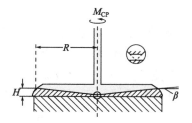

图 14-20　锥板测量系统模型图

式中，ω 为角速度；β 为锥体和平板的夹角。

所以剪切应力为：

$$\tau = \frac{3M_{\mathrm{CP}}}{2\pi R^3} \tag{14-19}$$

式中，M_{CP} 为扭矩，R 为半径。

锥板测量系统在理想条件下是锥顶与平行板刚好相互接触。但在实际使用中，如果两者相互接触会导致锥顶与板的磨损，所以为了避免该情况的发生，往往会将锥顶截断一部分，从而有一定的间隙，该间隙称为截顶间隙（truncation）。

14.2.2.3 同轴圆筒测量系统

CP 和 PP 两个测量系统都不能测量易流动的流体，同轴圆筒测量系统（concentric cylinder systems，简称CC）可测量易流动的样品。CC 由内外两个同心圆筒所组成，中间的环隙充满待测流体。该系统分为两种类型，一种是内筒旋转而外筒静止，叫作 Searle 系统。另外一种系统是外筒旋转，而内筒静止，叫作 Couette 系统，如图 14-21。如果将圆筒表面看作是无限小的平行区域，平行板模型的公式可以应用于同轴圆筒系统，剪切应力为：

$$\tau = \frac{M_z}{2\pi(R_a^2 - R_i^2)h} \tag{14-20}$$

其中 M_z 为转矩，h 为测量样品的高度，R_a 为外筒内半径，R_i 为内筒外半径。

CC 与 PP 一样，其剪切速率不是恒定的，所以需要进行校正，其中标准 DIN 53019/ISO 3219 定义了同轴圆筒载具的多个参数。

除此之外，还有一种特殊的同轴圆筒测量系统，叫作双狭缝同心圆筒测量系统（double gap measuring system，简称 DG）。该系统最大的特点在于剪切面积十分大，如图 14-22 所示。可以用于测量黏度极低的流体。

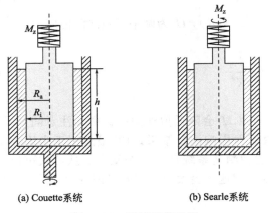

(a) Couette系统　　(b) Searle 系统

图 14-21　同轴圆筒系统

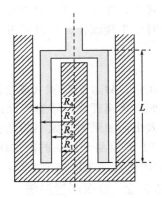

图 14-22　DG 测量系统

14.2.2.4 流变仪测量系统的选择

在流变学中，有多种测量方法来表征材料的流变性。选择合适的测量方法和测量系统是至关重要的。在化妆品流变学中，常用旋转流变仪来测试流体的流变性能，旋转流变仪有两种测量模式，所测量的数据有所不同，见表 14-2。

表 14-2　旋转测试和振荡测试在不同模式下测得的数据

测试模式		测试预设	结果
旋转模式 CSR：控制剪切速率	原始数据	旋转速度 n	转矩 M
	流变参数	剪切速率 $\dot{\gamma}$	剪切应力 τ
	计算黏度		$\eta = \tau/\dot{\gamma}$
旋转模式 CSS：控制剪切应力	原始数据	转矩 M	旋转速度 n
	流变参数	剪切应力 τ	剪切速率 $\dot{\gamma}$
	计算黏度		$\eta = \tau/\dot{\gamma}$

续表

测试模式		测试预设	结果
振荡测试 CSD： 控制剪切形变	原始数据	偏转角度 ϕ	转矩 M 和相角 δ
	流变参数	应变 $\gamma(t)$	剪切应力 $\tau(t)$ 和相角 δ
	计算复数剪切模量		$G^* = \tau(t)/\gamma(t)$
振荡测试 CSS： 控制剪切应力	原始数据	转矩 M	偏转角度 ϕ 和相角 δ
	流变参数	剪切应力 $\tau(t)$	应变 $\gamma(t)$ 和相角 δ
	计算复数剪切模量		$G^* = \tau(t)/\gamma(t)$

在流变学测量中，有多种测量系统可以使用。在化妆品流变学中，常用的测量系统是 CP、PP 和 CC。从测量理论上来看，CP 是最理想最好用的测量系统，但在实际测量中，PP 才是最常用的测量系统。

锥板测量系统的间隙是固定的，在测量时要注意虚拟锥顶与平行板的距离，而且在测量过程中该间隙保持不变，否则会产生较大的测量误差。由于大多数物质都存在热膨胀效应，会使得间隙改变，锥板测量系统原则上不适用于涉及温度变化和需要控制轴向力的测试。

平行板测量系统具有两块平行板，存在设定间隙的情况出现，剪切速率会随着间隙的变化而变化，所以平行板的测试间隙一般设置为 0.5～2mm 之间。间隙越大，应变的衰减也就越严重，所以平行板测量中需要注意间隙的大小。由于平行板两个平面并不是绝对的平滑，如果设定的间隙过小，则平行板的不平行度会突显出来，从而影响测试结果。平行板测量系统的优点在于间隙可调，更容易清洗。而且在小间隙时，可以得到更大的表观剪切速率，同时也可以抑制二次流动，例如湍流、涡流，减少测量误差。而且使用小间隙的话需要的样品量少，控温时样品内部温度也相对均匀。同时也可用于变温和控制轴向力的测试。

所以平行板测量系统在实际应用上要比锥板测量系统更加广泛，可应用的场景更多，但锥板也并不是完全不可用。由于流变仪的测量系统非常多，在测量系统的选择上一般遵循以下几个原则。

① 锥板测量系统流场均一，适用于在恒温条件下的线性黏弹性测试，也可以用于非线性黏弹性测试，适用于非牛顿流体的黏度测量和大振幅非线性测试。平行板测量系统的流场存在径向线性依赖性，一般只用于线性黏弹性测试。在进行线性黏弹性测试时，一般都优先考虑平行板测量系统。同心圆筒流场并不均一，原则上也仅适用于线性黏弹性测量。

② 低黏度、低模量样品应选用大半径的测量系统，高黏度、高模量样品选用小半径测量系统测试。如果测量过程中扭矩过小，则应更换大半径的测量系统进行测试，反之，则应更换小半径测量系统进行测试。

③ 对于悬浮体系或模量 $10^6 \sim 10^8 \text{Pa}$ 的样品要选择特殊或者粗糙表面的测量系统以避免滑移，对于模量大于 10^8Pa 的样品要选用动态力学测量系统，如拉伸、弯曲和扭摆测量系统进行紧固后再测量。

④ 在应力控制型设备上，由于测量系统和设备存在惯性效应，在进行非稳态测试时如蠕变和蠕变回复、流动斜坡等，应选用低惯量的轻质测量系统如塑料或铝合金等。

除了对切向方向的力的测试外，有时候还需要测试垂直方向的力——法向应力的测试。法向应力可用平行板和锥板测量，平行板可测量出第一方向应力差，锥板可以测量法向应力，而同心圆筒无法测量法向应力。

14.2.2.5 流动模型拟合

在旋转测试中，测得数据结果之后，往往会选择使用流动模型去拟合测量的数据，使用流动模型拟合曲线可以描述已知的数据并描绘未知的数据。

常用的流动模型有 Newtonian、Bingham、Herschel-Bulkley、Power Law、Casson、Williamson、Sisko、Cross、Carreau、Carreau-Yasuda 以及 Eills，部分模型轮廓如图 14-23 所示。

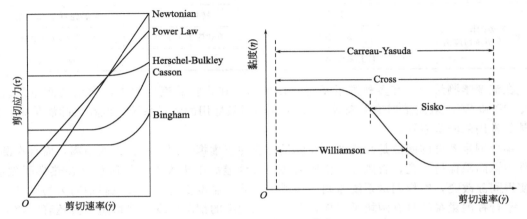

图 14-23 流动模型的轮廓

14.3 化妆品流变学指导产品制造

在化妆品研发和生产过程中，面对的大多数都是具有流变性的系统。由于所有的物料会流动，那么物料中就具有流变性质。在乳霜或者乳液中，这种流动是显而易见的，即使是唇膏这种固体产品也会与流变有关。

一般认为高分子等物质能很好地改变体系的流变性，通常称这些物质为流变添加剂，但实际上流变添加剂并不特指这些本身具有流变特性的物质。化妆品中许多基础的物质也会表现出改变体系流变的情况，例如最常见的氯化钠。氯化钠可以影响胶束结构，在洗发水体系中对洗发水进行增稠，改变洗发水的流变特性。

14.3.1 化妆品流变学在配方中的应用

14.3.1.1 蠕虫状胶束的黏弹性

化妆品配方在最简单的条件下，仅包含表面活性剂和水。当表面活性剂浓度超过 CMC 点时，单体会开始聚集，形成球状胶束。这种系统的胶束溶液黏度低，并且黏度随浓度线性增加。表面活性剂浓度的继续增大会形成蠕虫状胶束，蠕虫状胶束的表面活性剂溶液具有黏弹性，如果形成的蠕虫状胶束相互缠结，就可以形成真正的网络结构，这样的网络结构在受到外力剪切破坏后可以恢复，如图 14-24。对于没有形成真实网络结构的蠕虫状胶束，它的特性与聚合物溶液相似，但聚合物不会随着浓度的增长而增长，而蠕虫状的胶束却

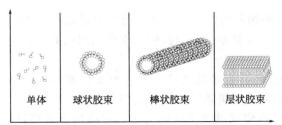

图 14-24 胶束的变化

会增长，可以增长到形成真实的网络结构。

　　椰油酰胺丙基羟磺基甜菜碱（CHSB）和月桂酰肌氨酸钠（LS）两者在特定比例下混合可以形成蠕虫状胶束，并且具有黏弹性，如图 14-25。在 pH=5.1 和 $m(\text{CHSB}):m(\text{LS})=$ 9：3 时，体系几乎无触变环出现，说明体系内部无明显网络结构，体系无触变性。在相同的 pH 值下，$m(\text{CHSB}):m(\text{LS})=8:4$ 时，体系的触变环明显，说明合适的配比可使体系更易形成网络结构。除了 CHSB 与 LS 能形成蠕虫状胶束外，椰油酰胺丙基甜菜碱（CAPB）等也可以与 LS 形成蠕虫状胶束。对比椰油基甜菜碱（CB）、月桂酰基乙酸钠（SL）、月桂酰胺丙基甜菜碱（DHSB）、椰油酰胺丙基羟磺基甜菜碱（CHSB）和椰油酰胺丙基甜菜碱（CAPB）与 LS 复配后的性能，见表 14-3。最终发现相同用量下，CHSB/LS 在自增稠以及泡沫方面都要优于其他组别，有着更好的应用性。

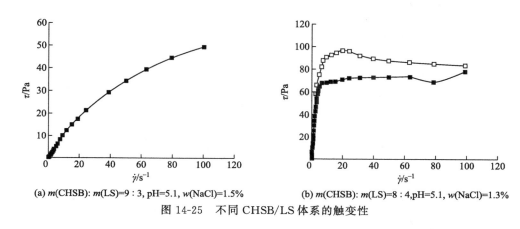

(a) $m(\text{CHSB}):m(\text{LS})=9:3$, pH=5.1, $w(\text{NaCl})=1.5\%$　　　(b) $m(\text{CHSB}):m(\text{LS})=8:4$, pH=5.1, $w(\text{NaCl})=1.3\%$

图 14-25　不同 CHSB/LS 体系的触变性

表 14-3　不同两性表面活性剂体系的性能比较

$w/\%$						pH	$\eta/(\text{mPa}\cdot\text{s})$	h（泡沫）/cm
LS	CAPB	CB	CHSB	SL	DHSB			
6	6					5.40	2900	11.6
6		6				5.30	620	10.5
6			6			5.40	13800	16.8
6				6		5.60	1400	14.7
6					6	5.50	580	11.5

14.3.1.2　配方中的动态流变学

　　一般流变测试旨在收集化妆品的线性黏弹性区的数据，这为处于无损状态的配方的微结构成分或空间构型提供了宝贵的意见。然而线性黏弹性流变数据不能描述个人护理产品在日常消费者使用期间大而快的变形，因为这种变形已经破坏了产品的结构。以护发素为例，护发素的线性黏弹性数据可能适合追踪护发素手掌上的浓密质地和堆砌外观，因为此时护发素的结构是无损的状态。但是，当护发素在湿发上涂抹时，会发生大而快的变形，其中护发素的微观结构经历了不可逆的发展。所以常规的流变测量不足以捕捉消费者经历的结构转变。

　　在振荡测试中，小振幅振荡测试（SAOS）测试结构未被破坏的流变特性，大振幅振荡测试（LAOS）用于测量产品结构破坏后的流变特性，如图 14-26。在 LAOS 测试中，产品的微观结构会产生变化，流变特性会变得更加复杂，而且牛顿和胡克两大基本定律不适用于LAOS。所以采用 Lissajous 图来区分配方的流变行为，如图 14-27。根据 LAOS 实验数据生成的 Lissajous 图提供了测试配方的流变特性，可用于分析增稠机理并监测各种参数的影响，例如增稠剂的化学性质和分子量、配方介质的 pH ，以及配方中表面活性剂、乳化剂等其他成分的影响。

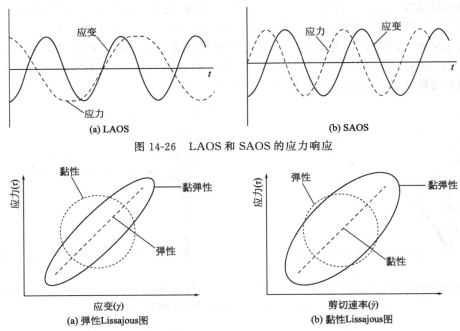

图 14-26　LAOS 和 SAOS 的应力响应

图 14-27　Lissajous 图

羟乙基纤维素（HEC）是十六烷基羟乙基纤维素（HMHEC）的母体分子，在两者的Lissajous 图中，HEC 的 Lissajous 图显示出黏性，如图 14-28（a）。而疏水修饰的 HMHEC却显示出显著的黏弹性，如图 14-28（b）。流变改性剂的特性通常会影响到完整配方的产品。配方设计师可以通过简单的解决方案或简化的配方研究轻松预测某些产品特性。

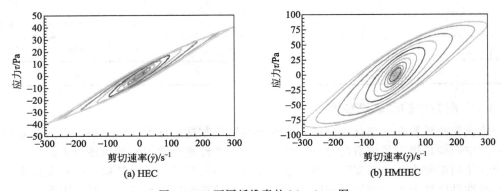

图 14-28　不同纤维素的 Lissajous 图

流变学在化妆品配方中的应用，主要是在于对原料的流变特性进行区别，并找出符合产品设计需求的原料。流变学还能够预测配方在贮存时的稳定性，这部分内容在以下章节将会讲到。化妆品流变学在设计配方时提供了一个参考数值，为选择原料提供了一定的指导。

14.3.2 化妆品流变学在质量控制上的应用

产品的流变特性是产品内部结构所决定的，如果在相同条件下，同一产品不同批次的流变曲线有很大差异的话，那么基本上确定某一批次的产品不合格。以皂基洗面奶为例，皂基洗面奶的黏温曲线存在一个峰值，该峰值可以看作洗面奶的特征值，如图 14-29。如果不同批次的黏温曲线的峰值基本一致，则产品达标，如果偏差过大，则该批次不达标。通过产品的流变特征，来达到监测产品质量的目的。

为了进一步探究皂基洗面奶是否都具有该项特性，测试了三款皂基洗面奶的黏温曲线，如图 14-30。分别为某品牌男士火山岩控油清痘洁面膏（Soap-A）、某品牌绵润泡沫洁面乳（Soap-B）、某品牌亮彩皂基洁面膏（Soap-C）。发现只有男士火山岩控油清痘洁面膏在 45℃左右黏度突然上升，而绵润泡沫洁面乳和亮彩皂基洁面膏未出现峰值，一直呈现出黏度降低的趋势。所以说皂基洗面奶的黏温曲线最大值仅适用于部分皂基洗面奶，不具有普遍性。

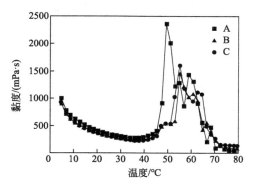

图 14-29　皂基洗面乳的黏温曲线

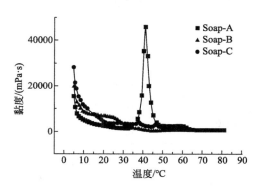

图 14-30　不同厂家的皂基洗面奶的黏温曲线

14.3.3 化妆品流变学在工艺上的应用

从生产到出料都受到流变的影响，化妆品流变学能够在此过程有一定的指导作用。在生产时，物料通过搅拌混合在一起，搅拌时剪切速率比较低，对体系的结构影响不大。在乳化体系中，搅拌是不可能将水油两者混合在一起的，需要通过均质使水油两相乳化混合在一起，乳化速率和乳化时间等对乳化体系的有着很大的影响。均质时间不充分，会导致分散相过大，容易聚集沉淀，导致出水分层等不稳定现象。

在 O/W 乳液中，乳化时间的长短对乳化体系有所影响，通过流变学来研究乳化时间对产品的影响。设置乳化时间为 1min、4min、7min、10min 和 15min，其余条件保持不变。测量体系粒径和流变性，观察乳化时间的影响。

一般来说，随着乳化时间的增加，油滴粒径分布逐渐变窄。乳化时间超过 10min 时，其粒径分布随乳化时间的增加基本保持不变，此时油滴粒径分布不再受乳化时间的影响，如图 14-31。旋转流变仪与粒径曲线判断出的乳化终点一致。而且乳化时间越长，油滴粒径越小，即油相在水相中分散得越均匀，在流变学中表现为触变性和黏弹性的减弱，如图 14-32。

出料温度也是控制产品质量的关键，不同的出料温度对产品内部结构都有不同的影响，用流变仪来测量产品模量，以对比不同的温度出料的变化。测试了氨基酸洗面奶在 37℃、40℃和 45℃出料后的模量变化如图 14-33 所示。该氨基酸洗面奶在 37℃出料时一直保持较好的产品质量，以此为对照组。在图中可以看到，无论是振幅扫描还是频率扫描，在45℃下显示出的流变性质与在37℃时有所差异。而在40℃出料时的氨基酸洗面奶的流变性质与37℃的性质十分相似，也就是说两者的内部结构非常接近，所以该氨基酸洗面奶出料温度也可以设置为40℃。

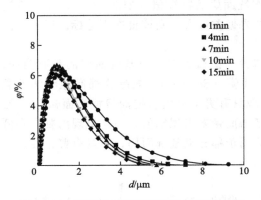

图 14-31　不同乳化时间下的油滴粒径分布

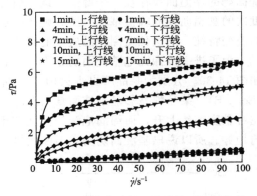

图 14-32　不同乳化时间下乳液体系的触变性

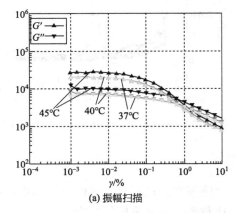

(a) 振幅扫描

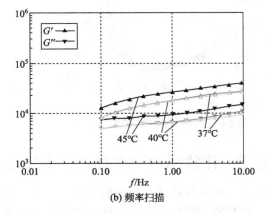

(b) 频率扫描

图 14-33　氨基酸洗面奶不同出料温度的模量变化

14.4　化妆品流变学预测产品性能

14.4.1　化妆品流变学预测产品稳定性

　　流变数据可以作为预测产品稳定性的一项指标，但流变学预测的稳定性只是基于该温度下的稳定性，要预测较广范围温度的稳定性，要求该产品在该温度范围内流变性质变化较小。

　　化妆品流变学常用于预测乳液的稳定性，乳液的稳定性单从外观上很难比较出来，但在流变数据上能很好地反映乳液的内部结构。设置了一个乳化体系。保持加入相同用量的水和油，并保持表面活性剂的添加量为5.4%，根据表面活性剂的不同配比配制了六个样品，HLB值分别为9.3、9.9、10.5、11.1、11.7和12.0。图14-34显示了使用各种HLB值表面活性剂制备的样品的流动曲线，根据流动曲线，随着HLB从9.3变为9.9和10.5，剪切变稀行为减弱，在 HLB 为 10.5 和 11.1 时，几乎表现为牛顿流体。但对于亲水性更高的 HLB 为 11.7 和 12.0，观察到剪切稀化行为。使用相同的样品，在 40℃下放置 3 个月后观察稳定性。在 40℃下放置 3 个月后的样品照片如图 14-35 所示。从图中可以看出，该体系在 HLB 为 9.3 和 9.9 的样品中观察到了乳脂状，在 HLB 为 11.7 和 12.0 的样品中出现了分层。换句话说，该体系在初始乳化状态下具有牛顿行为的乳液具有良好的稳定性。从以上结果可以看出，流变学测量结果和时间稳定性结果之间具有相关性，并且流变学测量可以作为评估乳液稳定性的指南。

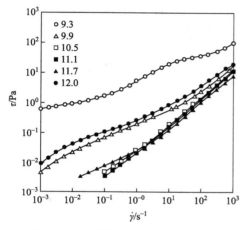

图 14-34　不同 HLB 值的流动曲线

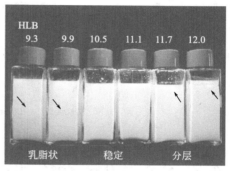

图 14-35　不同 HLB 值的乳液的稳定性

对于复杂的体系来说，流变仪并不能完全预测产品的稳定性。因为对于一个配方来说，除了物理稳定性（体系自身结构的稳定性），还有化学稳定性（原料的化学反应，例如分解、氧化等），流变学可以用来预测乳液的物理稳定性，但无法完全测量化学稳定性。这时将流变仪与其他仪器联用来预测产品的总稳定性。

维生素 A（棕榈酸视黄酯）和维生素 E（生育酚乙酸酯）是护肤品中常用的成分，在乳液中加入了维生素 A 和维生素 E。使用流变仪研究配方的物理稳定性，使用高效液相色谱研究配方的化学稳定性，如图 14-36。在不同条件下放置的样品中，可以发现棕榈酸视黄酯的稳定性低于生育酚乙酸酯，表明维生素 A 是计算产品保质期的限制因素。

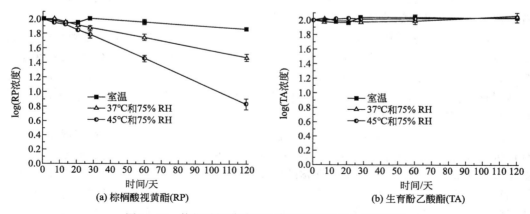

图 14-36　棕榈酸视黄酯和生育酚乙酸酯的化学稳定性

　　与化学研究同时进行的流变学测量可以预测保质期内的流变行为。流变学参数表明，向基本配方中添加维生素不会损害其结构，但改变了一些流变学参数，如图 14-37。此外，在化学稳定性中，棕榈酸视黄酯随浓度下降可能会分解，导致产品有复杂的反应，所以还必须考虑维生素 A 分解后的毒性。因此，保质期的确定不仅对于功效方面至关重要，而且对于评估配方毒性也至关重要。

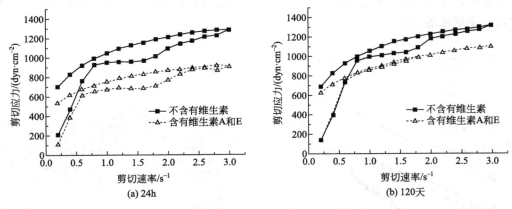

图 14-37　在室温下不同储存时间的流变图
$(1dyn=10^{-5}N)$

14.4.2　化妆品流变学替代感官评价

　　消费者对于化妆品的使用第一感觉是在感官上，不同的人对同一化妆品有不同的感受，这就赋予了化妆品的独特性。不同人对物质的触觉是不一样的，这取决于个人的局部感觉和神经结构，并且这两者受生理经历影响。所以如何去评估化妆品在实际使用的感受是非常复杂的。化妆品的感官评价既昂贵又耗时，整个评估过程也比较难重复，这就提出了一个问题，即在某些情况下该过程是否可以用更低成本和更高效率的方法进行替代。目前有两种方法可以替代，第一种方法基于简化的感觉方法，例如"定量描述分析法"和"波谱描述分析法"，该方法耗时少但成本高。第二种方法是使用仪器分析。它的用法虽然不能够涵盖感官评价的所有方面。但是，可以相对简单且始终如一地按照评估者的水平对某些选定的描述符进行评估。将流变特性与人体感官相结合起来，以此来预测人体使用的感受，从而更贴合消费者的需求。这种流变学的研究方向，也称为心理流变学。

　　出于每个人对化妆品的感受不同，在感官评价上，往往让专家小组来客观化触觉感受。即便是专业小组成员，也无法清晰地得出流变学对触觉体验的贡献。因此，流变结果通常不直观或者不能完全描述感官体验中明显的差异。同样，靠单一的流变学测量或结果参数是不能够预测整个扩散过程中复杂流体的感官体验的。所以在研究感官变化时，会使用多个流变学数据来表征不同的感官变化。

　　使用流变学测量 O/W 膏霜的融化感，在使用流变学测量前，需要先对不同配方的膏霜进行评价和评分。统计完了感官评价，接下来使用流变学测量 O/W 膏霜的流变性质，并且与融化程度相联系起来。发现 O/W 膏霜的流动曲线、触变性以及黏弹性都与融化感有着非常好的线性关系，如图 14-38。流变学在预测配方的肤感时，是基于对配方的感官评价，如果流变学数据要准确预测人体感官评价，那么在最开始对产品准确的人体感官评价是至关重要的，这决定了后续流变学预测结果的准确性。

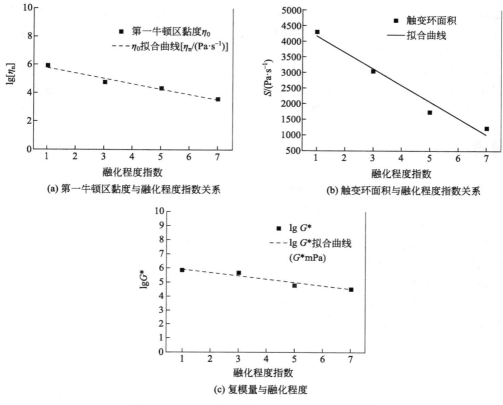

(a) 第一牛顿区黏度与融化程度指数关系
(b) 触变环面积与融化程度指数关系
(c) 复模量与融化程度

图 14-38　融化程度指数与流变学数据的关系
（评分标准中，融化程度指数越高，融化感就越强）

　　大多数时候流变学与肤感评价之间的关系并不是简单的线性关系。可以建立数学模型来预测组分变化后的流变性，从而预估产品的肤感。在乳化体系中，不同用量的乳化剂会导致HLB 的不同，同样也会导致肤感的不同。在乳液中使用了不同用量的乳化剂以及脂肪酸，并预先进行肤感评价，肤感评价标准见表 14-4。后续测试了 12 个乳液配方在 25℃、30℃ 和35℃下的流变性，将最终结果进行统计分析，并与流变性相互联系。

表 14-4　肤感评价标准

肤感评价标准		
容易	分散度 （样品分散程度）	困难
轻薄	厚重感 （指尖和皮肤之间感觉到的产品量）	厚重
容易/润滑	在手掌上的涂抹性 （在皮肤上拖产品的难易度）	困难/粗糙
容易/润滑	在手背上的涂抹性 （在皮肤上涂抹产品的难易度）	困难/粗糙
愉悦,均匀	样品吸收后的残留感	不愉悦,不均匀
评分　　　　0		100

感官评价对于化妆品是非常有必要的评价方法。然而此过程既耗时又昂贵,而流变分析能有效减少时间和降低价格。选择合适的经验流变模型,以足够的精度描述所研究产品的流变行为,可以通过经验参数以相对直接的方式描述所选的感官属性,在感觉评价和仪器分析之间提供了很好的一致性。

流变学测量得到的仅仅是物质的单一的流变数据,反映的是物质的特性,更加重要的是要了解获得的流变数据的含义。还需要了解配方由哪种系统组成,例如胶体分散系统、聚合物系统和复合系统,与实际应用结合起来,才能更好地将流变学应用到化妆品研究中。

思考题

1. 简述假塑性、塑性和胀塑性流体的流变特性。
2. 简述假塑性流体与触变性流体两者的区别。
3. 简述剪切变稀的原理。
4. 简述为什么振幅测试常用小振幅测试,而不是用大振幅测试。
5. 简述选择测量系统的原则。
6. 简述旋转流变仪中常用测量系统(PP、CP、CC)的优缺点。
7. 请画出基础的 Lissajous 图,并注明如何解读 Lissajous 图。
8. 化妆品流变学在化妆品中有哪些应用?

第 15 章
化妆品制剂稳定性

化妆品使用的目的是皮肤美容和科学护理，只有安全稳定的产品才能在市场上流通。温度、pH 值、光照、空气、湿度等各种环境因素都可以引起化妆品特性的改变，导致化妆品制剂稳定性发生变化，发生分层、异味、颜色改变、黏度变化、活性消失和微生物生长。因此，了解化妆品制剂的稳定性及其评价方法，对于保证化妆品的品质、安全性及其有效性具有重要意义。

15.1 化妆品制剂稳定性与保质期

化妆品制剂稳定性（stability of cosmetic preparations）评价的目的是为了明确化妆品出售前在市场储存条件下，是否具有足够的保质期。因此，明确保质期的概念是化妆品稳定性评价的前提和基础。

15.1.1 化妆品保质期

化妆品保质期（expiration date），是指在一定的储存条件下，保持化妆品品质的期限。在此期限内，产品的气味、颜色、品质及其他性能均能得到保障，消费者可以放心使用。事实上，保质期就是"保证产品质量安全的期限"。

在化妆品保质期的定义中有两个关键要素，第一个是化妆品的储存条件，另一个为化妆品的储存期限。两者密切相关，不可分割。储存条件必须在产品标签中标注，所以我们常常可以在产品标签上看到常温、避光保存、储存温度不高于、置于阴凉干燥处、冷藏环境能保存更久等标注。在不同的储存条件下，产品的储存期限也会有所不同。如果产品的储存条件不符合规定，很有可能会缩短化妆品的保质期。

化妆品的生命周期包括生产、静置、灌装、货架期和使用期。化妆品在货架期和消费者使用前都是相对安全的。对于消费者而言，产品的高风险期就是开瓶使用之后的时间。不当的使用方法可能导致保质期缩短。我们经常会在很多国外产品的标签上看到一个开瓶保质期，用以标识使用后产品品质保障的时间。一般来讲水剂、粉剂、彩妆产品的开瓶保质期相对较长，而含有的维生素 C 和苯乙基间苯二酚等抗氧化成分、防晒产品中的防晒剂（因其对紫外线敏感）开瓶保质期往往相对较短。除此之外，开瓶后，敞开式包装化妆品容易受到空气、手部微生物的污染，开瓶保质期也相对较短。因此，尽早使用、良好的使用习惯、尽量缩短产品暴露在空气中的时间、选用真空泵压瓶等不直接接触包装的产品都有助于保证已开瓶产品的品质。

15.1.2 化妆品制剂稳定性与保质期的关系

化妆品在保质期内，产品的品质、颜色、气味及其他性能都有保障，消费者可以放心使用。并不是说产品一过了保质期就肯定会发生变质，保质期是企业给消费者的承诺，承诺在规定的储存条件下化妆品的品质不会发生改变。可以理解为如果在化妆品厂家指定的储存条件下，产品在保质期内发生了变质、分层、颜色与气味改变等情况，产品不能继续使用，那么化妆品厂家有责任和义务更换新的产品或进行退款等处理。

我国相关法规规定化妆品的保质期一般为 3 年，但是很多产品即使过了保质期，产品的品质依然是正常的。这时候只是厂家的承诺期已经过了，但并不代表产品一定变质。对于超出保质期的产品，如果性能、外观没有明显变化的，是可以继续使用的。但是，不管产品是否处于保质期内，如果产品的外观、颜色、气味等性质已经发生改变，产品就不能继续使用，如果仍在保质期内，则需要联系厂家进行更换或退款。

综上所述，化妆品的保质期可理解为厂家按照国家法律法规的要求，根据产品的稳定性评价结果给消费者的承诺期，即厂家有责任和义务对保质期内产品的稳定性和其他品质予以保障。

15.2 化妆品降解及影响因素

化妆品降解是指在各种因素的作用下，化妆品制剂中的一种或几种化学物质逐渐转化成另一种或几种化合物的特殊化学反应。可引起化妆品降解的因素包括物理因素、化学因素、生物因素和光化学因素等。

化妆品制剂中的各类原料在发生降解后，可能导致以下几种结果：①降解的最终产物可能不具有相同的活性，可能引起原料的功效下降或消失；②降解产物表现出不同的性质，最终导致化妆品发生变色、变质；③防腐剂发生降解，可引起其抑制微生物作用减弱或丧失，会造成微生物污染，致使化妆品原料分解，并产生一系列不良连锁反应；④化妆品降解产生的最终产物有可能会造成过敏反应和其他不良作用。

化妆品降解不仅在化妆品的生产和销售环节中会发生，而且在商店货架储存、包装打开前、使用期间甚至有效期结束前都会发生。化妆品降解会影响产品的稳定性及安全性，有效控制化妆品降解对提升化妆品的稳定性十分必要。

15.2.1 化妆品原料的降解

化妆品原料如油性原料、抗氧化剂、美白活性化合物、防腐剂等都可能受外界环境因素如光照、温度、pH 值等的影响而发生降解反应。

15.2.1.1 油性原料降解

油性原料是化妆品最基本的一类原料，可对人体皮肤起到防护、保湿、滋润、柔软等多种作用。各油脂之间稳定性的差异较大，油脂成分易发生不良反应而直接影响化妆品最终产品的保质期和稳定性，因此备受产品开发者的关注。杂质、温度、光照、空气等均可能导致油脂氧化过程的发生，从而影响油脂的氧化稳定性。

15.2.1.2 抗氧化剂降解

抗氧化剂是化妆品常用成分之一，目前认为皮肤老化的主要原因是环境中高活性氧自由基对皮肤的氧化。抗氧化剂能在低浓度下猝灭单线态氧和活性氧，它可以直接作用在自由基上，也可以通过间接消耗自由基物质发挥作用，凭借优越的抗氧化活性，抗氧化剂已广泛应用于化妆品中。抗氧化剂的抗氧化活性强，相应的稳定性就差，很容易受光、热及其他原料等因素影响而发生降解反应，失去原来的功能性，破坏产品体系的稳定性。下面以阿魏酸、视黄醇为例介绍抗氧化剂的降解。

(1) 阿魏酸降解　阿魏酸是植物中广泛存在的一种酚酸，凭借其超强的抗氧化和清除自由基能力，目前已成为化妆品领域的研究热点，特别是其具有美白、祛斑、防晒等功效，使其在化妆品行业具有广阔的应用前景。阿魏酸呈固体粉末状时具有良好的稳定性，而当其溶于水后，则易受到温度、光照和溶剂等因素的影响而降解。

溶剂类型、保存温度、溶液 pH 值等因素是影响阿魏酸降解速率的主要因素。保存温度越高，溶液 pH 值越高，阿魏酸的降解速率越快，水醇溶液中阿魏酸相比于醇溶液稳定性差。阿魏酸降解产物为 4-羟基-3-甲氧基苯乙烯和它的二聚体 1,3-二(4-羟基-3-甲氧基苯)-1-丁烯。在不同 pH 值、保存温度、溶剂环境下，阿魏酸降解产物种类基本相同。根据动力学研究推断，阿魏酸的降解是一种类似阴离子聚合的过程。

(2) 视黄醇降解　视黄醇即维生素 A，"早 C 晚 A"是目前比较时尚的护肤方法。其中维生素 C 及其衍生物具有非常优越的抗氧化以及光保护作用，适合日间使用；维生素 A 具有近乎全能的护肤作用，但其仅适合晚间使用，因其在光照射下较不稳定。

视黄醇是一种天然脂溶性维生素。视黄醇及其衍生物被称为类视黄醇家族，其中包括视黄醇、视黄醛、视黄酸、视黄醇酯等。类视黄醇家族在抗衰老、祛痘、美白、抗氧化等方面有显著功效，但其化学性能不稳定，溶剂性质、温度、氧等因素会影响类视黄醇的化学稳定性。较高温度下反式结构易变成顺式结构，尤其是在脂类溶剂和高脂含量的配方中发生率更高。在水包油配方中加入抗氧化剂 2,6-二叔丁基-4-甲基苯酚（BHT），可以抑制 UV 导致的视黄醇和视黄醇棕榈酸酯（RP）降解，而没有加入 BHT 的水包油配方中，RP 的降解略多，这表明降解过程中有氧参与。RP 的稳定性比视黄醇好，但热力学稳定性仍然不佳。在 4℃的条件下保存 7 天，2% RP 在水包油体系中降解了 38%。类视黄醇化合物对光不稳定。自然光的影响大于日光灯，UVA 的影响大于 UVB。

15.2.1.3　美白活性物质降解

美白活性物质目前在化妆品功效型配方中使用广泛，但大多数美白物质活性较高，稳定性能较差，易受光、热、pH 值的影响而降解，导致其功效失活，甚至产生安全问题。例如：①维生素 C 易氧化变黄；②能抑制酪氨酸酶的光甘草定，具有光不稳定性以及热不稳定性（大于 60℃）；③曲酸能通过与金属离子螯合降低酪氨酸酶活性以达到美白作用，但曲酸对热和光敏感，在空气中易氧化，难以应用于日间使用的产品中；④美白因子烟酰胺在强酸或碱性的环境下不稳定，会水解产生皮肤不耐受的烟酸，极低剂量的烟酸就能使皮肤出现潮红现象。

15.2.1.4　高分子聚合物降解

化妆品配方中常常使用高分子聚合物，而这种原料容易发生降解。这种降解是一种聚合物分子链断裂成分子片段或小分子的反应过程。根据聚合物降解时的反应机理和所受的作用不同，通常可分为热降解、热氧化降解、化学降解和力学降解等类型。

(1) 热降解　热降解一般发生在一种聚合物处于高温状态时且在没有其他化合物的非活性环境中。聚合物内在的热稳定性决定其抗热降解能力。热降解形式主要有解聚、链无规则断裂和取代基开链等三种。

(2) 热氧化降解　在高温过程中，氧化降解是最常见的聚合物降解的类型，因此这种降解被称为热氧化降解。聚合物降解伴随着自由基产生，自由基与氧的反应亲和力非常强，会生成不稳定的过氧基。新的过氧基又会捕获相邻不稳定的氢，二者结合生成活泼的过氧化氢以及更多的自由基，自由基再次参与反应形成闭环降解并导致自身催化。这一过程一旦开始，自发降解反应就会发生。在连续的启动下，反应速率加快，转化与反应时间也呈指数增加。只有当参与反应的物质耗尽或有反应抑制剂出现时，反应才会停止。

（3）化学降解 化学降解是指聚合物与某些化学品接触（如酸、碱、溶剂、反应性气体等）而引起的降解过程。化学降解过程的活化能较高，表现为溶剂分解和氧化降解两种形式。溶剂分解反应包括 C—X 键的断裂，溶剂分解的一种重要类型是水解反应。在聚醚、聚酯、聚氨酯、聚酰胺和聚二甲基硅氧烷中这类降解会发生。吸水性强的聚合物最易发生水解反应。

（4）力学降解 力学降解是由剪切应力或拉伸应力所诱发的分子断裂现象。这些应力也可以是以上两种力的组合。固体态、熔融态和液体中都有可能发生聚合物的力学降解。

15.2.1.5 防腐剂降解

防腐剂降解速率及反应程度与化妆品包装类型、化合物的性质、所处的介质等因素有关。由于涉及化学转化过程，所有能造成防腐剂浓度下降的化学过程都非常明显，如氧化还原反应、加成反应和螯合物形成反应等。

15.2.1.6 色素降解

化妆品制剂中的色素包括天然色素、合成色素和无机色素等三种类型。使用的色素需要经过高温和低温色泽稳定性试验才能被选入化妆品配方中。有些色素对紫外线敏感，因此配方设计时要做紫外线稳定性试验。

15.2.1.7 香精香料降解

香精是用天然香料与合成香料经混合调制而成的具有一定特征香型的混合物。香精中的醛类、酚类物质光学稳定性不佳，受光的影响或在储存时间较长情况下容易分解，使化妆品出现变色变质、香气恶化、膏体返粗等现象。化妆品加香应注意选择适宜的香精，还应考虑所选香精对产品的稳定性是否有影响。

15.2.2 化妆品降解的影响因素

化妆品体系具有热力学不稳定的特性，配方产品含多种活性原料，很容易受光照、温度、氧气、pH 值、生物因素等外部因素影响而发生降解反应，导致化妆品制剂稳定性降低。

15.2.2.1 光照的影响

光照或者紫外线容易导致化妆品原料发生光降解反应，尤其是化妆品中的一些功能性成分更易受光照的影响，如美白活性物质、防晒剂等。为防止光降解现象发生，须使用避光包装。下面以美白成分 α-熊果苷、苯乙基间苯二酚，抗氧化剂视黄醇，防晒剂丁基甲氧基二苯甲酰甲烷（AVB）为例介绍化妆品的光降解。

（1）光照对 α-熊果苷的影响 α-熊果苷，具有很好的美白祛斑作用，是目前应用最广泛的酪氨酸酶抑制剂。α-熊果苷是一种糖基化氢醌，在光照下，分子中的葡萄糖与氢醌之间的类糖苷键易发生断裂，产生氢醌。氢醌在化妆品原料中属于限用物质，其对皮肤细胞具有一定毒害作用，《化妆品安全技术规范》严禁在护肤产品中添加氢醌。长时间日光照射和紫外线照射能破坏 α-熊果苷的氧苷键，紫外线照射时间越长，溶液中的 α-熊果苷的含量越低，检测出来的氢醌量越高。

（2）光照对苯乙基间苯二酚的影响 与 α-熊果苷功效类似，苯乙基间苯二酚是一类新型美白祛斑原料，它的作用机制是抑制酪氨酸酶活性。对光不稳定，光诱导作用下它可与金属离子螯合，发生变色反应，从白色变为浅黄色，最终变为粉红色。

（3）光照对视黄醇的影响　视黄醇因其优越的抗氧化性，常用于配方中。然而，视黄醇活性虽强但其稳定性差，易受到外部因素的影响，尤其在 334nm（UVA）时最不稳定。这种降解甚至不需要细胞活动参与，在光的作用下可直接进行。

（4）光照对防晒剂的影响　防晒产品中发挥防晒作用的某些紫外线吸收剂，被光照射后会降解，从而降低或失去吸收紫外线（防晒）的能力。绝大多数紫外线吸收剂都是具有光化学活性的有机化合物，在紫外线的作用下，它们会发生降解作用，其 UV 稳定性和最大吸收峰的位置对防晒产品的 SPF 值具有重要影响。

丁基甲氧基二苯甲酰甲烷（AVB）是性价比较高的 UVA 防晒剂（340～400nm），但其紫外线稳定性较差，特别是和 UVB 防晒剂甲氧基肉桂酸乙基己酯复配时光稳定性会更低。当紫外线照射 AVB 时，某些 AVB 分子吸收光子从基态跃迁到单重激发态然后回到能级稍低的三重激发态。和单重激发态相比，AVB 分子在三重激发态停留较长，通常会发生从烯醇到酮式结构的异构化反应，异构化以后的分子其吸收光谱从 UVA 段转移到 UVC 段，因为 UVC 已经被臭氧层所过滤，所以异构化后的 AVB 分子也就丧失了光保护作用，同时在吸收光子的能量以后形成旋转异构体或发生分子的断裂，形成光降解。

15.2.2.2　环境温度的影响

环境温度是引起化妆品降解的重要因素之一。下面以植物油、防腐剂和香料、茶多酚为例介绍温度在化妆品降解中的作用。

（1）温度对植物油的影响　植物油成分天然、来源广泛，具有很多矿物油无法取代的优点，如对皮肤、人体无危害，可生物降解为无毒性物质，润滑性优于矿物油，具有更高油膜强度，极性强，能更好地黏附在金属表面，比矿物油更耐腐蚀。植物油黏性指数能达到200，闪点高于 300℃，属于不易燃烧液体。植物油由于其具有 β-碳和酰基双键不饱和键，氧化稳定性比矿物油差，使用的温度范围比矿物油小，一般为 60℃，最高为 100℃。

（2）温度对防腐剂和香料的影响　对任何护肤品来说，产品里的防腐剂、香料都不耐热（35℃以下），热会分解这些成分，形成新的不确定刺激物。

（3）温度对茶多酚的影响　茶多酚是茶叶中多酚物质的总称，尤其在绿茶中含量最高。茶多酚的抗氧化作用强，在美白、保湿、防晒、抗衰老、抗皱等方面都有良好的功效。然而茶多酚稳定性差，从原料制备到产品运输、贮存、货架期，再到使用期间的各个环节、各种因素都会导致降解，影响其稳定性，尤其是环境温度、溶剂和贮存时间。与 4℃相比，茶多酚在 43℃条件下降解速率增加 20 倍。将含有茶多酚类成分的原料直接添加于含水含醇体系，可能会有使产品降解失效的风险。

15.2.2.3　氧气的影响

在氧气的环境下，化妆品原料更易发生降解反应。其氧化机理是化妆品中的有机物质受自由基攻击，诱导其自身变成不稳定的自由基，在氧的作用下形成过氧化态，进而分解成小分子。

15.2.2.4　pH 值的影响

pH 值几乎影响所有色素的颜色，包括无机色素和有机色素。群青色素（磺基硅酸钠铝复合物）在酸性中是不稳定的，即使在微酸性的条件下，也可能出现褪色情况，甚至释放出难闻的硫化氢。而锰的复合物在碱性条件下分解，生成二氧化锰，呈棕色。亚铁氢化铁络合物是深蓝色的，在 pH 7 以上的情况下会发生分解，生成铁的氰化物。

15.2.2.5　生物因素的影响

化妆品中成分复杂，营养物质丰富，含水量高，适于微生物生长繁殖。①细菌可吸收氧气、二氧化碳、水等，使化妆品脱氧、脱碳、脱水等，易造成化妆品有效成分分解、产品变质变色，影响产品稳定性。②细菌可以分解化妆品中的有机物，使化妆品有效成分分解、产酸、产气，进而变味、有气泡，大大影响化妆品的稳定及安全性。③菌体里富含水解蛋白质和脂类的酶，能分解化妆品中的蛋白质和脂类，破坏乳化体系。

15.2.3 化妆品降解的反应类型

化妆品降解反应类型有氧化反应、光化学反应和水解反应等。

15.2.3.1 氧化反应类型

氧气可诱导自由基生成，从而导致活性成分浓度降低及配方体系的感官和物理特性发生转变。不饱和脂类物质很容易与氧发生反应，产生不稳定的醇、醛和酸，可引起自由基连锁氧化降解反应；铜、锰或铁等金属离子可诱导或催化这种氧化反应。很多香精成分对于氧气很敏感也容易被氧化，特别是在高温或光照下，更容易被氧化。

15.2.3.2 光化学反应类型

可见光或紫外线可引起光化学反应，紫外线又是形成自由基的诱导因素之一。将含有光敏分子的产品包装在深色或不透明的容器中，可以起到光防护作用。也可以将紫外线吸收剂添加到配方或包装中，有助于延迟光化学反应。

15.2.3.3 水解反应类型

水解反应是指通过与水发生反应而导致化合物分解的过程。酯类和酰胺类物质对水高度敏感，易发生水解反应；水分含量高的配方体系中水解反应发生率更高。与前述反应一样，水解反应也会影响产品的性能和品质。例如，化妆品中的表面活性剂发生水解反应会导致乳液的水油分离或洗涤剂的清洁性能下降，还可能引发刺激皮肤等安全问题。

15.2.4 化妆品降解与环境保护

化妆品包装过度，造成资源严重浪费并污染环境。化妆品原料多为化学合成物，很容易引发环境污染问题。可降解绿色包装和可降解原料的发现为化妆品绿色可持续发展提供了有效的解决方案。

15.2.4.1 可降解的化妆品包装

化妆品包装材料包括玻璃、金属和塑料等。塑料材料具有成本低、便于加工、适合大规模生产等特点，已经成为化妆品包装的主要材质，目前塑料包装占据化妆品市场份额的70%。全世界范围内产生的塑料包装垃圾每年高达6000万吨，不仅浪费了宝贵的自然资源，也给环境带来巨大的压力。为了优化塑料制品的加工使用性能，化妆品包装在生产过程中会加入稳定剂、塑化剂、抗静电剂等，这些添加剂在一定条件下会逸出，可能对化妆品造成污染，进而危害消费者的健康。随着材料科学的发展，可生物降解材料不断出现，在很多领域得到了应用。

可生物降解化妆品包装材料已经用于乳液剂、膏霜剂、口红等化妆品的刚性包装。由于化妆品本身的特殊性，其包装不仅需要独特的外观，还需要满足某些特殊功能。化妆品原料具有内在的不稳定性，因此，在保持化妆品性质的同时，还需要提供有效的阻隔性能。一方面需要完全隔绝光照、空气，避免产品氧化，避免细菌和其他微生物进入产品中。另一方面还应避免化妆品中的有效成分在贮存过程中，被包装材料吸附或发生反应，影响化妆品的质量安全。化妆品包装必须具有较高的生物安全性要求，在化妆品包装材料的添加物中，某些有害物质可能被化妆品溶出，从而造成化妆品被污染。

化妆品包装全生命周期绿色化主要可以从如下几个方面着手。

（1）材料来源绿色化　包装材料以纸张、塑料为主，其来源分别是森林、石油。森林是缓慢再生的自然资源，石油是不可再生资源，大规模且过度开发将会严重破坏这些自然资源，温室效应、酸雨、赤潮等环境问题将频频出现。为节约自然资源，减少消耗，应加强生物质材料的研发推广力度，对消费后包材的循环再利用，如使用生物降解材料 PBAT、PBS、PLC、PPC、生物基 PE、生物基 PET 等新型材料，减少对纸品及石油基塑料的依赖。

（2）生产工艺绿色化　在包装研发之初，除了考虑如何吸引眼球，更重要的是考虑如何优化包装材料的生产工艺，达到节省能源、减少用水、减少排污的目的。同时，首选塑料成型工艺，可以减少胶水、印刷等工艺产生的有害气体及固废，各图标文字可以直接热成型来体现，实在难以体现的，可以用最小的标签代替，尽量选择本色或者透明材料，少用颜色材料，或者用简约的电子标签。

（3）回收系统绿色化　在包装设计时，倡导选用单一材料，少用难以拆分的纸塑、铝塑等复合材料，做好材料标识、便于分类回收。在纸张或塑料表面进行印刷后，回收利用时还需要经过漂白、脱墨等工序，造成二次污染，倡导包装品不直接印刷，宜用标签替代，减少污染材料，降低回收难度。

（4）废弃绿色化　对不能回收利用的材料在进行焚烧、填埋、降解等处理时，要考虑是否对环境造成二次污染，如含有油墨的印刷品焚烧时会释放出大量的有害气体，填埋时油墨及纸品中各种有害成分会污染土壤及水源。

不管包装品背后的故事如何变化，简约、循环再利用应是环保的主旋律，任何好的设计都得"以终为始"，从开始研发就得考虑消费后如何便于分类回收或废弃，从包装材料的来源、生产、回收、废弃处理等四个环节都需要优选绿色化工艺，减轻对环境的影响。作为化妆品行业的主题，除了纸包及印刷以外，企业还需要增加对塑料、新材料及加工工艺的认知，在更多的维度上思考包装方式，从多个环节上使对环境的影响降到最低。在这个环节之后，才是根据产品特点、用户体验进行包装设计。作为化妆品品牌理念、企业文化的重要载体，包装美观固然重要，贴合产品天然、健康理念，贴合企业可持续发展战略、绿色环保同样重要。随着科学技术的进步，消费观念的转型升级，化妆品企业需要不断地调整包装设计思路。

15.2.4.2　可降解的化妆品原料

化妆品中原料的来源广泛，其中包括石油化工业产物、动物、植物和微生物等。非生物降解材料避开了污水处理厂被释放到环境中，会对水生物种构成威胁。为响应绿色发展的号召，化妆品原料可用绿色替代品生物聚合物代替，化妆品绿色合成结合了植物来源（生物质发酵）以及合成化学的多样性。下面以聚乳酸、聚二甲基硅氧烷为例介绍化妆品原料的绿色合成。

聚乳酸（PLA）是一种具有完全的生物降解性、热加工性能良好、可再生性和机械性能优越的生物聚合物，目前聚乳酸被认定为最有前途的生物质。由于其良好的生物相容性和生物降解性，PLA 已在各个领域，尤其是在生物医学领域得到了广泛的应用，已被应用于药物控释、固定骨骼的板和骨钉、与身体接触的外科缝合的医疗装置中，可明显减少炎症反应和感染的发生。

聚二甲基硅氧烷（PDMS）因其具有高的氧气、水蒸气渗透性和良好的生物相容性，在包括化妆品在内等许多领域中均具有重大的应用价值。在不改变化学成分而仅改变有机硅组分与起始丙交酯之间的物质的量之比的情况下，可以调节化妆品原料流动性，以获得广泛的化妆品原料，继而用于所有类型的化妆品中：面部产品、唇部产品、眼部装饰产品、所有物理形式的头发产品、指甲护理和装饰产品。

15.2.4.3　表面活性剂的生物降解

生物降解也常常作为一种环境友好型方法，应用于化妆品的可持续发展，以下以表面活性剂为例探究化妆品原料的生物降解。

表面活性剂因其良好的乳化、起泡、增溶作用，是化妆品配方中不可或缺的组分，表面活性剂给人们的生活、工农业生产带来极大方便的同时，也给我们的环境带来了污染，这是世界性的问题，而我国更应考虑如何逐渐淘汰表面活性剂中有害、有毒物质，趋向绿色、功能化发展。表面活性剂的生物降解是指表面活性剂在微生物作用下结构发生变化而被破坏，从对环境有害的表面活性剂分子逐步转化成对环境无害的小分子（如 CO_2、H_2O、NH_3 等）的过程。降解机理主要为烷基链上脱磺化过程，这一过程可分为改变物质特性的初级生物降解、转变成二氧化碳和水等无机物的最终生物降解等阶段。世界经济合作与发展组织规定，初级生物降解＞80％、最终生物降解＞70％的表面活性剂才允许使用。

从表面活性剂的化学结构来看，脂基比芳基易降解，直链比支链易降解；极性基团中羧基、磺酸基、硫酸基和乙氧基容易降解。因此，直链烷基化合物、烷基醇聚氧乙烯类化合物、烷基多苷类以及生物表面活性剂易降解。

表面活性剂生物降解机理各不相同。对于直链烷基苯磺酸钠先是烷烃终端甲基、烷基链逐步连续氧化，然后脱磺基、破芳环，最终降解为二氧化碳、水和硫酸根等产物。烷基醇聚氧乙烯类化合物通常要经酯酶、脱氧酶、醚酶等的作用。

生物降解性能是环境安全评价体系中最重要的内容之一，它是环境中化学品去除的最主要途径。排放到环境中的表面活性剂如果能最大限度地被微生物转化和利用，则能实现生态环境的良性循环。因此，生物降解性是评价环境接受表面活性剂能力的重要表征。

表面活性剂的生物降解过程根据降解产物不同主要分为好氧降解和厌氧降解。好氧降解是在氧气（空气）充足的条件下，分子最终被氧化为 H_2O 和 CO_2，而厌氧降解由于氧气不足，分子中的 C 被转化为 CH_4，这两种过程涉及的微生物品种和酶都不一致。好氧降解是自然界消除表面活性剂的主要途径。好氧降解过程可分为初级生物降解和最终生物降解两个步骤。初级生物降解，指表面活性剂在微生物作用下分子的母体结构消失，特性发生变化，采用专门分析方法进行检测时，基本鉴定不出表面活性剂的存在，则认为表面活性剂已发生初步降解。最终生物降解，当表面活性剂在细菌作用下完全变成水和无机盐以及细菌的正常代谢产物时，则认为表面活性剂达到最终生物降解。影响表面活性剂降解的主要因素有自身分子结构、是否有毒性或抑菌性、环境中浓度、微生物的性质及驯化和环境温度等。

对好氧降解过程或厌氧降解过程，无论是采用何种降解测试方法，最终衡量表面活性生物降解性能的根本指标都是降解率。表面活性剂生物降解最终产物都是 H_2O、CO_2 和能量。我国表面活性剂的产量虽然较大，但生物降解性方面的标准测试方法和法律法规建立才刚刚起步，不够完善。表面活性剂是化妆品中无处不在的组分，生物降解性也是检测其性能的重要指标。生物降解是可持续发展的核心，将成为化妆品行业相关企业和消费者最重要的着眼点。

15.3　化妆品原料的稳定性及影响因素

化妆品是由各类原料经过合理调配而成的混合物。不同化妆品的产品特性及产品质量与制备技术、生产设备及原料质量密切相关。从研发阶段、生产阶段，直至销售和消费者实际使用期间原料的稳定性将直接影响到整个产品的稳定性。化妆品原料的稳定性主要包括油性原料、色素、香料和香精等原料的稳定性。化妆品原料的稳定性直接影响化妆品外观、色泽、气味和肤感等。

15.3.1 油性原料的稳定性

油性原料是化妆品的主要基质原料，包括天然油脂和合成油脂两大类，主要指烷烃、脂肪醇、脂肪酸和油脂等。油性原料起着滋润和柔滑的作用，主要作为润滑剂使用，在化妆品中用量较大。在常温下有液态、半固态和固态三种形式。常温下呈液态的称为"油"，如橄榄油、杏仁油等；常温下呈半固态的称为"脂"，如矿物脂（即凡士林）、牛脂等；常温下呈固态的称为"蜡"，如蜂蜡、固体石蜡等。

15.3.1.1 油性原料的性质

油性原料的性质通常有熔点、气味、成膜性、黏度、流变性、酸值、碘值和皂化值等。

（1）熔点 熔点是油脂原料的重要性质，直接反映了油脂原料的化学组分和结构特点，在化妆品中添加时，需考虑其熔点对产品的影响。熔点不仅反映在产品的稠度，对产品的铺展性以及肤感也有极大影响。油脂原料熔点过低会影响分子间的凝聚力和黏性，使用时也会影响肤感。因此，在设计化妆品配方时，应根据不同油脂的特点和需求，选用合适的油脂原料。

（2）色泽与气味 纯净的油脂是无色、无味的，天然油脂和蜡类中普遍含有类胡萝卜素而呈淡黄色至黄褐色，有的带有香味或特殊的气味，其与油脂的来源、收集方式和精制技术密切相关。如果保管不善，会产生哈喇味，这种变化称为油脂的酸败。油脂酸败的实质是由于油脂中的碳碳双键受到空气中的氧、水或微生物作用氧化成过氧化物，过氧化物继续分解，产生一些具有特殊气味的低分子醛、酮或羧酸等。由于光、热、湿气和霉菌对油脂的酸败有促进作用，贮藏时应将油脂置于密闭容器中，存放于通风、阴凉、避光和干燥处，并且最好加入抗氧化剂以防止酸败。

（3）成膜性 成膜性是指润滑油中极性分子湿润或吸附于摩擦表面形成的边界油膜的性能，即形成润滑薄膜的能力。吸附能力越强成膜性越好，一般矿物油的成膜性比动植物油要差。成膜性对于化妆品的涂抹性影响较大，配方中所用油脂的成膜性越大，则产品的涂抹性能越好。

（4）黏度 黏度是分子间内摩擦力的一个度量。黏度是影响化妆品质量的重要因素之一，关系到铺展性等化妆品感官质量相关的特性。根据黏度不同可将油脂用于各种产品，如黏度比较高的油脂原料，铺展性能较好，适用于防晒乳液、粉底液、膏霜等产品中；黏度较低的油脂原料，铺展性能较差，适用于口红、眼影等产品中。

（5）流变性 大多数油脂和蜡类原料有着比较好的相容性，在配方中大多会使用两种及以上的油性原料，而且油性原料在结构上可能发生胶凝、结晶、熔化等行为，油性原料的流变性可以来表征这些区别。油性原料的流变性由主要组成成分所控制并受时间、温度等其他使用条件所影响。通过加工、使用等多个过程可以影响油性原料的流变特性，从而直接影响最终产品的品质及使用感受。油性原料大多应用在乳液剂、膏霜剂和粉剂中，例如口红、粉底液等。

（6）酸值 酸值即中和1g脂肪酸所需要的氢氧化钾的质量（mg）数值。酸值是衡量油脂新鲜程度的重要指标，酸值越高，则油脂中游离脂肪酸的含量越高，油脂新鲜度越低，新鲜油脂的酸值在1以下。用于化妆品的油脂应尽可能的新鲜，即酸值应在1以下，这样对于产品的货架期才会有保证。

（7）碘值　碘值即每 100g 油脂能吸收碘的质量（g）数值。碘值可以表征油脂的不饱和程度，碘值越大，油脂的不饱和程度越高。依据碘值可将油脂分为不干性油、半干性油和干性油。不干性油是指碘值小于 100，在空气中不能氧化干燥形成固态膜的油类；半干性油是指碘值在 100～130 之间的油类，其干燥速度比干性油慢得多，但比非干性油快得多，在空气中氧化后仅局部固化，形成并非完全固态而有黏性的膜；干性油是指碘值大于 130，在空气中易氧化干燥形成富有弹性的柔韧固态膜的油类。

（8）皂化值　皂化值即完全皂化 1g 油脂所需要氢氧化钠的质量（mg）数值。皂化值是酯值与酸值的总和，可表明油脂中脂肪酸的含量，与油脂中脂肪酸的分子量成反比，油脂的皂化值一般在 180～200 之间。

15.3.1.2　油性原料在化妆品中的作用

（1）屏障作用　油性原料能够在皮肤表面形成油膜屏障，防止外界不良因素对皮肤产生刺激，保护皮肤，并能抑制皮肤水分蒸发而发挥保湿作用。如我们使用的保湿膏霜等产品，涂抹后停留在皮肤表面的油性原料发挥的就是屏障作用。

（2）滋润作用　油性原料的滋润作用是大家最为熟悉的，不但能滋润皮肤，也能滋润毛发，并能赋予皮肤及毛发一定的弹性和光泽。如发油、润肤的膏霜奶液、护发素、发乳等产品中的油性原料发挥的主要就是滋润作用。

（3）清洁作用　根据相似相溶的原理，油性原料可以溶解皮肤上的油溶性污垢而使之更容易清洗掉，如卸妆油、清洁霜中的油性原料。

（4）固化作用　固态的蜡类原料可赋予产品一定的外观状态，使产品倾向于固态化，如固态的唇膏类产品中使用了大量的蜡类原料，既可滋润口唇，赋予口唇光泽，同时又能赋予产品固态的外观形式，便于涂抹。

15.3.2　色素的稳定性及影响因素

色素是彩妆类化妆品的主要成分，是具有鲜艳色泽可使其他物质着色的物质。色素可分为天然色素、合成色素和无机色素。用于化妆品中的色素可分为染料和颜料，染料溶解于介质时，具有着色力，而颜料是不溶性的，靠分散时着色。

化妆品中色素有害物质含量的规定：铅含量少于 0.002%，砷含量少于 0.0002%，汞含量少于 0.0001%，硫化物含量少于 0.003%。色素的结构决定其性质，而且色素存在体系的pH 值、温度、金属离子也均会影响色素的稳定性。颜料比染料稳定，颜料中无机颜料较稳定，有机颜料稳定性较差。

15.3.2.1　色素的稳定性

（1）无机颜料　无机颜料是一类不溶性的稳定性良好的化合物，是以天然矿物或无机化合物制成的颜料。一般纯度较低，色泽较暗，但价格低廉。其所含的金属离子一般都是过渡元素，如铁、钛、铬等。常见无机颜料有炭黑、锌铬黄、群青、氧化铬、镁络合物、二氧化钛和亚铁氰化铁等。无机颜料广泛用于修饰类化妆品中，尤其是眼、面部化妆品，其在唇膏中的应用常常受到法规的限制。无机颜料的色调很宽，但除珠光颜料外，其色泽相当暗淡。

（2）有机颜料　有机颜料是不溶性有机物，通常以高度分散状态加入底物而使底物着色，其色彩鲜明，着色力强，无毒性，但部分品种的耐光、耐热、耐溶剂和耐迁移性往往不如无机颜料，包含色淀、调色剂和真颜料。色淀是一种与无机盐结合形成的不溶性化合物。色淀不溶于油相，但可分散在油相中，使其显色。铝色淀为化妆品中常用的色淀。调色剂是一种有机钡或钙的盐。真颜料是不含金属离子的有机颜料。其中，真颜料是最稳定的一类颜料，很少用于化妆品，其次是调色剂，铝色淀的稳定性最低。有机颜料广泛用于唇膏、指甲油和胭脂中。有机颜料的色调范围比无机颜料要窄，具有光泽。

15.3.2.2　色素稳定性的影响因素

影响色素稳定性的因素有紫外线、热、pH 值、金属离子、不相容物质、还原剂、加工方法和微生物等。除了上述这些特殊因素外，颜色稳定性还依赖于构成产品的基质、颜料浓度、暴露时间、选用的包装材料等。

（1）紫外线的影响　紫外线是影响化妆品稳定性最常见的因素之一，其对透明包装的化妆品影响更为突出。无机颜料较稳定，因其产生键断裂需要较高的能量。就有机颜料对光的稳定性而言，真颜料稳定性最好，其次是调色剂，稳定性最差的是铝色淀。紫外线吸收剂可明显提高各种颜料对光的稳定性，其既可添加于产品中，也可预先加入包装材料中。

（2）热的影响　在生产加工过程中，热对化妆品中颜色的影响最为明显，应缩短加热时间或延迟投放颜料的时间。大多数无机颜料是在高温下制得的，加工温度对其无影响。有机颜料对热的敏感性取决于它们的结构，真颜料通常不受热的影响。染料通常不存在热稳定性问题。

（3）pH 值的影响　pH 值能影响所有颜料的颜色，影响程度因颜料特点而异。一般来说，偶氮颜料在酸碱介质中相当稳定。

（4）金属离子和不相容物质的影响　大多数色素对金属离子都是敏感的，如铁、铜、锌和锡都能协同光、酸、碱和还原剂，使颜色减褪。一些不相容的物质，如阳离子型表面活性剂，能使染料褪色。

（5）还原剂的影响　化妆品中含有的还原剂和香精中的醛类能使颜料褪色，还原剂可增强光对颜料的作用，设计化妆品配方时，应尽可能避免这些因素对颜料的影响。

（6）加工方法的影响　化妆品加工中过度研磨颜料会使有些颜料的性质发生改变。如过度研磨群青，会释放出硫化氢气体；有些珠光颜料研磨后会降低反光度。

（7）微生物的影响　在生产加工过程中，微生物严重超标后，色素会受到微生物污染，发生还原作用，使有机颜料破坏。

（8）密度和颗粒大小的影响　密度大的颜料在存放期间出现沉淀。解决的方法是仔细选择颜料颗粒大小，调节产品的黏度，或使用表面活性剂，此外也可选用含硅氧烷的颜料代替。

15.3.3　香料香精的稳定性

香料包含天然香料和合成香料，天然香料是从动物或植物中提取而得，合成香料是用单离、半合成和全合成等方法制成的香料。香精是用天然香料与合成香料经调和而成的混合物。所有的化妆品都含有香料，可以掩盖某些原料的不良气味，能吸引消费者，遮盖皮肤的汗味和臭味。香精中的醛类、酚类物质，光学稳定性不好，受光或储存时间较长则容易分解，导致化妆品出现变色、香味恶化、膏体返粗等现象。

（1）香精自身的稳定性　香精自身的稳定性主要包括两个方面：一方面是指香型或香气的稳定性，即香精能否在一定时期和条件下基本保持其香型或香气；另一方面是指香精产品本身物理化学性质的稳定性，如变色、形成沉淀物等。这两方面稳定性往往是相互联系或互为因果。

（2）香精与介质的相互作用　香精与介质的相互作用主要包括：①香精易与其他分子发生化学反应，如酯化反应、酚醛缩合反应、醇醛缩合反应等，也可能与空气中的氧发生氧化反应或聚合反应，如醇、醛和不饱和键的氧化；②香精在光、热和微量金属离子的作用下，易诱发其中某些活化分子如某些醛、酮和含氮化合物等的物理化学反应；③香精中的一些成分与介质中成分之间的物理化学反应或配伍不相溶性，如因介质 pH 的影响而水解或皂化，因表面活性剂的存在而引起加溶，因某些组成不配伍产生浑浊或沉淀等；④香精中某些成分与产品包装容器材料之间的反应。

（3）香精自身的稳定性和加香产品的稳定性试验　香精自身的稳定性和加香产品的稳定性试验包括：①货架寿命试验，模拟正常存放和使用的条件，在相同间隔的时间内，取样进行感觉评价和物理化学测定，这种方法是最基本且可靠的方法，但其考察过程较长；②强化试验，包括常用的加热法、低温法、冷热循环法、光照法等。

（4）香精储存的注意事项　在实验室中，香精最好储存在有色玻璃容器内。为了便于运输，香精常储存在不锈钢或有特殊衬里的铁罐中，在铝容器中保存以半年为限，储罐应有很紧密的封盖，温度保持于 2～4℃，避光避热储存。装香精的容器应部分充满，罐内上部空间充氮气，防止香精的氧化，要在远离明火并有良好通风的场所保存香精，防止香精中的可燃性挥发组分着火。不能用塑料容器储存香精，因香精对塑料有较大的渗透性，会使塑料容器变软，造成溢漏或胀裂，引发火灾。某些容易氧化或聚合的香精，可在启用后添加抗氧化剂，或利用稀释法和空间充氮法等以防止其氧化。

15.3.4　生产用水的稳定性

水在化妆品中是最广泛、最便宜的溶剂，且在化妆品中起着重要的作用。水具有很好的溶解性，在化妆水剂、乳液剂、膏霜剂中，均含有大量的水。因此，水的质量直接影响化妆品的质量。

（1）无机离子的影响　化妆品厂区的水源大多是来自给水系统的自来水，经过水厂处理纯化的自来水中，仍含有钾、钠、钙、镁、铁等矿物质，还有重金属汞、铬、镉等，这些物质对于化妆品的生产会产生不利的影响。如水中的钙、镁离子与表面活性剂作用会分别生成钙皂、镁皂，影响产品的稳定和透明度；水中大量的无机离子会干扰表面活性剂体系的电荷平衡。因此化妆品生产用水需要经过进一步的纯化，去除离子、矿物盐等杂质，使导电率在 20℃降到 1～10μS/cm，含盐量下降到 1.0mg/L 以下。大多数化妆品生产用水要求达到一般纯水的标准，方可用于化妆品的生产。

（2）微生物污染的影响　在 2015 年版的《化妆品安全技术规范》中规定：一般化妆品菌总数不得大于 1000CFU/mL 或 1000CFU/g；眼部、口唇、口腔黏膜用化妆品以及婴儿和儿童用化妆品细菌总数不得大于 500CFU/mL 或 500CFU/g；在化妆品中的霉菌和酵母菌总数不得大于 100CFU/mL 或 100CFU/g，而粪大肠菌群、金黄色葡萄球菌和绿脓杆菌均不得检出。水质微生物不达标，会导致化妆品中微生物大量繁殖，造成产品腐败变质，产生令人不愉快的气味。因此，为了保证化妆品的稳定性和质量，化妆品生产用水必须进行除菌或灭菌处理。

15.4　不同剂型化妆品的稳定性及影响因素

化妆品是由各种成分复合而成的多相分散体系，其中既有水溶性成分，也有油溶性成分。水相与油相间存在的界面张力，使得化妆品多为热力学不稳定体系，趋向分层或分相、由水包油型向油包水型转变或破乳，导致化妆品的稳定性受到直接影响。

15.4.1　水剂化妆品的稳定性

水剂化妆品指以水、酒精或水-酒精溶液为基质的液体类产品，如香水类化妆品、化妆水类化妆品、育发水类等。这类产品的主要质量要求是需保持澄清透明，即使在 5℃ 左右的低温，也不能出现浑浊和沉淀。对于这类产品的生产要求是包装容器最好选用与内容物不发生反应的优质中性玻璃，所用色素需耐光、不变色、稳定性好，生产设备最好采用耐酸的搪瓷材料或不锈钢。溶剂酒精是易燃易爆品，生产车间和设备须采取防火防爆措施以保障安全生产。下面列举了水剂类化妆品由稳定性改变引起的表现、影响因素及其控制方法。

15.4.1.1　引起水剂类化妆品浑浊和沉淀的因素

（1）配方设计不合理　在香水类化妆品中，酒精的主要作用是溶解香精或其他水不溶性成分，如果酒精用量不足，或所用香料含蜡等不溶物过多都有可能在生产、储存过程中导致浑浊和沉淀现象。特别是化妆水类制品，一般都含有水不溶性的香料、油脂类等，除加入部分酒精用来溶解上述原料外，还需加入一些增溶剂，如果增溶剂的用量不足或者不溶性成分过多，则会导致浑浊和沉淀现象的发生。主要的控制方法为配方原料的选用应合理，同时应严格把控原料的质量。

（2）生产工艺、生产设备的影响　生产中常采用静置陈化和冷冻过滤等措施，除去制品中的不溶性成分，如果静置陈化时间不够，过滤温度过高，冷冻温度过低或压滤机失效等，都会使沉淀物不能完全析出，在储存过程中产生浑浊和沉淀现象。主要的控制方法为增加静置陈化时间，检查过滤温度和冷冻温度是否适宜，检查压滤机滤膜是否完好且位置正确等。

15.4.1.2　引起水剂类化妆品变色和变味的因素

引起水剂类化妆品发生变色、变味的主要原因有用水质量、酒精质量、空气与光照、碱等因素。

（1）水质不合格　花露水、古龙水、香水等产品中，为了降低成本还需加部分水，水中的铜、铁等金属离子对不饱和芳香物质会发生催化氧化反应，导致产品变色、变味；微生物会被酒精杀死而沉淀，同时产生令人不愉快的气味，对产品的香味有所损害。严格控制水质，使用新鲜的蒸馏水或经过灭菌处理的去离子水，去除微生物和铜、铁等金属离子，避免上述不良现象的发生。

（2）酒精质量不合格　在香水、化妆水等产品中酒精含量很高，酒精的质量会极大影响到产品的质量。酒精在使用前应经过适当的加工处理，除去杂醇油等杂质。

（3）空气、光和热的影响　在香水、化妆水等产品中含有易变色的不饱和键，如酚类、醛类等，在空气的氧化作用下会导致色泽变深，甚至变味。控制方法：在配方中注意原料的选用或增加防腐剂和抗氧化剂的用量，特别是化妆水中，可用一些紫外线吸收剂。包装容器的设计应避免内容物与空气接触，配制好的产品应存放在阴凉处，尽量避免光线的照射。

（4）碱的影响　香水、化妆水等产品的包装容器应为中性，不能有游离碱存在，否则香料中的醛类等发生聚合作用而造成产品分离或浑浊的现象，导致产品变色、变味。故应选择包装材料为中性的容器。

（5）严重干缩导致产品中香精析出　香水、化妆水产品中含有大量的酒精，容易气化挥发，如果包装容器气密性不好，经过一段时间的贮存，就会发生因酒精挥发而导致严重干缩使香精析出的现象。产品运输和贮存过程中，包装容器要严格检查，保证其气密性良好，包装时要盖紧瓶盖。

15.4.2　气雾剂化妆品的稳定性

气雾剂属胶体化学范畴的概念，指液体或固体微粒悬浮于气体中呈胶体状态。气雾剂中颗粒粒径小于 $50\mu m$，一般在 $10\mu m$ 左右。

气雾剂化妆品可分为五类：①表面成膜制品，喷射出来的颗粒附着在皮肤或头发表面上形成连续的薄膜，如发胶、亮发油、防晒喷雾等；②空间喷雾制品，喷出细雾颗粒小于 $50\mu m$，如香水、空气清新剂、花露水等；③泡沫制品，挤压时立即膨胀，产生大量泡沫，如剃须膏、摩丝等；④气压溢流制品，利用气体压力使产品自动压出形状不变，如气压式牙膏、气压式冷霜等；⑤粉末制品，粉末悬浮于喷射剂中，与喷射剂一同喷出后，喷射剂迅速挥发，留下粉末，如气压爽身粉等。

气雾剂化妆品的配方原料，内含的气体推进剂、气压容器也对制品的稳定性有重要影响。

气雾剂化妆品的稳定性主要与以下因素有关：①化学反应，应避免化妆品配方中各种组分之间的化学反应，同时要注意组分与喷射剂或包装容器之间不发生化学反应；②溶解度，各种化妆品成分对各种喷射剂的溶解度是不同的，配方应尽量避免选择溶解度差的物质，对于采用冷却灌装的制品应注意成分在低温时不会出现沉淀等不良现象，以免在溶液中析出而阻塞气阀，影响使用性能。

15.4.3　粉剂化妆品的稳定性

粉剂化妆品是指以粉类原料为主要原料配制而成的外观呈粉状或粉质块状的一类制品，如爽身粉、痱子粉、眼影块、粉饼、胭脂等。使用时，通常要求颗粒细小、滑腻、易于涂敷等。粉类原料是组成粉类化妆品基体的原料，主要起遮盖、滑爽、吸收等作用。如滑石粉是化妆品行业的优质填充剂，可作为制造爽身粉、粉饼、胭脂等的主要原料；高岭土也是制造香粉的原料，它能吸收、缓和及消除由滑石粉引起的光泽；钛白粉具有极强的遮盖力，用于粉类化妆品及防晒霜中；氧化锌具有较强的遮盖力，同时具有收敛性和杀菌作用；云母粉用于粉类制品中，使皮肤有一种自然的感觉，主要用于粉饼和唇膏中。粉类化妆品的稳定性在很大程度上取决于粉类原料的稳定性，且根据其状态可分为香粉、粉块等。

粉质化妆品的稳定性的影响因素及控制方法如下。

（1）加脂香粉成团、结块　加入香粉中的乳剂油脂含量过多或烘干程度不够，香粉内残留少量酒精、水分导致产品结块。应适当控制乳剂油脂含量，将香粉烘干除去其中的水分；并且不要长期敞口存放，应放置在阴凉干燥通风处。

（2）有色香粉色泽不均一　生产过程中灭菌不彻底，导致杂菌过多，粉体变质所致；或生产过程中研磨程度不够，导致产品粉质不均匀。生产过程中应注意环境清洁卫生，及时杀菌消毒，同时采用较先进的设备，用高速混合机混合，超微粉碎机磨细等，以达到较好的效果，同时可以提高生产速度。

15.5　包装容器的稳定性及影响因素

化妆品的包装是指制品在生产、运输、储存以及消费者使用环境（温度、湿度、光线和微生物等）中，为保护其价值及状态而采用的材料和容器。包装容器制品应不受外界侵蚀，在较长时间内保持完好状态。

化妆品的包装容器应具有保护性、适用性、功能性和安全性等特性。保护性是指保护内容物的功效。内容物在环境可见光和紫外线的照射下，可能发生变色、变味、功效成分分解等，所以包装容器应能吸收或阻隔光线并保持密闭，避免内容物从容器壁渗出，以及随时间增长出现产品干缩、染菌、变色、变质等情况。适用性是指包装容器一般选用惰性材料，避免内容物与之发生化学反应而引起容器膨胀、变形、破损、溶解、变色和功效成分吸收等问题。功能性是指化妆品使用的广泛性，要求在使用中必须使用方便，没有危险，而且用后易于废弃处理。因此，容器应握拿方便，开启容易，并注意避免消费者使用中被容器碎片划伤等。安全性主要指制备容器基础材料的安全性，应符合国家法律法规对安全性的要求。

15.6　化妆品制剂稳定性研究技术与试验方法

化妆品的设计、配方和生产过程必须满足分销渠道的一般及特殊需求，特别是消费者的需求。在产品的整个生命周期中，必须保持产品的规格、功能和外观，即必须保持产品的稳定。

化妆品是一种复杂的混合物，根据热力学第二定律，它会经历自发的改变，以达到自由能最小值。所谓的改变可能是发生了物理、化学、生物学方面的变化。在生产后包装、运输、存储和销售的过程中可能会导致产品偏离生产后最初的产品特性。偏离可能是由于内部或外部驱动的热力学效应、微生物影响或与包装的相互作用，并且最终可能导致特定产品的功能和美学属性丧失。生产后产品的失稳过程也可能由外部因素引起、增强或放大。例如，状态的改变可能是由热能的损失或增强、光和紫外线照射、机械能输入（如振动或压力）、氧气的吸入、湿度、容器（包装）的相互作用、微生物的生长等因素引起。

稳定性试验是指研究化妆品从生产日期到推荐使用日期结束期间的贮存过程中，在不同环境条件下状态和性能变化。化妆品的状态及其稳定性取决于众多相互关联的物理、物理化学和化学参数以及其与环境的相互作用，因此其变化非常复杂。一般来说，这些变化可分为机械驱动导致的变化、热驱动导致的变化，或分散导致的变化、相互作用导致的变化或外部刺激导致的变化。因为导致失稳的途径太多，所以没有通用的方法或技术来量化稳定性的每个方面，对不同化妆品类型有必要规定精确的稳定性指标和化妆品验收标准。

在确定稳定性指标后，还要选择合适的稳定性测试方法来监控产品随时间的变化。可以通过传统的视觉观察、感官技术或使用不同的测量技术来进行实时测量，这些测量技术在定量、客观、可追溯、可再现和可检索方面有优势。

对于非常稳定的产品，应使用具有高分辨率和高灵敏度的分析技术，并且可能需要外部施加因素以加快其变化速度，从而缩短检测时间以满足预定的稳定性标准。典型的加速方法是机械方法（例如，离心产生的超重力），或在给定时间内提高储存温度。防腐挑战旨在测试化妆品在加速条件下的微生物特性。化妆品乳液或悬浮液其相互关联的物理、物理化学、化学和生物学特性，可以根据产品的特性选择适当的加速方法并进行验证。

15.6.1　稳定性试验的主要目的

由于化妆品种类繁多和固有的复杂性，很难找到适用于所有产品的标准的稳定性试验。正确设计试验的前提和基础是明确进行试验的目的。一般稳定性试验可能有如下一个或多个试验目的：①评估产品（内容物）的稳定性；②评估产品与容器的兼容性；③比较用改良方法生产的产品与原产品的稳定性；④比较用改良配方生产的产品与原产品的稳定性；⑤比较用新生产设备生产的产品与原产品的稳定性；⑥比较用新容器包装的产品与原容器兼容性的稳定性；⑦研究来自新供应来源原料对产品稳定性的影响。

试验目的包括上述一个或几个方面，但不限于此。建议在试验开始前明确给定试验的具体目的，因为只有明确试验目的，才能最有效地进行试验，并且最大限度地节省时间和精力。

15.6.2 稳定性试验的基本原则

化妆品的特性会受到环境因素（如温度、pH 值、光照、空气和湿度等）影响，这些因素会影响其稳定性，使产品的成分发生变质，可能导致相分离、气味、颜色和黏度变化、活性丧失和微生物生长。因此，化妆品稳定性的评估对于确保产品的质量、安全性和功效是非常必要的。

首先，应确定产品的物理稳定性，以确定运输过程是否会损坏化妆品或其包装，导致产品运输、储存或处理过程中出现乳液聚结、相分离、成分结晶或沉淀、颜色变化。离心和振动试验广泛用于评估化妆品的物理稳定性。

化学稳定性试验，如长期和加速试验，用于化妆品的特性，包括颜色、气味、黏度和肤感研究，可能会受到高温或低温的影响。然而，加速稳定性试验被认为可以适当地预测许多产品的保质期，因此有助于指导配方成分的选择。经验表明，试验试图达到的加速程度越大，即试验条件离实际市场条件越远，发生市场条件下从未发生的变化的可能性就越大，即试验不再仅仅只是加速正常条件下发生的变化，有可能会导致实际市场条件下不会发生的变化。

通常情况下，为了产生这种期望的加速度，一般选用以下试验条件对样品进行评估。

（1）较高温度　一个普遍的近似是，温度升高 10℃ 会使反应速率加倍，但实际上，这一近似值的有用性受到如下事实的限制，即在较高温度下或较低温度下，通常会发生在正常温度下不会发生的其他变化。然而，高温试验是一种确定产品储存温度的有效方法，是确定产品稳定性的有效指标。例如，在 70~80℃ 下表现出良好化学稳定性的产品在正常温度下肯定是非常稳定的（化学上，但不一定是物理上）。

（2）提高湿度　在高湿度下的测试通常是对包装的测试，而不是对产品（内容物）的测试。它们用于显示在高湿度下储存对容器的影响（如果有的话），可以作为容器阻隔性能的量度。产品可能会受到暴露在大气湿度中的影响，但如果销售包装中的产品出现这种情况，则表明包装对大气的保护不足。

（3）循环测试　在一次测试中，施加的温度或湿度以规则的时间间隔变化，因此包装承受的变化不是一成不变的，这种测试有时比在一种条件下连续测试更为严格。

（4）冷冻与解冻试验　此类测试适用于：①液体产品作为易结晶或浑浊的衡量标准；②作为乳液稳定性指标的乳液剂和膏霜剂。

（5）曝光试验　暴露在光线下的效果在实验室里很难加速。理想情况下，照明光源应具有与日光相同的光谱分布。一般来讲，大多数人造光源（除了氙灯外）很难具有与日光相同的光谱。在实践中，可以将测试样品暴露在日光下（注意不要阳光直射）或将它们连续暴露在一组荧光管中。经验表明，通常很难评估样品在市场上实际受到的光照程度，因此很难对曝光试验进行加速。

（6）机械试验　在以下情况下可能需要进行振动测试：①用于确定粉末或颗粒产品是否易于分层；②用于确定是否会发生破乳和泡沫类产品泡沫破裂。

15.6.3 稳定性试验的技术条件

15.6.3.1 温度和湿度测试

在许多不同的温度和湿度条件下进行试验，实际操作应考虑试验的操作规模。例如在较小的单元中，恒温控制的烘箱或恒温箱更实用。在封闭的腔室或容器中，通过饱和溶液的接触，可以保持给定的恒定湿度。各种恒定人工湿度溶液，见表 15-1。

表 15-1　恒定人工湿度溶液

溶质 饱和溶液	温度/℃				
	10	20	30	40	50
KNO$_3$	95	93	91	88	85
KCl	88	86	84	82	80
(NH$_4$)SO$_4$	82	81	80	79	78
NaCl	76	76	75	75	75
NH$_4$NO$_3$	72	65	59	53	47
Mg(NO$_3$)$_2$·6H$_2$O	57	55	52	49	46
K$_2$CO$_3$	47	44	43	42	—
MgCl$_2$·6H$_2$O	34	33	33	32	31

（1）标准测试条件　可以选择 4℃、20℃或 25℃、37℃、45℃的环境温度下的湿度。其中，4℃这一条件下可以将产品发生化学反应（而非物理变化）的概率降到最小。

在设计试验的时候可以灵活选取上述试验条件。例如，选取 20℃、30℃、40℃这样一组温度梯度和 20℃、35℃、50℃的温度梯度同样有效。样品应储存在至少三个不同的温度下，且彼此的间隔足够大。可以将 80%的相对湿度作为样品应暴露的最大湿度。因为在较高的湿度下，可能会发生霉菌生长等现象。

（2）非标准热试验条件　在 60℃、70℃或 80℃下储存可提供令人信服的稳定性证据。在高温下进行试验可以有效缩短试验时间，可从几个月缩短为几天或几周，在非常高的温度下的测试只需要持续很短的时间。

对于出口产品，应当根据市场当地的温度和湿度情况进行测试。根据公共数据库当中，预期销售市场的最高温度和最高湿度选取试验条件。当一种产品预期出口到许多不同的国家时，可能需要在几种不同的温度和湿度条件下进行单独的测试。应考虑所有预期市场的气候条件。在所有需要测试温度的范围内，合理选取几个温度测试点。一种产品在不同的区域市场上很可能有不同的保质期；或者一个产品可以在某些市场投放，但不能在其他市场投放。

产品在运往市场的过程中受到的温度和湿度条件，可能会导致产品的稳定性被破坏。例如，热带地区的船舱温度可能非常高，热带港口码头的货物可能会受到非常高的温度影响。运输途中的条件可能比市场的实际情况更具破坏性。因此，在远距离运输的时候，可以尝试运输路线和运输环境的温度和湿度进行稳定性试验，并且在到达运输终点时，有必要对产品进行检测。

15.6.3.2　循环测试

在周期性变化的条件下进行的试验，可以比恒定温度的条件下进行的试验更快地揭示稳定性缺陷。例如，在 45℃和室温下循环 24h 可能比在 45℃下连续试验更为苛刻。

在检测包装的水蒸气阻隔性能测试中，温度和湿度条件的变化有时会反映出在单一温度湿度条件下没能暴露的问题。实验条件的选取可以根据市场上可能遇到的条件进行设置。此类测试的条件是：①（37℃/80%湿度)-(室温/环境湿度）；②（测试区域的平均最高温度/平均最高湿度)-(室温/环境湿度），每 24h 交替变化。

15.6.3.3　冷冻与解冻试验

应对所有水剂、乳液剂、膏霜剂和所有其他液体或半固体产品，进行冷冻/解冻（-30℃/室温）试验。建议最小循环次数为 6 次。这些试验提供了乳液稳定性、结晶趋势、沉积或浑浊的证据，如果发生上述情况，需明确它们是否是自发可逆的。

15.6.3.4　光照试验

紫外线辐射与氧气一起导致自由基的形成，自由基可使制剂氧化，从而引起产品颜色和气味的变化，并进一步导致制剂成分的降解。市场上很可能暴露在光线下的产品，都要进行光照实验测试。实验后，检查样品是否发生任何物理性质的变化，如外观、透明度或颜色、液化等，出现相分离或颜色变化都被视为产品不稳定。

光照试验推荐的测试条件是：①朝北的日光，由于产品很少暴露在阳光直射下，而且阳光直射会迅速产生实际中从未见过的效果，故通常应避免阳光直射；②在光线测试柜中连续曝光，橱柜包含一组荧光灯管，样品应该放置于距其约 30cm 的地方。通常选用 40W 的偏振日光灯，这些灯管长 132cm，一组 12 个这样的灯管可提供合适的照明强度。

日光因位置、季节和天气而异，人造光源会老化，它们发出的光的强度和成分会发生变化。在光照试验中，如何量化产品受到的光照射强度是一个较难的问题。目前，研究者是通过选取市场上已经被认为是稳定的产品作为对照组样品，与测试样品在相同光照的条件下进行平行测试，以解决光照试验无法标准定量的问题。

测试样品对光的稳定性可能与测试中的对照样品一样，即测试样品光稳定性好。当测试样品不如对照品稳定时，也不能轻易下结论，因为这样的样品在市场条件下可能是稳定的。

15.6.3.5　机械测试试验

该测试评估化妆品在机械振动运动时的稳定性，机械振动运动可能导致不稳定，出现相分离。在适当的情况下，应在合适的振动器上进行振动试验，持续几个小时。最好用不同的振动频率和振幅处理不同的样品。在接受振动测试后，产品未出现相分离，表明产品具有很好的物理稳定性。

离心可以作为评估乳液稳定性的一种方法。离心试验在样品中产生应力，模拟重力的增加，增加颗粒的流动性，从而预测未来可能发生的不稳定性现象。这些不稳定现象可能以沉淀、相分离、结块或聚结等形式出现。制剂在 25℃下离心 30min，然后对它们进行视觉评估，检查化妆品制剂是否出现相分离，相分离是化妆品制剂不稳定的常见表现。

15.6.3.6　黏度测试

黏度测试用于检测制剂在一段时间内流变性方面是否足够稳定。黏度测量一般在（25±2)℃的温度下用黏度计进行检测，通常使用不同的转速检测三次。

15.6.3.7　密度测试

在液体或半固体的情况下，密度可以表征空气掺入或挥发性成分损失的程度。表观密度是通过计算制剂的质量与其所占体积之间的比值来确定的。

15.6.3.8　微生物稳定性

微生物污染会对产品的品质产生影响，而且消费者使用微生物超标的产品会对自身的安全构成威胁。因此，评价产品的微生物稳定性对于保障产品的品质和安全性至关重要。通过使用多种微生物即大肠杆菌、金黄色葡萄球菌、铜绿假单胞菌、枯草芽孢杆菌和白色念珠菌的污染测试来评估制剂的微生物稳定性。

15.6.4　稳定性试验样品的选择

15.6.4.1　配方样品的选择

通常建议稳定性测试应该是一个持续的过程，涉及产品开发的每个阶段的样品。在开发新配方时，将少量产品进行全面的稳定性测试是不值得的，甚至是不可行的。然而，新配方中随机抽取样品进行某些特定的稳定性试验是一种可取的做法，因为这种随机测试总是可以在中试前发现问题，可以给出稳定性问题的早期预警，并能够在早期阶段采取纠正措施，从而节省开发时间和资源。

15.6.4.2　中试样品的选择

建议对至少两个中试批次的样品进行全面的稳定性试验。在可行的情况下，不同的试验批次应使用不同来源的原材料。

15.6.4.3　生产批次样品的选择

不同的生产规模可以生产出在稳定性测试中表现不同的产品。前两个生产批次应在高温下进行完全稳定性测试，同时在高湿度下进行稳定性测试。样品在室温下保存，以测试产品的实际保质期。

15.6.4.4　常规生产样品的选择

当产品处于常规生产状态时，原材料、产品处理方法或其他一些可能影响产品稳定性的变化可能会出现意想不到的变化。因此，在常规生产中所有产品的稳定性都应该有一个持续的测试计划。

从常规生产的每个产品中，需要定期抽取样品进行长期稳定性测试。在这种测试中，样品只能在室温下储存（出口样品应遵循当地的市场条件和运输条件）。检查只需偶尔进行，在大多数情况下，只需检查产品或容器中那些已知最有可能发生变化的方面。

不仅对新产品的开发，而且在产品配方、所用原材料来源、制造或灌装所用设备或制造或灌装方法发生任何变化的情况下，都应进行中试批次和首次生产批次的稳定性试验。

测试必须始终在产品销售包装中进行。这些测试包括产品稳定性和产品容器兼容性。同时，还必须通过将产品储存在惰性密闭容器中来研究产品的稳定性。只有这样，出现的任何变化才可以归因于产品不稳定或产品容器不兼容。

在产品-容器兼容性测试中，要测试的产品是即将上市的直接接触到容器中的产品，测试中应包括所有尺寸的市售包装。在开始产品-容器兼容性测试之前，必须确保已收到产品和相关主容器的完整详细规范。

15.6.5　稳定性试验样品的检验

15.6.5.1　检验流程

进行稳定性试验的第一步必须是制定一个检验计划。这应显示在不同条件下储存的样品将被测试的时间间隔，以及每次检查将应用的测试。在试验的早期阶段，以及在高温下储存的样品，应多次检查。不可能规定出适用于所有产品和所有情况的检验流程。每种产品或包装的检验流程，应根据每种产品的适当情况来确定。

检验计划可以计算出测试所需的单个样本的数量。检验计划代表了实验开始时的最佳估计。准备试验所需的样品应超出检验计划中的用量，这部分多出的样品可以用于稳定性试验出现阳性结果时重复试验使用。检验计划需要根据测试过程中获得的结果随时进行调整。例如，如果产品证明不如预期的稳定，可能有必要缩短检查间隔。相反，如果储存在较高温度下的样品显示出很少或没有变化，则可以减少在较低温度下的某些预定检查的频率甚至省略这些检查。另外，还必须有足够数量的样本用于调查可能出现的任何特殊问题。

15.6.5.2 对照样品的使用

每次测试都应包含产品和包装。在对全新产品的稳定性测试中，可能并容易获得合适的对照产品。已知或可被假定在市场条件下，表现出令人满意的稳定性的相关产品或竞争性产品，通常可以参照对比。

在对销售包装中的产品进行测试时，应始终将包装在惰性不渗透容器中的产品的测试控制样品包括在内。没有这种控制，就不可能确切地知道产品中观察到任何变化是包装不兼容或不充分的结果，或者是由产品固有的不稳定性造成的。

在对按改良配方或改良工艺生产的产品进行测试时，或在对新包装进行测试时，原产品或包装应作为对照。

15.6.5.3 检验标准

（1）产品 化妆品的许多重要特性都是主观评估的，例如外观、颜色、气味、味道、肤感，不能轻易用数字来表示。如果记录的任何变化不是主观描述，而是按照以下等级记录的，则便于记录和结果的客观评估：几乎看不出来；轻微；独特的；标记的；非常明显。

化妆品的稳定性试验与化妆品的质量检测的范畴不同，有一些试验属于化妆品的质量检测，但并不属于稳定性试验，如活性成分或其他成分的鉴别试验。稳定性试验中还包括一些试验是不属于化妆品质量检测试验的，如对特定降解产品的测试。

当产品含有活性成分时，应考虑和研究成分降解的可能机制。例如活性成分的分解或活性成分与其他化合物的相互作用。用于成分测定的分析方法应具有稳定性，即必须区分活性成分和可能的分解或降解产物。所有分析方法应在准确性、精密度、线性和特异性方面得到验证。

暴露在光线下最有可能的影响是颜色的变化，但光线对化妆品的影响不仅限于对颜色的影响，有些化合物对光不稳定。因此，暴露在光线下的样品应进行全面检查，而不仅仅是检查其颜色。

储存后，应检查乳液分散相的液滴大小。

在给出稳定性试验结果之前，必须对储存的样品进行挑战性测试，以确保产品继续具有有效的防腐系统。一些防腐剂被非离子表面活性剂灭活，另一些则倾向于被塑料容器吸收并从产品中去除，而还有一些则可能会降解。

《美国药典》第 22 版和《英国药典》1988 版中都描述了用于评估药物产品中防腐剂系统抗菌功效的挑战性试验。虽然测试不完全相同，但两者都应用了以下微生物挑战防腐系统：黑曲霉、白色念珠菌、绿脓杆菌、金黄色葡萄球菌、大肠杆菌（仅限《美国药典》），以及产品在生产和使用过程中可能接触到的微生物。相同的抗菌功效测试和标准也可以应用于化妆品。产品在保质期结束时必须继续表现出足够的抗菌功效。

防腐剂也应在整个测试过程中进行检测。仅仅依靠挑战测试并不总是足够的。一些抗菌剂的降解产物本身可能具有相当大的抗菌活性，例如硫柳汞，其主要降解产物比硫柳汞具有更高的抗菌功效，但也更具毒性。

（2）包装 除非挥发性和非吸收性产品外，所有产品应进行重量损失（或增加）测量以确认包装的稳定性。包装本身在储存过程中应仔细检查是否有变化，如塑料管的应力开裂、罐和管上的内部漆起泡和/或脱落、喷淋阀堵塞和标签黏附性。一些成分，包括一些防腐剂，被塑料从溶液中吸收，应该寻找这种吸收的证据。应查找并报告容器和产品的变化。在检测前，可以制定一个预计的检查计划表，并在每个试验条件下储存足够的样品以满足该计划表。测试开始时制定的检查计划表可能需要根据测试早期阶段的发现进行修改。因此，如果在早期阶段出现变化，可能有必要进行更频繁的测试。还必须有足够的样品进行测试，以便进行重复检查和对特殊问题进行适当的调查。

（3）测试持续时间　测试的持续时间取决于试验的类型和目的，并且随着测试的进行必须根据结果进行调整。以下是不同条件下的建议持续时间：①37℃，最多持续 3～6 个月；②45℃，最多持续 1～3 个月；③37℃/80％相对湿度，最多持续 1 个月；④曝光测试，最多持续 1 个月。

热带市场条件下，由于在平均最高温度和平均最高湿度下储存可能会对市场条件产生很小的加速作用，应在产品的预计保质期内进行检测。

（4）结果记录　稳定性测试涉及长时间内大量数据的积累，可能需要在测试的几个阶段生成报告，检测结果可以手工记录在适当设计的卡片或表格上，长时间的数据积累可以选用电子表格进行记录和分析，化验结果可以由检验专家或技术员输入，部门经理可通过其办公系统立即获得所有结果，电子表格记录结果可以极大地方便报告的制作和数据分析处理。

（5）数据解读　数据的解读取决于稳定性测试的类型。在测试中，总是有一种对照产品或包装，其在市场条件下的行为是已知的。在这种情况下，测试数据的解释变成了决定测试产品或包装是否优于、等于或劣于对照品的问题。对全新产品或包装的测试数据进行评估和评价，以及确定它们是否在市场环境下具有足够的稳定性。与温度和湿度高于温带地区的海外市场相比，困难更大。

（6）产品的稳定性　产品稳定性是产品的内在稳定性，与直接容器的可能相互作用无关，也与销售包装提供的保护是否充分无关。因此，在评估产品稳定性时，只需要或应该考虑储存在惰性、高保护性包装中的样品数据。在高温下储存的样品的变化代表在室温下发生的变化的加速。加速程度可以通过比较在 37℃ 和 45℃ 以及其他高温下发生的变化程度与在室温（20℃）下储存的样品中发生的变化程度来评估。

假设温度每升高 10℃，样品会加速两倍，则可以非常近似地对高温下储存的样品进行评估。这是一个相当粗略的近似值。

在试验过程中，选取目前市场上公认的产品作为对照组样品对于给出稳定性的试验结论是非常重要的。

阿伦尼乌斯公式可以用来确定加速反应的条件，公式的表达式如下：

$$K = Ae^{-E_a/RT}$$

其中，K 为比反应速率，A 为频率因子，E_a 为活化能，R 为气体常数，T 为绝对温度。阿伦尼乌斯公式仅适用于研究单一化合物在简单溶液中的化学稳定性。因此，它在产品稳定性的测试中价值不大，但可用于研究例如新化妆品成分的稳定性。

只有当市场的平均温度已知时，才能对市场条件下的加速程度进行估计。以英国市场为例，20℃（室温）的条件非常接近英国市场的正常温度。因此，在 45℃ 下储存 3 个月，在室温下可能需要 12～18 个月。但如选取温度比英国高的市场，37℃ 和 45℃ 的条件与市场条件相差不大。因此，在 37℃ 或 45℃ 下储存，相对于产品在市场上可能暴露的条件而言，加速度相对较小。因此，在得出结论之前，测试必须持续足够长的时间，以证明在相关市场中有足够的保质期。

（7）产品-容器的兼容性　包装的稳定性试验包括在高温和高湿度条件下进行的试验。这两种试验条件对产品、包装容器和产品与包装容器的相互作用都有影响。其影响包括以下几个方面：①高温和高湿度对包装的影响，例如，盖垫松动、标签黏合剂失效和层压板剥落；②包装阻隔性能不足对产品的影响，这种影响表现在储存在不渗透容器中的测试样品和对照样品之间的差异，例如，水蒸气进入对湿敏产品产生不利影响，或者空气进入影响某些产品，或者产品的挥发性成分（如水蒸气）向外扩散，即产品蒸发产生的不利影响（如香水或味道的损失）；③产品和主容器之间不兼容的影响，可能出现在产品或包装或两者均有，例如金属管腐蚀，塑料管的应力开裂，容器对产品成分如防腐剂的吸收，产品浸出容器的成分。

思考题

1.什么是化妆品的保质期？化妆品保质期的两个关键要素是什么？在日常使用的化妆品产品标签中找出 1~2 个关键要素的相关标识。

2.试述化妆品制剂稳定性与保质期的关系？过了保质期的产品能否使用并论述原因。

3.什么是化妆品的降解？有哪些因素会影响化妆品的降解？化妆品降解有哪些反应类型？

4.举例说明一种化妆品原料的降解及其影响因素。

5.试述水剂类化妆品由于稳定性改变引起的表现、影响因素及控制方法。

6.简述化妆品稳定性试验的目的。

7.化妆品稳定性试验加速通常采取哪些方式？

8.哪些化妆品样品需要进行稳定性试验？

9.化妆品产品稳定性的检验标准是什么？

第 **16** 章
化妆品制剂设计

化妆品开发程序有产品创意、市场调研、科技动态、配方确定、剂型设计、工艺操作、产品评价、包材选用等环节，工艺参数确定有小试研究、中试放大、大生产等阶段，严格控制产品质量，最后投放市场销售。化妆品剂型设计是化妆品研发阶段的重要环节，剂型选择需要从化妆品的产品创意、市场需求、配方设计、功效表达等多方面综合考虑，遵循六个基本原则，采用七个模块体系，优化设计出最适宜的剂型。

16.1 化妆品剂型设计的基本原则

16.1.1 安全性原则

化妆品接触人群的广泛性和使用的长期性，决定了化妆品的关键点是确保质量安全，化妆品的安全性是化妆品制剂设计的首要原则。化妆品研发阶段的安全与风险控制，主要有原料的安全风险、配方产品的安全风险、风险物质的安全评估等三部分。

（1）化妆品原料的安全性　首先需要明确原料的来源及提取部位，需要进行刺激性、致敏性及毒性检测，对新原料进行安全性评估。纳米原料存在着渗透性、吸入性等风险，需要建立更加严格的评估体系对其进行风险管控。

（2）配方产品的安全性　需预先满足国家相关法规和伦理学要求，通过人体皮肤斑贴试验、体外动物替代实验、卫生监测等，来评价产品刺激性和安全性。

（3）风险物质的安全评估　风险物质通常需要进行风险评估，通过危害识别、暴露量测定、剂量反应关系测定、风险表征、风险管理等步骤，对化妆品中的潜在安全风险进行评估，除此之外，针对不同的剂型，其安全性评估也存在差异。气雾剂型的防爆测定至关重要，粉剂粒径需要考虑吸入性风险。

16.1.2 稳定性原则

无论何种剂型的化妆品，在产品上市前，都必须达到一定的稳定性指标，在剂型设计的过程中，必须遵循体系稳定的原则。化妆品的稳定性是指在一段时间内（保质期内）的储存、使用过程中，即使在气候炎热和寒冷的环境中，化妆品也能保持原有香气、颜色、形态等性质。化妆品或原料的稳定性控制一般包括环境稳定性（冷、热、湿）、外观稳定性（外观、色泽、香气）、理化指标稳定性、活性成分稳定性、微观结构稳定性等。

我国化妆品在保质期内出现质量问题主要表现在两方面。一是微生物污染的卫生安全性问题。二是产品出现析水、析油、分层、沉淀、变色、变味和有膨胀现象等稳定性问题。开发过程中需严格考察产品的稳定性，即使产品的外观和使用效果优异，若稳定性未达到标准，也必须对配方进行调整。例如，膏霜剂的耐热稳定性不够，就必须对配方的乳化体系和增稠体系进行调整，以确保产品的稳定性。

16.1.3　功效性原则

化妆品剂型的设计，需要在最大程度发挥产品功效的基础上进行设计，在满足消费者需求的前提下，根据不同的功效体系可以选择不同的剂型。剂型的设计，要从高效、便捷、最利于功效发挥的角度进行。

例如香氛类产品为了达到较好的分散性多采用喷雾剂型；腮红、眼影等彩妆类产品为了达到易晕染、易上色等效果多采用粉剂；户外高倍防晒产品，为了达到迅速大面积涂抹的效果，通常选择喷雾剂型。

16.1.4　感官性能原则

化妆品是一种美化人体的日用化学制品，应体现一定的文化内涵和艺术性。消费者直观要求它具有良好的外观和使用感觉，包括包装美观，达到一定色、香、亮泽度和涂抹性及用后的舒适度等。产品给消费者的第一感受，是决定消费者第一次购买的直接因素。剂型设计的过程中，需要根据产品的定位与原料的属性，从最佳的感官角度出发，选择合适的剂型。

化妆品感官分析是通过专业的仪器和手段，对化妆品的感官进行客观的量化评价，是化妆品配方剖析的重要方法之一，其主要作用是将样品通过感官分析找到与配方中的感官修饰体系、乳化体系及增稠体系的关系。若感官指标达不到要求，将对三个体系中的一个或多个体系进行调整，以达到配方设计目标。

16.1.5　经济性原则

在化妆品研发设计阶段，产品的经济性是化妆品生产商必须考虑的问题，需要核算与该剂型的生产工艺相对应的设备成本、原料成本、包装成本等，以最少的资源消耗，获得高质量的产品，满足消费者的需求，并获得最大化的经济效益。

16.1.6　绿色环保原则

越来越多的消费者有意识地要求企业在产品和包装上的可持续性方面达到更高的标准，绿色可持续已经是全球美业公认的未来趋势。化妆品研发阶段，剂型的选择也要遵守绿色环保的原则，选择能耗最低的生产工艺、绿色的原料、环保的包装来对产品的剂型进行设计。

化妆品行业提倡采取可降解、可回收的包装，使用天然成分，不用动物做实验，对污染源、废气和污水进行治理，企业建立起安全、健康和环境管理体系等措施来支持环保。例如选用纯天然植物原料，尽量不使用对皮肤有刺激的色素、香精和防腐剂，以减少化学合成物给人体带来的危害；喷发胶、剃须用品、喷雾香水用的气溶喷射剂由安全的液化石油和二甲醚取代，以消除对臭氧层的破坏；在包装上尽量减少不能降解的包装材料的使用，采用新工艺技术、开发新型环保材料。

16.2　化妆品剂型确定前的研究

16.2.1　熟悉原料特征

化妆品制剂配方研究中，化妆品原料的选用是最关键的因素之一，其原料相关特征直接影响产品的稳定性、功效能力等，进而影响产品的品质。因此，在化妆品原料的选用上，应考虑下列因素。

① 考虑原料的动力学特征，如流变性、表面张力等，选择适宜的原料进行化妆品制剂配方设计，保证其体系拥有较好的稳定性。

② 考虑原料的理化性质，如颜色、气味、状态等，并结合原料性质，注意常见的其他理化指标项目，如黏度、pH 值等。

③ 考虑原料间的配伍性，避免出现使用后配伍性差，不能发挥预期效能的情况。

16.2.1.1 原料动力学特征

（1）流变性 在确定配方和生产化妆品时，化妆品多数是流体或生产过程经历流体状态，控制产品的流变特性是关键。这些流变特性常常和产品的质量、感官性质、工艺流程的选择、产品稳定性、功能、新产品研发有着密切的关系。因此，为了控制化妆品的流变情况，首先需要在原料层面上进行控制与选择。在常见化妆品制剂的制备中，乳液剂、膏霜剂产品常常具有复杂的流变性。因此，在此类剂型产品的配方设计过程中，需要格外注意原料自身的流变性以及原料带给配方体系中的流变变化。很多化妆品及原料需要考虑的与流变学有关的一些特性包括乳液稳定性、延展性、悬浮作用、热稳定性、增稠作用等。

（2）表面张力 在化妆品的制备过程中，表面活性剂起到了使目标溶液表面张力显著下降的作用，在乳液剂、膏霜剂等多种化妆品的制备过程中，表面活性剂是必不可少的化妆品原料之一。在化妆品剂型配方设计中，表面活性剂可以使配方产品呈一定状态，起到稳定体系、达成功效的作用。在表面活性剂原料的选择上，可根据亲水亲油平衡值（HLB 值）来进行化妆品剂型配方的设计。

16.2.1.2 原料理化特征

在化妆品原料的选择上，应格外注意原料的理化性质。原料的部分理化性质会影响其最终产品的用户接受程度，甚至会影响产品的稳定性。为此，在原料的选择上应注意以下理化性质指标：①颜色指标，影响产品的美观性；②气味，影响产品的使用体验；③状态，原料的不同状态影响制作工艺，以及产品的稳定性和使用体验；④可燃性，影响产品的储存条件及稳定性；⑤溶解性，影响产品的制备工艺，以及产品的肤感体验等；⑥吸湿性，影响产品的稳定性等；⑦pH 值，影响产品的制备工艺及稳定性；⑧黏度，影响产品增稠剂的添加量，以及产品的肤感体验等。

16.2.1.3 原料间配伍性

（1）植物原料 植物类成分凭借着得天独厚的功效优势，作为化妆品原料已经占据了较大份额。但随着植物类成分的使用类型逐渐增加，不同植物类成分间使用时的配伍性成为热点话题之一。在中药组方中，通常采取"君臣佐使"的组方思想，以解决配伍问题，而化妆品制剂中原料的选择，也可通过"君臣佐使"的思想，进行组方配伍。

君是针对主病或主证起主要治疗作用的药物。其药力居方中之首，用量较作为臣、佐药应用时要大。在一个方剂中，君药是首要的，是不可缺少的药物。

臣有两种意义，一是辅助君药加强治疗主病或主证的药物，二是针对兼病或兼证起治疗作用的药物。它的药力小于君药。

佐有三种意义：一是佐助药，即协助君、臣药加强治疗作用，或直接治疗次要的兼证；二是佐制药，即用以消除或减缓君、臣药的毒性或烈性；三是反佐药，即根据病情需要，用与君药性味相反而能在治疗中起相成作用的药物。佐药的药力小于臣药，一般用量较轻。

使有两种意义，一是引经药，即能引方中诸药以达病灶的药物；二是调和药，即具有调和诸药作用的药物。使药的药力较小，用量亦轻。

这种组方原则是科学的，有良好的实践效果。"君臣佐使"四字古朴而生动，在化妆品制剂配方设计研究中，利用"君臣佐使"的思想选择原料，进行化妆品制剂的设计是必不可少的。

（2）其他原料　目前化妆品生产所用原料品种繁多，性能变化较大，因此在化妆品配方中各种组分的相互配伍至关重要。在化妆品原料的选择上，由于性能不相配伍，原料相互接触时就会发生物理或化学变化而出现沉淀、分层、变色、凝聚、产生气体等现象，从而严重影响产品的质量。因此，在化妆品制剂配方设计中，必须考虑到一些原料的配伍禁忌问题。

不能相互配伍使用的原料，有很多已经明确，例如：①碘和不饱和化合物；②碱与乳酸、山梨酸；③碱与酯、卵磷脂、海藻酸钠、聚乙烯醇、季铵盐类化合物、蛋白质降解物；④铁盐和三乙醇胺；⑤季盐类化合物与高岭土；⑥季盐类化合物与阴离子表面活性剂；⑦蛋白质与甲醛；⑧蛋白质与离子型表面活性剂；⑨乙醇和海藻酸钠；⑩电解质与海藻酸钠。

16.2.2　明确使用人群

人从出生到成熟到衰老的整个过程中，皮肤各项生理指标都在发生着变化。如，青春期时的皮肤角质层水分含量较高，真皮胶原纤维较多，皮肤柔滑红润。同时，青春期性激素分泌量也不断增加，皮脂腺分泌旺盛，于是也开始出现痤疮、粉刺等问题。随着年龄增长，身体新陈代谢逐渐减慢，角质形成、细胞分裂及表皮更新速度逐渐变慢，皮肤也逐渐表现出弹性下降、皱纹、色斑等问题。衰老是生物体随着时间的推移而产生的必然过程，是生物界最基本的自然规律之一，个体的结构和机能衰退，在体内发生一系列复杂的反应。从我们出生开始，随着时间的推移，年龄的增长，机体时刻发生着变化，而皮肤上的变化，尤其是衰老，是最直观的变化，随着时间的变化能够用肉眼直接看到。而对于衰老的研究，现代医学尚未形成定论，但是已有多种衰老相关的学说，如遗传理论学说、端粒酶学说、氧自由基学说，以及免疫学理论、DNA 修复损伤理论等。由于机体的衰老，皮肤也随着发生相应的变化，如表皮层变薄，产生皱纹，干燥缺水，皮肤松弛，胶原蛋白和弹性蛋白流失而导致的弹性缺乏等。同时，环境因素也会影响皮肤的衰老，而 UV 的照射是造成皮肤光老化的罪魁祸首。皮肤衰老的光老化学说认为，日光中的紫外线会通过损伤细胞核和线粒体 DNA，抑制表皮朗格汉斯细胞的功能，进而使皮肤的免疫监督功能减弱，导致 MMP 活化皱纹形成，损伤皮肤成纤维细胞等途径引起皮肤老化，使皮肤粗糙，形成皱纹。

结合国际通行标准及国家统计局表述，可以把人的一生按如下时间段进行划分，即：少年儿童期（0～14 岁），青壮年期（15～64 岁），老年期（65 岁及以上），这一划分服从人的身体机能变化先快后慢的规律。但对于青年至壮年的划分仍存在诸多标准，如 18，24 和 35 岁三种。

通过了解不同年龄段皮肤的状态及特点，以及随年龄变化的趋势，可以指导人们加强健康护肤意识，指导化妆品研发精准护肤，同时为与皮肤美容相关从业技术人员提供原始素材及支撑。不同年龄段的护肤品各有特点，在剂型方面也存在许多差异，明确使用人群，是化妆品剂型设计的一个重要前提。

16.2.2.1　婴幼儿产品剂型特点

婴幼儿皮肤薄、角质细胞体积小、细胞间质少，像"砖墙结构"一样的表皮发育尚未完善，屏障功能不健全；真皮层胶原纤维及弹性纤维细小，容易受摩擦损伤；汗腺密度大，夏季温度高时汗腺阻塞容易产生痱子，婴幼儿皮肤透皮吸收能力很强，需慎重使用局部外用药；虽然表皮水分含量比成人高，但皮脂含量低，皮肤水分容易丢失，缺乏有效的保护膜。健康皮肤基底细胞的增殖速度和表皮角质层的剥脱速度保持相对的平衡，从而保证皮肤的厚度基本恒定。新生儿的皮肤角质细胞增殖速度较快，皮肤屏障功能也会较成人弱。婴儿皮肤的总脂质以及皮脂腺脂质的含量都低于成人，细胞间脂质是角质层含水量和屏障功能的重要调节成分，皮脂膜的不完整也是婴儿皮肤屏障不健全的原因。此外婴幼儿皮肤薄嫩，表皮黑素含量低，对紫外线的防护能力弱，更容易引起晒伤。因此，防晒要从婴幼儿做起，不仅能防止皮肤发生晒伤，还能预防与日光有关的皮肤恶性肿瘤发生。

因此婴幼儿护肤产品的开发需要进行针对性研究，如润肤类产品要求封闭性强，防止渗透进入儿童皮肤，清洁类要求温和无刺激，防晒类多选用物理防晒。不同的剂型也有各自的特点，以达到消费者对婴幼儿人群皮肤的护理要求。

（1）粉剂　婴幼儿产品中，粉剂的爽身粉是儿童常用的日用化学品之一。炎热的夏秋季节，婴幼儿的颈部、腋下、大腿内侧、肘弯等皮肤皱褶处常因出汗导致产生多种皮肤疾病，如糜烂、疱疹、红臀等。爽身粉作为一种干燥润滑剂，具有祛汗、散热、干燥、爽身、防痱、止痒、润滑等作用。爽身粉的主要成分是滑石粉、硼酸、碳酸镁及香料等。

对于婴幼儿用的粉剂产品要求粒径不能过小，要防止渗透进入皮肤，并防止儿童从呼吸道吸入，尽量减少香精香料的过量使用，以免产生刺激性，同时要做严格的灭菌消毒处理。爽身粉因所含硼酸成分不同，分为成人用和儿童用两种。婴儿粉与一般爽身粉的区别是原料纯度较高，粉体经过消毒处理，含香精量少。

（2）清洁类　婴儿和儿童的皮肤比成年人皮肤更娇嫩，更易受损伤，因此，对婴幼儿这类化妆品的配方要求是对皮肤要极其温和，对产品设计、制造和评估都有更高的要求与限制。

婴幼儿所用的清洁类产品，多选择乳化体系，选用氨基酸表面活性剂，温和亲肤，但清洁能力相对较弱，且氨基酸成分常常具有发泡能力弱的缺点。常见的剂型有乳液剂、膏霜剂、凝胶剂等剂型。目前市场上热门的婴幼儿清洁类产品，多宣称为洗护一体，常具备富脂、润肤、脱脂力弱、杀菌、无刺激等特点。

（3）润肤类　婴幼儿皮肤皮脂分泌较少，皮肤较为干燥，皮肤角质层薄，皮肤保湿能力弱，锁水能力弱，皮肤 pH 值近中性，不能有效地抑制细菌繁殖，即抗感染能力较低。因此婴幼儿用的化妆品，除了对皮肤、眼睛没有毒性外，还应特别讲究其护理和安全性，应该具有高保护性、高安全性和低刺激性等特点。

在安全性与刺激性达到高标准的前提下，婴幼儿润肤类产品不需要其他功效性，常添加白油、蜂蜡等封闭性油脂，减少护肤品的渗透，防止水分蒸发，达到保湿滋润的目的即可，多为油剂。

16.2.2.2　青春期产品剂型特点

青少年一般意义上指的是处于青春期年龄段的人群。青春期是从儿童转变为成人的过渡时期，进入青春期后，青少年在生理上进入发育鼎盛时期，身高、体重迅速增长，新陈代谢功能旺盛，体内激素分泌快速增加，第二性征开始出现。由于青春期皮脂腺分泌旺盛，角质形成细胞增生活跃，真皮胶原纤维增多，且由细弱变为致密。青少年皮肤常常会有痤疮（俗称青春痘）、粉刺、毛囊炎等问题，尤其青春痘的发病率高达 75%。护肤不当，容易出现皮肤变薄、易敏感等问题。

对于青春期人群来说，补水保湿是护肤的重点，不需要补充过多的营养成分，安全温和的纯天然的成分，更适合青少年皮肤，但也需要定期清洁，防止油脂分泌过多，堵塞毛孔引起痤疮。

青春期人群的护肤偏向于减少皮脂过多带来的烦恼，或维持敏感皮肤的稳定，偏向于清爽型、控油类护肤品。对于乳化剂型偏向于水包油型带来的清爽肤感，喜欢喷雾剂、凝胶剂、乳液剂和膏霜剂等可以带来清爽肤感的剂型，选择清洁力强的清洁类产品。

16.2.2.3　中青年期产品剂型特点

随着工作经验的积累，中青年人群逐渐成为社会中坚力量，收入水平与消费层次随之提升；物质生活相对充裕，注重精神生活；适婚适育，开始组建家庭，生儿育女；生活压力大，重视健康与休闲。此年龄段皮肤状态出现下滑，皮肤细腻度、光泽度、色度下降，眼角开始有细纹出现，出现肤色不均、暗沉、毛孔粗大等问题。

中青年人群，对护肤品的要求比较高，对功效性要求较为严格，对护肤品品牌忠实度较高，强调使用产品的专业性、有效性。

中青年人的护肤重点是加强保湿，做好抗氧化与防晒，减少细纹，使皮肤外观更年轻，中青年人群大多对化妆品有着美白、防晒、保湿、抗氧化等需求，偏向功效性需求，护肤品的剂型也十分丰富，对化妆品肤感的要求偏向于滋润、厚重的剂型。

16.2.2.4　老年产品剂型特点

皮肤老化源于表皮变薄，真皮纤维断裂，脂肪萎缩。而皮肤变薄、真皮弹性纤维断裂带来的最直接后果，就是皱纹的出现，毛孔也开始变粗变大，肌肤粗糙、干燥、暗沉发黄、没有光泽，肤色不均匀，脂肪流失、肌肉松弛，令皮肤失去支撑越发松弛下垂，缺少弹性。老年人对于作用于皮肤的内外刺激，反应过于强烈，同时自身的保湿能力不断下降，随着年龄增长越来越干燥，易出现皮肤干燥、瘙痒、疼痛等症状，这也是皮肤敏感的反应。

老年人护肤的目的是做好保湿，保护皮肤屏障，预防皮肤疾病的发生。这个时期皮肤护理要点是，选择含油脂较多的膏霜剂或乳液剂护肤品保湿、滋润皮肤，可以选择含橄榄油、硅酮油、透明质酸等成分的保湿润肤剂。为了促进血液循环，增加皮肤弹性，可选用含人参、花粉、珍珠、胎盘、鹿茸等成分的营养护肤品。同时外搽防晒剂，避免色斑产生，最后还需要补充一些抗氧化产品，如维生素 E、维生素 C 等及外用富含营养成分的抗老化护肤品。

16.3　化妆品剂型的确定

化妆品的应用范围广泛，使用人群从儿童到老年人，在洗涤、美容、护肤等多个领域均有应用。化妆品剂型可以分为水剂、油剂、乳化剂、膏霜剂、凝胶剂、贴膜剂、粉剂、固体剂、气雾剂等。在化妆品的设计过程中，化妆品剂型的确定可通过使用部位、使用方法及功效类型来确定。

16.3.1　根据使用部位

16.3.1.1　皮肤

皮肤是人体最大的器官，成人皮肤的总面积可达 $1.5\sim2m^2$。皮肤有以下多种功能作用：①保护功能，防止紫外线的照射来达到保护皮肤，主要通过分泌黑色素来进行保护；②吸收功能，毛孔、细胞与细胞之间的间隙、皮脂腺及汗腺是皮肤吸收营养的三个途径；③排泄功能，皮肤帮助淋巴排毒；④呼吸功能，皮肤呼吸占整个身体呼吸的 20%，只有有正常皮肤呼吸的人，皮肤才会通透有光泽；⑤新陈代谢，新旧细胞更新代谢的一个过程；⑥感觉功能，感受知觉；⑦调节体温功能，夏天毛孔打开冬天闭合，可调节体温；⑧免疫功能，皮肤是我们重要的免疫器官。

在化妆品制剂的配方设计中，应充分考虑皮肤功能，选择适宜的剂型进行配方制作，首先应选择适宜涂抹于皮肤上的剂型，促进皮肤吸收、呼吸，且配合功效体系，根据制剂肤感情况，在达成护肤效果的同时选择适宜的剂型。

此类化妆品应用于皮肤，常用于面部、身体、手脚掌等部位，主要以清洁滋润皮肤，补充皮脂，促进新陈代谢，消除不良气味，修饰美化改善为目的。水剂、油剂、乳化剂、凝胶剂、膜剂、粉剂、固体制剂，均可应用于皮肤上。

16.3.1.2　毛发

毛发由毛球下部毛母质细胞分化而来，分为硬毛和毳毛。硬毛粗硬，色泽浓，含髓质，又分为长毛和短毛，长毛如头发、腋毛等，短毛如眉毛、鼻毛等。毳毛细软，色泽淡，没有髓质，多见于躯干。人体大部分都覆盖毛发，而手掌、脚底、口唇、乳头和部分外生殖器部位没有毛发。毛的粗细、长短、疏密与颜色随部位、年龄、性别、生理状态、种族等而有差异，正常人有 6 万～10 万根头发。毛发起着保护身体的作用，其中，头皮上的头发可以减少头部热量损失，保护头部免受阳光损伤。

毛发的生长呈现周期性，分为生长期、退行期、休止期。①生长期：生长期的头发每日生长 0.27～0.40mm，持续 2～7 年，以连续的生长为特征，然后进入退行期。②退行期：此时头发停止生长，易脱落，一般为 2～3 周，然后进入休止期。③休止期：休止期一般持续 3～4 个月，直到新的毛囊周期开始。

在化妆品制剂配方设计过程中，应考虑毛发的作用及生长周期，设计相应功效体系，选择适用于毛发的化妆品剂型。此类化妆品应用于有毛发的部位，以保持毛发清洁、修饰、拔除或固定毛发性质为目的，包括洗发、护发、剃须、脱毛类用品，通常为水剂、乳化剂等制剂形式。

16.3.1.3　指甲

指甲是紧密而坚实的角化皮层，位于手指或者足趾末端的伸面，属于结缔组织。指甲的主要功能是保护，保护其下的柔软甲床在工作中少受损伤，并帮助手指完成较精细的动作。

为调理指甲和增加指甲外观，可使用指甲用化妆品，例如：指甲油、指甲油清除剂、甲护皮清除剂、护皮膏、指甲加硬剂、塑料指甲和雕花指甲等。这些化妆品通常被制为水剂、油剂、膜剂、固体制剂等。

指甲的成分包括 7%～12% 的水，且具有一定的渗透性，这种渗透性会导致有害和药用物质的渗透，特别是涂在指甲上的化妆品可能因此带来危险。使用这些产品时，常常会遇到一些不良反应，如接触性皮炎、外伤，对甲基质、甲皱和甲上皮的伤害和感染，因此在化妆品制剂的原料选择与制备工艺上，需保证其安全质量。

16.3.1.4　口唇

口唇部位于面部的正下方，是咀嚼和语言的重要器官之一，也是构成面部美的重要因素之一，由皮肤、口轮匝肌和黏膜构成。上、下唇的游离缘共同围成口裂，口裂的两端称为口角。

此类化妆品应用于口唇，用于清洁口腔和牙齿，防龋消炎，去除口臭，或是美化、修饰口唇。其中，常用的制剂形式为水剂、乳液剂、贴膜剂、粉剂、固体制剂等。

16.3.2　根据使用方法

16.3.2.1　驻留型产品

驻留型产品指使用后不需清洗的化妆品。此类产品在日常生活中应用广泛，应用于皮肤之上的驻留型产品占主要部分，其原因在于皮肤作为人体的显著器官，具有保护、吸收、调节等多种作用，不同功效类型的产品均可在皮肤上持续发挥其能力，因此在化妆品制剂设计时，驻留型产品应用于皮肤的设计剂型较多。日常生活中常用的护肤类化妆品多为驻留型产品，如化妆水、润肤霜、凝胶、精华液等，水剂、油剂、乳液剂、凝胶剂、贴膜剂、粉剂、固体制剂均可设计为驻留型产品制剂。

16.3.2.2　清洗型产品

清洗型产品指使用后需清洗的化妆品。因其具有一定的清洗能力，故此类化妆品应用较广，人体不同部位均可使用。常用的清洁类化妆品均属于清洗型产品，例如洗面奶、浴剂、洗发护发剂、剃须膏、卸甲水、牙膏等，因此，在清洗型产品的剂型设计上，通常以水剂、油剂、乳液剂、膏霜剂居多。

16.3.2.3　涂抹型产品

涂抹型产品指通过涂抹的方式使用的化妆品。涂抹型产品通常也是驻留型产品，多用于保湿、舒缓、美白及彩妆等功能产品中，通过产品的物理遮盖或化学作用，以达到护肤及彩妆的目的。涂抹型产品的应用以乳液、膏霜、精华、凝胶面膜、口红唇膏等居多，其剂型可根据具体产品，分别以水剂、油剂、乳液剂、膏霜剂、凝胶剂、贴膜剂、粉剂、固体制剂进行设计。

16.3.2.4　喷洒型产品

喷洒型产品指通过喷雾等形式使用的化妆品，将液体以极细微的水粒喷射出来，这些微小的人造气雾颗粒能长时间漂移、悬浮在空气中。喷洒型产品的应用主要在香水、喷雾发膏、发胶等方面较多，在化妆品制剂过程中，应考虑料体设计为水剂、油剂等，并以气雾剂、喷雾剂的型式使用。

16.3.3　根据功效类型

《化妆品分类规则和分类目录》将化妆品的功效宣称划分为 28 类，分别为清洁、卸妆、滋润、保湿、美容修饰、毛发造型、芳香、护发、防晒、祛斑美白、祛斑美白（仅物理遮盖）、抗皱、紧致、修护、舒缓、祛痘（含去黑头）、控油、去角质、爽身（含止汗）、染发、烫发、防脱发、防断发、去屑、发色护理、脱毛、除臭、辅助剃须剃毛。在既有功效宣称外的其他新功效产品，一律按照特殊化妆品管理。

在化妆品宣称功效中，可以对化妆品制剂的剂型设计进行简单分类。

① 通常情况下，具有清洁、卸妆、滋润、保湿、芳香、护发、防晒、祛斑美白、祛斑美白（仅物理遮盖）、抗皱、紧致、修护、舒缓、祛痘（含去黑头）、控油、去角质、爽身（含止汗）、防脱发、防断发、去屑、脱毛、除臭、辅助剃须剃毛等功效宣称的化妆品，其剂型可制为水剂、油剂、乳液剂、膏霜剂、凝胶剂、贴膜剂等。

② 通常情况下，具有美容修饰、毛发造型、祛斑美白（仅物理遮盖）、爽身（含止汗）、染发、烫发、发色护理等功效宣称的化妆品，其剂型可选择粉剂、固体剂等形式。

16.4　化妆品制剂的配方研究

化妆品制剂的配方设计应满足以下基本要求：①符合法规，配方符合国家对于化妆品的相关法规规定；②安全性高，保证化妆品安全、无刺激；③稳定性好，保证化妆品在货架期的稳定性；④功效相符，保证产品有相应的宣称功效；⑤易于使用，产品方便消费者的使用；⑥外观时尚，产品的气味、外观、状态满足消费者的需求；⑦工艺简单，配方生产工艺要尽可能简单；⑧成本最低，满足对产品成本的要求，并尽可能使成本最低。

化妆品配方结构可分为七个模块，包括乳化体系、增稠体系、抗氧化体系、防腐体系、感官修饰体系、功效体系和安全保障体系等。不同剂型的化妆品配方由七个模块中的部分或全部组成，这样在配方设计时能更简洁。通过模块设计找原料，而不是像以前由多种原料组合配方，在调整配方出现的问题时，也可通过模块来分析，便于更快发现和解决问题。

对于不同剂型的产品，要求的模块有所不同。化妆品剂型与模块对应表，见表 16-1。

表 16-1　化妆品剂型与模块对应表

体系	水剂	油剂	乳液剂膏霜剂	凝胶剂	贴膜剂	粉剂	固体剂	气雾剂
功效体系	√	√	√	√	√	√		√
乳化体系			√				√	
增稠体系	√		√	√	√		√	
抗氧化体系	√	√	√			√		√
防腐体系	√	√	√	√		√		√
感官修饰体系	√	√	√	√		√		√
安全保障体系	√	√	√	√		√		√

16.4.1　乳化体系

乳化体系是以乳化剂、油脂原料和基础水相原料为主体，构成乳化型产品的基本框架，其设计是否合理，直接影响产品的稳定性。这一模块构成膏霜剂和乳液剂的基质主体。膏霜剂和乳液剂的外观及稳定性均由这个模块决定，也是化妆品科学研究的主要内容。

乳化体系主要类型包括 O/W、W/O、O/W/O、W/O/W 等，根据乳化体系特点，结合产品要求，确定合适的剂型。另外，产品的功效宣称、使用人群不同对剂型要求不同，例如祛痘印的护肤产品，选用 O/W 乳液，肤感清爽，比较合适。

（1）HLB 值的确定　对于指定的油，乳化存在一个最佳 HLB 值，乳化剂的 HLB 为此值时乳化效果最好。即此 HLB 值就是油相所需 HLB 值。该 HLB 值可利用一对已知 HLB 值的乳化剂，一个亲水，另一个亲油。将两者按不同比例混合，用混合乳化剂制备一系列乳化体，找出乳化效果最好的混合乳化剂，其 HLB 值便是该油相所需的 HLB 值。

（2）水相原料的选定　在乳化体化妆品中，水相是许多有效成分的载体。作为水溶性滋润物的各种保湿剂，能防止 O/W 型乳化体的干缩；作为水相增稠剂的亲水胶体，能使 O/W 型乳化体增稠和稳定，在保护性手用霜中起到阻隔剂的功能；各种电解质，都是溶解于水中的；许多防腐剂和杀菌剂也是水相中的一种组分；此外还有营养霜中的一些活性物质。在水相中存在这些成分时，要十分注意各种物质在水相中的化学相容性，因为许多物质容易在水溶液中相互反应，甚至失去效果。

（3）比例优化　油水两相的比例，由多种因素来确定。从剂型方面来看，一般来说油包水的乳化体中油相的比例较水包油型乳化体的高；从产品功能来看，不同的功能，产品中油水相的比例会有所不同；从消费者分类来看，在北方适用的乳液，通常要比南方适用的油相的比例要高。

16.4.2 增稠体系

增稠体系是以增稠剂和黏度调节剂原料为主体，以达到调节产品黏度为目的，其设计是否合理直接影响产品的外观效果，同时是影响产品使用肤感的主要因素之一。

增稠体系可对化妆品的剂型起到决定性作用，如护肤凝胶和化妆水是因增稠黏度的不同而产生的两种不同剂型。增稠体系是指在化妆品配方中，由一个或多个增稠剂组成，以达到改善化妆品外观和提高稳定性目的的原料组，增稠体系设计是化妆品配方设计的重要组成部分之一，不同增稠体系对最终产品的影响不同，这种影响不但体现在产品的稳定性和外观上，它对产品的使用感觉以及产品功效性能也会有很大的影响。

16.4.2.1 增稠体系的设计要求

增稠体系设计过程中，要考虑到产品类型、不同 pH 值、不同离子浓度及产品感官指标的要求，见表 16-2。在植物功效成分添加的过程中体系电导率提升，在这种情况下需要选择耐离子性的增稠剂如 Carbopol Ultrez 20、Carbopol Ultrez 30、TR-2、EC-1、AVC 等；在配方体系 pH 值小于 4.0 的酸性条件下，选择不用中和的增稠剂如 U300、CTH 等；在配方体系 pH 值位于 4.0～10.0 之间，选择需要中和的增稠剂如 Carbopol Ultrez 20、Carbopol 940、Carbopol 934、Carbopol 980 等；当 pH 值在 10.0～12.0 之间选择在高 pH 值下不会变稀的增稠剂如 Carbopol 941、Veegum 系列等。

表 16-2　不同类型产品增稠体系设计要求

序号	产品名称	增稠体系设计依据	增稠剂选择
1	膏霜（O/W）	①能形成较大黏度 ②对内向有较好的悬浮力	Carbopol 940、Carbopol Ultrez 20、汉生胶、固体油脂
2	膏霜（W/O）	能在油相里面增稠的增稠剂	硅酸铝镁
3	乳液	①选择节流性和触变性较好的增稠剂 ②水相增稠加耐离子增稠剂，油相增稠加固体或半固体油脂，加高分子聚合物	Carbopol ETD 2050、Carbopol 934、TR-1、EC-1、汉生胶、HEC
4	啫喱	①形成较大黏度 ②选择透明性较好的增稠剂 ③某些产品需要具有一定悬浮力（密度大的原料） ④某些产品需要剪切易流变的增稠剂	Carbopol Ultrez 20、Carbopol Ultrez 30、AVC、Cosmedia SP
5	爽肤水	①选择透明性较好的增稠剂 ②有一定悬浮性，避免活性成分析出和沉淀	HEC、羟丙基纤维素、Carbopol 940
6	香波/洗面乳	①增稠体系必须和表面活性剂复配良好 ②部分表面活性剂也有增稠的功效	SF-1、638、Aculyn 系列
7	护发素	①选择在较低 pH 值增稠的增稠剂 ②能与阳离子表面活性剂相配伍	U300、Carbopol Ultrez 20、Carbopol Aqua CC

16.4.2.2 增稠剂的选择

增稠剂可分为水相增稠剂、油相增稠剂和降黏剂。

（1）水相增稠剂　水相增稠剂是指用于增加化妆品水相黏度的原料，这类原料具有的增加水相黏度的能力与其水溶性和亲水性有关。常见的水相增稠剂根据来源及聚合物的结构特性进行分类，包括有机天然聚合物、有机半合成聚合物、有机合成聚合物及无机水溶性聚合物这四大类。

水相增稠剂具有以下共性：在结构上，高分子长链具有亲水性；在稀浓度下，浓度与黏度成正比关系，主要是聚合物分子间作用很少或没有所致；在高浓度下，一般表现为非牛顿流体特性；在溶液中，分子间具有相互吸附作用；在分散液中，具有空间相互作用，具有稳定体系之功能；与表面活性剂互配使用，能提高和改善其功能。

（2）油相增稠剂　油相增稠剂是指对油相原料有增稠作用的原料，常用在对油相体系的增稠，这类原料除了熔点比较高的油脂原料以外，还包括三羟基硬脂酸甘油酯和铝/镁氢氧化物硬脂酸络合物。

（3）降黏剂　降黏剂机理往往与增稠机理密切相关，如果某种原料对增黏有负面作用将可能成为降黏剂。电解质存在也可降低黏度，但可能会导致乳化体系的不稳定。

16.4.2.3　增稠剂的复配

增稠剂的复配方法有如下四种方式。

（1）不同种类增稠剂进行复配　不同增稠剂其作用效果不同，很多增稠剂之间能达到协同作用的效果，既可提高其溶液的黏度，还可提高它们的其他特性。

（2）不同增稠机理的增稠剂进行复配　不同增稠机理的增稠剂进行复配，能达到很好的效果，这是因为体系在多重增稠机理作用下，能形成更好的稳定体系，利用此方法优化增稠体系，既可提高产品的功效，又能降低成本，符合增稠体系设计原则。

（3）产品功能性提升增稠剂的复配　带阳离子官能团的增稠剂，可在设计洗发水配方中选用，其既可增加产品的黏度，又可提高产品的调理性。

（4）增稠剂使用量和比例的优化　增稠剂使用量与黏度关系密切，在使用多种增稠剂复配的增稠体系时，需要对复配增稠体系的原料比例进行优化，以达到设计原则。

16.4.3　抗氧化体系

抗氧化体系以抗氧化剂原料为主体，用以防止产品中易氧化原料的变质，提高产品的保质期。

大多数化妆品中都含有各类脂肪、油和其他有机化合物，在制造、贮存和使用过程中这些物质会变质，引起变质的主要原因为微生物作用和化学作用两个方面，尤其是氧化作用引起的化妆品变质问题，化妆品中易被氧化的物质主要为动植物油脂中的不饱和脂肪酸。

（1）抗氧化剂分类　按照化学结构可大体分为 5 类：①含酚类，如 2,6-二叔丁基对甲酚、没食子酸丙酯、去甲二氢愈创木脂酸、生育酚（维生素 E）及其衍生物等；②含酮类，如叔丁基氢醌等；③胺类，如乙醇胺、异羟胺、谷氨酸、酪蛋白及麻仁蛋白、卵磷脂等；④有机酸、醇及酯，如草酸、柠檬酸、酒石酸、丙酸等；⑤无机酸及其盐类，如磷酸及其盐类、亚磷酸及其盐类。五类化合物中，前三类氧化剂起主抗氧化作用，后两类则起到辅助抗氧化剂的作用，单独使用抗氧化效果不明显，但前三类配合使用，可提高抗氧化效果。抗氧化剂按照溶解性可分为油溶性及水溶性抗氧化剂。

（2）抗氧化体系要求　化妆品中抗氧化体系要求：①在较宽广的 pH 值范围内有效，即使是微量或少量存在，也具有较强的抗氧化作用；②无毒或低毒性，在规定用量范围内可安全使用；③稳定性好，在贮存和加工过程中稳定，不分解，不挥发，能与产品的其他原料配伍，与包装容器不发生任何反应；④在产品被氧化的相（油相和水相）中溶解，本身被氧化后的反应产品应无色、无味且不会产生沉淀；⑤成本适宜。

（3）抗氧化剂的筛选和初用量确定　一种抗氧化剂并不能对所有油脂都有明显的抗氧化作用，一般对某一种油脂有突出的作用，而对另一种油脂抗氧化作用较弱，因此，配方中筛选抗氧化剂时，首先必须知道配方中油脂种类，根据每种抗氧化剂的特性，进行针对性筛选。例如，配方中含有动物性油脂，可选用酚类抗氧化剂如愈创树脂和安息香，而不宜选用生育酚，因愈创树脂和安息香对动物脂肪最有效，生育酚则无效，再如植物油宜选用柠檬酸、磷酸和抗坏血酸等，抑制白矿油氧化可选用生育酚。

（4）抗氧化剂的复配　抗氧化剂的复配方式有如下三种：①初步组合，针对配方中不同油脂选用的抗氧化剂进行合理组方，如果不同的抗氧化剂之间存在拮抗作用，就需要更换其中一方的抗氧化剂，同时考虑主抗氧化剂和辅助抗氧化剂的合理搭配和增效作用；②配方稳定性考察，主要考察组方在产品体系中的稳定情况，以及对产品体系的影响情况；③将合理的组合加入产品中，考察抗氧化效果，选出最合理组合。

（5）用量确定和体系优化　抗氧化剂必须进行系列试验，对多种组合进行试验验证和优化，从而最终确定一个最佳的抗氧化体系。

16.4.4　防腐体系

防腐体系以防腐剂原料为主体，用以防止产品微生物污染和产品二次污染而引起的产品变质，延长产品的保质期。

防腐体系设计在化妆品配方设计中极其重要，化妆品防腐体系的作用主要是保护产品，使之免受微生物的污染，延长产品的货架寿命，同时防止消费者因使用受微生物污染的产品而引起可能的感染，防腐体系的设计主要是通过合理选用防腐剂并进行正确的复配，以实现对化妆品微生物的抑制。

16.4.4.1　防腐体系设计原则

化妆品防腐体系设计时应遵从安全、有效、有针对性以及与配方其他成分相容的原则。安全：符合相关法规规定的同时，尽量减少防腐剂的使用量，减少对皮肤的刺激，理想的防腐体系，应当在很好地抑制微生物生长的同时，对皮肤细胞没有伤害。有效：全面有效抑制微生物的生长，保障产品具有规定的货架期。有针对性：针对配方特点以及适用对象等，"量身定做"防腐体系，没有一种万能的防腐剂，防腐体系根据化妆品的剂型、功能、使用人群等做相应的设计。与其他成分相容：注意配方中其他成分对防腐剂的影响以及不同防腐剂之间的互作效应。

16.4.4.2　防腐剂特性要求

针对防腐剂特性有如下要求：①具有广谱抗菌性，不仅抗细菌，而且抗真菌（霉菌和酵母菌）；②少量即可取得良好的抑菌效果；③在广泛的 pH 值范围内有效；④安全性好，没有毒性和刺激性；⑤具有良好的稳定性及化学惰性，在使用条件下，无色、无臭、无味，不与配方中其他成分及包装材料反应，对温度、酸、碱应该是稳定的；⑥具有合适的油水相分配系数，使其在产品水相中达到有效的防腐浓度；⑦具有良好的配伍性，与大多数原料相容，不改变最终产品的颜色和香味；⑧使用成本低，容易获得。

16.4.4.3　防腐剂分类

化妆品中的防腐剂有不同的分类方式，如按照防腐剂防腐原理来分，可分为破坏微生物细菌细胞壁或抑制其形成的防腐剂，如酚类防腐剂等；影响细胞膜功能的防腐剂如苯甲醇、苯甲酸、水杨酸等；抑制蛋白质合成和致使蛋白质变性的防腐剂如硼酸、苯甲酸、山梨酸、醇类、醛类等。如根据释放甲醛的情况来分，可分为甲醛释放体防腐剂和非甲醛释放体防腐剂，前者如甲醛供体和醛类衍生物，后者如苯氧乙醇、苯甲酸及其衍生物、有机酸及其盐类等。按照化学结构可以分为以下 6 种类型。

①甲醛供体和醛类衍生物防腐剂，如重氮咪唑烷基脲、咪唑烷基脲、1,2-二羟甲基-5,5-二甲基乙内酰脲、季铵盐-15 等；②苯甲酸及其衍生物防腐剂，如对羟基苯甲酸酯类防腐

剂、苯甲酸、苯甲酸钠、山梨酸钾等；③单元醇类防腐剂，如苯氧乙醇、苯甲醇等；④多元醇类防腐剂，如 1,2-戊二醇、1,2-辛二醇、1,2-癸二醇等；⑤氯苯甘醚；⑥其他类防腐剂，如布罗波尔、异噻唑啉酮、脱氢乙酸、碘代丙炔基丁基氨基甲酸酯等。

16.4.4.4　防腐剂复配

防腐剂的复配方式包括：不同作用机制的防腐剂复配，不同适用条件的防腐剂复配，和针对不同微生物的特效防腐剂复配。不同防腐机制的防腐剂复配，可大大提高防腐剂的防腐效能，其不是简单的功效加和，而是相乘的关系，其复配后可对产品提供更大范围内的防腐保护。防腐剂的复配有如下意义。

①拓宽抗菌谱：某种防腐剂对一些微生物效果好而对另一些微生物效果差，而另一种防腐剂刚好相反，两者合用，能达到广谱抗菌目的。②提高药效：两种杀菌作用机制不同的防腐剂共用，其效果往往不是简单的叠加作用，而是相乘作用，通常在降低使用量的情况下，仍保持足够的杀菌效力。③抗二次污染：有些防腐剂对霉腐微生物的杀灭效果较好，但残效期有限，而另一类防腐剂的杀灭效果不大，但抑制作用显著，两者混用，既能保证贮存和货架质量，又可防止使用过程中的重复污染。④提高安全性：单一使用防腐剂，有时要达到防腐效果，用量需要超过规定允许量，若多种防腐剂在允许量下的混配，既能达到防治目的，又可保证产品的安全性。⑤预防抗药性的产生：如果某种微生物对一种防腐剂容易产生抗药性的话，它对两种以上的防腐剂都同时产生抗药性的机会自然就会小得多。

16.4.5　感官修饰体系

感官修饰体系是以香精和色素原料为主体，以改善产品感官特性，提高产品的外观吸引力，赋予消费者良好的感官享受，激发消费者的购买欲望。

感官修饰体系设计是化妆品配方设计的重要组成部分之一，在化妆品配方调制过程中，这个体系直接给使用者第一感受，是直接影响消费者购买的因素，感官修饰体系包括调色和调香，是对化妆品颜色和香气体系进行原料选择和调配的工作。此外，感官修饰体系在一定程度下提升消费者对品牌及其所具有的文化内涵的认可及认知程度。在研发过程中，产品配方初步形成后，要不断通过专业培训过的感官评价人员进行感官评价，通过对感官评价量表的分析，进一步对产品进行配方调整，以此适应市场需求。

16.4.5.1　调色设计

调色是指在化妆品的配方设计和调整过程中，选用一种或多种颜色原料，把化妆品颜色调整到突出产品特点，并使消费者感到愉悦的过程，在此过程中，化妆品的着色、护色、发色、褪色是化妆品加工者重点研究内容。

调色设计前，应重点研究调色原理，并对化妆品色泽的影响力、来源、色泽变化进行分析研究，并合理对产品进行拼色和护色的设计。化妆品色素的选用，应参照卫生部对色素在化妆品中的使用规定，规定包括色素使用种类、适用化妆品种类和使用量，详见《化妆品安全技术规范》（2015 年版）。此外，色素还应满足如下条件：①安全性好，各种毒理学评价要符合要求，对皮肤无刺激性，无毒，无副作用；②无异味；③与溶剂相溶性好，易分散；④光、热稳定性好；⑤化学稳定性好，不与化妆品其他原料发生化学反应，配伍性好，不与容器发生作用，不腐蚀容器；⑥着色效率高，使用量小，据目前研究，色素对皮肤并无益处，有些色素可能还对皮肤有刺激作用，因此，尽可能少加色素为佳；⑦易采购，价格合理。

16.4.5.2　调香设计

调香是指化妆品配方设计和调整过程中，选用一种或多种香精或香料，把化妆品的香气调整到突出产品的特点，并使消费者感到愉悦的过程，调香设计是化妆品配方设计的重要组成部分之一，它对各种化妆品的时尚感和愉悦感起着关键作用。

在香精配方设计前，必须收集足够的使用和应用方面的有关信息，此外还应明确调香途径，随后进行化妆品的调香操作。化妆品调香可按三个步骤进行。一是香型选定，小样调香和评香；二是小样香精的加香试验，加香产品的香气类型、香韵、持久性、稳定性和安全性的初步评估；三是试配香精大样，做加香产品的大样应用试验，质检部门对产品的物理化学性质评估，专家小组对感观质量评估和代表性的消费者试用评估。

香气评价是指对香气进行对比和鉴定。香气评价对象包括香料、香精、芳香精油和加香产品。评香人员需要进行嗅觉器官训练，能灵敏地辨别和记忆各类评香对象的韵调和香型等。①评香条件：人员身体健康、鼻子嗅觉状态良好、环境通风良好、清洁舒适、无异味，工具使用评香纸，样品采用密闭的玻璃容器装好，以免香气外溢。②评香特征：香气特征包括香型、香韵、香气强度、留香持久性、香气平衡性、扩散性，每次评香需做好相应记录。

16.4.6　功效体系

功效体系以功效添加剂原料为主体，以达到设计产品功效为目的，按照其来源的不同可分为化学原料、植物原料以及生物发酵原料，为化妆品独特性的重要体现。

根据不同的要求，设计特定功效体系，完成功效化妆品配方设计，设计功效体系首先要确定目标，在此基础上，再分析产生肌肤问题的机理和原因，找到解决问题的途径和办法，并寻求防止问题再次产生的措施，最后根据解决办法和预防措施，进行筛选和组合功效原料。

16.4.6.1　化妆品功效体系设计原则

化妆品功效体系需遵循以下设计原则。

（1）安全性原则　功效原料很多品种具有一定的刺激性，这些对皮肤有不同刺激性的物质有可能给皮肤健康带来影响，例如：染发剂，其用量过大，可能会有致癌的风险。国内外政府管理部门都对功效化妆品加强管理，包括使用原料、生产工艺和产品检测，从多方面来确保产品的安全，杜绝有质量问题的产品上市，防止消费者在使用过程中受伤害，因此，安全性原则是设计化妆品功效体系的必要原则。

（2）针对性原则　一方面从前面的功效化妆品分类可以看出，功效化妆品品种很多，而且诉求点的差异比较大，所以根据不同的诉求在功效体系设计时选用的原料各不相同，设计功效体系必须要有针对性。另一方面，设计一款化妆品不能包括所有功能，即使添加各种功效原料，也因为原料性质各有不同，功效原料之间也可能存在相互作用，相互抵消作用效果，所以其功效也不能体现出来，况且，功效原料一般比较贵，一个配方中添加品种过多的功效原料，只可能增加成本，这也降低推向市场的可能性，所以想在一款产品中包括多种功效也不现实。综合上述两点，设计功效体系必须遵守针对性原则。

（3）全面性原则　在设计化妆品功效体系时，必须先弄清产生皮肤问题的机理及解决问题的途径，从不同角度全面调理、修复和预防肌肤再次发生问题等，因此，一定要坚持全面性原则。

（4）经济性原则　化妆品在设计过程中必须考虑市场价值，在保证功效和产品质量的前提下，降低生产成本。由于功效体系原料成本在整个原料成本中占据较大比例，为降低成本的关键因素之一，在设计功效体系时，配方师应根据产品性价比来衡量功效体系是否合理。

16.4.6.2　功效体系设计步骤

在功效体系的设计过程中，应满足体系设计、原料选配和功效体系优化三个步骤。①体系设计：设计过程中需对产品目标人群及拟解决问题剖析，并对产生的皮肤问题的机理进行分析。②功效原料的选配：功效原料通常可分为基础调理性功能原料、功效性作用原料、预防性作用原料和增效剂作用原料四类，四类原料通常配合使用。③功效体系优化：优化功效体系主要包括原料品种优化、原料使用量优化、原料间复配优化、生产工艺优化、成本的优化这五个方面。

16.4.7　安全保障体系

安全保障体系旨在改善由于化妆品中固有成分如表面活性剂、防腐剂、防晒剂等导致的人体刺激性反应以及解决敏感人群皮肤需求为目的的活性物质的刺激性问题，可降低消费者使用风险，改善皮肤敏感症状，对配方安全性具有重大意义。

安全保障体系是化妆品配方应用的关键，一方面可以减少化妆品配方中潜在的过敏原导致的过敏现象，另一方面可以改善敏感肌肤症状及相关的皮肤过敏问题。针对上述两个方面，化妆品安全保障体系设计包括抗敏止痒剂和刺激抑制因子两个方面。刺激抑制因子主要针对化妆品中潜在的致敏物质所研发，抗敏止痒剂主要针对敏感肌肤需求设计。两者相互搭配构成安全保障体系。

16.4.7.1　植物来源抗敏活性成分

随着人们追求天然、追求绿色、追求健康与安全的意识增强，以植物活性成分为主的天然美容化妆品越来越受到消费者青睐，同时随着免疫学研究的发展，中药抗过敏的研究也逐渐显现出优势，其作用机制具有多靶点、多层次的特点，表现在过敏介质理论的多个环节上，如在提高细胞内 AMP 水平、稳定细胞膜、抑制或减少生物活性物质的释放、中和抗原、抑制 IgE 的形成等多个环节起作用，且副作用少而轻微，临床用于防治敏感性疾病取得了较好的疗效。

具有抗敏活性成分的中药通常经过一定的工艺提取后，按照体外试验或者动物试验筛选出来的起效剂量和安全剂量添加到化妆品配方中，作为安全保障体系应用。这些植物原料在配方应用过程中可能出现一些溶解性及稳定性的问题，那么需要通过筛选乳化剂的类型及使用剂量尽可能改变溶解性。此外，要重点关注植物提取物的稳定性，一些含有植物多酚及易变色的成分，虽然功效性较好，但在实际应用中，特别是与生产设备接触后，经常出现变色问题，这就要求植物原料具有良好的稳定性和配方适用性。通常情况下会将安全保障体系与功效体系相结合，两者相辅相成从而既保证功效又保证配方的安全性。

植物来源安全保障体系通常通过一系列体外生化试验、动物实验及人体评价来进行筛选，确定其在配方中的最佳添加剂量。评价刺激性的常用体外试验有透明质酸酶抑制试验、红细胞溶血试验、鸡胚绒毛尿囊膜试验；常用的动物试验有豚鼠皮肤瘙痒模型止痒试验、豚鼠皮肤脱水模型的皮肤修复作用试验、被动皮肤过敏模型试验；常用的人体试验包括人体斑贴试验等。

16.4.7.2　其他抗敏活性成分

过敏反应通常的治疗方法包括抗组胺药物、肥大细胞稳定剂、激素疗法、免疫疗法、抗菌及抗真菌治疗、抗细胞因子抗体治疗等。可以在化妆品中应用的其他抗敏成分主要有两种：红没药醇和甘草酸二钾。红没药醇可以降低皮肤炎症反应，提高皮肤的抗刺激能力，并修复有炎症损伤的皮肤；甘草酸二钾可以抑制组胺释放，且具有一定的抑菌作用。此外，可以加入增强皮肤屏障功能、清除过剩自由基等有效成分作为抗敏止痒体系的成分复合应用。

16.5　新型化妆品剂型

随着化妆品市场不断丰富，为了满足消费者的需求，一些化妆品新剂型不断被开发应用，伴随这些剂型，化妆品以及原料的载体剂型也不断丰富成熟，被广泛应用。

载体技术是一种改变功效成分进入人体的方式、控制其释放速度或将其输送到靶向器官（特定位置）的技术手段。载体技术主要优点有：稳定性好，避免光、热、氧气对活性成分的影响，延长产品的货架寿命；安全性高，不易引发皮肤刺激性；相容性佳，油性活性成分可加入水相体系，亲水性成分可透皮吸收；此外，还能有效解决产品剂型受限、肤感黏腻、易变色、气味大等问题。

化妆品中的载体技术可以分为两种类型，一种是以表面活性剂为基础，分为单层结构和层状结构，层状结构有脂质体、非离子表面活性剂囊泡、立方脂质纳米粒等，单层结构有微乳、纳米乳液、固体脂质纳米微粒（SLN）、纳米结构脂质载体（NLC）等；另一种是以聚合物为基础，包括微胶囊、微凝胶、纳米微球、聚合物囊泡等。

16.5.1　表面活性剂体系

16.5.1.1　脂质体技术

脂质体技术属于层状结构的表面活性剂体系，类脂是一种天然表面活性剂，具有独特的亲水亲油结构，而脂质体是由类脂（磷脂类化合物）组成的双分子层的空心小球。脂质体技术作为一种新型载运技术，拥有靶向高效、缓释可控和安全无毒的特点。脂质载体系统采用脂质材料作为载体基质，通常用来包裹、保护、传递脂溶性活性成分，活性物一般分布在包裹层或者被包裹于核腔中，可以有效地提高活性成分的长期稳定性和生物利用度，同时具有较好的生物相容性，表面电荷的作用力可以实现其稳定性。

各种脂质和脂质混合物均可用来制备脂质体，而磷脂最为常用，如卵磷脂、丝氨酸磷脂和神经鞘磷脂以及合成的二棕榈酰磷脂酰胆碱、二硬脂酰磷脂酰胆碱等，且脂质体具有粒径小、剂量小、稳定性强、靶向性高、缓释可控和安全无毒等特点，脂质载体系统制备工艺简单，易工业化生产，在医药、食品和化妆品等领域中具有很大的应用潜力。

脂质体在化妆品中不仅可作为添加剂，发挥其独特的作用，而且可以作为功能性成分的载体，提高功能性成分的皮肤美容效果。主要作用有以下几个方面。

（1）提高稳定性　一些活性成分与其他基质混合在一起，由于物质的相互作用、氧化、pH 等影响，在制备和贮藏过程中会失去活性，此外还有一部分功能性成分进入体内后，会受机体酶和免疫系统的作用而分解，这造成了活性成分的失效。如果将功能性成分包藏于脂质体囊泡中，通过其分割包封作用，而使功能性成分与外界不稳定因素接触机会减少，从而提高稳定性。

（2）增强透皮吸收　化妆品中的功能性成分必须透过角质层才可达到相应的作用部位，从而起到改善皮肤状况的作用。角质层作为皮肤的一道屏障，大分子的功能性成分被阻挡在外，无法发挥作用。脂质体与生物膜的结构相似，因此将功能性成分包藏进脂质体囊泡中，会使功能性成分在脂质体的携带下增加经皮透过量。

促进功能性成分透皮吸收的机制有三种：①脂质体通过毛囊通道进入皮肤达到作用点；②脂质体通过增加角质层湿度和水合作用实现促进透皮吸收作用；③通过脂质体的磷脂与表皮脂质屏障中的脂质层融合，使角质层脂质组成和结构改变成一种扁平的颗粒状结构，从而使屏障作用发生逆转，脂质体可顺利通过这些脂质颗粒的间隙。脂质体接近细胞是通过静电疏水作用而非特异性吸附到细胞表面，或通过脂质体的特异性配体与细胞结合，与细胞接触引起脂质体通透性的增加，脂质体所包裹的功能性成分便释放到细胞周围，增加了功能性成分的浓度。另外，由于脂质体膜与细胞膜的相似性，脂质体可以插入细胞膜的脂质层中，直接将其所包裹的功能性成分注入细胞内。

（3）活性成分的缓释　脂质体在体内可缓慢释放功能性成分，从而降低刺激性，且具有长效的特性。包藏功能性成分的脂质体穿过皮肤而渗透到深处，沉积形成储存库，则可在细胞内外直接、持久地发挥作用。此外，以脂质体包封的活性物质经皮吸收后可使更多活性物质留在表皮到真皮之间，持久地发挥作用。例如，果酸有较强的保湿性，同时有皮肤修复、促进角质层新陈代谢、抗皱等功效，用脂质体包封果酸，可以降低果酸的刺激性，同时具有缓释的特点，实现长效的功效性。

（4）提供皮肤屏障　脂质体可以补充表皮中的脂质，发挥皮肤屏障功能。与脂质体外层结构类似，表皮中的脂质是密集包裹起来的双层膜，是形成角质层的主体部分，也是皮肤屏障功能的主要物质基础。若除去皮肤中角质细胞脂质，则会使角质层水分含量显著降低，导致皮肤干燥，而停止除去皮肤中角质细胞脂质，则角质层水分含量也会随之恢复，皮肤干燥得到改善。脂质存在于皮肤角质细胞之间，填充了细胞间隙，起着黏合剂作用，阻挡皮肤内水分向外扩散，保持水分、柔软皮肤，同时也拒异物于皮肤之外，具有屏障和保湿功能。

（5）活化细胞　脂质体中的某些磷脂可进入皮肤深层，并与皮肤深层细胞膜的磷脂起源物结合，而使细胞膜流态化。例如，含亚油酸和 α-亚麻酸的不饱和磷脂能增加膜的流动性和渗透性，从而增强细胞的代谢功能，起到活化细胞的作用。

（6）美白作用　化妆品中常用的脂质体原料神经酰胺，是表皮角质层脂质组分，其作为信号分子，能够调节细胞内的过氧化物，增强脂质的过氧化反应，对皮肤具有增白作用。此外，脂质体颗粒本身就具有反射紫外线的特性。脂质体还含有丰富的不饱和脂肪酸，可以减少多余脂肪和毒素在皮肤上的沉积。

脂质体作为一种制剂技术，极大推动了化妆品制剂技术的发展，通过脂质体技术制备的化妆品，多数在美容护肤方面拥有独特的效果，目前脂质体化妆品已有上百种产品问世。虽然利用脂质体技术制备的产品效果优良，但目前该技术的广泛使用还存在一定的局限性，其表现包括：①现有的制备技术很难实现大规模工业化生产；②针对水溶性活性成分的包封率较低，在化妆品体系易从载体中渗漏；③部分脂质体化妆品的生物学稳定性较差。随着脂质体透皮吸收模型、对皮肤的作用机理、体内作用途径、体内分布、体外评价方法和脂质体稳定性等相关研究的逐步深入，脂质体技术在化妆品技术中的应用前景将更加广阔。

16.5.1.2　纳米载体

纳米技术属于单层表面活性剂体系，是一种纳米级的活性物质载体输送系统。将活性物质包封于亚微粒中，可以调节活性物质释放的速度，增加生物膜的透过性、改变在体内的分布、提高生物利用度等。纳米载体主要有纳米微胶囊、纳米脂质体、纳米乳液等。

（1）纳米微胶囊　纳米微胶囊通常是固体油脂以微粒的形式分散在水介质中形成的一种悬浮体系。制备纳米微胶囊需要的油脂一般分为四类：甘油酯类（如棕榈酸甘油酯、肉豆蔻酸甘油酯等）、类固醇类（如胆固醇）、饱和脂肪酸类（如硬脂酸、月桂酸等）和蜡质类（如鲸蜡醇十六酸酯）。这些油脂通常是天然或合成类脂，具有生理相容性好，可生物降解等特点。在实际研究中，可根据所制备的纳米微胶囊中活性成分与脂质原料的相容性选用合适的油脂。脂质材料作为脂溶性化合物，在水中分散性差，因此常需加入乳化剂以增强其分散性。常用的乳化剂有：磷脂类（如卵磷脂、大豆磷脂）、胆酸盐类（如胆酸钠、甘胆酸钠）以及非离子型表面活性剂。此外，乳化剂的种类和用量对体系的稳定性和纳米微胶囊粒径都有影响，而复配使用可以在提高体系稳定性的同时减小纳米微胶囊的粒径。

（2）纳米结构脂质载体（NLC） NLC 的引入克服了 SLN 的潜在不足。与 SLN 相比，NLC 是由固态油脂和液态油脂的混合油脂制备，抑制了结晶化过程，从而破坏了 SLN 原有的脂质排列状态，使所得结晶不完全，而活性成分可以负载于脂肪酸链间、脂质层间以及晶格缺陷中，负载量增大的同时减小了储存过程中活性成分的排挤。

（3）纳米乳液 纳米乳液又称微乳液，是由水、油、表面活性剂和助表面活性剂等自发形成，粒径为 1~100nm 的热力学稳定、各向同性、透明或半透明的均相分散体系。一般来说，纳米乳液分为三种类型，即水包油型纳米乳、油包水型纳米乳以及双连续型纳米乳。

纳米乳液的优势可以总结为以下几点：①纳米乳液体系的液滴尺寸小，表面积大，更有利于内相功效成分的传输和透皮吸收，同时减少促渗剂的使用，消除潜在刺激；②纳米乳液加工工艺多样化，有利于根据不同功效成分的需求，提供合适的工艺方案，如利用低温的转相乳化工艺加工处理热敏性功效成分，保证其活性；③纳米乳液体系稳定，不易絮凝、沉降，可有效保证化妆品货架期稳定性；④内相功效物利用率高，表面活性剂需求量小，功效性与安全性并重；⑤很多纳米体系已发现具有生物活性效应，可减少透皮水分流失，保证皮肤屏障功能；⑥纳米乳液还具有高稳定性、漂亮的外观、高性能和感官优势等特殊属性。

纳米技术目前在化妆品行业已经得到了较为广泛的应用，但在化妆品领域纳米技术的应用仍存在一定的局限性，有待深入地研究，如：①纳米体系具有广泛的促渗作用，但其在皮肤中渗透程度及范围的控制是其在化妆品应用过程中需要研究的热点；②同时纳米材料在使用过程中，其安全性问题有待细化，对于纳米材料的安全风险评估体系还有待完善，例如喷雾类化妆品中，对于纳米材料的吸入性风险目前还没有十分完备的评估体系；③对于纳米载体，现有的制备技术很难实现大规模生产，此外对于某些水溶性活性成分包封率较低，易从载体中渗漏，稳定性差也是纳米载体商品化过程急需解决的问题；④针对纳米乳液的热力学不稳定的特点，继续深入研究稳定性机理及其对纳米乳液在生产加工、存储运输和实际使用的影响，或许可进一步推广纳米乳液技术在化妆品领域的应用。

16.5.2 聚合物体系

微胶囊属于典型的聚合物载体剂型，微胶囊技术是一种微型封装技术，由聚合物包裹着活性物质内芯形成微小粒子，微胶囊的大小从 10~1000μm 不等。微胶囊技术的主要目的是包封活性物质，从而保证被封装物质的活性不受所在使用区域环境的影响，活性物质可以是固体、气体和液体。

近年来微胶囊作为一种新的剂型越来越多地应用在化妆品当中。多种化妆品原料由于微胶囊的包裹克服了各自的缺点和局限性，扩大了它们的应用。例如水杨酸经过微胶囊包裹减少对皮肤的刺激性；微胶囊化的硫辛酸掩蔽了不良气味等。微胶囊应用在化妆品中主要有以下目的：①减少对皮肤的刺激；②掩蔽不良颜色或气味；③避免原料间反应；④定时、缓慢释放。化妆品功效成分的传递技术是十分重要的，粒径较小、生物相容性较好的微胶囊可以有效增大功效成分的透皮吸收。

16.5.2.1 防晒剂

目前为了实现更广泛的防晒要求，防晒产品需要通过多种紫外线吸收剂的复配以实现所需的紫外线防护。在最大使用条件下，防晒剂具有进入人体循环的可能性，可能还会对皮肤造成刺激，因此必须避免防晒剂的渗透。可以有效吸收紫外线而不渗透到皮肤内的才是一个理想的防晒产品。

微胶囊在防晒剂中的应用主要有单一紫外线吸收剂包埋和复配紫外线吸收剂包埋，紫外线吸收剂可以是单一物质或者复配物质，例如甲氧基肉桂酸辛酯、二苯甲酮-3 等。紫外线吸收剂通常是油溶性化合物，占胶囊总质量的 80%。将紫外线吸收剂微胶囊化后加入适合的化妆品配方体系中具有高防晒系数，同时可降低紫外线吸收剂的渗透性，提高产品的安全性。

目前防晒剂的包覆仍是一个热点，防晒剂微胶囊化的专利申请也呈逐年上升的趋势，在我国二氧化钛和氧化锌是只允许被使用的两种物理防晒剂，对于二者的应用及安全性研发具有较高的商业价值，但是目前运用微胶囊包覆这两种原料的研究较少。

16.5.2.2　香精香料

近年来，消费者对香味产品的需求不断增长，扩大和增加香味产品多样性是大势所趋。香精是提升膏霜乳液、沐浴产品、彩妆产品等化妆品品位的关键原料。微胶囊化可以用来保护香精不被热、光、水分氧化，在较长的货架期内不与其他物质接触，防止活性成分快速蒸发，控制释放速率。产品的最终应用取决于技术和外壳材料的选择，并且考虑到物理和化学稳定性、浓度、所需粒度、释放机理和制造成本。

如芬畅凝科（Fechii）香精香料有限公司利用喷雾干燥和复凝聚法将香精包裹，得到约 $5\sim6\mu m$ 的香精微胶囊，产品可以添加到洗发水、护发素、洗手液、洗衣粉、洗衣液、柔顺剂等产品中，实验数据显示，微胶囊化后可以有效抑制香精的挥发损失，使香精具有缓释功能，留香时间延长六倍以上，水洗留香时间延长三倍，并且保护敏感成分，大大提高香精耐氧耐光耐热的能力，同时避免了香精成分与其他成分的反应。

16.5.2.3　植物油

大部分植物油都有很高的不饱和脂肪酸含量，很容易被氧化导致酸败，在化妆品配方中加入抗氧化剂就是为了提高油脂的稳定性。植物油被微胶囊包裹后隔绝了空气，可以有效防止植物油的酸败，减少抗氧化剂的使用，降低潜在的刺激性，使体系更加安全稳定，并且部分植物油含有令人不愉悦的气味，微胶囊化封闭后也可以有效去除异味。

植物油的微胶囊包裹可以分为挥发性植物油和不挥发性植物油的包裹，植物油的包裹主要是发挥微胶囊的缓控释以及保护作用，避免油脂的氧化酸败。近年来，植物油和植物精油的种类和提取工艺都有了很大的丰富，微胶囊在这方面的研究也有了很大的进展，已经出现成熟的产业产品。例如欧舒丹推出的蜡菊焕活微囊肌底精华液含有蜡菊精油微胶囊，可以有效滋润皮肤。

16.5.2.4　功效原料

化妆品原料主要由基本原料和功效原料组成，功效原料中例如美白原料、抗衰原料、染发原料中一些因其强功效性可能引起皮肤的刺激性，或者一些原料可能会面临水溶性差，不易添加到化妆品中等问题。微胶囊化是克服功效原料配伍性差、高刺激性的有效解决方案，并且使用生物相容性较好的壁材包裹后可以增加其透皮吸收，使之更好地在特定部位发挥作用。

一些小分子刺激性功效物质，如水杨酸是一种小分子酸，容易渗透到角质层和皮下组织，并且水溶性较弱、刺激性强。微胶囊化后的水杨酸水溶性提高到 26.82 mg/mL，并且微胶囊化后水杨酸释放速率减慢，水杨酸可以很好地封装在壁材中，从而间接与皮肤接触，减少皮肤刺激，同时水杨酸微胶囊的表面保留率高于纯水杨酸，可以延长其在老化角质层的停留时间，从而获得更好的去角质效果。对于维生素及其衍生物，它们在化妆品中常用于抗氧化剂，然而，它仍然对各种因素（紫外线、氧气、温度）敏感，这些因素导致它的快速分解和生物活性的丧失，将稳定的抗氧化剂掺入配方当中的需求日益增加。如视黄醇作为维生素 A 类原料，对皮肤具有祛斑抗皱、祛痘、抗衰老的作用。但作为化妆品原料，视黄醇存在许多缺点和局限性——初次使用会带来烧灼感、结痂、脱屑等刺激反应，容易氧化变性。

16.5.2.5 微胶囊技术趋势

近年来，微胶囊技术的研究不断发展，在现有的基础上明确微胶囊的微观形成过程、包埋效果、释放效果是很重要的，这将帮助我们为微胶囊的理论创新和制备提供更多创意，但是应用于化妆品中的微胶囊技术仍需要进一步完善，主要体现在以下几个方面。①对于化妆品，化妆品原料的高功效性和低刺激性是消费者的追求，因此，微胶囊的粒径和透皮吸收是未来关注的重点，对于微胶囊的吸收途径和靶向释放将是微胶囊要克服的问题。②化妆品微胶囊的性质与壁材的成分息息相关，合成材料和半合成材料较少用于化妆品活性成分微胶囊的制备，目前可以使用的天然聚合物还相对较少，制备时具有局限性，因此，对天然聚合物壁材的开发是尤为重要的，生物相容性好、环境友好、生物降解性好等特点的天然聚合物壁材将是未来的探索方向。③许多微胶囊化实验是在实验室条件下以非常小的规模进行的，研究结果显示微胶囊具有较高的包封率和较好的渗透性，但所研究技术难以放大生产，今后的研究重点应是缩短研究水平与大规模应用需求之间的差距，改进现有的制造技术，选择新的加工条件和新的载体材料。

思考题

1. 化妆品剂型设计过程中，何种剂型更有利于体系稳定？
2. 不同年龄段人群的皮肤特点如何？针对不同人群，在化妆品剂型设计时该如何选择？
3. 列举提高乳液稳定性的措施。
4. 设计一乳化体系，并计算其 HLB 值。
5. 在化妆品乳化体系和增稠体系的剂型设计中，应考虑哪些因素？
6. 自选一种化妆品，根据配方的需求，为其设计完整的化妆品剂型与配方体系。
7. 新型化妆品剂型分为哪几种体系？请举例说明。
8. 配方剂型设计中，使用纳米载体技术时，应注意哪些问题？
9. 配方剂型设计中，采用聚合物体系的设计有何优点？
10. 请使用一种新型化妆品剂型，针对美白类产品，应用于化妆品配方体系中。

第 17 章
化妆品制剂环境与无菌操作

化妆品直接跟人体皮肤接触，一旦发生污染，会引起人体不适，甚至致病。在化妆品的生产过程中，对生产环境的要求非常严格。我国有《化妆品安全技术规范》《进出口化妆品良好生产规范》《化妆品生产企业微生物控制规范》《洁净厂房设计规范》等标准，对化妆品生产的周边环境、厂房布局、无尘车间净化工程的空气质量、无尘车间内化妆品生产设备，以及生产工艺、人员管理等方面进行了详细、严格的规定，严控化妆品的生产环境。

17.1 化妆品制剂卫生基本要求

17.1.1 原料及包装材料的卫生要求

根据《化妆品安全技术规范》的规定，化妆品制剂卫生的一般要求是在正常以及合理的、可预见的使用条件下，化妆品不得对人体健康产生危害。而要保证化妆品制剂符合卫生要求，首先要从源头上严格把控原料及包装材料的质量。

原料及包装材料的采购、验收、检验、储存、使用等应有相应的规章制度，并由专人负责。原料需符合国家有关标准和要求，尤其是必须符合《化妆品安全技术规范》中的禁用和限量规定。企业应建立所使用原料的档案，有相应的检验报告或品质保证证明材料。需要检验检疫的进口原料应向供应商索取检验检疫证明。生产用水的水质应达到《国家生活饮用水卫生标准》（GB 5749）的要求（pH 值除外）。各种原料应按待检、合格、不合格分别存放，不合格的原料应按有关规定及时处理，有处理记录。经验收或检验合格的原料，应按不同品种和批次分开存放，并有品名、供应商名称、规格、批号或生产日期和有效期、入库日期等中文标识或信息。对有温度、相对湿度或其他特殊要求的原料应按规定条件储存，定期监测，做好记录。库存的原料应按照先进先出的原则，有详细的入出库记录，并定期检查和盘点。包装材料中直接接触化妆品的容器和辅料必须无毒、无害、无污染。

17.1.2 产品的卫生要求

化妆品的卫生要求是，不得对施用部位产生明显刺激和损伤，且无感染性。化妆品的微生物学质量应符合下列规定：①眼部化妆品及口唇等黏膜用化妆品以及婴儿和儿童用化妆品菌落总数不得大于 500CFU/mL 或 500CFU/g；②其他化妆品菌落总数不得大于 1000CFU/mL 或 1000CFU/g；③每克或每毫升产品中不得检出耐热大肠菌群、铜绿假单胞菌和金黄色葡萄球菌；④化妆品中霉菌和酵母菌总数不得大于 100CFU/mL 或 100CFU/g。另外，化妆品中的重金属汞、铅、砷、镉分别不能超过 1mg/kg、10mg/kg、2mg/kg 和 5mg/kg 的限量规定；二噁烷含量不能超过 30mg/kg；甲醇含量不能超过 2000mg/kg，且不得检出石棉。

17.2 化妆品制剂污染物的预防措施

17.2.1 化妆品中污染物的分类

化妆品的污染，按污染物的性质可分为生物性污染、化学性污染和物理性污染三大类。其中生物性污染主要包括微生物、寄生虫、昆虫以及病毒的污染。微生物污染主要有细菌、霉菌和酵母等。化学性污染主要包括来自生产、生活和环境中的污染物，如农药、有毒金属等，以及生产过程中的添加剂、包装运输过程中溶入的有害物质，如一些化妆品中的禁用物质，超量的醇、醛、防腐剂、色素等。物理性污染主要是指化妆品中非化学性的杂质，如玻璃、金属异物等。

17.2.2 生物性污染的预防措施

化妆品生物性污染来源主要有原料、生产过程、使用过程等。化妆品原料及其生产过程中造成的微生物污染属于一次污染，消费者在化妆品使用过程中因不注意卫生在化妆品中引入微生物造成的污染属于二次污染。

(1) 原料　化妆品原料种类繁多，性能各异，有油质原料、粉质原料、胶质原料、表面活性剂、溶剂原料、香精香料、染料、颜料等，在这些原材料中，天然动植物成分及其提取物如明胶和骨胶原多肽水解物、胎盘提取液、水貂油、羊毛脂、人参、当归、芦荟及其提取液等，极易受到微生物的污染，其次被微生物污染可能性大的原料还有增稠剂、粉体、表面活性剂稀溶液等。相对而言，油脂、高级脂肪酸、醇类、香料、酸、碱等原料被微生物污染的可能性较小。生产流程中有加热工序的产品，如加热至 $85 \sim 90℃$，保持 $20 \sim 30min$，可杀灭绝大部分细菌（芽孢菌除外），对于在加工过程不能加热的原料，如已确知其含菌量较大，可采用适当的方法（如气体灭菌、辐照灭菌或过滤除菌）事先处理。进厂入库的原料应符合严格的卫生标准。原料的储存和处理应尽量做到下述要求：已检验合格的原料应存放在有明确标识的地方，不合格的原料应按有关规定及时处理，并保存相关记录，未检验的原料存放在隔离室；仓库的环境应保持清洁和卫生，经常打扫清洁和消毒；所有原料应离地存放，环境要保持干燥；仓库应尽可能保持恒定的温度和湿度；液体原料的储罐一定要有盖；各批原料尽可能地按进料日期的顺序使用，缩短原料储存时间；使用完的原料容器绝不返回原料仓库，也不应留在生产车间；当原料储存期较长时，应先进行微生物含量的检验，合格后方可使用，按常规每 $3 \sim 6$ 个月检验一次。

(2) 水及水的净化　水在整个化妆品生产过程中所占的地位极其重要，一般化妆品配方中水的比例大约为 $30\% \sim 70\%$。普通的生活饮用水中含有一定量的 Ca^{2+}、Mg^{2+}、Fe^{3+}、Mn^{2+}、Na^+ 等离子以及有机物和微生物，不宜用于制造化妆品。随着科学技术的飞跃发展，各种水质纯化技术推陈出新，微滤、超滤、纳滤、离子交换、反渗透、电渗析等技术的单独或组合应用，可以得到符合化妆品配制及生产用水要求的纯水或超纯水。一般纯水（即去离子水或深度除盐水）除了去掉强电解质外，还要除去大部分 SiO_2、CO_2 等弱电解质，使含盐量降到 $1.0mg/L$ 以下，电导率降低到 $1 \sim 10\mu S/cm$（$20℃$，或电阻率 $0.1 \sim 1M\Omega \cdot cm$）。大多数化妆品要求去离子水达到一般纯水水平，即电阻率约为 $0.1M\Omega \cdot cm$，含电解质 $(2 \sim 5) \times 10^{-6}$，细菌总数 $\leqslant 10CFU/mL$。而要得到纯水首先要进行水质的预处理，水质预处理的作用是把相当于生活饮用水质的进水，处理到后续处理装置允许的水质指标，其处理对象主要是机械杂质、胶体、微生物、有机物和活性氯等。

① 机械杂质的去除。机械杂质的去除方法包括电凝聚、砂过滤和微孔过滤等,其中砂过滤和微孔过滤较适合于化妆品用水的预处理。砂过滤是使水通过砂粒构成的滤层进行过滤,使机械杂质被阻隔在砂层上,当积聚到一定程度时,进行反冲除去。砂过滤能将大于 $10\mu m$ 的悬浮物去除。砂过滤后,除去了水中小的胶体颗粒,但每毫升中仍有几十万个粒径约为 $1\sim5\mu m$ 的颗粒,微孔或粉末滤料和孔径很小的滤膜可以去除这种细微颗粒。

② 水中铁、锰的去除。进入脱盐系统的水中有少量铁或经管网输送的铁锈产生的铁,应在预处理中进一步除去。砂过滤、微孔过滤和活性炭吸附都可除去部分铁和锰。而二价的铁、锰化合物溶解度较大,如将其氧化成三价铁和四价锰,成为溶解度较小的氢氧化物或氧化物沉淀,即可进行分离。

③ 水中有机物的去除。水中有机物的性质不同,去除的手段也各不相同。悬浮状和胶体状的有机物在过滤时可除去 $60\%\sim80\%$ 腐殖酸类物质。对所剩的 $20\%\sim40\%$ 的有机物(尤其是其中 $1\sim2mm$ 的颗粒)需采用吸附剂,如活性炭、硅胶、氧化铝、氨型有机物清除器、吸附树脂等方法予以除去,其中活性炭吸附较为普遍。最后残留的极少量胶体有机物和部分可溶性有机物可在除盐系统中采用超滤、反渗透或复床中用大孔树脂予以除去。

为进一步除盐纯化生产用水,有效的方法有离子交换、电渗析、反渗透和蒸馏法。目前,化妆品工业最常用的方法是离子交换和反渗透法。离子交换技术可应用于水质软化、水质除盐、高纯水制取等方面。在离子交换水质除盐时,水中各种无机盐电离生成的阴、阳离子,经过 OH^- 型阴离子交换层时,水中阴离子被羟基离子取代;经过 H^+ 型阳离子交换层时,水中阳离子被氢离子取代,进入水中的氢离子与羟基离子组成水分子;或者在经过混合离子交换层时,阴、阳离子几乎同时被羟基离子和氢离子所取代生成水分子,从而达到除去水中无机盐的效果。为满足化妆品生产工艺和高参数锅炉用水的水质要求,得到更纯的水,可采用混合床离子交换除盐水处理系统。混合床离子交换器是以阴、阳离子交换树脂按一定比例均匀混合后装填于同一交换器内,相当于一个多级的除盐系统。

必须指出,经过离子交换或反渗透等方法处理的纯水或超纯水中,仍有一定数量的微生物存在,必须对其进行消毒杀菌处理,常用的方法有紫外线消毒、臭氧杀菌、煮沸灭菌、化学消毒剂消毒等。

(3) 管道与设备　化妆品生产设备包括乳化罐、贮罐、管道、阀门、接头、流量计、过滤器、泵和灌装机等,大多数化妆品生产企业产品种类繁多,设备为多种产品共用,如果采用通用的化工生产设备,在设计时没有从清洁卫生方面考虑,拆卸较麻烦,难以完全清洗消毒,设备和管道上滋生了微生物,产品流经时会不断被污染。要杀灭生产设备及管道中的微生物,首先必须将设备和管道清洗干净,彻底去除黏附的污垢,以免污垢成为微生物的保护伞,影响消毒灭菌的效果。针对不同类型的设备,可分别采用浸泡、喷雾、局部清洗、高压冲洗和内部循环清洗等一种或几种清洗方法,对于设备和管线上较难清除的沉积物和黏附污物,则需要浸泡、溶解、加热并结合机械作用才能去除,特别是处于死角的残渣,需要拆卸后才可清除干净,而这些残渣正是滋生微生物的重要来源,容易积存残渣的地方包括阀门、出口和入口、过滤器、灌装机的活塞和泵等。

设备和管道清洗后必须进行消毒,常用的消毒方法有蒸汽消毒和化学消毒。蒸汽消毒是消毒设备最有效且可靠的方法。采用蒸汽消毒时,被消毒的设备必须是耐热的,消毒的效果与接触时间有关,敞口容器消毒一般需要 30min,如果是耐压容器,使用高压消毒,接触时间可适当缩短至 $5\sim15min$。蒸汽消毒的优点是效果好,消毒后不需冲洗,其缺点是能源消耗较大,要有锅炉。同一类型的消毒方法还有热水消毒,用 $90℃$ 的热水进行循环,对管路消毒较合适,消毒效果很好,对设备无腐蚀作用,同时具有清洗作用。化学消毒是利用各种化学消毒剂进行消毒，是一种冷消毒，不需加热。常用于化妆品管道与设备的化学消毒剂有乙醇、二氧化氯、过氧乙酸、次氯酸钠等。采用化学消毒剂对设备和管道进行消毒，必须充分了解设备的材质和消毒剂的性能，按照合适的消毒剂浓度和作用时间，保证消毒效果。为了避免长期使用单一的消毒剂造成微生物对消毒剂产生抗药性，设备消毒最好有较长远的计划，轮流使用不同种类的消毒剂。

（4）包装物　化妆品的内容物因容器和附件而污染微生物的情况是屡见不鲜的，容器生产厂家的卫生环境未必能保证容器在生产、贮存和运输过程中的清洁卫生，故包装容器在使用前应按以下程序进行清洁和消毒处理。①用清水冲洗一遍；②消毒剂浸泡 10～30min；③用去离子水清洗一遍；④将洗好的包装容器口朝下放在筐里，运到烘干室烘干；⑤将烘干后的包装容器运到无菌室，口朝上，用紫外灯照射 30min 备用。

（5）生产环境　未经洁净处理的空气中含有各种各样的微生物，可在化妆品的制造、静置、灌装、包装等环节对产品造成污染。化妆品厂房设计没有专门的规范，可参考已有的《洁净厂房设计规范》，达到《化妆品生产企业卫生规范》的要求：生产车间空气中细菌总数不得超过 1000 个/m³，同时，半成品储存间、灌装间、清洁容器储存间、更衣室及其缓冲区必须有空气净化或者空气消毒设施。建议在生产车间安装含高、中、低效过滤网的空气过滤系统，使进入车间的空气达到洁净的要求；还应在车间安装紫外灯，每天开始生产前照射30min；或者采用臭氧发生器产生的臭氧对生产车间的空气进行消毒；如能定期辅以药物（二氧化氯、过氧乙酸等）熏蒸或喷雾，可以保证较高的空气洁净度，大大减少产品被空气中的微生物污染的风险。

（6）操作人员　正常人的皮肤、手、毛发、衣服、鞋等均带有大量的微生物，参与生产的操作人员是化妆品生产中不容忽视的污染源。为了预防这类污染，应注意如下几项：①进入生产车间之前穿戴洁净的工作服、工作帽、工作鞋、口罩、手套等；②每次进入有洁净要求的区域开始工作时，都应彻底消毒洗手；③每次完成不卫生的动作或工作后，应彻底消毒洗手；④患有皮肤病、化脓性疾病、手指创伤或伤风感冒的人员应暂时调离与内容物直接有关的工作岗位。

17.2.3　化学性污染的预防措施

化学性污染主要包括来自生产、生活和环境中的污染物，如农药、有毒金属等化学物品。化妆品的化学性污染可能导致化妆品产生毒性。例如，粉类化妆品中的无机粉质原料中常含有某些重金属元素，如汞、铅、砷、镉等，这些重金属元素通过皮肤进入体内，长期积累不仅造成色素沉积，而且还可能引起重金属中毒。《化妆品安全技术规范》（2015 年版）规定了化妆品中有毒物质汞的限量为 1mg/kg，铅的限量为 10mg/kg，砷的限量为 2mg/kg，甲醇的限量为 2000mg/kg。除汞、铅、砷、镉等外，当前重点监控的安全性风险物质有如下几种。

二噁烷（1,4-二氧杂环己环）为化妆品中禁用组分。二噁烷通过吸入、食入、经皮肤吸收进入体内，有麻醉和刺激作用，在体内有蓄积作用。接触大量蒸气引起眼和上呼吸道刺激，会伴有头晕、头痛、嗜睡、恶心等。可致肝、皮肤损害，甚至发生尿毒症。2015 年国家食品药品监督管理总局颁发的《化妆品安全技术规范》，二噁烷禁止作为化妆品生产原料添加到化妆品中。但由于目前技术上无法完全避免的原因，含聚氧乙烯类表面活性剂的化妆品如洗发露、沐浴液、洗手液等均有可能含二噁烷杂质。《化妆品安全技术规范》（2015 年版）指出，如果无法避免禁用物质以杂质形式进入化妆品，则该化妆品必须在正常、合理、可预见的使用条件下，不得对人体健康产生危害。

甲醇主要经呼吸道和胃肠道吸收，皮肤也可部分吸收。甲醇吸收至体内后，可迅速分布在机体各组织内，其中以脑髓液、血、胆汁和尿中含量最高，骨髓和脂肪中最低。甲醇有明显的蓄积作用，未被氧化的甲醇经呼吸道和肾脏排出体外，部分经胃肠道缓慢排出。甲醇在体内主要被醇脱氢酶氧化，其氧化速度是乙醇的 1/7，最后代谢产物为甲醛和甲酸。甲醛很快代谢成甲酸，急性中毒引起的代谢性酸中毒和眼部损害，主要与甲酸含量相关。甲醇在体内抑制某些氧化醇系统，抑制糖的需氧分解，造成乳酸和其他有机酸积累，从而引起酸中毒。甲醇主要作用于中枢神经系统，具有明显的麻醉作用，可引起脑水肿；对视神经及视网膜有特殊选择作用，引起视神经萎缩，导致双目失明。化妆品中的甲醇一般由乙醇等组分带入，因此，凡化妆品组分中含有乙醇等可能带入甲醇的原料时，均应检测甲醇含量。

甲醛是一种无色有刺激性气味的气体，对人眼、鼻、皮肤黏膜等有刺激性作用，甲醛达到一定浓度时，可能会引起眼睛发红、眼睛发痒、咽喉部不适或者疼痛、声音嘶哑、打喷嚏、流鼻涕，严重时还会胸闷、气短，甚至会在皮肤上看见过敏性的情况，如长皮疹、瘙痒等。对人体致过敏的作用也是非常明显的，比如支气管哮喘急性发作、过敏性咳嗽的急性发作、过敏性皮炎的急性加重或急性发作等，比较严重的还可以致基因突变发生肿瘤，比如鼻咽部恶性肿瘤。甲醛尤其对于孕妇、幼儿和老人这类人群会产生更大危害，会导致小孩生长发育畸形和致癌情况的发生，这些都是不可逆的危害。所以在化妆品制剂选择时一定要重视甲醛对人类的危害，以免造成不可挽回的后果。

苯酚是一种具有特殊气味的无色针状晶体，有毒，可以经过呼吸道、皮肤黏膜和消化道吸收进入体内，属于高毒类物质。苯酚对人体组织具有明显的腐蚀作用，如接触眼睛，能引起角膜灼伤，严重者甚至造成失明。接触皮肤后，如不迅速冲洗清除，不仅会引起严重灼伤，还可能通过损伤的皮肤黏膜迅速进入体内导致全身性中毒，出现急性肾功能衰竭、急性肝损伤和心肌损害等。所以苯酚在我国的化妆品法规中是禁用成分。

对于上述安全风险物质可能造成的化学性污染采取以下步骤进行预防。首先，是要严格按照相关国家法律法规和标准的规定进行添加，不能违规添加、超范围添加。其次，加工区域不得使用农药、杀虫剂、除草剂等有毒有害品。最后，化学物品必须明确标识，并存放于专门的地方，有专人负责保管和使用。另外，用于非化妆品生产的润滑剂等其他材料，必须隔离存放，贴上标签，用完之后整个区域要彻底清洗、消毒，及时清除可能引起化妆品污染的污染物。

17.2.4　物理性污染的预防措施

物理性污染主要是指引起化妆品污染的非化学性杂质，如玻璃、金属异物等。化妆品的物理性污染主要产生于化妆品生产的加工车间。

加工车间禁止使用玻璃器具，与加工车间相连的所有门窗不得使用玻璃，凡有玻璃隔墙的地方，必须在玻璃上贴上粘纸。危险品仓库的灯必须有防爆装置。一旦加工车间的玻璃破碎，必须彻底清理，并对产品受污染的风险进行评估，必要时报废产品。生产设施需制定常年的维护保养计划，防止产生易坠落和易破裂的金属异物；防止生产过程或产品贮藏过程受到金属异物及其他异物的污染。另外，维护保养工作只能在停产时进行，结束后必须彻底清理现场。

17.3　化妆品车间设计

17.3.1　工厂选址

化妆品生产企业应建于环境卫生整洁的区域，周围 30m 内不得有可能对产品安全性造成影响的污染源；生产过程中可能产生有毒有害因素的生产车间，应与居民区之间有不少于30m的卫生防护距离。

17.3.2 车间要求

生产厂房和设施的设计和构造应最大限度保证对产品的保护，便于进行有效清洁和维护，保证产品、原料和包装材料的转移不致产生混淆。厂区规划应符合卫生要求，生产区、非生产区设置应能保证生产连续性且不得有交叉污染。生产厂房的建筑结构宜选择钢筋混凝土或钢架结构等，以具备适当的灵活性；不宜选择易漏水、积水、长霉的建筑结构。生产企业应具备与其生产工艺、生产能力相适应的生产、仓储、检验、辅助设施等使用场地。根据产品及其生产工艺的特点和要求，设置一条或多条生产车间作业线，每条生产车间作业线的制作、灌装、包装间总面积不得小于 $100m^2$，仓库总面积应与企业的生产能力和规模相适应。单纯分装的生产车间灌装、包装间总面积不得小于 $80m^2$。

生产车间布局应满足生产工艺和卫生要求，防止交叉污染。应当根据实际生产需要设置更衣室、缓冲区、原料预进间、称量间、制作间、半成品储存间、灌装间、包装间、容器清洁消毒间、干燥间、储存间、原料仓库、成品仓库、包装材料仓库、检验室、留样室等，各功能区之间不得少于 $10m^2$。生产工艺流程应做到上下衔接，人流、物流分开，避免交叉。原料及包装材料、产品和人员的流动路线应当明确划定。生产过程中产生粉尘或者使用易燃、易爆等危险品的，应使用单独生产车间和专用生产设备，落实相应卫生和安全措施，并符合国家有关法律法规规定。产生粉尘的生产车间应有除尘和粉尘回收设施；生产含挥发性有机溶剂的化妆品（如香水、指甲油等）的车间，应配备相应防爆设施。动力、供暖、空气净化及空调机房、给排水系统和废水、废气、废渣的处理系统等辅助建筑物和设施应不影响生产车间卫生。

生产车间的地面、墙壁、天花板和门、窗的设计和建造应便于保洁。①地面应平整、耐磨、防滑、不渗水，便于清洁消毒。需要清洗的工作区地面应有坡度，并在最低处设置地漏，洁净车间宜采用洁净地漏，地漏应能防止虫媒及排污管废气的进入或污染。生产车间的排水沟应加盖，排水管应防止废水倒流。②生产车间内墙壁及顶棚的表面，应符合平整、光滑、不起灰、便于除尘等要求。应采用浅色、无毒、耐腐、耐热、防潮、防霉、不易剥落材料涂衬，便于清洁消毒。制作间的防水层应由地面至顶棚全部涂衬，其他生产车间的防水层不得低于 1.5m。

生产车间更衣室应配备衣柜、鞋架等设施，换鞋柜宜采用阻拦式设计。衣柜、鞋柜采用坚固、无毒、防霉和便于清洁消毒的材料。更衣室应配备非手接触式流动水洗手及消毒设施。生产企业应根据需要设置二次更衣室。制作间、半成品储存间、灌装间、清洁容器储存间、更衣室及其缓冲区空气应根据生产工艺的需要经过净化或消毒处理，保持良好的通风和适宜的温度、湿度。生产眼部用护肤类、婴儿和儿童用护肤类化妆品的半成品储存间、灌装间、清洁容器储存间应达到 30 万级洁净要求；其他护肤类化妆品的半成品储存间、灌装间、清洁容器储存间宜达到 30 万级洁净要求。净化车间的洁净度指标应符合国家有关标准、规范的规定。采用消毒处理的其他车间，应有机械通风或自然通风，并配备必要的消毒设施。其空气和物表消毒应采取安全、有效的方法，如采用紫外线消毒的，使用中紫外线灯的辐照强度不得小于 $70\mu W/cm^2$，并按照 $30W/10m^2$ 设置。

17.3.3 设备要求

生产企业应具备与产品特点、工艺、产量相适应，保证产品卫生质量的生产设备。凡接触化妆品原料和半成品的设备、管道应当用无毒、无害、抗腐蚀材料制作，内壁应光滑无脱落，便于清洁和消毒。设备的底部、内部和周围都应便于维修保养和清洁。提倡化妆品生产企业采用自动化、管道化、密闭化和智能化方式生产。生产设备、电路管道、气管道和水管不应产生可污染原材料、包装材料、产品、容器及设备的滴漏或凝结。管道的设计应避免停滞或受到污染。不同用途的管道应用颜色区分或标明内容物名称。根据产品生产工艺需要应配备水质处理设备，生产用水水质及水量应当满足生产工艺要求。生产过程中取用原料的工具和容器应按用途区分，不得混用，应采用塑料或不锈钢等无毒材质制成。

17.3.4　生产流水线要求

大部分化妆品属非无菌产品和可灭菌产品，只有极少数属于无菌产品，或不可灭菌产品。而生产流水线的配置和生产车间的环境是实现生产过程良好卫生管理的基本条件。化妆品生产流水线的配置和生产车间的环境可按《化妆品生产企业卫生规范》要求设计。

17.3.4.1　生产流水线的配置

生产企业应具备与其生产工艺、生产能力相适应的生产、仓储、检验、辅助设施等使用场地。根据产品及其生产工艺的特点和要求，设置一条或多条生产车间作业线，每条生产车间作业线制作、灌装、包装间总面积不得小于100m²。仓库总面积应与企业的生产能力和规模相适应。单纯分装的生产车间灌装、包装间总面积不得小于80m²。

生产车间布局应满足生产工艺和卫生要求，防止交叉污染。应当根据实际生产需要设置更衣室、缓冲区、容器清洁消毒间、干燥间、储存间、原料仓库、成品仓库、包装材料仓库、检验室、留样室等，各功能间（区）不得少于10m²。

生产工艺流程应做到上下衔接，人流、物流分开，避免交叉。原料及包装材料、产品和人员的流动路线应当明确划定。人员和物料出入口应分别设置。原料、辅料和成品出、入口也宜分开设置。物料传递路线尽量短捷，减少在走廊内输送，相邻房间之间的物料传递尽量利用传送带和窗口传递。人员和物料电梯宜分开。电梯不宜设在洁净区内，必须设置时应有缓冲区。货梯与洁净货梯分开。对有空气洁净度要求的房间宜靠近空调机房，并布置在上风侧。空气洁净度相同的房间相对集中。洁净级别和卫生要求不同的房间相互联系中要有防污染措施。人员和物料进入洁净区应有各自净化用室和设施。生活用室，如厕所、淋浴室均应设置在人员净化用室区域外。要设置防止昆虫、动物进入车间的措施。

17.3.4.2　生产车间的环境

生产车间的地面、墙壁、天花板和门、窗的设计和建造应便于保洁。地面应平整、耐磨、防滑、不渗水，便于清洁消毒。需要清洗的工作区地面应有坡度，并在最低处设置地漏，洁净车间宜采用洁净地漏，地漏应能防止虫媒及排放管废气的进入或污染。生产车间的排水沟应加盖，排水管应防止废水倒流。生产车间更衣室应配备衣柜、鞋架等设施，换鞋柜宜采用阻拦式设计。更衣室应配备非手接触式流动水洗手及消毒设施。生产企业应根据需要设置二次更衣室。

制作间、半成品储存间、灌装间、清洁容器储存间、更衣室及其缓冲区空气应根据生产工艺的需要经过净化或消毒处理，保持良好的通风和适宜的温度、湿度。

净化车间的洁净度指标应符合国家有关标准、规范的规定。采用消毒处理的其他车间，应有机械通风或自然通风，并配备必要的消毒设施。其空气和物料消毒应采取安全、有效的方法。

17.3.4.3　生产过程的卫生管理

生产操作应在规定的功能区内进行，应合理衔接与传递各功能区之间的物料或物品，并采取有效措施，防止操作或传递过程中的污染和混淆。

　　对已开启的原料包装应重新加盖密封。生产设备、容器、工具等在使用前后应进行清洗和消毒，配料、投料过程中使用的有关器具应清洁无污染。生产车间的地面和墙裙应保持清洁。车间的顶面、门窗、纱窗及通风排气网罩等应定期进行清洁。

　　生产过程中半成品储存间、灌装间、清洁容器储存间和更衣室空气中细菌菌落总数应≤1000CFU/m³；灌装间工作台表面细菌菌落总数应≤20CFU/m²，工人手表面细菌菌落总数应≤300CFU/只，并不得检出致病菌。

　　要做好并妥善保存化妆品生产过程中的各项原始记录（包括原料和成品进出库记录、产品配方、称量记录、批生产记录、批号管理、批包装记录、岗位操作记录及工艺规程中各个关键控制点监控记录等），一般保存期应比产品的保质期延长六个月，各项记录应当完整并有可追溯性。

17.3.4.4　包装容器和附件

　　化妆品的内容物因容器和附件而污染的情况是屡见不鲜的。容器生产厂家的卫生环境较难保证容器清洁，外部容易被微生物污染，容器在使用前应清洗和消毒。一些包装容器附件，如内盖、垫片等，一些附属的涂抹工具，如刷子、眼影笔、粉扑、海绵和指甲油涂抹刷等，都应经过灭菌和防菌的预处理。一些香皂包装纸、盒和标签也需进行防霉处理，特别是销售到湿热地区的产品。

17.3.4.5　操作人员的个人卫生和管理

　　直接参加生产的操作人员也是应该重视的污染源。人的皮肤、手指、毛发（男士胡须）、呼气、衣服和鞋等会带入大量的微生物。为了防止这类污染，除了考虑采用自动化操作外（物料管道输送），通常在操作中应注意如下几项。

　　(1) 个人健康管理　化妆品从业人员应按《化妆品卫生监督条例》的规定，每年至少进行一次健康检查，必要时接受临时检查。新参加或临时参加工作的人员，应经健康检查，取得健康证明后方可参加工作。对患有痢疾、伤寒、病毒性肝炎、活动性肺结核从业人员的管理，按国家《传染病防治法》有关规定执行。凡患有手癣、指甲癣、手部湿疹、发生于手部的银屑病或者鳞屑、渗出性皮肤病者，不得直接从事化妆品生产活动，在治疗后经原体检单位检查证明痊愈，方可恢复原工作。

　　(2) 工作服和工作帽　进入生产车间必须换洁净工作服、戴工作帽、穿工作鞋。有些工种需要戴口罩和手套。工作服应有清洗保洁制度，定期进行更换，保持清洁。每名从业人员应有两套或以上工作服。

　　手的清洁：从业人员应勤洗头、勤洗澡、勤换衣服、勤剪指甲，保持良好个人卫生。生产人员进入车间前必须洗净、消毒双手。直接从事化妆品生产的人员不得戴首饰、手表以及染指甲、留长指甲，不得化浓妆、喷洒香水。

　　另外，化妆品生产场所禁止吸烟、进食及进行其他有碍化妆品卫生的活动，且当操作人员手部有外伤时不得接触化妆品和原料。不得穿戴制作间、灌装间、半成品储存间、清洁容器储存间的工作衣裤、帽和鞋进入非生产场所，不得将个人生活用品带入生产车间。临时进入化妆品生产区的非操作人员，应符合现场操作人员卫生要求。

17.3.4.6　其他要求

　　生产车间的物流通道应宽敞，采用无阻拦设计。设有参观走廊的生产车间应用玻璃墙与生产区隔开，防止污染。屋顶房梁、管道应尽量避免暴露在外。暴露在外的管道不得接触墙壁，宜采用托架悬挂或支撑，与四周有足够的间隔以便清洁。仓库地面应平整，有通风、防尘、防潮、防鼠、防虫等设施，并定期清洁，保持卫生。仓库内应有货物架或垫仓板，库存的货物码放应离地、离墙 10cm 以上，离顶 50cm 以上，并留出通道。生产车间工作面混合照度不得小于 200lx，检验场所工作面混合照度不得小于 500lx。厕所不得设在生产车间内部，应为水冲式厕所；厕所与车间之间应设缓冲区，并有防臭、防蚊蝇昆虫、通风排气等设施。

17.4　车间空气净化技术

17.4.1　洁净室压差控制

　　洁净室与周围的空间必须维持一定的压差，并应按工艺要求决定维持正压差或负压差。不同等级的洁净室之间的压差不宜小于 5 Pa，洁净区与非洁净区之间的压差不应小于 5 Pa，洁净区与室外的压差不应小于 10 Pa。洁净室维持不同的压差值所需的压差风量，根据洁净室特点，宜采用缝隙法或换气次数法确定。送风、回风和排风系统的启闭宜联锁。正压洁净室联锁程序应先启动送风机，再启动回风机和排风机，关闭时联锁程序应相反。负压洁净室联锁程序应与上述正压洁净室相反。非连续运行的洁净室，可根据生产工艺要求设置值班送风，并应进行净化空调处理。

17.4.2　气流流型和送风量

17.4.2.1　气流流型

　　气流流型的设计应符合下列规定：①洁净室的气流流型和送风量应符合表 17-1 的要求。空气洁净度等级要求严于 4 级时，应采用单向流；空气洁净度等级为 4～5 级时，应采用单向流；空气洁净度等级为 6～9 级时，应采用非单向流。②洁净室工作区的气流分布应均匀。③洁净室工作区的气流流速应符合生产工艺要求。

表 17-1　气流流型和送风量

空气洁净度等级	气流流型	平均风速/(m/s)	换气次数/h^{-1}
1～3	单向流	0.3～0.5	—
4、5	单向流	0.2～0.4	—
6	非单向流	—	50～60
7	非单向流	—	15～25
8、9	非单向流	—	10～15

　　洁净室的送风量应取下列四项中的最大值：①满足空气洁净度等级要求的送风量；②根据热、湿负荷计算确定的送风量；③补偿室内排风量和保持室内正压值所需新鲜空气量之和；④保证供给洁净室内每人每小时的新鲜空气量不小于 40m^3。

17.4.2.2　气流送风量

　　为保证空气洁净度等级的送风量，应按表 17-1 中的有关数据进行计算或按室内发尘量进行计算。洁净室内各种设施的布置应考虑对气流流型和空气洁净度的影响，并应符合下列规定：①单向流洁净室内不宜布置洁净工作台，非单向流洁净室的回风口宜远离洁净工作台；②需排风的工艺设备宜布置在洁净室下风侧；③有发热设备时，应采取措施减少热气流对气流分布的影响；④余压阀宜布置在洁净气流的下风侧。

17.4.2.3 空气净化处理

空气过滤器的选用、布置和安装方式应符合下列规定：①空气净化处理应根据空气洁净度等级合理选用空气过滤器；②空气过滤器的处理风量应小于或等于额定风量；③中效或高中效空气过滤器宜集中设置在空调箱的正压段；④亚高效过滤器和高效过滤器作为末端过滤器时宜设置在净化空调系统的末端，超高效过滤器应设置在净化空调系统的末端；⑤设置在同一洁净室内的高效（亚高效、超高效）空气过滤器的阻力、效率应相近；⑥高效（亚高效、超高效）空气过滤器安装方式应严密、简便、可靠，易于检漏和更换。

对较大型的洁净厂房的净化空调系统的新风宜集中进行空气净化处理。净化空调系统设计应合理利用回风。净化空调系统的风机宜采取变频措施。严寒及寒冷地区的新风系统应设置防冻保护措施。

17.4.3 采暖通风和防排烟

17.4.3.1 局部排风系统

空气洁净度等级严于8级的洁净室不得采用散热器采暖。洁净室内产生粉尘和有害气体的工艺设备，应设局部排风装置。在下列情况下，局部排风系统应单独设置：①排风介质混合后能产生或加剧腐蚀性、毒性、燃烧爆炸危险性和发生交叉污染；②排风介质中含有毒性的气体；③排风介质中含有易燃、易爆气体。

17.4.3.2 洁净室的排风系统设计

洁净室的排风系统设计应符合下列规定：①应防止室外气流倒灌；②含有易燃、易爆物质的局部排风系统应按物理化学性质采取相应的防火防爆措施；③排风介质中有害物浓度及排放速率超过国家或地区有害物排放浓度及排放速率规定时，应进行无害化处理；④对含有水蒸气和凝结性物质的排风系统，应设坡度及排放口。

换鞋、存外衣、盥洗、厕所和淋浴等生产辅助房间应采取通风措施，其室内的静压值应低于洁净区。根据生产工艺要求应设置事故排风系统。事故排风系统应设自动和手动控制开关，手动控制开关应分别设在洁净室内外便于操作处。洁净厂房中的疏散走廊应设置机械排烟设施，且洁净厂房设置的排烟设施应符合现行国家标准《建筑设计防火规范》(GB 50016)的有关规定。

17.4.4 风管和附件

17.4.4.1 净化空调系统的新风管段

净化空调系统的新风管段应设置电动密闭阀、调节阀，送、回风管段应设置调节阀，洁净室内的排风系统应设置调节阀、止回阀或电动密闭阀。出现如下情况的，如风管穿越防火分区的隔墙处，穿越变形缝的防火隔墙的两侧，风管穿越通风、空气调节机房的隔墙和楼板处或垂直风管与每层水平风管交接的水平管段上的，通风、净化空调系统的风管应设防火阀。净化空调系统的风管和调节风阀、高效空气过滤器的保护网、孔板、扩散孔板等附件的制作材料和涂料，应符合输送空气的洁净度要求及其所处的空气环境条件的要求。洁净室内排风系统的风管和调节阀、止回阀、电动密闭阀等附件的制作材料和涂料，应符合排出气体的性质及其所处的空气环境条件的要求。

17.4.4.2 噪声及其他方面

噪声要求方面：净化空调系统的送、回风总管及排风系统的吸风总管段上宜采取消声措施，满足洁净室内噪声要求；净化空调系统的排风管或局部排风系统的排风管段上，宜采取消声措施，满足室外环境区域噪声标准的要求。另外，在空气过滤器的前、后应设置测压孔或压差计。在新风管、送风管、回风总管段上，宜设置风量测定孔。而且，风管、附件及辅助材料的耐火性能应符合下列规定：①净化空调系统、排风系统的风管应采用不燃材料；②排出有腐蚀性气体的风管应采用耐腐蚀的难燃材料；③排烟系统的风管应采用不燃材料，其耐火极限应大于 0.5h；④附件、保温材料、消声材料和黏结剂等均采用不燃材料或难燃材料。

17.5　化妆品灭菌方法与无菌操作

17.5.1　化妆品灭菌方法

灭菌法的定义：用适当的物理或化学手段将物品中活的微生物杀灭或除去的方法。化妆品常用的灭菌方法包括：湿热灭菌法、干热灭菌法、辐射灭菌法、气体灭菌法、过滤除菌法。一般根据灭菌物品特性选择一种或几种方法组合灭菌。

17.5.1.1　湿热灭菌法

湿热灭菌法是指在高温高压条件下利用沸水、蒸汽变性微生物菌体中的蛋白质、核酸而达到灭菌效果的方法。湿热灭菌法效果可靠、操作简便、应用广泛，如容器、培养基、无菌衣、胶塞等基本采用该方法灭菌，包括热压灭菌、流通蒸汽灭菌、煮沸灭菌、低温间歇灭菌。

湿热灭菌操作需注意：①使用前认真检查设备的完好性；②灭菌时须先将灭菌器中冷空气排出，以保证最佳灭菌效果；③灭菌时间应从待灭菌物品达到预定温度时算起；④灭菌完毕后停止加热，待压力表降至 0 后放气、开启灭菌器，物品温度降至 80℃ 以下时才能将灭菌器门全部打开。

影响湿热灭菌的因素：①微生物种类和数量；②灭菌物品特性；③蒸汽的性质，即饱和蒸汽热含量高、潜热大、穿透力强，湿饱和蒸汽热含量低，过热蒸汽穿透力差；④灭菌时间等。

17.5.1.2　干热灭菌法

干热灭菌法是利用干热空气达到杀灭微生物效果的方法。其适用范围为：耐高温但不宜使用湿热灭菌法灭菌的物品，如玻璃物品、金属物品、纤维制品、固体试药、液体石蜡等。

干热灭菌条件：①（160~170）℃×120min、（170~180）℃×60min、250℃×45min 以上；②灭菌过程有适当的装载方式，保证灭菌有效均一。

干热灭菌效果：①繁殖型细菌 100℃/h 可杀灭；②耐热细菌 120℃ 长时间不死亡，140℃ 杀菌率剧增。

17.5.1.3　辐射灭菌法

辐射灭菌法是将灭菌物品置于适宜放射源辐射的射线或适宜的电子加速器发生的电子束中进行电离辐射而达到杀灭微生物目的的方法。^{60}Co-γ 射线常用于医疗器械、容器、生产辅助用品、不受辐射破坏的原料及成品等的辐射灭菌。

辐射灭菌特点：①γ 射线，^{60}Co 穿透力强；②β 射线，由电子加速器产生，穿透力弱，灭菌效果差；③不升高温度；④设备费用高；⑤辐射能引起一些物质 pH 值、含量、活性等改变，某些制品不宜选用。

17.5.1.4　气体灭菌法

气体灭菌法是用化学消毒剂形成的气体杀灭微生物的方法，常用环氧乙烷、气态过氧化氢、甲醛、臭氧等。适用于器械、塑料制品等，能吸附环氧乙烷的物品不宜采用。控制参数：温度、相对湿度、灭菌压力、灭菌时间等。

17.5.1.5　过滤除菌法

过滤除菌法利用细菌不能通过致密具孔滤材的原理除去气体或液体中的微生物，用于热不稳定的样品或原料除菌。滤膜孔径要求：①繁殖型微生物 $1\mu m$，芽孢约 $0.5\mu m$ 或以下；② $0.45\mu m$ 可滤去大多数细菌，$0.15\mu m$ 可滤去热原。

17.5.1.6　火焰灭菌

火焰灭菌是置于火焰上直接灼烧，其特点是简便、可靠。

17.5.2　生产车间的无菌操作

17.5.2.1　无菌环境

每天上班前半小时由专人负责各空气净化工作，打开紫外灯和臭氧消毒机，杀菌消毒 $30min$ 以上，工作人员方可以进入开始工作。进入生产车间前先在楼梯口换好鞋，需戴上鞋套、口罩；不允许未换鞋或未戴鞋套、口罩直接进入生产车间。进入时先在更衣室更衣，戴帽子（不得将头发露在帽外）和口罩，用清水将手洗干净，经缓冲区进入内包间和乳化间，进入净化间的员工不得留长指甲，不准戴戒指、手环、手表等首饰，不许化妆。

灌装前先用 75% 酒精擦拭工作台、电子台秤、手，灌装员从装料容器中加料进灌装机后要及时把灌装机和装料容器盖好或扎好袋口，待下次加料时再打开，灌料时要到指定位置，集中精力，专心灌装工作，不得随意走动，不得聊天打手势，以免引起尘埃造成污染。灌装员与扭盖员要相互协调配合，灌装好而又来不及扭盖的产品放置在桌面或流水线上的最多不得超过 10 支，避免在空气中暴露太久而感染细菌，灌装完备后及时清洗所有用具，并用热水或 75% 酒精清洗，完备后密封好留待下次使用。

完成工作后，清理清扫工作环境，离开净化间，把工作服、帽挂回指定地点，不得留在灌装间或放在工作台、椅上，不得将工作服、口罩、帽、鞋穿出生产车间，每星期必须清洗一次工作服、帽、鞋。生产车间每星期进行一次彻底的清洁工作：用毛巾蘸 75% 酒精擦拭玻璃、工作台、门窗、流水线、墙壁以及室内所有设备和支架，用半干拖把将地板拖干净后再用拖把蘸 75% 酒精再拖一次，以消灭地板上的残留细菌。

关闭好水、电、隔离门，非特殊情况不得打开玻璃窗，任何人不得从洗瓶间和干燥间进入内包间，以免造成内外空气对流而引起交叉污染。生产车间的垃圾应当日清理出厂，不许滞留到第二天，严禁在生产车间吸烟和进食，不随地吐痰，不乱丢垃圾。

17.5.2.2　设备消毒

设备消毒的方法分为化学消毒和蒸汽消毒。

（1）化学消毒　利用各种杀菌剂进行消毒的方法被称为化学消毒。设备消毒常用的消毒剂有醇类、酚类、醛类、季铵盐和碘伏、次氯酸盐及氯胺等。

醇类消毒剂主要是乙醇，因其易挥发损失，成本高，常用于器皿、小容器和小部件的消毒。挥发性好，不会污染器皿的约 70% 乙醇消毒效果最好。

酚类消毒剂适用于消毒器皿和工作服。较常用的酚类消毒剂是煤酚皂溶液，俗称来苏儿，它也是目前国内常用的消毒剂，其成分为甲酚（质量分数约为 50%）、植物油、氢氧化钠等，经皂化作用而制成。煤酚皂溶液能杀灭细菌繁殖体，杀死亲脂性病毒，对结核菌和真菌也有一定杀灭能力，但不能杀灭亲水性病毒，2%溶液经 10～15min 能杀死大部分致病性细菌。1%～5%溶液常用于一般性消毒，消毒方法为浸泡、喷洒或擦拭，消毒时长一般为30～60min。其缺点是配制时不能使用硬度过高的水，而且会对水源造成污染，故正逐渐被其他消毒剂所取代。

醛类主要是甲醛，它是医学常用的消毒剂之一。它的液体和气体均有较好的杀菌、杀病毒和杀真菌作用。其具有杀菌能力强、杀菌谱广等特点，且对设备无腐蚀性，毒性低对人体伤害小。它的蒸气也同时具有消毒作用。一般使用 2%～5% 的溶液，接触时间约为 20～30min，最好在密封容器内进行。当空气中含有 1mg/L 甲醛，作用 20～50min 可以杀灭细菌。其缺点是有气味刺鼻，消毒后需清洗充分。

季铵盐消毒剂是一种阳离子表面活性剂，其优点是低浓度有效，副作用小，无味无色，毒性低，安全性高，无刺激作用。尽管它对一些细菌的杀菌作用稍低于其他消毒剂，对小型病毒无效，应用上受到了一定的限制，但它具有使用方便、耐热、耐光、易储存、性质稳定的优点，现在已较常应用于医疗和工业方面的消毒。它的缺点是对部分微生物处理效果不好，配伍禁忌较多，杀菌效果受有机物影响较大，价格较贵。常用的季铵盐类消毒剂包括杜灭芬、新洁尔灭等。清洗设备一般使用 (1∶2000)～(1∶5000) 水溶液，接触时间 5～10min，由于阳离子表面活性剂易被吸附，特别是纤维表面，即使冲洗后仍能吸附一些消毒剂，保持消毒作用，所以消毒后应当充分冲洗。

常用碘伏是聚乙烯吡咯烷酮-碘和聚乙氧基乙醇碘。碘伏作为碘与表面活性剂的不定型结合物，其中的表面活性剂起载体与助溶的作用。碘伏在溶液中碘被逐渐释放出来，保持了较长时间的杀菌作用。碘伏的优点在于其杀菌范围广，能杀灭细菌芽孢，气味小，对黏膜无刺激且毒性低，易储存，稳定性好，只要溶液颜色未退，即表示仍然有效（可作为有效性指示），无腐蚀性（除银及其合金外），物品染上其颜色后很易洗去，兼有清洁剂的作用。其缺点在于载体表面活性剂受溶液中拮抗物质的影响价格较高，设备消毒需要的最低浓度12.5～50mg/L，作用时间 1～10min。

含氯消毒剂常用的为次氯酸盐和氯胺，最常用的是漂白粉和次氯酸钠，含氯消毒剂的优点是可杀灭所有类型的微生物，使用方便且价格较低。缺点是易受有机物及酸碱度的影响（使用时 pH 最好≥9），对有些物品能产生漂白和腐蚀，有的品种不够稳定，易丧失有效氯成分。适用于设备、容器和器皿的消毒。消毒前应将容器或器皿清洗干净，用刚配制的含氯溶液。消毒大型容器和设备时，应使用 (50～100)×10⁻⁶ 浓度有效氯；喷雾处理大型设备时，可选用 200×10⁻⁶ 浓度有效氯，通常为 10s 或更长。

(2) 蒸汽消毒　作为消毒设备最有效和稳定的方法，蒸汽消毒的设备必须是耐热的。消毒的效果与接触时间有关。密闭容器，一般压力为 0.05～0.1MPa，接触时间约为 30min；敞口容器消毒时蒸汽发生器出口的最低温度为 72～80℃时，一般需要 30min；如果是耐压容器，使用高压蒸汽，接触时间可缩短至 5min。蒸汽消毒的优点是消毒效果好，消毒后不需要冲洗，适用于封闭系统和箱型装置内细小部件灭菌。其缺点是能源消耗较大，需要有锅炉，没有清洗作用，只是单纯的消毒，消毒前必须清除残渣。属于同一类型的消毒法还有热水消毒，即用 90℃的热水进行循环，适用于管路消毒，效果好，对设备无腐蚀作用，同时具有清洗作用。但上述两种消毒方法仅适合生产间歇、设备经较长时间没有使用想要再次投入使用前或更换配制品种清洗消毒时使用，即消毒后马上进行后续生产配制的情况。

不能长时间使用一种消毒剂，这样会造成微生物对该种消毒剂的适应性增强，从而使消毒效率下降。设备消毒前最好制定长期有效的办法，各种消毒剂轮番使用。最为常用的消毒剂是季铵盐与次氯酸盐。对于生产过程微生物的控制，第一步要建立完整的微生物检测抽样点，对微生物死角进行检测。设置合理的抽样点，当微生物情况发生异常时，可以快速锁定管道的某段、某个时间范围的产品，哪些转运设备等受污染面，进而有效地组织临时消毒。第二步是要有完整的监测数据，根据监测数据及时调整完善消毒方案，监测数据包括消毒剂种类的更换、消毒频率、季节变化对消毒频率

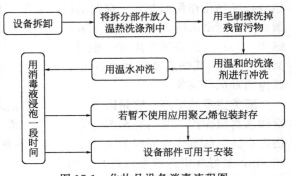

图 17-1　化妆品设备消毒流程图

的影响等。最后还需要时刻关注管道、设备、工具在消毒后的残留水带来的潜在风险。设备的消毒频率要根据车间的实际微生物跟踪检测的数据来予以调整和确定，各车间环境、生产设备、灌装机械等都应建立微生物日常跟踪检验，根据结果随时调整消毒方案和消毒频率。一般的设备消毒流程图如图 17-1 所示。

17.5.2.3　包材灭菌、消毒

　　将包装容器及附件从仓库领入车间后，先在外包间用半干抹布将包装瓶、附件上的尘埃和污渍轻轻擦去，清理干净，不得在车间扬起飞尘。将不需要清洗或不能清洗的塑料瓶、软管、精油瓶及附件等分别装进胶袋中，将臭氧导气管插入袋中扎好袋口（不要扎紧）并开启臭氧消毒机，消毒灭菌 30min。

　　将需要清洗的广口玻璃瓶及附件先用去离子水浸泡 10min，取出再用 75% 酒精溶液浸泡 5min，然后倒去三分之一溶液，并上下晃荡数次后倒去、甩干、放入烘瓶机，用 130℃温度烘干转入贮瓶间，并用紫外灯和臭氧消毒后待用。喷头、内垫、内塞、外盖等附件用 75% 酒精溶液浸泡 5min，然后取出甩干，用贮物专用箩筐盛装，送入贮瓶间晾干，并用紫外灯和臭氧消毒，或直接装入胶袋内用臭氧消毒 30min 后待用。扭盖要快速、准确且扭正、扭紧，扭盖过程中不得有内、外盖落地，若有则及时拾起、经重新消毒后方可使用，拾拣者的手也应及时用 75% 酒精消毒，不得有膏体从容器中溢出，若有，应立即用干净的消毒后的纸巾擦干净，若有膏体落地或工作台上，应立即用干净的抹布或纸巾擦净，并用 75% 酒精消毒。

17.6　化妆品防腐与防虫

17.6.1　化妆品中的微生物

　　化妆品中含有油脂、蜡类、氨基酸、蛋白质、维生素和糖类化合物等，还含有一定量的水分，这样的体系往往是细菌、真菌和酵母等微生物繁衍的良好环境。在化妆品的生产或美容院的现场调配过程中，虽然有严格的防控微生物的要求，但难免混入一些肉眼看不见的微生物，尤其是在使用的过程中，不可避免地总会混入不少微生物，其结果是导致化妆品易发霉、变质，表现为乳化体被破坏、透明产品变混浊、颜色变深或产生气泡以及出现异常和 pH 降低等。使用了变质的化妆品容易引起皮肤的不适，甚至致病。

　　能够在化妆品中生长和繁殖的微生物主要是细菌，常见的细菌有：绿脓杆菌、铜绿假单胞菌、类产碱假单胞菌、荧光假单胞菌、恶臭假单胞菌、奥斯陆莫拉氏菌、阴沟肠杆菌、产气肠杆菌、产气克雷伯菌、欧文氏菌、葡萄球菌、链球菌、柠檬酸菌等。此外，常见的霉菌有青霉、曲霉、毛霉、酒霉等。常见的酵母菌有啤酒酵母、麦包酵母、假丝酵母等。

17.6.2　影响微生物生长的因素

（1）营养物　微生物的生长繁殖需要一定的营养物，除了上述所需营养物外，还需要有无机物存在，如硫、磷、镁、钾、钙与氯以及微量的金属，如铁、锰、铜、锌、钴。普通自来水中所含杂质几乎能供给多数微生物所需要的微量元素，因此采用蒸馏水或去离子水有可能减少微生物的生长。微生物对有些金属盐，如铜盐需要量极低，当大量存在时，对微生物有毒性。

（2）水分　微生物的生长必须有足够的水分，水是微生物细胞的组成部分，其含量达70%～95%。微生物所需要的营养物质必须先溶解于水，才能被吸收利用，细胞内各种生物化学反应也都要在水溶液中进行。霉菌一般能在含12%水分的较干的物质中生长，有些霉菌，如互隔交链包霉在水分低于50%的膏霜或化妆液中即不能生长。细菌比霉菌需要更高的水分含量，酵母菌则处于上述两者之间。

（3）pH值　在一定的培养基中能生长的微生物的数量与种类和pH值有关。霉菌能在较广的pH范围内生长，但最好是在pH 4～6之间；细菌则在较中性的介质中（pH 6～8）生长最好；酵母菌以微酸性的条件生长为适宜（多数酵母菌生长的最适宜的pH值是4～4.5）。由此可知，一般微生物在酸性或中性介质中生长较适宜，而在碱性介质中（pH在9以上）几乎不能生长。

（4）温度　多数霉菌、细菌、酵母菌生长的最适宜温度在20～30℃之间，几乎完全和化妆品储存和应用的条件一致。当温度高于40℃时，只有少数细菌生长，而当温度低于10℃时，只有霉菌、少数酵母菌和少数细菌生长，但繁殖速度极低。因此化妆品如能储于阴凉地方，不仅可以延缓微生物的生长，而且还可以防止发生酸败。在许多化妆品生产过程中采用高温，也对微生物有灭菌作用。

（5）氧气　多数霉菌是强需氧型的，几乎没有厌氧型的。酵母菌尽管在无氧时也能生长，但在有氧时生长最好。细菌对氧的要求变化较大，因此多数作为化妆品防腐对象的微生物是需氧性的。所以排除空气对防止微生物生长有重要意义。

17.6.3　防腐剂及其特征

为了保证化妆品在保质期内的安全有效性，常在化妆品中添加防腐剂。防腐剂是能够防止和抑制微生物生长和繁殖的物质，它在化妆品中的作用是防止和抑制化妆品在使用、贮存过程中的败坏和变质。防腐剂对微生物的作用，只有在足够的浓度且与微生物直接接触的情况下才能产生。防腐剂最先是与细胞外膜接触、吸附，穿过细胞膜进入细胞质内，然后才能在各个部位发挥药效，阻碍细胞繁殖或将其杀死。实际上，防腐剂主要是对细胞壁和细胞膜产生效应，另外对影响细胞新陈代谢的酶的活性或对细胞质部分遗传微粒结构产生影响。

化妆品中用防腐剂应具备以下特征：①对多种微生物都应有抗菌、抑菌的效果；②能溶于水或化妆品中的其他成分；③在低浓度下即具有很强的抑菌功能；④不应有毒性、刺激性和过敏性；⑤在较大的温度和pH范围内具有作用；⑥对产品的颜色、气味均无显著影响；⑦与化妆品中其他成分相容性好，即不与其他成分发生化学反应；⑧价格低廉，易得，使用方便。

虽然防腐剂的品种很多，但能满足上述要求的并不多，特别是面部和眼部用化妆品的防腐剂更需要慎重选择。

17.6.4　防腐剂的作用机理

防腐剂不但抑制细菌、霉菌和酵母菌的新陈代谢，而且抑制其生长和繁殖。防腐剂抗微生物的作用只有在其以足够浓度与微生物细胞直接接触的情况下才能产生。

17.6.4.1 抑菌和灭菌作用

在实际工作中，有抑菌和灭菌作用之区别。其两种作用在微生物死亡率方面是不同的。在化妆品中添加防腐剂后一段时间并不能杀死微生物，即使防腐剂存在，微生物还是生长。这主要取决于使用防腐剂的剂量。

防腐剂与消毒剂不同之处是消毒剂要使微生物在短时间内很快死亡，而防腐剂则是根据其种类，在通常使用浓度下，需要经过几天或几周时间，最后才能达到杀死所有微生物的状态。在防腐剂的作用下，杀死微生物的时间符合单分子反应的关系式：

$$K = \frac{1}{t} \times \ln \frac{Z_0}{Z_1} \text{或} Z_t = Z_0 \times e^{-kt} \tag{17-1}$$

式中，K 为死亡率常数；t 为杀死微生物所需的时间；Z_0 为防腐剂开始起作用时的活细胞数；Z_t 为经过时间 t 以后的活细胞数。

严格地说，只有防腐剂的剂量相当高，遗传上是均匀的细胞质，并且是一个在预先设定的封闭系统中（即防腐剂不蒸发、pH 值不变和没有二次污染），上述公式才能成立。但上述公式对于研究化妆品中防腐剂的作用仍然是很好的依据。

实践表明，随着防腐剂浓度的增加，微生物生长速度变得缓慢，而其死亡速度则加快。如果防腐剂的浓度是在杀灭剂量的范围内，首先大多数的微生物被杀死，随后，残存的微生物又重新开始繁殖。防腐剂只有在浓度适当时，才能发挥有效的作用。

即使防腐剂的效果不是直接取决于微生物存在的数量，但实际上，应力图在微生物的数量还比较少的时候采取防腐措施。也就是说，在最初的停滞阶段，而不是在指数对数生长期中再来抑制微生物。防腐剂并不是用来在已经含有大量细菌群的基质中杀死微生物，事实上，就大多数防腐剂的使用浓度来说，这是根本不可能的。

17.6.4.2 防腐剂对微生物的作用

防腐剂只有在以足够的浓度与微生物细胞直接接触的情况下，才能产生作用。防腐剂（或杀菌剂）先是与胞外膜相接触，进行吸附，穿过细胞膜进入原生质内，然后，才能在各个部位发挥药效，阻碍细胞繁殖或将细胞杀死。实际上，杀死或抑制微生物是基于多种高选择性的多种效应，各种防腐剂（或杀菌剂）都有其活性作用标的部位，即细胞对某种药物存在敏感性最强的部位。防腐剂（或杀菌剂）活性作用标的部位，见表 17-2。

表 17-2 防腐剂（或杀菌剂）活性作用标的部位

活性作用标的部位	防腐剂（或杀菌剂）	活性作用标的部位	防腐剂（或杀菌剂）
NH$_2$ 酶	甲醛和甲醛供体	膜的部位	季铵化合物、苯氧乙醇、乙醇、苯乙醇、酚类
核酸	吖啶类	SH 酶	汞的化合物、2-溴-2-硝基-1,3-丙二醇
蛋白质变性	酚类和甲醛	COOH 酶	甲醛和甲醛供体

防腐剂（或杀菌剂）抑制和杀灭微生物的效应不仅包括物理的、物理化学的机理，而且，还包括纯粹的生物化学反应，尤其是对酶的抑制作用，通常是几种不同因素产生某种积累效应。实际上，主要是防腐剂对细胞壁和细胞膜产生的效应，及对酶活性或对细胞原生质部分的遗传微粒结构产生影响。

细菌细胞中的细胞壁和其中的半渗透膜不能受到损伤，否则，细菌生长受到抑制或失去生存能力。细胞壁是一种重要的保护层，但同时细胞壁本身是经不起袭击的。许多防腐剂，如酚类之所以具有抗微生物作用，是由于能够破坏或损伤细胞壁或者干扰细胞壁合成。

　　总的看来,防腐剂最主要的可能是抑制一些酶的反应,或者抑制微生物细胞中酶的合成。这些过程可能抑制细胞中基础代谢的酶系,或者抑制细胞重要成分的合成,如蛋白质的合成和核酸的合成。

17.6.5　影响防腐剂效能的因素

17.6.5.1　介质的 pH 值

　　酸型防腐剂的抑菌效果主要取决于化妆品原料中未解离的酸分子,如常用的山梨酸及其盐、苯甲酸及其盐等。一般其防腐作用随 pH 值而定,酸性越强则效果越好,而在碱性环境中则几乎无效。如苯甲酸及其盐适合 pH 在 5 以下,山梨酸及其盐则适合于 pH5～6。而酯型防腐剂,如羟基苯甲酸酯类在 pH 为 4～8 的范围内均有效。

17.6.5.2　防腐剂的溶解性

　　对于液体类的原料,要求防腐剂均匀分散或溶解其中;对于易溶于水的防腐剂,可将其水溶液加入,如果防腐剂不溶或难溶,就需要用其他溶剂先溶解或分散。需要注意防腐剂在化妆品不同相中的分散特性。如在油与水中的分配系数,特别是高比例油水体系的防腐剂选择很重要。例如,微生物开始出现于水相,而使用的防腐剂却大量分配在油相,这样防腐效果肯定不佳,应选择分配系数小的防腐剂。另外,溶剂的选择需要注意很多有机溶剂具有刺激性气味,如乙醇浓度大于 4% 就会使人感觉到明显的酒味。

17.6.5.3　多种防腐剂的混合使用

　　每种防腐剂都有一定的抗菌谱,没有一种防腐剂能抑制或杀灭化妆品中可能存在的所有腐败性微生物,而且许多微生物还会产生抗药性。因此,可将不同的防腐剂混合使用。在混合使用防腐剂时,可能出现 3 种不同的抗菌效应。一是增效与协同作用。即两种或多种防腐剂混合使用时,超过各自单独使用时防腐效果的加和,可扩大抗菌谱、降低防腐剂用量并降低耐药性的产生。二是相加效应。即两种或两种以上的防腐剂混合使用时,其作用效力等于各自防腐效果的简单相加。三是拮抗作用。即两种或多种防腐剂混合使用时,其作用效力不及单独使用的效果。拮抗作用是需要尽可能避免的。

17.6.6　化妆品中常见的防腐剂

　　能够抑制微生物生长和繁殖的防腐剂不少,但能应用在化妆品中的防腐剂不多。目前,《化妆品安全技术规范》中规定的化妆品中准用防腐剂有 51 种,加上最近批准使用的月桂酰精氨酸乙酯盐酸盐,共有 52 种防腐剂。化妆品中常见的防腐剂,见表 17-3。

表 17-3　化妆品中常见的防腐剂

种类	名称	性质
单元醇类防腐剂	苯氧乙醇	一种公认的无刺激、不致敏的安全防腐剂,但单独使用时抑菌效果较差,通常与对羟基苯甲酸酯类、异噻唑啉酮类、IPBC 等一起复配使用,此防腐剂最大的优点是对绿脓杆菌效果较好。在化妆品中最大添加量为 1.0%
	苯甲醇(苄醇)	一种芳香醇,无色透明液体,不溶于水,能与乙醇、乙醚、氯仿等混溶,对霉菌和部分细菌抑制效果较好,但当 pH 值<5 时会失效,一些非离子表面活性剂可使它失活。温度达 40℃时,可以加快苯甲醇的溶解。其在化妆品中的添加量为 0.4%～1.0%
多元醇类防腐剂	1,2-戊二醇、1,2-辛二醇、1,2-癸二醇等	主要功能是提高护肤品的润肤性能,通过限制微生物细胞需要的水分来抑制其生长,从而增强防腐体系的功效

续表

种类	名称	性质
苯甲酸及其衍生物防腐剂	对羟基苯甲酸酯类防腐剂（尼泊金酯）	其酯类包括甲酯、乙酯、丙酯、异丙酯等，这一系列酯均为无臭、无味、白色晶体或结晶性粉末。该产品在酸性或碱性介质中都有良好的抗菌活性，其酯类混合使用比单独使用效果更佳。常用于油脂类化妆品中，含量一般在 0.2% 以下。欧盟目前已经禁止在化妆品中使用尼泊金异丁酯
	苯甲酸（安息香酸）/苯甲酸钠/山梨酸钾	无臭或略带安息香气味，未离解酸具有抗菌活性，在 pH 值为 2.5～4.0 范围内有最佳活性，对酵母菌、霉菌、部分细菌作用效果较好，在化妆品中最大允许含量为 0.5%（以酸计），对产品 pH 值影响较大
甲醛供体和醛类衍生物防腐剂	咪唑烷基脲	分子中甲醛含量较低，游离甲醛浓度低，比较温和，使用温度不超过 70℃。对真菌抑制效果较差，最低添加量为 0.8%，对细菌抑制效果较好，最低添加量为 0.2%。广泛应用于各种驻留型和洗去型化妆品中。在化妆品中最大允许添加量为 0.6%
	重氮咪唑烷基脲	分子中总结合甲醛的含量较高，游离的甲醛含量也相对较大。一般添加量为 0.1%～0.3%
	氯化 3-氯烯丙基六亚甲基四胺（季铵盐-15）	极易溶于水，脂溶性差，与蛋白质、各种表面活性剂配伍性良好，广谱抗菌，对细菌的抑制效果较好，对真菌较差，其与高分子阴离子基团接触会产生沉淀而失活，对金属有一定的腐蚀性，广泛应用于各种驻留型和洗去型化妆品中。最大允许量为 0.2%
	1,2-二羟甲基-5,5-二甲基乙内酰脲（DMDMH）	最适 pH 值为 3～9，温度不超过 80℃。其对细菌的抑制效果较好，最低抑菌含量为 0.1%，对真菌的抑制效果较差，最低抑菌含量为 0.15%，总抑菌含量为 0.15%。机理为通过溶解细胞的细胞膜使细胞组织流失而杀灭细菌。广泛应用于各种驻留型和洗去型化妆品中。最大允许量为 0.6%
其他	氯苯甘醚	白色或米白色粉末，有淡淡的酚类气味，在水中的溶解度 <1%，溶解于醇类和醚类中，微溶于挥发性油，与其他防腐剂一起使用，自身防腐性能可得到增强，与大多数防腐剂相溶，适用 pH 值为 3.5～6.5，最高添加量为 0.3%
	2-溴-2-硝基-1,3-丙二醇（布罗波尔）	亚硫酸钠和硫代硫酸钠会严重影响其活性，与氨基化合物共存时，有生成亚硝胺的风险。一般添加量为 0.01%～0.05%，最高允许添加量为 0.1%
	异噻唑啉酮（凯松）	为 5-氯-2-甲基-4-异噻唑啉-3-酮（CMIT）和 2-甲基-4-异噻唑啉-3-酮（MIT）的混合物。一种淡黄色或琥珀色的水溶性液体，极易溶于水、低分子醇和乙二醇中，但在油中溶解性差，不会给产品带来异色异味。稳定性好，pH 使用范围为 2～9。用于冲洗型产品中时，最高允许添加量为 0.1%；用于驻留型产品中时，添加量一般不应超过 0.05%
	脱氢乙酸及其钠盐（DHA）	四分子乙酸通过分子间脱水而制得。易溶于乙醇和苯，难溶于水，其钠盐易溶于水。无臭、无味、白色结晶性粉末，无毒。最佳使用 pH 值为 5.0～6.5，在酸性介质时抗菌效果好，最大允许浓度为 0.6%
	碘代丙炔基丁基氨基甲酸酯（IPBC）	IPBC 的配伍性很出色，常与其他类型防腐剂复配使用，但其水溶性很差，因此限制了其在高水性配方中的使用。IPBC 对真菌的抑制效果较好，对细菌的抑制效果较差。可用于除口腔卫生和唇部产品的各种洗去型和驻留型化妆品中，最大允许量为 0.05%

17.6.7　化妆品的防虫

化妆品除需要防微生物污染外，还需要进行防虫控制。常见的化妆品防虫防蛀的方法主要有：①温度处理法，有低温法、高温法；②传统养护法，即利用某些物质的特殊成分或特殊气味，以达到防虫的目的；③化学杀虫法，化学杀虫剂可在较短时间内杀灭害虫和虫卵，但可能对人体健康以及化妆品的质量产生一定影响；④气调养护法，调节贮藏系统内的气体组分，充入氮气或二氧化碳，降低氧气含量，致使害虫缺氧窒息而死亡。

化妆品的污染不仅会影响产品本身的功能和稳定性，更重要的是会影响到使用者的安全。作为化妆品研发、生产、管理人员，都应该很好地学习化妆品生产的环境要求、污染物的预防措施、化妆品的车间设计、化妆品的灭菌方法与无菌操作等方面的知识，严格把握生产过程中每个环节的质量控制，保证每批次制造出来的产品都符合标准要求。严格落实、执行相关法律法规、标准要求，促进国内化妆行业向规范化发展，提升国内化妆品企业在国际上的竞争力。

思考题

1. 简述化妆品的卫生要求。
2. 对参与化妆品生产的操作人员的卫生要求是什么？
3. 化妆品生产过程中微生物的控制，主要包括哪些方面？
4. 洁净室的送风量如何确定？
5. 空气过滤器的选用有哪些要求？
6. 常用的化妆品灭菌方法有哪些？
7. 试述湿热灭菌法的原理、操作注意事项和影响因素。
8. 试述化妆品中理想防腐剂的特征和影响防腐剂效能的因素。

第18章
化妆品安全性评价

　　化妆品的使用目的是保护、清洁、美化和修饰人体，满足消费者对形象外观的需要。化妆品作为让人产生舒爽身体、愉悦心境和扶正精神状态的产品，不论何种剂型，都不应对消费者产生副作用。化妆品生产厂家和负责上市的公司，在产品上市和消费者使用过程中，应确保产品对人体不能产生直接或间接的伤害，必须对在正常或可预见的贮运与使用条件下可能发生的风险进行评价。

18.1　化妆品常见皮肤病与不良反应

18.1.1　常见化妆品皮肤病

18.1.1.1　化妆品接触性皮炎

　　化妆品接触性皮炎指人体接触某种化妆品后，由其中的原料，如香精、防腐剂、表面活性剂等，或原料的浓度及纯度、配方组成、皮肤的使用部位及状态、接触时间与频率等，所引起的皮肤或黏膜因过敏或刺激而发生的一种皮肤病变。化妆品接触性皮炎是皮肤病的主要类型，占化妆品皮肤病的 60%～90%。该类皮肤病多为接触化妆品后急性发作，但如果反复接触也可演变成慢性皮肤病。

　　化妆品皮肤病包括刺激性接触性皮炎（ICD）和变应性接触性皮炎（ACD）。其中，ICD 是由化妆品直接刺激使用部位而引起的较快出现的表浅性炎症反应，其特点是皮疹局限于使用化妆品的部位，临床表现为红斑、红肿、丘疹、水疱、糜烂、渗液、结痂，甚至坏死，是最常见的一种皮肤损害。ACD 是指接触化妆品中的变态反应原后，皮肤通过免疫机制引起的炎症反应。ACD 的首发部位一般是接触部位，但也可扩至周围及远隔部位，通常以接触部位较为严重，临床表现为瘙痒、红斑、丘疹、小水疱、渗液及结痂等。

18.1.1.2　化妆品痤疮

　　化妆品痤疮是指消费者接触化妆品一定时间后，在皮肤局部引起的堵塞和炎症反应而造成的痤疮样皮损。引发的原因多为消费者未正确选用适合自己肤质的化妆品，或不恰当地使用粉底霜、遮盖霜、磨砂膏等产品，或产品微生物超标、原料不纯（如含有杂质的凡士林、卤素）等，使消费者接触部位的毛囊或皮脂腺导管受到机械性堵塞，从而导致皮脂排泄障碍。

　　化妆品痤疮主要表现为接触部位出现密集性粉刺、丘疹、脓疱等。若合并感染，还可能出现粉刺头红肿扩大、脓性分泌物、脓疱或硬结，挤破后可流出分泌物或出血，留下瘢痕。

18.1.1.3　化妆品接触性荨麻疹

　　化妆品接触性荨麻疹是指皮肤涂搽或接触驻留型或洗去型化妆品后，数分钟至数小时内发生的潮红和风团反应，伴有瘙痒、针刺和灼热感。化妆品接触性荨麻疹可分为 3 种亚型，即免疫介导反应型、非免疫介导反应型和病因不明型。其中，非免疫介导反应型荨麻疹为较常见的类型，症状的严重程度依据接触物的浓度、部位和种类而表现为不同程度的瘙痒、灼热和主观不适，有时接触性荨麻疹仅表现在原有受损或湿疹的皮肤上。其诱因有二甲亚砜、氧化钴溶液、苯佐卡因、某些防腐剂、调味品、昆虫毒素等。免疫介导反应型荨麻疹则在原有接触部位出现红斑风团，有时还会出现其他部位皮肤风团和血管性水肿，内脏器官如呼吸道、胃肠道和心血管系统的症状，甚至出现过敏性休克。其诱因可为某些化妆品、食物、纺织品、动物皮屑、工业化学品、药物等。过硫化铵等化学品引起的接触性荨麻疹，既有免疫性表现又有非免疫性表现，病因不明，这也是常见的接触性荨麻疹中的一种。

18.1.1.4 化妆品皮肤色素异常

化妆品皮肤色素异常，主要表现在使用化妆品数周或数月后，接触的皮肤部位局部或其邻近部位发生的慢性色素异常改变，逐渐出现淡褐色或褐色的斑点或密集斑片，或在化妆品接触性皮炎、光感性皮炎消退后局部遗留的皮肤色素沉着或色素脱失。这类化妆品皮肤病的诱因，主要为化妆品中的汞、铅、砷、镉、致敏物质，以及某些防腐剂、表面活性剂、染料和感光香料等化妆品原料，通过单一因素或多因素导致皮肤色素的正常代谢受到干扰或紊乱，从而导致了皮肤病变。

化妆品皮肤色素异常多表现为青黑色不均匀的色素沉着，少数表现为"白斑"样色素减退，有时还表现为色素斑边界不清，呈浅而深褐色且逐渐播散，色素沉着处有轻度充血，日光照射后症状更明显。可单独发生，也可以和皮肤炎症同时存在，或发生在接触性皮炎、光感性皮炎之后。皮肤病理检查可见基底层细胞液化变性、色素失禁和轻微炎症。

18.1.1.5 激素依赖性皮炎

激素依赖性皮炎（HDD）是指因长期使用违规添加糖皮质激素等化妆品，以控制皮损症状却导致病情逐渐加重的一种皮炎。其产生的原因主要是某些生产商和美容机构为牟取利益，在某些化妆品中违规添加糖皮质类固醇激素，或者临床糖皮质激素使用不当，或者消费者在用药时部位选择不当等。

激素依赖性皮炎常伴有灼热、瘙痒、刺痛、紧绷感等自觉症状。临床上根据皮损发生部位，分为四型。①口周型：皮损主要分布于口周离唇 3～5mm 的区域；②面部中央型：皮损主要分布于双面颊、下眼睑、鼻及前额，通常口唇周围皮肤正常；③弥散型：皮损分布于整个面部、前额和口周皮肤；④双颊部型：皮损仅分布于双颊部。根据激素依赖性皮炎的皮损特点，分为五型。①面部皮炎型：面部皮肤红斑、丘疹伴皮肤潮红、毛细血管扩张；②痤疮样皮炎型：面部皮肤密集分布的粉刺、丘疹、脓疱；③皮肤老化型：面部皮肤干燥、脱屑、皱纹增多，该型患者常伴有面部皮炎表现；④色素沉着型：面部皮肤灰暗，可伴片状或弥漫分布的淡褐至深褐色色素沉着斑；⑤毳毛增生型：面部皮肤可见毳毛增粗变长，该型患者常伴有毛细血管扩张、色素沉着等症状。有时同一患者可出现两型或两型以上的皮肤损害。

18.1.1.6 化妆品毛发损害

化妆品毛发损害是指应用发类化妆品如染发剂、洗发护发剂、生发水、发胶、发乳、眉笔、睫毛膏等所引起的发质改变、断裂、分叉、脱色、质地变脆、失去光泽甚至脱发等。值得关注的是，发类化妆品不仅可能对人体毛干产生伤害，严重时还会导致毛囊正常结构和功能的破坏。

18.1.1.7 化妆品光感性皮炎

化妆品光感性皮炎是指使用化妆品后经光照而引起的皮肤炎症性改变，是由化妆品原料中的光感物质增强了皮肤对光的敏感性，使得皮肤在经过光线照射后引起的皮肤黏膜光毒性反应或光变态反应。化妆品原料中的光感物质有很多，如防腐剂中的氯苯酚、苯甲酸、桂皮酸，香料中的柠檬油、檀香油，防晒剂中的对氨基苯甲酸及其酯类化合物，以及唇膏中的荧光物质等。

化妆品光毒性皮炎表现为日光晒伤样反应，包括红斑、水肿、水疱甚至大疱等，易留色素沉着，炎症消退过程中可出现脱屑。此种皮炎是一种直接的组织损伤，组织病理以角质形成细胞坏死为特点。而光变态反应皮炎的临床表现则为湿疹样皮损，常伴有瘙痒、脱屑等现象，结痂慢性阶段可出现苔藓样皮肤增厚，其组织病理表现为海绵水肿、真皮淋巴细胞浸润等。

18.1.1.8 化妆品甲损害

化妆品甲损害是指长期应用指甲用化妆品所引起的甲本身及甲周围损伤及炎症改变。指甲用化妆品原料多数为有机溶剂、合成树脂、有机染料和色素，以及一些限用化合物，如丙酮、氢氧化钾、硝化纤维等。这些原料大多数都有一定的毒性，可能对指甲和周围的皮肤有刺激性或致敏性。消费者皮肤敏感或长期且频繁使用甲用化妆品容易受到损害。

该类化妆品皮肤病主要包括甲板损伤和甲周软组织损伤等。其中，甲板损伤表现为指甲质地变脆、失去光泽、软化剥离，可能继发真菌感染。而甲周围软组织损伤则可表现为多种类型，如原发性刺激性皮炎、变态反应性接触性皮炎、光感性皮炎等。

18.1.2 化妆品不良反应

18.1.2.1 化妆品眼刺激反应

化妆品眼刺激反应多为消费者在眼部周围使用化妆品时化妆品误入眼内，导致眼睛受到刺激。其临床表现主要有眼睛怕光、泪液增多、眼痛、局部痒、眼睑皮肤红肿、球结膜充血、角膜水肿或上皮脱落、局部有烧灼感、角膜溃疡等，严重者可出现慢性结膜炎、角膜炎、眼睑炎、虹膜炎，部分患者还伴有视力下降。有时还可以在睑缘、睫毛根处发现有色素颗粒。

18.1.2.2 化妆品唇炎

化妆品唇炎是指由于接触口红、唇膏类彩妆品、药物、漱口水、食物等的直接刺激或过敏反应引起的以口唇干燥、皲裂、脱屑等为主要临床表现的一种黏膜病。一般在接触特殊物质后几个小时或几天后出现病变，少数患者在接触数年后发生。临床上一般有剥脱性唇炎、过敏性唇炎、良性淋巴增生性唇炎、肉芽肿性唇炎、腺性唇炎、真菌性唇炎、光化性唇炎等类型。按病程有急性、慢性唇炎之分。其中，急性唇炎一般会出现唇部红肿、水疱、糜烂、结痂；慢性唇炎表现为唇部干燥、糠状鳞屑、变厚、皲裂，日久出现组织弹性减退形成皱褶，也可能出现白斑、疣状物等。

18.1.2.3 致病菌感染性伤害

化妆品致病菌感染性伤害是指消费者使用了受到微生物污染的化妆品而引起的人体皮肤致病菌感染性伤害。此类化妆品皮肤病可能会引起皮炎、毛囊炎、疖肿、皮肤癣，或者可能会引起角膜化脓性溃疡等危害。

18.1.2.4 化妆品不耐受

化妆品不耐受是指面部皮肤对多种化妆品不能耐受，严重时甚至不能耐受一切护肤品。多以主观不耐受为主，自觉应用化妆品后出现或加重皮肤烧灼、瘙痒、刺痛或紧绷感，无皮疹或仅有轻微的红斑、干燥、脱屑和散在丘疹。该类化妆品皮肤病的发病机制尚未完全清楚，可能是一种或多种外源性或内源性因素综合引起的临床表现。

引起化妆品不耐受的原因除了消费者自身的过敏体质外，大多与不正规的化妆品或护理操作有关。如有些商家在化妆品中违规添加具有剥脱作用的化学制剂，用以宣称产品祛斑、除皱概念；有些美容院在给顾客美容护理时，自行配制不合格化妆品或者高频使用浓度过高的水杨酸等用以暂时改善皮肤外观从而导致皮肤的各种问题，俗称"换肤术"。"换肤术"的长期使用会导致换肤过度或术后护理不当导致皮肤受到刺激，皮肤出现发红、脱屑、紧绷感，还可能引起皮肤慢性炎症、色素沉着、皮肤屏障功能受损、毛细血管扩张、皮肤敏感、老化等后遗症，从而出现对各种化妆品的不耐受，即临床上说的"换肤综合征"。

18.1.2.5　全身毒性反应及癌症

化妆品所致全身毒性反应及癌症产生的诱因主要有二：一是个别商家在化妆品中违法添加禁用有毒成分或超限量添加限用原料，二是在化妆品生产过程中可能受到有毒化学物质的污染。其中，化妆品中汞、铅、砷、镉等重金属，是导致全身毒性和癌症发生的最普遍诱因之一。多环芳烃等有毒化学物质也可能诱发皮肤癌。

18.1.3　化妆品不良反应原因分析

化妆品皮肤病或不良反应大多不是一种单一的病症，而是一组有不同临床表现的症候群。引起化妆品皮肤病的原因有多种，现仅从产品生产、产品流通、消费使用及化妆品监管等四方面引起的化妆品不良反应进行分析。

18.1.3.1　产品方面的因素

（1）化妆品原料　化妆品原料中的某些物质对人体皮肤及其附属器造成的危害或构成潜在危害，是大多数化妆品引起皮肤不良反应的原因。酸、碱、表面活性剂、防腐剂、化学防晒剂、合成香料、矿物油、合成色素等化学成分都可能对皮肤具有直接刺激性。其中某些成分对过敏体质或有皮肤病变的人极其不友好，比如羊胎液生物活性物质、天然提取香料、染发剂中的对苯二胺、护肤霜中的羊毛脂等都能引起过敏性皮炎。一些防晒化妆品中的遮光剂、防晒剂、抗氧化剂、口红中的荧光物质等用于皮肤经阳光照射后也可能出现光敏反应或光毒反应。某些防腐剂、香料和乳化剂易引起变态反应。此外，化妆品中允许限量的有毒性物质，如铅、汞、砷、镉等重金属物质，表面活性剂中的二噁烷，矿物油中的间苯二酚，滑石粉中的石棉等，在超过人体可接受范围时也会引起人体慢性中毒，严重时甚至会危及生命。

（2）化妆品生产环境　化妆品中一般都含有水和许多易滋生微生物的营养物质，如油脂、蛋白质、无机盐、维生素、增稠剂、水等，这些物质为微生物的生长与繁殖提供了有利条件，在适宜的温度、湿度下，微生物的生长繁殖非常迅速。这些微生物的繁殖会消耗掉化妆品中的功效成分，导致产品失去原有的功效性。同时，其代谢产物会引起皮肤感染化脓，甚至导致其他皮肤病。然而，化妆品生产和使用过程中很难保证绝对无菌，因此有时候化妆品会出现在保质期内腐败变质等问题。

（3）化妆品销售过程及售后的保存　在化妆品销售及消费者售后使用过程中，会因暴露在空气中而掺杂微生物或其他菌群，导致产品腐败变质。另外，有时也因化妆品原料在适宜的条件下会发生其他反应或释放出其他有毒有害物质引起消费者的皮肤问题。

（4）违法添加限用或禁用物质　有些商家为了牟取利益，不顾相关法律法规的规定，为了使产品在短期内产生效果以吸引消费者的购买欲望，违法添加禁用原料或超量使用限用原料，使得消费者皮肤受损或引起皮肤对激素依赖等其他一系列皮肤问题。

（5）认知匮乏　人们对化妆品引起相关不良反应的认知的匮乏，很难从根源上认识问题并解决。例如，对化妆品结构的设计以及对化妆品原料的选择主要是依据前人对化妆品使用经验的积累，以及对单一原料或少量混合原料的实验测定来决定的。但是对于最终产品配比的复杂性、化妆品组分的复杂性以及化妆品原料加入后物质之间真实反应的复杂性等的认识都还有所欠缺，也会导致不良反应的发生。

18.1.3.2　产品流通方面的因素

（1）假冒或仿制化妆品盛行　有些商家为了牟取利益，假冒或仿制某些知名品牌或高端产品，使消费者不能清晰地辨别购买产品是否是正品，因产品原料不明使得消费者在使用过程中皮肤受到不同程度的损害。

（2）美容服务行业违法经营　我国目前的监管体制对美容专业线产品和服务业的监管还有待进一步提升，许多化妆品不良反应没有得到解决。个别美容院的直销产品为"三无"产品，甚至自行配制不合格化妆品，此类产品中有许多都无批准文号，且限用物质超标，卫生质量不合格，或者添加一些违禁物质以达到快速见效的效果，夸大宣传，误导消费者；个别美容师缺乏基本的化妆品和皮肤知识，对消费者使用不当产品，使得消费者的皮肤及其附属器遭受极大的伤害。

（3）产品宣传存在弊端　化妆品标签标识说明书不规范，使用方法表述含糊不清，特殊化妆品和一些易引起过敏的物质也没有相关的警示语等情况，都会导致消费者选择化妆品不当或使用不当。此外，生产商或销售商为招揽顾客、吸引消费者消费，采用了各种明示或暗示的方式误导、欺骗消费者，有些违法宣称功效和使用医疗术语等，故意混淆化妆品与药品的界限，使消费者不能清晰了解所购买产品的功效性能，从而造成皮肤病的产生或者进一步恶化。

18.1.3.3　消费者方面的因素

（1）自身的过敏体质　有些消费者属于自身先天性的遗传敏感体质，或其他原发疾病使皮肤处于敏感状态。这类消费者人群不仅对化妆品有反应，对其他一些物理与化学因素也会出现刺激反应或变态反应。

（2）对化妆品选择类型的不当　人的皮肤类型一般可分为中性皮肤、干性皮肤、油性皮肤及混合型皮肤等四类。大多数常用化妆品，如皮肤护理类产品、洁肤类产品、头发洗护类化妆品及一些彩妆类化妆品等，都是针对肤型来设计的。因此消费者需要了解自身的肤型。如果化妆品类型选择不当，可能不仅无法对皮肤起到相应的清洁护理效果，反而会给皮肤带来很大的负担，引起皮肤病或者其他不良反应。

（3）对化妆品的使用方法不当　若消费者未按使用说明正确使用化妆品可能会导致皮肤伤害。人的皮肤是具有多种生理功能的器官。若消费者过量使用一些防晒美白等功效性化妆品，或者延长如面膜类产品的使用时间，有时不仅不能增加效果，反而会导致皮肤的刺激反应。

（4）对化妆品皮肤病认识不足　部分消费者对化妆品皮肤病不了解，对化妆品的基本知识不够清楚，或没有按照要求提前做皮肤敏感试验，在使用化妆品后出现了一些皮肤反应后不自知，直到出现严重的过敏反应才去医院就诊，甚至在使用某种产品而出现皮肤的刺激或过敏反应后，未及时停用产品并到正规医院就诊，从而导致了一些不可逆性的化妆品皮肤病。

18.1.3.4　化妆品质量监管因素

（1）对化妆品的安全与功效评价以及对新物质的评价体系尚需完善　对化妆品的安全与

功效性评价是对上市产品的最后一道防线。然而，由于化妆品安全性评价的程序繁多，大多企业都不愿在这方面投入过多的资金，政府部门也规定普通化妆品只需要提交部分检验结果。随着化妆品的发展，许多在用物质不断暴露出新的安全问题，且新配方所用的新添加物质的安全性也还有待验证，因此，化妆品在使用时的安全风险持续存在。另外，我国对于化妆品的功效性的评估以及对新物质的评价体系还有待完善，现有产品标准，质量检测方法、设备和制度都需进一步提升，影响了流通过程中质量监督和检测的有效进行，间接带来了安全风险。

（2）监测系统有待完善和监管力度仍需加强　目前我国虽然已在全国范围内基本建成化妆品不良反应监测体系，但该监测系统仍面临一些困难，个别化妆品生产研发厂家及各级信息收集机构对不良反应的上报和信息采集意识薄弱，导致对化妆品不良反应的数据库建立不完善，缺乏适应时代发展的化妆品不良反应管理法规，不能及时更新出现的新的化妆品不良反应，间接影响了化妆品的研发进度，也不能为化妆品不良反应溯源提供相应数据。个别监管部门在化妆品生产、流通、销售等环节的监管力度不够大，对上市后的化妆品的追踪管理也做得不够完善，一些违规产品不能及时发现。

为贯彻落实我国 2021 年 1 月 1 日实施的《化妆品监督管理条例》，国家药监局于 2021年 5 月颁布实施了《化妆品安全评估技术异则（2021 年版）》，对化妆品安全评估进行了严格的规定，要求普通和特殊化妆品及化妆品新原料都必须进行安全评估。同时，《化妆品监督管理条例》也明确规定国家建立化妆品不良反应监测制度。化妆品注册人、备案人应当监测其上市销售化妆品的不良反应，及时开展评价，按照国务院药品监督管理部门的规定向化妆品不良反应监测机构报告。这些规定与措施的出台，有力提高了化妆品安全的监管力度。

18.2　化妆品安全评价技术

化妆品安全评价是指产品从上市到消费者使用之前，为确保产品暴露浓度不对人体健康产生直接和间接的伤害，生产者对正常、合理的及可预见的使用条件下有可能发生的风险进行评价。化妆品安全性评价要求逐个考虑配方成分的选择、产品配方的复杂性、产品的使用说明、设计谋求的功效强度和相应的作用靶部位等众多参数。化妆品的安全评价需在其组成部分的性质基础上对化妆品的可能过敏性、遗传毒性、各种类型的全身毒性作用进行评价。《化妆品安全技术规范》规定化妆品上市前应进行必要的检验，包括相关理化检验方法、微生物检验方法、毒理学试验方法和人体安全试验方法等。

18.2.1　化妆品毒理学检测

早期化妆品安全评价主要采用动物实验进行毒理学安全性评价，以此类推对人体健康的危害。随着生物技术和计算机科技的发展，细胞、分子、计算机技术等被引入到毒理学研究中，新的体外研究方法正逐步替代传统的动物实验，使用非动物试验进行化妆品安全评估成为了行业努力的目标。全身毒性试验方面仍然依赖整体动物试验来提供可靠的数据，我国认可并列入《化妆品安全技术规范》的传统毒理学检测手段有：急性经口和急性经皮毒性试验，皮肤和急性眼刺激性/腐蚀性试验，皮肤变态反应试验，皮肤光毒性和光敏感试验，致突变试验，亚慢性经口和经皮毒性试验，致畸试验，慢性毒性/致癌性结合试验等。

普通化妆品毒理学检测项目包括：急性皮肤刺激性实验、急性眼刺激性试验及多次皮肤刺激性试验。特殊用途化妆品毒理学检验项目不仅包括普通化妆品检验项目，还包括皮肤变态反应实验、皮肤光毒性试验、鼠伤寒沙门菌/回复突变实验及体外哺乳动物细胞染色体畸变试验等。

化妆品原料、普通化妆品及特殊用途化妆品在选择检测项目时可根据实际情况确定，按产品用途和类别增加或减少检测项目。

18.2.1.1 急性经口和急性经皮毒性试验

急性毒性是指经口或经皮一次或在24h内多次给予实验动物受试物后，动物在短期内出现的健康损害效应。急性毒性试验可初步评估化妆品或原料毒性特性，是毒性分级、标签标识及确定亚慢性毒性试验和其他毒理学试验剂量的主要依据，可以分为两类。一类是以实验动物的死亡为观测终点的传统试验，主要观测指标是半数致死量（LD_{50}）；另一类试验不以实验动物的死亡为观测终点，可获得受试动物靶器官毒性及非致死性不良反应的数据。

急性经口毒性试验是一次或24h内多次对成年大鼠或小鼠进行染毒，观察实验动物的中毒表现和死亡情况，并进行大体解剖学检查及病理组织学检查。急性经皮毒性试验可选用健康成年大鼠、家兔或豚鼠作为实验动物，在背部皮肤染毒并作封闭处理24h，结束染毒后，除去残留受试物对实验动物进行大体解剖学检查，有必要时补充进行病理组织学检查，测定LD_{50}值。《化妆品安全技术规范》建议LD_{50}的测定采用一次最大限度试验法、霍恩氏法、上-下增减剂法、概率单位-对数图解法和寇氏法等。正式试验前应进行预试以设置剂量区间，如受试物毒性极低，采用一次限量法并未引起动物死亡，可考虑不进行多个剂量的急性经皮毒性试验。

18.2.1.2 皮肤和急性眼刺激性/腐蚀性试验

皮肤刺激性/腐蚀性试验是用于确定和评价化妆品原料及其产品对哺乳动物皮肤局部是否存在刺激/腐蚀作用及其危害程度。皮肤刺激性是指皮肤接触受试物产生的可逆性损害，典型表现是红斑或水肿；皮肤腐蚀性是指皮肤接触受试物后产生的不可逆损伤，典型表现是溃疡、出血和血痂，以及由于皮肤漂白伴随出现的褪色、脱发和疤痕等。

急性皮肤刺激性试验是在白色家兔的一侧皮肤一次或多次涂敷受试物并进行封闭试验，以另一侧未处理皮肤作为对照的自身对照试验。主要观察动物皮肤局部刺激作用的程度，评价受试物对皮肤的刺激作用。封闭试验时间可根据化妆品实际使用量及类型延长或缩短。如实验前评估受试物可能引起严重刺激或腐蚀作用，可采取分段试验。

急性眼刺激性/腐蚀性试验目的是确定和评价化妆品原料及其产品对哺乳动物的眼睛是否有刺激作用或腐蚀作用及其程度。当眼球表面接触受试物后引发可逆性炎性变化表明产品具有眼睛刺激性；眼球表面接触受试物后引发不可逆性组织损伤表明产品存在眼睛腐蚀性。急性眼刺激性/腐蚀性体内试验需将受试物滴入白色家兔一侧眼睛的结膜囊内，以另一侧未处理眼睛作为自身对照，对比两眼的角膜、虹膜和结膜的反应并评分，以此评价受试物对眼睛的刺激及腐蚀作用。试验前需检查实验动物不存在有眼睛刺激、角膜缺陷和结膜损伤等症状。当受试物为强碱或强酸（pH值≥11.5或≤2），或已被证实对皮肤有腐蚀性或强刺激性时，不必进行眼刺激性试验。

18.2.1.3 皮肤变态反应试验

皮肤变态反应，又称过敏性接触性皮炎，是皮肤对一种物质产生的免疫源性皮肤反应。人类的反应主要以瘙痒、红斑、丘疹、水疱为特征，动物的反应可能只表现为皮肤红斑和水肿。皮肤变态反应试验主要用于确定重复接触化妆品及其原料对哺乳动物是否可引起变态反应及其程度。此实验分为两个阶段，首先是诱导阶段，机体通过接触受试物而诱导出过敏状态，下一阶段是激发接触，机体接受诱导暴露后，再次接触受试物以确定是否出现过敏反应。

皮肤变态反应试验一般选用健康成年豚鼠作为实验动物，有四种常用方法，分别为局部封闭涂皮试验、豚鼠最大值试验、局部淋巴结试验及小鼠局部淋巴结试验。

局部封闭涂皮的试验方法为诱导接触阶段将受试物涂抹在实验动物去毛区皮肤上作封闭处理，在末次诱导后，将受试物涂于豚鼠去毛区皮肤进行激发接触，观察皮肤反应并评价受试物的致敏能力和强度。实验中诱导接触受试物浓度是能引起皮肤轻度刺激反应的最高浓度，激发接触受试物浓度为不能引起皮肤刺激反应的最高浓度，浓度水平可以通过小量动物预试验获得。试验中需设置对照组，使用相同的诱导接触和激发接触方法，诱导接触时以仅涂溶剂作为对照，激发接触时涂抹受试物。

豚鼠最大值试验方法可模拟"真实生活中"的接触性过敏性皮炎的发生过程。实验分为诱导接触阶段和激发接触阶段。如激发接触所得结果不能确定，可在第一次激发接触一周后进行第二次激发接触。激发接触结束，除去涂有受试物滤纸，观察皮肤反应并评价受试物的致敏能力和强度。

局部淋巴结试验原理是过敏原引起染毒部位回流，淋巴结内淋巴细胞增殖，增殖程度与过敏原的剂量和效力成比例。局部淋巴结试验使用生物发光法测定耳廓淋巴结内淋巴细胞ATP 含量以评价其增殖程度。通过计算受试物组与溶剂对照组 ATP 含量比值即刺激指数（SI）从而评价受试物的皮肤致敏性。

小鼠局部淋巴结试验与局部淋巴结试验原理基本相同，区别在于评价淋巴细胞增殖程度的方法。BrdU 是胸腺嘧啶核苷类似物，可代替胸腺嘧啶掺入增殖细胞新合成的 DNA 链中，其含量反映了回流淋巴结内细胞增殖程度。小鼠局部淋巴结试验用 ELISA 法测定淋巴细胞中 BrdU 含量，得出受试物组与溶剂对照组 BrdU 含量比值即刺激指数（SI）以评价受试物的皮肤致敏性。

值得注意的是，鼠类的细胞组成与人类存在种属差异。一方面，实验中使用的过敏原剂量较化妆品人体实际接触量高，引起实验动物皮肤轻微反应的物质不一定能引起人体变态反应，动物变态反应结果外推到人仍有限制。另一方面，致敏试验前动物需要先脱毛，皮肤与受试物接触前就存在损伤或出现轻微刺激性的概率较高，可能放大致敏反应的结果，使得实验结果出现误差。

18.2.1.4 皮肤光毒性和光敏感试验

光毒性是皮肤一次接触化学物质后，继而暴露于紫外线照射下所引发的一种皮肤毒性反应，或者全身应用化学物质后，暴露于紫外线照射下发生的类似反应。皮肤光毒性和光敏感试验选用白色成年家兔或白化豚鼠作为实验动物，去毛区分块并编号。在动物去毛区涂敷受试物，一定时间间隔后，分别用铝箔覆盖去毛区或暴露于 UVA 光线下进行自身对比试验，观察受试动物皮肤反应并评分以确定该受试物是否有光毒性。化妆品原料具有紫外线吸收特性时需做该项试验。

18.2.1.5 致突变实验

鼠伤寒沙门菌/回复突变试验是利用鼠伤寒沙门组氨酸缺陷型试验菌株判定化妆品是否为致突变物的试验方法。该实验的原理为鼠伤寒沙门组氨酸营养缺陷型菌株自身不能合成组氨酸，当接种在缺乏组氨酸的培养基上，仅少数自发回复突变的细菌生长，如有致突变物存在，则营养缺陷型的细菌回复突变成原养型，因而生长形成菌落，可据此判断受试物是否为致突变物。

实验方法为将含组氨酸-生物素溶液的培养基分装于试管中，加入试验菌株增菌液及受试物溶液，充分混匀铺板，放入培养箱孵育。记录受试物各剂量组、空白对照（即自发回变）、溶剂对照以及阳性诱变剂对照的每皿回变菌落数。实验中，除需设受试物各剂量组外，还应同时设空白对照、溶剂对照、阳性诱变剂对照和无菌对照。

18.2.1.6　致畸试验

体外哺乳动物细胞染色体畸变试验即在加入和不加入代谢活化系统的条件下，使培养的哺乳动物细胞暴露于受试物中。用中期分裂相阻断剂（如秋水仙素或秋水仙胺）进行处理，随后分析染色体畸变以评价受试物致突变的可能性。试验细胞可使用已建立的细胞株、细胞系或原代培养细胞，所使用的细胞应该在生长性能、染色体数目和核型、自发的染色体畸变率等方面具有一定的稳定性。《化妆品安全技术规范》推荐使用中国地鼠卵巢（CHO）细胞株或中国地鼠肺（CHL）细胞株。试验时，应同时设阳性对照物、阴性对照物和至少3个可供分析的受试物浓度组。

18.2.1.7　亚慢性经口毒性试验

在评估化妆品原料毒性时，不仅要评价急性毒性，还需进行亚慢性经口毒性试验。亚慢性经口毒性是指在实验动物部分生存期内，每日反复经口接触受试物后所引起的不良反应。亚慢性经口毒性试验可获得一定时间内反复多次接触受试品引起的不良反应，及判定受试品作用靶器官及体内累积能力数据。实验动物分为不同的剂量组，连续90d经口给予实验动物受试物，染毒期间观察实验动物的毒性反应，染毒结束后存活的实验动物进行人道处死，所有实验动物均需进行尸检，必要时进行适当的病理组织学检查。

18.2.2　人体安全性检验方法

我国人体安全性检验包括化妆品人体斑贴试验及化妆品人体试用试验。化妆品人体斑贴试验适用于检验防晒类、祛斑类、除臭类及其他需要类似检验的化妆品；化妆品人体试用试验适用于检验健美类、美乳类、育发类、脱毛类、驻留类产品卫生安全性检验结果 pH$\leqslant$3.5 或企业标准中设定 pH$\leqslant$3.5 及其他需要类似检验的化妆品。化妆品人体检验之前应先完成必要的毒理学检验并出具书面证明，毒理学试验不合格的样品不再进行人体检验。

《化妆品安全技术规范》中人体安全试验受试者入选标准如下。

① 选择 18～60 岁符合试验要求的志愿者作为受试对象。

② 不能选择有下列情况者作为受试者：一、近一周使用抗组胺药或近一个月内使用免疫抑制剂者；二、近两个月内受试部位应用任何抗炎药物者；三、受试者患有炎症性皮肤病临床未愈者；四、胰岛素依赖性糖尿病患者；五、正在接受治疗的哮喘或其他慢性呼吸系统疾病患者；六、在近 6 个月内接受抗癌化疗者；七、免疫缺陷或自身免疫性疾病患者；八、哺乳期或妊娠妇女；九、双侧乳房切除及双侧腋下淋巴结切除者；十、在皮肤待试部位由于瘢痕、色素、萎缩、鲜红斑痣或其他瑕疵而影响试验结果的判定者；十一、参加其他的临床试验研究者；十二、体质高度敏感者；十三、非志愿参加者或不能按试验要求完成规定内容者。

18.2.2.1　皮肤封闭型斑贴试验

化妆品人体斑贴试验主要用于检测受试物引起人体皮肤不良反应的潜在可能性，包括皮肤封闭型斑贴试验及皮肤重复性开放型涂抹试验，一般情况下采用皮肤封闭型斑贴试验。祛斑类化妆品和粉状（如粉饼、粉底等）防晒类化妆品进行人体皮肤斑贴试验出现刺激性结果或结果难以判断时，应当增加皮肤重复性开放型涂抹试验。

化妆品人体斑贴试验要求按受试者入选标准选择参加试验的人员，加有受试物的斑试器贴敷于受试者的背部或前臂曲侧，持续 24h。于去除受试物斑试器后，待压痕消失后

30min、24h 和 48h 观察皮肤反应，记录观察结果。该试验需要设置对照组。

18.2.2.2　重复性开放型涂抹试验

化妆品重复性开放型涂抹试验要求按受试者入选标准选择参加试验的人员，以前臂屈侧作为受试部位，将试验物均匀地涂于受试部位，连续 7 天，同时观察皮肤反应，在此过程中如出现皮肤反应时，应根据具体情况决定是否继续试验。

18.2.3　人体试用试验安全性评价

人体试用试验安全性评价是指通过一段时间的试用产品来检测受试物引起人体皮肤不良反应的潜在可能性。对于育发类产品、健美类产品、驻留类产品卫生安全性检验结果 pH≤3.5 或企业标准中设定 pH≤3.5 的产品，按照化妆品标签注明的使用特点和方法让受试者使用受试产品，每周 1 次观察或电话随访受试者皮肤反应，按分级标准记录结果，试用时间不得少于 4 周。对于美乳类产品，按化妆品标签注明的使用特点和方法让正常女性受试者使用受试产品。每周 1 次观察或电话随访受试者有无皮肤反应或全身性不良反应，观察涂抹受试品部位皮肤反应，按皮肤反应分级标准记录结果。试用时间不得少于 4 周。对于脱毛类产品，按化妆品标签标明的使用特点和方法让自愿受试者使用受试产品。试用后观察局部皮肤反应，按皮肤反应分级标准记录结果。

化妆品被广泛用于人体的皮肤或外黏膜上，偶尔也会出现局部的反应包括刺激、过敏性接触性皮炎、接触性荨麻疹和阳光（特别是紫外线）诱发的反应，其中皮肤和黏膜的刺激是最常见的副作用。相对于人体暴露，动物试验预测价值是有限的，因此需要科学地在志愿者身上进行皮肤适应性和相容性试验，在已有毒理学试验资料证明有关化妆品组成部分安全性没有问题的前提下，进行人体安全评价实验预期安全性很高。

18.3　安全性评价动物实验替代技术

虽然目前的研究当中，动物实验仍然是生物医学乃至生命科学等各个领域的重要研究手段，但是动物替代实验将是今后的重要发展方向。原因有三点：第一，动物实验试验周期长，动物生长环境要求高，包括各种设施设备、营养供给，耗费的资源与资金相对较大；第二，动物实验违背了全球保护动物的理念，未能保障动物福利；第三，由于物种之间的差异，相关的体内代谢问题等，动物实验并不能准确地证明相关成分的功效以及危害。而替代实验是保护动物权益的需要，是生命科学研究发展的需要，也是社会经济发展的需要。

化妆品安全性评估动物替代实验，指的是利用其他方法或模型代替传统的动物实验方法，是用于评价化妆品安全性及相关研究的一种方法。该方法符合现代社会的不断发展与进步需求，减少了实验动物的使用数量，保障了实验动物的福利，而且贴合全球倡导的保护动物的理念。动物替代实验方法的理论依据是"3R"原则，即 reduction（减少）、refinement（优化）及 replacement（替代）。其主要内容有以下几个方面：减少实验动物的使用数量和使用时间；使用非动物的模型来替代动物模型实验；如非必要，尽量不用动物进行实验；进行动物实验的时候，选取优化过后的实验方法，以降低实验过程当中对动物带来的疼痛以及不适等。

从动物替代实验的提出到目前为止，研究方向主要是针对化妆品毒理学检测内容进行方法优化，研究其对应的动物替代实验方法取代原本的动物实验方法。其中，部分已经被认可、正在申请的或者在研究的替代实验方法有以下几种：皮肤刺激性和腐蚀性试验、皮肤变态反应试验、皮肤光毒性试验、皮肤/经皮吸收试验、眼刺激试验、基因毒性筛选试验、生殖发育毒性试验、急性毒性筛选试验、慢性毒性检测试验等。

18.3.1 皮肤刺激性和腐蚀性试验

(1) 人工重组皮肤模型法 目前，经过验证和认可的皮肤刺激性试验体外替代方法，主要是人工模型法。我国行业标准中囊括了 3 个验证皮肤刺激性测试方法：EpiSkin^{TM}、SkinEthic^{TM} 和 Epiderm^{TM}。其中，主要推荐使用 EpiSkin^{TM} 表皮模型。

人工皮肤是采用细胞三维培养技术，将表皮细胞接种于某一生物活性基质上作气液界面培养。生物活性基质包括去表皮的死真皮、间质细胞胶原凝胶和基质凝胶等。以 EpiSkin^{TM} 模型为例，在皮肤表面外敷液体/受试物后，经过 3min、60min 和 240min 等 3 个时间点，用 MTT 比色法检测受试物对细胞存活率的影响，阳性对照为冰醋酸/KOH，阴性对照为生理盐水。其中阴性对照品的细胞相对活性设定为 100%，每一个样品测得的光密度（OD）值与阴性对照品测得的相比，求出样品中细胞相对活性百分比。还有 EST-1000 模型，该模型来源于人的表皮角质细胞，表达表皮的多种特征标志物，用于预测皮肤腐蚀性和刺激性。该方法已通过 ESAC 验证。

(2) 定量结构-活性关系（QSAR）模型 QSAR 模型是使用计算机对受试化合物进行结构与活性的关系分析，评价受试物结构是否会对皮肤造成损害的方法。其是通过刺激指数来判定的，当刺激指数 PII 为 2~8 时，认为受试物有刺激性；当 PII 为 0~2 时，受试物为非刺激性。

(3) 单层细胞模型 皮肤单层细胞模型是对分离的皮肤细胞组织进行单层培养形成的。常用的有角质形成细胞（表皮最外层）和成纤维细胞（存在于真皮组织中）。在皮肤刺激试验中，两种细胞都可产生炎症介质，以此作为评价依据之一。常用细胞系有 NCTC2544、HaCaT（角质形成细胞系）。试验时，通过 MTT 试验检测细胞活性，以及评价产生炎症介质的水平，来判断受试物的刺激性。该方法可作为皮肤刺激性试验的初筛试验。

(4) 离体皮肤培养模型 离体皮肤培养模型包括体外小鼠皮肤功能完整性试验、猪耳试验与角质细胞毒性（OSEC）模型。其中，体外小鼠皮肤功能完整性试验（SIFT）的观察指标是经皮水分丢失（TEWL）和皮肤内外电阻改变（ER）。受试物作用于皮肤后，测定皮肤前后 TWEL 和 ER。计算前后比值，评价受试物是否具有刺激性。猪耳试验是在受试物作用于猪耳 4h 后，测定并计算 TEWL，如 ≥6g 水/(m^2 · h)，则该受试物有刺激性。OSEC 模型则有人和猪两种，以角质处形成细胞毒性作为检测终点。将该终点时的 MGP 分值和 20% SDS 的 MGP 分值进行对比，从而评价受试物的刺激性。（MGP 染色程度反应细胞中 RNA 的存在度。）

(5) 体外生物膜屏障法（Corrositex^{TM}） 生物膜屏障由蛋白质大分子水凝胶和渗透支撑膜组成。原理是：液体和固体不能透过蛋白质大分子水凝胶，但是如果发生腐蚀作用后可以透过，通过检测人工膜屏障损伤可评价受试物的腐蚀性。可以通过多种方法检测膜屏障的渗透性，如 pH 指示剂颜色的改变和指示剂溶液其他特性的改变。受试物开始作用于膜屏障到膜屏障渗透，根据溶液发生变化之间的时间（min）对受试物分类，评价其腐蚀性。

(6) 皮肤腐蚀的结构-活性关系（SARS） 基于化学物质的成分结构、理化性质，可以预测物质的腐蚀性。而这些性质要通过数据库的建立才能更加准确地找到关系，进行分析。

(7) 大鼠皮肤经皮电阻试验（TER） 该试验以经皮电阻值为检测终点，判定受试物对皮肤角质层完整性和屏障功能的损害能力，从而评价受试物腐蚀性。在受试物作用于大鼠表皮 24h 后，用电阻测试仪测定经皮电阻。高于 5kΩ，则不具有腐蚀性，低于或等于 5kΩ，则要加染料（硫罗丹明 B）来判定：若平均染料含量≥阳性对照，则有腐蚀性，反之则无。该方法只能用于区分腐蚀与非腐蚀性物质。

18.3.2　皮肤变态反应试验

皮肤变态反应是一种免疫原性炎症反应，在人身上又称为变应性接触性皮炎（ACD），可能表现为瘙痒、红斑、水肿等。皮肤变态反应的动物替代实验技术主要包括如下几个方面。

（1）定量结构-活性关系（QSAR）　该技术是通过化学物质分子结构及理化特性与机体生物活性之间的关系，对预测化学物质进行预测和筛选，可用于致敏物的初步筛选。计算机专家系统目前有 Toxtree 软件、CAESAR 统计学模型、OECD Toolboox 模型、DEREK for Windows、TIMES-SS 等。

（2）肽反应试验　化学品是否可以和皮肤蛋白的亲核中心共价结合，是预测致敏性的关键。利用含有半胱氨酸和赖氨酸的多肽或者谷胱甘肽作为亲核试剂，与受试物共同孵育后，用 HPLC 检测多肽消除程度，将多肽反应得到的数据和局部淋巴结的数据分析对比，进而对反应程度分级（极小、低、中和高等），除了极小为非致敏物质，其他都是致敏物质，以此来评价化学品的致敏性。

（3）角质细胞反应　化学物质的致敏能力可能和角质形成细胞（KCs）生成的细胞因子水平有关。致敏物作用于 HEL-30、NCTC2544、HaCaT 等细胞系，可检测到 IL-1a 和 IL-18 释放量与致敏物浓度有关，从而判断受试物致敏性。亦可作用于人角质形成细胞或人重组表皮模型，检测基因转录的改变情况。

（4）树突状细胞反应试验　树突状细胞反应试验一般采用郎罕氏细胞、外周血分离的树突状细胞及 U937 等细胞体系。其中，郎罕氏细胞（LC）是皮肤抗原呈递细胞。试验方法为将受试物作用于 LC 培养系统，测定其表面标记物的变化，如 33D1（树突状细胞特征性表面标记物）、MHCⅡ类分子（胞吞作用）、酪氨酸磷酸化、LC 迁移等。对于外周血分离的树突状细胞（DC），通常检测其表型变化、胞吞作用、DC 活化的应激反应和细胞因子的变化等。对于 U937 等细胞系，暴露于受试物 48h 后，用流式细胞术检测 CD86 的表达以及细胞活性；THP-1 细胞，处理 24h 后用特异性抗体标记，再用流式细胞术测定表面标记物 CD86 和 CD54 的表达。亦可对细胞的基因表达改变进行分析来判断物质的致敏性。将人脐带血 CD34、树突状细胞、受试物混合，作转录组学分析，采用实时 PCR 测定 13 种基因生物标记物的表达，得出 cAMP 反应元件调节剂和单核细胞趋化蛋白受体表达的改变，可以作为判断致敏性的依据。此外，致敏反应中，LC 的迁移是一个关键。如测定迁移过程中，某些细胞因子、趋化因子（CCL5）以及 LC 受体（CXCL12）相互调节，可以以此作为检测目标。

（5）角质形成细胞、树突状细胞协同培养系统　受试物作用于该系统 48h 后，测定系统 CD86 的改变以及细胞活性（用 7-氨基放线菌素 D）。引起 CD86 半数增加及降低 50% 细胞活性的受试物浓度，可用于评价受试物的安全性。

（6）T 细胞反应试验　用来自皮肤的树突状细胞，诱导 T 细胞表达转录细胞因子，检测这些表达的因子，评价受试物的致敏性。将致敏物作用于 DC/T 细胞联合培养模型，可发生 T 细胞增殖。

（7）人重建皮肤模型　人重建皮肤模型主要有两类：重建皮肤和重建表皮。重建皮肤包括角质形成细胞及胶原和纤维细胞。重建表皮只有角质形成细胞。通过检测这两种模型的细胞因子表达，可研究皮肤变态反应。但它们都缺乏免疫细胞，故有最新研究开发了一种重建三维模型，包含了 DCs、角质形成细胞、纤维细胞的胶原膜支架。受试物作用后，检测

CD86 和细胞因子的表达，可相对精准地判断受试物的致敏性。

18.3.3 皮肤光毒性试验

（1）中性红摄取光毒性试验 原活细胞的溶酶体可摄取中性红染料，根据摄取量，可以确定活细胞的数量。通过化学物质和紫外照射后，测定细胞的存活率，以此判断化学物质的光毒性。该方法优点在于操作简单、重现性好，而且与体内试验结果的相关性高，有重要的参考价值。

（2）人重组皮肤模型 主要有三种类型：皮肤模型、表皮模型、全皮肤模型。它们能较真实地模拟受试物作用时的情景，与动物实验有较好的相关性，可靠度高。但模型数量有限，价格昂贵。常用的有 EpiSkin^{TM}、MatTek^{TM}、CellSystem^{TM}、SKINETHIC^{TM} 模型。

（3）光鸡胚试验 该方法采用 4 日龄鸡胚，将受试物作用于鸡胚的绒毛膜尿囊膜（CAM）后，再对其进行 UVA 光照（$5.0J/cm^2$）。通过观察 CAM 变色、出血和胚胎死亡来判断受试物的光刺激性。

（4）人角质形成细胞系试验 受试物和细胞系作用后，再分别暴露（实验组）和不暴露（对照组）在 UVB 下，通过荧光来检测细胞存活率和炎症因子释放量，从而预测受试物的光毒性。

（5）人单核细胞光活化试验 光敏原能使 THP-1 细胞表面抗原 CD86/54 的表达增加，也能使白介素-8(IL-8) 增加。将受试物作用于 THP-1 细胞 24h，并进行 UVA 光照（$5.0J/cm^2$），通过检测表面抗原的表达、细胞存活率和白介素-8(IL-8) 的释放量来评价受试物的光敏性。

（6）肝细胞试验 受试物作用于肝细胞后，用 400W 汞灯照射后，可以采用乳酸脱氢酶法、MTT 法等来判断受试物的光毒性。该检测易行、敏感，但由于肝细胞的体外培养尚不完善，该方法暂不适用。

（7）光-红细胞联合试验 进入红细胞内的受试光敏物质受到光照后，会促使红细胞肿胀破裂，发生溶血，同时诱导甲基化血红蛋白的形成。该联合试验包括两个实验：光溶血和血红蛋白光氧化。前者检测细胞溶血造成的光动力学反应，后者检测甲基化血红蛋白的形成。受试物与红细胞接触后，在试验光线下照射一段时间，于波长 525nm 和 630nm 处分别测定光密度。测得的光溶血因子（PHF）和最大光密度值（OD_{MAX}），可用于评价受试物的光毒性。PHF＞3.0，细胞溶血阳性；OD_{MAX}＞0.05，甲基化血红蛋白阳性。

（8）组氨酸光氧化试验 在一般情况下，组氨酸可能通过单线态氧跟外源化学物反应。该方法是把组氨酸和受试物一同溶于 1：1 的有机溶剂和水溶液中，或是 pH＞7 的碱性溶液。将混合物用 UVA/UVB/可见光照射，通过 Pauly 反应检测剩余的组氨酸含量，计算受试物吸收组氨酸的比例（1%），可用于判断受试物的光毒性。此方法需要考虑受试物的光降解因素。

（9）酵母菌试验 厌氧酵母菌增殖率试验，是通过测量受试物作用于细胞 24h，同时光照后的细胞增殖率，来判断光照下受试物对细胞生理状态的影响。该法经济、简单，同时厌氧酵母菌对 UVA/UVB/可见光的敏感性较低，相对于其他一些检测系统，可以排除掉许多影响因素，如光降解等。

18.3.4 经皮吸收试验

（1）体外皮肤吸收试验——猪皮肤的扩散池法 皮肤经过受试物作用一段时间后，在不同时间点，测定接收池中受试物的含量，绘制标准曲线，计算各个时间点单位面积的累积渗透量。用 HPLC 法测定相应受试物的含量。

（2）人工膜法　皮肤是一种具有屏障功能的生物膜。因此可采用无细胞的人工合成膜，代替皮肤进行吸收试验。合成纤维素薄膜已被较广泛运用。多孔薄膜、无孔薄膜也有一定的运用。试验时，测定不同时间点，受试物的跨膜通量（mol/cm^2），可初步预测受试物的吸收程度。

（3）数学模型　QSAR 模型，将化合物的结构以及理化性质、参数等与经皮穿透性，用统计学的方式联系起来。可以根据受试物的结构和性质，通过计算机数学模型定量预测其穿透性。

18.3.5　眼刺激试验

眼睛刺激性指的是眼球在接触受试样品后，出现的可逆性炎性变化。可以用离体器官模型、类器官模型、皮肤模型和细胞模型来进行眼刺激的动物替代实验。

18.3.5.1　离体器官模型

该方法包括使用牛、鸡、兔、猪的眼球或者眼角膜进行离体试验。包括牛眼角膜浑浊渗透法、离体鸡眼试验、离体兔眼试验。通过检测眼角膜是否水肿、水肿程度、浑浊程度以及荧光素的滞留程度，进行综合评价受试物的眼刺激性。

（1）牛眼角膜浑浊渗透法（BCOP）　该方法用离体的牛眼角膜作为试验系统，当它与受试物直接接触时，刺激物能引起牛眼角膜上皮的屏障功能破坏以及基质蛋白变性，从而导致角膜浑浊度和渗透性的改变。通过测量这两项数据，可以定量地检测受试物的刺激程度。BCOP 试验适用于鉴定中度及以上的眼刺激性物质。它在区分轻度及以下水平的眼刺激性时，敏感度不高。

（2）离体兔眼实验（IRE）　该方法采用离体的兔眼球为试验检测系统。在角膜接触受试物前后，检测其浑浊度、荧光素透过率以及角膜厚度。该方法适用于检测具有严重刺激性的物质，且主要是预测角膜损伤。

（3）离体鸡眼实验（ICE）　该方法采用离体鸡眼球为试验系统。通过检测接触受试物前后，鸡眼球的荧光素渗透率、角膜厚度以及浑浊度，来进行刺激指数的计算和刺激性分级。离体鸡眼实验是代替兔眼刺激试验的有效方法。其适用于鉴定严重刺激性物质。

18.3.5.2　类器官模型——绒毛膜尿囊膜试验

该方法主要采用鸡胚的绒毛膜尿囊膜作为试验系统。鸡胚的呼吸膜称为鸡胚绒毛膜尿囊膜（CAM），其紧紧贴于蛋壳膜下，是一个无感知且血管丰富的系统。CAM 的结构与人类结膜的结构相似，可用于眼部刺激性的检测。

当 CAM 与受试物接触后，通过观察 CAM 的反应，主要为血管变化，即出血、充血、凝血、血管溶解等，来判断受试物对 CAM 的损伤程度，评价其刺激性。HET-CAM 既能分辨严重刺激和非严重刺激样品，也能分辨刺激物和非刺激物，而分析表面活性剂类产品的效果最为明显。

（1）鸡胚绒毛膜尿囊膜台盼蓝染色实验（CAM-TBS）　台盼蓝染色液可被死细胞摄取，可用于检测细胞的存活率。该实验在 HET-CAM 的基础上，引入台盼蓝染色液，可以定量分析受试物对 CAM 的损伤程度。该方法方便易行，适用于大多数化学物质（包括固体），能分辨非严重和严重刺激物。

（2）绒毛膜尿囊膜血管试验（CAMVA）　将橡胶环置于 CAM 上，将受试物涂在环内的 CAM 上，孵育后，观察。以缺血（鬼影血管）、充血（毛细血管变直）、出血等现象为变化的观察点，获取有 50％鸡胚出现变化时的受试物浓度。该方法适用于分辨轻度到中度刺激性的受试物，不用于严重刺激性的评价。此法分析醇类产品效果更好。

18.3.5.3　皮肤模型——重建人角膜组织模型

该方法是用正常人的表皮角质细胞，在体外重建人的角膜（具有相似的结构和功能）。该模型与细胞刺激和毒性试验联合使用，如 MTT、LDH、PGE_2 和钠荧光素渗透性检测等。检测细胞存活率、受试物对皮肤模型的 LDH、PGE_2 释放，以及受试物的荧光素的通透率等，预测受试物的眼刺激性。适用于区分中高度刺激性的受试物，可以分辨很轻微到中等刺激性的受试物。

18.3.5.4　细胞模型

（1）血红蛋白变性试验　在眼部受到刺激时，化学物质破坏蛋白质空间构象，使蛋白质变性，是眼角膜透明度降低的原因之一。该方法通过评价蛋白质变形程度来判断受试物的刺激性。试验时，将受试物与血红蛋白孵育后，用酶标仪检测。采用三个指标观察：效果同阳性对照物（1％西波林）引起 50％蛋白质变性的受试物浓度（RDC_{50}）；1％受试物浓度引起蛋白质变性的百分率（1％RDR）；1％受试物浓度的 λ_{max} 变化值。

（2）红细胞溶血试验　该实验的原理是化学物质可破坏蛋白质空间结构，引起细胞膜损伤，影响细胞膜的通透性，进而影响渗透压，血红蛋白漏出，从而发生溶血。在红细胞悬液中加入受试物，用紫外可见光分光光度计测定红细胞悬液的吸光度，通过吸光度的变化，计算溶血率，以引起 50％红细胞溶血的受试物浓度作为判定标准。本方法主要适用于表面活性剂的检测。

（3）荧光素漏出试验　角膜上皮细胞间存在着屏蔽外来化学物质的紧密连接，可防止外来物进入。针对这个特点，检测可透过上皮屏障的荧光素钠的量，便可评价受试物的刺激性。培养单层 MDCK 细胞/角膜上皮细胞，将其与受试物接触后，再加入荧光素钠孵育。再用荧光分光光度计测试其荧光度，得出让荧光素钠漏出 20％/50％时的受试物浓度（FL20％/FL50％），评价受试物毒性。该方法适用于轻度到中度刺激的受试物检测，如含有表面活性剂/酒精的产品。

（4）中性红摄取试验　活细胞中的溶酶体可摄取中性红染料，且摄取量与活细胞数量有关。通过测试受试物细胞毒性，评价其刺激性。将受试细胞、受试物和中性红于 96 孔板中孵育，固定，褪色后用酶标仪测定其吸光度（波长 540nm 处），作出浓度-吸光度曲线，取得在吸光度降低 50％时的受试物浓度（IC_{50}），以此为评价指标。

（5）中性红释放试验　中性红被细胞摄取后，沉积在溶酶体中。暴露于受试物一定时间后，细胞损伤，则中性红从溶酶体中释放出来。测定中性红与受试物作用前后的吸光度值，计算细胞对中性红的吸收和释放率，来评价短时间内细胞损伤程度，评价受试物的刺激性。

（6）结晶紫染色法　活细胞可以摄取结晶紫，沉积在溶酶体中。因此可通过测定受试细胞的结晶紫含量，评价受试物的刺激性。将受试物与细胞于 96 孔板中孵育，后用 0.85％生理盐水洗去死细胞，再添加结晶紫。用酶标仪在波长 540nm 处测定吸光值，获取 IC_{50} 作为评价指标。

（7）MTT 法　活细胞中的琥珀酸脱氢酶能使噻唑蓝（MTT）还原为蓝紫色结晶甲䐶，沉积在细胞中，而死细胞无此功能。该法可用于分析受试物的细胞毒性。将 Hela 细胞与受试物接触，再在 96 孔板中加 MTT 孵育，加入 DMSO 溶解甲䐶，用酶标仪于波长 490nm 处测定吸光度值，选取 IC_{50} 为评价标准。

（8）微生理记录仪检测实验 细胞生长时，会向四周释放酸性的代谢产物，导致培养基pH 下降。用微生理记录仪检测受试物作用前后，培养液 pH 值变化，即可判断受试物对细胞代谢功能的影响。以 MED50 作为评价指标。本方法推荐用于检测液态/水溶性/含表面活性剂的产品。

（9）植物蛋白法 试验材料为植物蛋白，受试物与 EYTEX 试剂孵育后，用分光光度计在波长 499nm 处测定吸光度，从而评价受试物的刺激性。

（10）膜分配试验法 用半透明模杯，将不溶/不透明受试物与 EYTEX 试剂分离后，测定吸光度。预测受试物刺激性。

18.3.6 慢性毒性检测实验

18.3.6.1 利用肝、肾细胞联合培养的慢性试验

该实验方法采用肝细胞和肾细胞共培养，有利于评价这两种细胞之间的相互作用，以及化学物质的肝毒性、肾毒性作用机制和可能的作用靶点。首先把肝细胞和肾细胞共同培养，然后加入一定浓度的化学物质（该浓度需要经过预实验确定），通过显微镜观察化学物质引起的细胞形态的变化、检测生化指数、亚细胞功能的改变，实现对单个细胞多参数、多靶点的动态分析，综合评价受试物的慢性毒性/致癌情况。还可以按照时间顺序反映细胞损伤变化，有利于研究细胞损伤机制。该方法较动物实验的实验周期短、特异性强、灵敏度高。

18.3.6.2 内分泌干扰试验

内分泌干扰物（EDs）是指干扰动物体内正常内分泌功能的物质。目前用于检测和筛选EDs 的离体实验主要有受体结合实验、细胞增殖实验和受体介导的基因表达实验。受体结合实验是根据激素的作用原理，通常采用^{3}H 标记的合成激素作为放射性配体，通过比较受试物和放射性配体与激素受体亲和力的大小来判断其活性强弱问题，其中还包括 2 个实验，分别是雌激素受体（ER）结合实验和雄激素受体（AR）结合实验。通过该方法可以初步判断雌激素活性。

细胞增殖实验是把受试物和相关细胞进行共培养，确定受试物对细胞增殖的影响，目前最常用的是 MCF-7 增生实验，因为 MCF-7 是激素依赖性细胞系，雌激素可以诱导该细胞的细胞增生，检测方法是 MTT 方法。

受体介导的基因表达实验是通过重组一个基因，刺激基因表达，以此检测受试物的激素活性。首先将激素受体基因、激素应答元件和标记基因转入单细胞生物中，例如酵母或者大肠杆菌，重组一个表达系统，当受试物与受体结合，可以诱导标记基因表达，检测表达产物，间接检测受试物的激素活性。

18.3.6.3 神经毒性试验

长期使用不安全化妆品，会造成有害物质的堆积，并通过皮肤缓慢渗透进血液。体外检测血液系统毒性的方法有：骨髓细胞/始祖细胞长期培养、CFU-GM 试验、髓淋巴起始细胞试验等。观察细胞生长状态，评估血液系统的毒性。

随着细胞组织学的发展以及相关组学技术在毒理学的体外培养生物系统中的应用，特别是各种类型的人类细胞的广泛应用，不仅成为动物实验的良好替代物，而且极大地缓解了物种外推的困难。人类组织库的建立，器官型三维培养模型（3D 皮肤模型）和细胞培养技术的改进，将推动体外替代试验的发展与应用。可以预见，体外试验方法作为传统的毒理学动物试验的补充，甚至替代部分动物试验，将满足化妆品毒理学安全性评价和保护人类健康的需要，也为化妆品毒理学发展和化妆品毒理学安全性评价技术丰富与完善提供了前所未有的

机遇。

18.4 基于化妆品安全的配方设计

化妆品配方设计中需要考虑的因素一般有产品安全性、稳定性、使用性及功效性等。其中产品的安全性是首要考虑因素。虽然化妆品安全性不同于功效性等可以在产品中直观体现，容易被人们所忽略，但是化妆品的安全性是产品的生命线，对产品至关重要。在化妆品配方设计时，时常出现安全性与化妆品其他性质存在冲突的情况。产品一旦出现安全性问题，其他性质也就失去了价值，所以安全性是产品的基本要求。其次需要重点考虑的是稳定性。化妆品中有些成分可能是热力学不稳定体系，成品久置容易不稳定。保证产品的稳定性才能保证化妆品的功能和外观，保障产品流通过程中货架期和消费者使用时的安全性。功效性和使用性都是建立在安全性和稳定性的基础上。

配方设计中基于化妆品安全性可能出现的问题主要有三个方面的考虑：原料的安全性及用量、化妆品配方配伍性、生产工艺的安全与合理性等。产品具体表现为具有毒性、致病菌感染性、刺激性、过敏性四种中的一种或多种。

18.4.1 原料的选择及用量

化妆品中的安全性风险物质的主要来源一般为由原料带入，暴露于人体可能对人体健康造成近期或远期的潜在危害，因此化妆品配方设计必须对原料进行评估。科学合理地选用化妆品原料，保证化妆品的安全性，一般从以下两个方面进行考虑。

18.4.1.1 原料安全性

化妆品安全的前提是原料安全，拟用原料需进行一系列安全性评估，包括原料应用范围和用量评估及急性经口经皮毒性试验、皮肤刺激性等毒理学试验，确保在正常、合理及可预见的使用条件下不对人体健康产生安全危害。

18.4.1.2 原料合规性

按照我国规定，化妆品原料必须符合《化妆品安全技术规范》和《已使用化妆品原料名称目录》的法规文件要求，未收录在《已使用化妆品原料名称目录》中或不属于《化妆品安全技术规范》中收载的原料应先向国家药品监督管理局进行化妆品新原料申报和审评，获得审批后方可使用。

化妆品限用物质可作为化妆品原料，在限定条件及一定剂量下对人体安全，因此在配方设计前必须明确限用物质的使用量。《化妆品安全技术规范》中包括47类化妆品限用组分、51类化妆品准用防腐剂、27类化妆品准用防晒剂、157类化妆品准用着色剂，在配方设计选择原料时不能选用化妆品禁用原料，产品需要选用限用原料时要遵守其用量规定。很多原料本身就是多种原料的混合物，复配原料组分中含有的限用物质往往被忽略，导致产品中的限用物质超过使用上限。

化妆品中可能存在的安全性风险物质是指由化妆品原料带入、生产过程中产生或带入的，可能对人体健康造成潜在危害的物质，包括重金属及其他高风险性物质如二噁烷、石棉等。化妆品配方设计和开发阶段，通过风险分析筛选出可能会引入风险物质的原料，做好原料的风险分析、风险控制和质量控制。一般可以通过计算安全边际值（MoS）、剂量描述参数T25或致癌评估导则进行描述。欧盟和美国早在20世纪就开展了风险评估工作，我国化妆品产业在化妆品原料风险物质评估方面起步较晚，评估体系还不够完善，仅依据《化妆品安全技术规范》对化妆品原料风险物质进行评估存在一定的局限性，可参考国外相关资料。

化妆品是许多组分通过一定的工艺复合而成，组分间可能会相互发生化学反应，降低了协同效益，导致不能发挥预期的效能。配方组分越多的产品对配伍性的要求越高。配伍性差往往体现在有沉淀、结晶析出、浑浊等方面，只有解决好原料的配伍性才能减少化妆品风险事件的发生。

在化妆品配方设计时应注意不使用我国法规或国际性法规禁用成分、超出允许使用条件和限量的成分、毒理学资料不支持拟用浓度和条件的成分、缺乏充足的毒理学资料以及使用安全性经验的成分、没有明确组成或已知结构的成分。通过原料评估筛选配方中可能产生刺激的原料，例如 PEG 基团、防腐剂、香精，应尽量选择比较温和的乳化剂和功效原料，并适当添加可以舒缓刺激性的原料，从而在保证产品安全的大前提下优化产品功效。

18.4.2　配方设计中的循法原则

配方设计中的循法原则，是指配方设计中的原料选用、用量限制等不得与相关法律法规相冲突。即对化妆品进行配方设计时，要遵循相关法律法规。

根据《化妆品安全技术规范》对原料管理的规定，配方设计时需要根据原料在化妆品中作用的不同选定品种，对各个单个原料组分的理化性质和作用功效进行了解，同时通过查找文献数据，对原料的成分信息和安全性能进行评价，最后选择综合安全性能优良同时能保证产品功效性能的原料。

通过对现有的化妆品皮肤不良反应的分析，引起不良反应的原因有很大一部分是因为在化妆品中违规添加了在《化妆品安全技术规范》条例中明确规定的禁限用物质。比如常见的禁用物质有金属与类金属（如汞、铅、砷、镉等）及其化合物；药物，如植物神经系统药肾上腺素、麻醉药氯乙烷等；工业毒物，如丙二腈等；还有一些有特定效果但属于禁用物质的材料，如性激素、孕激素、抗生素、糖皮质激素、甲硝唑等。因为这些明文规定的禁限用物质在人体中会有很大的累积性，且其对人体健康有很大的危害，所以在做化妆品配方设计时一定要注意所选用的原料是否含有这些禁用物质，以及通过理论分析和实验检测充分了解原料本身或者其制备过程，以及其在正常储存条件下原料间是否会产生禁用物质，从而降低化妆品的安全性。通过对原料的筛选以及比对，从而保证最终使用的原料属于安全原料，最终提高化妆品的安全性能。

此外，在化妆品原料的安全性风险与评估中，除了原料本身可能会带来一定的毒性和刺激性外，还有一部分辅助添加剂，如防腐剂、香料、生化制剂、一些植物提取物等也会增加化妆品的毒副作用，从而降低化妆品的安全性。但是为了保证化妆品的保质期、给化妆品赋香、改善化妆品的性能和用途等，又必须要添加诸如防腐剂、抗氧化剂、香精香料等一系列物质。所以在均衡利弊之后，在配方设计时最好的做法就是选择一些比较温和的刺激性小的辅助物质，可以选用一些安全无毒、稳定性好、与其他原料配伍性好，且在低用量时就能拥有较强的功能作用的物质，以此来保证化妆品的安全性和功效性。

再者，随着时代的发展，经济的增长，人们不再是只关注于产品的功效性，而是变成了在关注产品功效性的同时也要求产品能做到更绿色天然。于是为了满足消费者的需求，许多宣称绿色天然的化妆品逐渐发展起来。但是，许多绿色天然提取物，例如植物提取物，属于新原料发展的范畴，由于数据不足，没有先例，未被评审评估等，其安全性还有待商榷，因此建议配方设计者在设计配方时，最好选择一些已被列入《化妆品安全技术规范》中的绿色天然的原料，或者可以选择一些制备工艺比较成熟，安全性能已被证实较高，且其在长期使用时也不会对人体健康产生危害的绿色天然提取物。

与此同时，随着科技的发展，生物技术（包括基因工程、细胞工程、发酵工程、酶工程和蛋白质工程等）来源的原料和植物提取物及其改性物质的原料越来越多，而我国现行的《化妆品新原料申报与审评指南》未对该类原料的数据进行整合，其资料要求以及审评原则等还未进行规定，且国外也暂无相关安全评价标准。鉴于该类原料的风险较高，超出了已有化妆品原料的范畴，建议少用或者不用。但是，如果在设计配方时主要以新颖原料为产品的主打配方，则建议在使用这类原料时一定要对这类原料有充分的研制报告、制备工艺、质量控制评价、安全性内部评估，并且要能说明这类原料的具体来源、理化性质、使用目的及范围、使用用量及可靠依据，还要有必要的毒理学评价资料等充足的资料以及实验数据，以此来证明这些原料的安全性与可用性，最后才能将其使用，以此保证化妆品的安全性能。

最后，根据《化妆品产品生产许可证换（发）证实施细则》的要求可知，在允许化妆品生产前，必须送样到相关检验部门进行抽样检验。为了能够让最终产品通过审查，仅仅保证原料的安全性是远远不够的，还要时刻关注最终产品的理化性质、稳定性、产品中各组分间的配伍性、功效性、耐光耐热性等问题，通过实验来调整配方组分间的配比及稳定性，保证最终产品的配方结构为最优配方。

18.4.3　生产工艺的安全与合理性

在实际生产时产品也可能会出现一些不稳定的现象，如析水、析油、分层、沉淀甚至是膨胀现象等稳定性问题。产生这些不稳定现象的原因大多是因为配方设计不尽合理，导致产品的热力学很不稳定。而这些不稳定因素有很大一部分原因是产品配方为多相分散体系，而配方中相应的乳化、增溶物质又未选择好，使得各组分间不能很好地和谐共存，或者是其配比不对，使得各组分未被很好地乳化、增溶。因此，选择一种合适的乳化剂、增溶剂，能大大增加产品的稳定性，给化妆品的生产工艺增大可行性与合理性。

在做配方设计时，需要考虑化妆品企业生产的条件，预先去了解企业拥有的生产设备和工作场所，对其工作场所的环境进行预估，并且在做配方设计时有必要注明实际生产时需要注意的问题，包括人流、物流的走向以及操作人员的整洁度，避免原料、产品被污染，也防止微生物间的交叉感染；还需要标明原料的预处理要如何操作，以及原料的储存方式等，用以保证化妆品最终产品的安全性。

在采购相应原料时也应向原料供应方了解清楚采买物品的相关资料和质量指标，以便在生产产品出现问题时，能及时找到问题所在，并及时优化配方、调整配方结构。在设计化妆品的配方和生产工艺时，必须考虑该配方在实际生产时的可行性问题，也要对产品的成本进行相应的评估，在达到化妆品安全性和功效性的同时努力减少产品的成本，并尽量使化妆品配方在实际生产操作时方便可行。

化妆品不安全性或者化妆品存在的风险主要是某些物质以一定量存在于化妆品中，导致人体健康受到损害或者威胁着人体健康。这些可能存在的危害包括化妆品原料、包材、产品在内，甚至涉及化妆品生产、储运、销售到使用全过程中。化妆品存在诸多不安全性来源，做化妆品配方设计的时候，应考虑到可能存在的化妆品风险，并设法规避这类风险。实际上，生产零风险及绝对安全的化妆品几乎是不可能的，所以，配方设计者在设计配方时应尽力将风险降至最低限度或者至少将风险降至人体可以接受的限度。

对大多数人来说，终生都会使用化妆品，所以配方设计者不仅要保证化妆品在预期使用情况下的安全性，还应关注长期使用的安全性，积极追踪产品或类似产品的使用情况，对化妆品进行安全性评估，优化配方设计。

思考题

1. 化妆品使用所导致的常见皮肤病和不良反应有哪些？
2. 引发化妆品不良反应的原因主要有哪些？
3. 化妆品安全性的评估方法有哪些？
4. 化妆品安全评估的动物实验的弊端有哪些？
5. 化妆品安全评估中动物实验的"3R"原则具体包括哪些内容？
6. 目前化妆品安全性评估中动物实验替代技术有哪些？
7. 如何对化妆品的眼刺激情况进行安全性评估？
8. 如何在化妆品配方设计中体现安全性原则？
9. 如何在生产工艺中考虑产品安全性？
10. 化妆品安全性评价的意义是什么？

第 19 章
化妆品功效性评价

　　根据自 2021 年 1 月 1 日起施行的《化妆品监督管理条例》，化妆品注册人及备案人应当在国务院药品监督管理部门规定的专门网站公布功效宣称所依据的文献资料、研究数据或者产品功效评价资料的摘要，并接受社会监督。化妆品的功效宣称应当有充分的科学依据，化妆品注册人、备案人对提交的功效宣称依据的摘要的科学性、真实性、可靠性和可追溯性负责。随着生命科学和工程技术研究的快速发展，已从对化妆品主要重视安全性的阶段逐渐转变为安全性和功效性并重的时代。

19.1　化妆品功效性评价的意义

　　化妆品制剂形态与其功效存在着密切的关系，不同的制剂形态在发挥某一功效时具有不同的表现，例如防晒喷雾、防晒乳、防晒霜、防晒粉、防晒棒等。化妆品功效性评价是对其功效性宣称进行科学支持的有效手段，它是通过物理学、生物化学、细胞生物学、临床评价等多种方法，对化妆品功效进行测试、合理分析，以及科学解释的综合性过程，是一个多层面多途径的复杂体系。化妆品功效性评价按实验作用对象差异，可归纳为体外实验、在体实验和感官评价实验；按评价指标的性质可分为主观半定量评价和客观量化评价。主观评价以测试者的主观判断为依据，不需要特定的设备仪器，但易受个体主观感觉差异的影响；客观评价需要借助特殊的仪器设备，受主观影响因素较少，但需要专业仪器和需要具有专业知识的技术人员且在特定的环境条件下进行。

　　化妆品功效性评价的意义在于加强化妆品功效宣称管理，指导行业科学规范地开展功效宣称评价工作，保证化妆品功效宣称有科学、真实、客观和准确的依据，推动化妆品行业的健康发展，切实保障消费者权益，同时也为加强化妆品产品质量管理，提升化妆品研究开发水平，为产品制造升级及产品智造保驾护航。

19.1.1　防晒化妆品

　　低剂量的紫外线照射可以为人体皮肤带来益处如促进维生素 D 的合成，但当皮肤暴露在过量紫外线时，也会带来很高的生物损伤风险，如皮肤晒伤、光化性角化病、非黑色素瘤甚至皮肤癌等。因此，对防晒化妆品进行科学的功效性评价，对评价防晒效果和研制高效的防晒化妆品有着重要的意义。紫外线对皮肤的损伤主要有以下方面。

19.1.1.1　日晒性皮炎

　　日晒性皮炎，是皮肤因日光过度照射后，引起的皮肤急性光毒反应，又称日光灼伤、紫外线红斑等。临床表现为肉眼可见、边界清晰的斑疹，颜色可为淡红色、鲜红色或深红色，可有程度不一的水肿，重者出现水疱。

19.1.1.2 皮肤黑化

皮肤经紫外线过度照射后，在照射部位会出现弥漫性灰黑色素沉着，边界清晰，且无自觉症状。UVA 是诱发皮肤黑化的主要因素，它主要是一系列炎症性介质（如白三烯 LTC_4 和 LTD_4 等）和黑素细胞的相互作用所致。根据色素出现时间，可分为下面三种类型。

（1）即时性黑化（IPD） 照射过程中或照射后立即发生的色素沉着，通常表现为灰黑色，限于照射部位，色素沉着消退较快，一般持续数分钟至数小时不等。

（2）持续性黑化（PPD） 随着紫外线照射剂量的增加，并与延迟性红斑重叠发生，一般表现为暂时性灰黑色或深棕色，可持续数小时至数天。

（3）延迟性黑化（DT） 与红斑剂量以上的 UVB 照射有关，照射后数天内发生，色素可持续数天至数月。延迟性黑化常伴发于皮肤经常受紫外线照射后出现的延迟性红斑，并可能涉及炎症后色素沉着的机制。

这里要提到另外一类防晒产品，也称皮肤美黑剂。其主要功效成分为 1,3-二羟基丙酮（DHA），其分子结构中的酮官能团可与皮肤角蛋白的氨基酸和氨基基团起反应形成褐色聚合物，使皮肤产生一种人造褐色，所以常用作日晒肤色的模拟剂，得到与长时间暴露于太阳光下所得结果一样的棕色或棕褐色皮肤，该颜色可随时间推移一周左右自然褪去，满足人们对健康美黑的个性化需求。

19.1.1.3 光致老化

光致老化是指皮肤长期受 UVA 照射后而导致的皮肤衰老或加速衰老的现象。UVA 对皮肤的影响具有持久的累积性，并且其透射程度能深达真皮内部，使真皮基质内的透明质酸类物质加速降解，同时使弹力纤维与胶原蛋白含量降低，导致皮肤的弹性与紧实度下降，皮肤出现松弛和皱纹等提前衰老现象，光致老化也称为外源性皮肤老化。

19.1.1.4 皮肤光敏感

皮肤光敏感是指在光敏感物质的存在下，皮肤对紫外线的耐受性降低或感受性增高的现象，可引发光过敏反应和光毒性反应。皮肤上有光敏物质并受日光照射即可发生，主要有光敏性皮炎和植物日光性皮炎两种。

（1）光敏性皮炎 分为光毒性皮炎和光变应性皮炎。前者与日晒伤相似；后者为过敏反应，只在接触过敏物质再加日晒后引起，与皮炎、湿疹相似，光敏性皮炎在暴露部位或非暴露部位均可发生。

（2）植物日光性皮炎 服用或接触某种植物，如灰菜、槐花、无花果、芥菜及刺儿菜等含有呋喃香豆素的植物再加日晒即可引起。在面颈部、手背、前臂等受到日光照晒部位高度肿胀，皮肤发亮、坚实，皮肤潮红或呈紫红色，伴随出血、水疱及大疱，严重时皮肤发生坏死、溃疡。

19.1.1.5 免疫抑制与光致癌

免疫抑制与光致癌是指由于长期接受紫外线照射而引发皮肤恶性肿瘤，主要包括鳞状细胞癌、基底细胞癌和恶性黑素瘤等，其分子和细胞生物学机制包括 DNA 光产物的形成、DNA 修复、原癌基因和抑癌基因突变、紫外线诱导的免疫抑制等。通常情况下，皮肤癌是由于室外过度照射而产生的；皮肤癌发病的增加也与光敏药物和化学试剂如补骨脂素、煤焦油及石油混合组分的使用有关，其他的一些非光敏的物质如在体内产生降低免疫力的一些物质也会增加患皮肤癌的危险。

19.1.2 保湿滋润化妆品

保湿是皮肤护理类化妆品的基本功能，在整个化妆品中占有较高的比例。随着皮肤科学领域研究的不断深入，皮肤干燥已不再是一种个人感知，而是与毛孔粗大、色素堆积，甚至细纹和皱纹等皮肤问题都相关联。因此，在整个皮肤护理过程中保湿功效显得尤为重要。

皮肤的状态与含水量有着极为密切的关系，充足的水分是维持皮肤柔软和弹性最重要的因素之一。皮肤角质层中所含有的氨基酸、乳酸盐及糖类能使角质层保持适当的水分，维持皮肤的湿润与正常生理功能。健康的皮肤角质层通常含有 10％～30％ 的水分，以维持皮肤的柔软和弹性。随着年龄的增长、气候环境的变化等因素影响，皮肤角质层水分含量会逐渐降低。1967 年 Jacobi 发现在皮肤角质层中存在有吸附性的水溶性物质，它是角质层中起保持水分作用的物质，这类物质被命名为自然保湿因子（nature moisture factor，NMF）。一旦角质层受损或自然保湿因子减少，就会引起经皮水分流失（transepidermal water loss，TEWL）增加，当皮肤角质层的水分含量低于 10％ 时，皮肤外观就会显得干燥、紧绷，甚至是肉眼可见裂纹，继而表皮脱落、粗糙、无光泽，皮肤老化加速，皱纹增加。

维持皮肤的水含量，保证角质层的屏障功能也是美容护肤最重要的手段，同时保湿对其他功效活性物的吸收也有促进作用，因此对保湿滋润化妆品进行功效性评价具有重要的现实意义。要维持肌肤的湿润，除了要补充自然保湿因子的不足外，最重要的在于健全表皮角质细胞，强化真皮网状组织结构，增进两者的保水功能。使用保湿产品能促进皮肤表面的柔软性和平滑性，并延长这种效果的持续时间。这是因为角质层从产品中吸收水分而引起的吸留作用和即刻水合作用，增加皮肤的水分和降低皮肤表面水分的散失，使皮肤少受外界环境的影响。

19.1.3 抗衰老化妆品

抗衰老化妆品是重要的功效型化妆品之一。皮肤抗衰老是防止皮肤因时间推移而发生逐渐性的功能和器质性退化改变，根据皮肤的衰老机理可以探讨抗衰老的方法和途径。概括起来主要包括保护皮肤免受外界环境刺激、清除细胞内的过量自由基、对皮肤细胞进行修复和补充营养等。

皮肤衰老外观上以色素失调、表面粗糙、皱纹形成和皮肤松弛为特征，表现为皮肤色度、湿度、酸碱度、光泽度、粗糙度、油脂分泌量、含水量、弹性、皮肤和皮脂厚度、皱纹数量、皱纹长短及深浅等多种理化指标和综合指标的变化，因此通过比较抗衰老化妆品使用前后对皮肤衰老各方面特征的影响，可以较客观地评价抗衰老化妆品的功效，但这一过程较为复杂且是长期的。经过数十年的研究和探索，抗衰老化妆品的发展也日趋完善，完善现有的功效评价方法以及研究新型评价方法将是未来抗衰老化妆品领域中的一个重要任务。

19.1.4 美白祛斑化妆品

一直以来，美白祛斑都是人们热切关注的话题。东方人希望通过美白祛斑化妆品的使用得到白皙、光洁的皮肤，欧美消费者也利用功能型美白化妆品来减轻老年斑、黄褐斑等色素沉积。随着科技的不断发展，研究人员对黑色素生物机制合成的认识正不断深入。对黑色素产生的调控主要有黑色素合成酶的调节、黑素细胞的调节和黑色素的排泄等途径，相对应的皮肤美白剂包括黑色素合成酶抑制剂、黑素细胞增殖抑制剂、黑色素运输阻断剂、自由基清除剂、皮肤剥脱剂和遮光剂等。基于黑色素形成的复杂生物学机制以及美白活性成分可能同时作用多个靶点或者达到多种酶的抑制效果，化妆品美白祛斑功效需要在了解配方思路的基础上，多角度多层面进行综合评价。随着美白祛斑化妆品需求量的不断增加，投入使用的新型美白化学品越来越多，但是与之相应的美白功效检测方法仍存在许多不足，迫切需要对这些方法进行改进或寻找新的途径，以便能够更加准确地评价原料和产品的美白祛斑功效。

19.1.5　发用产品

头发既具有一定的生理功能，还负有与生活水平密切相关的美容作用和社会效应。同皮肤清洁一样，头发与头皮的清洁是美发的基础。由于头皮分布有皮脂腺，并与头发相连，使得皮脂腺分泌的皮脂与汗混合在一起形成皮脂膜，不断接触空气中的灰尘等，从而为微生物的繁衍造成了有利的环境。如果长时间不对头发进行清洁，不但肮脏不利于美观，而且有可能引发头皮屑、皮炎甚至脱发等疾病。另外，头发往往会由于机械性摩擦（如清洗、梳理、擦干毛发等）、高温加热、化学试剂处理（如染发剂、烫发剂等）、日光照射等原因，给头发带来发尾分叉、毛小皮角质层龟裂、皮质氨基酸氧化、角蛋白变性以及日光性损伤等。

头发的清洁卫生是头发护理的第一步，而护发用品的作用是使头发保持柔顺、自然、健康和美观的外表。除以上的这些基本要求外，还有一些其他的功能如修复受损的头发、抑制头屑或皮脂分泌等，发用产品已开始强调增强头发的营养、加强头发毛囊的养护等。随着洗发护发新原料和新产品的出现，也要求不断改进洗发护发产品性能的功效评价方法。

此外，人们为追求外在美，满足对自身审美和心理需求，对头发进行染色。染料在毛发表面或深入皮质、皮髓发生络合或偶合而产生色调不同的产物，从而改变头发颜色达到美化毛发的目的；也可通过烫发的作用改变头发的形态和形状，烫发剂中的还原剂使头发中半胱氨酸形成的二硫键被打断，断开的巯基再在新位置上重新形成二硫键而使头发纤维形成直线型或各种大小不一的波浪型，从而改变头发弯曲程度，并维持其相对稳定。频繁染发、烫发对人体有一定的影响，且其功效仅通过视觉、嗅觉等感官直接识别，现阶段还未建立完善的对染发、烫发产品的功效评价方法。

据有关统计，平均六个中国人中间就有一人有脱发症状，65%的男性在25岁以前已经开始脱发，30岁前脱发的比例占84%，脱发出现了低龄化趋势，中青年成了"脱发大军"的主力。脱发的原因多且复杂，市场上也出现了大量的生发、育发、防脱发化妆品。但这类防脱、生发类特殊用途化妆品的功效评价比较难定义，暂时没有一个实质性的标准来证实它的有效性。脱发是由很多种因素引起的，在使用育发类产品的同时还会受很多因素影响，难以进行单纯的评价。另外，育发类特殊化妆品功效评价的实验时间会比较长，至少需要几个月或半年时间才能看到效果。对育发类产品的疗效确定目前多为主观判定，这不利于育发产品疗效的科学定论，因此需要深入开发通过量化的客观疗效指标，如皮肤数字图像定量技术等功效性评价方法来评价生发育发类产品的效果。

19.1.6　控油祛痘化妆品

痤疮（青春痘）是发生于毛囊与皮脂腺的慢性炎症皮肤病，常发生在面部、脊背、胸部和身体其他脂肪含量丰富的部位，会严重影响外貌美观。其发生主要与性激素紊乱、痤疮丙酸杆菌大量繁殖、毛囊皮脂腺导管异常角化、皮脂腺分泌增加相关。针对轻度的痤疮以及有可能诱发痤疮的油脂分泌过多的皮肤，需要通过饮食和应用控油祛痘抑菌化妆品进行预防和辅助治疗，利用功能性化妆品的杀菌、保湿、清洁等优点调节皮肤油脂平衡，严重的痤疮皮肤疾病需要使用抗生素、激素等药物进行治疗。

随着生活环境的变化和生活节奏的加快，众多年轻人出现痤疮的症状。据有关统计，在中国约83%人群曾患有不同程度的青春痘，95.3%的年轻人群面部存在粉刺、痤疮、色斑、毛孔粗大、肌肤敏感等肌肤问题。不仅如此，由各种环境问题导致的成人痘问题也在泛滥。另一方面，近年来某些品牌的祛痘化妆品含有激素和抗生素的新闻不绝于耳，甲硝唑等抗生素具有抗菌和消炎的作用，对消除痤疮、粉刺等有一定效果，但长期使用会刺激皮肤，引起接触性皮炎，表现为红斑、水肿、糜烂、脱屑、渗出、瘙痒、灼热等，更严重的是导致对抗生素的耐药性，造成健康隐患。市场上也出现了很多宣传含中草药和植物提取物的祛痘产品，虽然此前有文件提及单一药材或制剂的祛痘效果，但制成化妆品成品（含有其他基质）后是否具有同等功效，需要对成品的祛痘效果进行综合性的评价。

19.2 化妆品功效性评价的内容

19.2.1 防晒功效性评价

化妆品功效性评价的类别包括染发、烫发、祛斑美白、防晒、防脱发、祛痘、滋养、修护、清洁、卸妆、保湿、美容修饰、芳香、除臭、抗皱、紧致、舒缓、控油、去角质、爽身、护发、防断发、去屑、发色护理、脱毛、辅助剃须剃毛及新功效等。本节以防晒、保湿、抗衰老、祛斑美白、发用化妆品、控油祛痘为例说明化妆品功效性议价的内容。

伴随着对紫外线于皮肤危害的深入认识，防晒化妆品已进入消费者的日常生活。随着各种防晒剂及新型防晒化妆品的开发研究，为了保证其安全有效性，就必须采取适当的方法对防晒化妆品的防晒功效进行科学、正确的评价。

一般用防晒指数 SPF（sun protection factor）来衡量防晒化妆品对中波紫外线 UVB 的防御能力。对长波紫外线 UVA 则采用防护指数 PFA（protection factor of UVA）来衡量，根据所测 PFA 值的大小，又可用 UVA 防护等级 PA（production of UVA）表示产品对长波紫外线的防护效果。

由于防晒化妆品尤其是高 SPF 值产品通常在夏季户外运动中使用，季节和使用环境的特点要求防晒化妆品具有抗水、抗汗性能，即在汗水的浸洗下或游泳情况下仍能保持一定的防晒能力。因此还需要对防晒化妆品进行抗水性能测试。如产品宣称具有抗水性，则所标识的 SPF 值应当是该产品经过 40min 或 80min 的抗水性试验后测定的 SPF 值。

19.2.2 保湿滋润功效性评价

保湿能力是护肤化妆品最基本的功能，评价化妆品对皮肤的保湿效果，实际上就是测试和评价化妆品对皮肤水分的保持作用。为正确地了解化妆品的保湿功能，研究人员通过长期的研究找到了多种皮肤保湿功能的评价方法，可从保湿产品中所含活性成分、皮肤角质层含水量、经皮水分散失量（TEWL）、皮肤弹性及皮肤粗糙度等方面来分析评价保湿产品对皮肤的保湿性能。

保湿化妆品作为消费主流一直保持着良好的发展态势，保湿功效评价涉及的物理化学法、细胞生物法、体外细胞模型法、主观评估法和客观仪器评估法等方法各有优劣，评价时应结合化妆品的配方设计及功效原料的作用机制，从不同层面、不同角度系统地进行保湿功效评价。

19.2.3 抗衰老功效性评价

皮肤衰老是随着年龄的增长逐步发生的细胞以及结构损伤累积，根据 1956 年英国学者 Denham Harman 提出的自由基学说，自由基产生与消除的平衡破坏是导致皮肤自然衰老和光老化的主要原因。因此，是否具有清除自由基的能力是评价抗衰老化妆品或活性成分的重要指标之一。

成纤维细胞具有合成和分泌蛋白质的功能，也可合成和分泌胶原纤维、弹性纤维、网状纤维及有机基质等，来修复受损皮肤延缓皮肤老化。因此可测定成纤维细胞的增殖能力来判定皮肤细胞衰老的情况，进而评价抗衰老化妆品的功效。

皮肤衰老时表皮角质层变薄，角质层中天然保湿因子含量减少，皮肤水合能力降低，皮肤水分更新换代增加，同时细胞皱缩，组织萎缩，出现组织学结构和形态学改变而使皮肤逐渐出现细小皱纹，故而也可通过测定皮肤水分和皱纹来间接反映皮肤衰老的程度。皮肤弹性随皮肤衰老而降低，因此皮肤弹性也是判断皮肤衰老的重要特征之一。

抗衰老人体评价的方法有很多，包括专家评分、高品质的图像分析、经皮水分流失、角质蛋白的变化以及红斑和干燥的临床数据等，但是要获得对化妆品客观、公正的评价结果，仅仅靠仪器设备是不够的，还需要建立一个多层次多方位的评价系统，完善现有的功效性评价方法以及开发新型评价方法将是未来抗衰老化妆品领域中的一个重要任务。

19.2.4　祛斑美白功效性评价

黑素细胞内的黑素体合成黑色素主要靠酪氨酸酶催化。该酶是一含有约 10% 血清型糖链的膜结合型糖蛋白，有酪氨酸羟基酶和多巴羟基酶两方面活性。前者将酪氨酸转变成多巴（二羟基苯基丙氨酸），后者将多巴转变成多巴醌。可以通过评估美白祛斑活性成分对酪氨酸酶的抑制率和对自由基的清除率来表征其功效，如通过体外酪氨酸酶抑制法、抑制 L-多巴氧化法和 DPPH 分析法等方法来间接评价化妆品的美白祛斑功效。对一些美白祛斑机制和量效关系较为明确的美白成分，可通过分析仪器如高效液相色谱仪（HPLC）、气相色谱仪（GC）对化妆品中美白成分的种类及含量进行测定，从而间接表征其美白祛斑功效。这类方法适用于美白活性成分的高通量初步筛选，但并不能准确、客观地反应其用于具体配方并施用于人体皮肤上的实际效果。

视觉直接评估或借助客观仪器，观察涂敷美白剂前后肤色特征指标的变化，这类方法可直观反映各种不同机制的美白化妆品对皮肤的最终效果，但其指标复杂、成本高、周期长、实验形式受限。随着生物技术、计算机图像识别技术尤其是基因芯片技术和基于互联网的大数据技术的快速发展，为进一步准确了解美白祛斑机理、全面科学进行功效评价提供了技术支持，这也是未来化妆品功效性评价方法的发展趋势。

19.2.5　发用化妆品功效性评价

发用化妆品是个人护理用品中产销量最大的产品，其功能诉求已从简单的以清洁为目的的基础功能，向柔软顺滑、损伤修复、水润亮泽、去屑止痒、营养防脱发等多功效发展。深入探索发用化妆品的作用机理，建立易于操作、耗时少、结果准确的发用化妆品功效评价方法，有益于发用化妆品企业开发性能优良的产品及合理引导消费。

对发用化妆品进行清洗效果测评、梳理性测评、柔顺效果测评、抗静电性测评、光泽度测评、水分含量测评、损伤修复测评、致敏性测评、抑菌性测评，所有的这些传统的感官实验和以头发为检测对象的仪器检测技术还是以头皮为实验模型的生物学方法，其实验条件都相对简便、经济。但发用化妆品功效发挥与两方面的因素有关，一是活性成分自身具有功效；二是该活性成分能以一定浓度有效传送至作用位点（淋洗类和驻留类）。因此需要运用多种方法，对比验证与感官实验结合，才能得出多角度、系统性的结论。

我国对个人护理品进行安全性评价已被提上标准化和法制化日程，而功效评价特别是发用化妆品的功效评价现阶段还是市场导向的开发形式，缺乏测试程序、仪器设备、实验材料的规范，也暂未形成行业内可参考的评价标准。因此，需要对发用化妆品的功效评价方法进行验证并完善标准化体系，这对于维持市场秩序，避免夸大宣传也有积极的意义。

19.2.6 控油祛痘功效性评价

祛痘功效性评价除评价其控油作用外，还要考察产品的抗绿脓杆菌、大肠杆菌、白色念珠菌、金黄色葡萄糖菌、痤疮丙酸杆菌等的能力以及溶解粉刺和角栓的能力，多通过痤疮丙酸杆菌抑制实验和使用祛痘化妆品前后痤疮患者面部皮损消退的程度来反应。也可以通过评价化妆品减少皮脂分泌作用和抗炎症作用来检验其祛痘功效。另外，还可以通过人群试用调查来评价产品的控油祛痘功效（痊愈、显效、有效、无效）。在评价控油祛痘功效性的同时，要特别注意同时评价该类产品的安全性和刺激性。

19.3 化妆品功效性评价方法

化妆品功效评价试验方法包括人体功效评价试验、消费者使用测试和实验室试验。人体功效评价试验是指在实验室条件下，按照规定的方法和程序，通过人体试验结果的主观评估、客观测量和统计分析等方式，对产品功效宣称作出客观评价结论的过程；消费者使用测试是指在客观和科学方法基础上，对消费者的产品使用情况和功效宣称评价信息进行有效收集、整理和分析的过程；实验室试验是指在特定环境条件下，按照规定方法和程序进行的试验，包括但不限于动物试验、体外试验（包括离体器官、组织、细胞、微生物、理化试验）等。本节介绍人体功效评价、实验室试验常见的化妆品功效性评价方法。

19.3.1 防晒化妆品功效性评价方法

19.3.1.1 SPF/PFA 值人体测定法

防晒化妆品对于紫外线的防护有两个关键指标，其中 SPF 指数用来评定对 UVB（280～320nm）的防护能力；PA 等级用来评定对 UVA（320～400nm）的防护水平。防晒指数 SPF，也称为日光防护系数，指引起被防晒化妆品防护的皮肤产生红斑所需的最小红斑量（minimal erythema dose，MED）与未被防护的皮肤产生红斑所需的 MED 之比，为该防晒化妆品的 SPF。SPF 值越大，防晒效果越好。SPF 用式 19-1 表示。

$$SPF = \frac{使用防晒产品防护皮肤的\ MED(MED_P)}{未防护皮肤的\ MED(MED_u)} \qquad (19-1)$$

其中，最小红斑量（MED）为引起皮肤清晰可见的红斑，其范围达到照射点大部分区域所需要的紫外线照射最低剂量（J/m^2）或最短时间（s）。

最小持续性黑化量（minimal persistent pigment darkening dose，MPPD）即辐照后 2～4h 在整个照射部位皮肤上产生轻微黑化所需要的最小紫外线辐照剂量或最短辐照时间。

UVA 防护指数 PFA：引起被防晒化妆品防护的皮肤产生黑化所需的 MPPD 与未被防护的皮肤产生黑化所需的 MPPD 之比，为该防晒化妆品的 PFA 值。PFA 用式 19-2 表示。

$$PFA = \frac{使用防晒剂防护皮肤的\ MPPD}{未防护皮肤的\ MPPD} \qquad (19-2)$$

我国对防晒剂 UVA 防护效果的标识，是根据所测 PFA 值的大小，在产品标签上标识 UVA 防护等级 PA 值。PFA 值只取整数部分，按表 19-1 换算成 PA 等级。

表 19-1　PFA 值与 PA 等级换算

PFA 值	PA 等级	PFA 值	PA 等级
<2	无 UVA 防护效果	4~7	PA++
2~3	PA+	≥8	PA+++

19.3.1.2　仪器测试法

利用仪器测试的方法进行体外试验也可以测试防晒产品的防晒效果。常用的方法有紫外分光光度计法和 SPF 仪测试法。二者原理大致相同，即根据防晒化妆品中紫外线吸收剂和屏蔽剂可以阻挡紫外线的性质，将防晒化妆品涂在特殊胶带上，用不同波长的紫外线照射，测试样品的吸光度，依据测试值大小直接评价防晒效果。SPF 仪器法增加了特殊的软件程序，将测试结果及其他试验因素转换成 SPF 值直接显示。

19.3.1.3　抗水性测试

目前的抗水性能测试标准是基于产品水浸前后 SPF 值的测定。在 2015 版的《化妆品安全技术规范》人体功效评价检验方法中规定了防晒化妆品抗水性能的测定方法。该方法分一般抗水性测试（40min）和强抗水性测试（80min）两个级别，如产品宣称具有抗水性，则所标识的 SPF 值应当是该产品经过抗水性试验后测定的 SPF 值。该测试方法和欧洲化妆品盥洗用品及香水协会（COLIPA）等机构发布的测试方法类似，都是通过测量水浸之前和水浸之后的 SPF 值来评价抗水性能。抗水保留分数（water resistance retention，WRR）的定义如式（19-3）所示。

$$WRR = \frac{(SPF_{iw} - 1)}{(SPF_{is} - 1)} \times 100 \qquad (19-3)$$

其中，SPF_{iw} 和 SPF_{is} 分别是个体水浸之后和水浸之前的 SPF 值。若平均％WRR 值的 90％可信区间（CI）大于或等于 50％且水浸前 SPF 值均数的 95％可信区间不超过均数的 17％，就说明被测样品具有抗水功能。然而该方法测试过程中红斑的形成是相当复杂的光化学过程，并且在测量中经常发现 SPF 值存在 20％～30％的误差。

19.3.2　保湿化妆品功效性评价方法

19.3.2.1　保湿活性成分检测和分析

护肤品基质中的水本身也对皮肤保湿起了一定的作用，但起功效的更多的是保湿剂，常用的保湿剂分为天然保湿剂和化学合成保湿剂。其中天然保湿剂包括角鲨烷、霍霍巴油、蜂蜜、透明质酸、神经酰胺、丝蛋白类保湿剂、胶原蛋白、芦荟等提取物；化学合成保湿剂包括多元醇类保湿剂、乳酸钠、葡萄糖衍生物、聚丙烯酸树脂、蓖麻油及其衍生物、吡咯烷酮羧酸钠等化学合成物。用分析检测等方法可测定保湿化妆品中这类活性物质的种类与含量，以此判断其保湿效果。如气（液）相色谱、色谱-质谱联用等仪器方法分析测定保湿化妆品中有效成分的种类和含量。但这种对保湿活性成分的检测和分析方法只能够间接地说明化妆品可能具有保湿效果，不能准确测定保湿功效优劣。

19.3.2.2　体外称重法

称重法是根据各种保湿剂对水分子的作用力不同，在仿角质层、表皮等生物材料上模拟人涂抹化妆品的过程，其吸收水分和保持水分的能力也不同。一种方法是吸湿试验，在某一恒温恒湿环境中，根据干燥样品吸湿前后的质量比较来得出其吸湿率；另一种是保湿试验，它是吸湿后的试样继续在同一条件下放置，根据试样继续放置前后的质量差来得出保湿率，从而评判保湿产品的保湿性能。例如选用适当大小的框架或石英板贴上 3M transpore 胶带，将样品用量为 $2mg/cm^2$ 的保湿化妆品涂敷在贴有胶带的玻璃板上，放进干燥器一定时间后称重，计算保湿率。保湿率的公式，如式（19-4）。

$$保湿率(\%) = \frac{M_2}{M_1} \times 100\% \tag{19-4}$$

式中，M_2 为放置后试样重量，M_1 为放置前试样重量。体外称重法简单可行，体现了相对湿度对吸湿和保湿效果的影响，但其受温度、湿度等环境条件的影响，也不能完全反映活体皮肤使用的状况。

19.3.2.3　角质层水分含量测定法

测量角质层水分含量的方法包括直接测量法和间接测量法。利用核磁共振光谱仪、衰减全反射-傅里叶变换红外光谱法或近红外光谱仪等直接对水分子进行检测的方法准确可靠。其中，活体拉曼共聚焦显微镜能对角质层水分在不同深度的分布状态进行精确分析，但由于其测量要求高，仪器设备昂贵，未得到广泛运用。利用皮肤角质层的电生理特性，间接测量角质层水分含量的方法简便易行，已被皮肤科研及化妆品领域研究者广为接受，角质层中的水分可增加皮肤表层的电导，可测其电导值来表明皮肤角质层的水分含量高低。通过高频电导装置法测定使用化妆品后皮肤的电导率，与皮肤未使用化妆品之前的电导率进行比较，即可得出化妆品的保湿效果。另外还可对使用不同化妆品后所测电导值进行比较，也可以对同种化妆品的长期使用效果进行测试。

19.3.2.4　经皮水分散失测定法

经皮水分散失又称透皮失水，是反映角质层屏障功能的常用指标，其计量单位是 $g/(cm^2 \cdot h)$。TEWL 值不能直接表示角质层的水分含量，但能表明角质层水分散失的情况，可反映皮肤角质层的保水能力，结合水分含量等仪器测得的皮肤水分含量，能较全面综合地评价保湿化妆品的保湿效果。

TEWL 值高则说明经皮肤散失的水分多，角质层的屏障效果不好。使用化妆品后，TEWL 值应明显降低，且差值越大，说明化妆品保湿效果越好，使用化妆品使角质层的屏障功能明显增强。可以进行不同化妆品保湿性能的比较，还可进行长时间皮肤水分散失情况的监测。

19.3.2.5　皮肤粗糙度测试和弹性测定

人体皮肤的细腻程度、纹理的变化等外观状态和感官印象，以及弹性的大小、拉伸量和回弹性等可以直接地反映出其护理情况，间接说明皮肤水分保持状态。皮肤的健康状况与水分密切相关。用皮肤皱纹测试仪测定皱纹的多少和深浅及皮肤弹性测定仪测试皮肤弹性也可间接反映皮肤含水量。

19.3.3　抗衰老化妆品功效性评价方法

目前，国内外对化妆品抗衰老功效没有统一的评价标准，多数方法聚焦于抗氧化、抑制胶原蛋白降解和细胞衰老等机理。抗衰老化妆品的功效评价可分为体外评价和人体评价。

19.3.3.1　清除自由基能力测定

根据自由基伤害理论，自由基量产生是导致皮肤自然衰老和光老化的主要原因。因此，是否具有清除自由基的能力是评价抗衰老化妆品或原料的重要指标之一。目前评价清除自由基的能力的指标主要有：清除二苯代苦味酰基自由基（DPPH）能力、清除超氧阴离子能力、清除羟自由基能力。

19.3.3.2　成纤维细胞体外增殖能力检测

人皮肤成纤维细胞的体外分裂寿限与供者的年龄呈负相关，供者年龄每增加一岁，其细胞的体外分裂寿限降低 0.2 代。为了检测抗衰老样品对细胞衰老的影响，在细胞体外传代的培养液中加入一定浓度的受试物溶液，进行传代培养，记录各组传代的间隙天数，以此来评价抗衰老化妆品对成纤维细胞体外增殖能力的影响。

19.3.3.3　炎症因子、炎症介质抑制测定

紫外线、生物和化学因素均可诱导产生炎症因子或炎症介质，导致蛋白质、脂质与糖类发生非酶糖基化反应，生成脂褐素等无法代谢的产物，同时可刺激黑素细胞产生黑色素，引起色素的沉积，存留于皮肤中，引发老年斑。可通过酶联免疫吸附试验、蛋白质免疫印迹等方法测试产品对炎症因子、炎症介质的抑制效果，评价其延缓皮肤衰老功效。

19.3.3.4　基质金属蛋白酶-1（MMP-1）活性抑制实验

MMP-1 又称胶原酶-1，是导致皮肤出现皱缩、细纹等衰老症状的最主要的酶。采用分光光度法检测产品对基质金属蛋白酶活性的抑制情况，可以评价其抗衰老功效。

19.3.3.5　细胞表达胶原蛋白实验

皮肤中胶原蛋白的流失，会造成皮肤松弛、弹性下降、细纹增多且不断加深，呈现衰老迹象。人体皮肤中的胶原蛋白主要为 I 型和 III 型。其中，I 型胶原蛋白约占 70%，III 型胶原蛋白约占 30%。皮肤出现老化时，胶原蛋白含量逐渐降低，两者比例发生倒置，同时胶原变粗，出现异常交联。可采用免疫细胞化学法等方法，对引起 I 型、III 型胶原蛋白及其他相关蛋白、基因、酶改变的标记物进行测试，评价产品抗衰老功效。

19.3.3.6　线粒体膜电位实验

线粒体膜电位的变化与细胞凋亡密切相关。通过测试线粒体膜电位的提升情况，可以评价皮肤的衰老状况，间接评价产品的抗衰老功效。

19.3.3.7　细胞凋亡实验

皮肤的细胞凋亡是正常的生理现象，随着年龄的增长，真皮中的成纤维细胞会逐渐凋亡。此外，UVA 照射会引起细胞损伤，造成皮肤光老化。通过紫外线照射体外培养的成纤维细胞来诱导细胞凋亡，同时加入抗氧化物质，用显微镜观察细胞是否出现解体、排列紊乱、脱颗粒等现象，可分析细胞的凋亡率。此外，还可结合抗炎测试，综合评价抗氧化物质对抑制细胞凋亡的作用，反映产品的抗衰老功效。

19.3.3.8　皮肤微循环测试

皮肤微循环系统是个复杂的系统，也是皮肤的重要结构。作为皮肤屏障的重要组成部分，皮肤微循环系统起着储存血液和营养皮肤的重要作用。皮肤血流量是评价皮肤微循环情况的重要标准。研究表明，年轻人皮肤血管排列整齐，年龄较大者血管扩张、扭曲、排列不规则。总体上，随着年龄的增长，皮肤血流量增加，但由于皮肤微循环还受其他因素影响，所以在评价化妆品原料或产品的抗衰老功效时，一般只作为辅助指标。常用的测试仪器为激光多普勒成像仪。

19.3.3.9　皮肤弹性测定

皮肤弹性是衡量皮肤衰老程度的重要指标。皮肤弹性主要由皮肤胶原纤维、弹力纤维的数量和排列关系决定。随着年龄的增加，皮肤中可溶性胶原纤维减少，不溶性胶原纤维增

加，皮肤的伸展度随之减少，皮肤弹性降低。使用特定仪器测试皮肤弹性，可以评价产品延缓衰老的功效。

19.3.3.10　皮肤纹理和皱纹的测定

皮肤纹理和皱纹的测定方法，包括皮肤硅胶复膜样品的制备和皮肤纹理与皱纹的测量方法，皮肤硅胶复膜样品的制备依次为用超细硅胶在被测部位复膜，经固化稳定后作复膜横断切片，切片的横断面按顺序排列，制得复膜样品待测；将以横断面按顺序排列的复膜样品的外形轮廓放大摄像并输入计算机，经计算机图像分析系统，逐个测量皮肤复膜样品近皮肤侧表面凸起的高度，得到人体皮肤皱纹的三维图像，经过数字化仪处理输入到计算机中，通过专用软件处理和分析数据，得到皮肤皱纹即皮肤粗糙度的各种数据和参数。

19.3.4　美白祛斑化妆品功效性评价方法

化妆品美白祛斑功效评价方法有美白成分分析法、酪氨酸酶活性测定法、黑色素含量测定法等，也可结合人体试验的方法来进一步评估化妆品的美白祛斑功效。

19.3.4.1　美白活性成分分析

通过分析仪器对化妆品中美白祛斑活性物质的种类与含量进行测定，如通过色谱、质谱等仪器进行分析检测，分析测定美白化妆品中有效成分的种类和含量，以评估其美白效果。活性成分分析法仅通过已知的美白功效成分（如熊果苷和烟酰胺等）对美白效果进行推测，不能反映出由多种成分组合在一起的产品的整体效果，在实际应用中有较大的局限性。

19.3.4.2　酪氨酸酶活性测定

酪氨酸酶活性检测方法有放射性同位素法、免疫学法和生化酶学法，其中以生化酶学法较为简单成熟。酶可以是从蘑菇中得到的酪氨酸酶，也可以从 B-16 黑素瘤细胞或动物皮肤中得到，可将美白剂加入酶-底物反应体系中，在不同时间段内计算吸光度值的差值，作为评价酪氨酸酶活性高低的指标。

在测定美白活性物质对酪氨酸酶活性的抑制作用时，常用半数抑制量 IC_{50} 或 ID_{50} 来表示其抑制效果。IC_{50} 或 ID_{50} 值越小，表明活性物质的抑制作用越大。酶实验法简单易行，无需动物实验或细胞实验的琐碎步骤，实验结果可快速得到。但酶法仍需结合各种实验方法，才能准确评价化妆品的美白祛斑功能。

19.3.4.3　黑色素含量测定

美白祛斑化妆品功效性评价的最重要检测指标，就是细胞中黑色素含量测定，无论通过何种途径作用，其美白祛斑效果的判断要以黑素细胞中黑色素含量降低为标准。该方法以 B-16 黑素瘤细胞作为研究对象，通过测定细胞中黑色素总量，以判断样品的美白祛斑效果。

（1）显微镜观察法　显微镜下观察培养的 B-16 黑素瘤细胞中的黑素颗粒的色调，判断美白祛斑原料抑制黑素合成的效果。还可以将细胞经离心等步骤，释放出细胞颗粒，并在波长 420nm 测定吸光度，计算黑色素总量。

（2）生物化学-分光光度法　此方法经典稳定，但需要将被测细胞破碎，专门提取黑素进行比色分析，从而导致操作步骤比较繁琐，实验要求高，使其应用受到一定的限制。

（3）细胞图像分析技术　该技术是近年来迅速发展的组织中物质定量检测手段，细胞图像分析系统显微镜、摄像系统、计算机和图像分析软件，研制初期主要用于正常组织中物质含量测定，它通过定区、定放大倍数来测定特殊染色物质像素量的多少，以对被测物质定量。该方法简便、快速、准确，因此逐渐被引用于正常组织中物质含量测定。

19.3.4.4　动物试验法

　　动物试验法一般采用棕色或黑色成年豚鼠 10 只，将其背部刮毛形成若干去毛区，然后用棉棒将化妆品依次涂布一圈，每日 2 次，并设空白对照，通过紫外线照射动物皮肤，使皮肤形成色素斑。28 天后取皮肤活组织，固定、包埋、切片，进行组织学观察，对基底细胞中含黑素颗粒细胞计数及多巴阳性细胞计数。该方法使用黄棕色豚鼠，其皮肤黑素细胞和黑素小体的分布近似于人类，试验结果重复性好，较小鼠模型更宜用于研究化妆品的美白功能。

19.3.4.5　人体皮肤试验

　　人类的肤色有白色、黄色、黑色、棕色等不同种类。对于皮肤颜色变化的判定，最初采用目测法，但这种方法受观察者的光感差异、观测时的照明光源影响很大。近年来，国际上普遍采用国际照明委员会（CIE）规定的色度系统（Lab 色度系统）测量皮肤颜色的变化。通常认为该方法量化比较准确，能够反映皮肤颜色空间多维的变化，使肤色的量化更可靠。通过人体皮肤试验评价美白化妆品的方法如下。

　　（1）正常皮肤试验　受试部位一般选择前臂皮肤，以避免光照对皮肤色度的影响。一侧为试验区，另一侧为对照组。将美白剂涂于皮肤，观察涂敷美白剂前后肤色的变化，根据皮肤色度减退程度评价美白剂的功效。

　　（2）紫外线照射黑化试验　用 UVA 或日光模拟器照射前臂内侧或背部皮肤，造成人为的黑斑，观察使用美白祛斑化妆品的褪色效果。

　　（3）临床对比试验　选择面部肤色正常的志愿者或面部有色素沉着的患者，比较使用美白祛斑化妆品前后或试验品与对照品的面部色素改变，评价产品效果。

19.3.5　发用产品的功效性评价方法

19.3.5.1　洗发香波对头发的作用效果评价

　　（1）头发静电和梳理性的测定　静电测定方法有测定发束样品的电位及施加一定电压后测定头发放电速度两种方法，其中用振动容量型电位计测定电位比较方便。一般来说，护发产品处理后的发束带电压比只用洗发香波处理的发束要低得多，程度有时可达一半或三分之一，也可通过视觉比较观察得到。

　　头发使用香波或护发素后，其梳理性应有明显改善。头发梳理性的测定就是在头发干态和湿态两种状态下，通过测定机械梳子在梳理头发过程中所遇到的阻力及阻力变化情况来判断头发梳理性能的优劣。梳理力越小，则说明头发梳理性越好。

　　（2）头发柔软、顺滑性的测定　影响头发柔软、顺滑性的要素主要有两个，即头发表面的摩擦力及头发本身的刚度。通过张力摩擦力测试仪测试一定规格头发束所需的拉动力得出摩擦力，使用纯弯曲试验机测定头发的弯曲刚度评价其柔软性。

　　（3）头发飞发、毛糙的测定　头发飞发、毛糙的测定可通过图像分析法来完成。图像分析系统将头发样品进行拍照，然后将所得图像输入微机，并用相应的软件进行图像分析测出飞发、毛糙在整体头发中所占的比例。一般护发效果越好，头发中飞发和毛糙的比例越小。

　　（4）头发光泽度的测定　头发光泽可通过测量头发表面反射光的强度来测定。直接对发束予以主观评价，易为人们所接受，但须保证头发的平整度，且要多次评价。也可采用仪器测定，在一定范围内改变光度检测探头与头发长轴方向的相对角度，测定反射光强度。

　　（5）头发拉伸强度的测定　头发的强度一般可通过应力应变的测试来评价。拉伸试验可在张力计上进行，测定头发的应力-应变曲线，从以下几方面来分析：测定屈服点处的应力；

测定头发根部和发梢部的屈服点应力；测定头发伸长 20％时的应力；测定头发断裂点的应力等。

（6）头发水分含量的测定　头发水分含量的测定方法有很多，包括质量法、卡尔·费休法、热分析法、高频容量法、近红外线反射法、核磁共振法、动态蒸汽吸附法（DVS）等。

19.3.5.2　染发剂对头发的染发效果评价

（1）客观评价　颜色测量：头发染色后，一般采用三色刺激值色度计和分光比色计对头发进行大量测试，对各次颜色差别进行评估，取平均值得出精确且可重复的测量结果。仪器测量法能排除测定者的主观因素，较准确地测量头发的色度。

颜色坚牢度测量：一种方法是对发束进行染色后，经过特定次数的洗发后，用色度计测定发束的色度，评估染料的着色能力和产品的抗洗性能，色差越大，说明被测样品越容易褪色；另一种方法是将洗发这一过程替换为日光照射，通过控制紫外辐射的强度，评估产品的耐光性来说明产品颜色的坚牢度。

（2）感官评价　用感官分析的方法来评估染发剂，即用视觉评价头发的着色效果、光亮度、发量、均匀混合、渗透性等；用触觉评价头发的柔软度、黏稠度等；用嗅觉测量和鉴定头发的气味。

19.3.5.3　烫发剂对头发的烫发效果评价

（1）烫发产品功效性评价　在正常情况下，头发是不易卷曲的，只有当头发结构内的化学键（二硫键、盐键、氢键、酯键等）断裂，即头发软化后，借助外力卷曲或拉伸头发，最后修复软化过程中所破坏的化学键，对卷曲的头发进行定型，才能达到烫发的目的。这种烫发的效果评价可通过下面两种方法进行评估。

Kirby 法：该方法由 D. H. Kirby 提出，后经多人改进，已广泛用于测定头发的卷曲效果。它是借助冷烫法将头发浸入冷烫液一段时间后取出，洗去冷烫剂后测量头发卷曲峰高，计算得出卷发效果的。

螺旋棒法：将一束自然形状的头发绕自身卷成几卷（螺旋状），在特定的温度和时间条件下用待测产品处理发卷，同时对发卷施加一定的应力以使其维持这个形状，然后把发束的一端松开使整束头发自由松弛。通过计算处理后的螺旋数与处理前的螺旋数比率可以评估烫发产品的功效。将发卷浸入热水中，通过计算浸入前后螺旋数之比可以评估烫发的维持度。

（2）烫发剂对头发损伤的评价方法　扫描电镜（SEM）观察头发受损：扫描电镜是观察烫发对头发毛表皮影响的最直观的方法。头发随烫发次数的增多受损越来越严重，通过电镜扫描可观察到愈来愈多的毛鳞片翻卷、鼓起甚至脱落。这种方法直观，说服力强，已大量用于平面商品广告中。

张力仪测量烫后头发的梳理功和头发的拉伸性质：烫发剂对头发具有一定的损伤作用，特别容易造成毛表皮的脱落或不可逆的物理性破坏。严重影响头发的顺滑性、梳理性、光泽度甚至柔韧性和弹性。通过头发的梳理性来反映烫发剂对头发的损伤程度是最简便、直接的方法。国际上也有报道用测量发束的梳理功来评价烫发剂的质量。梳理力是指头发对梳子的摩擦阻力，梳理功是梳理力和梳理行程的乘积，梳理功越小，头发越易于梳理。实验中一般通过张力仪记录头发对梳子摩擦阻力曲线，通过曲线下面积计算梳理功。此外，头发最大张力与烫发次数呈明显相关性，头发所能承受的最大拉力和折断功随烫发次数的增加而明显下降，因此，根据张力仪测量烫发液处理后头发所能承受的最大机械张力可评估烫发液对头发的影响。

循环拉伸疲劳试验：循环拉伸疲劳试验为评价头发的损伤程度和护发素的配方筛选提供

了一种独特的方法。测量头发的拉伸性质容易观察到烫发处理所引起的强度变化，但这种变化只能反映头发皮质部的受损情况，而不能反映毛表皮的受损情况。采用循环试验机对头发进行拉伸疲劳试验，分析头发在其寿命期内品质下降的程度，即通过反复加力于发丝，可以模拟它们在烫后所受到的头发损伤，并且考察对这种日益加剧的损伤的承受能力。

19.4　化妆品功效性评价测试仪器

　　化妆品功效的好坏与两方面的因素有关：一是活性成分自身的功效；二是该活性成分必须有效地以一定浓度被传送至作用位点，将生物技术和现代仪器分析手段相结合来评价化妆品的综合功效，是今后化妆品功效性评价的发展趋势。随着现代物理学、光学、电子学、生物学、信息技术和计算机科学的发展，皮肤参数的无创性测量技术已经得到了前所未有的发展。通过这些技术所开发的新型仪器设备可动态地测量皮肤表面的水分、酸碱度、油脂、弹性、色泽、粗糙度以及毛发的物理性质、生化性质及其变化规律。此外，3D成像技术也在化妆品功效性评价方面发挥越来越重要的作用。这类功效性评价仪器较少受主观因素的影响，具有无创性、简明直观等特点，已在现代化妆品功效性评价研究中得到了广泛的应用。

19.4.1　皮肤测试类仪器

　　皮肤是人体最大的器官，覆盖于整个人体的体表，为人体免疫系统的第一道生理屏障，起到了非常重要的屏障作用。在各种化妆品功效性评价的仪器中，皮肤测试类仪器是最常见的，其在化妆品功效性评价中的地位和作用也非常重要。

19.4.1.1　皮肤油脂测试仪

　　皮肤表面油脂的测试主要用于化妆品控油功效宣称的证实。

　　皮肤油脂测试仪的测试原理是基于油斑光度计的原理，仪器探头将一块特殊消光胶带贴压在被测试皮肤上，油脂吸附在胶带上，从而增加了胶带的透明度。透明度与油脂的量成比例，吸收的油脂越多，透光量越大。这种特殊的透明胶带保证了只测试皮肤的油分而不测试水分。此方法是一种油脂腺分泌物的间接测量法，结果可以用来区分油性、干性等不同的皮肤类型。该方法需要仪器的探头顶端具有恒定的压力，以保证油脂测试的重复性和准确性，其油脂测量单位为 $\mu g/cm^2$。

　　另外一类皮肤油脂测试仪的测试原理是石英晶体微量天平技术，测试时该仪器的石英晶体传感器从皮肤吸收油脂，皮脂会改变石英晶体传感器的振荡频率，频率的变化与传感器上吸收的皮脂数量成比例关系，从而可以根据频率的变化计算出传感器吸收皮肤油脂的量。

19.4.1.2　皮肤水分测试仪

　　利用皮肤角质层的电生理特性，间接测量皮肤角质层含水量的方法简便易行，已被皮肤科研及化妆品领域研究者广为接受。皮肤表面的电学参数与其含水量紧密相关，目前主要采用三种电学参数来间接反映角质层含水量，包括电容、电导、电阻。这三个参数都与角质层含水量密切相关但相互不完全对等。一般来说，电容法在干燥皮肤的测试中精确度更高，而电导法则能更准确地测量湿润度高的皮肤。

　　还有一种皮肤水分的测试方法是在测试部位产生一个 300MHz 高频率、低能量的电磁波，电磁波的一部分能量被组织水分吸收，而反射波含有组织水含量信息。反射回的电磁波被记录，获得的读数是一个电介质常数，它与所测试的组织的水分含量成比例关系。该组织介电常数，被转换为水分含量百分比显示于仪器显示屏上。这个数值随着水分含量和水肿的增加而增加。

19.4.1.3　皮肤水分流失测试仪

经皮水分流失率表示水通过皮肤角质层正常和持续扩散的物理参数，是反映人体皮肤屏障功能好坏最重要的指标。皮肤屏障越好，皮肤水分流失 TEWL 的数值就越低，经皮水分流失的速度越慢，皮肤水分的含量就会越高。在检测和评价化妆品、保健品和药物对皮肤的功效方面，皮肤水分流失 TEWL 测试仪是一种非常有效的仪器。

仪器的测试原理来源于菲克（Fick）扩散定律：

$$\frac{\mathrm{d}m}{\mathrm{d}t} = -D \times A \times \frac{\mathrm{d}p}{\mathrm{d}x} \tag{19-5}$$

式中，$\mathrm{d}m/\mathrm{d}t$ 为每小时蒸发的水分量，g/h；m 为水分的扩散量，g；t 为时间，h；D 为扩散常数，$g/(m^2 \cdot h \cdot mmHg)$；$A$ 为测试面积，m^2；$\mathrm{d}p/\mathrm{d}x$ 为上下两个传感器之间的压差，mmHg。

仪器使用特殊设计的两端开放的圆柱形腔体（圆柱体直径 $\varphi = 10mm$，圆柱体高度 $H = 20mm$）测量探头在皮肤表面形成相对稳定的测试小环境，通过两组温度、湿度传感器测定近表皮（约 1cm 以内）由角质层水分散失形成的在不同两点的水蒸气压梯度，直接测出经表皮蒸发的水分量。开放式腔体皮肤水分流失 TEWL 测试法是 TEWL 值连续测试的唯一方法，这种测试方法不影响皮肤表面的正常蒸发过程。但和其他皮肤参数测试相比，由于测试的水分量非常低，使用该方法进行皮肤水分流失 TEWL 值的测试将需要相对较长的时间。

相对于开放式腔体 TEWL 的测试原理，还有一种封闭式冷凝腔体皮肤水分流失测试仪。皮肤中扩散的水分在封闭式冷凝腔体中被收集到，水分通过封闭腔体中的空气进行扩散，在 -7.65℃ 的探头顶端的冷凝器板上结成冰。在测试腔体中靠近皮肤部位的空气湿度高，靠近上面冷凝器板部位的空气湿度低，两个部位之间形成比例关系。由于恒温冷凝器板的存在，使封闭腔体中从皮肤中扩散出来的气态水分能够达到一个稳定状态。测试探头腔体壁上安装有硅晶片传感器，这种传感器用来测试流经传感器的气态水分的相对湿度和温度，从而测试出皮肤中扩散出来的水分的气体流量密度，即皮肤流失的量 TEWL 值。

由于采用了封闭式测试腔体，测试结果不受环境因素的影响，室内室外均可进行测试。探头重量轻，体积小，可以在皮肤上任何部位以任何角度完成测试。仪器精度高、重复性好。其优点在于：测量过程不受周围空气流动的影响，测量快速，准确可无定位测量。

TEWL 测试封闭型和开放型的比较，如表 19-2。

表 19-2　TEWL 测试封闭型和开放型的特征比较

封闭型	开放型
对周围空气流通不敏感	周围空气流通和人体走动干扰测量
精确度一般	精确度更高
速度快，7～12s	测量时间 30～90s
可测试一些不平整部位	要求探头水平垂直

19.4.1.4　皮肤酸碱度测试仪

皮肤的酸碱度 pH 值是由角质层中水溶性物质、排出的汗、皮肤表面的水溶性油脂层及排出的二氧化碳共同决定的。由于在人体皮肤表面存留着尿素、尿酸、盐分、乳酸、氨基酸、游离脂肪酸等酸性物质，所以皮肤表面通常是处于一种弱酸性状态，pH 值范围基本在 4.0～6.5 之间。皮肤酸碱度测试仪的测试原理：

$$pH = -lg[H^+] \qquad (19-6)$$

酸碱度测试仪包括通过一个玻璃电极和参比电极做成一体的特殊测试探头,顶端由一个半透膜构成,该半透膜将探头内部的缓冲液和外部被测皮肤表面所形成的被测溶液分开,但外部被测溶液中的氢离子(H^+)却可以通过该半透膜,从而进行酸碱度 pH 值的测定。仪器所用缓冲液通常为 Hg/Hg_2Cl_2。

19.4.1.5　皮肤黑色素和血红素测试仪

皮肤色度一般是应用国际照明委员会(CIE)L*a*b 色度系统对肤色进行评价。该色度系统是 1976 年由 CIE 规定的:L 代表明度,a 代表物体在红绿色轴上的颜色分布情况,b 代表物体在黄蓝色轴上的颜色分布情况,同时 a、b 还决定了物体的色调和饱和度。皮肤色度测试仪可以测量:E(红斑),M(黑色素),R,G,B(RGB 传感器),L*a*b*(颜色空间坐标),ITA°(个体类型角,判定肤色的类型)。最重要的指标是 ITA°,ITA°与皮肤颜色深浅的关系见表 19-3。

表 19-3　个体类型角与皮肤颜色深浅的关系

ITA°	皮肤颜色分类(skin color classification)	ITA°	皮肤颜色分类(skin color classification)
55~90	很浅(very light)	10~27	棕褐色(tanned)
41~54	浅(light)	-30~9	褐色(brown)
28~40	中等(intermediate)	-90~-29	深色(dark)

皮肤黑色素和血红素测试仪是基于光谱吸收的原理,通过测定特定波长的光照在人体皮肤上后的反射量来确定皮肤中黑色素和血红素的含量。仪器探头的发射器发出波长分别为 568nm、660nm 和 880nm 的光照射在皮肤表面,接受器测得皮肤反射的光。由于发射光的量是一定的,这样就可以测出被皮肤吸收的光的量,测出皮肤黑色素和血红素的含量。

仪器探头内部有多个环向均匀分布的 LED 白光光源,发出的光在探头内部所有方向散射,部分光穿过皮肤,部分光通过皮肤散射。只有皮肤的反射光被探头内部的 RGB 传感器接受到,这样皮肤颜色可以用 RGB 三基色法测试出来。测试结果显示方式分别为 RGB-数值方式(三基色法)、L*a*b 值方式和 RGB 方式(红绿蓝)。这三种形式的数值结果是相互关联的,一种形式的数值可由另一种形式的数值计算出来。同时,表示皮肤颜色分类级别的 ITA°值也被自动计算出来。

19.4.1.6　皮肤光泽度测试仪

皮肤表面状态的检测是皮肤美容研究中的一个重要方面,在皮肤光亮度评估、去皱效果评估、彩妆亮度和皮肤颜色评价及皮肤微观状态研究中有相当多的应用。皮肤表面光泽度是由照射到皮肤表面的光的直接反射和散射来反映的。在探头顶端由 LED 产生的一束平行白光通过一个平面反射镜后以 60°角射向皮肤表面,一部分光以同样角度被直接反射后通过另一个平面反射镜射向一个接收传感器。另一部分光被皮肤表面散射后被一个位于皮肤垂直方向上的传感器接收。这样皮肤光泽度测试探头不仅能测试与光泽度有关的被皮肤直接反射的光,也能够测试被皮肤散射的光。

将光照射在皮肤上之后,测试皮肤再发射出的光在空间各方向中的光强度,用这些与光强度有关的参数来评价皮肤的表面状态。皮肤光泽度测试仪既可以用来评估皮肤对光的反射研究,也可以用来研究皮肤表面的显微结构和颜色变化,还可用于研究彩妆和护肤品如皮肤彩虹度、皮肤颜色和皮肤显微结构这样的参数的功效。

19.4.1.7　皮肤超声诊断仪

超声影像技术在医学领域已经成为重要的诊断工具，皮肤超声诊断仪正是将高频超声影像技术应用于皮肤科领域。皮肤超声诊断仪可应用于外科手术、激光治疗、微创治疗、化妆品功效研究、肌肤和薄壁组织、皮肤损伤、外科手术前的肿块深度探测等方面。

皮肤超声诊断仪在化妆品的功效性评价方面可用来测试皮肤厚度和皮肤横断面的面积、胶原密度，研究化妆品使用前后对皮肤的影响和改善情况等。皮肤超声诊断仪测试原理是脉冲发生器产生短的电脉冲信号，电脉冲信号通过压电方式被转换成频率为 22MHz 的超声波信号。超声波信号又被发射到皮肤中，皮肤中不均匀的物质像细胞形成物、血管等产生反射或成为回声，回声又被传感器接收到并被转换成电信号。通过由电机控制的接收器，这些超声波信号被接收和处理可以生成一个断面图像。超声波信号被数字化处理，通过计算机储存、分析，最终形成一个超声波图像。通过对高频超声波信号的分离和数字化处理，最后得到了具有高分辨率和良好对比度的皮肤超声图像。

19.4.1.8　皮肤摩擦力测试仪

人体皮肤的湿润或干燥、细腻或粗糙可以通过摩擦系数来反映。皮肤湿润，摩擦系数则大；皮肤干燥，摩擦系数则小。

以往关于皮肤摩擦性能的测试主要是在传统的摩擦试验装置上进行的，这些试验装置大多只能针对人体上肢部位皮肤进行测试，测试部位具有局限性。现已开发出多种便携式皮肤摩擦力测试仪，该仪器灵活小巧，使用方便，适用范围广，不但可以测试人体上肢部位皮肤的摩擦系数，而且还可以对人体额头、脸颊等其他部位皮肤进行测试。

皮肤摩擦力测试仪探头内部有一个微型电动机和一个齿轮传动装置，探头顶端连接一个活动的特氟龙材料圆柱体摩擦头。当摩擦头转动时，由于皮肤表面摩擦力的作用，圆柱体的转速将降低。在不同的皮肤表面测试时，由于皮肤表面摩擦力的不同，电机转动需要的扭矩就不同。皮肤表面越平滑，电机转动所需的扭矩就越小。测量结果用一个指数来表示，数值越大说明皮肤表面摩擦力越大，皮肤越粗糙。

根据皮肤的摩擦性能可以对护肤品和化妆品进行定量评价。涂在皮肤上的护肤品或化妆品，其功能是向皮肤释放营养和保护成分，储藏水分，阻止皮肤表面水分的蒸发，给皮肤带来光滑和湿润的感觉，同时也使皮肤的黏度和摩擦力及弹性性能发生了变化。

除了上述所介绍的这些皮肤测试类仪器以外，还有皮肤敏感度测试仪、皮肤弹性测试仪、皮肤皱纹测试仪、激光多普勒血流仪、皮肤声波传播时间测试仪、皮肤多光子断层扫描系统（皮肤 CT）、皮肤显微镜及活性皮肤表面分析系统、皮肤成分分析仪、皮肤半透明度测试仪、皮肤水分分布测试仪、皮肤纹理测试仪、皮肤皱纹测试仪等其他多种皮肤检测仪器。

19.4.2　防晒测试类仪器

19.4.2.1　防晒指数测试仪（体外法）

体外法的原理是通过测量样品对紫外线光谱的透过率（或吸收率）来确定化妆品对紫外线的防护效果。防晒系数 SPF 测试系统是专门用于体外法测量防晒系数 SPF 的测试系统，它包括光谱特性接近于太阳的光源、高稳定性的紫外可见分光光度计、功能完善的控制及数据分析软件等。

防晒指数测试仪主体是一台专门测量化妆品防晒指数（即 SPF 值）的紫外分光光度计，它由紫外光源、自动样品台、分光光栅、探测和数据采集部件以及控制软件组成（图 19-1）。以 0/d 几何条件先分光（a）和 d/0 几何条件后分光（b）的测量方案，其中辐射源的主要目的是为测试提供充足且稳定的紫外辐射能量。单色仪将辐射源的紫外辐射能量色散，以便进行分光谱测量。样品仓可以提供样品的安装结构并且尽可能减少杂散辐射的影响。为了使测试仪尽量完整地接收到防晒化妆品样品射出的各个方向上的紫外通量，在结构上采用了积分球和光电倍增管的组合。由探测器输出的信号经放大和处理后输入计算机进行后期信号处理。

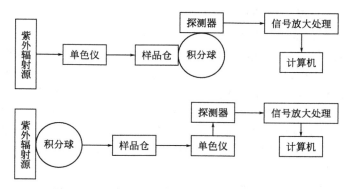

图 19-1　体外法测量 SPF 指数仪器的原理

以 0/d 几何条件，先分光的方法为例。具体测量过程是：由辐射源发出的紫外线经单色仪色散后由光路汇聚为准直的一束，从样品的一侧入射。样品的另一侧紧靠积分球的窗口，从而使样品出射的所有方向的光谱辐射通量均由积分球接受。

仪器通过多次、多点测量化妆品（均匀涂在一块模拟人体皮肤的薄膜上）的紫外透射光谱，通过软件计算得出该化妆品的 SPF 值。

根据防晒化妆品中紫外线吸收剂和屏蔽剂可以阻挡紫外线的性质，测试时将防晒化妆品涂在 PMMA 板或 3M 专用胶带上，用不同波长的紫外线照射，测定样品的吸光度值，依据测定值大小直接评价防晒效果。仪器采用高稳定性的连续氙灯光源，使实验当中照射光源的强度值保持一致，保证了实验的准确性。仪器带有积分球扫描单色仪（含步进电机及控制器），系统波长范围为 290～400nm，系统探测器使用积分球，可以充分收集检测紫外线照到样品上导致的散射，使得测试结果更准确。采用 X-Y 自动进样控制工作台，避免了手动进样所造成的误差，软件操作简单，可以在很短的时间内得到想要的 SPF 值及 PFA 的临界波长值。

19.4.2.2　紫外线日光模拟仪（人体法）

紫外线日光模拟仪是 SPF 值人体测定中最重要的仪器。利用紫外线日光模拟仪，可按国内外通用人体 SPF 测定模式对化妆品的 SPF 值进行测定。该紫外线日光模拟仪在计算机的控制下可以提供不同检测波段的紫外辐射和照射剂量，并与关联数据库结合提出数据结果。

人体法在评价化妆品防晒效果时尽量模拟使用时的条件，结果具有较高的可信度，但同时也存在着明显的缺点：它所采用的测试终点（红斑和色素沉着）与实际 UVA 对人体皮肤产生的作用（光老化、皮肤癌等）不同；测试费用高，人员需要经过专业培训并耗费大量时间和劳动；同时被测试者的种族、皮肤颜色以及个体差异的不同，也使得所得到的测量结果存在一定的离散性；大剂量 UVA 照射会对参加测试人员的皮肤造成损害，特别是在科研和产品开发过程中对产品的评估使用人体法是不切实际的。从长远看，用体外仪器法评估防晒化妆品的防晒功效是一必然趋势，且更为实用。

19.4.3　成像测试类仪器

重构物体的三维形貌有很多种方法，在化妆品功效性评价仪器中，条纹投影（数字光栅投影）技术是最重要和最有效的方法。其基本原理为把光栅投影到皮肤表面，通过对由于受皮肤表面高度调制而变形的光栅条纹进行处理，得到代表皮肤高度信息的相位大小，再经过系统标定就可以获得皮肤表面的三维轮廓信息。该方法具有非接触式、测量精度高、易实现自动测量等优点。

19.4.3.1　皮肤快速光学三维成像系统

皮肤快速光学三维成像系统是基于数字显微条纹投影器基础上研发出来的数字光学三维图像分析仪器，它可用来检测皮肤的皱纹、毛孔、皮纹、眼袋、皮肤蜂窝状态、唇纹等参数。可用于分析研究化妆品、皮肤药品、医学美容对局部皮肤、全脸和人体局部的改善和影响。皮肤快速三维成像系统是一种非接触的快速测量装置，能进行三维皮肤快速成像，测试时具有正弦曲线密度的条纹光被投影到皮肤或被测物体表面。由于皮肤或被测物体表面高度的凹凸不平，条纹光就会发生弯曲变形，在一个特定角度放置的 CCD 摄像机将同时记录下这一变化。通过测试条纹光的位置变化和所有图像点的灰度值，可以得到整个测试皮肤表面或测试物体的数字三维图像。

皮肤快速三维成像系统的测试时间短，是皮肤实时视频图像拍摄，具有高分辨率和高精度的特点，光源足够强而且光强可以控制。测试不同类型的皮肤表面时可以进行调节，便于得到更清晰的图像。

皮肤图像分析软件能够科学地评估面部皮肤的毛孔（细毛孔和粗毛孔的数量、面积百分比和毛孔的平均面积）、皱纹（体积、表面积、平均深度和皱纹面积的百分比）、斑点（数量、面积和面积百分比）、皮肤颜色分析（皮肤表面两个点之间的光泽度差 ΔL 和颜色差 ΔE）、皮肤 3D 图像，能清楚地看到皮肤经过使用化妆品或激光治疗前后的数据变化等。

19.4.3.2　面部数字成像系统

面部 3D 成像仪是一种高分辨率的面部三维成像装置，具有直观、轻便、易于图像处理的特点。仪器集成闪光灯和聚光灯，每一次都能得到快速、可重复的图像。该仪器可用于化妆品使用前后面部图像的分析、皮肤重建领域的研究工作。面部数字成像系统的测试原理：采用数字近景摄影测量，通过在不同的位置和方向拍摄同一物体的两幅以上的数字图像，经过图像处理、匹配、分析、计算后得皮肤表面精确的三维坐标，其测量原理是三角形交会法。摄影测量（photogrammetry）就是通过分析记录在胶片或电子载体上的影像，来确定被测物体的位置、大小和形状的。

皮肤表面 3D 成像比传统的平面成像，更直观、立体，并且能够测试高低、深浅和体积的变化。3D 成像仪是强大的分析皱纹、质地、皮肤颜色、发红、色斑等的 3D 成像综合分析系统。可用于分析化妆品、皮肤药品和皮肤治疗对全脸皮肤形态的影响。它提供了一种用 3D 数字技术评估全脸老化程度的有效方法，通过高分辨率相机还可以分析皮肤颜色的变化。全脸老化程度分析是通过分析脸部眼角皱纹、眉间纹、额头纹、眼袋、鼻唇沟纹、唇角纹、脸部下垂等局部皮肤形态的变化来完成的，目的就是要给出一个皮肤表面立体形态的客观量化指标，分析其前后的 3D 形态变化及颜色变化。

19.4.3.3　皮肤显微镜

皮肤显微镜，又称为表皮透光显微镜、皮表显微镜、入射光显微镜等，是一种在体外观察皮肤表面以下微细结构的无创性辅助诊断仪器。它通过使用油浸、光照与光学放大设备，可以观察到包括表皮下部、表真皮连接以及乳头层真皮等肉眼不可见的皮肤结构，皮肤显微镜具有无损伤、诊断迅速、价格低廉等优点，有着良好的发展前景。

传统皮肤镜采用的是浸润法。首先在皮肤表面滴加油脂等浸润液以增加皮肤角质层的透光性和减少反射光，然后用玻片压平并给予适当角度的光线照射，借助于特定的光学放大设备，可以观察到表真皮连接处、真皮的结构。使用的浸润液可以是水、矿物油、乙醇和凝胶等。传统的浸润型皮肤镜由于需要采用偶合剂即浸润液，可能会引发接触性皮炎和医源性交叉感染。近年来，一种新出现的偏振光皮肤镜克服了浸润型皮肤镜的缺点。偏振光皮肤镜是21 世纪开始发展起来的皮肤镜技术，主要利用交叉偏振的原理，不需涂抹浸润液，就可消除皮肤表面反射光的影响。

偏振光皮肤镜具有平行偏振光和交叉偏振光两种光源。平行偏振光用于拍摄皮肤表面的状况（定量分析皮肤的毛孔、斑点、皱纹），交叉偏振光用于拍摄皮肤下层状况的图像。用油脂和角质层剥落测试膜，可以定量分析皮肤油脂分泌和角质细胞剥落状况，可应用于化妆品销售专柜及皮肤科皮肤治疗前后的分析和观察。

仪器通过一个均匀环形的紫外光（UVA）照明光源和一个黑白的高分辨率 CCD 摄像头组成的皮肤镜对皮肤表面进行图像拍摄，图像被传输到主机中进行数字化处理，主机通过USB 线与 PC 机相连接将皮肤图像输入软件中进行分析。图像是以 256 个黑白灰度级别来显示的，皱纹在图相中显示为暗黑色，皮肤剥落的角质层显示为亮白色，软件可以分析出皮肤表面的各种参数。通过这种独特的高分辨率紫外线拍摄系统直接拍摄活性皮肤表面，分析皮肤表面形态、皮肤粗糙度和干燥程度，是化妆品功效测试中的一种操作简单、经济、准确的方法。皮肤显微镜也可应用于皮肤药品功效测试及皮肤科医生的客观临床诊断。

19.4.3.4 人体三维成像系统

人体三维成像系统已在皮肤科、整形科、化妆品研究、医学研究领域得到了广泛应用。该仪器同样是基于数字显微条纹投影器基础上研发出来的数字光学三维图像分析仪器。测试时具有正弦曲线密度的条纹光被投影到皮肤或被测物体表面。由于皮肤或被测物体表面高度的凹凸不平，条纹光就会发生弯曲变形，在一个特定角度放置的 CCD 摄像机将同时记录下这一变化。通过测试条纹光的位置变化和所有图像点的灰度值，可以得到整个测试皮肤表面或测试物体的数字三维图像。

人体三维成像系统应用于皮肤科和化妆品的功效性评价中，包括：皮肤美白测试中的颜色和亮度测量；口红、粉底等彩妆产品的稳定性测量；斑点、皱纹、局部图像的几何参数测量；脸部、大腿、腹部、身体曲线部位的形态测量。

19.4.3.5 激光散斑血流灌注成像仪

激光散斑血流成像（laser speckle flowgraphy，LSFG）技术采用了生物医学领域血流变化监测的一种无需扫描全场光学成像方法，与其他技术相比具有一些独到的优点，其有效性已经在近 20 年中被众多的临床实例所证明。激光多普勒的原理：激光束照射到皮肤组织后，部分被皮肤吸收，其中部分碰到运动的血细胞后反射回来，光的波长就发生了改变，即发生了多普勒效应。波长的变化程度和频率分布与血细胞的数量和运动速度有关，与运动方向无关，而散射到静止组织中反射回来的光的波长未发生变化。这样通过激光探测器并经过软件数据分析就可以得到血流灌注图像。

激光散斑血流灌注成像仪通过采用世界上最先进的激光散斑技术，可以得到血流的实时动态监测图像，最多可以每秒拍摄近百张血流灌注图像。采用激光散斑技术后可以得到超清晰、高分辨率、大面积的血流灌注图像。激光散斑血流成像技术在皮肤方面也有较多重要的应用。直观地来看，皮肤是激光散斑血流成像技术的一个非常方便实现的测试样本。然而，大多数的毛细血管结构是隐藏在真皮组织以下，造成皮肤的血流灌注测量比较复杂。因此，在激光散斑血流成像技术获得的血流图像上是看不到单根血管的，取而代之的是所有的毛细血管呈现出来的一个总体血流分布。

19.4.4　头发测试类仪器

19.4.4.1　头发多功能综合测试仪

头发多功能测试系统在全世界的发用产品的功效测试中已得到了广泛应用。该仪器主要应用于测试头发的梳理特性、摩擦特性、拉伸特性、柔顺特性、抗弯特性等。使用该仪器可以较方便地进行头发的机械物理性能测试，评价发用产品的功效，选择发用化妆品合适的产品配方。

头发多功能测试仪的测试功能及其在发用化妆品功效性评价中的应用包括：梳理性能测试、头发的摩擦性能/摩擦系数 COF 测试、单根头发的拉伸性能测试、蓬松度测试、三点弯曲抗弯性能测试、卷曲压缩性能测试、发胶和定型剂的黏性测试。

19.4.4.2　头屑图像分析系统

头皮屑测试仪为人们研究头皮屑提供了一种简单快速的分析方法。分析护发产品的去屑功效是研究护发产品过程中非常重要的一个方面，通过测试使用护发去屑产品前后头皮屑的数量变化，为护发、去屑产品的研制提供一个科学的依据。

按照相关的试验规范用梳子将头皮屑梳入到一个灰色底衬的器皿中，将盛有头皮屑的器皿放到头皮屑测试仪中。用一束均匀的光束照到盛有头皮屑的器皿上，器皿的正上方有一个摄像头用于拍摄器皿中头皮屑的分布图像。通过专用分析软件可以分析器皿中头皮屑的数量、尺寸、面积及不同尺寸头皮屑的百分比分类。

化妆品品类繁多、作用机理复杂，单一的评价方法难以全面、科学地验证化妆品功效性。应当在了解化妆品功效宣称、有效成分、作用机制的基础上，针对性地建立综合评价体系，从不同层面、不同角度对化妆品的功效进行系统评价和综合分析。在化妆品监督管理逐步规范，行业发展快速增长的同时，市场竞争也日渐激烈，产品细分趋势愈发明显。产品细分的主要特征是功能细分，它对化妆品功效评价方法提出了更多、更高、更新的要求。生物芯片技术、基因技术、大数据应用等新型技术的不断推出，为今后化妆品功效评价方法的发展提供了可能。

思考题

1.评价人体皮肤角质层屏障功能的重要指标是什么？

2.阐述评价化妆品抗衰老功效的方法有哪些？

3.举例说明化妆品不同制剂与其功效之间的关系。

4.阐述皮肤水分流失测试仪的基本原理和开放式腔体与封闭式腔体测试的优缺点。

5.简述防晒化妆品防水性能人体测定方法的基本程序，SPF 的测定方法有仪器法和人体法，它们各有怎样的优缺点？

6.电容法测定皮肤含水量的基本原理是什么？

7.化妆品功效评价测试仪器中皮肤类的测试仪器主要有哪些？

8.人体三维成像系统可用于化妆品功效评价的哪些方面？

9.请阐述体外法防晒指数测试仪的基本原理。

10.请说明美白祛斑化妆品功效性评价方法。

第 **20** 章
化妆品制剂包装

化妆品制剂包装（package for cosmetic products）是消费者最直接的视觉体验，是产品个性的具体传递，是品牌形象定位的直接体现，更是企业价值文化的缩影。策略定位准确、符合消费者心理的包装设计，可以帮助化妆品企业在众多竞争品牌中脱颖而出，为企业赢得良好声誉。化妆品包装只有综合利用材料、造型、颜色、人文等元素，同时表现品牌价值等内涵信息，突出产品与消费者的利益共同点，才能抓住消费者眼光，形成直观的冲击，进而影响消费者的认知、情感和行为，达到吸引消费者的目的。

20.1 化妆品包装设计的现代美学

化妆品制剂包装作为一个品牌的外在表现和品牌特征，所承载的物质价值与精神价值就是消费者所需要购买的使用价值。包装要充分表现品牌内涵，让消费者形成一个品牌烙印。不管化妆品包装如何各具特色和令人眼花缭乱，其设计都必须符合包装的基本要求和现代美学。

20.1.1 化妆品包装设计的基本要求

国家标准 GB/T 4122.1《包装术语第 1 部分：基础》中，包装的定义是"在流通过程中保护产品，方便储运，促进销售，按一定技术方法而采用的容器、材料及辅助物等的总体名称，也指为了达到上述目的而采用容器、材料和辅助物的过程中施加一定方法等的操作活动。"这个定义包含两方面的内容：①包装是盛装商品的容器、材料及辅助物品，通常称作包装物，如袋、箱、桶、瓶等；②包装是一种实施盛装和封缄等的技术活动，如装箱、打包等活动。

简而言之，包装是指在物流过程中，为保证产品使用价值和价值的顺利实现而采用的一种具有特定功能的系统。包装造型结构应当具备保护功能、方便功能、促销展示功能等。包装的基本要求如下。

（1）适应产品特性　一个产品的包装需要根据所包产品的特性，分别采用相应的材料与技术，使其适应产品理化性质的要求。

（2）适应流通条件　要确保产品在流通过程中的安全，使产品具有一定的强度和牢固、结实耐用的特性。对于不同运输方式或运输工具，应该选择相应的包装容器和处理技术，使产品在转运过程和仓储过程中能适应相应的环境条件。

（3）包装要适度　对销售包装而言，包装容器的大小与内容物应该适配，包装的费用也应该与内容物的实际需要吻合。预留空隙过大、包装费用占产品总价值比例过高，都是有损消费者利益、误导消费的过度包装。

（4）包装标准化　产品包装应执行标准化，对产品包装的质量、尺寸、结构、包装材料类型、名词术语、印刷标志、封装方法等加以规定，以便于包装容器的规模化生产，提高生产效率。

（5）包装应做到绿色环保　选用的包装容器和材料，对产品和消费者应当安全卫生，对环境应该绿色环保。

包装不仅仅是简单地将产品装入容器，同时也包括包装系统的设计。原则上，化妆品包装与其他产品的包装区别不大，最重要的功能都是保护内容物。但化妆品是一种兼备生活必需品和嗜好品特性的商品，其包装设计对于在市场上取得成功的影响，远比对其他工业制品大。

20.1.2　化妆品包装设计的美学要求

化妆品包装设计是为了实现化妆品品牌的总体形象目标的细化。它是以化妆品包装为核心而展开的系统形象设计，对化妆品包装设计、设计观念、技术、材料、造型、色彩、加工工艺、运输、展示、营销手段、广告策略等进行统一策划、统一设计，形成统一的感官形象和社会形象，以起到提升、塑造和传播企业形象的作用。化妆品包装设计是产品在研制、开发、流通、使用中形成统一的形象特质，是产品内在的品质形象和外在的视觉形象的统一。

化妆品的品质形象涉及化妆品的设计管理与设计水平，在化妆品包装的功能、性能、材料选用、加工工艺、制作方法、设备条件以及人员素质等方面都要有严格的管理。在化妆品包装形象设计中，在设计管理水平上要有所提高，如有明确的化妆品包装设计目标计划，应组织有效的产品设计开发队伍进行关键技术攻关，提供完善的设计技术配置服务，包括高素质的设计人员，及符合设计开发要求的设施、设备等配置，满足化妆品包装设计开发的物质条件。另外，要在化妆品包装设计开发过程中，实施阶段评估、信息反馈、多方案选择等程序过程的管理。要提高设计水平，优化设计质量，就要提升设计人员的整体素质，实施有效的管理模式。

化妆品包装设计水平的高低，除了取决于设计人员的自身素质外，更主要的是要按照科学的设计方法循序渐进，充分进行产品设计的市场调研、信息综合，提出开发设计的充分依据。对产品设计的使用功能、造型形态，以及采用的制作原理、技术手段、生产方式等，满足哪一类人群或包括心理和生理需求的个体差异要求，对产品使用的方式、时间、地点、环境，以及由此产生的安全、环保、法律等社会后果，进行科学系统的分析研究，对化妆品的整体形象设计进行定位。通过方案的选择、优化，形成化妆品形象设计的系统性，逐步实现把化妆品的形象设计统一到品牌整体形象上来。

化妆品包装设计中，要建立七个系统。①造型系统，特定的包装造型、标准色彩、表面装饰工艺等；②包装系统，包装的造型、文字、图符号、排列、包装材料、包装箱、集装等；③装饰系统，立面造型、企业标志、标准字体、标准色彩、辅助色彩、铭牌、标识等；④服务系统，产品货单、使用说明书、技术资料书、质量跟踪卡、保修卡、随货礼品等；⑤促销媒介系统，报纸、杂志广告，电视广播媒体广告，互联网广告，POP广告，户外广告，活动广告，室内广告等；⑥展示系统，商场货架、专卖店、商品展览会、招商订货会、洽谈室、橱窗等展示环境；⑦评价系统，在涉及人类情感、美感和时代时尚等因素时，可以以定性的方式评价，而对功能、性能、技术手段等则可量化评价。

化妆品包装设计中，要实施三个策略。①品牌策略。品牌可以为消费者提供信誉保障、安全保障和地位保障，强大的广告攻势能够扩大产品知名度，引起消费者的注意与兴趣，激发和诱导消费，促进购买。有一定认知度的化妆品，在包装上以品牌标志为主，配合高档的包装材料、优美的包装造型、精制的印刷工艺。②功效策略。包装上强调产品的功效，如美白、防晒、保湿、遮掩遮瑕等。③环保策略。绿色包装是包装发展的趋势，从料体原料到包装材料的选择，都强调环保概念。

20.2　化妆品包装材料分类及特点

国家标准 GB/T 4122.1 中对包装材料的定义是指"用于制造包装容器和构成产品包装的材料的总称",包括纸、塑料、金属、玻璃、陶瓷等原材料以及黏合剂、涂覆材料等各种辅助材料。本章所指包装材料通常指原材料。

为了实现包装的功能,包装材料必须在物理性能、化学性能和机械性能等方面具有以下特性。

(1) 物理性能　包括耐热性、耐寒性、透气性或阻气性、透光性或遮光性、对电磁辐射稳定性等。

(2) 化学性能　包括耐化学药品腐蚀性及在特殊环境中的稳定性等。

(3) 机械性能　包括拉伸强度、抗压强度、耐撕裂和耐戳穿强度等。

包装材料可以从不同的角度来进行分类,如按材料的来源分为天然材料和加工材料两类。按材料的软硬性质,分为硬包装材料、半硬包装材料、软包装材料三大类。而最常用的分类方法是按照材料的材质分类,一般可分为纸质材料(包括纸、纸板、瓦楞纸板、蜂窝纸板等)、合成高分子材料(包括塑料、橡胶和涂料等)、玻璃和陶瓷材料、金属材料(包括钢铁、铝、锡和铅等)、木材、纤维材料(天然纤维、合成纤维、纺织品等)、复合材料等。其中纸、塑料、玻璃、金属常被称为四大常用包装材料。化妆品常用包装通常包括内包装与外包装,外包装通常以纸包装为主材质,内包装则主要有塑料、玻璃、金属、陶瓷、橡胶、复合材料等材质。

20.2.1　纸包装材料

以纸、纸板或纸纤维等为原料制成的包装称为纸制品包装。纸包装容器包括纸盒、纸袋、纸管、纸板箱、瓦楞纸箱、蜂窝状瓦楞板纸箱和蜂窝纸板箱等。纸和纸板是一种古老的包装材料。即使在现代工业产品包装中,纸包装材料也是包装行业中应用最为广泛的一种材料,占有非常重要的地位。纸和纸板在全球各类包装材料与容器上所占比例、产值和产量都在 1/3 以上,据有关资料显示,世界上纸和纸包装产值占全部包装材料和容器总产值的 40% 以上。美国的纸及纸制品约占所有包装材料的 42%,日本的占比为 49%,就中国而言,纸占包装材料总量的 50% 左右。可以预见,这种比例随着社会可持续发展观的深入落实将进一步提高。纸具备着自身特有的属性,轻巧、便捷、易卷曲、易折叠、不易腐蚀、不导电、吸湿性强等。纸材加工方便、成本低,正在成为国民经济中一个快速发展的行业。随着包装工业的发展,现代商品包装的四大支柱材料——纸、塑料、金属和玻璃等都有了较快的发展,在这四种包装材料中,纸制品的产量增长最快,所占比例最大。

纸包装材料之所以能受到如此广泛的应用,是基于以下它优于其他材料的不可替代的独特属性。

① 纸材料的来源广泛、品种多样、价格低廉,更重要的是加工性能好,印刷性能优良,并具有一定的机械性能;不透明、卫生安全性好、弹性和韧性佳,具有较强的可塑性;适合大机器和大批量生产,重量较轻,便于运输;收缩性小、稳定性高,不易碎但易切割。

② 纸的均匀性良好,单位面积强度较大,用纸板做成的包装容器,具有较好的强度和弹性,同时重量又比较轻。比如瓦楞纸箱的弹性就明显优于塑料制品和其他包装材料制成的容器。在长距离运输过程中对内容物产品的减震保护性能明显优于其他材料制品。

③ 纸和纸板具有良好的吸墨性能,易黏合,印刷性能良好,字迹、图案清晰牢固。

④ 纸是热的不良导体,耐高、低温性能良好,耐候性明显好于其他材料制品。

⑤ 纸制品能根据不同的商品设计出各种各样的箱、盒，便于自动包装，包装形式不易改变，且卫生无毒无污染。

⑥ 纸包装材料可以反复回收利用，是一种典型的绿色包装材料。

以上特性使得纸包装材料在消耗最小的情况下，能塑造出最多的包装造型，绘制和印刷出颜色形式各异的纹饰，在兼顾包装造型和装潢设计的同时，也能够将投资和成本降到最低，契合包装的商业价值属性。

纸包装不仅在实用功能上具有多种优异性能，而且还契合了中国大众的心理需求。中国传统文化认为树代表生，即生命，因此木质材料常被用于古代包装。纸最主要的构成材料又是木，自然承载了生命的内涵。因此，对崇尚自然的现代人而言，纸暗藏着中国传统文化，必然深受欢迎。尤其值得注意的是，纸材料在环保方面具有其他材料不可比拟的优势，符合现代可持续发展的设计理念，因此，被誉为 21 世纪最具发展前景的绿色包装材料之一。现代社会人们提倡环保消费，重复利用资源，要求既能减少资源的消费量，又能达到发展经济、保护环境的目的。纸包装不仅可以重复利用，其废弃物还可以降解而变成肥料，又可以作为能源焚烧。并且，鉴于纸附着能力强的特性，用于包装装潢设计时只需普通便宜的油墨即可，其黏结剂也要求不高，为水溶性胶水和不带溶剂或低溶剂的油墨提供了使用的可能性，有益于环保，也增强了使用者的安全系数，减少了化学物质对人类造成的伤害。纸质包装材料在使用功能、心理效应和环保功能等方面都具有优异的属性，既满足了包装的商业价值，利于实现生产商和销售商赢利的目的，同时也行使了积极的社会功能，顺应了当今节约能源与防治环境污染的国际形势，成为无污染、无公害的"绿色包装"材料，与塑料、玻璃、金属三大包装材料相比，无疑有着更广阔的发展前景。

在化妆品包装中，绝大部分化妆品产品外包装都是使用纸包装材料，化妆品行业的纸盒包装占到总体纸盒包装市场的 40%。作为牙膏、香皂、皮肤护理和美发产品等化妆品的二次包装，纸盒包装也和硬软塑料包装一样，能够保持较大的增长。在亚太市场，以中国和印度为主要增长的亚太地区牙膏市场的迅猛发展推动了纸盒包装市场的增长。而在市场成熟的西欧，由于商场陈列空间的竞争，纸盒包装以其包装整齐美观能够更多地展示产品信息的优势占据着主要市场。仅在彩妆品一项上就分为单体纸盒包装和组合包装，前者又包括粉饼、眼影盒、化妆盒等的两面包裹式折叠纸盒，起缓冲作用进而保护商品的单瓶带隔间式折叠纸盒以及资生堂用来包装香水的一款十字封口型折叠纸盒。组合包装是系列化包装的一个分支，包括化妆包装礼盒和组折叠纸盒。

20.2.2 塑料包装材料

塑料包装材料是另一类重要的化妆品包装材料。塑料是可塑性高分子材料的简称，其主要成分是树脂和增塑剂、稳定剂、固化剂等添加剂。树脂是塑料的基本成分，它能把填料或者有机物和无机物黏结成一定形状的物品。通常塑料树脂是由许多重复单元或链节组成的高分子材料，也称聚合物、高聚物。塑料是目前使用最广泛的化妆品包装材料。它具有质量轻、价格低廉、力学性能优异、易成型、便于运输以及印刷性好等特点，可加工成瓶、盖、袋、软管、盒等包装。化妆品具有固态、半固态、液态及乳液、溶液、膏状、块状等不同形式，人们可根据化妆品形态及产品造型选择不同塑料。根据统计，世界各国平均有 35% 的塑料生产用作包装材料，而在一些欧洲国家，这一比例甚至高达 40% 以上。塑料以其优越的性能，特别是因具有产品质轻、经久耐用、阻隔性好和成本低廉等特点，占据着包装领域的重要地位，同时也促使塑料包装材料逐渐取代其他多种传统包装材料如玻璃与金属，成为越来越重要的包装材料。迄今为止，塑料的消耗量仅次于纸类，是用量第二多的包装材料，塑料包装的产值占世界包装业总产值的 31% 左右。

塑料以其轻便美观、成型加工方便，以及优良的物理化学性能，成为包装及包装容器的主要材料。塑料包装能够得到广泛应用，主要因其具有以下特点。

（1）物理机械性能优良　塑料包装材料的一些强度指标比纸包装材料高得多，而且塑料抗冲击性优于玻璃，制成的泡沫塑料具有很好的缓冲性能。

（2）密度较小　塑料的密度一般为 $0.9 \sim 2.0 g/cm^3$，是钢的 1/8～1/4，铝和玻璃的 1/3～2/3。制成同样容积的包装制品，使用塑料材料将比使用玻璃、金属材料轻，可以减少成品包装重量。

（3）化学稳定性好　塑料对一般的酸、碱、盐等介质均有良好的耐受能力，可以抵抗来自被包装物的酸性成分、油脂等和包装外部环境的水、氧气、二氧化碳及各种化学介质的腐蚀，这一点比金属有优势。

（4）适宜的阻隔性与渗透性　塑料材料大都有良好的阻隔性，可以用于阻气包装、防潮包装、防水包装、保香包装等。

（5）光学性能优良　许多塑料包装材料都具有良好的透明性，制成包装容器可以看清内装物，具有良好的展示、促销效果。

（6）良好的加工性能和装饰性　塑料包装制品可以用挤出、注射、吸塑等方法成型，可以制成各种形式的包装容器或包装薄膜；大部分塑料材料还易于着色或印刷，以满足包装装潢的需要。塑料薄膜可以很方便地在高速自动包装机上自动成型、灌装、热封，生产效率高。

（7）卫生性良好　纯度高的聚合物树脂几乎没有毒性，可以安全地用于食品包装。对于某些含有有毒单体的塑料，例如聚氯乙烯的单体氯乙烯等，可在树脂聚合过程中尽量将单体控制在一定数量之内，同样可以保证其卫生性。

塑料包装材料也有许多缺点，如强度和硬度不如金属材料高，耐热性和耐寒性比较差，材料容易老化，某些塑料难于回收，包装废弃物容易造成环境污染等。

高分子聚合物发展到今天，种类已经多种多样，但通常用于化妆品包装的塑料有聚乙烯类（PE）、聚丙烯类（PP）、聚酯类（PET 与 PETG）、亚克力（PMMA）、聚碳酸酯类（PC）、丙烯腈-丁二烯-苯乙烯塑料（ABS）、聚苯乙烯（PS）等。其中，用量最大的是聚乙烯类、聚丙烯类、聚酯类与亚克力材质等。

20.2.2.1　聚乙烯（PE）

聚乙烯是目前世界产量最大的合成树脂，也是消耗量最大的塑料包装材料，约占塑料包装材料总产量的 30%，年消耗数百万吨。聚乙烯是由乙烯单体聚合而成的产物，具有优越的介电性、耐腐蚀性和良好的机械强度，在低温时仍能保持柔软性和化学稳定性，并且原料易得，易于加工，因而广泛用于包装产业。通常根据聚合实施方法不同可以合成低密度、中密度、高密度聚乙烯，线性低密度聚乙烯等。

（1）低密度聚乙烯（LDPE）　低密度聚乙烯是一种非线性热塑性聚乙烯，成品呈乳白色，是无味、无臭、无毒，表面无光泽的蜡状颗粒。分子结构中支链较多，密度较低，通常为 $0.91 \sim 0.93 g/cm^3$，是聚乙烯树脂中最轻的品种。LDPE 具有良好的柔软性、延伸性、电绝缘性、透明性、易加工性和一定的透气性。其化学稳定性能较好，耐碱、耐一般有机溶剂，价格便宜，用量广泛。在包装应用中，LDPE 薄膜类占 40%～50%，注塑容器类占 20%，其特点是透明度好，柔性好，对水阻隔性好。但易透气，保味保香性较差。

（2）高密度聚乙烯（HDPE）　高密度聚乙烯（HDPE）为白色粉末或颗粒状产品，无毒，无味，它含支链少，结晶度高，密度相对较高，通常为 $0.95 \sim 0.97 g/cm^3$。其机械强度与刚度、阻隔性、耐热性等性能均优于低密度聚乙烯，而透明度则比低密度聚乙烯更低。高密度聚乙烯产量占 PE 的 1/3，大多用于包装业。其中吹塑瓶类占 40％，注塑类占 25％，薄膜类占 6％。用于各种日用化学品、化妆品、食品等的容器，还有热成型制品、瓶盖、工业包装桶等。其特点是成本较低，易成型，刚性好，耐冲击，适合薄壁容器；能耐受强酸、强碱、有机溶剂。

（3）线性低密度聚乙烯　线性低密度聚乙烯为无毒、无味、无臭的乳白色颗粒。其密度与低密度聚乙烯基本接近。它是近年来发展的一种新品种，与 LDPE 相比，具有较高的软化温度和熔融温度，有强度大、韧性好、刚性大、耐热和耐寒性好等优点。此外还具有良好的耐环境应力开裂性，耐冲击强度、耐撕裂强度等性能，并可耐酸、碱、有机溶剂等，因而广泛用于工业、农业、医药、卫生和日常生活用品等领域。

20.2.2.2　聚丙烯（PP）

聚丙烯系白色蜡状材料，外观透明而轻，属于聚烯烃品种之一，也是包装中最常用的塑料品种之一。聚丙烯属最轻的塑料，密度仅 $0.90\sim0.91g/cm^3$。通常有均聚聚丙烯和共聚聚丙烯两类。与低密度聚乙烯及高密度聚乙烯相比，聚丙烯密度低，熔点高。其拉伸强度、压缩强度、硬度、屈服强度等都优于聚乙烯，特别是具备良好的刚性和抗弯曲性，耐化学性、耐热性良好，在无外力作用下，加热到 150℃ 也不变形。但其耐低温性能则远不如聚乙烯。可以采用热成型、吹塑、注射、挤出等多种塑料加工工艺，但加工周期较长。广泛用于做螺旋瓶盖、刚性薄壁容器、各种瓶和罐及各种形式的中空容器，因其高熔点，也适合做可蒸煮食品包装、可消毒医药包装材料，此外双向拉伸的聚丙烯薄膜（BOPP）广泛地应用于复合薄膜的制造。

20.2.2.3　聚酯类（PET 与 PETG）

PET 是聚对苯二甲酸乙二醇酯的英文缩写，在包装行业中常被简称为聚酯，是由对苯二甲酸二甲酯与乙二醇酯交换或以对苯二甲酸与乙二醇酯化先合成对苯二甲酸双羟乙酯，然后再进行缩聚反应制得。属结晶型饱和聚酯，为乳白色或浅黄色、高度结晶的聚合物，表面平滑有光泽，是生活中常见的一种树脂。PET 又名涤纶，也是制胶片、磁带的原料。其特点如下。

（1）力学性能好　其强度和刚度在常用的热塑性塑料中是最大的，制成的薄膜拉伸强度可与铝箔相媲美，耐折性好，但耐撕裂性差。

（2）耐化学性良好　可以耐油、耐脂肪、耐稀酸碱、耐大多数溶剂，但不耐浓酸碱。

（3）耐候性优良　可以在 120℃ 温度范围内长期使用，短期可耐 150℃ 高温，低温之下可至 −70℃ 仍能保持良好使用效果，且高低温时对其机械性能影响很小。

（4）透明度好　可阻挡紫外线，光泽度高。

（5）安全性良好　无毒、无味，可以直接用于食品包装。

PET 在包装工业中的应用主要是用来生产薄膜和中空容器，在化妆品包装中也是最常用的透明包装材料。PETG 是一种非结晶性共聚酯，全称为聚对苯二甲酸乙二醇酯-1,4-环己烷二甲醇酯。它是由对苯二甲酸（TPA）和乙二醇（EG）、1,4-环己烷二甲醇（CHDM）三种单体进行缩聚的产物，与 PET 比较多了 1,4-环己烷二甲醇共聚单体，可以视为对 PET 的一种改性产品，在 PET 生产过程中，由于一定数量的乙二醇被 1,4-环己烷二甲醇所取代，可预防结晶化，进而改善加工制造和透明度。其制品高度透明，抗冲击性能优异，特别适宜成型厚壁透明制品，其加工成型性能极佳，能够按照设计者的意图进行任意形状的设计，可采用传统的挤出、注塑、吹塑及吸塑等成型方法，广泛用于板材、片材、高性能收缩膜、瓶用及异型材等市场，同时其二次加工性能优良，可以进行常规机械加工修饰。

20.2.2.4 亚克力

亚克力 (PMMA)，又叫有机玻璃，源自英文 acrylic（丙烯酸塑料），化学名称为聚甲基丙烯酸甲酯。是一种开发较早的重要可塑性高分子材料，具有较好的化学稳定性和耐候性，易染色、易加工、外观优美，具有高透明度，低价格，易于机械加工等优点，是平常经常使用的玻璃替代材料。在化妆品生产中常用作高端化妆品的外包装材料。

20.2.2.5 聚碳酸酯

聚碳酸酯 (PC) 是由双酚 A 和光气（碳酰氯）反应而成的聚酯类热塑性树脂。

聚碳酸酯是无色透明、光泽美丽的塑料材料，外观像有机玻璃，透光率高，密度为 $1.2g/cm^3$，也与有机玻璃接近。它无毒无味，抗潮性好，耐高低温度范围广，在 180℃也不易脆裂，120℃下可长期使用。聚碳酸酯耐冲击性能和延展性突出，是热塑性塑料中最好的，易着色，可染成各种颜色。耐稀酸、氧化剂、还原剂、油脂、盐类等；对气体、水汽的渗透率较高；易受碱、有机化学物质的侵蚀。由于其突出的耐冲击性能，适用于制作硬件、有棱角商品的包装薄膜，也是一种理想的食品包装材料。缺点是成本较高，这限制了聚碳酸酯在包装工业上的广泛应用。

20.2.2.6 丙烯腈-丁二烯-苯乙烯塑料（ABS）

丙烯腈-丁二烯-苯乙烯共聚物 (ABS) 是丙烯腈 (A)、丁二烯 (B)、苯乙烯 (S) 三种单体的三元共聚物。三种单体相对含量可任意变化，制成各种树脂。它综合了三种组分的性能，其中丙烯腈具有高的硬度和强度、耐热性和耐腐蚀性；丁二烯具有抗冲击性和韧性；苯乙烯具有表面高光泽性、易着色性和易加工性。上述三组分的特性使 ABS 塑料成为一种"质坚、性韧、刚性大"的综合性能良好的热塑性塑料。可采用吹塑、注射、挤出、压延、热成型等多种加工方法，注塑脱模容易，翘曲变形小。其特点是耐磨、耐污、蠕变小；硬度、刚度、冲击性皆好，适合于做薄壁容器；能耐强碱和弱酸、不耐强酸。在化妆品包装中也常用作外包装材料。

20.2.2.7 聚苯乙烯

聚苯乙烯 (PS) 是一种重要的热塑性树脂，它是由单体苯乙烯经过加聚反应而制得，是目前世界上第三大塑料品种。它无色、无味、无臭、表面光滑。由于聚苯乙烯大分子主链上带有体积较大的苯环侧基，使大分子的内旋受阻，因而分子的柔顺性差，且不易结晶，属线型无定型聚合物。

聚苯乙烯特点如下。

① 机械性能好，密度低，刚性好，但脆性大，耐冲击性能差。

② 耐化学性能良好，可以耐酸、碱、盐类物质腐蚀，但易被有机溶剂侵蚀，易溶于芳烃类溶剂。

③ 连续使用温度不高，耐高温性能一般，但耐低温性能良好。

④ 具有高的透明度和良好的光泽性，染色性良好，印刷、装饰性好。

⑤ 耐光性较差，在日照下易浑浊泛黄，并产生裂纹，丧失透明度并导致各种性能劣化。

聚苯乙烯的这些特性限制了其作为包装容器的用途，但制成薄膜、薄片和泡沫塑料在包装上有广泛的应用。除以上常用在化妆品包装材料的塑料材料以外还有一些用量较少的塑料可能用于化妆品包装，如聚氯乙烯 (PVC) 大量用于制薄膜、吹塑瓶、泡罩包装等；乙烯-醋酸乙烯共聚物弹性较大，类似于橡胶，往往用于制作各种瓶盖的内衬，以增加包装容器的密封效果；乙烯-乙烯醇共聚物 (EVOH)，特别适用于需要氧气阻隔性的场合，其特点是强度、韧性、透明度好，耐油、耐有机溶剂性好，对气体、气味、溶剂的阻隔性良好，对湿度敏感性强，常用作共挤压材料的内夹层。

20.2.2.8 塑料包装的安全性考虑

选择以塑料作为初级包装时，在加工过程中会添加稳定剂、抗氧剂、增塑剂等助剂来达到性能要求，而生产多层复合材料时还要使用胶黏剂，这些物质的存在会给塑料的使用带来潜在风险。此外，由于化妆品的成分非常复杂且含有大量醇、酸、蛋白质和油脂，其与塑料具有一定相互作用，而对于一般化妆品来说，其保质期及使用时间最长可达 1~2 年。化妆品与塑料进行长时间接触可能导致塑料内单体、助剂、易挥发物、有害物质等迁移造成化妆品污染而对人身体有害，或者化妆品内物质与塑料发生化学反应使得塑料性能变差，从而使化妆品稳定性和品质下降而发生变质。因此，在使用塑料制品作为化妆品的包装材料时，需要考虑塑料包装安全性。

塑料作为新型的包装材料，给人们生产生活带来了便利，但随着塑料制品的迅速发展，塑料包装废弃物也与日俱增。与纸制品容易降解不同，塑料包装废弃物的难以回收和处理，带来了极其严重的环境污染。有效地治理环境污染，促进生态环境的可持续发展已是 21 世纪人类面临的最迫切的课题。然而，对塑料无处不在的大量使用，却使它的处理方式成为了重要问题，关于塑料的处理有很多不同的观点，但其中很少是可持续的。

当今社会的人性化包装设计必须从环境保护的需要角度出发，尤其是在塑料包装废弃物带来的"白色污染"严重破坏环境时，维护生态资源的平衡和社会资源的储备已刻不容缓，只有做到有效地节省大自然的资源，和大自然环境进行友好的互动，最终才能让塑料包装容器达到"天人合一"的效果。应大力提倡绿色、自然等生态保护的要求，努力让塑料包装容器设计做到"科学、经济、美观、合理、适销"，让包装容器的防滑设计在贴近人类生活的同时，也兼顾生态环境保护的需求，生产有利于生态发展的人性化塑料包装容器。总之，在塑料包装容器造型设计过程中，设计师要始终贯彻以人为本的设计理念，体现出对人的尊重和关怀，并兼顾生态环境的因素，真正做到保障生态平衡的人性化绿色设计。

20.2.3 玻璃与陶瓷包装材料

玻璃和陶瓷是最古老的包装材料之一。公元前 1500 年，埃及人就已经开始用玻璃制成包装容器。基于玻璃和陶瓷的独特性能，在各种新材料与新工艺层出不穷的今天，玻璃与陶瓷仍然是现代包装材料中的重要一员。传统的玻璃主要指无机物构成的玻璃，我国关于玻璃的定义为：玻璃是介于晶态和液态之间的一种特殊状态，由熔融体过冷而得，其内能和构型熵高于相应的晶态，其结构为短程有序和长程无序，性脆透明。

作为包装材料，玻璃具有一些非常优异的特性。

(1) 高度的化学稳定性 除氢氟酸外，其他酸都不能腐蚀玻璃。可以耐受低浓度的碱液，但对高浓度碱的抗力较差。能耐受各种有机溶剂侵蚀。

(2) 理论强度很高 强度约为 10000MPa，而实际强度为理论强度的 1% 以下。这主要是因为玻璃制品内存在未融夹杂物、结石或表面有细微裂纹造成应力集中，从而急剧降低其机械强度。玻璃的硬度比较大，用普通的刀、锯等都不能切割。

(3) 气密性极好 对于所有的气体、溶液或溶剂，玻璃是完全不渗透的，玻璃作为包装容器，其气密性能是其他材料所不能比拟的。

(4) 光学性质优异 玻璃既能透过光线，还具有反射光线和吸收光线的能力，所以厚玻璃和多层玻璃往往不易透光。它可以制成透明、表面光洁的玻璃包装，也可根据需要制成某种颜色的玻璃包装，以屏蔽紫外线和可见光对被包产品的光催化反应。

（5）绝热性能良好　其导热系数很小，因而可以很好地保护容器内的产品不受外部环境气温的影响。但也导致玻璃不耐温度急剧变化，在快速冷却时，厚度较大的玻璃制品往往因内外壁热胀冷缩不均匀而破裂。

（6）原料丰富　来源广泛，价格低廉，并且具备回收再利用性能。玻璃的基本原料是石英砂、烧碱和石灰石，这些原材料都价廉易得，混合后再在高温下熔融，经冷却后形成透明体，称为玻璃。

这些优良的特性，使玻璃成为一种优良的包装材料，并被广泛地运用到食品、油、化妆品、饮料、酒、药品等对外部环境和包装材料化学稳定性要求高的商品的包装容器中。玻璃容器用吹制或压制成型，品种有广口瓶、细长颈瓶、大圆瓶、管形瓶、小药水瓶等。虽然玻璃瓶在化妆品包装容器中所占的比例不超过 8％，然而，其在这一包装领域中却仍拥有不可替代的优势，短期内依然是高档化妆品的首选材料。

透彻纯净、高贵典雅，是玻璃瓶的魅力所在。与塑料瓶相比，其沉甸甸的厚重感使人倍增信任感；而磨砂玻璃瓶特有的视觉效果，更是塑料瓶远远不能比拟的。不少香水制造商青睐于用这种容器包装他们的产品，在 CHANEL 与 GUCCI 等高端香水制造商家的产品中我们都可以看到这种包装样式的身影。此外，对于气体具有高阻隔性，也使玻璃瓶成为香水等易挥发、易散失香味的产品的首选包材。至于美白、营养系列化妆品，往往在配方中含有大量营养成分，这些物质易被氧化。这就对包装物的密封性提出了很高的要求，玻璃瓶的阻隔性强，无疑在保护内容物方面比塑料瓶更胜一筹。

玻璃作为包装材料的主要缺点有：一方面抗冲击强度不高，当玻璃表面有损伤时，其抗冲击性能会再度下降，因此容易破碎，且质量大，增加了玻璃包装的运输费用；另一方面玻璃不能承受内外温度的急剧变化，除非经过特殊设计和处理；此外，玻璃在熔制过程需要较高的能耗。玻璃与陶瓷同属于硅酸盐类材料。玻璃包装和陶瓷包装是两种古老的包装方式。玻璃与陶瓷包装的相同之处是：材质相仿、化学稳定性好。但是由于成型、烧制方式不同，它们又有区别。前者是先成材后成型，后者是先成型后成材。

20.2.4　金属包装材料

金属是最古老的包装材料之一，金属容器的加工与应用已有约 5000 年的历史。金属包装材料也是传统的包装材料之一，在包装材料中占有很重要的地位。目前在日本和欧洲各国，各类包装材料中，金属约占 13.7％，仅次于纸和塑料包装，占第三位，而美国包装消耗金属材料比塑料还多，约占第二位。我国的金属包装材料占包装材料总量的 8％左右，也仍然是比较重要的一类包装材料。目前，我国具有一定规模的金属包装企业有 1000 多家，年销售额在 500 万元以上的有 500 多家，金属包装容器工业总产值约 250 亿元人民币。尽管随着包装技术日新月异的发展，新型包装材料不断出现，金属包装材料在某些方面的应用已部分地被塑料或复合材料所代替，但由于金属包装材料具有极优良的综合性能，所以仍然保持着旺盛的生命力。并且金属资源丰富，特别是随着加工技术的进步，应用形式也更加多样。金属包装材料之所以仍然被广泛用于工业产品包装、运输包装和销售包装当中，主要是因为金属包装材料有以下性能特点。

① 金属材料机械性能优良、强度高，可以制成耐压强度高、不易破损的包装容器。这也使得包装产品的安全性有了可靠的保障，并便于储存、携带、运输、装卸和使用。

② 金属材料加工性能优良，加工工艺成熟，能连续化、自动化生产。金属包装材料具有很好的延展性，可以轧成各种厚度的板材、箔材。加工后的板材可以进行冲压、轧制、拉伸、焊接制成各种形状与不同大小的包装容器；箔材可以与塑料、纸等进行复合；金属铝、

金、银、铬、钛等还可镀在塑料薄膜或纸张上。因而金属能以多种形式充分发挥优良的防护性能。

③ 具有极优良的综合防护性能，金属的水蒸气透过率很低，完全不透光，能有效地避免紫外线的有害影响。其阻气防潮性能大大超过了塑料、纸等其他类型的包装材料。因此，金属包装能长时间保持商品的质量，货架寿命可长达三年甚至以上。

④ 良好的表面装饰性，金属具有特殊的金属光泽，易于印刷装饰，这样可使商品外表富丽堂皇，同时具有较强的质感易于吸引消费者购买。另外，各种金属箔或镀金属的薄膜是非常理想的商标材料。

⑤ 金属包装材料原材料资源丰富，易于得到。常用的金属包装材料分为钢材和铝材两大类，这两种金属材料在地壳含量非常丰富，且已大规模工业化开采和生产。

⑥ 金属材料易于回收利用，金属包装容器由于其耐用性往往可以进行二次利用，而废弃的金属容器也可以回炉再生，循环利用。从环境保护方面讲，金属包装材料是理想的绿色包装材料。

金属包装材料虽然具有以上特性，但也有不足之处，除了资源的不可再生性之外，主要是化学稳定性差，耐蚀性不如塑料和玻璃，尤其是普通钢质包装材料容易锈蚀。耐酸碱等化学物质的腐蚀性也较差，因此，金属包装材料大多需在表面再覆盖一层防护物质，以防止来自外界和被包装物的腐蚀破坏作用，同时也要防止金属中的有害物质对商品的污染。此外，与纸、玻璃、塑料等包装材料相比，金属包装容器通常由于加工工艺复杂而价格较高，不适用于低价商品包装。金属密度远比塑料、纸质包装要大，因而采用厚壁金属材质作为包装容器也导致产品质量增大。由于金属材料耐化学腐蚀性能的问题，在化妆品包装中往往作为外包装来使用。例如作为高端化妆品套装礼盒以其金属光泽使产品显得贵重。更重要的是喷雾剂类化妆品金属外壳给产品提供足够的防护，避免其他材质耐压能力不足而导致产品或压缩气体的泄露。

20.2.5 复合包装材料

复合材料是将两种或两种以上的不同材料复合形成的新型材料，它一般由基体成分与增强组分或功能组分所构成。一般可分为基层、功能层和热封层。基层主要起美观、印刷、阻湿等作用，如 BOPP、BOPET、BOPA、MT、KOP、KPET 等；功能层主要起阻隔、避光等作用，如 VMPET、AL、EVOH、PVDC 等；热封层与包装物品直接接触，具有适应性、耐渗透性、良好的热封性等功能，如 LDPE、LLDPE、MLLDPE、CPP、VMCPP、EVA、EAA、E-MAA、EMA、EBA 等。通过选择适当的原材料使原组分材料优势互补，获得更完善的包装功能。

复合包装材料所牵涉的原材料种类较多，性质各异，材料如何结合等问题比较多而复杂，所以必须对它们精心选择，方能获得理想的效果。选择的原则是：①明确包装的对象和要求；②选用合适的包装原材料和加工方法；③采用恰当的黏合剂或层合原料。

如通过纸-塑复合、塑-塑复合、铝-塑复合、铝-塑-纸复合等方法，可做成各种具有特殊性能（高强度、高阻隔性、耐油脂、防腐、防水、保鲜、冷冻、避光等）的包装薄膜或其他形式材料，满足不同的需要。包装领域所用的复合包装材料主要是指"层合型"复合材料，即用层合、挤出贴面、共挤塑等技术将几种不同性能的基材结合在一起形成的多层结构。使用多层结构形成的包装可以有效地发挥多种材料防污、防尘、阻隔气体、保持香味、防紫外线、装潢、印刷、易于用机械加工封合等复合性能。面膜产品的膜袋就是一种典型的复合膜包装材料，它通常是由 PET 膜与铝箔、PE 膜三层复合制成，是一种集各种包装优点于一身的包装产品，成本较低，印刷精美，具有防静电，防紫外线，防潮隔氧遮光，耐寒耐油耐高温，保鲜隔氧易封性强等特点。

20.3 化妆品包装材料的质量安全评价

根据最新的 2020 版《化妆品监督管理条例》，化妆品定义是指以涂擦、喷洒或者其他类似方法，施用于皮肤、毛发、指甲、口唇等人体表面，以清洁、保护、美化、修饰为目的的日用化学工业产品。依据此定义，我们可以看到化妆品通常直接作用于人体表面，其安全性就显得尤为重要。因此，对化妆品安全性进行评估就十分有必要。化妆品出现质量问题的原因，一部分是由于化妆品本身添加了有毒有害物质，另一部分则是由于包装材料中有毒有害物质迁移进入了化妆品。

20.3.1 化妆品包装材料质量安全评价的重要性

化妆品包装是在生产、运输和销售过程中为保护化妆品、方便储运、促进销售而采用的容器及材料，化妆品的初级包装是直接接触化妆品的包装容器材料。内包装容器与化妆品产品直接接触，长时间接触共存可能导致容器内可能存在的有害物质迁移到化妆品产品而造成化妆品污染，受污染的产品再施用于人体则有可能对人身体造成伤害。此外，化妆品内物质与容器材料发生化学反应可以导致包装材料性能劣化，从而使化妆品稳定性和品质出现下降。因此，在选择化妆品的包装材料时，也同样需要考虑包装材料的安全性，必须对其进行适当的安全性评价。其中，高分子聚合物因透明性好、质轻、耐化学性能、易成型加工以及对化妆品有良好的保护性能在化妆品包装工业中的应用越来越广泛，但其质量安全也是近年来广受关注的问题。

为了改善塑料容器的加工和使用性能，会在塑料容器生产过程中加入各种添加剂，同时，塑料树脂本身一些低分子物质在高温过程中，因反应不完全，残留在材料中，这些低分子物质在特定的条件下，如遇到高温、光照或化学接触等，会发生降解反应，进而从材料中析出，若该材料用来盛装化妆品，则可能迁移入化妆品中，随着化妆品进入人体，从而危害人们的身体健康。另外，作为石油的下游产物的塑料属于有限资源，并且其对环境的污染也越来越受到人们的重视，因此，对废弃塑料的循环利用和包装材料的再回收便显得越来越迫切。与非再生包装材料相比，利用再生材料生产的包装，由于使用过一次或几次，其使用性能将大大下降，生产厂商为了改善使用性能，会添加更多的添加剂，从而产生更多的低分子物质，同时在循环使用过程中，其纯度也得不到保证，会受到很多有害物质的污染。因此，许多国家陆续颁布了涉及食品包装材料添加剂方面的法律法规，以限制食品包装材料中各类添加剂的最大使用量和向食品模拟物中的最大迁移量。相比于其他食品，塑料包装材料与油脂类食品接触时，有毒有害物质迁移最为明显，并且随着储存时间的延长迁移量会逐渐增加。众所周知，化妆品中含油脂类物质的比例是非常高的，并且保质期一般为几年，远远长于食品，长期储存并与油脂类物质接触，有毒有害物质迁移入化妆品的可能性更大，迁移量更多。因此，对化妆品包装材料的安全性进行检测也尤为紧迫和重要。

20.3.2 化妆品包装材料质量安全评价的方法

20.3.2.1 包装材料化学物质溶出物检验

目前国内并没有明确的标准来规范化妆品包装材料的迁移量以及相关测试方法，FDA和欧盟也鲜有涉及化妆品包装材料的管理规范和检验标准。化妆品企业普遍参照食品包装迁移量的检验方法标准进行包材有毒有害物质迁移的检测管控。

包装材料化学物质溶出物试验是化学试验的基础，可较快较简便地判断包装材料的总物质迁移情况。化妆品包装材料中的小分子或低聚物可能会在化妆品中溶出、析出，进而对人体构成危害，因此化学物质溶出物分析尤为重要。它可以较快速地筛选出一些性能较优的材料，可避免盲目地浪费大量的费用，节省可贵的时间。

溶出物是指在实际工艺条件下，从产品接触材料上迁移进入产品的一类物质。溶出物被认为是析出物的一个子集。这些杂质成分来源于包装材料。溶出物既包含有机物，也包含无机物成分。有机溶出物可能为聚合物材料的单体或寡聚体、添加剂、交联剂或固化剂、抗氧化添加剂、塑化剂、色素、润滑剂、脱模剂等，这些成分均用于包装材料的生产工艺中。而这些溶出物本身可能会直接影响化妆品的化学或者物理特性：高浓度的酸性或碱性溶出物成分可能会迫使化妆品超出其pH规格范围；某些溶出物可能会影响化妆品的组分；某些溶出物的累积可能会影响化妆品的颜色变化等；可能增加杂质含量，或形成颗粒物质。因此，可对化妆品包装材料建立相对应的溶出物试验项目。

包装材料溶出物质中如果有目测可见的大分子物质迁移至水中，直接观察即可初步判断，因此建立溶液澄清度测试项目，《欧洲药典》有类似方法；为控制包装材料中含有的水溶性和醇溶性浸出物尤其是添加剂的量，控制迁移进水浸液和乙醇浸液的具有共轭体系（共轭烯烃和不饱和羰基化合物）及芳香族化合物的量，有必要进行水浸液和乙醇浸液紫外吸收度的测试，考虑到化妆品所用溶剂乙醇浓度一般不超过50%，故采用50%乙醇作为试验液体；包装材料溶出物如果偏酸或偏碱，都将对化妆品有很大的影响，为了防止包装材料溶出物对化妆品酸碱度的影响，有必要进行pH值测试；包装材料溶出物质如果含有易氧化物质，将对化妆品起作用，为了控制包装材料中水溶性浸出物中的可能会影响化妆品使用安全的杂质，有必要进行该项易氧化物测试；而为控制重金属总量，防止重金属进入化妆品进而进入人体，应进行重金属测试，方法采用《中国药典》的方法；而评价包装材料总溶出物质的量的较好方法是进行不挥发物实验，可分别用水、65%乙醇、正己烷模拟水类、醇类、油脂类基质的化妆品。

20.3.2.2　包装材料中乙醛含量的检验

PET由对苯二甲酸与乙二醇经缩合反应制成，反应分两步进行：第一步为酯交换或酯化反应，第二步为缩聚反应。在此反应过程中，会发生化学副反应，主要是PET熔体由于高温热降解导致其大分子末端羟基乙酯键断裂生成乙醛；或者由于基础切片中或固相聚合中产生乙烯基双键断裂生成乙醛，此过程同时生成其他齐聚物和挥发性小分子有机物。

一般情况下PET聚合和增黏过程中由于氧化作用生成挥发性小分子有机物二甘醇和乙醛可通过精馏方法除去。而PET塑料瓶中的乙醛主要是在瓶坯生产过程中发生大分子链热裂解反应产生的。PET瓶的生产工艺为：瓶级PET切片-制坯-制瓶。其中，瓶坯生产时对树脂的干燥温度、时间、工艺条件等，均是影响产生乙醛含量高低的因素。

其中，原料干燥对控制PET瓶中乙醛的含量至关重要。这是因为PET的分子链上带有亲水性的极性酯基，容易吸收空气中的水分，而这些水分会使PET树脂在熔融成型的过程中发生水解反应，并使分子链上的乙二醇离开半酯的对苯二甲酸，从而形成乙醛。但另一方面，乙醛的含量也是瓶片分子结构的特征指标，不能无限制降低，因此应合理制定注塑工艺，将瓶片乙醛含量控制在合理范围内，确保瓶片、瓶坯和瓶子的乙醛指标符合相应标准的要求。

在将样品放入玻璃瓶的过程中，玻璃瓶及样品是否用氮气保护对测试结果也有一定程度的影响。用氮气保护和不用氮气保护测试的乙醛含量有明显的差别，不用氮气保护的测试效果较差，比标准值低。由于无氮气保护，空气中的氧气将乙醛氧化，因此测试值比标准值低，相对误差也随着增大。因此按照 YBB 00282004《乙醛测定法》，要求标准品及实验样品均需用氮气冲洗保护，本试验用氮气以 10L/min 的流速冲洗 1min，并迅速密闭玻璃瓶。一般按照 YBB 00282004《乙醛测定法》来对化妆品中的乙醛含量进行检验。目前针对不同盛装的内容物，国家标准对不同的 PET 瓶的乙醛释放限度要求也不一样，如对于 PET 饮料瓶中的有色瓶，国家标准规定用顶空法检测乙醛的限量≤12μg/L，而无色瓶限量≤5μg/L；而 PET 药品包装瓶 YBB 00102002 要求乙醛含量不得超过千万分之二。本试验采用气相色谱法，测定在用 PET 化妆品包装瓶的乙醛含量。

20.3.2.3　容器阻隔性能测试

阻隔性能是考察塑料包装材料性能的一个重要指标。不管是食品包装还是化妆品包装，均对包装材料的阻隔性能有一定的要求，而药品包装对材料阻隔性能的要求则更高。包装材料只有具有良好的阻隔性能，才可以阻止外界气体侵入，以免食品、药品、化妆品等氧化变质；才可以防止水或水蒸气的渗透以免食品、药品、化妆品等受潮霉变，改变其剂量等。高阻隔性材料已经成为包装材料研发的一个主要方向。

塑料包装材料的阻隔性能一般是通过对气体透过量、水蒸气透过量、乙醇透过量和透油性等方面的检测来体现的。气体透过量测试，通常检测材料的透氧性，或二氧化碳、氮气等的透过性能。气体透过量的测试方法主要包括压差法与电量分析法。现阶段广泛使用的是压差法。水蒸气、乙醇透过量测试，主要是考察包装材料对水蒸气、乙醇的阻隔性能。主要有用于薄膜、薄片、铝箔等片材的杯式法、电解析法和红外检测器法，用于检测容器阻隔性能的重量法。重量法因其操作简便、设备价格低廉等优点，在我国检验检测领域和包装行业广泛应用。

20.3.3　我国对化妆品塑料包装材料的安全性评价要求

对于化妆品的包装，我国化妆品法规及标准中有一些要求，如《化妆品监督管理条例》第三十条规定化妆品原料、直接接触化妆品的包装材料应当符合强制性国家标准、技术规范；《化妆品安全技术规范》（2015 年版）规定直接接触化妆品的包装材料应当安全，不得与化妆品发生化学反应以及迁移或释放对人体产生危害的有毒有害物质；《化妆品卫生标准》要求，化妆品包装材料应清洁和无毒；QB/T 1685—2006《化妆品产品包装外观要求》要求，化妆品包装材料应当安全，不得对人体造成伤害。

当前，对于化妆品的安全性评价已经有完备的标准与监管管理。在《化妆品安全技术规范》（2015 年版）中明确列出化妆品的禁用成分、限用物质的最大添加量和使用条件、微生物指标以及重金属等有害物质的限值，对化妆品安全性的检验指标、检验方法以及标准进行明确规定，通过理化检验、微生物检验、毒理学检验和人体安全性检验可以对化妆品的安全性进行评估。新的《化妆品监督管理条例》要求，化妆品在上市前需对化妆品进行注册或备案并要求提交产品的检验报告和安全评估资料，进行微生物、重金属、禁限用成分、功能性和毒理学测试；化妆品的原料和直接接触化妆品的包装材料应当符合强制性国家标准、技术规范，同时对原料和包装材料建立进货查验记录制度和产品销售记录制度。此外，国家建立化妆品不良反应监测制度和化妆品安全风险监测和评价制度，通过调整制定相应措施，使化妆品的安全风险可以有效控制，并且建立了相应的惩罚机制。对于违法生产经营使用不符合强制性国家标准、技术规范的直接接触化妆品的包装材料的企业和个人，采取没收违法所得、罚款、吊销许可证件以及追究刑事责任等法律措施。

对化妆品成品的安全性已经有成体系的管控。然而，我国现行的标准以及法规中并没有统一针对化妆品包装材料安全性的评价指标与检测标准，所以一般企业对于化妆品用塑料包装的安全性不进行检测，或者参照食品用塑料的标准进行检测。有关化妆品包装的检验标准主要是对外观和物理性能的检验如力学性能、机械强度、抗压能力、抗跌落能力、密封性、气体阻隔性等，缺乏安全性测试的检验标准。包装材料及生产过程中导致的安全性问题则要到产品生产出来才能够进行检测，这样的检测方法比较繁琐而且无法做到实时反馈和全程可追溯，并不能真实反映出化妆品包装的安全性情况。

20.3.4　国内外对化妆品包装的安全性评价现状

化妆品安全性问题在世界各国都是备受重视的一个问题。各国也出台了相应的法律法规对化妆品及化妆品包装的安全性进行约束。

20.3.4.1　美国化妆品包装评价现状

美国出台的《联邦食品、药品和化妆品法》中规定：如果化妆品的容器中含有部分或全部任何有毒或有害物质且该有毒或有害物质可能使容器内的物质对健康造成伤害，那么就把这类化妆品视为掺假的化妆品；如果化妆品容器的制造、成型或填充方式具有误导性，则作为假冒的化妆品。同时，该法要求在上市前化妆品成品以及其中的每种成分应充分证明其安全性，如果未充分证实其安全性则需要标明产品的安全性尚未确定。化妆品成分审查小组（CIR）会对化妆品成分的安全性进行审查，FDA 参照其结果对化妆品中成分进行规定和限制。此外，美容作用的液体口腔卫生产品或个人护理使用的产品必须具备防篡改包装，从而提升化妆品安全性。

20.3.4.2　欧盟化妆品包装评价现状

欧盟化妆品法规（EC）No.1223/2009 中规定在正常合理可预见的使用条件下，市面上出售的化妆品应当对人体健康安全，而且公布了禁限用物质及允许使用的着色剂、防腐剂和防晒剂名单。该法规指出，如果化妆品由于天然或合成原料杂质、制造过程、储存以及包装迁移而产生了少量禁用物质，并且这些物质在 GMP 技术条件下是不可避免的，在该化妆品满足人体安全的前提下是允许的。此外，欧盟要求化妆品在投入市场前需要完成安全评估报告，安全报告的内容除了包括化妆品成分的定量和定性描述、理化特性、稳定性以及微生物质量等信息外，还要有微量禁用物不可避免的证据、关于包装材料纯度和稳定性信息、毒理学特征等数据，并且还要考虑化妆品中可能存在的物质相互作用以及稳定性对化妆品安全性的影响。该法规对于化妆品安全性有较多的考虑，然而没有规定微量禁用物、包装材料等信息的测试方法及限值，化妆品包装安全性评价没有明确标准，无法进行有效评估。

20.3.4.3　国际标准化组织化妆品包装评价现状

国际标准化组织 ISO 22715—2006《化妆品包装和标签》指出，包装在储存、运输和处理过程中不能毁坏、变差以及对产品产生不利影响。ISO 22716：2007《化妆品良好生产规范（GMP）》要求购入的包装材料应该进行评估检验是否符合品质质量要求，并且在包装材料的采购、检验、储存、发放和使用过程中建立相应的管理标准使其具有可追溯性，储存时间较长的材料需要进行再次评估。

国际上各国对于化妆品包装的安全性都有一定考虑，但对于化妆品安全性的评价及检测还是集中在产品及成分上，没有明确提出如何对化妆品包装的安全性进行评价。

20.3.4.4　我国化妆品包装评价现状

我国化妆品塑料包装安全性评价标准的制定应以实用性为首要原则，评价指标和限度应适宜发展的需求并且还要具有超前意识，留有一定进步空间，合理选择指标和限度。我们需要完善化妆品塑料种类以及禁用和限用物质名单，加强原料管理。通过塑料材料稳定性和相容性测试，选择合适的塑料种类，在满足性能前提下，尽可能减少塑料及助剂的使用，降低风险。同时，通过建立强制性的国家标准，形成统一完整的评价标准，构建监管机制和评价体系，可以使安全性得到保障。此外，应与时俱进，采用新方法和新技术检验，形成长效的评价体系，检测标准应根据国家药品监管部门公告以及相关研究进行动态调整。化妆品塑料包装在购入、检验、存储、发放以及使用过程中需要有完善的审查和监管制度，做到全程可追溯，实现透明管理。通过国家有关部门及化妆品生产者等各相关方的共同努力，能够加深对于化妆品塑料包装材料的安全风险认知，完善相关的监管机制和规章标准，形成化妆品塑料安全性评价标准，更好地保障公众用妆安全。

20.3.5　参照食品药品包装的安全评价

化妆品包装安全性标准的缺失是各国共有的问题，需要共同努力解决。当前化妆品包装最主流的内包装材料为塑料材质，有必要对塑料包装材料建立安全性评价的标准，可以参考食品药品塑料包装的安全性规定。

药品不同于食品，环境和包装材料等因素对于药品质量和稳定性的影响很大，而且药品有口服、涂抹和注射等使用方式，与安全性有关的副作用会更加明显和严重。因此相较于食品接触塑料包装的安全性指标，药品包装材料安全性评价要严格和复杂得多，药品包装塑料材料的标准更为健全。《药用塑料材料和容器通则》要求，药包材应具有良好的安全性、适应性、稳定性、功能性、保护性和便利性，药用塑料材料的选择和使用应与容器的种类和给药途径相匹配，不能使用再生塑料，并且确保药品的安全性。

同时，在药用塑料容器与药品之间，需要开展药品相容性和化学稳定性检测，从而能够选择适合的塑料容器，确保药物安全。药品用塑料材料根据其不同的功用、材质、形状及结构等因素会进行详细分类，每种类型都会分别制定出相应的标准，如 YBB 00012002—2015、YBB 00022002—2015、YBB 00212005—2015、YBB 00342002—2015、YBB 00072002—2015、YBB 00192002—2015 和 YBB 00102002 等。在这些标准中，通过检测一些指标来确定药品用塑料材料的安全性，如对氯乙烯、乙醛等分解产物及中间产物的含量和不溶性微粒的数量进行限制，采取考察澄清度、颜色、pH 值、吸光度、易氧化物、正己烷不挥发物等指标来进行溶出物试验，对微生物和重金属的含量进行规定，此外还对异常毒性进行考察。由于药品的特殊性，药用塑料包装的检测种类多而且标准很严格，能够很好地保证药品的安全性。

一般而言，化妆品所含的水等成分远高于食品，其保质期及与空气的接触时间比较长，导致化妆品塑料包装的环境更加复杂。此外，由于化妆品直接作用于人体表面，皮肤敏感容易产生许多不良反应，对于化妆品安全性和稳定性的规定有时可能严于食品。食品接触塑料的检测方法并不是完全适合化妆品用塑料包装，需要增加指标和标准。对于药品用塑料包装而言，其安全性标准比较严格而且指标多。

对比化妆品和药品，由于化妆品成分比药品复杂，而且化妆品对无菌环境微生物以及不溶物等指标的限制远比药品更宽松，所以不需要更严格的标准。与此同时，药用包装材料是根据药物的用途和性质来确定材质以及形状，从而可以方便确定相应标准。但是，化妆品除了依靠本身的功效来吸引顾客之外，还采用不同的造型和材质，从而更好地获利。由此，对于一种产品来说，可能用不同材质和形状的容器来包装并且随着市场不断变化，使得相关的标准较难以确定和统一。尽管药用包装材料的标准制定很详尽，但是在化妆品中采用其标准则会使检测的时间和成本增加，造成资源浪费。

20.4　化妆品包装的选择原则

化妆品包装容器是承载化妆品的容器具，它在流通、储运和销售等环节为商品提供保护、信息传达、方便使用等服务。包装容器的造型和结构对商品运输和销售影响很大，其结构性能也直接影响包装的强度、硬度与稳定性，进而影响到商品的使用功能。选择包装材料时应当同时兼顾到以下三个方面：第一，必须保证被包装的产品在经过流通和销售的各个环节之后，最终能质量完好地到达消费者手中；第二，必须满足包装成本方面的要求，经济可行；第三，必须兼顾到生产厂家、运输销售部门和消费者的经济利益，使三方面都可接受。通常而言可以从包装设计与包装选材两个方面来进行把握。

20.4.1　化妆品包装设计的原则

化妆品包装设计成功与否，直接影响到产品的品位定位，影响到产品的销量，所以每家化妆品企业都非常注重包装设计。并且在包装设计的过程中，还需要充分考虑到产品的运输，以及产品携带和使用的便捷性等因素，在这些基础上同时要注意成本的预算和管控。综合而言，化妆品包装设计应该注意以下原则。

（1）外观上美观大方　化妆品包装具有美化和宣传产品的功能，包装设计要充分展示产品的特色，展示产品的风格，而且要有艺术性，这样的包装设计才算是成功的，才能给消费者留下深刻的印象，而且是美好的印象。尤其是高端的化妆品包装设计的时候必须要烘托产品的高贵典雅，给消费者以美的享受。低价的化妆品包装设计同样要精心准备，巧妙装扮，让消费者感到物美价廉，与众不同。我国化妆品有着数千年历史，有着独特韵味，国产化妆品品牌包装需要大力融合民族文化，赋予其浓厚的传统文化底蕴，在此基础上进行创新，会更有利于树立品牌形象，在世界化妆品舞台上占有一席之地。从化妆品包装的色彩设计角度讲，设计出色彩效果独特的包装物，可以更好地吸引消费者购买，所以系列化的包装色彩设计成为当前化妆品行业最常规的设计方法。合理的色彩设计不仅可以实现图形文字等元素的统一，同时更加符合时代的审美标准。设计人员需要对包装色彩设计加以了解，认真分析消费者的心理。从视觉及语言上看，多用中国风纹样、中国风色彩、中国风文字等独具中国特色的元素更能吸引国人的注意力。

（2）功能上实用方便　化妆品包装设计不仅要便于化妆品的运输以及保管，同时还要便于化妆品的陈列、携带和用户对化妆品的使用。化妆品包装的体积以及容量和形式都是多种多样的，要根据产品的特性，选择最适合的形状，同时要保证化妆品的包装封口严密，防止泄漏及微生物污染的风险。最后还要确保消费者使用的时候容易打开，方便取用。

（3）注重产品保护　化妆品的包装要对产品有保护功能，所以选择的包装材质，一定要是环保的，不会对产品有任何的伤害，制作过程中同样要适合被包装的产品的物理性及化学性和生物性能，要有效地确保化妆产品不被损坏，不变形，不变质，同时也不会渗漏或者串味。

（4）包装适度不浪费　化妆品包装的设计和使用，要确保社会效应，防止增加一些不必要的包装成本，减轻消费者的负担，而且对社会资源有更好的节约性能，不会对环境造成污染。有些品牌由于自身技术研发实力偏弱，希望通过奢华的包装来吸引消费者的兴趣，为增长销售，包装设计浮夸造成过度包装。在设计过程中，存在包装耗材过多、分量过重、装潢过于奢华、工艺复杂等现象，造成包装成本高昂导致产品卖价奇高，而产品内容物质量却支撑不了过度奢华的包装。一味追求包装的奢华，商品又缺乏技术支撑、内涵和文化底蕴，严重背离化妆品包装设计的本质功能，本末倒置，既增加了商品成本，又造成不必要的浪费，还加重了对环境的污染。

（5）尊重宗教信仰和风俗习惯　不同的国家，不同的地区，不同的民族，有不同的宗教信仰，以及不同的价值观念和不同的风俗习惯，所以在进行化妆品包装设计的过程中，企业商家要根据不同国家和地区的消费者，不同的文化以及不同的风俗习惯来进行设计，这样才能有更好的吸引力，这是对消费者的尊重，也能与消费者产生情感上的共鸣。

20.4.2　化妆品包装材料的选择原则

20.4.2.1　包装材料具体的选用原则

（1）包装材料与包装物的相互对等性　包装物的种类、物性及价格的不同，所采用的包装材料就有很大的区别。如贵重的包装物品应在单体包装、内包装和外包装的材料与印刷质量方面力求豪华，所采用的包装容器要有厚实感，给人以高档商品的感觉，满足消费者的心理需求往往是第一位的。

（2）包装设计与包装的协调性　包装设计与包装类别、单元的协调性，单体包装、内包装与外包装，对于包装物所起的保护作用是各不相同的。单体包装所使用的材料直接与包装物体相接触，所以，对单体包装的材料来说，必须起到保护包装物的作用，常采用的是软包装材料；内包装位于单体包装与外包装之间，具有装潢与缓冲的双重功能，主要采用纸板、纸加工等材料；外包装是包装物最外层的包装，除了要求有装潢与缓冲作用之外，还要能承受运输过程中发生的冲击、撕裂等，常采用硬性包装材料，如瓦楞纸板、塑料、胶合板等。

（3）包装材料与流通条件的适应性　流通条件在很大程度上左右着包装设计材料的选择，它包括流通环境的气候条件、运转方式、运输范围、流通周期四个方面。

（4）包装材料的保存及销售　包装设计所采用的材料应保证包装物能促进销售并延长商品的有效保存期，这两点是选择包装设计材料最重要的前提条件。关于商品销售，在市场竞争激烈的情况下，销售成败取决于商品的包装是否能帮助推销。包装设计的造型、图案、材料及广告，都会直接影响到商品销售是否成功，从包装设计材料的选用来说，主要考虑的因素有：材料的颜色、材料的挺度、材料的透明性以及价格等。

20.4.2.2　常见包装材料应用情况

现代化妆品常见的包装材料种类为玻璃、塑料、金属几类，其应用情况概述如下。

① 玻璃是最早应用于化妆品包装的包装容器，目前在高档化妆品的包装领域中仍然有广泛应用，它的透明度和质感是其他材质包装所不能比的，也曾一度是化妆品包装的首选材质，但由于材质比较笨重、易碎、运输成本高等缺陷，在大部分中低档的化妆品包装市场已被塑料瓶或塑料软管所取代。特别是有机玻璃与 PETG 等材质透明度已经几乎可以替代玻璃，在高端化妆品包装上也隐隐有替代玻璃包装材质的趋势，所以化妆品的包装中玻璃瓶的应用比例已经不高。

② 塑料软管包装可以适用于各种化妆品液体或乳膏产品，软管包装的突出特点是经济方便、便于携带、便于消费者使用，是生产商乐于使用的一种包装形式。

③ 塑料瓶包装是化妆品包装中最常见的，塑料材质以其量轻、坚固、容易加工的特点，成为化妆品包装最常用的形式。与此同时，塑料瓶包装又可以拥有玻璃瓶包装才有的透明性，所以仍然保持着良好的增长势头。透明包装的特性将成为化妆品包装的一个大的趋势，较高的透明度可以更好地供消费者观察、选择，通过观察颜色、形态来判断瓶内物的品质。

④ 金属容器包装是化妆品包装中一个比较特殊的包装形式，各种形式的金属罐用于气

雾剂型的各种化妆品的包装，丰富了化妆品的剂型。

⑤ 胶囊包装的最大特点体现在用户的方便使用及其安全性。化妆品胶囊外观设计更加新颖独特，能更好地刺激消费者的购买欲，其体积小便于外出携带；内容物设计为一次性使用，从而避免二次污染，以此来保证消费者每次使用的产品都是干净的，产品的安全性也大大提高。但此种包装的化妆品成本价格都略贵，不会成为消费的主流产品，但也是未来的一个流行风向标，是追求高品质生活的消费者的一种身份象征，所以，也会有一定以及固定的消费群体。

⑥ 真空包装也逐渐在市面上悄然兴起，为了保护一些特质化妆品，真空包装应运而生，真空包装因为成本较高，并未被广泛使用。真空包装的独特性在于保护性强，更方便高浓度化妆品的使用，同时也可以提高化妆品本身的品质与档次。

20.5　化妆品包装的未来趋势

任何一个事物都有其两面性，化妆品包装亦是如此。精美的包装为护肤品成品增色不少，这也是当下各大品牌大力宣传、吸引消费者的重要途径之一。但不可否认的是，很多消费者选购某套护肤品的初衷就是相中它的包装设计，而忽视了产品本身具有的功效价值，有如买椟还珠的郑人。而化妆品的产品品质、护肤效果、是否符合个人肤质等附加项却未列入其筛选产品的考量因素中，这正是当下对消费者进行化妆品科普的意义所在，好的化妆品产品须以品质取胜，包装辅之。过度在包装上下功夫而不重视产品的实际效果，虽能有一时的效果，长期来看却难以赢得消费者的欢心。从这点来看，化妆品包装将来应该向以下方向发展。

20.5.1　向绿色环保方向发展

随着经济的发展，环境污染问题越来越严重，国家对生产过程的环保要求也越来越高。越来越多的化妆品厂家开始注重环保问题，这迫使他们在化妆品包装材料的选择上也加入了环保的考虑因素，考虑这些材料能否被回收利用，是否容易降解。很多国际品牌如迪奥（Dior）、娇兰（Gerlain）、雅诗兰黛（Estee Lauder）、倩碧等不约而同地采用低碳环保包装：有的采用牙膏的铝皮包装，可以循环利用，而且设计也很美丽有型，此外，有的采用软管包装，软管包装除了能阻隔空气进入污染产品之外，还能起到精确控制用量的作用。包装设计的创新，新技术、新工艺的引入与应用，新型环保绿色材料的开发，以及采用替代包装材料等特色，使安全方便的化妆品将更加受到市场的欢迎，更加受到广大消费者的青睐。曾经流行的化妆品胶囊就是很好的环保安全包装，化妆品胶囊包装小，通常为一次使用量，从而避免了在使用过程中可能出现的二次污染，因而消费者每次使用的产品都是洁净的。化妆品的安全性现在几乎成为所有女性消费者购买化妆品的首要考虑因素。故而在包装上追求绿色化，也让化妆品本身更加具有市场吸引力。随着材料科学的进步，可生物降解材料逐渐引起人们的重视，因其具有可生物降解的特性，所以在很多领域得到了应用。为了响应世界对环境保护的号召，可生物降解化妆品包装材料的研究已经引起科研人员的高度重视，推广安全可生物降解的化妆品包装材料已成为化妆品包装行业未来的发展方向之一。2019年下半年，某品牌宣布携手包装供应商 Albéa 推出首款用纸板制作的化妆品管状包装。这款包装首次在欧莱雅集团旗下品牌理肤泉的新款 200mL 保湿防晒乳液上投入使用，并率先于法国上市，随后推向全球市场。从软管到纸质，产生的塑料至少减少一半。欧莱雅集团强调，纸制化妆品包装未来还将应用到欧莱雅集团旗下更多品牌的商品上。随着理肤泉的这次尝试，化妆品绿色包装新时代或许将加速到来的脚步。

20.5.2　向设计创新方向发展

目前，国内化妆品包装材料开发较少，这一弊端在客户很难寻求到自己满意的包材时表现得最为直接。创新的设计针对消费者的使用痛点，往往能够迅速赢得消费者的青睐。例如，源自韩国的气垫 BB 霜、气垫 CC 霜等，借助气塑搭配棉片的"横空出世"，彻底解决了早前用手指涂抹粉底时残留在指尖的浪费问题，同时也有助于均匀上妆。给韩国化妆品在中国市场上的销售带来了一大波的红利。又例如，为了保护含有脂质体、松香油、维生素的护肤品，真空包装系统脱颖而出。这种包装有很多优点：保护性强、弹力恢复性高、方便高黏度护肤乳的使用，并以其高科技特征提升产品档次。目前常用的真空系统是由一个圆柱体或椭圆体容器加一个安置其中的活塞组成，相信在未来可以得到更进一步的发展。包装的创新不仅体现在新的包装材料的研发，对现有材料的创新使用也能给消费者带来不一样的体验。许多包装供应商甚至认为产品设计变得比以往更重要。个性化的需求能够驱动定制化生产，比如可以现场定制某个牌子香水自己想要的香型，又比如还可以在瓶身上刻下自己的名字，这无疑能够吸引很多追求个性的年轻人。创新理念在这类设计中得到了充分发挥，所以说创新是化妆品包装的永恒主题。

20.5.3　向系列化、组合化方向发展

系列化包装是指以统一的商标图案以及文字字体为前提，以不同色调或不同造型结构为基调进行的同一类别的商品包装设计，要求同中有异，异中有同，既要多样化，又不失整体感。在化妆品的实际运用中，往往将同一品牌、同一主要功能但不同辅助功能的一系列化妆品，或者同一品牌、同一功能但不同配方的一系列化妆品，在包装设计时进行系列化设计。比如某个化妆品品牌设计的多种面霜，其主要功能都是护肤，但辅助作用不同，要结合其功效进行包装的设计。对于这类系列化妆品，在包装设计的时候，应结合系列包装设计的特点，既达到系列包装的作用，又有利于消费者的选择。组合化则是指把相关用途的产品集中在一个大包装盒或袋中同时销售。例如，许多功效型产品套装就包括了洁面乳、化妆水、乳液、面霜等，这样做的好处在于方便顾客购买，同时也比单买一件产品更加便宜。

20.5.4　包装材料逐渐从玻璃向塑料过渡

以前，化妆品包装市场一向以玻璃为主导，但是塑料的多样性以及耐用等优点令塑料成为更加常用的包装物料，市场需求正在大量增加。有关数据表明，近年来塑料包装已占领化妆品八成以上的包装市场份额，成为化妆品最主要的包装容器。中低档普通的化妆品的包装大多用塑料瓶，塑料袋或塑料管所替代。塑料获得青睐的主要原因在于，对于一系列产品来说，塑料较玻璃来说具有优势，塑料制品的多功能性可支持最终用户产品的日益多样性。塑料瓶密度小，容易着色，可塑性强，可以制成各种造型的瓶型并且价格低廉，适用于大规模生产。而且可以采用金属蒸染法和热印花法对其进行表面装饰，以满足不同档次包装的需求。另外，随着高分子科学的发展，一些材质更好、更环保的新型材料也会慢慢涌现出来。

值得一提的是，近年来药品 BFS 无菌包装技术也被引入一些高端化妆品，BFS 即吹瓶（blow）-灌装（fill）-封口（seal）。该技术是通过在一台设备连续运行的工艺中，完成对塑料安瓿的成型、液体的灌装，将灌装好的塑料安瓿瓶进行封口，所有这些工序都是在无菌条件一次性完成的，整个工艺在 12～14s 以内完成。通过这项技术可以极大程度避免化妆品生产包装过程的微生物污染，从而使无防腐剂的化妆品生产成为可能，这可以大大降低化妆品

的刺激性风险。此外，小包装的塑料安瓿包装只包装一次使用的用量，因而也被称为次抛型包装，这样的包装也排除了产品使用过程的二次污染风险，对消费者的健康是一种极大的保护。当然，由于 BFS 灌装设备的大量资金投入和对生产环境的高要求也限制了此项技术的大规模推广，目前仍只有少数高端化妆品有能力采用此类包装。

化妆品的包装设计不仅体现在材料选择、色彩搭配及富有美感又个性的设计中，还在于品牌内涵的体现及对可持续发展战略的一贯坚持。客观来看，企业需要低成本地投入生产产品，消费者需要好用又好看的产品，生态环境需要一片绿色。因此，化妆品企业应在产品开发初期转变思维，权衡利弊生产环保又不失设计美感的护肤品供消费者选择。

思考题

1. 化妆品包装的定义包括哪两方面内容？主要功能有哪些？
2. 化妆品包装设计的基本要求有哪些？其美学设计要求有哪些？
3. 化妆品常用包装有哪些材质？各有哪些优缺点？
4. 通常用于化妆品包装的塑料有哪些？有哪些特点？
5. 包装材料具体的选用原则有哪些？
6. 为什么要对化妆品的包材进行质量安全评价？
7. 化妆品包材质量安全评价的方法有哪些？
8. 我国对化妆品塑料包装材料的安全性评价要求有哪些？
9. 化妆品包装的未来发展趋势如何？

第 21 章
化妆品管理法规

　　化妆品是直接作用于人体，以满足人们对美的追求的消费品。化妆品管理法规体系的建立与完善为"美的追求"的实现提供了保障。近 30 年来，我国人民对化妆品的需求不断提升，我国化妆品管理法规体系也随之建立并不断完善。如今已基本形成一个较完善的、技术性强的法规体系。该体系主要由化妆品市场监督类法规、化妆品生产技术指导类法规及化妆品国家标准等规范性文件组成。

21.1　化妆品市场监督类法规

　　化妆品市场监督是国家依靠经济组织、行政组织和司法组织，遵循客观经济规律的要求，运用科学的方法，对在化妆品市场上从事交易活动的主体，从化妆品原料与产品的注册、备案、生产、经营等方面进行的监督。加强化妆品市场监督的目的是保障良好的竞争秩序、维护消费者的合法利益并促进化妆品行业的发展。化妆品市场监督类法规是依法开展化妆品市场监督的主要依据。

21.1.1　化妆品法规体系建设

　　我国早期化妆品监督管理法规体系的核心是《化妆品卫生监督条例》（1989 年 11 月 13 日发布）和《化妆品卫生监督条例实施细则》（1991 年 3 月 27 日发布、2005 年 5 月 20 日修正）。上述法规的公布实施使我国化妆品的安全性检验、监督和管理走上了法制化的轨道，形成了化妆品管理法规体系的基本内容与框架，为该体系的完善奠定了基础。后来为了履行加入世界贸易组织（WTO）的承诺，由国务院于 2007 年 7 月 26 日发布并实施《国务院关于加强食品等产品安全监督管理的特别规定》。但是，该体系现已落后于产业发展和市场监管实践需求。集中体现为立法理念上重事前审批和政府监管，未能突出企业主体地位和充分发挥市场机制作用；监管方式比较粗放，没有体现风险管理、精准管理、全程管理的理念；法律责任偏轻。为了进一步优化我国化妆品监督管理法规体系，国务院于 2020 年 6 月 16 日公布《化妆品监督管理条例》（以下简称《条例》）。《条例》自 2021 年 1 月 1 日起施行。与原《化妆品卫生监督条例》相比，新《条例》主要针对以下四个方面做出调整：第一，深化"放管服"改革，优化营商环境，激发市场活力，鼓励行业创新，促进行业高质量发展；第二，强化企业的质量安全主体责任，加强生产经营全过程管理，严守质量安全底线；第三，按照风险管理原则实行分类管理，科学分配监管资源，建立高效监管体系，规范监管行为；第四，加大对违法行为的惩处力度，对违法者用重典，将严重违法者逐出市场，为守法者营造良好发展环境。

　　从总体上看，新《条例》体现以下基本原则。

　　（1）分类管理原则　《条例》明确国家按照风险程度对化妆品及原料实行分类管理，对于特殊的化妆品和风险较高的新原料实行注册管理。对于普通的化妆品和一般风险的新原料实行备案管理。其中，特殊化妆品是用于染发、烫发、祛斑美白、防晒、防脱发的化妆品以及宣称新功效的化妆品，特殊化妆品之外的化妆品为普通化妆品。化妆品新原料是指在我国境内首次用于化妆品的天然或人工原料，具有防腐、防晒、着色、染发、祛斑美白功能的化妆品原料是风险较高的新原料。同时，《条例》明确牙膏参照普通化妆品的规定进行管理❶，香皂不适用本《条例》，宣称具有特殊化妆品功能的除外。实行分类管理体现出对行政资源的合理利用，在充分保障消费者权益的同时，为行业发展提供便利条件。

（2）社会共治原则　化妆品安全需要全社会共同努力，《条例》通过优化政府的监管、强化企业责任、加强第三方监管力量的方式构建化妆品安全社会共治体系。在政府监管方面，《条例》指出国务院药品监督管理部门及县级以上地方人民政府负责药品监督管理的部门负责化妆品监督管理工作，其他政府部门在各自职责范围内负责与化妆品有关的监督管理工作。《条例》明确了上述政府部门在对化妆品生产经营进行监督检查时的程序、职权及职责。在企业责任方面，《条例》规定化妆品注册人、备案人对化妆品的质量安全和功效宣称负责，要求化妆品生产经营者应当按照法律、法规、强制性国家标准、技术规范从事生产经营活动，加强管理，诚信自律，保证化妆品质量安全。在法律责任上，《条例》的规定明显比此前的法规更严格，市场主体违法成本大幅提高。在社会第三方监管方面，《条例》指出化妆品行业协会应当加强行业自律，督促引导化妆品生产经营者依法从事生产经营活动，推动行业诚信建设。同时，倡议消费者协会等组织依法对化妆品经营行为进行社会监督。为了实现化妆品质量安全的社会共治，国家将加强化妆品监督管理信息化建设，在提高管理效率的同时加大信息共享的力度。

（3）全程治理原则　化妆品质量的安全风险可能出现在生产、经营、使用的任何环节，为了保证化妆品的质量安全，《条例》加强化妆品生产经营的全程管理。在上市前，化妆品及新原料注册人、备案人应当充分开展安全评估、依法向社会公开化妆品功效宣称的科学依据并完成注册或备案。在生产中，化妆品生产者必须具备从事化妆品生产的法定条件并获得化妆品生产许可证件。化妆品生产企业应按照国务院药品监督管理部门制定的化妆品质量管理规范的要求组织生产并设置质量安全负责人。此外，《条例》特别明确了化妆品委托生产过程中的各项责任。在经营中，化妆品企业应当遵守关于化妆品标签及广告内容的规定，同时必须履行索证索票、进货查验义务，确保其经营的化妆品的合法性。化妆品集中交易市场开办者、展销会举办者、电子商务平台经营者、美容美发机构、宾馆等主体也应当承担相应的化妆品经营者责任。针对上市后的化妆品，《条例》设立不良反应监测与评价、产品召回、安全再评估等制度，进一步完善化妆品质量安全的全程治理体系。

（4）促进行业发展原则　《条例》指出"促进化妆品产业健康发展"是《条例》的主要宗旨之一。国家鼓励和支持开展化妆品研究与创新，鼓励和支持化妆品经营者采用先进技术与先进管理规范，鼓励和支持运用现代科学技术，结合我国传统优势项目和特色植物资源研究开发化妆品。同时，为了助力化妆品行业的发展，《条例》明确普通化妆品备案管理、化妆品新原料在线备案等一系列简政放权的措施。2020 年 12 月 2 日，国家药监局发布公告称，"月桂酰精氨酸乙酯 HCl、甲氧基 PEG-23 甲基丙烯酸酯/甘油二异硬脂酸酯甲基丙烯酸酯共聚物、磷酰基寡糖钙、硬脂醇聚醚-200 等 4 个原料符合有关化妆品新原料的技术审评要求，拟批准其作为化妆品原料使用"。我国对于化妆品原料审批非常严格，2010 年以来，只新增了 4 种化妆品原料。

---

❶　《牙膏监督管理办法》明确"牙膏"是指以摩擦的方式用于人体牙齿表面及周围组织，以清洁、美化及保护为目的的固体及半固体制剂。

除统一适用于全国的化妆品行政法规外，各地方人民代表大会及其常务委员会公布的旨在规范当地化妆品生产经营行为的地方性法规也是我国化妆品监督管理法规体系的重要组成部分。例如，广东省人民代表大会常务委员会于 2019 年 3 月 28 日通过并公布的《广东省化妆品安全条例》（以下简称《广东条例》）。与《条例》相比，《广东条例》对化妆品生产经营行为提出了更高、更具体的要求。《广东条例》要求化妆品生产企业采用绿色生产方式，防止、减少环境污染和生态破坏。这一理念与我国《民法典》的"绿色原则"相吻合。此外，《广东条例》规定美容美发机构"应当按照产品标签和使用说明书要求正确使用化妆品，并向消费者真实、全面说明产品质量、效果和正确使用方法，如实告知化妆品不良反应，不得虚假宣传化妆品功效"。在法律责任方面，《广东条例》的要求更严格，明确未按照要求建立并执行生产管理和生产记录制度、出厂检验管理和检验记录制度、成品留样管理和留样记录制度等行为的法律责任。化妆品生产经营者在从事相关经营活动时，既要遵守行政法规的规定，也要恪守地方性法规的要求。

21.1.2　化妆品原料与产品要求

21.1.2.1　化妆品及新原料的注册、备案要求

化妆品及新原料的注册和备案活动是对化妆品及新原料的安全性、质量可控性情况进行审查或存档备查的活动。《条例》明确了化妆品及新原料注册、备案的一般性要求。为了进一步规范化妆品及新原料的注册备案工作，国家药监局先后组织起草了《化妆品注册备案管理办法》（2021 年国家市场监督管理总局令第 35 号，以下简称《注册备案管理办法》）、《非特殊用途化妆品备案管理办法》（以下简称《非特备案管理办法》）、《化妆品注册备案资料管理规定》及《化妆品新原料注册备案资料管理规定》等一系列法规。

（1）基本要求　在主体资格方面，《条例》明确化妆品注册申请人、备案人应当具备下列条件：①是依法设立的企业或者其他组织；②有与申请注册、进行备案的产品相适应的质量管理体系；③有化妆品不良反应监测与评价能力。在此基础上，《注册备案管理办法》进一步明确注册人、备案人是以自己的名义把产品推向市场，能够独立承担民事责任的企业或者其他组织。除了《条例》列举的条件外，注册人、备案人还应当满足下列条件：①具有与拟注册、备案化妆品相适应的质量管理体系，设立了具备化妆品质量安全相关专业知识、具有 5 年以上化妆品生产或者质量管理经验的质量安全负责人；②具有与拟注册、备案化妆品相适应的供应商遴选、原料验收、生产过程及质量控制、设备管理、产品检验及留样等管理制度；③具有与拟注册、备案化妆品相适应的化妆品安全风险评估、不良反应监测与评价及化妆品召回制度。

（2）化妆品注册要求　化妆品企业的下列生产活动需经国务院药品监督管理部门注册后方可进行：①使用具有防腐、防晒、着色、染发、祛斑美白功能的化妆品新原料；②特殊化妆品的生产与进口。为了保障化妆品企业利益和市场需求的实现，《条例》明确国务院药品监督管理部门收到注册申请之后的工作流程及时限。

（3）化妆品备案要求　化妆品企业开展下列生产活动之前，需向国务院药品监督管理部门备案：①使用需注册的化妆品新原料之外的其他化妆品新原料；②进口普通化妆品；③上市销售国产普通化妆品，《注册备案管理办法》指出普通化妆品办理备案后，备案人应当每年向承担备案管理工作的药品监督管理部门报告产品的生产、进口及不良反应监测情况；④《牙膏监督管理办法》指出国家对牙膏实施备案管理，产品在备案后，方可上市销售或进口。

（4）进口化妆品的注册、备案要求　针对注册申请人或备案人为境外企业的情况，《条

例》明确其应指定我国境内的企业法人为其境内责任人。境内负责人办理注册、备案时应当提供境外企业的授权书并注明授权期限。《化妆品注册备案资料管理规定》要求授权书所载明的期限到期后，境内责任人应重新提交更新的授权书，延长授权期限。逾期未重新提交的，境内责任人将无法继续为对应的境外注册人、备案人办理新增的注册或备案事项，名下已开展的此类事项可继续办理完毕。

关于境内责任人的义务，我国各类法规做出了详尽的规定：首先，《条例》要求境内责任人负责办理化妆品注册、备案，协助开展化妆品不良反应监测、实施产品召回；其次，《注册管理办法》进一步指出境内责任人办理注册、备案应以注册申请人、备案人的名义进行并将产品投放境内市场且配合监管部门的监督检查工作；再次，《非特备案管理办法》明确境内责任人应当建立对境外备案人的审核制度，重点审核境外备案人授权其备案或生产的产品是否符合我国法律法规、强制性国家标准和规范等规定要求，审核不合格的，禁止进口或生产。

关于境内责任人办理注册、备案时应当提交的资料，《条例》要求提交产品在生产国（地区）已经上市销售的证明文件以及境外生产企业符合化妆品生产质量管理规范的证明资料；专门向我国出口生产、无法提交产品在生产国（地区）已经上市销售的证明文件的，应当提交面向我国消费者开展的相关研究和试验的资料。《非特备案管理办法》明确上述"在生产国（地区）已经上市销售的证明文件"及"境外生产企业符合化妆品生产质量管理规范的证明资料"均应当由所在国（地区）化妆品监督管理部门或行业协会等机构出具；生产企业获得化妆品良好生产规范资质认证的，应当同时提交资质认证证书和认证机构的有关信息资料。《化妆品注册备案资料管理规定》明确上述证书有有效期限的，应在到期后 90 日内提交续期或者更新资料；无有效期限的，应当每五年提交最新版本。

（5）新原料注册和备案要求 《新原料注册与备案资料规范》要求申请注册或办理备案的化妆品新原料应当经过严格的安全评价，确保在正常以及合理的、可预见的使用条件下，不得对人体健康产生危害。同时，化妆品新原料原则上不应是复配而成的。化妆品新原料注册人、备案人申请化妆品新原料注册或备案的，应当提交以下资料：①注册人、备案人和境内责任人的名称、地址、联系方式；②新原料研制报告；③新原料的制备工艺、稳定性及其质量控制标准等研究资料；④新原料安全评估资料。

（6）新原料安全监测与报告要求 《注册备案管理办法》明确国家对取得注册、办理备案的新原料实施安全监测制度，期限为首次使用新原料的化妆品获得注册或者办理备案之日起 3 年。新原料安全监测每满一年，新原料注册人、备案人应汇总、分析新原料使用和安全情况，形成年度报告报送不良反应监测部门和技术审评部门。不良反应监测部门结合年度报告，对使用新原料的化妆品的不良反应报告情况进行统计分析。技术审评部门结合不良反应报告情况进行统计分析情况，对年度报告进行审查并有权做出以下决定：要求注册人、备案人限期补充资料；要求新原料注册人、备案人限期开展与新原料安全风险相关的进一步研究；报国家药品监督管理局暂停新原料使用、取消备案或撤销注册。

新原料注册人、备案人是该原料安全监测的责任人，应建立新原料上市后的安全风险监测和评价体系并在安全监测期内收集、整理以下资料：①使用新原料生产化妆品的化妆品注册人、备案人或受托生产企业信息；②使用新原料生产的化妆品信息；③新原料的使用量信息；④含有新原料的化妆品监督抽检、查处、召回情况；⑤化妆品企业对含新原料产品的不良反应监测制度、产品不良反应统计分析情况及采取措施等；⑥化妆品企业对含新原料产品的风险监测与评价管理体系制度及采取措施等。此外，新原料出现以下突发情况的，化妆品新原料注册人、备案人或境内责任人还应当收集整理新原料不良反应或安全隐患问题等相关信息：①使用新原料的化妆品发生严重化妆品不良反应，或者发生不良反应或其他安全性问题可能引发较大社会影响的；②有证据表明新原料可能存在安全性问题的；③其他国家（地区）发现疑似由该原料引起的严重化妆品不良反应或者群体不良反应事件的；④其他国家（地区）化妆品法规标准调整，提高原料使用标准、增加使用限制条件或者禁止使用的；⑤其他涉及新原料或使用新原料的化妆品安全性的情况。同时，使用新原料生产化妆品的生产者应当对新原料使用的安全情况进行实时监测并及时向新原料注册人、备案人反馈新原料的使用情况、相关化妆品的不良反应和安全性情况。

21.1.2.2　安全评估要求

化妆品安全评估是利用现代科学资料及试验方法对化妆品产品的所有原料和风险物质的安全性进行反复提炼的动态过程。《条例》明确化妆品及新原料注册及备案前，注册申请人、备案人应当自行或者委托专业机构开展安全评估。产品安全评估资料是申请注册和进行备案必须提交的资料之一。长期以来，我国化妆品安全评估主要通过动物实验的方式开展。近年来，为了体现我国对动物福利和"3R"原则的重视且进一步提高我国化妆品安全性评估的科学性和合理性，我国化妆品监管部门先后出台了《化妆品注册和备案检验工作规范》（以下简称《规范》）及《化妆品安全评估技术导则》（以下简称《导则》）等一系列重要法律文件。

（1）化妆品注册和备案检验工作的要求　我国国务院药品监督管理局于 2019 年 9 月 3 日发布《规范》，重点明确化妆品检验检测机构及人员的资质要求、各类化妆品及原料必须检验检测的项目和流程。具体而言，《规范》要求化妆品企业选择具备相应检验能力的检验检测机构，对申报注册或提交备案的化妆品进行检验，并对其提供的检验样品和有关资料的真实性、完整性负责。检验检测机构在开展化妆品注册和备案检验工作前，应当取得化妆品领域的检验检测机构资质认定。化妆品企业有权在国家药品监督管理局组织建立的化妆品注册和备案检验信息管理系统中自主选择具备相应检验能力的检验检测机构开展化妆品注册和备案检验。但同一产品的注册或备案检验项目，一般应当由同一检验检测机构独立完成并出具检验报告。《规范》明确特殊用途化妆品和非特殊用途化妆品在注册或备案前必须进行的检验项目以及多色号系列产品的检验要求，规定宣称具有去屑、防晒等功效的产品必须开展的检验项目以及含有滑石粉、甲醛等产品的检验要求。同时，《规范》对检验检测机构的从业人员资质、管理体系等提出了详尽的要求。《规范》明确国家药品监督管理局和省级药品监督管理部门有权针对检验检测机构进行飞行检查、日常监督检查等监督管理工作。《规范》于公布之日起实施。值得注意的是，自《规范》实施之日起，原国家食品药品监督管理局《关于印发化妆品行政许可检验管理办法的通知》（国食药监许【2010】82 号）、《关于印发化妆品行政许可检验机构资格认定管理办法的通知》（国食药监许【2010】83 号）和《关于印发国产非特殊用途化妆品备案管理办法的通知》（国食药监许【2011】181 号）等文件同时废止。

（2）化妆品安全评估的要求　2020 年 7 月 29 日，国家药品监督管理局化妆品监管司公布《导则》明确化妆品安全评估的风险评估原则和具体评估程序。

①　安全评估的原则。《导则》一改《化妆品卫生规范》（2007 年版）仅对新原料、新产品进行安全评估的原则，规定化妆品注册人、备案人应自行或委托专业机构对化妆品产品所有原料和风险物质开展安全评估。化妆品安全评估应以现有科学数据和相关信息为基础，遵循科学、公正、透明和个案分析的原则开展。其中，所引用的参考资料应为全文形式公开发表的技术报告、通告、专业书籍或学术论文以及国际权威机构发布的数据或风险评估资料。应用未公开发表的研究结果时，需经数据所有方授权，并分析结果的科学性、准确性和可靠

性等。同时，化妆品的安全评估资料根据需要应当及时更新，保存期限不少于最后一批上市产品保质期结束以后 10 年。

② 安全评估的程序。《导则》明确化妆品原料和风险物质的风险评估程序共有四个步骤。

第一步骤——危害识别。基于毒理学试验、临床研究、不良反应监测和人群流行病学研究等的结果，结合产品的使用方法、暴露途径等，按照我国现行《化妆品安全技术规范》或国际上通用的毒理学试验结果的判定原则，确认原料和风险物质可能存在的健康危害效应，主要包括：急性毒性、皮肤刺激性/腐蚀性、眼刺激性/腐蚀性致敏性、光毒性、光变态反应、遗传毒性、重复剂量毒性、生殖发育毒性、慢性毒性/致癌性以及其他健康危害效益。

第二步骤——剂量反应关系评估。旨在确定原料和风险物质的毒性反应与暴露剂量之间的关系。对有阈值效应的原料和风险物质需获得未观察到有害作用的剂量（NOAEL）或基准剂量（BMD）。如果不能得到上述数据，则采用其观察到有害作用的最低剂量（LOAEL）。但用 LOAEL 值计算安全边际值时，应增加相应的不确定因子（一般为 3 倍）。对于无阈值的致癌物而言，用剂量描述参数 T25 等来确定。对于具有潜在致敏风险的原料和风险物质，还需通过预期无诱导致敏剂量来评估其致敏性。

第三步骤——暴露评估。旨在通过对化妆品原料和风险物质暴露于人体的部位、浓度、频率以及持续时间等的评估，确定其暴露水平。

第四步骤——风险特征描述。旨在确定化妆品原料和风险物质对人体健康造成损害的可能性和损害程度。可通过计算安全边际值、剂量描述参数 T25、国际公认的致癌评估导则或预期无诱导致敏剂量等方式进行描述。

《导则》明确化妆品安全评估报告结论不足以排除产品对人体健康存在风险的，应当采用毒理学试验方法进行产品安全性评价。此外，《导则》要求化妆品企业在产品上市后做好产品的安全性监测。在出现以下情形时需重新评估产品的安全性：上市产品所用原料在毒理学上有新的发现，且会影响现有风险评估结果的；上市产品的原料质量规格发生足以引起现有风险评估结果变化的；上市产品不良反应出现连续、呈明显增加趋势，或出现了严重不良反应的；其他影响产品质量安全的情况。

21.1.3 化妆品生产经营要求

21.1.3.1 化妆品生产要求

（1）化妆品生产者的要求 《条例》明确从事化妆品生产活动，必须满足以下条件：①是依法设立的企业；②有与生产的化妆品相适应的生产场地、环境条件、生产设施设备；③有与生产的化妆品相适应的技术人员；④有能对生产的化妆品进行检验的检验人员和检验设备；⑤有保证化妆品质量安全的管理制度。从事化妆品生产之前，需向企业所在地省级政府药品监督管理部门提出申请并获得生产许可证件。化妆品注册人、备案人可以自行生产化妆品，也可以委托其他有化妆品生产许可的企业进行生产。化妆品生产企业应当按照国家药品监督管理部门制定的化妆品生产质量规范的要求组织生产，建立化妆品生产质量管理体系，建立并执行供应商遴选、原料验收、生产过程及质量控制、设备管理、产品检验及留样等管理制度。化妆品生产企业应当建立、执行从业人员健康管理制度并配备质量安全负责人。化妆品原料、直接接触化妆品的包装材料应当符合强制性国家标准、技术规范。同时，注意不进行过度包装以免造成浪费。值得注意的是，为规范化妆品生产许可工作，国家食品药品监督管理总局于 2015 年发布《化妆品生产许可工作规范》（以下简称《规范》），明确办理化妆品生产许可的要求、程序、主要检查项目及相关管理规定。

①《化妆品生产许可证》申领的要求。《规范》规定申请领取《化妆品生产许可证》，应当向生产企业所在地的省、自治区、直辖市食品药品监督管理部门提出，并提交化妆品生产许可证申请表、厂区总平面图、生产设备配置图、工商营业执照复印件、生产场所合法使用的证明材料、法定代表人身份证明复印件、委托代理人代为办理的委托书、企业质量管理相关文件、工艺流程简述及简图、施工装修说明、证明生产环境条件符合需求的监测报告、企业按照《化妆品生产许可检查要点》开展自查并撰写的自查报告等。其中，生产环境条件符合需求的监测报告至少应该包括生产用水卫生质量检测报告、车间空气细菌总数检测报告、生产车间和检验场所工作面混合照度的检测报告，生产眼部用护肤类、婴儿和儿童用护肤类化妆品的，其生产车间的灌装间、清洁容器储存间空气洁净度应达到 30 万级要求，并提供空气净化系统竣工验收文件。上述检测报告应当是由经过国家相关部门认可的检验机构出具的 1 年内的报告。

②《化妆品生产许可证》申请受理后的审查要求。许可机关受理申请人提交的申请领取《化妆品生产许可证》材料后，应进行初步审查并依法决定是否受理。在受理申请人的申请后，许可机关应及时指派 2 名以上工作人员按照《规范》所附的《化妆品生产许可检查要点》（简称《检查要点》）对企业进行现场核查。上述《检查要点》共计 105 个项目，其中推荐项目 8 项、关键项目 26 项、一般项目 71 项。关键项目主要包括：质量管理体系构建与实施，例如文件管理、物料供应管理、放行管理、留样制度、追溯制度、不合格品管理、投诉与召回制度、不良反应监测报告制度等；实验室建设；生产车间规模与设施；生产设备和分析检测设备的配置、校检与维护。可见，化妆品生产的质量管理是检查工作的重点。依据《检查要点》开展的检查工作结果与《化妆品生产许可证》申领及延续结果直接挂钩：《规范》明确许可机关应当自受理申请之日起 60 个工作日内作出行政许可决定，对符合要求的，作出准予行政许可的决定；不符合要求的，将判定为不通过。具体而言，不符合关键项目要求的，为"严重缺陷"；不符合一般项目要求的，为"一般缺陷"。严重缺陷项目达到 5 项以上（含 5 项），判定不通过；所有缺陷项目之和达到 20 项以上（含 20 项），判定不通过。

③《化妆品生产许可证》的效力。在《化妆品生产许可证》的效力方面，《规范》明确该许可证的有效期为 5 年。在有效期内，化妆品生产企业可根据实际情况，申请变更许可事项、延续有效期限及证件补发。《规范》指出化妆品生产企业应当按照该许可证载明的许可项目组织生产，超出已核准的许可项目生产的，视为无证生产。《条例》针对无证生产化妆品的违法行为规定了严苛的法律责任。

④《化妆品生产许可证》的注销和撤销。持有《化妆品生产许可证》是化妆品企业从事化妆品生产活动必备的前提条件，是化妆品质量安全的第一道保障。针对不符合化妆品生产基本要求的企业，行政机关有权做出注销或撤销许可证的决定。《规范》明确有以下情形之一的，许可机关应依法注销《化妆品生产许可证》：一、有效期届满未延续的，或者延续申请未被批准的；二、化妆品生产企业依法终止的；三、《化妆品生产许可证》依法被撤销、撤回，或被吊销的；四、因不可抗力导致许可事项无法实施的；五、化妆品生产企业主动申请注销的；六、法律、法规规定的应当注销行政许可的其他情形。此外，有以下情形之一的，许可机关或者其上级食品药品监督管理部门根据利害关系人的请求或者依据职权，可以撤销化妆品生产许可：一、食品药品监督管理部门工作人员滥用职权，玩忽职守，给不符合条件的申请人发放《化妆品生产许可证》；二、食品药品监督管理部门工作人员超越法定职权发放《化妆品生产许可证》；三、食品药品监督管理部门工作人员违反法定程序发放《化妆品生产许可证》；四、依法可以撤销发放《化妆品生产许可证》决定的其他情形。《规范》

明确企业以欺骗、贿赂等不正当手段和隐瞒真实情况或者提交虚假材料取得化妆品生产许可的，应当依法予以撤销。

⑤ 化妆品生产质量管理要求。新《条例》第二十九条规定：化妆品注册人、备案人、受托生产企业应当按照国务院药品监督管理部门制定的化妆品生产质量管理规范的要求组织生产化妆品，建立化妆品生产质量管理体系，建立并执行供应商遴选、原料验收、生产过程及质量控制、设备管理、产品检验及留样等管理制度。第六十条规定：有下列情形的，由负责药品监督管理的部门没收违法所得、违法生产经营的化妆品和专门用于违法生产经营的原料、包装材料、工具、设备等物品；违法生产经营的化妆品货值金额不足 1 万元的，并处 1 万元以上 5 万元以下罚款；货值金额 1 万元以上的，并处货值金额 5 倍以上 20 倍以下罚款；情节严重的，责令停产停业、由备案部门取消备案或者由原发证部门吊销化妆品许可证件，对违法单位的法定代表人或者主要负责人、直接负责的主管人员和其他直接责任人员处以其上一年度从本单位取得收入的 1 倍以上 3 倍以下罚款，10 年内禁止其从事化妆品生产经营活动；构成犯罪的，依法追究刑事责任：未按照化妆品生产质量管理规范的要求组织生产。

由此可见，化妆品生产的质量管理已经由企业自主的一般规范性上升到法律法规的层面，从生产前物料管理，到生产过程的质量控制，再到产品出厂的留样、召回等的操作不规范，都可以判定为违法，该全流程的追溯管理已经达到了药品管理的风险等级，可谓之前所未有的严格，生产企业作为产品质量的第一责任人，质量管理成为企业生存的红线。

在《规范》的基础上，为进一步贯彻落实，规范化妆品生产质量管理，我国药品监督局化妆品监督司研究起草了《化妆品生产质量管理规范》（以下简称《生产质量管理规范》）。该法律文件明确化妆品注册人、备案人及受托生产企业应建立生产质量管理系统，实现对化妆品物料采购、生产、检验、储存、销售和召回全过程的控制和追溯，确保持续稳定地生产出符合质量安全要求和预定功效的化妆品。化妆品企业应设置独立的质量部门，履行质量保证和质量控制职责，参与所有与质量管理有关的活动。《生产质量管理规范》指出化妆品企业的法定代表人、质量安全负责人、质量部门负责人及生产部门负责人是化妆品生产质量管理的主要参与者。其中，化妆品企业的法定代表人是生产质量管理的首要负责人，应当负责提供必要的资源，合理计划、组织和协调，确保企业实现质量方针和目标；质量安全负责人则独立承担产品质量安全管理和产品放行职责，确保质量管理体系有效运行；质量部门负责人协助质量安全负责人完成其工作；生产部门负责人确保化妆品的生产过程、生产环境等符合相关质量要求并做好相应的记录。《生产质量管理规范》在构建化妆品企业生产质量管理框架、明确各类人员的权责的基础上，规定上述各岗位的任职要求。另外，《生产质量规范》细化了化妆品企业的产品召回及不良反应监测责任。

（2）化妆品标签的要求　标签是消费者获取产品基本信息和安全使用指导的最直接途径，与化妆品使用安全息息相关。《条例》要求化妆品的最小销售单元应当有标签并标注下列内容：①产品名称、特殊化妆品注册证编号；②注册人、备案人、受托生产企业的名称、地址；③化妆品生产许可证编号；④产品执行的标准编号；⑤全成分；⑥净含量；⑦使用期限、使用方法以及必要的安全警示；⑧法律、行政法规和强制性国家标准规定应当标注的其他内容。同时，化妆品标签禁止标注下列内容：①明示或者暗示具有医疗作用的内容；②虚假或者引人误解的内容；③违反社会公序良俗的内容；④法律、行政法规禁止标注的其他内容。

为了贯彻上述与化妆品标签相关的规定，国家药品监督管理局组织起草了《化妆品标签管理办法》（以下简称《标签管理办法》）。该法律文件明确化妆品标签指的是产品包装容器、包装盒、随附于产品的说明书，以及包装容器、包装盒和说明书上附有的用以辨识说明产品基本信息、属性特征和安全警示等的文字、符号、数字、图案等的总称。化妆品注册人、备案人对化妆品标签的合法性、完整性和真实性负责。

在标签的内容方面，《标签管理办法》做出了比《条例》更具体的规定。明确化妆品标签应当在销售包装可视面以"成分"作为引导语标注化妆品全成分的名称并按照配方含量的降序列出；同时，配方中不超过 0.1％的成分应以"其他微量成分"作为引导语引出，可不按照含量的降序列出。销售包装可视面应以下列方式之一注明使用期限：注明生产日期和保质期；注明生产批号和限期使用日期。为使与化妆品标签相关的规定更具有可实施性，《标签管理办法》明确净含量不大于 15g 或 15mL 的化妆品仅需在销售包装可视面上标注产品名称、注册人或备案人名称、净含量、使用期限等信息，在直接接触内容物的包装容器上还应当标注产品名称和使用期限，其他内容可以标注在内置说明书或电子标签中。此外，为兼顾化妆品事业的时尚性，《标签管理办法》允许在化妆品标签中使用尚未被行业广泛使用导致消费者不易理解，但不属于禁止标注内容的创新用语，同时要求在相邻位置对其含义进行解释说明。

在标签禁止标注或宣称的内容方面，进一步明确国家对化妆品标签宣传禁用语实施动态管理，且列举了以下禁止标注的内容：①使用医疗术语、医学名人的姓名、描述医疗作用和效果的词语或已经批准的药品名明示或者暗示产品具有医疗作用的；②使用虚假、夸大、绝对化的词语进行虚假或者引人误解描述的；③利用商标、图案、字体颜色大小、色差、谐音或者暗示性的文字、字母、汉语拼音、数字、符号等方式暗示医疗作用或者进行虚假宣称；④使用尚未被科学界广泛接受的术语、机理编造概念误导消费者；⑤通过编造虚假信息、贬低其他合法产品等方式误导消费者；⑥使用虚构、伪造或者无法验证的科研成果、统计资料、调查结果、文摘、引用语等信息误导消费者；⑦通过宣称所用原料的功能暗示产品实际不具有或不允许宣传的功效的；⑧使用未经相关行业主管部门确认的标识、奖励等进行化妆品安全及功效相关宣称及用语；⑨利用国家机关、事业单位、医疗机构、公益性机构等单位及其工作人员、聘任的专家的名义、形象作证明或者推荐；⑩表示功效、安全性的断言或者保证；⑪标注庸俗、封建迷信或者其他违反社会公序良俗的内容；⑫法律、行政法规和化妆品强制性国家标准禁止标注的其他内容。

此外，《标签管理办法》明确应当认定为"标签瑕疵"的情形，使《条例》的实施更具有可操作性。同时，《标签管理办法》强化了违反化妆品标签行政法规的法律责任。

（3）化妆品召回的要求　《条例》规定化妆品注册人、备案人发现化妆品存在质量缺陷或者其他问题，可能危害人体健康的，应当立即停止生产，召回已经上市销售的化妆品，通知相关化妆品经营者和消费者停止经营、使用，并记录召回和通知情况。上述条款是化妆品召回制度的基础。在新《条例》的基础上，《生产质量管理规范》明确产品召回后的处理模式，要求"已召回的产品应当标注清楚，单独存放，采取补救、无害化处理、销毁等措施，并将化妆品召回和处理情况向所在地省级药品监督管理部门报告。召回的实施过程应当有记录，记录内容至少包括：产品名称、批号、发货数量、召回单位和召回数量、处理、销毁情况等"。

21.1.3.2　化妆品经营要求

《条例》要求化妆品经营者建立并执行进货检验记录制度，查验并保存供货者的市场主体登记证明、化妆品注册或者备案情况等文件，按照法律、法规和化妆品标签的要求贮存、运输化妆品且不得自行配制化妆品。除了一般性的规定之外，《条例》同时明确化妆品集中交易市场开办者、展销会举办者、电子商务平台经营者、美容美发机构、宾馆等主体的化妆品经营者责任。此外，由于广告投放是化妆品经营过程中最常见的宣传推广方式。化妆品广告不仅能提高产品知名度、吸引目标消费群体，其本身也是传播最快、影响最大的信息传递媒介。因此，《中华人民共和国广告法》（简称《广告法》）及《条例》对化妆品广告行为做出了明确的规定。

（1）广告内容的要求　《广告法》和《条例》均要求广告的内容必须真实、合法。同时，《广告法》指出广告的表现形式必须健康，内容要符合社会主义精神文明建设和弘扬中华民族优秀传统文化的要求。尤其是广告中对商品的性能、功能、产地、用途、质量、成分、价格、生产者、有效期限、允诺等有表示的，应当准确、清楚、明白。在无法证明广告内容真实性的情况下，广告主、广告经营者和广告发布者均面临被处罚的风险。

（2）广告内容的禁止性规定　《广告法》明确广告内容的一般禁止情形：①使用或者变相使用中华人民共和国的国旗、国歌、国徽，军旗、军歌、军徽；②使用或者变相使用国家机关、国家机关工作人员的名义或者形象；③使用"国家级"、"最高级"、"最佳"等用语；④损害国家的尊严或者利益，泄露国家秘密；⑤妨碍社会安定，损害社会公共利益；⑥危害人身、财产安全，泄露个人隐私；⑦妨碍社会公共秩序或者违背社会良好风尚；⑧含有淫秽、色情、赌博、迷信、恐怖、暴力的内容；⑨含有民族、种族、宗教、性别歧视的内容；⑩妨碍环境、自然资源或者文化遗产保护；⑪法律、行政法规规定禁止的其他情形。该法进一步明确"除医疗、药品、医疗器械广告外，禁止其他任何广告涉及疾病治疗功能，并不能使用医疗用语或者易使推销的药品、医疗器械相混淆的用语"。

化妆品广告内容除了要符合我国《广告法》及《条例》的规定外，还应注意避免化妆品备案管理系统的禁用语。据统计，目前已确定的禁用语主要包括以下七类。

① 超出化妆品定义范畴的功能词语。例如，温、暖、热、熏、健康、私、私密、暖养等。

② 易与特殊用途化妆品混淆的词语，即超出非特殊用途化妆品定义范畴的功能或部位的词语。例如，塑、瘦、纤、臭、胸、脱、挺、白、染、斑、黄、翘、固、染发、一洗黑、生毛、肤色淡化、暗沉、修身、纤体、塑形、美塑、曲线玲珑、美体、丰美（胸部用品）、毛发再生、玲珑、丰韵、雪颜、雪肌（肤）、黑色素、色沉、对抗紫外线、收腰、大小白等。

③ 虚假夸大、贬低竞品的词语，包括使用极限用语或谐音夸大宣称产品特性功效或原料的情况，以及以不具有、不包含某种特性等为宣传点，使消费者认为该产品优于竞品的情况。例如，1～100 的具体数字、纯、天然、超、防止、除、绝、首、顶、冠、特、巨、极、尽情、速、即时、最、奇、强、持久、零、无、0、低、不含、不添加、天然零负担、无毒、无添加、最 XX、防敏、高效、神效、全效、奇效、极致、零负担、安全无刺激、无硅油、无香精、无油、无着色、百草、彻底、完全、温和不刺激等。

④ 借他人（含医学名人）名义宣称产品的情况，即假借他人或组织名义，使消费者增加对产品品质信任度。例如，国家、国际、机关、统计、品牌、监制、质检、检验、检测、测试、扁鹊、白求恩、神农等。

⑤ 封建迷信庸俗的词语。例如，魔、神、丹、妖、巫、裸体、神仙、鬼、妖魔、毒、妖精、仙丹等。

⑥ 医疗术语、医学生物学名词，包括医学用语及谐音误导为医学用语、与治疗相关的具体操作步骤和名称、医学角色名称、生物学生理学名词等。例如，补、防、除、氧、疲、症、痛、炎、疼、牙、敏、方、患、疗、针、灸、罐、循环、调理、医、愈、疤、药、毒、经、络、脉、裂、菌、螨、生长、增生、合成、酶、柔敏、静脉、舒敏、活络、药物、太极、癣、关节、养生、抵抗力、大夫、保湿专家、单方、祛寒、排毒、治疗、秘方、自由

基、荷尔蒙、妊娠纹、清通、清排、畅通、温通、内分泌、气色、经络、通络、止痒、镇定、镇静、镇定舒缓、提神、安神、除湿、导入、活化、预防、敏感、排浊、内调外养、色素等。

⑦ 医药典籍、药品名称等词语。例如，方、丹、丸、剂、散、胶囊、洗剂、乳、皮炎平、黄帝内经、本草纲目等。

21.1.4　化妆品监督管理要求

21.1.4.1　基本要求

《条例》明确各级政府负责药品监督管理的部门是化妆品监督管理的主要部门。药品监督管理部门在对化妆品生产经营进行监督检查时，有权采取下列措施：①进入生产经营场所实施现场检查；②对生产经营的化妆品进行抽样检测；③查阅、复制有关合同、票据、账簿以及其他有关资料；④查封、扣押不符合强制性国家标准、技术规范或者有证据证明可能危害人体健康的化妆品及其原料、直接接触化妆品的包装材料，以及有证据证明用于违法生产经营的工具、设备；⑤查封违法从事生产经营活动的场所。进行上述检查时，监督检查人员不得少于 2 人，并应当出示执法证件。监督检查人员对监督检查中知悉的被检查单位的商业秘密，应当依法予以保密。

为了进一步完善对已上市销售化妆品的监管、保障消费者利益，《条例》明确国家建立化妆品不良反应监测制度，对正常使用已上市销售的化妆品所引起的皮肤及其附属器官的病变，以及人体局部或者全身性的损害情况进行监测。同时，国家建立化妆品安全风险监测和评价制度，对影响化妆品质量安全的风险因素进行监测和评价，为制定化妆品质量安全风险控制措施和标准、开展化妆品抽样检验提供科学依据。

在监管过程中，发现对人体造成伤害或者有证据证明可能危害人体健康的化妆品，负责药品监督管理的部门有权责令暂停生产、经营并发出警示信息。属于进口化妆品的，国家出入境检验检疫部门可以暂停进口。针对化妆品生产经营过程中存在安全隐患而未及时采取措施消除的情况，负责药品监督管理的部门可以对化妆品生产经营者的法定代表人或者主要责任人进行责任约谈。被约谈的化妆品生产经营者应当立即采取措施，进行整改，消除隐患。责任约谈情况和整改情况纳入化妆品生产经营者信用档案。根据科学研究的发展，对化妆品、化妆品原料的安全性有认识上的改变的，或者有证据表明化妆品、化妆品原料可能存在缺陷的，省级以上人民政府药品监督管理部门可以责令化妆品、化妆品新原料的注册人、备案人开展安全再评估或者直接组织开展安全再评估。再评估结果表明化妆品、化妆品原料不能保证安全的，由原注册部门撤销注册、备案部门取消备案，由国务院药品监督管理部门将该化妆品原料纳入禁止用于化妆品生产的原料目录，并向社会公布。

21.1.4.2　化妆品不良反应监测的要求

原《化妆品卫生监督条例》及《实施细则》中虽然规定了化妆品不良反应的上报，但并不是强制性的。而新《条例》明确国家建立化妆品不良反应监测制度以及化妆品注册人、备案人、受托生产企业、化妆品经营者和医疗机构的检测和报告义务。《生产质量管理规范》和《化妆品不良反应监测管理办法》（以下简称《不良反应监测管理办法》）在新《条例》的基础上进一步完善我国化妆品不良反应监测制度。《生产质量管理规范》主要明确化妆品企业在开展不良反应监测方面的责任，包括应当建立并执行化妆品不良反应监测制度，配备与其产品相适应的人员从事化妆品不良反应监测工作，主动收集、分析和评价、报告化妆品不良反应，调查引发原因，及时采取风险控制措施，并配合化妆品不良反应监测机构、负责药品监督管理的部门开展化妆品不良反应调查。《生产质量管理规范》要求化妆品企业至少应当保存以下不良反应监测记录：报告人或发生不良反应者的姓名、症状或者体征、不良反应类型、化妆品开始使用日期、不良反应发生日期、化妆品名称和批号、医生的信息和诊断意见、引起不良反应可能的原因以及处理结果。

《不良反应监测管理办法》主要明确化妆品不良反应监测制度的基本概念、理清化妆品不良反应监测体系各类主体的权责、规定报告程序及相应措施。

（1）化妆品不良反应监测制度的基本概念 化妆品不良反应监测基本概念的明确有助于准确界定该法律制度的适用情形，有助于市场主体和监管主体按照不同风险程度对导致不良反应的化妆品采取相应的措施。《不良反应监测管理办法》明确化妆品不良反应监测是指包括化妆品不良反应收集、报告、分析、评价、调查、处理的全过程。而化妆品不良反应是指正常使用化妆品引起的皮肤及其附属器官的病变，以及人体局部或者全身性的损害。其中，严重化妆品不良反应是指化妆品引起的皮肤（及黏膜）及其附属器官大面积或者较深度的严重损伤，以及其他器官组织等全身性损害，主要包括：①导致暂时性或者永久性功能丧失，影响正常人体和社会功能的，如明显损容性改变、皮损持久不愈合、瘢痕形成、永久性脱发等；②导致全身性损害，如败血症、肝肾功能异常、过敏性休克等；③导致先天异常或者致畸；④导致死亡或者危及生命；⑤医疗机构认为有必要住院治疗的其他的严重类型。可能引发较大社会影响的化妆品不良反应指以下情形之一：①导致人体严重损害、危及生命或者造成死亡的；②因使用同一产品在相对集中的时间和区域导致一定数量人群发生不良反应的；③导致婴幼儿和儿童发生严重不良反应；④经国家监测机构研判认为可能引发较大社会影响的其他情形。

（2）化妆品不良反应监测体系 《不良反应监测管理办法》构建了针对导致不良反应的化妆品的"生产经营者-注册人或备案人-监测机构-监管部门"的快速反应链，对进一步加强化妆品不良反应的监测管理，统一、规范化妆品不良反应数据的登记、上报、汇总和处理，迅速有效地发现查处问题化妆品，保护消费者利益，具有重要意义，如图 21-1 所示。

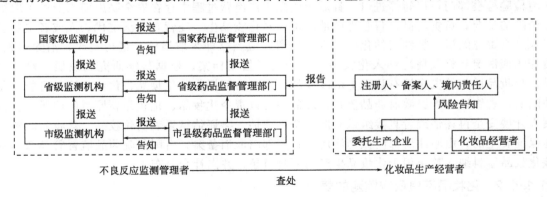

图 21-1 化妆品不良反应监测体系

① 体系的构成。与建立在原《化妆品卫生监督条例》基础上的监测体系相比，新化妆品不良反应监测体系在极大程度上调整了体系的参与主体、优化了体系的层次。原化妆品不良反应监测体系由卫生部、化妆品安全性专家委员会、卫生部不良反应监测中心、卫生部认定的化妆品皮肤病诊断机构组成。而新体系由各级药品监督管理部门、各级化妆品不良反应监测机构、监测基地、监测哨点、化妆品注册人及备案人、境外注册人及备案人指定的我国境内的企业法人、化妆品经营者、医疗机构以及其他单位和个人组成。从体系的构成可以看

出，新化妆品不良反应监测体系更强调化妆品生产和经营主体的责任，更注重引导全社会参与化妆品质量安全建设。

②监测范围。《不良反应监测管理办法》明确了化妆品不良反应监测的"可疑即报"原则。将原有监测体系仅对"化妆品皮肤病确诊病例及化妆品皮肤病疑似病例"进行监测扩大为"怀疑与化妆品有关的人体损害，均可以作为化妆品不良反应信息进行报告"。

③体系的运行。化妆品不良反应监测体系的运行包括不良反应报告、分析和评价、调查和风险控制三个主要步骤。

a. 化妆品不良反应报告方面。《不良反应监测管理办法》明确了线上报告为主、线下报告为辅的报告途径。规定化妆品注册人、备案人、境内负责人、受托生产企业、监测基地、监测哨点应当注册为国家化妆品不良反应监测信息系统用户，在发现或者知悉化妆品不良反应信息时及时通过该系统上报。鼓励化妆品经营者、医疗机构、其他单位注册为上述系统用户并在线报告化妆品不良反应。暂不具备在线报告条件的化妆品经营者、医疗机构应当通过纸质报表向所在地市县级监测机构报告，由其代为在线提交报告；其他单位和个人可以向化妆品注册人、备案人、境内负责人报告，也可以向所在地市县级监测机构或者所在地市县级负责药品监督管理的部门报告，必要时提供相关资料，由上述企业或者单位代为在线提交报告。在报告时限上，《不良反应监测管理办法》明确，除发现或者获知后需立即提交报告的可能属于严重化妆品不良反应或者引发较大社会影响的化妆品不良反应及可能涉及非法添加危害人体健康物质的情况外，有化妆品不良反应监测义务的化妆品注册人、备案人、境内责任人、受托生产企业、化妆品经营者、医疗机构、监测基地、监测哨点等应当自发现或者获知化妆品不良反应之日起 20 个工作日内提交报告，有随访信息的，应当自提交报告之日起 7 个工作日内不提交相关信息。同时，进口化妆品的境外注册人、备案人和在境外销售国产化妆品的注册人、备案人，其在中国境内外同步上市的产品在境外因发生化妆品不良反应而被采取停止生产或者经营的有关产品、实施产品召回、发布安全警示信息等风险控制措施的，应当在发现或者获知后立即书面上报国家监测机构，并提供相关资料。

b. 化妆品不良反应的分析和评价方面。《不良反应监测管理办法》针对不同的评价主体、不同风险等级的评价内容明确不同的工作时限。

一是化妆品注册人、备案人、境内负责人对其收集到不良反应报告进行自查和分析评价。对可能属于严重化妆品不良反应，以及可能涉及非法添加危害人体健康物质的情况，应当自收到不良反应报告之日起 15 个工作日内进行随访等，形成并提交跟踪报告；对可能引发较大社会影响的化妆品不良反应，应当自收到不良反应报告之日起 7 个工作日内进行随访等，形成并提交跟踪报告。

二是市县级监测机构应当自收到化妆品不良反应报告之日起 15 个工作日内，进行分析和评价，必要时进行现场核实；根据检测结果和风险程度，将分析和评价结果报送所在地同级负责药品监督管理的部门，并提出处理建议。对可能属于严重化妆品不良反应，以及可能涉及非法添加危害人体健康物质的情况，应当自收到不良反应报告之日起 7 个工作日内完成分析评价，告知所在地同级负责药品监督管理的部门；自收到报告之日起 15 个工作日内进行随访等，形成跟踪报告，报送上一级化妆品不良反应监测机构，同时报送所在地同级负责药品监督管理的部门。对可能引发较大社会影响的化妆品不良反应，应当自收到不良反应报告之日起 3 个工作日内完成分析评价，告知所在地同级负责药品监督管理的部门；自收到报告之日起 7 个工作日内进行随访等，形成跟踪报告，报送上一级化妆品不良反应监测机构，同时报送所在地同级负责药品监督管理的部门。

三是省级监测机构应当自收到下一级监测机构提交的化妆品不良反应报告之日起 15 个

工作日内，进行分析和评价，必要时进行现场核实；根据监测结果和风险程度，将分析评价结果报送所在地省级药监部门，并提出处理建议。对可能属于严重化妆品不良反应，以及可能涉及非法添加危害人体健康物质的情况，应当自收到下一级监测机构提交的不良反应报告之日起 7 个工作日内完成分析评价，告知所在地省级负责药监部门；自收到下一级监测机构报送的跟踪报告之日起 15 个工作日内完成跟踪报告，报送国家监测机构，同时报送所在地省级药监部门，并提出处理建议。对可能引发较大社会影响的化妆品不良反应，应当自收到下一级监测机构提交的不良反应报告之日起 3 个工作日内完成分析评价，告知所在地省级负责药监部门；并应当自收到下一级监测机构报送的跟踪报告之日起 7 个工作日内完成跟踪报告，报送国家监测机构，同时报送所在地省级药监部门，并提出处理建议。

四是国家监测机构应当对收集的全国化妆品不良反应信息进行分析评价，根据监测结果和风险程度，向国家药品监督管理局提出处理建议。对认为属于可能引发较大社会影响的化妆品不良反应，国家监测机构应当自收到一级监测机构报送的跟踪报告之日起 7 个工作日内完成跟踪报告，报送国家药品监督管理局，并提出处理建议。

c. 化妆品不良反应的调查和风险控制方面。《不良反应监测管理办法》针对不同的主体、不同风险等级明确应采取的各类措施。

一是化妆品注册人、备案人通过自查发现产品存在安全风险、可能危害人体健康的，应当视情况采取以下措施并书面报告所在地省级药监部门、省级监测机构：停止生产、经营有关产品；通知受托企业、经营者停止生产、经营有关产品；实施产品召回；发布安全警示信息；对生产质量管理体系进行自查，并对存在的问题进行整改；修改标签、说明书等；改进生产工艺等；按规定进行变更注册或者备案；其他需要采取的风险控制措施。

二是受托生产企业、化妆品经营者发现或者获知其生产、经营的化妆品产品存在安全风险、可能危害人体健康的，应当立即停止生产、经营，并告知化妆品注册人、备案人，配合其采取相应的风险控制措施。

三是药品监督管理部门有权对化妆品不良反应涉及的生产经营者开展监督检查、抽样检验等调查措施。市县级监管部门自收到同级监测机构报送的不良反应评价意见后开展调查，并根据调查结果对化妆品经营者采取约谈或者行政告诫，责令暂停生产、经营有关产品或者全部产品并实施召回，依法予以行政处罚等处理措施；省级药监部门根据调查结果对化妆品经营者采取约谈或者行政告诫，责令暂停生产、经营有关产品或者全部产品并实施召回，通报调查处理结果，发布安全警示信息，依法予以行政处罚，责令修改产品标签、说明书等，责令变更产品备案等处理措施，必要时，省级药监部门可以提请国家药品监督管理局采取全国暂停生产、经营的紧急控制措施。属于进口化妆品的，可以提请国家药品监督管理局协调国家出入境检验检疫部门暂停进口，提请国家药品监督管理局责令变更产品注册等处理措施。国家药品监督管理局可以对化妆品经营者采取约谈或者行政告诫，责令暂停生产、经营有关产品或者全部产品并实施召回，提请国家出入境检验检疫部门暂停进口，通报调查处理结果，发布安全警示信息，依法予以行政处罚，责令修改产品标签、说明书等，责令变更产品注册或者备案等处理措施。

21.1.5 法律责任

法律责任是由特定法律事实所引起的对损害予以补偿、强制履行或接受惩罚的特殊义务。按照法律责任的类型不同，可将其大致分为民事法律责任、行政法律责任、刑事法律责任。其中，民事法律责任是指公民或法人因侵权、违约或者因法律规定的其他事由而依法承担的不利后果。刑事法律责任是指因违反刑事法律而应当承担的法定的不利后果。行政法律责任是指因违反行政法律或因行政法规规定的事由而应当承担的法定的不利后果。行政法律责任主要有行政处分和行政处罚两种方式。其中，行政处罚是指行政机关或其他行政主体依法定职权和程序对违反行政法规尚未构成犯罪的行政管理相对人给予行政制裁的具体行政行为。行政处罚的类别主要有警告、罚款、没收违法所得、责令停产停业、吊销许可证件等。为了保证公众的健康，营造良好的市场环境，《条例》对各类违法行为加大了处罚力度。具体规定如下。

① 有下列情形之一的，由负责药品监督管理的部门没收违法所得、违法生产经营的化妆品和专门用于违法生产经营的原料、包装材料、工具、设备等物品；违法生产经营的化妆品货值金额不足 1 万元的，并处 5 万元以上 15 万元以下罚款；货值金额 1 万元以上的，并处货值金额 15 倍以上 30 倍以下罚款；情节严重的，责令停产停业、由备案部门取消备案或者由原发证部门吊销化妆品许可证件，10 年内不予办理其提出的化妆品备案或者受理其提出的化妆品行政许可申请，对违法单位的法定代表人或者主要负责人、直接负责的主管人员和其他直接责任人员处以其上一年度从本单位取得收入的 3 倍以上 5 倍以下罚款，终身禁止其从事化妆品生产经营活动；构成犯罪的，依法追究刑事责任：

未经许可从事化妆品生产活动，或者化妆品注册人、备案人委托未取得相应化妆品生产许可的企业生产化妆品；生产经营或者进口未经注册的特殊化妆品；使用禁止用于化妆品生产的原料、应当注册但未经注册的新原料生产化妆品，在化妆品中非法添加可能危害人体健康的物质，或者使用超过期限、废弃、回收的化妆品或者原料生产化妆品。

② 有下列情形之一的，由负责药品监督管理的部门没收违法所得、违法生产经营的化妆品和专门用于违法生产经营的原料、包装材料、工具、设备等物品；违法生产经营的化妆品货值金额不足 1 万元的，并处 1 万元以上 5 万元以下罚款；货值金额 1 万元以上的，并处货值金额 5 倍以上 20 倍以下罚款；情节严重的，责令停产停业、由备案部门取消备案或者由原发证部门吊销化妆品许可证件，对违法单位的法定代表人或者主要负责人、直接负责的主管人员和其他直接责任人员处以其上一年度从本单位取得收入的 1 倍以上 3 倍以下罚款，10 年内禁止其从事化妆品生产经营活动；构成犯罪的，依法追究刑事责任：

使用不符合强制性国家标准、技术规范的原料、直接接触化妆品的包装材料，应当备案但未备案的新原料生产化妆品，或者不按照强制性国家标准或者技术规范使用原料；生产经营不符合强制性国家标准、技术规范或者不符合化妆品注册、备案资料载明的技术要求的化妆品；未按照化妆品生产质量管理规范的要求组织生产；更改化妆品使用期限；化妆品经营者擅自配制化妆品，或者经营变质、超过使用期限的化妆品；在负责药品监督管理的部门责令其实施召回后拒不召回，或者在负责药品监督管理的部门责令其暂停生产、经营后拒不停止或者暂停生产、经营。

③ 有下列情形之一的，由负责药品监督管理的部门没收违法所得、违法生产经营的化妆品，并可以没收专门用于违法生产经营的原料、包装材料、工具、设备等物品；违法生产经营的化妆品货值金额不足 1 万元的，并处 1 万元以上 3 万元以下罚款；货值金额 1 万元以上的，并处货值金额 3 倍以上 10 倍以下罚款；情节严重的，责令停产停业、由备案部门取消备案或者由原发证部门吊销化妆品许可证件，对违法单位的法定代表人或者主要负责人、直接负责的主管人员和其他直接责任人员处以其上一年度从本单位取得收入的 1 倍以上 2 倍以下罚款，5 年内禁止其从事化妆品生产经营活动：

上市销售、经营或者进口未备案的普通化妆品；未依照本条例规定设质量安全负责人；化妆品注册人、备案人未对受托生产企业的生产活动进行监督；未依照本条例规定建立并执行从业人员健康管理制度；生产经营标签不符合本条例规定的化妆品。

　　生产经营的化妆品的标签存在瑕疵但不影响质量安全且不会对消费者造成误导的，由负责药品监督管理的部门责令改正；拒不改正的，处2000元以下罚款。

　　④ 有下列情形之一的，由负责药品监督管理的部门责令改正，给予警告，并处1万元以上3万元以下罚款；情节严重的，责令停产停业，并处3万元以上5万元以下罚款，对违法单位的法定代表人或者主要负责人、直接负责的主管人员和其他直接责任人员处1万元以上3万元以下罚款：

　　未依照本条例规定公布化妆品功效宣称依据的摘要；未依照本条例规定建立并执行进货查验记录制度、产品销售记录制度；未依照本条例规定对化妆品生产质量管理规范的执行情况进行自查；未依照本条例规定贮存、运输化妆品；未依照本条例规定监测、报告化妆品不良反应，或者对化妆品不良反应监测机构、负责药品监督管理的部门开展的化妆品不良反应调查不予配合。

　　进口商未依照本条例规定记录、保存进口化妆品信息的，由出入境检验检疫机构依照前款规定给予处罚。

　　⑤ 化妆品新原料注册人、备案人未依照本条例规定报告化妆品新原料使用和安全情况的，由国务院药品监督管理部门责令改正，处5万元以上20万元以下罚款；情节严重的，吊销化妆品新原料注册证或者取消化妆品新原料备案，并处20万元以上50万元以下罚款。

　　⑥ 在申请化妆品行政许可时提供虚假资料或者采取其他欺骗手段的，不予行政许可，已经取得行政许可的，由作出行政许可决定的部门撤销行政许可，5年内不受理其提出的化妆品相关许可申请，没收违法所得和已经生产、进口的化妆品；已经生产、进口的化妆品货值金额不足1万元的，并处5万元以上15万元以下罚款；货值金额1万元以上的，并处货值金额15倍以上30倍以下罚款；对违法单位的法定代表人或者主要负责人、直接负责的主管人员和其他直接责任人员处以其上一年度从本单位取得收入的3倍以上5倍以下罚款，终身禁止其从事化妆品生产经营活动。

　　伪造、变造、出租、出借或者转让化妆品许可证件的，由负责药品监督管理的部门或者原发证部门予以收缴或者吊销，没收违法所得；违法所得不足1万元的，并处5万元以上15万元以下罚款；违法所得1万元以上的，并处违法所得10倍以上20倍以下罚款；构成违反治安管理行为的，由公安机关依法给予治安管理处罚；构成犯罪的，依法追究刑事责任。

　　⑦ 备案时提供虚假资料的，由备案部门取消备案，3年内不予办理其提出的该项备案，没收违法所得和已经生产、进口的化妆品；已经生产、进口的化妆品货值金额不足1万元的，并处1万元以上3万元以下罚款；货值金额1万元以上的，并处货值金额3倍以上10倍以下罚款；情节严重的，责令停产停业直至由原发证部门吊销化妆品生产许可证，对违法单位的法定代表人或者主要负责人、直接负责的主管人员和其他直接责任人员处以其上一年度从本单位取得收入的1倍以上2倍以下罚款，5年内禁止其从事化妆品生产经营活动。

　　已经备案的资料不符合要求的，由备案部门责令限期改正，其中，与化妆品、化妆品新原料安全性有关的备案材料不符合要求的，备案部门可以同时责令暂停销售、使用；逾期不改正的，由备案部门取消备案。

　　备案部门取消备案后，仍然使用该化妆品新原料生产化妆品或者仍然上市销售、进口该普通化妆品的，分别依照本条例第六十条、第六十一条的规定给予处罚。

　　⑧ 化妆品集中交易市场开办者、展销会举办者未依照本条例规定履行审查、检查、制止、报告等管理义务的，由负责药品监督管理的部门处2万元以上10万元以下罚款；情节

严重的，责令停业，并处 10 万元以上 50 万元以下罚款。

⑨ 电子商务平台经营者未依照本条例规定履行实名登记、制止、报告、停止提供电子商务平台服务等管理义务的，由省、自治区、直辖市人民政府药品监督管理部门按照《中华人民共和国电子商务法》的规定给予处罚。

⑩ 化妆品广告违反本条例规定的，依照《中华人民共和国广告法》的规定给予处罚；采用其他方式对化妆品作虚假或者引人误解的宣传的，依照有关法律的规定给予处罚；构成犯罪的，依法追究刑事责任。

⑪ 境外化妆品注册人、备案人指定的在我国境内的企业法人未协助开展化妆品不良反应监测、实施产品召回的，由省、自治区、直辖市人民政府药品监督管理部门责令改正，给予警告，并处 2 万元以上 10 万元以下罚款；情节严重的，处 10 万元以上 50 万元以下罚款，5 年内禁止其法定代表人或者主要负责人、直接负责的主管人员和其他直接责任人员从事化妆品生产经营活动。

境外化妆品注册人、备案人拒不履行依据本条例作出的行政处罚决定的，10 年内禁止其进行化妆品进口。

⑫ 化妆品检验机构出具虚假检验报告的，由认证认可监督管理部门吊销检验机构资质证书，10 年内不受理其资质认定申请，没收所收取的检验费用，并处 5 万元以上 10 万元以下罚款；对其法定代表人或者主要负责人、直接负责的主管人员和其他直接责任人员处以其上一年度从本单位取得收入的 1 倍以上 3 倍以下罚款，依法给予或者责令给予降低岗位等级、撤职或者开除的处分，受到开除处分的，10 年内禁止其从事化妆品检验工作；构成犯罪的，依法追究刑事责任。

⑬ 化妆品技术审评机构、化妆品不良反应监测机构和负责化妆品安全风险监测的机构未依照本条例规定履行职责，致使技术审评、不良反应监测、安全风险监测工作出现重大失误的，由负责药品监督管理的部门责令改正，给予警告，通报批评；造成严重后果的，对其法定代表人或者主要负责人、直接负责的主管人员和其他直接责任人员依法给予或者责令给予降低岗位等级、撤职或者开除的处分。

⑭ 化妆品生产经营者、检验机构招用、聘用不得从事化妆品生产经营活动的人员或者不得从事化妆品检验工作的人员从事化妆品生产经营或者检验的，由负责药品监督管理的部门责令改正，给予警告；拒不改正的，责令停产停业直至吊销化妆品许可证件、检验机构资质证书。

⑮ 有下列情形之一，构成违反治安管理行为的，由公安机关依法给予治安管理处罚；构成犯罪的，依法追究刑事责任：

阻碍负责药品监督管理的部门工作人员依法执行职务；伪造、销毁、隐匿证据或者隐藏、转移、变卖、损毁依法查封、扣押的物品。

⑯ 负责药品监督管理的部门工作人员违反本条例规定，滥用职权、玩忽职守、徇私舞弊的，依法给予警告、记过或者记大过的处分；造成严重后果的，依法给予降级、撤职或者开除的处分；构成犯罪的，依法追究刑事责任。

⑰ 违反本条例规定，造成人身、财产或者其他损害的，依法承担赔偿责任。

与原《化妆品卫生监督条例》相比，新《条例》在法律责任方面主要进行了以下的调整：

第一，在违法行为方面。原《化妆品卫生监督条例》仅就下列违法行为规定了相应的法律责任：未取得《化妆品生产企业卫生许可证》擅自生产化妆品；生产未取得批准文号的特殊用途的化妆品，或者使用化妆品禁用原料和未经批准的化妆品新原料；进口或者销售未经批准或者检验的进口化妆品；生产或者销售不符合国家《化妆品卫生标准》的化妆品；违反《化妆品卫生监督条例》的其他规定。但是，化妆品质量的安全风险可能出现在生产、经营、使用的任何环节。因此，有必要规范化妆品的上市前备案与注册、生产、销售、检测等全行为并设置相应的法律责任。新《条例》针对上述各环节规定了法律责任，极大程度上完善了化妆品生产经营的法律责任体系。此外，在同一环节中，新《条例》按照违法行为社会危害程度大小，合理设置了不同强度的处罚措施，遵循了"过罚相当"的原则。为了践行上述原则，新《条例》同时明确"化妆品经营者履行了本条例规定的进货查验记录等义务，有证据证明其不知道所采购的化妆品是不符合强制性国家标准、技术规范或者不符合化妆品注册、备案资料载明的技术要求的，收缴其经营的不符合强制性国家标准、技术规范或者不符合化妆品注册、备案资料载明的技术要求的化妆品，可以免除行政处罚"。

第二，在责任主体方面。原《化妆品卫生监督条例》仅笼统规定违法企业需要承担法律责任。新《条例》在此基础上，增加了违法单位的法定代表人或者主要负责人、直接负责的主管人员和其他直接责任人员的法律责任。同时，分别明确化妆品新原料注册人及备案人、化妆品集中交易市场开办者、展销会举办者、电子商务平台经营者、境外化妆品注册人及备案人、化妆品检验机构、化妆品技术审评机构、化妆品不良反应监测机构和负责化妆品安全风险监测的机构等不同主体在违反相关化妆品监管法规时的责任。

第三，在责任形式方面。在原《化妆品卫生监督条例》的基础上，新《条例》增加"没收专门用于违法生产经营的原料、包装材料、工具、设备等物品""一定期限内不予办理严重违反化妆品法规的主体的化妆品备案及注册等行政许可申请"等处罚方式。同时，明确对违法单位的法定代表人或者主要负责人员、直接负责的主管人员和其他直接责任人员可处以与上一年度从该单位取得收入相挂钩的罚款并在一定期限内或终身禁止从事与化妆品生产、经营、检验相关的活动。法律责任类型的多元化结构使化妆品法规体系更有震慑力和实效。

第四，在罚款力度方面。与原《化妆品卫生监督条例》相比，新《条例》不仅增加了罚款倍数、提高了罚款金额，更改变原《化妆品卫生监督条例》以"违法所得"为罚款基数的做法，改为在"违法生产经营的化妆品货值金额"的基础上计算罚款金额。

21.2　化妆品技术指导类法规

《世界贸易组织/技术性贸易壁垒协定》即《WTO/TBT协定》将技术法规（technical regulations）定义为强制执行的规定产品特性、加工程序、生产方法，包括可适用的行政管理性规定的文件。技术法规也可以包括或专门规定用于产品、加工或生产方法的术语、符号、包装、标志或标签要求。《WTO/TBT协定》要求WTO成员保证技术法规的制定、批准或实施在目的或效果上均不会给国际贸易制造不必要的障碍。该协定进一步指出技术法规只能以国家安全、防止欺诈行为、保护人身健康或安全、保护动物植物的生命和健康、保护环境为目的。而标准则是以通用或反复使用为目的，由公认机构批准的、非强制性的文件。标准规定了产品或相关加工和生产方法的规则、指南和特性。标准也可以包括或专门适用于产品、加工或生产方法的术语、符号、包装标志或标签要求。可见，在《WTO/TBT协定》中，技术法规与标准的根本区别在于是否具有强制性。

在技术法规与标准的关系上，技术法规只规定生产技术领域中的基本要求，细节或具体的技术要求则要靠引用标准才能具体实施和操作。而且，在技术法规制定的过程中要大量参考相关标准。因此，标准是技术法规制定与实施的重要依据与必要补充。《中华人民共和国标准化法》（简称《标准化法》）明确我国的各类标准包括国家标准、行业标准、地方标准和团体标准、企业标准。其中，国家标准又分为强制性标准、推荐性标准，行业标准、地方标准是推荐性标准。根据《WTO/TBT协定》及我国《标准化法》的规定，我国学者普遍认同我国的强制性标准是技术法规的重要组成部分。

具体到化妆品产业领域，我国主要的技术法规有《化妆品安全评估技术导则》、《化妆品功效宣称评价指导原则》、《化妆品中禁用物质和限用物质检测方法验证专业技术规范》、《化妆品检验检测机构能力建设指导原则》、《化妆品检验规则》（GB/T 37625—2019）以及《儿童化妆品申报与审评指南》。

21.2.1　化妆品功效宣称及评价的要求

化妆品功效宣称是化妆品生产经营者对产品特征及使用后的可期待效果的描述。吸引眼球的化妆品功效宣称是激起消费者购买欲望的有效方式。但与此同时，为了保障消费者利益、保护公平竞争，化妆品功效宣称也是化妆品监督执法的焦点。化妆品功效宣称应以科学的评价为基础。对此，《条例》要求化妆品的功能宣称应当有充分的科学依据，化妆品注册人、备案人应当在国务院药品监督管理部门规定的专门网站公布功效宣称所依据的文献资料、研究数据或者产品功效评价资料的摘要，接受社会监督。为了落实上述规定，国家药品监督管理局组织起草了《化妆品功效宣称评价指导原则》（以下简称《指导原则》）、《化妆品功效宣称评价规范》（以下简称《评价规范》）。

21.2.1.1　基本要求

在评价范围方面，《指导原则》及《评价规范》明确除能通过视觉、嗅觉等感官直接识别的（如清洁、卸妆、美容修饰、芬芳、爽身、染发、烫发、发色护理、脱毛、除臭和辅助剃须剃毛），通过简单物理遮盖、附着、摩擦等方式发生效果且在标签上明确为物理作用的（如物理遮盖美白、物理方式去角质、物理拔除方式去黑头），可豁免提交功能宣称评价材料之外的化妆品功能宣称均应当有充分的科学依据，且通过人体试验、消费者使用测试、实验室试验等研究结果，结合文献资料对产品的功效宣称进行评价。在评价方法选择上，《指导原则》及《评价规范》以列表的方式明确防脱发、祛斑美白、防晒、祛痘（含去黑头）等20种化妆品功效宣称应当对应采取的评价方法。其中，仅具有保湿、护发功效的化妆品，可以通过文献资料调研、研究数据分析或者功效评价试验等方式进行功效宣称评价；具有抗皱、紧致、舒缓、控油、去角质、防断发、去屑功效，以及宣称温和（如无刺激）或量化指标（如功效保持时间、统计数据等）的化妆品，应当通过功效试验方式，可以同时结合文献资料或研究数据分析结果，进行功效宣称评价，并公布产品的功效宣称依据的摘要；具有祛斑美白、防脱发、防晒、祛痘、滋养、修护功效，或者进行较强特定宣称（如宣称无泪配方）的化妆品，应当通过人体功效评价试验方式进行功效宣称评价，并公布产品的功效宣称依据的摘要；同时，具有祛斑美白、防晒、防脱发功效的化妆品，应当由化妆品注册和备案检验检测机构按照国家标准、技术规定的试验方法开展人体功效评价试验，并出具报告；进行特定宣称（如宣称适用于敏感皮肤、宣称无泪配方）的化妆品，应当通过消费者使用测试或人体功效评价试验的方式进行功效宣称评价，并公布产品的功效宣称依据的摘要；宣称新功效的化妆品，应当根据产品功效宣称的具体情况，选择相应的评价方法，由化妆品注册和备案检验检测机构按照强制性国家标准、规范规定的试验方法开展人体功效评价试验，并出具报告；同时，还应委托两家及以上的化妆品注册和备案检验检测机构进行方法验证，经验证符合要求的，方可开展新功效评价，同时在功效评价报告中阐明方法的有效性和可靠性等参数。值得注意的是，《牙膏监督管理办法》明确牙膏的功效宣称也应有充分的科学依据。

除基础清洁类型外，其他功效牙膏应当按照规定要求开展功效评价才能宣称具有防龋、抑牙菌斑、抗牙本质敏感、减轻牙龈问题等功效。牙膏备案人在完成产品功效评价后，方可办理备案。

21.2.1.2　祛斑美白化妆品祛斑美白功效评价要求

为了规范和指导我国祛斑美白化妆品功效宣称的人体试验评价工作，完善《条例》及《指导原则》的有关规定，中国食品药品检定研究院组织起草了《祛斑美白化妆品祛斑美白功效评价方法》，对此类化妆品的功效进行分类评价以保障消费者的利益。上述文件按照导致皮肤黑化原因的区别及其对应的化妆品美白成分作用机理的不同，设置"紫外线诱导人体皮肤黑化模型美白功效评价法"和"人体开放使用试验祛斑美白功效评价法"两种评价方法。规定"紫外线诱导人体皮肤黑化模型美白功效评价法"适用于仅宣称美白功效的化妆品，此类化妆品不得宣称"祛斑"；"人体开放使用试验祛斑美白功效评价法"适用于宣称具有祛斑和/或美白功效的化妆品。同时，明确两类评价方法的受试物及受试人选择、试验方案、试验方法、不良反应处理及评价报告等内容。

21.2.2　化妆品中禁用物质和限用物质检测的要求

为了确保正常使用下化妆品的安全性，我国卫生部发布《化妆品卫生规范》（2007年版），列举禁止作为化妆品组分使用的物质和限制使用的物质。该列表已通过《化妆品安全技术规范》（2015年版）进行调整。为加强对化妆品中禁用、限用物质检测的技术指导，规范化妆品中禁用、限用物质检测方法和验证工作，明确检测方法验证内容和评价标准，有效保证研究制定的检测方法具备先进性和可行性，原国家食品药品监督局发布了《化妆品中禁用物质和限用物质检测方法验证专业技术规范》明确化妆品禁用、限用物质检测方法包括实验室内验证和实验室间验证，且规定了上述两类方法的技术要求及禁用物质阳性结果判定的依据。

针对可能掺杂掺假或者使用禁止用于化妆品生产的原料生产的化妆品且按照化妆品国家标准和技术规范规定的检验项目和检验方法无法检验的情况，可根据《化妆品补充检验方法管理办法》开展补充检验。国家药品监督管理局是负责化妆品补充检验的主要行政机关，负责补充检验方法立项、起草、验证的组织工作以及方法的审查、批准和发布。该机关制定的补充监测项目和检验方法可用于化妆品的抽样检验、质量安全案件调查处理和不良反应调查处置，其检验结果可以直接作为执法依据。除国家药品监督管理局以外，化妆品检验机构、科研院所、大专院校等技术单位，地市级及以上药品监督管理部门可以申请化妆品补充检验立项并制定检验方法。经批准的检验方法属于科技成果，可以作为相关人员申报科研奖励和参加专业技术资格评审的依据。

21.2.3　化妆品检验检测机构能力建设的要求

化妆品检验检测体系是化妆品监管体系的重要组成部分，化妆品检验检测机构的能力与化妆品的质量及安全性息息相关。为加强化妆品检验检测体系建设，提升化妆品检验检测能力，国家药品监督管理局制定了《化妆品检验检测机构能力建设指导原则》（以下简称《检验检测机构能力建设指导原则》）。

《检验检测机构能力建设指导原则》将化妆品检验检测机构按能力等级分为递减的三个层级，即A级"全面能力"、B级"较高能力"和C级"常规能力"，并明确了三类机构的功能定位。为指导检验检测机构能力建设并为监管部门提供评价检验检测机构体系建设和能力的参考，《检验检测机构能力建设指导原则》设置了"基础指标""技术指标""服务指标"

及"创新指标"四个一级指标及对 A、B、C 级机构的具体要求。其中，基础指标主要包括人员、场地、设备、信息化等二级指标；技术指标包括常规检验项目/参数和能力验证要求；服务指标下设检验质量、检验效率、风险监测、风险评估等二级指标；创新指标主要涵盖科技平台、科技项目、科研成果、国际交流等方面。为提高《检验检测机构能力建设指导原则》的灵活性和可适用性，使之与各类实践需求相匹配，《检验检测机构能力建设指导原则》针对机构不同阶段能力建设场景、合设机构场景、采购服务场景、能力评估场景、信息管理场景等运用情况设置了相应的权重比例。

21.2.4 儿童化妆品申报与审评的要求

由于儿童的皮肤特别娇嫩且使用化妆品的需求有别于成人，为保证儿童化妆品的安全性及其与儿童身心特点相符，我国食品药品监督管理局于 2013 年公布《儿童化妆品申报与审评指南》（以下简称《申报与审评指南》）。该指南适用于供 12 岁以下儿童使用的化妆品的申报与审批。在配方原则方面，《申报与审评指南》明确儿童化妆品应最大限度地减少配方所用原料的种类；选择香精、着色剂、防腐剂及表面活性剂时，应坚持有效基础上的少用、不用原则，同时应关注其可能产生的不良反应；不使用具有美白、祛斑、去痘、脱毛、止汗、除臭、育发、染发、烫发、健美、美乳等功效的成分；应选用有一定安全使用历史的化妆品原料，不鼓励使用基因技术、纳米技术等制备的原料；应了解配方所使用原料的来源、组成、杂质、理化性质、适用范围、安全用量、注意事项等有关信息并备查。在产品的安全性方面，《申报与审评指南》要求儿童化妆品申报企业根据儿童的特点对其产品和原料进行安全性风险评估，尤其应加强对配方中使用香精、乙醇等有机溶剂、阳离子表面活性剂以及透皮促进剂等原料的评估。此外，《申报与审评指南》要求儿童化妆品对儿童应无皮肤及眼刺激性、无光毒性、无变态反应性且菌落总数不得大于 500CFU/mL 或 500CFU/g。

21.3 化妆品国家标准

标准是农业、工业、服务业以及社会事业等领域统一的技术要求。国家标准是我国标准体系的重要组成部分。化妆品国家标准体系的构建与完善，尤其是涉及化妆品检验要求的国家标准的出台进一步完善了我国化妆品管理法规体系。

21.3.1 化妆品国家标准体系简介

国家标准由国务院标准化行政主管部门编制计划，协调项目分工，组织制定，统一审批、编号、发布，在全国范围内执行。国家标准又分为强制性标准和推荐性标准，不符合强制性标准的产品、服务，不得生产、销售、进口或者提供。我国《国家标准管理办法》明确了国家标准的编号模式：强制性国家标准的代号为"GB"，推荐性国家标准的代号为"GB/T"；国家标准的编号由国家标准的代号、国家标准发布的顺序号和国家标准发布的年号构成。同时，《国家标准管理办法》明确需要制定国家标准及强制性国家标准的技术事项范围。

对化妆品行业而言，我国卫生部于 1987 年公布《化妆品卫生标准》（GB 7916—1987），是化妆品标准体系建设的开端。经过三十余年的发展，我国已基本建成完善的化妆品标准体系。我国现行化妆品标准体系主要由基础标准与安全卫生标准、测定方法标准、卫生检验方法标准、产品质量标准、化妆品用原料标准及其他相关标准六部分组成。截至 2020 年底，我国共有化妆品基础标准与安全卫生标准 6 个、测定方法标准 66 个、卫生检验方法标准 16 个、产品质量标准 17 个、化妆品用原料标准 6 个、其他相关标准 5 个。登陆国家标准化管理委员会官方网站（http：//www.sac.gov.cn），可查询上述化妆品标准的相关内容。

近年，我国国家市场监督管理总局、国家标准化管理委员会致力于化妆品标准体系的完善。2019—2020年，共发布10个化妆品国家标准。上述新标准均与化妆品测定方法相关，进一步明确化妆品及相关原料的测定方法的原理、试剂和材料、仪器设备、测定步骤、结果计算、回收率与精密度、允许差等内容。详见表21-1。

表 21-1　2019—2020 年发布的与化妆品相关的国家标准

序号	标准名称	标准号
1	《化妆品中硫柳汞和苯基汞的测定　高效液相色谱-电感耦合等离子体质谱法》	GB/T 37649—2019
2	《化妆品中 8-羟基喹啉和硝羟喹啉的测定　高效液相色谱法》	GB/T 37644—2019
3	《化妆品中 2,3,5,4'-四羟基二苯乙烯-2-O-β-D-葡萄糖苷的测定　高效液相色谱法》	GB/T 37641—2019
4	《化妆品中氯乙醛、2,4-二羟基-3-甲基苯甲醛、巴豆醛、苯乙酮、2-亚戊基环己酮、戊二醛含量的测定　高效液相色谱法》	GB/T 37640—2019
5	《化妆品中黄芪甲苷、芍药苷、连翘苷和连翘酯苷 A 的测定　高效液相色谱法》	GB/T 37628—2019
6	《化妆品中阿莫西林等 9 种禁用青霉素类抗生素的测定　液相色谱-串联质谱法》	GB/T 37626—2019
7	《化妆品检验规则》	GB/T 37625—2019
8	《化妆品中 38 种准用着色剂的测定　高效液相色谱法》	GB/T 37545—2019
9	《化妆品中邻伞花烃-5-醇等 6 种酚类抗菌剂的测定　高效液相色谱法》	GB/T 37544—2019
10	《化妆品中邻苯二甲酸酯类物质的测定》	GB/T 28599—2020

21.3.2　化妆品检验要求

近年来，随着我国社会经济的发展，人们对化妆品的需求不断提高，推动了化妆品工业的发展。这一发展势头在化妆品标准体系的发展与不断完善中得到充分的体现：2016 年以来，我国新增大量化妆品基础标准、安全卫生标准、测定方法标准、产品质量标准、化妆品用原料标准及其他相关标准。但化妆品卫生检验方法标准却未经调整。2019 年，我国国家市场监督管理总局、中国国家标准化管理委员会发布《化妆品检验规则》（GB/T 37625—2019）（以下简称《规则》）弥补了这一空缺，并对化妆品检验工作提出了总体要求。

该《规则》适用于各类化妆品的定型检验、出厂检验和型式检验，包括常规检验和非常规检验。《规则》明确常规检验是针对每批化妆品检验对其感官、理化性指标（耐热和耐寒除外）、净含量、包装外观要求和卫生指标中的菌落总数、霉菌和酵母总数进行检验的项目；非常规检验是针对每批化妆品检验对理化性指标中的耐热和耐寒性能以及除菌落总数、霉菌和酵母总数以外的其他卫生指标进行检验的项目。在检验工作的具体要求上，《规则》主要明确检验的组批规则和方案、抽样方法、检验方法和复检规则。具体内容如下。

（1）组批规则　以相同工艺条件、品种、规格、生产日期和化妆品组成批。对包装外观进行检验时，可以随机在批的组成过程中或在批的组成以后进行。收货方允许以统一生产日期、品种、规格和化妆品交货量组成批。

（2）抽样方法　检验样品应是从批中随机抽取的、足够用于各项指标检验和留样的单位产品。所抽取样品应贴好写明生产日期和保质期或生产批号和限期使用日期、取样日期、取样人的标签。进行型式检验时，非常规检验项目可从任一批产品中随机抽取 2～4 单位产品，按产品标准规定的方法检验；常规项目以出厂检验结果为准，对留样进行检验。

（3）判定和复检规则　感官、理化性指标、净含量、卫生标准的检验结果按产品标准判定合格与否。存在指标不合格的，可以再抽样对该指标进行复检。复检仍不合格的，判定为不合格。交收双方在检验结果存在分歧的，可申请按产品标准和本标准进行仲裁检验，仲裁检验结果为最后判定依据。

（4）检验、取样规则　化妆品产品的取样过程应尽可能顾及样品的代表性和均匀性，按化妆品试样使用过程取样。实验室接到试样后应进行登记，并检查封口的完整性。在取分析样品前，应目测试样的性状和特征，并使试样彻底混匀。打开包装后，应尽快取样进行分析。油溶液、醇溶液、水溶液、花露水、润肤液等流动性较好的液态试样，在取样前应保证试样的均匀性。取出待分析试样后封闭容器。在细颈容器内取霜、蜜、凝胶类产品等半流体试样或半固体试样时，应弃去至少 1cm 最初移出试样，挤出所需试样量，立即封闭容器。广口容器内的试样取样时，应刮弃表面层，取样后立即封闭容器。松散粉末状试样在打开容器前应猛烈地振摇使试样均匀，再移取测试部分。粉饼和口红类试样应刮弃表面层后取样。

此外，为满足市场和创新需要，协调相关市场主体共同制定标准，2019 年 1 月 9 日，国家标准化管理委员会、民政部发布"关于印发《团体标准管理规定》的通知"。各社会团体分别发布了《免洗净手产品》《化妆品舒缓功效测试 -体外 TNF-α 炎症因子含量测定 脂多糖诱导巨噬细胞 RAW264.7 测试方法》《玻尿酸可溶性微阵美容贴膜》《乙醇免洗洗手液、洗手凝胶》《化妆品紧致、抗皱功效测试-体外角质形成细胞活性氧（ROS）抑制测试方法》《化妆品紧致、抗皱功效测试-体外成纤维细胞Ⅰ型胶原蛋白含量测定》《发用产品强韧功效评价方法》《焗油染发霜》《化妆品感官评价通则》《舒敏类功效性护肤品临床评价标准》《舒敏类功效性护肤品产品质量评价标准》《舒敏类功效性护肤品安全/功效评价标准》等团体标准。

思考题

1.技术法规与技术标准的区别是什么？
2.申领化妆品生产许可证件，需要符合哪些法律法规的要求？
3.经认定的检验检测机构依何种程序对化妆品及原料开展安全评估？
4.针对电子商务平台等新兴化妆品经营者，《化妆品监督管理条例》规定了哪些义务和责任？
5.A公司在微信上发布广告语为"中奖率高到广告法不让说"的化妆品销售广告。请结合我国现行法律法规，判断该公司的行为是否构成违法？可能导致怎样的后果？
6.化妆品标签有哪些作用？我国化妆品管理法律体系对化妆品标签内容做出了哪些规定？
7.从事哪些违法行为可能导致责任主体终身禁止从事化妆品生产经营活动？

第 **22** 章
消毒剂制剂实例

　　消毒剂大多在化妆品公司生产，并且从原料要求、设备选型、工艺制造、生产条件到质量控制，都与化妆品生产相近，因而特将消毒剂制剂实例独立成章，方便读者学习。

　　消毒剂是指针对物体表面、室内外环境、人体皮肤与黏膜等具有杀菌、抗抑菌功效的产品批号而生产的产品，分为消毒剂、消毒器械、卫生用品（抗抑菌制剂和一次性卫生用品）。消毒剂的生产必须取得消字号产品生产资质。消字号产品属于消毒用品，由省级质量监督管理局进行审评，由卫生行政部门批准并办理消毒用品生产许可证。妆字号产品属于化妆品，从 2014 年 6 月起由省级药品监督管理行政部门进行备案或核准，并办理化妆品生产许可证。

　　消毒产品的制备原料应符合《中华人民共和国药典》（2020 年版）或医用级或食品级或其他相应标准的质量要求。其生产用水应符合《消毒产品生产企业卫生规范》（2009 年版）要求。消毒产品的卫生检测标准依照《消毒技术规范》（2002 年版）执行，要求无毒或低毒，无刺激性或低刺激性，其安全评价则配套使用 WS 628—2018《消毒产品卫生安全评价技术要求》与《消毒产品卫生安全评价规定》（2014 版）。2020 年 4 月 9 日，国家市场监督管理总局及国家标准化管理委员会发布 GB 38850—2020《消毒剂原料清单及禁限用物质》，规定了应用于不同消毒对象消毒剂的原料成分清单和使用范围，同时规定了消毒剂配方中的禁用和限用成分。

　　本章依原料来源或作用方式不同，按化学物制剂、植物提取物制剂和氧化型消毒剂等三类，选取了不同剂型的 20 个消毒剂实例，分别介绍了其制剂配方、设计思路、制备工艺、产品特点及产品应用等。

22.1　化学类消毒剂产品制剂实例

　　常见的消毒剂按照成分分类，主要有含氯消毒剂、过氧化物类消毒剂、醛类消毒剂、醇类消毒剂、含碘消毒剂、酚类消毒剂、环氧乙烷、双胍类消毒剂和季铵盐消毒剂等 9 类，其消毒原理各不相同。其中，季铵盐类消毒剂和醇类消毒剂是最常用的制剂。季铵盐类消毒剂如苯扎氯铵，能改变细菌胞浆膜通透性，使菌体胞浆物质外渗，阻碍其代谢而起杀灭作用，对革兰阳性细菌作用较强，对绿脓杆菌、抗酸杆菌和细菌芽孢无效，能与蛋白质迅速结合，遇有血、棉花、纤维素和有机物存在，则作用显著降低，0.1％以下浓度对皮肤无刺激性。醇类消毒剂最常用的是乙醇和异丙醇，其中乙醇指的是 75％酒精，为常见的表面消毒溶液，具有很强的渗透力，能穿过细菌表面的膜，进入细菌内部，使构成细菌生命基础的蛋白质凝固，将细菌杀死，酒精的浓度不同，用途也会有所区别。

22.1.1　免手洗消毒液

　　（1）配方设计表

编号	成分	INCI 名称	添加量/%	使用目的
1	水	PURIFIED WATER	83.35	溶剂
2	甘油	GLYCERIN	6.00	保湿剂
3	泛醇	PANTHENOL	0.50	保湿剂、皮肤调理剂
4	乙醇	ETHANOL	10.00	渗透促进剂
5	苯扎氯铵	BENZALKONIUM CHLORIDE	0.10	抗菌消毒剂
6	香精	PARFUM (FRAGRANCE)	0.05	芳香剂

（2）设计思路　洗手液应该安全有效、使用方便、成本较低。因此，本产品选择剂型为水剂，采用杀菌谱较宽的苯扎氯铵为抗菌消毒剂。苯扎氯铵作为消毒剂的用量，通常为 $0.01\%\sim0.1\%$，本品采用 0.10%。保湿剂可选用甘油、丙二醇、透明质酸、三甲基甘氨酸、泛醇等。甘油性质温和，无刺激性，可以吸收环境中的水分并在皮肤表面形成一层水性保护膜，滋润干燥的肌肤，但是甘油并不能完全锁住水分，单独使用甘油作为保湿剂，效果不明显，本配方采用泛醇与甘油复配达到较好的滋润皮肤的效果，泛醇具有深入渗透保湿的效果，除此之外还有消炎、舒缓的作用，甘油作为保湿剂用量一般为 $5\%\sim15\%$，泛醇用量一般为 $0.1\%\sim1\%$，考虑到成本，本配方采用 6.00% 甘油及 0.50% 泛醇作为保湿剂。苯扎氯铵阳离子表面活性剂，具有广谱杀菌作用，0.1% 以下浓度对皮肤无刺激性。

（3）制备工艺　本品为水剂，可作成喷雾剂或气雾剂。所有原料都溶于水。其制备工艺为称量、混合、常温搅拌、静置陈化、过滤除杂和灌装入库。

（4）产品特点　本品原料配比科学，制备工艺简单，产品质量安全稳定，使用方便，作用持久，利用喷雾方法洒在皮肤上，在 $30\sim60s$ 内可杀灭有害病菌 99.9% 以上，能在皮肤上形成杀菌屏障，使杀菌效果持续 $6\sim8h$，无毒副作用，对皮肤无刺激。

（5）产品应用　本品用于手部的消毒，能够杀灭大肠杆菌、金黄色葡萄球菌、伤寒杆菌、痢疾杆菌等传染致病菌。喷洒或涂擦后，不应洗涤除去。

22.1.2　长效防护漱口水

（1）配方设计表

编号	成分	INCI 名称	添加量/%	使用目的
1	水	PURIFIED WATER	84.79	溶剂
2	1,3-丙二醇	1,3-PROPANEDIOL	1.50	保湿剂
3	甘油	GLYCERIN	1.00	保湿剂
4	葡萄糖酸氯己定	CHLORHEXIDINE GLUCONATE	0.12	杀菌剂
5	吐温-20	POLYSORBATE 20	0.20	发泡剂、增溶剂
6	山梨醇(70%)	SORBITOL(70%)	10.00	保湿剂
7	柠檬酸	CITRIC ACID	0.10	pH 调节剂
8	薄荷醇	MENTHOL	0.02	清凉剂
9	木糖醇	XYLITOL	1.00	甜味剂
10	PEG-40 氢化蓖麻油	PEG-40 HYDROGENATED CASTOR OIL	1.00	增溶剂、表面活性剂
11	香精	PARFUM (FRAGRANCE)	0.02	赋香剂

续表

编号	成分	INCI 名称	添加量/%	使用目的
12	羟苯甲酯	METHYLPARABEN	0.10	防腐剂
13	苯甲酸钠	SODIUM BENZOATE	0.15	防腐剂

（2）设计思路　漱口水应该有效、安全、可长期使用。因此，本产品选择剂型为水剂，采用长效杀菌防护的葡萄糖氯己定为杀菌剂。葡萄糖氯己定作为杀菌剂的用量，通常为 0.02%～0.2%，本品采用 0.12%。发泡增溶剂可选用月桂醇硫酸酯钠、月桂醇聚醚磺基琥珀酸酯二钠、泊洛沙姆、吐温等。吐温性质温和，无刺激性，吐温的常用量为 0.1%～0.2%，本品采用 0.20%吐温-20 作为发泡增溶剂。保湿剂可采用山梨醇、甘油、丙二醇等，山梨醇具有不被细菌利用的特点，其常用量为 10%～25%，本品采用 10.00%。柠檬酸具有缓冲溶液 pH 值的作用，常用量为 0.05%～0.2%，本品采用 0.10%。清凉剂可使漱口水具有愉快的气味，给人清新、爽快的感觉，常用的清凉剂有薄荷醇、薄荷油、冰片等，薄荷醇常用量为 0.01%～2.0%，本品采用 0.02%。甜味剂常用木糖醇、糖精钠、蔗糖等，木糖醇常用量为 0.05%～2.0%，本品采用 1.00%。香精可以掩盖口腔的不良气味，常用量为 0.01%～0.2%，本品采用 0.02%。防腐剂可采用苯甲酸钠、羟苯甲酯、羟苯乙酯或其组合，本配方采用羟苯甲酯与苯甲酸钠的混合物达到良好的防腐效果，两者的常用量均为 0.1%～1.0%，本品采用 0.10%的羟苯甲酯和 0.15%的苯甲酸钠作为防腐剂。综上所述，本漱口水安全有效。

（3）制备工艺　本品为水剂。将 1,3-丙二醇、甘油、山梨醇、柠檬酸、木糖醇、羟本甲酯加入去离子水中，搅拌加热至 80℃，降温至 45℃，加入葡萄糖氯己定、苯甲酸钠以及 PEG-40 氢化蓖麻油、吐温-20、薄荷醇与香精的混合物，搅拌混匀，陈化，过滤灌装即可。

（4）产品特点　本品原料配比科学，制备工艺简单，产品质量安全稳定，使用方便。具杀菌能力，可渗入牙缝、牙洞，可以有效抑制细菌，清新口齿，保护口腔洁净健康。可用于口腔疾病（如牙龈炎、口腔溃疡、咽炎等）的防治。

（5）产品应用　本品用于口腔的消毒，能够杀灭金黄色葡萄球菌、链球菌、大肠杆菌、厌氧丙酸杆菌和白色念珠菌等传染致病菌。

22.1.3　植牙用抑菌护理液

（1）配方设计表

编号	成分	INCI 名称	添加量/%	使用目的
1	去离子水	DEIONIZED WATER	67.10	溶剂
2	抑菌提取液	ANTIBACTERIAL EXTRACT	25.00	抑菌剂
3	甘油	GLYCEROL	6.00	润肤剂
4	尖孢镰刀菌胞外多糖	FUSARIUM OXYSPORUM EXOPOLYSACCHARIDE	1.50	保湿剂
5	尿囊素	ALLANTOIN	0.30	溶剂、保湿剂
6	木糖醇	XYLITOL	0.10	保湿剂

（2）设计思路　提供了一种植牙用抑菌护理液及其制备工艺，具有良好的清洁、除菌、护理功效，能够用于植牙后的口腔护理。

（3）制备工艺　将 15 质量份五味子、25 质量份金银花、15 质量份紫地榆、10 质量份白及分别粉碎至 16 目后混合，得到中药材混合料；将中药材混合料加入中药材混合料质量12 倍的由乙醇、N-甲基甘氨酸钠、水按质量比为 1：0.1：4 混合均匀得到的提取剂中超声提取 30min，用 300 目滤布过滤，将滤液在温度为 70℃、绝对压强为 0.01MPa 减压浓缩回收乙醇，得浓缩液；将浓缩液加水稀释至相当于 4 倍中药材混合料质量，用 300 目滤布过滤，滤液用 0.1mol/L 盐酸调节 pH 为 6，加于大孔树脂柱上进行吸附，先以 2BV/h 的流速用 3BV 的纯水洗脱，弃去，再以 2BV/h 的流速分别用 4BV 体积分数 35% 乙醇水溶液和3BV 体积分数 60% 的乙醇水溶液洗脱，收集乙醇洗脱液；将乙醇洗脱液在温度为 70℃、绝对压强为 0.01MPa 减压浓缩至原体积的 15%，得到抑菌提取液；将尿囊素、甘油、木糖醇和尖孢镰刀菌胞外多糖原料加入去离子水中混合均匀即得植牙用抑菌护理液。

（4）产品特点　本植牙用抑菌护理液及其制备工艺，无任何刺激性、无化学杀菌成分、不含酒精，对抑菌提取液的制备方法进行研究，能够高效提取有效成分，并避免有益成分的损失。

（5）产品应用　本植牙用抑菌护理液适用于在种植牙后口腔的杀菌和消毒，具有良好的清洁、除菌、护理功效，原料中各组分相互配合，达到清洁、除菌护理的效果。

22.1.4　眼部抑菌护理液

（1）配方设计表

编号	成分	INCI 名称	添加量/%	使用目的
1	去离子水	DEIONIZED WATER	87.40	溶剂
2	饱和氯化钠溶液	SATURATED SODIUM CHLORIDE SOLUTION	3.00	渗透性调节剂
3	三氯叔丁醇	TRICHLOROBUTANOL	2.00	防腐剂
4	纳米锌	NANO ZINC	1.40	杀菌剂
5	羟苯甲酯	METHYLPARABEN	0.14	防腐剂
6	聚乙二醇	POLYETHYLENE GLYCOL	1.40	润滑剂
7	红豆杉提取物	YEW EXTRACT	1.30	抑菌剂
8	磷酸氢钾-磷酸氢钠缓冲液	POTASSIUM HYDROGEN PHOSPHATE-SODIUM HYDROGEN PHOSPHATE BUFFER	1.00	缓冲剂
9	薄荷醇	MENTHOL	0.50	清凉剂
10	苯扎氯铵	BENZALKONIUM CHLORIDE	0.30	抗菌消毒剂
11	氯化十六烷基吡啶	CETYLPYRIDINE CHLORIDE	0.20	抗菌剂
12	吡咯烷酮羟酸钠	SODIUM PYRROLIDONE HYDROXY	0.10	保湿剂

（2）设计思路　该抑菌护理液中含有多种具有抑菌除菌效果的成分，化学物质的性质稳定，组合物的性质柔和，可以用于义眼或隐形眼镜的抑菌除菌保存，对人体不具有刺激性。

（3）制备工艺　按照添加量，将羟苯甲酯、吡咯烷酮羟酸钠、氯化十六烷基吡啶加入到三氯叔丁醇和聚乙二醇混合物中，充分搅拌溶解，然后将产物和纳米锌、薄荷醇、苯扎氯铵、磷酸氢钾-磷酸氢钠缓冲液一起加入到去离子水中分散均匀，向分散液中加入饱和氯化钠溶液进行浓度调节，最后将红豆杉提取物加入到分散液中，分散均匀后，得到所需抑菌护理液组合物。

（4）产品特点　该型护理液组合物中使用羟苯甲酯、氯化十六烷基吡啶和三氯叔丁醇作为护理液的主体抑菌成分，这些成分之间具有协同作用，能够对大多数的微生物进行抑活，从而起到良好的除菌杀菌作用，护理液组合物中还添加了纳米锌，这种金属抑菌物质对于大多数细菌具有一定的抑制效果。

组合物中特别添加了从红豆杉中提取的一种生物多肽类抑菌物质，这种成分对于眼部多发的各种细菌性感染问题具有良好的保健效果，能够降低细菌性角膜炎的病发率。组合物中的清凉剂是一种薄荷提取物，这种成分可以提升护理液组合物的使用感受。护理中的等渗调节剂可以对护理液组合物的浓度进行调节，从而进一步降低护理液对人体的刺激作用，避免出现干涩的问题。

（5）产品应用　用于义眼或隐形眼镜的清洁和抑菌保存。

22.1.5　免洗消毒酒精凝胶

（1）配方设计表

编号	成分	INCI 名称	添加量/%	使用目的
1	75％医用酒精	75％ALCOHOL	77.00	抑菌剂
2	去离子水	DISTILLED WATER	21.86	溶剂
3	甘油	GLYCERIN	0.50	润肤剂
4	维生素 E	VITAMIN E	0.50	保湿剂
5	三乙醇胺	TRIETHANOLAMIN	0.10	pH 调节剂
6	透明质酸钠	SODIUM HYALURONATE	0.02	保湿剂
7	卡波姆 ultrez 20	CARBOPOL ULTREZ 20	0.02	增稠剂

（2）设计思路　综合消杀能力及安全性考虑，醇类消毒剂和含溴消毒剂较适合用于手部皮肤消毒，且已在医疗中广泛使用。本消毒凝胶选择价格较低的 75％医用酒精作消毒凝胶的消毒有效成分，选用甘油与透明质酸钠做作湿剂。维生素 E 兼有保湿、滋润和抗衰老作用。卡波姆是一类重要的流变调节剂，具有增稠作用，少量的卡波姆就能使原来的液体转化成稳定的透明凝胶体。

（3）制备工艺　按要求称取去离子水，水浴加热至 50℃，将卡波姆 ultrez 20 和透明质酸钠缓慢均匀地分散于水面，静置，待卡波姆 ultrez 20 和透明质酸钠全部浸透后取出，冷却至室温，备用。再将甘油和维生素 E 加入到前面的溶液，缓慢搅拌均匀，再倒入酒精搅拌，最后边搅拌边滴加三乙醇胺，至溶液成凝胶状停止，即得消毒酒精凝胶剂。

（4）产品特点　本品是凝胶剂，驻留性好，不似液体酒精难以驻留，因此擦遍全手需要的酒精量也不多，同一环境中即便有多人同时使用，也不会造成空气中酒精浓度过高而引发火灾或爆炸事故，所以产品相对安全。在保存和使用时要注意避光和明火。

（5）产品应用　本品用于手部的彻底消毒，是一款保湿效果好、便于携带且使用安全的酒精消毒剂。

22.1.6　无醇型消毒凝胶

（1）配方设计表

编号	成分	INCI 名称	添加量/%	使用目的
1	蒸馏水	DISTILLED WATER	85.00	溶剂
2	羧甲基纤维素钠	SODIUM CARBOXYMETHYL CELLULOSE	10.00	基质
3	三氯生（DP300）	TRICLOSAN	5.00	杀菌剂

（2）设计思路　B 超探头属于较昂贵的精密仪器，在使用过程中微生物污染率很高，按现行国家标准应消毒处理。但因其不宜接触有机溶剂和酸、碱、盐类、电解质、卤化物、重金属等无机物，不能使用常用消毒制剂进行消毒处理。本消毒凝胶以羧甲基纤维素钠（CMC-Na）为基质，以三氯生（DP300）为杀菌成分，制成无醇消毒凝胶。

（3）制备工艺　称取 DP300 5.00g，置于 50mL 浓度为体积分数 50% 乙醇中溶解，加入羧甲基纤维素钠 10.00g 及其他辅助成分，充分搅拌 2min。然后将其置于沸水浴中挥发脱除乙醇，继续在高速搅拌条件下加沸水至 500mL，静置过夜去除气泡，即成消毒凝胶。

（4）产品特点　本工艺制备的消毒凝胶，质感细腻，色泽均匀，透明度高，无气泡，稠度适宜，涂布性好。

（5）产品应用　本品主要用于医用 B 超探头的消毒，探讨特制消毒凝胶作为医用 B 超探头消毒剂的可能性。

22.1.7　免洗手部消毒凝胶

（1）配方设计表

编号	成分	INCI 名称	添加量/%	使用目的
1	乙醇	ALCOHOL	71.00	消毒剂
2	水	WATER	25.05	溶剂
3	甘油	GLYCERIN	3.20	保湿剂
4	丙烯酸(酯)类/C10-30 烷醇丙烯酸酯交联聚合物	ACRYLATES/C10-30 ALKYL ACRYLATE AROSSPLLYMER	0.40	增稠剂
5	三乙醇胺	TRIETHANOLAMINE	0.35	pH 调节剂

（2）设计思路　本配方为乙醇溶液消毒体系，作用于卫生手、外科手和物体表面杀灭 99.99% 的大肠杆菌、金黄色葡萄球菌和白色念珠菌。首先采用体积分数 75% 的乙醇为消毒剂，通过丙烯酸（酯）类/C10-30 烷醇丙烯酸酯交联聚合物和三乙醇胺调整黏稠性，使得乙醇溶液能在皮肤上停留。其次为了解决乙醇易挥发容易带走皮肤的水分的问题，从而增加了甘油作为保湿剂，既能保湿，又能于体系融合且清爽不油腻。最后产品使用二元包装囊阀气雾剂的形式，有效避免了常规包装密封性差导致乙醇含量下降的问题，从而保证产品的有效期。

（3）制备工艺　将水和丙烯酸（酯）类/C10-30 烷醇丙烯酸酯交联聚合物加入反应釜，搅拌均质，直至丙烯酸（酯）类/C10-30 烷醇丙烯酸酯交联聚合物完全分散溶解；边搅拌边加入甘油和乙醇，搅拌 15min 至均匀；边搅拌边加入三乙醇胺，搅拌 15min 至均匀，剂料配置完毕。剂料取样送检，合格后 200 目过滤出料，送至下工序灌装使用。

（4）产品特点　有效杀灭 99.99% 的大肠杆菌、金黄色葡萄球菌和白色念珠菌。保湿净手，温和不刺激，肤感水润，无需清洗，使用方便。

（5）产品应用　适用于卫生手、外科手和物体表面消毒、清洁，同时具有保湿作用。

22.1.8　免洗手部消毒喷雾

（1）配方设计表

编号	成分	INCI 名称	添加量/%	使用目的
1	二甲醚	DIMETHYL ETHER	40.00	推进剂
2	无水乙醇	ALCOHOL	39.92	消毒剂
3	水	AQUA	19.09	溶剂
4	丙二醇	PROPYLENE GLYCOL	0.60	保湿剂
5	苯甲酸钠	SODIUM BENZOATE	0.24	防腐剂
6	三乙醇胺	TRIETHANOLAMINE	0.12	缓蚀剂
7	香精	AROMA	0.03	芳香剂

（2）设计思路　本配方为乙醇溶液消毒体系，作用于卫生手、外科手和物体表面杀灭99.99%的大肠杆菌、金黄色葡萄球菌和白色念珠菌。本配方采用体积分数75%的乙醇为消毒剂，通过气雾剂的形式，采用二甲醚液化气体，有效雾化和喷射到指定位置，同时操作方便快捷，肤感清爽冰凉。产品使用气雾剂的形式，有效避免了常规包装密封性差导致乙醇含量下降的问题，从而保证产品的有效期。

（3）制备工艺　将水和无水乙醇加入一清洁的不锈钢混合釜中，加入苯甲酸钠搅拌至完全溶解均匀；边搅拌边加入丙二醇，搅拌10min至均匀；加入三乙醇胺，搅拌10min至均匀；加入香精，搅拌10min至均匀，剂料配置完毕。剂料取样送检，合格后400目过滤出料，送至下工序灌装使用；将剂料在搅拌下分装入气雾罐，投放气雾阀，封口后充填推进剂，安装促动器。

（4）产品特点　有效杀灭99.99%的大肠杆菌、金黄色葡萄球菌和白色念珠菌。保湿净手，温和不刺激，肤感清爽；无需清洗，使用方便；气雾剂产品，二元包装囊阀气雾剂，避免乙醇含量意外下降。

（5）产品应用　适用于卫生手、外科手和物体表面消毒、清洁，同时具有保湿作用。

22.1.9　美肤抑菌消毒喷雾

（1）配方设计表

编号	成分	INCI 名称	添加量/%	使用目的
1	水	PURIFIED WATER	79.30	溶剂
2	乙醇	ALCOHOL	6.00	溶剂
3	苦参	SOPHORA FLAVESCENS AIT	3.00	抑菌剂
4	土荆皮	PSEUDOLARIX KAEMPFERI GORD	3.00	抑菌剂
5	白鲜皮	DICTAMNUS DASYCARPUS TRUCZ	2.00	抑菌剂
6	蛇床子	CNIDIUM MONNIERI（L.）CUSS	2.00	抑菌剂
7	百部	STEMONA JAPONICA(BL.) MIG	2.00	抑菌剂
8	黄芩	SCUTELLARIA BARCALENSIS GEORGI.	2.00	抑菌剂
9	冰片	DRYOBALANOPS AROMATICA GAERTN. F	0.50	抑菌剂
10	醋酸氯己定	CHLORHEXIDINE DIACETATE	0.20	抑菌剂

（2）设计思路　中草药抑菌液具有抗菌效果好，不产生耐药性，毒副作用低的特点，本产品为水剂，采用多种中药按照配伍进行复配，所用中药均为水提或醇提原液，醋酸氯己定

作为广谱抑菌剂添加。本产品具有乙醇含量低，刺激性小，抑菌性能好的特点，适用于各类皮肤人群。所选用的原料均经过严格检验，并确保检验结果符合相关规格的指标要求。本产品对金黄色葡萄球菌、大肠杆菌以及白色念珠菌均有抑制效果。第 10 号原料醋酸氯己定，为广谱抑菌剂，对各类细菌均有较好的抑制作用，驻留型抑菌液中用量不超过 0.3%，本产品中用量为 0.20%，在安全用量范围内。

（3）制备工艺　①取适量水与苦参、白鲜皮、百部、黄芩原液配伍，加热至 85℃，15～20min；②将适量水与醋酸氯己定混溶，再加入土荆皮、蛇床子、冰片原液，搅拌均匀，待体系温度降至 55℃时加入；③继续搅拌冷却至室温，过滤检验合格后，出料灌装，检验入库。

（4）产品特点　该产品料体呈淡棕色透明液，喷雾呈圆锥状，雾滴细腻均一，在 2min 内对金黄色葡萄球菌、大肠杆菌以及白色念珠菌的平均抑制率均超过 50%，无毒副作用，对皮肤刺激性小，具有长效抑菌作用。

（5）产品应用　该产品用于皮肤消毒，具有广谱的抑菌作用，喷洒或涂抹后，具有长效抑菌作用。

22.1.10　蜂胶口腔抑菌消毒喷雾

（1）配方设计表

编号	成分	INCI 名称	添加量/%	使用目的
1	水	PURIFIED WATER	87.02	溶剂
2	草珊瑚提取物	SARCANDRA GLABRA（THUNB.）NAKAI	4.10	抑菌剂
3	甘草提取物	GLYCYRRHIZA URALENSIS FISCH.	3.40	抑菌剂
4	金银花提取物	LONICERA JAPONICA THUNB.	2.20	抑菌剂
5	胖大海提取物	STERCULIA LYCHNOPHORA HANCE	1.20	抑菌剂
6	木糖醇	XYLITOL	1.00	甜味剂
7	蜂胶	PROPOLIS	0.50	抑菌剂
8	薄荷脑	MENTHA HAPLOCALYX BRIQ.	0.30	抑菌剂
9	冰片	DRYOBALANOPS AROMATICA GAERTN. F	0.10	抑菌剂
10	食用香精	PARFUM(FRAGRANCE)	0.10	芳香剂
11	醋酸氯己定	CHLORHEXIDINE DIACETATE	0.08	抑菌剂

（2）设计思路　蜂胶具有抗菌消炎，解毒止痛的功效，中药抑菌液也同样具有良好的抗菌效果好，且不产生耐药性，毒副作用低的特点。本产品为水剂，围绕蜂胶为原料，与多种中药和醋酸氯己定配伍，制备口腔抑菌喷雾，具有消炎止痛，祛臭除菌，缓解口腔溃疡的功效。本产品所选用的原料均经过严格检验，并确保检验结果符合相关规格的指标要求，经检验本产品对金黄色葡萄球菌、大肠杆菌以及白色念珠菌均有抑制效果。原料醋酸氯己定，为广谱抑菌剂，对各类细菌均有较好的抑制作用，口腔型抑菌液中用量不超过 0.3%，本产品中用量为 0.08%，在安全用量范围内。

（3）制备工艺　①取适量水与草珊瑚提取物、甘草提取物、金银花提取物、胖大海提取物原液配伍，加入木糖醇加热至 85℃，15～20min；②将适量水与醋酸氯己定混溶，再加入蜂胶、薄荷脑、冰片原液、食用香精，搅拌均匀，待体系温度降至 55℃时加入；③继续搅冷却至室温，过滤检验合格后，出料灌装，检验入库。

（4）产品特点　该产品料体呈淡棕色透明液，口感清凉，有一定的中药味，喷雾呈圆锥状，雾滴细腻，在 5min 内对金黄色葡萄球菌、大肠杆菌以及白色念珠菌的平均抑制率均超过 50%，无毒副作用。

（5）产品应用　该产品用于口腔抑菌消毒，具有广谱的抑菌作用，部分添加原料中含有乙醇，起分散或助溶作用，乙醇敏感人群应避免使用。

22.2　植物提取物消毒剂制剂实例

许多植物提取物含有蒽醌衍生物等生物活性物质，可以直接通过助剂渗入微生物或病毒的膜内，通过生物碱的作用，使致病微生物或病毒失去活性，同时还可以使致病菌或病毒的膜直接溶解，导致微生物死亡。植物提取物消毒剂主要用于环境、物品和空气的消毒，也可以用于皮肤的消毒。植物提取物抗菌消毒剂的消毒作用，会受到植物产地、有效成分提取方法、助剂等影响。

22.2.1　复方植物杀菌剂

（1）配方设计表

编号	成分	INCI 名称	添加量/%	使用目的
1	磷酸盐缓冲液	PHOSPHATE BUFFER	87.00	溶剂
2	苦参提取物	SOPHORA FLAVESCENS EXTRACT	5.00	杀菌剂
3	槐果碱提取物	SOPHOCARPINE EXTRACT	4.00	杀菌剂
4	金银花提取物	HONEYSUCKLE EXTRACT	1.00	杀菌剂
5	吐温-80	TWEEN-80	3.00	乳化剂

（2）设计思路　大肠杆菌、金黄色葡萄球菌和白色念珠菌是常见的条件致病菌，在免疫抑制、器官移植、获得性免疫缺陷综合征等情况下，可导致机会性感染，有效控制其感染的主要技术手段之一为日常消毒。绿色环保、易清除、使用安全、无毒无味的消毒产品近年来成为日常消毒的首选。因此，由植物中具有杀菌作用的成分或提取物组成的植物消毒剂受到了人们的关注。然而，单一植物消毒产品研发成本高、抗菌谱窄且易使细菌产生抗药性，将多种抗菌性能良好的活性成分进行复配，可有效扩大其抗菌谱，拓宽使用面。本消毒剂选择剂型为水剂，采用苦参提取液、槐果碱提取液、金银花提取液作为杀菌剂。槐果碱是一种苦参碱类生物碱，在体外能抑制金黄色葡萄球菌、大肠杆菌的生长，具有广谱抗菌作用；金银花是常见的植物，在我国分布广泛，其活性成分绿原酸类物质具有良好的抗菌、抗病毒及抗氧化等功效。本品为纯天然植物消毒剂，安全有效。

（3）制备工艺　所有原料都溶于磷酸缓冲溶液。具体制备工艺为：称量，将植物提取物依次加入磷酸缓冲溶液，常温搅拌，灌装入库。

（4）产品特点　本品制备工艺简便，对大肠杆菌、金黄色葡萄球菌和白色念珠菌的杀菌效果良好，剂型安全稳定，无毒副作用，对皮肤无刺激，不污染衣物。

（5）产品应用　本品用于手部及其他部位表面皮肤的清洁消毒，亦可用于物体表面消毒。

22.2.2　草本消毒油

（1）配方设计表

编号	成分	INCI 名称	添加量/%	使用目的
1	矿油	MINERALOIL	80.00	溶剂
2	艾叶油	ARTEMISIA ARGYI LEAF OIL	3.00	杀菌剂
3	苍术油	ATRACTYLOIDES OIL	5.00	杀菌剂
4	薄荷油	MENTHA HAPLOCALYX OIL	2.00	杀菌剂
5	肉桂油	CINNAMOMUM CASSIA OIL	5.00	杀菌剂
6	白千层油	MELALEUCA LEUCADENDRON CAJAPUT OIL	5.00	杀菌剂

（2）设计思路　洗手液应该适用于日常皮肤清洁，且有效杀菌消毒，配方安全。本产品选择剂型为油剂，并采用纯植物油艾叶油、苍术油、薄荷油、肉桂油、白千层油作为杀菌剂。矿油是从石油中提取的油脂，无色无味，低敏度，具有抗静电作用，在化妆品中作溶剂和柔润剂使用。矿油分化妆品等级和药用等级，化妆品级矿油安全度高，刺激性小，还能达到抗氧化的作用，在本品中的作用为溶剂，添加量为80.00%。艾叶油是在艾叶中提取出来的精油，具有缓解皮肤过敏的功效，本品加入3.00%。苍术油则具有杀菌消毒作用，其用量为5.00%。薄荷油具有纯馥的薄荷香气，给本品带来天然芬芳的同时，可用于皮肤或黏膜产生清凉感以减轻不适及疼痛，用量为2.00%。肉桂油可用于风湿及皮肤瘙痒，脾胃阳脱，肢冷脉微，本品用量为5.00%。白千层油具有杀菌防腐的效用，还是治疗胃病的传统良药，对霍乱、风湿病均有疗效，用量为5.00%。综上所述，本品为纯天然植物油，且安全有效。

（3）制备工艺　所有原料都溶于油。具体制备工艺为：称量，将植物油依次加入矿物油，常温搅拌，灌装入库。

（4）产品特点　本品原料配比科学，制备工艺简单，产品质量安全稳定，使用方便，作用持久，无毒副作用，对皮肤无刺激，不污染衣物。

（5）产品应用　本品用于手部的清洁消毒，亦可用于物体表面。

22.2.3　草本空气消毒剂

（1）配方设计表

编号	成分	INCI 名称	添加量/%	使用目的
1	水	WATER	79.00	溶剂
2	香薷挥发油	ELSHOLTZIA SPLENDENS OIL	5.00	杀菌剂
3	桂枝挥发油	RAMULUS CINNAMOMI OIL	5.00	杀菌剂
4	荆芥挥发油	SCHIZONEPETA TENUIFOLIA OIL	5.00	杀菌剂
5	连翘挥发油	FORSYTHIA SUSPENSA OIL	5.00	杀菌剂
6	吐温-80	TWEEN-80	1.00	乳化剂

（2）设计思路　植物空气消毒剂以其使用安全、消毒作用强而刺激性低等优点常用于改善医院空气质量。由植物挥发油组成的挥散型空气消毒剂对医院室内空气中自然菌具有一定

的消毒效果，且气味芳香，易被患者接受。本配方以香薷、桂枝、荆芥和连翘挥发油为基础，以吐温-80 为乳化剂制备挥散型空气消毒剂，剂型稳定，抑菌效果良好。香薷、桂枝、荆芥和连翘几种中药的挥发油均对大肠杆菌、金黄色葡萄球菌和枯草芽孢杆菌具有良好的抑制作用，在本配方中添加量均为 5.00%，在安全用量范围内。同时，香薷挥发油气味清冽，具有一定的赋香功能，使产品气味芬芳。

（3）制备工艺　将各挥发油与乳化剂混合均匀后加热至 40～45℃，乳化反应釜内水加热至 45～50℃，保持搅拌条件下将油相加入水中搅拌乳化，完成乳化后保持搅拌降温至常温即可。

（4）产品特点　本配方为纯植物消毒配方，制作工艺简单，安全环保，气味宜人，无毒副作用，作用持久。

（5）产品应用　本品可用于医院等环境的空气消毒，能有效杀灭大部分细菌。

22.2.4　草本消毒凝胶

（1）配方设计表

编号	成分	INCI 名称	添加量/%	使用目的
1	矿油	MINERAL OIL	70.00	溶剂
2	氢化(苯乙烯/异戊二烯)共聚物	HYDROGENATED STYRENE/ISOPRENE COPOLYMER	10.00	增稠剂
3	蓝桉油	EUCALYPTUS GLOBULUS OIL	5.00	杀菌剂
4	薄荷油	MENTHA HAPLOCALYX OIL	2.00	杀菌剂
5	肉桂油	CINNAMOMUM CASSIA OIL	8.00	杀菌剂
6	柚果皮油	CITRUS GRANDIS (GRAPEFRUIT) PEEL OIL	5.00	杀菌剂

（2）设计思路　本产品为纯植物消毒产品，原料安全、温和，基本功能为消毒、杀菌。所选用原料均经过严格检验，并确保检验结果符合相关规定的指标要求。配方中第 3、4、5、6 号原料，均为具有杀菌作用的主要有效成分，且均为植物提取物，更加安全不刺激。第 1 号原料，矿油，是油剂产品中常用的溶剂，其安全性高，价格较低，资源丰富，可用性高，还具有保湿作用。第 2 号原料，氢化（苯乙烯/异戊二烯）共聚物，是增稠剂，本配方添加量为 10.00%，在安全用量范围。第 3 号原料，蓝桉油，具有杀菌作用，大量用于医药制品，主要起到赋香和杀菌的作用，本配方添加量为 5.00%，在安全用量范围。第 4 号原料，薄荷油，具有抑菌和预防皮肤感染作用，并具有特殊清凉香气，起到提神效果，本配方添加量为 2.00%，在安全用量范围。第 5 号原料，肉桂油，具有抗菌作用。本配方添加量为 8.00%，在安全用量范围。第 6 号原料，柚果皮油，具有较广谱的抗菌性和抗炎性，并具有一定的保湿作用。本配方添加量为 5.00%，在安全用量范围。

（3）制备工艺　将矿油加热至 90～100℃，加入氢化（苯乙烯/异戊二烯）共聚物，搅拌溶解，降温至 45～55℃，将余下植物油依次加入，搅拌均匀即可。

（4）产品特点　本配方为纯植物消毒配方，原料配比科学，制作工艺简单，产品质量更加安全稳定，无毒副作用，对皮肤无刺激，使用方便，作用持久。利用涂抹的方式作用于皮肤，能有效杀灭细菌，并在皮肤上形成一层保护膜，能有效隔绝细菌。

（5）产品应用　本品用于人体皮肤、物体表面都可以，能有效杀灭大部分细菌。涂抹后，不应洗涤除去。

22.2.5 草本浴盐

（1）配方设计表

编号	成分	INCI 名称	添加量/%	使用目的
1	硫酸钠	SODIUM SULFATE	60.00	填充剂
2	碳酸氢钠	SODIUM BICARBONATE	30.00	发泡剂、pH 调节剂
3	碳酸钠	SODIUM CARBONATE	12.00	pH 调节剂、脱脂剂
4	羧甲基纤维素	CARBOXYLMETHYLCELLULOSE	2.50	黏结剂
5	聚乙二醇	POLYETHYLENE GLYCOL	2.00	黏结剂
6	蛋白酶	BACILLOPEPTIDASEB	1.00	皮肤调理剂
7	β-环糊精	B-CYCLODEXTRIN	1.00	填充剂
8	五味子精油	SCHISANDRA CHINENSIS (ESSENTIAL OIL)	1.00	杀菌、滋养、芳香剂
9	氧化铁红	IRON OXIDE,(CI 77491)	0.50	无机颜料

（2）设计思路　浴盐多由草药、天然海盐、矿物质和植物精油等成分组成，富含人体所需的铁、钙、硒、镁等多种微量元素，长期使用具有一定的美肤效果。在日化盐中适当添加中草药成分，通过运用盐的渗透、滋养、杀菌、传递、代谢等作用，配合中草药的药物特性，更能使产品达到舒爽安神的效果。本品采用碳酸氢钠、硫酸钠作为主剂，添加蛋白酶与五味子精油为活性成分，在满足浴盐的易溶解性的基础上，实现浴盐的滋养作用。

（3）制备工艺　本品为固剂。其制备工艺为：称量，混合，压片（可选），封装，入库。

（4）产品特点　本品原料配比科学，制备工艺简单，产品质量安全稳定，使用方便，溶解速度快，无毒副作用，对皮肤无刺激。采用五味子精油作为天然香氛。

（5）产品应用　本品用于全身洗浴。

22.3 氧化型消毒剂制剂实例

氧化型清毒剂，是利用较强氧化剂所产生的次氯酸、原子态氧等，使微生物体内一些与代谢有密切关系的酶发生氧化作用而杀灭微生物。氧化型消毒剂主要包括过氧化物和氯制剂两类，具有杀菌谱广、杀菌能力强、效率高、价格低廉等特点。应根据杀菌消毒的具体要求，配制适宜浓度，并保证消毒剂足够的作用时间，以达到杀菌消毒的最佳效果。氧化型消毒剂作用较为剧烈，在作业时要求操作人员加强劳动保护，佩戴口罩、手套和防护眼镜，以保障人体健康与安全。储存方面，应根据消毒剂的理化性质，控制消毒剂的贮存条件，防止因水分、湿度、高温和光照等因素使消毒剂分解失效，要避免发生燃烧、爆炸等事故。

22.3.1 高稳定性高锰酸钾消毒粉剂

（1）配方设计表

编号	成分	INCI 名称	添加量/%	使用目的
1	高锰酸钾	POTASSIUM PERMANGANATE	85.00	强氧化剂、消毒剂
2	硼砂	BORAX	10.00	清洁剂、杀虫剂

续表

编号	成分	INCI 名称	添加量/%	使用目的
3	硼酸	BORIC ACID	2.00	消毒剂、防腐剂
4	无水硫酸钠	ANHYDROUS SODIUM SULFATE	3.00	防潮剂

（2）设计思路　近年来，人们对杀菌消毒的意识逐渐增强，消毒粉消毒剂一类的产品也成为日常储备。一般情况下，高活性的杀菌物质由于其氧化性较强，很容易在储存过程中发生失活变质的问题。因此，如何解决这类强氧化性氧化剂的存放问题，一直是技术领域的研究重点。本配方拟配置一款能够提高产品长效稳定性的高锰酸钾消毒粉。按照本配方中各物质的比例进行配置，高锰酸钾在 90 天后依旧可以具有较强的氧化杀菌性能。

（3）制备工艺　在温度为 5～35℃，湿度为 45%～95% 的条件下，按照表中所示比例称取上述配方中的高锰酸钾、硼酸以及无水硫酸钠，导入搅拌机中搅拌 5min，静置 1min 后，称取硼砂加入上述原料中，搅拌 10min 至所有原料搅拌均匀，之后将样品抽检，检测产品是否符合标准，如若符合要求，则进行灌装操作。

（4）产品特点　该产品能够延长高锰酸钾的使用寿命，提高产品的保存效率，解决了当前高锰酸钾难保存，长效稳定性差的问题。

（5）产品应用　本产品可以用在水产养殖的池塘、饲养家禽等需要大量使用高锰酸钾溶液杀菌消毒的地方。

22.3.2　含氯泡腾粉

（1）配方设计表

编号	成分	INCI 名称	添加量/%	使用目的
1	氯胺 T	CHLORAMINE T	50.00	消毒剂、强氧化剂
2	过硼酸钠	SODIUM PERBORATE	15.00	泡腾剂
3	柠檬酸	CITRIC ACID	15.00	pH 调节剂
4	磷酸氢二钠	DISODIUM HYDROGEN PHOSPHATE	10.00	稳定剂
5	硫酸钠	SODIUM SULPHATE	4.00	钠盐、防潮剂
6	硼酸	BORIC ACID	3.00	消毒剂、防腐剂
7	十二烷基二甲基溴化铵	DODECYL DIMETHYL AMMONIUM BROMIDE	3.00	消毒剂、杀菌剂

（2）设计思路　泡腾消毒粉能够在水中迅速溶解，一般来说，泡腾消毒粉剂中含有的有效氯浓度为 10%，可用于水产养殖行业中对池塘进行消毒。其泡腾作用可实现由池底逐渐向水面消毒的目的。由于泡腾消毒粉中氯的含量相对较低，这种消毒剂对鱼虾的毒害作用及刺激性小，因而可被广泛使用。本配方中选用氯胺 T，是一种外用的广谱消毒剂，性质稳定，对常见的细菌、病毒、真菌、芽孢菌等均有灭菌效果。在本配方中起到提供氯的作用。此外，配方中还配合添加柠檬酸、硼酸等常见的消毒剂，增强杀菌消毒的效果。

配方中加入一定量的过硼酸钠作为泡腾剂，泡腾剂的添加量一般在 10%～20%，根据所需发泡效果进行适当调整，本配方中拟添加 15.00%。

配方中加入一定量的十二烷基二甲基溴化铵，既可以作为表面活性剂，又具有一定的消毒剂作用，浓度在 1000mg/L 时，对皮肤无强刺激性。

（3）制备工艺　将各种粉状固体原料干燥，去除表面吸附的水分，之后将按照上述配方比例称量各个原料，将氯胺 T、十二烷基二甲基溴化铵以及磷酸氢二钠均匀混合，之后按照配方比例加入过硼酸钠、柠檬酸、硼酸和硫酸钠，并进行充分搅拌，待粉料搅拌均匀后，过筛，并筛出 $150\mu m \pm 15\mu m$ 的粉末，进行分装。

（4）产品特点　该产品具有较好的杀菌消毒效果，对金黄色葡萄球菌、大肠杆菌等革兰阴性和阳性菌均有很好的杀菌消毒作用。制作简单，使用方便，安全可靠。

（5）产品应用　本产品可用于水产养殖池的消毒，有效氯浓度配置在 1000mg/L。此外，当有效氯浓度为 100~250mg/L 时，可对一般的环境物体进行消毒。在医院使用时，可将有效氯的含量提高，即配置浓度较高的溶液使用。

22.3.3　过氧醋酸消毒液

（1）配方设计表

编号	成分	INCI 名称	添加量/%	使用目的
1	水	WATER	45.75	溶剂、稀释剂
2	双氧水	HYDROGEN PEROXIDE	30.00	消毒剂、强氧化剂
3	冰醋酸	GLACIAL ACETIC ACID	15.00	过氧乙酸原料
4	磷酸	PHOSPHORIC ACID	4.00	过氧乙酸稳定剂
5	硫酸	SULPHURIC ACID	2.00	过氧乙酸催化剂
6	十二烷基硫酸钠	SODIUM DODECYL SULFATE	2.00	渗透剂、去污剂
7	水解马来酸酐聚合物	HYDROLYZED MALEIC ANHYDRIDE POLYMER	1.00	金属缓蚀剂
8	乙二胺四甲基磷酸复合物	ETHYLENEDIAMINE TETRAMETHYLPHOSPHATE COMPLEX	0.25	金属缓蚀剂

（2）设计思路　过氧醋酸是一种强氧化剂，可以杀灭大肠杆菌、金黄色葡萄球菌、白色念珠菌、白色葡萄球菌等细菌和真菌，过氧醋酸不够稳定，具爆炸性、强腐蚀性、强刺激性，可致人体灼伤。本剂制备时采用现配现用，在硫酸催化下，冰醋酸与双氧水反应生成过氧醋酸，剂液中加入稳定剂和缓蚀剂，形成稳定的过氧醋酸消毒液。

（3）制备工艺　磷酸、硫酸、冰醋酸混合后，缓慢加入双氧水，搅拌混合。最后加入渗透剂和金属缓蚀剂，搅拌均匀。

（4）产品特性　本品消毒灭菌效果好、稳定性好、腐蚀性小、无残留毒害，生产工艺简单，成本较低。

（5）产品应用　本品为广谱性消毒杀菌剂，可用于生活生产环境、医疗器械和食品包装的消毒杀菌，用浸泡、喷雾或擦涂的方法均可。

22.3.4　稳定的次氯酸消毒液

（1）配方设计表

编号	成分	INCI 名称	添加量/%	使用目的
1	水	WATER	77.00	溶剂、稀释剂
2	三聚磷酸钠	SODIUM TRIPOLYPHOSPHATE	10.00	缓蚀剂
3	氢氧化钠	SODIUM HYDROXIDE	5.00	pH 值调节剂

续表

编号	成分	INCI 名称	添加量/%	使用目的
4	硅酸钠	SODIUM SILICATE	3.00	次氯酸稳定剂
5	叔丁醇	T-BUTYL ALCOHOL	2.00	次氯酸稳定剂
6	次氯酸钠	SODIUM HYPOCHLORITE	2.00	消毒剂、氧化剂
7	十二烷基苯磺酸钠	SODIUM DODECYLBENZENE SULFONATE	1.00	渗透剂、去污剂

（2）设计思路　次氯酸钠为强氧化剂，具有漂白、杀菌、消毒的作用，常用作消毒剂、漂白剂、氧化剂及水净化剂，用于饮料水、水果和蔬菜的消毒，及食品制造设备、器具的杀菌消毒。次氯酸钠能够将具有还原性的物质氧化，使微生物最终丧失机能，无法繁殖或感染。硅酸钠能对次氯酸盐起稳定作用，三聚磷酸钠起缓蚀剂作用。

常用的 84 消毒液就是一种以次氯酸钠为主要成分的含氯消毒剂，为无色或淡黄色液体，且具有刺激性气味，有效氯含量 5.5%～6.5%，主要用于物体表面和环境等的消毒，广泛用于宾馆、旅游、医院、食品加工行业、家庭等的卫生消毒。

（3）制备工艺　将三聚磷酸钠和硅酸钠加入一半剂量的水中，溶解后加入次氯酸钠，搅拌。再加入十二烷基苯磺酸钠、叔丁醇，搅拌。搅拌下加入氢氧化钠调节溶液 pH 值大于 13。最后加入剩余一半剂量的水，搅拌混匀。放置，过夜陈化。

（4）产品特性　本品性能稳定，水溶性好，原料易得，工艺简单，成本较低，使用范围广泛，安全环保。

（5）产品应用　本品加水稀释 5 倍后，可用于医疗器械、医院病房、养殖场等消毒；稀释 30 倍后，可用于餐具、水果、蔬菜等消毒。消毒时间一般为 5min。

22.3.5　缓释型二氧化氯消毒液

（1）配方设计表

编号	成分	INCI 名称	添加量/%	使用目的
1	水	WATER	72.00	溶剂、稀释剂
2	2%二氧化氯溶液	2% CHLORINE DIOXIDE SOLUTION	15.00	消毒剂、杀菌剂
3	硅胶	SILICA GEL	12.00	二氧化氯稳定剂
4	柠檬酸	CITRIC ACID	1.00	螯合剂、缓蚀剂

（2）设计思路　二氧化氯在极低浓度（0.1mg/L）下，即可杀灭诸如大肠杆菌、金黄色葡萄球菌等多种致病菌。即使在有机物等干扰下，在使用浓度为每升几十毫克（mg/L）时，可完全杀灭细菌繁殖体、肝炎病毒、噬菌体和细菌芽孢等所有微生物。所以，二氧化氯杀菌消毒无"三致效应"（致癌、致畸、致突变），同时在消毒过程中也不与有机物发生氯代反应生成可产生"三致作用"的有机氯化物或其他有毒类物质。随着 SARS 病毒、禽流感病毒和新冠病毒对我国的大规模侵袭，二氧化氯消毒剂在公共卫生领域的防疫功能和独特的安全性也得到充分肯定，国家颁布了"稳定性二氧化氯溶液 GB/T 20783"和新的"生活饮用水卫生标准 GB 5749"，使二氧化氯正式成为我国通用饮用水消毒剂和新型食品添加剂。

（3）制备工艺　将硅胶、柠檬酸溶于水，加入二氧化氯溶液，搅拌混匀，静置陈化。可作为液体稀释后直接使用，也可以与硬脂酸钠等黏结剂作用制成球体等各种形状。

（4）产品特点　本品无刺激性异味，使用安全，缓释效果好，二氧化氯释放均匀，消毒作用持久。

（5）产品应用　本品可用于室内空气消毒，可以杀灭各种传染性病原微生物和病菌，有效防止疫病传播。

思考题

1. 消毒剂与妆字号产品有哪些区别？
2. 为什么消毒剂不可以作为化妆品出售？
3. 常用的消毒剂有哪些？
4. 苯扎氯胺消毒剂的消毒原理是什么？
5. 醇类消毒剂的消毒原理是什么？
6. 草本消毒剂的抑菌原理是怎样的？
7. 氧化型消毒剂的使用和储存要注意哪些问题？
8. 请设计一款适用于新冠疫情期间的安全有效低毒的消毒剂。
9. "84 消毒液"的基本配方和应用范围是什么？
10. 二氧化氯的性质和杀菌消毒作用有哪些？

第 23 章
化妆品制剂学实验

化妆品制剂学是运用基础医学、生物药学、应用化学等学科的基本理论、基本知识和基本方法，研究化妆品的调配、生产、性质、质量控制和安全使用的一门学科，要求理论和实践统一，强调实验操作技能、实验动手能力和创新能力的培养。因此，化妆品制剂学实验在化妆品制剂学课程学习中占据非常重要的地位。为此，我们编写了 20 个化妆品制剂学实验，分制剂制备、制剂性质检测和制剂性能评价等三个方面。每一个实验一般列有实验目的、实验原理、仪器与试剂、实验步骤、注意事项和思考题等六个部分。

23.1 基本制剂实验

化妆品剂型较多，各个剂型的原料选用、设备选型、制备工艺、评价指标、包装要求等有所不同。在确定生产化妆品时，化妆品剂型的选择非常重要。化妆品护肤效果不仅决定于料体原料本身，也取决于剂型的选择和制剂技术的优劣。选择合理的剂型，对充分发挥化妆品功效、提高化妆品安全性和护肤质量、降低化妆品不良反应等具有重要意义。本节精选了有代表性的化妆品制剂实验，介绍了其制备原理、组分配方及制备工艺，对各制剂的设计思路进行了较详细的说明。

23.1.1 柔软性化妆水的制备

一、实验目的

    1.熟悉柔软性化妆水的配方设计及制备操作。

    2.掌握柔软性化妆水的质量评价方法。

二、实验原理

    1.配方设计表

相别	组分名称	INCI 名称	添加量/%	作用
A	水	PURIFIED WATER	81.19	溶剂
	丁二醇	BUTYLENE GLYCOL	6.00	溶剂、保湿剂、抗菌剂
	甘油	GLYCERIN	4.00	柔软剂、保湿剂
	泛醇	PANTHENOL	1.00	柔润剂、保湿剂
	海藻糖	TREHALOSE	1.00	保湿剂、柔润剂
	甜菜碱	BETAINE	0.60	保湿剂
	黄原胶	XANTHAN GUM	0.15	增稠剂、稳定剂
	EDTA 二钠	DISODIUM EDTA	0.04	螯合剂

续表

相别	组分名称	INCI 名称	添加量/%	作用
B	水解燕麦蛋白	HYDROLYZED OAT PROTEIN	2.00	抗氧化剂、皮肤调理剂
	马鞭草(*Verbena officinalis*)提取物	VERBENA OFFICI NALIS EXTRACT	1.00	柔润剂、皮肤调理剂
	苦参(*Sophora flavescens*)提取物	SOPHORA FLAVESCENS EXTRACT	0.80	抗炎剂、柔润剂
	水解蚕丝	HYDROLYZED SILK	0.60	保湿剂、皮肤调理剂
C	戊二醇	PENTYLENE GLYCOL	1.0	保湿剂、防腐增效剂
	辛二醇	OCTANEDIOL	0.25	防腐剂
	1,2-己二醇	1,2-HEXANEDIOL	0.15	防腐剂
D	PEG-40 氢化蓖麻油	PEG-40 HYDROGENATED CASTOR OIL	0.20	表面活性剂、增溶剂
	香精	PARFUM (FRAGRANCE)	0.02	芳香剂

2.设计思路

本配方主要包括溶剂、保湿剂、柔润剂、防腐剂、螯合剂、表面活性剂、香精。本产品的基本功能为柔软、保湿。本配方配制出来的产品使用时清爽、无油腻感、柔软性和保湿性较好，使用后不用清洗，多种保湿剂、柔润剂、皮肤调理剂联合使用可提供长时间的保湿和柔软肤感的效果。

燕麦肽在配方中主要作为抗氧化剂、保湿剂、皮肤调理剂。燕麦肽是燕麦蛋白的片段，由氨基酸组成，分子量比燕麦蛋白小，所以更容易被人体吸收，有强烈抑制蛋白酶活性，具有抗氧化的作用，可赋予皮肤营养，调理肌肤，高效保湿，减少皮肤粗糙度，同时还有助渗透的作用，帮助皮肤更好地吸收其他营养物质。本配方中添加量为 2.00%，在安全用量范围内。

水解蚕丝在配方中主要作为保湿剂、皮肤调理剂。水解蚕丝中含有 18 种氨基酸，易被肌肤吸收，可在肌肤表面形成一层锁水网，预防肌肤干燥，防止水分和养分的流失，具有保湿和紧致肌肤的作用，同时可以促进细胞再生，紧致细胞间隙距离，提升肌肤柔韧度和紧致度。本配方中添加量为 0.60%，在安全用量范围内。

马鞭草提取物在配方中主要作为柔润剂、皮肤调理剂。马鞭草提取物属于非禁限用成分，对人体无毒害作用，提取物中含有鞣质、马鞭草苷等成分，可以软化肌肤角质，令肌肤柔嫩光滑。本配方中添加量为 1.00%，在安全用量范围内。

苦参提取物在配方中主要作为抗炎剂、柔润剂、抗氧化剂、皮肤调理剂。苦参提取物具有抗菌消炎的功效，同时还能够平衡油脂分泌，疏通并收敛毛孔，清除皮肤内毒素杂质，促进受损血管神经细胞的生长和修复，恢复皮下毛细血管细胞活力，肌肤重现紧致细滑。本配方中添加量为 0.8%，在安全用量范围内。

其余原料添加量也均在安全用量范围内。

三、仪器与试剂

仪器：烧杯、玻璃棒、量筒、移液管、滴管、温度计、加热器、天平。

试剂：蒸馏水或去离子水、丁二醇、甘油、泛醇、黄原胶、海藻糖、甜菜碱、燕麦肽、水解蚕丝、马鞭草提取物、苦参提取物、戊二醇、辛二醇、1,2-己二醇、EDTA 二钠、PEG-40 氢化蓖麻油、香精。

四、实验步骤

1. 依次称取 A 相中的丁二醇、甘油和黄原胶，搅拌分散均匀后加入 A 相中的泛醇、海藻糖、甜菜碱、EDTA 二钠、去离子水并搅拌混匀，升温至 80～85℃，恒温 30min（注意：保持高温状态进行灭菌），转速 35～45r/min，待均匀透明后，搅拌降温。

2. 待温度降至 45℃左右，分别加入 B 相、C 相以及 D 相，然后搅拌至透明为止，用消毒过的 800 目滤布过滤。

3. 搅拌降至室温后称量，补重，装入已经灭菌的样品瓶。

五、附注与注意事项

1. 香精为非水溶性成分，香精和增溶剂 PEG-40 氢化蓖麻油应先混合后再加入体系，香精用量过多会导致溶液变浑浊。

2. 黄原胶先分散在丁二醇和甘油中，然后再加入去离子水。

六、思考题

1. 化妆水类化妆品配方设计体系包括哪些？
2. 生产化妆水类产品应注意哪些问题？

（牛江秀）

23.1.2 防脱发中药发油的制备

一、实验目的

1. 熟悉油剂的常用油脂原料。
2. 掌握发油的制备方法及注意事项。

二、实验原理

1. 配方设计表

相别	组分名称	INCI 名称	添加量/%	使用目的
A 相	白油 11#	MINERAL OIL	94.50	基质
B 相	连翘提取物	FRSYTHLA SUSPENSA EXTRACT	2.00	抗菌剂
	丹参提取物	SALVLA MIHIORRHIZA EXTRACT	2.00	毛发生长促进剂
	辣椒提取物	CAPSICUM ANNUUM EXTRACT	1.00	止痒去屑
C 相	香精	PARFUM	0.50	赋香

2. 设计思路

发油的主要作用是恢复洗发后头发所失去的光泽和柔韧性，并防止头发和头皮过分干燥，使发丝易于梳理。但它的保养和调理功能更受关注，因此常在配方中添加各种添加剂，如杀菌剂、收敛剂、清凉剂和营养成分，以防止脱发、头发断裂等。

发油的配方较为简单，主要是动植物油和矿物油，再配以其他油脂类原料、香精、色素、抗氧化剂等组成。其中通常所用的植物油有蓖麻油、橄榄油、花生油、杏仁油等，矿物油主要有白油。在中药成分中，丹参具有促进头发生长的作用；连翘具有抗菌作用，止痒去屑；辣椒具有促进毛发生长、止痒去屑、防止毛囊炎等疾病发生的作用，所以常作为营养成分添加到防脱发用品中。

三、仪器与试剂

仪器：烧杯、玻璃棒、量筒、滴管、温度计、电炉。

试剂：白油、连翘提取物、丹参提取物、辣椒提取物、香精。

四、操作步骤

1.取 94.5mL 白油于烧杯中，电炉加热至 90℃后，室温冷却至 70℃。

2.在搅拌下，在上述白油中依次加入连翘提取液 2.0mL、丹参提取液 2.0mL、辣椒提取液 1.0mL 三种提取液，搅拌均匀。

3.上述体系冷却到 45℃，调入香精搅拌均匀，并观察不同阶段的实验现象。

4.实验结果

（1）工艺现象

制备工艺阶段	料体现象
90℃的白油	
加入连翘提取物后	
加入丹参提取物后	
加入辣椒提取物后	

（2）产物分析鉴定

发油需要有滋养头皮与修护发根的作用，同时具备芬芳香气与悦人色泽，产品分析如下表。

特性	一般发油	中药发油
气味		
色泽		
使用感		
原因分析		

五、注意事项

1.为了方便实验，实验中以体积分数代替质量分数。

2.溶解时要让原料微热。

六、思考题

1.为什么在 70℃时才加入提取液？在 45℃时才加入香精？

2.发油中各组分的作用是什么？

（高华宏）

23.1.3　洁面乳的制备

一、实验目的

1.熟悉乳化原理。

2.掌握乳化操作工艺过程和乳化设备的使用方法。

二、实验原理

1.配方设计表

相别	组分名称	INCI 名称	添加量/%	使用目的
A	白油	MINERAL OIL	22.00	柔软剂、保湿剂
	十六十八醇	CETEARYL ALCOHOL	11.00	乳化剂、柔润剂
	硬脂酸	ZINC STEARATE	5.50	乳化剂、柔润剂
	棕榈酸异丙酯（IPP）	ISO-PROPYL PALMITATE	5.50	柔软剂
	二甲基硅油（DC-200）	DIMETHICONE	2.70	保湿剂
	聚山梨醇酯 60（吐温-60）	POLYSORBATE 60	1.40	乳化剂、柔软剂
	尼泊金丙酯	PROPYL PARABEN	0.14	防腐剂
B	水	WATER	22.00	溶剂
	甘油	GLYCERIN	14.00	溶剂、保湿剂
	椰油酰胺丙基甜菜碱（CAB）	COCAMIDOPROPYL BETAINE	5.50	表面活性剂
	水溶性羊毛脂	STELLUX AI	5.00	保湿剂
	EDTA 二钠	DISODIUM EDTA	3.00	螯合剂
	2-磺基棕榈酸甲酯钠（MES）	SODIUM METHYL2-SULFOPALMITATE	1.50	洗涤剂
	尼泊金甲酯	METHYL PARABEN	0.40	防腐剂
C	香精	PARFUM	0.10	芳香剂

2. 设计思路

一般来说，洁面乳是由油相物、水相物、表面活性剂、保湿剂、营养剂等成分构成的液状产品。其中乳化型洁面乳含有较多水相成分，适于干性皮肤使用，如果配方调理适当，可满足绝大多数消费者使用。洁面乳中表面活性剂具有润湿、分散、发泡、去污、乳化五大作用，是洁面品的主要活性物。此外，根据相似相溶原理，在洗面过程中，可借油相物溶解面部油溶性的脂垢；借其水相物溶解面部水溶性的汗渍污垢。

乳液类化妆品主要含有水分、油脂和表面活性剂等组分，属于 O/W 型乳化体系。在制备乳状液时，是将分散油相以细小的液滴分散于连续水相中，这两个互不相溶的液相所形成的乳状液是不稳定的，而通过加入少量的乳化剂则能得到稳定的乳状液。本实验以吐温-60、MES 为乳化剂降低油水两相界面张力。在表面活性剂吐温-60、MES 和机械搅拌的作用下，油脂被高度分散到水相中，成为均匀的乳化体。

由于乳液类化妆品容易流动，黏度较低，因而稳定性较差。为了提高其乳化体系的稳定性，除了原料配比合理、乳化剂选择正确以外，还需要使用高效率的均质设备，以获得颗粒细腻均匀，油水不易分离的乳化体系。

三、仪器与试剂

仪器：高压灭菌锅、恒温水浴锅、超声波破碎均质器等。

试剂：白油、DC-200、IPP、吐温-60、十六十八醇、硬脂酸、尼泊金丙酯等。

四、实验内容

1. 取 200mL 烧杯，按照配方加入硬脂酸、十六十八醇、DC-200、IPP、吐温-60、白油、尼泊金丙酯，搅拌溶解，后利用恒温水浴锅加热至 85℃，维持 20min，此为组分 A。

2. 取 200mL 烧杯，按照配方依次加入水、CAB、MES、甘油、水溶性羊毛脂、EDTA二钠、尼泊金甲酯，搅拌溶解，后置于高压灭菌锅中加热到 85℃，保温 20min 灭菌，此为组分 B。

3.在不断搅拌下,将组分 B 加入到组分 A 中,置于超声波破碎均质器中剧烈搅拌 5min,然后减缓搅拌速度,待其冷却至 50℃,加入香精,再继续搅拌至 40℃,出料,即为乳化型洁面乳。

4.检测分析

产品制备完成后要及时检测,主要完成以下几项检测。

(1) pH 值检测　标准值 4.5～8.5,按 GB/T 13531.1 方法检测。

称取试样一份(精确至 0.1g),加入经过煮沸冷却后的实验室用水九份,将混合液加热至 40℃,并不断搅拌至均匀,冷却至室温后测定 pH 值。

(2) 黏度检测　标准值为 25℃,±2.0Pa·s。

取适量样品于 200mL 高型烧杯中,水浴使之恒温(25±1)℃,用 NDJ-1 型黏度计测定,记录三次读数,取平均值。黏度≤10Pa·s,25℃,用 3 转子,12r/min;黏度≥10Pa·s,25℃,用 4 转子,12r/min。

(3) 油水分离检测　离心分离标准速度,转速 2000r/min,要求 30min 内无油水分离(颗粒沉淀除外)。

(4) 耐热检测　检测温度(40±1)℃,要求 24h 后恢复至室温无分层、变稀、变色现象。

预先将电热恒温箱调节到(40±1)℃。取试样两瓶,一瓶放入恒温箱内,一瓶室温保存作标样,24h 后取出耐热样品,恢复至室温后与保存标样相比,应无分层、变稀、变色现象。

(5) 耐寒检测　检测温度(-10±1)℃,要求 24h 恢复至室温无分层、泛粗、变色现象。

预先将冰箱温度调节到(-10±1)℃,取试样两瓶,一瓶放冰箱内,一瓶室温保存作标样,24h 后取出耐寒样品,恢复至室温后与保存标样相比,应无分层、泛粗、变色现象。

五、注意事项

洁面乳制作工艺较简单,但在制备过程中温度控制方面需要多加注意,保持恒温。

六、思考题

1.洁面乳稳定制备的原理是什么?

2.一支乳化型洁面乳生产后,一般需要检测哪几项指标?

(程建华)

23.1.4　美白凝胶的制备

一、实验目的

1.熟悉凝胶化妆品常用的基质及其性质。

2.掌握凝胶剂化妆品的一般制备方法。

二、实验原理

1.配方设计表

组分名称	INCI 名称	添加量/%	使用目的
去离子水	DEIONIZED WATER	63.40	溶剂
甘油	GLYCERIN	20.00	保湿剂

续表

组分名称	INCI 名称	添加量/%	使用目的
三乙醇胺	TRIETHANOLAMINE	10.00	中和剂
维生素 C 磷酸酯镁	MAGNESIUM ASCORBYL PHOSPHATE	5.00	美白剂
卡波姆 940	CARBOMER 940	1.50	胶凝剂
羟苯乙酯	ETHYLPARABEN	0.10	防腐剂

2. 设计思路

凝胶剂是将功效原料均匀分散于凝胶的高分子网络体系中而形成的。高分子的分子量大且多具有分散性，分子性状有线性、支化和交联等不同类型，因此其溶解过程比小分子化合物复杂且缓慢，一般可分为两个阶段：溶胀和溶解。首先是扩散较快的溶剂分子渗透进入高分子的内部，与高分子中的亲水基团发生水化作用而使体积膨胀，即溶胀。随着溶剂分子不断渗入，溶胀的高分子材料体积不断增大，大分子链段不断增强，再通过链段的协调运动而达到整个大分子链的运动，最后高分子化合物完全分散在溶剂中而形成热力学稳定的高分子溶液，即溶解。

按基质不同，凝胶类化妆品可分为油性凝胶体系和水性凝胶体系。水性凝胶体系主要是以水溶性聚合物为胶凝剂，这种凝胶因制备工艺简单，原料来源丰富，外型美观，使用舒适，成为主流凝胶类化妆品。本实验制备一种以卡波姆为水溶性基质的凝胶剂护肤品。卡波姆不溶于水，但可分散于水中而迅速吸水溶胀。由于其结构中存在大量羧基，当用碱（三乙醇胺）中和时，分子中的羧基解离，而在聚合物主链上产生负电荷，同性电荷之间的排斥作用使得分子体积增加 1000 倍以上，黏度迅速增加。该护肤品的功效原料为维生素 C 磷酸酯镁，又称抗坏血酸磷酸酯镁，是一种水溶性美白剂，可溶于水，不溶于乙醇、氯仿或乙醚等有机溶剂，在光、热和空气中较稳定。由于维生素 C 不稳定，不易被皮肤吸收，故常用其衍生物或用果酸等将其包裹以防失活。加入甘油作为保湿剂，羟苯乙酯作为防腐剂。

三、仪器与试剂

仪器：烧杯、玻璃棒、量筒、电子天平、pH 试纸、电磁炉。

试剂：蒸馏水、卡波姆 940、甘油、三乙醇胺、羟苯乙酯、维生素 C 磷酸酯镁。

四、实验步骤

1. 基质的溶胀。将处方量卡波姆 940 加入甘油中研磨使之湿润并部分溶胀，再加入适量蒸馏水，溶胀 24h 后，加热使溶解，备用。

2. 中和增稠。将三乙醇胺和维生素 C 磷酸酯镁溶于少量水中，缓慢加入上述备用液中，边加边搅拌直至 pH 约为 8.0，静置 12h，形成稠厚透明的凝胶基质。

3. 附加剂的加入。将羟苯乙酯溶于温水中，加到上述基质中，充分搅匀，调整至质量为 100 g，即得。

五、注意事项

1. 卡波姆极易结块成团，尤其在温度过高的热水中，立即结成"疙瘩"。制备卡波姆凝胶的一般方法是将卡波姆干粉分次撒入蒸馏水中放置 24 h，使其充分溶胀并均匀分散于水中，为节省时间可采用先与甘油研磨润湿后加水溶胀的方法，亦可得到外观较为透明的凝胶。

2. 滴加三乙醇胺时应尽量缓慢，减少气泡的产生。中和形成凝胶后，不宜再进行高速搅拌，不然会使凝胶黏度下降。

六、思考题

1. 本实验中各原料分别起什么作用？为什么要加入三乙醇胺？
2. 除了卡波姆，凝胶剂还有哪些常用的基质？
3. 凝胶剂护肤品相比于膏霜剂护肤品有哪些优点及不足？

（刘莉）

23.1.5　剥离型润肤面膜的制备

一、实验目的

1. 熟悉制备剥离膜剂常用的原料及特点。
2. 掌握剥离膜剂的制备方法。

二、实验原理

1. 配方设计表

相别	组分名称	INCI 名称	添加量/%	使用目的
A	去离子水	DEIONIZED WATER	44.23	溶剂
	聚乙烯醇	POLYVINYL ALCOHOL	15.00	成膜剂
	高岭土	KAOLIN	10.00	填充剂/吸附剂
	丁二醇	BUTYLENE GLYCOL	8.00	保湿剂
	甘油	GLYCEROL	5.00	保湿剂
	二氧化钛	TITANIUM DIOXIDE	5.00	填充剂/防晒
	甘油硬脂酸酯	GLYCERYL STEARATE	2.00	乳化剂
	聚乙烯吡咯烷酮	PVP	1.00	成膜剂
	EDTA 二钠	DISODIUM EDTA	0.02	螯合剂
B	霍霍巴籽油	SIMMONDSIA CHINENSIS (JOJOBA) SEED OIL	2.00	润肤剂
	角鲨烷	SQUALANE	1.00	润肤剂
	橄榄油	OLEA EUROPAEA (OLIVE) FRUIT OIL	1.00	润肤剂
C	乙醇	ALCOHOL	5.00	溶剂
	苯氧乙醇	PHENOXYETHANOL	0.50	防腐剂
	氯苯甘醚	CHLORPHENESIN	0.15	防腐剂
	香精	PARFUM(FRAGRANCE)	0.10	芳香剂

2. 设计思路

本配方主要包括成膜剂、保湿剂、皮肤调理剂、防腐剂、溶剂和芳香剂等。本配方配制的剥离型润肤乳也称为薄膜型润肤面膜，产品为流动的膏体，敷涂于皮肤表面后形成可剥离的薄膜。聚乙烯醇是一种水性成膜剂，成膜效果好，能迅速成膜，能形成坚硬的薄膜，能较好地保存面膜中的水分，使水分向脸部皮肤渗透。本配方采用的用量为 15.00%，在安全量范围内。由于其具有较强的黏着性，加入一定量的聚乙烯吡咯烷酮克服其黏着性。甘油和丁二醇作为保湿剂，可保护或延长产品贮藏干缩程度，且能滋养皮肤，其用量分别为 5.00%

和 8.00％，在安全量范围内。各种油脂是理想的润肤剂成分，可增进皮肤滑爽细腻感，且无油腻感和残留感，其用量均在安全量范围内。其余原料添加量也均在安全量范围内。

三、仪器与试剂

仪器：分析天平、恒温水浴锅、500mL 烧杯、量筒、玻璃棒。

试剂：去离子水、聚乙烯醇、聚乙烯吡咯烷酮、EDTA 二钠、丁二醇、甘油、二氧化钛、高岭土、霍霍巴籽油、橄榄油、角鲨烷、甘油硬脂酸酯、乙醇、苯氧乙醇、氯苯甘醚、香精。

四、实验步骤

1.取称重过的烧杯将 A 相中 EDTA 二钠、聚乙烯醇、聚乙烯吡咯烷酮、丁二醇、甘油加入去离子水中，搅拌均匀，加入二氧化钛、高岭土、甘油硬脂酸酯，加热至 75～80℃，搅拌均匀。

2.用另一称重过的烧杯依次称取角鲨烷、霍霍巴籽油、橄榄油搅拌均匀为 B 相，加热至 70～75℃。

3.保持搅拌下，将 B 相加入 A 相中，加热恒温 70℃，均质 2～3min，使之混合均匀，保持搅拌，逐渐降温至 40℃左右。

4.加入预先混合均匀的 C 相。

5.搅拌降至室温后称量，添加去离子水补足质量。

6.数据处理，描述制得的面贴膜的外观与性状。

五、注意事项

1.聚乙烯醇对皮肤有较强的黏性，难以除去，所以聚乙烯醇的用量不宜过高。

2.剥离型润肤面膜制备过程中，加热混匀时应注意温度的把控，防止温度过高破坏其中的成分。

六、思考题

1.剥离膜剂的配方与其他膜剂配方有何异同？

2.剥离膜剂在应用上有何独特之处？

（刘强）

23.1.6　水包油型纳米乳液的制备

一、实验目的

1.熟悉不同剂型化妆品配方的制备方法及制备流程。

2.掌握纳米乳液的制备过程和配方的设计思路。

二、实验原理

1.配方设计表

相别	组分名称	INCI 名称	添加量/%	作用
A	水	AQUA	79.90	溶剂
	甘油	GLYCERIN	5.00	保湿剂
	黄原胶	XANTHAN GUM	0.15	增稠剂
	卡波姆 940	CARBOMER 940	0.10	增稠剂
	EDTA 二钠	DISODIUM EDTA	0.10	螯合剂

续表

相别	组分名称	INCI 名称	添加量/%	作用
B	辛基十二醇	OCTYLDODECANOL	3.00	润肤剂
	聚二甲基硅氧烷	DIMETHICONE	3.00	润肤剂
	鲸蜡硬脂基葡糖苷	CETEARYL GLUCOSIDE	2.50	乳化剂
	卵磷脂	LECITHIN	2.00	辅助乳化剂
	鲸蜡硬脂醇	CETEARYL ALCOHOL	1.50	润肤剂
	植物鞘氨醇	PHYTOSPHINGOSINE	0.60	保湿剂
	神经酰胺ⅢB	CERAMIDEⅢB	0.50	保湿剂
	神经酰胺Ⅲ	CERAMIDEⅢ	0.30	保湿剂
	生育酚乙酸酯	TOCOPHERYL ACETATE	0.20	抗氧化剂
C	苯氧乙醇	PHENOXYETHANOL	0.80	防腐剂
	10% NaOH	SODIUM HYDROXIDE	0.25	pH 中和剂
	香精	AROMA	0.10	赋香剂

2. 设计思路

该配方属于肤感较为清爽型配方，以水为溶剂，配合卡波姆 940 与用于增加挑起性能的黄原胶构成配方的增稠体系，而乳化体系的设计解决了单独使用时对于油相乳化能力偏弱的情况，乳化剂搭配鲸蜡硬脂醇和辛基十二烷醇使用提高配方的稳定性。聚二甲基硅氧烷用于改善配方的涂抹性、生育酚乙酸酯作为抗氧化剂，以及螯合剂 EDTA 二钠和 pH 中和剂 NaOH，辅助了体系的形成。在防腐体系的设计中选择苯氧乙醇，其在化妆品安全技术规范中的最大添加量为 1%。

卵磷脂与植物鞘氨醇、神经酰胺类原料，属于皮肤原有的天然成分，可以起到高效保湿锁水，维持皮肤屏障的作用。同时采用高压均质，将体系制备为尺寸约为 200 nm 左右的纳米乳液体系，更利于活性成分的透皮吸收，纳米乳液同时也以优良的感官和高稳定性等优势，成为热门的化妆品新技术被广泛应用。

三、仪器与试剂

仪器：电子天平、均质机、高压均质机、电炉等。

试剂：水、甘油、卡波姆 940、黄原胶、EDTA 二钠、辛基十二烷醇、鲸蜡硬脂醇、鲸蜡硬脂基葡糖苷、卵磷脂、植物鞘氨醇、神经酰胺ⅢB、神经酰胺Ⅲ、聚二甲基硅氧烷、生育酚乙酸酯、10%NaOH、苯氧乙醇、香精。

四、实验步骤

1. 常温下预混甘油和黄原胶，分散均匀待用；加入水后，将卡波姆 940 均匀分散至水面上，待其溶胀完全后，加入 EDTA 二钠，并与甘油和黄原胶的预混物混合搅拌均匀。等待液体升温至 75~80℃，作为 A 相（水相）。

2. 将 B 相原料依次加入一新容器中，升温至 75~80℃，溶解搅拌均匀，作为 B 相（油相）。

3. 在 75~80℃温度下，混合两相溶液，开启均质，把 B 相加入 A 相进行乳化，均质机转速为 8000r/min，均质时间 3min，得到粗乳液。

4. 冷却至 50℃，将乳液在 50MPa 的压力、10000r/min 下高压均质 3min，重复均质 8 次。

5. 高压均质结束后，在 50℃下，加入 C 相的 NaOH，搅拌均匀。

　　6.冷却至 30℃以下，依次加入 C 相其他原料，搅拌均匀后出料。

五、注意事项

　　1.在水相与油相的调配时，应注意物料充分溶解，并持续用玻璃棒搅拌均匀。
　　2.搅拌过程中，避免搅拌速度过快使溶液产生气泡。
　　3.两相溶液混合后，应立刻进行均质操作，等待时间不应过长。
　　4.实验过程中，应严格控制温度及压力情况。

六、思考题

　　1.列举该配方的体系设计情况。
　　2.简述纳米乳液在高压下形成纳米粒径的机理。
　　3.自行设计一个其他剂型的化妆品配方，并写出其设计思路及操作过程。

（李丽）

23.1.7　腮红的制备

一、实验目的

　　1.熟悉腮红的制备方法和制备流程。
　　2.掌握粉剂产品的制备过程的配方设计思路。

二、实验原理

　　1.配方设计表

相别	组分名称	INCI 名称	添加量/%	作用
A	滑石粉	TALC	50.00	填充剂
	云母	MICA	15.00	着色剂、填充剂
	红 7 钙色淀	CI15850	10.50	着色剂
	硅石	SILICA	8.00	吸附剂、肤感调节剂
	合成氟金云母	SYNTHETIC FLUORPHLOGOPITE	6.50	填充剂
	硬脂酸锌	ZINCSTEARATE	5.00	着色剂、肤感调节剂
B	二异硬脂醇苹果酸酯	DIISOSTEARYL MALATE	3.00	分散剂
	聚二甲基硅氧烷	CETYL DIMETHICONE	2.00	润肤剂

　　2.设计思路
　　该配方属于肤感细腻丝滑，色泽鲜亮，易上色的配方。配方中选择滑石粉作为主要填充剂，具有较为顺滑的肤感，加入 2.00% 的聚二甲基硅氧烷可以改善配方的服帖感，使其在使用过程中更为亲肤。配方中加入一定量的云母可以提高产品的吸油性，增加配方的长效持妆效果，且云母可提升产品的使用感。配方中加入 CI15850 为红色色粉，显色度高，着色力强，具有较高的稳定性和安全性，可以提供消费者所需的靓丽妆效。加入一定量的合成氟金云母可为产品提升一定的亮泽度，使消费者在打造红润的面部肤色的同时，提亮肤色。硅石粉和硬脂酸锌的加入都是为了使配方更为贴合，质感更为细腻。最后，在配方中加入一定量的二异硬脂醇苹果酸酯，可提高粉的分散性。

三、仪器与试剂

　　仪器：电子天平、打粉机、模具、铝盘、压粉机。

试剂：滑石粉、云母、CI15850、硅石、合成氟金云母、硬脂酸锌、二异硬脂醇苹果酸酯、聚二甲基硅氧烷。

四、实验步骤

1. 常温下，按照配方试剂表中的要求，称量 A 相中的原料，加入到打粉机中。用玻璃棒进行简单的搅拌。利用打粉机对粉类进行高速搅拌、打碎，使粉体混合均匀。

2. 将 B 相中的油加入到打粉机中搅拌均匀，得到半成品。

3. 取足量粉体半成品盛装于铝盘内，并置于模具中，之后利用压粉机进行压制。即可得到腮红成品。

五、注意事项

1. 粉类在打粉过程中可能会有飞粉的现象，因此打粉时需在通风橱中进行，且打粉机需尽量拧紧，做好密封。

2. 压粉过程中要注意模具、铝盘、压粉机的适配性，若压制力过强，不利于产品上色，若压制力过弱，则可能影响产品的成型，使产品过于松散，不利于后期运输。

六、思考题

1. 查找资料详细了解色粉的命名规则，了解 CI15750 所指代的色粉构成。

2. 试图调整二异硬脂醇苹果酸酯的添加量，考察不同添加量对于配方的影响。

3. 为什么该配方中可以不强调防腐剂的使用？

（陈亮）

23.1.8　唇膏的制备

一、实验目的

1. 了解三辊机的使用方法。
2. 熟悉唇膏的制备方法。
3. 掌握唇膏的配方组成及各成分的作用。

二、实验原理

1. 配方设计表

相别	组分名称	INCI 名称	含量/%	使用目的
A	巴西棕榈树蜡	CARNAUBA ACID WAX	20.00	赋形剂
	氯化石蜡	CHLORINATED PARAFFIN	17.00	赋形剂
	辛酸癸酸三甘油酯	CAPRYLIC/CAPRIC TRIGLYCERIDE	17.00	润肤剂
	合成蜂蜡	SYNTHETIC BEESWAX	14.00	润肤剂
	小烛树(*Euphorbia cerifera*)蜡	CANDELILLA CERA	13.00	赋形剂
B	PEG-50 牛油树脂	PEG-50 SHEA BUTTER	9.00	润肤剂
	椰子(*Cocos nucifera*)油	COCOS NUCIFERA (COCONUT) OIL	8.00	润肤剂、调和剂
	乙酰化氢化羊毛脂	ACETYLATED HYDROGENATED LANOLIN	1.50	润肤剂、乳化剂
C	颜料＋BHT＋氧化锌或二氧化钛(可选)	—	0.50	着色剂、防腐剂、紫外吸收剂

2. 设计思路

唇膏具有保湿、调色、美化和保护嘴唇的功能。用于唇部，赋予嘴唇色调，改变唇型，显示出更有生气和活力，多数属于油脂蜡基质体系，有少数唇膏采用了 W/O 型乳化体系，但内水相含量比较低。油脂蜡基质唇膏主要依赖油脂、蜡不同种类及配比，以调制具有一定硬度和功能的固剂产品。

唇膏的配方设计过程中，原料在选择上需要考虑以下原则：①对口唇无刺激，无害和无微生物的污染。②调香一般使用食品级香料，具有自然、清新愉快味道和气味。③颜色上应该保证鲜艳、均匀，色调符合潮流。④涂抹时成膜性好，平滑顺畅，颜色不应该发生融合或漂移。⑤膜料和色料应该有较好的附着力，不会脱落，转印至唇部无疵点，用后唇部感到舒适和湿润。

蜡作为唇膏的主要基质原料，起到了滋润肌肤、定型等作用，通过蜡、油脂合理的配比，以形成更好的产品性能；油脂在唇膏中起到滋润唇部、对色素的分散的作用，同时也降低了唇膏的硬度，使其容易涂抹，但含量偏高时，会让唇膏变软；着色剂是唇膏中最关键性的原料，即平时所说的色素，唇膏中的色素分为可溶性染料、不溶性颜料和珠光颜料三类，在唇膏中多数是多种色素调配而成；油脂及蜡极易在储存过程中氧化变质，因此，一定要加入抗氧化剂，目前常用的抗氧化剂是二叔丁基-4-甲基苯酚（BHT）；对于表面活性剂、防腐剂、香精这类添加量不大的原料，一般不会影响产品的性能，包括稳定性、肤感等；其他添加剂在添加过程中，要注意对肤感、黏度等产品基础性能的影响。

三、仪器与试剂

仪器：小型三辊研磨机、精确度为 0.01 的精密天平、搅拌机、药匙、加热装置、水浴锅、150mL 高型烧杯及 100mL 高型烧杯、石棉网、洗瓶、100℃温度计。

试剂：合成蜂蜡、椰子油、巴西棕榈树蜡、小烛树蜡、羊毛脂、辛酸癸酸三甘油酯、氯化石蜡、PEG-50 牛油树脂、颜料、BHT、氧化锌（可选）、二氧化钛（可选）。

四、实验内容

1. 将蜡基料加热到 80～90℃，搅拌融化。将混合均匀的液态油脂与颜料加热到 80～85℃；熔融状态下在油基料中加入氧化锌或二氧化钛，用三辊研磨机充分混合均匀。

2. 在搅拌条件下，慢慢混合油基料与蜡质原料，保持温度和熔融状态，搅拌 5min，加入抗氧化剂与防腐剂并搅拌均匀；慢速冷却（可以用水冷却）到 60℃，加入香精或精油，浇注到模具中定型。

3. 放入冰箱中冷冻 8～10min。灌装、包装。

五、注意事项

1. 准确称取各原料，原料不可洒落在天平及实验台上，保持卫生清洁。

2. 使用加热仪器时注意避免发生烫伤。

3. 油脂加热时不宜用明火加热，以免油相温度过高，使得部分油脂被氧化变色。

4. 准确记录原始数据，包括日期、样品编号、称量数据、加热温度、加热时间、搅拌速度、均质速度、冷却时间、转相温度等实验条件。

5. 分析总结配方中原料加入量的改变，引起唇膏性能及肤感上产生的变化。

6. 记录实验过程中出现的异常现象，并分析造成此现象的原因，以及所导致的后果。

六、思考题

1. 什么是唇膏的硬度？实验中各类原料加入量变化对膏体硬度有何影响？

2.查阅各类原料，总结一下加入量的变化可能对肤感产生的影响。

（王大鹭）

23.1.9　保湿补水喷雾剂的制备

一、实验目的

1.掌握基本喷雾剂的制备工艺及方法。
2.熟悉喷雾剂喷雾性能和特点。

二、实验原理

1.配方设计表

相别	组分名称	INCI 名称	添加量/%	使用目的
A	去离子水	WATER	92.60	溶剂
	丙二醇	PROPANEDIOL	2.00	保湿剂
	1,3-丁二醇	1,3-BUTANEDIOL	2.00	保湿剂
	甘油	GLYCERIN	1.50	保湿剂
	氨基酸保湿剂	TRIMETHYLGLYCIN	0.50	保湿剂
	羟苯甲酯	METHYLPARABEN	0.20	防腐剂
	EDTA 二钠	DISODIUM EDTA	0.10	金属离子螯合剂
B	马齿苋提取液	PORTULACA GRANDIFLORA EXTRACT	0.10	抑菌剂
	燕麦-β-葡聚糖	AVENA SATIVA B-GLUCAN	0.10	保湿、修护剂
	库拉索芦荟叶汁	ALOE BARBADENSIS LEAF JUICE	0.10	保湿剂
C	苯氧乙醇	PHENOXYETHANOL	0.40	防腐剂
	PEG-40 氢化蓖麻油	PEG-40 HYDROGENATED CASTOR OIL	0.30	香精增溶剂
	香精	PARFUM(FRAGRANCE)	0.10	芳香剂

2.设计思路

针对春秋两季气候干燥，皮肤粗糙、晦暗、容易起皮、干痒的问题，开发此款植物补水保湿喷雾，设计思路是采用植物性保湿、舒缓原料进行配伍，适用于各类皮肤。本配方选取已知安全、温和且纯度高的化妆品常用原料，主要包含多元醇类保湿剂、皮肤调理剂、金属离子螯合剂、防腐剂、溶剂和芳香剂。本配方配制出来的产品料体澄清透亮，喷雾形态呈圆锥状，雾滴细小均匀，具有较好的保湿、补水和舒缓皮肤的作用，施用于皮肤，具有肤感清爽、无黏腻感的特点。面部使用时，应采用喷涂于手掌，再涂抹的方式，避免产品经过口鼻吸入后造成刺激；其他部位则可直接喷涂。配方中氨基酸保湿剂主要成分为三甲基甘氨酸，具有保湿、软化角质、抗皱的作用，在水性化妆品中的添加量一般为 0.5%～5%，本配方中添加量为 0.50%。马齿苋提取液具有防止皮肤干燥，舒缓皮肤，抑菌等作用，推荐用量为 0.5%～5.0%，本配方中添加量为 0.10%，在安全用量范围内。燕麦-β-葡聚糖具有保湿、舒缓皮肤、促进皮肤修复等作用，是天然保湿成分，水溶性较好，本配方中添加量为 0.10%，在安全用量范围内。库拉索芦荟叶汁在配方中作为保湿剂，还具有抗炎舒缓，减少脂溢等功效，本配方中添加量为 0.10%，在安全用量范围内。羟苯甲酯和苯氧乙醇，两者皆是化妆品准用防腐剂，2015 年版《化妆品安全技术规范》规定化妆品中羟苯甲酯最大允许使浓度为 0.4%，苯氧乙醇为 1%，本配方中羟苯甲酯使用量为 0.20% 和苯氧乙醇为 0.40%，皆在安全用量范围内。其余原料添加量均在安全量范围内。

三、仪器与试剂

仪器：分析天平、恒温水浴锅、200mL 烧杯、玻璃棒、电动搅拌器、手动按压喷雾器。

试剂：去离子水、EDTA 二钠、羟苯甲酯、甘油、丙二醇、氨基酸保湿剂、1,3-丁二醇、马齿苋提取液、燕麦-β-葡聚糖、库拉索芦荟汁、苯氧乙醇、PEG-40 氢化蓖麻油、香精。

四、实验内容

1.制备方法

（1）用称重过的烧杯将 B 相中马齿苋提取液、燕麦-β-葡聚糖、库拉索芦荟叶汁及适量去离子水称取后搅拌均匀待用。

（2）用另一称重过的烧杯依次称取 A 相中羟苯甲酯先在甘油、丙二醇、1,3-丁二醇中预分散，然后与 EDTA 二钠、氨基酸保湿剂和适量去离子水混合，搅拌升温至 80～85℃，保温 10～15min 后降温。

（3）降温至 45℃，加入 B 相待用溶液，搅拌混合均匀后加入 C 相原料，搅拌混合均匀。C 相原料中香精和 PEG-40 氢化蓖麻油应预先混合，搅拌均匀后备用。

（4）搅拌降至室温后称量，添加去离子水补足质量，搅拌均匀。

（5）将料液灌装到手动按压泵中。

2.数据处理

（1）试述制得的喷雾剂的外观与性状。

（2）试述喷雾剂喷雾效果，包含喷雾距离、喷雾圆锥角度和面积、喷雾液滴性状等。

五、注意事项

1.手动按压喷雾器的选择：手动按压喷雾器喷口及按压压力设计将直接影响喷雾剂的使用效果，购置时需仔细选择。

2.喷雾液制备时应注意温度的把控，温度过高可能会破坏其中功效成分。

3.喷雾剂使用时注意避免直接喷涂于面部，面部使用时应喷洒于手掌，再在面部涂抹，避免经口鼻吸入，造成刺激性反应，其他身体部位则可直接喷涂。

六、思考题

1.喷雾剂在应用上有何优缺点？

2.影响喷雾剂配方使用效果的因素有哪些？

（纪桢）

23.1.10 粉饼中黏合剂用量的考察

一、实验目的

1.了解黏合剂对粉饼成型的重要意义。

2.掌握粉饼配方中黏合剂最适用量的探索方法。

二、实验原理

黏合剂在粉饼的制备过程中扮演着非常重要的作用，其添加量的多少影响了产品的显色度和跌落性质。当黏合剂添加含量过低时，粉饼硬度较低，跌落之后容易粉碎。而当黏合剂在产品中添加量过高时，则可能降低产品的上色度，或遮盖效果。因此合适的黏合剂用量对于产品的使用感非常重要。

一般来说，黏合剂的用量需要工程师凭借经验，并根据配方中使用的原料情况进行合理调整，以保证最终产品具有一定的抗摔性能，且易于涂抹，易于上色。

本实验选用较为简单的腮红配方并采用肉豆蔻酸镁作为黏合剂，考察不同含量的黏合剂对产品使用感的影响。肉豆蔻酸镁又称十四酸镁，是一种脂肪酸盐。在配方中使用可使产品易于成型且能吸附汗水和油脂，使妆效更为自然。通常，眼影类产品的质地相对松散，因此肉豆蔻酸镁的添加量较少，一般在配方中加入 $1\%\sim2\%$ 左右。对于腮红类产品其粉饼的尺寸较眼影类产品更大，质地相对也更为致密，其在配方中的加入量约为 $3\%\sim4\%$。而对于补妆用粉饼来说，其产品规格更大，质地最硬，黏合剂的用量一般在 $5\%\sim6\%$。本实验中以基础的腮红配方作为实验配方，调整其中肉豆蔻酸镁的含量，并考察产品的跌落粉碎情况以及上色度，以选取最能满足消费者使用感和产品储存需求的黏合剂含量。

三、仪器与试剂

仪器：电子天平、药匙、打粉机、模具、铝模托盘。

试剂：滑石粉、云母、色粉、辛酸/癸酸甘油三酯、肉豆蔻酸镁。

四、实验内容

1. 不同黏合剂配方调配

配方组分	实验组				
	1	2	3	4	5
肉豆蔻酸镁/%	0.00	1.00	2.00	3.00	4.00
滑石粉/%	73.00	72.00	71.00	70.00	69.00
云母/%	20.00	20.00	20.00	20.00	20.00
辛酸/癸酸甘油三酯/%	6.00	6.00	6.00	6.00	6.00
色粉/%	1.00	1.00	1.00	1.00	1.00

2. 制备

按照上述配方比例，准确称量各个原料，分别加入到打粉机中，密封后进行打粉处理。约 1 min 后，查看打粉是否均匀，若粉体均匀，则取适量样品于铝模托盘中，并进行压制，得到腮红产品。比较各个实验组的上色情况以及跌落测试情况。

五、注意事项

粉类在打粉过程中可能会有飞粉的现象，因此打粉时须在通风橱中进行，且打粉机须尽量拧紧，做好密封。

六、思考题

1. 查阅资料查找其他常用的黏合剂。

2. 若将滑石粉量调整至配方含量的 30%，想达到同样的硬度，肉豆蔻酸镁的添加量调整至多少？

（陈亮）

23.2　制剂性质实验

化妆品制剂的性质因剂型不同而异，基本特性包括 3 个。①安全性。符合卫生要求，保证化妆品的安全性，防止化妆品对人体近期和远期的危害。②稳定性。化妆品中的一些成分往往是热力学不稳定体系，为了保证化妆品的功能和外观，化妆品必须有良好的稳定性。③使用性。化妆品的使用性是指在使用过程中的感觉和效果，如润滑性、黏性、发泡性、防晒性等，合格的化妆品应该具有良好的使用性，满足相应消费者的要求等。

本节分别介绍了气雾剂喷出率、化妆品乳化类型鉴别、表面活性剂亲水亲油平衡值、洗面奶流变性质、透皮吸收效率等的测试与分析方法。

23.2.1 常规气雾剂喷出率的测试

一、实验目的

1.了解常规气雾剂喷出率的概念和意义。

2.掌握常规气雾剂喷出率的测试方法。

二、实验原理

喷出率指气雾剂产品喷出物占内容物总量的百分数。测试方法参考 GB/T 14449—2017 5.3.6《气雾剂产品测试方法》。

三、仪器与实验装置

电子天平（量程 3000.0g，精确度 0.01g）、恒温水浴（控温精度±1℃）、带金属架夹、厚皮手套等。

四、实验内容

1.取三罐试样，置于 25℃恒温水浴中，使水浸没罐身，恒温 30min。

2.戴厚皮手套，取出试样，擦干，称重得 m_1（准确至 0.1g）。

3.除试样标明不允许摇动罐体者外，摇动试样六次，按试样标示的喷射方法喷出内容物，直到喷不出内容物为止，称重得 m_2（准确至 0.1g）。

4.将罐打开并清除残余物，再称试样质量（空罐及构件，如玻珠等）得 m_3（准确至 0.1g）。

依此方法测试第二、第三罐试样，三罐测试结果的平均值即为该产品的喷出率。

喷出率 X_1 按下式进行计算：

$$X_1 = \frac{m_1 - m_2}{m_1 - m_3} \times 100\%$$

式中，X_1 为喷出率，以百分数（%）表示；m_1 为试样总质量，g；m_2 为喷后试样质量，g；m_3 为空罐及构件质量，g。

五、注意事项

1.喷射在通风橱内进行。

2.若测试时温度太低，可重新放入 25℃水浴中加热片刻，继续再喷。

3.喷出率测量，除试样标明不允许摇动罐体者外，须充分摇匀产品，并按试样标示的喷射方法喷出内容物。

4.喷出率测量，应以消费者使用产品的角度进行，即产品每次使用的喷出时长和间断次数，以规避操作偏差导致的罐体温度变化、气雾阀及阀门促动器的关闭流通功能。

5.在剖解气雾包装容器时，要注意防护，不被其锋利部位和剖解器具割伤刺伤等。

六、思考题

1.评价及控制喷出率的意义是什么？

2.常规气雾剂喷出率受哪些因素影响？

（温俊帆）

23.2.2　化妆品乳化类型 W/O 或 O/W 的鉴别

一、实验目的

1.了解化妆品乳状液的基本性质。

2.熟悉化妆品乳化类型 W/O 或 O/W 的三种鉴别方法。

3.掌握稀释法鉴别化妆品乳化类型 W/O 或 O/W 的操作方法。

二、实验原理

乳状液是一种分散体系，它是由一种以上的液体以液珠的形式均匀地分散于另一种与之不相混溶的液体中而形成的。通常将以液珠形式存在的一相称为内相（或分散相），另一相称为外相（或分散介质）。

通常将外相为水相、内相为油相的乳状液称为水包油型乳状液，以 O/W 表示。反之则为油包水型乳状液，以 W/O 表示。为使乳状液稳定需加入的第三种物质（多为表面活性剂），称为乳化剂。乳化剂的性质常能决定乳状液的类型，如碱金属皂可使 O/W 型稳定，而碱土金属皂可使 W/O 型稳定。参考 GB/T 35827 化妆品通用检验方法，鉴别化妆品乳化液类型。乳状液类型的鉴别方法有如下三种。

（1）电导法　O/W 型乳状液比 W/O 型乳状液导电能力强。

（2）稀释法　乳状液易于与其外相相同的液体混合。将 1 滴乳状液滴入水中，若很快混合则为 O/W 型；将 1 滴乳状液滴入白油中，若很快混合则为 W/O 型。

（3）染色法　选择一种只溶于水（或只溶于油）的染料加入乳状液中，充分振荡后，观察内相和外相的染色情况，再根据染料的性质判断乳状液的类型。例如把油溶性染料加入到乳状液中若能使内相着色，则为 O/W 型乳状液。

本实验采用稀释法。

三、仪器与试剂

仪器：试管、烧杯、量筒、表面皿。

试剂：白油、Tween-20、商品乳状化妆品。

四、实验内容

1.乳状液的准备

（1）乳状液的自制　在 20mL 试管中加入 5mL 5％的 Tween-20 水溶液，逐滴加入白油 5mL，持续摇动。观察所得乳状液的外观。

（2）乳状化妆品准备　取商品乳状化妆品 10mL。观察所取化妆品乳状液的外观。

2.乳状液类型的鉴别

（1）用实验步骤 1 中（1）所自制的乳状液，在两小表面皿中分别加入少许水和白油，滴 1 滴乳状液于其中，观察乳状液滴与水或白油的混合情况。

（2）用实验步骤 1 中（2）所准备的乳状化妆品，在两小表面皿中分别加入少许水和白油，滴 1 滴乳状液于其中，观察乳状液滴与水或白油的混合情况。

3.结果判定

如试样能在水中稀释分散即为水包油型 O/W，反之则为油包水型 W/O。

五、注意事项

也可取少量试样滴入水或白油中，用搅拌棒搅拌观察试样能否在水或白油中稀释分散。

如遇到黏度很高的水包油型体系比较难于分散，可稍加热或者延长搅拌时间。

六、思考题

1.指出所自制的乳状液内相、外相及乳化剂各是什么？

2.说明判断乳状液类型各种方法的依据。

（申东升）

23.2.3　表面活性剂亲水亲油平衡值（HLB）的测定

一、实验目的

1.了解表面活性剂亲水亲油平衡值的概念和意义。

2.掌握乳化油 HLB 值的测定方法。

二、实验原理

表面活性剂的 HLB 值是其亲水性与亲油性的比值，在乳化剂选择等实际应用中有重要参考价值。亲油性表面活性剂 HLB 较低，亲水性表面活性剂 HLB 较高。亲水亲油转折点 HLB 为 10。HLB 小于 10 为亲油性，大于 10 为亲水性。表面活性剂由于在油-水界面上的定向排列而具有降低界面张力的作用，所以其亲水与亲油能力应适当平衡。如果亲水或亲油能力过大，则表面活性剂就会完全溶于水相或油相中，很少存在于界面上，难以达到降低界面张力的作用。

表面活性剂的 HLB 值分析测定与计算有多种方法，一般来说有乳化法、水溶解性法、浊点/浊数法、临界胶束浓度法、分配系数/溶解度法、水合热法、核磁共振法、色谱法以及理论计算法如阿特拉散法、川上法、戴维斯法、小田法等。

HLB 值与水溶性的关系：

HLB 值	水溶性	HLB 值	水溶性
0~3	不分散	3~6	稍分散
6~8	在强烈搅拌下呈乳状液	8~10	稳定的乳状液
10~13	半透明至透明分散体	13~20	透明溶液

各种油脂被乳化生成某种类型乳状液剂所要求的 HLB 值各不相同，只有当乳化剂的 HLB 值适应被乳化油的要求，生成的乳状液剂才稳定。但单一乳化剂的 HLB 值不一定恰好与被乳化油的要求相适应，所以常常将两种不同 HLB 值的乳化剂混合使用，以获得最适宜 HLB 值。混合乳化剂的 HLB 值为各个乳化剂 HLB 值的加权平均值，其计算公式如下：

$$HLB_m = \frac{HLB_a \times m_a + HLB_b \times m_b}{m_a + m_b}$$

式中，HLB_m 为混合乳化剂的 HLB 值；HLB_a 和 HLB_b 分别为乳化剂 A 和 B 的 HLB 值；m_a 和 m_b 分别为乳化剂 A 和 B 的质量。本实验采用乳化法测定乳化油相所需的 HLB 值。

三、仪器与试剂

仪器：烧杯、玻璃棒、量筒、显微镜、滴管、试管架。

试剂：蒸馏水、液体石蜡、吐温-80、司盘-80。

四、实验内容

1.配方：液体石蜡 5mL，吐温-80、司盘-80 共占 5%，蒸馏水加至 10mL。

2.制备：取吐温-80 溶解于水，司盘-80 溶于液体石蜡，分别配成 10% 的溶液。计算按不同比例配成 HLB 值为 5.5、7.5、9.5、12、14 的乳化剂所需 10% 吐温-80、10% 司盘-80 的用量，填入下表。按计算值制备乳液，观察乳液稳定性，记录分层时间、分层高度，填入表，确定乳化的最佳 HLB 值。

乳化油相所需 HLB 值的测定：

配方组分	实验				
	1	2	3	4	5
液体石蜡/mL	1.04				
10%吐温-80/mL	0.6				
10%司盘-80/mL	4.4				
蒸馏水	加至 10mL				
HLB 值	5.5	7.5	10.5	12	14

根据混合乳化剂 HLB 值的计算公式，计算各实验中吐温-80（HLB 值为 15）、司盘-80（HLB 值为 4.3）和其他成分的用量。取样稀释后，显微镜下观察油相分散度、均匀度，根据乳液分层高度、乳析情况等，判断最佳乳化 HLB 值。以实验 1 为例，配方中混合乳化剂 10% 吐温-80（10% W_T）和 10% 司盘-80（10% W_S）的用量计算方法如下（用量以体积计算）：

$W_T + W_S = 0.5$

$(15W_T + 4.3W_S)/(W_T + W_S) = 5.5$

可计算出 $W_T = 0.06$（mL），$W_S = 0.44$（mL）

因此，10% 吐温-80 的用量为 $0.06 \times 10 = 0.6$（mL），10% 司盘-80 的用量为 $0.44 \times 10 = 4.4$（mL）。10% 司盘-80 中含 90% 的液体石蜡，即配方中已加入液体石蜡 $4.4 \times 90\% = 3.96$（mL），还需加入液体石蜡 $5 - 3.96 = 1.04$（mL）。

乳化油相的稳定性：

实验	分散度	均匀度	乳析时间	分层高度 1h	分层高度 2h	结论
1						
2						
3						
4						
5						

五、注意事项

混合乳化剂 HLB 的计算为近似值，其计算公式中的质量数可用体积数代替。

六、思考题

1.乳化剂的 HLB 值在乳液制备中的意义是什么？

2.本实验中所制备的乳液类型是什么？

（申东升）

23.2.4　旋转流变仪测试洗面奶流变性质

一、实验目的

1.了解旋转流变仪的基础操作。

2.利用化妆品流变学对比化妆品的流变性质差异。

二、实验原理

大多数的化妆品都是黏弹性流体，研究黏弹性流体的性质在化妆品中是极其重要的。黏弹性流体既具有黏性又具有弹性，常用的黏度计无法区分黏性与弹性，而旋转流变仪在振荡模式中，通过正弦剪切可以将化妆品的黏性与弹性分别表达为黏性模量与弹性模量，能更好地表征出化妆品的流变性质。因此，在化妆品流变学中，常用旋转流变仪测试化妆品的流变性质。

旋转流变仪一般具有两种测试模式，旋转模式与振荡模式，在不同的模式下测得的数据不同。在旋转模式下，通过稳态剪切可以很清楚地看到化妆品的剪切变稀的特性以及变稀的幅度。在触变性测试中，通过三角剪切观察触变环的面积大小可以反映出产品结构恢复的快慢。在旋转模式阶梯测试流变性（3ITT）测试中，通过黏度的恢复程度也可以看出化妆品的触变性。在振荡测试中，通过模量可以直观地反映出不同样品的差异。

三、仪器与样品

仪器：模块化智能旋转流变仪。

样品：市售洁面膏和洁面乳。

四、实验内容

1.稳态剪切

测试夹具为 CP 夹具 ；测试温度为 25℃；剪切速率为 0.1～1000s^{-1}。

2.触变性测试——三角剪切或 3ITT 测试

（1）三角剪切　测试夹具为 CP 夹具。测试温度为 25℃。测试设置：80s 内剪切速率从 0 上升至 100s^{-1}，80s 内从 100s^{-1} 降低至 0。

（2）3ITT 测试　测试夹具为 CP 夹具。测试温度为 25℃。测试设置：第一个间隔时间为 10s，剪切速率为 0.1s^{-1}；第二个间隔时间为 10s，剪切速率 1000s^{-1}；第三个间隔时间为 180s，剪切速率为 0.1s^{-1}。

3.振荡测试-振幅扫描

测试夹具为 CP 夹具；测试温度为 25℃；测试频率 f=1Hz；测试应变为 0.01％～1000％。

4.黏温曲线

测试夹具为 PP 夹具（测试间距 0.5mm）；剪切速率为 20s^{-1}；升温速率为 1.5℃/min；升温范围为 25～80℃。

五、注意事项

锥板测量夹具（CP）在理想条件下是，锥顶与平行板刚好相互接触。但在实际使用中，如果两者相互接触会导致锥顶与板的磨损，所以为了避免该情况的发生，往往会将锥顶截断一部分，从而有一定的间隙，在使用时要注意虚拟锥顶和平行板的距离。

平行板测量夹具（PP）的测试间隙一般设置为 0.5～2mm 之间。间隙越大，应变的衰减也就越严重，所以平行板测量中需要注意间隙的大小。由于平行板两个平面并不是绝对的平滑，如果设定的间隙过小，则平行板的不平行度会突显出来，从而影响测试结果。对于测量样品来说，如果是均相体系，可以使用更小的间隙，但也不应该低于 0.2mm。如果测量样品是分散体系，测量间隙原则上要求大于分散相尺度的 10 倍以上。

在夹具挤压料体过程中，会有法向应力的产生，在测量前要先平衡应力后再开始测试。

六、思考题

1. 在测量洗面奶的过程中，为什么大多数测试选择 CP 夹具？
2. 在测试黏温曲线中，为什么选择 PP 夹具而不选择 CP 夹具？
3. 为什么振幅扫描测试过程中频率 f 设置为 1Hz？

（李茂生）

23.2.5　透皮吸收实验（Franz 扩散池透皮吸收试验）

一、实验目的

1. 学会制备动物皮肤膜并了解不同动物皮肤膜的特点。
2. 掌握化妆品中化学物质透皮吸收的原理、步骤、检验指标和注意事项。

二、实验原理

人的皮肤由表皮层、真皮层和皮下组织构成，化妆品中化学成分或药物一般通过表皮渗透进入真皮层起作用。表皮中角质层是皮肤的第一道屏障，因此如何有效使化学成分透过角质层是其发挥透皮吸收的关键步骤。其中表皮渗透的途径主要包括细胞间隙途径和跨细胞途径，对于脂溶性的化学成分，可以渗入角质细胞的半透膜或角质细胞的间隙透入吸收；对于极性分子可以通过角质细胞间的疏水区透入吸收。

扩散池法就是将人或动物的离体皮肤安装在扩散池上，定时收取扩散池液，用合适的分析方法测定有效成分的含量，通过计算透皮速率来评价化学物的渗透特性。扩散池可分为静态扩散池和流通式扩散池两大类，这里以静态 Franz 池为例来进行透皮测试实验。化学成分的透皮吸收试验包括测试对象制备、皮肤膜的准备（人、猪和鼠的皮肤较为常用，因人的皮肤较难获取，皮肤膜测试一般以动物皮肤居多）、扩散池试验、体外透析试验（依测试对象而定）和皮肤病理分析等五个重要步骤。

三、仪器与试剂

仪器：垂直扩散池（Franz 池）、超声仪、液相质谱联用仪（LC-MS）、光学显微镜、紫外分光光度计、分析天平、离心机、匀浆器、注射器、剪刀、剃毛刀、镊子、0.22μm 微孔滤膜。

试剂：受试物、甲酸、乙腈、磷酸盐（pH 7.4）、聚山梨酯 80（吐温-80）、10％水合氯醛、生理盐水和无水乙醇。

动物：SD 大鼠（300g）。

四、实验内容

1. 皮肤制备

(1) 去除 SD 大鼠的背毛，24h 后将大鼠麻醉，并小心切除背部皮肤。

(2) 去除皮肤下的结缔组织和脂肪组织。在渗透实验之前，用生理盐水充分洗涤皮肤。本范例中使用的使大鼠的背部皮肤，除去了皮下的结缔组织和脂肪组织，保留了皮肤完整的角质层，使用 HE 染色在光学显微镜下观察皮肤组织结构，皮肤角质层致密，高密度，没有明显的凹陷，可以证明皮肤的屏障功能的完整性。而且皮肤是在 24h 内进行皮肤透皮吸收试验，皮肤的代谢活性得以很好地维持。

2. Franz 扩散池试验

本例中皮肤测试的对象为 SD 大鼠背部组织，使用 Franz 扩散池进行体外透皮吸收测试。

(1) 在直立式 Franz 扩散池中进行透皮吸收试验，扩散池置于药物透皮扩散试验仪中，于 37℃恒温循环水浴中保温。将大鼠离体皮肤固定在供给池和接收池中间，角质层部朝向供给池，其有效渗透面积为 3.5cm²。以 0.1% Tween-80-生理盐水溶液作为接收液，接收池容积为 6.5mL。在 300 r/min 的搅拌条件下，分别于不同时间点吸取接收液 0.5mL，并于取样后补加相同体积的接收液。吸出的接收液经 0.22μm 微孔滤膜滤过后，色谱分析仪进样分析，根据回归方程计算受试物的质量浓度，并按如下公式计算单位面积的累积渗透量（Q）：

$$Q = [c_n \times V + \sum_{i=1}^{n-1} c_i \times V_i]/S$$

式中，S 为有效渗透面积，V 为接收室中接收液的体积，V_i 为每次取样的体积，c_i 为第 i 次至上次取样时接收液中药物的累积质量浓度；c_n 为该次取样时接收液中药物的质量浓度。采用 Excel 软件以 Q 对时间 t 作图，并进行线性回归，得动力学拟合方程。该方程的斜率即为稳态透过速率 [Jss, μg/(h·cm²)]。

(2) 将皮肤从 Franz 扩散池中进行回收，用生理盐水完全洗涤，将皮肤组织切成小块浸泡在乙醇溶液中。然后将浸泡过的皮肤组织 25℃下超声处理 1h，10000r/min 离心 10min，收集上清液，HPLC 测定上清液中受试物含量，依据保留公式：R（%）= Q_2/Q_1（Q_1 为涂抹在皮肤上的总含量，Q_2 为皮肤组织中的含量）计算受试物在皮肤上的保留率。

五、注意事项

1. 透皮测试结果与数值可能依受试对象性质、受试皮肤膜属性而发生细微变化。

2. 皮肤膜取出后若不立即进行试验，需置于 −80℃冰箱冷冻保存，这对维持受试皮肤膜的生理功能非常重要。从 −80℃冰箱取出皮肤膜后需置于 4℃条件下缓慢解冻，不可置于常温解冻，以防破坏皮肤组织结构。

3. 皮肤膜的取样面积应大于扩散池所需面积，以防供体溶液发生泄漏。

4. 组织均质液中组分及比例依所测试对象的性质进行调整，以最大限度测定出渗入组织中的待测成分含量。

六、思考题

1. 透皮吸收试验的条件对结果的测定是否有影响？

2. 与体内动物试验比较，体外透皮吸收试验有何优缺点？如何客观评价体外试验的结果与数据？

（张齐好）

23.3 制剂评价实验

合格的化妆品应具备高度的安全性与良好的功效性，化妆品制剂评价包括卫生质量安全性评价和功效宣称评价。化妆品安全性评价是通过动物试验和人体试用试验，以证明化妆品原料或产品的毒性和潜在危害，主要有化妆品理化安全性评价、微生物安全性评价、重金属杂质的检验、禁用组分和限用组分的检测，以及防腐剂、防晒剂、着色剂和染发剂的检测、化妆品毒理安全性、人体安全性评价和包装材料的安全性评价等内容。化妆品行业是一个高度依赖产品功效宣称的行业，功效宣称的独特性、针对性和覆盖面与产品的经济效益直接相关，随着消费理念逐渐理性化，消费者对广告的诱导和概念炒作不再盲目追随，但对化妆品的护理功效和特殊功效的要求却越来越高，对化妆品的祛斑美白、防晒、保湿等方面都有需求。

　　本节选编了化妆品菌落总数检测、急性经皮毒性评价和人体斑贴等三个安全性评价实验，以及化妆品保湿功效评价和抑制酪氨酸酶活力评价等两个功效性评价实验。

23.3.1　化妆品中菌落总数的检测

一、实验目的

学会化妆品中菌落总数的检测方法及检测原理。

二、实验原理

　　当化妆品受到微生物（细菌、酵母菌、霉菌和病毒）的污染时，可引起产品物理性状（如色泽、气味等）变化，改变产品有效成分，有的还会引起过敏、毒素和病毒感染，因此必须严格控制化妆品中的微生物。

　　菌落总数是指样品经过处理，在一定条件（如培养基成分、培养温度、培养时间、pH值、需氧性质等）下培养后，1g（1mL）检样中所含菌落的总数。所得结果只包括一群本方法规定的条件下生长的嗜中温的需氧性菌落总数。

三、仪器与试剂

　　1.培养基和试剂

　　（1）牛肉膏蛋白胨琼脂培养基（pH＝7.4～7.6）

　　成分：牛肉膏 3g，蛋白胨 10g，氢氧化钠 1mol/L，盐酸 1mol/L，氯化钠 5g，琼脂15～20g，蒸馏水 1000mL。

　　制法：将除琼脂外的其他成分加到少量蒸馏水中，加热溶解之后，补充水分到所需要的体积。将称好的琼脂放入已溶化的药品中，再加热溶化，在琼脂溶化的过程中需要不断地搅拌，以防琼脂糊底使烧杯破裂，最后补足所失的水分。

　　（2）卵磷脂-吐温-80 营养琼脂培养基

　　成分：牛肉膏 3g，蛋白胨 20g，氯化钠 5g，琼脂 15g，卵磷脂 1g，吐温-80（7g），蒸馏水 1000mL。

　　制法：先将卵磷脂加到少量蒸馏水中，加热溶解，加入吐温-80，将其他成分（除琼脂外）加到其余的蒸馏水中，溶解。加入已溶解的卵磷脂、吐温-80，混匀，调 pH 值为 7.1～7.4，加入琼脂，121℃高压灭菌 20min，储存于冷暗处备用。（《化妆品安全技术规范》2015 版）

　　（3）0.5％氯化三苯四氮唑（2,3,5-triphenyl tetrazolium chloride，TTC）

　　成分：TTC 0.5 g，蒸馏水 100mL。

　　制法：TTC 溶解于蒸馏水后过滤除菌，或 115℃高压灭菌 20min，装于棕色试剂瓶，置4℃冰箱备用。

　　（4）90mL 装无菌生理盐水，9mL 装无菌生理盐水。

　　2.仪器和设备

　　三角瓶，250mL；灭菌平皿，直径 90mm；量筒，200mL；灭菌刻度吸管，10mL、1mL；pH 计或精密 pH 试纸；恒温水浴箱，55℃±1℃；恒温培养箱，36℃±1℃；高压灭菌器；试管，18mm×150mm；放大镜；酒精灯。

四、实验步骤

　　1.样品采集

　　按无菌方法随机抽取各种品牌牙膏、成人护肤品（膏、霜、洗面奶、爽肤水、粉饼等）、婴幼儿用护肤品（爽身粉、面霜等）。

2. 样品预处理

在化妆品中通常都加入了防腐剂，使化妆品能较长时间使用而不腐败变质，因此在进行化妆品卫生细菌学检验时，必须消除化妆品中的防腐剂，使长期处于濒死状态或半损伤状态的细菌被检出，从而得出正确的检验结果。

消除防腐剂抑菌作用的常用方法有两种。

(1) 稀释法　用稀释液和培养基将样品稀释到一定浓度，使其抑菌成分的浓度减少到无抑菌作用的程度，再进行检验。

(2) 中和法　在供试液或培养基中加入中和剂，以中和防腐剂的抑菌效果。防腐剂种类不同所用的中和剂亦不同。本实验采用吐温-80＋卵磷脂来做中和剂。

3. 样品制备

(1) 液体样品　①水溶性的液体样品，量取 10mL 加到 90mL 灭菌生理盐水中，混匀后，制成 1∶10 检液；②油性液体样品，取样品 10mL，先加 5mL 灭菌液体石蜡混匀，再加 10mL 灭菌的吐温-80，在 40～44℃ 水浴中振荡混合 10min，加入灭菌的生理盐水 75mL（在 40～44℃ 水浴中预温），在 40～44℃ 水浴中乳化，制成 1∶10 的悬液。

(2) 膏霜剂、乳液剂半固体状样品　①亲水性的样品，称取 10g，加到装有玻璃珠及 90mL 灭菌生理盐水的三角瓶中，充分振荡混匀，静置 15min，取其上清液作为 1∶10 的检液；②疏水性样品，称取 10g，放到灭菌的研钵中，加 10mL 灭菌液体石蜡，研磨成黏稠状，再加入 10mL 灭菌吐温-80，研磨待溶解后，加 70mL 灭菌生理盐水，在 40～44℃ 水浴中充分混合，制成 1∶10 检液。

(3) 固体样品　称取 10g，加到 90mL 灭菌生理盐水中，充分振荡混匀，使其分散混悬，静置后，取上清液作为 1∶10 的检液。

如有均质器，上述水溶性膏霜剂、粉剂等，可称 10g 样品加入 90mL 灭菌生理盐水，均质 1～2min；疏水性膏、霜及眉笔、口红等，称 10g 样品，加 10mL 灭菌液体石蜡，10mL 灭菌吐温-80，70mL 灭菌生理盐水，均质 3～5min。

4. 菌落总数检验

(1) 用灭菌吸管吸取 1∶10 稀释的检液 2mL，分别注入两个灭菌平皿内，每皿 1mL。另取 1mL 注入 9mL 灭菌生理盐水试管中（注意勿使吸管接触液面），更换一支吸管，并充分混匀，制成 1∶100 检液，各吸取 1mL，分别注入两个灭菌平皿内。如样品含菌量高，还可再稀释成 1∶1000，1∶10000，……，每种稀释度应换 1 支吸管。

(2) 将熔化并冷至 45～50℃ 的卵磷脂-吐温-80 营养琼脂培养基倾注到平皿内，每皿约 15mL，随即转动平皿，使样品与培养基充分混合均匀，待琼脂凝固后，翻转平皿，置 37℃ 培养箱内培养 48h。另取一个不加样品的灭菌空平皿，加入约 15mL 卵磷脂-吐温-80 营养琼脂培养基，待培养基凝固后，翻转平皿，置 37℃ 培养箱内培养 48h，为空白对照。

(3) 为便于区别化妆品中的颗粒与菌落，可在每 100mL 卵磷脂-吐温-80 营养琼脂培养基中加入 1mL 0.5％ 的 TTC 溶液，如有细菌存在，培养后菌落呈红色，而化妆品的颗粒颜色无变化。

五、注意事项

先用肉眼观察，点数菌落数，然后再用放大 5～10 倍的放大镜检查，以防遗漏。记下各平皿的菌落数后，求出同一稀释度各平皿生长的平均菌落数。若平皿中有连成片状的菌落或花点样菌落蔓延生长，该平皿不宜计数；若片状菌落不到平皿中的一半，而其余一半中菌落数分布又很均匀，则可将此半个平皿菌落计数后乘以 2，以代表全皿菌落数。

六、思考题

　　1. 化妆品中常见的细菌有哪些？
　　2. 菌落的计数原则是什么？

（周彬彬）

23.3.2　化妆品急性经皮毒性试验

一、实验目的

　　1. 了解化妆品急性经皮毒性试验的原理。
　　2. 掌握化妆品急性经皮毒性试验的操作方法。
　　3. 熟悉化妆品原料毒性分级。

二、实验原理

　　皮肤是机体和外界接触的天然屏障，可以防止有害物质的入侵，也是化妆品经皮吸收和发挥功效作用的主要途径。同时，经皮吸收也是化妆品暴露的评估基础，特别是化妆品的原料和其活性物质，如着色剂、防腐剂及紫外线过滤剂等。皮肤接触化妆品中受试物后，化妆品中含有的原发性刺激物刺激皮肤神经末梢血管扩张、渗出继而产生相应的可逆性的炎症反应。根据反应的强弱记录反应积分，评价受试物的反应强度。

　　急性皮肤毒性是指经皮一次涂敷受试物后，动物在短时间内出现的损害效应。经皮半数致死量（LD_{50}）指的是经皮一次涂敷受试物后，引起实验动物总体中半数死亡的毒物的统计学剂量。以单位体重涂敷受试物的质量（mg/kg 或 g/kg）来表示。

三、仪器与试剂

　　1. 仪器
　　体重秤、组织剪、烧杯、棉签、纱布、无刺激性胶布、手电筒等。
　　2. 试剂
　　蒸馏水、脱毛剂（10％硫化钠）、化妆品受试物等。
　　3. 受试物
　　液体受试物一般不需稀释。若受试物为固体，应研磨成细粉状，并用适量水或者其他介质混匀，以保证受试物与皮肤有良好的接触。
　　4. 实验动物
　　首选家兔（2～3kg），雌雄不限，注意皮肤应健康完整无破损。试验前动物要在实验动物房的环境中至少适应 3～5d 时间。实验动物及实验动物房应符合国家相应规定。选用标准配合饲料，饮水不限制。

四、操作步骤

　　1. 试验开始前 24h，剪去家兔躯干背部被毛，再用 10％硫化钠去掉微绒毛。去毛时注意不要损伤皮肤，以免影响皮肤的通透性。一般根据家兔体重确定涂皮面积，涂皮面积约占家兔体表面积的 10％。一般体重为 2～3kg 的家兔涂药面积约为 160～210cm^2。

　　2. 取家兔 50 只，雌雄不限。称重随机分成 5 个受试物剂量组，每组 10 只。各受试物剂量组间距应以兼顾产生毒性大小和死亡为宜进行预试。将受试物均匀涂敷于家兔背部皮肤，涂敷尽可能薄而均匀，然后用一层薄纱布覆盖，无刺激性胶布固定 6h，防止家兔舔食。若受试物毒性较高，可减少涂敷面积。如果受试物毒性很低，可采用一次限量法，即用 10 只家兔，皮肤涂抹 2000mg/kg 体重剂量，如果没有引起家兔死亡，可考虑不再进行多个剂量的急性经皮毒性试验。

3.给药结束后，用水清除残留受试物。

4.观察期一般为14d，但要看动物中毒反应的严重程度、症状出现快慢和恢复期长短而作适当增减。若有延迟死亡迹象，可考虑延长观察时间。

5.每只家兔都应有单独记录，每天定时进行一次仔细的检查，观察家兔的中毒表现和死亡情况，还包括被毛和皮肤、眼睛和黏膜以及呼吸系统、循环系统、自主神经和中枢神经系统、肢体运动和行为活动等的改变或者家兔是否出现震颤、抽搐、流涎、腹泻、嗜睡和昏迷等症状。死亡时间需要记录，同时要进行解剖，尽可能确定其死亡原因。观察期内存活家兔每周称重，观察期结束存活家兔称重后，处死进行解剖。

6.对家兔进行大体解剖学检查，并记录全部大体病理改变。对死亡和存活24h和24h以上家兔，如果解剖后存在大体病理改变的器官，应进行病理组织学检查。

7.测定LD_{50}，建议采用一次最大限度试验法、霍恩氏法、上-下法、概率单位-对数图解法和寇氏法等。

8.评价试验结果时，综合考虑LD_{50}、毒性效应和解剖大体病例改变器官所见，但LD_{50}值是受试物毒性分级的重要依据。标注LD_{50}值时一定要注明所用家兔的种属、性别、染毒途径、观察期等。评价的内容包括家兔接触受试物后出现的异常表现，包括行为和临床改变、大体解剖损伤、体重变化、致死效应及其他毒性作用的发生率和严重程度之间的关系。毒性分级如下：

LD_{50}/(mg/kg)	毒性分级	LD_{50}/(mg/kg)	毒性分级
<5	剧毒	350~<2180	低毒
5~<44	高毒	≥2180	微毒
44~<350	中等毒		

五、注意事项

1.脱毛时注意不要损伤皮肤，以免影响皮肤的通透性。

2.选用介质溶解固体的要求必须为其他无毒、无刺激性、不影响受试物穿透皮肤、不与受试物反应的。

六、思考题

1.若受试物为固体，选用介质溶解固体的要求是什么？常用的有哪些？

2.急性皮肤毒性试验的原理是什么？

3.家兔的皮肤中毒表现有哪些？

（赵平）

23.3.3 化妆品人体皮肤斑贴试验

一、实验目的

1.了解化妆品人体皮肤斑贴试验的原理。

2.熟悉化妆品人体皮肤斑贴试验的评分标准。

3.掌握化妆品人体皮肤斑贴试验的操作方法。

二、实验原理

当患者因皮肤或黏膜接触致敏原产生过敏后，同一致敏原或化学结构类似、具有相同抗原性物质接触到体表的任何部位，就将很快在接触部位出现皮肤炎症改变，此即变态反应性接触性皮炎。斑贴试验就是利用这一原理，将化妆品受试物配制成一定浓度，放置在一个特制的小室内敷贴于人体遮盖部位（常在后背、前臂屈侧），经过一定时间，根据有无阳性反应来确定受试物是否系致敏原（即致敏物质）。从而确定受检的化妆品是否能引起人体皮肤不良反应。

三、仪器与试剂

斑试器、化妆品受试物、低致敏胶带等。

四、操作步骤

1. 受试者的选择

① 选择 18～60 岁符合试验要求的志愿者作为受试对象。

② 不能选择有下列情况者作为受试者：近一周使用抗组胺药或近一个月内使用免疫抑制剂者；近两个月内受试部位应用任何抗炎药物者；受试者患有炎症性皮肤病临床未愈者；胰岛素依赖性糖尿病患者；正在接受治疗的哮喘或其他慢性呼吸系统疾病患者；在近 6 个月内接受抗癌化疗者；免疫缺陷或自身免疫性疾病患者；哺乳期或妊娠妇女；双侧乳房切除及双侧腋下淋巴结切除者；在皮肤待试部位由于瘢痕、色素、萎缩、鲜红斑痣或其他瑕疵而影响试验结果的判定者；参加其他的临床试验研究者；体质高度敏感者；非志愿参加者或不能按试验要求完成规定内容者。

2. 皮肤封闭型斑贴试验

（1）按受试者入选标准选择参加试验的人员，至少 30 名。

（2）选用面积不超过 $50mm^2$、深度约 1mm 的合格的斑试器材。将受试物放入斑试器小室内，量约为 0.020～0.025g（固体或半固体）或 0.020～0.025mL（液体）。受试物为化妆品产品原物时，对照孔为空白对照（不置任何物质），受试物为稀释后的化妆品时，对照孔内使用该化妆品的稀释剂。将加有受试物的斑试器用低致敏胶带贴敷于受试者的背部或前臂曲侧，用手掌轻压使之均匀地贴敷于皮肤上，持续 24h。

（3）分别于去除受试物斑试器后 30min（待压痕消失后）、24h 和 48h 按下表标准观察皮肤反应，并记录观察结果。皮肤封闭型斑贴试验皮肤反应分级标准：

反应程度	评分等级	皮肤反应临床表现
—	0	阴性反应
±（可疑反应）	1	仅有微弱红斑
＋（弱阳性反应）	2	红斑反应；红斑、浸润、水肿、可有丘疹
＋＋（强阳性反应）	3	疱疹反应；红斑、浸润、水肿、丘疹、疱疹；反应可超出受试区
＋＋＋（极强阳性反应）	4	融合性疱疹反应；明显红斑、严重浸润、水肿、融合性疱疹；反应超出受试区

五、注意事项

严格控制受试者的纳入标准。

六、思考题

1. 化妆品进行人体皮肤斑贴试验的重要性何在？
2. 如何挑选人体皮肤斑贴试验合适的志愿者？
3. 皮肤封闭型斑贴试验皮肤反应分级标准是什么？

（赵平）

23.3.4　化妆品保湿功效评价实验

一、实验目的

1. 了解保湿的皮肤生理学知识。
2. 熟悉电容法测定皮肤含水量的基本原理。
3. 掌握电容法测试皮肤角质层含水量的方法，对化妆品的保湿功效进行验证。

二、实验原理

皮肤的外观与水分含量有关，正常的皮肤角质层中通常含有 10％～30％ 的水分，以维持皮肤的柔软、弹性和正常的生理功能。测定使用保湿化妆品后的皮肤角质层中的含水量可以从侧面反映保湿化妆品的保湿性能。

水分子属于极性分子，具有较高的介电常数（ε 约为 81）。由于水分子的极性较大，与其他物质的介电常数（ε 小于 7）差异显著。皮肤水分含量测试仪的主要部件为镀金探头（电极），探头表面包裹着一层绝缘玻璃。由于探头表面和皮肤之间没有电流，因此电流不会进入皮肤，只在皮肤的表层产生一个频率各异的磁场。皮表层场强的形式和深度由电极的几何形态及其表面包裹的绝缘物质决定。因此，电容的变化受电极中绝缘物质的含量影响。由于皮肤的角质层也是一种绝缘媒介，当角质层中含水量发生变化时，电极便会探测出电容的显著变化，电容的变化从侧面也反映了角质层中水分含量的变化。角质层中含水量越高，其电容量也越高，反之亦然。

三、仪器与试剂

仪器：皮肤水分含量测试仪、分析天平、温度计、湿度计。

试剂：10％甘油、某品牌保湿化妆品。

四、实验步骤

1. 受试者要求

健康受试者 24～30 人，男女各半，年龄 20～30 之间，无严重皮肤疾病，无免疫缺陷或自身免疫性疾病，既往对护肤类化妆品无严重过敏史，近一个月内未曾使用激素类药物。

2. 测试前准备

受试者近 3 天内不能使用任何化妆品或皮肤用药。试验前统一用温和的清洁剂彻底清洗前臂测试区域，用纸巾将水分擦拭干净并保持前臂暴露。测试前受试者应在温度和湿度恒定的环境中静坐 30min，测试期间不得喝水或其他饮料，不得随意离开测试场地，保持稳定的情绪。

3. 测试步骤

实验过程中，应提前用记号笔在测试区域做好标记，一般标记范围为 3cm×3cm。同一手臂可同时标记多个区域，区域间隔不得小于 2cm，样品组、对照组均随机分布在不同手臂上。待测化妆品的使用量一般为（2±0.1）mg/cm^2，使用乳胶手套将待测样品和甘油对照组均匀涂抹在相应的测试区域。先测量各测试区域的基础值，然后再测量样品组、甘油对照组、空白对照组在 1h、2h 和 4h 时的含水量，每个区域平行测试五次，取平均值。

同一受试者的测试必须使用同一仪器由同一个测试人员完成，两次测试之间应清洁探头。

五、注释与注意事项

1. 由于本实验研究对象是人体，不可避免地涉及社会、心理、伦理及可重复性问题。必须遵守安全性原则、科学性原则、伦理性原则。

2.电容法测定皮肤含水量，可以测定化妆品的即时保湿性，也可以进行长期功效性评价，本实验涉及的测试方法属于化妆品的即时功效测定。

3.电容法测定皮肤含水量属于间接测量法，可在一定程度上反映皮肤的湿润程度，但不能准确测定皮肤的含水量。

六、思考题

1.电容法测定皮肤含水量的优、缺点有哪些？

2.哪些因素将直接影响测试的准确度？怎样避免？

3.在测定样品组和对照组前为什么要先测定相应的基础值？

（曹高）

23.3.5　化妆品抑制酪氨酸酶活力测定实验

一、实验目的

1.了解抑制酪氨酸酶活性评价美白功效的原理。

2.熟悉酪氨酸酶活性抑制实验的基本技术要求。

3.掌握美白剂对抑制酪氨酸酶活性的检测方法。

二、实验原理

人体表皮色素的深浅以及色素沉着疾病等均与酪氨酸酶在体内的活性有关，活性越大，含量越高，越易形成黑色素。酪氨酸酶是黑色素合成过程中的限速酶，对黑色素的生成至关重要。在黑色素反应生成的过程中，酪氨酸酶具有酪氨酸羟基酶和多巴羟基酶两方面活性，前者将酪氨酸转变为多巴（二羟基苯基丙氨酸），后者将多巴转变为多巴醌，最终经过一系列反应生成黑色素。因此，酪氨酸酶是很多美白剂的作用靶点，通过抑制酪氨酸酶的活性或其参与的催化反应，可以间接抑制生物体内黑色素的合成，从而达到皮肤美白的效果。

L-酪氨酸在酪氨酸酶的作用下，生成多巴，多巴在酪氨酸酶的进一步催化下生成多巴醌。多巴醌在475nm波长处有最大吸收峰，吸光度越高，多巴醌含量越高，表明酶催化反应体系中的酶活力越大，上述反应体系中加入酪氨酸抑制剂可抑制其对底物的催化作用，通过测定产物多巴醌的吸光度可反映美白剂对酶的抑制效率。

该方法只适用于对酪氨酸酶及其催化反应具有抑制作用的美白剂。黑色素的合成和代谢是一个非常复杂的过程，包括多种生物酶和多步生化反应，其中任何生物酶、生化反应的抑制和阻碍都可以影响黑色素的生成。

三、仪器与试剂

仪器：恒温仪、紫外分光光度计、离心机、电子天平。

试剂：酪氨酸酶、L-酪氨酸、磷酸氢二钠、磷酸二氢钠。

四、实验步骤

1.溶液的配制

（1）磷酸氢二钠溶液（0.2mol/L）　称取71.63g $Na_2HPO_4 \cdot 12H_2O$，溶于1000mL去离子水中。

（2）磷酸二氢钠（0.2mol/L）　称取31.2g $NaH_2PO_4 \cdot 2H_2O$，溶于1000mL去离子水中。

（3）磷酸盐缓冲溶液（PBS，pH=6.8）　精确量取51mL所配制的磷酸二氢钠溶液和49mL磷酸氢二钠溶液，混合即得100mL 0.2mol/L、pH=6.8的磷酸盐缓冲溶液，于4℃

冰箱保存备用。

（4）L-酪氨酸溶液的配制　精密称取 0.0272g 的 L-酪氨酸，用所配制的磷酸盐缓冲溶液预分散，超声 30min，用所配制的磷酸盐缓冲溶液定容至 100mL 容量瓶中。

（5）酪氨酸酶溶液配制　精确称取酪氨酸酶粉 0.0020g，用所配制的 pH＝6.8 磷酸盐缓冲溶液溶解后定容至 20mL，即可得 0.05mg/mL 的酪氨酸酶溶液，且需及时将配制好的酪氨酸酶溶液置于 -4℃条件下保存。

2.样品处理

精确称取样品 0.1000g 溶解于 20mL 去离子水中，经搅拌、混匀、沉淀等步骤处理后取澄清的溶液部分待检测。水剂和水溶性凝胶剂可直接溶解；乳化剂要在溶解前先鉴别，若为乳化（W/O）型，则应采取转型稀释法，使其成为乳化（O/W）型。

3.仪器参考条件

参考条件波长为：475nm。

4.实验操作

向每个管中依次加入所需的缓冲溶液（pH＝6.8，0.2mol/L，PBS）、样品液和 L-酪氨酸溶液，于 37℃水浴中恒温 10min，然后加入所需的酪氨酸酶溶液（0.05mg/mL），再于 37℃水浴中加热反应 10min，测 475nm 各溶液的吸光值，实验反应体系如下表：

反应液组成	C1/mL	C2/mL	T1/mL	T2/mL
PBS(pH6.86)	3	2	2	1
样品	0	0	1	1
0.05mg/mL 酪氨酸酶	0	1	0	1
L-酪氨酸	1	1	1	1
合计体积 V	4	4	4	4

5.样品测定

在以上所示的仪器条件下，分别测定实验体系中各溶液的吸光值，记录读数。

6.结果计算

用下式对样品酪氨酸酶抑制率进行计算：

$$酪氨酸酶的抑制率 = \left(1 - \frac{A_{T2} - A_{T1}}{A_{C2} - A_{C1}}\right) \times 100\%$$

式中，A_{C1} 为未加样品亦未加酶溶液的吸光度；A_{C2} 为未加样品有加酶溶液的吸光度；A_{T1} 为有加样品未加酶溶液的吸光度；A_{T2} 为有加样品有加酶溶液的吸光度。

五、注释与注意事项

样品对酪氨酸酶活性的抑制强度以抑制率表示，抑制率高表明对酶活性抑制强度高。为保证实验结果的准确性，在实验室做检测时都应设有标准品对照，在尚无法定的或公认的标准品之前，可选用曲酸、熊果苷等作为标准对照。以标准对照品在相同条件下的抑制率值为 100%，可以求得样品的相对抑制率值。

六、思考题

1.通过测量酪氨酸酶活性的抑制率来评价美白化妆品美白功效的原理是什么？

2.实验操作中，在生化反应体系未加入酪氨酸酶之前，需在 37℃水浴中恒温 10min 的目的是什么？

（曹高）

参 考 文 献

[1] 李丽，董银卯，郑立波. 化妆品配方设计与制备工艺. 北京：化学工业出版社，2018.
[2] 申东升. 表面活性剂实验. 北京：科学出版社，2017.
[3] 裘炳毅，高志红. 现代化妆品科学与技术：上册、中册、下册. 北京：中国轻工业出版社，2016.
[4] 龚盛昭，揭育科. 化妆品配方与工艺技术. 北京：化学工业出版社，2019.
[5] 赵平. 化妆品安全性评价实验. 北京：科学出版社，2019.
[6] 董银卯，李丽，刘宇红，等. 化妆品植物原料开发与应用. 北京：化学工业出版社，2019.
[7] 曹高. 化妆品功效评价实验. 北京：科学出版社，2017.
[8] 张婉萍，董银卯. 化妆品配方科学与工艺技术. 北京：化学工业出版社，2018.
[9] 余丽丽，赵婧，张彦. 化妆品——配方、工艺及设备. 北京：化学工业出版社，2018.
[10] 李东光. 化妆品配方与制备. 北京：化学工业出版社，2019.
[11] 李东光. 实用消毒剂配方手册. 北京：化学工业出版社，2012.
[12] 樊博，李钟硕，延在昊. 化妆品可溶化剂型的发展与开发动向. 香料香精化妆品，2016(05)：63-68.
[13] 茹巧荣，张佳阳. 花露水的配方设计与功效研究. 科技资讯，2019，17(07)：246-247.
[14] 龚盛昭，陈庆生. 日用化学品制造原理与工艺. 北京：化学工业出版社，2018.
[15] 许锐林，孟潇，陈庆生，等. 一种醇基防晒油及其制备方法. CN 107233220B. 2020-06-05.
[16] 何廷刚，宋红光，朱思阳，等. 一种卸妆油及其制备方法. CN 107007492A. 2017-08-04.
[17] 陈敏，柳继成，吴兴伟，等. 一种环保型冰裂纹指甲油配方. CN 105640800A. 2016-06-08.
[18] 国家食品药品监督管理总局. 化妆品安全技术规范. 2015.
[19] 董银卯，刘杨秋，陈杰，等. 化妆品配方工艺手册. 北京：化学工业出版社，2005.
[20] Ramsden W. Proceedings of the Royal Society of London，1904，72：156-164.
[21] Pickering S U. J. Chem. Soc. 1907，91：2001-2021.
[22] 蔡钰烨. 一种利用压力差罐装水乳化妆品的定量设备. CN 110642211A. 2020-01-03.
[23] 张红梅，张小华. 2007年儿童化妆品重金属含量检测. 日用化学品科学，2008，31(8)：24-27.
[24] 刘淑华. 石墨炉原子吸收分光光度法测定化妆品乳液中铬的含量. 中国当代医药，2014，21(3)：167-168.
[25] 李萌，高路，张昕，等. 荧光光电法检测化妆品中致病菌的研究. 日用化学工业，2013，43(4)：321-324.
[26] 邵志芳. O/W型乳状液中氢过氧化物的测定. 无锡：江南大学，2012.
[27] 韩婉清，罗海英，陈立伟，等. 稳定同位素稀释气相色谱-质谱联用测定化妆品种5种磷酸三酯类化合物. 分析化学研究报告，2014，42(10)：1441-1446.
[28] 陈立伟，洗燕萍，穆同娜，等. 超高效液相色谱法同时测定护肤品中的川弓嗪、甘草苷与荷叶碱. 分析测试学报，2013，32(12)：1421-1426.
[29] 陈新，倪鑫炯，张佳瑜，等. 反向微孔毛细管电泳法在线富集技术灵敏检测化妆品中的多环芳烃. 分析化学，2015，43(1)：81-86.
[30] 高峰. 药用高分子材料学. 上海：华东理工大学出版社，2014.
[31] 方亮. 药用高分子材料学. 北京：中国医药科技出版社，2015.
[32] 黄荣. 化妆品制备基础. 成都：四川大学出版社，2015.
[33] 刘文. 药用合成高分子材料. 北京：中国传统中药出版社，2010.
[34] 关志宇. 药物制剂辅料与包装材料. 北京：中国医药科技出版社，2017.
[35] 顾伟程，刘彤. 新编皮肤科用药手册. 北京：中国协和医科大学出版社，2000.
[36] 马振友，岳蕙，张宝元，等. 皮肤美容化妆品制剂手册. 北京：中医古籍出版社，2015.
[37] 孟胜男，胡容峰. 药剂学. 北京：中国医药科技出版社，2016.
[38] 靳培英. 皮肤病药物治疗学. 北京：人民卫生出版社，2005.
[39] 刘华刚. 中药化妆品学. 北京：中国中医药出版社，2006.
[40] 国家药典委员会. 中华人民共和国药典，四部. 北京：中国医药科技出版社，2020.
[41] 轻工业标准化编辑出版委员会. 中国轻工业标准汇编(化妆品卷). 北京：中国轻工业出版社，2018.
[42] 乔延江. 中华医学百科全书·中药制剂学. 北京：中国协和医科大学出版社，2017.
[43] 裘炳毅. 化妆品化学与工艺技术大全. 北京：中国轻工业出版社，2008.
[44] 王培义. 化妆品——原理·配方·生产工艺. 北京：化学工业出版社，2006.
[45] 李丽. 化妆品——配方设计与制备工艺. 北京：化学工业出版社，2018.

[46] 董银卯. 化妆品——配方工艺手册. 北京：化学工业出版社，2005.

[47] 高国强，秦钰慧. 化妆品卫生与管理. 北京：人民卫生出版社，1994.

[48] 郭靖凯. 一种保湿定妆蜜散粉. CN 110755276A. 2020-02-07.

[49] 郭靖凯. 一种染发粉及其制备方法. CN 103202779A. 2013-07-17.

[50] 高瑞英，化妆品质量检验技术. 第2版，北京：化学工业出版社，2015.

[51] 吕小明，一种烤粉及其制备方法. CN 102048656A. 2010-12-03.

[52] 冉国侠，化妆品评价方法. 北京：中国纺织出版社，2011

[53] 王培义，化妆品——原理·配方·生产工艺，北京：化学工业出版社，2014.

[54] 颜孙兴，李官跃，李凡，等. 一种具有美白肌肤功效的冻干粉组合物和包含该冻干粉组合物的化妆品组合物. CN 108379215A. 2018-08-10.

[55] 章苏宁，化妆品工艺学. 北京：中国轻工业出版社，2018.

[56] 钟有志. 化妆品工艺. 北京：中国轻工业出版社，1999. 250.

[57] 崔福德，等. 药剂学. 第2版. 北京：中国医药科技出版社，2011.

[58] 章莉娟，郑忠. 胶体与界面化学. 第2版. 广州：华南理工大学出版社，2005.

[59] 徐宝财. 日用化学品：性能、制备、配方. 第2版. 北京：化学工业出版社，2008.

[60] 游一中，邵庆辉，等. 中国气雾剂工业产品与市场. 南京. 凤凰出版社，2015.

[61] 蒋国民. 气雾剂理论与技术. 北京：化学工业出版社，2010.

[62] 游一中. 气雾剂通讯. 常州市气雾剂研究所，2015.

[63] M. A. 约翰逊，游一中，刘军伍. 气雾剂手册：配方·技术·市场. 北京：化学工业出版社，2003.

[64] 中华人民共和国工业和信息化部. 气雾剂产品的标示、分类及术语：BB/T 0005—2010.

[65] 国家安全生产监督管理总局. 气雾剂安全生产规程：AQ 3041—2011.

[66] 中华人民共和国国家经济贸易委员会. 一般气雾剂产品的安全规定：QB 2549—2002.

[67] Abd E, Yousef S A, Pastore M N, et al. Skin models for the testing of transdermal drugs. Clinical pharmacology, 2016, 8：163-176.

[68] Bouwstra J A, Honeywell-Nguyen P L, Gooris GS, et al. Structure of the skin barrier and its modulation by vesicular formulations. Progress in lipid research, 2003, 42(1)：1-36.

[69] Förster M, Bolzinger M A, Fessi H, et al. Topical delivery of cosmetics and drugs. Molecular aspects of percutaneous absorption and delivery. European journal of dermatology, 2009, 19(4)：309-323.

[70] Jepps O G, Dancik Y, Anissimov Y G, et al. Modeling the human skin barrier — Towards a better understanding of dermal absorption. Advanced Drug Delivery Reviews, 2013, 65(2)：152-168.

[71] Kazem S, Linssen E C, Gibbs S. Skin metabolism phase I and phase II enzymes in native and reconstructed human skin：a short review, Drug Discovery Today, 2019, 24(9)：1899-1910.

[72] Klaus J. Busam. 皮肤病理学. 黄勇，等，译. 北京：科学技术出版社，2014.

[73] Manevski N, Swart P, Balavenkatraman K K, et al. Phase II metabolism in human skin：skin explants show full coverage for glucuronidation, sulfation, N-acetylation, catechol methylation, and glutathione conjugation. Drug metabolism and disposition：the biological fate of chemicals, 2015, 43(1)：126-139.

[74] Nielsen J B, Benfeldt E, Holmgaard R. Penetration through the Skin Barrier. Current problems in dermatology, 2016, 49：103-111.

[75] OECD, Test No. 428：Skin Absorption：In Vitro Method, 2004.

[76] Santos L L, Swofford N J, Santiago B G. In vitro permeation test (IVPT) for pharmacokinetic assessment of topical dermatological formulations. Current Protocols in Pharmacology, 2020, 91(1)：1-32.

[77] Trivedi A and Gandhi J. The evolution of human skin color. JAMA Dermatology, 2017, 153(11)：1165-1165.

[78] 李孟艳，田硕，苗明三. 皮肤的神经-内分泌-免疫功能及药物调节. 中国药师，2020, 23(3)：540-543.

[79] 宋艳青，盘瑶，赵华. 化妆品透皮吸收试验方法概述. 日用化学工业，2019, 49(12)：824-829.

[80] 赵辨，等. 中国临床皮肤病学. 江苏：科学技术出版社，2010.

[81] 方波. 关于构建轻化工程流变学知识结构的思考. 化工高等教育，2011, 28(01)：46-49.

[82] Laba D. Rheological properties of cosmetics and toiltries. New York：Marcel Dekker, Inc, 1993.

[83] Ghanbari A. Experimental methods in chemical engineering：Rheometry. The Canadian Journal of Chemical Engineering, 2020, 98(7).

[84] Mezger T G. The rheology handbook：4th edition：Vincentz Network, 2012.

[85] Laba D. IFSCC MONOGRAPH Number 3：An Introduction to Rheology：MICELLE PRESS，1997.

[86] Sakamoto K. Cosmetic science and technology：theoretical principles and applications. Elsevier，2017：471-488.

[87] 王进爽. 氨基酸型/甜菜碱型表面活性剂黏弹性胶束体系研究. 日用化学工业，2013，43（06）：405-409.

[88] 袁旻嘉. 两性与氨基酸型阴离子表面活性剂形成自增稠体系的性质研究. 日用化学工业，2015，45（01）：11-16.

[89] Ozkan S. Rheological fingerprinting as an effective tool to guide development of personal care formulations. International Journal of Cosmetic Science，2020.

[90] 张晨. 皂基洁面乳热流变性研究. 日用化学工业，2017，047（010）：550-553.

[91] 樊悦. 流变学性质在乳化工艺条件中的应用研究. 日用化学工业，2018，048（010）：577-581.

[92] Nakagawa Y. The application of rheology in the development of unique cosmetics. Nihon Reoroji Gakkaishi，2010，38（4/5）：175-180.

[93] Guaratini T. Stability of cosmetic formulations containing esters of Vitamins E and A：Chemical and physical aspects. International Journal of Pharmaceutics，2006，327(1-2)：12-16.

[94] Gillece T. Probing the textures of composite skin care formulations using large amplitude oscillatory shear. Journal of cosmetic science，2016. 67：121-159.

[95] 蒋彤. O/W膏霜流变性和融化感研究. 日用化学工业，2019，49(11)：705-710.

[96] Moravkova T. Relation between sensory analysis and rheology of body lotions. International Journal of Cosmetic Science，2016，38(6).

[97] 国家质量监督检验检疫总局. 化妆品标识管理规定. 2018.

[98] 王秋静. 阿魏酸在化妆品中稳定性和降解途径的研究和冷烫精还原剂新型凝胶型质地的开发研究. 复旦大学，2009.

[99] Carlotti M E，Rossatto V，Gallarate M. Vitamin A and vitamin A palmitate stability over time and under UVA and UVB radiation[J]. International Journal of Pharmaceutics，2002，240：85-94.

[100] Fu P P，Cheng S H，Coop L，et al. Photoreaction, phototoxicity and photocarcinogenicity of retinoids. Journal of Environmental Science and Health Part C：Environmental Carcinogenesis & Ecotoxicology Reviews，2003，21(2)：165-197.

[101] Fu P P，Xia Q，Bouderau M，et al. Physiological role of retinyl palmitate in the skin. Vitamins & amp，hormones，2007，75：223-256.

[102] 刘有停. α-熊果苷美白动力学机制及其配伍性和稳定性的研究. 北京化工大学，2012.

[103] 邢廷康. 苯乙基间苯二酚纳米囊的制备与表征及稳定性研究. 东南大学，2016.

[104] 苏源镇，郭丽. 讲好绿色化妆品故事系列报道让绿色"包装"化妆品的全生命周期. 中国化妆品，2019，(01)：96-99.

[105] 冯瑜，张广良，宋鹏，等. 表面活性剂生物降解性及其法规. 日用化学品科学，2014，37(06)：33-39.

[106] 林广欣，刘艳红，闫继鹏，等. 类视黄醇化合物在化妆品中的应用. 日用化学品科学，2020，43(10)：35-38.

[107] 张新新，杨亚丹，徐莱，等. 光照对α-熊果苷稳定性影响研究. 江西科技师范大学学报，2018，(06)：38-53.

[108] 瞿欣，赵小敏，陈志华，等. 防晒剂光稳定性和防晒增效作用的机理研究. 日用化学品科学，2014，37(12)：23-28.

[109] 郭睿，来肖，赵艳艳，等. 表面活性剂生物降解性研究现状与展望. 湖北造纸，2010，(03)：25-48.

[110] 曾昕. 可生物降解的化妆品包装材料研究进展. 包装工程，2020，41（19）：129-133.

[111] 罗莹，马瑞敏，闫润媛，等. 绿色发展理念下的化妆品包装设计研究. 产业与科技论坛，2020，19(10)：72-73.

[112] William T，Cheng S H，Xia Q S，et al. Photodecomposition and phototoxicity of natural retinoids. International Journal of Environmental Research and Public Health，2005，2(1)：147-155.

[113] Wang Q，Gao X，Gong H，et al. Chemical stability and degradation mechanisms of ferulic acid (F. A)within various cosmetic formulations. Journal of CosmeticScience，2011，62(5)：483-502.

[114] 张凤兰，石钺，苏哲，等. 我国化妆品原料安全管理对策研究. 中国药事，2019，33(12)：1365-1370.

[115] 王萍，张银波，江木兰. 多不饱和脂肪酸的研究进展. 中国油脂，2008，33(12)：42-46.

[116] 贾丽，许雯，刘希诺，等. 超高效液相色谱/串联质谱法测定化妆品中15种色素. 香料香精化妆品，2013(01)：36-41.

[117] 徐易，曹怡，金其璋，等. 日用香料香精的安全性与法规标准. 日用化学品科学，2009，32(05)：36-39.

[118] 刘思然，朱英. 化妆品中香料的安全性及检验技术研究进展. 中国卫生检验杂志，2017，27(09)：1365-1368.

[119] 姚玉山，吴桂月. 化妆品生产用水的微生物指南. 香料香精化妆品，1991，(01)：53-59.

[120] 杨慧敏，封棣，孙丽丽，等. 氢化物-原子荧光光谱法测定化妆品粉质原料中4种有害重金属. 日用化学工业，2016，46(09)：539-543＋548.

[121] 徐晓玲. 浅谈化妆品包装容器设计. 机电信息，2004，(17)：19-22.

[122] 刘晓林. 化妆品包装容器的仿生设计研究. 湖南工业大学，2012.

[123] 吴海霞. 对现代化妆品包装容器设计的思考. 包装世界，2009，(02)：86-89.

[124] 王娴雅，顾悦. 化妆品容器包装的分类及造型设计. 工业设计，2019，(03)：64-65.

[125] 宋晓秋，叶琳，肖瀛. 化妆品原料学. 北京：中国轻工业出版社，2018.

[126] 胡芳，林跃华. 化妆品生产质量管理. 北京：化学工业出版社，2019.

[127] 卫监督发〔2007〕177 号. 化妆品生产企业卫生规范(2007 年版). 北京：国家卫生部，2007.

[128] 上海日用化学品行业协会. 化妆品生产企业原料管理规范. T/SHRH 016—2019.

[129] 广东省日化商会. 化妆品生产企业微生物控制规范. T/GDCDC 011—2019.

[130] 广东省日化商会. 化妆品生产企业原料管理规范. T/GDCDC 009—2018.

[131] 中国质量认证中心. 化妆品良好生产规范(GMP)认证规则：CQC73-353231—2017.

[132] 国家质量监督检验检疫局. 进出口化妆品良好生产规范：SN/T 2359—2009.

[133] 中华人民共和国住房和城乡建设部. 洁净厂房设计规范：GB 50073—2013.

[134] 中华人民共和国卫生部. 化妆品卫生标准：GB 7916—1987.

[135] 胡芳，林跃华. 化妆品生产质量管理. 北京：化学工业出版社，2019.

[136] 国家食品药品监督管理总局. 化妆品安全技术规范(2015 年版). 北京：国家卫生部.

[137] 孔雪，赵华，唐颖. 皮肤模型在化妆品功效评价中的应用研究进展. 日用化学工业，2017，47(2)：228-231.

[138] 刘珍，化妆品安全性评价中皮肤毒性替代实验方法的研究，第二军医大学学报，2009.

[139] 国家食品药品监督管理总局. 总局关于将化妆品用化学原料体外 3T3 中性红摄取光毒性试验方法纳入化妆品安全技术规范(2015 年版)的通告.

[140] 杨晓冉，郑洪艳，董益阳，等. 应用红细胞光毒性模型评价防晒化妆品光毒性. 毒理学杂志，2009(6)：514-517.

[141] Kyadarkunte A, Patole M, Pokharkar V. In vitro cytotoxicity and phototoxicity assessment of acylglutamate surfactants using a human keratinocyte cell line. Cosmetics, 2014, 1(3): 159-170.

[142] 杨颖. 皮肤光毒性体外替代试验方法研究进展. 中国预防医学杂志，2005，6(1)：79-80.

[143] Onoue S, Seto Y, Sato H, et al. Chemical photoallergy: photobiochemical mechanisms, classification, and risk assessments. Journal of Dermatological Science, 2017, 85(1): 4-11.

[144] 蔡睿，何文丹，唐颖，等，化妆品光刺激性和光致敏性的安全评价方法进展，日用化学工业，2017，47：588-592.

[145] Ceridono M, Tellner P, Bauer D, et al. The 3T3 neutral red uptake phototoxicity test: Practical experience and implications for phototoxicity testing-The report of an ECVAM-EFPIA workshop. Regulatory Toxicology & Pharmacology, 2012, 63(3): 480-488.

[146] Boonchai W, Desomchoke R, Iamtharachai P. Trend of contact allergy to cosmetic ingredients in Thais over a period of 10 years. Contact Dermatitis, 2011, 65: 311-316.

[147] 王培义. 化妆品原理、配方与生产工艺，北京：化学工业出版社，2019.

[148] 杨梅，李忠军，傅中. 化妆品安全性与有效性评价，北京：化学工业出版社，2020.

[149] 秦钰慧，董敏. 化妆品安全性及管理法规，北京：化学工业出版社，2013.

[150] 雷万军，崔磊. 皮肤美容学. 北京：中国中医药出版社，2013.

[151] 毛培坤. 实用发用化妆品配方集. 北京：化学工业出版社，2006.

[152] 李利. 美容化妆品学. 第 2 版. 北京：人民卫生出版社，2010.

[153] 叶小红，宋洪涛. 防晒天然产物及其制剂的应用与功效研究概述. 中国药师，2009，12(10)：1463-1465.

[154] 刘玮，张怀亮. 皮肤科学与化妆品功效性评价. 北京：化学工业出版社，2005.

[155] COLIPA. Guidelines for evaluating sun product water resistance. The European Cosmetic Toiletry and Perfumery Association, Brussels, 2005.

[156] 尹月煊，赵华. 化妆品功效评价(Ⅰ)-化妆品功效宣称的科学支持. 日用化学工业，2018，48(1)：8-13.

[157] 黄媚章，董梦圆，张晓惠. 化妆品包装概述. 包装世界，2014(3)：126-127.

[158] 黄晓慧. 化妆品包装材料安全性分析. 中国包装工业，2014(18)：6-6.

[159] 张敏，吴素芳，邱建辉，等. 几种主要塑料添加剂的毒性规律. 应用化工，2006，35(9)：712-715.

[160] Raghupati S K, Ehrman M C, Eichhold M K, et al. Cosmetic product package. 2016.

[161] 张建玲. 化妆品包装现状与绿色包装的策略分析. 科技与企业，2014(4)：231-232.

[162] 孙春峰，秦芳. 化妆品塑料包装中邻苯二甲酸酯含量的测定. 塑料工业，2018(1)：95-98.

[163] 吕鑫亮. 化妆品包装材料中双酚 A 及迁移的检测与材料阻隔性能研究. 华东理工大学，2016.

[164] 郭重山，钟燃，李小晖. 化妆品包装材料微生物和有毒物质的检验研究. 热带医学杂志，2005，5(4)：517-519.

[165] 曹进，高家敏，邢书霞，等. 化妆品包装材料检验现状及发展. 日用化学品科学，2011，34(3)：33-36.

[166] 刘扬眉，操恺，王凤玲，等. 浅析化妆品用包装塑料中可能迁移的有毒有害物质. 中国包装，2011(9)：61-63.

[167] 赵欣欣，杨柳，兰玉坤，等. 化妆品塑料包装材料溶出物检查. 中国药业，2014，23(6)：35-36.

[168] 侯常春，杨劲松，冯利红. 化妆品塑料容器有害物质释放的检测. 中国公共卫生，2004，20(3)：304.

[169] 向斌，操恺，王凤玲. 化妆品塑料包装容器析出物迁移研究. 包装工程，2011，32(11)：38-44.

[170] 李璐. 化妆品中抗氧化剂及化妆品塑料包装中双酚 A 的测定. 吉林大学，2014.

[171] 陈根. 包装设计从入门到精通. 北京：化学工业出版社，2018.

[172] 王建清，陈金周. 包装材料学. 第 2 版. 北京：中国轻工业出版社，2019. 11.

[173] 骆光林. 包装材料学. 第 2 版. 北京：文化发展出版社，2011.

[174] 徐军，张艺璇，刘海兰. 行业态势-化妆品包装新趋势和特点. 中国化妆品，2019(10)：38-41.

[175] 唐英美. 化妆品包装设计研究. 产品包装与设计，2020(4)：74-75.

[176] 曾昕. 可生物降解的化妆品包装材料研究进展. 包装工程，2020(10)：129-133.

[177] 张颖. 中国化妆品包装之痛——包装设计市场现状和发展之路. 中国化妆品，2019(10)：14-23.

[178] 高瑞英，郑彦云. 化妆品管理与法规. 北京：化学工业出版社，2008.

[179] 张文显. 法理学. 第 4 版. 北京：高等教育出版社北京大学出版社，1999.

[180] 陈燕申，赵一新. 标准与技术法规的关系及在国家治理中的作用探讨——来自于美国的法规启示. 中国标准化，2020，11(9)：221-226.

附　录

附录1　常见乳化剂的HLB值

商品名	化学名	中文名	类型	HLB
—	oteic acid	油酸	阴离子	1.0
Span 85	sorbitan tribleate	失水山梨醇三油酸酯	非离子	1.8
Arlacel 85	sorbitan trioleate	失水山梨醇三油酸酯	非离子	1.8
Atlas G-1706	polyoxyethylene sorbitol beeswax derivative	聚氧乙烯山梨醇蜂蜡衍生物	非离子	2.0
Span 65	soibitan tristearate	失水山梨醇三硬脂酸酯	非离子	2.1
Arlacel 65	sorbitan tristearate	失水山梨醇三硬脂酸酯	非离子	2.1
Atlas G-1050	polyoxyethylene sorbitol hexastearate	聚氧乙烯山梨醇六硬脂酸酯	非离子	2.6
Emcol EO-50	ethyleneglycol fatty acid ester	乙二醇脂肪酸酯	非离子	2.7
Emcol ES-50	ethyleneglycol fatty acid ester	乙二醇脂肪酸酯	非离子	2.7
Atlas G-1704	polyoxyethylene sorbitol beeswax derivative	聚氧乙烯山梨醇蜂蜡衍生物	非离子	3.0
Emcol PO-50	propylene glycol fattyacid ester	丙二醇脂肪酸酯	非离子	3.4
Atlas G-922	propylene glycol fattyacid ester	丙二醇单硬脂酸酯	非离子	3.4
Atlas G-2158	propylene glycol fattyacid ester	丙二醇单硬脂酸酯	非离子	3.4
Emcol EL-50	ethylene glycol fattyacid ester	乙二醇脂肪酸酯	非离子	3.6
Emcol PP-50	propylene glycol fatty acid ester	丙二醇脂肪酸酯	非离子	3.7
Arlacel C	sorbitan sesquioleate	失水山梨醇倍半油酸酯	非离子	3.7
Arlacel 83	sorbitan sesquiolate	失水山梨醇倍半油酸酯	非离子	3.7
AtlasG-2859	polyoxyethyle esorbitol 4,5 oleata	聚氧乙烯山梨醇4,5油酸酯	非离子	3.7
Atmul 67	glycerol monostearate	单硬脂酸甘油酯	非离子	3.8
Atmul 84	glycerol monostearate	单硬脂酸甘油酯	非离子	3.8
Tegin 515	glycerolmonostee(rateglycerol monostearate)	单硬脂酸甘油酯	非离子	3.8
Aldo 33	glycerol monostearate	单硬脂酸甘油酯	非离子	3.8
Ohlan	polyoxyethylene sorbitol beeswax	羟基化羊毛脂	非离子	4.0
AriasG-1727	derivative	聚氧乙烯山梨醇蜂蜡衍生物	非离子	4.0
Emcol PM-50	propylene glycol fatty acid ester	丙二醇脂肪酸酯	非离子	4.1
Span 80	sorbitan monooleate	失水山梨醇单油酸酯	非离子	4.3
Arlacel 80	sorbiatan monooleate	失水山梨醇单油酸酯	非离子	4.3
Atlas G-917	propylene glycol monolaurate	丙二醇单月桂酸酯	非离子	4.5
AtlasG-3851	propylene glycol monolaurate	丙二醇单月桂酸酯	非离子	4.5
EmcolPL-50	propylene glycol fatty acid ester	丙二醇脂肪酸酯	非离子	4.5

商品名	化学名	中文名	类型	HLB
Span 60	sorbitan monostearate	失水山梨醇单硬脂酸酯	非离子	4.7
Arlacel 60	sorbitan monostearate	失水山梨醇单硬脂酸酯	非离子	4.7
AtlasG-2139	diethylene glycol monooleat	二乙二醇单油酸酯	非离子	4.7
Emcol DO-50	diethyleneglycol fattyacidester	二乙二醇脂肪酸酯	非离子	4.7
AtlasG-2146	diethylene glycol monostearate	二乙二醇单硬脂酸酯	非离子	4.7
Emcol DS-50	diethyleneglycol fatty acidester	二乙二醇脂肪酸酯	非离子	4.7
Ameroxol OE-2	P. O. E. (2)oleylalcohol	聚氧乙烯（2EO）油醇醚	非离子	5.0
Atlas G-1702	polyoxyethylene sorbitol beeswax derivative	聚氧乙烯山梨醇蜂蜡衍生物	非离子	5.0
Emcol DP-50	diethylene glycol fatty acid ester	二乙二醇脂肪酸酯	非离子	5.1
Atlas G-1218	polyoxyethylene esters of mixed fatty and resin acids	混合脂肪酸和树脂酸的聚氧乙烯酯类	非离子	10.2
Atlas G-3806	polyoxyethylene cetyl ether	聚氧乙烯十六烷基醚	非离子	10.3
Tween 65	polyoxyethylene sorbitan ristearate	聚氧乙烯（20EO）失水山梨醇三硬脂酸酯	非离子	10.5
Atlas G-3705	polyoxyethylene laurylether	聚氧乙烯月桂醚	非离子	10.8
Tween 85	polyoxyethylenesorbitan trioleate	聚氧乙烯（20EO）失水山梨醇三油酸酯	非离子	11.0
Atlas G-2116	polyoxyethylene oxypropylene oleate	聚氧乙烯氧丙烯油酸酯	非离子	11.0
Atlas G-1790	polyoxyethylene lanolin derivative	聚氧乙烯羊毛脂衍生物	非离子	11.0
Atlas G-2142	polyoxyethylene monooleate	聚氧乙烯单油酸酯	非离子	11.1
Myrj 45	polyoxyethylene monostearate	聚氧乙烯单硬脂酸酯	非离子	11.1
Atlas G-2141	polyoxyethylene enemonooleate	聚氧乙烯单油酸酯	非离子	11.4
P. E. G. 400 monooleate	polyoxyethylene monooleate	聚氧乙烯单油酸酯	非离子	11.4
Atlas G-2076	polyoxyethylene monopalmitate	聚氧乙烯单棕榈酸酯	非离子	11.6
S-541	polyoxyethylene monostearate	聚氧乙烯单硬脂酸酯	非离子	11.6
P. E. G. 400 monostearate	polyoxyethylene monostearate	聚氧乙烯单硬脂酸酯	非离子	11.6
Atlas G-3300	alkyl aryl sulfonate	烷基芳基磺酸盐	阴离子	11.7
—	triethanol amine oleate	三乙醇胺油酸酯	阴离子	12.0
Ameroxl OE-10	P. O. E. (10)oleyl alcohol	聚氧乙烯（10EO）油醇醚	非离子	12.0
Atlas G-2127	polyoxyethylene monolaurate	聚氧乙烯单月桂酸酯	非离子	12.8
Igepal CA-630	polyoxyethylene alkyl phonol	聚氧乙烯烷基酚	非离子	12.8
Solulan 98	acetylated P. O. E. (10)landin deriv	聚氧乙烯（10EO）乙酰化羊毛脂衍生物	非离子	13.0
Atlas G-1431	polyoxyethylene sorbitol landing derivative	聚氧乙烯山梨醇羊毛脂衍生物	非离子	13.0
Atlas G-1690	polyoxyethylene alkyl aryle ether	聚氧乙烯烷基芳基醚	非离子	13.0
S-307	polyoxyethylene monolaurate	聚氧乙烯单月桂酸酯	非离子	13.1

商品名	化学名	中文名	类型	HLB
P. E. G 400 monolurate	polyoxyethylene monolaurate	聚氧乙烯单月桂酸酯	非离子	13.1
Atlas G-2133	polyoxyethylene lauryl ether	聚氧乙烯月桂醚	非离子	13.1
Atlas G-1794	polyoxyethylene castor oil	聚氧乙烯蓖麻油	非离子	13.3
Emulphor EL-719	polyoxyethylene vegetable Oil	聚氧乙烯植物油	非离子	13.3
Tween 21	polyoxyethylene sorbitan monolaurate	聚氧乙烯(4EO)失水山梨醇单月桂酸酯	非离子	13.3
Renex 20	polyoxyethylene esters of mixed fatty and resin acide	混合脂肪酸和树脂酸的聚氧乙烯酯类	非离子	13.5
Atlas G-1441	polyoxyethylene sorbitol lanolin derivative	聚氧乙烯山梨醇羊毛脂衍生物	非离子	14.0
Solulan C-24	P. O. E. (24)cholesterol	聚氧乙烯(24EO)胆固醇醚	非离子	14.0
Solulan PB-20	P. O. P. (20)lanolin alcohol	聚氧丙烯(20PO)羊毛醇醚	非离子	14.0
Atlas G-7596j	polyoxyethylene sotbitan monolaurat	聚氧乙烯失水山梨醇单月桂酸酯	非离子	14.9
Tween 60	polyoxyethylene sorbitan monostearate	聚氧乙烯(20EO)失水山梨醇单硬脂酸酯	非离子	14.9
Ameroxol OE-20	P. O. E. (20) oleyl alcohol	聚氧乙烯(20EO)油醇醚	非离子	15.0
Glucamate SSE-20	P. O. E. (20) glucamate SS	聚氧乙烯(20EO)甲基葡萄糖苷倍半油酸酯	非离子	15.0
Solulan 16	P. O. E. (16) lanolin alcohol	聚氧乙烯(16EO)羊毛醇醚	非离子	15.0
Solulan 25	P. O. E. (25) lanolin alcohol	聚氧乙烯(25EO)羊毛醇醚	非离子	15.0
Solulan 97	acetylated P. O. E. (20) lanolin deriv	聚氧乙烯(9EO)乙酰化羊毛脂衍生物	非离子	15.0
Tween 80	polyoxyethylene sorbitan monostearate	聚氧乙烯(20EO)失水山梨醇单油酸酯	非离子	15.0
Myrj 49	polyoxyethylene monostearat	聚氧乙烯单硬脂酸酯	非离子	15.0
Altlas G-2144	polyoxyethylene monooleate	聚氧乙烯单油酸酯	非离子	15.1
Atlas G-3915	polyoxyethylene oleyl ether	聚氧乙烯油基醚	非离子	15.3
Atlas G-3720	polyoxyethylene stearyl alcohol	聚氧乙烯十八醇	非离子	15.3
Atlas G-3920	polyoxyethylene oleyl alcohol	聚氧乙烯油醇	非离子	15.4
Emulphor ON-870	polyoxyethylene fatty alcohol	聚氧乙烯脂肪醇	非离子	15.4
Atlas G-2079	polyoxyethylene glycol monopalmitate	聚乙二醇单棕榈酸酯	非离子	15.5
Tween 40	polyoxyethylene sorbitan monopalmitate	聚氧乙烯(20EO)失水山梨醇单棕榈酸酯	非离子	15.6
Atlas G-3820	polyoxyethylene cetyl alcohol	聚氧乙烯十六烷基醇	非离子	15.7
Atlas G-2162	polyoxyethylene oxypropylene stearate	聚氧乙烯氧丙烯硬脂酸酯	非离子	15.7
Atlas G-1741	polyoxyethylene sorbitan lanolin derivative	聚氧乙烯山梨醇羊毛脂衍生物	非离子	16.0

续表

商品名	化学名	中文名	类型	HLB
Myrj 51	polyoxyethylene monostearate	聚氧乙烯单硬脂酸酯	非离子	16.0
Atlas G-7596P	polyoxyethylene sorbitan monolaurate	聚氧乙烯失水山梨醇单月桂酸酯	非离子	16.3
Atlas G-2129	polyoxyethylene monolaurate	聚氧乙烯单月桂酸酯	非离子	16.3
Atlas G-3930	polyoxyethylene oleyl ether	聚氧乙烯油基醚	非离子	16.6
Tween 20	polyoxyethylene sorbitan monolaurate	聚氧乙烯（20EO）失水山梨醇单月桂酸酯	非离子	16.7
Brij 35	polyoxyethylene lauryl ether	聚氧乙烯月桂醚	非离子	16.9
Myrj 52	polyoxyethylene monolaurate	聚氧乙烯单硬脂酸酯	非离子	16.9
Myrj 53	polyoxyethylene monolaurate	聚氧乙烯单硬脂酸酯	非离子	17.9
—	sodium oleate	油酸钠	阴离子	18.0
Atlas G-2159	polyoxyethylene monolaurate	聚氧乙烯单硬脂酸酯	非离子	18.8
—	potassium oleate	油酸钾	阴离子	20.0
Atlas G-263	N-cetyl N-ethyl morpholinium ethosulfate	N-十六烷基 -N- 乙基吗啉基乙基硫酸钠	阳离子	25～30
Texapon K-12	pure sodium lauryl sulfate	纯月桂基硫酸钠	阴离子	40

附录 2　常见化妆品质量标准

基础标准与安全卫生标准	GB 5296.3—2008《消费品使用说明化妆品通用标签》
	GB 7916—1987《化妆品卫生标准》
	GB 7919—1987《化妆品安全性评价程序和方法》
	GB/T 18670—2017《化妆品分类》
	GB/T 27578—2011《化妆品名词术语》
常见化妆品测定方法标准	GB/T 13531.1—2008《化妆品通用检验方法 pH 值的测定》
	GB/T 13531.3—1995《化妆品通用检验方法浊度的测定》
	GB/T 13531.4—2013《化妆品通用检验方法相对密度的测定》
	GB/T 13531.6—2018《化妆品通用检验方法颗粒度（细度）的测定》
	GB/T 13531.7—2018《化妆品通用检验方法折光指数的测定》
	GB/T 24404—2009《化妆品中需氧嗜温性细菌的检测和计数法》
	GB/T 24800.1—2009《化妆品中九种四环素类抗生素的测定高效液相色谱法》
	GB/T 24800.2—2009《化妆品中四十一种糖皮质激素的测定液相色谱/串联质谱法和薄层层析法》
	GB/T 24800.3—2009《化妆品中螺内酯、过氧苯甲酰和维甲酸的测定　高效液相色谱法》
	GB/T 24800.4—2009《化妆品中氯噻酮和吩噻嗪的测定　高效液相色谱法》
	GB/T 24800.5—2009《化妆品中呋喃妥因和呋喃唑酮的测定　高效液相色谱法》
	GB/T 24800.6—2009《化妆品中二十一种磺胺的测定　高效液相色谱法》
	GB/T 24800.7—2009《化妆品中和的测定　高效液相色谱法》

常见化妆品测定方法标准	GB/T 24800.8—2009《化妆品中甲氨喋呤的测定 高效液相色谱法》
	GB/T 24800.9—2009《化妆品中柠檬醛、肉桂醇、茴香醇、肉桂醛和香豆素的测定 气相色谱法》
	GB/T 24800.10—2009《化妆品中十九种香料的测定 气相色谱-质谱法》
	GB/T 24800.11—2009《化妆品中防腐剂苯甲醇的测定 气相色谱法》
	GB/T 24800.12—2009《化妆品中对苯二胺、邻苯二胺和间苯二胺的测定》
	GB/T 24800.13—2009《化妆品中亚硝酸盐的测定 离子色谱法》
	GB/T 26517—2011《化妆品中二十四种防腐剂的测定 高效液相色谱法》
	GB/T 30926—2014《化妆品中7种维生素C衍生物的测定 高效液相色谱-串联质谱法》
	GB/T 31858—2015《眼部护肤化妆品中禁用水溶性着色剂酸性黄1和酸性橙7的测定 高效液相色谱法》
	GB/T 32093—2015《化妆品中碘酸钠的测定 离子色谱法》
	GB/T 32986—2016《化妆品中多西拉敏等9种抗过敏药物的测定 液相色谱-串联质谱法》
	GB/T 33307—2016《化妆品中镍、锑、碲含量的测定电感耦合等离子体发射光谱法》
	GB/T 33308—2016《化妆品中游离甲醇的测定 气相色谱法》
	GB/T 33309—2016《化妆品中维生素B6(吡哆素、盐酸吡哆素、吡哆素脂肪酸酯及吡哆醛5-磷酸酯)的测定 高效液相色谱法》
	GB/T 34806—2017《化妆品中13种禁用着色剂的测定 高效液相色谱法》
	GB/T 34822—2017《化妆品中甲醛含量的测定 高效液相色谱法》
	GB/T 34918—2017《化妆品中七种性激素的测定 超高效液相色谱-串联质谱法》
	GB/T 35771—2017《化妆品中硫酸二甲酯和硫酸二乙酯的测定 气相色谱-质谱法》
	GB/T 35797—2018《化妆品中帕地马酯的测定 高效液相色谱法》
	GB/T 35798—2018《化妆品中香豆素及其衍生物的测定 高效液相色谱法》
	GB/T 35799—2018《化妆品中吡咯烷酮羧酸钠的测定 高效液相色谱法》
	GB/T 35800—2018《化妆品中防腐剂己脒定和氯己定及其盐类的测定 高效液相色谱法》
	GB/T 35801—2018《化妆品中禁用物质克霉丹的测定 高效液相色谱法》
	GB/T 35803—2018《化妆品中禁用物质尿刊酸及其乙酯的测定 高效液相色谱法》
	GB/T 35824—2018《染发类化妆品中20种禁限用染料成分的测定 高效液相色谱法》
	GB/T 35826—2018《护肤化妆品中禁用物质乐杀螨和克螨特的测定》
	GB/T 35827—2018《化妆品通用检验方法乳化类型(w/o 或 o/w)的鉴别》
	GB/T 35828—2018《化妆品中铬、砷、镉、锑、铅的测定 电感耦合等离子体质谱法》
	GB/T 35829—2018《化妆品中4种萘二酚的测定 高效液相色谱法》
	GB/T 35837—2018《化妆品中禁用物质米诺地尔的测定 高效液相色谱法》
	GB/T 35893—2018《化妆品中抑汗活性成分氯化羟锆铝配合物、氯化羟锆铝甘氨酸配合物和氯化羟铝的测定》
	GB/T 35894—2018《化妆品中10种禁用二元醇醚及其酯类化合物的测定 气相色谱-质谱法》
	GB/T 35916—2018《化妆品中16种准用防晒剂和其他8种紫外线吸收物质的测定 高效液相色谱法》
	GB/T 35946—2018《眼部化妆品中硫柳汞含量的测定 高效液相色谱法》

常见化妆品测定方法标准	GB/T 35948—2018《化妆品中 7 种 4-羟基苯甲酸酯的测定　高效液相色谱法》
	GB/T 35949—2018《化妆品中禁用物质马兜铃酸 A 的测定　高效液相色谱法》
	GB/T 35950—2018《化妆品中限用物质无机亚硫酸盐类和亚硫酸氢盐类的测定》
	GB/T 35951—2018《化妆品中螺旋霉素等 8 种大环内酯类抗生素的测定　液相色谱-串联质谱法》
	GB/T 35952—2018《化妆品中十一烯酸及其锌盐的测定　气相色谱法》
	GB/T 35953—2018《化妆品中限用物质二氯甲烷和 1,1,1-三氯乙烷的测定顶空气相色谱法》
	GB/T 35954—2018《化妆品中 10 种美白祛斑剂的测定　高效液相色谱法》
	GB/T 35956—2018《化妆品中 N-亚硝基二乙醇胺（NDELA）的测定　高效液相色谱-串联质谱法》
	GB/T 35957—2018《化妆品中禁用物质铯-137、铯-134 的测定　γ 能谱法》
卫生检验方法标准	GB/T 7917.1—1987《化妆品卫生化学标准检验方法　汞》
	GB/T 7917.2—1987《化妆品卫生化学标准检验方法　砷》
	GB/T 7917.3—1987《化妆品卫生化学标准检验方法　铅》
	GB/T 7917.4—1987《化妆品卫生化学标准检验方法　甲醇》
	GB/T 7918.1—1987《化妆品微生物标准检验方法总则》
	GB/T 7918.2—1987《化妆品微生物标准检验方法　细菌总数测定》
	GB/T 7918.31987《化妆品微生物标准检验方法　粪大肠菌群》
	GB/T 7918.4—1987《化妆品微生物标准检验方法　绿脓杆菌》
	GB/T 7918.5—1987《化妆品微生物标准检验方法　金黄色葡萄球菌》
	GB/T 17149.1—1997《化妆品皮肤病诊断标准及处理原则总则》
	GB/T 17149.2—1997《化妆品接触性皮炎诊断标准及处理原则》
	GB/T 17149.3—1997《化妆品痤疮诊断标准及处理原则》
	GB/T 17149.4—1997《化妆品毛发损害诊断标准及处理原则》
	GB/T 17149.5—1997《化妆品甲损害诊断标准及处理原则》
	GB/T 17149.6—1997《化妆品光感性皮炎诊断标准及处理原则》
	GB/T 17149.7—1997《化妆品皮肤色素异常诊断标准及处理原则》
产品质量标准	GB/T 8372—2017《牙膏》
	GB/T 26513—2011《润唇膏》
	GB/T 27574—2011《睫毛膏》
	GB/T 27575—2011《化妆笔、化妆笔芯》
	GB/T 27576—2011《唇彩、唇油》
	GB/T 29678—2013《烫发剂》
	GB/T 29679—2013《洗发液、洗发膏》
	GB/T 29680—2013《洗面奶、洗面膏》
	GB/T 29990—2013《润肤油》
	GB/T 29991—2013《香粉(蜜粉)》
	GB/T 30928—2014《去角质啫喱》

产品质量标准	GB/T 30941—2014《剃须膏、剃须凝胶》
	GB/T 34855—2017《洗手液》
	GB/T 34857—2017《沐浴剂》
	GB/T 35889—2018《眼线液(膏)》
	GB/T 35914—2018《卸妆油(液、乳、膏、霜)》
	GB/T 35955—2018《抑汗(香体)液(乳、喷雾、膏)》
化妆品用原料标准	GB/T 29667—2013《化妆品用防腐剂咪唑烷基脲》
	GB/T 29668—2013《化妆品用防腐剂双(羟甲基)咪唑烷基脲》
	GB/T 33306—2016《化妆品用原料 D-泛醇》
	GB/T 34819—2017《化妆品用原料 甲基异噻唑啉酮》
	GB/T 34820—2017《化妆品用原料 乙二醇二硬脂酸酯》
	GB/T 35915—2018《化妆品用原料 珍珠提取物》
化妆品包装相关标准	GB/T 191—2008《包装储运图示标志》
	GB 4806.5—2016《食品安全国家标准 玻璃制品》
	GB/T 6388—1986《运输包装收发货标志》
	GB 23350—2009《限制商品过度包装要求食品和化妆品》
	JJF 1070—2005《定量包装商品净含量计量检验规则》
气雾推进剂标准	GB/T 6052—2011《工业液体二氧化碳》
	GB/T 8979—2008《纯氮、高纯氮和超纯氮》
	GB 11174—2011《液化石油气》
	GB/T 18826—2002《工业用 1,1,1,2-四氟乙烷(HFC-134a)》
	GB/T 19465—2004《工业用异丁烷(HC-600a)》
	GB/T 19602—2004《工业用 1,1-二氟乙烷(HFC-152a)》
	GB/T 22024—2008《气雾剂级正丁烷(A-17)》
	GB/T 22025—2008《气雾剂级异丁烷(A-31)》
	GB/T 22026—2008《气雾剂级丙烷(A-108)》
	HG/T 3934—2007《二甲醚》
气雾剂包装标准	GB/T 25164—2010《包装容器 25.4mm 口径铝气雾罐》
	BB/T 0006—2014《包装容器 20mm 口径铝气雾罐》
	BB 0009—1996《喷雾罐用铝材》
	GB 13042—2008《包装容器 铁质气雾罐》
	GB/T 2520—2017《冷轧电镀锡钢板及钢带》
	GB/T 17447—2012《气雾阀》
气雾剂产品标准	QB 1643《发用摩丝》
	QB 1644《定型发胶》

气雾剂其他基础标准类	BB/T 0005—2010《气雾剂产品的标示、分类及术语》
	QB 2549—2002《一般气雾剂产品的安全规定》
	GB/T 14449—2017《气雾剂产品测试方法》
	GB 30000.4—2013《化学品分类和标签规范 第4部分:气溶胶》
	GB/T 21614—2008《危险品 喷雾剂燃烧热试验方法》
	GB/T 21630—2008《危险品 喷雾剂点燃距离试验方法》
	GB/T 21631—2008《危险品 喷雾剂封闭空间点燃试验方法》
	GB/T 21632—2008《危险品 喷雾剂泡沫可燃性试验方法》
	《危险化学品名录》(2015版)
	JJF 1070—2005《定量包装商品净含量计量检验规则》
	GB 28644.1—2012《危险货物例外数量及包装要求》(2012年12月1日实施)
	GB 28644.2—2012《危险货物有限数量及包装要求》(2012年12月1日实施)
	《化妆品标识管理规定》(国家质量监督检验检疫总局令(第100号)
	GB 5296.3—2008《消费品使用说明化妆品通用标签》
	GB 23350—2009《限制商品过度包装要求 食品和化妆品》
	SN 0324《海运出口危险货物小型气体容器包装检验规程》